Astronomischer Jahresbericht

Gegründet von Walter F. Wislicenus

Mit Unterstützung der Astronomischen Gesellschaft

herausgegeben vom

Astronomischen Rechen-Institut

in Heidelberg

50. Band

Die Literatur des Jahres 1950

In Kommission bei

Walter de Gruyter & Co.

vormals G. J. Göschen'sche Verlagshandlung — J. Guttentag, Verlagsbuchhandlung — Georg Reimer — Karl J. Trübner — Veit & Comp.

Berlin 1953

Archiv-Nr. 180153

Gedruckt mit Unterstützung der
Deutschen Forschungsgemeinschaft

Druck G. Braun (vorm. G. Braunsche Hofbuchdruckerei und Verlag) G.m.b.H.
Karlsruhe in Baden

Printed in Germany

Auflage 600 — April 1953

Vorwort

Mit dem vorliegenden Astronomischen Jahresbericht (AJB) übergibt das Astronomische Rechen-Institut der Fachwelt den fünfzigsten Band einer 1898 gegründeten Reihe. Seine Drucklegung war Veranlassung, in der Zeitschrift «Die Sterne» Jahrgang 29 S. 33—39 Entstehung und Entwicklung des Astronomischen Jahresberichtes und seine Stellung innerhalb der astronomischen Bibliographie darzulegen. Ein Gesamtverzeichnis der bisher erschienenen Bände soll den genannten Bericht noch vervollständigen. Dieses Verzeichnis ist mit den zugehörigen Erläuterungen zu den einzelnen Spalten im Anschluß an das Vorwort gegeben.

Der Jubiläumsband 50 enthält die Übersicht der astronomischen Literatur und ihrer Grenzgebiete aus dem Jahre 1950 mit einigen Nachträgen aus früheren Jahren. Er ist nach denselben Grundsätzen wie seine Vorgänger unter Zugrundelegung der im Jahrgang 48 aufgestellten neuen Gliederung des Stoffes bearbeitet.

Lediglich der Nachweis der Beobachtungen und Berechnungen Kleiner Planeten sowie die Nachweise zu den einzelnen Kometen und die der Novae sind in gedrängter und für die Kometen und Novae auch in neuer Anordnung wiedergegeben.

Dem Namen-Verzeichnis ist auf S. 416 eine Tabelle für die Transskription des russischen Alphabets vorangestellt. Für diejenigen Benutzer des AJB, denen Transskriptionen russischer Namen im Englischen vertrauter sind, wird eine Gegenüberstellung mit der deutschen Umschreibung gegeben, von der äußerst selten aus sprachlichen Gründen abgegangen worden ist. Dagegen sind die in der sonstigen Literatur bereits transskribierten russischen Namen in ihrer dort gegebenen Schreibweise in den AJB übernommen.

Für diejenigen Zeitschriften, die nicht direkt eingesehen werden konnten, wurde in der Übersicht der referierten Zeitschriften (Liste IV und V) die laufende Nummer mit einem Sternchen (*) versehen.

Die Schriftleitung des vorliegenden fünfzigsten Bandes des Astronomischen Jahresberichts oblag Prof. Dr. K. Heinemann. An der Bearbeitung nahm Dr. habil. W. Lohmann teil, der sich insbesondere der russischen Literatur widmete.

Allen Autoren, Gesellschaften, Instituten und Sternwarten sei an dieser Stelle für die Zusendung ihrer Veröffentlichungen herzlichst gedankt. Ferner sei hier allen Förderern des AJB sowie allen Mitarbeitern, deren Namen in dem Verzeichnis auf S. VI zusammengestellt sind, der verbindlichste Dank ausgesprochen. Insbesondere hat die Deutsche Forschungsgemeinschaft den Druck dieses Bandes wiederum durch einen Zuschuß ermöglicht.

Heidelberg, den 10. Dezember 1952

Astronomisches Rechen-Institut

Verzeichnis der bisher erschienenen Bände des AJB

1	2	3	4	5	6	7	8	9	10
1	1899	*127*	5	W	I—IV	1— 74	23 + 537	1900	17.50
2	1900	*199*	7	W	I—IV	1— 75	26 + 633	1901	20.50
3	1901	*243*	7	W	I—IV	1— 75	32 + 673	1902	22.—
4	1902	*263*	7	W	I—IV	1— 75	33 + 650	1903	21.—
5	1903	*282*	7	W	I—IV	1— 75	35 + 663	1904	21.50
6	1904	*298*	7	W	I—IV	1— 75	38 + 615	1905	20.50
7	1905	*303*	8	B	I—IV	1— 75	38 + 646	1906	21.—
8	1906	*277*	9	B	I—IV	1— 75	36 + 672	1907	22.50
9	1907	*296*	9	B	I—IV	1— 75	36 + 654	1908	21.—
10	1908	*302*	8	B	I—IV	1— 75	38 + 708	1909	23.—
11	1909	*305*	11	B	I—IV	1— 75	36 + 727	1910	24.—
12	1910	*242*	10	C	I—VI	1— 66	28 + 602	1912	19.50
13	1911	263	11	N	I—VI	1— 66	26 + 492	1912	16.—
14	1912	275	10	N	I—VI	1— 66	25 + 564	1913	18.50
15	1913	267	12	N	I—VI	1— 65	27 + 545	1914	18.—
16	1914	257	7	N	I—VI	1— 67	24 + 391	1915	13.—
17	1915	122	8	N	I—VI	1— 67	16 + 299	1916	10.—
18	1916	*198*	5	C	I—VI	1— 71	16 + 494	1919	16.—
19	1917	*146*	3	C	I—VI	1— 71	13 + 344	1920	11.—
20	1918	*141*	5	C	I—VI	1— 71	12 + 323	1920	vgr.
21	1919	*174*	6	C	I—VI	1— 71	12 + 397	1921	13.—
22	1920	*185*	4	C	I—VI	1— 71	12 + 280	1922	vgr.
23	1921	*209*	5	C	I—VI	1— 71	15 + 347	1923	18.—
24	1922	157	6	N	I—IX	1—100*	18 + 230	1924	vgr.
25	1923	140	19	N	I—IX	1—100*	18 + 198	1925	vgr.
26	1924	156	28	N	I—IX	1—100*	20 + 300	1926	vgr.
27	1925	161	27	N	I—IX	1—100*	23 + 250	1926	vgr.
28	1926	171	26	N	I—IX	1—100*	23 + 240	1927	vgr.
29	1927	166	25	N	I—IX	1—100*	25 + 270	1928	25.—
30	1928	217	28	N	I—IX	1—100*	28 + 276	1929	29.—
31	1929	210	25	N	I—IX	1—100*	26 + 274	1930	29.—
32	1930	229	23	N	I—IX	1—100*	28 + 295	1931	29.—
33	1931	234	20	N	I—IX	1—100*	30 + 261	1932	24.—
34	1932	207	20	N	I—IX	1—100*	31 + 240	1933	22.—
35	1933	245	19	N	I—IX	1—100*	32 + 267	1934	24.—
36	1934	248	17	N, H	I—IX	1—100*	32 + 287	1935	25.—
37	1935	272	17	H	I—IX	1—100*	36 + 341	1936	29.—
38	1936	271	16	H	I—IX	1—100*	36 + 401	1938	33.—
39	1937	265	18	H	I—IX	1—100*	37 + 329	1939	29.—
40	1938	277	17	H	I—IX	1—100*	40 + 359	1940	32.—
41	1939	246	21	H	I—IX	1—100*	33 + 301	1941	vgr.
42	1940	258	19	H	I—IX	1—100*	34 + 258	1942	23.50
43	1941	191	14	H	I—IX	1—100*	26 + 236	1944	21.—
44	1942	143	8	H	I—IX	1—100*	19 + 151	1947	20.—
45	1943-46 I	227	12	H	I—XIII	1—100*	42 + 333	1948	40.—
46	1943-46 II	178	16	H	I—XIII	1—100*	55 + 268	1951	40.—
47	1947	199	12	H	I—XIII	1—101*	27 + 208	1949	28.—
48	1948	253	20	H	I—XIV	1—134*	43 + 364	1950	48.—
49	1949	297	18	H	I—XIV	1—134*	50 + 420	1952	56.—
50	1950	331	20	H	I—XIV	1—134*	63 + 445	1953	50.—

* mit Lücken

vgr. = vergriffen

Erläuterungen zu der nebenstehenden Tabelle

In der ersten horizontalen Spalte der Tabelle bedeuten

1 Band
2 Literatur des Jahres
3 Anzahl der durchgesehenen Zeitschriften (Unsichere Angaben sind kursiv gesetzt)
4 Zahl der Mitarbeiter
5 Schriftleitung:

W = W. F. Wislicenus (1859—1905)
B = A. Berberich (1861—1920)
C = F. Cohn (1866—1922)
N = P. V. Neugebauer (1878—1940)
H = K. Heinemann

6 Anzahl der Teile
7 Anzahl der Paragraphen
8 Seitenzahlen
9 Erscheinungsjahr
10 Preis in DM

Die Bearbeitung der ersten sechs Bände geschah zunächst in Straßburg, von Band **7—11** in Berlin-Tempelhof. Ab Band **12** erfolgte die Bearbeitung am Astronomischen Rechen-Institut zu Berlin und von Band **44** an in Heidelberg.

Die horizontalen Linien in der Tabelle nach Band **11, 17, 23, 44,** und **47** kennzeichnen den Übergang von einer Gliederung des Stoffes im AJB zu einer revidierten. Bände mit gleichartigen Gliederungen liegen zwischen je zwei horizontalen Linien.

Verzeichnis der Mitarbeiter

Schriftleitung: K. Heinemann

Unter Mitwirkung von W. Lohmann (Loh.)

U. Baehr, Heidelberg
A. Behr, Freiburg
S. Böhme, Heidelberg (Böh.)
A. Bohrmann, Heidelberg (Bo.)
J. Bouška, Prag (J. B.)
W. Gliese, Heidelberg (Gli.)
A. Güttler, München (Gü.)
H. Klauder, Heidelberg (Kdr.)
A. König, Heidelberg (Kö.)
A. Kopff, Heidelberg
T. Lederle, Heidelberg (T. L.)
G. R. Miczaika, Heidelberg (Micz.)
H. Nowacki, Heidelberg — Nachweis der Beobachtungen und Berechnungen von Kometen
J. Ramberg, Stockholm (Ra.)
A. Reule, Freiburg
K. Schaifers, Heidelberg (Schai.)
P. Sconzo, La Plata — Südamerikanische Literatur
W. Strobel, Heidelberg — Nachweis der Beobachtungen und Berechnungen Kleiner Planeten
F. Zagar, Brera-Milano — Italienische Literatur (F. Z.)

Inhaltsverzeichnis

Erster Teil: Allgemeines

Zweiter Teil: Tätigkeit. Geschichte

Dritter Teil: Instrumente. Beobachtungstechnik

Vierter Teil: Sphärische Astronomie. Chronologie

Fünfter Teil: Theoretische Astronomie

Sechster Teil: Theoretische Astrophysik

Siebenter Teil: Sonne

Achter Teil: Planeten und Monde

Neunter Teil: Kometen. Meteore. Meteorite. Zodiakallicht

Zehnter Teil: Sterne

Elfter Teil: Doppelsterne

Zwölfter Teil: Veränderliche Sterne. Novae

Dreizehnter Teil: Sternsysteme. Nebel. Interstellarer Raum

Vierzehnter Teil: Geodäsie. Nautik

Übersicht über die referierten Zeitschriften

Unter Zeitschriften sind nicht nur alle periodisch erscheinenden Schriften verstanden, sondern im weiteren Sinne auch alle zwanglos erscheinenden Veröffentlichungen von Sternwarten, Instituten und Gesellschaften.

Die durchgesehenen Zeitschriften sind in den folgenden Abschnitten IV—V zusammengestellt.

Einzelne Zeitschriftennummern, die nicht direkt eingesehen werden konnten, sind durch einen Stern (*) kenntlich gemacht.

Die im Astronomischen Jahresbericht angewandten Abkürzungen sind in den Abschnitten I—III gegeben.

I. Allgemeine Abkürzungen

Abh.	Abhandlungen
Abstr.	Abstrakt, abstract
Acad.	Académie, Academy
Accad.	Accadémia
Akad.	Akademie
Ann.	Annalen, Annales, Annals
Astr.	Astronomie usw.
Astrophys.	Astrophysik usw.
Beob.	Beobachtungen
Ber.	Berichte
Bol.	Boletin
Bull.	Bulletin
Circ.	Circular, Zirkular
Cl.	Classe
Commun.	Communications
Comun.	Comunicazioni
Contr.	Contributions usw.
Desgl.	Desgleichen
Diss.	Dissertation
Geod.	Geodäsie usw.
Ges.	Gesellschaft
Inst.	Institut usw.
J.	Journal
Kl.	Klasse
Math.	Mathematik usw.
Medd.	Meddelanden, Meddelelser
Mém.	Mémoires
Mem.	Memoirs, Memorie
Mitt.	Mitteilungen
Nachr.	Nachrichten
(NF)	Neue Folge
(NR)	Neue Reihe
(NS)	Neue Serie
Obs.	Observatorium
Oss.	Osservatorio, Osservazioni
Phil.	Philosophical
Phys.	Physik usw.
Proc.	Proceedings
Pubbl.	Pubblicazioni
Publ.	Publikationen, Publications
Rech.	Recherches
Ref.	Referat
Rend.	Rendiconti
Repr.	Reprint
Res.	Research
Rev.	Revue, Review
Ric.	Ricerche
Sci.	Science, scientific
Ser.	Serie, Series
Sér.	Série
Sitzber.	Sitzungsberichte
Soc.	Società, Société, Society
Sternw.	Sternwarte
Suppl.	Supplement
T.	Tidskrift, Tidsskrift, Tijdschrift
Trans.	Transactions
Univ.	Universität usw.
Veröff.	Veröffentlichungen
Vgl.	Vergleiche
VJS	Vierteljahrsschrift
Wetensch.	Wetenschappen
Wiss.	Wissenschaften
Z.	Zeitschrift

II. Spezielle Abkürzungen

S. 198: Zeichenerklärungen und Abkürzungen der Sternwarten im Nachweis der Beobachtungen und Berechnungen Kleiner Planeten, Ref. 7557.

Dieselben Abkürzungen der Sternwarten sind auch im Nachweis der Beobachtungen von Kometen § 81 angewendet.

S. 348: Abkürzungen für den Nachweis der Beobachtungen und Bearbeitungen Veränderlicher, Ref. 11235.

Für die Abkürzungen der Namen der Sternbilder gelten die in Harvard Bulletin 771 gegebenen.

S. 367: Abkürzungen zu den Beobachtungen einzelner Novae, § 113.

AAVSO	vgl. 1103	Ref. AG	vgl. 1109
Ref. AAS	vgl. 1104	Ref. ASP	vgl. 1106

III. Abkürzungen von Zeitschriften

Die Nummern beziehen sich auf den ausführlichen Titel der Zeitschriften und Veröffentlichungen in Liste IV S. XII und Liste V S. XVIII.

IV. Zeitschriften und Veröffentlichungen von Gesellschaften

1. Astronomische Abhandlungen. Ergänzungshefte zu den Astronomischen Nachrichten. Akademie-Verlag, Berlin. — Band **12** Nr. **2**.

2. Abhandlungen (Utschonye Sapiski) der Shdanow-Staatsuniversität des Leninordens in Leningrad. Serie der mathematischen Wissenschaften. Leningrad. — Nr. **22** (Astronomie) = Nr. **136** der ganzen Reihe = Publ. Astr. Obs. Leningrad Tom **15**.

3. Acta Astronomica. Krakau. — AA(a) Vol. **5** S. 19—50, AA(c) Vol. **4** S. 113—128.

4. Annalen der Physik. Johann Ambrosius Barth, Leipzig. — 6. Folge Band **7** = Band 442 der ganzen Reihe.

5. Annales d'Astrophysique. — Tome **13** Nr. 1—4.

6. Annales de Physique. Masson et Cie, Editeurs, Paris. — Sér. 12 Tome **5** Nr. 1—12.

7. Annales Françaises de Chronométrie. Besançon. — Année **20** Trimestre 1—4.

8. Anzeiger. Österreichische Akademie der Wissenschaften. Mathematisch-naturwissenschaftliche Klasse. Wien. — **87**. Jahrgang Nr. 1—15.

9. Arkiv för Astronomi. Utgivet av K. Svenska Vetenskapsakademien Stockholm. — Band **1** Häfte 2.

10. L'Astronomie. Revue Mensuelle d'Astronomie, de Météorologie et de Physique du Globe. Bulletin de la Société Astronomique de France. Paris. — **64**e année, Jan.—Déc. 1950.

11*. Berichte (Doklady) der Akademie der Wissenschaften der UdSSR. Moskau-Leningrad. — Tom **70—75**, jeweils Heft 1—6.

12*. Berichte (Doklady) der Akademie der Wissenschaften der armenischen Sowjetrepublik. Erewan. — Tom **11** Nr. 4. Tom **12** Nr. 4.

13. Physikalische Berichte. Herausgegeben im Auftrag der Physikalischen Gesellschaft Württemberg-Baden-Pfalz. Akademie-Verlag, Stuttgart und Berlin. — Band **29** Heft 1—12.

14. Physikalische Blätter. Physik Verlag, Mosbach (Baden). — **6**. Jahrgang Heft 1—12.

15*. Bote (Westnik) der Akademie der Wissenschaften der UdSSR. Moskau-Leningrad. — Tom **20** Nr. 3, 11.

16*. Bote (Westnik) der Moskauer Universität. — Tom **5** Nr. 8.

17. Bulletin Astronomique, Publié par l'Observatoire de Paris. — Tome **15** Fasc. 2—4.

18. Bulletin de l'Association Française d'Observateurs d'Etoiles Variables. Lyon. — Tome **9**, vgl. AJB **49** Ref. 11218. Tome **10** Fasc. 1, 2.

19. Bulletin der Astronomisch-Geodätischen Gesellschaft der UdSSR. Verlag der Akademie der Wissenschaften der UdSSR, Moskau-Leningrad. — Nr. **8** (**15**), Nr. **9** (**16**).

20. Bulletin horaire du Bureau International de l'Heure. Observatoire de Paris. — 2me Série: Janvier—Décembre 1950. Série D: Janvier—Août 1950.

21. Bulletin of the Astronomical Institutes of Czechoslovakia. National Observatory Praha. — Vol. **2** Nr. 1—5.

22. Bulletin of the Astronomical Institutes of the Netherlands. Haarlem. — Vol. **11** Nr. 408—418.

23. Ciel et Terre. Bulletin mensuel de la Société Belge d'Astronomie, die Météorologie et de Physique du Globe. Uccle-Brüssel. — Année **66** Nr. 1—12.

24. British Astronomical Association Circular. London. — Nr. 313—320.

25. The Japan Astronomical Study Association Circular (japanisch — nur teilweise referiert). — Nr. 75—92.

26. Coelum. Periodico Bimestrale per la Divulgazione dell'Astronomia. Bologna. — Vol. **18** Nr. 1—12.

27. Comptes Rendus hebdomadaires des Séances de l'Académie des Sciences. Paris. — Tome **230—231**.

28. Documentation des Observateurs. Institut d'Astrophysique de Paris. — **1950** Nr. 1—12.

29. Endeavour. Eine Vierteljahres-Übersicht von Fortschritten der Wissenschaften im Dienste der Menschheit. London. — Band **9** Nr. 33—36.

30. Ergebnisse der exakten Naturwissenschaften. Springer-Verlag, Göttingen-Berlin-Heidelberg. — Band **23**.

31. Extraits d'Astronomie et de Géophysique du Centre National de la Recherche Scientifique. (Continuation de la Bibliographie Mensuelle de l'Astronomie) Paris. — Vol. **11** Nr. 1—12.

32. Forschungen und Fortschritte. Nachrichtenblatt der Deutschen Wissenschaft und Technik. Akademie-Verlag, Berlin. — Jahrgang **26** Heft 1—24.

33. Gazette astronomique. Bulletin de la Société d'Astronomie d'Anvers. — Année **32** Nr. 1—12. Gesamtnummer 361—372.

34. Glasnik. Societas Scientiarum Naturalium Croatica. Periodicum Mathematico-Physicum et Astronomicum. Zagreb. — Ser. (2) T. **5** Nr. 1—5.

35. Heelal. Tijdschrift van de Vereniging voor Sterrenkunde, Meteorologie, Geophysica en aanverwante Wetenschappen. Antwerpen. — Jaargang **6** Afl. 1—5.

36. Hemel en Dampkring. J. B. Wolters, Groningen. — Jaargang **48** Afl. 1–12 (von A. Güttler referiert).

37*. Isis. An International Review devoted to the History of Science and Civilization. — Vol. **41** (wird nur auszugsweise referiert).

38. Astronomisches Journal. Akademie der Wissenschaften der UdSSR. Moskau-Leningrad. — Tom **27** Nr. 1—6.

39. The Astronomical Journal. Yale Univ. Office, New Haven. — Vol. **55** Nr. 2—6. Gesamtnummer 1182—1186.

40. The Astrophysical Journal. Chicago. — Vol. **111** Nr. 1—3. Vol. **112** Nr. 1—3.

41. The Irish Astronomical Journal. Armagh. — Vol. **1** Nr. 1—4.

42. Le Journal de Physique et Le Radium. Publication de la Société Française de Physique. Paris. — Tome **11** Nr. 1—12.

43. Journal des Observateurs. Publié avec le concours du Centre National de la Recherche Scientifique. Marseille. — Vol. **33** Nr. 1—12.

44. Journal of Atmospheric and Terrestrial Physics. Butterworth-Springer Ltd., London. — Vol. **1** Nr. 1—2.

45. Journal of Calendar Reform. Published by the World Calendar Association, Inc. New York. — Vol. **20** Quarter 1—4.

46. Journal of Geophysical Research. The continuation of Terrestrial Magnetism and Atmospheric Electricity. The Johns Hopkins Press, Baltimore. — Vol. **55** Nr. 1—4.

47. Journal of the British Astronomical Association. Oxford. — Vol. **60** Nr. 2—8. Vol. **61** Nr. 1.

48. Journal of the British Interplanetary Society. London. — Vol. **9** Nr. 1—6 und Annual Report 1950.

49. Journal of the Optical Society of America. Published for the Optical Society of America by American Institute of Physics. — Vol. **40** Nr. 1—12.

50. Journal of the Royal Astronomical Society of Canada. Toronto. — Vol. **44** Nr. 1—6. Gesamtnummer 382—387.

51. Astronomical News Letter. Issued and distributed by the Harvard College Observatory, Cambridge/Mass., for the Committee for the Distribution of Astronomical Literature of the American Astronomical Society. — Nr. **47**—**53**.

52. Memoirs of the British Astronomical Association. Oxford. — Vol. **36** Part 3.

53. Memorie della Società Astronomica Italiana. Nuova Serie. Pavia. — Vol. **21** Nr. 1—4.

54*. Meteoritika. Sammlung von Aufsätzen unter Redaktion von W. G. Fessenkow. Verlag der Akademie der Wissenschaften der UdSSR. Moskau-Leningrad. — Nr. **7** (keine Unterlagen eingegangen), Nr. **8**.

55. Mitteilungen der Astronomischen Gesellschaft. — **1950**.

56. Astronomische Nachrichten. Im Auftrage der Deutschen Akademie der Wissenschaften zu Berlin. — Band **278** Heft 3—6, Band **279** Heft 1—2.

57. Nachrichten der Akademie der Wissenschaften in Göttingen. Mathematisch-Physikalische Klasse, Mathematisch-Physikalisch-Chemische Abteilung. — Jahrgang **1950** Nr. 1—7.

58*. Nachrichten (Iswestija) der Akademie der Wissenschaften der UdSSR. Geographische und geophysikalische Serie. Moskau-Leningrad. — Tom **14** Nr. 1, 4.

59*. Nachrichten (Iswestija) der Akademie der Wissenschaften der UdSSR. Physikalische Serie. Moskau-Leningrad. — Tom **14** Nr. 1, 3, 6.

60*. Nachrichten (Iswestija) der Akademie der Wissenschaften der kasachischen Sowjetrepublik. Alma-Ata. — Nr. **90**, astrobotanische Serie Heft 1—2.

61*. Nachrichten (Iswestija) der turkmenischen Abteilung der Akademie der Wissenschaften der UdSSR. — Nr. **2**, **4**.

62. Nachrichtenblatt der Astronomischen Zentralstelle. Vorläufige Mitteilung. Astronomisches Rechen-Institut Heidelberg. — Nr. 82—100.

63. Nachrichtenblatt der Astronomischen Zentralstelle. Astronomisches Rechen-Institut, Heidelberg. — Jahrgang **4** Nr. 1—11.

64. Astronomischer Nachrichtendienst der Archenhold-Sternwarte zu Berlin-Treptow. — 2. Jahrgang Nr. 1—12. (Wird nur auszugsweise referiert.)

65. Name-List of Variable Stars. International Astronomical Union. Commission for Variable Stars of the Astronomical Council of the Academy of Sciences of the USSR and the Sternberg Astronomical Institute, Moscow. — Nr. **46**.

66. Nature. A Weekly Journal of Science. Macmillan and Co., London; The Macmillan Company, New York. — Vol. **165** Nr. 4184—4208. Vol. **166** Nr. 4209—4235.

67. Die Naturwissenschaften. Springer-Verlag, Berlin - Göttingen - Heidelberg. — **37**. Jahrgang Heft 1—24.

68. Monthly Notes of the Astronomical Society of South Africa. Cape Town. — Vol. **9** Nr. 1—11.

69. Monthly Notices of the Royal Astronomical Society. London. — Vol. **110** Nr. 1—6.

70. Monthly Notices of the Royal Astronomical Society. Geophysical Supplement. London. — Vol. **6** Nr. 1—2.

71. The Observatory. Oxford. — Vol. **70** Nr. 854—859.

72. Optik. Zeitschrift für das gesamte Gebiet der Licht- und Elektronenoptik. Stuttgart. — Band **6** Heft 1—6, Band **7** Heft 1—6.

73. Orion. Zeitschrift der Schweizerischen Astronomischen Gesellschaft. Bulletin de la Société Astronomique de Suisse. Genève bzw. Schaffhausen. — Band **3** Nr. 26—29.

74. Physica. Den Haag-Amsterdam. — Vol. **16** Nr. 1—12.

75. Popular Astronomy. A Review of Astronomy and Allied Sciences. Northfield, Minn., Carleton College. — Vol. **58** Nr. 1—10.

76*. Priroda (Natur). Moskau-Leningrad. — Tom **39** Nr. 1—12.

77. Proceedings of the National Academy of Sciences of the United States of America. Washington. — Vol. **36** Nr. 1—12.

78. The Proceedings of the Physical Society. Section A, Section B. London. — Vol. **63** Nr. 361—372.

79. Proceedings of the Royal Society. Series A. Mathematical and Physical Sciences. London. — Vol. **201**—**204** Nr. 1061—1077.

80*. Proceedings of the Section of Science. Koninklijke Akademie van Wetenschappen te Amsterdam.

81*. Publikationen (Trudy) des Geophysikalischen Instituts der Akademie der Wissenschaften der UdSSR. Verlag der Akademie der Wissenschaften der UdSSR, Moskau-Leningrad. — Nr. **12** (**139**).

82*. Publikationen (Trudy) des zentralen Forschungsinstituts für Geodäsie, Luftbildaufnahme und Kartographie. Verlag für geodätische und kartographische Literatur, Moskau. — Nr. **70**, **73**.

83. Publications of the Astronomical Society of the Pacific. San Francisco. — Vol. **62** Nr. 364—369.

84. Publications of the Astronomical Society of Japan. Tokyo. — Vol. **1** Nr. 4. Vol. **2** Nr. 1—2.

85. Reviews of Modern Physics. Published for the American Physical Society by the American Institute of Physics. Lancaster and New York. — Vol. **22** Nr. 1—4.

86. Mathematical Reviews. Published by the American Mathematical Society, Lancaster, Penn. — Vol. **11** Nr. 1—11.

87. The Physical Review. Series 2. Published for the American Physical Society by the American Institute of Physics. Lancaster, Pa., and New York. — Vol. **77** Nr. 1—12. Vol. **78** Nr. 1—12. Vol. **79** Nr. 1—12. Vol. **80** Nr. 1—12.

88. The Review of Scientific Instruments. New Series. Lancaster, New York. — Vol. **21** Nr. 1—12.

89*. Revista Astronomica. Organo Trimestral de la Asociacion Argentina «Amigos de la Astronomia». Buenos Aires.

90. Revue d'Optique Théorique et Instrumentale. Paris. — Tome **29** Nr. 5, 8—9, 10 (die übrigen Nummern sind nicht eingegangen).

91. Ríše hvězd. Herausgegeben von der Tschechischen Astronomischen Gesellschaft in Prag. — Band **31** Nr. 1—10 (tschechisch, Inhalt auch in russischer und englischer Sprache) von J. Bouška, Prag, referiert.

92. Naturwissenschaftliche Rundschau. Wissenschaftliche Verlagsgesellschaft m.b. H., Stuttgart. — Jahrgang **3** Heft 1—12.

93. Scientia. Internationale Zeitschrift für wissenschaftliche Synthese. Bologna. — Vol. **85** Nr. 1—12.

94. Sitzungsberichte der Deutschen Akademie der Wissenschaften zu Berlin. Mathematisch-naturwissenschaftliche Klasse. Akademie-Verlag, Berlin. — Jahrgang 1950 Nr. **1**.

95. Sitzungsberichte der mathematisch-naturwissenschaftlichen Klasse der Bayerischen Akademie der Wissenschaften zu München. — Jahrgang **1949**, **1950**.

96. Sitzungsberichte. Österreichische Akademie der Wissenschaften. Mathematisch-naturwissenschaftliche Klasse. Abteilung IIa, Wien. — Band **158** Heft 1—10. Band **159** Heft 1—10.

97. Sky and Telescope. Harvard College Observatory, Cambridge, Mass. — Vol. **9** Nr. 3—12. Vol. **10** Nr. 1—2.

98. Southern Stars. The Journal of the Royal Astronomical Society of New Zealand. — Vol. **14** Nr. 7—10, Serial Nr. 101—104.

99. Die Sterne. Monatsschrift über alle Gebiete der Himmelskunde. Verlag Johann Ambrosius Barth, Leipzig. — **26**. Jahrgang Heft 1—12.

100. Sternenwelt. Populäre Zeitschrift für Astronomie und ihre Geschichte. München. Verlag S. Lux, Murnau, Obb., später Sternenwelt-Verlag, München 8. — **2**. Jahrgang Heft 1—12.

101. The Strolling Astronomer. Association of Lunar and Planetary Observers. Albuquerque, New Mexico. — Vol. **4** Nr. 1—12.

102. Populär Astronomisk Tidskrift. Stockholm. — Årgång **31** Häfte 1—4.

103. Nordisk Astronomisk Tidsskrift. Kopenhagen. — **1950** Nr. 1—4.

104. Transactions of the International Astronomical Union. — Vol. **7**.

105*. Die Umschau. Halbmonatsschrift für die Fortschritte in Wissenschaft und Technik. Frankfurt am Main. — Wird nur auszugsweise referiert.

106*. Universitas. Zeitschrift für Wissenschaft, Kunst und Literatur. Stuttgart. — Wird nur auszugsweise referiert.

107*. El Universo. Organo de la Sociedad Astronómico de México. — Jahrgang 1949 und 1950 nicht eingegangen. (1950 von A. Güttler referiert).

108. Urania. Populært astronomisk Tidsskrift. Kopenhagen. — Band **7** Nr. 1–12.

109. Urania. Revista de Astronomia y Ciencias Afines. Organo Oficial de la Sociedad Astronómica de España y América y de la Unión Nacional de Astronomia y Ciencias Afines. Barcelona. — Año **35** Nr. 221—224.

110. Veränderliche Sterne. Bulletin, herausgegeben vom Astronomischen Rat der Akademie der Wissenschaften der UdSSR. Moskau-Leningrad. — Tom **7** Nr. 4—6 (70—72).

111. Vierteljahrsschrift der Naturforschenden Gesellschaft Zürich. Verlag Gebr. Fretz AG., Zürich. — Jahrgang **95** Heft 1—4.

112. Weltraumfahrt. Beiträge zur Weltraumforschung und Astronautik. Umschau-Verlag, Frankfurt am Main. — Jahrgang **1950** Heft 1—6.

113. Zeitschrift für Astrophysik. Springer-Verlag, Berlin-Göttingen-Heidelberg. — Band **27** Heft 1—3. Band **28** Heft 1.

114. Zeitschrift für Naturforschung. Verlag der Zeitschrift für Naturforschung, Tübingen. — Band **5a** Heft 1—12.

115. Zeitschrift für Physik. Springer-Verlag, Berlin-Göttingen-Heidelberg. — Band **127** Heft 1—12. Band **128** Heft 1—12.

116. Deutsche Hydrographische Zeitschrift. Deutsches Hydrographisches Institut, Hamburg. — Band **3** Heft 1—6.

117. Zentralblatt für Mathematik und ihre Grenzgebiete. Springer-Verlag, Berlin-Göttingen-Heidelberg. — Band **33** Heft 1—10. Band **34** Heft 1—10. Band **35** Heft 1—10.

118. Astronomisches Zirkular. Herausgegeben vom Büro der Astronomischen Mitteilungen der Akademie der Wissenschaften der UdSSR. Kasan. — Nr. 94—108.

V. Veröffentlichungen von Sternwarten und Instituten

Die unten genannten Sternwarten sind in dem Verzeichnis der Veröffentlichungen von Sternwarten und Instituten unter dem Ort (rechte Spalte dieser Tabelle) aufgeführt.

Name	Ort
Allegheny Observatory	Pittsburgh
Carter Observatory	Wellington, N. Z.
Commonwealth Scientific and Industrial Research Organization, Australia	Sydney
Dearborn Observatory of Northwestern University	Evanston, Ill.
Dominion Observatory	Ottawa
Dominion Astrophysical Observatory	Victoria, Canada
David Dunlap Observatory, University of Toronto	Richmond Hill
Dunsink Observatory	Dublin
Observatorio del Ebro	Tortosa
Engelhardt Observatorium	Kasan
Observatorio Fabra	Barcelona
Flower Astronomical Observatory	Upper Darby, Penn.
Harvard College Observatory	Cambridge, Mass.
Kapteyn Astronomical Laboratory	Groningen
Lick Observatory	Mount Hamilton
Goethe Link Observatory of Indiana University	Bloomington
Lowell Observatory	Flagstaff, Ariz.
Leander McCormick Observatory of the University of Virginia	Charlottesville
McDonald Observatory	Fort Davis, Tex.
Observatory of the University of Michigan	Ann Arbor
Astronomical Observatory, University of Minnesota	Minneapolis
Perkins Observatory	Delaware, Ohio
Radcliffe Observatory	Pretoria
Smithsonian Institution	Washington
Sproul Observatory	Swarthmore, Penn.
Staatliches Astronomisches Sternberg-Institut	Moskau
Union Observatory	Johannesburg
Vassar College Observatory	Poughkeepsie, N. Y.
Warner and Swasey Observatory	Cleveland, Ohio
Washburn Observatory of the University of Wisconsin	Madison
Astronomical Observatory of Yale University	New Haven, Conn.
Yerkes Observatory	Williams Bay, Wis.

Århus

119. Meddelelser fra Ole Rømer-Observatoriet i Århus.
Nr. **21**: A. V. Nielsen, On two bright meteors. 1. The detonating meteor of 1948 May 19th. 2. The bright meteor of 1909 August 19th. Ref. **8278**.

Abastumani

120. Bulletin des Astrophysikalischen Observatoriums Abastumani auf dem Kanobili.
Nr. **11**: N. L. Magalaschwili, Elektrokolorimetrie des spektroskopischen Doppelsterns Y Aql. Ref. **10218**.
W. B. Nikonow, E. S. Brodskaja, Lichtelektrische Beobachtungen von α^2 Canum Venaticorum. Ref. **11235**.
T. A. Kotschlaschwili, Photovisuelle Helligkeiten von Sternen und die selektive Absorption in drei Milchstraßenfeldern in den Sternbildern Perseus, Zwillinge und Schwan. Ref. **9408**.
L. N. Radlowa, Die Farbverteilung in den zentralen Gebieten des Andromedanebels. Ref. **12417**.
M. A. Waschakidse, Untersuchung der Polarisation der inneren Korona nach Beobachtungen während der totalen Sonnenfinsternis vom 9. Juli 1945. Ref. **6202**.
A. W. Markow, Reflexionsfähigkeit und Farbenindizes von der Erde und von Monddetails nach lichtelektrischen Messungen. Ref. **7209**.
N. G. Magnaradse, Über die Konvergenz von Reihenentwicklungen des Newtonschen Potentials der elliptischen Bahn in gewissen Grenzpunkten des Konvergenzgebiets. Ref. **4216**.
N. G. Magnaradse, Über die Abschätzung der Restglieder von Reihenentwicklungen des Newtonschen Potentials der elliptischen Bahn. Ref. **4217**.
S. M. Tschchaidse, Die Sonnenstrahlung und die Trübheit der Atmosphäre auf dem Kanobiliberg. Ref. **1201**.

Abbadia

121. Septième Catalogue, comprenant 1315 étoiles dont 709 fondamentales de +45° à −26° observées en 1933, 1934, réduites à 1925,0. Ref. **9118**.

Amsterdam

122. Circular of the Astronomical Institute of the University of Amsterdam.
Nr. 1: H. Zanstra, The value of observations of continuous spectra in the chromosphere and prominences. Ref. **6634**.

Arcetri

123. Osservazioni e Memorie dell'Osservatorio Astrofisico di Arcetri.
Nr. **66**: G. Righini, Valori relativi di gf per 335 righe del Vanadio neutro. Vgl. AJB **49** Ref. 235.
M. C. Ballario, Misure fotometriche dei brillamenti cromosferici in luce di Calcio. Ref. **6602**.
G. Righini, Brillamenti solari osservati allo spettroelioscopio (Giugno—Dicembre 1949). Ref. **6637**.
M. C. Ballario, Brillamenti cromosferici osservati alla torre solare di Arcetri nel 1949. Ref. **6637**.
M. G. Fracastoro, Studio spettrofotometrico di Zeta Aurigae durante il minimo 1947—1948. Ref. **11106**.

G. Abetti, Osservazioni di protuberanze e della cromosfera solare eseguite nel 1949. Ref. **6637**.
M. G. Fracastoro, Grandezze assolute di stelle tipo A da misure di larghezze equivalenti di righe dell'Idrogeno. Ref. **9513**.
G. Righini, G. Godoli, Riduzione del materiale spettroeliografico raccolto alla torre solare di Arcetri nel periodo 1932—1949. Ref. **6620**.

Armagh

124. Contributions from the Armagh Observatory.
Nr. **5**: E. J. Öpik, Secular changes of stellar structure and the ice ages. Ref. **5224**.

125. Armagh Observatory Leaflet.
Nr. **1**: E. M. Lindsay, Progress at Armagh Observatory. Ref. **1202**.
2: E. M. Lindsay, Exploring between the stars. Ref. **12511**.
3: E. J. Öpik, Mars and the asteroids. Ref. **7415**. Roche's limit. Ref. **7705**. Noise in stars. Ref. **5226**.
4: E. J. Öpik, Dust and the planets. Ref. **7013**.
5: E. B. Armstrong, Geometrical optics, and the Schmidt camera. Ref. **2002**.
6: E. J. Öpik, Interstellar meteors and related problems. Ref. **8237**.

Asiago

126. Contributi dell'Osservatorio Astrofisico dell'Università die Padova in Asiago.
Nr. **14**: G. Mannino, L. Rosino, Sul moto proprio relativo di alcune variabili tipo SS Cygni. Ref. **9207**.
15: G. Silva, A. Gennaro, S. Taffara, G. Mannino, G. de Strobel, Studio della flessione dell'astrospettrografo dell'Osservatorio Astrofisico di Asiago. Ref. **2134**.
16: G. Silva, Prima ed ultima visibilità della falce lunare dopo o avanti il novilunio. Ref. **7321**.
17: S. Taffara, G. Mannino, Osservazioni fotografiche e fotovisuali ed elementi provvisori della variabile ad eclisse LN Cygni. Ref. **11135**.
18: S. Taffara, Una nuova variabile a lungo periodo nella costellazione di Perseo. Ref. **11136**.
19: G. Mannino, Periodo e curva di luce della stella variabile IV Cygni. Ref. **11153**.

Athen

127. National Observatory of Athens – Greece. Bulletin of the Astronomical Institute. Year: 1950.
Nr. 1—5: § **63, 73, 74, 76, 77, 113**.

Bamberg

128. Kleine Veröffentlichungen der Remeis-Sternwarte.
Nr. 1: E. Zinner, Ein Kalendervorschlag. Vgl. AJB **45** Ref. **2624**.
E. Zinner, Das Verhalten der Tiere bei Sonnenfinsternissen. Vgl. AJB **45** Ref. **4206**.
E. Zinner, Nachtrag zum Wetter von Bamberg.
E. Zinner, Die Allensteiner Sonnenuhr des Nikolaus Coppernicus. Vgl. AJB **45** Ref. **645**.
E. Zinner, Neues über Tycho Brahe. Vgl. AJB **45** Ref. **3107**.
E. Zinner, Die vermißten Sterne des Hevelius. Vgl. AJB **45** Ref. **644**.

E. Zinner, Alte Beobachtungen des Sternes *o* Ceti. Vgl. AJB **45** Ref. **8435**.
E. Zinner, Sprunghafte Änderungen der Sterne. Vgl. AJB **45** Ref. **8436**.
2: E. Zinner, Zur Ulmer Sternkunde und Uhrmacherei im Mittelalter. Vgl. AJB **47** Ref. **627**.
E. Zinner, Über die früheste Form des Astrolabs. Vgl. AJB **47** Ref. **628**.
H. U. Sandig, Zur Beobachtungsgeschichte des Zodiakallichtes. Vgl. AJB **47** Ref. **619**.
3: Vgl. AJB **49** S. XVII Nr. 128.
4: E. Zinner, Die Remeis-Sternwarte zu Bamberg in den Jahren 1940—49. Ref. **1204**.
E. Zinner, Die alten Domuhren in Bamberg. Ref. **1451**.
E. Zinner, Neue Angaben über das Verhalten der Tiere bei Sonnenfinsternissen. Ref. **650**.
E. Zinner, Die Pommersfelder Handschrift 66. Ref. **1452**.
E. Zinner, War Coppernicus ein Sarmate oder Pole? Ref. **1055**.
5: H. U. Sandig, Untersuchungen über Ruhe und Durchsicht der Luft in Bamberg. Ref. **7274**.

Barcelona

129. Sección Astronómica del Observatorio Fabra. Sonderdruck.
J. J. de Orús Navarro, La forma de las nebulosas extragalácticas. Ref. **12414**.

Belgrad

130. Publications de l'Observatoire Astronomique de l'Université de Belgrade. Bulletin Nr. **6, 7**. § **11, 23, 24, 63, 75, 81**.
131. Publications de l'Observatoire Astronomique de Belgrade. Mémoires.
Nr. **5**: P. M. Djurković, Identification d'un astéroïde inconnu X avec la petite planète connue P. Ref. **7510**.
B. Popović, Nouvelle méthode pour obtenir les équations des perturbations des éléments elliptiques. Ref. **4220**.
M. B. Protitch, Sur la détermination de l'orbite circulaire d'après une position observée et le mouvement diurne. Ref. **4513**.
B. Popović, Liaison entre deux systèmes d'équations des perturbations des éléments vectoriels. Ref. **4221**.

Bergedorf

Siehe unter Hamburg.

Berlin

132. Berliner Astronomisches Jahrbuch für 1951, 1952. Ref. **401**.
133. Mitteilungen der Archenhold-Sternwarte, Berlin-Treptow.
Nr. **13**: D. Wattenberg, Tätigkeitsbericht für das Jahr 1949. Ref. **1101**.
14: D. Wattenberg, Friedrich Simon Archenhold. Sein Leben und Werk. Ref. **1053**.
15: E. Mädlow, Treptower Jupiterarbeiten 1945—1949. Ref. **7603**.

Bern

134. Veröffentlichungen des Astronomischen Instituts der Universität Bern.
Nr. **4**: R. Kurth, Zur Dynamik instationärer Sternsysteme. Vgl. AJB **49** Ref. **4413**.

5: R. Kurth, Über den Zusammenhang zwischen dynamischer Kosmologie und Stellardynamik. Vgl. AJB **49** Ref. **4129**.
6: R. Kurth, Massenabschätzungen der kugelförmigen Stern- und Nebelhaufen auf dynamischer Grundlage. Ref. **4412**.
7: R. Kurth, Die Masse des Milchstraßensystems. Ref. **12334**.

Bjurakan

135. Mitteilungen (Soobschtschenija) des Observatoriums Bjurakan.
Nr. **5**: B. E. Markarjan, Über die Klassifikation der offenen (galaktischen) Sternhaufen I. Ref. 12111.

Bologna

136. Pubblicazioni dell'Osservatorio Astronomico Universitario di Bologna.
5 11: G. Horn-d'Arturo, Altri esperimenti con lo specchio a tasselli. Ref. **2121**.
12: L. Rosino, Ricerche sugli ammassi globulari. III. Su alcune interessanti stelle variabili appartenenti o vicine all'ammasso globulare M 56 della Lira. Ref. 12129.
13: P. Tempesti, Ricerche sulla variabile BT Lacertae. I. La curva di luce dal settembre 1946 al maggio 1950. Ref. **11190**.

Bordeaux

137. Observatoire de l'Université de Bordeaux (Floirac). Série A.
Nr. **1**: M. Mendes, Sur les transformations canoniques. Ref. 115.
138. Publications de l'Observatoire de Bordeaux. Nouvelle Série.
Nr. **8**: R. Mercier, Une nouvelle méthode pour le calcul des orbites des étoiles doubles visuelles. Ref. **10109**.
P. Sémirot, Principes d'un nouvel instrument des passages. Vgl. AJB **51**.
Chopinet, P. Sémirot, Détermination des mouvements propres des étoiles du catalogue photographique par contretypage. Ref. **9203**.
Chopinet, M. Dupouy, Teulet, Positions photographiques de Némausa. Vgl. AJB **51**.
Dubois, R. Mercier, Mesures d'étoiles doubles au micromètre à double image de Muller. Vgl. AJB **51**.
9: Vgl. AJB **51**.
10: L. Pourtau, Positions et mouvements propres de 357 étoiles de repère de la zône +16° à +18° pour l'époque et l'équinoxe 1950.0. Ref. **9208**.

Breslau

Siehe unter Wroclaw.

Bruxelles

139. Université de Bruxelles. Institut d'Astronomie.
(1) Nr. **9**: J. F. Cox, F. H. van den Dungen, J. van Mieghem, Sur l'influence de la mise en évidence de fluctuations de la rotation de la terre sur quelques vues inspirées de l'astronomie grecque. Ref. **609**.
10: J. van Mieghem, Les bilans de la quantité de mouvement et de l'énergie mécanique dans l'atmosphère. Ref. **7247**.
140. Université de Bruxelles. Institut d'Astronomie.
(2) Nr. **54**: M. Laurent, Sur les fluctuations de période annuelle de la rotation de la Terre. Ref. **13111**.

55: F. H. van den Dungen, J. F. Cox, J. van Mieghem, Sur les fluctuations saisonnières de la rotation du globe terrestre. Ref. **13104**.
56: J. F. Cox, F. H. van den Dungen, Les valeurs extrèmes de l'angle de position de l'axe de rotation du soleil. Ref. **6005**.
J. Brouet, Valeurs particulières de l'angle de position de l'axe de rotation du soleil. Ref. **6003**.
57: E. Schatzman, Expérience et réalité en astrophysique. Ref. **5004**.
58: E. Schatzman, La turbulence dans les atmosphères stellaires. Ref. **5135**.
59: F. H. van den Dungen, J. F. Cox, J. van Mieghem, La définition de l'unité fondamentale de temps. Ref. **3105**.
60: F. H. van den Dungen, J. F. Cox, J. van Mieghem, Sur quelques astronomes qui n'ont pas postulé implicitement l'uniformité de la rotation de la terre. Ref. **1407**.

Budapest-Szabadsághegy

141. Mitteilungen der Konkoly Sternwarte.
Nr. **23**: J. Balázs, L. Detre, Untersuchungen über die Perioden- und Lichtkurvenänderungen von kurzperiodischen δ Cephei-Sternen VI. RW Cancri. Ref. **11143**.

Cambridge, Engl.

142. Contributions from the Cambridge Observatories.
Nr. **4**: E. H. Linfoot, On phase-contrast testing with a slit source. Ref. **2018**.

Cambridge, Mass.

143. Annals of Harvard College Observatory.
88 7: H. Shapley, R. B. Jones, V. McKibben Nail, A census of northern galaxies in an area of 3600 square degrees. Ref. **12421**.
115 12: C. Payne-Gaposchkin, Variable stars in Milton field 43. Ref. **11219**.
13: S. Gaposchkin, Variable stars in Milton field 42. Ref. **11204**.
14: C. Payne-Gaposchkin, Variable stars in Milton field 41. Ref. **11220**.
15: S. Gaposchkin, Variable stars in Milton field 40. Ref. **11205**.
16: C. Payne-Gaposchkin, Variable stars in Milton field 39. Ref. **11221**.
17: S. Gaposchkin, Variable stars in Milton field 38. Ref. **11206**.
18: C. Payne-Gaposchkin, Variable stars in Milton field 37. Ref. **11222**.
19: S. Gaposchkin, Variable stars in Milton field 36. Ref. **11207**.
20: C. Payne-Gaposchkin, Variable stars in Milton field 35. Ref. **11223**.
21: S. Gaposchkin, Variable stars in Milton field 34. Ref. **11208**.
22: C. Payne-Gaposchkin, Variable stars in Milton field 33. Ref. **11224**.
23: S. Gaposchkin, Variable stars in Milton field 32. Ref. **11209**.
24: C. Payne-Gaposchkin, Variable stars in Milton field 31. Ref. **11225**.
25: S. Gaposchkin, Variable stars in Milton field 30. Ref. **11210**.
26: C. Payne-Gaposchkin, Variable stars in Milton field 29. Ref. **11226**.
27: S. Gaposchkin, Variable stars in Milton field 28. Ref. **11211**.
119 1: D. Hoffleit, The spectra and absolute magnitudes of 500 A3—G2 stars. Ref. **9518**.

144. Harvard College Observatory Circular.
Nr. **455**: A. P. Linnell, A study of UX Ursae Majoris. Ref. **11118**.

145. Harvard Reprint.
Nr. **333**: H. Shapley, Galactic and extragalactic studies, XX. On the distribution of 78,000 of the brighter northern galaxies. Ref. **12423**.
334: Y. Öhman, The use of Savart fringes in the observation of Zeeman effects in sunspots. Ref. **6321**.
335: S. P. Wyatt jr., F. L. Whipple, The Poynting-Robertson effect on meteor orbits. Ref. **8244**.
336: M. K. V. Bappu, The spectrum of the light of the night sky during the recent sunspot maximum. Ref. **7296**.
337: F. L. Whipple, A comet model. I. The acceleration of comet Encke. Ref. **8026**.
338: C. Warwick, The effect of irregular absorption on galaxy distribution. Ref. **12524**.
339: M. W. Mayall, Variable star notes from the American Association of Variable Star Observers in 1950. Ref. **11217**.
340: I. King, On the derivation of space densities in globular clusters. Ref. **12125**.
341: W. O. Roberts, Observation of chromospheric opacity. Ref. **6623**.

146. Harvard Reprint Series II.
Nr. **33**: D. H. Menzel, C. B. Wyatt, Astrophysicists watch the sun. Ref. **6017**.
34: R. N. Thomas, The ballistic contribution to meteorics. Ref. **8242**.
35: F. W. Wright, F. L. Whipple, The photographic Taurid meteors. Ref. **8275**.

147. Harvard College Observatory. The American Association of Variable Star Observers. Quarterly Report.
Nr. **1**, **2**: M. W. Mayall, Observations of variable stars. Ref. **11218**.

148. Harvard College Observatory. Annual Report.
Ref. **1101**.

149. Harvard College Observatory. Announcement Card 1054—1066, 1068—1109. Nr. 1067 nicht eingegangen.

Canberra

150. Memoirs of the Commonwealth Observatory, Mount Stromlo, Canberra.
3 1 (11): W. B. Rimmer, C. W. Allen, Solar radiation observations on Mount Stromlo 1927—1939. Ref. **6525**.

151. Commonwealth Observatory Canberra. Report of the Commonwealth Astronomer for the year 1949. Ref. **1101**.

Cape

152. Annals of the Cape Observatory.
14 Part 4: J. Jackson, Results of meridian observations of the Sun, Mercury and Venus made at the Royal Observatory, Cape of Good Hope, in the years 1925 to 1936. Ref. **6001**, **7101**, **7107**.

Capodimonte

Siehe unter Napoli.

Cartuja

153. Boletin Mensual del Observatorio de Cartuja, Granada. Observaciones astronómicas y sísmicas. Abril de 1947—Diciembre de 1949. Ref. **6341**.

Castel Gandolfo

154. Specola Astronomica Vaticana. Ricerche Astronomiche.
2 7: W. J. Miller, The first three Vatican variables, VV 1—3. Ref. **11003**.
8: J. W. Stein, Esame critico intorno alla scoperta di Vespucci circa la determinazione delle longitudini in mare mediante le distanze lunari. Ref. 1437.
9: J. de Kort, A. Zirwes, Observations of comet 1946 a Timmers. Ref. **8150**.
J. de Kort, Observations of comets 1948g Honda-Bernasconi and 1949c Bappu-Bok-Newkirk. Ref. **8162**, **8171**.

155. Specola Astronomica Vaticana. Miscellanea Astronomica.
3 97: J. W. Stein, The meridian room in the Vatican «Tower of the Winds». Ref. **1211**.
98: J. W. Stein, The meridian line of Pope Clement XI in the Church of Santa Maria degli Angeli. Ref. **1211**.
99: J. W. Stein, Les dates de la naissance et de la mort du philosophe Proclus. Ref. **1050**.
100: J. W. Stein, A singular interpretation of the Koran. Ref. **643**.
101: J. W. Stein, The celestial globe of Jodocus Hondius of 1600. Ref. **1438**.
102: J. W. Stein, Saint Albert le Grand et l'astronomie. Ref. **1439**.
103: J. W. Stein, Copernic était-il prêtre? Ref. **1051**.
104: J. W. Stein, Galileo Galilei und P. Christoph Clavius. Ref. **1440**.
105: J. W. Stein, Le quatrième centenaire de la naissance de Tycho Brahé. Ref. **1052**.

Catania

156. Osservatorio Astrofisico-Catania. Contributi Astrofisici.
Nr. **69**: L. Taffara, L'attività del Sole nell'anno 1949. Ref. **6341**.

157*. Osservatorio Astrofisici di Catania. Annuario 1951. Ref. **427**, **1101**.

158. R. Osservatorio Astrofisico di Catania. Catalogo Astrofotografico Internazionale 1900.0. Zona di Catania fra le declinazioni +46° e +55°. Vol. **3** parte 8. Declinazione da +48° a +50°, Ascensione Retta da 21^h a 24^h. Fasc. Nr. 24. Ref. **9120**.

Charkow

159. Zirkular des Astronomischen Observatoriums der Gorkij-Staatsuniversität Charkow.
Nr. **4**: L. I. Krissenko, R. M. Rapota, Die Aktivität der Sonnenphotosphäre und -chromosphäre vom 1. Juli bis 31. Dezember 1949 nach Beobachtungen am Astronomischen Observatorium Charkow. Ref. **6341**, **6637**.
S. I. Bruk, Beobachtungen von Sternbedeckungen im Jahre 1949. Ref. **7356**.

Cincinnati

160. Minor Planets for 1951. Opposition Ephemerides. Ref. **7501**.

161. Minor Planet Circulars. MPC Nr. 343—489. Ref. **7557**.

Cluj

162. Publicatiile Observatorului Astronomic din Cluj.
Nr. **6**: I. Armeanca, Despre luminozitatea cometei 1937f (Finsler). Ref. **8136**.

7: G. Chiș, Orbita definitivă a cometei 1937 IV (Whipple) = 1937b. Ref. **8135**.

Coimbra

163. Efemérides Astronómicas para o ano de 1951. Ref. **402**.

Cordoba

164. Observatorio de Cordoba. Tirada Aparte.

Nr. **36**: Nicht eingegangen.
37: J. Sahade, J. Landi Dessy, The spectroscopic binary CPD −61°669. Ref. **10219**.
38: J. Sahade, Spectrographic observations of the eclipsing variable UX Monocerotis at Bosque Alegre. Ref. **11235**.
39: J. Sahade, J. Landi Dessy, The radial velocities of CPD −63°896. Ref. **9217**.
40: E. Gaviola, Eta Carinae. I. The nebulosity. Ref. **11319**.
41: J. Sahade, On the spectroscopic binary τ^9 Eridani. Ref. **10212**.
42: J. Sahade, J. Albarracín, Spectrographic observations of the star η_1 Hydri. Ref. **11179**.
43: J. Sahade, A change in the spectrum of Lambda Pavonis. Ref. **9555**.
44: J. Sahade, The spectrum of comet 1948 l. Ref. **8167**.
45: A. Völsch, Occultations of stars by the moon observed during the years 1948 and 1949. Ref. **7356**.
46: J. Bobone, Photographic observations of comets. § **81**.

Delaware

165. Contributions from the Perkins Observatory.

Nr. **26**: P. C. Keenan, J. A. Hynek, Neutral oxygen in stellar atmospheres. Ref. **5114**.

Dublin

166. Dunsink Observatory Reprints.

Nr. **1**: H. E. Butler, Recordings of scintillation. Ref. **7229**.

Edinburgh

167. Publications of the Royal Observatory, Edinburgh.

1 4: M. A. Ellison, Ionospheric effects of solar flares. Ref. **7285**.

Flagstaff

168. Contribution from the Project on Planetary Atmospheres.

Nr. **1**: H. A. Panofsky, S. L. Hess, Zonal index and the motion of the Great Red Spot on Jupiter. Ref. **6820**.
2: S. L. Hess, A meteorological approach to the question of water vapor on Mars and the mass of the martian atmosphere. Vgl. AJB **48** Ref. **7409**.
3: H. L. Johnson, A method of reducing the effective time-constant of astronomical photoelectric photometers. Vgl. AJB **48** Ref. **2212**.
4: H. L. Johnson, A comparison of the «constant-deflection» method of photoelectric photometry with «electron-counting» methods. Vgl. AJB **49** Ref. **2219**.
5: S. L. Hess, Some aspects of the meteorology of Mars. Ref. **7412**.

Fort Davis

169. Contributions from the McDonald Observatory, University of Texas.

Nr. **176**: P. D. Jose, P. Swings, The spectrum of comet 1948l. Ref. **8167**.
177/180: Siehe AJB **49**.
181: G. H. Herbig, The spectrum of the nebulosity surrounding T Tauri. Ref. **12207**.
182: O. Struve, B. Smith, The velocity-curve of R Canis Majoris. Ref. **10219**.
183: G. H. Herbig, Spectra of variable stars in the Orion nebula. Ref. **11170**.
184: W. P. Bidelman, The peculiar star HD 30353. Ref. **9505**.
185: L. Gratton, Ca II emission in Lambda and Zeta Andromedae. Ref. **10201**.
186: P. Swings, T. Page, The spectrum of comet Bester (1947k). Ref. **8158**.
187: C. T. Elvey, Note on the spectrum of the airglow in the red region. Ref. **72103**.
188: P. Swings, P. D. Jose, The spectra of the Wolf-Rayet stars in the region $\lambda\lambda$ 6500—8800. Ref. **9547**.
189: O. Struve, H. G. Horak, R. Canavaggia, V. Kourganoff, A. Colacevich, Occasional spectrographic observations of eclipsing binaries. Ref. **11131**.
190: P. Pişmiş, G. Haro, O. Struve, The spectroscopic binary Delta Orionis. Ref. **10211**.
191: O. Struve, H. G. Horak, Spectrographic observations of W Ursae Majoris. Ref. **11132**.
192: O. Struve, Spectrographic observations of the eclipsing binaries TW Cassiopeiae, TY Puppis, and VV Ursae majoris. Ref. **11133**.
193: B. Smith, O. Struve, The radial velocity of Gamma Cassiopeiae. Ref. **11186**.
194: G. Münch, A spectrographic study of HD 193576. Ref. **11126**.
195: W. A. Hiltner, Photometric investigations of the Wolf-Rayet binary CQ Cephei. Ref. **11110**.
196: W. A. Hiltner, O. Struve, P. D. Jose, The light-curve of UX Monocerotis. Ref. **11111**.
197: R. H. Hardie, A study of the spectroscopic binary U Cephei. Ref. **10202**.

Freiburg i. Br.

170. Veröffentlichungen des Fraunhofer-Instituts Freiburg i. Br.

Sonnenzirkular für den Monat Juli 1949—September 1950. § **63**, **66**, **67**, **72**, **127**.

Georgetown, Wash.

171. Georgetown Observatory Reprint.

Nr. **13**: Nicht eingegangen.
14: F. J. Heyden, Photogrammetry in astronomy. Ref. **2014**.
15: M. F. McCarthy, Fr. Secchi and stellar spectra. Ref. **1422**.

Glasgow

172. Glasgow University Observatory Reprint.

Nr. **25**: P. A. Sweet, The effect of turbulence on a magnetic field. Ref. **6113**.
26: L. Randič, Schmidt's theory of the origin of visual binary stars and of the solar system. Ref. **5522**.

27: W. M. Smart, Presidential adress, on the award of the Gold Medal to Professor Joel Stebbins. Ref. 1048.
28: P. A. Sweet, The importance of rotation in stellar evolution. Ref. 4313.

Göttingen

173. Veröffentlichungen der Universitäts-Sternwarte zu Göttingen.
Nr. 95: H. H. Voigt, Dämpfung und Mitte-Rand-Variation der Flügel der Mg-Serie $3^1 P—n^1 D$ auf der Sonne. Ref. 6434.
96: P. ten Bruggencate, Bemerkungen über den Zusammenhang zwischen dem Rosseland'schen und dem Chandrasekhar'schen Wert für die Opazität in Sternatmosphären. Ref. 5104.
97: S. Günther, Das Farbenhelligkeitsdiagramm der Plejaden. Ref. 12109.
98: S. Günther, Untersuchungen an Farbenindizes I. Die Abweichungen der Sternstrahlung von schwarzer Strahlung. Ref. 9406.
99: S. Günther, Untersuchungen an Farbenindizes II. Das Farbenhelligkeitsdiagramm der nächsten Sterne. Ref. 9407.
100: P. ten Bruggencate, H. Gollnow, F. W. Jäger, Über einen Versuch, die wahre Intensitätsverteilung am äußersten Sonnenrand zu ermitteln. Ref. 6402.

174. Mitteilungen der Universitäts-Sternwarte Göttingen.
Nr. 3: H. Strassl, Nomogramme zur Auflösung der Keplerschen Gleichung. Ref. 4515.
4: B. Meyermann, Zur Pulsation der Sonne. Ref. 6105.

Greenwich

175. Observations made with the Cookson Floating Zenith Telescope in the years 1927—1936 at the Royal Observatory, Greenwich and the determination of latitude and the constant of nutation from observations in the years 1911—1936. Ref. 3137, 9121, 13229.
176. Report of the Astronomer Royal to the Board of Visitors of the Royal Greenwich Observatory. Ref. 1101.
177. The Nautical Almanac and Astronomical Ephemeris for the year 1951. Ref. 403.
178. Apparent Places of Fundamental Stars 1951. Ref. 409.
179. The Nautical Almanac abridged for the use of seamen for the year 1950, 1951. Ref. 417.
180. The Air Almanac 1951. Ref. 421.
181. The Star Almanac for Land Surveyors for the year 1951. Ref. 422.

Groningen

182. Publications of the Kapteyn Astronomical Laboratory.
Nr. 54: L. Plaut, The elements of the eclipsing binaries brighter than photographic magnitude 8.50 at maximum. Ref. 11228.

Hamburg

183. Mitteilungen der Hamburger Sternwarte in Bergedorf.
8 67: W. Becker, J. Stock, Kolorimetrische Untersuchungen an offenen Sternhaufen in den Standard-Spektralbereichen der Integralphotometrie. Die Sterngruppe NGC 6913 = M 29. Ref. 12102.
68: Vgl. AJB 49 Ref. 12348.

69: Vgl. AJB **49** Ref. **12349.**
70: W. Fricke, Bewegungen und absolute Leuchtkräfte von Subzwergen. Ref. **12328.**
9 71: H. Kox, Über die Abhängigkeit der Sternörter des AGK2 Bergedorf und Bonn vom Spektraltypus. Ref. **2502.**
72: M. Beyer, Physische Beobachtungen von Kometen. VII. Ref. **8101.**
73: M. Beyer, Physische Beobachtungen von Kometen. VIII. Ref. **8102.**
21 211: H. Schirmer, Über die Ausbreitung von Stoßwellen in der Sonnenatmosphäre. Ref. **6106.**
212: W. Fricke, Ein Sensitometer zur Eichung photographischer Aufnahmen flächenhafter Objekte während der Beobachtung. Ref. **2212.**

184. Jahresbericht der Hamburger Sternwarte in Bergedorf für die Jahre 1948—1949. Ref. **1101.**

185. Deutsches Hydrographisches Institut. Jahresbericht Nr. **4** 1949. Ref. **1101.**

186. Nautisches Jahrbuch oder Ephemeriden und Tafeln für das Jahr 1951. Ref. **416.**

Haute-Provence

187. Publications de l'Observatoire de Haute-Provence.
(A) Nr. **18**: Tcheng Mao-Lin, Le spectre de Khi Cygni, peu avant le maximum d'éclat de 1948. Ref. **11189.**
19—24: Vgl. AJB **49.**
25: Tcheng Mao-Lin, Le spectre de AG Pegasi. Ref. **11188.**
26: Vgl. AJB **49.**
27: P. Bacchus, Orbite de l'étoile double spectroscopique Boss 4821. Ref. **10219.**

188. Publications de l'Observatoire de Haute-Provence.
(B) Nr. **28**: R. Peyturaux, Sur l'assombrissement centre-bord du soleil entre 6700 et 23000 Å. Ref. **6421.**

189. Publications de l'Observatoire de Haute-Provence.
2 Nr. 1: C. Fehrenbach, Contour d'une bande moléculaire non résolue. Etude des bandes de Swan de C_2. Ref. **2407.**
2: J. Cabannes, J. Dufay, M. Dufay, Le spectre du ciel nocturne dans le jaune et dans le rouge, de 5800 à 6900 Å. Ref. **72100.**
3: M. Barbière, Y. Ribelaygue, G. Courtès, C. Fehrenbach, Le spectre de la Nova Lacertae 1950. Ref. **11331.**
4: M. Barbière, G. Courtès, C. Fehrenbach, Note sur la vitesse radiale de l'étoile ζ Orion. Vgl. AJB **49** Ref. **9223.**
5: G. Courtès, La raie $^4S—^2D$ de l'azote observée au crépuscule. Ref. **72149.**
6: C. Fehrenbach, A. Duflot, Magnitudes de la Nova Lacertae 1950. Ref. **11331.**
7: R. Bouigue, Sur la vitesse radiale de ζ Persei. Ref. **9213.**
8: M. Bloch, Recherches sur les spectres de Nova Serpentis et Nova Cygni 1948. Ref. **11354, 11324.**
9: A. Couder, Correction des déformations thermiques des miroirs de télescope. Ref. **2113.**
10: Vgl. AJB **51.**
11: H. Andrillat, Température électronique des nébuleuses gazeuses N. G. C. 7027, N. G. C. 6572, N. G. C. 7662, N. G. C. 7009 et Orion. Ref. **12202.**
12: Vgl. AJB **51.**
13: J. Dufay, Sur le rayonnement du ciel nocturne dans le proche infrarouge. Ref. **72102.**

Heidelberg

190. Astronomisch-Geodätisches Jahrbuch für 1951, 1952. Ref. **404**.
191. Astronomische Grundlagen für den Kalender 1952. Ref. **410**.
192. Veröffentlichungen des Astronomischen Rechen-Instituts zu Heidelberg.
    Nr. **2**: A. König, K. Reinmuth, Nachweis der Beobachtungen und Berechnungen Kleiner Planeten 1939—1946. Ref. **7518**.
193. Astronomischer Jahresbericht. **48**. Band. Die Literatur des Jahres 1948. Ref. **701**.
194. Nachrichtenblatt der Astronomischen Zentralstelle. **4**. Jahrgang 1950 Nr. 1–11. Vorläufige Mitteilung Nr. 82—100.
195. A. Kopff, F. Gondolatsch, Grundbegriffe der Sphärischen Astronomie. Ref. **3002**.
196. Mitteilungen der Badischen Landessternwarte Heidelberg-Königstuhl.
    Nr. **75**: G. R. Miczaika, Vergleich der Spektren von K0-Riesen kleiner und großer Geschwindigkeit im Violetten. Ref. **9528**.
    76: A. Kopff, 50 Jahre Königstuhl-Sternwarte. Ref. **1224**.
    77: G. R. Miczaika, Spektrographische Beobachtungen von Be- und Ae-Sternen. III. Ref. **9529**.
    78: G. R. Miczaika, Eine neue spektroskopische Bahn von π^5 Orionis. Ref. **10219**.
    79: Berichtigung zu Mitt. Landessternw. Heidelberg Nr. **73**. Vgl. AJB **49** Ref. **2303**.
    80: G. R. Miczaika, Über das System φ Persei. Ref. **10207**.

Helsinki

197. Sonderdrucke des Astronomischen Observatoriums Helsinki.
    B. Qvist, On the integration of stellar models in radiative equilibrium. Ref. **5228**.
    G. Järnefelt, Reflections on the integration of stellar models. A task suited for modern mathematical machines. Ref. **5213**.
    P. Kustaanheimo, A note on a finite approximation of the Euclidean plane geometry. Nicht referiert.
    P. Kustaanheimo, On the differential effect of the galactic rotation. Ref. **12336**.
    J. Tuominen, A note on the theory of stellar dynamics, I and II. Ref. **4421**.

Istanbul

198. Publications of the Istanbul University Observatory.
    Nr. **37**: M. Hotinli, Second report on the solar foreshortening observations of the AAVSO. Ref. **6314**.
    38: M. Dizer, On an apparent earth-effect on sunspot activity. Ref. **6304**.
    39: M. Hotinli, Third report on the solar foreshortening observations of the AAVSO. Ref. **6315**.
199. Publications de l'Observatoire de Kandilli.
    O. N. Sipahioğlu, M. Dizer, La grande perturbation magnétique et l'aurore boréale du 20 février 1950. Ref. **72146**.
200. Istanbul Kandilli Rasathanesi.
    M. Dizer, Observations des taches solaires. Ref. **6341**.

Johannesburg

201. Union Observatory. Circular.

5 9 (109): E. L. Johnson, J. A. Bruwer, W. H. van den Bos, Occultations of stars by the moon, 1949. Ref. **7356**.
E. L. Johnson, Approximate positions of minor planets. Ref. **7557**.
E. L. Johnson, Photographic observations of minor planets. Ref. **7557**.
W. P. Hirst, Preliminary orbits of new minor planets. Ref. **7557**.
W. H. van den Bos, Orbits of double stars. Ref. **10118**.
W. H. van den Bos, Measures of double stars — 29th series. Ref. **10115**.
10 (110): W. S. Finsen, The statistics of Witwatersrand earth tremors, 1938.5 to 1949.0. Nicht referiert.
W. S. Finsen, The geographical distribution of some South African earthquakes. Nicht referiert.

Kanzelhöhe

202. Mitteilung aus dem Sonnenobservatorium auf der Kanzelhöhe in Kärnten.
Nr. **1**: A. Bruzek, Über eine Beziehung zwischen dem Auftreten von Protuberanzen und Koronahelligkeit in $\lambda = 5303$ Å. Ref. **6603**.

Kasan

203. Publikationen (Trudy) des Astronomischen Observatoriums der Lenin-Staatsuniversität Kasan.
Nr. **31**: A. D. Dubjago, Die Bewegung des periodischen Kometen Brooks von 1883 bis 1946. Ref. **8109**.
N. F. Nekljudowa, Über die Figur der regularisierten und nichtregularisierten Erde. Ref. **13114**.
A. I. Nefedjewa, Untersuchung des Verhaltens des Nadirpunktes am Meridiankreis des Astronomischen Engelhardt-Observatoriums. Ref. **2508**.

204. Bulletin des Astronomischen Engelhardt-Observatoriums der Lenin-Staatsuniversität Kasan.
Nr. **27**: D. J. Martynow, RX Cassiopeiae. Ref. **11235**.

Kiel

205. Sonderdruck der Sternwarte Kiel.
D. Labs, Eine einfache Näherungslösung für das Strahlungsgleichgewicht einer «grauen» Atmosphäre. Ref. **5121**.

Kiew

206. Publikationen (Publikazii) des Astronomischen Observatoriums Kiew.
Nr. **3**: S. K. Wsechswjatskij, Über die Entstehung der Kometen. Ref. **5433**.
A. A. Jakowkin, Versuch einer Bestimmung der Konstanten der physischen Libration des Mondes unter Berücksichtigung der Veränderungen seines Profils. Ref. **7308**.
S. K. Wsechswjatskij, Besonderheiten der Breitenasymmetrie in der Verteilung der Sonnenfleckenaktivität. Ref. **6334**.
A. F. Bogorodskij, E. N. Semanek, Über die Breitenasymmetrie in der Verteilung der Sonnenflecke. Ref. **6301**.
I. G. Koltschinskij, Einige Besonderheiten der Verteilung der Eruptionen auf der Sonnenscheibe. Ref. **6610**.
W. P. Konoplewa, Nachtrag zum Generalkatalog der absoluten Größen von Kometen von S. K. Wsechswjatskij. Ref. **8011**.

W. Proskurjakow, I. Krawtschuk, Beobachtungen von Telemeteoren am Astronomischen Observatorium Kiew 1940. Ref. 8240.
I. G. Koltschinskij, Zwei Beobachtungsmethoden der atmosphärischen Dispersion. Ref. 2412.
S. K. Wsechswjatskij, E. W. Sandakowa, Örter von Kleinen Planeten und Kometen nach Beobachtungen am Astronomischen Observatorium Kiew. Ref. 7557, § 81.
D. W. Pjaskowskij, Meridianbeobachtungen Kleiner Planeten und des Uranus am Astronomischen Observatorium Kiew. Ref. 7557, 7801.
A. A. Jakowkin, Beobachtungen von Sternbedeckungen am Astronomischen Observatorium Kiew 1947. Ref. 7356.
S. K. Wsechswjatskij, Tätigkeitsbericht des Astronomischen Observatoriums Kiew für das Jahr 1947. Ref. 1101.
S. K. Wsechswjatskij, Tätigkeitsbericht des Astronomischen Observatoriums der Schewtschenko-Staatsuniversität Kiew für das Jahr 1948. Ref. 1101.
S. K. Wsechswjatskij, Tätigkeitsbericht des Astronomischen Observatoriums der Schewtschenko-Staatsuniversität Kiew für das Jahr 1949. Ref. 1101.

Nr. 4: A. F. Bogorodskij, N. A. Chinkulowa, Über die Verteilung der Elektronendichte in der Sonnenkorona. Ref. 6701.
N. A. Jakowkin, Die Ionendichte in der Sonnenkorona. Ref. 6708.
S. K. Wsechswjatskij, Die jährliche Variation der Sonnenaktivität. Ref. 6335.
A. F. Bogorodskij, I. G. Koltschinskij, Über die Verteilung der Sonnenfleckengruppen in Länge. Ref. 6302.
S. K. Wsechswjatskij, Der kurzperiodische Komet Wolf I und seine Herkunft. Ref. 8131.
W. P. Konoplewa, Integralhelligkeit und Besonderheiten im äußeren Aussehen des Kometen 1947k Bester. Ref. 8158.
A. A. Jakowkin, Die Neigung der Mondbahn und der Librationseffekt. Ref. 7309.
A. A. Jakowkin, Ein Gerät zur Lösung der Keplerschen Gleichung. Ref. 2217.
W. P. Konoplewa, I. G. Koltschinskij, Ergebnisse der Beobachtung der Mondfinsternis vom 19. Dezember 1945. Ref. 7346.
S. K. Wsechswjatskij, Beobachtungen der Mondfinsternis vom 7. Oktober 1949. Ref. 7348.
S. K. Wsechswjatskij, Beobachtungen der Integralhelligkeit des Kometen 1947k Bester. Ref. 8158.
S. K. Wsechswjatskij, Beobachtungen der Nova Serpentis 1948. Ref. 11354.
E. W. Sandakowa, N. A. Chinkulowa, Bestimmung von Örtern und Helligkeiten Kleiner Planeten nach Beobachtungen am Astronomischen Observatorium Kiew. Ref. 7557.
Beobachtungen von Kometen am Astronomischen Observatorium Kiew. § 81.
D. W. Pjaskowskij, Untersuchung der Teilungsfehler des Meridiankreises des Astronomischen Observatoriums Kiew. Ref. 2510.
W. P. Konoplewa, Bestimmung des atmosphärischen Transmissionskoeffizienten in Horizontnähe in Kanew. Ref. 7271.

207. Zirkulare des Astronomischen Observatoriums der Schewtschenko-Staatsuniversität Kiew.

Nr. 26—41: S. K. Wsechswjatskij, Die Sonnenaktivität von April 1949—Juli 1950. Ref. 6341, 6637.

Köbenhavn

208. Publikationer og mindre Meddelelser fra Köbenhavns Observatorium.
Nr. **151**: A. B. Underhill, On model atmospheres for the high-temperature stars. Ref. **5145**.
152: M. Rudkjöbing, On the metallic-line stars. Ref. **5134**.
M. Rudkjöbing, On the masses of stars belonging to an extended «class of the metallic-line stars». Ref. **9721**.
153: K. Gyldenkærne, Atmospheric tremor and its influence on the intensity distribution of photographic stellar images. Ref. **7240**.
154: J. M. Vinter Hansen, The motion of the periodic comet Comas Solá (1927 III, 1935 IV, 1944 II) in the years 1926—1944. Ref. **8110**.
155: H. Q. Rasmusen, Tables for the computation of parallax corrections for comets and planets. Table of Encke's fq function for computing perturbations. Ref. **4008**.

209. Union Astronomique Internationale. Circulaire Nr. 1250—1297.

210. Aktuelle Meddelelser fra Astronomisk Selskab Nr. 333—338.

Kodaikanal

211. Kodaikanal Observatory. Supplement to Bulletin No. **118**. Ref. **6637**. Desgl. **119**. Ref. **6637**.

212. Kodaikanal Observatory Bulletin.
Nr. **120**: A. K. Das, Summary of prominence observations for the year 1941. Ref. **6637**.
121: A. K. Das, Summary of prominence observations for the year 1942. Ref. **6637**.
122: A. K. Das, Summary of prominence observations for the year 1943. Ref. **6637**.
123: A. K. Das, Summary of prominence observations for the year 1944. Ref. **6637**.
124: A. K. Das, Summary of prominence observations for the year 1945. Ref. **6637**.
125: Vgl. AJB **49** Ref. **6644**.
126: A. K. Das, N. R. Rao, Some observations on the H and K lines in the solar spectrum. Ref. **6406**.
127: A. K. Das, K. Sethumadhavan, Relation between the base and the height of prominences. Ref. **6605**.
128: A. K. Das, Summary of prominence observations for the year 1947. Ref. **6637**.
129: A. K. Das, Summary of prominence observations for the year 1948. Ref. **6637**.
130: A. K. Das, Summary of prominence observations for the year 1949. Ref. **6637**.

Kraków (Krakau)

213. Cracow Observatory Reprint.
Nr. **26**: T. Banachiewicz, Sur la résolution des équations normales de la méthode des moindres carrés. Ref. 103.
27—28: Sonderdrucke aus den Transactions of the International Astronomical Union **7** 170—174, 430—32: Commission du mouvement et de la figure de la lune. Vgl. Ref. **1118**.

Krim

214. Mitteilungen (Iswestija) des Astrophysikalischen Observatoriums auf der Krim.

5: E. R. Mustel, A. B. Sewerny, Spektralphotometrie chromosphärischer Eruptionen. Ref. **6614**.
G. A. Schajn, W. F. Hase, Die Banden des schweren Cyanmoleküls $C^{13}N^{14}$ in den Spektren der Kohlenstoffsterne (Rotes System $^2\Pi$—$^2\Sigma$). Ref. **9541**.
S. B. Pikelner, Zur Theorie der Sonnenkorona. Ref. **6715**.
P. P. Dobronrawin, Über die Energieverteilung in den Spektren einiger Sterne niedriger Temperatur. Ref. **9510**.
I. S. Schklowskij, Berechnung der Konzentration koronaler Ionen in angeregten Quantenzuständen. Ref. **6717**.
W. I. Krassowskij, Neue Strahlungen des Nachthimmels im Gebiet 8000—11000 Å. Ref. **72110**.
G. A. Schajn, Elemente der vorläufigen Bahn der Komponenten des spektroskopischen Doppelsterns H. D. 121648. Ref. **10219**.
I. S. Schklowskij, Berechnung der Konzentration koronaler Ionen in den Grundzuständen. Ref. **6718**.
W. A. Albizkij, Beobachtungen Kleiner Planeten. Ref. **7557**.
P. F. Schajn, Beobachtungen Kleiner Planeten und des Kometen 1949e. Ref. **7557**, **8173**.

Kyoto

215. Contributions from the Institute of Astrophysics, Kyoto University[1]).
Nr. **4**: S. Miyamoto, I. Kawaguchi, On the electron temperature of the chromosphere. Ref. **6612**.
5: S. Ueno, On the spectral sequence of the stellar atmospheres. II. Ref. **5141**.
6: S. Miyamoto, On the radiation field of the planetary nebulae. Ref. **5308**.
7: S. Ueno, S. Matsushima, On the convection of the stellar photospheres. Ref. **5142**.
8: S. Ueno, On the disappearance of the continuous spectrum in the flash spectra. Ref. **6433**.
9: A. Hattori, On the reversal of absorption lines to the emissions at the extreme limb of the sun. Ref. **6410**.

La Plata

216. Publicaciones del Observatorio Astronomico de la Universidad Nacional de La Plata. Circular.
Nr. **7**: P. Sconzo, Cálculos de perturbaciones y efemérides de planetitas para 1951. Ref. **7503**.

217*. Publicaciones del Observatorio Astronomico de la Universidad Nacional de La Plata. Serie Astronomica.
11 4: H. A. Martinez, Estrellas de latitud. Ref. **9106**.
26 : F. Pingsdorf, Investigaciones sobre estrellas variables. I. Ref. **11227**.
28 1: L. Gratton, La evolución de las estrellas que siguen la ley de Bethe para la producción de energia. Ref. **5211**.

218. Publicaciones del Observatorio Astronomico de la Universidad Nacional de La Plata. Serie Especial.
Nr. **9** : P. Sconzo, Communicación sobre el Congreso Astronómico de Zürich. Ref. **1118**.
10*: V. J. Meneclier, Navegación astronómica polar. Ref. **13304a**.

---

[1]) Durch nachträgliche Umnumerierung entfällt in AJB **49** Kyoto Nr. **3** und Nr. **4** erhält die Nr. **3**.

Leiden

219. Annalen van de Sterrewacht te Leiden.

20 3: E. Hertzsprung, Estimates of 64 variable stars on plates of the β Centauri region, taken by the late H. van Gent. Ref. **11212**.
L. Gaykema, Supplement: The photometric measures of 17 variables. Ref. **11212**.
4: G. A. Bakoš, Discussion of thirty-one variable stars in or near the constellation Scutum. Ref. **11201**.
5: H. G. van Bueren, A study of twenty-five variable stars in Monoceros. Ref. **11203**.
6: E. van den Hoven van Genderen, Note on nineteen new variable stars in the region around 11 Puppis. Ref. **11215**.
7: C. J. van Houten, Discussion of thirty-five variable stars in the region around CPD −49° 2484. Ref. **11214**.

Leningrad

220. Publikationen (Trudy) des Astronomischen Observatoriums Leningrad.

15: K. F. Ogorodnikow, Über die Dynamik des lokalen Sternsystems. Ref. **12338**.
I. N. Skabizkij, Anwendung der kinetischen Gleichung auf Sternsysteme. Ref. **4416**.
T. A. Agekjan, Über die Dynamik von Sterndurchgängen durch Wolken aus meteorischer Materie. Ref. **5301**.
A. A. Nikitin, Berechnung der Häufigkeit des Heliums in planetarischen Nebeln. Ref. **5309**.
W. G. Gorbazkij, Die Ionisation in ausgedehnten Sternhüllen. Ref. **5111**.
P. W. Grigorjew, Statistische Untersuchung der Dreifachsterne. Ref. **10003**.
R. B. Schazowa, Die Asymmetrie der Eigenbewegungen des GC von Boss. Ref. **12345**.
W. A. Dombrowskij, Versuch einer spektralphotometrischen Untersuchung von Nebeln. Ref. **12403**.
S. G. Sljussarew, Über die Verteilung der Bahnebenen der visuellen Doppelsterne. Ref. **10112**.
I. A. Parschin, Über den Einfluß der Abblendung des Objektivs auf die Qualität der photographischen Abbildung der Planeten. Ref. **2021**.
S. E. Woinowa, Bestimmung der mittleren Anregungstemperatur der umkehrenden Schicht der Sonne. Ref. **6435**.
A. Demidowa, Die Ableitung der Wachstumskurve für die Sonne aus Eisenlinien. Ref. **6407**.

221. Bulletin des Instituts für Theoretische Astronomie der Akademie der Wissenschaften der UdSSR.

4 7 (60): D. K. Kulikow, Numerische Methoden der Himmelsmechanik in Anwendung auf die Untersuchung der Bewegung des VIII. Jupitermondes. Ref. **7611**.
W. F. Proskurin, Untersuchung der Bewegung des VIII. Jupitermondes. Ref. **7611**.
W. F. Proskurin, Über die Stabilität der Bewegung des VIII. Jupitermondes. Ref. **7611**.
I. I. Putilin, Die Bahn des Kleinen Planeten 1036 Ganymed. Teil III. Die säkularen Störungen von Jupiter und Saturn. Ref. **7522**.
I. I. Putilin, Die Bahn des Kleinen Planeten 1036 Ganymed. Teil IV. Bearbeitung der Beobachtungen der Oppositionen 1946 und 1947—1948. Ref. **7523**.

8 (61): I. D. Shongolowitsch, Einige Stokessche Konstanten für das dreiachsige Ellipsoid. Ref. 13120.
D. W. Sagrebin, Die Unterschiede der Hauptträgheitsmomente der dreiachsigen Erde. Ref. 13116.
D. W. Sagrebin, Bestimmung der Ondulationen des Geoids unter Berücksichtigung der Glieder von der Ordnung der Kompression des Erdellipsoids. Ref. 13117.
N. F. Nekljudowa, Über eine Methode zur Bestimmung der Erdfigur. Ref. 13113.
W. F. Sheweshejew, Tabellen zur genäherten Berechnung der absoluten Störungen der Kleinen Planeten der Hestiagruppe (900') durch Jupiter. Ref. 7530.

222. Ephemeriden Kleiner Planeten für das Jahr 1951. Ref. 7502.

Liège

223. Institut d'Astrophysique. Collection in 4° de Spectroscopie et Astrophysique.
Nr. **20**: A. Monfils, B. Rosen, Dosage spectroscopique de traces d'azote dans l'argon. Nicht referiert.
21: P. Swings, Exposé des travaux de l'Institut d'Astrophysique de l'Université de Liège. Ref. 1232.
22: P. Swings, Le spectre de l'étoile supergéante l Puppis de classe cA2ep. Ref. 9545.
23: P. Swings, The shell spectrum of BD −14° 1971 (PGC 1985) in 1947. Ref. 9546.
24: E. Sauvenier-Goffin, La stabilité dynamique des naines blanches. Vgl. AJB **49** Ref. 5237.
25: P. Ledoux, Sur les oscillations générales d'une étoile gazeuse. Ref. 5216.
P. Ledoux, Remarque sur un travail récent de E.-A. Milne concernant le déphasage entre la courbe de lumière et la courbe des vitesses radiales des Céphéïdes. Ref. 11151.
26: M. Migeotte, L. Neven, Les premières observations du spectre infrarouge du soleil à la station scientifique du Jungfraujoch (Suisse). Ref. 6416.
27: A. Monfils, B. Rosen, Essais d'interprétation de l'émission cométaire vers 4050 Å. Ref. 8017.

224. Institut d'Astrophysique. Collection de Mémoires in 8°.
Nr. **313**: E. Sauvenier-Goffin, Les fonctions $\Gamma(x)$ correspondant, pour les naines blanches, aux exposants adiabatiques Γi des configurations gazeuses. Ref. 5233.
314: Vgl. AJB **49** Ref. 72155.
315: E. Sauvenier-Goffin, Etude de la stabilité dynamique et de la stabilité vibrationelle des naines blanches. Ref. 5234.
316: P. Swings, Le jumelage des systèmes dispersifs au sein des spectrographes. Ref. 2048.
317: P. Swings, Identification de la molécule triatomique ionisée CO_2^+ dans la queue de la comète Cunningham (1940c, 1941 I). Ref. 8139.
318: P. D. Jose, P. Swings, The spectrum of comet 1948 l. Ref. 8167.
319: P. Swings, Remarques concernant les spectrographes de haute luminosité. Ref. 2049.
320: P. Swings, Remarques sur les systèmes catadioptriques de Bouwers. Ref. 2050.
321: P. Swings, Aérophysique et astrophysique. Ref. 7217.
322: M. Migeotte, L. Neven, Détection du monoxyde de carbone dans l'atmosphère terrestre, à 3580 mètres d'altitude. Ref. 7249.

323: P. Migeotte, B. Rosen, Contribution à l'étude spectroscopique de la molécule NO. Nicht referiert.
324: P. Swings, P. D. Jose, The spectra of the Wolf-Rayet stars in the region $\lambda\lambda$ 6500—8800. Ref. **9547**.
325: P. Swings, T. Page, The spectrum of comet Bester (1947 k). Ref. **8158**.
326: P. J. Ledoux, E. Sauvenier-Goffin, The vibrational stability of white dwarfs. Ref. **5217**.
327: M. V. Migeotte, Fine structure of N_2O bands in the infrared solar spectrum. Ref. **7248**.
328: M. V. Migeotte, On the presence of CH_4, N_2O, and NH_3 in the earth's atmosphere. Vgl. AJB **49** Ref. **7030**.
329: Sonderdruck aus den Transactions of the International Astronomical Union **7** 442—456: The spectral sequence and its anomalies. Vgl. Ref. **1118**.

Los Angeles

225. University of California, Los Angeles. Astronomical Papers.
Nr. **9**: D. M. Popper, Studies of faint B-type stars. Ref. **12342**.
10: S. Herrick, Space rocket trajectories. Ref. **13410**.
11: S. Herrick, Rocket navigation. Ref. **13411**.

Lund

226. Meddelande från Lunds Astronomiska Observatorium.
(1) Nr. **170**: E. Holmberg, A study of the absorption in NGC 5195. Ref. **12408**.
171: A. Reiz, Quadrature formulae for the numerical calculation of mean intensities and fluxes in a stellar atmosphere. Ref. **5133**.
172: A. Reiz, A variational solution of a perturbation problem in the theory of stellar structure. Ref. **5231**.
173: S. Andersson, On the change with time in the disturbed motion of two bodies. Ref. **4202**.
174: A. Reiz, A photographic time recorder. Ref. **2230**.
L. Stigmark, A flash-tube circuit with low recovery-time. Ref. **2230**.
175: E. Holmberg, On the luminosity function of type I stars. Ref. **9705**.

227. Meddelande från Lunds Astronomiska Observatorium.
(2) Nr. **128**: E. Holmberg, A photometric study of nearby galaxies. Ref. **12409**.
129: N. Hansson, H. Kristenson, F. Nettelblad, A. Reiz. On the atmospheric unsteadiness. Ref. **7241**.

Lyon

228. Publications de l'Observatoire de Lyon.
5 12: M.-T. Martel, Epaisseur de la couche absorbante galactique. Ref. **12513**.
13: J. Bigay, Un spectrographe à miroirs de grande ouverture relative utilisable dans l'ultra-violet et l'infrarouge. Ref. **2205**.
14: H. Andrillat, Spectre infra-rouge de la lune éclipsée lor de l'éclipse totale du 2 avril 1950. Ref. **7350**.

Madrid

229. Boletín Astronómico del Observatorio de Madrid.
4 2—3: E. Gullón, Protuberancias solares. Resumen de las observaciones realizadas durante el año 1948. Ref. **6637**.

E. Gullón, Actividad solar. Observaciones de manchas solares efectuadas en los Observatorios de Madrid, Valencia, Cartuja (Granado) y Ebro en 1948. Ref. **6341**.
E. Gullón, Protuberancias solares. Resumen de las observaciones realizadas durante el año 1949. Ref. **6637**.
E. Gullón, Actividad solar. Observaciones de manchas solares efectuadas en los Observatorios de Madrid, Valencia, Cartuja (Granada) y Ebro en 1949. Ref. **6341**.
R. Carrasco, Observaciones fotograficas de pequeños planetas y cometas. Ref. **7557, 8161, 8162**.

230. Universidad de Madrid — Facultad de Ciencias. Seminario de Astronomía y Geodesia. Publicación.
Nr. **3**: J. Pensado Iglesias, Orbita del sistema visual σ^2 U. Maj. Ref. **10118**.
4: Efemerides de 79 asteroides para 1951. Ref. **7504**.
5: J. M. Torroja, Corrección de la órbita del asteroide 1395 «Aribeda». Ref. **7534**.

Manchester

231. Astronomical Contributions from the University of Manchester. Series II. Jodrell Bank Reprints.
(2) **1** 1: P. M. S. Blackett, A. C. B. Lovell, Radio echoes and cosmic ray showers. Ref. **7284**.
2: A. C. B. Lovell, Cosmic rays and their origin. Ref. **12737**.
3: Vgl. AJB **46** Ref. **4513**.
4: A. C. B. Lovell, New meteor shower. Ref. **8256**.
5: Vgl. AJB **47** Ref. **6505**.
6: Vgl. AJB **47** Ref. **5373**.
7: A. C. B. Lovell, Radio echoes from the aurora. Daytime meteor showers. Ref. **72129**.
8: A. C. B. Lovell, Electron density in meteor trails. Ref. **8230**.
9: Vgl. AJB **48** Ref. **8247**.
10: Vgl. AJB **48** Ref. **8269**.
11: J. A. Clegg, V. A. Hughes, A. C. B. Lovell, The daylight meteor stream of 1947, May to August. Ref. **8254**.
12: Vgl. AJB **48** Ref. **8242**.
13: Vgl. AJB **48** Ref. **8249**.
14: Vgl. AJB **48** Ref. **8240**, **8258**.
15: Vgl. AJB **48** Ref. **8222**.
16: Vgl. AJB **47** Ref. **6719**.
17: Vgl. AJB **47** Ref. **6750**.
18: Vgl. AJB **48** Ref. **8250**.
19: Vgl. AJB **47** Ref. **6746**.
20: Vgl. AJB **48** Ref. **8241**.
21: A. C. B. Lovell, Radio astronomy — a new science in Manchester. Nicht referiert.
22: A. C. B. Lovell, Meteoric ionization and ionospheric abnormalities. Ref. **7287**.
23: Vgl. AJB **48** Ref. **8251**.
24: J. A. Clegg, Determination of meteor radiants by observation of radio echoes from meteor trails. Ref. **8209**.
25: A. C. B. Lovell, Meteors and their effect on radio (abstract). Nicht referiert.
26: Meteor astronomy. Ref. **8250**.
27: Vgl. AJB **49** Ref. **8212**.
28: The Royal Astronomical Society at Manchester. Nicht referiert.

29: Vgl. AJB **49** Ref. **8260**, **8261**.
30: Vgl. AJB **49** Ref. **8274**.
31: A. C. B. Lovell, Meteor ionization in the upper atmosphere. Ref. 8231.
32: J. A. Clegg, I. A. Davidson, A radio echo method for the measurement of the heights of the reflecting points of meteor trails. Ref. 8210.
33: C. G. Little, A. C. B. Lovell, Origin of the fluctuations in the intensity of radio waves from galactic sources. Ref. **12608**.
34: A. Aspinall, G. S. Hawkins, Radio echo reflections from the aurora borealis. Ref. **72124**.
35: A. C. B. Lovell, Radio waves from the milky way. Nicht referiert.
36: C. D. Ellyett, The influence of high altitude winds on meteor trail ionization. Ref. **8214**.
37: M. Almond, J. G. Davies, A. C. B. Lovell, On interstellar meteors. Ref. **8223**.
38: J. S. Greenhow, The fluctuation and fading of radio echoes from meteor trails. Ref. 8217.
39: G. S. Hawkins, M. Almond, Bečvář's meteor stream, 1949. Ref. 8255.
40: A. C. B. Lovell, Radio stars in the universe. Nicht referiert.
41: R. H. Brown, C. Hazard, Radio-frequency radiation from the great nebula in Andromeda (M 31). Ref. **12402**.

232. Astronomical Contributions from the University of Manchester. Series III.
(3) Nr. **1**: W. H. Ramsey, On the instability of small planetary cores (I). Ref. **5229**.
2: W. H. Ramsey, The planets and the white dwarfs. Ref. **5230**.

Milano-Merate

233. Contributi dell'Osservatorio Astronomico di Milano-Merate. Nuova Serie.
Nr. **30**: A. Masani, Sulle masse dei sistemi binari visuali. Ref. **10108**.

234*. Osservatorio Astronomico di Brera in Milano. Articoli generali del calendario. Anno 1951. Ref. **433**.

Minneapolis

235. Publications of the Astronomical Observatory, University of Minnesota.
3 6: W. J. Luyten, Apparent magnitudes and color indices for seventy-four white dwarfs and degenerate stars. Ref. **9409**.

Moskau

236. Publikationen (Trudy) des Staatlichen Astronomischen Sternberg-Instituts.
15 2: G. N. Duboschin, Die Entwicklung der Kräftefunktion nach negativen Potenzen des Abstandes von der Grundebene. Ref. **4211**.
G. N. Duboschin, Über die Berechnung höherer Ableitungen komplizierter Funktionen. Ref. **108**.
P. T. Resnikowskij, Die Berechnung höherer Ableitungen komplizierter Funktionen $z = f(x(t))$. Ref. **120**.
A. A. Orlow, Über die räumlichen periodischen Lösungen im problème restreint. Ref. **4219**.
B. Schtschigolew, Vergleich der Bewegungen im ebenen Dreikörperproblem mit den Bewegungen im entsprechenden problème restreint. Ref. **4228**.
A. I. Rybakow, Über die Stabilität der sechs periodischen Bahnen des Kopenhagener Problems im Sinne Shukowskijs. Ref. **4225**.

18 2: L. W. Sorokin, Ein Empfangs- und Sendegerät für Zeitsignale. Ref. 2340.
P. O. Tschetschik, Fragen der Elektrizitätsversorgung im Zeitdienst. Ref. 2351.
A. S. Miroljubowa, Untersuchung der Unterschiede zwischen Uhrvergleichen am Chronoskop und Chronographen. Ref. 2331.
M. S. Swerew, Untersuchung der Ergebnisse der astronomischen Beobachtungen des Zeitdienstes des Sternberg-Instituts in den Jahren 1941—1944. Ref. 2347.
M. S. Swerew, Verzeichnis von Sternen zur Beobachtung an Passageninstrumenten der Zeitdienste in Breiten von +50° bis +60°. Ref. 2348.
19: E. J. Bugoslawskaja, Die Struktur der Sonnenkorona. Ref. 6702.

237. Mitteilungen (Soobschtschenija) des Staatlichen Astronomischen Sternberg-Instituts.

Nr. 20—21: A. M. Losinskij, Der Einfluß der atmosphärischen Dispersion auf die Koordinaten der Sterne in Abhängigkeit von ihrem Spektraltyp. Ref. 3112.
M. S. Swerew, Über die Berechnung des Einflusses der kurzperiodischen Nutationsglieder. Ref. 3127.
M. S. Swerew, Die jährlichen Veränderungen der Koeffizienten der Mayerschen Formel. Ref. 3128.
M. S. Swerew, Tabellen der jährlichen Änderungen der Sternkonstanten a, b, c, d, a′, b′, c′, d′. Ref. 3129.
30: P. P. Parenago, Die Bewegungen der weißen Zwerge und Unterzwerge. Ref. 12339.
O. W. Katz, Farbenindizes von Neuen Sternen nach dem Maximum. Ref. 11302.
A. G. Massewitsch, Die Reihen des Hertzsprung-Russell-Diagrams im Hinblick auf die heutigen Ansichten über den Bau und die Energiequellen der Sterne. Ref. 9709.
31: A. A. Wodar, Das Chronoskop. Ref. 2354.
A. A. Wodar, Der druckende Chronograph. Ref. 2355.
A. A. Wodar, Die Vervollkommnung der Kontaktvorrichtung des selbstregistrierenden Mikrometers. Ref. 2241.
P. I. Bakulin, Über einige, mit der Verwendung des druckenden Chronographen verbundene Fragen. Ref. 2304.
T. W. Klimowa, Ergebnisse der Untersuchung des druckenden Chronographen. Ref. 2324.
41: E. R. Mustel, Über die Massen der bei Novaausbrüchen abgestoßenen Hüllen. Ref. 11305.
42: S. N. Blashko, Über die Bestimmung von Planeten- und Kometenörtern mit kurzbrennweitigen Astrokameras. Ref. 3101.
P. I. Bakulin, Über die Erhöhung der Genauigkeit der Bestimmung von Uhrkorrektionen. Ref. 2305.
50: J. P. Gorelow, Die Länge des Staatlichen Astronomischen Sternberg-Instituts der Lomonossow-Staatsuniversität Moskau. Ref. 13205.
54: P. T. Resnikowskij, Über eine Variante der Auflösung des Systems der Normalgleichungen in der Methode der Kleinsten Quadrate. Ref. 118.
P. T. Resnikowskij, Über die Auflösung der Normalgleichungen in der Methode der Kleinsten Quadrate durch sukzessive Elimination der Unbekannten. Ref. 119.
55: J. P. Gorelow, Untersuchung der Zapfen des Passageninstruments Bamberg 9327 nach der Autokollimationsmethode. Ref. 2501.
N. W. Bogorodizkaja, Untersuchung der Kontakte der Rieflerhur Nr. 323. Ref. 2308.

A. S. Miroljubowa, Über den Empfang von Zeitsignalen auf langen und kurzen Wellen. Ref. **2332**.

238. Zirkular des Staatlichen Astronomischen Sternberg-Instituts Nr. 18—39. Zeitdienst 1948—1949. Nr. 40—48. Zeitdienst 1950 (bis September).

239. Akademie der Wissenschaften der UdSSR und Staatliches Astronomisches Sternberg-Institut.
B. W. Kukarkin, P. P. Parenago, Zweiter Nachtrag zur ersten Ausgabe des Generalkatalogs Veränderlicher Sterne. Ref. **11002**.

240. Astronomisches Jahrbuch der UdSSR für das Jahr 1952, 1953. Ref. **405**.

Mount Hamilton

241. Contributions from the Lick Observatory.
(2) Nr. **25**: O. J. Eggen, Photoelectric studies. I. Color-luminosity array for members of the Hyades cluster. Ref. **12106**.
26: O. J. Eggen, Photoelectric studies. II. Color-luminosity array for members of the Pleiades cluster. Ref. **12107**.
27: O. J. Eggen, Photoelectric studies. III. Color-luminosity arrays for the Coma Berenices and Ursa Major clusters. Ref. **12108**.
28: J. H. Moore, G. F. Paddock, Radial velocities, spectral types, and luminosity classes of 820 stars. Ref. **9214**.
29: G. E. Kron, K. C. Gordon, The structure of the Wolf-Rayet eclipsing variable V 444 Cygni. Ref. **11116**.
30: O. J. Eggen, Photoelectric studies. IV. Color-luminosity array for stars in the region of the sun. Ref. **9405**.
31: O. Struve, W. F. Meyers work on Beta Canis Majoris. Ref. **10214**.

242. Lick Observatory Bulletin.
Nr. **523**: H. M. Jeffers, S. Vasilevskis, Observations of comets and asteroids. Ref. **7557**, § **81**.
H. M. Jeffers, Observations of Jupiter's satellite V. Ref. **7610**.
S. Vasilevskis, Periodic and progressive errors of Gaertner measuring engine Nr. 140. Ref. **2235**.

Mount Stromlo siehe Canberra

Mount Wilson and Mount Palomar

243. Mount Wilson and Palomar Observatories. Reprint.
Nr. **10**: H. D. Babcock, The derivation of vacuum wave numbers and the reduction of measured wave lengths to standard atmospheric conditions. Ref. **204**.
11: J. L. Greenstein, The variability of the spectrum of Upsilon Sagittarii. Ref. **11108**.
12—13: Vgl. AJB **49**.
14: R. F. Sanford, An atlas of spectra of six stars of classes R and N. Ref. **9540**.
15: O. C. Wilson, A survey of internal motions in the planetary nebulae. Ref. **12218**.
16: J. L. Greenstein, L. H. Aller, The interstellar λ 4430 band. Ref. **12509**.
17: R. F. Sanford, Variations in velocity and spectrum of eight N-type long-period variable stars. Ref. **11182**.
18: R. E. Wilson, A. H. Joy, Radial velocities of 2111 stars. Ref. **9216**.
19: S. B. Nicholson, Sunspot activity during 1949. Ref. **6341**.

R. E. Wilson, The spectrum of HD 4174. Ref. 9555.
J. L. Greenstein, R. S. Richardson, M. Schwarzschild, On the abundance of C^{13} in the solar atmosphere. Ref. 6103.
H. W. Babcock, A contour photometer. Ref. 2202.
R. F. Sanford, Velocity variation from λ 4481 of Mg II in V 367 Cygni. Ref. 11235.
Summary of Mount Wilson magnetic observations of sunspots for November and December, 1949. Ref. 6341.

20: R. S. Richardson, The spectra of two active regions observed at the sun's limb. Ref. 6618.

21: A. R. Sandage, Solar excitation temperature of V I. Ref. 6427.

22: P. W. Merrill, Measurements in the combination spectra of RW Hydrae, BF Cygni, and CI Cygni. Ref. 11173.

23: H. W. Babcock, An integrating photometer for low light levels. Ref. 2203.

24: P. W. Merrill, C. G. Burwell, Additional stars whose spectra have a bright Hα line. Ref. 9527.

25: H. W. Babcock, Stellar magnetic fields. Ref. 9801.

26: A. H. Joy, R. E. Wilson, The radial velocity of HD 73857. Ref. 11239.
A. H. Joy, Radial velocities of 62 RR Lyrae variables. Ref. 11149, 11235, 11239.
L. Lowen, Spectroscopic observations of μ Sagittarii. Ref. 10204.
E. Pettit, The light-curves of T Coronae borealis. Ref. 11320.
Summary of Mount Wilson magnetic observations of sunspots for January and February, 1950. Ref. 6341.

27: P. W. Merrill, The spectrum of R Aquarii, 1936—1949. Ref. 11174.

28: I. S. Bowen, Final adjustments and tests of the Hale telescope. Ref. 1237.
E. Connor, The Mount Wilson Observatory library. Ref. 1239.
M. L. Humason, Novae in two extragalactic nebulae. Ref. 11356, 11362.
R. G. Harrington, A. G. Wilson, Two new stellar systems in Leo. Ref. 12407.
Summary of Mount Wilson magnetic observations of sunspots for March and April, 1950. Ref. 6341.

29: J. Stebbins, A. E. Whitford, H. L. Johnson, Photoelectric magnitudes and colors of stars in selected areas 57, 61, and 68. Ref. 9414.

30—31: Vgl. AJB 51.

32: E. Pettit, The evidence for tornado prominences. Ref. 6616.
F. Zwicky, Seeing. Ref. 7264.
J. L. Greenstein, A possible energy source for T Tauri stars. Ref. 12508.
O. J. Eggen, G. E. Kron, J. L. Greenstein, Two-color photometry and spectroscopic observations of v Sagittarii. Ref. 11104.
Summary of Mount Wilson magnetic observations of sunspots for May and June, 1950. Ref. 6341.

33: F. Zwicky, The Cancer cluster of galaxies. Ref. 12434.
O. R. Wulf, S. B. Nicholson, Solar flares and moderate geomagnetic activity. Ref. 6831.
Summary of Mount Wilson magnetic observations of sunspots for July and August, 1950. Ref. 6341.

34—36: Vgl. AJB 51.

37: F. Zwicky, Physical characteristics of the Cancer cluster of galaxies. Ref. 12435.

H. W. Babcock, Magnetic field of a late-type star, HD 4174. Ref. 9802.
Summary of Mount Wilson magnetic observations of sunspots for September and October, 1950. Ref. 6341.

244. Mount Wilson and Palomar Observatories. Annual report of the director. Ref. 1101.

München

245. Veröffentlichungen der Sternwarte München.
3 15: H. Bucerius, Bahnbestimmung als Randwertproblem. I, II. Ref. 4502, 4503.
16: F. Schmeidler, Versuch einer dynamischen Theorie der Sonnenatmosphäre. Ref. 6107.

246. Mitteilungen der Sternwarte München.
1 2: E. Schoenberg, Die Methoden der Koinzidenzen zweier Sterne in Höhe bei Ortsbestimmungen aus der Luft und zur See. Vgl. AJB 49 Ref. 3126.
E. Schoenberg, Der Libellensextant für gleiche Höhen. Ref. 2132.
E. Schoenberg, Tafeln der Sternpaare für die Methoden der Koinzidenzen zweier Sterne in Höhe für die geographische Breite 51° 0′. Ref. 3006.
3: W. Strohmeier, Rote Nebel in der Wintermilchstraße. Ref. 12213.

Napoli

247. Osservatorio Astronomico di Capodimonte-Napoli. Contributi Astronomici — Serie II.
(2) 3 11: T. Nicolini, Sul movimenti secolare del «polo medio» e della crosta terrestre. Ref. 13217.
12: T. Nicolini, Sulle variazioni delle latitudini medie annuali. Ref. 13218.
13: A. Colacevich, Il sistema doppio DM Persei. Ref. 11103.
14: A. Kranjc, Proprietà gruppali del tensore energetico. Ref. 4130.
4 7: A. Colacevich, La binaria ad eclisse DM Persei. Ref. 11102.
8: A. Colacevich, Spettrofotometria della eclisse totale di Luna del 2 Aprile 1950. Ref. 7350.

248. Osservatorio Astronomico di Capodimonte-Napoli. Osservazioni.
1 1: R. Barbatelli, Determinazione del passo e degli errori progressivi del micrometro in A. R. del cerchio meridiano Repsold mediante stelle circumpolari e zenitali. Ref. 2103.

249. Osservatorio Astronomico di Capodimonte. Memorie Astronomiche.
Nr. 11: E. Guerrini, Catalogo di 750 stelle zenitali per Capodimonte da osservazioni meridiane al cerchio di Repsold. Ref. 9105.

250. Osservatorio Astronomico di Capodimonte-Napoli. Contributi geofisici — Serie II.
Nr. 10: T. Nicolini, Indizi di corrispondenze tra fenomeni geofisici e moto polare. Ref. 13219.

New Haven

251. Transactions of the Astronomical Observatory of Yale University.
21: I. Barney, Catalogue of the positions and proper motions of 5583 stars. Re-observation by photography of the Astronomische Gesellschaft Zone between declinations —2° and +1°, reduced to 1950.0 without applying proper motions. Ref. 9101.

22 1: I. Barney, Catalogue of the positions and proper motions of 9060 stars. Re-observation by photography of the Astronomische Gesellschaft Zone between declinations +5° and +9°, reduced to 1950.0 without applying proper motions. Ref. **9102**.
2: I. Barney, Catalogue of the positions and proper motions of 1904 stars. Re-observation by photography of the Astronomische Gesellschaft Zone between declinations +9° and +10°, reduced to 1950.0 without applying proper motions. Ref. **9103**.

Odessa

252. Mitteilungen (Iswestija) des Astronomischen Observatoriums Odessa.
2 1: W. P. Zessewitsch, Photographische Beobachtungen Kleiner Planeten. Ref. **7557**.
N. I. Lobanow, Örter Kleiner Planeten 1945—1947. Ref. **7557**.
E. L. Schodo, Bestimmung der Bahn des Doppelsterns ζ Aquarii (Σ 2909). Ref. **10118**.
A. S. Zessjulewitsch, Bestimmung der Teilfehler des Meridiankreises des Astronomischen Observatoriums Odessa. Ref. **2514**.
K. N. Sawtschenko, Über die Natur der Gravitation. Ref. **4144**.
W. B. Balassoglo, Über die Perioden des Lichtwechsels des Veränderlichen μ Cephei. Ref. **11162**.
I. E. Pelischenko, Über die Periode von RU Piscium. Ref. **11235**.

Ottawa

253. Contributions from the Dominion Observatory Ottawa.
2 7: L. G. Jacchia, Z. Kopal, P. M. Millman, A photographic study of the Draconid meteor shower of 1946. Ref. **8268**.
8: P. M. Millman, Meteoric ionization. Ref. **8233**.
9: C. S. Beals, The atmospheres of the early type stars. Ref. **5102**.

Oxford

254. Communications from the University Observatory, Oxford.
Nr. **30**: E. A. Milne, Gravitation and magnetism. Ref. **9809**.

Padova

255. Osservatorio Astronomico di Padova. Publicazioni e Ristampe.
Nr. **92**: G. Silva, L'evoluzione dell'Astronomia. Vgl. AJB **49** Ref. **1314**.
93: G. Silva, Giovanni Santini. Ref. **1047**.
94: G. Silva, Sulle condizioni più favorevoli per la visibilità della falce lunare in prossimità del noviluno. Ref. **7322**.
95: G. Pinto, Osservazioni dei due contatti nell'eclisse parziale di sole del 28 Aprile 1949 all'Osservatorio Astronomico di Padova. Ref. **6205**.

256*. Osservatorio Astronomico di Padova. Elementi astronomici per l'anno 1951. Ref. **434**.

Palermo

257*. Osservatorio di Palermo. Elementi astronomici per l'anno 1950. Ref. **435**.

Paris

258. Contributions de l'Institut d'Astrophysique de Paris. Serie A.
(A) Nr. **17**: J.-C. Pecker, Sur la polarisation de la lumière au bord du disque solaire. Ref. **6419**.
18: G. de Vaucouleurs, Sur la définition des dimensions des nébuleuses extragalactiques. Ref. **12426**.

19: J.-C. Pecker, Sur une méthode variationelle de recherche des solutions approchées de l'équation de transfert. Vgl. AJB **48** Ref. **5114**.
20: J.-C. Pecker, Sur le rapport entre la température de surface et la température effective des étoiles en équilibre radiatif. Vgl. AJB **48** Ref. **5115**.
21: P. Guintini, Recherches statistiques sur les étoiles à Hélium. Ref. **12309**.
22: E. Vigroux, Absorption de l'ozone dans le spectre visible. Ref. **7259**.
23: G. de Vaucouleurs, Sur la relation entre l'excès de couleur et le déplacement vers le rouge pour les nébuleuses extragalactiques. Ref. **12427**.
24: G. de Vaucouleurs, Origines et correction des erreurs locales en photométrie photographique. Ref. **2513**.
25: H. Mineur, Quelques propriétés générales des équations de la mécanique. Vgl. AJB **49** Ref. **4224**.
26: G. de Vaucouleurs, Sur la loi de distribution de la luminosité dans les nébuleuses elliptiques et leur structure. Ref. **12428**.
27: G. de Vaucouleurs, Sur une analogie de structure remarquable entre les nébuleuses elliptiques et les amas de nébuleuses extragalactiques. Ref. **12429**.
28: E. Schatzman, Un problème de mécanique rationnelle, en relation avec la formation des planètes. Vgl. AJB **49** Ref. **5515**.
29: J. Houtgast, M. Laffineur, Observation de perturbations remarquables du rayonnement solaire sur ondes décimétriques. Vgl. AJB **48** Ref. **6530**.
30: L. Perek, Sur la rotation galactique des amas globulaires. Ref. **12126**.
31: V. Kourganoff, Une solution du problème de Milne par la méthode variationnelle, appliquée à un développement exponentiel de la fonction source. Vgl. AJB **49** Ref. **5116**.
32: V. Kourganoff, Sur les transformées, par les opérateurs Λ et Φ, des fonctions intégro-exponentielles K_n. Ref. **5117**.
33: M. Laffineur, Sur un nouveau modèle de microphotomètre enregistreur à lecture de l'intensité. Ref. **2222**.
34: V. Kourganoff, R. Michard, Nouvelles solutions variationelles du problème de Milne. Vgl. AJB **49** Ref. **5113**.
35: J.-C. Pecker, Sur le calcul théorique de l'intensité des raies dans les spectres stellaires. Vgl. AJB **49** Ref. **5129**.
36: V. Kourganoff, Sur l'application pratique de la méthode variationnelle au calcul de modèles d'atmosphères stellaires. Vgl. AJB **49** Ref. **5117**.
37: R. Michard, L'influence de la diffraction par la fente du spectrographe sur la répartition énergétique d'un spectre continu. Ref. **2507**.
38: G. de Vaucouleurs, Coefficient de température et variation spectrale du facteur de dépolarisation de la diffusion Rayleigh dans le benzène liquide. Ref. **264**.
39: R. Michard, Sur l'usage des coefficients d'absorption moyens dans la théorie des atmosphères stellaires. Ref. **5125**.
40: G. de Vaucouleurs, Sur la dépolarisation de la lumière diffusée par les gaz. Ref. **265**.
41: G. de Vaucouleurs, Sur la diffusion moléculaire de la lumière par les gaz et l'absorption atmosphérique. Ref. **7258**.
42: A. de Vaucouleurs, L. Glaser, Sur de nouvelles raies des séries secondaires du spectre du potassium et l'existence probable de perturbations dans les termes élevés de ces deux séries. Ref. **266**.
43: M. Laffineur, R. Michard, J.-L. Steinberg, S. Zisler, Observations radioélectriques de l'éclipse de soleil du 28 avril 1949. Vgl. AJB **49** Ref. **6208**.

44: V. Kourganoff, Sur les relations approchées d'Eddington-Barbier exprimant la loi d'assombrissement et le flux de rayonnement en fonction des conditions locales d'une atmosphère stellaire. Vgl. AJB **49** Ref. 5118.
45: G. de Vaucouleurs, Sur les constantes de la diffusion Rayleigh dans les liquides. Ref. 267.
46: V. Kourganoff, Sur la représentation empirique de la fonction source de la photosphère solaire. Vgl. AJB **49** Ref. 6416.
47: R. Canavaggia, D. Chalonge, V. Kourganoff, Sur une méthode d'étude des propriétés absorbantes des atmosphères stellaires. Vgl. AJB **49** Ref. 5104.
48: M. Mayot, P. Guintini, Sur la détermination du convergent du courant du Scorpion Centaure. Vgl. AJB **49** Ref. 12356.
49: M. Laffineur, R. Servajean, Sur une recrudescene exceptionnellement importante de l'émission radioélectrique solaire dans la journée du 8 mai 1949. Vgl. AJB **49** Ref. 6543.
50: M. Mayot, H. Mineur, Extension de la méthode d'intégration de Gauss aux fonctions présentant des singularités. Ref. 112.
51: H. Berthod-Zaborowski, H. Mineur, Sur le calcul numérique des intégrales doubles. Ref. 104.
52: J. Bouzitat, Sur l'intégration numérique approchée par la méthode de Gauss généralisée et sur une extension de cette méthode. Ref. 105.
53: R. Peyturaux, Sur l'assombrissement centre-bord du Soleil entre 6700 et 23000 Å. Ref. 6421.
54: N. Milford, L'absorption par les raies dans les spectres stellaires. Ref. 9530.
55: M. Mayot, Sur la méthode d'intégration approchée de Tchebychef. Ref. 113.
56: R. Peyturaux, Sur l'opacité de la photosphère solaire entre 6700 et 23000 Å. Ref. 6422.
57: H. Mineur, Etude théorique des accélérations stellaires. Ref. 12337.
58: R. Michard, Sur la répartition énergétique du spectre continu solaire dans l'ultraviolet. Ref. 6415.
59: D. Chalonge, L. Divan, Sur les propriétés absorbantes des atmosphères stellaires. Ref. 9508.
60: N. Milford, Le flux photovisuel des étoiles. Ref. 9609.
61: E. Schatzman, Tables de modèles de naines blanches. Ref. 5235.
62: H. Mineur, Réduction d'une forme quadratique dans le groupe linéaire canonique. Ref. 116.
63: R. Rigollet, Sur les changements d'éclat à courte période des petites planètes et sur la variabilité de (63) Ausonia. Ref. 7552.
64: G. de Vaucouleurs, Les constantes de la diffusion Rayleigh dans les gaz et les liquides. Ref. 263.
65: E. Vigroux, Absorption de l'ozone dans la région des bandes de Huggins. Influence de la température. Ref. 7260.
66: E. Vigroux, Absorption de l'ozone dans l'ultraviolet. Ref. 7261.
67: R. Rigollet, Haute atmosphère. Les Nuages noctilucents. Ref. 72155.
68: P. Couteau, E. Schatzman, Sur l'abondance de l'hydrogène moléculaire dans l'atmosphère des naines blanches. Ref. 5109.
69: D. Chalonge, L. Divan, Méthodes de détermination des températures de brillance d'une étoile. Ref. 9602.
70: G. de Vaucouleurs, Orientation spatiale et sens de rotation de la nébuleuse spirale NGC 2146. Ref. 12431.
71: D. Chalonge, L. Divan, Contour des raies de Balmer et température superficielle d'une étoile. Ref. 9603.
72: M. Mayot, Le calcul des perturbations en mécanique quantique. Ref. 114.

73: J.-C. Pecker, Les températures de couleur des étoiles B. Ref. 9610.
74: J.-C. Pecker, L'inversion de la relation de Laplace. Ref. 5132.
75: M. Baroin, E. Schatzman, Calcul d'un modèle d'atmosphère stellaire turbulente. Ref. 5101.
76: J. Berger, R. Canavaggia, D. Chalonge, La discontinuité de Balmer de HD 190073. Ref. 9504.
77: M. Laffineur, C. Pecker, Emission radioélectrique due à l'effet gyromagnétique dans une décharge. Ref. 237.

259. Contributions de l'Institut d'Astrophysique de Paris. Serie B.

(B) Nr. 21: D. Barbier, Le spectre continu de Gamma Cassiopeiae. Vgl. AJB **48** Ref. 9503.
22: E. Schatzman, Les réactions thermonucléaires aux grandes densités. (Gaz dégénérés et non dégénérés). Vgl. AJB **48** Ref. 5229.
23: G. de Vaucouleurs, Recherches sur les nébuleuses extragalactiques. Introduction à l'analyse microphotométrique des nébuleuses extragalactiques. Vgl. AJB **48** Ref. 12424.
24: J.-C. Pecker, R. Peyturaux, Sur la répartition des bandes CN et CH sur le disque solaire. Vgl. AJB **48** Ref. 6420.
25: D. Barbier, Recherches sur les nébuleuses. III. — Le spectre continu de la nébuleuse d'Orion dans la région des grandes longueurs d'onde. Vgl. AJB **49** Ref. 12207.
26: G. de Vaucouleurs, Recherches sur les nébuleuses extragalactiques. I. Sur la technique de l'analyse microphotométrique des nébuleuses brillantes. Vgl. AJB **48** Ref. 12423.
27: J.-C. Pecker, The theoretical intensities of faint Fraunhofer lines. (Third paper). Weighting functions for different points of the solar disc. Vgl. AJB **49** Ref. 6428.
28: D. Barbier, L'excitation des raies interdites par chocs électroniques. Nébuleuses — Novae — Aurores polaires. Vgl. AJB **48** Ref. 5302.
29: D. Barbier, L'émission crépusculaire des raies de Na et [O I]. Ref. 72147.
30: J. Tuominen, On turbulence in the sun. Vgl. AJB **48** Ref. 6127.
31: D. Barbier, Rapport sur les aurores de basses latitudes. Vgl. AJB **49** Ref. 6840.
32: D. Barbier, Comparaison des formules donnant les corrections d'extinction dans les observations du ciel nocturne. Ref. 7297.
33: J.-C. Pecker, Variation des raies de CH sur le disque solaire. Vgl. AJB **49** Ref. 6426.
34: M. Laffineur, J. Houtgast, Observations du rayonnement solaire sur la longueur d'onde de 55 centimètres. Vgl. AJB **49** Ref. 6530.
35: R. Canavaggia, Variation de la discontinuité de Balmer chez δ Cephei, η Aquilae, ζ Geminorum. Vgl. AJB **49** Ref. 11151, 11152.
36: G. de Vaucouleurs, Sur la contribution des nébuleuses extragalactiques à la lumière du ciel nocturne. Vgl. AJB **49** Ref. 12416.
37: G. de Vaucouleurs, Sur les magnitudes photovisuelles de Sirius et du Soleil. Vgl. AJB **49** Ref. 9413.
38: C. Pecker, J.-C. Pecker, Variation de certaines raies de Swan du carbone du centre au bord du disque solaire. Vgl. AJB **49** Ref. 6427.
39: E. Vigroux, Remarques sur l'ozone. Ref. 7262.
40: R. Michard, Sur l'usage des coefficients d'absorption moyens dans la construction des modèles d'atmosphères stellaires. Vgl. AJB **49** Ref. 5123.
41: V. Kourganoff, C. Pecker, Sur le choix des formules d'intégration numérique dans la résolution des équations intégro-différentielles de transfert (rayonnement, neutrons) par la «méthode des ordonnées discrètes». Vgl. AJB **49** Ref. 117.

42: V. Kourganoff, Une nouvelle solution du problème de Milne pour la diffusion des neutrons et le transfert du rayonnement. Vgl. AJB **49** Ref. **5114**.
43: M. Laffineur, Le rayonnement radioélectrique du Soleil et de la voie lactée. Ref. **6514**.
44: R. Michard, On the energy distribution in the ultra-violet continuous spectrum of the sun. Ref. **6414**.
45: E. Schatzman, Sur la valeur de la constante solaire. Vgl. AJB **49** Ref. **6513**.
46: E. Schatzman, Remarques sur le phénomène de novae (II). Vgl. AJB **49** Ref. **11314**.
47: P. Dumézil-Curien, E. Schatzman, Sur certaines réactions nucléaires d'importance astrophysique. Ref. 212.
48: P. Guérin, G. de Vaucouleurs, Sensitométrie de quelques émulsions photographiques d'intérêt astrophysique. Ref. **2251**.
49: R. Rigollet, Sur une détermination du coefficient de phase de la petite planète (324) Bamberga à l'opposition 1947. Ref. **7551**.
50: H. Mineur, Recherches théoriques sur les accélérations stellaires. Ref. **4414**.
51: N. Milford, Monochromatic stellar fluxes. Ref. **9606**, **9607**, **9608**.
52: M. Mayot, Recherche des valeurs et directions propres d'une matrice. Ref. **111**.
53: M. Laffineur, R. Michard, R. Servajean, J.-L. Steinberg, Observations radioélectriques de l'éclipse de Soleil du 28 avril 1949. Ref. **6205**.
54: D. Chalonge, L. Divan, V. Kourganoff, Température de brillance et opacité des atmosphères stellaires. Application au Soleil. Ref. **5106**.
55: R. Canavaggia, D. Chalonge, M. Egger-Moreau, H. Oziol-Peltey, Recherches sur le spectre continu du Soleil. III. — Spectre continu du centre du disque entre 3200 et 5000 Å. Ref. **6403**.
56: R. Rigollet, Sur un essai d'observation visuelle des essaims météoriques diurnes de Lovell. Ref. **8260**.
57: G. de Vaucouleurs, Orientation spatiale et sens de rotation de la nébuleuse spirale NGC 2146. Ref. **12430**.
58: E. Schatzman, Sur l'abondance des grands nuages de matière interstellaire. Ref. **12519**.
59: E. Schatzman, Remarques sur le phénomène de nova. III. (L'onde de choc dans la bombe à hydrogène). Ref. **11307**.
60: E. Argence, M. Mayot, K. Rawer, Contribution à l'étude de la distribution électronique de l'ionosphère et de l'absorption des ondes courtes. Ref. **7279**.

260. Institut d'Astrophysique de Paris. Documents pour l'observation physique des petites planètes. f° **8—12**. Ref. **7557**.

261. Observatoire de Paris.
Catalogue de 11755 étoiles de la zone +17° à +25° et de magnitudes 9.5 à 10.5, destinées à servir de références pour la détermination des mouvements propres des étoiles du Catalogue Photographique de Paris. Ref. **9123**.

262. Connaissance des Temps ou des mouvements célestes à l'usage des astronomes et des navigateurs pour l'an 1951. Ref. **406**.

263. Ephémérides Nautiques ou extrait de la Connaissance des Temps pour l'an 1951. Ref. **419**.

264. Annuaire pour l'an 1951. Ref. **436**.

Perth

265. Astrographic Catalogue 1900.0. Perth Section.
1: Vgl. AJB **49** Ref. **9126**.
2: Ref. **9124**.

Poltawa

266. Publikationen (Trudy) des gravimetrischen Observatoriums Poltawa.
3: A. J. Orlow, Das gravimetrische Observatorium der Akademie der Wissenschaften der ukrainischen Sowjetrepublik in Poltawa. Ref. 1243.
N. A. Popow, Das große Poltawaer Zenitteleskop und die Beobachtungen mit ihm in den Jahren 1939—1940. Ref. **13223**.
E. W. Lawrentjewa, Die Beobachtungen der Zenitsterne α Persei und η Ursae Majoris in den Jahren 1940—1941. Ref. **13214**.
S. W. Drosdow, Die Bestimmung der Deklinationen schwacher Zenitsterne mit Hilfe des Zenitteleskops. Ref. **9104**.
E. P. Fjodorow, Über die Ursachen der Veränderung der Achsenneigung und des Azimuts von Meridianinstrumenten. Ref. **2116**.
G. A. Freiberg-Kondratjew, Die Aufstellung von Passageninstrumenten und Meridiankreisen. Ref. **2117**.
A. K. Korol, Die Bewegung des Erdpols von 1915.8 bis 1929.0. Ref. **13208**.

Potsdam

267. Mitteilungen des Astrophysikalischen Observatoriums Potsdam.
Nr. **28**: H. Daene, Über eine Anordnung zur Neutralisation der Eingangskapazität von Gleichstromverstärkern für lichtelektrische Astrophotometrie. Ref. **2208**.
29: W. Hassenstein, Über den Lichtwechsel des langperiodischen Veränderlichen TY Cephei. Ref. **11169**.
30: H. Schneller, Über die Veränderlichkeit der Perioden bei Mira-Sternen. Ref. **11183**.
31: W. Grotrian, H. Künzel, Über den Induktionsfluß durch die Sonnenflecken. Ref. **6311**.

Poznań (Posen)

268. Poznań Reprint.
Nr. **17**: Vgl. AJB **49** Ref. **7549**.

Prag

269. Contributions from the Astronomical Institute of the Charles University, Prague[1]).
Nr. 2: J. Bouška, Observation of the partial solar eclipse of April 28, 1949. Ref. **6205**.
M. Plavec, Observations and reductions of occultations observed at the University Observatory Prague in 1947—48. Ref. **7356**.
J. Bouška, Z. Švestka, On the variation of the coma-diameter of Encke's comet. Vgl. AJB **49** Ref. **8118**.
J. Bouška, Absolute Brightness of the comet van Gent—1941d. Vgl. AJB **49** Ref. **8146**.
J. Bouška, Comet Whipple-Fedtke-Tevzadze. Ref. **8146**.
J. Bouška, Absolute brightnesses of the comets **1946d**, **1947**c and **1948**l. Ref. **8103**.

[1]) Anmerkung bei der Korrektur: In den angeführten Referaten ist der Hinweis auf die Contributions nachzutragen.

3: J. Bouška, Form and enlargement of the earth's shadow during the moon's eclipse of october 6—7, 1949. Ref. **7348**.
J. Bouška, K. Michovský, Visual photometry of lunar eclipse of october 6—7, 1949. Ref. **7348**.
J. Bouška, Z. Švestka, On the variations of the enlargement of the earth's shadow during the lunar eclipses. Ref. **7341**.
M. Plavec, Statistics of meteor trains, I — Relation to geocentric velocity. Ref. **8238**.
M. Plavec, Statistics of meteor trains, II — Possible relation to Sun's activity. Ref. **8239**.
M. Plavec, On predicting the activity of a meteor shower. Ref. **8257**.
J. Bouška, M. Plavec, Orbits of daytime meteor streams. Ref. **8253**.

Pretoria

270. Communications from the Radcliffe Observatory, Pretoria.
Nr. **13**: D. S. Evans, IC 4406: A double nucleus planetary nebula. Ref. **12204**.
14: A. D. Thackeray, Observations of the brightest regions of three diffuse nebulae. Ref. **12215**.
15: A. D. Thackeray, Five southern stars with emission-line spectra. Ref. **9548**.
16: D. S. Evans, A. D. Thackeray, A photographic survey of bright southern planetary nebulae. Ref. **12205**.
17: Vgl. AJB **51**.
18: A. D. Thackeray, Some southern stars involved in nebulosity. Ref. **9549**.

Princeton

271. Contributions from the Princeton University Observatory.
Nr. **23**: J. E. Merrill, Tables for solution of light curves of eclipsing binaries. Coefficient of limb-darkening $x = 0.0$; 0.2; 0.4; 0.6; 0.8. Ref. **11125**.

Pulkowo

272. Publikationen (Trudy) des Astronomischen Hauptobservatoriums Pulkowo.
(2) **64**: O. A. Melnikow, Spektralphotometrie der Sterne δ Cephei und η Aquilae und der K-Effekt für die Cepheiden. Ref. **11154**.

273. Mitteilungen (Iswestija) des Astronomischen Hauptobservatoriums Pulkowo.
18 2 (143): G. N. Neujmin, Photographische Beobachtungen Kleiner Planeten am Observatorium von Simeis 1941 und in Kitab 1942. Ref. **7557**.
G. N. Neujmin, M. N. Neujmina, Photographische Beobachtungen von Kometen des Jahres 1941 in Simeis. § **81**.
L. A. Sucharew, Einige Temperatur- und Biegungserscheinungen in astrometrischen Instrumenten. Ref. **2512**.
G. K. Zimmermann, Bestimmung der Breite, der Refraktionskonstanten und der Biegung aus gemeinsamen Beobachtungen von Sternen und der Sonne. Ref. **3133**.
A. A. Nemiro, Über die Bestimmung des absoluten Azimuts und der Achsenneigung des Passageninstruments. Ref. **2415**.
T. B. Sabanina, Rektaszensionen und Eigenbewegungen μ_α der Pulkowoer Zeitsterne. Ref. **9109**.
L. M. Waschtschilina, Untersuchung der von W. J. Struve in Pulkowo zwischen 1840 und 1842 am Passageninstrument im ersten Vertikal durchgeführten Beobachtungsreihe. Ref. **3130**.

3 (144): A. W. Markow, Theorie des Mikrophotometers sowie Genauigkeit und Korrektheit der Vermessung von Astrophotogrammen. Ref. 2224.
T. M. Fofanowa, Spektralphotometrie von Stern-Überriesen. Ref. 9512.
N. F. Kuprewitsch, Ein lichtelektrisches Spektralphotometer für die Sonne. Ref. 2221.
4 (145): W. A. Krat, Über die Entwicklung der Sterne. Ref. 5417.
A. W. Markow, Photometrie der Sonnenkorona am 9. 7. 1945 und ein Verfahren zur beschleunigten Ausmessung der photometrischen Negative. Ref. 6202.
W. N. Sujkow, Spektralphotometrische Bestimmung der Kontaktzeiten der totalen Sonnenfinsternis vom 21. September 1941. Ref. 6201.
W. P. Wjasanizyn, Pulkowoer Katalog der Radialgeschwindigkeiten von Protuberanzen. Ref. 6632.

Riga

274. Publikationen (Trudy) des Instituts für Physik und Mathematik.
Nr. 1: I. A. Kurzemniece, Die Lichtwechselelemente von SVS 498 Vul und SVS 468 Vul. Ref. 11242.
M. A. Dīriķis, Die Vorausberechnung des Oppositionsdatums Kleiner Planeten. Ref. 7506.
I. A. Kurzemniece, Die räumliche Bewegung von TV Bootis. Ref. 12335.
M. A. Dīriķis, Über die Berechnung der Variationen in den Ephemeriden der Kleinen Planeten. Ref. 7507.
M. A. Dīriķis, I. A. Kurzemniece, Bahnverbesserung des Kleinen Planeten (1177) Gonnessia. Ref. 7508.
K. A. Šteins, Über das Vorzeichen der Variationen in den Ephemeriden. Ref. 7531.
2: J. J. Ikaunieks, Die räumlichen und kinematischen Merkmale der S-Sterne. Ref. 12333.
I. A. Kurzemniece, Der Bedeckungsveränderliche WZ Cygni. Ref. 11235.
M. A. Dīriķis, Bahnverbesserung des Kleinen Planeten (1390) 1935 TA. Ref. 7509.
D. Kalniņa, O. Sizova, Absolute Störungen des Planeten 127 Johanna. Ref. 7517.

Richmond Hill

275. Communications from the David Dunlap Observatory.
Nr. 23: R. E. Williamson, Concerning the source of galactic radio noise. Ref. 12622.
24: J. B. Oke, A theoretical Hertzsprung-Russell diagram for red dwarf stars. Ref. 9715.
25: I. Halliday, The variable spectrum of the star H. D. 218393. Ref. 9517.

Rio de Janeiro

276. Anuário para o ano de 1950. Publicado pelo Observatório Nacional Rio de Janeiro. Ref. 437.

Roma

277. Osservatorio Astronomica Roma-Monte Mario. Contributi Scientifici.
Nr. 155: G. Armellini, L'espansione dell'universo nella meccanica classica. Ref. 4102.

156: G. Armellini-Conti, Osservazioni di posizioni di pianeti e pianetini ed occultazioni lunari. Ref. **7356, 7557, 7601, 7701, 7801, 7805.**
157: G. Armellini, Le concezioni attuali dell'universo. Ref. **4001.**
158: M. Cimino, T. Fortini, G. Tarantini, M. A. Gianuzzi, Area delle macchie solari durante il secondo semestre 1948 e durante l'anno 1949, secondo i rilievi fotografici giornalieri dell'Osservatorio Astronomico di Roma. Ref. **6341.**
159: M. Cimino, Alcuni aspetti della ricerca astronomica negli Stati Uniti e le possibilità dell'astronomia italiana. Ref. **1258.**
160: G. Armellini, Sopra l'origine del sistema solare. Ref. **5502.**
161: M. Cimino, Sulla variazione del profilo di alcune righe spettrali dal centro al lembo del Sole. Ref. **6404.**
162: L. Gialanella, Osservazioni meridiane dell'ascensione retta di Mercurio e Venere. Ref. **7101, 7107.**

San Fernando

278. Almanaque Nautico para el año 1951. Ref. **407.**

Santiago

279*. Almanaque del Observatorio Astronómico Nacional de la Universidad de Chile 1950. Ref. **438.**

Sendai

280. Sendai Astronomiaj Raportoj.
2 10 (22): T. Matukuma, A criterion formula for the reflection effect in close binary stars. Ref. **11120.**
11 (23): H. Nariai, On some static solutions of Einstein's gravitational field equations in a spherically symmetric case. Ref. **4140.**

Stalinabad

281. Publikationen (Trudy) des Astronomischen Observatoriums Stalinabad.
3 1: L. A. Katassjow, Die Bestimmung von Meteorbahnen nach photographischen Aufnahmen am Astronomischen Observatorium Stalinabad. Ref. **8227.**
O. W. Dobrowolskij, Die visuelle Integralhelligkeit des Kometenkopfes. Ref. **8003.**
A. M. Bacharew, Die Höhen der teleskopischen Meteore. Ref. **8203.**
A. M. Bacharew, Das Meteor vom 19. September 1939. Ref. **8278.**
A. M. Bacharew, Untersuchung der Bahn des Meteors vom 25. August 1938. Ref. **8278.**
282. Zirkular des Astronomischen Observatoriums Stalinabad Nr. 77—88.

Stockholm

283. Stockholms Observatoriums Annaler.
16 1: B. Lindblad, On a theorem in the dynamics of stellar systems. Ref. **4413.**
2: H. O. Grönstrand, The total eclipse of the sun on June 30, 1954. Prediction for Scandinavia. Ref. **6207.**
3: J. M. Ramberg, Results from observations of the total solar eclipse of 1945 July 9. III. The photometry of the corona. Ref. **6202.**
284. Stockholms Observatorium Meddelande.
Nr. **62**: W. Zonn, On the displacements of lines in the spectrum of Delta Cephei. Ref. **11159.**

63: A. Opolski, On the discontinuities of the distribution of masses and hydrogen-content in the Hertzsprung-Russell diagram. Ref. **9716**.
64: A. Opolski, Photographic magnitudes of 71 stars in the central region of the Praesepe. Ref. **12114**.
65: Y. Öhman, On the solar work of the Stockholm Observatory. Ref. 1250.
285. Stockholms Observatoriums Årsberättelse för året 1949. Ref. 1101.

Strasbourg

286. Annales de l'Observatoire de Strasbourg.
4 1: Catalogue de 2251 étoiles faibles réduites à 1930.0. Ref. **9125**.

Swarthmore

287. Reprints of articles published by the Sproul Observatory.
Nr. **65**: L. Binnendijk, The light variation of Pleione. Vgl. AJB **49** Ref. **9401**.
66: P. van de Kamp, S. L. Lippincott, Parallaxes and proper motions of twelve nearby stars from photographs taken with the 24-inch Sproul refractor. Vgl. AJB **49** Ref. **9308**.
L. Binnendijk, Parallaxes and proper motions of Ross 671, Ross 775 und δ Trianguli from photographs taken with the 24-inch Sproul refractor. Ref. **9202**.
H. Roth, Parallaxes and proper motions of BD +4° 4048, BD +61° 2068 and BD +61° 2067 from photographs taken with the 24-inch Sproul refractor. Ref. **9209**.
67: P. van de Kamp, S. L. Lippincott, Summary of thirty Sproul parallaxes. Ref. **9306**.
68: P. van de Kamp, E. W. Dennison, The parallax and proper motion of Barnard's star. Ref. **9303**.
69: P. van de Kamp, Les compagnons invisibles d'étoiles proches. Ref. **10007**.

Sydney

288. Sydney Observatory. Astrographic Catalogue 1900.0.
31: Sydney Section R. A. 12^h to 18^h, Dec. −58° to −60°. Ref. **9126**.
289. Sydney Observatory Papers.
Nr. **9**: W. H. Robertson, Occultations observed at Sydney Observatory during 1948. Ref. **7356**.
10: H. Wood, Kepler's problem. Ref. **4517**.
11: H. Wood, Kepler's problem — the parabolic case. Ref. **4518**.
290. Commonwealth Scientific and Industrial Research. Division of Radiophysics. Publication.

1946

J. L. Pawsey, R. Payne-Scott, L. L. McCready, Radio-frequency energy from the sun. Vgl. AJB **46** Ref. **4832**.
J. L. Pawsey, Observation of million degree thermal radiation from the sun at a wave-length of 1,5 metres. Vgl. AJB **49** Ref. **6534**.

1947

R. Payne-Scott, D. E. Yabsley, J. G. Bolton, Relative times of arrival of bursts of solar noise on different radio frequencies. Vgl. AJB **47** Ref. **4615**.

L. L. McCready, J. L. Pawsey, R. Payne-Scott, Solar radiation at radio frequencies and its relation to sunspots Vgl. AJB **47** Ref. **4514**.

1948

J. L. Pawsey, L. L. McCready, The measurement of solar radiofrequency radiation. Ref. **6517**.
J. G. Bolton, G. J. Stanley, Variable source of radio frequency radiation in the constellation of Cygnus. Vgl. AJB **48** Ref. **12604**.
F. J. Lehany, D. E. Yabsley, A solar noise outburst at 600 Mc./s. and 1,200 Mc./s. Vgl. AJB **48** Ref. **6533**.
J. G. Bolton, Discrete sources of galactic radio frequency noise. Vgl. AJB **48** Ref. **12603**.
J. G. Bolton, G. J. Stanley, Observations on the variable source of cosmic radio frequency radiation in the constellation of Cygnus. Ref. **12601**.
F. J. Kerr, Radio superrefraction in the coastal regions of Australia. Nicht referiert.
R. Payne-Scott, L. L. McCready, Ionospheric effects noted during dawn observations on solar noise. Vgl. AJB **48** Ref. **6836**.

1949

F. J. Lehany, D. E. Yabsley, Solar radiation at 1200 MC/S., 600 MC/S., and 200 MC/S. Ref. **6515**.
J. H. Piddington, H. C. Minnett, Microwave thermal radiation from the moon. Ref. **7316**.
J. G. Bolton, G. J. Stanley, The position and probable identification of the source of galactic radio-frequency radiation Taurus — A. Ref. **12602**.
K. C. Westfold, The wave equations for electromagnetic radiation in an ionized medium in a magnetic field. Ref. **268**.
J. L. Pawsey, D. E. Yabsley, Solar radio-frequency radiation of thermal origin. Ref. **6518**.
R. Payne-Scott, Bursts of solar radiation at metre wavelengths. Ref. **6521**.
R. Payne-Scott, The noise-like character of solar radiation at metre wavelengths. Ref. **6522**.
J. C. Jaeger, K. C. Westfold, Transients in an ionized medium with applications to bursts of solar noise. Ref. **6512**.
W. N. Christiansen, D. E. Yabsley, B. Y. Mills, Measurements of solar radiation at a wavelength of 50 centimetres during the eclipse of November 1, 1948. Ref. **6204a**.
J. H. Piddington, J. V. Hindman, Solar radiation at a wavelength of 10 centimetres including eclipse observations. Ref. **6524**.
J. H. Piddington, H. C. Minnett, Solar radiation of wavelength 1.25 centimetres. Ref. **6523**.
F. J. Kerr, C. A. Shain, C. S. Higgins, Moon echoes and penetration of the ionosphere. Vgl. AJB **49** Ref. **7284**.
A. B. Thomas, Certain physical constants and their relation to the Doppler shift in radio echoes from the moon. Ref. **7324**.
J. G. Bolton, G. J. Stanley, O. B. Slee, Positions of three discrete sources of galactic radio-frequency radiation. Vgl. AJB **49** Ref. **12601**.
K. C. Westfold, On Kramers' formula for the frequency distribution of the radiation emitted by an electron in a parabolic orbit. Ref. **269**.

J. L. Pawsey, The use of radio waves for astronomical observations. Ref. 12610.
S. F. Smerd, K. C. Westfold, The characteristics of radio-frequency radiation in an ionized gas, with applications to the transfer of radiation in the solar atmosphere. Ref. 6526.
W. N. Christiansen, D. E. Yabsley, B. Y. Mills, Eclipse observations of solar radiation at a wave-length of 50 cm. Vgl. AJB **49** Ref. 6207.

1950

J. G. Bolton, K. C. Westfold, Galactic radiation at radio frequencies. I. 100 Mc/s. survey. Ref. 12603.
S. F. Smerd, Radio-frequency radiation from the quiet sun. Ref. 6527.
H. C. Minnett, N. R. Labrum, Solar radiation at a wavelength of 3.18 centimetres. Ref. 6516.
G. J. Stanley, O. B. Slee, Galactic radiation at radio frequencies. II. The discrete sources. Ref. 12618.
J. G. Bolton, K. C. Westfold, Galactic radiation at radio frequencies. III. Galactic structure. Ref. 12604.
S. F. Smerd, The polarization of thermal «solar noise» and a determination of the sun's general magnetic field. Ref. 6109.
J. C. Jaeger, K. C. Westfold, Equivalent path and absorption for electromagnetic radiation in the solar corona. Ref. 6707.
J. P. Wild, L. L. McCready, Observations of the spectrum of high-intensity solar radiation at metre wavelengths. I. The apparatus and spectral types of solar burst observed. Ref. 6531.
J. P. Wild, Observations of the spectrum of high-intensity solar radiation at metre wavelengths. II. Outbursts. Ref. 6532.
D. E. Yabsley, Atmospheric noise levels at radio frequencies near Darwin, Australia. Nicht referiert.
J. P. Wild, Observations of the spectrum of high-intensity solar radiation at metre wavelengths. III. Isolated bursts. Ref. 6533.
J. G. Bolton, K. C. Westfold, Structure of the galaxy and the sense of rotation of spiral nebulae. Ref. 12305.
K. C. Westfold, The refractive index and classical radiative processes in an ionized gas. Ref. 270.
J. L. Pawsey, Possible use of solar radiation to check sensitivity of microwave radio receiving equipment. Ref. 6520.
Abstracts of published papers on radio research in Australia 1948—1950. Ref. 716.
J. L. Pawsey, Solar radio-frequency radiation. Ref. 6519.
J. H. Piddington, The derivation of a model solar chromosphere from radio data. Ref. 6617.
S. F. Smerd, A radio-frequency representation of the solar atmosphere. Ref. 6110.

Taschkent

291. Publikationen (Trudy) des Astronomischen Observatoriums Taschkent.
(2) **1**: L. L. Matkewitsch, Untersuchung der Teilungsfehler des Taschkenter Meridiankreises. Ref. 2506.
G. A. Lange, Die Breitenschwankungen in Kitab von 1930.9 — 1941.0. Ref. 13212.
G. A. Lange, D. I. Krawzew, Die Breitenschwankungen in Kitab 1946 und 1947. Ref. 13213.
J. M. Slonim, Die Sonnentätigkeit 1945. Ref. 6329.

P. A. Sawizkij, Vorläufige Ergebnisse über photographische Aufnahmen außergalaktischer Nebel am Astronomischen Observatorium Taschkent für den Katalog schwacher Sterne. Ref. **9**112.
J. M. Slonim, Einige Ergebnisse der Arbeiten des Taschkenter Sonnendienstes in den Jahren 1932—1949. Ref. **6**330.

292. Zirkular des Astronomischen Observatoriums Taschkent Nr. 226—237. § **23**, **63**, **66**.

Tokyo

293. Annals of the Tokyo Astronomical Observatory, University of Tokyo. Second Series.
(2) **2** 3: K. Tuzi, Tokyo Mitaka catalogue of zenith stars for the equinox 1950. Ref. **9**115.
4: Y. Sato, Heliocentric co-ordinates of Saturn for the years 1960—2060 referred to the equinox 2000.0. Ref. **7**706.
3 1: K. Saito, Brightness and polarization of the solar corona. Ref. **6**716.
H. Hirose, S. Kaho, R. Manabe, K. Tomita, Observation of the annular eclipse of May 8—9, 1948. Ref. **6**204.
Y. Sato, Heliocentric co-ordinates of Jupiter for the years 2061—2148 referred to the equinox 2000.0. Ref. **7**607.

294. Tokyo Astronomical Bulletin. Second Series.
(2) Nr. **21**: H. Hirose, K. Tomita, Photographic observations made with the Brashear astrograph (25). Ref. **7**557, § **81**.
H. Hirose, Elements and ephemeris of Daniel's periodic comet for the return of 1950. Ref. **8**111.
H. Hirose, Encke's comet for the period 1947—1951. (Preliminary report.) Ref. **8**112.
22: Y. Sato, S. Habara, T. Takasaki, A total eclipse of the sun, June 20, 1955. Ref **6**208.
23: S. Nakano, Meridian observations of the right ascensions of the moon and the planets made at the branch station of the Tokyo Astronomical Observatory at Mizusawa. Ref. **7**301, **7**401, **7**701, **7**801.
24: S. Nakano, Meridian observations of the right ascensions of the moon and the planets. Ref. **7**301, **7**401, **7**601, **7**701, **7**801, **7**805.
25: H. Hirose, Photographic observations of comets. § **81**.
26: K. Tuzi, The observation of right ascensions of zenith stars. Ref. **9**116.
27: Time observation, 1949. Ref. **2**362.
28: S. Nakano, Meridian observations of the right ascensions of the sun, the moon and the planets during the year 1949. Ref. **6**001, **7**101, **7**107, **7**301, **7**401, **7**601, **7**701, **7**801, **7**805.
29: H. Hirose, S. Kaho, K. Tomita, Catalogue of meteors photographed at the Tokyo Astronomical Observatory during 1947—49. Ref. **8**220.
30: S. Kaho, Photographic observations of variable stars. Ref. **11**235, **11**242.
31: S. Nakano, Meridian observations of right ascensions of the moon and the planets during the year 1948. Ref. **7**101, **7**107, **7**301, **7**601.

295. Tokyo Astronomical Observatory. Bulletin of Solar Phenomena.
1 3—4: July-December, 1949. Ref. **6**341, **6**637.
2 1—3: January—September, 1950. Ref. **6**341, **6**534, **6**637.

296. Tokyo Astronomical Observatory Reprints.
Nr. **53**: N. Sekiguchi, A new numerical expression of nutation terms. Ref. **3**123.
54: M. Huruhata, Radar observations of meteors. II. Ref. **8**224.

55: T. Takenouchi, The long periodic term of Thule. Ref. 7533.
56: N. Owaki, On the equation of transfer of radiation through a non-grey stellar atmosphere. Ref. 5127.
57: Y. Fujita, A note on the chemical composition and the classification of late type stars. Ref. 9514.
58: T. Ishidzu, S. Obi, On the energy levels of the configurations d^4p, d^5p and d^6p. Ref. 229.
59: T. Ishidzu, S. Obi, Structure of the f^n electron configurations. (I). Coefficients of fractional parentage of f^3. Ref. 230.
60: T. Ishidzu, S. Obi, Structure of the f^n electron configurations. (II). Spin-orbit interaction of the configuration f^3. Ref. 231.
61—64: Nicht eingegangen.
65: W. Unno, On the radiation pressure in a planetary nebula. I. Ref. 5313.
66: H. Hirose, K. Tomita, Photographic observation of meteors. Ref. 8219.
67: B. Takase, On the probability distribution of the field strength of fluctuating forces in stellar systems. Ref. 4420.
68: K. Takakubo, Continuous light of the solar corona. Ref. 6720.
69: W. Unno, On the radiation pressure in a planetary nebula. I. Ref. 5314.
70: W. Unno, Note on the temperature effect of an interference polarizing filter. Ref. 2234.
71: M. Huruhata, Photoelectric studies of the night sky light (II). Ref. 72106.

Torino (Pino Torinese)

297. Contributi dell'Osservatorio Astronomico di Torino (Pino Torinese). Nuova Serie.
Nr. 16: G. Cecchini, Osservazioni di comete, piccoli pianeti e varie (1942—1948). § 81, Ref. 7557, § 112.
17: A. Fresa, Curva di luce ed orbita fotometrica della variabile ad eclisse «AK Herculis». Ref. 11107.

298*. Osservatorio Astronomico di Torino (Pino Torinese). Dati del calendario per l'anno 1951. Ref. 442.

Tortosa

299. Publicaciones del Observatorio del Ebro. Miscelánea.
Nr. 2—6: Nicht eingegangen.
7: A. Romaña, Sobre el carácter general de la clasificación de las bahías geomagnéticas y su ley de aparición durante el día. Nicht referiert.

300. Boletín mensual del Observatorio del Ebro. Serie A. Heliofísica — Meteorología — Sismología.
35 7—9: Julio—Septiembre de 1947. Ref. 6341.

Toruń (Thorn)

301. Bulletin of the Astronomical Observatory of N. Copernicus University in Toruń.
Nr. 8: S. p. Marian Kaźmierczak. Ref. 1001.
W. Dziewulski, C. Łubieńska, H. Iwaniszewski, Visual observations of the long-period variable star χ Cygni. Ref. 11235.
W. Dziewulski, W. Iwanowska, Visual observations of the variable star KR Cygni. Ref. 11235.

W. Dziewulski, Visual observations of the variable star CD Cygni. Ref. **11235**.

9: Professor Dr. Władysław Dziewulski. Biographical note. Ref. **1058**.
W. Zonn, Apsidal motion of the eclipsing binary CO Lacertae. Ref. **11140**.
W. Iwanowska, M. Frąckowiak, M. Kaźmierczak, The spectrophotometric study of some high velocity stars. Ref. **9519**.
C. Łubieńska, On the phase difference between the light curves and radial velocity curves of Cepheids. Ref. **11152**.
H. Gadzikowska, H. Iwaniszewski, The sun's motion relative to the double stars. Ref. **12330**.

Toulouse

302. Annales de l'Observatoire Astronomique et Météorologique de Toulouse.
20: E. Paloque, Quatrième Catalogue de Toulouse. Positions et mouvements propres des étoiles de repère de la zone +4°, +12° pour l'époque et l'équinoxe 1900.0. (Suite). Ref. **9108**.
E. Paloque, Sur l'application pratique de la méthode de MM. Esclangon et Stoyko pour la détermination des orbites de planètes et de comètes par trois observations rapprochées. Ref. **4511**.
P. Prêtre, Application de la méthode précédente aux calculs de l'orbite parabolique de la comète Pajdusakova Mrkos (1948d) et de l'orbite elliptique de l'asteroïde Alger BX = 1949 E. A. Ref. **4512**.
P. Prêtre, Eléments de la planète: Alger BX = 1949 E. A. Ref. **7557**.
E. Paloque, H. Berthomieu, Sur la réduction des clichés photographiques à grand champ. Ref. **2416**.
R. Bouigue, Sur la vitesse radiale de ζ Persei. Ref. **9213**.
P. Wolff, Deux éclipses de soleil au moyen age. Ref. **1449**.

303. Publications de l'Observatoire de Toulouse.
R. Bouigue, Sur la vitesse radiale de ζ Persei. Ref. **9217**.

304. Observatoire de l'Université de Toulouse. Rapport annuel 1947—1948. Ref. **1101**.

Trieste

305. Osservatorio Astronomico di Trieste.
Nr. **234**: E. L. Martin, Sugli estremi di alcune grandezze variabili tabulate. Ref. **110**.
235: E. L. Martin, Stelle doppie. Ref. **10009**.
236: G. B. Lacchini, Sulle rappresentazioni del cielo stellato, costellazioni e notazioni usate per indicare le stelle. Ref. **9003**.
237: G. Romano, Osservazioni visuali a stima ed elementi della variabile a lungo periodo X Camelopardalis. Ref. **11235**.
238: G. Romano, Accertamento di una presunta variabile. Ref. **11244**.
239: G. Romano, Osservazioni visuali ed elementi di quattro stelle variabili. Ref. **11235**.
240: G. B. Lacchini, Osservazioni visuali (1373) di stelle variabili (94) fatte nel 1949. Ref. **11216**.
241: E. L. Martin, Ernesto Laura (1879—1949: necrologia). Ref. **1001**.
242: Annuario Astronomico per l'anno 1951. Ref. **443**.

Turku

306. Astronomia Observatorio de Universitato de Turku. Informo.
Nr. **6**: Y. Väisälä, Minor planet work at the Astronomical Observatory of the Turku University. Ref. **7535**.

Uccle

307. Annales de l'Observatoire Royal de Belgique. Troisième Série.
5 1: J. Hunaerts, Le spectre de Swan de la molécule C_2 dans les comètes. Ref. **8008**.
2: G. Becq, L. de Clerck, Sur la discordance R—D. II. Etude complète de la flexion du cercle méridien de Repsold. Ref. **2104**.
3: A. Velghe, Over de bepaling van afstanden uitgestrektheden en absorpties van donkere melkwegnevels. Ref. **12523**.

308. Communications de l'Observatoire Royal de Belgique.
Nr. **14**: P. J. Melchior, Sur les variations de la période chandlerienne du mouvement du pôle et la rigidité de la terre. Ref. **13215**.
15: R. Coutrez, L'équation des moyennes liées et ses applications à la dynamique stellaire en ce qui concerne notamment la recherche des lois de densité dans les amas globulaires et les nébuleuses elliptiques. Ref. **4407**.
16: Rapport sur les travaux scientifiques effectués pendant l'année 1949. Ref. **1101**.
17: P. Bourgeois, R. Coutrez, Mouvements systématiques à l'approximation linéaire et vitesses spatiales résiduelles pour les étoiles de type spectral B. Ref. **12325**.
18: E. Delporte, Le développement de l'astronomie en Belgique de 1935 à 1950. Ref. **1324**.
P. Bourgeois, R. Coutrez, Mouvements systématiques à l'approximation linéaire pour les étoiles de type spectral A. Ref. **12326**.
R. Coutrez, Relations entre moments de la distribution des vitesses et densité en dynamique stellaire. Application aux condensations dans un milieu amorphe. Ref. **4408**.
J. Hunaerts, Identifications de radiations des spectres cométaires à partir de spectres synthétiques. Ref. **8009**.
V. V. Michkovitch, La méthode des oppositions quasi identiques dans le problème de l'identification systématique des astéroïdes. Ref. **4510**.
M. Migeotte, L. Neven, Les premières observations du spectre infrarouge du soleil à la Station Scientifique du Jungfraujoch (Suisse). Ref. **6417**.
E. Vandekerkhove, Etudes d'amas résultants. Ref. **12005**.
A. Velghe, L'Uranométrie générale de J. C. Houzeau. Ref. **12322**.
19: P. J. Melchior, Sur l'influence de la loi de répartition des densités à l'intérieur de la terre dans les variations luni-solaires de la gravité en un point. Ref. **13112**.
20: S. Arend, Courbes de fréquences et corrélations relatives aux étoiles doubles visuelles. Ref. **10101**.
S. Arend, Orientation des orbites d'étoiles doubles visuelles par rapport à la galaxie. Ref. **10102**.
21: J. Hunaerts, M. Nicolet, Sur l'émission de OH dans le ciel nocturne. Ref. **72105**.
22: Vgl. AJB **51**.
23: C. de Jager, L. Neven, The profiles of the lines of the Paschen and Brackett series of hydrogen in the solar spectrum. Ref. **6411**.

309. Observatoire Royal de Belgique. Monographies.
Nr. **1**: V. C. A. Ferraro, Magnétisme solaire et cosmique. Ref. **6102**.

310. Annuaire de l'Observatoire Royal de Belgique. 1950, 1951. Ref. **426**.

Upper Darby

311. Flower Observatory. Reprint.

Nr. 78: R. H. Wilson jr., Observations of double stars. Ref. 10115.
R. H. Wilson jr., The orbit of ADS 11468 (A 1377), an unusually massive visual binary star. Ref. 10118.
79: C. P. Olivier, Some results from data secured by the American Meteor Society. Ref. 8236.
80: Vgl. AJB 51.
81: Nicht eingegangen.
82: R. H. Wilson jr., Some contributions of the interferometer to double star research. Ref. 2238.
83: Nicht eingegangen.
84: C. P. Olivier, Meteor notes from the American Meteor Society. Ref. 8235.

Uppsala

312. Uppsala Astronomiska Observatoriums Annaler.
2 7: E. Bodén, Colours and magnitudes in the galactic cluster NGC 436. Ref. 12103.
8: E. Bodén, Red magnitudes in the galactic cluster NGC 457. Ref. 12104.

313. Uppsala Astronomiska Observatorium. Meddelande.
Nr. 100: Å. Wallenquist, Photoelectric colours of stars in the galactic cluster Praesepe. Ref. 12116.
101: T. Adolfsson, A spectrophotometric investigation into bright and dark regions in Taurus. Part I. An investigation of the centre correction of the Zeiss-Heyde astrograph of Uppsala. Ref. 2401.
102: T. Adolfsson, On the possible existence of some nonhomogeneities in the international photographic magnitude scale for brighter stars. Ref. 9401.
103: Å. Wallenquist, Some preliminary results of photoelectric determinations of colours and magnitude differences in double stars. Ref. 10114.

Victoria

314. Publications of the Dominion Astrophysical Observatory Victoria, B. C.
8 5: A. Pannekoek, Line intensities in spectra of advanced type. Ref. 9532.
6: R. M. Petrie, E. Phibbs, A redetermination of the spectrographic orbits of jota Pegasi and 25 Serpentis. Ref. 10219.
7: A. McKellar, Spectrographic observations of the eclipsing binaries DI Herculis and RY Geminorum. Ref. 11121.
8: R. M. Petrie, C. D. Maunsell, The absolute magnitudes of the early A stars from measures of hydrogen-line absorption. Ref. 9533.
9: K. O. Wright, Line intensities in the spectra of K-type stars. I. Alpha Bootis and Gamma Draconis. Ref. 9552.
10: R. M. Petrie, The magnitude differences between the components of eighty-two spectroscopic binaries. Ref. 10210.
11: R. M. Petrie, The mass-luminosity relation determined from spectroscopic binaries. Ref. 9718.

315. Contributions from the Dominion Astrophysical Observatory.
Nr. 22: T. S. Jacobsen, Radial-velocity curves for Eta Aquilae from lines of different chromospheric levels. Ref. 11147.

Warschau

316. Institut d'Astronomie Pratique de l'Ecole Polytechnique de Varsovie. Publication.

Nr. 26: F. Kępiński, The motion of the periodic comet 1906 IV (Kopff) and its apparition in 1951. Part V. Ref. 8118.
F. Kępiński, La comète périodique 1906 IV (Kopff) à son apparition en 1939 et 1945. Ref. 8118.

Washington

317. Astronomical Papers prepared for the use of the American Ephemeris and Nautical Almanac.
11 3: H. R. Morgan, Definitive positions and proper motions of primary reference stars for Pluto. Ref. 9107.
4: P. Herget, Rectangular coordinates of Ceres, Pallas, Juno, Vesta 1920—1960. Ref. 7512.
13 1: A. J. J. van Woerkom, The motion of Jupiter's fifth satellite 1892—1949. Ref. 7610.
2: D. Brouwer, A. J. J. van Woerkom, The secular variations of the orbital elements of the principal planets. Ref. 4206.

318. Publications of the United States Naval Observatory. Second Series.
16 2: C. B. Watts, Description of the six-inch transit circle. Instrumental developments 1932—1948. Ref. 2141.
17 1: J. S. Hall, A. H. Mikesell, Polarization of light in the galaxy as determined from observations of 551 early-type stars. Ref. 12531.

319. United States Naval Observatory Circular.
Nr. 7: Ephemerides of Pallas and Ceres, 1950. Ref. 7557.
8: L. T. Day, Positions, areas, and counts of sunspots November-December, 1948. Summary of 1948. Ref. 6341.
9—12: L. T. Day, Positions, areas, and counts of sunspots January—February, March—May, June—August, September—November, 1949. Ref. 6341.
13: L. T. Day, Positions, areas, and counts of sunspots December, 1949—Summary, 1949. Ref. 6341.
14: The Naval Observatory time service. Ref. 2361.
15: L. T. Day, Positions, areas, and counts of sunspots January—February, 1950. Ref. 6341.
16: Tracks of total solar eclipses in 1958, 1959, 1960. Ref. 6211.
17: L. T. Day, Positions, areas, and counts of sunspots March, 1950. Ref. 6341.
18: Ephemeris of Vesta, 1950—51. Ref. 7557.
19: L. T. Day, Positions, areas, and counts of sunspots April, 1950. Ref. 6341.
20: Ephemerides of Juno, Pallas, and Ceres, 1951. Ref. 7557.
21—24: L. T. Day, Positions, areas, and counts of sunspots May—June, July, August, September, 1950. Ref. 6341.

320. Smithsonian Miscellaneous Collections.
111 17: C. G. Abbot, Periodic influences on Washington and New York weather of 1949 and 1950. Ref. 6801.

321. Smithsonian Institution. Publication.
3997: L. Spitzer jr., The formation of stars. Ref. 5426.
3998: T. Page, The origin of the earth. Ref. 5521.
3999: E. Hubble, The 200-inch Hale Telescope and some problems it may solve. Ref. 1237.
4000: H. S. Jones, The determination of precise time. Ref. 2322.
4015: = Smithsonian Miscellaneous Collections 111 17.

322. Circular of the National Bureau of Standards 488, Section 1.
C. E. Moore, An Ultraviolet Multiplet Table. The spectra of Hydrogen, Helium, Lithium, Beryllium, Boron, Carbon, Nitrogen, Oxygen,

Fluorine, Neon, Sodium, Magnesium, Aluminium, Silicon, Phosphorus, Sulfur, Chlorine, Argon, Potassium, Calcium, Scandium, Titanium, and Vanadium. Ref. **241**.

323. The American Ephemeris and Nautical Almanac for the year 1952. Ref. **408**.

Wellington, N. Z.

324. Carter Observatory Reprint.
Nr. **4**: I. L. Thomsen, Sunspot distribution in 1948 and 1949. Ref. **6341**.
5—11: Vgl. AJB **45**, **47**.
12: I. L. Thomsen, Sunspot activity, 1941 to 1949. Ref. **6341**.
13: J. W. Beagley, I. L. Thomsen, Notes on solar activity and associated geophysical effects. Ref. **6833**.

325. Astronomical Bulletin.
Nr. **31**: I. L. Thomsen, Observations of chromospheric eruptions. Ref. **6637**.
32: I. L. Thomsen, Circumstances of the annular eclipse on 1951 March 7 (G. M. T.) for New Zealand. Ref. **6206**.
33: Programme for public sessions, 1951. Ref. **1255**.
34: I. L. Thomsen, Report of the Carter Observatory Board for the year ended 1950, March 31. Ref. **1101**.

Wien

326. Mitteilungen der Wiener Sternwarte.
4 10: H. Eichhorn, Über Funktionaldeterminante und Ausnahmefälle bei der Bahnbestimmung in der Ellipse. Ref. **4505**.
11: M. Wähnl, Eine theoretische Untersuchung zur Entstehungshypothese der Sternhaufen. Ref. **5431**.
12: K. Ferrari d'Occhieppo, Himmelsmechanische Untersuchung über die hypothetischen Massen D und E im Algolsystem. Ref. **11105**.
13: H. Auzinger, H. Haupt, Zum Lichtwechsel der Vesta. Ref. **7556**.
14: K. Ferrari d'Occhieppo, Der Einfluß der täglichen Aberration auf das Azimut der größten Digression. Ref. **3106**.

Wrocław (Breslau)

327. Contributions from the Wrocław Astronomical Observatory.
Nr. **4**: J. Mergentaler, On the asymmetry of the light-curves of the eclipsing variables. Ref. **11124**.
5: E. Rybka, Red magnitudes of 172 stars north of $\delta = +84°$. Ref. **9412**.

Zürich

328. Publikationen der Eidgenössischen Sternwarte Zürich.
9 3: M. Waldmeier, Heliographische Karten der Photosphäre für das Jahr 1948. Ref. **6341**[1]).
4: M. Waldmeier, Heliographische Karten der Photosphäre für das Jahr 1949. Ref. **6341**.

329. Astronomische Mitteilungen der Eidgenössischen Sternwarte Zürich.
Nr. **165**: M. Waldmeier, Polarkarten der Sonnenkorona. Ref. **6721**.
166: M. Waldmeier, Radioastronomie. Ref. **6529**.
167: M. Waldmeier, Die Natur der M-Regionen. Ref. **6507**.
168: M. Waldmeier, H. Müller, Die Sonnenstrahlung im Gebiet von $\lambda = 10$ cm. Ref. **6530**.

---

[1]) In AJB **49** irrtümlich unter § **66** eingereiht.

169: M. Waldmeier, Die Koronastruktur in der Umgebung einer großen Fleckengruppe. Ref. **6722**.
170: M. Waldmeier, Katalog der grünen Koronastrahlen 1939—1946. Ref. **6724**.
171: M. Waldmeier, Statistik der grünen Koronastrahlen. Ref. **6723**.
172: M. Waldmeier, Die Sonnenaktivität im Jahre 1949. Ref. **6341**, **6637**, **6724**.

330. Quarterly Bulletin on Solar Activity Nr. **85—88**. Ref. **6341**, **6534**, **6637**, **6724**.

331. Tätigkeitsbericht der Eidgenössischen Sternwarte Zürich für das Jahr 1949. Ref. **1101**.

Erster Teil

Allgemeines

§ 1

Mathematisches

101. **D. P. Adams,** An Index of Nomograms. Cambridge, Mass., The Technology Press of Massachusetts Institute of Technology; New York, John Wiley and Sons, Inc.; London, Chapman and Hall, Ltd., 1950. 9 + 174 S. Preis $ 4,00. — Besprechung in Math. Rev. **11** 544.

102. **T. Banachiewicz,** On the general least squares interpolation formula. AA(c) **4** 123—128. — Das Problem, eine Anzahl von Funktionswerten durch eine Interpolationsformel der Form $\Sigma a_i \varphi_i(x)$ mit vorgegebenen $\varphi_i(x)$ möglichst gut im Sinne der Methode der Kleinsten Quadrate darzustellen, wird allgemein mittels Quadratwurzel-Krakovianen gelöst. T. L.

103. **T. Banachiewicz,** Sur la résolution des équations normales de la méthode des moindres carrés. CR Soc. Sci. Lettres Varsovie **41**, Cl. III, S. 63—68, 1948 = Cracow Obs. Repr. N. **26,** 1950. — Ref. mit kritischen Bemerkungen in ZfMG **40** 67.

104. **H. Berthod-Zaborowski, H. Mineur,** Sur le calcul numérique des intégrales doubles. CR **229** 919—921, 1949 = Contr. Inst. Astrophys. Paris (A) Nr. **51.** — Sei $y_{x,x'}$ eine Funktion von x und x' und D ein von einer geschlossenen Kurve Γ begrenztes Gebiet, dann ist

$$\iint\limits_D y_{x,x'}\,dx\,dx' = \int\limits_a^b z_x\,dx, \text{ wobei } z_x = \int\limits_{x'_\alpha}^{x'_\beta} y_{x,x'}\,dx',$$

a und b die Extremwerte der x von D und x'_α und x'_β die Ordinaten der Schnittpunkte von Γ mit einer Parabel zur x'-Achse sind. Die z_x werden nach der Methode von Gregory oder Gauß für $n+1$ Abszissen $x_0, x_1, \ldots.., x_n$ berechnet, und das Doppelintegral wird dann nach irgendeiner Formel aus den z_x gewonnen. Hat Γ keine Tangente parallel zur x'-Achse, so werden dafür die Formeln von Gregory oder Gauß vorgeschlagen. Die Fälle, wo Γ an den Abszissen a oder b oder an beiden eine Parallele zur x'-Achse hat, werden mit der Methode CR **229** 741 (Ref. 112) behandelt. Böh.

105. **J. Bouzitat,** Sur l'intégration numérique approchée par la méthode de Gauss généralisée et sur une extension de cette méthode. CR **229** 1201—1203, 1949 = Contr. Inst. Astrophys. Paris (A) Nr. **52.** — Zur Integrationsmethode von Mayot und Mineur CR **229** 741 (Ref. 112) wird ein anderer Ausdruck für die H_p gegeben. Diese Methode wird auf den Fall er-

weitert, wo von den Abszissen $x_0, \dots x_n$ zwei bestimmt vorgegeben sein sollen. Es ergeben sich ähnliche Formeln wie bei Mayot und Mineur, die für einige Funktionen explizit angegeben werden. Böh.

106. **L. Couffignal,** La méthode de H. Labrouste pour la recherche des périodes. Ciel et Terre **66** 78—86, mit 6 Fig. — Inhalt: Principe de la méthode. Propriétés générales des combinaisons linéaires d'ordonnées.

107. **G. Darmois,** Sur l'estimation des grandeurs par leurs mesures. Annuaire pour l'an 1952 publié par Le Bureau des Longitudes B1—B22. — Ausgehend vom Gauß-Laplaceschen Fehlerwahrscheinlichkeitsgesetz wird eine Einführung in die Fehlertheorie und ihre Grundbegriffe gegeben. Dabei wird insbesondere die Verallgemeinerung für Fehler behandelt, die nicht unabhängig voneinander sind. T. L.

108. **G. N. Duboschin,** Über die Berechnung höherer Ableitungen komplizierter Funktionen. Publ. Astr. Sternberg-Inst. **15** Nr. 2 S. 11—32 (russisch).

109. **K. P. Jakowlew,** Die mathematische Bearbeitung von Meßergebnissen. Moskau-Leningrad, Staatsverlag für technisch-theoretische Literatur, 1950. 338 S. mit 62 Abb. Preis 11 R. 50 Kop. (russisch). — Aus Vorlesungen zusammengestellt. Enthält Näherungsrechnung, Fehlertheorie, Graphische Analyse, Nomographie, Interpolation und harmonische Analyse. Loh.

110. **E. L. Martin,** Sugli estremi di alcune grandezze variabili tabulate. Oss. Astr. Trieste Nr. **234**.

111. **M. Mayot,** Recherche des valeurs et directions propres d'une matrice. Ann d'Astrophys **13** 282—293 = Contr. Inst. Astrophys. Paris (B) Nr. **52**. — Die Substitutionsmethoden zur Lösung gewisser Gleichungssysteme, die bei der Berechnung säkularer Störungen von Planetenbahnen und bei anderen mechanischen uud physikalischen Problemen auftreten, werden diskutiert. Für ihre numerische Auswertung wird ein Rechenschema angegeben. Kdr.

112. **M. Mayot, H. Mineur,** Extension de la méthode d'intégration de Gauss aux fonctions présentant des singularités. CR **229** 741—742, 1949 = Contr. Inst. Astrophys. Paris (A) Nr. **50**. — Sei $f(x) = \Theta(x) F(x)$, wobei $\Theta(x)$ in dem Intervall $< 0,1 >$ positiv und ebenda $F(x)$ singularitätenfrei und darstellbar durch ein Polynom vom Grad $2n + 1$ ist, dann wird

$$\int_0^1 \Theta(x) F(x)\,dx = H_0 f(x_0) + H_1 f(x_1) + \dots H_n f(x_n), \text{ wenn}$$

$$H_p = \frac{1}{G'_{n+1}(x_p)} \int_0^1 \Theta(x) \frac{G_{n+1}(x)}{x - x_p}\,dx, \quad \int_0^1 \Theta(x) G_n(x) G_m(x)\,dx = 0$$

für $m \neq n$ und $x_0, x_1, \cdots x_n$ die Wurzeln von G_{n+1} sind ($G_0(x)$, $G_1(x)$, $\cdots G_n(x)$, $\cdots$ Polynome). Für einige Funktionen $\Theta(x)$ werden die x_p, H_p und G_n explizit angegeben; bei der Bestimmung der Periode eines elliptischen Integrals ist eine Genauigkeitsangabe gemacht. Böh.

113. **M. Mayot,** Sur la méthode d'intégration approchée de Tchebychef. CR **230** 429—430 = Contr. Inst. Astrophys. Paris (A) Nr. **55**. — Verf. hat von dem Polynom n-ten Grades, dessen Wurzeln bei der Integrationsmethode von Tchebychef die Integrationsabszissen bestimmen, die Wurzeln bis zu $n = 21$ berechnet und kommt zu dem Schluß, daß das Verfahren nur für eine Abszissenanzahl $n = 2, 3, 4, 5, 6, 7, 9$ brauchbar ist, weil in den anderen Fällen imaginäre und komplexe Wurzeln auftreten. Böh.

114. **M. Mayot,** Le calcul des perturbations en mécanique quantique. CR **231** 1426—1428, mit 1 Fig. = Contr. Inst. Astrophys. Paris (A) Nr. **72**. — Die bei der Berechnung der Störungen komplexer Molekülverbindungen durch ein Magnetfeld nötige Berechnung und Reduktion von Hermiteschen Matrizen ziemlich hoher Ordnung wird vereinfacht unter Ausnutzung des Umstands, daß mehrere Matrixelemente verschwinden. Die Rechnung läßt sich von einfacheren Matrizen ausgehend mit Rekursionsformeln führen, wobei die Polynome von Tchebychef auftreten. Böh.

115. **M. Mendes,** Sur les transformations canoniques. BA **15** 307—316. = Obs. Univ. Bordeaux (A) Nr. **1**. — Es werden notwendige und hinreichende Bedingungen gegeben dafür, daß die Transformation eines Hamiltonschen Systems, wobei die neuen Veränderlichen auch die Zeit enthalten, kanonisch ist. Böh.

116. **H. Mineur,** Réduction d'une forme quadratique dans le groupe linéaire canonique. BA **15** 107—141 = Contr. Inst. Astrophys. Paris (A) Nr. **62**. — Ref. in Math. Rev. **12** 759. — Es wird die Existenz einer linearen kanonischen Transformation bewiesen, welche die allgemeinste quadratische Hamiltonsche Funktion in $2n$ Veränderlichen p_i, q_i $(i = 1 \cdots n)$ überführt in eine Summe Hamiltonscher Funktionen der Form

$$\lambda \sum_{i=1}^{m} p_i q_i + \sum_{i=1}^{m-1} q_i p_{i+1}.$$

Böh.

117. **L. Perek,** Table for computing the potential and attractive force of spheroids. BAC **2** 75—79, mit 1 Fig. — Der Ausdruck von Routh für das Potential eines Sphäroids (Halbachsen a, a, c mit $a > c$) mit der Dichteverteilung $\varrho = \varrho_c(1 - m^2)^n$, ϱ_c = Dichte im Mittelpunkt, $m^2 = \frac{x^2 + y^2}{a^2} + \frac{z^2}{c^2}$, wird so umgeformt, daß sich das Potential und die Komponenten der Anziehungskräfte schnell mit Hilfe einer kleinen Tafel berechnen lassen. Das Argument der Tafel ist der Exzentrizitätswinkel eines Meridianschnitts des Sphäroids (für innere Punkte) bzw. der Exzentrizitätswinkel eines konfokalen Sphäroids (durch einen äußeren Punkt) und wird einem Nomogramm entnommen. Böh.

118. **P. T. Resnikowskij,** Über eine Variante der Auflösung des Systems der Normalgleichungen in der Methode der Kleinsten Quadrate. Mitt. Astr. Sternberg-Inst. Nr. **54** S. 3—15 (russisch). — Ref. in Astr. News Letter Nr. **63** S. 11.

119. **P. T. Resnikowskij,** Über die Auflösung der Normalgleichungen in der Methode der Kleinsten Quadrate durch sukzessive Elimination der Unbekannten. Mitt. Astr. Sternberg-Inst. Nr. **54** S. 16—29 (russisch). — Ref. in Astr. News Letter Nr. **63** S. 11.

120. **P. T. Resnikowskij,** Die Berechnung höherer Ableitungen komplizierter Funktionen $z = f(x(t))$. Publ. Astr. Sternberg-Inst. **15** Nr. 2 S. 33—70 (russisch).

121. **D. H. Sadler,** Computing methods. J. Inst. Actuaries Students' Soc. 8 65—77, 1948. — Die Kunst des Rechnens besteht darin, mit den zur Verfügung stehenden Hilfsmitteln das genaue Ergebnis des zu lösenden Problems durch ein Minimum von Operationen zu erhalten. Die Prinzipien für die dazu geeigneten Methoden werden skizziert und durch Beispiele veranschaulicht. T. L.

122. **J. B. Scarborough,** Numerical Mathematical Analysis. Baltimore, Md., The John Hopkins Press; London, Oxford University Press, 1950. 2. Auflage. 18 + 511 S. Preis **$** 6,00. — Besprechung in Math. Rev. **12** 537 (W. E. Milne).

123. **H. Wolf,** Zur Anwendung des Ausgleichungsverfahrens von Tsche-

byschef. Gegenüberstellung zur Entwicklung in Potenzreihen und Kugelfunktionen nach der Methode der Kleinsten Quadrate. Veröff. Inst. Erdmessung **12** 39—73, mit 2 Fig.

* * **H. Wundt,** Eine neue Methode der Periodogramm-Analyse und ihre Anwendung auf die Reihe der Sonnenflecken-Relativzahlen. Vgl. Ref. **6336.**

§ 2

Physikalisches

201. **Abischew Chassen,** Untersuchung der Reflexionseigenschaft matter Oberflächen. Alma-Ata, Inst. Astr. Phys. Akad. Wiss. kasach. Sowjetrepublik, 1950. 15 S. (russisch). — Dissertationsreferat.

202. **O. Anderson,** Zum Problem des «Wärmetodes». Mitt.-Bl. math. Statistik **1** 131—139, 1949. — Ref. in ZfMG **37** 141.

203. **E. Åström,** Magneto-hydrodynamic waves in a plasma. Nature **165** 1019—1020. — Die kurze Note erörtert die Unterschiede, die zwischen magnetohydrodynamischen Wellen in leitenden inkompressiblen Flüssigkeiten und solchen in ionisierten Gasen bestehen. Kdr.

204. **H. D. Babcock,** The derivation of vacuum wave numbers and the reduction of measured wave lengths to standard atmospheric conditions. ApJ **111** 60—64 = Mt. Wilson and Palomar Obs. Repr. Nr. **10.** — Bei der Aufstellung von Kaysers Tabelle der Schwingungszahlen wurden die Messungen des Brechungsindex der Luft von Meggers und Peters zugrunde gelegt. Neuere Messungen ergaben, daß diese Brechungsmessungen systematisch zu kleine Werte erbrachten. Eine Neuberechnung der Wellenzahlen unter Verwendung moderner Refraktionsmessungen zeigt darüber hinaus auch noch Differenzen, die bei Verwendung genauer Wellenlängen nicht vernachlässigt werden dürfen. Die Reduktion von Wellenlängen, die bei anderen als Standardbedingungen der Atmosphäre gemessen worden sind, wird eingehend behandelt. Die Notwendigkeit weiterer Refraktionsmessungen an Luft im Ultravioletten und Infraroten wird hervorgehoben. Micz.

205. **C. L. Bailey, W. R. Stratton,** Cross section of the C^{12} (p, γ) N^{13} reaction at low energies. Phys. Rev. (2) **77** 194—196, mit 1 Fig. — Der Querschnitt nimmt von 1.0×10^{-33} cm² bei 128 keV auf 23×10^{-33} cm² bei 194 keV zu.

206. **D. R. Bates,** An approximate formula for the continuous radiative absorption cross-section of the lighter neutral atoms and positive and negative ions. Vgl. AJB **46** Ref. **3503.** — Weiteres Ref. in Urania Barcelona **35** 120.

207. **D. R. Bates,** Calculation of the cross-section of neutral atoms and positive and negative ions towards the absorption of radiation in the continuum. Vgl. AJB **46** Ref. **3504.** — Weiteres Ref. in Urania Barcelona **35** 231.

208. **C. de Bièvre,** L'effet Doppler-Fizeau. Gaz astr **32** 37—40, mit 1 Fig.

209. **F. Blaha,** On movements of small ferromagnetic particles in inhomogeneous magnetic fields. Proc. Phys. Soc. (B) **63** 12—14, mit 6 Fig. — Verf. beobachtete und photographierte die Bewegungen ferromagnetischer Partikel von etwa 10^{-3} bis 10^{-5} cm Durchmesser in inhomogenen magnetischen Feldern. Von den in einem Eisenbogen erzeugten Partikeln bewegten sich die länglichen, etwa 10 bis 20% aller, wie kleine Magnete. Loh.

210. **C. Candler,** Practical Spectroscopy. London, Hilger and Watts Ltd., 1949. 4 + 190 S. mit über 100 Abb. Preis $ 6,10. — Besprechung in Rev. Sci. Instruments **21** 388 (G. H. Dieke).

211. **N. B. Diwari,** Über den Druck des Sonnenlichtes auf die Atome einiger Gase. AJ UdSSR **27** 351—354 (russisch). — Ref. in Astr. News Letter Nr. **55** S. 5. — Für die Zustände einiger Elemente (H, He, Na, Ca II) wird das Verhältnis des solaren Lichtdruckes zur terrestrischen Schwere berechnet und näherungsweise auf Stickstoff und Sauerstoff übertragen. Den niedrigen Gehalt der Erdatmosphäre an H und He kann man nicht durch eine lichtdruckbedingte Diffusion erklären. Loh.

212. **P. Dumézil-Curien, E. Schatzman,** Sur certaines réactions nucléaires d'importance astrophysique. Ann d'Astrophys **13** 80—88, mit 1 Fig. = Contr. Inst. Astrophys. Paris (B) Nr. **47**. — Es wird die Wahrscheinlichkeit der Bildung von Neutronen aus Protonen und Elektronen unter stellaren Verhältnissen untersucht mit dem Ergebnis, daß diese Reaktion nur bei sehr hohen Temperaturen und Dichten von Bedeutung werden und merklich zur Energieerzeugung beitragen kann. Kdr.

213. **W. M. Elsasser,** The hydromagnetic equations. Phys. Rev. (2) **79** 183. — Die Gleichungen, welche das Geschwindigkeitsfeld und das magnetische Feld verknüpfen, werden ohne Berücksichtigung des Verschiebungsstroms transformiert und durch Einführung neuer Veränderlicher in eine symmetrische Form gebracht, in der sich ihre Analogie mit den gewöhnlichen Gleichungen besonders heraushebt. Loh.

214. **G. Gamow, C. L. Critchfield,** Theory of Atomic Nucleus and Nuclear Energy-Sources. London, Geoffrey Cumberlege, Oxford University Press, 1949. International Series of Monographs on Physics. 6 + 344 S. mit 62 Fig. und 5 Tafeln. Preis 30 s. net. — Besprechung in Obs **70** 194—195 (F. Hoyle).

215. **R. H. Garstang,** Some line strengths for ionized neon. MN **110** 612—614. — Berechnung von Übergangsintegralen und f-Werten für die Übergänge 3s—3p, 3p—3d und 3d—4f des Ne II nach der Coulomb-Näherung von Bates und Damgaard und nach der Methode des «self-consistent field». Kdr.

216. **A. Gatterer, J. Junkes,** Das Bogenspektrum des Eisens. 21 photographische Tafeln 18 × 24 cm, 10 S. Beschreibung. Specola Vaticana, 1947. 2. Auflage. — Besprechung in Naturwissenschaften **37** 405—406 (P. Wellmann).

217. **A. Gatterer, J. Junkes,** Das Funkenspektrum des Eisens. 13 photographische Tafeln 18 × 24 cm, 10 S. Beschreibung. Specola Vaticana, 1947. 2. Auflage. — Besprechung in Naturwissenschaften **37** 405—406 (P. Wellmann).

218. **A. Gatterer, J. Junkes,** Atlas der Restlinien. Vol. **1—3**. Vgl. AJB **42** Ref. **7512**, **45** Ref. **7501**, **49** Ref. 214. — Weitere Besprechung in J. Optical Soc. America **40** 695 (W. F. Meggers), Naturwissenschaften **37** 405—406 (P. Wellmann).

219. **A. Gatterer, J. Junkes,** Atlas der Restlinien. Vol. 3. Spektren seltener Metalle und einiger Metalloide. Vgl. AJB **49** Ref. 214. — Weitere Besprechung in Mem SA It (NS) **21** 75—76 (G. Abetti, G. Righini), Rev. Sci. Instruments **21** 384—385 (C. W. Ufford).

220. **L. C. Green, N. E. Weber,** The oscillator strength for the 4s—4p transition in Ca II. ApJ **111** 582—586. — Die gesuchte Größe wird mehrmals unter verschiedenen Voraussetzungen berechnet und die einzelnen Werte untereinander verglichen. Danach dürfte der wahre Wert wahrscheinlich innerhalb ±0.10 von 1.07 liegen. Kdr.

221. **L. C. Green, N. E. Weber,** Oscillator strength for 4s—p and the 3d—f continua of Ca II. ApJ **111** 587—592. — Für die beiden Kontinua wird die Änderung der Oszillatorenstärke mit der Energie neubestimmt und mit älteren Berechnungen verglichen. Kdr.

222. **R. N. Hall, W. A. Fowler,** The cross section for the radiative capture of protons by C^{12} near 100 kev. Phys. Rev. (2) **77** 197—204, mit 4 Fig. — Der Querschnitt nimmt von 1.0×10^{-34} cm² bei 94 keV auf $(8.5 \pm 1.0) \times 10^{-34}$ cm² bei 128 keV zu.

223. **H. G. W. Harding,** The colour temperature of light sources. Proc. Phys. Soc. (B) **63** 685—698, mit 7 Fig. — Vor der Colour Group der Physical Society 1947 gehaltener Vortrag, in dem die Definition der Farbtemperatur gegeben und erläutert wird und in dem auf den Grad der Annäherung von Energieverteilungen verschiedener Lampen an den schwarzen Strahler sowie die Verwendung von Farbfiltern eingegangen wird. Loh.

224. **G. R. Harrison,** Atoms in Action. New York, William Morrow and Co., 1949. 406 S. Preis $ 5.00. — Besprechung in Sky and Telescope **9** 194—195 (F. G. Watson).

225. **N. Herlofson,** Magneto-hydrodynamic waves in a compressible fluid conductor. Nature **165** 1020—1021. — Untersuchungen über magnetohydrodynamische Wellen in einem kompressiblen flüssigen Leiter in einem Magnetfeld ergaben, daß in diesem Fall bei der Ausbreitung von Störungen drei Wellenarten auftreten, und zwar zwei magneto-hydrodynamische Wellen und eine Schallwelle. Kdr.

226. **G. Herzberg,** Molecular Spectra and Molecular Structure. I. Spectra of Diatomic Molecules. New York, D. Van Nostrand Company, Inc., 1950. 2. Auflage. 15 + 658 S. mit 207 Fig. Preis $ 9,75. — Besprechung in Rev. Sci. Instruments **21** 869 (E. E. Witmer).

227. **R. D. Huntoon, U. Fano,** Atomic definition of primary standards. Nature **166** 167—168.

228. **F. Hylleraas,** A new stable state of. the negative hydrogen ion. ApJ **111** 209—213. — Bisher war nur ein stabiler Zustand des negativen Wasserstoffions, der dem Grundzustand von He entspricht, bekannt. Der Verf. hat die Möglichkeit anderer stabiler Zustände untersucht. Sichergestellt wird nur die Existenz eines Zustands von H^-, der dem doppelt angeregten (2s) $(2p)^3$ P-Zustand von He mit einer Bindungsenergie von −1.506 Rydberg-Einheiten entspricht. Die Zustandsenergie wird sowohl für He als auch H^- unter Vernachlässigung der Polarisationsenergie der beiden Elektronen berechnet. Die Störungen der Elektronenbahnen, vor allem der des s-Elektrons, werden berücksichtigt. Die Bindungsenergie des zweiten Elektrons ist nach der Näherungsrechnung 0,29 V oder mehr. Micz.

229. **T. Ishidzu, S. Obi,** On the energy levels of the configurations d^4p, d^5p and d^6p. J. Phys. Soc. Japan **5** 124—142, mit 1 Fig. = Tokyo Astr. Obs. Repr. Nr. **58**.

230. **T. Ishidzu, S. Obi,** Structure of the f^n electron configurations. (I). Coefficients of fractional parentage of f^3. J. Phys. Soc. Japan **5** 142—144 = Tokyo Astr. Obs. Repr. Nr. **59**.

231. **T. Ishidzu, S. Obi,** Structure of the f^n electron configurations. (II). Spin-orbit interaction of the configuration f^3. J. Phys. Soc. Japan **5** 145—148 = Tokyo Astr. Obs. Repr. Nr. **60**.

232. **D. M. Ivanović,** Über die Bewegungsgleichungen geladener Teilchen im elektromagnetischen Feld. Vesnik Društva Mat. Fiz. Srbije **1**

Nr. 3—4 S. 59—72, 1949 (serbisch mit deutscher Zusammenfassung). — Ref. in ZfMG **39** 423.

233. **C. de Jager,** Lichtsterkte, verlichtingssterkte, helderheid. Vgl. AJB **49** Ref. 221. — Berichtigungen in Hemel en Dampkring **48** 217.

234. **U. Jetter,** Umgetaufte Elemente. Phys. Blätter **6** 178. — Betrifft die Namen der Elemente Nr. 4, 41, 43, 61, 71, 72, 74, 85, 87, 91, 93—96.

235. **H. E. Krumm,** The quantum theory. MN ASSA **9** 50—53.

236. **B. Kwal,** Quelques conséquences du rayonnement des particules très rapides dans le champ magnétique. J. Physique **11** 685—690. — Die in Anlehnung an Arzimovich und Pomeranchuk entwickelten Formeln werden auf die Bewegung von Elektronen, Mesonen und Protonen in den Magnetfeldern von Erde und Sonne angewandt. Loh.

237. **M. Laffineur, C. Pecker,** Emission radioélectrique due à l'effet gyromagnétique dans une décharge. CR **231** 1446—1447, mit 1 Fig. = Contr. Inst. Astrophys. Paris (A) Nr. **77**. — Es wird über Versuche berichtet, die radiofrequente Emission von Elektronen, die sich in einem Magnetfeld bewegen, im Laboratorium nachzuweisen. Der Effekt ist möglicherweise für die Deutung der solaren Radiostrahlung von Bedeutung. Kdr.

238. **G. Lemaître,** Application des méthodes de la mécanique céleste au problème de Störmer. Ann. Soc. sci. Bruxelles (1) **64** 76—82. — Ref. in ZfMG **38** 430.

239. **R. E. Marshak, P. M. Morse, H. York,** Equation of state of hydrogen, helium, and Russell mixture at high temperatures and pressures. ApJ **111** 214—220. — Für den astrophysikalisch wichtigen Dichte- und Temperaturbereich werden verbesserte Werte von $1/\mu$ (μ mittleres Molekulargewicht) für vier Mischungen — 1) reine Russell-Mischung; 2) 64% RM, 36% H; 3) 15% RM, 45% H, 40% He und 4) 35% RM, 35% H, 30% He — berechnet und tabuliert. Die Verfeinerung der Rechnung besteht in der Berücksichtigung der Elektronenabschirmung und der Umwandlung gebundener in freie Zustände infolge der Nähe benachbarter Atome bei hoher Dichte. Kdr.

240. **C. E. Moore,** Atomic Energy Levels as derived from the analysis of optical spectra. Volume 1. Vgl. AJB **49** Ref. 229. — Weitere Besprechung in Rev. Sci. Instruments **21** 85 (I. S. Bowen).

241. **C. E. Moore,** An Ultraviolet Multiplet Table. The Spectra of Hydrogen, Helium, Lithium, Beryllium, Boron, Carbon, Nitrogen, Oxygen, Fluorine, Neon, Sodium, Magnesium, Aluminum, Silicon, Phosphorus, Sulfur, Chlorine, Argon, Potassium, Calcium, Scandium, Titanium, and Vanadium. Circ. National Bureau of Standards 488, Section 1. Washington, 1950. 78 S.

242. **N. S. Orlowa,** Bestimmung der Helligkeitskoeffizienten natürlicher Oberflächen unter naturgemäßen Bedingungen bei verschiedenen Einfalls- und Reflexionswinkeln. Nachr. Akad. Wiss. kasach. Sowjetrepublik Nr. **90** (astrobotanische Serie, Heft 1—2) S. 141—156 (russisch).

243. **M. P. Ostjakow, K. I. Koslowa,** Das spektrale Reflexionsvermögen subarktischer Gewächse. Nachr. Akad. Wiss. kasach. Sowjetrepublik Nr. **90** (astrobotanische Serie, Heft 1—2) S. 157—164 (russisch).

244. **A. Papapetrou,** A 4-dimensional generalization of Wilson's hypothesis. Phil. Mag. (7) **41** 399—404. — Ref. in ZfMG **40** 142.

245. **J. G. Phillips,** Singlet electronic states of the TiO molecule. ApJ **111** 314—327, mit 6 Fig. — Eingehende Analyse der beiden Banden bei 8859 Å und

5597 Å im Spektrum des TiO-Moleküls. Die Banden sind den Übergängen $^1\Pi$—$^1\Delta$ bzw. $^1\Phi$—$^1\Delta$ zuzuordnen. Kdr.

246. **J. G. Phillips,** On the identification of the 3670 A band of the C_2 molecule. ApJ **112** 131—135, mit 2 Fig. — Bei der Erzeugung des Spektrums des C_2-Moleküls im Laboratorium tritt unter anderem bei λ 3670 eine Bande auf, deren Übergang bisher nicht identifiziert werden konnte. Durch eine Analyse der Rotationslinien dieser Bande wird gezeigt, daß der untere Zustand das Niveau $v'' = 6$ des $^1\Pi_u$-Zustandes von C_2 ist. Das obere Niveau kann nicht mit völliger Sicherheit angegeben werden, wahrscheinlich handelt es sich um das Niveau $v' = 7$ des $^1\Pi_g$-Zustandes. Dieser Zustand scheint gestört zu sein, so daß eine Modifizierung der durch eine Extrapolation aus den unteren Niveaus bestimmten Dissoziationsenergie notwendig ist. Micz.

247. **W. W. Radsijewskij,** Über den Nichtkonservativismus des Photo-Gravitationsfeldes und über den möglichen Mechanismus eines Einfangs kosmischen Staubes durch die Sonne. DAN **72** 861—864 (russisch).

248. **K. N. Rao,** The band spectrum of CO^+. I. First negative system ($B^2\Sigma$—$X^2\Sigma$). ApJ **111** 50—59, mit 3 Fig. — Verf. unternahm zur Verbesserung der Molekülkonstanten eine Untersuchung des Bandensystems $B^2\Sigma$—$X^2\Sigma$ in der 4. Ordnung eines 21-Fuß-Gitterspektrographen. Zur Beschreibung der Rotationsstruktur werden Wellenzahlen der Linien von 15 Banden des Systems mitgeteilt. Aus einer Analyse der Schwingungsstruktur werden für die beiden beteiligten Zustände des Moleküls Formeln der Schwingungsterme aufgestellt und schließlich die zugehörigen Molekülkonstanten ermittelt. Ein Schlußkapitel enthält Angaben über die Spin-Aufspaltung der $^2\Sigma$-Zustände. Micz.

249. **K. N. Rao,** The band spectrum of CO^+. II. Comet-tail system ($A^2\Pi$—$X^2\Sigma$). ApJ **111** 306—313, mit 2 Fig. — Nach einer Analyse des $B^2\Sigma$—$X^2\Sigma$-Systems des CO^+ (ApJ **111** 50, Ref. **248**) wurden die im roten und nahen infraroten Spektralbereich gelegenen $A^2\Pi$—$X^2\Sigma$-Banden, die zuerst im Spektrum der Kometen identifiziert worden waren, mit der früher benutzten Apparatur in der ersten und zweiten Ordnung aufgenommen. Die Analyse der Rotations- und Schwingungsstruktur wird unter Benutzung der früher über den Grundzustand von CO^+ erhaltenen Ergebnisse vorgenommen. Die abgeleiteten Molekülkonstanten des $A^2\Pi$-Zustandes werden mitgeteilt. Bei der Diskussion der Schwingungsstruktur erweist sich eine Änderung der bisher üblichen Zählung der v' als notwendig. Micz.

250. **H. J. Rodewald,** Die Planckschen Maßeinheiten. Z. Naturforschung **5a** 173. — Vorläufige Mitteilung.

251. **A. Romero Juarez,** Motion of charges in magnetic fields. Phys. Rev. (2) **80** 138. — Ref. Am. Phys. Soc.

252. **K. S. Schifrin,** Der Streuungskoeffizient des Lichtes an großen Partikeln. Nachr. (Iswestija) Akad. Wiss. UdSSR (Geograph., Geophys.) **14** 64—69 (russisch).

253. **A. Schlüter,** Dynamik des Plasmas I. Grundgleichungen, Plasma in gekreuzten Feldern. Z. Naturforschung **5a** 72—78. — Unter einigen Vereinfachungen, die bei astrophysikalischen Problemen im allgemeinen gerechtfertigt sind, werden die Grundgleichungen für die Bewegung eines Plasmas in elektrischen und magnetischen Feldern formuliert und zunächst auf die Frage der Leitfähigkeit eines Plasmas im Magnetfeld angewendet mit dem Ergebnis, daß es nicht sinnvoll ist, von einer Verminderung der Leitfähigkeit durch das Magnetfeld zu sprechen. Ferner wird gezeigt, daß unter bestimmten Annahmen ein Plasma sich im Magnetfeld zu einem Faden zusammenziehen kann. Kdr.

254. **N. M. Schuk,** Über das Vorkommen infraroter Lumineszenz unter festen Körpern und die Möglichkeit ihrer praktischen Anwendung. Nachr. Akad. Wiss. kasach. Sowjetrepublik Nr. **90** (astrobotanische Serie, Heft 1—2) S. 170—179 (russisch).

255. **M. J. Seaton,** The continuous radiative absorption cross-section of singly ionized potassium. MN **110** 247—255, mit 2 Fig. — Wellenmechanische Berechnung des kontinuierlichen Absorptionsquerschnitts für Strahlung α_ν des einfach ionisierten Kaliums. Auf Grund des Ergebnisses — $\alpha_\nu = 3.2 \times 10^{17} \nu_1/\nu \, cm^2$ (ν_1 = Frequenz der Seriengrenze) — werden Abschätzungen des Ionisationsgleichgewichts im interstellaren Raum und der Häufigkeit des Kaliums in H II-Regionen vorgenommen. Kdr.

256. **H. Shull,** Theoretical computations of transition probabilities for electronic spectra of C_2 and N_2^+. ApJ **112** 352—360, mit 2 Fig. — Quantenmechanische Berechnung der Oszillatorenstärke für die Übergänge $^3\Pi_g \leftrightarrow {}^3\Pi_u$ (Swan-Bande) und $^1\Pi_g \leftrightarrow {}^1\Pi_u$ des C_2 und $^2\Sigma_u^+ \leftrightarrow {}^2\Sigma_g^+$ des N_2^+. Für die Swan-Bande ergibt sich der Wert 0.13, der merklich größer als der bisher für astrophysikalische Anwendungen benützte ist. Kdr.

257. **W. W. Sobolew,** On the problem of the diffuse reflection and transmission of light. DAN **69** 547—550, 1949. — Ref. in Math. Rev. **11** 705.

258. **J. A. Surinow,** On the solution of the problem of radiative transfer in systems of grey bodies. Nachr. Akad. Wiss. UdSSR (Abt. Techn. Wiss.) **1950** 1345—1376 (russisch). — Ref. in Math. Rev. **12** 467.

259. **N. R. Tawde, J. M. Patel,** On the transition probabilities of C_2 Swan bands. ApJ **112** 210—212, mit 1 Fig. — Bei verschiedenen experimentellen Bestimmungen (von Patel und von King) der Übergangswahrscheinlichkeiten der Swan-Banden des C_2 bestehen unter sich und gegen die theoretischen Werte Unterschiede, deren mögliche Ursachen kurz diskutiert werden. Kdr.

260. **W. S. Tichomirow,** Das spektrale Reflexionsvermögen von Reliktgewächsen. Nachr. Akad. Wiss. kasach. Sowjetrepublik Nr. **90** (astrobotanische Serie, Heft 1—2) S. 165—169 (russisch).

261. **E. Trefftz,** Wellenfunktionen und Übergangswahrscheinlichkeiten beim Atom Mg I. III. Teil. Der Einfluß der Polarisation. ZfA **28** 67—78. — Im vorliegenden dritten Teil der Mg-Arbeit wird die Methode der Termmischung verglichen mit dem Biermannschen Ansatz eines Polarisationspotentials. Dabei entspricht der Polarisation des Rumpfes die Mischung mit Zuständen, bei denen Rumpf-Elektronen angeregt sind. Es zeigt sich, daß in diesem Fall das Termmischungsverfahren zur quantitativen Behandlung ungeeignet ist wegen der Vielzahl der störenden Terme. Wesentlich übersichtlicher liegen die Verhältnisse bei der gegenseitigen Polarisation der Leuchtelektronen, wo sogar der Abfall des Polarisationspotentials mit $1/r^4$ sein quantenmechanisches Analogon findet. Es handelt sich hier um die Mischung mit sogenannten doppelt angeregten Termen. Sie ist für alle nach dem Fockschen Verfahren berechneten Terme (außer [3p, 3p] ^{3}P) des Mg I abgeschätzt, sofern nicht die Resultate aus dem zweiten Teil der Arbeit übernommen werden konnten. Der Vergleich mit den beobachteten Termwerten zeigt die Brauchbarkeit der Termmischungsmethode. Weiter sind Wellenfunktionen, Dipolmomente und Oszillatorenstärken nach den neuen Rechnungen zusammengestellt. Verf.

262. **C. W. Ufford, R. M. Gilmour,** Multiplet intensities for the lines $^4S—^2D$ N I. ApJ **111** 580—581. — Für die beiden Linien λ 5198.5 und λ 5200.7 des NI, die den Übergängen $^4S_{3/2}—^2D_{5/2}$ und $^4S_{3/2}—^2D_{3/2}$ entsprechen, wird auf Grund wellenmechanischer Rechnungen ein theoretisches Intensitätsverhältnis 0.83 bestimmt. Kdr.

263. **G. de Vaucouleurs,** Les constantes de la diffusion Rayleigh dans les gaz et les liquides. Ann. Physique (12) **5**, 115 S. mit 20 Fig. = Contr. Inst. Astrophys. Paris (A) Nr. **64**.

264. **G. de Vaucouleurs,** Coefficient de température et variation spectrale du facteur de dépolarisation de la diffusion Rayleigh dans le benzène liquide. CR **228** 914—916, 1949 = Contr. Inst. Astrophys. Paris (A) Nr. **38**. — Verf. hat durch genaue photographische Messungen die Dispersion des Faktors der Depolarisation ϱ von nicht fluorizierendem Benzen im Bereich des sichtbaren Spektrums bestimmt. Aus Messungen zwischen 20° und 50° C ergibt sich die Temperaturabhängigkeit $\varrho(t)$. Die Werte zwischen $\lambda = 4350$ und 5800 zeigen die spektrale Variation von ϱ. Gli.

265. **G. de Vaucouleurs,** Sur la dépolarisation de la lumière diffusée par les gaz. CR **228** 1416—1417, 1949 = Contr. Inst. Astrophys. Paris (A) Nr. **40**. — Eine neue Bestimmung des Faktors der Depolarisation durch Luft $\varrho = 0.0310$ weicht von älteren Messungen (0.0415) ab. Ein Vergleich von Messungen in den Gasen CH_4, H_2, und CO_2 vor und nach 1935 zeigt ebenfalls, daß die älteren Werte deutlich größer als die der neueren Messungen sind. Gli.

266. **A. de Vaucouleurs, L. Glaser,** Sur de nouvelles raies des séries secondaires du spectre du potassium et l'existence probable de perturbations dans les termes élevés de ces deux séries. CR **228** 1714—1716, mit 1 Fig., 1949 = Contr. Inst. Astrophys. Paris (A) Nr. **42**. — Verf. identifizieren einige neue Linien des K I mit bisher nicht aufgefundenen Mitgliedern der $4^2\,P—n^2\,S$- und $4^2\,P—n^2\,D$-Serien. Beobachtet wurden Linien bis $n = 16$, bzw. $n = 14$. Seriengrenze und Dublett-Abstand werden neu berechnet. Es wird vermutet, daß die höheren Terme der beiden Serien gestört sind, obwohl K I nur ein Leuchtelektron besitzt. Micz.

267. **G. de Vaucouleurs,** Sur les constantes de la diffusion Rayleigh dans les liquides. CR **229** 35—37, 1949 = Contr. Inst. Astrophys. Paris (A) Nr. **45**.

268. **K. C. Westfold,** The wave equations for electromagnetic radiation in an ionized medium in a magnetic field. Australian J. Sci. Res. (A) Phys. Sci. **2** 169—183, 1949 = Council Sci. Industrial Res. Division Radiophys. — Es wird dargestellt, daß es unzulässig sei, mit dem Snellius'schen Brechungsgesetz die Ausbreitung elektromagnetischer Wellen in einem ionisierten Medium zu berechnen. Differentialgleichungen für die Ausbreitung werden abgeleitet und eine neue Form des komplexen Brechungsindex gefunden. Im Magnetfeld gibt es 3 Typen von Plasmaschwingungen, deren Dämpfung durch die Stoßfrequenz bestimmt wird, und die möglicherweise bei solaren bursts eine Rolle spielen. Reule

269. **K. C. Westfold,** On Kramers' formula for the frequency distribution of the radiation emitted by an electron in a parabolic orbit. Phil. Magazine (7) **40** 698—703, 1949 = Council Sci. Industrial Res. Division Radiophys. — Für die Kramers'sche Formel wird ein vom bisherigen leicht abweichender Wert des g-Faktors abgeleitet, der mit der von Gaunt quantenmechanisch abgeleiteten Formel besser übereinstimmt. Reule

270. **K. C. Westfold,** The refractive index and classical radiative processes in an ionized gas. Phil. Magazine **41** 509—516 = Council Sci. Industrial Res. Division Radiophys. — Untersuchungen über die Rolle des Brechungsindex in der klassischen Theorie der Strahlung in einem ionisierten Gas. Behr

271. **T. Zeuli,** Condizioni per l'esistenza di un integrale analogo a quello delle aree nel problema del moto di un corpuscolo elettrizzato in un campo elettrico e in un campo magnetico qualsiansi sovrapposti. Atti Sem. mat. fis. Univ. Modena **2** 20—36, 1948. — Ref. in ZfMG **39** 422.

272. The periodic system of elements. Irish AJ **1** 66.

273. The Deuterium reaction. Sky and Telescope **9** 116—117.

274. Tables of Scattering Functions for Spherical Particles. By the U. S. National Applied Mathematics Laboratories. Washington, U. S. Department of Commerce, National Bureau of Standards, 1949. 13+119 S. Preis 45 cents. — Besprechung in Proc. Phys. Soc. (B) **63** 218—219.

§ 3

Rechentafeln, Funktionstafeln, Rechenmaschinen

301. **L. J. Comrie,** Chambers's Six-Figure Mathematical Tables. Vgl. AJB **49** Ref. 304. — Weitere Besprechung in Z. Naturforschung **5a** 410 (L. Collatz).

302. **J. B. Dale,** Five-Figure Tables of Mathematical Functions. London, Edward Arnold & Co., 1949. 2. Auflage. 8+121 S. Preis 6 s. — Besprechung in Proc. Phys. Soc. (B) **63** 152.

303. **W. Meyer zur Capellen,** Integraltafeln. Berlin-Göttingen-Heidelberg, Springer, 1950. 292 S. Preis 36.— DM. — Besprechung in Naturwissenschaften **38** 19 (G. Lyra), ZfMG **39** 129 (S. Faedo).

304. **H. M. Sassenfeld, H. F. A. Tschunko,** Mathematische Tafeln für Mathematiker, Naturwissenschaftler, Ingenieure. 1. Teil: Elementare Funktionen. Vgl. AJB **49** Ref. 310. — Weitere Besprechung in Optik **6** 59 (Jaumann).

305. Vega-Bremiker, Logarithmisch-Trigonometrisches Handbuch. Vgl. AJB **49** Ref. 314. — Weitere Besprechungen in Naturwissenschaften **37** 568 (B. Meyermann), Phys. Blätter **6** 476 (E. Moritz), Z. Naturforschung **5a** 472 (L. Collatz).

306. Tables of Sines and Cosines to Fifteen Decimal Places at Hundredths of a Degree. National Bureau of Standards, Applied Mathematics Laboratory. Washington, U. S. Government Printing Office, 1949. 8+95 S. Preis $ 0,40. — Besprechung in Proc. Phys. Soc. (A) **63** 413, Proc. Phys. Soc. (B) **63** 627.

Rechenmaschinen

307. **E. C. Berkeley,** Giant Brains, or Machines That Think. New York, John Wiley and Sons, Inc.; London, Chapman and Hall, Ltd., 1949. 16+270 S. mit Abb. Preis $ 4,00. — Besprechung in Rev. Sci. Instruments **21** 385—386 (L. N. Ridenour).

308. **A. E. Carter, D. H. Sadler,** The application of the National Accounting Machine to the solution of first-order differential equations. Quarterly J. Mechanics and Applied Math. **1** 433—441, 1948. — Die „National Accounting Machine" ist eine schreibende Addiermaschine mit 6 zwölfstelligen Registrierwerken. Der durch ein Beispiel verdeutlichten Methode zur Lösung von Differentialgleichungen erster Ordnung von der Form $y' = f(x, y)$ liegt die Formel von Milne zugrunde. T. L.

309. **D. R. Hartree,** Calculating Instruments and Machines. Urbana, Ill., University of Illinois Press; London, Cambridge University Press, 1949. 9+138 S. Preis 21 s. — Besprechung in Nature **166** 1087 (W. G. Bickley).

310. **M. Mandò,** Le grandi calcolatrici moderne a succesioni automatiche. Periodico di Matematiche **27** 165—173. — Es werden die Prinzipien der modernen mechanischen und elektromechanischen Rechenmaschinen beschrieben. F. Z.

311. **K. Ramsayer,** Die Funktionsrechenmaschine. Phys. Blätter **6** 435—440, mit 2 Abb. — Inhalt: Technische Lösung der mechanischen Funktionstafel. Genauigkeit der linearen (einstufigen) Interpolation. Die vollautomatische Standortrechenmaschine. Weiterentwicklung.

312. **R. D. Richtmyer, N. C. Motropolis,** Moderne Rechenmaschinen. Phys. Blätter **6** 11—20. — Übersetzung aus Physics Today **2** Heft 10, 1949. — Inhalt: Konstruktion und Grundlagen. Die Struktur der Rechenmaschine. Das Wörterbuch. Die Formulierung der Rechenaufgabe. Höhere Mathematik. Praktische Benutzung der Maschine.

313. **A. P. Speiser,** Entwurf eines elektronischen Rechengeräts unter besonderer Berücksichtigung der Erfordernisse eines minimalen Materialaufwandes bei gegebener mathematischer Leistungsfähigkeit. Mitt. Inst. Angew. Math. Zürich **1**, 2+69 S. — Ref. in Math. Rev. **12** 752.

314. **A. P. Speiser,** Das programmgesteuerte Rechengerät an der Eidgenössischen Technischen Hochschule in Zürich. Separatdruck Zürich, 7 S. mit 4 Abb. — Ausführliche Beschreibung eines durch den Ingenieur K. Zuse (Neukirchen, Krs. Hünfeld) konstruierten elektromechanischen (d. h. ohne Elektronenröhren) Rechengerätes. Das Rechenwerk mit 2200 Relais arbeitet im dualen Zahlsystem; es wird durch das Leitwerk mit Hilfe von Lochstreifen gesteuert. Das Speicherwerk gestattet bei der Ausführung in Zürich die Speicherung von 64 Zahlen. Die einzelne Multiplikation dauert etwa 2,5 Sekunden, die Division das Doppelte. Die Vorbereitung für ein Rechenproblem ist einfach, die Betriebssicherheit wird als überaus gut bezeichnet. A. Kopff

315. **H. Stucken,** Programmgesteuerte Rechenmaschinen in Deutschland. Phys. Blätter **6** 166—170. — Bauelemente. Die deutsche Entwicklung. Aufgaben der weiteren Entwicklung.

316. **M. V. Wilkes,** Automatic computing. Nature **166** 942—943. — Bericht über einen Rechenmaschinenlehrgang am Mathematischen Laboratorium der Universität Cambridge unter besonderer Berücksichtigung der Arbeit mit der EDSAC. Loh.

317. High-Speed Computing Devices. By the Staff of Engineering Research Associates, Inc. New York, Toronto, London, McGraw-Hill Book Co., Inc., 1950. 13+451 S. Preis $ 6,50. — Besprechung in Math. Rev. **12** 208 (J. Todd).

§ 4

Astronomische Jahrbücher, Ephemeriden, Kalender

401. Berliner Astronomisches Jahrbuch für 1951. Herausgeber: Astronomisches Recheninstitut der Deutschen Akademie der Wissenschaften zu Berlin und Astronomisches Recheninstitut zu Heidelberg. Berlin, Akademie-Verlag, 1950. 176. Jahrgang. 8+128+429* S. Preis 12.— DM.

Desgl. für 1952. 177. Jahrgang. 8+128+432* S. Preis 12.— DM.

402. Efemérides Astronómicas para o ano de 1951. Observatorio Astronomico da Universidade de Coimbra. Coimbra, 1950. 13+233 S.

403. The Nautical Almanac and Astronomical Ephemeris for the year 1951 for the meridian of the Royal Observatory at Greenwich. Published by Order of the Lords Commissioners of the Admiralty. Crown Copyright reserved. London, His Majesty's Stationery Office, 1950. 6+622 S. Preis 15 s. 0 d. net., geb. 18 s. 6 d. net.

404. Astronomisch-Geodätisches Jahrbuch für 1951. Herausgegeben vom Astronomischen Rechen-Institut in Heidelberg. Karlsruhe, Verlag G. Braun GmbH., 1950. 8+495+[31] S. Preis 12.— DM. — Enthält außerdem Neubearbeitung und Ergänzung der im Berliner Astronomischen Jahrbuch für 1916 gegebenen Grundbegriffe.
Desgl. für 1952. 8+508 S. Preis 12.— DM.

405. Astronomisches Jahrbuch der UdSSR für das Jahr 1952. Unter Redaktion von A. M. Gishizkij herausgegeben vom Institut für theoretische Astronomie der Akademie der Wissenschaften der UdSSR. Moskau-Leningrad, Verlag Akad. Wiss. UdSSR, 1950. 501 S. Preis 61 R. 50 Kop. (russisch).
Desgl. für 1953. Moskau—Leningrad, 1950. 503 S. Preis 62 R. (russisch).

406. Connaissance des Temps ou des mouvements célestes à l'usage des astronomes et des navigateurs pour l'an 1951, publiée par Le Bureau des Longitudes. Paris, Gauthier-Villars, 1950. 32 + 759 S.

407. Almanaque Nautico para el año 1951, publicado de orden de la superioridad por el Instituto y Observatorio de Marina de San Fernando (Cádiz) para el meridiano de Greenwich. Imprenta del Observatorio de Marina, 1950. Vol. **160**. 16 + 511 S. Preis 35 Pesetas, para el extranjero 60 Pesetas.

408. The American Ephemeris and Nautical Almanac for the year 1952. Washington, United States Government Printing Office, 1950. 17 + 654 S. Preis geb. $ 3.75.

409. Apparent Places of Fundamental Stars 1951. Containing the 1535 stars in the Third Fundamental Catalogue (FK 3) of the Berliner Jahrbuch. Produced by international co-operation under the auspices of the International Astronomical Union. Published by Order of the Lords Commissioners of the Admiralty. London, His Majesty's Stationery Office, 1950. 39 + 538 S. Preis £ 2 10 s. 0 d. net.

410. Astronomische Grundlagen für den Kalender 1952. Herausgegeben vom Astronomischen Rechen-Institut in Heidelberg. Karlsruhe, Verlag G. Braun GmbH., 1950. 61 S. Preis 8.— DM.

411. The Handbook of the British Astronomical Association 1951. Thirtieth year of publication. 59 S. Preis 5 s.

412. Handbook for 1951. The Astronomical Society of South Africa. 17 S.

413. The Observer's Handbook for 1950. Published by The Royal Astronomical Society of Canada. C. A. Chant, Editor; F. S. Hogg, Assistant Editor, David Dunlap Observatory. Forty-second year of publication. Toronto, University of Toronto Press, 1949. 80 S.
Desgl. für 1951. Forty-third year of publication. Toronto, 1950. 80 S.

414. Rocznik Astronomiczny Obserwatorjum Krakowskiego 1950. Supplemento Internationale Nr. 21. Herausgegeben von T. Banachiewicz. Krakow, 1950. 8 + 88 S. mit 1 Tafel. — Julianisches Datum, Ephemeriden von Bedeckungsveränderlichen, Präzessionsgrößen, Sternbedeckungen für Poznan, Wroclaw, Torun, Krakow, Warszawa.

415. Astronomical Handbook 1951. Published by the Royal Astronomical Society of New Zealand. Wellington, 1950. 3 + 28 S. Preis 3/6.

416. **Nautisches Jahrbuch oder Ephemeriden und Tafeln für das Jahr 1951** zur Bestimmung der Zeit, Länge und Breite zur See nach astronomischen Beobachtungen. Herausgegeben vom Deutschen Hydrographischen Institut. Hamburg, 1950. **100**. Jahrgang. 14 + 196 S. und 8 Sternkarten.

417. The Nautical Almanac abridged for the use of seamen for the year 1950. Published by Order of the Lords Commissioners of the Admiralty London, His Majesty's Stationery Office, 1948. 315 S. Preis 6 s. 0 d. net.
Desgl. für 1951. London, 1950. 316 S. Preis 6 s. 0 d. net.

418. Almanaque Náutico y Aeronáutico para el año 1950. Ministerio de Marina. República Argentina. 370 S. mit einer Sternkarte. Suplemento 87 S.

419. Ephémérides Nautiques ou extrait de la Connaissance des Temps pour l'an 1951, ouvrage publié par Le Bureau des Longitudes spécialement à l'usage des marins. Paris, Gauthier-Villars, 1950. 146 S. mit 2 Karten.

420. Altitude and Azimuth Almanac 1951. Maritime Safety Agency Tokyo, Japan. Publ. Nr. 686. 4 + 213 S.

421. The Air Almanac 1951. Prepared by H. M. Nautical Almanac Office on behalf of the Air Ministry. London, His Majesty's Stationery Office, 1950. January—April, 242 + 26 S.; May—August, 248 + 26 S.; September—December, 246 + 26 S. Preis je Band 7 s. 6 d. net.

422. The Star Almanac for Land Surveyors for the year 1951. Prepared by H. M. Nautical Almanac Office, published by Order of The Lords Commissioners of the Admiralty. London, H. M. Stationery Office, 1950. 13 + 66 S. Preis 3 s. 0 d. net. — Besprechung in J RAS Canada **44** 203, Pop Astr **58** 474—475.

423. **D. H. Sadler,** Surface and Air Almanacs. J. Inst. Navigation **1** 273—279, 1948. — Sehr ausführlich wird über den Inhalt der folgenden Jahrbücher berichtet und ihre Vor- und Nachteile für die praktische Benutzung beleuchtet: Ephémérides Aéronautiques (Paris); Nautical Almanac, Abridged Nautical Almanac, Japanese Ephemeris (Japan); Almanaque Nautico (Rio de Janeiro); Almanaque Aeronautico (Argentinien). T. L.

424. Almanacco Astronomico della Rivista Coelum per l'anno comune 1951 edito dall'Osservatorio astronomico universitario di Bologna. Bologna, Tipografia Compositori, 1950. 2 + 54 S. mit 4 Sternkarten.

425. Almanacco Astronomico della Rivista Coelum per l'anno bisestile 1952, edito dall'Osservatorio astronomico universitario di Bologna. Bologna, Tipografia Compositori, 1951. 64 S. Preis 400 L.

426. Annuaire de l'Observatoire Royal de Belgique. Jaarboek van de Koninklijke Sterrenwacht van België, 1950 (117ᵉ année). Brüssel, M. Hayez, 1949. 201 S.
Desgl. für 1951 (118ᵉ année). 493 S. mit 10 Fig. und einer Karte.

427. Osservatorio Astrofisico di Catania. Annuario 1951. — Kalenderdaten und Tätigkeitsbericht der Sternwarte.

428. Astronomischer Kalender, Veränderlicher Teil 1950. Herausgegeben von K. K. Dubrowskij, Gorkowsker Staatlicher Gebietsverlag, 1950. 231 S. mit Abb. Preis 5 R. 20 Kop. (russisch). — Enthält neben dem eigentlichen Kalendarium einige populäre Aufsätze.

429. Astronomischer Kalender für das Jahr 1950. **5**. Jahrgang. Herausgegeben von Prof. Dr. A. Kopff. Vgl. AJB **49** Ref. 419. — Weitere Besprechung in Sternenwelt 2 120.

430. Annuaire Astronomique et Météorologique Camille Flammarion. Publié par l'Observatoire de Juvisy. 1951 (87). 14 + 390 S. mit 69 Fig. und 4 Tafeln. — Empfehlung in El Universo **48** Nr. 11 S. 31.

431. Kurzer astronomischer Kalender für das Jahr 1951. Zusammengestellt von S. W. Drosdow und S. I. Seleschnikow. Kiew, Verlag Akad. Wiss. ukrain. Sowjetrepublik, 1950. 43 S. Preis 1 R. 50 Kop. (ukrainisch).

432. Anuario del Observatorio Astronómico de Madrid para 1947. Madrid, Talleres del Instituto Geográfico, 1946. 347 S.
Desgl. 1948. 360 S.
Desgl. 1949. Vgl. AJB **48** Ref. 438.
Desgl. 1950. Vgl. AJB **49** Ref. 422.
Desgl. 1951. 400 S.

433. Osservatorio astronomico di Brera in Milano. Anno 1951. Articoli generali del calendario. 21 S. — Kalenderdaten, Auf- und Untergangszeiten von Sonne und Mond für Mailand und Planetenephemeriden.

434. Osservatorio astronomico di Padova. Elementi astronomici per l'anno 1951. 4. S. — Kalenderdaten, Auf- und Untergang des Mondes.

435. Osservatorio astronomico di Palermo. Elementi astronomici per l'anno 1950. 8 S. — Kalenderdaten, Auf- und Untergang der Sonne für Palermo.

436. Annuaire pour l'an 1951, publié par Le Bureau des Longitudes, avec un supplément pour l'an 1952. Paris, Gauthier-Villars, 1950. 8 + 492 S. + A 31 + B 13 + C 9 + D 53.

437. Anuário para o ano de 1950. Publicado pelo Observatório Nacional Rio de Janeiro. Ano **66**. Rio de Janeiro, 1950. 12 + 304 S.

438. Annuario del Observatorio Astronómico Nacional de la Universidad de Chile 1950. Santiago. 131 S. mit einer Sternkarte des Südhimmels.

439. Unser Volkskalender 1950. Schopfheim (Baden), Fr. Haberer-Kalenderwerk, 1950. 112 S. Preis DM 1.20. — Besprechung in Sterne **26** 188 (C. Hoffmeister).

440. Das Himmelsjahr. Sonne, Mond und Sterne im Jahre 1951. Herausgegeben für den Kosmos, Gesellschaft der Naturfreunde, von M. Gerstenberger. Stuttgart, Franckh'sche Verlagshandlung, 1950. 24. Jahrgang. 100 S. mit Abb. Preis 3.20 DM. — Besprechung in Sternenwelt **2** 287 (G. Zimmermann).

441. Anuario del Observatorio Astronomico Nacional de Tacubaya para el año de 1950. Año **50**, 1950. 218 S. Preis $ 7.00.

442. Osservatorio astronomico di Torino (Pino-Torinese). Dati del calendario per l'anno 1951. — Auf- und Untergangszeiten von Sonne und Mond und Kalenderdaten.

443. Osservatorio astronomico di Trieste. Annuario astronomico per l'anno 1951. — Kalender mit zahlreichen Tafeln und Notizen.

444. **P. Ahnert,** Kalender für Sternfreunde 1950. Vgl. AJB **49** Ref. 431. — Weitere Besprechung in Sternenwelt **2** 119—120.

445. **W. Büdeler,** Der Sternenlauf 1950. Mit Beiträgen von R. Brandt, K. Ebert, H. A. Hahne, G. R. Miczaika, E. Milkutat, R. Müller, H. Oberndorfer, W. Sandner, H. Schwindt. München, Verlag Wendelin

Schütz, 1950. 184 S. mit zahlreichen Abb. — Die Beiträge sind in den entsprechenden Paragraphen aufgeführt.

446. **V. Guth, F. Link,** Hvězdářská ročenka na rok 1951. Prag, Naturwissenschaftlicher Verlag. 96 S. mit 18 Abb. Preis Kčs. 56. — Der 27. Jahrgang des tschechischen astronomischen Jahrbuchs enthält Sonnen-, Mond- und Planetenephemeriden, Vorausberechnung von Sternbedeckungen und der Sonnenfinsternisse, Koordinaten des Erdapex sowie einen Kalender der Himmelserscheinungen. J. B.

447. **R. Henseling,** Sternbüchlein 1950. Vgl. AJB **49** Ref. 437. — Weitere Besprechung in Sternenwelt 2 48 (W. Sandner).

448. **R. A. Naef,** Der Sternenhimmel 1950. Vgl. AJB **49** Ref. 442. — Weitere Besprechung in Gaz astr **32** 12 (G. Schindler), NAT **1950** 38, Obs **70** 123, PAT **31** 88, Pop Astr **58** 197, Sterne **26** 45—46 (E. Krug), Sternenwelt **2** rechts neben S. 96, VJS der Naturf. Ges. Zürich **95** 158 (W. Brunner).

449. **R. A. Naef,** Der Sternenhimmel 1951. Kleines astronomisches Jahrbuch für Sternfreunde für alle Tage des Jahres zum Beobachten von bloßem Auge, mittels Feldstecher und Fernrohr, herausgegeben unter dem Patronat der Schweizerischen Astronomischen Gesellschaft. Aarau, Verlag H. R. Sauerländer, 1950. 11. Jahrgang. 110 S. — Besprechung in NAT **1951** 39.

450. **J. J. Raimond jr.,** Sterrengids 1950. Uitgegeven in opdracht van de Nederlandse Vereniging voor Weer- en Sterrenkunde. Groningen-Batavia, J. B. Wolters, 1950. 72 S. mit 41 Abb., 13 Himmelskarten und zwei Schablonen. Preis Fl. 2.50. — Besprechung in Ciel et Terre **66** 149 (A. Velghe), Gaz astr **32** 14—15, Heelal **6** 16, Hemel en Dampkring **48** 137—138 (A. G. H. Kemp).

Desgl. für 1951. 68 S. Preis Fl. 2.90. — Besprechung in Gaz astr **32** 91, Heelal **6** 77.

451. **E. Walker,** Sterne. Astronomisches Volksjahrbuch 1950. Vgl. AJB **49** Ref. 446. — Weitere Besprechung in Gaz astr **32** 50, Sterne **27** 32 (C. Hoffmeister), Sternenwelt **2** rechts neben S. 96.

452. Servizio rapido d'informazioni. Coelum **18** 25—26.

453. Standard dates for ephemerides. NAZ **4** 44, UAI Circ Nr. 1289. — 1951 Jan. 4 bis Dez. 30.

§ 5

Wissenschaftliche und populäre Bücher zur gesamten Astronomie

501. **G. Abetti,** Astronomia Generale. A cura di M. G. Fracastoro e M. Hack. Firenze, Editrice Universitaria, 1950. 378 S. mit zahlreichen Fig. Preis L. 1200. — Besprechung in Mem SA It(NS) **21** 264—265 (F. Zagar). — Ein für Studierende der Astrophysik und speziell der Sonnenphysik gedachtes Buch. Nach einer Einleitung über sphärische Astronomie werden die Beobachtungsmethoden der Sonne, unter besonderer Berücksichtigung der Spektrographie, die allgemeinen Grundlagen der Astrophysik, die Spektralklassifikation, die Helligkeiten und Parallaxen sowie die Veränderlichen und die Doppelsterne behandelt. F. Z.

502. **R. H. Baker,** Astronomy. A Textbook for University and College Students. New York and Toronto, D. van Nostrand Co., Ltd., 1950. 5. Auflage. 526 S. Preis $ 5.75. — Besprechung in J RAS Canada **44** 120—121, Pop Astr **58** 421—423 (A. H. Farnsworth), Sky and Telescope **9** 195, **10** 15.

503. **W. Becker,** Sterne und Sternsysteme. Dresden und Leipzig, Verlag Theodor Steinkopff, 1950. 2. verbesserte Auflage. 12 + 418 S. mit 109 Abb. und 113 Tabellen. Preis 30.— DM. Wissenschaftliche Forschungsberichte, Naturwiss. Reihe Bd. **55**. — Besprechung in Coelum **18** 159, J RAS Canada **44** 246 (W. R. Hossack), Mem SA It (NS) **21** 357—359 (F. Zagar), Naturwissenschaften **38** 19 (H. Haffner), Naturwiss. Rundschau **3** 480—481 (H. Werner), **4** 406 (H. Siedentopf), Sky and Telescope **10** 40, Sterne **27** 32, Urania Kopenhagen **7** 157—158 (C. L. Janssen), Z. f. Naturforschung **5a** 633—634 (E. Schoenberg).

504. **B. H. Bürgel,** Aus fernen Welten. Eine volkstümliche Himmelskunde. Berlin, Druckhaus Tempelhof, 1949. Neubearbeitete und erweiterte Ausgabe. 544 S. mit 280 Abb. und 48 Tafeln sowie einer Sternkarte. Preis 14.— DM. — Besprechung in Phys. Blätter **6** 44—45 (D. Gudzent), Naturwiss. Rundschau **4** 137, Sternenwelt **2** 192 (K. Schütte).

505. **P. A. Campbell,** Our Natural Universe-Including Man. Philadelphia Pa., College Offset Press, 1950. 75 S. Preis $ 2.00. — Anzeige in Sky and Telescope **10** 40.

506. **J. Comas Solá,** El Cielo. Barcelona, Editorial Segui. — Anzeige in El Universo **48** Nr. 11 S. 31.

507. **G. Contino,** Panorama dell'Universo. Roma, Editore La Scienza, 1950. 100 S. mit 12 Tafeln. — Populär.

508. **J. F. Cox,** Eléments d'Astronomie et de Géodésie. Bruxelles, Presses Universitaires. 350 S. mit 167 Fig. — Besprechung in Publ ASP **62** 234 (H. Jehle).

509. **M. Davidson,** Elements of Mathematical Astronomy with a Brief Exposition of Relativity. Vgl. AJB **47** Ref. **806**. — Weitere Besprechung in Ciel et Terre **66** 92 (S. Arend), Orion Schaffhausen **3** 139.

510. **M. Davidson,** From Atoms to Stars. Macmillan, 1950. 188 S. Preis $ 2.70. — Besprechung in Sky and Telescope **10** 40, 122 (F. K. Edmondson).

511. **P. F. Denza,** Le Armonie dei Cieli. Vgl. AJB **49** Ref. **516**. — Weitere Besprechung in Coelum **18** 54.

512. **M. Eigenson,** Kniha o Slunci. Prag, Verlag Mladá fronta. 60 S. Preis 23 Kčs. Tschechische Übersetzung aus dem Russischen.

513. **C. L. Fenton, M. A. Fenton,** Worlds in the Sky. New York, The John Day Company, Inc. 96 S. Preis $ 2.50. — Besprechung in Pop Astr **58** 476–477, Sky and Telescope **9** 302, **10** 96—97 (C. T. Weaver).

514. **W. G. Fessenkow,** Der kosmische Raum. Alma-Ata, Verlag Akad. Wiss. kasach. Sowjetrepublik, 1950. 23 S. mit 5 Abb. Preis 1 R. (kasachisch).

515. **O. W. Gail,** Wir plaudern uns durch die Astronomie. Stuttgart, K. Thienemanns Verlag. 62 S. mit 76 Abb. Preis geb. 4.80 DM. — Besprechung in Sternenwelt **2** 192.

516. **G. A. Gurew,** Die Erde im Weltraum. Moskau, Verlag für kulturell-aufklärende Literatur, 1950. 144 S. mit Abb. Preis 4 R. (russisch).

517. **G. A. Gurew,** Was ist das Weltall. Moskau-Leningrad, Staatsverlag für technisch-theoretische Literatur, 1950. 188 S. mit Abb. Preis 3 R. 50 Kop. (russisch).

518. **J. Gürtler,** Streifzug durchs Weltall. 64 S. mit 4 Bildtafeln. Preis S. 6.50. — Besprechung in Orion Schaffhausen **3** 174.

519. **V. Guth, F. Link,** Astronomické praktikum. Prag, Naturwiss. Verlag.

188 S. mit 53 Abb. Preis 70 Kčs. (tschechisch). — Astronomisches Praktikum für Liebhaberastronomen, enthaltend einen Grundriß der sphärischen Astronomie, Anleitung für die Benutzung von Ephemeriden, Grundlagen der Optik, Beschreibung der astronomischen Instrumente, Einführung in die Beobachtung der Sonne, des Mondes, der Planeten, der Kometen, der Sternschnuppen, der veränderlichen Sterne und der atmosphärischen Erscheinungen. J. B.

520. **V. Guth, F. Link, J. Mohr, B. Šternberk,** Astronomie. Prag, Naturwissenschaftlicher Verlag. 338 S. mit 122 Abb. Preis 190 Kčs. (tschechisch). — Dritter Teil einer populären Astronomie, enthaltend die Stellarastronomie (vgl. AJB **44** Ref. 811, AJB **47** Ref. 813).

521. **A. R. Hinks,** Einführung in die Astronomie. Vgl. AJB **45** Ref. 826. — Weitere Besprechung in Orion Schaffhausen **3** 174.

522. **J. A. Hynek,** Exploring the Universe. Columbus, Ohio, Charles E. Merrill Co., 1950. 32 S. Preis 5 cents. — Besprechung in Sky and Telescope **10** 14.

523. **M. Iwanowskij,** Wege zu den Sternen. Leningrad, Verlag des Zentralkomitees des Leninschen kommunistischen Jugendverbandes der UdSSR «Junge Garde», 1950. 268 S. mit Abb. und 1 Tafel. Preis 10 R. 25 Kop. (russisch). — Allgemeinverständlich.

524. **W. L. Kennon,** Astronomy. A Textbook for Colleges. Vgl. AJB **48** Ref. 527. — Weitere Besprechung in El Universo **48** Nr. 11 S. 31.

525. **H. Kienle,** Vom Wesen astronomischer Forschung. Vgl. AJB **48** Ref. 528. — Weitere Besprechung in Phys. Blätter **6** 44 (E. Moritz).

526. **H. Kienle,** Die Maßstäbe des Kosmos. Vgl. AJB **48** Ref. 619. — Weitere Besprechung in Naturwiss. Rundschau **3** 137 (J. Hanslmeier).

527. **P. Kirchberger,** Wie finden wir uns am Sternenhimmel zurecht? Berlin-Kleinmachnow, Verlag Naturkundliche Korrespondenz, 1949. 44 S. mit 10 Abb. Preis 2.— DM. — Besprechung in Sternenwelt **2** 192.

528. **P. Labérenne,** O původu světů. Prag, Verlag Život a práce. 264 S. mit 16 Abb. Preis 47 bzw. 67 Kčs. Tschechische Übersetzung aus dem Französischen.

529. **A. I. Lebedinskij,** Ve světě hvězd. Prag, Verlag Naše vojsko. 56 S. mit 14 Abb. Preis 10 Kčs. Tschechische Übersetzung des russischen Buches «In der Welt der Sterne» (vgl. AJB **48** Ref. 530).

530. **O. J. Lee,** Measuring Our Universe. New York, The Ronald Press Company, 1950. 167 S. Preis $ 3.00. — Besprechung in Pop Astr **58** 196—197, Publ ASP **62** 180 (W. W. Olsen), Sky and Telescope **9** 91, 276 (S. L. Lippincott), Urania Kopenhagen **7** 80.

531. **P. Lum,** The Stars in Our Heaven. New York, Pantheon Books, 1948. 245 S. Preis $ 3.75. — Besprechung in Sky and Telescope **9** 66 (H. S. Hogg).

532. **C. Menella,** Stellato-Visione panoramica delle meraviglie celesti. Torino, Società Editrice Internazionale, 1950. 341 S. — Populär.

533. **M. G. J. Minnaert,** Met Kijker en Integraal. Haarlem, De Erven F. Bohn N. V., 1950. 26 S. — Vortrag, gehalten am 21. Mai 1949.

534. **R. Müller,** Astronomisches ABC für Jedermann. München, J. A. Barth, 1950. Zweite, verbesserte Auflage. 182 S. mit 108 Abb. und 5 Tafeln. Preis kart. 13.50 DM, Halbleinen 15.— DM. — Besprechung in Naturwiss. Rundschau **4** 137, Sterne **27** 60—61 (C. Hoffmeister), Sternenwelt **2** 288.

535. **A. A. Nijland,** De bouw van het heelal. Haarlem, De Erven F. Bohn N. V., 1950. 3. Auflage. 9 + 205 S. mit 12 Abb. Preis 3.90 fl. — Besprechung in Gaz astr **32** 89—90.

536. **N. G. Nowikowa,** Ungewöhnliche Himmelserscheinungen. Moskau-Leningrad, Staatsverlag für technisch-theoretische Literatur, 1950. 64 S. mit 32 Abb. Preis 1 R. (russisch).

537. **K. F. Ogorodnikow,** Worauf sich die Erde hält. Moskau-Leningrad, Staatsverlag für technisch-theoretische Literatur, 1950. 3. Auflage. 32 S. mit 12 Abb. Preis 45 Kop. (russisch). — Außerdem in Komi-Sprache erschienen. Desgl. Verlag «Brjanskij Rabotschij», 1950. 20 S. Preis 45 Kop. (russisch).

538. **P. P. Parenago,** Nejnovější poznatky o vesmíru. Prag, Verlag Život a práce. 48 S. mit 8 Abb. Preis 13 Kčs. Tschechische Übersetzung des russischen Buches «Die neuesten Daten über den Aufbau des Weltalls» (vgl. AJB **48** Ref. 534).

539. **P. P. Parenago,** Der Bau des Weltalls. Riga, Lettischer Staatsverlag, 1950. 36 S. Preis 80 Kop. (lettisch). — Populär.

540. **P. P. Parenago,** Die Sternenwelt. Moskau, Staatsverlag für kulturell-aufklärende Literatur, 1950. 64 S. mit Abb. Preis 1 R. 20 Kop. (russisch).

541. **P. I. Popow,** Allgemeinverständliche praktische Astronomie. Moskau-Leningrad, Staatsverlag für technisch-theoretische Literatur, 1950. 2. verbesserte Auflage. 164 S. mit 60 Abb., 1 Karte und 4 Tafeln. Preis 3 R. 20 Kop. (russisch).

542. **P. I. Popow, K. L. Bajew, B. A. Woronzow-Weljaminow, R. W. Kunizkij,** Astronomie. Lehrbuch für pädagogische Hochschulen. Kiew, Staatsverlag für Lehr- und Erziehungsbücher «Radjanska Schkola», 1950. 520 S. mit 264 Abb. und 12 Tafeln. Preis 13 R. 25 Kop. (ukrainisch).

543. **W. Prjanischnikow,** Die Welt, in der wir leben. Vgl. AJB **49** Ref. 546. — Ferner: Taschkent, Staatsverlag usbek. Sowjetrepublik, 1949. 184 S. mit 88 Abb. Preis 8 R. 10 Kop. (usbekisch).

544. **W. Prjanischnikow, B. A. Woronzow-Weljaminow, E. G. Ananjaschwili, P. W. Wojnilowitsch, S. L. Waldgard, K. L. Bajew,** Vesmír. Prag, Verlag Život a práce. 236 S. Preis 56 bzw. 72 Kčs. Tschechische Übersetzung des russischen Buches «Das Weltall».

545. **J. C. Rademaker,** De Luister von het Heelal. Leiden, Stafleu, 1949. 170 S. mit 156 Abb. Preis f 6.90. — Besprechung in Heelal **6** Aug.—Oct., dritte Umschlagseite, Hemel en Dampkring **48** 198 (B. C. Dechesne).

546. **V. V. Šaronov,** Je život na jiných planetách? Prag, Verlag Život a práce. 40 S. Preis 9 Kčs. Tschechische Übersetzung aus dem Russischen.

547. **J. B. Sidgwick,** The Heavens Above. Vgl. AJB **48** Ref. 547. — Weitere Besprechung in Hemel en Dampkring **48** 134 (A. J. M. Wanders), Orion Schaffhausen **3** 174, Sky and Telescope **10** 222.

548. **H. Siedentopf,** Die physikalische Erforschung des Weltalls. Vgl. AJB **49** Ref. 555. — Weitere Besprechung in Phys. Blätter **6** 92 (F. Heise).

549. **H. Siedentopf,** Grundriß der Astrophysik. Stuttgart, Wissenschaftliche Verlagsgesellschaft, 1950. 306 S. mit 114 Abb. Preis DM 28.50. — Besprechung in Naturwissenschaften **38** 18—19 (F. W. Jäger), Naturwiss. Rundschau **3** 480 (H. Klauder), Sterne **27** 111—112, Sternenwelt **3** 79—80 (W. Rabe), Z. f. Naturforschung **6a** 167—168 (L. Biermann).

550. **H. Slouka,** Pohledy do nebe. Prag, Verlag Orbis. Vierte, erweiterte und ergänzte Auflage. 471 S. mit 139 Abb. Preis 235 Kčs. — Besprechung in J RAS Canada **44** 121—122. — Populäre Darstellung der Probleme und Ergebnisse der modernen Astronomie. J. B.

551. **M. F. Subbotin,** Vznik a stáří Země. Prag, Verlag Naše vojsko. 56 S. mit 5 Abb. Preis 9 Kčs. Tschechische Übersetzung aus dem Russischen.

552. **O. Thomas,** Astronomie. Tatsachen und Probleme. Vgl. AJB **49** Ref. 563. — Weitere Besprechung in Sternenwelt **2** 191 (K. Schütte).

553. **H. Vogt,** Der Bau des Weltalls. Vgl. AJB **49** Ref. 564. — Weitere Besprechung in Naturwiss. Rundschau **4** 137 (H. Werner), Phys. Blätter **6** 92 (E. Brüche).

554. **K. W. Wagner,** Bau und Entstehung des Weltalls. Naturwissenschaft, Technik und Religion. Vgl. AJB **49** Ref. 565. — Weitere Besprechung in Phys. Blätter **6** 92 (F. Heise), Sternenwelt **2** neben S. 120.

555. **C. F. von Weizsäcker,** The History of Nature. Chicago, University of Chicago Press, 1949. 191 S. Preis $ 3.00. Übersetzung aus dem Deutschen. — Besprechung in Obs **71** 114—116, Sky and Telescope **9** 194 (C. Payne-Gaposchkin).

556. **G. J. Whitrow,** The Structure of the Universe. An Introduction to Cosmology. Vgl. AJB **49** Ref. 567. — Weitere Besprechung in Hemel en Dampkring **48** 57 (J. J. Raimond jr.), Irish AJ **1** 125—126 (W. G. Guthrie), Nature **166** 574 (F. Hoyle), Obs **70** 82—83 (H. Dingle), Sky and Telescope **10** 174 (P. V. Rizzo), ZfMG **39** 431 (O. Heckmann).

557. **W. Widmann, K. Schütte,** Welcher Stern ist das? Stuttgart, Franckh'sche Verlagshandlung, 1949. 153 S. mit 60 Sternkarten und zahlreichen Abb. Preis kart. 5.80 DM, Leinen 7.50 DM. — Besprechung in Sternenwelt **2** 240.

558. **B. A. Woronzow-Weljaminow,** Jak vznikl vesmír. Prag, Verlag Naše vojsko. 44 S. mit 5 Abb. Preis 8 Kčs. Tschechische Übersetzung des russischen Buches «Der Aufbau des Weltalls» (vgl. AJB **48** Ref. 553).

559. **B. A. Woronzow-Weljaminow,** Astronomie. Vgl. AJB **49** Ref. 569. — 4. Auflage, 1950. Außerdem in weiteren regionalen Ausgaben erschienen.

560. **B. A. Woronzow-Weljaminow,** Astronomie. Lehrbuch für die 11. Mittelschulklasse. Tallin, Estnischer Staatsverlag, 1950. 268 S. mit 133 Abb. und 5 Tafeln. Preis 5 R. 20 Kop. (estnisch).

561. **B. A. Woronzow-Weljaminow,** Astronomie. Methodisches Lehrbuch für Studenten und Fernstudenten pädagogischer Institute. Moskau, Staatsverlag für Lehr- und Erziehungsbücher des Ministeriums für Bildungswesen der russischen Sowjetrepublik, 1950. 88 S. mit 3 Abb. Preis 3 R. 70 Kop. (russisch).

562. **B. A. Woronzow-Weljaminow,** Sammlung von Aufgaben und Übungen zur Astronomie. Vgl. AJB **49** Ref. 570. — Besprechung in AJ UdSSR **27** 374—375 (A. A. Michajlow). Ref. in Astr. News Letter Nr. **55** S. 6.

563. **B. A. Woronzow-Weljaminow,** Der Bau des Weltalls. Verlag «Brjanskij Rabotschij», 1950. 36 S. Preis 60 Kop. (russisch). — Außerdem weitere regionale Ausgaben innerhalb der UdSSR. Vgl. auch AJB **49** Ref. 571/72.

564. **B. A. Woronzow-Weljaminow,** Die Sternenwelt. Moskau-Leningrad, Staatsverlag für Jugendliteratur, 1950. 72 S. mit Abb. Preis 90 Kop. (russisch).

565. **B. A. Woronzow-Weljaminow,** Světelný paprsek — posel z vesmíru. Prag, Verlag Život a práce. 52 S. Preis 17.60 Kčs. Tschechische Übersetzung aus dem Russischen.

566. Astronomy Charted. 4 Mason Street, Worcester, Mass., USA. Nos. 1—50. Preis $ 5.75. — Besprechung in Obs **70** 196 unter dem Titel: Astronomical diagrams.

§ 6

Schriften allgemeiner Art

601. **J. C. Alders,** De sterrenwereld in een notedop. Hollandia Baarn, 1949. 254 S., 170 Abb. Preis fl. 6.90. — Besprechung in Hemel en Dampkring **48** 133 (J. J. Raimond jr.).

602. **G. A. Aristow,** Gab es einen Anfang und wird es ein Ende der Welt geben? Verlag «Brjanskij Rabotschij», 1950. 64 S. Preis 2 R. (russisch).

603. **B. Bavink,** Weltschöpfung in Mythos und Religion, Philosophie und Naturwissenschaft. Aus dem Nachlaß herausgegeben und mit einem Anhang versehen von Prof. Dr. A. Wenzl. München, Basel, Ernst Reinhardt Verlag, 1950. 126 S. — Inhalt: I. Die Schöpfung im Mythos und in der Religion. II. Die Weltentstehung in der Philosophie. III. Weltentstehungslehren der heutigen Naturwissenschaft. a) Das neuzeitliche astronomische Weltbild. b) Neuzeitliche Kosmogonie. 1. Das Planetensystem. 2. Entstehung der Fixsternsysteme und Lebensgeschichte der Fixsterne. 3. Grundlagen der Atomphysik. 4. Theorie der Sternstrahlung. 5. Die Relativitätstheorie und der geschlossene Weltraum. 6. Die physikalischen Grund- (Atom-) Konstanten und ihr Zusammenhang. 7. Weltentstehungstheorie von Dirac-Jordan. Anhang des Herausgebers. Georges Lemaîtres Kosmogonie. C. F. von Weizsäckers Kosmogonie. Ergänzungen.

604. **K. Bloch,** Schopenhauer und die moderne Naturwissenschaft. Naturwissenschaften **37** 145—150.

605. **G. Boisselet,** La cosmogonie d'Edgar Poë. BSAF **64** 432—440.

606. **S. Bunch,** In Starry Skies and Beauties of Earth and Sky. Zu beziehen durch Mrs. P. P. Bunch, Springtown, Tex. 48 S. Preis $ 2.00. — Besprechung dieser Gedichtsammlung in Sky and Telescope **9** 143.

607. **H. Chatley,** Astrology in China. Obs **70** 124—126. — Die Wiege der Astrologie ist Mesopotamien, von wo aus die Ausbreitung in die Mittelmeerländer und in fernöstliche Gebiete erfolgte. In China tritt die Astrologie erstmalig in der Anwendung des zwölfjährigen Jupiterzyklus in Erscheinung. Um 300 v. Chr. ist ein mit astrologischen Ideen durchsetztes philosophisches System anzutreffen. In ihrer späteren Entwicklung ließ die Astrologie in China ihren strengen Unterbau fallen und bediente sich im Gegensatz zu der in Griechenland angewandten streng mathematischen Methode volkstümlicher Gebrauchsformen. U. Baehr

608. **G. Contino,** Sul valore dell'astronomia nell'insegnamento. Mem SA It (NS) 21 99—100. — Ref. Soc. Astr. Italiana.

609. **J. F. Cox, F. H. van den Dungen, J. van Mieghem,** Sur l'influence de la mise en évidence de fluctuations de la rotation de la terre sur quelques vues inspirées de l'astronomie grecque. 3. Congrès National des Sciences — Bruxelles 1950 = Inst. Astr. Bruxelles (1) Nr. **9,** 1 S.

610. **K. Cuypers,** Perspectieven voor de sterrenkunde in het jaar 2000. Heelal **6** 49—54, mit 1 Fig.

611. **M. Daisomont,** Le clergé catholique devant l'astronomie. Bruges, Editions «De Tempel», 1950. 50 S. mit 3 Tafeln. Preis 35 frs. — Besprechung in Ciel et Terre **66** 148—149 (H. Michel), Gaz astr **32** 32—33, Heelal **6** 16.

612. **F. Dessauer,** Mensch und Kosmos. Vgl. AJB **49** Ref. **613.** — Weitere Besprechung in Naturwiss. Rundschau **4** 498 (A. Thienemann), Sternenwelt **2** 191 (F. Schmeidler).

613. **F. Dessauer,** Der Fall Galilei und wir. Frankfurt a. M., Josef Knecht. Preis 4.— DM.

614. **K. Ebert,** Sternfreund und Mathematik. Der Sternenlauf 1950 (Ref. 445) S. 107—113.

615. **A. Eddington,** Philosophie der Naturwissenschaft. Vgl. AJB **49** Ref. 616. — Besprechung in Sternenwelt **2** rechts neben S. 96 (W. Sandner).

616. **M. S. Eigenson,** Die Krise der bourgeoisen Kosmologie. Priroda **39** Nr. 7 S. 12—18 (russisch).

617. **S. O. Eklund,** An amateur astronomer in trouble. MN ASSA **9** 24.

618. **A. Esser,** Geheimnisvolle Kräfte. Köln und Krefeld, Staufen-Verlag, 1949. 468 S. mit Abb. und 6 Tafeln. Preis 12.50 DM. — Besprechung in Sternenwelt **2** neben S. 144 (W. Sandner).

619. **F. Gruber,** Deutung astrophysikalischer und geologischer Erscheinungen auf Grund der Hypothese von der Existenz zweier Klassen von Materie. Wien, Selbstverlag des Verfassers, 1950. 24 S.

620. **H. S. Jones,** Life on Other Worlds. New York, New American Library, 1949. 160 S. Preis 35 Cents. — Besprechung in PAT **32** 79—80, Sky and Telescope **9** 67 (D. Hoffleit).

621. **K. O. Kiepenheuer,** Verständigung zwischen Weltkörpern? Weltraumfahrt **1** 57—59.

622. **C. Graf von Klinckowstroem,** Astronomische Kuriosa. Sternenwelt **2** 205—206, mit 1 Abb.

623. **J. H. McElderry,** Some biblical references to astronomy. Irish AJ **1** 99—100.

624. **H. F. McLean,** How Paul Bunyan departed the Earth. Pop Astr **58** 147, mit 1 Fig.

625. **D. H. Menzel,** El Sol y el Universo. El Universo **48** Nr. 14 S. 103—112, mit 3 Abb. — Allgemeinverständlicher Vortrag.

626. **A. A. Michajlow,** An die Astronomen aller Länder und Völker. AJ UdSSR **27** 201. — Aufruf zur Erhaltung des Friedens.

627. **G. W. Michalec,** The amateur astronomer as a community teacher. Sky and Telescope **9** 267—268, 298—299, mit 4 Fig.

628. Dichters over sterren. Een bloemlezing verzameld en ingeleid door Dr. M. G. J. Minnaert. Vgl. AJB **49** Ref. 667. — Weitere Besprechung in Heelal **6** 30.

629. **A. v. Mörl,** Die große Weltordnung. Berlin-Wien-Leipzig, Verlag Paul Zsolnay, 1947 und 1948. Bd. **1**: Die Geburt der Wissenschaft. 525 S. Preis 15.50 DM. Bd. **2**: Verfall der antiken Wissenschaft. 291 S. Preis 10.— DM. — Besprechung in Sternenwelt **2** 240.

630. **R. Müller-Freienfels,** Der Mensch und das Universum. München, Nymphenburger Verlagshandlung, 1949. 240 S. Preis 9.— DM. — Besprechung in Sternenwelt **2** neben S. 120.

631. **J. H. Pruett,** Terminology talks. Sky and Telescope **9** 64, 86—87, 105, 133, 157, 193, 210—211, 248, 270, 299, **10** 9, 31, 50, mit 11 Fig. — Erklärung von Begriffen aus der Astronomie und ihren Randgebieten.

632. **L. L. Rice,** Imaginary conversations. Pop Astr **58** 142—146.

633. **E. Rosen,** The Naming of the Telescope. Vgl. AJB **47** Ref. 821. — Weitere Besprechung in Naturwissenschaften **37** 142—143 (H. Schimank).

634. **P. Rousseau,** Jean-François, Astronome. Paris, Hachette, 1950. 168 S. mit 50 Fig. Preis 250 frs. — Besprechung in Ciel et Terre **66** 202.

635. **H. U. Sandig,** Die Überwachung des Himmels. Sternenwelt **2** 30—35, mit 5 Abb.

636. **E.-U. Schäfer,** Kulturpessimismus und Naturwissenschaft. Sterne **26** 140—144.

637. **I. F. Schewljakow,** Gab es einen Anfang und wird es ein Ende der Welt geben? Verlag des Zentralkomitees des Leninschen kommunistischen Jugendverbandes der UdSSR «Junge Garde», 1950. 28 S. mit Abb. Preis 70 Kop. (russisch). — Außerdem in Kiew auf Ukrainisch erschienen.

638. **G. Schindler,** Astronomische Entgleisungen. Sterne **26** 69—74, mit 2 Abb.

639. **W. A. Schischakow,** Wissenschaft und Religion über den Bau des Weltalls. Moskau, Verlag «Prawda», 1950. 32 S. Preis 60 Kop. (russisch).

640. **L. Schwarz,** Wie das Weltall, unsere Erde und der Mensch entstanden. Zusmarshausen bei Augsburg, Verlag Präses Leopold Schwarz, 1949. 40 S. mit Abb. Preis 1.20 DM. — Besprechung in Sternenwelt **2** neben S. 120.

641. **H. Schwindt,** Sind andere Sterne bewohnbar? Der Sternenlauf 1950 (Ref. **445**) S. 99—106.

642. **H. Siedentopf,** Kosmische Gestalten. Naturwiss. Rundschau **3** 541—547, mit 9 Abb. — Vortrag des Verf. — Unter kosmischen Gestalten sind Himmelskörper verstanden, die sich durch ihre stoffliche und räumliche Beschaffenheit von ihrer Umgebung abheben, z. B. die Fixsterne und Gasnebel, die großen Sternsysteme, Kometen, Sonnenflecken und Protuberanzen.

643. **J. W. Stein,** A singular interpretation of the Koran. Specola Astr. Vaticana Misc. Astr. **3** Articoli Nr. 100 S. 75—77. — Diskussion einer historischen Arbeit Samahas in Lund Meddelande II 96 und Widerlegung der Ansichten über kosmologische Ideen im Koran. F. Z.

644. **J. Tinoco,** Astronomía y electrónica. I. La electrónica. II. Aplicaciones a la astronomía. Anuario Obs. Madrid **1948** S. 295—356, mit 27 Fig. (Berichtigung und Ergänzung zu AJB **48** Ref. **635**).

645. **R. Tocquet,** La vie dans la matière et dans le cosmos. Paris, Editions de l'Omnium littéraire. — Besprechung in BSAF **64** 260—261.

646. **I. Velikovsky,** Worlds in Collision. New York, Toronto, The Macmillan Co., 1950. 13 + 401 S. Preis $ 5.25. — Besprechung in J RAS Canada **44** 118—120, Pop Astr **58** 278—286 (C. Payne-Gaposchkin), Southern Stars **14** 132.

647. **H. Werner,** Die Sternbilder Fische, Widder und Walfisch in Beziehung zum Mythos von der Geburt. Universitas **5** 443—448, mit 1 Abb.

648. **B. A. Woronzow-Weljaminow,** Die Grundlagen der Astronomie im physikalischen Schulunterricht. Moskau, Verlag der Akademie der pädagogischen Wissenschaften, 1950. 44 S. Preis 75 Kop. (russisch).

649. **O. Zimmermann,** Ein Nebel wird entdeckt. Sternenwelt **2** 1—5, mit 5 Abb. — Von der Arbeit am Fünfmeterspiegel auf dem Palomar. Neue Durchmusterung des Himmels. Die Arbeiten am 200-Zöller. Auswertung der Arbeiten.

650. **F. Zinner,** Neue Angaben über das Verhalten der Tiere bei Sonnenfinsternissen. Naturforschende Ges. Bamberg. Sonderdruck aus dem **32.** Bericht 1950 = Kleine Veröff. Remeis-Sternw. Bamberg Nr. **4** S. 35—50.

651. Zu den Unterlagen der theoretischen Konferenz der Leningrader Abteilung der Astronomisch-Geodätischen Gesellschaft der UdSSR über ideologische Fragen in der Astronomie. Bull. Astr.-Geod. Ges. UdSSR Nr. 8 (15) S. 3—7 (russisch).

652. Mitologia delle costellazioni. Coelum **18** 18—19, 49—50, 80—81, 106—108, 127—128, 155—156. — Betrifft: Sagitta, Aquila, Delphinus, Pegasus, Triangulum, Aries, Taurus, Gemini, Cancer, Leo, Virgo.

653. Estudiando el Cielo. El Universo **48** Nr. 11 S. 19—22 (La gigante constelación de Orión, mit 1 Abb.), Nr. 12 S. 11—12 (La Osa Mayor), Nr. 13 S. 82—83 (La Bellísima Constelación del Escorpión), Nr. 14 S. 120—122 (Andrómeda y el Triángulo, mit 1 Abb.), dazu je eine Sternkarte auf dem Umschlag.

654. Smaatrœk om tre danske astronomer fra forrige aarhundrede. NAT **1950** 75—77, mit 1 Fig.

655. Astronomien på frammarsch i den svenska undervisningen. PAT **31** 84—85.

656. UNESCO and Astrology. Sky and Telescope **9** 137.

657. Was zieht mich zur Astronomie — und was erwarte ich von ihr? Sterne **26** 51—54, 153—157. — Beiträge zum literarischen Wettbewerb der «Sterne».

658. Stellungnahme der Astronomischen Gesellschaft zur Astrologie. Sternenwelt **2** 23—24.

§ 7

Bibliographie, Neuausgaben, Gesamtausgaben, Lexika, Sammelwerke, Festschriften

701. Astronomischer Jahresbericht. Mit Unterstützung der Astronomischen Gesellschaft herausgegeben vom Astronomischen Rechen-Institut zu Heidelberg. Berlin, W. de Gruyter, 1950. **48.** Band. 43 + 364 S. Die Literatur des Jahres 1948. Preis 48.— DM. Schriftleitung K. Heinemann unter Mitwirkung von W. Lohmann.

702. Extraits d'Astronomie et de Géophysique du Centre National de la Recherche Scientifique. Continuation de la Bibliographie Mensuelle de l'Astronomie. Paris. Vol. **11** Nr. 1—12.

703. Astronomical News Letter. Issued and distributed by the Harvard College Observatory, Cambridge, Mass. for the Committee for the Distribution of Astronomical Literature of the American Astronomical Society. Nr. **47—53.**

704. **S. A. Schorygin,** Literaturanzeiger der in der UdSSR erschienenen astronomischen Veröffentlichungen Nr. **64—72.** AJ UdSSR **27** 69—72, 132—136, 196—200, 268—272, 323—328, 379—382, **28** 68—72, 140—144, 203—208 (russisch).

705. Mathematical Reviews. Published by the American Mathematical Society. Lancaster, Penn. Vol. **11** Nr. 1—11.

706. Physikalische Berichte. Herausgegeben im Auftrag der Physikalischen Gesellschaft Württemberg/Baden/Pfalz von M. Schön. Berlin, Akademie-Verlag GmbH. Band **28** Teilband 1/2, 1949. 12 + 636 S.

707. Zentralblatt für Mathematik und ihre Grenzgebiete. Deutsche Akad. Wiss. Berlin. Berlin-Göttingen-Heidelberg, Springer-Verlag. Geleitet von H. L. Schmid. Band **32** Heft 3 — Band **35** Heft 10.

708. Systematischer Anzeiger von Abhandlungen in ausländischen Zeitschriften. Teil 1. Physikalisch-mathematische Wissenschaften. Heft 1. Januar—Juni 1948. Moskau, Verlag für ausländische Literatur, 1950. 200 S. Preis 8 R. 70 Kop. (russisch). — Besprechung in AJ UdSSR **27** 267 (P. P. Parenago).

709. Nikolaus Kopernikus Gesamtausgabe. Vgl. AJB **49** Ref. 715. — Weitere Besprechung in Sterne **26** 95—96 (E. Zinner).

710. Nikolaus Kopernikus: Erster Entwurf seines Weltsystems. Vgl. AJB **49** Ref. 717. — Weitere Besprechung in Naturwiss. Rundschau **3** 232 (N. B. Richter), Sternenwelt **2** 120 (F. Schmeidler).

711. Fortschritte der astronomischen Wissenschaften. Band V. Unter Redaktion von W. G. Fessenkow herausgegeben von der Akademie der Wissenschaften der UdSSR. Moskau-Leningrad, Verlag Akad. Wiss. UdSSR, 1950. 335 S. mit Abb. Preis 23 R. (russisch). — Inhalt: M. S. Swerew, Die Fundamentalastrometrie, S. 3—110, mit 6 Abb.; K. A. Kulikow, Die Bewegung der Erdpole und die Veränderlichkeit der Breiten, S. 111—135, mit 8 Abb. und 1 Tafel; N. S. Samojlowa-Jachontowa, Die Kleinen Planeten, S. 136—175, mit 7 Abb.; G. A. Tschebotarjow, Die Theorie der periodischen Bahnen in der Himmelsmechanik, S. 176—244; W. F. Proskurin, Die analytischen Methoden zur Untersuchung der Bewegung des VIII. Jupitermondes, S. 245—305, mit 2 Abb.; O. A. Melnikow, Die neue Methode zur Untersuchung der Sternspektren, S. 306—333, mit 18 Abb. — Besprechungen stehen in den betreffenden Paragraphen. Loh.

712. Biruni, Sammlung von Aufsätzen unter Redaktion von S. P. Tolstow. Moskau-Leningrad, Verlag Akad. Wiss. UdSSR, 1950. 140 S. mit Abb. Preis 7 R. (russisch). — Enthält unter anderem: S. P. Tolstow, Biruni und seine Zeit, S. 3—29; W. J. Sachidow, Biruni als Denker, S. 30—54, I. J. Kratschkowskij, Biruni und seine Rolle in der Geschichte der östlichen Geographie, S. 55—73; C. U. Sadykow, Die astronomische Lehre Birunis, S. 74—87. Loh.

713. **J. Lagrange,** Analytische Mechanik. Band I. Aus dem Französischen ins Russische übersetzt unter Redaktion und mit Anmerkungen versehen von L. G. Lojzjanskij und A. I. Lurje. 2. Auflage. Band II. Desgl. G. N. Duboschin. Moskau-Leningrad, Staatsverlag für technisch-theoretische Literatur, 1950. 594 bzw. 440 S. Preis 19 R. 25 Kop. bzw. 14 R. 90 Kop. — Besprechung in AJ UdSSR **27** 268 (S. A. Schorygin).

714. **N. Stoyko,** Notice sur les titres et travaux scientifiques. (Ohne Angabe des Druckortes und -Jahres) 59 S. — Die Liste der Arbeiten bis Juli 1945 umfaßt 116 Nummern.

715. One hundred years of the «Astronomical Journal». Sky and Telescope **9** 116.

716. Abstracts of published papers on Radio Research in Australia 1948—1950. Australian National Committee on Radio Science, 1950. 54 S. = Council Sci. Industrial Res. Division Radiophys.

717. List of recent publications. J. Geophys. Res. **55** 107—114, 229—234, 354—360, 500—507. — Enthält die Titel von Arbeiten aus den Gebieten des Erdmagnetismus, der Erdelektrizität, kosmischen Strahlung, Untersuchung der Hochatmosphäre, Erdkruste und -inneres sowie Verschiedenes.

718. Summary of Proceedings of Australian National Committee of Radio Science, URSI, Sydney, January 16—20, 1950. J. Geophys. Res. **55** 191—210. — Enthält unter anderem Referate über Vorträge aus den Gebieten der galaktischen und solaren Radiostrahlung sowie der Mondechos.

719. Inhaltsverzeichnis der Bände 1—6 (1928—1948) der von der Akademie der Wissenschaften der UdSSR herausgegebenen Zeitschrift «Veränderliche Sterne». VS Bull Sonderheft, 1950. 48 S.

Zweiter Teil

Tätigkeit. Geschichte

§ 10

Personalien, Biographie, Briefwechsel

1001. Nekrologe und Todesanzeigen

1944

N. M. Astafow, 1907—1944. Bull. Astr.-Geod. Ges. UdSSR Nr. 8 (**15**) S. 43—44, mit Bild (I. I. Putilin).

1945

H. Paetsch, † 1945 Febr. 14. AN **279** 48.

1946

J. Mrazek, † 1946 März 26. AN **279** 48.
R. Spitaler, † 1946 Okt. AN **279** 48.

1948

B. H. Bürgel, 1875 Nov. 14—1948 Juli 8. Sternenwelt **2** 256 (Bild).

1949

B. Aurell, † 1949 März 28. PAT **31** 70—71, mit Bild (B. Wideland).
A. K. Beljajew, 1888 Okt. 20—1949 Aug. 29. Bull. Astr.-Geod. Ges. UdSSR Nr. **8** (**15**) S. 40—42, mit Bild (B. A. Woronzow-Weljaminow).
R. Berce, 1899 Nov. 21—1949 Dez. 25. Ciel et Terre **66** 153, mit Bild (E. Hoge).
G. B. Blair, 1879 Sept. 13—1949 Sept. 19. Publ ASP **62** 9—10, mit Bild (E. W. Harris, L. E. Salanave).
P. H. Cowell, 1870 Aug. 7—1949 Juni 6. MN **110** 125—128 (J. Jackson).
P.-L. Dupont, 1878 Juni 17—1949 Juni 10. Ciel et Terre **66** 156—159, mit 3 Fig. und 1 Bild (P. Bourgeois).
C. Duprat, 1860—1949 Dez. 1. BSAF **64** 234, mit Bild.
M. A. Evershed, 1867 Jan. 1—1949 Okt. 25. JBAA **60** 86—87, MN **110** 128—129 (A. D. Thackeray), Nature **165** 98, Obs **70** 31—32.
G. C. Fisher, 1878 Mai 22—1949 Jan. 7. MN **110** 129 (J. Schilt).
W. T. Hay, 1888 Dez. 6—1949 April 18. MN **110** 130—131 (R. L. Waterfield).
K. Himpel, 1912—1949 Febr. 25. Z. Naturforschung **5a** 127—128 (H.-J. Binge).

H. Honegger-Cuchet, † 1949 März. Orion Schaffhausen **3** 56.
R. Jouaust, 1875—1949 Nov. 28. BSAF **64** 151—152, mit Bild (B. Decaux).
M. Kaźmierczak, † 1949 Mai 4. Bull. Astr. Obs. Toruń Nr. 8 S. 3.
G. Lambercier, † 1949 Juni 22. Orion Schaffhausen **3** 56—57.
E. Laura, 1879—1949 Dez. 29. Mem SA It (NS) **21** 82, Oss. Astr. Trieste Nr. **241** (E. L. Martin).
E. S. Manson, 1875 Dez. 1—1949 Jan. 29. MN **110** 131.
L. L. Matkewitsch, † 1949 Dez. 24. Astr Circ UdSSR Nr. 98—99 S. 16, Obs **70** 127.
H. Outhwaite, † 1949 Aug. 20. Obs **70** 32 (P. J. Melotte).
J. H. Reynolds, 1874—1949 Nov. 22. MN **110** 131—133 (M. Johnson), Nature **165** 16 (F. J. M. Stratton), Obs **70** 30—31.
L. M. Sandoz, † 1949 Nov. Orion Schaffhausen **3** 57.
C. F. O. Smith, 1874 Sept. 10—1949 Juli 23. MN **110** 133—134 (H. P. Wilkins).
K. F. Sundman, 1873 Okt. 28—1949 Sept. 28. Acta math. Kopenhagen **83** I—IV, Urania Barcelona **35** 116.
F. Temmerman, 1907 Mai 3—1949 Aug. 16. Ciel et Terre **66** 154—155, mit Bild (A. Biot).
C. Young, † 1949 Sept. 22. MN **110** 134—135 (G. M. Sisson), Obs **70** 104.

1950

C. E. Apgar, † 1950 Aug. 17. J RAS Canada **44** 247.
E. Bietti, † 1950 Jan. 2. Coelum **18** 56.
C. Bigogno, † 1950 Jan. 14. Orion Schaffhausen **3** 57—58.
I. Bonsdorff, † 1950 Okt. 17. Obs **70** 243.
E. Cesari, † 1950 Aug. 5. Mem SA It (NS) **21** 268.
L. J. Comrie, † 1950 Dez. 10. Southern Stars **14** 145—147.
M. Crenna, † 1950 Juli 20. Mem SA It (NS) **21** 268.
H. A. Delano, 1885 Jan. 24—1950 Mai 25. Strolling Astronomer **4** Nr. 6 S. 2 (T. R. Hake).
K. R. Graff, 1878 Febr. 7—1950 Febr. 15. AN **279** 48, Astr. Nachr. Berlin-Treptow **2** Nr. 2/3 S. 1—2 (D. Wattenberg), Sterne **26** 186—187, mit Bild.
H. O. Grönstrand, 1904 Juli 10—1950 Juli 28. NAT **1950** 156, PAT **31** 156—157, mit Bild (J. M. Ramberg).
E. W. Johnson, † 1950 April 12. Sky and Telescope **9** 191.
J. H. McArtney, † 1950 Jan. 11. Sky and Telescope **9** 141.
E. A. Milne, 1896 Febr. 14—1950 Sept. 21 (22). NAT **1950** 155, Obs **70** 200, 225—232 (W. H. McCrea), Publ ASP **62** 285, Sky and Telescope **10** 13, mit Bild (G. C. McVittie).
R. Montandon, † 1950 Okt. Orion Schaffhausen **3** 159.
A. Nielsen, 1884—1950 Jan. 18. NAT **1950** 33—34, mit Bild (J. M. Vinter Hansen).
N. L. Pierce, 1905 Juli 12 — 1950 Aug. 8. Obs **70** 200, Pop Astr **58** 364, 425—427, mit Bild (L. Spitzer jr.), Publ ASP **62** 285, Sky and Telescope **9** 273.
J. M. Showalter, † 1950 Febr. 25. Sky and Telescope **9** 141.
M. A. Stuyck, 1901—1950 Sept. 11. Anuario Obs. Astr. Madrid 1951 S. 393.
R. D. Thompson, 1895 Jan. 8—1950 Juni 17. Southern Stars **14** 130.
C. Vick, † 1950 April 15. AN **279** 48.
C. J. Westland, 1875—1950 Juli 11. JBAA **60** 257, Southern Stars **14** 129.
A. S. Zessjulewitsch, † 1950 Juni 28. Astr Circ UdSSR Nr. 103—104 S. 27 (B. W. Nowopaschenny).

C. Anthony, †. MN **110** 124—125.
F. Hope-Jones, †. Obs **70** 127.

1002. Personalien

G. B. van Albada, Direktor der Bosscha-Sternwarte in Lembang als Nachfolger von C. H. Hins. Hemel en Dampkring **48** 216.

A. Ananoff erhielt die Hermann-Oberth-Medaille der Gesellschaft für Weltraumforschung. J. British Interplanetary Soc. **9** 137, mit Bild.

E. Appleton erhielt die Royal Medal. Nature **166** 924.

L. Binnendijk, Direktor des Goodsell Observatory als Nachfolger von E. A. Fath. Pop Astr **58** 364, Publ ASP **62** 233—237.

I. S. Bowen erhielt die Rumford-Medaille der American Academy of Arts and Sciences. Sky and Telescope **9** 89.

M. Caspar, 70. Geburtstag. Naturwiss. Rundschau **3** 237—238 (F. Rossmann).

S. Chapman erhielt die Goldmedaille der Royal Astronomical Society. Urania Barcelona **35** 116.

A. D. Cole, Instructor in astronomy at the Washburn Observatory of the University of Wisconsin als Nachfolger von H. L. Johnson. Pop Astr **58** 524.

F. R. Cripps erhielt die Walter-Goodacre-Medaille. BAA Circ Nr. 319, Irish AJ **1** 128, JBAA **60** 261.

J. C. Duncan tritt in den Ruhestand. Pop Astr **58** 364.

T. V. Frazier, Instructor in Physics and Astronomy in the University of Nevada, Reno. Pop Astr **58** 418.

G. Haro, Direktor des astrophysikalischen Observatoriums Tonantzintla als Nachfolger von L. E. Erro. El Universo **48** Nr. 14 S. 129.

E. Hubble, Korrespondierendes Mitglied der französischen Akademie der Wissenschaften. Ann d'Astrophys **13** 104.

A. H. Joy erhielt die Bruce-Goldmedaille der Astronomical Society of the Pacific für 1950. Pop Astr **58** 194, Publ ASP **62** 33—36, mit Bild (R. J. Trumpler), Sky and Telescope **9** 117.

H. Kienle, Direktor der Badischen Landessternwarte Heidelberg. AN **279** 48.

G. P. Kuiper, Mitglied der National Academy of Sciences. Pop Astr **58** 309.

B. Lindblad, Korrespondierendes Mitglied der französischen Akademie der Wissenschaften. Ann d'Astrophys **13** 104.

M. Minnaert, 25jähriges Doktorjubiläum. Hemel en Dampkring **48** 129, mit Bild (J. J. Raimond jr.).

Å. Odelberg, 50 Jahre. Urania Kopenhagen **7** 81—82. (C. L. Janssen).

J. H. Oort, vom belgischen Prinzregenten zum Kommandeur des Ordens Leopolds II. und von der Universität Glasgow zum Ehrendoktor der Rechte ernannt. Hemel en Dampkring **48** 129.

S. W. Orlow, 70. Geburtstag. Astr Circ UdSSR Nr. 108 S. 16—17 (russisch).

N. N. Parijskij, 50. Geburtstag. Astr Circ UdSSR Nr. 107 S. 12 (russisch).

J. G. Phillips, assistant professor des Department of Astronomy at the University of California at Berkeley. Pop Astr **58** 246.

F. Schmid, 80. Geburtstag. Orion Schaffhausen **3** 157.

F. Sisman erhielt die Chant-Medaille der Royal Astronomical Society of Canada. J RAS Canada **44** 57—58.

J. Stebbins erhielt die Goldmedaille der Royal Astronomical Society, London. BAA Circ Nr. 319, Obs **70** 127, Pop Astr **58** 93.

R. H. Stoy, Direktor des Royal Observatory, Cape of Good Hope. Nature **166** 889—890, Obs **70** 127.

B. Strömgren, Direktor der Yerkes und McDonald Observatorien. NAT **1950** 155, Nature **166** 1015, Obs **70** 243—244, PAT **31** 168, Pop Astr **58** 524.

O. Struve, Ehrendoktor der Universität Liège. Ann d'Astrophys **13** 104.

Präsident des Department of Astronomy in Berkeley. BSAF **64** 258—259.

Professorship in astrophysics in Berkeley und chairmanship des Department of Astronomy at California. Pop Astr **58** 148.

Auswärtiges Mitglied der Akademie von Amsterdam. Pop Astr **58** 363.

Erhielt von der belgischen Regierung den Orden «Commandeur de l'Ordre de la Couronne». Pop Astr **58** 363.

Erhielt die Henry-Draper-Goldmedaille der National Academy of Sciences. Obs **70** 168, Publ ASP **62** 128, Sky and Telescope **9** 185.

A. D. Thackeray, Direktor am Radcliffe Observatory, Pretoria, als Nachfolger von H. Knox-Shaw. Nature **166** 674, Obs **70** 128, Publ ASP **62** 236.

G. A. Tichow, 75. Geburtstag. Priroda **39** Nr. 8 S. 85—88 (W. W. Scharonow, russisch).

P. N. Tschirwinskij, 70. Geburtstag. Meteoritika Nr. 8 S. 149—158 (I. S. Astapowitsch, russisch), Priroda **39** Nr. 9 S. 81—82 (I. S. Astapowitsch, russisch).

F. L. Whipple erhielt die J.-Lawrence-Smith-Medaille der National Academy of Sciences. Pop Astr **58** 40, 43, 190—191.

F. B. Wood wurde Direktor der Observatorien der University of Pennsylvania. Pop Astr **58** 364.

1003. **E. N. da C. Andrade,** Isaac Newton. London, Max Parrish & Co., Ltd.; New York, Chantecler Press, Inc., 1950. 110 S. mit 8 Tafeln. Preis 6 s. net.— Besprechung in JBAA **60** 205—206, Nature **166** 1046 (M. H. de V. Heathcote), ZfMG **38** 147.

1004. **A. Andreoli,** Lettera inedita di Lodovico Antonio Muratori all'astronomo V. F. Stancari. Coelum **18** 43—45. — Historische Notizen über einen Brief Muratoris an den Astronomen Stancari. F. Z.

1005. **A. Armitage,** Copernicus and the Reformation of Astronomy. Historical Association. London, George Philip, 1950. 23 S. Preis 1 s. 6 d. — Besprechung in JBAA **60** 147, ZfMG **38** 147.

1006. **A. Armitage,** Alexander Wilson, M. D. A university astronomer of Eighteenth Century Scotland. Pop Astr **58** 388—395.

1007. **I. S. Astapowitsch, P. N. Tschirwinskij,** P. L. Drawert zum Gedenken (zum 5. Todestag). Priroda **39** Nr. 12 S. 79—81 (russisch).

1008. **E. Bauer,** Laplace et la physique. BSAF **64** 5—12, mit 2 Fig.

1009. **A. Brown,** Tribute to Otto Struve. Obs **70** 126—127.

1010. **M. Capek,** Three-hundred-fiftieth anniversary of the death of Giordano Bruno. Pop Astr **58** 248.

1011. **M. Caspar,** Johannes Kepler. Vgl. AJB **48** Ref. **1008**. — Weitere Besprechung in Hemel en Dampkring **48** 36 (E. J. Dijksterhuis), Naturwissenschaften **37** 47—48 (E. von Laue), Naturwiss. Rundschau **3** 231—232 (F. Rossmann).

1012. **A. Cotton,** La vie et l'œuvre de Raymond Jouaust. Annuaire pour l'an 1951, publié par Le Bureau des Longitudes A 1—A 31.

1013. **J. F. Cox,** Hommage à la Marquise du Châtelet. Ciel et Terre **66** 1—11, mit 1 Bild. — Voltaire nahm an den astronomischen Problemen seiner Zeit regen Anteil. Es war ihm jedoch nur durch seine Freundschaft mit einer dem französischen Adel angehörenden Amateurastronomin, der Marquise du Châtelet, möglich, den Auseinandersetzungen der Fachgelehrten ohne bedeutenden Zeitaufwand zu folgen. Es werden einige Briefstellen angeführt, um die Wertschätzung der Marquise bei ihren Zeitgenossen zu zeigen. Ein von Maupertuis abgegebenes Urteil ist darunter besonders eindrucksvoll. Im Gedenken an den unermüdlichen Eifer der Marquise um die Himmelskunde sieht der Verf. sich veranlaßt, das Problem der Bewegung der Erdachse, dem man im 18. Jahrhundert besondere Beachtung schenkte, in seiner historischen Entwicklung bis in die Gegenwart hinein zu verfolgen. U. Baehr

1014. **A. Danjon,** Pierre-Simon Laplace. BSAF **64** 1—4, mit 2 Fig.

1015. **G. Darmois,** Laplace, probabiliste et statisticien. BSAF **64** 45—52, mit 3 Fig.

1016. **A. Due Rojo,** El fundador de la heliofísica. Urania Barcelona **35** 121—137, mit 10 Abb. — Zum 300jährigen Todestag Christoph Scheiners.

1017. **A. I. Durnew,** Professor F. N. Krassowskij und seine Rolle in der Entwicklung der sowjetischen geodätischen Wissenschaft. Bull. Astr.-Geod. Ges. UdSSR Nr. **8** (**15**) S. 8—13 (russisch).

1018. **K. Ebert,** Astronomische Jubiläen 1950. Der Sternenlauf 1950 (Ref. 445) S. 57—64, mit 6 Abb.

1019. **H. Eichhorn,** Johann Palisa und die Kleinen Planeten. Sternenwelt **2** 97—100, mit 3 Abb.

1020. **A. Einstein,** Out of My Later Years. New York, Philosophical Library, 1950. 282 S. Preis $ 4.75. — Besprechung in J RAS Canada **44** 121, Pop Astr **58** 366 (R. F. Eliot), Publ ASP **62** 125 (P. W. Merrill), Sky and Telescope **10** 96 (R. Fleischer).

1021. **H. Erhard,** Giordano Bruno (1548—1600). Zu seinem 350. Todestag am 17. Februar 1950. Naturwiss. Rundschau **3** 172—176.

1022. **J. Hadamard,** Célébration du deuxième centenaire de la naissance de P. S. Laplace. Arch. Internat. Hist. Sci. (NS) **3** 287—290.

1023. **H. A. Hahne,** Bruno H. Bürgel zu seinem 75. Geburtstag am 14. November 1950. Der Sternenlauf 1950 (Ref. 445) S. 49—56, mit 3 Abb.

1024. **D. Hoffleit,** The advertisements of J. A. Whipple. Sky and Telescope **9** 269—270, mit 2 Fig.

1025. **C. L. Janssen,** H. E. Lau, en fremragende, dansk Astronom. Urania Kopenhagen **7** 18—25, 43, mit 2 Abb.

1026. **G. Järnefelt,** Karl F. Sundman in memoriam. Acta math. København **83** I—VI.

1027. **P. G. Kulikowskij,** M. W. Lomonossow als Astronom und Astrophysiker. Moskau-Leningrad, Staatsverlag für technisch-theoretische Literatur, 1950. 88 S. mit 25 Abb. und 1 Bild. Preis 2 R. 75 Kop. (russisch). — Ref. in Astr. News Letter Nr. **62** S. 12. — Das Büchlein enthält neben einer Würdigung der Leistungen Lomonossows auf astronomischem Gebiet auch einen kurzen Abriß über die Entwicklung der Astronomie in Rußland bis zu Lomonossow. Loh.

1028. **P. G. Kulikowskij,** Der Astronom-Bolschewik P. K. Sternberg (Zum 30. Todestag). Priroda **39** Nr. 10 S. 77—78 (russisch).

1029. **G. Lemaître,** Laplace et la mécanique céleste. BSAF **64** 89—97, mit 3 Fig.

1030. **N. I. Leonow,** Ulugbek — der große Astronom des 15. Jahrhunderts. Moskau, Staatsverlag für technisch-theoretische Literatur, 1950. 2. Auflage. 68 S. mit Abb. Preis 95 Kop. (russisch).

1031. **W. Lindemann,** Carl Theodor Robert Luther. Eine biographische Studie. Sterne **26** 7—13, mit 2 Abb.

1032. **W. Lindemann,** Robert Luther und die Düsseldorfer Planetoiden. Sternenwelt **2** 150—152, mit 2 Abb.

1033. **G. Loria,** Saggio di una bibliografia Lagrangiana. Isis, Cambridge, Mass., **40** 112—117, 1949.

1034. **M. du Martheray,** Deux grandes familles d'astronomes britanniques: les Herschel et les Parsons. Orion Schaffhausen **3** 33—41, 85—87, mit 2 Abb.

1035. **D. J. Martynow,** Über eine vergessene Arbeit von M. A. Kowalski. AJ UdSSR **27** 169—176, mit 1 Abb. (russisch). — Es wird dargelegt, daß M. A. Kowalski (19. Jahrhundert) noch vor Airy die am besten geeignete Methode zur Erforschung der Sonnenbewegung im Raum ausgearbeitet und angewendet hatte und daß ihm auch auf anderen stellarastronomischen Gebieten Prioritätsrechte eingeräumt werden müßten. Loh.

1036. **A. Masotti,** Commemorazione di Luigi Gabba. Rend. Istituto Lombardo Sci. Lettere **83** 125—146. — Lebensbeschreibung.

1037. **F. Mikič,** Jurij Vega, 23. 3. 1754—17. 9. 1802. Glasnik Mat.-Fiz. Astr. (2) **5** 34—39, mit 1 Bild (kroatisch).

1038. **R. A. Millikan,** Autobiography. New York, Prentice-Hall, Inc., 1950. 299 S. Preis $ 4.50. — Besprechung in Publ ASP **62** 231—232 (D. Alter).

1039. **A. A. Morosow,** Michail Wassiljewitsch Lomonossow, 1711—1765. Verlag des Zentralkomitees des Leninschen kommunistischen Jugendverbandes der UdSSR «Junge Garde», 1950. 960 S. mit Abb. Preis 17 R. (russisch). — Sehr ausführliche Biographie Lomonossows, die auch für einen breiten Leserkreis gedacht ist. Das 14. Kapitel ist den astronomischen Arbeiten Lomonossows gewidmet. Loh.

1040. **A. Paluzíe Borrell,** La obra divulgadora del P. M. Daisomont. Urania Barcelona **35** 110—111.

1041. **C. U. Sadykow,** Biruni und seine astronomischen Arbeiten. AJ UdSSR **27** 73—80, mit 2 Abb. (russisch). — Ref. in Astr. News Letter Nr. **51** S. 7.

1042. **H. U. Sandig,** Der Erbauer des «Leviathan». Sternenwelt **2** 137—138, mit Bild. — William Parsons, Earl of Rosse, 1800—1867.

1043. **H. U. Sandig,** Heinrich Christian Schumacher. Sternenwelt **2** 274—275, mit Bild.

1044. **W. Sandner,** Caroline Herschel. Sternenwelt **2** 66—67, mit 2 Abb.

* * **H. Sawyer Hogg,** Charles Babbage and the calculating machine. Vgl. Ref. **1431**.

1045. **W. F. T. Schirach,** Joseph von Fraunhofer. MN ASSA **9** 64—67.

1046. **W. J. A. Schouten,** Grote Sterrenkundigen. Van Ptolemaeus tot De Sitter. Rijswijk, P. V. Leidsche Uitgeversmaatschappij, 1950. 285 S. Preis f. 8.90. — Besprechung in Hemel en Dampkring **48** 138—139 (E. J. Dijksterhuis).

1047. **G. Silva,** Giovanni Santini. Annuario Univ. Padova 1949—1950, 9 S. = Oss. Astr. Padova Pubbl. Nr. **93**. — Lebensbeschreibung.

1048. **W. M. Smart,** Presidential adress, on the award of the Gold Medal to Professor Joel Stebbins. MN **110** 179—195, mit 4 Fig. = Glasgow Univ. Obs. Repr. Nr. **27**. — In einer Ansprache anläßlich der Überreichung der Goldmedaille der Royal Astronomical Society an J. Stebbins gibt der Verf. eine ausführliche Übersicht über dessen lichtelektrische Arbeiten, die zugleich ein Abriß der Geschichte der lichtelektrischen Photometrie in den Vereinigten Staaten und der damit verknüpften Probleme ist. Micz.

1049. **N. M. Staude,** Die Hauptmerkmale des wissenschaftlichen Wirkens von G. A. Tichow nach persönlichen Eindrücken in 40 Jahren.

Nachr. Akad. Wiss. kasach. Sowjetrepublik Nr. **90** (astrobotanische Serie, Heft 1—2) S. 19—24 (russisch).

1050. **J. W. Stein,** Les dates de la naissance et de la mort du philosophe Proclus. Specola Astr. Vaticana Misc. Astr. **3** Articoli Nr. 99 S. 71—74, mit 1 Fig. — Geburtsdatum (8. 2. 412) und Todestag (17. 4. 485) werden bestätigt.

1051. **J. W. Stein,** Copernic était-il prêtre? Specola Astr. Vaticana Misc. Astr. **3** Articoli Nr. 103 S. 88—89. — Übersetzung eines Artikels aus Mem SA It (NS) **17** 3. Vgl. AJB **45** Ref. 399.

1052. **J. W. Stein,** Le quatrième centenaire de la naissance de Tycho Brahé. Specola Astr. Vaticana Misc. Astr. **3** Articoli Nr. 105 S. 99—104, mit 3 Fig. — Kurze Lebensbeschreibung.

1053. **D. Wattenberg,** Friedrich Simon Archenhold. Sein Leben und Werk. Nach einem Vortrag aus Anlaß seines 10. Todestages am 14. Oktober 1949. Mitt. Archenhold-Sternw. Nr. **14,** 8 S. mit 4 Abb.

1054. **H. Werner,** Fritz Saxl zum Gedächtnis. Sternenwelt **2** 90—91, mit Bild.

1055. **E. Zinner,** War Coppernicus ein Sarmate oder Pole? Naturforschende Ges. Bamberg. Sonderdruck aus dem **32.** Bericht 1950 = Kleine Veröff. Remeis-Sternw. Bamberg Nr. **4** S. 55—58. — Es wird erneut auf Grund mannigfacher Beweise die außerhalb Deutschlands verbreitete Ansicht widerlegt, daß Coppernicus ein Pole gewesen sei. Loh.

1056. Zum 100. Todestag von H. C. Schumacher. AN **279** 96.

1057. En souvenir de Camille Flammarion (1925—1950). BSAF **64** 446—448.

1058. Professor Dr. Władysław Dziewulski. Biographical note. Bull. Astr. Obs. Toruń Nr. **9** S. 5—17, mit Bild (polnisch und englisch).

1059. Thomas Wright of Durham. Irish AJ **1** 104.

1060. Some centenaries. JBAA **60** 88—89.

1061. Hereditary Astronomers. JBAA **60** 148.

1062. Some 1951 centenaries. JBAA **61** 29.

1063. Dr. H. Knox-Shaw. MN ASSA **9** 23.

1064. Gawriil Adrianowitsch Tichow. Biographisches und Schriftenverzeichnis. Nachr. Akad. Wiss. kasach. Sowjetrepublik Nr. **90** (astrobotanische Serie, Heft 1—2) S. 5—18 (russisch).

1065. H. C. Schumacher. NAT **1950** 153—154.

1066. Bessels afskedsbrev til Schumacher. NAT **1950** 154—155.

1067. Heinrich Christian Schumacher, 1780—1850. Nature **166** 1056.

1068. Honours for New Zealanders. Southern Stars **14** 113—114.

1069. René Descartes. Sternenwelt **2** 42—43, mit 1 Abb.

1070. Karl Friedrich Ginzel. Sternenwelt **2** 43.

§ 11

Tätigkeitsberichte von Instituten und Gesellschaften, Tagungen

1101. Tätigkeitsberichte von Instituten

Ann Arbor, Mich. The Observatories of the University of Michigan. AJ **55** 191—196. L. Goldberg, R. R. McMath.

Armagh. Observatory. MN **110** 146—147. E. M. Lindsay.

Babelsberg. Mitt. AG **1950** 30—33. W. Grotrian.

Bamberg. Mitt. AG **1950** 30. E. Zinner.

Belgrad. Services et travaux d'observations en 1940 à l'Observatoire Astronomique de l'Université de Belgrade. Publ. Obs. Astr. Belgrade Bull. Nr. **6** S. 1—7. V. V. Michkovitch.

Desgl. für 1941. Publ. Obs. Astr. Belgrade Bull. Nr. **7** S. 1—5. M. Protitch.

Berlin. Astronomisches Recheninstitut. Mitt. AG **1950** 33—34. A. Kahrstedt.

Berlin-Treptow. Archenhold-Sternwarte. Tätigkeitsbericht für das Jahr 1949. Mitt. Archenhold-Sternw. Nr. **13**, 6 S. mit 4 Abb. D. Wattenberg.

Besançon. Observatoire National. Activité chronométrique en 1949—1950. Ann. Françaises Chronométrie **20** 315—319.

Bloemfontein, South Africa. Lamont-Hussey Observatory. Vgl. Ann Arbor.

Bonn. Universitäts-Sternwarte. Mitt. AG **1950** 34—35. F. Becker.

Bonn. Geschichte des Fixsternhimmels. Mitt. AG **1950** 35. J. Haas.

Bordeaux. Observatoire. Rapport présenté au Conseil de l'Université. Année scolaire 1945—1946. Bordeaux 1950, 8 S. G. Rougier.

Desgl. 1946—1947. Bordeaux 1950, 7 S. M. Milloux.

Cambridge, Engl. Cambridge Observatories. MN **110** 147—149. R. O. Redman.

Cambridge, Mass. 104. annual report of the director of the Astronomical Observatory of Harvard College for the year ending September 30, 1949. Cambridge, Mass. Published by the University, 1950. 7. S. H. Shapley.

Canberra. Commonwealth Observatory. Report of the Commonwealth Astronomer for the year 1949. 6 S. R. v. d. R. Woolley. — Maschinenschriftvervielfältigung. Besprechung in Nature **166** 144, 1950.

Cape of Good Hope. Royal Observatory. MN **110** 142—146. J. Jackson. Ferner: Report of His Majesty's Astronomer at the Cape of Good Hope to the Secretary of the Admiralty for the year 1949. 9 Schreibmaschinenseiten. J. Jackson.

Cartuja (Granada). Observatorio Geofisico. Urania Barcelona **35** 112—113.

Catania. Osservatorio Astrofisico di Catania. Annuario **1951** 46—49. Attività dell' Osservatorio per l'anno accademico 1949—50. E. de Caro.

Cleveland, Ohio. Warner and Swasey Observatory. AJ **55** 205—206. J. J. Nassau.

Delaware, Ohio. Perkins Observatory. AJ **55** 196—198. P. C. Keenan.

Dublin. Dunsink Observatory. MN **110** 152—153. H. A. Brück.

Edinburgh. Royal Observatory. MN **110** 140—142. W. M. H. Greaves.

Evanston, Ill. Dearborn Observatory. AJ **55** 189—190. K. A. Strand.

Exeter. Norman Lockyer Observatory of the University College of the South West. MN **110** 152. D. L. Edwards.

Freiburg i. Br. Fraunhofer-Institut. Mitt. AG **1950** 35—38. H. Siedentopf.

Genf. Observatoire. J. suisse d'Horlogerie et de Bijouterie **1950** Nr. 3—4

S. 69—71. — Ref. in Ann. Françaises Chronométrie **20** 330. — Bericht über Uhrenprüfungen 1949.

Glasgow. University Observatory. MN **110** 149. W. M. Smart.

Göttingen. Universitäts-Sternwarte. Mitt. AG **1950** 38—41. P. ten Bruggencate.

Göttingen. Max-Planck-Institut für Physik. Abteilung für Astrophysik und für theoretische Physik. Mitt. AG **1950** 41—43. L. Biermann, C. F. von Weizsäcker.

Greenwich. Royal Greenwich Observatory. MN **110** 136—139. H. S. Jones. Nature **166** 555—556. Report of the Astronomer Royal to the Board of Visitors of the Royal Greenwich Observatory. 29 S. H. S. Jones. — 1949 Mai 1— 1950 April 30.

Hamburg-Bergedorf. Mitt. AG **1950** 43—48. O. Heckmann. Jahresbericht der Hamburger Sternwarte in Bergedorf für die Jahre 1948—1949. 7 S. O. Heckmann.

Hamburg. Deutsches Hydrographisches Institut. Jahresbericht Nr. **4**, 1949. 70 S. mit 10 Abb., 2 Tafeln und 4 Karten. G. Böhnecke.

Hannover. Mitt. AG **1950** 48—49. J. Hopmann. — 1946—1950.

Heidelberg. Astronomisches Rechen-Institut. Mitt. AG **1950** 49—50. A. Kopff.

Heidelberg. Königstuhl-Sternwarte. Mitt. AG **1950** 51. H. Kienle.

Hyderabad. Nizamiah Observatory. MN **110** 157—158. A. Ali.

Ithaca, N. Y. Fuertes Observatory. AJ **55** 191. R. W. Shaw.

Jena. Mitt. AG **1950** 52—53. H. Lambrecht.

Johannesburg. Union Observatory. MN **110** 155—156. W. H. van den Bos.

Kiel. Mitt. AG **1950** 53. A. Unsöld.

Kiew. Astronomisches Observatorium Kiew. Publ. Astr. Obs. Kiew Nr. **3** S. 101—107, 109—116, 117—125 (russisch). S. K. Wsechswjatskij. — Tätigkeitsberichte für 1947, 1948, 1949.

Kodaikanal. Solar Physics Observatory. MN **110** 158—160. A. K. Das.

London. Imperial College Observatory, South Kensington. MN **110** 150. R. W. B. Pearse.

London. Scientific Computing Service Limited. A description of its activities, equipment and staff. London, April 1950. 23 S.

London. University of London Observatory, Mill Hill, and University College Observatory. MN **110** 150—151. C. C. L. Gregory.

Lake Angelus, Pontiac, Mich. McMath-Hulbert Observatory. Vgl. Ann Arbor.

Madrid. Seminario de Astronomia y Geodesia de la Universidad de Madrid. Urania Barcelona **35** 116.

Mount Hamilton. Report from the Lick Observatory, University of California. Publ ASP **62** 37—45. C. D. Shane. — Zeitraum 1948 März 16 — 1950 März 15.

Mount Stromlo. Commonwealth Observatory. MN **110** 160—161. R. v. d. R. Woolley.

Mount Wilson, Mount Palomar. Annual report of the director. Carnegie Inst. Washington Year Book Nr. **49**, for the year 1949—1950, S. 3—25, mit 4 Tafeln. I. S. Bowen.

München. Mitt. AG **1950** 53—56. E. Schoenberg.

Münster. Mitt. AG **1950** 56. J. Hellerich.

Neuchâtel. Rapport du directeur de l'Observatoire Cantonal de Neuchâtel à la Commission de l'Observatoire sur l'exercice 1949, suivi du rapport spécial sur les concours des chronomètres et des pendules observés en 1949. 32 S. mit 4 Tafeln, 1950. E. Guyot. J. suisse d'Horlogerie et de Bijouterie **1950** Nr. 3—4 S. 72—73. — Ref. in Ann. Françaises Chronométrie **20** 330. — Bericht über Uhrenprüfungen 1949.

New Haven, Conn. Yale University Observatory. AJ 55 206—208. D. Brouwer.

Ottawa. Dominion Observatory. MN 110 153—155. C. S. Beals.

Oxford. University Observatory. MN 110 151. H. H. Plaskett.

Perth. Observatory. MN 110 162. H. S. Spigl.

Pittsburgh, Pa. Allegheny Observatory. AJ 55 189. N. E. Wagman.

Potsdam. Astrophysikalisches Observatorium. Mitt. AG 1950 56—60. W. Grotrian.

Pretoria. Radcliffe Observatory. MN 110 156—157. H. Knox-Shaw.

Princeton, N. J. Princeton University Observatory. AJ 55 198—201. L. Spitzer jr.

Richmond Hill. David Dunlap Observatory, University of Toronto. MN 110 155. F. S. Hogg.

Riverview, N. S. W. Riverview College Observatory. MN 110 161—162. D. O'Connell.

Santiago. Observatorio Astronomico de la Universidad de Santiago. Urania Barcelona 35 114—115.

Sonneberg. Mitt. AG 1950 60—61. C. Hoffmeister.

Stalinabad. Kurzer Rechenschaftsbericht des Astronomischen Observatoriums Stalinabad der tadshikischen Abteilung der Akademie der Wissenschaften der UdSSR für 1949. Circ. Astr. Obs. Stalinabad Nr. 77—78 S. 6—8 (russisch).

St. Andrews. University Observatory. MN 110 151—152. E. Finlay-Freundlich.

Stockholm. Stockholms Observatoriums Årsberättelse för året 1949. K. Svenska Vet. Årsbok för år 1950 S. 129—137. B. Lindblad.

Swarthmore, Pa. Sproul Observatory. AJ 55 201—202. P. van de Kamp.

Sydney. Observatory. MN 110 162. H. W. Wood.

Tortosa. Observatorio de Fisica Cosmica del Ebro (Tortosa). Urania Barcelona 35 113—114.

Toulouse. Observatoire de l'Université de Toulouse. Rapport annuel 1947—1948. 11 S.

Tübingen. Mitt. AG 1950 61—62. H. Siedentopf.

Uccle. Observatoire Royal de Belgique. Rapport sur les travaux scientifiques effectués pendant l'année 1949. Commun. Obs. Royal Belgique Nr. 16, 16 S. P. Bourgeois.

Upper Darby and Wynnewood, Pa. Flower and Cook Observatories. AJ 55 190—191. C. P. Olivier.

Washington. Astrophysical Observatory. Report on the Astrophysical Observatory for the year ended june 30, 1949. Smithsonian Report for 1949 S. 109—113. L. B. Aldrich.

Washington, D. C. United States Naval Observatory. AJ 55 202—205. G. W. Welker.

Wellington, N. Z. Carter Observatory. MN 110 163. I. L. Thomsen. Report of the Carter Observatory Board for the year ended 1950, March 31. Carter Obs. Astr. Bull. Nr. 34, 8 S. I. L. Thomsen.

Wynnewood, Pa. Vgl. Upper Darby.

Zürich. Eidgenössische Sternwarte. Tätigkeitsbericht für das Jahr 1949. 8 S. M. Waldmeier.

1102. American Association for the Advancement of Science

Pop Astr 58 304—305. A symposium on meteorites, May 2, 1950.

1103. American Association of Variable Star Observers

Sky and Telescope 10 32. Members and guests at the meeting of the American Association of Variable Star Observers, October 14, 1950.

1104. American Astronomical Society

El Universo **48** Nr. 13 S. 73—76, mit 6 Fig. Octogésima segunda reunión de la American Astronomical Society en la Ciudad de Tucson, Arizona, E. U. de A. D. Taboada.

Obs **70** 165—167. Meeting of the American Astronomical Society. A. Brown.

Pop Astr **58** 1—7, mit 1 Tafel. The eighty-second meeting of the American Astronomical Society. C. H. Gingrich.

Pop Astr **58** 314—318, mit 1 Tafel. The eighty-third meeting of the American Astronomical Society. C. M. Huffer.

Sky and Telescope **9** 115. Members and guests at the 82nd meeting of the American Astronomical Society at the University of Arizona, December 28—31, 1949.

Sky and Telescope **9** 247. Members and guests of the American Astronomical Society, at its 83rd meeting, June 18—21.

Die kurzen Berichte über die auf den Versammlungen gehaltenen Vorträge sind durch «Ref. AAS» gekennzeichnet.

1105. Astronomical Society of Japan

Publ. Astr. Soc. Japan **2** 58—59. Proceedings of the spring meeting of the Society, May 4—5, 1950.

1106. Astronomical Society of the Pacific

Publ ASP **62** 30. Minutes of the special meeting of the directors November 26, 1949.

Publ ASP **62** 30—32. Minutes of the adjourned special meeting of the directors December 9, 1949. E. A. Mayers.

Publ ASP **62** 75—79. Minutes of the annual meeting of the Astronomical Society of the Pacific February 1, 1950. E. A. Mayers.

Publ ASP **62** 80—82. Minutes of the meeting of the newly elected board of directors. E. A. Mayers.

Publ ASP **62** 82—86. Annual report of the secretary-treasurer for the year ending December 31, 1949. C. H. Adams.

Publ ASP **62** 130—132. Minutes of the meeting of directors March 17, 1950. E. A. Mayers.

Publ ASP **62** 138—140. Salt Lake City meeting of the Astronomical Society of the Pacific. H. B. Pettit. — 1950 Juni 22—23.

Die kurzen Berichte über die auf den Versammlungen gehaltenen Vorträge sind durch «Ref. ASP» gekennzeichnet.

1107. Astronomical Society of South Africa

MN ASSA **9** 57—63. Society notices. — Bericht über die Jahreshauptversammlung am 26. Juli 1950.

1108. Astronomische Arbeitsgruppe der Naturforschenden Gesellschaft Schaffhausen

Orion Schaffhausen **3** 106—107.

1109. Astronomische Gesellschaft

Mitt. AG 1950. 29 S. Bericht über die Versammlung der Astronomischen Gesellschaft in Heidelberg, 8. bis 11. September 1950. — Eröffnungsansprache, wissenschaftliche Vorträge.

Naturwiss. Rundschau **3** 83—84. Astronomen-Tagung in Bonn. J. Hopmann.

Phys. Blätter **6** 33. Tagung der Astronomischen Gesellschaft in Bonn. H. Haffner.

Sterne **26** 178—184, mit 1 Bild. Versammlung der Astronomischen Gesellschaft 1950. C. Hoffmeister.
Sternenwelt 2 23—24. Stellungnahme der Astronomischen Gesellschaft zur Astrologie.
Sternenwelt 2 241—243, mit 3 Abb. Tagung der Astronomischen Gesellschaft. S. Günther.
Sternenwelt 2 268—271, mit 6 Abb. Heidelberger Vorträge, gehalten auf der Tagung der Astronomischen Gesellschaft vom 7. bis 11. September 1950. S. Günther.
Die kurzen Berichte über die auf der Versammlung gehaltenen Vorträge sind durch «Ref. AG» gekennzeichnet.

1110. **Astronomisch-Geodätische Gesellschaft der UdSSR**
Bull. Astr.-Geod. Ges. UdSSR Nr. **9** (**16**) S. 26—33 (russisch). Die Arbeit der Abteilungen der Astronomisch-Geodätischen Gesellschaft der UdSSR im Jahr 1949. — Berichte der Moskauer, Leningrader, Gorkijer, Kiewer und Charkower Abteilungen.

1111. **British Astronomical Association**
JBAA **60** 213—233. Report of the council on the work of the session 1949 July 1 to 1950 June 30, to be presented to members of the Association at the annual general meeting 1950 October 25. — Enthält unter anderem die Berichte folgender Sektionen: Solar S. (F. J. Sellers), Lunar S. (H. P. Wilkins), Mercury and Venus S. (H. McEwen), Mars S. (P. M. Ryves), Jupiter S. (D. W. Millar), Saturn S. (A. F. O'D. Alexander), Comet S. (G. Merton), Meteor S. (J. P. M. Prentice), Aurora and Zodiacal Light S. (W. B. Housman), Variable Star S. (W. M. Lindley), Photographic S. (G. F. Kellaway), Methods of Observation S. (W. H. Steavenson), Computing S. (J. G. Porter), Historical S. (H. L. Kelly).
JBAA **61** 1—17, mit 3 Fig. Report of the annual general meeting of the Association. — Enthält unter anderem die Präsidialansprache von J. G. Porter über Kleine Planeten.

1112. **British Interplanetary Society**
J. British Interplanetary Soc. **9** 37. Fourth annual general meeting. — 1949 Dez. 9.
J. British Interplanetary Soc. **9** 305—315, 326—380, mit Mitgliederverzeichnis. Annual report of the British Interplanetary Society. A. V. Cleaver.

1113. **Bund der Sternfreunde**
Sterne **26** 184. Bericht über die Tagung des Bundes der Sternfreunde in Coburg vom 27. bis 30. 5. 1950. E. Otto.
Sternenwelt 2 24. — Schilderung der jetzigen Lage und der geplanten Entwicklung des Bundes.
Sternenwelt 2 145—148, mit 3 Abb. Tagung des Bundes der Sternfreunde vom 27. bis 30. Mai in Coburg. G. Zimmermann.
Sternenwelt 2 neben S. 240. Rechenschaftsbericht 1945/50. R. Henseling.
Sternenwelt 2 285—286. Satzung vom 30. Mai 1950.

1114. **Colloque International**
BSAF **64** 265—274, 341—346, mit 5 Fig. und 1 Bild. L'actualité astronomique. A. Danjon.
BA **15** 163, mit 2 Abb. Colloque International sur les constantes fondamentales de l'astronomie. Observatoire de Paris, 27 Mars — 1er Avril 1950. — Die

einzelnen Referate sind in den entsprechenden Paragraphen aufgeführt und besprochen.

BA **15** 265—288. Colloque International sur les constantes fondamentales de l'astronomie: Procès-verbaux des séances. D. H. Sadler. (Übersetzung ins Französische durch G. Fayet.)

BA **15** 289—292. Recommandations adressées à l'Union Astronomique Internationale.

1115. **Deutsche Gesellschaft für Chronometrie**

Phys. Blätter **6** 41. W. Keil. — Gründung der Gesellschaft 1949 Nov. 2.

Phys. Blätter **6** 376. E. Schieron. — Bericht über die Tagung am 24. März 1950 in Stuttgart.

1116. **Gesellschaft der Freunde der Urania-Sternwarte Zürich**

Orion Schaffhausen **3** 105—106.

1117. **Hampstead Scientific Society**

MN **110** 164. The Observatory of the Hampstead Scientific Society. H. Wildey.

1118. **International Astronomical Union**

AJ UdSSR **27** 201 (russisch). An die Astronomen aller Länder und Völker. A. A. Michajlow.

Astr Circ UdSSR Nr. 108 S. 14—15 (russisch). Tagung des Exekutivkomitees der Internationalen Astronomischen Union. A. A. Nemiro. — Tagung in Stockholm im September 1950.

Obs **70** 242. I. A. U. — Betrifft die Tagung in Leningrad 1951.

Publ. La Plata Serie Especial Nr. **9** S. 114—125. Comunicación sobre el Congreso Astronómico de Zürich. P. Sconzo.

Sky and Telescope **9** 85. IAU to meet in 1951.

Transactions of the International Astronomical Union. Vol. 7. Seventh General Assembly held at Zürich August 11 to August 18, 1948. Edited by J. H. Oort, General Secretary. Cambridge, University Press, 1950. 8 + 552 S. Preis $ 7.50; 42 sh. — Besprechung in Sky and Telescope **10** 40.

1119. **Irish Astronomical Society**

Irish AJ **1** 1. Our Society. E. M. Lindsay.

Irish AJ **1** 97—98. Annual rallies of the Irish Astronomical Society. J. H. McElderry.

1120. **Meteoritical Society**

Pop Astr **58** 504—507. The report of the retiring president of the Meteoritical Society for the 1946—50 term. A. S. King.

Pop Astr **58** 507—510. Report on the 13th meeting of the Society. J. A. Russell.

1121. **The Nantucket Maria Mitchell Association**

Forty-eighth annual report for the year ending January 31, 1950. Memorial House, Nantucket, Mass. 44 S. mit einem Bild von Maria Mitchell.

1122. **Nederlandse Vereniging voor Weer- en Sterrenkunde**

Hemel en Dampkring **48** 114—120, mit Berichtigung S. 140. — Jahresberichte.

Hemel en Dampkring **48** 199—200. Verslag van de zevende amateursbijeenkomst. — Bericht über die Tagung der Amateurastronomen in Leiden 1950 Sept. 23 und 24.

Hemel en Dampkring **48** 207—209. Nieuwe meteoorvlagen in December 1949. J. Alving, J. van Diggelen. — Vorschau mit Bericht über die Tätigkeit der Arbeitsgruppe Meteore der Nederlandse Vereniging voor Weer- en Sterrenkunde.

1123. **Royal Astronomical Society**

Irish AJ **1** 105—107, mit 1 Bild. Meeting of the Royal Astronomical Society in Dublin, September 20 — September 24, 1950.

Irish AJ **1** 127—128. The Dublin meeting of the R. A. S.

MN **110** 100—123. Annual general meeting of 1950 February 10.

Obs **70** 49—54. Anniversary meeting and annual general meeting of the Royal Astronomical Society. — Versammlung vom 10. Februar 1950.

Obs **70** 169—184, mit 1 Tafel. The Royal Astronomical Society at Dublin.

1124. **Royal Astronomical Society of Canada**

J RAS Canada **44** 52—78. Minutes of the annual meeting of the Royal Astronomical Society of Canada.

1125. **Royal Astronomical Society of New Zealand**

Southern Stars **14** 151—160. Annual meeting 2nd December, 1950; Report of the Council for the year ended 30th September, 1950; Section Reports for year ended 1950, September 30.

1126. **Schweizerische Astronomische Gesellschaft**

Orion Schaffhausen **3** 125—128. Bericht über die 8. Generalversammlung der Schweizerischen Astronomischen Gesellschaft in Basel. E. Maier. — 21. Mai 1950.

1127. **Sociedad Astronómica de México**

El Universo **48** Nr. 11 S. 24—28, mit 6 Abb.; Nr. 12 S. 17—21, mit 3 Abb.; Nr. 13 S. 98; Nr. 14 S. 131—132. Actividadas de la Sociedad. — Tätigkeitsberichte, Rückblicke auf die vorhergegangenen Himmelserscheinungen und Mitteilungen über allgemeine Fortschritte der Astronomie. Gü.

1128. **Società Astronomica Italiana**

Coelum **18** 16—17. Convegno a Roma della Società Astronomica Italiana.

Mem SA It (NS) **21** 85—102. La riunione di Roma e l'assemblea generale dei soci per l'anno 1949 (28—29 Novembre 1949).

Die kurzen Berichte über die auf der Versammlung gehaltenen Vorträge sind durch «Ref. Soc. Astr. Italiana» gekennzeichnet.

1129. **Société d'Astronomie d'Anvers**

Trentième rapport 1949. Anvers, 1950. 14 S. C. de Bièvre.

1130. **Société Astronomique de France**

BSAF **64** 33—41, mit 1 Bild von A. Danjon. Assemblée générale annuelle de la Société Astronomique de France. — Bericht über die Tagung am 11. Dezember 1949.

BSAF **64** 72—75. La vie de la Société Astronomique de France en 1949. G. C. Flammarion.

BSAF **64** 126—128, mit 1 Fig. Activité de la cinématèque S. A. F. en 1948—1949. J. Leclerc.

BSAF **64** 288—293. Assemblée générale annuelle de la Société Astronomique de France. A. Hamon.

BSAF **64** 303—306. La vie de la Société Astronomique de France en 1950. G. C. Flammarion.

BSAF **64** 325—340, 386—394, mit 4 Fig. und 16 Bildern. Un demi-siècle à l'Observatoire de la Société Astronomique de France. G. Fournier.

1131. **Société Astronomique de Genève**

Orion Schaffhausen **3** 102—105, 175.

1132. **Société Belge d'Astronomie, de Météorologie et de Physique du Globe**

Ciel et Terre **66** 95—100. Assemblée générale statutaire du 11 mars 1950. E. Hoge, P. Bourgeois, F. Dutry.

1133. **Société Chronométrique de France**

Ann. Françaises Chronométrie **20** 209—211. Assemblée générale du 19 novembre 1949. — Tagung in Paris.

Ann. Françaises Chronométrie **20** 436—438. Assemblée générale. — Lyon 13, 14, 15 mai 1950.

1134. **Société Suisse de Chronométrie**

Ann. Françaises Chronométrie **20** 439—443. Assemblée générale des 3 et 4 juin 1950 à Montreux.

1135. **Svenska Astronomiska Sällskapet**

PAT **31** 72—74. — Jahresbericht für 1949.

1136. **A. V. Cleaver,** Report on First International Astronautical Congress, Paris 1950. J. British Interplanetary Soc. **9** 315—325, mit 2 Fig.

1137. **A. Danjon, L. Randić,** Astronomische Tagung in Brüssel. Sterne **26** 184—185.

1138. **A. Dermul,** Le 3e congrès national des sciences (Bruxelles, 30 mai —3 juin 1950). Gaz astr **32** 40—46. — Unter anderem werden auch die Titel astronomischer Vorträge genannt.

1139. **P. P. Dobronrawin, K. K. Tschuwajew,** Die Konferenz über Astrospektroskopie. Astr Circ UdSSR Nr. 105 S. 15—17 (russisch). — Konferenz in Simeis vom 16. bis 19. August 1950.

1140. **P. P. Dobronrawin,** Die Konferenz über Astrospektroskopie. Bote Akad. Wiss. UdSSR **20** Nr. 11 S. 96—99 (russisch).

1141. **W. G. Fessenkow,** Über die Tätigkeit des Meteoritenkomitees der Akademie der Wissenschaften der UdSSR und anderer wissenschaftlicher Institutionen, die 1949 auf dem Gebiet der Meteoritik gearbeitet haben. Meteoritika Nr. **8** S. 32—37 (russisch).

1142. **B. N. Himmelfarb,** Unionskonferenz über Sonnenforschung. AJ UdSSR **27** 189—192 (russisch). — Ref. in Astr. News Letter Nr. **51** S. 1. — Bericht über die vom 12. bis 17. Dezember 1949 in Leningrad stattgefundene Tagung.

1143. **B. N. Himmelfarb,** Vollsitzung der Kommission für Sonnenforschung. Astr Circ UdSSR Nr. 94 S. 7—8 (russisch). — Sitzung in Leningrad vom 12. bis 17. Dezember 1949.

1144. **B. N. Himmelfarb,** Die sowjetische Konferenz über Sonnenforschung. Bull. Astr.-Geod. Ges. UdSSR Nr. **9** (**16**) S. 33—36 (russisch). — Auszugsweise Besprechung der Tagung in Leningrad in Sternenwelt **3** 150.

1145. **B. N. Himmelfarb,** Die Unionskonferenz über Sonnenforschung. Priroda **39** Nr. 5 S. 79—84 (russisch).

1146. **G. Horn-d'Arturo,** Terza assemblea degli astrofili convenuti a Bologna nei giorni 16—17 settembre 1950. Coelum **18** 137—140, mit 1 Tafel. — Bericht über die Versammlung von Amateurastronomen.

1147. **J. I. Jefremow, P. N. Cholopow,** Tagung der Kommission zur Erforschung der veränderlichen Sterne des Astronomischen Rates der Akademie der Wissenschaften der UdSSR. AJ UdSSR **27** 67—68 (russisch).

1148. **J. I. Jefremow, P. N. Cholopow,** Tagung der Kommission zur Erforschung der veränderlichen Sterne des Astronomischen Rates der Akademie der Wissenschaften der UdSSR. VS Bull **7** 161—168. — Tagung vom 7. bis 10. Juli 1949 in Kiew. Ref. in Astr. News Letter Nr. **56** S. 1.

1149. **K. Kaltschajew,** Die Teilnahme des Astrophysikalischen Laboratoriums Aschchabad an der wissenschaftlichen Tagung aus Anlaß des 25jährigen Bestehens der turkmenischen Sowjetrepublik. Astr Circ UdSSR Nr. 96—97 S. 14—15 (russisch).

1150. **E. L. Krinow,** Die zweite Meteoritenkonferenz. Priroda **39** Nr. 12 S. 70—75 (russisch).

1151. **P. G. Kulikowskij,** Sitzung des Astronomischen Rates der Akademie der Wissenschaften der UdSSR. AJ UdSSR **27** 192—195 (russisch). — Ref. in Astr. News Letter Nr. **51** S. 2. — Bericht über die Sitzung vom 19. bis 20. Dezember 1949.

1152. **P. G. Kulikowskij,** Zweiter polnischer Astronomenkongreß. AJ UdSSR **27** 376—378 (russisch). — Tagung vom 11. bis 14. Juni in Breslau. Ref. in Astr. News Letter Nr. **55** S. 6.

1153. **P. Kulikowskij,** Vollsitzung des Astronomischen Rates. Astr Circ UdSSR Nr. 94 S. 6—7 (russisch). — Sitzung in Leningrad vom 19. bis 20. Dezember 1949.

1154. **P. Kulikowskij,** Der zweite Kongreß der Astronomen Polens. Astr Circ UdSSR Nr. 105 S. 14—15 (russisch). — Kongreß in Breslau vom 11. bis 14. Juni 1950.

1155. **P. Kulikowskij,** Vollsitzung des Astronomischen Rates der Akademie der Wissenschaften der UdSSR. Astr Circ UdSSR Nr. 108 S. 16 (russisch). — Sitzung in Leningrad vom 18. bis 19. Dezember 1950.

1156. **H. Lambrecht,** Tagung über «Plasmaerscheinungen in hochverdünnten Gasen». Sterne **26** 39—41. — Tagung vom 27. bis 29. Januar 1950 in Berlin.

1157. **R. R. La Pelle,** Astronomical League Convention. Strolling Astronomer **4** Nr. 9 S. 6—8.

1158. **B. J. Lewin,** Die erweiterte Vollsitzung der Kometen- und Meteorkommission beim Astronomischen Rat der Akademie der Wissenschaften der UdSSR. Astr Circ UdSSR Nr. 101—102 S. 17—18 (russisch), mit einer Bemerkung von S. K. Wsechswjatskij in Astr Circ UdSSR Nr. 108 S. 11—12 (russisch). — Sitzung vom 24. bis 25. März 1950 in Moskau mit einer Reihe wissenschaftlicher Referate.

1159. **F. Link,** Réunion de travail des astronomes tchéchoslovaques tenue à Skalnaté Pleso le 14—19 mai 1950. BAC **2** 65—68, mit 1 Bild.

1160. **F. Link,** First meeting of Czechoslowak Astronomers at Skalnaté Pleso May 14—19, 1950. RH **31** 157—159, 189—190 (tschechisch).

1161. **W. W. Martynenko, P. F. Tschugajnow,** Die Gesellschaft junger Freunde der Astronomie in Simferopol. Bull. Astr.-Geod. Ges. UdSSR Nr. 8 (15) S. 45—46 (russisch).

1162. **P. Mesnage,** Assemblée horlogère britannique. Ann. Françaises Chronométrie **20** 444—445. — Tagung in Cheltenham vom 14. bis 15. Juni 1950.

1163. **L. Radlowa,** Die wissenschaftliche Tagung der Akademie der Wissenschaften der grusinischen Sowjetrepublik über stellarastronomische Fragen. AJ UdSSR **27** 131 (russisch). — Bericht über die Tagung vom 10. bis 11. Oktober 1949 in Tiflis.

1164. **L. N. Radlowa,** Wissenschaftliche Tagung der Abteilung der physikalisch-mathematischen Wissenschaften der Akademie der Wissenschaften der UdSSR und Sitzungen des Astrosowjets der Akademie der Wissenschaften der UdSSR in Riga. AJ UdSSR **27** 321—322 (russisch). — Ref. in Astr. News Letter Nr. **54** S. 10. — Vom 21. bis 23. Juni 1950.

1165. Le congrès international de chronométrie de Genève. Ann. Françaises Chronométrie **20** 93—110. — Tagung vom 26. bis 29. August 1949.

1166. Wissenschaftliche Tagung am Observatorium Stalinabad zu Ehren des zwanzigjährigen Bestehens der tadshikischen Sowjetrepublik. Astr Circ UdSSR Nr. 94 S. 8—9 (russisch).

1167. Bericht über die Arbeitstagung der Amateurastronomen in der Archenhold-Sternwarte vom 11. bis 13. November 1950. Astr. Nachr. Berlin-Treptow **2** Nr. 17 S. 1—7.

1168. Die Breitenkonferenz. Bote Akad. Wiss. UdSSR **20** Nr. 3 S. 78—80 (russisch). — Keine nähere Angabe in AJ UdSSR **27** 382.

1169. L'exposition d'instruments et travaux astronomiques d'amateurs (15 novembre—11 décembre 1949). BSAF **64** 117—123, mit 2 Fig.

1170. Schools Astronomy in Northern Ireland. JBAA **60** 259.

1171. Erste Nachkriegstagung russischer Astrophysiker. Naturwiss. Rundschau **3** 568.

1172. Colloquium on problems of solar physics. Obs **70** 171—176. — Kolloquium während der gemeinsamen Tagung der Royal Astronomical Society und der Irish Astronomical Society.

1173. The London Conference on Optical Instruments. Obs **70** 240—241. — 1950 Juli 19—26.

1174. Amateur Astronomy in Japan. Pop Astr **58** 95 (T. Murakami).

1175. Conference on the constants of Astronomy. Sky and Telescope **9** 215.

1176. Symposium on the galaxy. Sky and Telescope **9** 243—245, 255, mit 6 Fig.

1177. Minor planet symposium. Sky and Telescope **9** 271—272, mit 4 Fig. — Ref. AAS.

1178. Tagung der sächsischen Volkshochschuldozenten für Astronomie und kosmische Physik. Sterne **26** 42—44. — Tagung vom 22. bis 24. Oktober 1949 in Pulsnitz, Sa.

§ 12

Sternwarten, Planetarien

1201. **Abastumani**

S. M. Tschchaidse, Die Sonnenstrahlung und die Trübheit der Atmosphäre auf dem Kanobiliberg. Bull. Astrophys. Obs. Abastumani Nr. **11** S. 163—193, mit 7 Abb. (russisch mit grusinischer Zusammenfassung).

1202. **Armagh**

E. M. Lindsay, Progress at Armagh Observatory. Irish AJ **1** 2–4 = Armagh Obs. Leaflet Nr. 1.

T. G. F. Paterson, Armagh Observatory, its founder and directors. Irish AJ **1** 108—113.

1203. **Athen**

J. G. Argyrakos, Sur la latitude géographique d'Athènes. Praktika Athen **25** 1—8, mit 2 Fig. (griechisch mit französischem Résumé). — $\varphi = 37^\circ 58' 19''.55$.

1204. **Bamberg**

H. U. Sandig, Der 60 cm-Spiegel der Remeis-Sternwarte. Sternenwelt **2** 201—204, mit 4 Abb.

H. U. Sandig, Untersuchungen über Ruhe und Durchsicht der Luft in Bamberg. Vgl. Ref. 7274.

E. Zinner, Die Remeis-Sternwarte zu Bamberg in den Jahren 1940—49. Naturforschende Ges. Bamberg. Sonderdruck aus dem **32**. Bericht 1950 = Kleine Veröff. Remeis-Sternw. Bamberg Nr. **4** S. 1—12, mit 1 Tafel.

E. Zinner, Die Remeis-Sternwarte zu Bamberg. Naturwiss. Rundschau **3** 470.

1205. **Berlin-Babelsberg**

J. Dick, 250 Jahre Berliner Sternwarte. Sterne **26** 161—171, mit 9 Abb.

1206. **Bloemfontein**

Hemel en Dampkring **48** 216. Een schmidtkijker naar het zuidelijke halfrond.
JBAA **60** 207—208. The hub of the universe expedition.
Obs **70** 87—88. «Hub of the universe» expedition.
Sky and Telescope **9** 81. — Arbeitsprogramm der Boyden Station.
Sky and Telescope **9** 129—130, 133. The ADH Baker-Schmidt.

1207. **Brno**

L. Perek, The new reflector of the Astronomical Institute of the Masaryk University in Brno. RH **31** 225—229, mit 2 Fig. (tschechisch). — Beschreibung des neuen Spiegelteleskops der Universitäts-Sternwarte in Brno. J. B.

1208. **Cambridge,** Engl.

F. J. M. Stratton, The history of the Cambridge Observatories. Vgl. AJB **49** Ref. 1205. — Weitere Besprechung in Obs **70** 38—39, Sky and Telescope **9** 119 (H. S. Hogg).

1209. **Cambridge, Mass.**

J RAS Canada **44** 37—38. A new telescope for a new project. — Anzeige einer Expedition «Hub of the Universe» der Harvard-Sternwarte nach Südafrika.
Publ ASP **62** 29. Harvard expedition to South Africa.

Southern Stars **14** 100—101. Activities at Harvard.
Urania Kopenhagen **7** 141 — 142. Harvard Expedition til Sydhalvkuglen.

1210. **Cape of Good Hope**

L. T. Davis, The development of time-signalling at the Cape. MN ASSA **9** 85—87.

D. McIntyre, H. R. H. Prince Alfred's visit to the Royal Observatory 1860 Juli 27. MN ASSA **9** 73—74.

1211. **Castel Gandolfo**

J. W. Stein, The meridian room in the Vatican «Tower of the Winds». Specola Astr. Vaticana Misc. Astr. **3** Articoli Nr. 97 S. 31—41, 47—66, mit 32 Fig. — Historische Beschreibung und astronomische Daten des Meridiansaales im Windturm der alten Vatikan-Sternwarte. F. Z.

J. W. Stein, The meridian line of Pope Clement XI in the Church of Santa Maria degli Angeli. Specola Astr. Vaticana Misc. Astr. **3** Articoli Nr. 98 S. 42—44, 67, mit 1 Fig. — Historische Beschreibung.

H. Scheibenpflug, Die Päpstliche Sternwarte in Castelgandolfo. Sternenwelt **2** 121—124, mit 3 Abb.

1212. **Charkow**

L. I. Krissenko, Die Sonnenphotographie im Lichte des Wasserstoffs und Kalziums am Astronomischen Observatorium Charkow. Astr Circ UdSSR Nr. 108 S. 13 (russisch).

1213. **Chignahuapan**

El Universo **48** Nr. 11 S. 23, mit 1 Titelbild. Observatorio «Urania». — Beschreibung des astronomischen und meteorologischen Observatoriums bei Chignahuapan NE von Mexico-Stadt.

1214. **Cleveland,** Ohio

G. B. van Albada, Het Warner and Swasey Observatory in Cleveland, Ohio. Hemel en Dampkring **48** 41—48, 68—74, mit 8 Abb., dabei 2 Aufnahmen des Orionnebels mit dem Burrell-Teleskop, Berichtigungen S. 173. — Bericht über Einrichtungen und Programm der Sternwarte.

1215. **Decatur,** Ga.

W. A. Calder, Bradley Observatory of Agnes Scott College. Pop Astr **58** 340—341, mit 1 Fig.

W. A. Calder, Astronomy at Agnes Scott, Bradley Observatory. Sky and Telescope **9** 274—275, mit 3 Fig.

1216. **Denver**

T. J. Bartlett, Chamberlin Observatory grows. Sky and Telescope **9** 51—53, mit 4 Fig.

1217. **Dublin**

H. A. Brück, The re-establishment of Dunsink Observatory. Irish AJ **1** 5—7.

J. H. McElderry, The South Equatorial and its object glass. Irish AJ **1** 99.

1218. **Dundee**

E. Finlay-Freundlich, Schmidt-Cassegrain telescope at Dundee. Nature **165** 703—704, mit 3 Fig. — Besprechung in Irish AJ **1** 135.

1219. **Genf**

G. Tiercy, Note sur le rôle et l'équipement actuel de l'Observatoire de Genève. La Suisse horlogère, édition internationale, Nr. 4 S. 17—21, 1949. — Ref. in Ann. Françaises Chronométrie **20** 334.

1220. **Gran Sasso**

G. Armellini, La nuova succursale dell'Osservatorio Astronomico di Roma a Campo Imperatore sul Gran Sasso d'Italia (m 2280 sul mare). Coelum **18** 141—143, mit 1 Abb. — Beschreibung der neuen Beobachtungsstation der Sternwarte Rom-Monte Mario. F. Z.

1221. **Greenwich**

H. S. Jones, The new Royal Greenwich Observatory at Herstmonceux. Pop Astr **58** 479—483, mit 2 Abb.

J. J. Raimond jr., De Isaac Newton Telescope. Hemel en Dampkring **48** 17. — Stiftung der Glasplatten für die Spiegel durch den McGregor-Fonds der Universität Michigan.

Gaz astr **32** 16. Le télescope Isaac Newton.

JBAA **60** 208—209. New instruments at Herstmonceux.

1222. **Hamburg-Bergedorf**

J. Larink, Wohin baut man am besten eine Sternwarte? Sterne **26** 94.

A. Schmuhl, Et Gensyn med Bergedorf Observatoriet. Urania Kopenhagen **7** 161—166, mit 4 Abb.

1223. **Haute Provence**

BSAF **64** 365. L'Observatoire de Haute Provence. — Text zu Abb. auf Titelseite Heft Septembre 1950.

1224. **Heidelberg**

A. Kopff, 50 Jahre Königstuhl-Sternwarte. Schriften der Universität Heidelberg Heft **4** S. 173—186, mit 4 Abb. und einem Nachtrag.

1225. **Herstmonceux Castle.** Siehe Greenwich.

1226. **Kalocsa**

Gaz astr **32** 89. L'Observatoire Haynald à Kalocsa. — Die 1878 von L. Haynald gegründete Sternwarte hat ihre Tätigkeit eingestellt.

1227. **Kasan**

A. I. Nefedjewa, Bestimmung der vertikalen Biegung des Meridiankreises des Astronomischen Engelhardt-Observatoriums aus Beobachtungen zenitnaher Sterne. Vgl. Ref. 2509.

1228. **Kiew**

W. P. Konoplewa, Bestimmung des atmosphärischen Transmissionskoeffizienten in Horizontnähe in Kanew. Vgl. Ref. 7271.

1229. **Krim**

P. P. Dobronrawin, Das Astrophysikalische Observatorium der Akademie der Wissenschaften der UdSSR auf der Krim. Priroda **39** Nr. 9 S. 83—88 (russisch).

P. P. Dobronrawin, The Crimean Astrophysical Observatory of the Academy of Science of USSR. RH **31** 54—56, 84—85, 129—131 (tschechisch).

1230. Leipzig

C. Fischer, Sternwarte Leipzig. Phys. Blätter **6** 40. — Betrifft Vorlesungen, Praktika und Bibliothek der Sternwarte.

1231. Lembang

Hemel en Dampkring **48** 131. De Bosscha Sterrewacht. — Aufstellung eines 90 cm-Spiegels.

Sky and Telescope **9** 137. Bosscha Observatory.

Sky and Telescope **9** 249, 254. Bosscha Observatory news and a correction.

1232. Liège

P. Swings, Exposé des travaux de l'Institut d'Astrophysique de l'Université de Liège. Rev. Universelle des Mines (9) **6** 74—79, mit 4 Fig. = Inst. d'Astrophys. Univ. Liège Coll. 4° Nr. **21.**

1233. Madras

Sky and Telescope **9** 185. New Indian Observatory.

1234. Michigan

F. D. Miller, The Portage Lake Observatory of the University of Michigan. Sky and Telescope **9** 79—80, mit 4 Fig.

1235. Moskau

J. P. Gorelow, Die Länge des Staatlichen Astronomischen Sternberg-Instituts der Lomonossow-Staatsuniversität Moskau. Vgl. Ref. **13205.**

1236. Mount Hamilton

W. W. Baustian, The present status of the 120-inch reflector for Lick Observatory. Publ ASP **62** 87—90, mit 4 Tafeln.

W. W. Baustian, Progress report on the 120-inch reflector for Lick Observatory. Publ ASP **62** 271—272, mit 1 Tafel.

W. Becker, Ein 120zölliger Spiegel für das Lick-Observatorium. Sternenwelt 2 213, mit 1 Fig.

F. J. Neubauer, A short history of the Lick Observatory. Pop Astr **58** 201—222, 318—334, 369—388, mit 14 Fig.

Å. Wallenquist, Lick-observatoriet i Californien. En översikt av dess tillkomst och utveckling. PAT **31** 104—120, mit 23 Fig. — Beschreibung der Lick-Sternwarte, ihrer Instrumente und Tätigkeit.

NAT **1950** 115—117, mit 2 Fig. Lick-observatoriets nye spejlkikkert.

Pop Astr **58** 149. Dome being built for new Lick Observatory telescope.

Sky and Telescope **9** 292. Lick Observatory photographs. — Modell des 120-inch Reflektors und Beobachtungskanzel im Newton-Fokus.

1237. Mount Palomar

E. Aulin, Hale-teleskopet å Palomar Mountain. En reseberättelse från hösten 1949. — Ausführliche Beschreibung des Hale-Teleskops.

A. Beach, Et nyt himmel-kamera undersöger universet. NAT **1950** 14—20, mit 1 Fig. und 1 Tafel. — Von J. M. Vinter Hansen besorgte Übersetzung des ASP-Leaflets Nr. **244** vom Juli 1949.

W. Becker, Die Vollendung des Hale-Teleskops. Sternenwelt 2 91—92, mit 2 Abb.

I. S. Bowen, Final adjustments and tests of the Hale Telescope. Publ ASP **62** 91—97, mit 1 Tafel = Mt. Wilson and Palomar Obs. Repr. Nr. **28.** — Besprechung in JBAA **61** 30 unter dem Titel: The 200-inch; Sterne **27** 172—173, mit 1 Abb.

E. Hubble, The 200-inch Hale telescope and some problems it may solve. Annual Report Smithsonian Inst. **1949** 175—188, mit 10 Tafeln = Smithsonian Inst. Publ. 3999.

Coelum **18** 27. Il telescopio del Monte Palomar.

El Universo **48** Nr. 11 S. 28. Programa sintético del Observatorio de Monte Palomar.

Hemel en Dampkring **48** 131—132. De Hale Telescope.

JBAA **60** 114—115. The 200-inch.

NAT **1950** 114—115. Det store spejlteleskop på Mt. Palomar.

Pop Astr **58** 46—47. The Hale Telescope in operation. — Besprechung in Sterne **26** 158—159.

Sky and Telescope **10** Nr. 1, Vorderseite des Heftumschlages. — Photographie des 200-Zöllers.

Urania Kopenhagen **7** 13—15. 200-Tommers Reflektoren.

1238. **Mount Stromlo**

JBAA **60** 115. Large telescope for Australia.

Sterne **26** 94. Observatorien auf dem Mount Stromlo.

1239. **Mount Wilson**

W. S. Adams, Early days at Mount Wilson. Pop Astr **58** 64—82, 97—115, mit 10 Abb.

E. Connor, The Mount Wilson Observatory Library. Publ ASP **62** 98—104, mit 1 Bild = Mt. Wilson and Palomar Obs. Repr. Nr. **28**.

O. Engelstoft, Eet Aars Arbejde paa Mount Wilson. Urania Kopenhagen **7** 49—54.

Urania Kopenhagen **7** 102—110, 117—124, 140—141, 149—156, 172—175, mit 2 Abb. Gamle Dage paa Mount Wilson.

1240. **Neuchâtel**

E. Guyot, L'Observatoire cantonal de Neuchâtel autrefois et aujourd'hui. La Suisse horlogère, édition internationale, **1949** 23—29. — Ref. in Ann. Françaises Chronométrie **20** 325.

1241. **Oslo**

R. Brahde, Litt om planene for det nye observatoriet i Oslo. NAT **1950** 60—64, mit 3 Fig.

R. Brahde, Om planerna på ett nytt observatorium i Oslo. PAT **31** 60—69, mit 8 Fig. — Betrifft die Pläne zu dem neuen norwegischen Sonnenobservatorium in Harestua, 40 km nördlich von Oslo.

1242. **Pic du Midi**

A. Giret, Un hommage au général de Nansouty, fondateur de l'Observatoire du Pic du Midi. BSAF **64** 260.

C. L. Janssen, Et Besög paa Pic-du-Midi Observatoriet. Urania Kopenhagen **7** 180—187.

Coelum **18** 152—153. L'Osservatorio del Pic du Midi.

1243. **Poltawa**

A. J. Orlow, Das gravimetrische Observatorium der Akademie der Wissenschaften der ukrainischen Sowjetrepublik in Poltawa. Publ. Gravimetr. Obs. Poltawa **3** 3—12, mit 5 Abb. (russisch).

N. A. Popow, Das große Poltawaer Zenitteleskop und die Beobachtungen mit ihm in den Jahren 1939—1940. Vgl. Ref. **13223**.

1244. **Portage Lake**

L. Goldberg, Position of the Portage Lake Observatory. AJ **55** 160.

1245. **Pretoria**

The Radcliffe Observatory Pretoria. Oxford, University Press, 1949. 15 S. mit 5 Tafeln.

1246. **Princeton**

R. S. Dugan, Det gamle Princeton Observatorium og det nye. Urania Kopenhagen **7** 65—70.

1247. **Pulkowo**

O. A. Melnikow, Eine Expedition zur Beobachtung von Sternspektren im ultravioletten Spektralbereich. Astr Circ UdSSR Nr. 103—104 S. 18—19 (russisch). — Kurze Beschreibung eines lichtstarken, spaltlosen Quarzspektrographen und vorläufiger Bericht über damit in Armenien in 3200 m Höhe durchgeführte Beobachtungen hauptsächlich von Sternen früher Spektraltypen. Der von Astronomen aus Pulkowo, Leningrad und Bjurakan durchgeführten Expedition soll 1950 eine zweite folgen. Loh.

M. W. Wassiljew, Die astronomische Länge von Pulkowo. Vgl. Ref. **13227**.

1248. **Santiago de Compostela**

R. M. Aller, Coordenadas del Observatorio de la Universidad de Santiago. Urania Barcelona **35** 10—20, mit 1 Fig. — $\lambda = 0^h\,34^m\,14^s\!.26$ W, $\varphi = 42°\,52'\,31''\!.8$.

1249. **Sonneberg**

R. Brandt, 25 Jahre Sternwarte zu Sonneberg. Der Sternenlauf 1950 (Ref. **445**) S. 64—72, mit 4 Abb.

R. Brandt, 25 Jahre Sternwarte Sonneberg. Sternenwelt **2** 265—267, mit 2 Abb.

H. A. Hahne, 25jähriges Jubiläum der Sonneberger Bergsternwarte. Das Himmelsjahr (Ref. **440**) **1951** S. 99—100.

1250. **Stockholm**

G. Larsson-Leander, The Stockholm Observatory at Saltsjöbaden. MN ASSA **9** 53.

Y. Öhman, On the solar work of the Stockholm Observatory. Tellus **2** 255—261, mit 3 Fig. = Stockholms Obs. Medd. Nr. **65**.

* * **Taschkent**

W. P. Schtscheglow, Die Länge des astronomischen Observatoriums Taschkent aus dem Material des Zeitdienstes von 1932 bis 1939. Vgl. Ref. **13224**.

1251. **Tonantzintla**

L. E. Erro, Las Investigaciones que se Conducen Mediante el Espectrógrafo Schmidt de Tonantzintla. El Universo **48** Nr. 12 S. 3—6.

G. Haro, Investigaciones astronómicas en Tonantzintla, presentadas ante la Reunión Anual de «The American Astronomical Society», en Tucson, Arizona. El Universo **48** Nr. 13 S. 76—81, mit 1 Abb.

L. R. Terrazas, The program of the Tonantzintla Schmidt camera. AJ **55** 65—66.

1252. **Turku**

Y. Väisälä, Minor planet work at the Astronomical Observatory of the Turku University. Vgl. Ref. **7535**.

1253. **Tucson,** Ariz.
Sky and Telescope **9** 109—111, mit 8 Fig. Tucson trail.

1254. **Washington**
C. B. Watts, Description of the six-inch transit circle. Instrumental developments 1932—1948. Vgl. Ref. **2141**.
The Naval Observatory time service. Vgl. Ref. **2361**.

1255. **Wellington**
Carter Obs. Astr. Bull. Nr. **33**, 7 S. Programme for public sessions, 1951.

1256. **Wien**
H. Socher, Die Polhöhe der Universitäts-Sternwarte Wien. Vgl. Ref. **13225**.

1257. **Williams Bay**
Pop Astr **58** 150—152. Notes from the Yerkes Observatory.

1258. **M. Cimino,** Alcuni aspetti della ricerca astronomica negli Stati Uniti e le possibilità dell'astronomia italiana. La Ricerca Scientifica **20** 1381—1393 = Oss. Astr. Roma-Monte Mario Contr. Sci. Nr. **159**. — Bericht über eine Studienreise durch Amerika.

1259. **R. Coutrez,** Appreciation des qualités générales d'une station astronomique au point de vue de la turbulence et de la transparence atmosphérique. Ciel et Terre **66** 249—255.

1260. **A. V. Nielsen,** Observatoriet i Altona paa Schumachers tid. NAT **1950** 91—95, mit 3 Fig.

* * **Y. Öhman,** Ett år vid amerikanska solobservatorier. Vgl. Ref. **6322**.

1261. **L. Rosino,** Impressioni d'America. I. L'Osservatorio di Yerkes dell'Università di Chicago. II. Da Bloomington ed Ann Arbor all'Osservatorio McDonald nel Texas. III. Due grandi centrali astronomiche: L'Osservatorio di Mt. Wilson & Palomar e quello dell'Università di Harvard a Cambridge, Mass.

1262. **B. Strömgren,** Indtryk fra amerikanske observatorier. IV. De californiske bjergobservatorier. NAT **1950** 8—13, mit 4 Fig.

1263. **D. Taboada,** Visita a los Observatorios Norte Americanos que poseen los telescopios y cámaras más grandes del mundo. El Universo **48** Nr. 13 S. 67—73, mit 7 Abb.

1264. **W. P. Zessewitsch,** Das Astronomische Hauptobservatorium der Akademie der Wissenschaften der ukrainischen Sowjetrepublik. Priroda **39** Nr. 1 S. 86—87 (russisch).

1265. Nuovi telescopi per i paesi anglosassoni. Coelum **18** 70—74, mit 1 Fig.

1266. Harvard-ekspedition til Sydafrika. NAT **1950** 73—74.

1267. Watson Scientific Computing Laboratory. Phys. Blätter **6** 475—476. — Mitteilung über Besetzung und Aufbau des Instituts.

1268. The Frank R. Seaver Laboratory at Pomona College. Pop Astr **58** 45.

1269. Yale-Columbia Southern Station to move to Australia. Sky and Telescope **10** 30.

1270. Neue Teleskope für Indien. Sterne **26** 39.

1271. Privat- und Volkssternwarten

El Universo **48** Nr. 12 S. 10. Observatorio «Camilo Flammarión». Mit Abb. auf der ersten Umschlagseite. — Bericht über die von 1934 bis 1947 bestehende Sternwarte des Herrn A. S. Maupomé in Mixcoac (Mexiko).

El Universo **48** Nr. 14 S. 122—124, mit 1 Abb. Uno de los Observatorios Poblanos. D. Taboada.

Heelal **6** 27, mit 1 Bild. — Die Volkssternwarte in Aken.

JBAA **60** 149. Bootham Observatory, York. Bootham School Astronomical Society.

MN **110** 164. Mr. F. Addey's Observatory, Long Sutton, Somerset.

MN **110** 164. Mr. R. Baker's Observatory, Cheshunt, Hertfordshire.

MN **110** 164. Mr. J. Evershed's Observatory, Ewhurst, Surrey.

MN **110** 164—165. Dr. J. L. Haughton's Observatory, Fishpond, Charmouth, Dorset.

MN **110** 165. Mr. M. B. B. Heath's Observatory, Kingsteignton, S. Devon.

MN **110** 165. Mr. F. M. Holborn's Observatory, Streatham, London.

MN **110** 165. Mr. F. J. Sellers' Observatory, Muswell Hill, London.

MN **110** 165. Dr. W. H. Steavenson's Observatory, Cambridge.

MN **110** 166. Mr. H. Wildey's Observatory, Hampstead, London.

MN **110** 166. Mr. H. P. Wilkins' Observatory, Bexleyheath, Kent.

NAT **1950** 30—32, mit 2 Fig. Nordiske amatörobservatorier. Volmer Hegvads observatorium på Frederiksberg.

NAT **1950** 68—70, mit 2 Fig. Nordiske amatörobservatorier. P. Darnells observatorium i Islev.

Phys. Blätter **6** 182. Stuttgarter Sternwarte.

Publikation 1. Privat-Sternwarte Hans Oberndorfer. Tätigkeits-Bericht über die Zeit von September 1947 bis Dezember 1949. München, Selbstverlag, 1950. 15 S. mit 4 Abb.

Sky and Telescope **9** 60, mit 2 Abb. A scout camp gets a working observatory. W. M. Graham. — Camp Shin-Go-Beek.

Sky and Telescope **9** 190, mit 1 Fig. The Buckstaff Observatory.

Sky and Telescope **9** 235—238, mit 20 Fig. Wellesley pictures. R. E. Cox.

Sky and Telescope **10** 33, mit 1 Fig. A new people's Observatory in South Africa. J. C. Bentley.

Southern Stars **14** 130—131. Observatory at Christchurch.

Sterne **26** 41—42. Volks-Sternwarte Stuttgart.

Sterne **26** 94—95. Privat-Sternwarte München.

Sterne **26** 95. Bürgel-Sternwarte Chemnitz.

Sterne **26** 95. Astronomische Station Reutlingen.

Sternenlauf 1950 (Ref. **445**) S. 72—75, mit 3 Abb. Die Sternwarte der «Vereinigung Münchener Amateur-Astronomen». H. Oberndorfer.

Sternenwelt 2 34—36, mit 2 Abb. Die Wiener Volkssternwarte (Kuffner-Sternwarte). W. Jaschek.

Sternenwelt 2 53—55, mit 2 Abb. Die Toggenburger Privat-Sternwarte. F. Schmid.

Sternenwelt 2 80—81, mit 3 Abb. Eine Münchner Privatsternwarte. H. Oberndorfer.

Sternenwelt 2 230, mit 3 Abb. Eine Privatsternwarte in Italien. E. Vigo.

Urania Kopenhagen **7** 25—30, mit 3 Abb. Uraniaobservatoriets nye Instrument. O. Engelstoft.

Urania Kopenhagen **7** 87—90, mit 1 Abb. Uraniaobservatoriets nye Planetkamera.

Planetarien

1272. **H. Werner,** Nachbildungen des Sternenhimmels. Sternenwelt **2** 176—179, 243—249, mit 15 Abb. — Verf. zeigt an Beispielen die Bemühungen um die modellmäßige und bildliche Erfassung der Himmelserscheinungen. Im zweiten Teil wird über verschiedene Planetarien und Zusatzgeräte berichtet. Zum Schluß wird die Frage beantwortet, welche astronomischen Erkenntnisse und Beobachtungsergebnisse unseres Zeitalters an einem Planetariumsgerät nachgewiesen werden können.

1273. Planetarium at Armagh. JBAA **61** 31.

1274. The sixth planetarium in the U.S.A. JBAA **60** 208.

1275. Armagh planetarium. Obs **70** 168.

1276. Portable planetarium. Obs **70** 243. — Übersetzung in Sterne **27** 140.

1277. An unusual planetarium installation. Pop Astr. **58** 195—196.

§ 13

Geschichte und Fortschritte der Astronomie

1301. **G. Abetti,** Storia dell'Astronomia. Vgl. AJB **49** Ref. 1301. — Weitere Besprechung in Coelum **18** 54, Hemel en Dampkring **48** 136 (M. Minnaert), Mem SA It (NS) **21** 263—264 (F. Zagar), Obs **70** 160—161 (V. C. A. Ferraro), Scientia (6) **85** 182 (M. G. Fracastoro), Sky and Telescope **9** 142—143 (C. Payne-Gaposchkin).

1302. **A. Armitage,** A Century of Astronomy. Sampson Low, 1950. 256 S. mit 62 Fig. Preis 8 s. 6 d. — Besprechung in JBAA **60** 170—171 (H. L. Kelly), Obs **71** 79.

* * **A. Armitage,** Copernicus and the Reformation of Astronomy. Vgl. Ref. **1005**.

1303. **H. Balss,** Antike Astronomie. Vgl. AJB **49** Ref. 1303. — Weitere Besprechung in Naturwiss. Rundschau **3** 481 (H. Werner), Sternenwelt **2** 72 (W. Sandner).

1304. **R. M. Bell,** Astronomy at Washington and Jefferson College before 1900. Pop Astr **58** 115—119, mit 2 Abb.

1305. **P. Doig,** A Concise History of Astronomy. London, Chapman & Hall, 1950. Mit Vorwort von Sir H. S. Jones. 11 + 320 S. Preis 21 s. — Besprechung in Ciel et Terre **66** 203 (J. Pelseneer), JBAA **60** 147 (H. L. Kelly), J RAS Canada **44** 158—160, Obs **71** 118—119, Pop Astr **58** 311—312 (J. W. Streeter), Publ ASP **62** 178—180 (A. Pogo), Sky and Telescope **9** 168, 220—221 (J. W. Streeter).

1306. **H. Groot,** Kosmologische Theorieën voorheen en thans. Den Haag, Reeks Cultuurhistorische Monografieën, 1947. 166 S. mit 7 Fig. Preis f 2.90. — Besprechung in Heelal **6** 31, Hemel en Dampkring **48** 55—56 (H. C. van de Hulst).

1307. **G. A. Gurew,** Die Weltsysteme von den ältesten Zeiten bis in unsere Tage. Verlag «Moskowskij Rabotschij», 1950. 396 S. mit Abb. und Tafeln. Preis 17 R. 50 Kop. (russisch). — Populärwissenschaftliche Geschichte der Astronomie. Das Hauptaugenmerk ist auf die mit dem Aufkommen der Kopernikanischen Lehre verbundenen Umstände gerichtet; spätere Epochen wurden nur kurz gestreift. Loh.

1308. **R. Hayward, J. H. McElderry,** Astronomy sixty years ago: The Ulster Astronomical Society 1890/1894. Irish AJ 1 75—79.

1309. **P. Humbert,** L'année astronomique 1650. Ciel et Terre **66** 41—42.

* * **P. G. Kulikowskij,** M. W. Lomonossow als Astronom und Astrophysiker. Vgl. Ref. 1027.

1310. **V. von Marnitz,** Die «Geburtsstätte» der Planetoiden. Sternenwelt 2 196—198, mit 3 Abb. — Die Sternwarte Lilienthal, das Lebenswerk von Johann Hieronymus Schröter (1745—1816). — Englische Übersetzung in JBAA **61** 191—194.

1311. **G. Perrier,** Kurze Geschichte der Geodäsie. Wie der Mensch die Erde gemessen und gewogen hat. Veröff. Inst. Erdmessung 2, 190 S. mit 9 Fig. und 16 Tafeln. Übersetzung aus dem Französischen von E. Gigas. — Besprechung in Sternenwelt 2 288 (K. Schütte), ZfMG **37** 1 (W. Hofmann).

1312. **H. Sawyer Hogg,** Astronomical observatories a century ago. On observatories, on astronomical observations, and on the circumstances which favour them. J RAS Canada **44** 31—35.

1313. **H. R. Scultetus,** 600 Jahre «Buch der Natur». Sternenwelt 2 254—255, mit 2 Abb. — Kurzer Bericht über die im Jahre 1350 erschienene erste Naturgeschichte in deutscher Sprache durch Konrad von Megenberg.

1314. **R. Sommer,** 30 Jahre Sternfreundearbeit in Berlin. Sternenwelt 2 259.

1315. **F. A. B. Ward,** Time measurement. Part I. Historical review. South Kensington, Science Museum, His Majesty's Stationery Office, 1947. 3. Auflage. 58 S. — Ref. in Ann. Françaises Chronométrie **20** 335.

1316. **E. Whittaker,** From Euclid to Eddington. Vgl. AJB **49** Ref. **1316**. — Weitere Besprechung in Obs **70** 37—38, Pop Astr **58** 47—48 (L. E. A. Saidla).

1317. **S. K. Wsechswjatskij,** Die Entwicklung der Erkenntnisse über das Weltall. Kiew, Gesellschaft zur Verbreitung politischer und wissenschaftlicher Erkenntnisse der ukrainischen Sowjetrepublik, 1950. 40 S. Preis 1 R. (ukrainisch).

1318. **G. Zimmermann,** Ein Jahrhundert Sternphotographie. Sternenwelt 2 166.

1319. Centinaia de nuove stelle variabili scoperte alla Specola Vaticana. Coelum **18** 153—154.

1320. A century of stellar photography. JBAA **60** 171. Ins Niederländische übersetzt in Hemel en Dampkring **48** 130 unter dem Titel: Een eeuw sterrenfotografie 1850 — 17 Juli — 1950.

Fortschritte der Astronomie

1321. **F. Armenter de Monasterio,** Progresos realizados en la investigación astronómica durante el año 1949. Urania Barcelona **35** 47—71, mit 4 Abb. — Festrede auf der Hauptversammlung der Sociedad de España y América in Barcelona 1950 Feb. 26: Rückblick auf die astronomische Forschung des Jahres 1949. Gü.

1322. **L. d'Azambuja,** Les progrès récents de l'astronomie. BSAF **64** 296—302, mit 1 Fig.

1323. **A. Danjon,** Les progrès récents de l'astronomie. BSAF **64** 60—67.

1324. **E. Delporte,** Le développement de l'astronomie en Belgique de 1935 à 1950. Commun. Obs. Roy. Belgique Nr. 18 S. 3—5.

1325. **D. S. Evans,** Astronomie in Südafrika. Endeavour **9** 45—50, mit 7 Abb.

1326. **W. W. Fedynskij,** Fortschritte der Meteorastronomie. Meteoritika Nr. 8 S. 55—57 (russisch).

1327. **J. M. Ramberg,** Radioastronomisk forskning i Australien. PAT **31** 162—167, mit 6 Fig.

1328. **F. Zagar,** Attualità astronomiche. Mem SA It (NS) **21** 93—94. — Ref. Soc. Astr. Italiana.

1329. **F. Zagar,** Der gegenwärtige Stand der Astronomie in Italien. Sterne **26** 129—139.

1330. Die sowjetische Astronomie im ersten Nachkriegsjahrfünft. AJ UdSSR **27** 3—4 (russisch). — Ref. in Sternenwelt **2** 211.

§ 14

Geschichtliche Untersuchungen über Spezialgebiete

1401. **J. C. Bentley,** The signs of the zodiac. MN ASSA **9** 33—35.

1402. **J. van der Bilt,** Over oude lengtebepalingen van Amsterdam, Leiden en Utrecht. Hemel en Dampkring **48** 201—206, mit 1 Abb. — Längenbestimmungen im 18. und 19. Jahrhundert. Gü.

1403. **F. Bonasera,** Il rinvenimento di un rarissimo globo celeste nella Biblioteca Civica di Iesi. Coelum **18** 129—130.

1404. **I. B. Cohen,** Some Early Tools of American Science. Harvard University Press, 1950. 201 S. Preis $ 4,75. — Besprechung in Sky and Telescope **9** 143, 276—277 (J. Ashbrook).

1405. **C. A. Crommelin,** Die Uhren von Christian Huygens. Endeavour **9** 64—69, mit 8 Abb.

1406. **A. Dermul,** Catalogues d'étoiles. Gaz astr **32** 53—61, 73—78 (wird fortgesetzt).

1407. **F. H. van den Dungen, J. F. Cox, J. van Mieghem,** Sur quelques astronomes qui n'ont pas postulé implicitement l'uniformité de la rotation de la terre. Bull. Acad. Roy. Belgique Cl. Sci. (5) **36** 809—810 = Inst. Astr. Bruxelles (2) Nr. **60**. — Aus Zitaten wird geschlossen, daß neben de Lalande und Newton auch schon Kepler die Ungleichförmigkeit der Erdrotation in Erwägung gezogen habe. T. L.

1408. **M. S. Eigenson,** Die Kosmologie von Giordano Bruno (zum 400. Geburtstag und 350. Todestag). Priroda **39** Nr. 12 S. 62—67 (russisch).

1409. **M. Eilander,** Historische Betrachtungen über die Grundlagen der Himmelsmechanik. Simon Stevin, wis. natuurk. T. **27** 16—51 (holländisch). — Ref. in ZfMG **35** 398.

1410. **A. P. FitzGerald,** Mercury: An historical error. Irish AJ **1** 15—17. — Bei der Behandlung des Planeten Merkur findet man in der Literatur wiederholt die Behauptung, Merkur werde in einem Keilschrifttext von einem asyrischen Priester in dessen Bericht an seinen König namentlich erwähnt. Trotz einer 1890 durch Jensen erfolgten Richtigstellung, wonach nicht von Merkur sondern von Jupiter die Rede ist, wird derselbe Irrtum 1923 in einer Arbeit von Denning wiederholt. U. Baehr

1411. **A. Florisoone,** Les origines chaldéennes du zodiaque. Ciel et Terre **66** 256—268, mit 3 Fig. — Die ältesten Keilschriftfunde zeigen vornehmlich Beobachtungen von Sternphasen ohne Beziehung der Gestirne auf ein Koordinatensystem. Wie die Beobachtungen des Himmels rein astrologisch ausgerichtet waren, teilte man diesen parallel zum Äquator in Zonen ein, die bestimmten Gottheiten zugeordnet waren. Ein exaktes Erfassen des jährlichen Sonnenlaufs ist in der früheren Zeit nicht anzutreffen, wenngleich der Weg der Sonne durch die Tierkreisbilder roh festgelegt war. Die Kalenderschaltung, die nach rein landwirtschaftlichen Gesichtspunkten vorgenommen wurde, verhinderte ein tieferes Eindringen in die Bewegung der Sonne am Himmel, zumal man auch hier wieder zur astronomischen Fixierung der Jahrespunkte die heliakischen Aufgänge von Sirius, Arktur und Plejaden heranzog. Mit dem Eindringen der Perser ist ein Aufschwung der Beobachtungstechnik zu verzeichnen. Durch die erhöhte Genauigkeit der Beobachtungen wurde der jährliche Sonnenlauf als Großkreis am Himmel festgelegt und die Bedeutung des Zodiakus für die Bewegung von Sonne und Planeten erkannt. Verf. schließt seine Ausführungen mit einer Beschreibung des babylonischen Zodiakus. U. Baehr

1412. **H. C. Freiesleben,** Hundert Jahre Nautisches Jahrbuch. Deutsche Hydrographische Zeitschrift **3** 375—377.

1413. **S. Gandz,** The astronomy of Maimonides and its sources. Arch. internat. Hist. Sci. Paris **29** 835—855. — Ref. in ZfMG **39** 3—4.

1414. **F. Hammer,** Keplers Rudolphinische Tafeln in China. Naturwiss. Rundschau **3** 194—198.

1415. **R. Hennig,** Wann erhielt das Sternbild des Südlichen Kreuzes seinen Namen? Sterne **26** 27—29. — Es besteht die Wahrscheinlichkeit, daß das Sternbild von den Portugiesen etwa zwischen 1485 und 1500 seinen Namen erhielt.

1416. **D. Hoffleit,** The first star photograph. Sky and Telescope **9** 207—210, mit 6 Fig.

1417. **T. N. Kary-Nijasow,** Die astronomische Schule Ulugbeks. Moskau-Leningrad, Verlag Akad. Wiss. UdSSR, 1950. 331 S. mit 89 Abb. im Text und auf 19 Tafeln. Preis 18 R. (russisch). — In dieser wissenschaftlichen Monographie versucht der Verf. möglichst allseitig das Wesen und Wirken der astronomischen Schule Ulugbeks in der Geschichte der gesamten Wissenschaft darzustellen. Inhalt: Lebensverhältnisse und Tätigkeit Ulugbeks, S. 7—34; Die Bildung der astronomischen Schule Ulugbeks, S. 35—91; Über die wissenschaftlichen Arbeiten Ulugbeks und seiner Schule, S. 92—284; Das Lebensende Ulugbeks, S. 285—295; Die Situation nach der Ermordung Ulugbeks, S. 296—310. Loh.

1418. **S. A. Kassjanjuk,** Die Reise von N. I. Lobatschewskij zur Beobachtung der totalen Sonnenfinsternis des Jahres 1842. Priroda **39** Nr. 10 S. 69—71 (russisch).

1419. **E. S. Kennedy,** A fifteenth-century planetary computer: al-Kāshī's «Tabaq al-Manāṭeq». I. Motion of the sun and moon in longitude. Isis, Cambridge, Mass., **41** 180—183. — Ref. in ZfMG **37** 290.

* * **G. B. Lacchini,** Sulle rappresentazioni del cielo stellato, costellazioni e notazioni usate per indicare le stelle. Vgl. Ref. **9003**.

1420. **M. List,** Über eine astronomische Zusammenarbeit zu Beginn des 17. Jahrhunderts. Naturwiss. Rundschau **3** 198—199.

1421. **G. S. Mann,** The Polynesian, master mariner and astronomer. Irish AJ 1 114—121, mit 2 Fig.

1422. **M. F. McCarthy,** Fr. Secchi and stellar spectra. Pop Astr **58** 153—169, mit 3 Fig. = Georgetown Obs. Repr. Nr. **15**. — Der Aufsatz wird mit einer kurzen Biographie von A. Secchi eingeleitet. Der umfangreiche Hauptteil ist Secchis spektroskopischen Arbeiten, insbesondere der Klassifizierung der Sternspektren, gewidmet. Micz.

1423. **H. Michel,** Sur l'origine de la théorie de la trépidation. Ciel et Terre **66** 227—234, mit 2 Fig. — Die Theorie des Vor- und Rückwärtsschreitens des Frühlingspunktes ist auf die Beobachtungen von Auf- und Untergangsazimuten der Gestirne zurückzuführen. Der Araber Thabit hat diese Theorie in einer in lateinischem Text vorliegenden Schrift entwickelt, deren Wortlaut durch absurde Fehler weitgehend entstellt ist. Die in der Abhandlung von Thabit enthaltenen Zahlenwerte legen die Vermutung nahe, daß bei der Entstehung der Theorie Ptolemäische Vorstellungen entscheidend mitgewirkt haben. U. Baehr

1424. **H. Michel,** Chinese astronomical jades. Pop Astr **58** 222—230, mit 9 Fig. — Auf Grund der Beschreibung eines etwa 1000 v. Chr. in China gebräuchlichen astronomischen Beobachtungsinstruments werden zwei getrennt aufgefundene Stücke als Teile dieses Instruments gedeutet. Den für die Beobachtung wesentlichen Teil bildete eine Kreisscheibe mit kreisförmiger Öffnung, an deren Peripherie drei Einkerbungen in gleichem Abstand angebracht waren. Beim Gebrauch mußte man die Scheibe, die einem Tubus aufgesteckt war, so vor das Auge halten, daß α Ursae majoris als Zeitstern und eine Reihe anderer in der Nähe des damaligen Himmelspols stehender Sterne mit dem Scheibenrand zur Deckung gebracht wurden. Der Himmelspol fiel dann in den kreisförmigen Ausschnitt. Drehte man den Tubus so, daß eine auf der Scheibe exzentrisch angebrachte Linie zweimal wagerecht und zweimal senkrecht zu liegen kam, so konnte man die Eintrittszeiten von α Ursae majoris in die Kerben am Scheibenrand zur Zeitbestimmung benutzen. U. Baehr

1425. **W. D. Morgan,** Eclipse lists in the Alphonsine Tables. Pop Astr **58** 173—177.

1426. **O. Neugebauer,** The early history of the astrolabe. Isis, Cambridge, Mass., **40** 240—256, 1949. — Ref. in ZfMG **39** 3.

1427. **V. Nobile,** Il conflitto fra copernicisti e aristotelici nella sua essenza e nel pensiero di Galileo. I. Rilievi e precisazioni. Rend. Accad. Nazionale Lincei, Cl. Sci. fis., mat., nat. (8) **9** 299—306. — Kritische Betrachtungen zu einer fundamentalen Revision der galileischen Gedanken in kosmogonischen Fragen. Verf. ist der Ansicht, daß die Darstellung der galileischen Lehren viel Konfusion und Oberflächlichkeit hervorgerufen hat und daß viele Autoren zu wissenschaftlich und historisch unzulänglichen Schlüssen gekommen sind, weshalb sich heute die Notwendigkeit ergibt, die falschen oder schlecht definierten ursprünglichen Ansichten klar hervorzuheben. F. Z.

1428. **F. A. Paneth,** Thomas Wright's «Original Theory» of the Milky Way. Nature **166** 49—50.

1429. **J. Rösch,** La mission des frères Henry au Pic du Midi pour le passage de Vénus sur le soleil (6 décembre 1882). BSAF **64** 475—490, mit 4 Fig. und 1 Bild.

1430. **L. Satterthwaite jr.,** Concepts and Structures of Maya Calendrical Arithmetics. Philadelphia, Pa., University Museum, 1947. 168 S. mit 82 Tabellen. — Besprechung in ZfMG **36** 1 (K. Vogel).

1431. **H. Sawyer Hogg,** Charles Babbage and the calculating machine. J RAS Canada **44** 79—84.

1432. **H. Sawyer Hogg,** A manuscript of Wales's observations in 1769. J RAS Canada **44** 123.

1433. **H. Sawyer Hogg,** Kirkwood's gaps in asteroid orbits. J RAS Canada **44** 163—166.

1434. **H. Sawyer Hogg,** The constellations. J RAS Canada **44** 196—201.

1435. **O. Schmidt,** Aegyptisk astronomi. NAT **1950** 121—134, mit 2 Fig. — Vortrag vor der Astronomisk Selskab 1950 Okt. 3.

1436. **D. J. Schove,** The earliest dated sunspot. JBAA **61** 22—25.

* * **W. M. Smart,** Presidential adress, on the award of the Gold Medal to Professor Joel Stebbins. Vgl. Ref. **1048.**

1437. **J. W. Stein,** Esame critico intorno alla scoperta di Vespucci circa la determinazione delle longitudini in mare mediante le distanze lunari. Mem SA It (NS) **21** 345—353 = Specola Astr. Vaticana Ric. Astr. **2** Nr. 8. — Kritische und historische Betrachtungen zur Frage der ersten Längenbestimmungen aus Monddistanzen durch Amerigo Vespucci. F. Z.

1438. **J. W. Stein,** The celestial globe of Jodocus Hondius of 1600. Specola Astr. Vaticana Misc. Astr. **3** Articoli Nr. 101 S. 77—81, mit 3 Fig. — In Anschluß an eine Arbeit von Knobel im Jahre 1917 wird auf Grund des Himmelsglobus des Hondius die dem Holländer P. D. Keijser zugeschriebene Priorität der 12 südlichsten Sternbilder definitiv bestätigt. F. Z.

1439. **J. W. Stein,** Saint Albert le Grand et l'astronomie. Specola Astr. Vaticana Misc. Astr. **3** Articoli Nr. 102 S. 81—88, mit 2 Fig. — Historische Darstellung der astronomischen Ansichten von S. Albertus Magnus.

1440. **J. W. Stein,** Galileo Galilei und P. Christoph Clavius. Specola Astr. Vaticana Misc. Astr. **3** Articoli Nr. 104 S. 89—99. — Es wird das Verhältnis Galileis zu den Jesuiten seiner Zeit dargestellt. F. Z.

1441. **F. J. M. Stratton,** The Hornèd Moon with one bright star. Obs **70** 77. Mit Bemerkungen von H. V. Griffiths S. 110, H. P. Wilkins S. 158, A. Burnet S. 159.

1442. **B. Szczesniak,** Note on Kepler's Tabulae Rudolphinae in the library of Pei-t'ang in Pekin. Isis, Cambridge, Mass., **40** 344—347, 1949.

1443. **R. Taton,** La mesure du temps — Esquisse de son évolution historique. La Nature Nr. 3178 S. 41.

1444. **L. Thorndike,** The sphere of Sacrobosco and its commentators. Chicago, University of Chicago Press, 1949. 10 + 496 S. Preis $ 10.00. — Besprechung in ZfMG **39** 242—243.

1445. **L. Thorndike,** Latin Treatises on Comets between 1238 and 1368 A. D. Chicago, University of Chicago Press, 1950. 274 S. Preis $ 5,00. — Besprechung in Obs **71** 114, Publ ASP **63** 261 (A. Pogo), Sky and Telescope **10** 40, 68 (J. Ashbrook).

1446. **D. G. Tschchakaja,** Die Arithmetik und Algebra der Grusinier und der Völker des nahen Ostens in der grusinischen Überlieferung der astronomischen Literatur. Akad. Wiss. grusin. Sowjetrepublik, Trudy math. Inst. Tiflis **17** 315—340, 1949 (grusinisch mit russ. Zusammenfassung). — Ref. in ZfMG **39** 242.

1447. **J. Vernet, J. J. de Orús,** Transformation der astronomischen Koordinaten bei den Arabern. Gac. mat. Madrid (1) **2** 78—82 (spanisch).

1448. **A. N. Vyssotsky,** Astronomical Records in the Russian Chronicles from 1000 to 1600 A. D. Vgl. AJB **49** Ref. 1434. — Weitere Besprechung in Pop Astr **58** 197—198 (J. Ashbrook).

1449. **P. Wolff,** Deux éclipses de soleil au moyen age. Ann. Obs. Astr. Mét. Toulouse **20** 49. — Betrifft die Finsternisse vom Jahre 1234 und 1415.

1450. **C. C. Wylie,** A proposal for the Christmas star. Sky and Telescope **10** 50.

1451. **E. Zinner,** Die alten Domuhren in Bamberg. Naturforschende Ges. Bamberg. Sonderdruck aus dem **32.** Bericht 1950 = Kleine Veröff. Remeis-Sternw. Bamberg Nr. **4** S. 13—35, mit 1 Tafel.

1452. **E. Zinner,** Die Pommersfelder Handschrift 66. Naturforschende Ges. Bamberg. Sonderdruck aus dem **32.** Bericht 1950 = Kleine Veröff. Remeis-Sternw. Bamberg Nr. **4** S. 50—55, mit 1 Abb.

1453. Tycho Brahe's great globe. J RAS Canada **44** 124—125.

1454. Origin of Bell time on shipboard. Southern Stars **14** 133.

1455. Mondphotographie vor hundert Jahren. Sterne **26** 82—83.

Dritter Teil

Instrumente. Beobachtungstechnik

§ 20

Allgemeines, Optik, Beobachtungsanleitungen, Alte Instrumente

2001. **G. B. van Albada,** Over de snelheid van kijkers, gebruikt voor sterfotografie. Hemel en Dampkring **48** 161—162. — Erläuterungen zur Leistungsfähigkeit von Astrographen. Gü.

2002. **E. B. Armstrong,** Geometrical optics, and the Schmidt camera. Irish AJ **1** 48—58, mit 2 Fig. = Armagh Observatory Leaflet Nr. **5.** — Gibt eine historische Übersicht über die Entwicklung der geometrischen Optik im letzten Jahrhundert. Nach kurzer Erwähnung der Gauß'schen Optik wird die Seidelsche Theorie besprochen, und die fünf Seidelschen Fehler 3. Ordnung werden an Hand von Figuren erläutert. Anschließend wird der «klassische» Schmidtspiegel behandelt; Hinweise auf dessen Weiterentwicklungen und auf die Bildfehler 5. Ordnung bilden den Schluß. Kö.

2003. **A. M. Bacharew,** Sternbeobachtungen im Fernrohr während eines Erdbebens. Priroda **39** Nr. 5 S. 87 (russisch).

2004. **L. Berti,** Un nuovo obbiettivo catadiottrico a forte apertura. Il Nuovo Cimento **6** 131—134. — Beschreibung des neuen Objektivs zur Beobachtung schwacher und flächenhafter Objekte (Kometen, Nebel, Spektrum des Nachthimmels). Mögliches Öffnungsverhältnis bis 1/0.47. F. Z.

2005. **E. B. Brown,** Gleanings for ATM's. Sky and Telescope **9** 68—69, 92—94, 120—122, 144—146, 171—173, 196—199, 222—225, 252—254, 278—280, 304—305, **10** 17—19, 41—43, mit 46 Fig.

2006. **P. ten Bruggencate,** Ausschnitte aus der Entwicklung astronomischer Beobachtungskunst. Experientia **6** 81—88. — Ref. in Phys. Ber. **30** 749.

2007. **M. Daisomont,** Mémoire final relatif au polissage du verre sur papier. Notes théoriques et pratiques à l'usage des amateurs d'astronomie. Bruges, Impr. Sainte-Cathérine, 1950. 16 S. Preis 15 Fr. — Besprechung in Gaz astr **32** 49.

2008. **M. Daisomont,** Voir les planètes aussi bien que la Lune. Gaz astr **32** 7—9.

2009. **M. Daisomont,** Un nouveau polissoir. Gaz astr **32** 61—63.

2010. **M. Daisomont,** Zilver, Aluminium, of wat? Heelal **6** 12—13.

2011. **J. Dolejší,** Metallisierung der optischen Flächen. RH **31** 42—46, mit 4 Abb. (tschechisch). — Über die Metallisierung der astronomischen Spiegel durch kathodische Verstaubung und Verdampfung im Vakuum. Beschreibung der Methoden und Ausnützung für die Parabolisierung und Hyperbolisierung von Spiegeln. J. B.

2012. **M. G. Fracastoro,** Sull'uso del prisma obiettivo e dello spettrografo a fenditura nella spettrofotometria stellare. Ottica **4** 4 75—88. — Elementare Betrachtung zur Spektralphotometrie von Sternen mittels Objektivprisma oder Spaltspektrographen. F. Z.

2013. **M. Gilbert,** Colour perception in parafoveal vision. Proc. Phys. Soc. (B) **63** 83—89, mit 4 Fig.

2014. **F. J. Heyden,** Photogrammetry in astronomy. Photogrammetric Engineering **1950** 66—73 = Georgetown Obs. Repr. Nr. **14**.

2015. **C. Hoffmeister,** Der Pendelquadrant im Unterricht der Volkshochschule. Sterne **26** 144—147, mit 3 Abb.

2016. **G. Horn-d'Arturo,** Specchio a tasselli per uso astronomico. Mem SA It (NS) **21** 100. — Ref. Soc. Astr. Italiana.

2017. **H. Jensen,** Anallaktische Fernrohr-Systeme. Optik **7** 16—22, mit 1 Abb. — Ref. in Math. Rev. **12** 460.

2018. **E. H. Linfoot,** On phase-contrast testing with a slit source. Proc. Phys. Soc. (B) **63** 527—539, mit 6 Fig. = Contr. Cambridge Obs. Nr. **4**.

2019. **M. Nagel,** Über die spektrale Energieverteilung im Mattscheibenbilde einer von Sonne, Himmel und Reflexlicht beleuchteten Kugel. Optik **6** 348—375, **7** 1—12, mit 26 Abb.

2020. **E. J. Öpik,** The Schmidt camera — why so late? Irish AJ **1** 100—101.

2021. **I. A. Parschin,** Über den Einfluß der Abblendung des Objektivs auf die Qualität der photographischen Abbildung der Planeten. Abh. Shdanow-Staatsuniv. Leningrad Nr. **136** (Math. Wiss. Nr. **22,** Astr.) S. 215—224, mit 3 Abb. = Publ. Astr. Obs. Leningrad **15** 215—224 (russisch). — Ref. in Astr. News Letter Nr. **58** S. 9—10.

2022. **G. Patfoort,** De V. V. S.-Spiegel. Heelal **6** 60.

2023. **J. Rosenhagen,** Instrumentaloptik. Optik **6** 162—179, 189—218, mit 11 Abb. — Enthält unter anderem einen Grundriß einer Theorie des Spiegelsextanten und eine Behandlung der Fehlergleichungen der geodätischen und astronomischen Instrumente.

2024. **B. Seegert,** Der Weg zum lichtstarken Photoobjektiv. Z. f. wissenschaftliche Photographie, Photophysik u. Photochemie **45** 95—118, mit 32 Abb.

— Im ersten Teil des Aufsatzes wird eine Übersicht über die bisher gebräuchlichen Typen von Kameraobjektiven vermittelt. Der zweite Teil beschreibt die Entwicklung des Schmidt-Spiegels und seiner modernen Abarten. Kurz gestreift werden die für Objektivkonstruktionen verfügbaren Glastypen, insbesondere auch die neuesten Entwicklungen mit Brechungsindizes bis zu $n_D = 1.9$. Micz.

2025. **J. Strong,** Practical applications of high and low-reflecting films on glass. J. Physique **11** 441—443. — Ref. in Phys. Ber. **30** 365.

2026. **J. Texereau,** Les principaux défauts réels des surfaces optiques engendrées par différentes techniques de polissage. Ciel et Terre **66** 57—77, mit 9 Fig. und 2 Tafeln. — Inhalt: Classification sommaire des accidents d'une surface d'onde. Surfaces étudiées. Procédé d'examen pour les accidents d'abrasion. Procédés de contrôle pour les accidents de forme de grande et moyenne amplitude. Procédé de contrôle pour les petits accidents de forme. Polissage au H. C. F. et au rouge. Miroir n° 1. Planche I A. Polissage au papier et au rouge. Miroir n° 4. Planche I B. Polissage à la poix cirée et au rouge. Miroir n° 2 état 6 — planche I C. Polissage à la poix et au rose. Miroir n° 2 état 1 — planche II D. Retouche locale avec une gomme garnie de taffetas de soie et du rouge miroir n° 2 état 3 — planche II E. Retouche locale avec le doigt (pouce) et du rouge miroir n° 2 état 5 — planche II F. Polissage à la poix et au rouge, miroir n° 3 — planche II G. Choix d'une technique de travail.

2027. **J. Valasek,** Introduction to Theoretical and Experimental Optics. New York, John Wiley and Sons, Inc., 1949. 10 + 454 S. mit 211 Fig. Preis $ 6,50. — Besprechung in Rev. Sci. Instruments **21** 386 (R. B. King).

2028. **P. A. Wayman,** The monocentric Schmidt-Cassegrain cameras. Proc. Phys. Soc. (B) **63** 553—561, mit 3 Fig. — Es werden Formeln für die Koeffizienten entwickelt, welche die Gestalt und die Ausdehnung des fokalen Bildes einer monozentrischen Schmidt-Kamera charakterisieren. Hiermit werden Ausdrücke für die monochromatischen und chromatischen Aberrationen gewonnen und durch Punktdiagramme erläutert. Ein Vergleich mit einer gewöhnlichen Schmidt-Kamera gleicher Öffnung und gleich starker Deformation der Korrektionsplatte wird durchgeführt. Kö.

2029. **E. M. Wormser,** On the design of wide angle Schmidt optical systems. J. Optical Soc. America **40** 256. — Ref. in Phys. Ber. **29** 1506.

2030. Spejlslibning i Finland. NAT **1950** 74—75, mit 1 Fig.

2031. Plastic lenses. Rev. Sci. Instruments **21** 943. — Anzeige der Armorlite Lens Company, 117 East Colorado Street, Pasadena 1, Cal.

2032. Schmidt lenses in mass production. Sky and Telescope **9** 89.

2033. Developments in astronomical instruments. Southern Stars **14** 103—106. — Vgl. Nature **164** 387—388, AJB **49** Ref. **2068**.

* * Nuovi telescopi per i paesi anglosassoni. Vgl. Ref. **1265**.

Beobachtungsanleitungen

2034. **F. M. Bateson,** «Some problems of variable star observing». Southern Stars **14** 147—151. — Vortrag anläßlich der Jahresversammlung der Royal Astronomical Society of New Zealand.

2035. **E. H. Collinson,** The technique of meteor photography. JBAA **60** 142—145, mit 1 Fig.

2036. **O. Engelstoft,** Fotografering af Maanen. Urania Kopenhagen **7** 84—87, mit 1 Abb.

2037. **A. Ferretti-Torricelli,** Guardare il cielo. Milano, Editore U. Hoepli, 1950. 56 S. mit 24 Tafeln. Preis 600 Lire. — Besprechung in Coelum **18** 159. — Praktische Anleitung zur Beobachtung des Himmels.

2038. **K. O. Fröhlich,** Astrophotographie des Liebhabers. Sterne **26** 67—69, mit 1 Abb.

2039. **W. Gliese,** Helligkeitsschätzungen veränderlicher Sterne ohne Hilfsmittel. Sterne **26** 21—24, mit 1 Abb.

2040. **V. W. Killick,** Sunspots observed photographically. Sky and Telescope **9** 229.

2041. **P. A. Leavens,** Filming a sky spectacle. Sky and Telescope **9** 275, mit 1 Fig.

2042. **A. Mak,** De bedekking van de Pleiaden op 30 September 1950. Hemel en Dampkring **48** 156—158, mit 2 Fig. — Mit Anweisung des Amateurs zur Messung des Positionswinkels. Gü.

2043. **M. du Martheray,** Dessins planétaires. Orion Schaffhausen **3** 109—116, mit 3 Fig.

2044. **A. N. Neate,** Useful and interesting lunar work for members who have very small instruments. JBAA **60** 82—84.

2045. **R. Phildius,** La photographie astronomique avec l'appareil ordinaire. Orion Schaffhausen **3** 147—150, mit 4 Abb.

2046. **I. I. Putilin,** Anleitung zur Beobachtung Kleiner Planeten. Moskau-Leningrad, Verlag Akad. Wiss. UdSSR, 1950. 15 S. Preis 1 R. (russisch).

2047. **K. Rapp,** Beitrag zur Sonnenphotographie des Liebhaber-Astronomen. Orion Schaffhausen **3** 81—85, mit 5 Abb.

2048. **P. Swings,** Le jumelage des systèmes dispersifs au sein des spectrographes. Bull. Soc. Roy. Sci. Liège Nr. **2** S. 97—106 = Inst. d'Astrophys. Univ. Liège Mém. 8° Nr. **316**. — Es wird eine Methode angegeben, um verschiedene dispergierende optische Elemente in demselben Spektrographen derart zu verwenden, daß ein ausgedehnter Spektralbereich mit genügender linearer Dispersion in einer Aufnahme erfaßt werden kann. Die Methode wird an mehreren Beispielen für Gitter und Prismen erläutert. Kö.

2049. **P. Swings,** Remarques concernant les spectrographes de haute luminosité. Bull. Soc. Roy. Sci. Liège Nr. **3** S. 158—167 = Inst. d'Astrophys. Univ. Liège Mém. 8° Nr. **319**. — Beschreibt verschiedene Kombinationen optischer Teile für lichtstarke Spektrographen, teils für das sichtbare und teils für das ultraviolette Gebiet. Kö.

2050. **P. Swings,** Remarques sur les systèmes catadioptriques de Bouwers. Bull. Soc. Roy. Sci. Liège Nr. **3** S. 168—176 = Inst. d'Astrophys. Univ. Liège Mém. 8° Nr. **320**. — Untersucht mathematisch und rechnerisch Spiegel und Spiegelsysteme, bei denen die sphärische Aberration durch Meniskenlinsen schwacher Brechkraft kompensiert wird. Kö.

2051. **J. Texereau,** L'observation du ciel à l'œil et à la jumelle. BSAF **64** 154—157, mit 2 Fig.

2052. **W. P. Zessewitsch,** Das Beobachten des Himmels. Moskau-Leningrad, Staatsverlag für technisch-theoretische Literatur, 1950. 348 S. mit 147 Abb. Preis 7 R. 15 Kop. (russisch). — Das Buch gibt Anfängern und fortgeschrittenen Liebhabern Anregungen zum Beobachten von Himmelserscheinungen. Loh.

2053. Fachwissen des Sternfreundes. Wir beobachten Sternbedeckungen. Sternenwelt **2** 46—47.

2054. Fachwissen des Sternfreundes. Wir beobachten die Sonne. Sternenwelt 2 69—70, mit 2 Fig.

Alte Instrumente

2055. **S. O. Eklund,** Fraunhofer's telescope. MN ASSA **9** 72—73. Mit einer Bemerkung von W. H. van den Bos S. 80.

2056. **W. Hartner,** The astronomical instruments of Cha-ma-lu-ting, their identification, and their relations to the instruments of the observatory of Marāgha. Isis, Cambridge, Mass., **41** 184—194. — Ref. in ZfMG **38** 1—2.

2057. **H. Michel,** Du prisme méridien au siun-ki. Ciel et Terre **66** 23—35, mit 9 Fig. — Inhalt: Le prisme méridien. Le nocturlabe. Le règlement de l'étoile du nord. Le tube polaire. Le siun-ki et l'instrument des quatre déplacements.

2058. **E. Zinner,** Cl. Ptolemaeus und das Astrolab. Isis **41** 286—287. — Eine Stelle aus einer Leidener Handschrift des 11. Jahrhunderts über das Astrolab wird im Wortlaut mitgeteilt und darauf hingewiesen, daß es sich um einen Auszug aus einer Arbeit von Ptolemaeus handelt. Das silberne Astrolab Karls des Großen wird in diesem Zusammenhang erwähnt. A. Kopff

2059. Tycho Brahes instrumenter. NAT **1950** 21—27, 96—103, mit 4 Fig.

§ 21

Beobachtungsinstrumente

* * **T. Adolfsson,** A spectrophotometric investigation into bright and dark regions in Taurus. Part I. An investigation of the centre correction of the Zeiss-Heyde astrograph of Uppsala. Vgl. Ref. **2401**.

2101. **L. Arbey,** Contribution à l'étude analytique du v_0 dans les observations méridiennes absolues. JO **33** 33—48, mit 1 Fig. — Bei absoluten Rektaszensionsbeobachtungen sowie bei Zeitbestimmungen ist die genaue Kenntnis der Kollimation bzw. der Ablesung v_0 der α-Schraube für die Kollimation Null von größter Bedeutung. Durch Nadirbeobachtungen in beiden Lagen des Instruments läßt sich c (bzw. v_0) nur bei Annahme gleicher Achsenneigung in beiden Lagen bestimmen. Dasselbe gilt für Mirenbeobachtungen, wo Gleichheit des Azimuts des Instruments in beiden Lagen vorausgesetzt werden muß. Kann man diese Voraussetzungen nicht machen, so muß Kollimation, Achsenneigung und Azimut (bzw. Besselsches m und n) aus der Kombination von Nadir- und Sternbeobachtungen in beiden Lagen bestimmt werden. Die Formeln hierfür werden abgeleitet und ihre Anwendung an einem Beispiel erläutert. Bo.

2102. **L. Arbey, B. Vesselovsky,** Note sur un mode de réglage en direction du fil mobile d'ascension droite d'une lunette méridienne. JO **33** 73—76, mit 2 Fig. — Wird bei Nadirbeobachtungen der α-Faden eines Meridianinstrumentes mit seinem Spiegelbild zur Deckung gebracht und dann das Fernrohr um seine Achse gedreht, so werden Faden und Spiegelbild sich gegeneinander verschieben, falls der Faden eine Neigung besitzt. Diese läßt sich dadurch erkennen und aus dem Betrag der gegenseitigen Verschiebung berechnen. Bo.

2103. **R. Barbatelli,** Determinazione del passo e degli errori progressivi del micrometro in A. R. del cerchio meridiano Repsold mediante stelle circumpolari e zenitali. Rend. Accad. Nazionale Lincei, Cl. Sci. fis., mat., nat. (8) **8** 125—128, 332—336 = Oss. Astr. Capodimonte-Napoli Oss. **1** Nr. 1. — Kurze Beschreibung des Meridiankreises und Untersuchung der Mikrometerschraube. F. Z.

2104. **G. Becq, L. de Clerck,** Sur la discordance R—D. II. Etude complète de la flexion du cercle méridien de Repsold. Ann. Obs. Roy. Belgique (3) **5** Fasc. 2, 22 S. mit 2 Fig. — Das in einer früheren Arbeit (siehe AJB **46**, Ref. 1701) aus direkten und reflektierten Beobachtungen von Fundamentalsternen festgestellte merkwürdige Verhalten der Biegung des Repsoldschen Meridiankreises in Uccle wird durch weitere Beobachtungen von Südsternen bestätigt. Darüber hinaus lassen diese aber auch erkennen, daß die Ursache in einer sprunghaften Verlagerung eines Instrumententeiles in der Nähe der Nadirlage des Instruments zu suchen ist. Es wird nochmals die Notwendigkeit von Reflexbeobachtungen betont. Bo.

2105. **J. Bigay,** Sur un spectrographe à miroirs, de grande ouverture relative, utilisable dans l'ultraviolet et l'infrarouge. CR **230** 203—205, mit 2 Fig. — Ein lichtstarker Spektrograph mit Spiegeloptik, der für Untersuchungen des Nachthimmelspektrums sowie von flächenhaften Objekten wie Nebeln geeignet ist, wird beschrieben. Micz.

2106. **B. J. Bok, M. Olmsted,** The use of the Schmidt telescope in stellar photometry. Pop Astr **58** 257—267. — Ref. in PAT **32** 70—72, mit 2 Fig. — An verschiedenen Beispielen werden die Vor- und Nachteile des Schmidtspiegels speziell für photometrische Zwecke untersucht. Die vorzügliche und gleichmäßige Bilddefinition innerhalb des Feldes gewährt den Vorteil einer sehr kleinen Feldkorrektion, solange keine Vignette eintritt. Andererseits läßt gerade die hohe Bildqualität manche Fehlerquellen, z. B. Deformation des Spiegels infolge wechselnder Lage, stärker als bei Linsenoptik in Erscheinung treten. Kö.

2107. **B. J. Bok, M. Olmsted,** The use of the Schmidt telescope in stellar photometry. AJ **55** 65. — Vgl. vorstehendes Ref.

2108. **R. N. Bracewell,** An instrumental development in radio astronomy. Obs **70** 185—186, mit 2 Fig. — Kurze Mitteilung über eine auf dem Interferometer-Prinzip beruhende Funkmeßapparatur zu raschem Nachweis und Ortsbestimmung von Hochfrequenzausbrüchen auf der Sonnenscheibe. Micz.

2109. **R. Brandt,** Das Fernrohr des Sternfreundes. II. Sterne **26** 13—17, mit 3 Abb. — Das neue Zeiss'sche Schul- und Amateurfernrohr. Das Vorsatzfernrohr mit Objektiv und Okular. Das Vorsatzfernrohr ohne Objektiv. Binokulare Prismenfernrohre. Ersatz für stark vergrößernde Okulare.

2110. **R. Brandt,** Das Fernrohr des Sternfreundes. Sternenwelt **2** 167—168, 189—190, 214—216, 238—239, 263—264, 282—285, mit 21 Abb. — Optische Grundlagen des astronomischen Fernrohrs. Die Herstellung eines Linsenfernrohrs. Himmelsbeobachtungen mit dem Feldstecher.

2111. **R. Brandt,** Zur Leistung moderner Kleinfernrohre. Sterne **26** 74—77, mit 1 Abb.

2112. **E. F. Carpenter,** A directly indicating photo-electric colorimeter. AJ **55** 166—167. — Ref. AAS.

2113. **A. Couder,** Correction des déformations thermiques des miroirs de télescope. CR **231** 1290—1291 = Publ. Obs. Haute-Provence **2** Nr. 9. — Verfasser schlägt vor, auf der Spiegelrückseite eine ringförmig angeordnete Elektroheizung anzubringen. Die Einrichtung wurde mit gutem Erfolg am 81 cm-Spiegelteleskop des Observatoriums Haute-Provence erprobt; der Stromverbrauch betrug 3 Watt. Kö.

2114. **P. P. Dobronrawin,** Der erste sowjetische Nebelspektrograph. Priroda **39** Nr. 6 S. 54—57 (russisch).

2115. **P. B. Fellgett,** On setting up a Gerrish drive. Obs **70** 189—193, mit 3 Fig. — Beschreibt einen in Cambridge länger erprobten elektrischen Stundenantrieb, der eine Weiterentwicklung und Verbesserung des alten Gerrish-Antriebs darstellt. Kö.

2116. **E. P. Fjodorow,** Über die Ursachen der Veränderung der Achsenneigung und des Azimuts von Meridianinstrumenten. Publ. Gravimetr. Obs. Poltawa **3** 126—148, mit 1 Abb. (russisch).

2117. **G. A. Freiberg-Kondratjew,** Die Aufstellung von Passageninstrumenten und Meridiankreisen. Publ. Gravimetr. Obs. Poltawa **3** 149—161, mit 1 Abb. (russisch).

2118. **W. A. Granger,** An observing ladder with easily adjustable seats. JBAA **60** 107—111, mit Fig.

2119. **G. Hartwig,** Ein 2 m-Spiegelteleskop für die Deutsche Akademie der Wissenschaften zu Berlin. Mitt. AG **1950** 18—20. — Ref. AG. — Optische Konzeption. Spiegel und Spiegelfassung. Rohr und Montierung.

2120. **W. A. Hiltner,** The 13-inch reflector of the McDonald Observatory. ApJ **112** 512—513, mit 1 Tafel. Appendix zu der Untersuchung in ApJ **112** 504—513 (Vgl. Ref. **11111**). — Ref. in Sterne **27** 106—107, mit 1 Abb.

2121. **G. Horn-d'Arturo,** Altri esperimenti con lo specchio a tasselli. Pubbl. Oss. Astr. Univ. Bologna **5** Nr. 11, 11 S. — Beschreibung eines seit langem im Bau befindlichen vertikalen Spiegelteleskops, dessen Objektiv aus 19 einzelnen kleinen sphärischen Spiegeln zusammengesetzt ist. F. Z.

* * **E. Hubble,** The 200-inch Hale Telescope and some problems it may solve. Vgl. Ref. 1237.

2122. **S. B. Joffe, I. A. Prokofjewa, M. S. Eigenson,** Das chromosphärische Teleskop. DAN **75** 629—630 (russisch).

2123. **H. Kienle,** Ein 2 m-Universal-Spiegelteleskop. Sonderdruck aus Miscellanea Academica Berolinensia. Berlin, Akademie-Verlag, 1950. 16 S. mit 2 Abb. und 5 Tafeln. — Ref. in PAT **32** 75—78, mit 2 Fig. — Erster Bericht über die Konstruktion des 2 m-Teleskops. Optische Anordnung. Spiegel und Spiegellagerung. Montierung und Rohrkonstruktion. Im Anhang: Denkschrift über den Bau eines 2 m-Spiegelteleskops.

2124. **J. Klepešta,** Experiences with the Maksutow telescopic camera. RH **31** 110—112, mit 2 Abb. (tschechisch). — Erfahrungen mit einem kleinen Maksutow-Spiegel auf der Sternwarte Skalnaté Pleso. J. B.

2125. **G. G. Lengauer,** Ein Dämmerungsphotometer mit sternartiger Abbildung. AJ UdSSR **27** 315—319, mit 2 Abb. (russisch). — Ref. in Astr. News Letter Nr. **54** S. 10. — Verf. beschreibt die Konstruktion eines tragbaren photographischen Photometers nach Maxwell-Fabry, das in erster Linie für Messungen des Morgen- bzw. Abendrots und der Dämmerungen geeignet ist. Loh.

* * **A. I. Nefedjewa,** Untersuchung des Verhaltens des Nadirpunktes am Meridiankreis des Astronomischen Engelhardt-Observatoriums. Vgl. Ref. 2508.

* * **A. A. Nemiro,** Über die Bestimmung des absoluten Azimuts und der Achsenneigung des Passageninstruments. Vgl. Ref. 2415.

2126. **A. Nielsen,** Et lille astrokamera. NAT **1950** 65—67, mit 2 Fig.

2127. **A. Nielsen,** En lille parallaktisk opstilling. NAT **1950** 29—30, mit 1 Fig.

* * **M. O'Day,** Instrumentation of V. 2 rockets to obtain data on the physics of the upper air. Vgl. Ref. **13419.**

2128. **T. Page,** The isophotometer—a new instrument for astrophysical use. AJ **55** 76—77, mit 1 Tafel. — Ref. AAS.

* * **L. Perek,** The new reflector of the Astronomical Institute of the Masaryk University in Brno. Vgl. Ref. 1207.

2129. **E. Pfannenschmidt,** The ideal planetarian's telescope, its fascinating and curious history. Strolling Astronomer **4** Nr. 7 S. 3—5, mit 1 Fig.

2130. **E. Pfannenschmidt,** More medial dope. Strolling Astronomer **4** Nr. 10 S. 2—5, mit 2 Fig.

* * **N. A. Popow,** Das große Poltawaer Zenitteleskop und die Beobachtungen mit ihm in den Jahren 1939—1940. Vgl. Ref. **13223.**

2131. **J. Procházka,** L'astrolabe à miroir de M. Svoboda. BAC **2** 61—63, mit 2 Fig. — Das schon früher erwähnte Instrument (VJS **70** 299, Trans. IAU **5** 291) wird genauer beschrieben; es erhielt ein neues unpersönliches Mikrometer. Anschließend werden die Resultate mehrerer Beobachtungsreihen mitgeteilt, welche mit anderen Ergebnissen gut übereinstimmen. Kö.

2132. **E. Schoenberg,** Der Libellensextant für gleiche Höhen. Sitzber. Bayer. Akad. Wiss. 1949, Math.-naturwiss. Kl. S. 19—20, mit 1 Tafel = Mitt. Sternw. München **1** Nr. 2.

2133. **W. L. Shepherd,** A polar fork mounting. JBAA **60** 200—202, mit 3 Fig. und einer Bemerkung von H. L. Kelly S. 202 und einer Erwiderung in JBAA **61** 26.

2134. **G. Silva, A. Gennaro, S. Taffara, G. Mannino, G. de Strobel,** Studio della flessione dell' astrospettrografo dell' Osservatorio Astrofisico di Asiago. Mem SA It (NS) **21** 159—193, mit 2 Fig. und 3 Tafeln = Contr. Oss. Astrofis. Asiago Nr. **15.** — Nach einer einleitenden Beschreibung des Spektrographen des 120 cm-Reflektors von Asiago wird die Theorie der Biegung behandelt. Die erhaltenen theoretischen Formeln werden auf den Spektrographen angewandt und die Biegung numerisch berechnet. F. Z.

2135. **W. Strohmeier,** Turmteleskope I. Die 3 großen Turmteleskope der Firma Zeiss. Sternenwelt **2** 128—131, mit 5 Abb. — Die Turmteleskope von Göttingen, Potsdam und Tokyo.

2136. **H. Suter,** Ein Amateur-Spiegelteleskop mit zusammenlegbarer parallaktischer Montierung. Orion Schaffhausen **3** 117—121, mit 4 Abb.

2137. **J. Texereau,** La construction du télescope d'amateur. III. Le miroir plan diagonal. IV. Les oculaires. V. Partie mécanique du télescope. VI. La monture azimutale. VII. Accessoires, finition, réglages. BSAF **64** 27—30, 75—77, 158—162, 204—209, 245—250, 307—311, 356—358, 400—405, 441—445, 490—493, mit 21 Fig. — Die vorausgehenden Kapitel siehe AJB **48** Ref. 2131, **49** Ref. 2128. Wird in AJB **51** fortgesetzt.

2138. **F. H. Thornton,** Mounting the Barlow lens. JBAA **60** 77—81, mit 7 Fig. und einer Bemerkung von F. J. Hargreaves S. 81. — Beschreibt eine mit einfachen Mitteln herstellbare Halterung einer zweiteiligen Barlow-Linse an einem Spiegelteleskop nach Newton. Hargreaves bezeichnet in seiner Note die Konstruktion als sehr passend für sein Vergleichsstern-Mikrometer (MN **92** 72). Kö.

2139. **H. F. A. Tschunko,** Ein neues astronomisches Fernrohr. Vgl. AJB **49** Ref. 2129. — Besprechung in Sky and Telescope **9** 120—122, mit 4 Fig. unter dem Titel: A telescope designed for solar system observations.

2140. **L. Vigorelli,** Telescopi con specchi parabolici e montatura altazimutale. Coelum 18 66—67, mit 6 Fig. auf 2 Tafeln. — Kurze Beschreibung einer azimutalen Aufstellung für Spiegelteleskope. F. Z.

2141. **C. B. Watts,** Description of the six-inch transit circle. Instrumental developments 1932—1948. Publ. US Naval Obs. (2) **16** 331—361, mit 4 Fig. und 12 Tafeln.

2142. **E. L. R. Webb,** A mount with chopping shutters for meteor cameras. J RAS Canada **44** 110—117, mit 7 Fig. — Drei Luftbildkameras mit Objektiven von ca. 20 cm Brennweite (1 : 2.9) sind auf einer azimutalen Montierung derart vereint, daß sich die Bildfelder (je 35° × 35°) in schmalen Streifen überdecken. Die Betätigung der Verschlüsse ist mit dem Filmtransport gekoppelt. Beide können von Hand oder elektrisch betätigt werden. Kö.

2143. **A. Wening,** Einfache parallaktische Teleskop-Montierung aus +GF+ Fittings (Rohrverbindungsstücke). Orion Schaffhausen **3** 151—154, mit 1 Abb.

* * **J. P. Wild, L. L. McCready,** Observations of the spectrum of high-intensity solar radiation at metre wavelengths. I. The apparatus and spectral types of solar burst observed. Vgl. Ref. **6531**.

2144. **E. Williams,** Dedication of the «Brydon» telescope. J RAS Canada **44** 181—184.

2145. Come costruirsi un telescopio. Coelum **18** 19—22, mit 8 Fig.

2146. Adattamento di un telescopio a cannocchiale terrestre. Coelum **18** 105—106.

§ 22

Zusatz- und Auswertegeräte, Photographie

2201. **J. S. Allen,** Recent applications of electron multiplier tubes. Proc. I. R. E. **38** 346—358, mit 20 Abb. — Zusammenfassender Bericht über neuere Anwendungen des statischen Sekundärelektronenvervielfachers. Sekundärelektronenausbeute mehrerer Substanzen unter verschiedenartigen Bedingungen. Beschreibung der Photozellen mit Sekundärelektronenvervielfacher 931 A, 1 P 21 und VX 5031 und ihrer Eigenschaften. Besondere Anwendungen auf Probleme der Kernphysik. Behr

2202. **H. W. Babcock,** A contour photometer. Publ ASP **62** 18—21, mit 2 Fig. = Mt. Wilson and Palomar Obs. Repr. Nr. **19**. — Verf. beschreibt ein aus zwei Oszillographen und einem Elektronenvervielfacher leicht herzustellendes Gerät zur Registrierung von Isophoten auf photographischen Aufnahmen flächenhafter Objekte. Der Lichtstrahl des einen Oszillographen mit einem Schirm geringer Nachleuchtdauer dient zur Abtastung des Negativs. Der durchgelassene Lichtanteil wird über den Elektronenvervielfacher einem Impulsgeber zugeführt, der immer dann einen Impuls erzeugt, wenn der abtastende Lichtstrahl ein für die Konturaufnahme eingestelltes Dichteniveau der Platte kreuzt. Die Impulse verstärken den synchron mit dem Meßfleck des ersten Oszillographen laufenden Lichtfleck des zweiten Oszillographen, der eine Bildröhre langer Nachleuchtdauer besitzt, so daß die entstehende Isophotenkontur photographisch registriert werden kann. Micz.

2203. **H. W. Babcock,** An integrating photometer for low light levels. J. Optical Soc. America **40** 409—411, mit 1 Fig. = Mt. Wilson and Palomar Obs. Repr. Nr. **23**. — Ein als Belichtungszeitmesser am Coudé-Spektrographen des 100″-Reflektors auf dem Mt. Wilson ausgebildetes Photometer wird beschrieben. Etwa 2% des durch den Spalt fallenden Lichtes werden auf einen Elektronenvervielfacher geleitet, dessen Strom einen Kondensator auflädt. Bei Erreichen einer bestimmten Spannung entlädt er sich durch Zünden einer Gasstrecke. Die Stromstöße werden nach Verstärkung einem mechanischen Zählwerk zugeführt, an dem nach erfolgter Eichung die „effektive" Belichtung der Platte angezeigt wird. Der Dunkelstrom des Elektronenvervielfachers wird kompensiert, die Einrichtung dazu und das Meßgerät für die Vervielfacherhochspannung werden beschrieben. Micz.

2204. **A. Behr,** Ein lichtelektrisches Sternphotometer mit Sekundärelektronenvervielfacher. Mitt. AG **1950** 20—21. — Ref. AG.

2205. **J. Bigay,** Un spectrographe à miroirs de grande ouverture relative utilisable dans l'ultra-violet et l'infra-rouge. Ann d'Astrophys **13** 72—79, mit 4 Fig. = Publ. Obs. Lyon **5** Nr. 13. — Es wird ein lichtstarker Spektrograph beschrieben, der für Aufnahmen des Nachthimmels oder schwacher Nebel entwickelt wurde. Die Kamera ist vom Schmidt-Typ, jedoch wurde die Korrektionsplatte durch einen asphärischen Spiegel ersetzt. Herstellung des Korrektionsspiegels sowie Justierung der Optik werden ausführlich beschrieben. Die Verwendung von Spiegeln anstelle von Linsen ist besonders vorteilhaft für die Beobachtung des ultravioletten und infraroten Spektralbereichs. Micz.

2206. **J. Bouška, K. Michovský,** Visual photometry of lunar eclipse of October 6—7, 1949. Vgl. Ref. **7348**.

2207. **A. W. J. Cousins,** A simple clinometer for astronomical use. MN ASSA **9** 38, mit 1 Fig.

2208. **H. Daene,** Über eine Anordnung zur Neutralisation der Eingangskapazität von Gleichstromverstärkern für lichtelektrische Astrophotometrie. AN **278** 190 = Mitt. Astrophys. Obs. Potsdam Nr. **28**.

2209. **W. S. Finsen,** An eyepiece interferometer. MN ASSA **9** 88—90.

2210. **Å. Flemström,** Några tillbehör till amatörteleskop. PAT **31** 85—88, mit 4 Fig. — Inhalt: Barlowlinse, Binokular, Dachkantprisma.

2211. **M. G. Fracastoro,** Sull'uso del prisma obiettivo e dello spettrografo a fenditura nella spettrofotometria stellare. Ottica **4** 75—88, mit 5 Fig.

2212. **W. Fricke,** Ein Sensitometer zur Eichung photographischer Aufnahmen flächenhafter Objekte während der Beobachtung. ZfA **27** 156—160, mit 1 Abb. = Mitt. Sternw. Hamburg-Bergedorf **21** Nr. 212. — Ein Platinkeilsensitometer wird beschrieben, das zur Eichung photographischer Aufnahmen während der Beobachtung am Schmidt-Spiegel dient. Verf.

2213. **J. Grindrod,** Schmidt correction plates. Pop Astr **58** 122—125.

2214. **S. Hata,** On the signal-to-noise ratio of the multiplier phototube 1 P 21. Publ. Astr. Soc. Japan **2** 90—91, mit 5 Fig. — Kurze Mitteilung über Messungen des Verhältnisses Signal-/Rauschstrom eines Elektronenvervielfachers 1 P 21. Micz.

2215. **W. A. Hiltner, A. D. Code,** The compensation for seeing in stellar photoelectric spectrophotometry. J. Optical Soc. America **40** 149—152, mit 4 Fig. — Es wird das Prinzip einer Anordnung beschrieben, die es ermöglicht, den Einfluß der Luftunruhe bei der lichtelektrischen Spektralphotometrie auszuschalten. Als Strahlungsempfänger dienen zwei Elektronenvervielfacher, einer registriert das Spektrum, der andere empfängt das integrierte Licht eines breiten Spektralbereichs als Vergleichslicht. Beide Photoströme steuern zwei Verstärker, deren Ausgang einem das Verhältnis der Photoströme registrierenden Potentiometer zugeführt wird. Verf. berichten ferner über Versuche mit der Apparatur im Laboratorium und am Coudé-Fokus des 82″-McDonald-Reflektors. Das Prinzip ist auch für die Photometrie unregelmäßig brennender Lichtquellen, z. B. Lichtbögen, brauchbar. Micz.

2216. **B. N. Himmelfarb,** Ein Photometer zur Messung der Helligkeit der Sonnenaureole. Priroda **39** Nr. 8 S. 50—51 (russisch).

2217. **A. A. Jakowkin,** Ein Gerät zur Lösung der Keplerschen Gleichung. Publ. Astr. Obs. Kiew Nr. 4 S. 89—90, mit 1 Abb. (russisch).

2218. **C. L. Janssen,** Elektrisk Fotometri. Urania Kopenhagen **7** 3—11, mit 2 Abb.

2219. **R. Jonckheere,** Un micromètre à fils obliques. JO **33** 57—60, mit 1 Fig.

2220. **H. Kienle,** Grundsätzliches zum Bau von Mikrophotometern. Mitt. AG **1950** 15—17, mit 2 Abb. — Ref. AG.

2221. **N. F. Kuprewitsch,** Ein lichtelektrisches Spektralphotometer für die Sonne. Mitt. Astr. Hauptobs. Pulkowo **18** Nr. 3 (144) S. 118—171, mit 62 Abb. (russisch). — Ref. in Astr. News Letter Nr. **59** S. 4. — Bericht über die an der Sternwarte Pulkowo seit 1946 durchgeführten Versuche und Konstruktionen zur lichtelektrischen Spektralphotometrie der Sonne unter Verwendung von lichtelektrischen Zellen und Elektronenvervielfachern (931 A). Die je nach Anordnung gewählten Gleichstromverstärker oder Wechselstromverstärker der durch rotierende Sektoren erzeugten intermittierenden Ströme werden ausführlich beschrieben und mit Tintenschreiber erhaltene Registrierungen, insbesondere bei 4383 Å, reproduziert. Loh.

2222. **M. Laffineur,** Sur un nouveau modèle de microphotomètre enregistreur à lecture directe de l'intensité. CR **227** 900—902, mit 1 Fig., 1948 = Contr. Inst. Astrophys. Paris (A) Nr. **33**. — Es wird ein Mikrophotometer beschrieben, das durch Vergleich mit einer «Normal-Quelle» gestattet, die Intensität direkt zu registrieren. Schai.

2223. **A. W. Markow,** Das Mikrophotometer, seine Entwicklung, Theorie und Genauigkeit bei der Ausmessung von Astrophotogrammen. Leningrad, Astr. Hauptobs. Akad. Wiss. UdSSR, 1949. 20 S. (russisch). — Dissertationsreferat.

2224. **A. W. Markow,** Theorie des Mikrophotometers sowie Genauigkeit und Korrektheit der Vermessung von Astrophotogrammen. Mitt. Astr. Hauptobs. Pulkowo **18** Nr. 3 (144) S. 1—67, mit 10 Abb. (russisch). — In Ergänzung einer früheren Arbeit berichtet Verf. über die hauptsächlichen Ergebnisse seiner Untersuchung sowjetischer Mikrophotometer. Loh.

2225. **W. W. Martynenko,** Die Wiedergabe von Meteorerscheinungen mit Hilfe einer Projektionslampe. Bull. Astr.-Geod. Ges. UdSSR Nr. **9** (**16**) S. 20—21 (russisch).

2226. **W. S. McClenahan,** A new micrometer machine for measuring photographic films of meridian circle division marks. AJ **55** 174. — Ref. AAS.

2227. **N. N. Michelson,** Theorie und Konstruktion des selbstschreibenden Kompensationsisophotometers. Leningrad, Astr. Hauptobs. Akad. Wiss. UdSSR, 1951. 8 S. (russisch). — Dissertationsreferat.

2228. **A. J. Moran,** A cheap comet eyepiece and bench magnifier. MN ASSA **9** 74—75.

2229. **H. K. Paetzold,** Eine Bemerkung zur Eichung und Durchlässigkeit von Platinfiltern. Optik **6** 327—331, mit 3 Abb.

2230. **A. Reiz,** A photographic time recorder. With an appendix: **L. Stigmark,** A flash-tube circuit with low recovery-time. Ark Astr **1** 199—205, mit 4 Fig. = Lund Medd (1) Nr. **174**. — In allen Einzelheiten wird ein photographischer Zeitschreiber für Durchgangsbeobachtungen beschrieben, dessen Idee darin besteht, beim Durchgang des Sterns durch einen Faden oder beim Kontakt des Registriermikrometers das Zifferblatt einer Quarzuhr, das aus vier Teiltrommeln zur Anzeige der Stunden, Minuten, Sekunden und Hundertstelsekunden besteht, zu photographieren. Genauigkeit innerhalb ± 0^{s}002. Böh.

2231. **P. Selme,** Filtres. — Besprechung in BSAF **64** 261.

2232. **M. S. Selzer,** Ein Lichtfilter aus indigoähnlichen Antrachinonfarbstoffen. Nachr. Akad. Wiss. kasach. Sowjetrepublik Nr. **90** (astrobotanische Serie, Heft 1—2) S. 213—222 (russisch).

2233. **C. K. Seyfert, J. H. De Witt, E. M. Lewis,** Photoelectric photometry at Vanderbilt University. AJ **55** 182—183. — Ref. AAS.

2234. **W. Unno,** Note on the temperature effect of an interference polarizing filter. Publ. Astr. Soc. Japan **2** 56—57=Tokyo Astr. Obs. Repr. Nr. **70**. — Verf. legt dar, daß der Temperatureffekt bei Interferenzfiltern verschwindet, wenn sie aus Quarz- und Kalkspatplatten bestimmter Dicke (etwa 9 : 1) zusammengesetzt werden. Micz.

2235. **S. Vasilevskis,** Periodic and progressive errors of Gaertner measuring engine No. 140. Lick Obs. Bull. Nr. **523** S. 45—50, mit 2 Fig.

2236. **G. Vinaccia,** L'eliomeridioscopio. Rend. Accad. Nazionale Lincei Cl. Sci. fis., mat., nat. (8) **9** 72—79. — Beschreibung eines Apparates zur praktischen Festlegung des Meridians durch die Beobachtung der Sonne. F. Z.

2237. **H. F. Weaver,** Neutral filters for photographic photometry. Publ ASP **62** 167—171, mit 2 Fig.

2238. **R. H. Wilson jr.,** Some contributions of the interferometer to double-star research. Pop Astr **58** 334—340, mit 4 Fig. = Flower Obs. Repr. Nr. 82. — Mit einem Interferometer, dessen Blende um die optische Achse des Instruments drehbar sein muß, lassen sich Distanzen von Doppelsternkomponenten, die visuell oder photographisch nicht mehr aufzulösen sind, bis zu einigen Hundertstel Bogensekunden herunter messen. Von seinen eigenen Messungen erwähnt Verf. ADS 11468 sowie 31 Cygni, welcher bisher nur als spektroskopischer Doppelstern untersucht worden war (Abstand der Komponenten 0″06). T. L.

2239. **J. H. DeWitt jr., C. K. Seyfert,** Notes on the 1 P 21 photo-multiplier tube when used for astronomical photometry. Phys. Rev. (2) **78** 643. — Ref. Am. Phys. Soc.

2240. **J. H. DeWitt jr., C. K. Seyfert,** Notes on the 1 P 21 photomultiplier tube when used for astronomical photometry. Publ ASP **62** 241—255, mit 6 Fig. und 2 Tafeln. — Die Verf. berichten über ihre technischen Erfahrungen mit dem Elektronenvervielfacher 1 P 21 als Strahlungsempfänger in Sternphotometern und machen ausführliche Angaben über konstruktive Einzelheiten, insbesondere der Isolation- und Dunkelstromreduzierung. Ausführlich beschrieben wird ein Hochspannungsgerät mit Röhrenstabilisierung zur Erzeugung der Dynodenspannung aus dem Wechselstromnetz. Als Abschluß wird eine Lichtkurve des Bedeckungsveränderlichen SV Camelopardalis mitgeteilt. Micz.

2241. **A. A. Wodar,** Die Vervollkommnung der Kontaktvorrichtung des selbstregistrierenden Mikrometers. Mitt. Astr. Sternberg-Inst. Nr. **31** S. 14—16, mit 2 Abb., 1949 (russisch).

2242. Interference color filter. Rev. Sci. Instruments **21** 401, mit 1 Fig. — Anzeige von Bausch & Lomb, Optical Company, Rochester 2, New York.

2243. Lunar profile. Sky and Telescope **9** 134—135, mit 3 Fig. — Ref. AAS. — Besprechung in Hemel en Dampkring **48** 132 (J. J. Raimond jr.). — Beschreibung eines Gerätes zur zeichnerischen Übertragung des Mondrandprofils von photographischen Aufnahmen.

2244. Ein neues Plattenphotometer in den Vereinigten Staaten. Sterne **26** 93—94.

Photographie

2245. **R. Andréani,** Travaux photographiques simplifiés. — Besprechung in BSAF **64** 261.

2246. **C. Biemans,** Dispositifs d'amateurs pour la photographie du Soleil, de la Lune et des météores. Ciel et Terre **66** 144—148, 189—193, mit 8 Fig.

2247. **S. Chilardi, M. Flückiger,** Sensitométrie photographique. Orion Schaffhausen **3** 70—80, mit 6 Fig.

2248. **H. H. Dahlerup-Petersen,** Smaa fotografiske problemer. NAT **1950** 106—108.

2249. **J. Eggert,** Aus Forschung und Technik der neuzeitlichen Photographie. Phys. Blätter **6** 56—61. — Nach einem Vortrag vom 9. 12. 1949. Gibt einen Überblick über die Wirkungsweise der Strahlungen von geringer Quantgröße in wissenschaftlicher und technischer Hinsicht.

2250. **F. Gianni,** La Fotografia degli astri. Guida pratica per gli astrofili ed i fotografi. Genova, Briano, 1949. 72 S. mit 64 Fig. und 12 Tafeln. Preis 500 Lire. — Besprechung in Coelum **18** 26.

2251. **P. Guérin, G. de Vaucouleurs,** Sensitométrie de quelques émulsions photographiques d'intérêt astrophysique. Ann d'Astrophys **13** 203–208, mit 1 Fig. = Contr. Inst. Astrophys. Paris (B) Nr. **48**. — Der erste Teil der Arbeit beschäftigt sich mit dem Vergleich der Empfindlichkeit der Gradation von etwa 25 verschiedenen photographischen Emulsionen (Kodak, Ilford, zahlreiche französische Fabrikate und andere) für Tageslicht, blaues und rotes Licht. Für Guilleminot-Platten «Superfulgur» wird die Abhängigkeit charakteristischer Daten vom Plattenalter untersucht. Im zweiten Teil der Arbeit wird über die Wirkung der Hypersensibilisierung mit Ammoniaklösung auf einige Emulsionen berichtet. Micz.

2252. **K. Güssow,** Bestimmung der relativen spektralen Empfindlichkeit photographischer Schichten. Mitt. AG **1950** 17—18. — Ref. AG.

2253. **W. W. Scharonow,** Die photographische Irradiation und ihr Einfluß auf die Aufnahmen von Planetenscheiben. AJ UdSSR **27** 116—122, mit 3 Abb. (russisch). — Ref. in Astr. News Letter Nr. **51** S. 10.

2254. **E. W. H. Selwyn,** Photography in Astronomy. Rochester, Eastman Kodak Company, 1950. 112 S. illustriert. Preis $ 2.75. — Besprechung in JBAA **61** 245, Publ ASP **62** 230—231 (P. W. Merrill), Sky and Telescope **10** 40, 97 (D. MacRae).

2255. La fotografia della Luna nel campo delle possibilità dell'astrofilo. Coelum **18** 76—78.

2256. Thick emulsions. Sky and Telescope **9** 296.

§ 23

Uhren, Chronographen, Zeitdienst, Sonnenuhren

2301. **J. Abelé,** État actuel du problème de la mesure du temps. Rev. des Questions Scientifiques **1950** 20—52. — Ref. in Ann. Françaises Chronométrie **20** 212.

2302. **R. Baillaud,** Heures légales d'été dans les principaux pays du globe. Ann. Françaises Chronométrie **20** 203—206.

2303. **P. I. Bakulin,** Revidierte Zeitsignale 1947—1948. AJ UdSSR **27** 305—314, mit 3 Abb. (russisch). — Betrifft den Zeitdienst in der UdSSR.

2304. **P. I. Bakulin,** Über einige, mit der Verwendung des druckenden Chronographen verbundene Fragen. Mitt. Astr. Sternberg-Inst. Nr. **31** S. 17—19, 1949 (russisch). — Es wird ein Verfahren beschrieben, welches gestattet, die Rotationsgeschwindigkeit des Druckrades eines Chronographen und die Vorrichtungen, welche seinen Streifen leicht und bequem lesbar machen, zu regulieren und zu kontrollieren. Verf. (übersetzt).

2305. **P. I. Bakulin,** Über die Erhöhung der Genauigkeit der Bestimmung von Uhrkorrektionen. Mitt. Astr. Sternberg-Inst. Nr. **42** S. 24—31, mit 3 Abb. (russisch). — Ref. in Astr. News Letter Nr. **63** S. 10.

2306. **C. Berner,** L'horloge atomique. J. suisse d'Horlogerie et de Bijouterie Nr. 5-6 S. 119—123. — Ref. in Ann. Françaises Chronométrie **20** 447.

2307. **P. H. Bigg, K. W. T. Elliott, N. W. B. Stone,** Une méthode photoélectrique de détermination automatique de la correction d'une montre dans les épreuves d'Observatoires. Ann. Françaises Chronométrie **20** 189—196, mit 4 Fig.

2308. **N. W. Bogorodizkaja,** Untersuchung der Kontakte der Riefleruhr Nr. 323. Mitt. Astr. Sternberg-Inst. Nr. **55** S. 20—29, mit 3 Abb. (russisch). — Ref. in Astr. News Letter Nr. **63** S. 11.

2309. **S. Böhme,** Nachweis von Zeitschwankungen an den Quarzuhren der Physikalisch-Technischen Reichsanstalt 1934—45. Vgl. AJB **49** Ref. 2303. — Berichtigung in AN **278** 274.

2310. **E. Cabal,** Los relojes de cuarzo. Urania Barcelona **35** 172—187, mit 8 Fig. — Bericht über Wirkungsweise und bisherige Anwendungen der Quarzuhren mit Ausblicken auf neue Forschungsmöglichkeiten in der Tieftemperatur- und Atomphysik. Gü.

2311. **Z. Carrière,** Un nouvel étalon de durée: l'horloge atomique. Bull. mensuel d'astr. populaire de Toulouse **1950** 89—104. — Ref. in Ann. Françaises Chronométrie **20** 215.

2312. **G. M. Clemence,** The measure of time. Astr. Soc. Pacific Leaflet Nr. 235, 1948.

2313. **H. C. Davies**, The «atomic» clock. MN ASSA **9** 16—17.

* * **L. T. Davis**, The development of time-signalling at the Cape. Vgl. Ref. 1210.

2314. **J. Dick**, Eine metrische Uhr. Sternenwelt **2** 225—226, mit 1 Abb. — Verf. berichtet über eine von der Firma Riefler gebaute Präzisionspendeluhr mit 10 Neustunden zu 100 metrischen Minuten zu weiteren 100 Neusekunden.

2315. **E. Guyot**, Le quartz piezo électrique et la conservation de l'heure. Ann. Guébhard-Séverine **1945** 19—21. — Ref. in Ann. Françaises Chronométrie **20** 117.

* * **E. Guyot**, L'Observatoire cantonal de Neuchâtel autrefois et aujourd'hui. Vgl. Ref. **1240**.

2316. **E. Guyot**, Les unités de temps. Rev. Internationale de l'Horlogerie **51** 20. — Ref. in Ann. Françaises Chronométrie **20** 325.

2317. **F. Hope-Jones**, Electrical Timekeeping. Vgl. AJB **49** Ref. **2316**. — Weitere Besprechung in Ann. Françaises Chronométrie **20** 220.

2318. **B. Humbert**, Le chronographe et son évolution. Rev. Internationale de l'Horlogerie **50** Nr. 21 S. 21—24, Nr. 22 S. 21—26, Nr. 23 S. 20—25, 1949. — Ref. in Ann. Françaises Chronométrie **20** 118.

2319/20. **W. Jaschek**, Genaue Zeit mit der Taschenuhr. Sternenwelt **2** 211—212, mit 1 Fig.

2321. **H. S. Jones**, Accurate time keeping. MN ASSA **9** 3—5. — Text einer Rundfunksendung.

2322. **H. S. Jones**, The determination of precise time. Smithsonian Report for 1949 S. 189—202 = Smithsonian Inst. Publ. 4000. — Die Entwicklung der Methoden der Zeitbestimmung und -messung ist gekennzeichnet durch die unter allmählicher Ausschaltung der verschiedenen Fehlerquellen wachsende Genauigkeit: Durchgangsinstrument, unpersönliches Mikrometer, Zenitteleskop; Pendeluhr, Quarzuhr, Atomuhr. Die Bestimmung der Gangänderungen (Drift) der Quarzuhren wird erschwert durch die sich überlagernden Effekte der systematischen Fehler in den Rektaszensionen der Fundamentalsterne und der Polschwankungen. Die Rotation der Erde wurde als nicht gleichförmiges Zeitmaß erkannt: stetige Verlangsamung durch die Gezeitenreibung, unregelmäßige Fluktuationen, saisonale Schwankungen mit Jahresperiode. T. L.

2323. **R. Jouaust**, Les horloges à quartz. Vgl. AJB **49** Ref. **2320**. — Weitere Besprechung in Ann. Françaises Chronométrie **20** 119—120.

2324. **T. W. Klimowa**, Ergebnisse der Untersuchung des druckenden Chronographen. Mitt. Astr. Sternberg-Inst. Nr. **31** S. 20—26, mit 1 Abb., 1949 (russisch). — Ref. in Astr. News Letter Nr. **63** S. 10. — Durch die Verwendung eines druckenden Chronographen nimmt die Bearbeitung eines Chronographenstreifens eine zwei- bis dreimal kürzere Zeit ein. Loh.

2325. **G. E. Kron**, Electronics in astronomy. Electronics **21** 98—103, 1948. — Ref. in Ann. Françaises Chronométrie **20** 327.

2326. **M. Lavet**, La contribution de l'électricité à la mesure très précise du temps. Electricité **1949** 191—196. — Ref. in Ann. Françaises Chronométrie **20** 120.

2327. **T. Lucot**, Horlogerie astronomique et cosmographique. Rev. française des Bijoutiers-Horlogers Nr. 108 S. 59—61, 1949. — Ref. in Ann. Françaises Chronométrie **20** 121.

2328. **W. A. Marrison, O. Macek,** L'évolution de l'horloge à quartz. Elektrotechnik 1949 Oktober. — Ref. in Ann. Françaises Chronométrie **20** 328.

2329. **G. Masson,** Chronographe imprimant au $^1/_{1000}{}^e$ de seconde. Ann. Françaises Chronométrie **20** 275—284, mit 7 Fig.

2330. **L. Meyding,** Die Atomuhr. Phys. Blätter **6** 561—562.

2331. **A. S. Miroljubowa,** Untersuchung der Unterschiede zwischen Uhrvergleichen am Chronoskop und Chronographen. Publ. Astr. Sternberg-Inst. **18** Nr. 2 S. 19—21 (russisch).

2332. **A. S. Miroljubowa,** Über den Empfang von Zeitsignalen auf langen und kurzen Wellen. Mitt. Astr. Sternberg-Inst. Nr. **55** S. 30—35, mit 2 Abb. (russisch). — Ref. in Astr. News Letter Nr. **63** S. 11—12.

2333. **J. Neumann,** Zeitmessung und Zeitbewahrung. Sternenwelt **2** 103—107, mit 7 Abb.

2334. **M. P. Pawlow,** Die Technik der Geschwindigkeits- und Zeitmessung. Moskau, Wissenschaftlich-technischer Staatsverlag für Maschinenbauliteratur, 1950. 288 S. mit 140 Abb. Preis 14 R. 50 Kop. (russisch). — Im ersten Teil wird die Technik der Geschwindigkeits- und Beschleunigungsmessungen behandelt, im zweiten die Zeitmessung. Dabei werden Stern- und Sonnenzeit erklärt, astronomische Instrumente für die Zeitmessung beschrieben, der Unions- und internationale Breitendienst gestreift und der Mechanismus von Pendel- und elektrischen Uhren geschildert. Loh.

2335. **J. J. Raimond jr.,** De «atoom» klok. Hemel en Dampkring **48** 18—19. — Bericht über die von H. Lyons konstruierte Ammoniakuhr.

2336. **A. Scheibe, U. Adelsberger,** Die Gangleistungen der PTR-Quarzuhren und die jährliche Schwankung der astronomischen Tageslänge. Z. Physik **127** 416—428, mit 9 Abb. — Die Quarzuhren der PTR wurden laufend in den Jahren 1934 bis 1944 gegen die astronomische Tageslänge gemessen. Es ergaben sich Schwankungen des täglichen Ganges mit einer Jahresperiode und mit einer Amplitude von ±0,0015 sec/d. Die Meßergebnisse und ihre Diskussion lassen keine andere Deutung übrig, als daß die Ursache dieser Schwankungen bei dem astronomischen Zeitnormal, d. h. wahrscheinlich bei der Drehgeschwindigkeit der Erde zu suchen ist. Verf.

2337. **A. Schorp,** Un mouvement plus régulier que la rotation du globe; l'horloge atomique. Science et Vie Nr. 387 S. 359—363, 1949. — Ref. in Ann. Françaises Chronométrie **20** 129.

2338. **W. P. Schtscheglow,** Über die sogenannten jahreszeitlichen Fehler in den Zeitbestimmungen an Passageninstrumenten. AJ UdSSR **27** 54—56, mit 1 Abb. (russisch). — Ref. in Astr. News Letter Nr. **51** S. 6. — Beobachtungen in Taschkent zwischen 1933 und 1938 können nicht dahingehend ausgelegt werden, daß in den Längenschwankungen jahreszeitliche Perioden stecken. Loh.

2339. **H. M. Smith,** Decimal counters and Greenwich mean time. British Science News **1949** Nr. 19 S. 207—210, mit 2 Fig. — Ref. in Ann. Françaises Chronométrie **20** 129, 332.

2340. **L. W. Sorokin,** Ein Empfangs- und Sendegerät für Zeitsignale. Publ. Astr. Sternberg-Inst. **18** Nr. 2 S. 3—9, mit 2 Abb. (russisch).

2341. **B. Šternberk,** What time is it? RH **31** 82—84, 112—113 (tschechisch). — Wissenschaftliche Zeitzeichen, hauptsächlich die der Stationen WWV. Übersichtliche Information. J. B.

2342. **N. Stoyko,** Une méthode pour suivre les variations d'amplitude d'un balancier d'une pendule. Ann. Françaises Chronométrie (2) **4** 41—47, mit 1 Fig.

2343. **N. Stoyko,** Sur la variation de la vitesse apparente des ondes courtes. CR **220** 139—140, 1945.

2344. **N. Stoyko,** Sur la détermination des termes du jour sidéral dans l'attraction luni-solaire par l'observation des pendules à gravité. CR **220** 668—669, 1945.

2345. **N. Stoyko,** Sur la détermination du terme du jour lunaire dans l'attraction luni-solaire. CR **221** 150—151, 1945.

2346. **N. Stoyko,** De l'influence des perturbations magnétiques sur la vitesse des ondes courtes radioélectriques. CR **224** 1281, 1947.

2347. **M. S. Swerew,** Untersuchung der Ergebnisse der astronomischen Beobachtungen des Zeitdienstes des Sternberg-Instituts in den Jahren 1941—1944. Publ. Astr. Sternberg-Inst. **18** Nr. 2 S. 22—146, mit 26 Abb. (russisch). — Untersuchung der systematischen und zufälligen Fehler der Beobachtungen an Passageninstrumenten und Ableitung der Rektaszensionen von 371 in Swerdlowsk und Moskau beobachteten Sternen. Loh.

2348. **M. S. Swerew,** Verzeichnis von Sternen zur Beobachtung an Passageninstrumenten der Zeitdienste in Breiten von +50° bis +60°. Publ. Astr. Sternberg-Inst. **18** Nr. 2 S. 147—157 (russisch).

2349. **L. S. T. Symms, C. J. A. Penny,** Errors of time determination. Vgl. AJB **47** Ref. 1615. — Weiteres Ref. in Urania Barcelona **35** 228—229.

2350. **G. Tiercy,** Recherches sur les comparaisons de chronomètres. La Suisse horlogère, édition internationale, Nr. 4 S. 35—39, 1949. — Ref. in Ann. Françaises Chronométrie **20** 334.

2351. **P. O. Tschetschik,** Fragen der Elektrizitätsversorgung im Zeitdienst. Publ. Astr. Sternberg-Inst. **18** Nr. 2 S. 10—18, mit 8 Abb. (russisch).

2352. **W. Uhink,** Gänge der Quarzuhren des Geodätischen Instituts Potsdam und ihre Verwendung zur Feststellung von Zeitschwankungen. AN **278** 97—104, mit 2 Abb. — Die Gänge der Quarzuhren des Geodätischen Instituts Potsdam zeigen in den Jahren 1938—1944 in Übereinstimmung mit Ergebnissen von anderer Seite Schwankungen von Jahresperiode. Die Amplitude beträgt etwa 7.5×10^{-4} s/d mit einem Minimum im Frühjahr und einem Maximum im Herbst. Als Ursache hierfür werden periodische Änderungen in der Rotationsdauer der Erde angenommen. Auch im Jahre 1948/1949 zeigt sich mit großer Deutlichkeit derselbe Effekt. Verf.

2353. **W. Uhink,** Bemerkungen über den Einfluß von Rotationsschwankungen der Erde auf die Signalkorrektionen. AN **278** 191.

2353a. **C. F. Webb,** Making a novel astronomical clock. Horological J. **91** 482—485, 1949. — Ref. in Ann. Françaises Chronométrie **20** 130.

2354. **A. A. Wodar,** Das Chronoskop. Mitt. Astr. Sternberg-Inst. Nr. **31** S. 3—7, mit 3 Abb., 1949 (russisch). — Ref. in Astr. News Letter Nr. **63** S. 9—10. — Beschreibung eines Geräts, welches im Verlauf einiger Sekunden unmittelbar gestattet, Uhren zu vergleichen, den Empfang von Zeitsignalen durchzuführen und die Verzögerungszeit der Signalaufnahmen, Relais und anderen elektrischen Einrichtungen mit einer Genauigkeit von 0.001—0.002 Sekunden zu bestimmen. Verf. (übersetzt)

2355. **A. A. Wodar,** Der druckende Chronograph. Mitt. Astr. Sternberg-Inst. Nr. **31** S. 8—13, mit 3 Abb., 1949 (russisch). — Der vom Verf. konstruierte druckende Chronograph entspricht in vollem Umfang der Aufgabe eines Chronographen: im Augenblick der Aufnahme eines elektrischen Impulses druckt er die Zeit in Ziffern auf den Chronographenstreifen. Verf. (übersetzt)

2356. The atomic clock. The Franklin Institute of the State of Pennsylvania Nr. **3** S. 255—262, 1949. — Ref. in Ann. Françaises Chronométrie **20** 126.

2357. Die Atomuhr. Radiotechnik **25** Nr. 6 S. 347—348, 1949. — Ref. in Ann. Françaises Chronométrie **20** 225.

2358. Permanent daylight saving. Sky and Telescope **9** 189.

2359. «Sun time», Saudi Arabia. Southern Stars **14** 132.

2360. La Oficina Internacional de la Hora. Urania Barcelona **35** 215.

2361. The Naval Observatory time service. US Naval Obs. Circ. Nr. **14**, 10 S. — Ref. in Ann. Françaises Chronométrie **20** 329.

2362. **Zeitsignale**

Regelmäßige Mitteilungen:

AN, Bull hor (D), Bull hor (2), Circ. Astr. Sternberg-Inst., Publ. Astr. Sternberg-Inst., Circ. Astr. Obs. Taschkent, Publ. Obs. Astr. Belgrade Bull., TAB (2).

Sendezeiten:

Ann. Françaises Chronométrie **20** 435. Modification du schéma des signaux horaires de Rugby.

Deutsche Hydrographische Zeitschrift **3** 270. Funkzeitzeichen des Deutschen Hydrographischen Instituts. — 1. Neue internationale Zeitsignale, 2. Koinzidenzsignale.

MN ASSA **9** 19—20. Radio time signals.

Obs **70** 199. Introduction of mean time signal on 1950 October 1.

Sonnenuhren

2363. **A. A. Albright,** A wall sundial in Costa Rica. Sky and Telescope **9** 306, mit 1 Fig.

2364. **G. E. Cranmer,** Denver's chinese sundial. Pop Astr **58** 119—122, mit 2 Fig. — Verf. beschreibt eine in den Parkanlagen von Denver aufgestellte Sonnenuhr, die nach dem Muster chinesischer Sonnenuhren konstruiert wurde. U. Baehr

2365. **A. Hnatek,** Über die Berechnung einer Sonnenuhr bei beliebiger Neigung und beliebigem Azimut der Uhrfläche. Sitzber. Österreichische Akad. Wiss. (Abteilung IIa) **158** 293—307, mit 7 Abb.

§ 24

Beobachtungs- und Reduktionsmethoden

2401. **T. Adolfsson,** A spectrophotometric investigation into bright and dark regions in Taurus. Part I. An investigation of the centre correction of the Zeiss-Heyde astrograph of Uppsala. Ark Astr **1** 123—146, mit 13 Fig. = Uppsala Astr. Obs. Medd. Nr. **101**. — In einer Vorarbeit zu einer spektralphotometrischen Untersuchung heller und dunkler Felder in Taurus beschreibt Verf. Verfahren, um mit Hilfe von Nomogrammen Helligkeiten aus Objektivprismenaufnahmen zu bestimmen. Ausführlich diskutiert wird die Bildfeldkorrektion des Stockholmer Astrographen von Zeiss-Heyde einschließlich des Einflusses des Plattenschleiers. Micz.

2402. **D. L. Astawin-Rasumin,** Die Bestimmung von Meteorhelligkeiten auf photographische Weise. Bull. Astr.-Geod. Ges. UdSSR Nr. **9** (**16**) S. 3—6, mit 3 Fig. und 1 Tafel (russisch). — Verf. beschreibt ein Gerät zur Erzeugung von Strichspuren auf exponierten Platten, um auf diese Weise die Helligkeit eines Meteors entlang seiner Spur mit einer an die Größenklassenskala angeschlossenen Lichtquelle vergleichen zu können. Deren Licht fällt durch ein Diaphragma und ein Objektiv auf einen langsam rotierenden ebenen Spiegel und wird von dort auf die photographische Platte geworfen. Das geschieht viermal bei verschiedenen Umdrehungszeiten des Spiegels, um unter den Spuren eine zu haben, die sich möglichst genau so schnell auf die Platte gezeichnet hat wie diejenige des Meteors. Als Beispiel ist die Aufnahme und die Auswertung eines Meteors vom 25. August 1949 gegeben. Loh.

2403. **R. Baillaud, L. Genoux, J. Gremillard,** Méthode impersonnelle d'observation des chronomètres, employée à l'Observatoire de Besançon. CR **231** 1289—1290. — Es wird ein Verfahren angegeben, mit dem Chronographen Belin Chronometer sehr genau und frei von persönlichen Fehlern zu vergleichen; es ist verschieden von dem in Teddington und Genf eingeführten. Böh.

2404. **S. N. Blashko,** Eine einfache Methode zur Koordinierung von Sternaufnahmen. AJ UdSSR **27** 123—125 (russisch). — Ref. in Astr. News Letter Nr. **51** S. 11. — Kurzer Beitrag zur Orientierung und Ausmessung photographischer Platten im Meßapparat für die Bestimmung von Eigenbewegungen. Loh.

2405. **A. W. J. Cousins, R. H. Stoy,** On the use of rotating sectors in astronomical photometry. Vgl. AJB **46** Ref. **1804.** — Weiteres Ref. in Urania Barcelona **35** 118.

2406. **C. Fehrenbach,** Recherches sur la mesure des vitesses radiales au prisme objectif. Vgl. AJB **47** Ref. **7209.** — Weiteres Ref. in Urania Barcelona **35** 120.

2407. **C. Fehrenbach,** Contour d'une bande moléculaire non résolue. Etude des bandes de Swan de C_2. Ann d'Astrophys **13** 170—180, mit 6 Fig. = Publ. Obs. Haute-Provence **2** Nr. 1. — Die Sternspektrographen besitzen im allgemeinen ein Auflösungsvermögen, das nicht hinreicht, um die Linien der Molekülbanden zu trennen. Um die Kontur einer Bande in einem solchen Fall schnell berechnen zu können, wird ein einfaches Verfahren entwickelt. Bei der numerischen Durchrechnung eines Beispiels (Swan-Banden des C_2) wird gezeigt, wie Spaltbreite des Spektrographen und Temperatur (625—10000° K) die Bandenkontur beeinflussen. Micz.

2408. **W. Fricke, H. Haffner,** Integralphotometrie mit Schmidt-Spiegeln. Mitt. AG **1950** 17. — Ref. AG.

2409. **A. Gougenheim,** Sur une nouvelle méthode d'astronomie géodésique. CR **231** 684—686, mit 2 Fig. — Die Methode ermöglicht die gleichzeitige Bestimmung der Breite, der Ortszeit und des Meridians eines Ortes aus Beobachtungen mehrerer Sterne mit einem Theodoliten. Das Ergebnis wird auf graphischem Wege gewonnen. T. L.

2410. **F. W. Jäger,** Die Messung von Radialgeschwindigkeiten mit dem Objektivprisma. Sterne **26** 59—66, mit 1 Abb.

2411. **H. von Klüber,** Über den Nachweis von Magnetfeldern auf Himmelskörpern. II. Teil. Orion Schaffhausen **3** 42—50, mit 4 Abb. — Vgl. AJB **49** Ref. **2413.**

2412. **I. G. Koltschinskij,** Zwei Beobachtungsmethoden der atmosphärischen Dispersion. Publ. Astr. Obs. Kiew Nr. **3** S. 85—92, mit 1 Fig. (russisch). — Verf. berichtet über seine Beobachtungen der atmosphärischen Dispersion auf Grund der 1916 von Tichow vorgeschlagenen Methode des Längsspektrographen und der 1939 zusammen von ihm selbst und Lengauer vorgeschlagenen Heliometermethode. Loh.

2413. **B. Lyot,** Une nouvelle méthode d'observation de la couronne solaire. CR **231** 461—464, mit 1 Fig. — Kurze Beschreibung eines Spektralphotometers, das die Messung der Intensität der Koronalinien ohne besondere Maßnahmen gegen atmosphärisches und instrumentelles Streulicht erlaubt. Es besteht im wesentlichen aus einem Polarisationsfilter, dessen letzter Polarisator durch ein lichtelektrisches Polarimeter ersetzt ist. Micz.

* * **A. W. Markow,** Photometrie der Sonnenkorona am 9. 7. 1945 und ein Verfahren zur beschleunigten Ausmessung der photometrischen Negative. Vgl. Ref. **6202**.

* * **O. A. Melnikow,** Die neue Methode zur Untersuchung der Sternspektren. Vgl. Ref. 711 und **5123**.

2414. **A. J. Moran,** Note on a method of star identification near the sunrise and sunset points. MN ASSA **9** 75.

2415. **A. A. Nemiro,** Über die Bestimmung des absoluten Azimuts und der Achsenneigung des Passageninstruments. Mitt. Astr. Hauptobs. Pulkowo **18** Nr. 2 (143) S. 43—65, mit 2 Abb. (russisch). — Ref. in Astr. News Letter Nr. **59** S. 3—4. — Verf. beschreibt eine neue Methode zur Verwendung von Beobachtungen naher Pol-Sterne für die Azimut- und Neigungsbestimmung der Achse des Passageninstruments, bringt dazu Beispiele, diskutiert systematische Fehler, referiert über andere Methoden, weist auf Wert und Mängel seiner Methode hin und gibt im Schlußkapitel eine Formelzusammenstellung. Loh.

2416. **E. Paloque, H. Berthomieu,** Sur la réduction des clichés photographiques à grand champ. Ann. Obs. Astr. Mét. Toulouse **20** 35—44. — Um zu entscheiden, wie sich bei einem bestimmten Plattenformat die Vernachlässigung der Glieder zweiten bzw. dritten Grades in den Koordinaten bei Bestimmung der Plattenkonstanten auswirkt, werden die Maximalwerte dieser Glieder für folgende Einflüsse berechnet und tabuliert: Nullpunktsfehler, Refraktion, Aberration und Verzeichnung. Den Schluß bildet eine Zusammenstellung der zweckmäßigsten Formeln für Plattenvermessungen. Bo.

2417. **B. Ševarlić,** Réductions des observations méridiennes par la formule de Mayer transformée pour les latitudes voisines de 45°. Publ. Obs. Astr. Belgrade Bull. Nr. **6** S. 10—12. — Verf. hat für Breiten nahe 45° eine Vereinfachung der klassischen Mayerschen Formel für die Zeitbestimmung aus Meridianbeobachtungen abgeleitet. Ein Vergleich der beiden Methoden an Hand von Belgrader Beobachtungen ($\varphi = 44° 48' 8''$) zeigt, daß die Resultate nur um einige Tausendstel Zeitsekunden differieren. T. L.

2418. **G. A. Tichow,** Grundlagen der visuellen und photographischen Photometrie. Alma-Ata, Verlag Akad. Wiss. kasach. Sowjetrepublik, 1950. 91 S. mit 29 Abb. und 1 Tafel. Preis 5 R. 55 Kop. (russisch). — Inhalt dieser wissenschaftlichen Monographie: Grundlagen der physikalischen Photometrie, S. 3—29; Photometrische Eigenschaften photographischer Emulsionen und Grundlagen der photographischen Photometrie, S. 30—66; Anwendung der photographischen Photometrie auf die Astrophysik, S. 67—88. Loh.

§ 25

Systematische, Instrumentelle, Methodische Fehler

2501. **J. P. Gorelow,** Untersuchung der Zapfen des Passageninstruments Bamberg 9327 nach der Autokollimationsmethode. Mitt. Astr. Sternberg-Inst. Nr. **55** S. 3—19, mit 3 Abb. (russisch). — Ref. in Astr. News Letter Nr. **63** S. 11.

2502. **H. Kox,** Über die Abhängigkeit der Sternörter des AGK 2 Bergedorf und Bonn vom Spektraltypus. AN **278** 179—180, mit 6 Abb. = Mitt. Sternw. Hamburg-Bergedorf Nr. **71**. — Die bei der Wiederholung der AG-Kataloge in Bergedorf und Bonn photographisch abgeleiteten Sternörter werden untereinander und mit dem Katalog von Schlesinger verglichen. Die Differenzen zeigen einen systematischen Gang mit dem Spektraltypus, der vermutlich von einem Zentrierfehler des Bonner Objektivs herrührt. Verf.

2503. **K. N. Kusmenko,** Über die Teilungsfehler des Meridiankreises des Astronomischen Observatoriums Charkow. Charkow, Staatsuniversität, 1949. 12 S. (russisch). — Dissertationsreferat.

2504. **G. Land,** The effect of film errors on astrometric accuracy. AJ **55** 141—146, mit 2 Fig. — Das vom Verf. bereits früher erhaltene Resultat (AJ **50** 51; AJB **45** Ref. **1310**), daß ein zentrales elliptisches Gebiet der Platte systematisch gegen die Außenpartien verschoben ist, wird an weiterem Material bestätigt. Die Eigentümlichkeiten der Schichtverziehungen werden untersucht und die Mittel diskutiert, um den Einfluß auf die Parallaxbestimmung möglichst zu eliminieren. Kö.

2505. **G. G. Lengauer,** Über den Einfluß der Aberration im Fabryschen Photometer. Nachr. Akad. Wiss. kasach. Sowjetrepublik Nr. **90** (astrobotanische Serie, Heft 1—2) S. 180—212 (russisch).

2506. **L. L. Matkewitsch,** Untersuchung der Teilungsfehler des Taschkenter Meridiankreises. Publ. Astr. Obs. Taschkent (2) **1** 5—23, mit 1 Abb. (russisch). — Ref. in Astr. News Letter Nr. **63** S. 8.

2507. **R. Michard,** L'influence de la diffraction par la fente du spectrographe sur la répartition énergétique d'un spectre continu. Revue d'Optique théorique et instrumentale **28** 479—486, mit 7 Fig., 1949 = Contr. Inst. Astrophys. Paris (A) Nr. **37**. — Es wird gezeigt, daß Beugungsvorgänge am Spektrographenspalt die wahre Energieverteilung im kontinuierlichen Spektrum einer Lichtquelle verfälschen. Verf. teilt numerische Rechnungen über den Effekt mit und vergleicht sie mit vorliegenden experimentellen Messungen. Micz.

2508. **A. I. Nefedjewa,** Untersuchung des Verhaltens des Nadirpunktes am Meridiankreis des Astronomischen Engelhardt-Observatoriums. Publ. Astr. Obs. Lenin-Staatsuniv. Kasan Nr. **31** S. 55—68, mit 1 Abb. (russisch).

2509. **A. I. Nefedjewa,** Bestimmung der vertikalen Biegung des Meridiankreises des Astronomischen Engelhardt-Observatoriums aus Beobachtungen zenitnaher Sterne. Astr Circ UdSSR Nr. 95 S. 6 (russisch). — $\beta = -0\overset{''}{.}25 \pm 0\overset{''}{.}07$.

* * **A. A. Nemiro,** Über die Bestimmung des absoluten Azimuts und der Achsenneigung des Passageninstruments. Vgl. Ref. **2415**.

2510. **D. W. Pjaskowskij,** Untersuchung der Teilungsfehler des Meridiankreises des Astronomischen Observatoriums Kiew. Publ. Astr. Obs. Kiew Nr. **4** S. 123—133, mit 6 Abb. (russisch).

2511. **W. P. Schtscheglow,** Versuch einer Untersuchung einiger systematischer Fehler bei Zeitbestimmungen mit tragbaren Passageninstrumenten. AJ UdSSR **27** 357—371, mit 5 Abb. (russisch). — Ref. in Astr. News Letter Nr. **55** S. 5.

2512. **L. A. Sucharew,** Einige Temperatur- und Biegungserscheinungen in astrometrischen Instrumenten. Mitt. Astr. Hauptobs. Pulkowo **18** Nr. 2 (143) S. 14—28, mit 6 Abb. (russisch). — Ref. in Astr. News Letter Nr. **59** S. 3. — Inhalt: Die relative Temperaturverlagerung der Linsen im Objektiv, der Einfluß der Biegungskräfte auf das Objektiv, die Temperaturfehler des Kreises, die Lagefehler des Kreises auf der Achse. Loh.

* * **K. Suzuki,** On the year-end discontinuities appeared in the apparent place estimations of FK 3 stars. Vgl. Ref. 3126.

2513. **G. de Vaucouleurs,** Origines et correction des erreurs locales en photométrie photographique. Revue d'Optique théorique et instrumentale **27** 541—546, mit 3 Fig., 1948 = Contr. Inst. Astrophys. Paris (A) Nr. **24.**

2514. **A. S. Zessjulewitsch,** Bestimmung der Teilfehler des Meridiankreises des Astronomischen Observatoriums Odessa. Mitt. Astr. Obs. Odessa **2** Nr. 1 S. 19—42, mit 2 Abb., 1949 (russisch). — Ref. in Astr. News Letter Nr. **63** S. 7. — Anwendung der Bruns'schen Methode in 4°-Intervallen und Vergleich mit einer älteren Bestimmung.

2515. Plåtslöjans inverkan på centrumkorrektionen. PAT **31** 84.

Vierter Teil

Sphärische Astronomie. Chronologie

§ 30

Allgemeines, Tafeln

3001. **A. P. Juschtschenko,** Azimute von Gestirnen mit $\delta \leq 30°$. Band **3.** Für Breiten von 50° bis 70°. Verlag der Hydrographischen Verwaltung WMS, 1950. 2. verbesserte und durchgesehene Auflage. 226 S.

3002. **A. Kopff, F. Gondolatsch,** Grundbegriffe der Sphärischen Astronomie. Karlsruhe, Verlag G. Braun GmbH., 1950. 27 S. Preis 2.— DM. Sonderdruck aus dem Astronomisch-Geodätischen Jahrbuch 1951. — Neubearbeitung und Ergänzung der im Berliner Astronomischen Jahrbuch für 1916 gegebenen Grundbegriffe.

3003. **J. Krajči,** Astronomické tabulky. Bratislava, Verlag der Techn. Hochschule, 1948. 74 S. Preis 93 Kčs. (slowakisch). — Astronomische Tafeln, enthaltend verschiedene Reduktionstafeln, die für die sphärische Astronomie und für die astronomische Ortsbestimmung nützlich sind. Weiter sind Erläuterungen und Beispiele beigefügt. J. B.

3004. **A. Prey,** Einführung in die sphärische Astronomie. Wien, Springer Verlag, 1949. 7 + 316 S. mit 123 Fig. Preis 24.— DM bzw. $ 5.50. — Besprechung in ApJ **112** 224 (K. A. Strand), Naturwissenschaften **37** 547—548 (B. Meyermann), Sternenwelt **3** 120 (W. Petri), ZfMG **40** 139—140 (K. Schütte).

3005. **W. Schaub,** Vorlesungen über sphärische Astronomie. Leipzig, Akademische Verlagsgesellschaft Geest & Portig K.-G., 1950. 11 + 358 S. mit 56 Abb. Preis 29.80 DM. — Besprechung in Mitt. AG **1950** 63—64 (B. Meyermann), Naturwissenschaften **37** 568 (O. Heckmann), Naturwiss. Rundschau **4** 406 (H. Siedentopf), Sternenwelt **2** 287 (W. Lohmann). — Das aus Vorlesungen des Verf. hervorgegangene Lehrbuch der sphärischen Astronomie beschränkt sich bewußt auf die Darstellung eines ganz bestimmten Aufgabenkreises: die Schaffung eines inertialen Koordinatensystems der Sterne und die Erforschung der Bewegungsvorgänge innerhalb unseres eigenen Sternsystems. Refraktion, Aberration, Parallaxe, Präzession und Nutation werden in aller Strenge behandelt. Instrumentelle Fragen sind auf das Prinzipielle beschränkt; dagegen wird die Auswertung photographischer Himmelsaufnahmen in allen Teilen sehr eingehend dargelegt. Der zweite Teil des Buches umfaßt dann die Festlegung der Koordinatensysteme, die Bestimmung der astronomischen Konstanten und die Bildung eines Fundamentalsystems. Schließlich werden die Bewegungen der Sterne und die dabei zutage tretenden Gesetzmäßigkeiten diskutiert. Die in dem Buch wiederholt benutzte Bezeichnung «Lichtzeitparallaxe» sollte man besser durch die sinngemäßere Bezeichnung Planetenaberration bzw. säkulare Aberration ersetzen. In einem Anhang sind Hilfstafeln für Präzessionsrechnungen über größere Zeiträume gegeben; ein Namens- und Sachregister ist beigefügt. Das Buch ist dem Andenken von Friedrich Küstner gewidmet, in dessen Geist es geschrieben ist. Unter den vom Verf. gegebenen Berichtigungen ist hervorzuheben, daß bei Gl. (46) S. 147 und der entsprechenden Gl. S. 315 Zähler und Nenner der rechten Seite zu vertauschen sind. A. Kopff

3006. **E. Schoenberg,** Tafeln der Sternpaare für die Methoden der Koinzidenzen zweier Sterne in Höhe für die geographische Breite 51° 0′. Sitzber. Bayer. Akad. Wiss. 1950, Math.-naturwiss. Kl. S. 41—75 = Mitt. Sternw. München **1** Nr. 2. — Vgl. AJB **49** Ref. **3126**. — Enthält 360 Sternpaare für die Zeitbestimmung und 189 Paare für die Breitenbestimmung.

* * **M. S. Swerew,** Die Fundamentalastrometrie. Vgl. Ref. **711** und **9113**.

3007. **I. L. Thomsen,** The winter solstice. Southern Stars **14** 119—127, mit 2 Fig. — Im Solstitium ist die scheinbare Länge der Sonne 90° bzw. 270°, ihre scheinbare Deklination ein Extremum und deren Absolutwert gleich der wahren Schiefe. Da in die Formeln für den Auf- und Untergang der Sonne die Zeitgleichung eingeht, fallen die Extremwerte der Auf- und Untergangszeiten nicht genau auf die Tage der Solstitien. T. L.

3008. Ephemeriden Zingerscher Paare für 1951 und 1952. Publ. des zentralen Forschungsinstituts für Geodäsie, Luftbildaufnahme und Kartographie der UdSSR Nr. **70**, 185 S. Preis 25 R. (russisch).

* * Beiträge zur astronomischen Geodäsie. Vgl. Ref. **13011**.

§ 31

Astronomische Koordinaten und Konstanten, Ortsbestimmung

3101. **S. N. Blashko,** Über die Bestimmung von Planeten- und Kometenörtern mit kurzbrennweitigen Astrokameras. Mitt. Astr. Sternberg-Inst. Nr. **42** S. 3—23, mit 3 Abb. (russisch).—Ref. in Astr. News Letter Nr. **63** S. 10.

3102. **G. M. Clemence,** On revising the official system of astronomical constants. BA **15** 181—190. Vgl. Ref. **3134** S. 19—28. — Es ist weder notwendig noch zweckmäßig, für die astronomischen Konstanten jeweils die momentan besten Werte anzunehmen, da ein häufiger Wechsel die sich über längere Zeiträume erstreckenden Arbeiten außerordentlich erschwert. Da die Konstanten jedoch untereinander nicht unabhängig sind, sollten ihre numerischen Werte so festgesetzt werden, daß sie ein in sich widerspruchsfreies System bilden; dies ist bei dem jetzigen nicht der Fall. Die Tatsache der Veränderlichkeit der Erdrotation und damit des mittleren Sonnentages erfordert die Definition eines gleichförmigen Zeitmaßes. T. L.

3103. **J. Dick,** Die Zeitgleichung und damit zusammenhängende Fragen. Sterne **26** 1—6, mit 1 Abb.

3104. **S. W. Drosdow, M. S. Swerew,** Über die Bestimmung von Sterndeklinationen aus Beobachtungen am Zenitteleskop. AJ UdSSR **27** 48—53 (russisch). — Ref. in Astr. News Letter Nr. **51** S. 6.

3105. **F. H. van den Dungen, J. F. Cox, J. van Mieghem,** La définition de l'unité fondamentale de temps. Bull. Acad. Roy. Belgique Cl. Sci. (5) **36** 704—706 = Inst. Astr. Bruxelles (2) Nr. **59**. — An die Beschlüsse des Internationalen Kolloquiums der fundamentalen Konstanten der Astronomie in Paris 1950 bezüglich einer neuen Zeit-Definition werden einige Bemerkungen geknüpft und insbesondere auf die Wichtigkeit der physikalischen Realität und der unbeschränkten Reproduzierbarkeit der neuen Zeiteinheit hingewiesen. T. L.

3106. **K. Ferrari d'Occhieppo,** Der Einfluß der täglichen Aberration auf das Azimut der größten Digression. Anzeiger der Österreichischen Akad. Wiss., Math.-naturwiss. Kl., Wien **87**. Jg. 1950 S. 171—172 = Mitt. Wiener Sternw. **4** Nr. 14. — Verf. zeigt auf elementarem Wege, daß der durch eine Differentialformel zu berücksichtigende Einfluß der täglichen Aberration auf das Azimut der größten Digression eine vom Beobachtungsort unabhängige Konstante ist.

3107. **A. Ferrín Moreiras,** Sobre observaciones meridianas y en el primer vertical. Urania Barcelona **35** 145—150. — Zeit- und Breitenbestimmungen aus Sterndurchgängen im Meridian und im ersten Vertikal nach R. M. Aller. Gü.

3108. **E. P. Fjodorow,** Über die Wichtigkeit einer unmittelbaren Bestimmung der kurzperiodischen Nutationsglieder. Astr Circ UdSSR Nr. 101—102 S. 9 (russisch).

3109. **J. E. Gordon,** Bestimmung der Präzessionskonstanten aus dem Vergleich der Sternkataloge von Skjellerup 1865,0 und Morin-Kondratjew 1950,0. Leningrad, Astr. Hauptobs. Akad. Wiss. UdSSR, 1950. 16 S. (russisch). — Dissertationsreferat.

* * **J. Hopmann,** Über die gravimetrische und astronomische Bestimmung von Lotabweichungen und ihre Auswirkung auf trigonometrische Netze. Vgl. Ref. **13107**.

3110. **H. S. Jones,** The system of astronomical constants. BA **15** 247—263. Vgl. Ref. **3134** S. 85—101. — Nach einem historischen Überblick werden die bei der Bestimmung und Festsetzung der astronomischen Konstanten auftretenden Probleme aufgezeigt. Obwohl die Notwendigkeit und Möglichkeit der Verbesserung der den Jahrbüchern zugrunde liegenden Werte feststeht, soll diese erst erfolgen, wenn sämtliche Untersuchungen soweit vollendet sind, daß eine neuerliche Revision für längere Zeit nicht erforderlich sein würde. Auf die Homogenität des neuen Systems wird besonders hingewiesen. T. L.

3111. **K. A. Koulikov,** Les travaux effectués dans l'Union Soviétique sur la détermination des constantes fondamentales de l'aberration et de la nutation. BA **15** 195—197. Vgl. Ref. **3134** S. 33—35. — Neben den von Gratschew und Berg hergeleiteten Werten für die Aberrationskonstante führt Verf. den von ihm aus neueren Beobachtungen mit dem Zenitteleskop in Pulkowo bestimmten an; mit dem gleichen Instrument gemachte Beobachtungen wurden zur Ableitung der Nutationskonstanten benutzt. Genauere Werte dieser beiden und der Präzessionskonstanten sollen die in Angriff genommenen photographischen Bestimmungen der Position des Himmelspols liefern. T. L.

3112. **A. M. Losinskij,** Der Einfluß der atmosphärischen Dispersion auf die Koordinaten der Sterne in Abhängigkeit von ihrem Spektraltyp. Mitt. Astr. Sternberg-Inst. Nr. **20—21** S. 3—13, 1948 (russisch). — Zur Bestimmung der atmosphärischen Dispersion wurde das Gebiet $\alpha = 20^h 30^m$, $\delta = 49° 2'$, in dem zehn Sterne bekannten Spektraltyps vorhanden sind, im Spätherbst 1945 mit dem Moskauer Astrographen (F = 640 cm) in oberer und unterer Kulmination photographiert. Der Unterschied der Refraktionskoeffizienten von A0- und K 2-Sternen ergab sich zu 0."17. Loh.

3113. **H. R. Morgan,** Report on astronomical constants. BA **15** 199—211. Vgl. Ref. **3134** S. 37—49. — Ein neuer Katalog von Fundamentalsternen für 1930 und ein System von verbesserten Eigenbewegungen wurden aufgestellt. Eine Übersicht über die Unsicherheit in den Bestimmungen der Lage und Bewegung des Äquinoktiums sowie der Verbesserung der Newcombschen Präzessionskonstanten ergibt, daß die modernen Beobachtungen eine systematische Korrektion in den μ_δ der Fundamentalkataloge erfordern. Den Abschluß des Berichts bilden einige Bemerkungen über die Nutation, die lunare Ungleichheit, die Exzentrizität und die Perihelbewegung der Erde, sowie die Schiefe der Ekliptik. T. L.

3114. **A. A. Nemiro,** Sur la valeur de la constante de la précession et sur quelques résultats des observations méridiennes en U. R. S. S. BA **15** 213—216. Vgl. Ref. **3134** S. 51—54. — Nach einem kurzen Überblick über die russischen Bestimmungen der Präzessionskonstanten folgen einige Bemerkungen über den in Vorbereitung befindlichen Katalog schwacher Sterne, dessen System durch den Anschluß an eine Auswahl ferner Nebel festgelegt werden soll. Außerdem ist die Fortsetzung der Reihe der Pulkowoer Kataloge beabsichtigt. T. L.

3115. **J. H. Oort,** Some remarks concerning the determination of the constant of precession. BA **15** 217—226, mit 1 Fig. Vgl. Ref. **3134** S. 55—64, mit 1 Fig. — Die Bestimmung der Präzessionskonstanten kann beeinflußt werden durch Rotationen des Bezugssystems um eine in der galaktischen Ebene liegende Achse, hervorgerufen sowohl durch systematische Differenzen in den mittleren Parallaxen der verschiedenen Bereiche, als auch durch systematische Sternbewegungen; doch kann dieser Effekt durch gewisse Vorsichtsmaßregeln weitgehend ausgeschaltet werden. Es folgt eine Diskussion über den Einfluß der systematischen Fehler in den Fundamentalkatalogen. Zum Schluß werden die abgeleiteten Verbesserungen der Präzessionskonstanten angegeben. T. L.

3116. **J. H. Oort,** Quelques remarques sur la détermination de la constante de la précession (Résumé). BA **15** 227—228. Vgl. Ref. **3134** S. 65—66.

3117. **N. A. Popow,** Über das halbmonatliche Nutationsglied. Astr Circ UdSSR Nr. 103—104 S. 17—18 (russisch). — Eine aus Zenitteleskopbeobachtungen in Poltawa abgeleitete halbmonatliche Welle in Deklination unterscheidet sich von der zu erwartenden erheblich in Phase und Amplitude. Loh.

3118. **J. G. Porter, D. H. Sadler,** Stellar aberration. MN **110** 467—476. — Die erhöhten Genauigkeitsansprüche an die scheinbaren Sternörter erfordern die korrekte Herleitung der jährlichen Aberration unmittelbar aus der Erdbewegung, statt wie bisher aus der Sonnenlänge. Es ist daher hier eine Methode beschrieben für die Berechnung der Reduktionsgrößen C und D aus den rechtwinkligen Komponenten der Geschwindigkeit der Erde bezüglich des Schwerpunkts des Sonnensystems für ein festes Äquinoktium. Ein von der Bewegung der Erde um das Gravitationszentrum Erde-Mond herrührender kurzperiodischer Effekt geht dabei in die C und D und damit in die scheinbaren Sternörter ein; zwei Möglichkeiten werden entwickelt, um trotzdem die Kontrolle der scheinbaren Sternörter durch den Lauf der höheren Differenzen weiterhin zu gestatten. T. L.

3119. **H. M. Priest,** Approximate sidereal time. Sky and Telescope **9** 72—73.

3120. **E. Rabe,** Derivation of fundamental astronomical constants from the observations of Eros during 1926—1945. AJ **55** 112—126. — 37 Normalörter aus den Beobachtungen des Eros in den Oppositionen 1926—1945, die aufs sorgfältigste aus den Störungsrechnungen von Stracke gebildet worden sind, werden benutzt, um in einer Ausgleichung Verbesserungen abzuleiten für die Elemente von Eros, die Schiefe der Ekliptik, mittlere Länge, Exzentrizität und Perihellänge der Erde, die Massen der vier inneren Planeten und für Korrektionen des Äquinoktiums und Äquators der Anschlußsterne. Aus dem Wert für die Masse des Systems Erde-Mond ergibt sich die Sonnenparallaxe zu 8.″79835 ± 0.″00039 (w. F.). Der wahrscheinliche Fehler eines Normalorts beträgt ± 0.″243. Aus den übrigbleibenden Widersprüchen in RA wird die Mondgleichung zu L = 6.″4356 ± 0.″0028 (w. F.) bestimmt. Böh.

3121. **E. Rabe,** The precessional constant from Eros. AJ **55** 181—182. — Ref. AAS.

3122. **D. H. Sadler,** Colloque international sur les constantes fondamentales de l'astronomie: Procès-verbaux des séances. (Übersetzung ins Französische durch G. Fayet). BA **15** 265—288.

3123. **N. Sekiguchi,** A new numerical expression of nutation terms. Publ. Astr. Soc. Japan **1** 103—108, mit 1 Fig. = Tokyo Astr. Obs. Repr. Nr. **53.** — Aus der vom Verf. entwickelten Theorie der Erdrotation werden numerische Ausdrücke für die Nutation in Länge und Schiefe abgeleitet; die größte Abweichung gegenüber denen von Oppolzer tritt in dem von der doppelten Mondlänge abhängigen Glied auf. Dieser Effekt wird durch die Beobachtungen des Internationalen Breitendienstes von Mizusawa, Carloforte und Ukiah bestätigt. T. L.

3124. **N. Stoyko,** Colloque International sur les Constantes Fondamentales d'Astronomie et mesure du temps. Ann. Françaises Chronométrie **20** 371—376, mit 2 Fig. — Das wichtigste Ergebnis der Pariser Konferenz für die Zeitmessung ist die Empfehlung der Definition eines gleichförmig ablaufenden Zeitmaßes, der Ephemeridenzeit. Sie ergibt sich durch Anbringung der Korrektion $\varDelta t$ an die wie bisher definierte Weltzeit. Ferner sind die numerischen Werte für die saisonalen Schwankungen der Erdrotation gegeben. T. L.

3125. **W. Strohmeier,** Die astronomisch-geodätischen Konstanten. Sterne **26** 97—105. — 1. Die Verflechtung astronomischer und geodätischer Konstanten. 2. Die acht primären Größen in den astronomisch-geodätischen Konstanten. 3. Der Versuch eines geschlossenen, in sich widerspruchsfreien Systems der astronomisch-geodätischen Konstanten. 4. Die neuen Bestimmungen der Sonnenparallaxe und der Mondmasse. 5. Nutationskonstante und das Innere der Erde. 6. Der Verzicht auf ein System von einander abhängigen Konstanten. 7. Die in Betracht kommenden Verbesserungen der Katalogunterlagen.

3126. **K. Suzuki,** On the year-end discontinuities appeared in the apparent place estimations of FK 3 stars. Publ. Astr. Soc. Japan **2** 45—50, mit 2 Fig. — Bei der üblichen Berechnung der scheinbaren Sternörter nach der Besselschen Formel stimmen am Ende eines Jahres die Anschlüsse an das folgende nicht exakt. Die Sprünge werden dadurch hervorgerufen, daß man das Jahr hindurch gleichbleibende Sternkonstanten benutzt, welche mit den mittleren Örtern des Jahresanfangs gerechnet sind. Die strenge, aber umständliche Reduktion würde die getrennte Anbringung von Präzession, Nutation und Aberration nacheinander erfordern. Statt dessen wird eine Verbesserung des üblichen Verfahrens insofern vorgeschlagen, daß die Sternkonstanten mit den auf das jeweilige mittlere Tagesäquinoktium bezogenen Örtern gerechnet werden sollen; außerdem soll die Präzession korrekter angebracht werden. T. L.

3127. **M. S. Swerew,** Über die Berechnung des Einflusses der kurzperiodischen Nutationsglieder. Mitt. Astr. Sternberg-Inst. Nr. **20—21** S. 14—19, mit 1 Abb., 1948 (russisch). — Betrifft den Gebrauch eines Nomogramms zur Berechnung von $k' = \frac{1}{15} g' \sin (G' + S_m)$. S_m = mittlerer Beobachtungsmoment in Sternzeit.

3128. **M. S. Swerew,** Die jährlichen Veränderungen der Koeffizienten der Mayerschen Formel. Mitt. Astr. Sternberg-Inst. Nr. **20—21** S. 20—23, 1948 (russisch). — Mitteilung von Tabellen zur Berücksichtigung der durch Präzession bedingten Änderungen von I, K und C.

3129. **M. S. Swerew,** Tabellen der jährlichen Änderungen der Sternkonstanten a, b, c, d, a′, b′, c′, d′. Mitt. Astr. Sternberg-Inst. Nr. **20—21** S. 24—42, 1948 (russisch).

3130. **L. M. Waschtschilina,** Untersuchung der von W. J. Struve in Pulkowo zwischen 1840 und 1842 am Passageninstrument im ersten Vertikal durchgeführten Beobachtungsreihe. Mitt. Astr. Hauptobs. Pulkowo **18** Nr. 2 (143) S. 71—100, mit 1 Abb. (russisch). — Ref. in Astr. News Letter Nr. **59** S. 4. — Nach einigen historischen Bemerkungen über die Struvesche Arbeit und insbesondere die von ihm abgeleitete Aberrationskonstante wird diese einer Neureduktion unterzogen (20″486 ± 0″006 w. F.) und die Breitenschwankungen diskutiert. Loh.

3131. **J. Würschmidt,** Refracción atmosférica. Rev. Unión Mat. Argentina **14** Nr. 3 S. 163—181. — Vergleich der verschiedenen Tafeln der atmosphärischen Refraktion. Die Unterschiede der verschiedenen Tafeln werden angegeben. Verf. schlägt die Annahme einer standardisierten Atmosphäre vor, die einer neuen Berechnung zugrunde gelegt werden soll und zeigt an Hand einer Anwendung, wie man mit der Methode der sukzessiven Näherung den Wert der Refraktion für jede Zenitdistanz erhält. Sconzo

3132. **G. K. Zimmerman,** Die Refraktion bei Beobachtungen durch einen Sonnenschirm. AJ UdSSR **27** 257—266, mit 1 Abb. (russisch). — Ref. in Math. Rev. **12** 774, Astr. News Letter Nr. **55** S. 13.

3133. **G. K. Zimmerman,** Bestimmung der Breite, der Refraktionskonstanten und der Biegung aus gemeinsamen Beobachtungen von Sternen und der Sonne. Mitt. Astr. Hauptobs. Pulkowo **18** Nr. 2 (143) S. 29—42 (russisch). — Ref. in Astr. News Letter Nr. **59** S. 3.

3134. Constantes Fondamentales de l'Astronomie. Colloques Internationaux du Centre National de la Recherche Scientifique. Paris, 1950. 131 S. mit 5 Fig. und 1 Tafel. — Besprechung in AN **279** 281—283 (A. Kopff), Astr Circ UdSSR Nr. 101 — 102 S. 18 — 20 (P. Kulikowskij), Obs **71** 39 — 40, Sky and Telescope **10** 199. — Die einzelnen Beiträge sind gesondert referiert. Auf diese folgen die von H. Sadler redigierten Sitzungsprotokolle sowie die Empfehlungen der Konferenz, welche der I. A. U. vorgelegt werden sollen.

3135. Recommandations adressées à l'Union Astronomique Internationale. BA **15** 289—292.

3136. A case of differential refraction. JBAA **60** 113—114, mit 1 Fig.

3137. Observations made with the Cookson Floating Zenith Telescope in the years 1927—1936 at the Royal Observatory, Greenwich and the determination of latitude and the constant of nutation from observations in the years 1911—1936. London, 1939. 151 S. mit 1 Tafel. Preis 15s. 0d. net.

§ 32

Finsternisse, Bedeckungen

3201. **H. O. Grönstrand,** Saroscykeln — dess egenskaper och betydelse. PAT **31** 23—39, mit 7 Fig. — Es wird über die mathematischen Grundlagen des Saroszyklus, über Sarosreihen und über Sonnenfinsternisse mit extrem langer Totalität berichtet. Ra.

3202. **V. Guth,** The differential corrections of Comrie's reduction of occultations. BAC **2** 37—41. — Für die Reduktion von Sternbedeckungen nach der Methode von Comrie werden Differentialformeln abgeleitet. Diese gestatten die Berechnung der Änderung von $\Delta\sigma$ für Variationen des Beobachtungsortes, der Koordinaten des Mondes und des Sterns, sowie der Beobachtungszeit; davon besitzen die erste und die letzte praktische Bedeutung. Numerische Beispiele zeigen jedoch, daß die Abweichungen nicht zu groß sein dürfen. T. L.

3203. **M. B. B. Heath,** Limiting conditions of penumbral lunar eclipses. JBAA **60** 165—167, mit 1 Fig. — Aus geometrischen Betrachtungen wird gefolgert, daß eine Halbschattenfinsternis des Mondes stattfinden muß, wenn der Vollmond weniger als 15°39′3″, daß sie stattfinden kann, wenn er weniger als 18°49′5″ vom Knoten absteht. T. L.

3204. **A. A. Kawerin,** Die Halbschattenmondfinsternisse 1951. Astr Circ UdSSR Nr. 106 S. 14—15 (russisch).

3205. **H. Kristenson,** Om bestämningen av kontakttider vid solförmörkelser och deras användning. PAT **31** 135—151, mit 12 Fig. — Zwecke und Methoden der Kontaktbestimmungen bei Sonnenfinsternissen werden diskutiert. Die Verfahren von Banachiewicz-Kordylewski und Lindblad werden dabei besonders berücksichtigt. Es wird gezeigt, daß die Lindbladsche, rein photometrische Methode sehr genaue Resultate liefert. Ra.

3206. **D. Macnaughton,** Limiting conditions of the penumbral lunar eclipse. JBAA **61** 20—21.—Verf. kritisiert die von M. B. B. Heath (Vgl. Ref. 3203) bei der Bestimmung der Grenzbedingungen für das Zustandekommen einer Halbschattenfinsternis des Mondes gemachten Annahmen, da sie teilweise nicht miteinander vereinbar seien. T. L.

3207. **J. Meeus,** Les prochaines éclipses visibles à Uccle. Ciel et Terre **66** 269—272. — Betrifft: Sonnenfinsternisse von 1951 bis 2050, Mondfinsternisse (Halbschatten) von 1933 bis 2030.

3208. **A. A. Michajlow,** Sonnen- und Mondfinsternisse. Moskau-Leningrad, Staatsverlag für technisch-theoretische Literatur, 1950. 2. Auflage. 40 S. mit 14 Abb. Preis 70 Kop. (russisch).

3209. **N. B. Moser,** Calculation of the shadow path of a chosen lunar feature during an occultation. AJ **55** 75—76. — Ref. AAS.

3210. **M. Schürer,** Sternbedeckungen durch den Mond. Orion Schaffhausen **3** 54—55.

3211. **Z. Švestka,** A note on the brightness of eclipses. BAC **2** 41—43, mit 2 Fig. — Verf. diskutiert die Untersuchungen von G. de Vaucouleurs über die Ursache der verschiedenen Helligkeit der verfinsterten Mondscheibe unter Berücksichtigung des Einflusses der Mondparallaxe neu. Dabei bestätigt sich die Abhängigkeit von der Sonnenaktivität, nicht aber die von der Sonnendeklination; dagegen besteht die Möglichkeit einer Korrelation mit dem Auftreten der großen Meteorströme. T. L.

3212. **J. Ueta,** The effect of the plumb line deviation in longitude on the observation of occultations and transits by the moon. Publ. Astr. Soc. Japan **2** 87—89. — Es werden die Formeln für die Korrektionen abgeleitet, welche an die aus Sternbedeckungen abgeleitete Länge des Mondes sowie an die beobachtete Zeit des Meridiandurchgangs des Mondes anzubringen sind, um den Einfluß der für einen Beobachtungsort bekannten Lotabweichung in Länge zu berücksichtigen. T. L.

3213. Den internationale Kampagne for iagttagelse og anvendelse af observationer af måne-okkultationer. NAT **1950** 72—73.

3214. Occultation expeditions. Sky and Telescope **9** 135. — Ref. AAS.

3215. Lidt om Formörkelser. Urania Kopenhagen **7** 57—62.

§ 33

Chronologie, Kalenderwesen

3301. **R. G. Aitken,** The calendar again. Southern Stars **14** 107—111. — Vgl. AJB **49** Ref. 3301.

3302. **J. L. C. Baker,** Calendar work. Horological J. **1949** 620. — Ref. Ann. Françaises Chronométrie **20** 111.

3303. **G. Bedaux,** Calcul habituel des dates. Rev. française des Bijoutiers-Horlogers Nr. 114 S. 117—119. — Ref. in Ann. Françaises Chronométrie **20** 320.

3304. **P. Couderc,** Le calendrier. Presses Universitaires de France «Que sais-je?», 1946. — Besprechung in Ann. Françaises Chronométrie **20** 114.

3305. **S. Gandz,** Studies in the hebrew calendar. I. A study in terminology. Jewish Quart. Rev. **39** 259—280, 1949.

3306. **S. Gandz,** Studies in the hebrew calendar. Interpretation of a difficult passage in the palestinian Talmud. Proc. Amer. Acad. Jewish Res. **17** 9—17, 1948.

3307. **R. R. Gates,** The roman calendar. Sky and Telescope **9** 189, mit 1 Fig.

3308. **H. Grotefend,** Taschenbuch der Zeitrechnung. Hannover, Hahn'sche Buchhandlung, 1948. 9. Auflage, herausgegeben von G. Grotefend. 216 S.— Besprechung in Sternenwelt **2** 22.

3309. **R. Kervella,** La réforme du calendrier. Commission de réforme du calendrier de l'Association française de normalisation, Paris. X 0—3 doc. 5. — Ref. in Ann. Françaises Chronométrie **20** 222.

3310. **W. K. Pritchett, O. Neugebauer,** The calendars of Athens. Cambridge, Mass., Harvard University Press, 1947. 9 + 155 S. Preis **$** 5.00.

3311. **H. U. Sandig,** 250 Jahre verbesserter Kalender. Sternenwelt **2** 66.

3312. **G. Schindler,** Kommt der Weltkalender? Sternenwelt **2** 217—218, mit 2 Abb. — Übersetzung ins Englische in J. Calendar Reform **20** 223—224.

3313. **G. Vallat,** Calendar work. Horological J. **1949** 621. — Ref. in Ann. Françaises Chronométrie **20** 130.

3315. **A. Ziller,** Les calendriers luni-solaires. BSAF **64** 227—229. — Ref. in Ann. Françaises Chronométrie **20** 457.

3316. A proposed chronology. JBAA **60** 116—117. — Besprechung eines Artikels von E. Greenly im Literary Guide 1949 S. 236.

* * Journal of Calendar Reform 1950. — Enthält zahlreiche Beiträge allgemeinen, besonders wirtschaftlichen Charakters über die Bestrebungen einer Kalenderreform und über den Weltkalender.

Fünfter Teil

Theoretische Astronomie

§ 40

Allgemeines, Tafeln

4001. **G. Armellini,** Le concezioni attuali dell'Universo. Scienza e Tecnica **11** 3—13 = Oss. Astr. Roma-Monte Mario Contr. Sci. Nr. **157**. — Allgemeine Darstellung unserer heutigen Ansichten über den Bau des Weltalls. F. Z.

4002. **N. Boneff,** Sur le problème de Bertrand. Annuaire Univ. Sofia Faculté Sci. **46** Livre 1 (Math. Phys.) S. 183—186, mit 1 Abb. — Neben die Forderung, daß ein Naturgesetz dem Kausalitätsprinzip nicht widersprechen darf, tritt nach P. Painlevé eine zweite, daß nämlich die Wirkung eines Körpers auf einen anderen mit ihrer gegenseitigen Entfernung abnehmen soll. Daraus läßt sich a priori — ohne Hinzuziehung von Beobachtungen — ableiten, daß die zweite Lösung des Bertrandschen Problems zu verwerfen ist und die erste von der Richtung unabhängig angesetzt werden muß. T. L.

4003. **F. Hoyle,** The Nature of the Universe. A series of broadcast lectures. Oxford, Basil Blackwell, 1950. 5 + 121 S. mit 6 Tafeln. Preis 5 s. net. — Besprechung in JBAA **60** 203—204, Nature **166** 82—83 (H. Dingle), Sky and Telescope **10** 174, 273—274 (F. K. Edmondson).

4004. **P. Javet,** La Figure de l'Univers. Neuchâtel, Editions du Griffon; Paris, Edition Dunod, 1947. 209 S. — Besprechung in Ann d'Astrophys **13** 346 (D. Barbier), BSAF **64** 497.

4005. **G. Lemaître,** The Primeval Atom. New York, D. van Nostrand Co., 1950. 186 S. Preis $ 3.00. — Besprechung in Sky and Telescope **10** 40, 222—223 (J. L. Greenstein).

4006. **A. March,** Der Weg des Universums. Bern, Verlag A. Francke. 190 S. Preis Fr. 8.60. — Besprechung in Orion Schaffhausen **3** 139.

4007. **E. Milkutat,** Weltstruktur und Universum. Der Sternenlauf 1950 (Ref. 445) S. 113—122, mit 1 Abb.

4008. **H. Q. Rasmusen,** Tables for the computation of parallax corrections for comets and planets. Table of Encke's fq function for computing perturbations. Publ. Köbenhavns Obs. Nr. **155**, 11 S.

§ 41

Raum, Zeit, Licht, Gravitation, Relativitätstheorie, Kosmologie

4101. **A. Amerio,** L'espansione dell' universo e la pressione della luce. Rend. Accad. Nazionale Lincei, Cl. Sci. fis., mat., nat. (8) **9** 15—16. — Die Rotverschiebung der Spektrallinien der Spiralnebel wird als Energieverlust und damit als Frequenzverminderung der Lichtquanten aufgefaßt. Der Energieverlust wird durch Zusammenstöße der Lichtquanten mit elementaren Partikeln erklärt, wobei erstere einen Teil ihrer Energie an die letzteren abgeben. F. Z.

4102. **G. Armellini,** L'espansione dell' universo nella meccanica classica. Rend. Accad. Nazionale Lincei, Cl. Sci. fis., mat., nat. (8) **8** 15—20 = Oss. Astr. Roma - Monte Mario Contr. Sci. Nr. **155.** — Verf. führt eine Betrachtung des Expansionsmodells durch, aus dem sich das Alter des Universums zu 1,6 Milliarden Jahren ergibt. Das Universum wird mit einer Meteoritenwolke verglichen, die sich gleichförmig ausdehnt und in der für die Dichte als Funktion der Zeit eine Differentialgleichung vom Bernouillischen Typus gegeben wird. F. Z.

4103. **E. Bagge,** Eine Deutung der Expansion des Kosmos. Z. Physik **128** 239—254, mit 2 Abb. — Ref. in Math. Rev. **12** 864. — Es wird gezeigt, daß sich das Hubblesche Expansionsgesetz aus einem einfachen physikalischen Postulat quantitativ ableiten läßt. Weiter wird darauf hingewiesen, daß die konsequente Weiterführung von Fermis Theorie über den Ursprung der Ultrastrahlung für frühere Entwicklungsstadien des expandierenden Kosmos zu exponentiell anschwellenden Lösungen des entsprechenden Diffusionsproblems führen kann. Es wird deshalb die Vermutung ausgesprochen, daß die damit möglichen explosionsartigen Vorgänge mit der Auslösung des Expansionsphänomens der Welt zusammenhängen. Verf.

4104. **E. Bagge,** Zur Interpretation des Hubble'schen Expansionsgesetzes für das Weltall. Phys. Blätter **6** 533—538, mit 1 Abb. — Inhalt: Einleitung. Der empirische Tatbestand: Die Hubble'sche Beziehung und der Zusammenhang zwischen mittlerer Materiedichte und Alter der Elemente. Das kosmologische Modell. Die Zeitabhängigkeit der Materiedichte. Die Entstehung der Elemente und der «Urknall».

4105. **E. Bergstrand,** Une détermination préliminaire de la vitesse de la lumière. Vgl. AJB **49** Ref. 4104. — Weitere Besprechung in Ann. Françaises Chronométrie **20** 214—215 (P. Mesnage).

4106. **E. Bergstrand,** Velocity of light. Nature **165** 405. — c = 299792,7 ± 0,25 km/sec.

4107. **G. van Biesbroeck,** The Einstein shift at the eclipse of May 20, 1947, in Brazil. AJ **55** 49—53, mit 4 Fig. — Ref. in Sternenwelt **2** 199. — 51 Sterne in einem Abstand von 2.3 und mehr Sonnenradien vom Sonnenrand wurden aufgenommen und daraus der Einsteineffekt zu 2\"01 ± 0\"27 (mittl. Fehler) hergeleitet. Gli.

4108. **A. E. H. Bleksley,** A new approach to cosmology. I. II. South African J. Sci. **46** 343—346, **47** 13—15.

4109. **K. Bol,** A determination of the speed of light by the resonant cavity method. Phys. Rev. (2) **80** 298. — c = 299789.3 ± 0.4 km/sec.

4110. **G. M. Clemence,** Relativistische Effekte bei der Planetenbewegung. Phys. Blätter **6** 248—252. — Übersetzung des in Proc. American Philosophical Soc. **93** 532—534 (AJB **49** Ref. **4109**) wiedergegebenen Vortrags.

4111. **O. Costa de Beauregard,** La théorie de la relativité restreinte. Paris, Masson et Cie, 1949. 173 S. — Besprechung in Proc. Phys. Soc. (A) **63** 1185—1186.

4112. **O. Costa de Beauregard,** De la mesure de la vitesse de la lumière sur un parcours aller simple. BA **15** 159—162. — Verf. setzt sich mit dem Problem eines «Ätherwindes» auseinander und weist darauf hin, daß die Erfahrungen bei der Bestimmung der Lichtgeschwindigkeit klar für die Relativitätstheorie sprechen. Gli.

4113. **P. Couderc,** L'expansion de l'Univers. Paris, Presses Universitaires de France, 1950. 12 + 222 S. Preis 500 f. — Besprechung in Ann d'Astrophys **13** 344—345 (G. Lemaître), BSAF **64** 452, Gaz astr **32** 103—105, Orion Schaffhausen **3** 138, Sky and Telescope **9** 251, **10** 38—39 (G. C. McVittie).

4114. **H. Dingle,** Kinematical relativity. Obs **70** 32—34, mit Erwiderung von W. H. McCrea. — Die beiden Zuschriften gelten der Berechtigung des von Milne in seiner «Kinematical Relativity» eingenommenen prinzipiellen Standpunkts. Dingle hält seine Verteidigung durch McCrea in einer Besprechung für verfehlt, worauf dieser seine Ansicht erläutert und aufrecht erhält. Kdr.

4115. **S. Dolinski, E. Groza,** Les ondes spontanées de la gravitation et leurs harmoniques. CR **230** 1639—1640. — Aus einer Untersuchung über die Kontraktion kosmischen Staubes in Gegenden mit verschwindendem Einfluß der umgebenden Massen werden die kosmogonischen Ergebnisse mitgeteilt für den einfachen Fall, wo die Feldlinie des Potentials eine Halbgerade ist und die Massen gleichmäßig verteilt und im Vergleich zu den trennenden Entfernungen fast punktförmig sind. Es ergeben sich Möglichkeiten zur Kosmogonie der Planeten und Satelliten. Böh.

4116. **A. Einstein,** The Meaning of Relativity. Princeton, New Jersey, Princeton University Press, 1950. 3. Auflage. 150 S. Preis $ 2,50. — Besprechung in Rev. Sci. Instruments **21** 660—661 (L. Davis jr.).

Desgl. 4. Auflage. London, Methuen & Co., Ltd., 1950. 5 + 146 S. Preis 7 s. 6 d. net. — Besprechung in JBAA **60** 257, Nature **166** 751 (M. Born), Obs **70** 161—162 (G. L. Clark), ZfMG **37** 420—421 (O. Heckmann).

4117. **A. Einstein,** Il significato della relatività. Torino, Editore Einaudi, 1950. Übersetzung der 3. Auflage «The Meaning of Relativity» ins Italienische von L. Radicati. 159 S. Preis L. 900. — Besprechung in Coelum **18** 135—136.

4118. **L. Essen,** Velocity of light and of radio waves. Nature **165** 582—583, 821. — Diskussion und Zusammenstellung neuerer Messungen (1935—1950). — Ref. in Ann. Françaises Chronométrie **20** 324, JBAA **61** 56.

4119. **C. Y. Fan,** Note on rotational universe. Phys. Rev. (2) **77** 140. — Kritische Bemerkung zur Arbeit von K. Gödel in Rev. Modern Phys. **21** 447, 1949 (vgl. AJB **49** Ref. **4116**).

4120. **M. Galli,** E'possibile determinare la velocità della luce in percorsi aperti? Rend. Accad. Nazionale Lincei, Cl. Sci. fis., mat., nat. (8) **6** 620—626, **8** 39—42. — Betrachtungen über die experimentelle Bestimmung der Lichtgeschwindigkeit auf offenen Strecken, das heißt bei einfachem Lauf des Lichtstrahls von einem Punkt A nach B. F. Z.

4121. **L. Gialanella,** L'espansione dell'universo controllo definitivo della teoria della relatività? La Ricerca Scientifica **20** 911—924. — Bemerkungen zu den astronomischen Prüfungen der Relativitätstheorie und zum Alter des Universums. F. Z.

4122. **A. Gião,** Sur le mouvement général de la matière à échelle cosmologique. CR **231** 605—606. — Ref. in ZfMG **39** 432. — Es wird ein Weltmodell betrachtet mit einem Linienelement, das eine Verallgemeinerung des De Sitterschen Linienelements darstellt. In diesem Modell befindet sich die Materie in rotierender Bewegung, worin eine theoretische Erklärung der Rotation der extragalaktischen Nebel erblickt wird. Kdr.

4123. **A. Gião,** On the general motion of matter at the cosmological scale. Phys. Rev. (2) **80** 755—756. — Verf. geht vom Linienelement ds^2 in der Form von de Sitter-Lanczos aus und betrachtet eine Deformation der leeren de Sitterschen Hypersphäre. Die Komponenten des dieser Deformation entsprechenden Tensors können aus den Einsteinschen Gravitationsgleichungen abgeleitet werden. Unter der Annahme, daß die Dichte der Materie in einem beliebigen Punkt des deformierten de Sitterschen Raumes die gleiche ist wie für ein räumliches isotropes Universum mit dem gleichen Radius, kann Verf. zeigen, daß fast allen Deformationen der de Sitterschen Hypersphäre eine Rotationsbewegung der Materie entspricht. In diesem Ergebnis sieht Verf. die relativistische Erklärung für die Rotation der Galaxien. Henn

4124. **C. Graef Fernández,** Cosmologías Contemporáneas. El Universo **48** Nr. 11 S. 3—10, 30.

4125. **H. J. Gramatzki,** Eine physikalische Antinomie der gekrümmten Räume und ihre Bedeutung für das kosmologische Problem. Sterne **28** 66—67.

* * **H. Groot,** Kosmologische Theorieën vorheen en thans. Vgl. Ref. **1306.**

4126. **S. Hondl,** Stay and Bošković on absolute motion. Glasnik Mat.-Fiz. Astr. (2) **5** 21—32 (kroatisch mit englischem Ref.).

4127. **K. Jellinek,** Weltsystem, Weltäther und die Relativitätstheorie. Eine Einführung für experimentelle Naturwissenschaftler. Basel, Verlag Wepf & Co., 1949. 15 + 450 S. mit 40 Fig. und 4 Tabellen. Preis 45 sfr. — Besprechung in Naturwissenschaften **38** 215—216 (F. Jüttner), Obs **71** 38—39 (H. Bondi), Orion Schaffhausen **3** 172, Sky and Telescope **10** 147, VJS der Naturf. Ges. Zürich **95** 245—246 (H. Müller), ZfMG **40** 420—421 (W. Franz), Z. Naturforschung **5a** 572—573 (F. Dessauer).

4128. **R. O. Kapp, F. Hoyle,** Development of the universe. Nature **165** 68—69. — Bemerkungen von Kapp und Hoyle zu der von ersterem in Anlehnung an die Hypothesen von Hoyle und Jordan aufgeworfene Frage, wie und wann die Substanz des materiellen Universums zur Existenz kam. Loh.

4129. **R. O. Kapp,** Development of the universe. Nature **165** 687—688. — Ergänzende Bemerkung zu vorstehendem Ref. über die Art des Verschwindens der Materie.

4130. **A. Kranjc,** Proprietà gruppali del tensore energetico. Rend. Accad. Nazionale Lincei, Cl. Sci. fis., mat., nat. (8) **8** 483—486, 578—582 = Oss. Astr. Capodimonte-Napoli Contr. Astr. (2) **3** Nr. 14.

4131. **P. Labérenne,** The importance of the cosmological problem. RH **31** 176—178, 199—200 (tschechisch).

4132. **L. M. Malachowski,** The analysis of the gravitation. The second extract from the paper written in June, 1944. Kirkcaldy, The Allen Litographic Co., Ltd., 1950. 8 S. mit 4 Fig. — Verf. versucht, die Natur der Gravitation «statisch» und «dynamisch» (d. h. als Strahlung) zu erklären. Beides führt zu Widersprüchen mit physikalischen Gesetzen; es wird daher zu weiteren Experimenten aufgerufen. T. L.

4133. **D. Maravall Casesnoves,** Eine neue Theorie der Lichtablenkung und Rotverschiebung im Gravitationsfeld. Euclides, Madrid, **10** 203—207 (spanisch).

4134. **A. Masani,** Alcune osservazioni sui rapporti fra meccanica classica e relativistica. Mem SA It (NS) **21** 71—73. — Betrachtungen über eine Formel der relativistischen Dynamik.

4135. **W. H. McCrea,** Die Theorie des sich stationär ausdehnenden Weltalls. Endeavour **9** 3—10. — Gemäß der Theorie des stationären Zustandes wird Materie dauernd mit der gleichen Geschwindigkeit neu geschaffen wie in der Vergangenheit. Der vorliegende Aufsatz berichtet über die Schwierigkeiten der bisherigen Kosmologien, welche die neue Theorie zu überwinden scheint; auch läßt er eine erfolgreiche Erklärung gewisser allgemeiner Züge des Universums erhoffen. Verf.

4136. **D. W. R. McKinley,** Measurement of the velocity of light using quartz crystals. J RAS Canada **44** 89—103, mit 4 Fig.

4137. **G. C. McVittie,** Two-colour indices and general relativity. MN **110** 590—594. — Für ein homogenes Modell des Systems extragalaktischer Nebel wird auf Grund der allgemeinen Relativität eine theoretische Formel für die von Stebbins und Whitford gemessenen Zweifarbenindizes elliptischer Nebel abgeleitet. Die aus diesen Messungen sich ergebende Rötung entfernter Nebel kann als Folge eines Zeiteffekts gedeutet werden, doch ist dies wegen der Spärlichkeit des Beobachtungsmaterials noch nicht als gesichert zu betrachten. Kdr.

4138. **E. A. Milne,** Kinematic Relativity. Vgl. AJB **48** Ref. **4154**. — Weitere Besprechung in Rev. Sci. Instruments **21** 657—658 (P. G. Bergmann).

* * **E. A. Milne,** Gravitation and magnetism. Vgl. Ref. **9809**.

4139. **E. Moritz,** Neue Ergebnisse der Lichtgeschwindigkeitsmessung. Phys. Blätter **6** 231. — 1949 Aslakson: $c = 299792 \pm 2.4$ km/sec. 1950 Bergstrand: $c = 299792.7 \pm 0.25$ km/sec. 1950 Essen: $c = 299792.5 \pm 3$ km/sec.

4140. **H. Nariai,** On some static solutions of Einstein's gravitational field equations in a spherically symmetric case. Sci. Reports Tôhoku Univ. (1) **34** Nr. 3, 8 S. = Sendai Astr. Rap. **2** Nr. 11 (23). — Es wird nachgewiesen, daß im sphärisch-symmetrischen Fall außer den bekannten nichtstatischen Lösungen der Einsteinschen Feldgleichungen auch noch einige statische Lösungen existieren, deren mathematischer Charakter diskutiert wird. Kdr.

4141. **G. C. Omer jr.,** A hypothetical cosmological model. AJ **55** 178—179. — Ref. AAS.

4142. **I. R. Plotkin,** Über die Entropiezunahme in einem unendlichen Universum. J. Experim. Theoret. Phys. UdSSR **20** 1051—1053 (russisch). — Ref. in Math. Rev. **12** 787.

4143. **A. J. Rutgers,** Is matter being continually created? Nederl. T. Natuurkunde **16** 161—170. — Ref. in Math. Rev. **12** 448.

4144. **K. N. Sawtschenko,** Über die Natur der Gravitation. Mitt. Astr. Obs. Odessa **2** Nr. 1 S. 43—58, 1949 (russisch). — Ref. in Astr. News Letter Nr. **63** S. 7. — Vortrag anläßlich des hundertjährigen Jubiläums der Sternwarte Kiew.

4145. **J. P. Terlezkij,** Ob das Anwachsen der Entropie im unendlichen Weltall absolut ist? DAN **72** 1041—1044 (russisch).

4146. **H. Thirring,** Die Idee der Relativitätstheorie. Wien, Springer-Verlag, 1948. 3., verbesserte und ergänzte Auflage. 5 + 168 S. mit 8 Abb. Preis $ 2.80.

4147. **P. C. Vaidya,** A radiation-absorbing centre in a nonstatical homogeneous universe. Nature **166** 565. — Ref. in Math. Rev. **12** 448.

4148. **P. E. Wylie,** The time-coordinate transformation of relativity, derived from the circumstances of the aberration of starlight. Pop Astr **58** 451—452, mit 2 Fig.

4149. The velocity of light. BAA Circ Nr. 320.

4150. Una notevole rettifica al valore di una grandezza fondamentale della fisica; la velocità della luce. Coelum **18** 157—158.

4151. La vitesse de la lumière. Gaz astr **32** 89.

4152. Ellipsoidal waves, gravitation and magnetism. Nature **165** 553.

4153. New style universe. Sky and Telescope **9** 249.

4154. The velocity of light. Southern Stars **14** 133—134.

§ 42

Himmelsmechanik, Störungstheorie

4201. **C. Agostinelli,** Sul problema dei tre corpi. Matematiche, Catania, **5** 45—65.

4202. **S. Andersson,** On the change with time in the disturbed motion of two bodies. Ark Astr **1** 207—214, mit 1 Fig. = Lund Medd (1) Nr. **173**. — Die Formeln für die Störungen der Bahnelemente werden auf direkte Weise hergeleitet aus der zeitlichen Änderung des Orts- und Geschwindigkeitsvektors des gestörten Planeten. Böh.

4203. **D. Belorizky,** Sur la régularisation du problème des trois corps. CR **231** 1428—1429. — Ref. in Math. Rev. **12** 550, ZfMG **40** 395. — Es wird bewiesen, daß die regularisierende Variable φ, die definiert ist durch die Gleichung $dt = r_1 r_2 r_3 \, d\varphi$, wo r_1, r_2, r_3 die gegenseitigen Entfernungen der drei Körper sind, das Dreikörperproblem nicht in der ganzen komplexen Ebene regularisiert. Böh.

4204. **A. Bilimovitch,** Über einen Sonderfall des Vierkörperproblems. Acad. Serbe. Bull. Acad. Sci. Mat. Nat. A. **7** 213—227, 1941. — Ref. in Math. Rev. **10** 746.

4205. **A. Bilimovitch,** Über die Rolle der Archimedischen gleicheckigen Polyeder im n-Körperproblem. Acad. Serbe. Bull. Acad. Sci. Mat. Nat. A. **7** 197—212, mit 15 Tafeln, 1941. — Ref. in Math. Rev. **10** 746.

4206. **D. Brouwer, A. J. J. van Woerkom,** The secular variations of the orbital elements of the principal planets. Washington, Astr. Papers prepared for the use of the American Ephemeris and Nautical Almanac **13** 81—107. — Die säkularen Änderungen der Bahnelemente der Großen Planeten (wegen bisher nicht bewältigter analytischer Schwierigkeiten außer Pluto) werden mit den neuesten Massenwerten neu berechnet. Die Arbeit ist eine Revision der von Harzer und von den Fehlern dieser und der von Stockwell frei. Am Schluß werden die analytischen Ausdrücke für die säkularen Änderungen der Elemente der Kleinen Planeten und Tafeln zu ihrer numerischen Berechnung gegeben. Böh.

4207. **C. Cailliatte,** Sur le calcul des solutions asymptotiques du problème restreint astéroïdique. JO **33** 133—136. — Mit Poincaréschen Methoden werden die asymptotischen Lösungen in der Nähe der periodischen Bahnen im restringierten Dreikörperproblem untersucht. Durch Anwendung des Verfahrens von Bohlin (in der Bezeichnung Poincarés) gelingt es, die Differentialgleichungen für die asymptotischen Lösungen zu integrieren und diesen eine einfache Form zu geben. Böh.

4208. **A. de Castro Brzezicki,** Über die Bewegung eines Punktes variabler Masse. Rev. mat. Hisp.-Amer. (4) **10** 233—237 (spanisch). — Ref. in ZfMG **40** 104.

4209. **G. F. Chilmi,** Der Virialsatz in der Himmelsmechanik. DAN **70** 393—396 (russisch). — Ref. in Math. Rev. **11** 466, ZfMG **40** 394—395.

4210. **G. F. Chilmi,** Das n-Körperproblem in der Himmelsmechanik und der Kosmogonie. Nachr. Akad. Wiss. UdSSR (Phys.) **14** Nr. 1 S. 46—50 (russisch). — Ref. in Math. Rev. **12** 210.

4211. **G. N. Duboschin,** Die Entwicklung der Kräftefunktion nach negativen Potenzen des Abstandes von der Grundebene. Publ. Astr. Sternberg-Inst. **15** Nr. 2 S. 3—10 (russisch). — Zur Berechnung des Potentials $U = f\int\frac{dm}{\Delta}$ einer ebenen Massenverteilung in einem Aufpunkt außerhalb der Ebene im Abstand z, dessen Fußpunkt vom Massenelement den Abstand Δ_0 besitzt, wird unter der Voraussetzung $|z| > \Delta_0$ die Reihe

$$\frac{|z|}{\Delta} = \sum_{n=0}^{\infty} P_{2n}\frac{\Delta_0^{2n}}{z^{2n}}$$

für die Darstellung der reziproken Entfernung $\frac{1}{\Delta} = \frac{1}{\sqrt{z^2+\Delta_0^2}}$ verwandt und die Lösung auf einen Kreisring und eine homogene Kreisscheibe angewandt. Loh.

4212. **E. Egerváry,** Sur une nouvelle solution particulière du problème des trois corps. Comment. Math. Helv. **24** 1—3. — Ref. in Math. Rev. **11** 748.

4213. **E. Hölder,** Zusätzliche Stabilitätsbetrachtung betreffend «Die symmetrischen periodischen Bahnen des restringierten Dreikörperproblems in der Nachbarschaft eines kritischen Keplerkreises». Amer. J. Math. **72** 157—160. — Ref. in Math. Rev. **11** 408, ZfMG **35** 398.

4214. **B. de Jekhowsky,** Sur la résolution de l'équation d'Euler aux orbites paraboliques. CR **231** 510—511. — Ref. in Math. Rev. **12** 543, ZfMG **38** 430. — Die den Tafeln von Encke und C. E. Adams zur Auflösung der Eulerschen Gleichung zugrunde liegenden Reihen werden direkt hergeleitet (ohne den Weg über die Methode der unbestimmten Koeffizienten wie bei den anderen Autoren). Böh.

4215. **K. Lattermann,** Über die Nichtexistenz periodischer Lösungen in der Nähe der kritischen Kreise. Math. Ann. **121** 327—339. — Ref. in Math. Rev. **12** 210, ZfMG **38** 429.

4216. **N. G. Magnaradse,** Über die Konvergenz von Reihenentwicklungen des Newtonschen Potentials der elliptischen Bahn in gewissen Grenzpunkten des Konvergenzgebiets. Bull. Astrophys. Obs. Abastumani Nr. **11** S. 143—153 (grusinisch mit russischer Zusammenfassung). — Weiterführung einer in Publ. Stalin-Staatsuniv. Tiflis **40** 1,1950 erschienenen Arbeit.

4217. **N. G. Magnaradse,** Über die Abschätzung der Restglieder von Reihenentwicklungen des Newtonschen Potentials der elliptischen Bahn. Bull. Astrophys. Obs. Abastumani Nr. 11 S. 155—161 (grusinisch mit russischer Zusammenfassung). — Weiterführung einer in Publ. Stalin-Staats-univ. Tiflis **40** 1, 1950 erschienenen Arbeit.

4218. **D. Michailovitch,** Réduction du système des équations différentielles du mouvement dans un cas spécial du problème des trois corps. Bull. Soc. Math. Phys. Serbie 2 Nr. 1—2 S. 81—97. — Ref. in Math. Rev. **12** 550.

4219. **A. A. Orlow,** Über die räumlichen periodischen Lösungen im problème restreint. Publ. Astr. Sternberg-Inst. **15** Nr. 2 S. 71—155 (russisch). — Ausgehend von der Gaußschen Methode zur Berechnung der säkularen Störungen weist Verf. die Existenz von drei neuen Scharen periodischer Lösungen nach und untersucht ihre Eigenschaften. Böh.

4220. **B. Popović,** Nouvelle méthode pour obtenir les équations des perturbations des éléments elliptiques. Publ. Obs. Astr. Belgrade Mém. **5** 11—25, mit 1 Fig. — Für die von Milankovitch (Bull. Acad. Sci. Math. et Nat. Nr. **6** S. 1—70) eingeführten vektoriellen Bahnelemente wird ein neues System von Störungsgleichungen auf direktem analytischen Weg abgeleitet, das sich mit dem von Lagrange äquivalent erweist. Böh.

4221. **B. Popović,** Liaison entre deux systèmes d'équations des perturbations des éléments vectoriels. Publ. Obs. Astr. Belgrade Mém. **5** 53—63. — Es wird gezeigt, daß die Störungsgleichungen von Milankovitch (Kanon der Erdbestrahlung und seine Anwendung auf das Eiszeitenproblem, Acad. Serbe Sci. **133** 63, AJB **46** Ref. **5306a**) in die von Popović (Publ. Obs. Astr. Belgrade Mém. **5** 13, siehe Ref. **4220**) überführt werden können. Böh.

4222. **W. W. Radsijewskij,** Das eingeschränkte Dreikörperproblem unter Berücksichtigung des Lichtdrucks. AJ UdSSR **27** 250—256, mit 3 Abb. (russisch). — Ref. in Math. Rev. **12** 448, Astr. News Letter Nr. **55** S. 13. — Behandelt die Bewegung eines meteorischen Partikels im Gravitationsfeld eines Planeten und der Sonne unter Berücksichtigung der Wirkung des Lichtdrucks. Es zeigt sich, daß dieser nicht nur für Teilchen mit Durchmessern von der Größenordnung 10^{-5} cm von Bedeutung ist, sondern auch noch bei viel größeren ($\approx$ 1 cm) eine Rolle spielt. Für den Fall ebener Bewegungen werden Näherungsformeln für die Verlagerung der Librationspunkte L_1 und L_2 abgeleitet. Loh.

4223. **H. Roure,** Théorie nouvelle des grosses planètes du système solaire (Fin). BA **15** 75—103. — Vgl. AJB **49** Ref. **4230**. — Diese Abhandlung bildet den Schluß der ganzen Arbeit, die nicht eine neue Lösung des allgemeinen Dreikörperproblems bringen will, sondern eine Form der Theorie, die eine bequeme Tabulierung ermöglicht, und enthält die Formeln für den Übergang auf mehrere störende Planeten, die Entwicklung der Störungsfunktion und einiger Hilfsfunktionen bis zur sechsten Ordnung, die ersten Glieder in der Reihenentwicklung der Störungen in erster und zweiter Näherung und Anweisung für die Herstellung von Tafeln der gestörten Koordinaten. Böh.

4224. **F. K. Rubbert,** Zur Integration des Zweikörperproblems. AN **278** 105—114. — Ref. in Math. Rev. **12** 210. — Die Differentialgleichung erster Ordnung für den reziproken Abstand wird für alle drei möglichen Bahntypen integriert. Durch Einführung neuer Funktionen gelingt die explizite Darstellung der Zeitabhängigkeit der Koordinaten in geschlossener Form. Die Eigenschaften dieser Funktionen werden untersucht, Reihenentwicklungen angegeben. Auch die direkte Integration der Differentialgleichung zweiter Ordnung für Ellipsenbahnen wird durchgeführt; sie ist hier besonders einfach. Verf.

4225. **A. I. Rybakow,** Über die Stabilität der sechs periodischen Bahnen des Kopenhagener Problems im Sinne Shukowskijs. Publ. Astr. Sternberg-Inst. **15** Nr. 2 S. 188—198 (russisch). — Die vorliegende Arbeit ist eine Fortsetzung der früher begonnenen Untersuchung der Bahnen des Kopenhagener Problems auf ihre Stabilität. Es zeigt sich, daß alle sechs Bahnen stabil im Sinne Shukowskijs sind. Loh.

4226. **N. Saltykow,** Application de la théorie des groupes fonctionnels au problème des trois corps. BA **15** 293—305. — Ref. in Math. Rev. **12** 759. — Es wird eine Arbeit von S. Lie (Math. Ann. **8** 215) vervollständigt, indem die Reduktion des Dreikörperproblems mit Hilfe der Funktionengruppe achter Ordnung der Integrale ausgeführt wird. Böh.

4227. **W. Scherrer,** Über die Gravitation kontinuierlich ausgebreiteter Massen. Comment. Math. Helv. **24** 46—63. — Ref. in Math. Rev. **11** 695.

4228. **B. Schtschigolew,** Vergleich der Bewegungen im ebenen Dreikörperproblem mit den Bewegungen im entsprechenden problème restreint. Publ. Astr. Sternberg-Inst. **15** Nr. 2 S. 156—187 (russisch).

4229. **S. W. Taylor,** On periodic orbits in the restricted problem of three bodies. AJ **55** 33—38. — Ref. in Math. Rev. **11** 694. — Durch Einführung eines synodischen Polarkoordinatensystems werden zu dem Problem in den Arbeiten von L. A. Hopkins (AJ **29** 81 und AJ **34** 25) einige dort nicht unmittelbar zu gewinnende Sätze abgeleitet und durch numerische Integration mehrere periodische Bahnen für bestimmte Kommensurabilitätsverhältnisse bestimmt. Böh.

4230. **G. A. Tschebotarjow,** Die Theorie der periodischen Bahnen in der Himmelsmechanik. Vgl. Ref. **711**. — Darstellung der Untersuchungen von Lagrange, Poincaré und Schwarzschild über die periodischen Bahnen im Dreikörperproblem.

* * Himmelsmechanische Probleme des Raketenflugs siehe § **134**.

§ 43

Figur der Himmelskörper, Rotation, Gezeiten

4301. **C. Agostinelli,** Nuovi contributi alla teoria della figura dei pianeti. Rend. Seminario Mat. Torino **9** 179—224. — Ref. in Math. Rev. **12** 752, ZfMG **39** 208. — Verf. bestimmt die Gleichgewichtsfiguren einer flüssigen, inhomogenen Masse, die außer ihrer Schwerkraft noch der Anziehung entfernter fester Zentren unterworfen ist. Eine langsame Rotation und eine Dilatationsbewegung der Flüssigkeitsteilchen wird vorausgesetzt. Verf. beweist die Existenz von Gleichgewichtsfiguren, bei denen die Äquipotentialflächen, die Flächen gleicher Dichte und die Flüssigkeitsflächen ein einziges System von Flächen bilden, die durch infinitesimale Deformationen aus entsprechenden dreiachsigen Ellipsoiden hervorgehen. F. Z.

4302. **N. Boneff,** La théorie des marées, le mythe du déluge et la duplicité d'Eros. Annuaire Univ. Sofia Faculté Sci. **46** Livre 1 (Math. Phys.) S. 189—209, mit 2 Abb. — Die Sintflut (bzw. deren mehrere) kann erklärt werden als ein Gezeiteneffekt, hervorgerufen durch eine sehr nahe Begegnung der Erde mit einem Kleinen Planeten. Diese Möglichkeit wird speziell für Eros erörtert, wobei eine Dauer der Sintflut von sechs Tagen (entsprechend assyrisch-babylonischen Mythen) am plausibelsten erscheint. Die seitdem eingetretenen

Veränderungen der Erosbahn finden ihre Ursache nicht nur in Störungen durch Jupiter und Saturn, sondern auch in zahlreichen Zusammenstößen des Planeten mit Meteoriten; diese können überhaupt zur Erklärung für das Vorkommen von Asteroiden mit außergewöhnlichen Bahnen herangezogen werden. Der bei Eros beobachtete periodische Lichtwechsel wird darauf zurückgeführt, daß dieser Planet bei seinem Vorübergang an der Erde in zwei Teile gespalten worden ist. T. L.

4303. **A. Brown,** The rotational velocities of groups of stars, as determined from the apparent rotational velocities. ApJ **111** 366—374, mit 2 Fig. — Unter der Voraussetzung zufälliger Orientierung der Rotationsachsen der Sterne im Raume wird für zwei angenommene Häufigkeitsverteilungen der wahren Rotationsgeschwindigkeiten der Mitglieder einer Gruppe von Sternen im Anschluß an Chandrasekhar und Münch (Ref. **4304**) die zu beobachtende Häufigkeitsverteilung der scheinbaren Rotationsgeschwindigkeiten berechnet. In beiden Fällen — sowohl bei einer rechtwinkligen, als auch bei einer parabolischen Verteilung der wahren Rotationsgeschwindigkeiten — ergibt sich für die Be-Sterne eine befriedigende, etwa gleich gute Darstellung der Beobachtungen. Kdr.

4304. **S. Chandrasekhar, G. Münch,** On the integral equation governing the distribution of the true and the apparent rotational velocities of stars. ApJ **111** 142—156, mit 5 Fig. — Die Arbeit behandelt die Integralgleichung, die die Verteilung der äquatorialen Rotationsgeschwindigkeiten v und der beobachteten Komponente $v \sin i$ beherrscht, sie tritt auch anderweitig, z. B. bei der Diskussion der Massenfunktion der Doppelsterne und der Ermittlung der räumlichen Verteilung der Sterne eines Kugelhaufens, auf. Zwischen den Momenten der wahren und der beobachteten Häufigkeitsfunktion besteht eine einfache Beziehung, so daß Mittelwert und quadratischer Mittelwert der wahren Verteilung leicht anzugeben sind. Die beobachtete Verteilungsfunktion wird unter Annahme verschiedener wahrer Funktionen diskutiert. Mittlere Rotationsgeschwindigkeiten für O-, B-, Be-, A- und F-Sterne werden hergeleitet. Micz.

* * **G. L. Clark,** The external gravitational and electromagnetic fields of rotating bodies. Vgl. Ref. **9806**.

4305. **N. L. Ghosh,** A note on Hamy's theorem. Bull. Calcutta Math. Soc. **40** 229—230, 1948. — Ref. in Math. Rev. **10** 746.

4306. **N. L. Ghosh,** An extension of Hamy's theorem to rotating gaseous bodies. Bull. Calcutta Math. Soc. **41** 92—102, 1949. Mit einer Berichtigung S. 220. — Ref. in Math. Rev. **12** 289—290, ZfMG **37** 275.

4307. **N. L. Ghosh,** Spheroidal configuration under the law of density $\varrho = \varrho_0 (1 - \alpha r^2 - \beta z^2)$. Bull. Calcutta Math. Soc. **42** 101—117. — Ref. in Math. Rev. **12** 447.

* * **D. ter Haar,** Further studies on the origin of the solar system. Vgl. Ref. **5516**.

4308. **N. A. Kosyrew,** Die mögliche Asymmetrie in den Figuren der Planeten. DAN **70** 389—392 (russisch).

4309. **N. A. Kosyrew,** Die mögliche Asymmetrie in den Figuren der Planeten. Priroda **39** Nr. 8 S. 51—52 (russisch).

4310. **W. A. Krat,** Die Gleichgewichtsfiguren der Himmelskörper. Moskau-Leningrad, Staatsverlag für technisch-theoretische Literatur, 1950. — 339 S. mit 29 Abb. Preis 12 R. 20 Kop. (russisch). — Besprechung in Astr. News Letter Nr. **62** S. 12—13. — Umfassende Monographie über den derzeitigen Stand der Theorie der Gleichgewichtsfiguren. Inhalt: Sterne und Planeten,

S. 12—41; Einiges aus der Potentialtheorie, S. 42—54; Das Gleichgewicht ungestörter Sterne, S. 55—100; Die Rotation kompressibler Flüssigkeiten, S. 101—130; Rotationsfiguren flüssiger Massen, S. 131—143; Das Problem kleiner Deformationen rotierender Gasmassen, S. 144—204; Das Doppelsternproblem, S. 205—249; Lineare Serien von Gleichgewichtskonfigurationen, S. 250—279; Über einige Probleme der Kosmogonie, S. 280—326. Loh.

4311. **L. A. MacColl,** A theorem concerning the positions of equilibrium of a rigid body. Quart. Appl. Math. 7 472—473. — Ref. in Math. Rev. 11 269.

4312. **C. Prasad,** On the stability of Maclaurin spheroids rotating with constant angular velocity. Quart. J. Math. Oxford (2) 1 117—121. — Ref. in Math. Rev. 12 211, ZfMG 37 275.

4313. **P. A. Sweet,** The importance of rotation in stellar evolution. MN 110 548—558, mit 2 Fig. = Glasgow Univ. Obs. Repr. Nr. 28. — Die aus dem v. Zeipelschen Theorem zu folgernden Strömungen in rotierenden Sternen werden nach einem Störungsverfahren untersucht und es wird im Fall der Sonne ihre Geschwindigkeit zu $\approx 10^{-10}$ cm/sec bestimmt. In schnell rotierenden Sternen mit relativ intensiver Zirkulation tritt dadurch ein Ausgleich der Unterschiede in der chemischen Zusammensetzung ein, wodurch ein Übergang solcher Sterne in das Riesenstadium unmöglich wird, wenn für den Aufbau der Riesen chemische Inhomogenitäten als wesentlich angenommen werden. Langsam rotierende Sterne jedoch können wegen ihrer schwachen Zirkulation und infolgedessen geringen Durchmischung in Riesen übergehen. Die dafür maßgebende kritische Rotationsgeschwindigkeit ergibt sich von der Ordnung der bei A- und B-Sternen beobachteten Werte. Kdr.

§ 44

Sternsysteme

4401. **A. Brown,** On the determination of the convergent point of a moving cluster from proper motions. ApJ 112 225—239. — Es wird das Problem, den Konvergenzpunkt eines Bewegungshaufens aus den EB der Haufensterne zu bestimmen, diskutiert und hierfür die Einführung der EB-Komponenten parallel und senkrecht zur mittleren EB des Haufens statt der Komponenten in α und δ als vorteilhaft nachgewiesen. Sodann werden die Auswirkungen der Annahme einer Gaußschen Verteilung der beobachteten EB-Komponenten um ihre wahren Werte betrachtet und darauf eine neue Lösungsmethode aufgebaut, die auf den Kern des Ursa Major-Haufens angewandt wird. Kdr.

4402. **G. L. Camm,** Self-gravitating star systems. MN 110 305—324, mit 3 Fig. — Ref. in Math. Rev. 12 754. — Für den Spezialfall von planparallel geschichteten Sternsystemen reduziert sich die Boltzmann-Gleichung auf eine nicht-lineare partielle Differentialgleichung mit drei unabhängigen Variablen. Für diese Gleichung werden drei Lösungen angegeben, von denen eine den beobachteten Dichte- und Geschwindigkeitsverlauf senkrecht zur galaktischen Ebene befriedigend darstellt. Kdr.

4403. **S. Chandrasekhar, G. Münch,** The theory of the fluctuations in brightness of the Milky Way. I. ApJ 112 380—392, mit 1 Fig. — Ref. in Math. Rev. 12 644. — Für Sterne und interstellare Wolken bestehe eine gleichmäßige Verteilung, das aus ihnen gebildete System erstrecke sich in Richtung des Visionsradius bis in die Entfernung L, und eine Wolke schwäche die hinter ihr stehenden Sterne um den Faktor q, wobei für die q das Verteilungsgesetz $\psi(q)$ gelte. Unter diesen Voraussetzungen wird für die wahrscheinlichste Helligkeitsverteilung in der Milchstraße $g(u, \xi)$ (u beobachtete Helligkeit, ξ durchschnittliche Anzahl von Wolken in Richtung des Visionsradius) eine Integralgleichung abgeleitet, mit deren Hilfe es gelingt, alle Momente von g als Funktion von ξ und den Momenten von $\psi(q)$ zu berechnen. Damit werden für einen Sonderfall die mittlere optische Dicke von interstellaren Wolken und ihre Streuung ermittelt. Kdr.

4404. **S. Chandrasekhar, G. Münch,** The theory of the fluctuations in brightness of the Milky Way. II. ApJ **112** 393—398, mit 2 Fig. — Ref. in Math. Rev. **12** 644. — Unter den gleichen Voraussetzungen wie in Teil I wird für die dort abgeleitete Integralgleichung eine Lösung entwickelt für den Fall, daß sich das System in Richtung des Visionsradius bis ins Unendliche erstreckt, erstens, wenn die Transparenz aller Wolken gleich ist, und zweitens, wenn die Häufigkeitsverteilung der Wolken mit einem Transparenzfaktor q durch ein Potenzgesetz gegeben ist. Kdr.

4405. **G. F. Chilmi,** Dissipative Bewegungen in einem System von n Körpern, die sich nach dem Newtonschen Gesetz anziehen. DAN **71** 847—850 (russisch). — Ref. in Math. Rev. **11** 546, ZfMG **40** 393—394.

4406. **G. F. Chilmi,** Halbdissipative Bewegungen in einem System von n Körpern, die sich nach dem Newtonschen Gesetz anziehen. DAN **71** 1041—1044 (russisch). — Ref. in Math. Rev. **12** 296, ZfMG **40** 394.

4407. **R. Coutrez,** L'équation des moyennes liées et ses applications à la dynamique stellaire en ce qui concerne notamment la recherche des lois de densité dans les amas globulaires et les nébuleuses elliptiques. Commun. Obs. Roy. Belgique Nr. **15**, 31 S. mit 3 Fig. — Es wird versucht, die beiden hauptsächlich in der Stellardynamik angewendeten Methoden — statistische Theorie und Theorie der Bewegung der Massen — zu vereinigen. Das führt zu einem System von Gleichungen partieller Ableitungen, das allen Verbindungen zwischen der Verteilung der individuellen Geschwindigkeiten, der systematischen Geschwindigkeiten, der Dichte und dem Potential Rechnung trägt. Die Methode gestattet, das Sternsystem im Gesamten zu behandeln, ohne auf «états voisins» zurückzugehen, und besonders die Dichteverteilung zu definieren. Die Gleichungen werden angewendet auf ein stationäres System mit Zentralsymmetrie (Kugelhaufen) und auf ein stationäres System mit Achsensymmetrie (elliptische Nebel). Insbesondere wird die Dichteverteilung in diesen letzteren Systemen unter einfachen Bedingungen untersucht. Gli.

4408. **R. Coutrez,** Relations entre moments de la distribution des vitesses et densité en dynamique stellaire. Application aux condensations dans un milieu amorphe. Commun. Obs. Roy. Belgique Nr. **18** S. 9—12. — Es werden die Ergebnisse der Beziehungen zwischen den Momenten der Geschwindigkeitsverteilung, dem Potential und der Dichte in einem Sternsystem verglichen mit denen Lindblads von der adiabatischen Variation der Streuung der individuellen Geschwindigkeiten unter der Annahme, daß die Begegnungen zwischen den Sternen vernachlässigt werden können. Die Ergebnisse Lindblads werden bestätigt. Eine Anwendung auf die Dynamik der Kondensationen in einem amorphen Milieu führt zu einer Struktur in Ringen. Gli.

4409. **L. E. Gurewitsch,** Über die Entwicklung dichter Gravitationssysteme und die Entstehung der Himmelskörper. DAN **70** 981—984 (russisch). — Ref. in ZfMG **39** 239—240.

4410. **S. A. Kaplan,** Die Rotations-Relaxationszeit der Galaxis. AJ UdSSR **27** 177—179, mit einer Berichtigung S. 320 (russisch). — Ref. in Astr. News Letter Nr. **54** S. 10.

4411. **R. Kurth,** Zur Dynamik instationärer Sternsysteme. Mitt. AG **1950** 22. — Ref. AG.

4412. **R. Kurth,** Massenabschätzung der kugelförmigen Stern- und Nebelhaufen auf dynamischer Grundlage. ZfA **28** 1—16 = Veröff. Astr. Inst. Univ. Bern Nr. **6.** — Im wesentlichen unter der Voraussetzung der Stationarität und des Abfalles der Dichte mit einer Potenz des Radius wird ein Modell für die äußeren Teile («die Hülle») kugelsymmetrischer Sternsysteme konstruiert. In ihm wird das mittlere Quadrat aller Geschwindigkeitskomponenten parallel einer festen Richtung berechnet; es zeigt sich, daß es im wesentlichen durch die Gesamtmasse bestimmt ist. Die Allgemeinheit des Modells und die nähere Erörterung der in Betracht kommenden Eigenschaften der realen Kugelhaufen lassen durchaus vermuten, daß das Modell auf die realen Haufen anwendbar sei. Die Anwendung auf Joys Messungen von Radialgeschwindigkeiten einzelner Sterne in den Kugelsternhaufen liefert Gesamtmassen der Haufen in der Größenordnung von einer Million Sonnenmassen. Schließlich wird die mittlere Masse eines Nebels des Coma-Nebelhaufens auf 10^{11} Sonnenmassen geschätzt. Verf.

4413. **B. Lindblad,** On a theorem in the dynamics of stellar systems. Stockholms Obs. Ann. **16** Nr. 1, 34 S. mit 6 Fig. — Ref. in Math. Rev. **12** 754. — Es wird gezeigt, daß Dichteschwankungen in einem rotierenden quasi-sphäroidischen Sternsystem Störungen der relativen Bahn und Geschwindigkeit eines Partikels in einem rotierenden Koordinatensystem zur Folge haben und daß in diesem Falle zwischen Dichte und Geschwindigkeitsstreuung eine Beziehung besteht, die der zwischen Dichte und Temperatur bei adiabatischen Zustandsänderungen eines einatomigen Gases analog ist. An Hand dieses Theorems werden die Massenbewegungen in einem rotierenden Sternsystem, insbesondere die Dynamik der Barrenspiralen diskutiert. Kdr.

4414. **H. Mineur,** Recherches théoriques sur les accélérations stellaires. Ann d'Astrophys **13** 219—242, mit 3 Fig. = Contr. Inst. Astrophys. Paris (B) Nr. **50.** — Ref. in Math. Rev. **12** 642. — Es werden zunächst auf Grund rein kinematischer Betrachtungen die Beschleunigungskomponenten eines Sterns als Funktion der ersten und zweiten Ableitungen der Entfernung und der galaktischen Länge und Breite, sowie im Fall photographischer Aufnahmen als Funktion der Plattenkoordinaten berechnet. Sodann werden die von der Anziehung der gesamten Milchstraße herrührenden Beschleunigungen als unterhalb der heutigen Meßgenauigkeit liegend nachgewiesen. Nur für sehr nahe, schnell bewegte Sterne ist die durch die perspektivische Änderung der Geschwindigkeit bedingte Beschleunigungskomponente meßbar. Die Beschleunigung der Sonne, soweit sie durch die großen Planeten hervorgerufen wird, ist dagegen nicht zu vernachlässigen. Ein Stern von Sonnenmasse müßte der Sonne bis auf mindestens 500 A. E. nahe kommen, um merkliche Wirkungen ausüben zu können, die mit beobachtbaren Störungen der Bewegungen der äußeren Planeten verbunden wären. Kdr.

* * **K. F. Ogorodnikow,** Über die Dynamik des lokalen Sternsystems. Vgl. Ref. **12338.**

4415. **E. v. d. Pahlen,** Einführung in die Dynamik von Sternsystemen. Vgl. AJB **47** Ref. **9012.** — Weitere Besprechung in Naturwissenschaften **37** 403 (P. ten Bruggencate).

4416. **I. N. Skabizkij,** Anwendung der kinetischen Gleichung auf Sternsysteme. Abh. Shdanow-Staatsuniv. Leningrad Nr. **136** (Math. Wiss. Nr. **22,** Astr.) S. 10—32, mit 1 Abb. = Publ. Astr. Obs. Leningrad **15** 10—32 (russisch). — Ref. in Astr. News Letter Nr. **58** S. 3—4. — Die physikalische Statistik eines isolierten Sterngases wird, ausgehend von der «kinetischen Gleichung», unter Berücksichtigung der Sternbegegnungen zur Untersuchung der Stabilität und der zeitlichen Veränderung eines kugelsymmetrischen Sternsystems verwandt. Es zeigt sich: 1. Die räumliche Dichteverteilung in einem kugelförmigen Sternhaufen ist in erster Näherung zeitlich konstant. 2. In jedem Punkt des Sternhaufens nähert sich die Geschwindigkeitsverteilung einer Maxwellschen. 3. Die Relaxationszeit ist von der Größenordnung 10^8—10^{10} Jahre. Loh.

4417. **P. W. Slawenas,** Einige Fragen über Mehrfachsterne. Nachr. Akad. Wiss. UdSSR (Phys.) **14** 800—803 (russisch).

4418. **P. Stehle,** Dynamics of star streaming. II. ApJ **112** 299—306. — Ref. in Math. Rev. **12** 642. — Die Untersuchungen (AJB **49** Ref. **4420**) werden fortgeführt und nunmehr der Fall behandelt, daß die Potentialfunktion des Systems zwei als Differentialgleichungen erster Ordnung gegebenen Bedingungen unterworfen ist. Insbesondere wird diskutiert, wie diese Bedingungen sich auf die Koeffizienten des Schwarzschildschen Geschwindigkeitsellipsoids auswirken. Zur Erläuterung wird das Beispiel eines Sternsystems mit in einem punktförmigen Kern konzentrierter Masse durchgerechnet. Kdr.

4419. **Su-Shu Huang,** A note on the mean square velocity in stellar statistics. Proc. National Acad. Sci. USA **36** 67—72. — Besprechung in Math. Rev. **11** 466—467. — Es wird gezeigt, wie die mittleren Geschwindigkeitsquadrate in drei vorgegebenen zueinander senkrechten Richtungen in mittlere Geschwindigkeitsquadrate eines beliebigen anderen Orthogonalsystems übergeführt werden können, wenn die Bedingungen $\overline{u_i u_j} = 0$ für $i \neq j$ erfüllt sind. W. Fricke (ZfMG **41** 138)

4420. **B. Takase,** On the probability distribution of the field strength of fluctuating forces in stellar systems. Publ. Astr. Soc. Japan **2** 1—13, mit 3 Fig. = Tokyo Astr. Obs. Repr. Nr. **67**. — Die Arbeit ergänzt die Chandrasekharschen Untersuchungen des Problems durch eine genauere Berechnung eines Faktors, der den Grad der Zufälligkeit der räumlichen Verteilung der Sterne mißt. Kdr.

4421. **J. Tuominen,** A note on the theory of stellar dynamics I and II. Proc. Nederl. Akad. Wetensch. **53** 1049—1055, 1211—1216, mit 1 Fig. = Sonderdruck Astr. Obs. Helsinki. — Ref. in Math. Rev. **12** 642, ZfMG **39** 238. — Im ersten Teil betrachtet der Verf. ein flaches rotationssymmetrisches Sternsystem, dessen Masse im Zentrum konzentriert ist und in dem die Bahnneigungen der Sterne gleich Null sind. In diesem zweidimensionalen Problem leitet er die Komponenten der Durchschnittsgeschwindigkeit und die Mittelwerte $\overline{U^2}$, $\overline{V^2}$, $\overline{UV}$ her. Im 2. Teil wird der entsprechende Fall betrachtet, wenn keine Rotationssymmetrie des Sternsystems mehr vorausgesetzt ist. Dann wird im Gegensatz zum ersten Fall $\overline{UV}$ nicht mehr gleich Null, sondern von der gleichen Größenordnung wie $\overline{U^2}$ und $\overline{V^2}$. Gli.

4422. Collisions of galaxies. Sky and Telescope **9** 246. — Ref. AAS.

§ 45

Bahnbestimmung

4501. **T. Banachiewicz,** Sur l'étude de M. Šteins concernant la précision d'une orbite provisoire. AA (a) **5** 37—50. — Die in der Arbeit von Šteins (Ref. **4514**) gegebenen Formeln für die die Genauigkeit einer Bahnbestimmung charakterisierenden mittleren Fehler μ_2 und μ_{31} werden für $r > 2$ (Kleine Planeten) vereinfacht und an 931 Whittemora geprüft (μ_2 läßt auf die Genauigkeit von a bzw. n schließen, μ_{31} auf die von φ und ω). Außerdem wird ein scheinbarer Widerspruch zwischen der Folgerung aus der Gleichung für μ_2 und einer Behauptung von Hansen im Fall der Bahnbestimmung aus drei Örtern, die auf einem Großkreis liegen, ausführlich geklärt. Böh.

4502. **H. Bucerius,** Bahnbestimmung als Randwertproblem. I. AN **278** 193—203, mit 1 Abb. = Veröff. Sternw. München **3** Nr. 15. — Ref. in Math. Rev. **12** 753. — Der rein dynamische Teil der Gaußschen Bahnbestimmungsmethode wird in vektorieller Schreibweise als eine Randwertaufgabe formuliert und die zugehörige Integralgleichung aufgestellt. Die verschiedenen Näherungsausdrücke für die Verhältnisse der Dreiecksflächen werden von diesem Standpunkt charakterisiert und erweitert. Die Lösung des Randwertproblems durch sukzessive Approximation entspricht dem Sektor-zu-Dreieck-Verfahren, dessen Konvergenz sowohl vom Integralgleichungs-Standpunkt als auch nach einer differentiellen Methode bei Zugrundelegung der Gauß-Fabritius'schen Formulierung des Iterationsverfahrens untersucht wird. Verf.

4503. **H. Bucerius,** Bahnbestimmung als Randwertproblem. II. AN **278** 204—216 = Veröff. Sternw. München **3** Nr. 15. — Ref. in Math. Rev. **12** 753. — Nach allgemeiner Kritik der älteren Konvergenzbetrachtungen zur Gaußschen Methode auf Grund von Abschätzungen nach Potenzen der Zwischenzeiten werden Rechenschemata für 3 und 4 Beobachtungen mit einem Iterationsverfahren ohne Gaußsche Gleichung aufgestellt und an Beispielen von Kleinen Planeten praktisch erprobt. In der folgenden Konvergenztheorie, die eine Erweiterung der Untersuchung im I. Teil darstellt, wird die Berechtigung des Verfahrens für das Hauptanwendungsgebiet der Kleinen Planeten bewiesen. Einige für die Theorie und Praxis der Bahnbestimmung wichtige Folgerungen werden anschließend diskutiert. Verf.

4504. **A. Danjon,** Adaption de la méthode de Laplace aux approximations successives. CR **231** 673—676. — Ref. in Math. Rev. **12** 447—448, ZfMG **38** 430. — Die Laplacesche Methode der Bahnbestimmung, bei der es im Gegensatz zu der von Gauß wegen der Vernachlässigung der dritten und höheren Potenzen in der Entwicklung der geozentrischen Koordinaten nach der Zeit nicht möglich ist, alle drei Beobachtungen genau darzustellen, wird so abgeändert, daß dieses Ziel durch sukzessive Approximationen doch erreicht wird. Zu dem Zweck werden bei der hier skizzierten Methode der «fiktiven» Beobachtungen die nach Durchrechnung des üblichen Laplaceschen Gleichungssystems übrigbleibenden Reste (B—R) an die Beobachtungen angebracht («fiktive» Beobachtungen). Das System wird erneut durchgerechnet. Mit den hierbei erhaltenen B—R wird genauso verfahren und so fort, bis die drei Beobachtungen genau dargestellt werden, oder bei Verwendung von mehr Beobachtungen die größten Reste unter eine vorgegebene Schranke gesunken sind. Hieran schließt sich dann ein der Variation der geozentrischen Distanzen grundsätzlich ähnliches Verfahren, wobei aber jeder Beiwert in der Entwicklung von α und δ bis zu den zweiten Potenzen der Zeit unter Konstanthaltung der anderen fünf variiert wird; das ergibt sechs neue Elementensysteme, und aus den übrigbleibenden B—R und den zugehörigen Variationsgleichungen lassen sich dann aus allen Beobachtungen durch eine Ausgleichung die definitiven Werte für die sechs Koeffizienten und daraus für die Elemente bestimmen. Böh.

4505. **H. Eichhorn,** Über Funktionaldeterminante und Ausnahmefälle bei der Bahnbestimmung in der Ellipse. Sitzber. Österreichische Akad. Wiss. (Abteilung IIa) **158** 203—225, mit 1 Tabelle = Mitt. Wiener Sternw. **4** Nr. 10. — Es seien $F_1, \ldots, F_6$ sechs Funktionen der sechs Bahnelemente der (hier nur behandelten) Ellipse, der sechs beobachteten Koordinaten, der drei Beobachtungszeiten und der 9 rechtwinkligen Erdkoordinaten. dann liegt ein Ausnahmefall der Bahnbestimmung vor, wenn die Funktionaldeterminante

$\frac{\partial(F_1, F_2, F_3, F_4, F_5, F_6)}{\partial(i, \Omega, \omega, a, e, t_0)}$ verschwindet. Diese Funktionaldeterminante wird ausgerechnet, wobei statt a, e, t_0 die exzentrischen Anomalien $\varepsilon_1, \varepsilon_2, \varepsilon_3$ eingeführt werden, und aus ihren Eigenschaften und allgemeinen Determinantensätzen werden die Ausnahmefälle hergeleitet. Böh.

4506. **I. I. Iljinskij,** Über den Großkreisfall in der Bahnbestimmung. AJ UdSSR **27** 57—60 (russisch). — Ref. in Math. Rev. **11** 694, Astr. News Letter Nr. **51** S. 7. — Ergänzung einer früheren Arbeit des Verf. in AJ UdSSR **23** 367—376, 1946 (Vgl. AJB **46** Ref. 3401) für den Fall, daß 3 Örter auf einem Großkreis liegen. Loh.

4507. **B. de Jekhowsky,** Sur les différentes formes de systèmes d'équations auxquelles on peut réduire le système principal d'équations des méthodes d'Olbers et de Gauß pour la détermination des orbites paraboliques. BA **15** 151—158. — Ref. in Math. Rev. **12** 543. — Bei Beschränkung der Genauigkeit in der parabolischen Bahnbestimmung (vier- bis fünfstellige Rechnung) gelingt es, das Olberssche System auf sechsfache Weise auf ein System von zwei Gleichungen von der Form wie bei Andoyer $P_1 \varrho_2^2 + P_2 \varrho_2 + P_3 = 2r^{-1}$, $\varrho_2^2 + 2 S.\varrho_2 + R_2^2 = r_2^2$ zu bringen, wobei auf der linken Seite statt ϱ_2 in den sechs verschiedenen Formen der Reihe nach steht: ϱ_1, $\varrho_1 + \varrho_3$, ϱ_1, $\varrho_1\varrho_3$, ϱ_3, ϱ_3 und auf der rechten Seite statt r_2 entsprechend: $r_1 + r_3$, $r_1 + r_3$, $r_1 r_3$, $r_1 r_3$, $r_1 + r_3$, $r_1 r_3$ mit abgeänderten Koeffizienten. Als Beispiele zu drei Formen wird die Bahn des Kometen 1925c (Orkisz) gerechnet (eins davon durch Hinweis auf andere Veröffentlichungen des Verf.) Böh.

4508. **B. de Jekhowsky,** Réflexions sur la détermination du paramètre dans le problème d'Euler. BA **15** 317—330. — Ref. in Math. Rev. **12** 543. — Nach Zitierung der Formelsysteme zur Bestimmung des Parameters der Bahn (oder Sektor : Dreieck) von Euler, Gauß, Picart, Viliev und Andoyer wird ein neues System angegeben, das bei gleicher Genauigkeit wie bei Gauß und Andoyer weniger Rechenarbeit verlangt. Durch Zahlenbeispiele wird das neue Formelsystem mit den anderen verglichen. Böh.

4509. **B. de Jekhowsky,** Démonstration simple et directe du théorème d'Euler relatif aux orbites paraboliques. CR **230** 1738—1740. — Für die Eulersche Gleichung der parabolischen Bewegung wird im Fall zeitlich benachbarter Beobachtungen mit Hilfe der Reihenentwicklungen der heliozentrischen Bewegung ein einfacher Beweis gegeben. Böh.

4510. **V. V. Michkovitch,** La méthode des oppositions quasi identiques dans le problème de l'identification systématique des astéroïdes. Commun. Obs. Roy. Belgique Nr. **18** S. 17—18. — Um zu einem Planeten, für den eine Bahnbestimmung vorliegt, Identitäten zu finden, wird folgende Methode vorgeschlagen. Man berechnet die Zeit von der Ausgangsopposition bis zur nächsten «quasiidentischen» Opposition, das ist der Zeitpunkt, zu dem die Opposition (bis auf wenige Tage), von der Jahreszahl abgesehen, auf das Datum der Ausgangsopposition fällt, und rechnet für die zwischenliegenden Oppositionen das Datum und den Ort aus. R. Kašanin hat, wie nur berichtet wird, ziemlich einfache Formeln entwickelt, die aus einem Elementensystem zugleich die Periode der «quasiidentischen» Oppositionen und die entsprechende Änderung des Planetenortes finden lassen. Böh.

4511. **E. Paloque,** Sur l'application pratique de la méthode de MM. Esclangon et Stoyko pour la détermination des orbites de planètes et de comètes par trois observations rapprochées. Ann. Obs. Astr. Mét. Toulouse **20** 15—25. — Für die von Esclangon (BA **6** 101, JO **13** 153) entwickelte und von Stoyko (BA **6** 263) vervollständigte Methode der Bahnbestimmung, die bis zur 4. Ordnung der Differenz der zu den äußeren Beobachtungen gehörigen exzentrischen Anomalien genau ist, wird hier eine ausführliche Ableitung und Zusammenstellung der Formeln mit einigen Hilfstafeln gegeben. Ausführliche Rechenbeispiele zu dieser Methode finden sich in der folgenden Arbeit (Ref. **4512**). Böh.

4512. P. Prêtre, Application de la méthode précédente aux calculs de l'orbite parabolique de la comète Pajdusakova Mrkos (1948 d) et de l'orbite elliptique de l'asteroïde Alger BX = 1949 E. A. Ann. Obs. Astr. Mét. Toulouse **20** 27—32. — An den oben angegebenen Objekten wird die im Ref. **4511** angegebene Methode in allen Einzelheiten zahlenmäßig angewandt.

4513. M. B. Protitch, Sur la détermination de l'orbite circulaire d'après une position observée et le mouvement diurne. Publ. Obs. Astr. Belgrade Mém. **5** 27—52, mit 2 Fig. — Eine Methode zur Bestimmung einer Kreisbahn wird entwickelt, bei der eine Beobachtung und die aus dieser und der zweiten Beobachtung berechnete tägliche Bewegung (in Länge und Breite) benutzt werden. Das dabei einzuschlagende sukzessive Näherungsverfahren wird durch zwei Tafeln erleichtert. An einem Beispiel (Zwischenzeit 1^d) wird die Brauchbarkeit des Verfahrens (und die Überlegenheit über das von Veithen) gezeigt. Böh.

4514. K. Šteins, Investigations, based on the mean errors of ϱ and s, of the precision of an orbit, determined from three observations. AA (a) **5** 19—36, mit 4 Fig. — Es wird zunächst gezeigt, daß die Genauigkeit einer Bahnbestimmung aus drei Beobachtungen charakterisiert wird durch den mittleren Fehler μ_2 der geozentrischen Distanzen und den mittleren Fehler μ_{31} des Quotienten aus der Differenz der äußeren geozentrischen Distanzen und der zugehörigen Sehne. Die Formeln für beide Größen werden abgeleitet und an numerischen Beispielen ausführlich diskutiert. Böh.

4515. H. Strassl, Nomogramme zur Auflösung der Keplerschen Gleichung. AN **279** 25—43, mit 3 Abb. = Mitt. Univ.-Sternw. Göttingen Nr. **3**. — Ref. in Math. Rev. **12** 541. — Es werden drei selbständige, ganz verschieden aufgebaute Nomogramme zur Keplerschen Gleichung $M = E - e \sin E$ beschrieben. Außer bei genäherten Rechnungen können sie bei der strengen Auflösung der Gleichung nach E wesentliche Hilfe leisten, da sie außer einem Näherungswert für E auch die Ableitung dE/dM zu entnehmen gestatten. Die immer erforderlichen Hilfsmittel wie vielstellige Sinustafel, Logarithmentafel bzw. Rechenmaschine werden auch hier benötigt; doch führen die Nomogramme in Verbindung mit ihnen zu einem besonders bequemen und rasch durchführbaren Lösungsverfahren. Darüber hinaus bieten sie mannigfache interessante Überblicke über die Keplersche Gleichung. Verf.

4516. K. Stumpff, Neue Theorie und Methode der Ephemeridenrechnung. Vgl. AJB **49** Ref. **4513**. — Weitere Besprechung in AN **278** 277—278 (A. Kahrstedt), Mem SA It (NS) **21** 79—80 (F. Zagar), Naturwiss. Rundschau **3** 231, Sterne **26** 47—48.

4517. H. Wood, Kepler's problem. J. Proc. Roy. Soc. New South Wales **83** 150—163, mit 3 Fig. = Sydney Obs. Papers Nr. **10**. — Ref. in Math. Rev. **12** 365. — Das Keplersche Problem wird für alle drei Kegelschnitte analytisch in bezug auf seine Regularitätsverhältnisse untersucht. Im 2. Teil wird die Genauigkeit der numerischen Berechnung in allen Einzelheiten behandelt, woraus für jeden Fall bestimmte Vorschriften sich ergeben. Den Schluß bildet eine Ergänzung zu den Bibliographien von Radau, Bauschinger, Herglotz und Wintner. Böh.

4518. H. Wood, Kepler's problem — the parabolic case. J. Proc. Roy. Soc. New South Wales **83** 181—194 = Sydney Obs. Papers Nr. **11**. — Die Arbeit gibt 2 Tafeln und eine Formelzusammenstellung für die Keplersche Bewegung in einer Parabel. Im 1. Teil der Tafel 1 ist zum Argument $D =$

$12\sqrt{2}\,kq^{-3/2}\,t$ im Intervall 0.1 von $D = 0$ bis $D = 100$ die Größe $\mu = 2\,tg\,\frac{v}{2}$ auf 7 Dezimalen gegeben; im 2. Teil μ auf 6 Dezimalen von $D = 100$ bis $D = 1000$ im Intervall 1. Die Tafel 2 ermöglicht die Berechnung von μ für $D > 1000$. Die Tafel von Wood geht über den Anwendungsbereich der Tafeln von Strömgren und Subbotin hinaus, was wegen der Verfolgung der Kometen über längere Zeiträume hinweg nötig geworden ist. Böh.

4519. Differential corrections of orbits of comets. Vgl. AJB **49** Ref. **4511.** — Besprechung der Arbeit von J. G. Porter in Nature **165** 672.

4520. Calculation of perturbations of comets and minor planets. Nature **165** 719—720. — Notiz der Computing Section der British Astr. Association über einen Teil ihrer Rechenarbeit.

Sechster Teil

Theoretische Astrophysik

§ 50

Allgemeines

5001. **H. Alfvén,** Cosmical Electrodynamics. Oxford, At the Clarendon Press, 1950. 8 + 237 S. Preis 25 s. net. — Besprechung in NAT **1950** 118—119, Math. Rev. **12** 756 (S. Chandrasekhar), Nature **166** 243, Obs **70** 118—120 (M. Johnson), PAT **31** 167—168, ZfMG **38** 432 (G. Burkhardt), Z. Naturforschung **6a** 55—56 (A. Schlüter).

5002. **S. Chandrasekhar,** Radiative Transfer. Oxford, At the Clarendon Press, 1950. The International Series of Monographs on Physics. 14 + 393 S. Preis 35 s. net. — Besprechung in NAT **1950** 119, Nature **166** 164 (S. Rosseland), Naturwissenschaften **37** 404—405 (A. Unsöld), Obs **70** 115—118 (E. A. Milne), Proc. Phys. Soc. (A) **63** 1049—1050, ZfMG **37** 432 (G. Burkhardt).

* * **W. H. McCrea,** Physics of the Sun and Stars. Vgl. Ref. **6015.**

5003. **W. H. McCrea,** Quantum mechanics and astrophysics. Nature **166** 884—886. — Inhalt: Zustand der Materie in Sternen und Planeten, Bildung der Spektren, Kernreaktionen in Sternen, interstellare Materie, Zukünftiges.

5004. **E. Schatzman,** Expérience et réalité en astrophysique. Ciel et Terre **66** 177—184 = Inst. Astr. Bruxelles (2) Nr. **57.** — Verf. schildert am Beispiel des Weges von den reinen Beobachtungsdaten über scheinbare Helligkeiten bis zur theoretischen Deutung der Energieerzeugung der Sterne nach dem Weizsäcker-Bethe-Zyklus, wie der Astrophysiker auf der Erfahrung aufbauend zu Aussagen über die physikalische Natur der Himmelskörper gelangt. Kdr.

5005. **H. E. Suess,** Die Häufigkeit der Edelgase auf der Erde und im Kosmos. J. Geology **57** 600—607. — Ref. in Phys. Ber. **29** 933.

5006. **M. Waldmeier,** Einführung in die Astrophysik. Vgl. AJB **48** Ref. **5014.** — Weitere Besprechung in Naturwissenschaften **37** 71 (P. ten Bruggencate), Sternenwelt **3** 239—240 (W. Petri), ZfMG **34** 431 (A. Unsöld).

5007. **L. Zappa,** I problemi di idrodinamica relativi a masse di dimensioni cosmiche. Mem SA It (NS) **21** 149—157. — Kurzer Bericht über das Pariser Symposium über hydrodynamische Probleme kosmischer Massen. F. Z.

5008. The composition of the universe. Sky and Telescope **9** 185.

§ 51

Sternatmosphäre, Spektrum

5101. **M. Baroin, E. Schatzman,** Calcul d'un modèle d'atmosphère stellaire turbulente. CR **231** 757—758 = Contr. Inst. Astrophys. Paris (A) Nr. **75**. — Das behandelte Atmosphärenmodell entspricht etwa den Verhältnissen bei η Aquilae. Aus den Rechnungen läßt sich bei diesem Stern und ähnlichen Objekten die Existenz einer dünnen Schicht mit starker Turbulenz oberhalb der Photosphäre deduzieren. Kdr.

5102. **C. S. Beals,** The atmospheres of the early type stars. J RAS Canada **44** 221—240, mit 1 Fig. und 3 Tafeln = Contr. Dominion Obs. Ottawa **2** Nr. 9. — In einem längeren Aufsatz berichtet der Verf. über die Entstehung der Spektren früher Sterne. Behandelt werden unter anderem die Rolle des Stark-Effekts, der Einfluß von Bewegungen in Atmosphären auf die Linienprofile sowie die Temperatur und ihre Bestimmung bei Objekten mit Absorptions- und Emissionslinien. Micz.

5103. **P. Bouvier,** Remarque sur l'effet Compton et l'hypothèse du corps gris en astrophysique. Arch. Sci. Genève **2** 448—453, 1949. — Ref. in ZfMG **37** 287.

5104. **P. ten Bruggencate,** Bemerkungen über den Zusammenhang zwischen dem Rosseland'schen und dem Chandrasekhar'schen Wert für die Opazität in Sternatmosphären. Nachr. Akad. Wiss. Göttingen, Math.-phys. Kl., II a, Math.-phys.-chem. Abt. Jahrgang 1950 Nr. 2, 8 S. = Veröff. Univ.-Sternw. Göttingen Nr. **96**. — Ref. in Math. Rev. **12** 755. — Es wird darauf hingewiesen, daß die Vorschriften (Rosseland und Chandrasekhar) zur Ermittlung der Opazität bei strenger Rechnung identisch sind. Der Unterschied zwischen den beiden Opazitäten liegt in der verschiedenen Art, wie Rosseland und Chandrasekhar die Gewichtsfunktionen approximieren. Das Verfahren von Rosseland konvergiert in großer optischer Tiefe gegen die für ein isotropes Strahlungsfeld zu erwartende Beziehung. Das ist beim Chandrasekhar'schen Verfahren nicht der Fall. Verf.

5105. **I. W. Busbridge,** On a recent paper on radiative equilibrium by D. H. Menzel and H. K. Sen. ApJ **111** 654—657. — Ref. in Math. Rev. **12** 290. — Kritik der Arbeit von Menzel und Sen in ApJ **110** 1 (AJB **49** Ref. **5122**) in mathematischer Hinsicht und Nachweis der Inkorrektheit der dort angewandten Operatorenmethode. Kdr.

5106. **D. Chalonge, L. Divan, V. Kourganoff,** Température de brillance et opacité des atmosphères stellaires. Application au Soleil. Ann d'Astrophys **13** 347—354, mit 1 Fig. = Contr. Inst. Astrophys. Paris (B) Nr. **54**. — Es werden die Beziehungen untersucht, die zwischen der schwarzen Temperatur eines Sterns, die der Temperatur in einer bestimmten mittleren optischen Tiefe entspricht, und der atmosphärischen Opazität, sowie der Farbtemperatur des Sterns bestehen. Die Anwendung der Ergebnisse auf das kontinuierliche Spektrum des Zentrums der Sonnenscheibe erlaubt in einfacher Weise einige bereits bekannte Resultate abzuleiten. Kdr.

5107. **S. Chandrasekhar,** On the radiative equilibrium of a stellar atmosphere. XX. XXI. Vgl. AJB **47** Ref. **3608**, **3609**. — Weiteres Ref. in Urania Barcelona **35** 230—231.

5108. **A. D. Code,** Radiative equilibrium in an atmosphere in which pure scattering and pure absorption both play a role. ApJ **112** 22—47, mit 2 Fig. — Ref. in Math. Rev. **12** 290. — Der obige Spezialfall wird nach den Chandrasekharschen Methoden und für verschiedene Werte des Verhältnisses von mittlerem Absorptionskoeffizient zur Summe von Streukoeffizient und mittlerem Absorptionskoeffizient die Temperaturverteilung in der Atmosphäre, sowie Randverdunklung und Polarisationsgrad der austretenden Strahlung bestimmt. Kdr.

5109. **P. Couteau, E. Schatzman,** Sur l'abondance de l'hydrogène moléculaire dans l'atmosphère des naines blanches. CR **231** 33—34 = Contr. Inst. Astrophys. Paris (A) Nr. **68**. — Unter der Annahme, daß die Atmosphären weißer Zwerge fast vollständig aus Wasserstoff bestehen, wird der zu erwartende Gehalt an H_2 abgeschätzt mit dem Ergebnis, daß dieser selbst unter extremen Bedingungen so gering ist, daß sein Einfluß auf die Absorption zu vernachlässigen ist. Kdr.

5110. **F. N. Edmonds jr.,** Scattering by a moving electron atmosphere and its effect on spectral lines. I. The Schuster problem. ApJ **112** 307—323, mit 3 Fig. — Für eine expandierende Elektronenatmosphäre, für die die Bedingungen des Schusterproblems gelten sollen, wird die Strahlungstransportgleichung unter Annahme des Thomsonschen Streukoeffizienten, der Rayleighschen Phasenfunktion und einer Maxwellverteilung der thermischen Geschwindigkeiten in erster Näherung gelöst, wobei die Nichtkohärenz der Strahlung Berücksichtigung findet. Für die austretende Strahlung ergibt sich ein nichtgestreuter und ein gestreuter Anteil. Der Einfluß der Atmosphäre auf die Spektrallinien äußert sich in einer Abflachung der Kerne und einer größeren Ausdehnung der Flügel. Ferner bedingt die Expansion Asymmetrien bzw. Verschiebungen der Linien. Kdr.

5111. **W. G. Gorbazkij,** Die Ionisation in ausgedehnten Sternhüllen. Abh. Shdanow-Staatsuniv. Leningrad Nr. **136** (Math. Wiss. Nr. **22**, Astr.) S. 72—86 = Publ. Astr. Obs. Leningrad **15** 72—86 (russisch). — Ref. in Astr. News Letter Nr. **58** S. 5—6. — Verf. behandelt die Theorie sich bewegender, ausgedehnter Sternhüllen, die durch kontinuierliches Absprühen von Materie um einen Stern entstehen. Bei der Untersuchung des Strahlungsgleichgewichts stellt sich heraus, daß es für jede Hülle eine gewisse kritische Temperatur gibt. Ist die Sterntemperatur niedriger als diese, dann ist nur der dem Stern zugewandte Teil der Hülle ionisiert, der übrige jedoch nicht. Ist sie höher oder wenigstens gleich, dann ist die ganze Hülle ionisiert. Dabei nimmt der Ionisationsgrad nach außen hin ab und zwar umso langsamer, je höher die Sterntemperatur ist. Es werden die Formeln abgeleitet, mit denen der Ionisationsgrad in der Hülle in Abhängigkeit von der Temperatur des Sterns und der Dichte und dem Geschwindigkeitsgradienten der Hülle berechnet werden kann. Die Ergebnisse können auf Sterne mit hellen Linien, insbesondere Be-Sterne, angewandt werden. Verf.

5112. **H. G. Horak,** Diffuse reflection by planetary atmospheres. ApJ **112** 445—463, mit 10 Fig. — Es wird an Hand der Chandrasekharschen Lösung des Problems der diffusen Reflexion an Planetenatmosphären vor allem für Saturn und Venus das photometrische Beobachtungsmaterial diskutiert. Die Randverdunklung Saturns liefert die Phasenfunktion 0,985 $(1 + 0.9 \cos \Theta)$ im Gelben und 0.925 $(1 + 0{,}65 \cos \Theta)$ im Blauen, während für Venus die Randverdunklung im Gelben und die visuelle und photographische Phasenkurve für Phasenwinkel unter 130° am besten durch isotrope Streuung erklärbar ist. Bei größeren Phasenwinkeln ist die Venushelligkeit zu groß. Betreffs der Polarisation in der Venusatmosphäre ergibt sich, daß sie nicht durch Rayleighsche Streuung zu deuten ist. Kdr.

5113. **M. Johnson,** Adjustments within shells and asymmetric ejecta from Z Andr, ζ Auri, β Lyra, ϱ Cass and γ Cass. MN **110** 84—96, mit 3 Fig. — Zur Erklärung des gleichzeitigen oder rasch wechselnden Auftretens der Charakteristika für starke und schwache Anregung in den Spektren nichtstationärer Sterne diskutiert Verf. einige Gesichtspunkte zur Frage der Schichtung und Materieverteilung und ihrer Änderungen in zirkumstellaren Gasmassen. Kdr.

5114. **P. C. Keenan, J. A. Hynek,** Neutral oxygen in stellar atmospheres. ApJ **111** 1—10, mit 4 Fig. = Contr. Perkins Obs. Nr. **26**. — Ref. in Sternenwelt **3** 150—151. — Messungen der Äquivalentbreiten ergeben, daß die O I-Linien λ 7774 und λ 8446 ein gutes Leuchtkraftkriterium für die Spektraltypen B bis G darstellen, die Linie λ 7774 ist insbesondere zur Identifizierung der Überriesen geeignet. Für einige Sterne wird das Häufigkeitsverhältnis Sauerstoff/Wasserstoff abgeleitet. Kurz behandelt wird die Frage, warum die Triplett-Linie λ 8446 häufiger als die Quintett-Linie λ 7774 in Emission auftritt. Aus Abweichungen des Intensitätsverhältnisses vom Normalwert der beiden Linien kann vermutlich auf die Stärke der UV-Emission von Lyman-β geschlossen werden. Micz.

5115. **G. H. Kets,** The temperature distribution in the outer photosphere of the sun. BAN **11** 236—239, mit 4 Fig. — Zur Erklärung der relativ niedrigen Temperaturwerte, die sich aus molekularen Linien für die äußersten Photosphärenschichten ergeben, berechnet Verf. für diese Schichten ein Modell unter der Annahme von Strahlungsgleichgewicht bei Berücksichtigung des «blanketing»-Effekts in Verbindung mit einer von Unsöld für die äußerste Photosphäre vorgeschlagenen Korrektion. Kdr.

5116. **V. Kourganoff,** Sur les fonctions $K_n(x) = \int_1^\infty \frac{e^{-xt}}{t^n}\,dt$ et certaines intégrales qui s'y rattachent. I. Propriétés générales des $K_n(x)$ et calcul des intégrales $I_{psn}(a) = \int_0^\infty e^{-px} x^s K_n(ax)\,dx$. Vgl. AJB **47** Ref. **3610**. — Weiteres Ref. in Urania Barcelona **35** 231.

5117. **V. Kourganoff,** Sur les transformées, par les opérateurs Λ et Φ des fonctions intégro-exponentielles K_n. CR **227** 958—960, 1948 = Contr. Inst. Astrophys. Paris (A) Nr. **32**. — Tabulierung einiger Zwischengrößen zur einfacheren und genaueren Berechnung der Quellenfunktion B mit Hilfe der Funktionen K_n. Kdr.

5118. **V. Kourganoff,** On a generalization of the variational method for problems of radiative transfer. ApJ **111** 443—445. — Zu der von Menzel und Sen (ApJ **110** 1, AJB **49** Ref. **5122**) zur Lösung des Problems des Strahlungstransports in einer grauen Atmosphäre entwickelten Operatorenmethode werden einige Bemerkungen gemacht, die Verf. auf eine Erweiterung und Vereinfachung seiner eigenen Variationsmethode führen. Kdr.

5119. **J. S. Kusnezow,** The vertical distribution of the temperature of the atmosphere in radiative equilibrium. Publ. (Trudy) Inst. Theor. Geophys. UdSSR **1** 3—94, 1946 (russisch). — Ref. in Math. Rev. **10** 334.

5120. **D. Labs,** Untersuchungen zur inkohärenten Streuung in Fraunhoferlinien. Mitt. AG **1950** 12. — Ref. AG.

5121. **D. Labs,** Eine einfache Näherungslösung für das Strahlungsgleichgewicht einer «grauen» Atmosphäre. ZfA **27** 153—155 = Sonderdruck Sternw. Kiel. — Es wird eine analytisch sehr einfache und doch recht gute Näherung angegeben und mit anderen Lösungen verglichen. Verf.

5122. **A. McKellar,** The C^{12} to C^{13} abundance ratio in stellar atmospheres. Publ ASP **62** 110—112. — Das unterschiedliche Häufigkeitsverhältnis von C^{12} zu C^{13} im Sonneninnern und in der Sonnenatmosphäre (vgl. Ref. **6103**) wird mit dem Verhältnis in Sternen vom Spektraltyp R verglichen und in einer Hypothese über die Entwicklung dieser Sterne zu erklären versucht. Gli.

5123. **O. A. Melnikow,** Die neue Methode zur Untersuchung der Sternspektren. Vgl. Ref. 711. — Referat über Theorie und Praxis der Wachstumskurven mit Beispielen.

5124. **D. H. Menzel, H. K. Sen,** Operational solution of radiative transfer in absorption lines. AJ **55** 74—75. — Ref. AAS.

5125. **R. Michard,** Sur l'usage des coefficients d'absorption moyens dans la théorie des atmosphères stellaires. CR **229** 702—704 = Contr. Inst. Astrophys. Paris (A) Nr. **39**. — Vgl. AJB **49** Ref. **5124**.

5126. **T. Murakami,** On the Fe II emission lines in low temperature stars. Publ. Astr. Soc. Japan **2** 51—52. — Erklärungsversuch für das Auftreten von Emissionslinien des Fe II bei M-Sternen unter der Annahme, daß diese Linien auf Elektronenstöße zurückzuführen seien. Kdr.

5127. **N. Owaki,** On the equation of transfer of radiation through a nongrey stellar atmosphere. Publ. Astr. Soc. Japan **1** 163—170 = Tokyo Astr. Obs. Repr. Nr. **56**. — Im Anschluß an die Arbeiten Chandrasekhars wird eine neue Lösungsmethode für die Strahlungstransportgleichung für den Fall einer nichtgrauen Atmosphäre entwickelt.

5128. **J.-C. Pecker,** Contribution à la théorie du type spectral. I. Introduction générale. La construction des modèles d'atmosphères. Ann d'Astrophys **13** 294—318, mit 4 Fig. — Die verschiedenen zur Berechnung von Modellatmosphären vorgeschlagenen Methoden werden kritisch miteinander verglichen, und zwar für eine graue Atmosphäre und eine reelle Atmosphäre mit frequenzabhängigen Absorptionskoeffizienten die Methoden von Chandrasekhar und von Kourganoff, dazu noch für den zweiten Fall die Methode von Strömgren. Verf. findet, daß die letztere den beiden anderen vorzuziehen sei. Abschließend wird die praktische Berechnung von Strahlungsfluß, mittlerer Intensität und Strahlungsdruck behandelt. Kdr.

5129. **J.-C. Pecker,** Contribution à la théorie du type spectral. II. La polarisation par les électrons libres et le type spectral. Ann d'Astrophys **13** 319—336, mit 5 Fig. — Die Polarisation durch freie Elektronen in Sternatmosphären wird im Anschluß an Chandrasekhar unter Berücksichtigung der Absorption berechnet und für die Sonne und Sterne frühen Spektraltyps numerisch ausgewertet. Ein Vergleich mit Beobachtungen von Lyot und Hiltner ergibt befriedigende Übereinstimmung. Danach hält Verf. den Polarisationsgrad für ein geeignetes Kriterium für den Spektraltyp. Kdr.

5130. **J.-C. Pecker,** Contribution à la théorie du type spectral. III. Construction de modèles d'étoiles B. Ann d'Astrophys **13** 433—458, mit 14 Fig. — Nach der Strömgrenschen Iterationsmethode werden unter Verwendung des Rosselandschen Mittels für die Opazität zwei B-Stern-Atmosphärenmodelle berechnet, deren effektive Temperatur, Schwerebeschleunigung log g und Spektraltyp 27300°, 4,48, B_1 bzw. 26360°, 4,48, $B_{1,5}$ betragen. Weitere charakteristische Werte der Modelle werden tabuliert und Methode und Ergebnisse mit denen anderer Autoren verglichen. Für die bolometrische

Korrektion werden in dem behandelten Spektralbereich um etwa $0{,}5^m$ größere Werte gefunden, als bisher angenommen wurden. Kdr.

5131. **J.-C. Pecker,** Les atmosphères stellaires. BSAF **64** 471—474, mit 2 Fig. — Inhalt: L'atmosphère d'une étoile détermine le rayonnement observable. L'atmosphère d'une étoile n'a pas de limites géométriques définies. Les régions de l'atmosphère. Photosphère, chromosphère, couronne. Observation et structure de la couronne.

5132. **J.-C. Pecker,** L'inversion de la relation de Laplace. CR **231** 947—949, mit 1 Fig. = Contr. Inst. Astrophys. Paris (A) Nr. **74.** — In der Atmosphärentheorie erfordert die Berechnung der Quellenfunktion B (τ) aus den I ($0, \mu$) die Umkehrung einer Beziehung von Laplace. Verf. schlägt vor, diese Umkehrung mit Hilfe eines in bestimmter Weise geschalteten elektrischen Schwingungskreises vorzunehmen, von dem er zeigt, daß sich die in ihm auftretenden elektrischen Größen den Größen des astrophysikalischen Problems zuordnen lassen. Kdr.

5133. **A. Reiz,** Quadrature formulae for the numerical calculation of mean intensities and fluxes in a stellar atmosphere. Ark Astr **1** 147—153 = Lund Medd (1) Nr. **171.** — Zur numerischen Auswertung gewisser Integrale, die bei Strahlungstransportproblemen in Sternatmosphären auftreten, werden zwei spezielle Ansätze diskutiert und die entsprechenden Quadraturformeln abgeleitet. Kdr.

5134. **M. Rudkjöbing,** On the metallic-line stars. Ann d'Astrophys **13** 69—71 = Publ. Köbenhavns Obs. Nr. **152.** — Es wird eine qualitative Erklärungsmöglichkeit für das gleichzeitige Vorkommen von normalen Sternen und Metalliniensternen in der gleichen Gegend des Russell-Diagramms angegeben. Zwischen beiden Arten von Sternen besteht danach ein Unterschied in den Massen, der eine etwas verschiedene Struktur der Wasserstoffkonvektionszone und damit auch etwas verschiedene Anregungsverhältnisse zur Folge hat, was sich auf die Linien der Elemente mit einem Ionisationspotential zwischen 12 und 16 Volt besonders stark auswirkt. Kdr.

5135. **E. Schatzman,** La turbulence dans les atmosphères stellaires. Ciel et Terre **66** 222—226, mit 1 Fig. = Inst. Astr. Bruxelles (2) Nr. **58.** — Kurze Besprechung des Phänomens der Turbulenz und der Stoßwellen im Hinblick auf astronomische Probleme (Sonnengranulation, Turbulenz in den Atmosphären bestimmter Riesensterne). Kdr.

5136. **W. W. Sobolew,** Das Leuchten der Sternhüllen bei fehlendem Strahlungsgleichgewicht. AJ UdSSR **27** 81—88, mit 2 Abb. (russisch). — Ref. in Astr. News Letter Nr. **51** S. 7—8, Math. Rev. **12** 644. — In der vorliegenden Mitteilung behandelt Verf. in Anlehnung an eine 1948 im Boten der Universität Leningrad veröffentlichte Arbeit Photoionisation und Rekombinationsleuchten in einer den planetarischen Nebeln ähnlichen Hülle für die Fälle kleiner und großer optischer Dicke und wendet die Ergebnisse auf die Nova Herculis 1934 an. Für deren Hülle ergibt sich eine Masse von 2.3×10^{28} Gramm. Loh.

5137. **W. W. Sobolew,** On the coefficients of brightness of a plane layer of a scattering medium. DAN **61** 803—806, 1948 (russisch). — Ref. in Math. Rev. **10** 657.

5138. **J. Strong, G. N. Plass,** The effect of pressure broadening of spectral lines on atmospheric temperature. ApJ **112** 365—379, mit 4 Fig. — Die Arbeit behandelt die mit wachsendem Druck von außen nach innen ansteigende Druckverbreiterung der Infrarot-Banden in Planetenatmosphären. Es wird gezeigt, daß die in den tieferen Schichten emittierte Strahlung der Linienflügel weiter außen eine nur geringe Absorption erleidet und daß der Einfluß dieses Effekts auf Strahlungsbilanz, Temperaturverteilung und Stabilität der irdischen Stratosphäre nicht zu vernachlässigen ist. Insbesondere werden an Hand neuerer Daten die O_3-Bande bei 9.6 μ, die CO_2-Bande bei 15 μ und die H_2O-Bande bei 50 μ besprochen. Kdr.

5139. **Su-Shu Huang,** On the Doppler broadening of absorption lines by turbulence and by multiple interstellar clouds. AJ **55** 170—171. — Ref. AAS. — ApJ **112** 399—417, mit 2 Fig. — Ref. in Math. Rev. **12** 545. — Verf. führt aus, daß der Einfluß der Turbulenz auf Absorptionslinien je nach der Größe der Turbulenzelemente im Vergleich zur Dicke der umkehrenden Schicht verschieden ist. Während große Turbulenzelemente nur die Linien verbreitern, modifizieren kleinere Elemente auch die Äquivalentbreiten und damit die Wachstumskurve. Im hier behandelten zweiten Fall wird für ein turbulentes absorbierendes Gas ein mittlerer Linienabsorptionskoeffizient für verschiedene Verteilungsfunktionen der Turbulenzgeschwindigkeiten berechnet und für zwei Verteilungsfunktionen auch Linienprofile und Wachstumskurven. Es zeigt sich, daß Turbulenzgeschwindigkeiten in Sternatmosphären nur dann mit einiger Sicherheit aus der Wachstumskurve zu ermitteln sind, wenn die Verteilungsfunktion genau bekannt ist. Das angewandte Verfahren läßt sich ohne weiteres auf den Fall anwenden, daß die Linienverbreiterung durch eine Schar interstellarer Wolken zustande kommt, die sich mit verschiedener Geschwindigkeit zwischen einem Stern und uns bewegen. Kdr.

5140. **Su-Shu Huang,** On turbulence in the atmospheres of the sun and the stars. ApJ **112** 418—423, mit 1 Fig. — Die bei gewissen Riesensternen beobachteten Unterschiede zwischen den aus Linienprofilen und aus Wachstumskurven ermittelten Turbulenzgeschwindigkeiten erklärt Verf. durch die Überlegung, daß für die beobachteten Geschwindigkeiten in erster Linie die Größe der am schnellsten bewegten Turbulenzelemente maßgebend ist, die kleiner, gleich oder größer als die Dicke der umkehrenden Schicht sein kann und deren Auswirkungen auf Linienprofile und Äquivalentbreiten je nach der Größe verschieden sind. Kdr.

5141. **S. Ueno,** On the spectral sequence of the stellar atmospheres. II. Publ. Astr. Soc. Japan **1** 138—154, mit 7 Fig. = Contr. Inst. Astrophys. Kyoto Univ. Nr. **5**. — Numerische Anwendungen der Untersuchungen in Teil I (AJB **49** Ref. **5139**) und Vergleich mit der Beobachtung. Kdr.

5142. **S. Ueno, S. Matsushima,** On the convection of the stellar photospheres. Publ. Astr. Soc. Japan **2** 32—44, mit 6 Fig. = Contr. Inst. Astrophys. Kyoto Univ. Nr. **7**. — Aufbau und Eigenschaften der Wasserstoffkonvektionszone werden in Abhängigkeit vom Spektraltyp untersucht unter Berücksichtigung der Absorption durch das H^--Ion neben der durch das neutrale H-Atom. Kdr.

5143. **A. B. Underhill,** An O 5 model atmosphere. AJ **55** 185. — Ref. AAS.

5144. **A. B. Underhill,** A high-temperature model atmosphere. ApJ **111** 203—206, mit 1 Fig. — Vorläufige Mitteilung der Ergebnisse der numerischen Integration eines Atmosphärenmodells für einen Stern frühen Spektraltyps (Oberflächentemperatur 25200°, Schwerebeschleunigung $\log g = 4.200$, chemische Zusammensetzung H : He = 85 : 15). Die effektive Temperatur ergibt sich zu 36800°, der Spektraltyp liegt zwischen O9 und B0. Die Energieverteilung der austretenden Strahlung zeigt wesentliche Abweichungen von der eines schwarzen Strahlers der effektiven Temperatur des Sterns, und zwar für $\lambda > 912$ Å einen beträchtlichen Überschuß, für $\lambda < 912$ Å ein Defizit. Kdr.

5145. **A. B. Underhill,** On model atmospheres for the high-temperature stars. Kgl. Danske Vid. Selskab Mat.-Fys. Medd. **25** Nr. 13, 53 S. mit 2 Fig. = Publ. Köbenhavns Obs. Nr. **151**. — Ausführliche Darstellung der Untersuchungen über Atmosphärenmodelle von Sternen hoher Temperatur, über die bereits in einer vorläufigen Mitteilung in ApJ **111** 203 (vgl. vorstehendes Ref.) berichtet wurde. Kdr.

5146. **A. Unsöld,** Physik der Sternatmosphären. Unter Redaktion von E. R. Mustel aus dem Deutschen ins Russische übersetzt. Moskau, Staatsverlag für ausländische Literatur, 1949. 630 S. — Besprechung in AJ UdSSR **27** 129—130 (W. W. Sobolew).

5147. **E. Vitense,** Aufbau und Spektren von Sternatmosphären. Mitt. AG **1950** 11—12. — Ref. AG.

5148. **H. H. Voigt,** Über die Polarisation der Strahlung in Sternatmosphären. Mitt. AG **1950** 12. — Ref. AG.

5149. **J. Weenen,** On physical processes in Wolf-Rayet stars. Paper 2: Wolf-Rayet stars and the hypothesis of thermal ionisation. BAN **11** 176—179, mit 5 Fig. — Die Allerschen Beobachtungen von Emissionslinienintensitäten in Wolf-Rayet-Sternen (ApJ **97** 135, AJB **45** Ref. **7510**) werden unter Modifizierung der Methode einer Neudiskussion unterzogen. Der Berechnung der Ionisation wird die thermische Ionisationsformel zugrunde gelegt. Für das Verhältnis C : He resultiert ein größerer Wert als bei Aller in guter Übereinstimmung mit den Ergebnissen von Teil I (vgl. Ref. **5152**). Kdr.

5150. **M. H. Wrubel,** Exact curves of growth for the formation of absorption lines according to the Milne-Eddington model. II. Center of the disk. ApJ **111** 157—164, mit 4 Fig. — Der Verf. ergänzt seine Rechnungen (ApJ **109** 66, AJB **49** Ref. **5148**) über die Wachstumskurve des Milne-Eddingtonschen Sternmodells, die für über die Sternscheibe integriertes Licht gelten, für den Fall, daß Licht einer zentralen Zone der Scheibe beobachtet wird. Die mitgeteilten Tabellen und Diagramme theoretischer Wachstumskurven basieren auf der von Chandrasekhar gegebenen strengen Lösung der Transportgleichung des Milne-Eddingtonschen Modells und den Tafeln des Linienabsorptionskoeffizienten von Hjerting. Micz.

5151. **M. H. Wrubel,** Turbulence and the curve of growth. ApJ **112** 424—433, mit 3 Fig. — Ref. in Math. Rev. **12** 545. — Es wird gezeigt, daß im Falle turbulenter Atmosphären auf die Linienkonturen Turbulenzelemente jeder Größe, auf Gesamtabsorption und Wachstumskurve im wesentlichen nur kleinere Turbulenzelemente von Einfluß sind, und daß dadurch die bei einigen Überriesen auftretenden Diskrepanzen zwischen den aus Linienkonturen und aus der Wachstumskurve sich ergebenden Turbulenzgeschwindigkeiten zu deuten sind. (Vgl. Su-Shu Huang, ApJ **112** 418, Ref. **5140**.) Kdr.

5152. **H. Zanstra, J. Weenen,** On physical processes in Wolf-Rayet stars. Paper 1: Wolf-Rayet stars and Beals' hypothesis of pure recombination. BAN **11** 165—176, mit 4 Fig. — Die Arbeit enthält eine theoretische Interpretation von Messungen an Emissionsbanden in vier Wolf-Rayet-Sternen durch Beals auf Grund von dessen Hypothese, daß für die Hüllen von Wolf-Rayet-Sternen derselbe Ionisations- und Rekombinationsmechanismus angenommen werden darf wie für planetarische Nebel. Als wesentlichstes Resultat wird für das Häufigkeitsverhältnis C : He im Mittel für drei Kohlenstoff-Wolf-Rayet-Sterne der Wert 0.37 abgeleitet, der etwa 50mal so groß ist wie der Wert für die durchschnittliche Elementenverteilung. Kdr.

§ 52

Sterninneres

5201. **L. H. Aller,** Proton-proton reactions in red dwarf stars. ApJ **111** 173—178. — In Sternen, die kühler als die Sonne sind, kommt neben dem C-N-Zyklus auch der Proton-Proton-Prozeß für die Energielieferung in Betracht. Verf. untersucht ihre relativen Beiträge. Als Näherung für den inneren Aufbau solcher Sterne werden die von M. Schwarzschild bzw. G. Keller für die Sonne aufgestellten benutzt. Der für die Opazität verantwortliche Anteil schwerer Elemente wird durch die Russell-Mischung bzw. durch Sauerstoff allein dargestellt. Numerische Rechnungen werden für zwei rote Zwerge, Krüger 60 A und o_2 Eridani C, durchgeführt. Micz.

5202. **C. M. Bondi,** Models for red giant stars. I. General discussion and application to homogeneous models. MN **110** 275—286, mit 3 Fig. — Ref. in Math. Rev. 12 755. — Im Hinblick auf die großen Radien der roten Riesen wird ausführlich diskutiert, wann eine wesentliche Vergrößerung des Radius eines Sternmodells auftreten kann, und es wird gezeigt, daß eine solche für chemisch einheitlich zusammengesetzte Modelle nicht zu erwarten ist, wenn die gegenwärtigen Ansichten über die stellare Opazität zutreffend sind. Kdr.

5203. **C. M. Bondi, H. Bondi,** Models for red giant stars. II. Models with a chemical inhomogeneity and opacity due to photoelectric effect. MN **110** 287—304, mit 4 Fig. — Ref. in Math. Rev. **12** 755. — Auf Grund der Ergebnisse im Teil I der Arbeit werden nunmehr Sternmodelle mit einer Diskontinuität in der chemischen Zusammensetzung behandelt. Für die Opazität wird das Kramers'sche Gesetz unter Berücksichtigung des Guillotinefaktors angenommen. Die Verf. finden, daß, wenn das Molekulargewicht innen größer als außen ist, unter Umständen beträchtliche — theoretisch sogar unendlich große — Radiusvergrößerungen möglich sind im Gegensatz zu Li Hen und Schwarzschild, die bei der Diskussion chemisch inhomogener Modelle nur Radien mäßiger Größe erhielten. Dies wird auf eine nicht repräsentative Auswahl der untersuchten Modelle zurückgeführt. Kdr.

* * **H. Bondi,** On the interpretation of the Hertzsprung-Russell diagram. Vgl. Ref. **9**701.

5204. **H. Brown,** On the compositions and structures of the planets. ApJ **111** 641—653, mit **4** Fig. — Es wird der Versuch gemacht, die beobachteten physikalischen und chemischen Eigenschaften der einzelnen Planeten auf einer einheitlichen Grundlage — etwa gleichzeitige Entwicklung aus einem Medium veränderlicher Temperatur und Dichte, aber homogener chemischer Zusammensetzung, und zwar der heute auf der Sonne beobachteten — zu deuten. Für die inneren Planeten wird die Vorstellung nahezu identischer Zusammensetzung begründet, wobei die beobachteten Dichteunterschiede durch Kompressionseffekte bedingt seien. Für die äußeren Planeten wird ein Modell vorgeschlagen, das aus einem erdähnlichen Kern und einer H-He-Atmosphäre besteht, deren Anteil an der Gesamtmasse von fast 90% bei Jupiter, über 70% bei Saturn bis auf 6 und 0.5% bei Uranus bzw. Neptun abnimmt. Kdr.

5205. **H. A. Buchdahl,** On Tolman's equation describing the thermal equilibrium in a gravitating sphere of fluid. Philos. Mag. (7) **41** 362—363. — Ref. in Math. Rev. **11** 694.

5206. **W. Büdeler,** Die Energiequellen der Sterne. Der Sternenlauf 1950 (Ref. **445**) S. 81—89.

5207. **S. Chandrasekhar,** An Introduction to the Study of Stellar Structure. Vgl. AJB **41** Ref. **3502**. Aus dem Englischen ins Russische übersetzt unter Redaktion und mit einer Einführung von A. B. Sewerny. Moskau, Verlag für ausländische Literatur, 1950. 476 S. mit 36 Abb. Preis 28 R.

5208. **I. Epstein,** Pulsation properties of giant-star models. ApJ **112** 6—21, mit 3 Fig. — Ref. in Math. Rev. **12** 448. — Für drei von M. Schwarzschild behandelte Riesensternmodelle wird die Pulsationsgleichung für Grundschwingung und erste Oberschwingung numerisch integriert und die Perioden-Dichte-Beziehung ermittelt. Für die Grundschwingung sind die Bedingungen in den Schichten bei etwa 0.7 R Mittelpunktsabstand, für die erste Oberschwingung die in 0.8 R und 0.5 R Abstand in erster Linie maßgebend, während der Einfluß der zentralen Partien nur gering ist. Anwendung der Ergebnisse auf η Aquilae ergibt bezüglich der Perioden-Dichte-Beziehung zwischen Theorie und Beobachtung noch Unterschiede, die sich durch Verkleinerung der empirischen Werte von M oder T_{eff} oder durch eine größere Ausdehnung der Wasserstoffkonvektionszone beheben lassen. Kdr.

5209. **I. Epstein,** A note on energy generation. ApJ **112** 207—210. — Neuberechnung der stellaren Energieerzeugung nach dem C-N-Zyklus mit verbesserten Werten für die Wirkungsquerschnitte der beteiligten Kerne (nach Hall und Fowler, Phys. Rev. **77** 197, Ref. 222) und Vergleich mit der H-H-Reaktion. Danach sollten beide Energiequellen bei der Sonne etwa im Verhältnis 1 : 12 zur Gesamtenergieerzeugung beitragen. Kdr.

5210. **G. Gamow, C. Longmire,** The problem of red giants and Cepheid variables. Phys. Rev. (2) **79** 743—744. — Wenn Schalenquellenmodelle mit größeren isothermen Kernen auch keine statischen Lösungen erlauben, so gestatten sie doch einige oszillatorische Lösungen mit endlicher Amplitude. Loh.

5211. **L. Gratton,** La evolución de las estrellas que siguen la ley de Bethe para la producción de energía. Publ. Obs. La Plata Serie Astronómica **28** Nr. 1. — Untersuchung der Eigenschaften des generalisierten Cowlingschen Sternmodells. Die Gleichungen des sogenannten Punktquellenmodells werden in acht neuen Fällen numerisch integriert. Die Ergebnisse werden nachher für den Fall benutzt, in welchem die Energieerzeugung des Kernes von dem C-N-Zyklus abhängt. Der fortschreitende H-Verbrauch ist entscheidend für die Entwicklung des Sternes. Während der Entwicklung bleiben Leuchtkraft, Halbmesser und die Oberflächentemperatur fast unverändert. Sconzo

5212. **E. Gullón,** El problema de la constitución interna de las estrellas. Anuario Obs. Astr. Madrid para **1951** S. 295—391, mit 8 Fig.

5213. **G. Järnefelt,** Reflections on the integration of stellar models. A task suited for modern mathematical machines. Soc. Sci. Fennica Comment. Phys.-Math. **15** Nr. 18, 19 S. mit 9 Fig. = Sonderdruck Astr. Obs. Helsinki. — Ref. in Math. Rev. **12** 544. — Inhaltsangabe der Arbeit von B. Qvist (vgl. Ref. **5228**) mit Bemerkungen über die Methodik der Integration von Sternmodellen. Kdr.

5214. **Z. Kopal,** Radial oscillations of the generalized Roche model. ApJ **111** 395—407. — Es werden die notwendigen und hinreichenden Bedingungen untersucht für die Möglichkeit des Auftretens kleiner adiabatischer Radialschwingungen beim verallgemeinerten Rocheschen Modell. Im wichtigsten Fall, Schwingungen der Konfiguration als Ganzes, muß Gleichheit der Perioden von Kern und Hülle sowie Kontinuität der Bewegung und des Druckes an der Grenze zwischen beiden bestehen, woraus sich ergibt, daß das Verhältnis der spezifischen Wärmen des Materials oder auch die relativen Dimensionen des Kerns sowie das Amplitudenverhältnis der Schwingungen von Kern und Hülle bestimmte Werte besitzen müssen, wenn die diskutierten Schwingungen möglich sein sollen. Kdr.

5215. **Z. Kopal,** Radial oscillations of compressible gas spheres. Proc. National Acad. Sci. USA **36** 72—84. — Besprechung in Math. Rev. **11** 546. — Über radiale Schwingungen kompressibler Gaskugeln liegen bisher Untersuchungen für vier Spezialfälle vor (Sterne, MN **97** 582, 1937; AJB **39** Ref. 3555. Prasad, MN **108** 414, 1948; AJB **48** Ref. 5222), denen die Eigenschaft gemeinsam ist, daß sich die Differentialgleichungen des Problems auf die Form der hypergeometrischen Differentialgleichung bringen lassen. Die vorliegende Arbeit behandelt die Frage, ob noch weitere Modelle dieses Typs existieren. Für endliche Werte der Dichtekonzentration ist dies nicht der Fall. Dagegen wird für unendlich große Dichtekonzentration noch eine neue Gruppe von Modellen mit der genannten Eigenschaft gefunden, für die ein teils diskretes, teils kontinuierliches Frequenzspektrum der freien Schwingungen charakteristisch ist. Kdr.

5216. **P. Ledoux,** Sur les oscillations générales d'une étoile gazeuse. Inst. d'Astrophys. Univ. Liège Coll. 4° Nr. **25**, 5 S. — Kritische Diskussion der Näherungsverfahren, die bisher der Behandlung des Problems der allgemeinen Schwingungen eines gasförmigen Sterns zugrunde gelegt wurden. Kdr.

5217. **P. J. Ledoux, E. Sauvenier-Goffin,** The vibrational stability of white dwarfs. ApJ **111** 611—624, mit 1 Fig. = Inst. d'Astrophys. Univ. Liège Mém. 8° Nr. **326**. — Die Arbeit untersucht den Einfluß der Energieerzeugung auf die Schwingungsstabilität weißer Zwerge mit dem Ergebnis, daß starke Temperaturabhängigkeit der Energieerzeugung Instabilität zur Folge hat. Im Falle des Kohlenstoffzyklus und der Proton-Proton-Reaktion insbesondere werden in den Zentralpartien wie auch in den äußeren Schichten so hohe Werte des Exponenten der Temperatur im Energieerzeugungsgesetz gefunden, daß danach für weiße Zwerge im allgemeinen mit Instabilität zu rechnen wäre und in ihnen daher andere Ursachen für die Energieerzeugung in Frage kommen dürften. Kdr.

5218. **T. D. Lee,** Hydrogen content and energy-productive mechanism of white dwarfs. ApJ **111** 625—640, mit 3 Fig. — Es wird nachgewiesen, daß weiße Zwerge von Sonnenmasse, wenn in ihnen der Wasserstoff gleichförmig verteilt wäre und eine Konzentration größer als 4×10^{-3} besäße, allein schon auf Grund der Proton-Proton-Reaktion eine größere Leuchtkraft haben müßten, als dem Gleichgewichtszustand entspricht. Als Energiequellen weißer Zwerge werden daher entweder Kontraktion oder Kernprozesse in den äußeren Schichten angenommen. Eine Anreicherung des Wasserstoffs in diesen Schichten sollte als Folge des starken Gravitationsfeldes weißer Zwerge stattfinden, was gleichzeitig das Auftreten intensiver Wasserstofflinien in ihren Spektren verständlich macht. Kdr.

5219. **T. D. Lee,** Note on the proton-proton reaction in white dwarf stars. ApJ **112** 561—562. — Hinweis darauf, daß in gewöhnlichen Sternen und weißen Zwergen der He-Aufbau aus H nach dem Proton-Proton-Zyklus verschieden ablaufen muß, da in beiden Sterntypen die Wahrscheinlichkeit für einige Zwischenprozesse verschieden ist. Kdr.

5220. **M. J. Lighthill,** On the instability of small planetary cores. (II.) MN **110** 339—342. — Ref. in Math. Rev. **12** 641. — Die Untersuchungen Ramseys in MN **110** 325 (Ref. 5229) über Gleichgewichtskonfigurationen von Planeten und über die Instabilität von solchen mit kleinem dichten Kern werden auf den Fall ausgedehnt, daß statt der dort gemachten Vereinfachungen bezüglich der Zustandsgleichung allgemeinere Annahmen gelten. Kdr.

5221. **R. E. Marshak, G. M. Wing,** Note on the effect of unequal molecular weights on the internal temperature-density distribution of a star. ApJ **111** 447—448. — Zur Beurteilung des Einflusses einer unvollständigen Ionisation in der Atmosphäre werden die Ergebnisse älterer unveröffentlichter Untersuchungen eines Modells für Sirius A mitgeteilt, in dem das Molekulargewicht in der Atmosphäre größer als im Innern angenommen wurde. Die Werte für

Zentraltemperatur und -dichte und Wasserstoffgehalt werden mit den für konstantes Molekulargewicht sich ergebenden Werten verglichen. Kdr.

* * **A. G. Massewitsch,** Die Reihen des Hertzsprung-Russell-Diagramms in Hinblick auf die heutigen Ansichten über den Bau und die Energiequellen der Sterne. Vgl. Ref. **9709.**

5222. **A. G. Massewitsch,** Bau und Entwicklung der Sterne. Priroda **39** Nr. 8 S. 9—15 (russisch).

5223. **L. Mestel,** On the thermal conductivity in dense stars. Proc. Cambridge Philos. Soc. **46** 331—338. — Ref. in ZfMG **35** 286.

5224. **E. J. Öpik,** Secular changes of stellar structure and the ice ages. MN **110** 49—68, mit 3 Fig. = Contr. Armagh Obs. Nr. **5.** — Ref. in Sterne **27** 25—26. — Es werden die Auswirkungen plötzlicher Änderungen der Energieerzeugung im Sterninnern auf Leuchtkraft und Aufbau der Sterne untersucht. Für die Leuchtkraft ergibt sich bei Ansteigen der Energieerzeugung eine Abnahme, da in diesem Falle Expansion eintritt und die damit verbundene Abnahme der Gravitationsenergie die Steigerung der Energieerzeugung überwiegt. Die Änderungen des Aufbaus lassen sich in einen homologen und einen nichthomologen Anteil aufspalten, die beide genauer diskutiert werden. Für homologe Änderungen ist die Zeit, in der eine Störung der Energieerzeugung abklingt, vom Exponenten der Temperatur im Energieerzeugungsgesetz abhängig. Im Fall der Sonne ergibt sich dafür ein Wert von der Ordnung 5×10^5 Jahre. Vorgänge der betrachteten Art auf der Sonne zieht Verf. als mögliche Ursache für die irdischen Eiszeiten in Erwägung. Kdr.

5225. **E. J. Öpik,** Transport of heat and matter by convection in stars. MN **110** 559—589, mit 1 Fig. — Nach Ableitung einer verbesserten Formel für den Wärmetransport durch Konvektion unter Berücksichtigung des seitlichen Energieaustausches zwischen den Turbulenzelementen wird die Konvektion in Medien untersucht, die eine Schichtung nach dem Molekulargewicht und im Fall von Rotation infolge der Corioliskräfte aufweisen. Weiterhin wird der Einfluß des Strahlungsaustausches und der Viskosität auf die Ausbildung kleinräumiger Konvektion und die Durchmischung bzw. der Materietransport durch Konvektion in geschichteten Medien diskutiert. Schließlich wird die Ausbreitung der Konvektion in einer metastabilen «überadiabatischen» Schicht erörtert. Die bei der Sonne damit verbundenen Aufbauänderungen und Leuchtkraftschwankungen werden zu den irdischen Eiszeiten in Beziehung gebracht. Kdr.

5226. **E. J. Öpik,** Noise in stars. Irish AJ **1** 27—28, mit Anmerkung S. 62—63 = Armagh Obs. Leaflet Nr. **3.**

5227. **J.-C. Pecker, E. Schatzman,** La composition chimique des étoiles (Hydrogène, Helium). Vgl. AJB **47** Ref. **3710.** — Weiteres Ref. in Urania Barcelona **35** 119—120.

5228. **B. Qvist,** On the integration of stellar models in radiative equilibrium. Soc. Sci. Fennica Comment. Phys.-Math. **15** Nr. 8, 139 S. mit 8 Fig. und 2 Tabellen = Sonderdruck Astr. Obs. Helsinki. — Ref. in Math. Rev. **12** 544. — Die umfangreiche Abhandlung enthält eine ausführliche Analyse des Sternaufbauproblems nach vorwiegend mathematisch-methodischen Gesichtspunkten unter Beschränkung auf Sterne im Strahlungsgleichgewicht. Die an ein Sternmodell zu stellenden Forderungen werden am Beispiel der polytropen Modelle und des klassischen Eddington-Modells erörtert. Diese Diskussion führt Verf. zur Aufstellung eines allgemeinen Sternmodells, dessen Integration für zwei Sonderfälle (ε = const. und $\varepsilon \sim \varrho^2 T^{18}$) genauer ausgeführt wird. Kdr.

5229. **W. H. Ramsey,** On the instability of small planetary cores (I). MN **110** 325—338, mit 2 Fig. = Astr. Contr. Univ. Manchester (3) Nr. 1. —

Ref. in Math. Rev. **12** 641. — Unter der Voraussetzung, daß die Dichteänderungen im Innern der Planeten bei chemisch einheitlichem Material lediglich Folge der Druckzunahme nach innen seien und insbesondere Dichtesprünge Übergängen zwischen verschiedenen Phasen des Materials entsprechen, wird in einem bestimmten Massenbereich die Existenz von drei Gleichgewichtskonfigurationen einer Planetenmasse nachgewiesen, die sich durch verschiedene Ausdehnung des innersten Kerns größter Dichte unterscheiden. Die Konfiguration mit dem kleinsten Kern ist instabil, was nach Ansicht des Verf. für den Ursprung von Meteoriten und Kleinen Planeten von Bedeutung sein könnte. Kdr.

5230. **W. H. Ramsey,** The planets and the white dwarfs. MN **110** 444—454, mit 2 Fig. = Astr. Contr. Univ. Manchester (3) Nr. 2. — Verf. interpretiert ein von Russell unter der Voraussetzung homogener und von Stern zu Stern gleicher chemischer Zusammensetzung entworfenes Masse-Radius-Diagramm für kosmische Massen relativ niedriger Temperatur auf Grund neuerer Arbeiten über das Verhalten der Materie in dem Druckbereich, in dem sie in die metallische Phase übergeht. Danach nimmt mit wachsender Masse der Radius der Planeten zu, der der weißen Zwerge ab. Dazwischen liegt ein maximaler Radius für niedrig temperierte Massen, der für Wasserstoff auf etwa 85000 km geschätzt wird. Kdr.

5231. **A. Reiz,** A variational solution of a perturbation problem in the theory of stellar structure. Ark Astr **1** 187—191 = Lund Medd (1) Nr. **172.** — Für eine vom Verf. bereits an anderer Stelle behandelte Differentialgleichung (Ark Mat Astr Fys **35** A Nr. 29, AJB **48** Ref. **5224**) wird hier nach dem Verfahren von Ritz eine Näherungslösung entwickelt. Kdr.

5232. **S. Rosseland,** On the luminosity-velocity relation of Cepheids. MN **110** 440—443. — Verf. behandelt das von Milne (MN **109** 517, AJB **49** Ref. **5227**) erneut zur Diskussion gestellte Problem, das Zusammenfallen der Maxima von Leuchtkraft und Expansionsgeschwindigkeit bei Cepheiden theoretisch zu erklären, und findet, auch wenn man die Voraussetzung der Adiabasie fallen läßt, das alte Ergebnis, daß die Leuchtkraft zur Zeit der stärksten Kontraktion am größten sein sollte. Kdr.

5233. **E. Sauvenier-Goffin,** Les fonctions $\Gamma(x)$ correspondant, pour les naines blanches, aux exposants adiabatiques Γ_i des configurations gazeuses. Bull. Soc. Roy. Sci. Liège Nr. **1** S. 47—54, mit 1 Fig. = Inst. d'Astrophys. Univ. Liège Mém. 8° Nr. **313.** — Es werden für entartete Sterne die drei Funktionen Γ in Abhängigkeit vom Mittelpunktsabstand x berechnet, die den drei Koeffizienten Γ_i in den adiabatischen Beziehungen zwischen je zwei der Zustandsgrößen P, ϱ und T in ideal gasförmigen Sternen entsprechen. Kdr.

5234. **E. Sauvenier-Goffin,** Etude de la stabilité dynamique et de la stabilité vibrationelle des naines blanches. Mém. 8° Soc. Roy. Sci. Liège (4) **10** Fasc. 1, 143 S. mit 8 Fig. = Inst. d'Astrophys. Univ. Liège Mém. 8° Nr. **315.** — Ref. in Math. Rev. **12** 290—291. — In der ausführlichen Abhandlung faßt Verf. ihre Studien über die Stabilität von Sternen aus entarteter Materie zusammen. Die wesentlichen Gedanken und Resultate sind bereits in Ann d'Astrophys **12** 39 (AJB **49** Ref. **5237**) und in ApJ **111** 611 (Ref. **5217**) enthalten. Kdr.

5235. **E. Schatzman,** Tables de modèles de naines blanches. Contr. Inst. Astrophys. Paris (A) Nr. **61.** — Aufbauend auf Arbeiten von Chandrasekhar (AJB **41** Ref. **3502**) und eigenen Arbeiten (AJB **45** Ref. **3729** und AJB **46** Ref. **3717**) hat Verf. die Funktion Φ_2 (welche die den Kern eines weißen Zwerges umhüllende Wasserstoffschicht bestimmt) in Abhängigkeit von η tabuliert für verschiedene Werte von η_r und von $1/y_2^2$. Gli.

5236. **E. Schatzman,** Le spectre des naines blanches et leur débit d'énergie. Danske Vid. Selsk. Mat.-Fys. Medd. **25** Nr. 7, 100 S. — Ref. in Math. Rev. **12** 755, ZfMG **36** 285.

5237. **R. P. Singh,** Relativistic Thomas-Fermi atom. Indian J. Phys. **24** 19—22. — Ref. in ZfMG **37** 130.

5238. **R. v. d. R. Woolley,** Stellar energy generation. Vgl. AJB **46** Ref. **3741**. — Weiteres Ref. in Urania Barcelona **35** 230.

5239. The energy of the stars. Vgl. AJB **49** Ref. **5202**. — Weitere Besprechung dieser Halley-Lecture von R. d'E. Atkinson in Nature **165** 351—352.

5240. The composition and energy sources of white dwarfs. Irish AJ **1** 135—136. — Besprechung einiger neuerer Arbeiten.

* * The sun's interior. Vgl. Ref. **6115**.

§ 53

Nebel, Interstellare Materie

5301. **T. A. Agekjan,** Über die Dynamik von Sterndurchgängen durch Wolken aus meteorischer Materie. Abh. Shdanow-Staatsuniv. Leningrad Nr. **136** (Math. Wiss. Nr. **22**, Astr.) S. 33—46, mit 2 Abb. = Publ. Astr. Obs. Leningrad **15** 33—46 (russisch). — Ref. in Astr. News Letter Nr. **58** S. 4—5. — Das Einfangen von Partikeln beim Durchgang oder Vorbeigang eines Sterns durch bzw. an einer interstellaren Wolke wird unter folgenden Voraussetzungen behandelt: 1. Zwischen den gravitierenden und den vom Strahlungsdruck weggetriebenen Partikeln bestehen keine Wechselwirkungen. 2. Die Relativgeschwindigkeit zwischen Wolke und Stern ist konstant. 3. Die sich unelastisch stoßenden Partikel verdampfen dabei entweder völlig oder behalten ihre Masse ganz. 4. Sukzessive Stöße kommen nur in einem gewissen Rahmen vor. 5. Die Radien der gravitierenden Partikel liegen außerhalb des Bereichs $0{,}5$—$3{,}0 \cdot 10^{-5}$ cm. Nach den Rechnungen des Verf. ist eine ausreichende Ansammlung meteorischer Materie zur Bildung des Planetensystems einschließlich der Drehimpulsübernahme unter günstigen Verhältnissen möglich. Loh.

* * **T. A. Agekjan,** Die Dynamik der Entstehung der Sterne beim Durchdringen von Staubwolken. Vgl. Ref. **5401**.

5302. **L. H. Aller,** Target areas for the collisional excitation of nebular lines. ApJ **111** 609—610. — Verf. zeigt, daß die theoretischen Wirkungsquerschnitte bei inelastischen Zusammenstößen der für die Linien galaktischer Nebel verantwortlichen Ionen mit Elektronen bisher zum Teil erheblich zu groß angenommen und die Dichten der betreffenden Ionen daher zu hoch bestimmt wurden. Bei O III z. B. macht dies mindestens einen Faktor 3 aus. Auf Grund dessen werden für einige Nebel verbesserte Abschätzungen der Häufigkeit von O II und O III gegeben. Kdr.

5303. **L. Biermann, A. Schlüter,** Über den Ursprung der Magnetfelder auf Sternen und im interstellaren Raum. Z. Naturforschung **5a** 65—71, mit 2 Abb. — Die Arbeit behandelt die Diffusion der Elektronen durch die Ionen im Sterninnern, die dadurch bedingt ist, daß die aus den verschiedenen auf sie wirkenden Kräften resultierenden Beschleunigungen bei beiden Teilchenarten verschieden sind, sodaß elektrische Felder bzw. Ströme auftreten müssen, die eine Änderung der elektrischen Ladungsverteilung zur Folge haben. Hierdurch wird bei ruhenden oder barotrop rotierenden Sternen das elektrische Feld gerade kompensiert und ein stromloser Zustand herbeigeführt, während bei barokliner

Rotation die Zentrifugalbeschleunigung einen potentiallosen Anteil besitzt, der vollständige Kompensation ausschließt und das Bestehen stationärer Ströme — und damit Magnetfelder — ermöglicht. Eine Abschätzung ihrer Größe erweist den Effekt als quantitativ ausreichend, doch ist der Verlauf der Feldlinien ein anderer als bei den beobachteten solaren und stellaren Feldern. Es werden daher noch zwei andere Möglichkeiten zu deren Deutung qualitativ diskutiert. Im Anhang werden die Ergebnisse für ein spezielles, von A. Schlüter durchgerechnetes Modell mitgeteilt. Kdr.

5304. **E. T. Copson,** The expansion of a gas cloud into a vacuum. MN **110** 238—246. — Ref. in Math. Rev. **12** 643. — Verf. diskutiert einen weiteren Spezialfall des von McVittie in MN **110** 224 (vgl. Ref. **5307**) behandelten Problems, nämlich die Expansion einer homogenen Gaswolke, die an der Grenze zum Vakuum eine inhomogene Übergangszone beliebiger Dicke besitzt. Kdr.

5305. **F. N. Edmonds jr.,** Scattering by a moving electron atmosphere and its effect on spectral lines. II. The planetary nebula problem. ApJ **112** 324—336, mit 2 Fig. — In analoger Weise wie in der unter Ref. **5110** zitierten Arbeit wird nunmehr der Fall eines expandierenden planetarischen Nebels behandelt und gefunden, daß die Linien im gleichen Sinne, aber in noch stärkerem Maße verändert werden. Kdr.

5306. **L. E. Gurewitsch, A. I. Lebedinskij,** Die Gravitationskondensation einer staubförmigen Wolke. DAN **74** 673—676 (russisch).

5307. **G. C. McVittie,** The expansion of an interstellar gas-cloud into a vacuum. MN **110** 224—237, mit 1 Fig. — Ref. in Math. Rev. **12** 642—643. — Das obige Problem wird rein hydrodynamisch im Anschluß an Riemanns Behandlung eindimensionaler Bewegungen mit Überschallgeschwindigkeit unter gewissen Vereinfachungen (Vernachlässigung der Eigenanziehung der Wolke, der Viskosität, der Wärmeleitung und des Strahlungsdrucks) untersucht. Die aus einatomigem Wasserstoff bei 10000° bestehende Wolke, deren Ausdehnung adiabatisch erfolgen möge, grenze längs einer unendlich ausgedehnten Ebene an das Vakuum. Für (A) eine homogene isotherme Wolke und (B) eine inhomogene Wolke mit einem Temperaturgradienten senkrecht zur Grenzfläche an das Vakuum werden dann die Geschwindigkeiten bestimmt, mit der sich diese Grenzfläche verschiebt und mit der die Expansion sich ins Innere der Wolke ausbreitet. Kdr.

5308. **S. Miyamoto,** On the radiation field of the planetary nebulae. Publ. Astr. Soc. Japan **2** 23—31, mit 2 Fig. = Contr. Inst. Astrophys. Kyoto Univ. Nr. **6**. — Es wird das gleiche Problem untersucht wie in der Arbeit von Zanstra in BAN **11** 1 (AJB **49** Ref. **5314**). Durch Einführung einer Stufenfunktion für die $L\alpha$-Kontur gelingt es, die Grundgleichung des Problems auf ein System linearer Differentialgleichungen erster Ordnung mit konstanten Koeffizienten zu reduzieren, wodurch die mathematische Behandlung stark vereinfacht wird. Die Ergebnisse stimmen im wesentlichen mit denen Zanstras überein. Kdr.

5309. **A. A. Nikitin,** Berechnung der Häufigkeit des Heliums in planetarischen Nebeln. Abh. Shdanow-Staatsuniv. Leningrad Nr. **136** (Math. Wiss. Nr. **22**, Astr.) S. 47—71 = Publ. Astr. Obs. Leningrad **15** 47—71 (russisch). — Ref. in Astr. News Letter Nr. **58** S. 5. — Die planetarischen Nebel lassen sich nach den quantitativen Rechnungen des Verf. in zwei Gruppen einteilen: eine, in der das Häufigkeitsverhältnis H : He = 10 : 1 und eine andere, in der es nur 3 : 1 ist. Eine Ausnahme macht nur der Nebel IC 418 mit 2 : 1. Loh.

* * **W. W. Radsijewskij,** Über den Nichtkonservativismus des Photo-Gravitationsfeldes und über den möglichen Mechanismus eines Einfangs kosmischen Staubes durch die Sonne. Vgl. Ref. 247.

5310. **A. Schlüter, L. Biermann,** Interstellare Magnetfelder. Z. Naturforschung **5a** 237—251, mit 3 Abb. — Ref. in Math. Rev. **12** 291. — Die von einem der Verf. als Ursache der Magnetfelder in Sternen betrachteten Diffusionseffekte (vgl. Ref. **5303**) werden auch im interstellaren Gas als wirksam angenommen. Das nach diesem Prozeß erzeugte Magnetfeld erfährt infolge Verwirbelung der Feldlinien durch die turbulente Bewegung des interstellaren Mediums eine Verstärkung, die exponentiell mit der Zeit ansteigt, bis die Rückwirkung des Magnetfeldes auf die Bewegung der kleinsten Turbulenzelemente das weitere Anwachsen der Feldstärke begrenzt. Es wird abgeschätzt, daß auf diese Weise interstellare Magnetfelder von der Ordnung 10^{-6} Gauß entstehen können. Kdr.

* * **M. J. Seaton,** The continuous radiative absorption cross-section of singly ionized potassium. Vgl. Ref. 255.

5311. **H. Slouka,** The problem of nebulae. RH **31** 201—205, 230—235 (tschechisch). — Übersichtliche Darstellung der neuen Theorien über die Entstehung und Entwicklung der extragalaktischen Nebel. J. B.

5312. **L. Spitzer jr., M. P. Savedoff,** The temperature of interstellar matter. III. ApJ **111** 593—608. — Nach Zusammenstellung der zur Zeit wahrscheinlichsten Daten über das interstellare Strahlungsfeld, die Dichte und Zusammensetzung des interstellaren Gases und die Eigenschaften des interstellaren Staubes berechnen die Verf. in Fortführung früherer Untersuchungen (ApJ **107** 6, AJB **48** Ref. **5308**; ApJ **109** 337, AJB **49** Ref. **5311**) unter verschiedenen Bedingungen die Temperatur der interstellaren Materie. In den H II-Regionen finden sie eine theoretische Temperatur von 5000°—10000° in der Nähe von B-Sternen und 7000°—13000° in der Nähe von O-Sternen, während aus der Beobachtung sich Werte zwischen 7500° und 13000° ergeben. In den H I-Regionen wird die Temperatur auf 60° geschätzt, sie dürfte auch unter extremen Bedingungen 200° nicht übersteigen. Die Zeit, die zur Erreichung der Gleichgewichtstemperatur benötigt wird, ist in beiden Regionen bei einer Dichte von 10^2 H-Atomen oder -Ionen pro cm^3 relativ kurz — 10^2 Jahre — und steigt mit abnehmender Dichte an auf 10^9 Jahre in H I-Regionen und 10^6 Jahre in H II-Regionen, wenn die Dichte 10^{-2} H-Atome oder -Ionen pro cm^3 beträgt. Die Ladung dielektrischer interstellarer Teilchen ist in H I-Regionen verschwindend, sie kann aber in H II-Regionen mehrere Volt erreichen. Kdr.

* * **Su-Shu Huang,** On the Doppler broadening of absorption lines by turbulence and by multiple interstellar clouds. Vgl. Ref. **5139**.

5313. **W. Unno,** On the radiation pressure in a planetary nebula. I. Proc. Japan Acad. **26** Nr.6 S. 17—22, mit 2 Fig. = Tokyo Astr. Obs. Repr. Nr. **65**. — Der Strahlungsdruck der L_α-Strahlung in einem planetarischen Nebel wird im Anschluß an eine Arbeit von Zanstra (AJB **49** Ref. **5314**) unter Vermeidung der dort gemachten Vereinfachungen neuberechnet. Das Ergebnis bleibt nahezu das gleiche — eine beträchtliche Reduktion des Strahlungsdrucks gegenüber der ursprünglichen Theorie von Ambarzumjan. Kdr.

5314. **W. Unno,** On the radiation pressure in a planetary nebula. I. Publ. Astr. Soc. Japan **2** 53—55 = Tokyo Astr. Obs. Repr. Nr. **69**. — Inhaltsangabe der vorstehend referierten Arbeit.

5315. Physical Processes in Gaseous Nebulae. Harvard College Observatory. — Zusammenheftung von Sonderdrucken aus dem ApJ von 1937 bis 1945. Besprechung der unter Redaktion von W. G. Fessenkow erfolgten und im Verlag für ausländische Literatur (Moskau) erschienenen Übersetzung ins Russische in AJ UdSSR **27** 187—188 (A. A. Nikitin).

5316. Gas from dust. Sky and Telescope **9** 300. — Ref. AAS.

§ 54

Herkunft, Alter und Entwicklung der Himmelskörper

5401. **T. A. Agekjan,** Die Dynamik der Entstehung der Sterne beim Durchdringen von Staubwolken. DAN **75** 361—364 (russisch).

* * **T. A. Agekjan,** Über die Dynamik von Sterndurchgängen durch Wolken aus meteorischer Materie. Vgl. Ref. **5301.**

5402. **L. H. Aller,** The abundance of light elements in early-type stars. AJ **55** 69. — Ref. AAS.

5403. **R. A. Alpher, R. C. Herman,** Theory of the origin and relative abundance distribution of the elements. Rev. Modern Phys. **22** 153—212, mit 24 Fig. — Sehr ausführlicher Bericht über den gegenwärtigen Stand des Problems, seiner physikalischen Grundlagen und seiner kosmologischen Voraussetzungen und Folgerungen. Im einzelnen werden die beobachteten relativen Häufigkeiten der Elemente, die Gleichgewichtstheorie und die Nichtgleichgewichtstheorie auf Grund eines eingehenden Studiums von 180 Originalarbeiten behandelt. Loh.

5404. **W. A. Ambarzumjan,** Sternassoziationen und Sternentstehung. Nachr. Akad. Wiss. UdSSR (Phys.) **14** Nr. 1 S. 15—24 (russisch).

5405. **W. Band,** On the origin of the lighter elements. Phys. Rev. (2) **80** 813—818, mit 1 Fig. — Ref. in ZfMG **39** 239.

5406. **A. E. Benfield,** The temperature in an accreting planet. Phys. Rev. (2) **78** 334. — Ref. Am. Phys. Soc.

5407. **E. S. Burxer,** Der gegenwärtige Stand der Frage nach der Bestimmung des Alters der Meteorite. Meteoritika Nr. **8** S. 119—126 (russisch).

5408. **H. Dingle,** Modern theories of the origin of the universe. Advanc. Sci. London **7** 3—12. — Ref. in ZfMG **36** 431.

5409. **L. Gialanella,** La scala del tempo cosmico. Scientia **85** 1—7. — Ref. in Ann. Françaises Chronométrie **20** 116. — Es werden die Gründe dargelegt, welche von einer langen Zeitskala (Alter der Welt etwa 10^{12}—10^{13} Jahre) zu einer kurzen (10^{9}—10^{10} Jahre) geführt haben. F. Z.

5410. **R. van Gompel,** Het ontstaan der werelden. Heelal **6** 69—71.

* * **L. E. Gurewitsch, B. J. Lewin,** Über die Bildung der Doppelsterne. Vgl. Ref. **10004.**

* * **L. E. Gurewitsch, B. J. Lewin,** Über die Entstehung der Doppelsterne. Vgl. Ref. **10005.**

5411. **L. E. Gurewitsch,** Die Entstehung und Entwicklung der Himmelskörper (Errungenschaften der sowjetischen Kosmogonie). Leningrad, Unionsgesellschaft zur Verbreitung politischer und wissenschaftlicher Erkenntnisse, 1950. 40 S. mit Abb. Preis 75 Kop. (russisch).

* * **L. E. Gurewitsch,** Über die Entwicklung dichter Gravitationssysteme und die Entstehung der Himmelskörper. Vgl. Ref. **4409.**

5412. **D. ter Haar,** Cosmogonical problems and stellar energy. Rev. Modern Phys. **22** 119—152, mit 3 Fig. — Ausgehend von den hauptsächlichen Beobachtungsunterlagen, insbesondere dem Hertzsprung-Russell-Diagramm, gibt Verf. einen Überblick über den derzeitigen Stand kosmogonischer und stellarenergetischer Probleme. Im Abschnitt «Allgemeine Kosmogonie» wird das Alter des Universums, die v. Weizsäckersche Kosmogonie, die Globulenhypothese, die Gamowsche Theorie der Galaxienentstehung und die Jordansche Kosmogonie sowie abschließend die Entwicklung speziell des Sonnensystems (v. Weizsäcker, Alfvén, Hoyle, Whipple) behandelt. Dem Ursprung der chemischen Elemente und der kosmischen Strahlung sind die nachfolgenden Abschnitte gewidmet. Den Abschluß bilden referierende Bemerkungen über die Energieerzeugung im Innern der Sterne verschiedener Typen. Loh.

5413. **K. Himpel,** Probleme der Entwicklung im Universum. Vgl. AJB **49** Ref. **5504**. — Weitere Besprechung in Naturwiss. Rundschau **3** 92 (H. Werner), Sternenwelt 2 rechts neben S. 96, Z. Naturforschung **5a** 128 (D. Wattenberg).

5414. **C. L. Janssen,** Stjernernes Udvikling og Stoffet mellem Stjernerne. Urania Kopenhagen **7** 36—42.

5415. **P. Jordan,** Über die empirischen Tatsachen zum Problem der Sternentstehung. Akad. der Wiss. und der Literatur Mainz. Abh. math.-naturwiss. Kl. Jahrgang 1950 Nr. **8** S. 221—231. — Eine Reihe von Beobachtungsergebnissen über planetarische Nebel, Supernovae und die beiden Sternpopulationen werden unter dem Gesichtspunkt besprochen, daß das Supernovaphänomen eventuell als Sternentstehung zu deuten sei. Kdr.

5416. **S. A. Kaplan,** Das Erkalten der weißen Zwerge. AJ UdSSR **27** 31—33 (russisch). — Ref. in Astr. News Letter Nr. **51** S. 4. — Untersucht wird die Wärmeabgabe weißer Zwerge. Es zeigt sich, daß die beobachtete Leuchtkraft durch Abkühlung in genügend langen Zeiträumen aufrecht erhalten werden kann, mindestens für einen Teil der weißen Zwerge. Eine Beziehung zwischen Leuchtkraft und Alter der weißen Zwerge wird gefunden. Verf. (übersetzt)

5417. **W. A. Krat,** Über die Entwicklung der Sterne. Mitt. Astr. Hauptobs. Pulkowo **18** Nr. 4 (145) S. 1—30, mit 2 Abb. (russisch). — Ref. in Astr. News Letter Nr. **59** S. 5—7. — In der vorliegenden Arbeit, die mehr den Charakter einer referierenden Darstellung hat, werden zunächst die wichtigsten Beobachtungsdaten erörtert, die für die Entwicklung von Sternen und Sternsystemen von Bedeutung sind. Verf. geht dabei insbesondere auf Sterne früher Typen und die nichtstationären Sterne sowie auf das Für und Wider der Assoziationshypothese von Ambarzumjan ein. Es folgen Bemerkungen über den inneren Aufbau, das Anfangsstadium der Sternentwicklung, die korpuskulare Instabilität und die Störung des Gleichgewichts eines Sternes. Die korpuskulare Instabilität wird außerdem für den Fall rotierender Sterne (Laplace-Roche) diskutiert und die Stabilität enger Doppelsterne behandelt. Im Schlußkapitel wird hervorgehoben, daß eine Sternbildung heute, wahrscheinlich auf dem Weg über die Globulen, nur noch in flachen Untersystemen denkbar ist und daß die Spiralstruktur der Galaxien offenbar durch das Auftreten junger Sterne hervorgerufen wird. Der weißblauen Reihe dürfte, wie bei Woronzow-Weljaminow, auch eine genetische Bedeutung zukommen. Loh.

* * **A. G. Massewitsch,** Bau und Entwicklung der Sterne. Vgl. Ref. **5222**.

5418. **A. G. Massewitsch,** Die Entwicklung der Hauptreihensterne. Bote Univ. Moskau **5** Nr. 8 S. 11—22 (russisch).

5419. **A. G. Massewitsch,** Über die Entwicklung der Sterne in den offenen Sternhaufen. DAN **75** 173—176 (russisch).

5420. **C. Morelli,** L'età della Terra. Ann. Geofis. **2** Nr. 3 S. 417—435 = Oss. Geofis. Trieste (NS) Nr. **5**. — Darstellung der neueren Methoden zur Bestimmung des Erdalters. Diskussion der Ergebnisse. F. Z.

5421. **C. Morelli,** Nuove determinazioni dell'età della Terra e loro importanza per l'astronomia. Coelum **18** 1—8 = Oss. Geofis. Trieste (NS) Nr. 11. — Verf. berichtet über den Stand des Problems der Erdalterbestimmungen, wobei besonders auf die Isotopenmethoden eingegangen und auf die Bedeutung dieses Problems für die Kosmogonie hingewiesen wird. F. Z.

* * **J. H. Oort,** The structure of the cloud of comets surrounding the solar system, and a hypothesis concerning its origin. Vgl. Ref. **8018.**

5422. **F. A. Paneth,** Geological age of meteorites. Nature **165** 454. — Kurze Begründung des großen Spielraumes der gefundenen Meteoritenalter.

5423. **M. Plavec,** Sur la détermination de l'âge des essaims météoriques. CR **231** 434—436. — Die Bewegung kleiner Meteore im Sonnensystem wird außer durch die Gravitation der Sonne auch durch die dynamischen Wirkungen der Sonnenstrahlung bestimmt. Im Falle von Meteorschwärmen werden dadurch Bewegungsunterschiede zwischen kleineren und größeren Meteoren bedingt, die sich auf die Verteilungsfunktion der Meteorzahlen in Abhängigkeit von der beobachteten Helligkeit auswirken, wobei noch das Alter der Schwärme eingeht. Eine Abschätzung ergibt für die Perseiden und Leoniden Minimalalter von der Ordnung einiger 10^5 Jahre. Kdr.

* * **L. Randić,** Schmidt's theory of the origin of visual binary stars and of the solar system. Vgl. Ref. **5522.**

5424. **H. N. Russell,** Estado actual de la teoría de la evolución estelar. El Universo **48** Nr. 12 S. 7—8.

5425. **P. Slawenas,** Die Entstehung der Welt. Wilna, Litauischer Verlag für politische und wissenschaftliche Literatur, 1950. 79 S. mit 16 Abb. Preis 1 R. 70 Kop. (litauisch).

5426. **L. Spitzer jr.,** The formation of stars. Annual Report Smithsonian Inst. **1949** 153—160, mit 2 Tafeln = Smithsonian Inst. Publ. 3997.

5427. **O. Struve,** Stellar Evolution. Princeton, Princeton University Press, 1950. 8 + 266 S. mit 41 Fig. und 17 Tafeln. Preis $ 4.00. — Besprechung in Ann d'Astrophys **13** 345—346 (D. Barbier), JBAA **61** 160—161, J. Optical Soc. America **40** 791 (D. H. Menzel), NAT **1951** 38—39, Obs **71** 112—113 (R. O. Redman), PAT **32** 157—158, Pop Astr **58** 475 (P. W. Merrill), Publ ASP **62** 227—230 (J. L. Greenstein), Sky and Telescope **9** 277, **10** 14—15 (L. H. Aller), Urania Kopenhagen **7** 143.

5428. **O. Struve,** The origin of comets. Sky and Telescope **9** 82—85, mit 6 Fig. Ref. in JBAA **60** 172—173. — Eine von J. M. Vinter Hansen besorgte Übersetzung des Artikels ins Dänische ist in NAT **1950** 81—91, mit 6 Fig. erschienen.

* * **O. Struve,** Variable stars and stellar evolution. Vgl. Ref. **11008.**

* * **Z. Švestka,** On a possible development of planetary nebulae. Vgl. Ref. **12214.**

* * **P. A. Sweet,** The importance of rotation in stellar evolution. Vgl. Ref. **4313.**

5429. **H. E. Tatel,** Argon^{40} and the age of the earth. J. Geophys. Res. **55** 329—336. — Wenn das atmosphärische A^{40} durch den Zerfall des in der Erdrinde enthaltenen K^{40} entstanden ist, folgt für das Alter der Atmosphäre $1{,}5 \times 10^9$ Jahre. Nimmt man an, daß ein plausibler Bruchteil des produzierten A^{40} in einigen Gesteinsarten der Oberfläche zurückgehalten wird, so folgt für das Erdalter $2.1 - 3.3 \times 10^9$ Jahre als wahrscheinlichster Wert. Sollte jedoch die Erdrinde nach ihrer Bildung kein A^{40} mehr freigegeben haben, so müßte die

Erde bereits vor der Krustenbildung 5×10^8 Jahre bestanden haben, um genügend A^{40} an die Atmosphäre abgegeben haben zu können. Micz.

5430. **H. Vogt,** Sternaufbau und Sternentwicklung. Naturwiss. Rundschau **3** 154—156.

5431. **M. Wähnl,** Eine theoretische Untersuchung zur Entstehungshypothese der Sternhaufen. Sitzber. Österreichische Akad. Wiss. (Abteilung IIa) **158** 227—259, mit 2 Fig. = Mitt. Wiener Sternw. **4** Nr. 11. — Ref. in Math. Rev. **12** 754. — Der Hauptteil vorliegender Arbeit ist der Berechnung der säkularen Störungen gewidmet, die ein Sternhaufen auf große Achse und Exzentrizität eines Doppelsterns ausübt, der von außen in den Haufen eindringt und eine geradlinige Bahn durch sein Zentrum beschreibt. Es ergibt sich ein stetiges Anwachsen beider Größen mit dem Quadrat der Zeit. Angewandt auf den Fall des Eindringens eines Sternhaufens in ein ihm übergeordnetes Sternsystem bedeutet dies ein Auflösen des Haufens, was am Beispiel der Bewegung der Plejaden in der Milchstraße erläutert wird. Hieraus wird gefolgert, daß möglicherweise die offenen Haufen des Milchstraßensystems aus eingedrungenen Kugelhaufen hervorgegangen sind, die sich schließlich vollkommen auflösen müssen. Kdr.

* * **B. A. Woronzow-Weljaminow,** Verteilung und Entstehung der heißen Riesen im Milchstraßensystem und in anderen Spiralnebeln. Vgl. Ref. **12324.**

5432. **B. A. Woronzow-Weljaminow,** Die Entstehung der Himmelskörper. Ulan-Ude, Burjat-mongolischer Staatsverlag, 1950. 39 S. mit 14 Abb. Preis 75 Kop. (burjatmongolisch).

5433. **S. K. Wsechswjatskij,** Über die Entstehung der Kometen. Publ. Astr. Obs. Kiew Nr. **3** S. 3—16 (russisch). — Im Gegensatz zu den Hypothesen einer interstellaren Herkunft der Kometen und der Meteoritenhypothese von Orlow vertritt Verf. die Ansicht, daß die periodischen Kometen auf Grund ihrer Beziehung zu Planetenbahnen, insbesondere zu Jupiter und Saturn, und ihrer chemischen Beschaffenheit nach Auswurfprodukte aus diesen Planeten sind. Loh.

5434. Dark matter in Praesepe and its cosmogonic implications. Irish AJ **1** 59—62.

5435. Cooking ylem. Sky and Telescope **9** 297.

§ 55

Kosmogonie

5501. **K. Andrée,** Einige geologische Konsequenzen einer Erdentstehung auf kaltem Wege. Forschungen und Fortschritte **26** 122—123.

5502. **G. Armellini,** Sopra l'origine del sistema solare. Rend. Accad. Nazionale Lincei, Cl. Sci. fis., mat., nat. (8) **9** 135—141 = Oss. Astr. Roma-Monte Mario Contr. Sci. Nr. **160.** — In Anschluß an eine Arbeit von Fessenkow über die Entstehung der Planeten wird nach kurzer Diskussion über die Ursachen der Entfernung der Planeten von der Sonne als einzige Möglichkeit eine Änderung des Newtonschen Gravitationsgesetzes angegeben. F. Z.

5503. **H. P. Berlage,** The disc theory of the origin of the solar system. Proc. Akad. Wetensch. Amsterdam **51** 796—806, 1948. — Ref. in ZfMG **36** 288.

5504. **N. Boneff,** Sur la contingence des lois de la nature. Le potentiel de Neumann et l'origine des satellites. Annuaire Univ. Sofia Faculté

Sci. **46** Livre 1 (Math. Phys.) S. 173—180. — Nach einer Diskussion über die zeitliche Konstanz der Naturgesetze wird die Hypothese aufgestellt, in dem Ausdruck für das Neumannsche Potential $P = (1/r)\, e^{-\alpha r}$ sei α, gegenwärtig nahezu Null, früher beträchtlich größer gewesen. Unter der Annahme, daß die Sonne cepheidenähnliche Pulsationen ausgeführt habe, kann dann das Vorkommen retrograder Satellitenbahnen erklärt werden. T. L.

5505. **H. Camichel, A. Dauvillier,** Généralisation de la théorie des planètes jumelles. CR **230** 1231—1233.

* * **G. F. Chilmi,** Das n-Körperproblem in der Himmelsmechanik und der Kosmogonie. Vgl. Ref. **4210.**

5506. **K. Cuypers,** Sterren en moleculen. Heelal **6** 57—59.

5507. **W. G. Fessenkow,** Das Problem der Erd- und Planetenentwicklung. Alma-Ata, Verlag Akad. Wiss. kasach. Sowjetrepublik, 1950. 62 S. Preis 3 R. 75 Kop. (russisch). — Inhalt: Einleitung, S. 3; Die Haupteigenschaften des Sonnensystems, S. 5—9; Die Hauptzüge der Erd- und Planetenentwicklung, S. 9—36; Die Eigenschaften der Meteorite und ihre Herkunft, S. 36—45; Die Ansicht über die Entstehung der Planeten, S. 45—52; Das Problem der Sonnenentwicklung, S. 52—58; Die Ausbildung des Sonnensystems S. 58—61. Loh.

5508. **G. Gamow,** Geburt und Tod der Sonne. Vgl. AJB **47** Ref. **4109.** — Weitere Besprechung in Phys. Blätter **6** 285—286 (E. Brüche).

5509. **G. Gamow,** Biography of the Earth. A Pelican Mentor Book, published by The New American Library. 192 S. Preis 35 cents. — Besprechung in Pop Astr **58** 367.

5510. **L. Gialanella,** Sopra alcune questioni di cosmogonia. Mem SA It (NS) **21** 96—98. — Ref. Soc. Astr. Italiana.

5511. **D. Gudzent,** Die Entstehung des Planetensystems. Phys. Blätter **6** 102—111. — Inhalt: Daten und Ansatzpunkte. Zur Entstehung des Sonnensystems aus einer kosmischen Staubwolke. Abschleuderung von der Ursonne. Zusammentreffen mit einem anderen Stern. Begegnung mit einer Staubwolke. Planetoiden, Kometen, Meteore, Zodiakallicht.

5512. **L. E. Gurewitsch, A. I. Lebedinskij,** Über die Bildung der Planeten, I. Die Gravitationskondensation. Nachr. Akad. Wiss. UdSSR (Phys.) **14** 765—775 (russisch).

5513. **L. E. Gurewitsch, A. I. Lebedinskij,** Über die Bildung der Planeten, II. Das Gesetz der Planetenentfernungen und die Rotation der Planeten. Nachr. Akad. Wiss. UdSSR (Phys.) **14** 776—789 (russisch).

5514. **L. E. Gurewitsch, A. I. Lebedinskij,** Über die Bildung der Planeten, III. Die Struktur der ursprünglichen Wolke und die Aufteilung der Planeten in äußere und innere. Nachr. Akad. Wiss. UdSSR (Phys.) **14** 790—799 (russisch).

5515. **L. E. Gurewitsch, A. I. Lebedinskij,** Über die Eigenschaften der Wolke, aus welcher die Planeten des Sonnensystems entstanden. DAN **74** 905—907 (russisch).

* * **D. ter Haar,** Cosmogonical problems and stellar energy. Vgl. Ref. **5412.**

5516. **D. ter Haar,** Further studies on the origin of the solar system. ApJ **111** 179—190. — Verf. bringt zu seiner Theorie über den Ursprung des Sonnensystems (Danske Vidensk. Selskab, Mat.-fys. Medd. **25** Nr. 3, AJB **48** Ref. **5503**), nach der sich das Planetensystem aus einer die Sonne umgebenden scheibenförmigen Gashülle entwickelt hat, einige Ergänzungen, die sich auf die physikalischen Eigenschaften und die Lebensdauer dieser Scheibe, sowie auf die Massen, Dichten und Rotationsperioden der Planeten beziehen. Im Anhang wird zusammen mit S. Chandrasekhar auf Grund der Heisenbergschen Turbulenztheorie die Skala der Turbulenz in einem differentiell rotierenden gasförmigen Medium diskutiert. Kdr.

5517. **B. N. Himmelfarb,** Neue Versuche zur Renaissance der Kant-Laplaceschen Hypothese. Priroda **39** Nr. 6 S. 13—17 (russisch).

* * **W. P. Hirst,** The problem of the origin of comets. Vgl. Ref. 8007.

5518. **P. N. Kropotkin,** Die kosmogonische Hypothese von O. J. Schmidt und der Bau der Erde. Nachr. (Iswestija) Akad. Wiss. UdSSR (Geograph., Geophys.) **14** 37—63 (russisch).

5519. **G. P. Kuiper,** On the origin of asteroids. AJ **55** 164. — Ref. in JBAA **62** 55—56. — Verf. diskutiert zunächst die Herkunft der Planetoiden aus einem großen Planeten (Olbers) durch Explosion, Rotationsinstabilität, Gezeitenwirkung und Zusammenstoß. Am wahrscheinlichsten dürften noch Zusammenstöße der 5—10 ursprünglichen Verdichtungen (Praeplaneten) im Raum zwischen Mars und Jupiter sowie spätere sekundäre Zusammenstöße gewesen sein. Die Meteorite lassen sich in diesem Sinne als Nebenprodukte deuten. Loh.

5520. **P. Naur,** Nyere teorier for solsystemets opståen. NAT **1950** 136—144, mit 5 Fig.

5521. **T. Page,** The origin of the earth. Annual Report Smithsonian Inst. **1949** 161—174, mit 4 Fig. und 11 Tafeln = Smithsonian Inst. Publ. 3998.

5522. **L. Randič,** Schmidt's theory of the origin of visual binary stars and of the solar system. Obs **70** 217—222 = Glasgow Univ. Obs. Repr. Nr. **26**. — Den zahlreichen in den DAN erschienenen Arbeiten des russischen Forschers O. J. Schmidt liegt die Idee der Möglichkeit eines Einfangs beim Zusammentreffen zweier Körper zugrunde, wobei der Einfluß der galaktischen Gravitation eine wichtige Rolle spielt. Mit dieser Theorie wird die Entstehung der Doppelsterne aus zwei Sternen, die sich in ihrer Bewegung um das galaktische Zentrum genügend nahe kamen, und die Bildung des Planetensystems infolge des Durchgangs der Sonne durch eine Wolke interstellarer Materie erklärt. Verschiedene statistische Befunde über die Exzentrizitäten, Halbachsen und Neigungen der Doppelsternbahnen können dann theoretisch begründet werden. Beim Sonnensystem sollen sich die Planeten aus einer um die Sonne rotierenden, eingefangenen Wolke interstellarer Materie durch Kollision gebildet haben. Kometen und Meteore seien die Überreste dieser Wolke. Für den Abstand R_n des n-ten Planeten von der Sonne ergibt sich unter Zuhilfenahme verschiedener Annahmen $\sqrt{R_n} = a + bn$ mit jeweils konstanten a und b für die sonnennahen und die Planeten von Jupiter an nach außen. Ferner wird die Rotation der Sonne erklärt und das Alter der Erde zu 7.6×10^9 Jahren berechnet. T. L.

5523. **L. L. Rice,** Toward an understanding of cosmogony. Pop Astr **58** 244—246.

5524. **O. J. Schmidt,** Die Entstehung der Planeten und ihrer Begleiter. Nachr. Akad. Wiss. UdSSR (Phys.) **14** Nr. 1 S. 29—45 (russisch).

5525. **O. J. Schmidt,** Die Entstehung der Planeten und ihrer Begleiter. Publ. (Trudy) Geophys. Inst. Nr. **11** (**138**), 20 S. Moskau-Leningrad, Verlag Akad. Wiss. UdSSR, 1950. Preis 1 R. 50 Kop. (russisch). — Vortrag.

5526. **O. J. Schmidt,** Vier Vorträge über die Theorie der Entstehung der Erde. Moskau-Leningrad, Verlag Akad. Wiss. UdSSR, 1950. 2. Auflage. 96 S. mit 1 Abb. Preis 3 R. (russisch).

5527. **M. F. Subbotin,** Entstehung und Alter der Erde. Moskau-Leningrad, Staatsverlag für technisch-theoretische Literatur, 1950. 2., verbesserte Auflage. 39 S. mit 5 Abb. Preis 70 Kop. (russisch).
Desgl. Kasan, Tatarischer Staatsverlag, 1950. 43 S. mit 5 Abb. Preis 75 Kop.

5528. **H. E. Suess,** Zur Chemie der Planeten- und Meteoritenbildung. Z. Elektrochem. **53** 237—241, 1949. — Ref. in Phys. Ber. **29** 598.

5529. **G. Zimmermann,** Kosmogonie auf neuen Wegen. Sternenwelt **2** 249—253, mit 6 Abb.

5530. The origin of the solar system. JBAA **60** 63—64.

5531. Evolution of the earth. Sky and Telescope **9** 54.

Siebenter Teil

Sonne

§ 60

Astrometrische Beobachtungen, Allgemeines

6001. **Astrometrische Beobachtungen**

Ann. Cape Obs. **14** Part 4, 45 + 103 S. Results of meridian observations of the Sun, Mercury and Venus made at the Royal Observatory, Cape of Good Hope in the years 1925 to 1936. J. Jackson. — α, δ.

TAB (2) Nr. **28** S. 201—205. Meridian observations of the right ascensions of the sun, the moon and the planets during the year 1949. S. Nakano.

6002. **G. A. Aristow,** Die Sonne. Moskau-Leningrad, Staatsverlag für technisch-theoretische Literatur, 1950. 56 S. mit 20 Abb. und 2 Portraits. Preis 90 Kop. (russisch).

6003. **J. Brouet,** Valeurs particulières de l'angle de position de l'axe de rotation du soleil. Ciel et Terre **66** 187—188 = Inst. Astr. Bruxelles (2) Nr. **56.**

6004. **D. Brouwer,** I. A new determination of the solar parallax from the parallactic inequality in the moon's longitude. II. Comments on the masses of the inner planets. III. Notes on the investigations in progress. BA **15** 165—180. Vgl. Ref. 3134 S. 3—18. — Aus Sternbedeckungen und Washingtoner Meridianbeobachtungen des Mondes sind neue Werte für die Sonnenparallaxe hergeleitet worden. — Während die Arbeiten an der Neubestimmung der Merkurmasse noch im Gange sind, liegen für die Venusmasse Werte von Spencer Jones, Morgan und Clemence vor. Aus der Bearbeitung der Erosbahn hat Witt neue Massenwerte für das System Erde-Mond, E. Rabe für die drei innersten Planeten gefunden. Der Newcombsche Wert der Marsmasse bedarf keiner Änderung. Aus den säkularen Störungen der Elemente der inneren Planeten ergeben sich geringe Verbesserungen der Newcombschen Massenwerte von Merkur und Venus. — Von den laufenden Untersuchungen in den USA werden im letzten Abschnitt erwähnt die Verbesserung von fundamentalen Sternörtern durch Beobachtungen Kleiner Planeten, die systematischen Beobachtungen bestimmter Planetoiden, die numerische Integration der Pallasbahn, die Berechnung rechtwinkliger Erdkoordinaten und die photographische Bestimmung der Lage des Himmelspols. T. L.

6005. **J. F. Cox, F. H. van den Dungen,** Les valeurs extrèmes de l'angle de position de l'axe de rotation du soleil. Ciel et Terre **66** 185 -187 = Inst. Astr. Bruxelles (2) Nr. **56**.

6006. **A. J. Deutsch,** Die Sonne. Die Amerikanische Rundschau **5** 93—100, 1949.

6007. **P. P. Dobronrawin,** Neue Bestimmung der Sterngrößen von Sonne und Mond. Priroda **39** Nr. 5 S. 32—34 (russisch).

6008. **O. J. Eggen,** The position of the sun in the color-luminosity array Publ ASP **62** 266—269. — $Pv'_p = -26.94$, $Pg'_p = -26.48$, $Mp_p = +5.09$.

6009. **M. S. Eigenson,** Das Buch über die Sonne. Jakutsk, Staatsverlag jakut. autonom. Sowjetrepublik, 1950. 50 S. mit Abb. Preis 1 R. 50 Kop. (jakutisch).

6010. **J. J. Gilvarry,** A note on Woodward's tentative model of the sun. J. Geophys. Res. **55** 345—347. — Bemerkungen über einen Aufsatz von R. H. Woodward (J. Geophys. Res. **54** 387, AJB **49** Ref. **6015**), insbesondere über dort aufgestellte Behauptungen über das Magnetfeld der Sonne. Micz.

6011. **W. G. Guthrie,** The blue sun. Irish AJ **1** 122—123. — Ref. in JBAA **61** 82. — Betrifft die Erscheinung vom 26. September 1950.

6012. **F. Hoyle,** Some Recent Researches in Solar Physics. Vgl. AJB **49** Ref. **6007**. — Weitere Besprechung in Orion Schaffhausen **3** 174, Proc. Phys. Soc. (B) **63** 730—731 (M. A. Ellison), Sky and Telescope **9** 195 (D. H. Menzel).

6013. **H. Kaaber,** Den blaa Sol. Urania Kopenhagen **7** 167—169.

6014. **H. ten Kate,** Blauwe zon. Hemel en Dampkring **48** 196. — Kurzer Bericht über die Blauverfärbung der Sonne durch den Rauch kanadischer Waldbrände am 26. und 27. September 1950. Gü.

6015. **W. H. McCrea,** Physics of the Sun and Stars. London, Hutchinson, 1950. 184 S. mit 8 Fig. Preis 7 s. 6 d. net. — Besprechung in JBAA **61** 28—29, Obs **71** 119—120, Sky and Telescope **10** 123, 147 (C. Payne-Gaposchkin).

6016. **D. H. Menzel,** Our Sun. Vgl. AJB **49** Ref. **6008**. — Weitere Besprechung in J. British Interplanetary Soc. **9** 86—87, Nature **165** 741—742 (R. O. Redman), Obs **70** 36—37, Pop Astr **58** 198—199 (J. M. Parker), Rev. Sci. Instruments **21** 91 (I. M. Levitt).

6017. **D. H. Menzel, C. B. Wyatt,** Astrophysicists watch the sun. Physics Today **3** Nr. 3 S. 8—14, mit 7 Fig. = Harv Repr (2) Nr. **33**.

6018. **W. L. Moore,** Fun with a solar globe. Pop Astr **58** 125—126.

6019. **R. Müller,** ABC der Sonne. Der Sternenlauf 1950 (Ref. **445**) S. 132—168, mit 39 Abb.

6020. **P. I. Popow,** Sonne und Erde. Verlag des Zentralkomitees des Leninschen kommunistischen Jugendverbandes der UdSSR «Junge Garde», 1950. 20 S. mit 10 Abb. Preis 60 Kop. (russisch).
Desgl. Moskau, Verlag «Prawda», 1950. 20 S. mit 8 Abb. Preis 60 Kop. (russisch).

6021. **E. Rabe,** Zur Bestimmung der Sonnenparallaxe aus Beobachtungen des Planeten Eros. Mitt. AG **1950** 28—29. — Ref. AG.

* * **W. W. Radsijewskij,** Über den Nichtkonservativismus des Photo-Gravitationsfeldes und über den möglichen Mechanismus eines Einfangs kosmischen Staubes durch die Sonne. Vgl. Ref. 247.

6022. H. Sawyer Hogg, Blue sun. J RAS Canada **44** 241—245.

6023. J. C. Thams, Die klimatischen Verhältnisse für Sonnenbeobachtungen in der Schweiz. Orion Schaffhausen **3** 51—53.

6024. M. Waldmeier, Ergebnisse und Probleme der Sonnenforschung. Vgl. AJB **43** Ref. **4120**. Aus dem Deutschen ins Russische übersetzt. Moskau, Staatsverlag für ausländische Literatur, 1950.

6025. M. Waldmeier, Tabellen zur heliographischen Ortsbestimmung. Basel, Verlag Birkhäuser, 1950. 62 S. mit 6 Abb., 15 Tafeln und 19 Tabellen. Preis geb. 14.— Fr. — Besprechung in Naturwissenschaften **38** 195—196 (F. W. Jäger), Pop Astr **58** 526, Sterne **27** 61—62 (P. Ahnert). — In dem Werk werden neue Methoden gegeben, um mit Hilfe von Tabellen und Diagrammen die Aufgabe der heliographischen Ortsbestimmung schnell, rationell und exakt zu lösen. Die Tabellen und Tafeln sind für den täglichen Gebrauch des Sonnenforschers bestimmt, werden aber auch den vielen Sonnenfleckenbeobachtern ein nützliches Hilfsmittel sein, da ihr Gebrauch keine besonderen mathematischen Kenntnisse voraussetzt und anhand von Beispielen erläutert wird.

* * Eros, planetary masses and the solar parallax. Vgl. Ref. **7540**.

6026. Zum Phänomen der «blauen Sonne» am 27. 9. 50. Astr. Nachr. Berlin-Treptow **2** Nr. 13 S. 1.

6027. Soleil bleu et lune bleue. BSAF **64** 493—495. Fortsetzung siehe AJB **51**.

6028. Nueva paralaje solar. El Universo **48** Nr. 12 S. 24. — Bericht über E. Rabes neuen Wert aus der Eros-Opposition 1930—31.

6029. Einige numerieke gegevens over de zon. Heelal **6** 61—62. — Einige Zahlenwerte aus: H. Zoch, Das Weltall in Zahlen. Vgl. AJB **48** Ref. **556**.

6030. Solens Afstand. Urania Kopenhagen **7** 130—135.

§ 61

Theorie, Rotation, Magnetfeld

6101. V. A. Bailey, The growth of circularly polarized waves in the sun's atmosphere and their escape into space. Phys. Rev. (2) **78** 428—443, mit 5 Fig.

* * **D. W. N. Dolbear, H. Elliot,** Cosmic rays and the magnetic field of the sun. Vgl. Ref. **12717**.

* * **K. Dwight,** Solar magnetic moment and diurnal variation in intensity of cosmic radiation. Vgl. Ref. **12718**.

6102. V. C. A. Ferraro, Magnétisme solaire et cosmique. Bruxelles, Etabl. L'Avenir, 1950. 80 S. mit 24 Fig. = Obs. Roy. Belgique Monographie Nr. 1. — Besprechung in Gaz astr **32** 48.

6103. J. L. Greenstein, R. S. Richardson, M. Schwarzschild, On the abundance of C^{13} in the solar atmosphere. Publ ASP **62** 15—18 = Mt. Wilson and Palomar Obs. Repr. Nr. **19**. — Neue Bestimmungen der Kernquerschnitte in dem CN-Zyklus im Laboratorium ergeben für die relative Häufigkeit R von C^{13} zu C^{12} einen Wert zwischen 1 : 9 und 1 : 5. Aus Äquivalentbreiten von Isotopendubletts wird als obere Grenze für R in der Sonnenatmosphäre 1 : 36 hergeleitet. Gli.

6104. **M. H. Harrison,** Note on the chemical composition of the sun. ApJ **111** 446—447. — Die Mittelpunktswerte der Zustandsgrößen und die chemische Zusammensetzung der Sonne, berechnet unter der Annahme, daß die photoelektrische Absorption die einzige Opazitätsquelle sei, zeigen bei Berücksichtigung der Streuung an freien Elektronen keine wesentlichen Änderungen. Kdr.

* * **G. H. Kets,** The temperature distribution in the outer photosphere of the sun. Vgl. Ref. **5115**.

6105. **B. Meyermann,** Zur Pulsation der Sonne. AN **279** 45—46, mit 1 Abb. = Mitt. Univ.-Sternw. Göttingen Nr. **4**. — Ref. in Sternenwelt **3** 13. — Neureduktion der Beobachtungen des Sonnendurchmessers von Schur und Ambronn, unter Trennung der polaren und äquatorialen Durchmesser. Aus den Messungen geht hervor, daß die beiden Sonnendurchmesser gleich groß sind und daß die Sonne mit der Fleckenperiode pulsiert und zwar in beiden Durchmessern in gleicher Phase. Zum Schluß wird eine Apparatur für genaue Durchmesserbestimmungen der Sonne vorgeschlagen.

* * **M. A. Pomerantz,** The increase in the primary cosmic-ray intensity at high latitudes, and the non-existence of a detectable permanent solar magnetic field. Vgl. Ref. **12742, 12743**.

6106. **H. Schirmer,** Über die Ausbreitung von Stoßwellen in der Sonnenatmosphäre. ZfA **27** 132—152, mit 5 Abb. Auszug aus Hamburger Dissertation = Mitt. Sternw. Hamburg-Bergedorf **21** Nr. 211. — Die Turbulenz der Chromosphäre wurde von Biermann auf fortschreitende Druckwellen zurückgeführt, die durch den Stoß der aus der Wasserstoffkonvektionszone (WKZ) aufsteigenden Granula gegen die stabil geschichtete Photosphäre in dieser erregt werden. Die vorliegende Arbeit behandelt die Ausbreitung dieser Stoßwellen in der Sonnenatmosphäre nach hydrodynamischen und thermodynamischen Gesichtspunkten. Es wird zuerst isotherme Ausbreitung der Stoßwellen angenommen, was durch die starke Abstrahlung in den unteren Schichten der Atmosphäre, die den Vorgang anfangs näherungsweise isotherm verlaufen läßt, nahegelegt wird. Nachdem auf Grund dieser Rechnungen die ungefähre Größenordnung des Ausbreitungsvorgangs feststeht, wird die nur näherungsweise richtige Annahme der isothermen Ausbreitung fallengelassen und die unter dem Einfluß der tatsächlichen Abstrahlung verlaufende Ausbreitung von Stoßwellen untersucht. Es zeigt sich, daß bei einer Laufstrecke von 600 bis 800 km und einer Laufzeit von 60 bis 80 Sekunden der Verdichtungsgrad vom 1,5fachen auf das 5- bis 7fache zunimmt, während die Gastemperatur auf 8000—10000 Grad ansteigt. Die Geschwindigkeit beträgt anfangs 8—8,5 km/sec und steigt auf 10 km/sec in den oberen Schichten. Verf.

6107. **F. Schmeidler,** Versuch einer dynamischen Theorie der Sonnenatmosphäre. Z. Naturforschung **5a** 297—308, mit 2 Abb. = Veröff. Sternw. München **3** Nr. 16. — Die ungleichförmige Rotation der Sonne wird als reines Oberflächenphänomen aufgefaßt, und zwar als polare Verzögerung. Ferner wird eine meridionale Zirkulation zwischen Polen und Äquator angenommen. Die beobachteten Erscheinungen werden dann durch Integration der etwas vereinfachten hydrodynamischen Gleichungen erhalten als Wirkung des Zusammenspiels der Coriolis-Kraft, der turbulenten Reibung der atmosphärischen Gasmassen und einer von den Polen zum Äquator gerichteten Kraft, deren Ursache und physikalische Natur unbestimmt gelassen werden. Kdr.

6108. **E. Schodo,** Die Rotation der Sonnenatmosphäre nach Fleckenbeobachtungen. Astr Circ UdSSR Nr. 98—99 S. 14—16 (russisch). — Aus den Beobachtungen von Flecken zu verschiedenen Phasen der Sonnentätigkeit — Maximum, abnehmende Tätigkeit, Minimum, zunehmende Tätigkeit — ergeben sich unterschiedliche Werte für die Konstanten a und b des Rotationsgesetzes $\xi = a - b \sin^2 \varphi$, die eine Abhängigkeit der Rotation von der Phase andeuten. Loh.

6109. **S. F. Smerd,** The polarization of thermal «solar noise» and a determination of the sun's general magnetic field. Australian J. Sci. Res. (A) Phys. Sci. **3** 265—273, mit 5 Fig. = Council Sci. Industrial Res. Division Radiophys. — Für ein kugelsymmetrisches Modell der Chromosphäre und Korona, in der die Temperatur beider Bereiche jeweils als konstant angenommen wird, während die Elektronendichte den Formeln von Cillié und Menzel, bzw. von Allen folgt, wird die Polarisation für verschiedene Koronatemperaturen und Magnetfelder bestimmt. Durch Vergleich mit der Finsternisbeobachtung 1948 Nov. 1 folgt für die Polfeldstärke eines allgemeinen Magnetfeldes < 11 Gauß. Reule

6110. **S. F. Smerd,** A radio-frequency representation of the solar atmosphere. Proc. Inst. Electrical Engineers **97** 447—452, mit 7 Fig. = Council Sci. Industrial Res. Division Radiophys. — Allgemeine Betrachtung des Aufbaues der Sonnenatmosphäre und Diskussion von Flecken, Magnetfeld, Protuberanzen und Korona als mögliche Quellen radiofrequenter Sonnenstrahlung. Behr

* * **S. F. Smerd,** Radio-frequency radiation from the quiet sun. Vgl. Ref. **6527**.

6111. **B. Strömgren,** On the extent of the convection zones in the solar interior. Mat. Tidsskr. B, Köbenhavn, 1950, Festskr. t. J. Nielsen, S. 96—100.

* * **Su-Shu Huang,** On turbulence in the atmospheres of the sun and the stars. Vgl. Ref. **5140**.

6112. **Y. Suzuki,** Non-homogeneous temperature radiation, and its application to the sun. II. Publ. Astr. Soc. Japan **1** 109—113, mit 3 Fig. — Anwendung des früher definierten Begriffs der nichthomogenen Temperaturstrahlung auf die Sonne (vgl. AJB **49** Ref. **5135**). Insbesondere werden auf dieser Basis die Energieverteilung der Sonnenstrahlung sowie Anregungs- und Ionisationstemperatur diskutiert. Kdr.

6113. **P. A. Sweet,** The effect of turbulence on a magnetic field. MN **110** 69—83, mit 2 Fig. = Glasgow Univ. Obs. Repr. Nr. **25**. — Verf. ergänzt seine früheren Untersuchungen über das allgemeine Magnetfeld der Sonne (MN **109** 507, AJB **49** Ref. **6110**) durch eine Diskussion des Einflusses der Turbulenz und findet, daß dadurch die effektive Leitfähigkeit der solaren Materie innen und außen herabgesetzt und die Abklingzeit des allgemeinen Magnetfeldes der Sonne etwas reduziert wird. Kdr.

6114. The sun's general magnetic field. Irish AJ **1** 65—66.

6115. The sun's interior. JBAA **60** 115—116. — Besprechung eines Artikels von M. Schwarzschild in den Leaflets der Astr. Soc. Pacific Nr. 248 und 249.

6116. Turbulenz in der Sonnenatmosphäre. Sterne **26** 79—80.

§ 62

Sonnenfinsternisse

6201. Sonnenfinsternis 1941 Sept. 21

W. N. Sujkow, Spektralphotometrische Bestimmung der Kontaktzeiten der totalen Sonnenfinsternis vom 21. September 1941. Mitt. Astr. Hauptobs. Pulkowo **18** Nr. 4 (145) S. 65—67 (russisch).

6202. Sonnenfinsternis 1945 Juli 9

J. Bouška, Observation of the solar eclipse of July 9, 1945. BAC **2** 13—14.

A. W. Markow, Photometrie der Sonnenkorona am 9. 7. 1945 und ein Verfahren zur beschleunigten Ausmessung der photometrischen Negative. Mitt. Astr. Hauptobs. Pulkowo **18** Nr. 4 (145) S. 31—64, mit 13 Abb. (russisch). — Inhalt: Beschreibung der Expeditionsarbeiten, Ausmessung der Negative, das Kalibrierungsverfahren, Anwendung der Isophotenmethode auf die Vermessung der Korona, die absolute Helligkeit der Korona und der Helligkeitsgradient in der inneren Korona. Loh.

J. M. Ramberg, Results from observations of the total solar eclipse of 1945 July 9. III. The photometry of the corona. Stockholms Obs. Ann. **16** Nr. 3, 43 S. mit 10 Fig. und 5 Tafeln.

W. S. Sokolowa, Die Helligkeitsverteilung in der Sonnenkorona am 9. Juli 1945. Nachr. Akad. Wiss. kasach. Sowjetrepublik Nr. **90** (astrobotanische Serie, Heft 1—2) S. 127—140 (russisch).

N. Staude, Die Beleuchtung während der Finsternis vom 9. Juli 1945 nach Beobachtungen mit einem Röhrenphotometer. Nachr. Akad. Wiss. kasach. Sowjetrepublik Nr. **90** (astrobotanische Serie, Heft 1—2) S. 112—126 (russisch).

V. Tshernov, L'éclipse partielle de soleil du 9 juillet 1945. Gaz astr **32** 63—64. — Beobachtungen in Saporoshe.

Å. Wallenquist, Ljusfördelningen inom solkoronan den 9 Juli 1945 enligt observationerna vid Bjuröklubb. PAT **31** 54—59, mit 6 Fig.

M. A. Waschakidse, Untersuchung der Polarisation der inneren Korona nach Beobachtungen während der totalen Sonnenfinsternis vom 9. Juli 1945. Bull. Astrophys. Obs. Abastumani Nr. **11** S. 95—106, mit 1 Abb. (russisch mit grusinischer Zusammenfassung). — Die während der Finsternis aufgenommenen Platten wurden nach dem 1935 von Fessenkow entwickelten Verfahren ausgewertet. Die Messungen erstreckten sich auf 1!4 bis 9!7 Abstand vom Sonnenrand in allen Positionswinkeln. Der Polarisationsgrad war innerhalb bzw. außerhalb von 4′ in den äquatorialen Gebieten kleiner bzw. größer als in den polaren. Loh.

6203. Sonnenfinsternis 1947 Mai 20

G. van Biesbroeck, The Einstein shift at the eclipse of May 20, 1947, in Brazil. Vgl. Ref. **4107**.

R. A. Richardson, E. O. Hulburt, The illumination from the solar crescent near totality of the eclipse of May 20, 1947. ApJ **111** 99—103, mit 2 Fig. — Anläßlich der totalen Sonnenfinsternis 1947 Mai 20 wurde die von der schmalen Sonnensichel kurz vor dem zweiten Kontakt und nach dem dritten Kontakt ausgehende Helligkeit mit einer Photozelle gemessen und daraus die radiale Änderung der Sonnenstrahlung bis unmittelbar an den Sonnenrand ermittelt. Diese Funktion ist durch photometrische Messungen außerhalb von Finsternissen für den Bereich 0 bis 0.99 des Radius der Sonnenscheibe bestimmt worden. Die Verf. ergänzen die Messungen für den Bereich 0.9905 bis 0.9985. Die Flächenhelligkeit sinkt am äußersten Meßpunkt auf 0.363 Teile der Flächenhelligkeit der Mitte der Sonnenscheibe. Die benutzte Apparatur hatte eine spektrale Empfindlichkeitsfunktion, die der des Auges nahe entspricht. Micz.

J. Savitt, Recombination and attachment in the F-region during the eclipse of May 20, 1947. J. Geophys. Res. **55** 385—394, mit 7 Fig.

MN ASSA **9** 54—55. An eclipse expedition. — Bericht über die schwedische Sonnenfinsternisexpedition, entnommen einem Brief von G. Larssen an S. O. Eklund.

6204. Sonnenfinsternis 1948 Mai 8/9

H. Hirose, S. Kaho, R. Manabe, K. Tomita, Observation of the annular eclipse of May 8—9, 1948. Ann. Tokyo Astr. Obs. (2) **3** 23—40.

6204a. Sonnenfinsternis 1948 November 1

W. N. Christiansen, D. E. Yabsley, B. Y. Mills, Measurements of solar radiation at a wavelength of 50 centimetres during the eclipse of November 1, 1948. Australian J. Sci. Res. (A) Phys. Sci. **2** 506—523, mit 8 Fig. und 2 Tafeln, 1949 = Council Sci. Industrial Res. Division Radiophys.

6205. Sonnenfinsternis 1949 April 28

J. Bouška, Observation of the partial solar eclipse of April 28, 1949. BAC **2** 11—13, mit 2 Fig.

J. Bouška, K. Fischer, Observation of the eclipse of the sun of April 28, 1949. BAC **2** 13.

M. Laffineur, R. Michard, R. Servajean, J.-L. Steinberg, Observations radioélectriques de l'éclipse de soleil du 28 avril 1949. Ann d'Astrophys **13** 337—342, mit 3 Fig. = Contr. Inst. Astrophys. Paris (B) Nr. **53**. — Die Verf. teilen Messungen der Kurzwellenstrahlung der Sonne bei den Wellenlängen 25, 24,5 und 190 cm während der partiellen Sonnenfinsternis April 28 mit. Die Messungen bei der größten Wellenlänge wurden bei der Diskussion nicht verwertet, da sie ein ständiges Absinken der solaren Emission während der Meßzeit zeigen. Für die beiden übrigen Wellenlängen wird eine gemeinsame Kurve des Intensitätsverlaufs konstruiert. Die beiden Äste dieser Kurve sind nicht symmetrisch. Es wird geschlossen, daß die Emission aus einigen unregelmäßig verteilten Zonen der Sonnenscheibe besonders intensiv ist, und diese Gebiete wahrscheinlich mit den Fackelgebieten identisch sind. Micz.

F. Link, L. Neužil, Observations ionosphériques de l'éclipse de soleil du 28 avril 1949. BAC **2** 9—11, mit 3 Fig.

G. Pinto, Osservazioni dei due contatti nell'eclisse parziale di sole del 28 aprile 1949 all'Osservatorio Astronomico di Padova. Mem SA It (NS) **21** 295 = Oss. Astr. Padova Pubbl. Nr. **95**. — Beobachtungen des ersten und letzten Kontaktes.

H. M. Stanier, Distribution of radiation from the undisturbed sun at a wave-length of 60 cm. Nature **165** 354—355, mit 2 Fig. — Entgegen den theoretischen Erwartungen ergeben die Beobachtungen keine Randerhellung, sondern eine um ein Drittel niedrigere Intensität als in Scheibenmitte. Loh.

D. Stranz, Die Ionosphäre während der partiellen Sonnenfinsternis am 28. April 1949. Z. Naturforschung **5a** 172—173, mit 1 Abb.

6206. Sonnenfinsternis 1951 März 7

I. L. Thomsen, Circumstances of the annular eclipse on 1951 March 7 (G.M.T.) for New Zealand. Carter Obs. Astr. Bull. Nr. **32**, 9 S., 1951.

6207. Sonnenfinsternis 1954 Juni 30

H. O. Grönstrand, The total eclipse of the sun on June 30, 1954. Prediction for Scandinavia. Stockholms Obs. Ann. **16** Nr. 2, 40 S. mit 9 Fig. und 2 Karten.

6208. **Sonnenfinsternis 1955 Juni 20**
Y. Sato, S. Habara, T. Takasaki, A total eclipse of the sun, June 20, 1955. TAB (2) Nr. 22 S. 165—167. — Elemente.

6209. **S. A. Mitchell,** The observation of ten total eclipses. Vgl. AJB **47** Ref. **4209**. — Weiteres Ref. in Urania Barcelona **35** 117.

* * **J. H. Piddington, J. V. Hindman,** Solar radiation at a wavelength of 10 centimetres including eclipse observations. Vgl. Ref. **6524**.

6210. Den næste store Solformörkelse. Urania Kopenhagen **7** 177—179. — Vorschau für 1954 Juni 30.

6211. Tracks of total solar eclipses in 1958, 1959, 1960. US Naval Obs. Circ. Nr. **16**, 3 S. — Ref. in JBAA **61** 142, Sky and Telescope **10** 86.

§ 63

Flecke, Fackeln

6301. **A. F. Bogorodskij, E. N. Semanek,** Über die Breitenasymmetrie in der Verteilung der Sonnenflecke. Publ. Astr. Obs. Kiew Nr. **3** S. 35—41, mit 2 Abb. (russisch).

6302. **A. F. Bogorodskij, I. G. Koltschinskij,** Über die Verteilung der Sonnenfleckengruppen in Länge. Publ. Astr. Obs. Kiew Nr. **4** S. 41—47 (russisch). — Es wird analytisch-statistisch gezeigt, daß die Längen der Zentren der Sonnenfleckengruppen, die im Laufe des Jahres beobachtet werden, nach dem Zufall verteilt sind. Irgendwelche beträchtliche Häufungen in einzelnen Längenintervallen kommen nicht vor. Loh.

6303. **T. G. Cowling,** Alfvén's theory of sunspots. Vgl. AJB **46** Ref. **4309**. — Weiteres Ref. in Urania Barcelona **35** 117.

6304. **M. Dizer,** On an apparent earth-effect on sunspot activity. Publ. Istanbul Univ. Obs. Nr. **38**, 7 S. — Eine statistische Untersuchung der Sonnenfleckenrelativzahlen von 1749 bis 1947 läßt keine Abhängigkeit der Fleckenaktivität von der Stellung der Erde in ihrer Bahn erkennen. Micz.

6305. **M. S. Eigenson,** Neuere Untersuchungen über die Sonnentätigkeit. Nachr. Akad. Wiss. kasach. Sowjetrepublik Nr. **90** (astrobotanische Serie, Heft 1—2) S. 97—105 (russisch).

6306. **M. S. Eigenson,** Die Sonnentätigkeit. Priroda **39** Nr. 5 S. 3—14 (russisch).

6307. **K. Ferrari d'Occhieppo,** Anfangswachstum und Auflösung der Sonnenflecken. Anzeiger der Österreichischen Akad. Wiss., Math.-naturwiss. Kl., Wien **87**. Jg. 1950 S. 327—332.

6308. **W. Gleissberg, A. Kiral,** Prognose für das kommende Sonnenfleckenminimum. ZfA **28** 17—27. — Nach Aufstellung eines Wahrscheinlichkeitsgesetzes für die Vierermittel der Ordinaten der Sonnenfleckenminima werden Formeln hergeleitet, die, sobald ein Fleckenmaximum vorüber ist, Aussagen über die Ordinate des nächsten Minimums mit Wahrscheinlichkeiten von 0.90 bzw. 0.95 zu machen gestatten. Nach diesen Formeln ist mit einer Wahrscheinlichkeit von 0.95 zu erwarten, daß die Ordinate des kommenden Minimums über 9 liegen wird. Ferner spricht eine Wahrscheinlichkeit von 0.96 dafür, daß das Minimum spätestens anderthalb Jahre nach dem Monat, in dem im gegenwärtigen Zyklus die ausgeglichenen Monatsmittel unter 38 sinken, eintreten wird. Verf.

6309. **W. Grotrian, H. Künzel,** Über den Induktionsfluß durch die Sonnenflecken. Mitt. AG **1950** 10. — Ref. AG.

6310. **W. Grotrian,** Zur Deutung der Sonnenfleckenperiode. Naturwissenschaften **37** 163. — Eine von Schwarzschild in Weiterführung der Arbeiten von Alfvén und Walén abgeleitete Formel für die Periode stehender elektromagnetisch-hydrodynamischer Wellen in Sternen wird auf die Sonne angewendet. Bei Annahme einer Feldstärke von 3000 Gauß im Zentrum folgen Perioden, die mit der Sonnenfleckenperiode vergleichbar sind. Micz.

6311. **W. Grotrian, H. Künzel,** Über den Induktionsfluß durch die Sonnenflecken. ZfA **28** 28—42, mit 12 Abb. = Mitt. Astrophys. Obs. Potsdam Nr. **31**. — An Hand des von der Mt.Wilson-Sternwarte für die Zeit von 1917 bis 1924 veröffentlichten Beobachtungsmaterials über Polarität und Feldstärke der Sonnenflecken und unter Hinzuziehung des am Einstein-Turm Potsdam für die Zeit von 1942 bis 1949 gesammelten Beobachtungsmaterials wird der magnetische Induktionsfluß für Einzelflecken, Fleckengruppen und die ganze Scheibe getrennt nach Nord- und Südhalbkugel berechnet. Für letztere ergibt sich, daß auf Nord- und Südhalbkugel der Induktionsfluß durch die p-Flecken im zeitlichen Mittel stets etwa drei- bis viermal so groß ist wie der Induktionsfluß durch die f-Flecken. Verf.

6312. **W. Grotrian,** Über den derzeitigen Stand der Deutung des Sonnenfleckenphänomens. Z. f. angewandte Phys. **2** 376—390, mit 28 Abb. — Der Aufsatz bespricht vor allem die magnetischen Eigenschaften der Sonnenflecken und die daran anknüpfenden Deutungsversuche der letzten Jahre. In diesem Zusammenhang wird auch ein Überblick über den Stand der Theorie der allgemeinen Magnetfelder kosmischer Objekte gegeben, wobei Verf. zu dem Schluß kommt, daß die beobachtete Veränderlichkeit der Felder nicht in Widerspruch zu der Blackettschen Beziehung steht, sondern daß diese für die Mittelwerte zutreffen kann. Kdr.

6313. **B. N. Himmelfarb,** Über die Gesetzmäßigkeiten der Sonnenfleckentätigkeit. Priroda **39** Nr. 4 S. 43 (russisch).

6314. **M. Hotinli,** Second report on the solar foreshortening observations of the AAVSO. Publ. Istanbul Univ. Obs. Nr. **37**, 3 S. — Von 31 Beobachtern wurden im Jahre 1948 4820 Beobachtungen geliefert. Ihre Zusammenstellung in einer Tabelle ergibt, daß auf der westlichen Hälfte der Sonnenscheibe mehr Flecken beobachtet werden als auf ihrer östlichen Hälfte.

6315. **M. Hotinli,** Third report on the solar foreshortening observations of the AAVSO. Publ. Istanbul Univ. Obs. Nr. **39**, 3 S.

6316. **M. Kopecký,** Cycle de 22 ans de l'activité solaire. BAC **2** 14—16, mit 4 Fig.

6317. **M. Kopecký,** Prévisions du maximum du 19ème cycle des taches solaires. BAC **2** 30—32, mit 1 Fig.

6318. **D. H. Menzel,** Origin of sunspots. Nature **166** 31—32. — Vorläufige Mitteilung.

6319. **H. W. Newton,** Reports on the progress of astronomy: Sunspots. MN **110** 169—170.

6320. **H. W. Newton,** The Greenwich sunspot observations. Scientia **85** 306—310. — Bericht über Arbeit und instrumentelle Ausrüstung des Greenwicher Sonnendienstes während der letzten 75 Jahre.

6321. **Y. Öhman,** The use of Savart fringes in the observation of Zeeman effects in sunspots. ApJ **111** 362—365, mit 3 Fig. = Harv Repr Nr. **334**. — Es wird die Verwendung eines Savartschen Polariskops zur Beobachtung von Zeeman-Aufspaltungen im Spektrum von Sonnenflecken beschrieben. Über einige vorläufige Versuche wird berichtet, bei denen sich die Verwendung eines Doppelmonochromators besonders bewährt hat. Die Vorteile des Savartschen Polariskops liegen unter anderem in dem großen übersehbaren Feld; auch zur visuellen Bestimmung der Fleckenpolarität mit kleinen Instrumenten scheint es geeignet. Micz.

6322. **Y. Öhman,** Ett år vid amerikanska solobservatorier. PAT **31** 10—22, mit 12 Fig. — Inhalt: 1. Beschreibung einer Methode zur Messung der Zeeman-Aufspaltung in Sonnenflecken mit einem Savartschen Polariskop. 2. Diskussion enger und dunkler Filamente am Sonnenrand, die sich dunkel von der Sonnenoberfläche abheben und die sich als dunkle Gebilde in den Protuberanzen außerhalb des Sonnenrandes fortsetzen. 3. Polarisationsbeobachtungen in den dunklen Linien des Koronaspektrums mit dem Climaxkoronographen. Ra.

6323. **D. Riabouchinsky,** Nouvelles remarques sur l'interprétation hydrodynamique de la périodicité des taches solaires. CR **230** 1019—1021.

6324. **G. Righini, G. Godoli,** Sui numeri caratteristici dell'attività solare. Annali di Geofisica **3** 501—513.

6325. **E. G. v. Roka,** Über die Berechnung der Magnetfelder von Sonnenflecken. ZfA **27** 15—23, mit 1 Abb. — Das Magnetfeld über stationären Sonnenflecken wird mit den Mitteln der Potentialtheorie untersucht. Dazu wird Rotationssymmetrie und Abwesenheit von elektrischen Strömen oberhalb der Sonnenoberfläche, in der das Feld gemessen wird, vorausgesetzt. Jede der beiden Komponenten der magnetischen Feldstärke legt für sich die Funktion fest, welche das Feld im ganzen Raume eindeutig bestimmt. Diese Funktion wird angegeben und an Hand der vorliegenden Meßergebnisse diskutiert. Zum Schluß werden zwei Grenzmodelle (Polschicht- und Dipolschichtmodell) genauer betrachtet. Verf.

6326. **E. G. v. Roka,** Über einen indirekten Einfluß der Sonnenaktivität auf die Intensität der kosmischen Strahlung. Theorie der 27-Tage-Variation, Existenz und Theorie einer solaren 11-Jahre-Welle der kosmischen Strahlung. Z. Naturforschung **5a** 517—530, mit 5 Abb. — Ref. in Sterne **27** 167.

6327. **P. Roques,** The present phase of the solar cycle. AJ **55** 80. — Ref. AAS.

6328. **P. E. Roques,** The present phase of the solar cycle. Sky and Telescope **9** 158—159, mit 3 Fig.

6329. **J. M. Slonim,** Die Sonnentätigkeit 1945. Publ. Astr. Obs. Taschkent (2) **1** 47—77, mit 12 Abb. (russisch). — Ref. in Astr. News Letter Nr. **63** S. 8. — Diskussion des Taschkenter Beobachtungsmaterials.

6330. **J. M. Slonim,** Einige Ergebnisse der Arbeiten des Taschkenter Sonnendienstes in den Jahren 1932—1949. Publ. Astr. Obs. Taschkent (2) **1** 89—111, mit 10 Abb. (russisch). — Ref. in Astr. News Letter Nr. **63** S. 9.

6331. **W. N. Sujkow,** Sonnenfackeln. Priroda **39** Nr. 12 S. 3—7 (russisch).

6332. **G. Thiessen,** The structure of the sunspot-umbra. Obs **70** 234—235.

6333. **R. Q. Twiss,** On Bailey's theory of growing circularly polarized waves in a sunspot. Phys. Rev. (2) **80** 767—768. — Kritische Bemerkung zu der von Bailey in Phys. Rev. (2) **78** 428 (Ref. **6101**) aufgestellten Theorie.

6334. **S. K. Wsechswjatskij,** Besonderheiten der Breitenasymmetrie in der Verteilung der Sonnenfleckenaktivität. Publ. Astr. Obs. Kiew Nr. **3** S. 25—33, mit 3 Abb. (russisch). — Einer Statistik der Greenwicher heliographischen Beobachtungen zufolge entsprach in den Jahren 1910—1935 eine relative Vergrößerung der Fleckenfläche auf einer Halbkugel einer Verkleinerung der mittleren Breite der fleckenbildenden Prozesse auf dieser Halbkugel. Loh.

6335. S. K. Wsechswjatskij, Die jährliche Variation der Sonnenaktivität. Publ. Astr. Obs. Kiew Nr. **4** S. 33—40, mit 5 Abb. (russisch). — Für den Zeitraum von 1874 bis 1947 wandelt Verf. die Monatsmittel der Fleckenrelativzahlen in Prozente, bezogen auf das Jahresmittel, um. Es zeigt sich dann, daß in 20 (34) Jahren ansteigender (abfallender) Fleckentätigkeit die relativen Monatsmittel pro Jahr nicht nur den zu erwartenden Anstieg, sondern noch ein deutliches Maximum im Oktober (März) aufweisen. Loh.

6336. H. Wundt, Eine neue Methode der Periodogramm-Analyse und ihre Anwendung auf die Reihe der Sonnenflecken-Relativzahlen. Dissertation Basel, 1950. Maschinenschrift-Vervielfältigung. 2+27 S. mit 1 Tafel. — Verf. stellt im ersten Teil der Arbeit das Periodogramm ausgehend von der Methode der Kleinsten Quadrate als kontinuierliche Spektralfunktion dar und zeigt, wie man die Lage der Extrema im Periodogramm numerisch bestimmen kann. Im zweiten Teil wird die Theorie auf die Relativzahlen der Sonnenflecken angewendet, wobei sich 17 Perioden aus dem gesamten Material 1749—1948 ergeben; ein Teil davon ist bereits aus ähnlichen Untersuchungen bekannt. Micz.

6337. L'origine des taches solaires. BSAF **64** 350.

6338. The origin of sunspots. JBAA **60** 112—113.

6339. Planets and sunspots. Nature **165** 301, **166** 1058. — Besprechung des zweiten Teiles einer Arbeit von K. G. Meldahl über die Einwirkung der Planeten auf die Sonne. Bezüglich des ersten Teiles vgl. AJB **41** Ref. **4103**. Loh.

6340. Solar variation. Sky and Telescope **9** 300—301. — Ref. AAS.

6341. Beobachtungen von Sonnenflecken

Astr. Mitt. Sternw. Zürich Nr. **172** = VJS der Naturforschenden Ges. Zürich **95** 212—224, mit 2 Abb. Die Sonnenaktivität im Jahre 1949. M. Waldmeier.

Bol. Mensual Obs. Cartuja, Granada. Observaciones astronómicas y sísmicas. Abril de 1947—Diciembre de 1949. J. A. Burgos, A. Due. — Rotationen 1252—1288.

Bol. Mensual Obs. Ebro (A) **35** 93—144. — Beobachtungen 1947 Juli—September.

Bol. Astr. Obs. Madrid **4** Nr. 2—3 S. 45—71, mit 6 Fig. Actividad solar. Observaciones de manchas solares efectuadas en los Observatorios de Madrid, Valencia, Cartuja (Granada) y Ebro en 1948. E. Gullón. — Rotationen 1261—1275.

Bol. Astr. Obs. Madrid **4** Nr. 2—3 S. 115—142, mit 6 Fig. Actividad solar. Observaciones de manchas solares efectuadas en los Observatorios de Madrid, Valencia, Cartuja (Granada) y Ebro en 1949. E. Gullón. — Rotationen 1275—1288.

BSAF **64** 18—20, 78, 128, 213—214, 250, 302, 360, 398, 445, 495, mit 12 Fig. L'activité solaire. Cartes synoptiques (-planisphères) de la chromosphère et des taches. M. d'Azambuja. — Rotationen Nr. 1286—1297.

BSAF **64** 129, mit Aufnahme auf Titelseite Heft Mars 1950. F. Quénisset.

BSAF **64** 251. Nombres relatifs de Wolf pour l'année 1947. M. Waldmeier.

BSAF **64** 399. Nombres relatifs de Wolf pour l'année 1948. M. Waldmeier.

Ciel et Terre **66** 103—109, mit 2 Fig. Les taches solaires en 1949. G. Coutrez.

Ciel et Terre **66** 109. Les taches solaires. Nombre relatif de Wolf journalier local (Uccle: n/k), Année 1949.

Ciel et Terre **66** 110, 159, 206, 234, 273—275. Observations des taches solaires. R. Coutrez.

Circ. Astr. Obs. Charkow Nr. **4** S. 1—34 (russisch). Die Aktivität der Sonnenphotosphäre und -chromosphäre vom 1. Juli bis 31. Dezember 1949 nach Beobachtungen am Astronomischen Observatorium Charkow. L. I. Krissenko, R. M. Rapota.

Circ. Astr. Obs. Kiew Nr. 26—41 (russisch). Die Sonnenaktivität von April 1949 bis Juli 1950. S. K. Wsechswjatskij.

Circ. Astr. Obs. Taschkent Nr. 226—237. K. Kuleschowa, J. Slonim. — 1949 Dez.—1950 Nov.

Coelum **18** 22—24, 52, 79, 105, 131—132, 154—155, mit 6 Fig. — Beobachtungen von Oktober 1949 bis September 1950.

Coelum **18** 51, mit 3 Fig. Macchie solari osservate con la «camera oscura».

Gaz astr **32** 26—29, 85—88, mit 1 Abb. L. Michiels. — Aug. 1949—Juni 1950.

Glasnik Mat.-Fiz. Astr. (2) **5** 188—197, mit 1 Fig. (kroatisch mit englischer Zusammenfassung). Sunspots in the year 1949. A. Gilić.

Istanbul Kandilli Rasathanesi, 21 S. mit 1 Fig. Observations des taches solaires en 1949. M. Dizer.

JBAA **60** 135—142, mit 1 Fig. Solar activity from 1947 September 24 to 1949 July 9. Synodic rotations Nos. 1258 to 1281 inclusive. F. J. Sellers, M. I. Mech.

J. Geophys. Res. **55** 93, 217, 340, 488. Provisional sunspot-numbers for October 1949—September 1950. M. Waldmeier.

J. Geophys. Res. **55** 211—213, mit 1 Fig. Final relative sunspot-numbers for 1949. M. Waldmeier.

J. Sci. and Industrial Res. **6** Nr. 9, 9 S. mit 7 Fig., 1947. Sunspot activity during the current cycle — a review (Solar Physics Obs., Kodaikanal). R. Ananthakrishnan, K. Sethumadhavan, A. K. Das.

Mem SA It (NS) **21** 137—148, mit 3 Fig. = Oss. Astrofis. Catania Contr. Astrofis. Nr. **69**. L'attività del sole nell'anno 1949. L. Taffara.

Mem SA It (NS) **21** 297—301 = Oss. Astr. Roma-Monte Mario Contr. Sci. Nr. **158**. Area delle macchie solari durante il secondo semestre del 1948 e durante l'anno 1949, secondo i rilievi fotografici giornalieri dell'Osservatorio Astronomico di Roma. M. Cimino, T. Fortini, G. Tarantini, M. A. Giannuzzi.

MN **110** 501—504. Mean areas and heliographic latitudes of sunspots in the year 1945. Royal Observatory Greenwich.

National Obs. Athen Bull. Astr. Inst. 1950 S. 1-7, 15—19, 29—36, 41—50. Sunspot Report. C. J. Macris. — Rotationen Nr. 1288—1301.

National Obs. Athen Bull. Astr. Inst. 1950 S. 55—61, mit 2 Fig. Les taches solaires en 1950. C. J. Macris.

Nature **165** 301. A big sunspot. — Fleckengruppe vom 14. 2. 1950.

Obs **70** 163—164, mit 1 Fig. Solar notes. H. W. Newton.

Orion Schaffhausen **3** 60—61, 95, 129, 162—163, mit 1 Fig. — Fleckenbeobachtungen 1949 Okt.—1950 Sept.

Orion Schaffhausen **3** 98. Die Sonnenfleckenrelativzahlen für 1949. M. Waldmeier.

PAT **31** 75—76, mit 2 Fig. Den stora solfläcken i februari 1950. Y. Öhman.

Pop Astr **58** 45, 93, 149, 195, 247, 310, 365, 418, 472, 524. Provisional sunspot numbers. — 1949 November—1950 Oktober.

Pop Astr **58** 95—96. Summary of sunspot observations at Mount Holyoke College, 1949. A. H. Farnsworth.

Priroda **39** Nr. 5 S. 36—37 (russisch). Die Sonnenaktivität 1949. A. P. Moissejew.

Publ ASP **62** 5—8, mit 1 Fig. = Mt. Wilson and Palomar Obs. Repr. Nr. **19**. Sunspot activity during 1949. S. B. Nicholson.

Publ ASP **62** 23—26, 68—70, 121—124, 175—177, 223—226, 279—281 = Mt. Wilson and Palomar Obs. Repr. Nr. **19**, **26**, **28**, **32**, **33**, **37**. Summary of Mount Wilson magnetic observations of sunspots. — 1949 November—1950 Oktober.

Publ. Astr. Hauptobs. Pulkowo **67**, 104 S. mit 2 Karten (russisch). Katalog der Sonnentätigkeit 1948. R. S. Gnewyschewa.

Publ. Obs. Astr. Belgrade Bull. Nr. **6** S. 8, 21—25. Activité des taches solaires aux mois de janvier—décembre 1941. M. Protić, M. Simić.

Publ. Obs. Astr. Belgrade Bull. Nr. **7** S. 6—11. Activité des taches solaires au cours de l'année 1942. M. Protitch.

Publ. Sternw. Zürich **9** 59—85, mit 13 Abb., 1949. Heliographische Karten der Photosphäre für das Jahr 1948. M. Waldmeier. — Rotationen 1262—1274.

Publ. Sternw. Zürich **9** 87—113, mit 13 Abb. Heliographische Karten der Photosphäre für das Jahr 1949. M. Waldmeier. — Rotationen 1275—1287.

Quarterly Bulletin on Solar Activity Nr. **85—88**, 110 S. mit 4 Abb. Published by the Eidgen. Sternwarte in Zürich. — 1949 Januar—Dezember.

RH **31** 165, mit 1 Fig. (tschechisch). Sonnentätigkeit im zweiten Halbjahr 1949. Z. Ceplecha. — Bearbeitung der Beobachtungen, ausgeführt von Mitgliedern der Tschechoslowakischen Astronomischen Gesellschaft.

Sky and Telescope **9** 139, mit 4 Fig. The February outburst of sunspots.

Sky and Telescope **9** 229. Large sunspot group. H. A. Luft.

Sky and Telescope **10** 42. — Beobachtung der Sonnenflecken 1947 Mai 26. C. Chapman.

Southern Stars **14** 114—119, mit 1 Fig. = Carter Obs. Repr. Nr. **4**. Sunspot distribution in 1948 and 1949. I. L. Thomsen.

Southern Stars **14** 138—144, mit 1 Fig. = Carter Obs. Repr. Nr. **12**. Sunspot activity, 1941 to 1949. I. L. Thomsen.

Sterne **26** 158. Definitive Sonnenflecken-Relativzahlen für 1949. Mitgeteilt von der Eidgenössischen Sternwarte Zürich. M. Waldmeier.

Sternenwelt **2** 36—38, mit 3 Abb. Die Sonnentätigkeit der letzten Monate. R. Müller. — 1949 Febr.—Nov.

Sternenwelt **2** 132—133, 162—163, mit 6 Abb. Die Sonnentätigkeit im Februar, März 1950. R. Müller.

Sternenwelt **2** 182—183, mit 4 Abb. Die Sonnentätigkeit im 2. Vierteljahr 1950. R. Müller.

Sternenwelt **2** 275—276, mit 3 Fig. Die Sonnentätigkeit im 3. Vierteljahr 1950. R. Müller.

Tokyo Astr. Obs. Bull. Solar Phenomena **1** 27—57, mit 9 Fig. Sunspots, Ca flocculi and H_α prominences. Solar eruptions. July-December, 1949. M. Notuki, I. Semba, I. Shimizu, M. Ono, T. Oe, Y. Nojima, M. Miyazawa, Y. Yamamoto, Y. Tanaka, T. Oki.

Tokyo Astr. Obs. Bull. Solar Phenomena **2** 1—46, mit 12 Fig. Sunspots, Ca flocculi and H_α prominences. Solar eruptions. Solar radio noise. January-September, 1950. M. Notuki, S. Nagasawa, I. Semba, I. Shimizu, M. Ono, T. Oe, Y. Nojima, M. Miyazawa, Y. Yamamoto, Y. Tanaka, T. Oki, T. Hatanaka, S. Suzuki, F. Moriyama.

Urania Kopenhagen **7** 73—76, mit 1 Abb. Solen i 1949. O. Engelstoft.

Urania Kopenhagen **7** 97—99. Solpletterne i April—Juni. O. Engelstoft.

US Naval Obs. Circ. Nr. **8**, 12 S. Positions, areas, and counts of sunspots November—December, 1948. Summary of 1948. L. T. Day.

US Naval Obs. Circ. Nr. **9—12**, 57 S. Positions, areas, and counts of sunspots January—November, 1949. L. T. Day.

US Naval Obs. Circ. Nr. **13**, 10 S. Positions, areas, and counts of sunspots December, 1949—Summary, 1949. L. T. Day.

US Naval Obs. Circ. Nr. **15, 17, 19, 21—24**, 36 S. Positions, areas, and counts of sunspots January—September, 1950. L. T. Day.

Veröff. Fraunhofer-Inst. Sonnen-Zirkular 1949 Juli—1950 September. 483 S. mit Abb. A. Behr.

VJS der Naturf. Ges. Zürich **95** 212—224, mit 2 Abb. Die Sonnenaktivität im Jahre 1949. M. Waldmeier.

§ 64

Photosphäre, Spektrum

6401. **P. ten Bruggencate, H. Gollnow, F. W. Jäger,** Intensitätsmessungen am äußersten Sonnenrand. Mitt. AG **1950** 11. — Ref. AG.

6402. **P. ten Bruggencate, H. Gollnow, F. W. Jäger,** Über einen Versuch, die wahre Intensitätsverteilung am äußersten Sonnenrand zu ermitteln. ZfA **27** 223—236, mit 5 Abb. = Veröff. Univ.-Sternw. Göttingen Nr. **100**. — Bei einer partiellen Sonnenfinsternis wird der Mondrand zur Ermittlung der Streufunktion benutzt, mit deren Hilfe aus der beobachteten scheinbaren die wahre Intensitätsverteilung am Sonnenrand bestimmt wird. Aus der Randverdunklung wird eine Temperaturschichtung berechnet und mit dem Modell von de Jager-Voigt verglichen. Es zeigt sich, daß die Randtemperatur tiefer als bei diesem Modell liegt und der anfängliche Temperaturanstieg ($\tau < 0{,}1$) beträchtlich steiler ist. Zwischen $\tau = 0{,}1$ und $\tau = 0{,}2$ tritt eine schwache Temperaturinversion auf. Verf.

6403. **R. Canavaggia, D. Chalonge, M. Egger-Moreau, H. Oziol-Peltey,** Recherches sur le spectre continu du soleil. III. Spectre continu du centre du disque entre 3200 et 5000 Å. Ann d'Astrophys **13** 355—361, mit 3 Fig. = Contr. Inst. Astrophys. Paris (B) Nr. **55**. — Die Verf. haben vor einiger Zeit (Ann d'Astrophys **9** 143, AJB **46** Ref. **4408**) die kontinuierliche Energieverteilung im Spektrum der Mitte der Sonnenscheibe abgeleitet. Damals wurde auf das schwache Auflösungsvermögen des Spektrographen, das von ähnlicher Größe war wie die Breite der «Fenster» des Sonnenspektrums, die das ungestörte Kontinuum wiedergeben, keine Rücksicht genommen. In der neuen Arbeit wird zunächst das Auflösungsvermögen genauer bestimmt, sodann werden Korrekturen für die Intensität der «Fenster» ermittelt und eine Neuberechnung der Farbtemperaturen, der Größe des Balmersprungs und der kontinuierlichen Energieverteilung zwischen λ 3200 und λ 5000 im Spektrum der Mitte der Sonnenscheibe vorgenommen. Micz.

* * **R. M. Chapman, J. H. Shaw, D. Williams,** High dispersion studies of the solar spectrum. Vgl. Ref. **7231**.

6404. **M. Cimino,** Sulla variazione del profilo di alcune righe spettrali dal centro al lembo del sole. Rend. Accad. Nazionale Lincei, Cl. Sci. fis., mat., nat. (8) **9** 177—181 = Oss. Astr. Roma-Monte Mario Contr. Sci. Nr. **161**. — Untersuchung einiger Sonnenlinien im Zentrum und am Rande der Sonnenscheibe aus 120 am Mt. Wilson-Turmteleskop erhaltenen Platten. F. Z.

6405. **A. Colacevich,** L'ultravioletto e l'infrarosso dello spettro solare. Scientia **85** 136—139. — Allgemeinverständlicher Bericht über die mittels Raketenspektrographen im UV und Photozellen im IR erzielten Fortschritte.

6406. **A. K. Das, N. R. Rao,** Some observations on the H and K lines in the solar spectrum. Kodaikanal Obs. Bull. Nr. **126** S. 209—213, 1949. — Die absorbierenden, die H_3 und K_3-Linien erzeugenden Gasmassen bewegen sich mit einer Geschwindigkeit von etwa 1.5 km/sec abwärts. Die emittierenden, die H_2 und K_2-Linien erzeugenden Gasmassen bewegen sich jedoch mit einer Geschwindigkeit von etwa 0.3 km/sec aufwärts. Bezüglich der Linienbreiten ergibt sich an den verschiedensten Punkten der Sonnenscheibe $K_3/K_2 = H_3/H_2 =$ const. Loh.

6407. **A. Demidowa,** Die Ableitung der Wachstumskurve für die Sonne aus Eisenlinien. Abh. Shdanow-Staatsuniv. Leningrad Nr. **136** (Math. Wiss.

Nr. 22, Astr.) S. 230—232, mit 1 Abb.=Publ. Astr. Obs. Leningrad **15** 230—232 (russisch). — Ref. in Astr. News Letter Nr. **58** S. 10—11. — Die Anregungstemperatur wurde zu 4700°, die Turbulenzgeschwindigkeit zu etwa 1.4 km/sec bestimmt.

6408. **E. Durand, J. J. Oberly, R. Tousey,** Analysis of the first rocket ultraviolet solar spectra. Vgl. AJB **49** Ref. **6410**. — Weitere Besprechung in J. British Interplanetary Soc. **9** 81.

6409. **L. Goldberg, O. C. Mohler, A. K. Pierce, R. R. McMath,** New solar lines in the spectral region 1.97—2.49 μ. ApJ **111** 565—571. — Wellenlängen und Tiefen von 109 Linien zwischen 1.97 und 2.49 μ wurden auf Registrierungen des infraroten Sonnenspektrums mit einem Spektrometer hoher Dispersion (Cashman-PbS-Zelle) gemessen. Fast die Hälfte konnte identifiziert werden (H, Na, Si, Mg, Al, Ca, Fe). Für die geringe Häufigkeit von Absorptionslinien in dem untersuchten Spektralbereich wird eine qualitative Erklärung durch die Wellenlängenabhängigkeit des kontinuierlichen Absorptionskoeffizienten von H^- gegeben. Micz.

6410. **A. Hattori,** On the reversal of absorption lines to the emissions at the extreme limb of the sun. Publ. Astr. Soc. Japan **2** 66—73, mit 2 Fig. = Contr. Inst. Astrophys. Kyoto Univ. Nr. **9**. — Verf. berechnet die theoretisch zu erwartenden Änderungen der Linienkonturen beim Übergang von Absorptionslinien in Emissionslinien am äußersten Sonnenrand, und zwar für die D- und K-Linie und für schwache Linien. Kdr.

6411. **C. de Jager, L. Neven,** The profiles of the lines of the Paschen and Brackett series of hydrogen in the solar spectrum. Koninklijke Nederlandse Akad. Wetensch. Proc. **53** 1577—1591, mit 7 Fig. = Commun. Obs. Roy. Belgique Nr. **23**. — Auf dem Jungfraujoch wurden mit einem lichtelektrischen Infrarot-Spektrographen des Institut d'Astrophysique der Universität Lüttich die Profile von sieben Linien der Paschen-Serie und sechs Linien der Brackett-Serie im Sonnenspektrum gemessen. Die Ergebnisse werden diskutiert und mit denen anderer Autoren, sowie mit Linien der Balmer-Serie verglichen. Kdr.

6412. **C. C. Kiess, C. E. Moore,** Predicted lines of Fe I in the arc and in the sun. AJ **55** 173—174. — Ref. AAS.

6413. **R. B. King, K. O. Wright,** The solar curve of growth for lines of V I. Vgl. AJB **47** Ref. **4410**. — Weiteres Ref. in Urania Barcelona **35** 118.

6414. **R. Michard,** On the energy distribution in the ultra-violet continuous spectrum of the sun. BAN **11** 227—231, mit 2 Fig. = Contr. Inst. Astrophys. Paris (B) Nr. **44**. — Auf der Grundlage des Utrechter Sonnenatlas wird die Gesamtabsorption der Sonnenstrahlung zwischen λ 4150 und λ 3100 durch die Fraunhoferlinien ermittelt. Korrigiert man die radiometrischen Messungen von Pettit entsprechend, so erhält man für die Energieverteilung im Kontinuum Übereinstimmung mit den spektralphotometrischen Messungen von Chalonge und Canavaggia sowie eine Bestätigung der von diesen Autoren gefundenen Balmerabsorption. Für die Konstante des Blanketing-Effekts wird $\eta = 0.124$ gefunden. Micz.

6415. **R. Michard,** Sur la répartition énergétique du spectre continu solaire dans l'ultraviolet. CR **230** 516—517 = Contr. Inst. Astrophys. Paris (A) Nr. **58**. — Verf. berichtet über neue Messungen des Einflusses der Linienabsorption auf die Energieverteilung im Sonnenspektrum zwischen λ 3100 und λ 4250. Die radiometrischen Messungen von Pettit können nach entsprechender Korrektion mit $T_1 = 7250°$ K, $T_2 = 5550°$ K und einem Balmersprung $D = 0.14$ dargestellt werden. Die Blanketing-Konstante wird zu $\eta = 0.124$ bestimmt. Micz.

6416. **M. Migeotte, L. Neven,** Les premières observations du spectre infrarouge du soleil à la station scientifique du Jungfraujoch (Suisse). Inst. d'Astrophys. Univ. Liège Coll. 4° Nr. **26**, 4 S. mit 2 Fig. — Zusammenfassender Bericht über die Geräte, die die Verf. zur Registrierung des infraroten Sonnenspektrums auf dem Jungfraujoch benutzen, und die bisher durchgeführten Arbeiten über eine Reihe von atmosphärischen Absorptionsbanden. Micz.

6417. **M. Migeotte, L. Neven,** Les premières observations du spectre infrarouge du soleil à la station scientifique du Jungfraujoch (Suisse). Commun. Obs. Roy. Belgique Nr. **18** S. 19—22, mit 2 Fig. — Vgl. vorstehendes Ref.

6418. **M. G. J. Minnaert,** Systematisch onderzoek van Fraunhofer-lijnen. Koninklijke Nederlandse Akad. Wetensch. Overgenomen uit Verslag Dl. **59** Nr. 2, 29—31. — Kurzer Vortrag über die Äquivalentbreitenmessung von Fraunhoferlinien und damit verbundene Fragen (Festlegung des Kontinuums, Utrechter Sonnenatlas u. a.) sowie eine neue Analyse der Sonnenatmosphäre von Claas. Micz.

6419. **J.-C. Pecker,** Sur la polarisation de la lumière au bord du disque solaire. CR **226** 1251—1254, 1948 = Contr. Inst. Astrophys. Paris (A) Nr. **17**. — Verf. berechnet den Anteil polarisierten Lichtes, den freie Elektronen der Photosphäre bei Thompson-Streuung hervorrufen könnten, und findet befriedigende Übereinstimmung mit den von Lyot in der Nähe des Sonnenrandes gemessenen Werten. Gli.

6420. **R. Penndorf,** Das ultraviolette Sonnenspektrum auf Grund neuerer Messungen (Raketenaufstiege). Ann. Meteorol. **3** 35—37. — Ref. in Phys. Ber. **30** 1190.

6421. **R. Peyturaux,** Sur l'assombrissement centre-bord du soleil entre 6700 et 23000 Å. CR **230** 368—369, mit 2 Fig. = Contr. Inst. Astrophys. Paris (A) Nr. **53** = Publ. Obs. Haute-Provence (B) Nr. **28** .— Kurze Mitteilung über neue Messungen zur Bestimmung der Randverdunklung der Sonne bei zahlreichen Wellenlängen zwischen λ 6700 und λ 23000. Die Messungen wurden mit einer PbS-Zelle ausgeführt und reichen bis $\cos\vartheta = 0.98$. Micz.

6422. **R. Peyturaux,** Sur l'opacité de la photosphère solaire entre 6700 et 23000 Å. CR **230** 517—519, mit 1 Fig. = Contr. Inst. Astrophys. Paris (A) Nr. **56**. — Mit einer von Chalonge und Kourganoff angegebenen Methode bestimmt der Verf. aus der spektralen Energieverteilung in der Mitte der Sonnenscheibe und seinen Messungen der Randverdunklung die Opazität der Sonnenatmosphäre. Micz.

6423. **A. K. Pierce, L. H. Aller,** Structure of the solar atmosphere from limb darkening measures. AJ **55** 181. — Ref. AAS.

6424. **A. K. Pierce, R. R. McMath, L. Goldberg, O. C. Mohler,** Observations of solar limb darkening between 0.5 and 10.2 μ. ApJ **112** 289—298, mit 5 Fig. — Messungen der Randverdunklung der Sonne für 13 verschiedene Wellenlängen zwischen 0.5 und 10.2 μ wurden ausgeführt, um die älteren Messungen von Abbot zu wiederholen und weiter an den Rand heranzuführen. Die neuen Messungen sind zum Teil in guter Übereinstimmung mit den alten. Der Grad der Randverdunklung sinkt mit fortschreitender Wellenlänge, wie es die Theorie der in diesem Bereich hohen Absorption durch negative Wasserstoffionen verlangt. Micz.

6425. **P. Proisy,** De quelle profondeur provient le rayonnement solaire en différents points du disque, pour différentes longueurs d'onde? CR **230** 1577—1579.

6426. R. S. Richardson, M. Schwarzschild, On the turbulent velocities of solar granules. ApJ **111** 351—361, mit 4 Fig. — Auf einer Mt. Wilson-Spektralaufnahme der Sonnengranulation, die gut definierte individuelle Granulen zeigte, wurden Dopplerverschiebungen bzw. Turbulenzgeschwindigkeiten gemessen und für Granulen von 2″ = 1500 km Durchmesser eine mittlere Geschwindigkeit von ± 0,37 km/sec abgeleitet. Hieraus wurde in Verbindung mit den merklich größeren Turbulenzgeschwindigkeiten aus Linienprofilen und solarer Wachstumskurve ein vorläufiges Turbulenzspektrum der Sonnengranulation konstruiert, aus dem sich Anzeichen für die Existenz von bisher noch nicht beobachteten Granulen mit einem Durchmesser von nur 100—200 km und Geschwindigkeiten von der Ordnung 2 km/sec, sowie erheblich stärkeren Helligkeitskontrasten als bei den direkt erfaßten größeren Granulen ergaben. Kdr.

6427. A. R. Sandage, Solar excitation temperature of V I. ApJ **111** 575—579 = Mt. Wilson and Palomar Obs. Repr. Nr. **21.** — Verf. berechnet nach der Methode von B. Strömgren auf Grund des Münchschen Sonnenatmosphärenmodells Linienkonturen des Vanadium I und konstruiert damit eine theoretische Wachstumskurve. Wegen der dabei berücksichtigten Temperaturschichtung in der Sonnenatmosphäre hängt die Anregungstemperatur vom Anregungspotential der Linien ab. Für schwache 0- bis 3-Volt-Linien des VI ergibt sich eine Temperatur von 5080° K, während aus einer älteren empirischen Wachstumskurve von King und Wright nach Korrektur wegen der Wellenlängenabhängigkeit des kontinuierlichen Absorptionskoeffizienten der Wert 5110° ± 190° K folgt. Kdr.

6428. J. H. Shaw, R. M. Chapman, J. N. Howard, Improved map of the solar spectrum between 9 and 10 μ. Phys. Rev. (2) **79** 1017—1018, mit 1 Fig.

6429. L. Spitzer jr., On the interpretation of measured solar wavelengths. MN **110** 216—219. — Im Anschluß an genaue interferometrische Wellenlängenmessungen von 14 Linien des Sonnenspektrums von M. G. Adam (MN **108** 446, AJB **48** Ref. **6101**) wird die Frage von Linienverschiebungen durch Stöße mit H- und He-Atomen diskutiert. Diese Stöße bewirken eher eine Violett- als eine Rotverschiebung der meisten Fraunhoferlinien. Nach Ansicht des Verf. sprechen die Wellenlängenmessungen bei Berücksichtigung dieser Tatsache und in Anbetracht der zahlreichen Unsicherheiten, die die bisherigen Theorien der Stoßdämpfung noch enthalten, nicht für systematische Dopplereffekte durch Bewegungen in der Sonnenatmosphäre. Micz.

6430. O. Struve, Turbulence in the solar atmosphere. Sky and Telescope **9** 239—241, mit 4 Fig.

6431. G. Thiessen, Helligkeitsschwankungen der Sonnengranulation. Naturwissenschaften **37** 427.

6432. R. N. Thomas, On the reduction of eclipse observations of the Balmer decrement. AJ **55** 81. — Ref. AAS.

6433. S. Ueno, On the disappearance of the continuous spectrum in the flash spectra. Publ. Astr. Soc. Japan **2** 61—65, mit 3 Fig. = Contr. Inst. Astrophys. Kyoto Univ. Nr. **8.** — Verf. berechnet die Intensität des Kontinuums im Flash-Spektrum für zwei Chromosphärentemperaturen und sieben Wellenlängen in Abhängigkeit von der geometrischen Höhe. Danach verschwindet mit fortschreitender Verfinsterung das Kontinuum vom Violetten zum Roten hin. In der Nähe der Balmer- und Paschen-Grenze ist die Richtung des Verschwindens umgekehrt. Kdr.

6434. H. H. Voigt, Dämpfung und Mitte-Rand-Variation der Flügel der Mg-Serie $3^1P—n^1D$ auf der Sonne. ZfA **27** 82—106, mit 3 Abb. = Veröff. Univ.-Sternw. Göttingen Nr. **95.** — Auszug aus Göttinger Dissertation.

6435. **S. E. Woinowa,** Bestimmung der mittleren Anregungstemperatur der umkehrenden Schicht der Sonne. Abh. Shdanow-Staatsuniv. Leningrad Nr. **136** (Math. Wiss. Nr. **22**, Astr.) S. 225—229, mit 2 Abb. = Publ. Astr. Obs. Leningrad **15** 225—229 (russisch). — Ref. in Astr. News Letter Nr. **58** S. 10. — Verf. wählte für ihre Untersuchung 350 Linien des Minnaertschen Atlasses aus. Für die neutralen Eisenlinien $3d^6\,4s\,4p$—$3d^6\,4s\,5s$ ergab sich eine Anregungstemperatur von 4780° ± 15°. Der Mittelwert aus den Linien aller verwandten (8) Elemente beträgt hingegen nur 4080°. Loh.

§ 65

Strahlung

6501. **C. W. Allen,** The solar constant. Obs **70** 154—155. — Ref. in Irish AJ **1** 134, Sternenwelt **3** 34. — Verf. teilt neuberechnete UV- und Infrarot-Korrektionen für die Smithsonian-Messungen der Solarkonstanten sowie einen neuen am Mt. Stromlo-Obervatorium erhaltenen Wert mit. Danach liegt der plausibelste Wert in der Nähe von 1.97 cal cm^{-2} min^{-1}. Micz.

* * **J. R. Ashworth,** Ultra-Violet and Daylight Rays. Vgl. Ref. **7201.**

6502. **F. D. Kahn,** On the expulsion of corpuscular streams by solar flares. MN **110** 477—482, mit 1 Fig. — Als Ursache für irdische magnetische Störungen wird nach Chapman und Ferraro eine Korpuskularstrahlung angenommen, die von Eruptionsgebieten auf der Sonne ausgeht. Es wird untersucht, ob für die Aussendung dieser Strahlung der Strahlungsdruck in Frage kommen kann, und gezeigt, daß dies auf keinen Fall möglich ist. Kdr.

6503. **F. D. Kahn,** An investigation into the possibility of observing streams of corpuscles emitted by solar flares. II. MN **110** 483—490. — Die Arbeit greift die in MN **109** 324 (AJB **49** Ref. **6509**) bereits diskutierte Frage erneut auf, ob es möglich ist, von Sonneneruptionen emittierte Korpuskularströme spektroskopisch nachzuweisen. Eine verbesserte Abschätzung der Ionisationsverhältnisse in solchen Strömen läßt die Aussichten für ihre Beobachtung ungünstiger erscheinen, als in der ersten Arbeit gefunden wurde. Kdr.

* * **K. O. Kiepenheuer,** On the origin of the cosmic radiation from the sun. Vgl. Ref. 12729.

6504. **H. Siedentopf,** Sichtbare und unsichtbare Strahlungen der Sonne. Phys. Blätter **6** 20—24.

6505. **F. Trombe,** L'énergie solaire, houille d'or de l'avenir. BSAF **64** 413—421, mit 10 Fig.

6506. **F. Trombe, M. Foëx, C. H. la Blanchetais,** Fours à accumulation d'énergie solaire. CR **231** 44—46, mit 1 Fig. — Es werden Versuche mit Sonnenöfen verschiedener Größe beschrieben, in denen es gelingt, mit Hilfe großer Parabolspiegel die Wärmeenergie der Sonne zu sammeln und Temperaturen bis zu mehreren tausend Grad zu erzielen. Gli.

6507. **M. Waldmeier,** Die Natur der M-Regionen. ZfA **27** 42—48, mit 1 Abb. = Astr. Mitt. Sternw. Zürich Nr. **167.** — Die frühere Auffassung des Verf. über die Natur der M-Regionen wird an Hand neuer Beobachtungen weiterentwickelt. Darnach sind die Gebiete, von denen die kontinuierliche Korpuskularstrahlung der Sonne ausgeht, solche, welche vorerst von Flecken bedeckt, hernach jedoch längere Zeit fleckenfrei sind. Es wird ferner die bemerkenswerte Eigenschaft erklärt, daß die M-Gebiete nur in den Jahren, welche dem Sonnenfleckenminimum unmittelbar vorangehen, auftreten. Verf.

6508. Solar heating. Sky and Telescope **9** 81.

6509. Solar heating. Sky and Telescope **10** 34.

Solare Radiostrahlung

6510. **E.-J. Blum, J.-F. Denisse,** Comparaison des rayonnements radioélectriques reçus du soleil sur deux fréquences voisines. CR **231** 1214—1216, mit 2 Fig. — Gleichzeitige Registrierungen der solaren Kurzwellenstrahlung 1950 Oktober 10 bis November 10 (Sonnenfleckenminimum) bei 155 und 175 MHz-Frequenz (2 MHz Bandbreite) zeigen, daß Zeichen konstanter Emission und größere Ausbrüche für beide Frequenzen gleichzeitig auftreten. Dagegen ist die Unruhe geringer Amplitude nicht kohärent, wenn auch eine Tendenz zu gleichzeitigem Auftreten besteht. Gelegentlich wurde für viele Minuten eine erhebliche Amplitudenverringerung der Unruhe im 155 MHz-Bereich festgestellt, die im anderen Band nicht auftrat. Micz.

6511. **J.-F. Denisse,** Contribution à l'étude des émissions radioélectriques solaires. Ann d'Astrophys **13** 181—202, mit 13 Fig. — Messungen der Sonnenstrahlung bei λ 10,7 cm von A. E. Covington aus den Jahren 1947/48 werden genauer analysiert. Es werden mehrere Komponenten dieser Strahlung festgestellt. Eine konstante Komponente — wahrscheinlich thermischen Ursprungs — dürfte auf frei-freie Elektronenübergänge in der Chromosphäre zurückzuführen sein. Ihr entspricht eine mittlere Chromosphärentemperatur von etwa 66000°. Die Intensität einer zweiten, langsam veränderlichen Komponente ist der Gesamtfläche der jeweils sichtbaren Sonnenflecken proportional. Als Ursache hierfür wird ein Einfluß der Magnetfelder der Flecken auf die Elektronen der Sonnenatmosphäre auf Grund des gyromagnetischen Effekts angenommen. Für die Koronatemperatur in Fleckennähe ergibt sich ein Wert über 4×10^6 Grad. Schließlich werden noch unregelmäßige Intensitätsanstiege beobachtet, von denen die kürzesten (von einigen Minuten Dauer), aber gleichzeitig intensivsten mit den chromosphärischen Eruptionen in Verbindung zu stehen scheinen. Kdr.

6512. **J. C. Jaeger, K. C. Westfold,** Transients in an ionized medium with applications to bursts of solar noise. Australian J. Sci. Res. (A) Phys. Sci. **2** 322—334, mit 2 Fig., 1949 = Council Sci. Industrial Res. Division Radiophys. — Einschwingvorgänge werden im homogenen und inhomogenen Medium ohne und mit Dämpfung untersucht. Von Störungen in der Sonnenatmosphäre an einem Ort mit der Plasmaeigenfrequenz ω_0 wird Strahlung aller Frequenzen $> \omega_0$ ausgesandt. Ohne Bewegung des Quellortes kommen höhere Frequenzen etwas früher an (Laufzeitdifferenzen $\approx$ 1 sec) und erscheinen zweimal als direkte und reflektierte Welle. Diese Tatsache stimmt mit der Beobachtung überein. Reule

6513. **S. A. Korff, Y. Beers,** The solar atmosphere and the origin of radiofrequency radiation. Phys. Rev. (2) **80** 489—490. — Enthält kritische Bemerkungen zu häufig falschen Voraussetzungen in der Behandlung von Problemen der Radiostrahlung.

6514. **M. Laffineur,** Le rayonnement radioélectrique du soleil et de la voie lactée. L'Onde Electrique Nr. **272** S. 402—407, mit 11 Fig., 1949 = Contr. Inst. Astrophys. Paris (B) Nr. **43**. — Zusammenfassender Vortrag über die solare und galaktische Meterwellenstrahlung.

6515. **F. J. Lehany, D. E. Yabsley,** Solar radiation at 1200 MC/S., 600 MC/S., and 200 MC/S. Australian J. Sci. Res. (A) Phys. Sci. **2** 48—62, mit 4 Fig. und 2 Tafeln, 1949. Berichtigung in Australian J. Sci. Res. (A) Phys. Sci. **3** 350 = Council Sci. Industrial Res. Division Radiophys.

6516. H. C. Minnett, N. R. Labrum, Solar radiation at a wavelength of 3.18 centimetres. Australian J. Sci. Res. (A) Phys. Sci. **3** 60—71, mit 5 Fig. = Council Sci. Industrial Res. Division Radiophys.

6517. J. L. Pawsey, L. L. McCready, The measurement of solar radio-frequency radiation. Council Sci. Industrial Res. Division Radiophys. Jan. 1948, 5 + 29 S. mit 8 Fig. und 3 Tafeln. — An einer typischen Empfangsanlage für solare Radiofrequenzstrahlung werden prinzipielle Fragen erörtert. Besonders eingegangen wird auf die Konstruktion von Antennen und Empfängern, erreichbare Empfindlichkeit und Eichung der ganzen Anlage werden diskutiert. Die Überlegungen gelten analog für den Empfang von kosmischer Radiofrequenzstrahlung. Behr

6518. J. L. Pawsey, D. E. Yabsley, Solar radio-frequency radiation of thermal origin. Australian J. Sci. Res. (A) Phys. Res. **2** 198—213, mit 10 Fig., 1949 = Council Sci. Industrial Res. Division Radiophys. — Die Beobachtung der solaren Radiofrequenzstrahlung im Gebiet von 1 cm bis 4 m Wellenlänge zeigt, daß neben einer stark variablen Komponente ein konstanter Anteil der thermischen Emission zuzuschreiben ist. Die entsprechende Strahlungstemperatur ergibt sich zu 10^4 °K bei 1.25 cm, zu 10^6 °K bei 1.5 m Wellenlänge. Das bestätigt die Annahme einer kinetischen Gastemperatur der Korona von 10^6 °K. Behr

6519. J. L. Pawsey, Solar radio-frequency radiation. Proc. Inst. Electrical Engineers **97** 290—310, mit 29 Fig. = Council Sci. Industrial Res. Division Radiophys. — Zusammenfassender Bericht und Beschreibung der Phänomene der radiofrequenten Sonnenstrahlung. Versuch einer theoretischen Deutung. Umfassende Literaturangaben. Behr

6520. J. L. Pawsey, Possible use of solar radiation to check sensitivity of microwave radio receiving equipment. Commonwealth Sci. Industrial Res. Division Radiophys, July 1950, 3 + 21 S. mit 5 Fig.

6521. R. Payne-Scott, Bursts of solar radiation at metre wavelengths. Australian J. Sci. Res. (A) Phys. Sci. **2** 214—227, mit 7 Fig., 1949 = Council Sci. Industrial Res. Division Radiophys. — Untersuchungen des variablen Anteiles der solaren Radiofrequenzstrahlung zeigen, daß im wesentlichen zwei Komponenten unterschieden werden können. Die eine, die als erhöhte Strahlungsintensität bezeichnet wird, ist zirkular polarisiert. Daneben treten in einem weiten Frequenzbereich isolierte unpolarisierte Ausbrüche, sogenannte bursts auf. Behr

6522. R. Payne-Scott, The noise-like character of solar radiation at metre wavelengths. Australian J. Sci. Res. (A) Phys. Sci. **2** 228—231, mit 2 Fig., 1949 = Council Sci. Industrial Res. Division Radiophys. — Es wird eine Anordnung beschrieben, mit der der Rauschcharakter der thermischen Radiofrequenzstrahlung untersucht wird. Es zeigt sich, daß das solare «Rauschen» prinzipiell nicht vom Rauschen des Empfängers unterschieden werden kann. Behr

6523. J. H. Piddington, H. C. Minnett, Solar radiation of wavelength 1.25 centimetres. Australian J. Sci. Res. (A) Phys. Sci. **2** 539—549, mit 5 Fig., 1949 = Council Sci. Industrial Res. Division Radiophys. — Beobachtungen der Radiofrequenzstrahlung bei 1.25 cm Wellenlänge werden beschrieben. Die Strahlung entspricht einer Strahlungstemperatur von 10^4 °K. Tägliche Schwankungen blieben innerhalb der Fehlergrenzen von 3%. Untersuchungen der Strahlung über die ganze Fläche der Sonnenscheibe ergaben, daß 84% der Strahlung von einer gleichförmig leuchtenden Scheibe und 16% von einem schmalen Ring am Rande der Scheibe stammen. Behr

6524. J. H. Piddington, J. V. Hindman, Solar radiation at a wavelength of 10 centimetres including eclipse observations. Australian J. Sci. Res. (A) Phys. Sci. **2** 524—538, mit 5 Fig. und 1 Tafel, 1949 = Council Sci. Industrial Res. Division Radiophys.

6525. W. B. Rimmer, C. W. Allen, Solar radiation observations on Mount Stromlo 1927—1939. Mem. Commonwealth Obs. Mt. Stromlo **3** Nr. 1 (11). 42 S. mit 6 Fig. — Die Publikation enthält die Messungen der Sonnenstrahlung 1927—1939 auf dem Mt. Stromlo mit Pyranometer, Ångström- und Abbot-Pyrheliometer sowie die zugehörigen meteorologischen Daten. In der Diskussion werden die Pyrheliometermessungen mit den Daten von Kimball für eine feuchte, jedoch staubfreie Atmosphäre verglichen; die Differenzen werden auf ihren Zusammenhang mit meteorologischen Daten usw. untersucht. Aus einem Vergleich mit den Smithsonian-Werten der Solarkonstanten ergibt sich keine Veränderlichkeit dieser. Der Wasserdampfgehalt der Atmosphäre wurde spektroskopisch ermittelt. Da die Kimballschen Daten unzureichend zu sein scheinen, wurden sie auf veränderter Grundlage neu berechnet. Aus den Pyrheliometermessungen werden Extinktionskoeffizienten in Abhängigkeit von der Wellenlänge bestimmt. Micz.

6526. S. F. Smerd, K. C. Westfold, The characteristics of radio-frequency radiation in an ionized gas, with applications to the transfer of radiation in the solar atmosphere. Phil. Magazine (7) **40** 831—848, mit 2 Fig., 1949 = Council Sci. Industrial Res. Division Radiophys. — Gleichungen für die Dämpfung von Radiowellen und die Ergiebigkeit in einem ionisierten Gas werden aufgestellt. Die bisherigen Differenzen im Absorptionskoeffizienten, je nachdem diese aus der Lorentz'schen oder einer vom Einzelprozeß ausgehenden Theorie berechnet sind, werden durch Einführung einer geeigneten Wechselwirkung beseitigt. Reule

6527. S. F. Smerd, Radio-frequency radiation from the quiet sun. Australian J. Sci. Res. (A) Phys. Sci. **3** 34—59, mit 11 Fig. = Council Sci. Industrial Res. Division Radiophys. — Die Strahlungsverhältnisse der ungestörten Sonne im Radiofrequenzgebiet werden theoretisch untersucht. Chromosphäre und Korona werden jeweils als Gebiete einheitlicher Temperatur angenommen. Die Intensitätsverteilung über die Scheibe ist wesentlich von der angenommenen Koronatemperatur und der optischen Dicke abhängig; sowohl Randverdunklung, als auch Randaufhellung sind danach möglich. Behr

6528. H. M. Stanier, Distribution of radiation from the undisturbed sun at a wave-length of 60 cm. Nature **165** 354—355. — Ref. in Phys. Ber. **30** 262.

6529. M. Waldmeier, Radioastronomie. Astr. Mitt. Sternw. Zürich Nr. **166**, 13 S. mit 4 Abb. — Vortrag.

6530. M. Waldmeier, H. Müller, Die Sonnenstrahlung im Gebiet von $\lambda = 10$ cm. ZfA **27** 58—72, mit 6 Abb. = Astr. Mitt. Sternw. Zürich Nr. **168**. — Die radiofrequente Sonnenstrahlung bei $\lambda = 10$ cm zeigt einen linearen Zusammenhang mit der Sonnenfleckenrelativzahl, wobei die von den Sonnenflecken abhängige Komponente bei großer Sonnenaktivität von derselben Größenordnung ist wie diejenige der ungestörten Komponente. Die konstante Komponente wird der Korona und Chromosphäre zugeschrieben, während die variable Komponente als thermische Strahlung der sogenannten koronalen Kondensationen, Gebieten mit erhöhter Elektronendichte über den Sonnenfleckengruppen, interpretiert wird. Es konnte quantitative Übereinstimmung zwischen Beobachtung und Theorie erzielt werden. Verf.

6531. J. P. Wild, L. L. McCready, Observations of the spectrum of high-intensity solar radiation at metre wavelengths. I. The apparatus and spectral types of solar burst observed. Australian J. Sci. Res. (A)

Phys. Sci. **3** 387—398, mit 3 Fig. und 2 Tafeln = Council Sci. Industrial Res. Division Radiophys. — Beschreibung einer Anordnung zur Aufnahme der Spektren radiofrequenter Sonnenstrahlung. Mit einer rhombischen Breitbandantenne und einer Empfangsapparatur, deren abgestimmte Kreise mit rotierenden Kondensatoren ausgerüstet sind, wird im Frequenzband von 72 bis 128 MHz alle 0.3 sec ein Durchgang des Spektrums auf einer Braunschen Röhre registriert. Nach ihren spektralen Eigenschaften werden 3 Typen von bursts unterschieden: 1. Kurzzeitige bursts mit einer Lebensdauer von 1 bis 20 sec an radiofrequent gestörten Tagen, 2. outbursts, 3. isolierte bursts.
Behr

6532. **J. P. Wild,** Observations of the spectrum of high-intensity solar radiation at metre wavelengths. II. Outbursts. Australian J. Sci. Res. (A) Phys. Sci. **3** 399—408, mit 2 Fig. und 2 Tafeln = Council Sci. Industrial Res. Division Radiophys. — Beschreibung des Spektrums von radiofrequenten outbursts auf der Sonne. Outbursts treten im wesentlichen in Zusammenhang mit chromosphärischen Eruptionen auf. Das Spektrum zeigt eine komplizierte, zeitlich stark veränderliche Struktur. Während der Dauer der Erscheinung von einigen Minuten verlagert sich der Energieschwerpunkt von etwa 120 MHz zu niederen Frequenzen bis zu etwa 70 MHz mit einer Driftgeschwindigkeit von etwa 0.25 MHz/sec. Behr

6533. **J. P. Wild,** Observations of the spectrum of high-intensity solar radiation at metre wavelengths. III. Isolated bursts. Australian J. Sci. Res. (A) Phys. Sci. **3** 541—557, mit 7 Fig. und 4 Tafeln = Council Sci. Industrial Res. Division Radiophys. — Isolierte bursts radiofrequenter Sonnenstrahlung treten sporadisch auf, ohne daß sie sich chromosphärischen Eruptionen oder sonstigen Störungen zuordnen ließen. Ihr Spektrum ist von Fall zu Fall recht verschieden; besonderes Interesse verdient eine (häufigste) Gruppe isolierter bursts, deren Spektren ähnlich wie bei outbursts eine Verschiebung des Energiemaximums zu niederen Frequenzen mit einer Driftgeschwindigkeit von etwa 20 MHz/sec zeigen. Behr

6534. **Beobachtungen der Radiostrahlung**

Quarterly Bulletin on Solar Activity Nr. **85**—**88**, 110 S. mit 4 Abb. Published by the Eidgen. Sternwarte in Zürich. — 1949 Januar—Dezember.

Tokyo Astr. Obs. Bull. Solar Phenomena **2** 1—46, mit 12 Fig. Sunspots, Ca flocculi and Hα prominences. Solar eruptions. Solar radio noise. January—September, 1950. M. Notuki, S. Nagasawa, I. Semba, I. Shimizu, M. Ono, T. Oe, Y. Nojima, M. Miyazawa, Y. Yamamoto, Y. Tanaka, T. Oki, T. Hatanaka, S. Suzuki, F. Moriyama.

§ 66

Chromosphäre, Flares, Protuberanzen

6601. **G. Abetti,** Altezza della cromosfera nell'anno 1949 ed andamento del ciclo solare. Rend. Accad. Nazionale Lincei, Cl. Sci. fis., mat., nat. (8) **8** 432—434.

6602. **M. C. Ballario,** Misure fotometriche dei brillamenti cromosferici in luce di Calcio. Mem SA It (NS) **21** 21—34, mit 3 Fig. und 1 Tafel = Oss. e Mem. Oss. Astrofis. Arcetri Nr. **66** S. 13—28. — Eine vorhergegangene Untersuchung über die chromosphärischen Eruptionen im Lichte des Wasserstoffs wird hier für Eruptionen im Kalziumlicht wiederholt. Aus 19 Spektroheliogrammen wird die geringste Intensität eines hellen Kalziumflocculi bestimmt, um als chromosphärische Eruption 1. Klasse bezeichnet zu werden, wenn man als Intensitätseinheit die Intensität der $K_{2,3}$-Chromosphäre in einer ungestörten Zone in der Nähe des Flocculi annimmt. F. Z.

* * **J. W. Broxon, H. W. Boehmer,** Cosmic-ray intensity following a solar flare. Vgl. Ref. **12714**.

6603. **A. Bruzek,** Über eine Beziehung zwischen dem Auftreten von Protuberanzen und der Koronahelligkeit in $\lambda = 5303$ Å. Anzeiger math.-naturw. Kl. Österreich. Akad. Wiss. 1949 Nr. 6 S. 125—128 = Mitt. Sonnenobs. Kanzelhöhe Nr. **1**. — Protuberanzen mit b-Linien-Emission fallen bevorzugt mit koronalen Intensitätsextremen zusammen, insbesondere stationäre Protuberanzen mit Minima. Zahl und Schärfe der Koinzidenzen wächst mit der Helligkeit der b-Linien („gewöhnliche" Protuberanzen als solche mit der b-Linien-Intensität Null betrachtet). Verf.

6604. **A. K. Das,** Reports on the progress of astronomy: Prominences. MN **110** 171.

6605. **A. K. Das, K. Sethumadhavan,** Relation between the base and the height of prominences. Kodaikanal Obs. Bull. Nr. **127** S. 215—223, mit 4 Fig., 1949. — In dieser statistischen Untersuchung einer großen Zahl von Protuberanzen wird nach der häufigsten Bogenform, die als Wesensmerkmal ruhender Protuberanzen angesehen wird, gesucht. Verf. finden vorzugsweise halbkreisförmige Bögen mit einem Verhältnis Basis : Höhe = 2 : 1. Andere Formen sind wahrscheinlich nur Variationen des Grundtyps. Loh.

6606. **H. W. Dodson, E. B. Weston,** A study of the eruptive prominence of 1948 September 27. MN **110** 199—205, mit 3 Fig. — Die Arbeit stellt eine Studie über die Bewegungsverhältnisse einer großen Protuberanz dar, die am 26. und 27. September 1948 am Ostrand der Sonne beobachtet wurde. Die mit Hilfe von Spektroheliogrammen und Spektren gemessenen Bewegungskomponenten sowie ihre zeitlichen Änderungen sprechen zusammen mit den Strukturänderungen der Protuberanz für das Auftreten von Materiebewegungen. Micz.

6607. **S. Günther,** Bewegungen in einem bogenförmigen Auswurf chromosphärischer Materie. Mitt. AG **1950** 10—11. — Ref. AG.

6608. **L. E. Gurewitsch, A. I. Lebedinskij,** Die Theorie der Chromosphäre. J. Experim. Theoret. Phys. UdSSR **20** 566—571 (russisch). — Ref. in Math. Rev. **12** 545.

* * **F. D. Kahn,** On the expulsion of corpuscular streams by solar flares. Vgl. Ref. **6502**.

* * **F. D. Kahn,** An investigation into the possibility of observing streams of corpuscles emitted by solar flares. II. Vgl. Ref. **6503**.

6609. **J. Kleczek,** Frequency of great flare regions. BAC **2** 17—19, mit 1 Fig.

6610. **I. G. Koltschinskij,** Einige Besonderheiten der Verteilung der Eruptionen auf der Sonnenscheibe. Publ. Astr. Obs. Kiew Nr. **3** S. 43—53, mit 9 Abb. (russisch). — Die im Züricher Sonnenbulletin von 1935 bis 1946 enthaltenen Beobachtungen von 5313 Eruptionen werden statistisch analysiert. Die Zahl der Eruptionen war auf der östlichen Halbkugel etwa 3% größer als auf der westlichen. Eruptionshäufigkeit und Fleckenrelativzahl waren einander proportional. Loh.

* * **J. J. Lord, M. Schein,** A fluctuation of the nuclear disintegration rate in photographic emulsions exposed in the stratosphere following a solar flare. Vgl. Ref. **12733**.

6611. S. A. Mitchell, Chromospheric spectrum from ten eclipse expeditions. Vgl. AJB **47** Ref. **4607**. — Weiteres Ref. in Urania Barcelona **35** 117.

6612. S. Miyamoto, I. Kawaguchi, On the electron temperature of the chromosphere. Publ. Astr. Soc. Japan **1** 114—121, mit 3 Fig. = Contr. Inst. Astrophys. Kyoto Univ. Nr. **4**. — Die Verff. erheben gegen die von verschiedenen Autoren gefundenen hohen Elektronentemperaturen in der Chromosphäre Einwände, die sich auf einen Vergleich der Ionisation der Metalle und der Emissionswachstumskurve der H- und K-Linien des Ca II mit Flash-Beobachtungen gründen. Danach sollte auch in der Chromosphäre eine Temperatur nahe derjenigen der Photosphäre anzunehmen sein. Kdr.

6613. R. Müller, Beobachtungen der Sonne mit den Koronographen außerhalb totaler Sonnenfinsternisse. Naturwiss. Rundschau **3** 54—57, mit 5 Abb.

6614. E. R. Mustel, A. B. Sewerny, Spektralphotometrie chromosphärischer Eruptionen. Mitt. Astrophys. Obs. Krim **5** 3—23, mit 7 Abb. und 1 Tafel (russisch). — Ref. in Astr. News Letter Nr. **56** S. 8—9. — Zwölf am Spektrographen von Simeis erhaltene Spektrogramme chromosphärischer Eruptionen wurden zur Untersuchung der Konturen der ersten Balmerlinien und der H- und K-Linien ausgenutzt, wobei die instrumentelle Verzerrung und der Einfluß des Streulichts eliminiert wurde. Die Deutung der Beobachtungen ergab: 1. Die Hebung der Flügel der H- und K-Linien beginnt nicht im ersten Moment des Ausbruchs, sondern mit einer gewissen Verzögerung. Verschiedenes weist darauf hin, daß diese Hebung die Folge einer Ionisation der Ca II-Atome in der umkehrenden Schicht durch eine von den Flares ausgehende Lymanstrahlung ist. Infolge der großen optischen Dicke der umkehrenden Schicht geht die Diffusion der hochfrequenten Quanten in ihr relativ langsam von statten. 2. Die Flares erstrecken sich bis zu einer Höhe von 2500 km. 3. Die Hebung der Linienflügel von H_α, H_γ usw. verläuft und wird erklärt wie unter 1), wobei nur bei den intensiveren Flares ein noch unbekannter Effekt — Starkeffekt? — eine zusätzliche Rolle spielt. Loh.

6615. M. Nicolet, Bruits solaires. Scientia **85** 37—41, 71—77. —Allgemeinerer Bericht.

* * **Y. Öhman,** Ett år vid amerikanska solobservatorier. Vgl. Ref. **6322**.

6616. E. Pettit, The evidence for tornado prominences. Publ ASP **62** 144—150, mit 1 Fig. und 4 Tafeln = Mt. Wilson and Palomar Obs. Repr. Nr. **32**. — Nach einer Besprechung der wesentlichen Beobachtungen von Tornado-Protuberanzen werden die derzeitigen Kenntnisse über diese zusammengefaßt.

6617. J. H. Piddington, The derivation of a model solar chromosphere from radio data. Proc. Roy. Soc. (A) **203** 417—434, mit 5 Fig. = Council Sci. Industrial Res. Division Radiophys. — Da die Interpretation der Beobachtungen über die solare Radiostrahlung auf Grund der derzeitigen Anschauungen über den Aufbau der Chromosphäre quantitativ noch unbefriedigend ist, versucht Verf. umgekehrt aus dem empirischen Material Rückschlüsse auf die Verhältnisse in der Chromosphäre zu ziehen, indem er zunächst aus neueren Messungen von durchschnittlichen Emissionsintensitäten über die gesamte Sonnenscheibe die radiofrequente Intensitätsverteilung für das Scheibenzentrum bestimmt, und zwar nach Abzug der Koronakomponente den chromosphärischen Anteil allein. Hieraus läßt sich eine Beziehung zwischen Elektronentemperatur und optischer Tiefe bzw. Elektronendichte herleiten, aus der schließlich in Verbindung mit Intensitäten von Spektrallinien im optischen Frequenzbereich die Verteilung von Elektronentemperatur und -dichte in der Chromosphäre folgt. Kdr.

6618. **R. S. Richardson,** The spectra of two active regions observed at the sun's limb. ApJ **111** 572—574 = Mt. Wilson and Palomar Obs. Repr. Nr. **20**. — Im Spektrum einer aktiven Protuberanz am Sonnenrand wurden 109 Emissionslinien zwischen λ 3968 und λ 5903 beobachtet. Ein Flare am Sonnenrand ließ 126 Emissionslinien zwischen λ 3670 und λ 5900 erkennen. Ausgangselemente der Linien waren H, He I, Na I, Mg I, Al I, Si I, Ca I, Fe I, Ca II, Sc II, Ti II, Cr II, Fe II, Sr II, Y II und Ba II. Die Balmerserie konnte in dem Flare bis H21 in Emission verfolgt werden. Die Intensität der H- und He I-Linien stimmte in beiden Erscheinungen überein, jedoch waren die Metalllinien in der Protuberanz stärker. Micz.

6619. **G. Righini, G. Godoli,** The physical meaning of the character figures of solar phenomena. J. Geophys. Res. **55** 415—422, mit 6 Fig. — Die Charakterzahlen der Ca- sowie hellen und dunklen Hα-Flocculi werden mit den von ihnen bedeckten Flächen für den Zeitraum 1932—1949 verglichen. Die Charakterzahlen scheinen danach ausschließlich eine Funktion der von der betreffenden Erscheinung bedeckten Fläche zu sein. Micz.

6620. **G. Righini, G. Godoli,** Riduzione del materiale spettroeliografico raccolto alla torre solare di Arcetri nel periodo 1932—1949. Mem SA It (NS) **21** 333—344 = Oss. e Mem. Oss. Astrofis. Arcetri Nr. **66** S. 133—146. — Monatliche und jährliche Mittelwerte der von H- und Ca-Flocculi täglich bedeckten Oberfläche der Sonne von 1932 bis 1949. F. Z.

6621. **G. Righini,** Sulle fluttuazioni di intensità dei brillamenti solari. Rend. Accad. Nazionale Lincei, Cl. Sci. fis., mat., nat. (8) **8** 336—342. — Es werden Lichtkurven verschiedener seit 1949 in Arcetri beobachteter chromosphärischer Eruptionen gegeben. F. Z.

6622. **W. O. Roberts, V. K. Brenton, M. B. Shapley, Z. Kopal,** New observations of solar spicules. AJ **55** 80. — Ref. AAS.

6623. **W. O. Roberts,** Observation of chromospheric opacity. Publ ASP **62** 219—221, mit 1 Tafel = Harv Repr Nr. **341**. — Die Beobachtung eines schmalen dunklen Bandes quer vor der Basis einer hellen Sonnenprotuberanz, 1950 Mai 19, wird als die Chromosphäre gedeutet, die sich dunkel gegen die helle Protuberanz projizierte. Gli.

6624. **B. M. Rubaschew,** Neues über chromosphärische Ausbrüche. Priroda **39** Nr. 7 S. 47—49 (russisch).

6625. **A. B. Sewerny,** Untersuchung der Helligkeitsschwankungen von Sonnenprotuberanzen. DAN **73** 475—478 (russisch).

* * **J. M. Slonim,** Die Sonnentätigkeit 1945. Vgl. Ref. **6329**.

6626. **K. Stöckl,** Bewegungen in Protuberanzen. Sternenwelt **2** 193—195, mit 4 Abb.

6627. **R. N. Thomas,** The thermodynamic structure of the outer solar atmosphere. I. The general method of analysis and preliminary results. ApJ **111** 165—172. — Es wird gezeigt, daß bei der anomalen Abnahme der Linienintensitäten längs der Balmerserie im Flash-Spektrum der Sonne Selbstabsorption des Wasserstoffs eine Rolle spielt und daß sich daraus die Besetzung des Grundzustands der Balmerlinien in Abhängigkeit von der Höhe bestimmen läßt. In Verbindung mit den relativen Besetzungszahlen der höheren Balmerniveaus können dann weiterhin die kinetische Temperatur, ihr Gradient und der Gradient der Elektronendichte in der Chromosphäre abgeschätzt werden. Kdr.

6628. **R. N. Thomas,** The thermodynamic structure of the outer solar atmosphere. II. Comment on empirical determinations of b_n and

T_e. ApJ **112** 337—342. — Die Größe b_n, die ein Maß für das Verhältnis der wirklichen Atomzahlen im n-ten Quantenzustand zu denen im Falle thermodynamischen Gleichgewichts darstellt, und die kinetische Temperatur T_e der Chromosphäre sind von mehreren Autoren verschieden bestimmt worden. Es wird gezeigt, daß durch Berücksichtigung der photosphärischen Streustrahlung bei Berechnung des chromosphärischen Balmerkontinuums sich die Differenzen in den b_n beseitigen, die in T_e verkleinern lassen. Die Chromosphäre sollte dann eine schwache Polarisation aufweisen. Kdr.

6629. **R. N. Thomas,** Superthermic phenomena in stellar atmospheres. VI. Comment on regions of emission fluctuation in the solar atmosphere. ApJ **112** 343—351. — In Gebieten veränderlicher Emission in der Sonnenatmosphäre sind, wie gezeigt wird, reelle Dichteschwankungen anzunehmen, die an Hand eines nichtstatischen Modells, nämlich eines sich in der Sonnenatmosphäre mit Überschallgeschwindigkeit bewegenden Gasstrahls nach Prandtl (Physikal. Zeitschr. **5** 599, 1904) genauer untersucht werden, wobei der Einfluß des Gravitationsfeldes berücksichtigt wird. Die Ergebnisse werden auf die von Menzel und Cillié bei der Finsternis 1932 beobachtete «hot spot»-Region angewandt. Kdr.

6630. **H. H. Voigt,** Kann die Korpuskularstrahlung der Sonneneruptionen direkt beobachtet werden? Sterne **26** 77—79.

6631. **M. Waldmeier,** Die scheinbare Asymmetrie in der Verteilung der Sonneneruptionen. ZfA **27** 56—57.

6632. **W. P. Wjasanizyn,** Pulkowoer Katalog der Radialgeschwindigkeiten von Protuberanzen. Mitt. Astr. Hauptobs. Pulkowo **18** Nr. 4 (145) S. 68—131, mit 3 Abb. (russisch). — Ref. in Astr. News Letter Nr. **59** S. 7. — Der vorliegende Katalog enthält die Radialgeschwindigkeiten sämtlicher in Pulkowo von 1928 Juli 9 bis 1937 Juli 23 beobachteter Protuberanzen. Die Diskussion des Materials schließt sich an bereits früher erfolgte Veröffentlichungen an. Verf. berichtet über die Durchführung der Beobachtungen, die Ausmessung der Spektrogramme, das abgeleitete Rotationsgesetz ($\xi = 14^\circ\!.28 - 4^\circ\!.08 \sin^2\varphi$), die Häufigkeitsverteilung der Radialgeschwindigkeiten sowie deren Beziehung zur Sonnenaktivität, die Korrelation der Ca+- und H-Geschwindigkeiten, die Linienintensitäten und -breiten sowie über den UV-Index. Loh.

6633. **R. v. d. R. Woolley, C. W. Allen,** Ultra-violet emission from the chromosphere. MN **110** 358—372, mit 1 Fig. — Es wird ein Modell der ruhigen Chromosphäre unter Berücksichtigung der Beobachtungen bei Finsternissen, der solaren Kurzwellenstrahlung und der Ionosphäre entwickelt. Es hat sphärische Symmetrie und unterscheidet scharf zwischen der inneren und äußeren Chromosphäre. Die Temperatur der tieferen wird zu 5040° K angenommen, die der äußeren Chromosphäre soll nach außen rasch ansteigen. Die zu 7×10^{14} Quanten/cm^2 sec abgeschätzte chromosphärische Emission, die atmosphärische Gase zu ionisieren vermag, stammt fast ausschließlich aus der Linienemission von O V, O VI, N V und anderen, der Rest aus dem Lyman-Kontinuum. Die Hälfte davon besitzt Energien $>$ 13.6 V, so daß atmosphärisches O und O+ ionisiert werden kann. Die Energienachlieferung erfolgt aus der Korona. Micz.

6634. **H. Zanstra,** The value of observations of continuous spectra in the chromosphere and prominences. Koninklijke Nederlandse Akad. Wetensch. Proc. **53** 1289—1299, mit 5 Fig. = Circ. Astr. Inst. Univ. Amsterdam Nr. 1. — Verf. berechnet die zu erwartende Intensität des kontinuierlichen Spektrums von Chromosphäre und Protuberanzen für mehrere Wellenlängen. Die Rechnungen werden für die Elektronentemperaturen 5000°, 10000°, 20000° und 30000° sowie für Elektronen- bzw. Protonenkonzentrationen der Ordnung 10^{11} (Chromosphäre) und 10^{10} (Protuberanzen) durchgeführt und die Resultate in einigen Diagrammen und einer Tabelle zusammengestellt. Kdr.

6635. **H. Zanstra,** An attempt to explain the polarization in Hα and D_3 for prominences. MN **110** 491—500, mit 2 Fig. — Verf. berechnet nach der Heisenbergschen Theorie der Polarisation von Resonanz- und Fluoreszenzstrahlung in der von Öhman für Protuberanzenprobleme entwickelten Form den Polarisationsgrad für die Hα- und D_3-Linie in Protuberanzen und findet in qualitativer Übereinstimmung mit Beobachtungen von Lyot eine Zunahme der Polarisation von der Photosphäre nach außen. Jedoch sind die theoretischen Werte noch erheblich größer als die empirischen, wofür als Ursache noch unberücksichtigte Anregungsprozesse vermutet werden. Kdr.

6636. Action on the sun. Sky and Telescope **9** 81. — Besprechung in JBAA **60** 118 unter dem Titel: Solar corona and prominences.

6637. **Beobachtungen der Chromosphäre, Flares und Protuberanzen**

Ann. Géophysique **6** 77—103. L'éruption chromosphérique du 19 novembre 1949 et ses conséquences géophysiques. R. Bureau, A. Dauvillier.

Astr. Mitt. Sternw. Zürich Nr. **172**. Vgl. Ref. **6341**.

Bol. Astr. Obs. Madrid **4** Nr. 2—3 S. 1—44, mit 3 Fig. Protuberancias solares. Resumen de las observaciones realizadas durante el año 1948. E. Gullón.

Bol. Astr. Obs. Madrid **4** Nr. 2—3 S. 73—113, mit 3 Fig. Protuberancias solares. Resumen de las observaciones realizadas durante el año 1949. E. Gullón.

BSAF **64** 18—20, 78, 128, 213—214, 250, 302, 360, 398, 445, 495, mit 12 Fig. L'activité solaire. Cartes (-planisphères) synoptiques de la chromosphère et des taches. M. d'Azambuja. — Rotationen Nr. 1286—1297.

BSAF **64** 217, mit Aufnahme einer Protuberanz 1937 Juni 12 auf Titelbild von Heft Mai 1950.

Carter Obs. Astr. Bull. Nr. **31**, 1 S. Observations of chromospheric eruptions. I. L. Thomsen.

Circ. Astr. Obs. Charkow Nr. **4** S. 1—34 (russisch). Die Aktivität der Sonnenphotosphäre und -chromosphäre vom 1. Juli bis 31. Dezember 1949 nach Beobachtungen am Astronomischen Observatorium Charkow. L. I. Krissenko, R. M. Rapota.

Circ. Astr. Obs. Kiew Nr. 26—41 (russisch). Die Sonnenaktivität von April 1949 bis Juli 1950. S. K. Wsechswjatskij.

Circ. Astr. Obs. Taschkent Nr. 226—237. K. Kuleschowa, J. Slonim. — 1949 Dez. bis 1950 Nov.

Coelum **18** 22—24, 52, 79, 105, 131—132, 154—155, mit 6 Fig. — Beobachtungen von Oktober 1949 bis September 1950.

Coelum **18** 97—100, mit 1 Fig. La sparizione brusca di un notevole filamento solare. G. Righini.

JBAA **60** 51—55, mit 13 Fig. An eruptive prominence and associated solar limb flare 1948 October 9. M. W. Ovenden.

JBAA **60** 135—142, mit 1 Fig. Solar activity from 1947 September 24 to 1949 July 9. Synodic rotations Nos. 1258 to 1281 inclusive. F. J. Sellers, M. I. Mech.

J. Geophys. Res. **55** 92, 215—216, 338—339, 485, 487, mit 1 Fig. Preliminary report on solar-flare effects.

Kodaikanal Obs. Supplement to Bull. No. **118**, 3 S., 1949. Summary of observations during the year 1939. A. K. Das.

Kodaikanal Obs. Supplement to Bull. No. **119**, 2 S., 1949. Summary of observations during 1940. A. K. Das.

Kodaikanal Obs. Bull. Nr. **120** S. 107—125, mit 4 Fig., 1949. Summary of prominence observations for the year 1941. A. K. Das.

Kodaikanal Obs. Bull. Nr. **121** S. 127—144, mit 4 Fig., 1949. Summary of prominence observations for the year 1942. A. K. Das.

Kodaikanal Obs. Bull. Nr. **122** S. 145—159, mit 4 Fig., 1949. Summary of prominence observations for the year 1943. A. K. Das.

Kodaikanal Obs. Bull. Nr. **123** S. 161—172, mit 4 Fig., 1949. Summary of prominence observations for the year 1944. A. K. Das.

Kodaikanal Obs. Bull. Nr. **124** S. 173—188, mit 4 Fig., 1949. Summary of prominence observations for the year 1945. A. K. Das.

Kodaikanal Obs. Bull. Nr. **128** S. 225—241, mit 4 Fig. Summary of prominence observations for the year 1947. A. K. Das.

Kodaikanal Obs. Bull. Nr. **129** S. 243—258, mit 4 Fig. Summary of prominence observations for the year 1948. A. K. Das.

Kodaikanal Obs. Bull. Nr. **130** S. 259—269, mit 2 Fig. Summary of prominence observations for the first half of the year 1949. A. K. Das.

Mem SA It (NS) **21** 119—125, mit 2 Fig. = Oss. e Mem. Oss. Astrofis. Arcetri Nr. **66** S. 29—37. Brillamenti solari osservati allo spettroelicscopio (Giugno — Dicembre 1949). G. Righini.

Mem SA It (NS) **21** 127—129 = Oss. e Mem. Oss. Astrofis. Arcetri Nr. **66** S. 39—43. Brillamenti cromosferici osservati alla torre solare di Arcetri nel 1949. M. C. Ballario. — Aus 224 Spektroheliogrammen wurden relative Intensitäten chromosphärischer Eruptionen im Lichte des Wasserstoffs und des Kalziums bestimmt. F. Z.

Mem SA It (NS) **21** 137—148, mit 3 Fig. = Oss. Astrofis. Catania Contr. Astrofis. Nr. **69**. L'attività del sole nell'anno 1949. L. Taffara.

Mem SA It (NS) **21** 269—274, mit 2 Fig. = Oss. e Mem. Oss. Astrofis. Arcetri Nr. **66** S. 111—118. Osservazioni di protuberanze e della cromosfera solare eseguite nel 1949. G. Abetti.

Naturwissenschaften **37** 137. Eine besonders intensive Sonneneruption. R. Müller. — 1949 Nov. 19.

Obs **70** 77—80, mit 1 Fig. und 2 Tafeln. The solar flare of 1949 November 19. M. A. Ellison, M. Conway.

Obs **70** 111—112, mit 1 Fig. The development of the solar flare of 1949 August 5. M. W. Ovenden.

Obs **70** 163—164, mit 1 Fig. Solar notes. H. W. Newton.

Obs **70** 193. The development of the solar flare of 1949 August 5. R. Müller.

PAT **31** 152—155, mit 3 Fig. — Några intressanta «solar flares». Y. Öhman. — Beschreibung einiger spektroheliographischer Reihenaufnahmen von Eruptionen an der Stockholmer Sternwarte. Ra.

Phys. Rev. (2) **79** 908—909, mit 1 Fig. The solar flare of November 19, 1949 and cosmic rays. J. Clay, H. F. Jongen.

Publ. Astr. Hauptobs. Pulkowo **67**, 104 S. mit 2 Karten (russisch). Katalog der Sonnentätigkeit 1948. R. S. Gnewyschewa.

Quarterly Bulletin on Solar Activity Nr. **85—88**, 110 S. mit 4 Abb. Published by the Eidgen. Sternwarte in Zürich. — 1949 Januar—Dezember.

Sternenwelt **2** 36—38, mit 3 Abb. Die Sonnentätigkeit der letzten Monate. R. Müller. — 1949 Febr.—Nov.

Sternenwelt **2** 132—133, 162—163, mit 6 Abb. Die Sonnentätigkeit im Februar, März 1950. R. Müller.

Sternenwelt **2** 182—183, mit 4 Abb. Die Sonnentätigkeit im 2. Vierteljahr 1950. R. Müller.

Sternenwelt **2** 275—276, mit 3 Abb. Die Sonnentätigkeit im 3. Vierteljahr 1950. R. Müller.

Tokyo Astr. Obs. Bull. Solar Phenomena **1** 27—57, mit 9 Fig. Sunspots, Ca flocculi and Hα prominences. Solar eruptions. July—December, 1949. M. Notuki, I. Semba, I. Shimizu, M. Ono, T. Oe, Y. Nojima, M. Miyazawa, Y. Yamamoto, Y. Tanaka, T. Oki.

Tokyo Astr. Obs. Bull. Solar Phenomena **2** 1—46, mit 12 Fig. Sunspots, Ca flocculi and Hα prominences. Solar eruptions. Solar radio noise. January—September, 1950. M. Notuki, S. Nagasawa, I. Semba, I. Shimizu, M. Ono, T. Oe, Y. Nojima, M. Miyazawa, Y. Yamamoto, Y. Tanaka, T. Oki, T. Hatanaka, S. Suzuki, F. Moriyama.

Urania Barcelona **35** 95—109, mit 9 Fig. Protuberancias solares. Resumen de las observaciones realizadas en el Observatorio de Madrid durante los años 1947, 48 y 49. Altura de la cromosfera en los mismos. E. Gullón.

Urania Kopenhagen **7** 82—84. En stor Soleruption. — Betrifft die Eruption vom 19. 11. 1949.

Veröff. Fraunhofer-Inst. Sonnen-Zirkular 1949 Juli—1950 September. 483 S. mit Abb. A. Behr.

VJS der Naturf. Ges. Zürich **95** 212—224, mit 2 Abb. Die Sonnenaktivität im Jahre 1949. M. Waldmeier.

§ 67

Korona

* * Koronabeobachtungen während Sonnenfinsternissen siehe § **62**.

6701. **A. F. Bogorodskij, N. A. Chinkulowa,** Über die Verteilung der Elektronendichte in der Sonnenkorona. Publ. Astr. Obs. Kiew Nr. **4** S. 3—16, mit 2 Abb. (russisch). — Die Elektronendichte wurde unter Berücksichtigung der Anisotropie der Lichtstreuung aus den von Grotrian (vgl. AJB **36** Ref. 4209a) und Allen (vgl. AJB **46** Ref. **4701**) gegebenen Daten der Finsternisse von 1923 und 1940 berechnet. Es ergab sich $n(\varrho) = 10^8 (2.13 \times \varrho^{-6} + 3.05 \times \varrho^{-25})$. Der Temperaturverlauf wurde in Anlehnung an Alfvén (vgl. AJB **43** Ref. **4446**) berechnet, wobei sich ein Maximum von 1.3×10^6 K bei $\varrho = 1.2$ ergab. Loh.

* * **A. Bruzek,** Über eine Beziehung zwischen dem Auftreten von Protuberanzen und der Koronahelligkeit in $\lambda = 5303$ Å. Vgl. Ref. **66**03.

6702. **E. J. Bugoslawskaja,** Die Struktur der Sonnenkorona. Publ. Astr. Sternberg-Inst. **19,** 188 S. mit 86 Abb. (russisch). — In dieser umfassenden Monographie behandelt Verf. die Feinstruktur der Sonnenkorona, untersucht die Abhängigkeit der Details von Gebilden der Sonnenoberfläche und gibt eine Darstellung der Bewegungen und physikalischen Merkmale der hauptsächlichen Formen. Der Untersuchung liegen vornehmlich eigene Beobachtungen der Finsternisse von 1936 und 1941 zugrunde; darüber hinaus wurden aber auch Beobachtungen anderer Autoren und solche früherer Finsternisse mitverwertet. Instrumentelle und methodische Fragen werden ebenfalls behandelt. Loh.

6703. **M. N. Gnewyschew, R. S. Gnewyschewa,** Beobachtungen der Sonnenkorona außerhalb von Finsternissen bei 5303 Å. DAN **72** 659—660 (russisch).

6704. **C. J. van Houten,** The form of Fraunhofer lines in the inner corona. BAN **11** 160—163, mit 3 Fig. — Im kontinuierlichen Spektrum der K-Korona finden sich nur wenige breite Fraunhoferlinien als schwache Depressionen. Eine genauere Berechnung ihrer Form unter Berücksichtigung des Unterschieds in der Dopplerverbreiterung für Licht, das unter verschiedenen Winkeln gestreut ist, zeigt, daß bei ihnen die Kerne schärfer sind, als einem Gauß-Profil entspricht. Die zentrale Depression beträgt selbst bei den stärksten Linien nur 7%. Kdr.

6705. **H. C. van de Hulst,** The electron density of the solar corona. BAN **11** 135—150, mit 8 Fig. — Die bisher vorliegenden Arbeiten über die Helligkeit, Elektronendichte und Polarisation in verschiedenen Teilen der Sonnenkorona werden neu diskutiert und die Ergebnisse aufeinander abgestimmt. Für die drei

Größen werden neue Werte abgeleitet und in Tabellenform als sogenannte Modell-Korona mitgeteilt, wobei die Polgegenden eine spezielle Behandlung erfahren. Kdr.

6706. **H. C. van de Hulst,** On the polar rays of the corona. BAN **11** 150—160, mit 4 Fig. — Auf einigen Reproduktionen einer Barnardschen Aufnahme der Sonnenfinsternis von 1900 wurden die polaren Koronastrahlen der Sonne photometriert. Ihre Helligkeit ergab sich etwa 20% größer als die des Untergrundes, die Elektronendichte in ihnen 5 mal größer. Eine theoretische Erörterung der Korona als Ganzes und der Polarstrahlen im besonderen führt Verf. zu der Ansicht, daß die letzteren nicht irgendwelche Ausströmungen aus der Sonne seien, sondern daß die Annahme statischen Gleichgewichts befriedigender sei. Wahrscheinlich fallen die Koronastrahlen mit den Kraftlinien des allgemeinen Magnetfeldes der Sonne zusammen. Kdr.

6707. **J. C. Jaeger, K. C. Westfold,** Equivalent path and absorption for electromagnetic radiation in the solar corona. Australian J. Sci. Res. (A) Phys. Sci. **3** 376—386, mit 10 Fig. = Council Sci. Industrial Res. Division Radiophys. — Unter der Annahme eines kugelsymmetrischen Aufbaues der Korona und unter Vernachlässigung möglicher Magnetfelder werden Bahnformen (infolge Refraktion), äquivalente Weglängen und Absorption radiofrequenter Sonnenstrahlung in der Korona berechnet. Behr

6708. **N. A. Jakowkin,** Die Ionendichte in der Sonnenkorona. Publ. Astr. Obs. Kiew Nr. **4** S. 17—31, mit 5 Abb. (russisch). — Berechnung der Ionendichte für Fe X, Fe XI, Fe XIV, Ni XII und Ni XIII.

6709. **A. A. Kalinjak,** Beobachtung der Sonnenkorona außerhalb von Finsternissen im infraroten Licht. DAN **72** 661—662 (russisch).

6710. **N. I. Kutscherow,** Versuche zur Photographierung der Sonnenkorona außerhalb von Finsternissen mit Hilfe einer Aureolenkamera. Nachr. Akad. Wiss. kasach. Sowjetrepublik Nr. **90** (astrobotanische Serie, Heft 1—2) S. 106—111 (russisch).

6711. **K. G. Malmfors,** Unstable oscillations in an electron gas. Ark. Fys. Stockholm **1** Nr. 30 S. 569—578. — Ref. in ZfMG **36** 286.

6712. **R. Müller,** Ergebnisse der Photometrie der monochromatischen Sonnenkorona. Mitt. AG **1950** 9. — Ref. AG.

* * **Y. Öhman,** Ett år vid amerikanska solobservatorier. Vgl. Ref. **6322.**

6713. **W. Petri,** Monochromatischer Intensitätsabfall, Ergiebigkeit und Elektronentemperatur der inneren Sonnenkorona. Mitt. AG **1950** 9—10. — Ref. AG.

6714. **S. B. Pikelner,** Die Dissipation der Korona und ihre Bedeutung. DAN **72** 255—258 (russisch).

6715. **S. B. Pikelner,** Zur Theorie der Sonnenkorona. Mitt. Astrophys. Obs. Krim **5** 34—58 (russisch). — Ref. in Astr. News Letter Nr. **56** S. 9—10. — Mit der vorliegenden Arbeit sucht Verf. in großen Umrissen eine Theorie der Korona als Ganzes und eine Theorie ihrer makroskopischen Struktur auf Grund von Plasmamikroprozessen in Anlehnung an die Physik elektrischer Gasentladungen zu geben. Zunächst wird die Anwendbarkeit der hydrostatischen Gleichungen und der barometrischen Höhenformel kritisch untersucht und dann eine Reihe von Eigenschaften der Korona (Dichtegradient, Strahlen, Konvektion) unter diesem Gesichtspunkt behandelt. Die Reynolds'sche Zahl < 200. Das elektrische Feld wird aus den Bewegungsgleichungen des Elektronengases bestimmt. Der gesamte Massenverlust der Korona $< 10^{18}$ gr/Jahr, der Massenzuwachs durch einfallende Protonen ein bis zwei Größenordnungen niedriger, wenn sich die Sonne in einer Zone ionisierten Wasserstoffs befindet. Die Aufheizung der Korona geschieht aller Wahrscheinlichkeit nach durch elektrische Felder (Schklowskij). Verf. (gekürzt)

6716. **K. Saito,** Brightness and polarization of the solar corona. Ann. Tokyo Astr. Obs. (2) **3** 3—22, mit 16 Fig. — Es wird angenommen, daß sich die Korona zusammensetzt aus dem Zodiakallicht und der wirklichen Korona — letztere wiederum aus Koronastrahlen und der inneren Korona symmetrischer Gestalt. Von Baumbachs Formel der Intensitätsverteilung in der Korona ausgehend wird die Elektronendichte berechnet. Dann werden die neuberechneten Werte der Polarisation in der Korona mit der Beobachtung verglichen. Die periodische Variation der Koronaintensität beschränkt sich auf die wirkliche Korona mit einer Amplitude von 35%. Schließlich werden Helligkeit und Polarisation in einer Korona berechnet, deren Materie nicht sphärische, sondern abgeplattete Verteilung besitzt. Zuletzt wird die Helligkeit der Koronastrahlen untersucht. Gli.

6717. **I. S. Schklowskij,** Berechnung der Konzentration koronaler Ionen in angeregten Quantenzuständen. Mitt. Astrophys. Obs. Krim **5** 86—99 (russisch). — Ref. in Astr. News Letter Nr. **56** S. 10—11. — Aus den von Grotrian, Schajn, Allen und Lyot abgeleiteten Äquivalentbreiten koronaler Linien wird die Konzentration koronaler Ionen in angeregten Quantenzuständen in verschiedenen Höhen berechnet. Dabei wird der Unterschied zwischen den Helligkeiten der in verschiedenen Epochen beobachteten Korona berücksichtigt. Insbesondere wird versucht, die Verteilung der Elektronenkonzentration für 1936 und 1940 zu bestimmen, wobei die Unterlagen über die Fraunhofersche Komponente des Koronaleuchtens mit verwandt werden. Die gefundenen Verteilungen unterscheiden sich merklich von der mittleren Formel Baumbachs. Die tabulierten Ergebnisse werden die Grundlage für eine eingehende Erörterung des Problems der chemischen Zusammensetzung und der Ionisation der Korona bilden, die in nachfolgenden Arbeiten durchgeführt werden wird. Verf. (übersetzt)

6718. **I. S. Schklowskij,** Berechnung der Konzentration koronaler Ionen in den Grundzuständen. Mitt. Astrophys. Obs. Krim **5** 109—134 (russisch). — Ref. in Astr. News Letter Nr. **56** S. 11—12. — Verf. untersucht verschiedene Anregungsmechanismen koronaler Ionen. Wenn dafür in der inneren Korona hauptsächlich Elektronenstöße in Frage kommen, so spielt demgegenüber in der äußeren Korona ($r > 2$) die Strahlung der Photosphäre für die Anregung der Ausgangsniveaus der grünen und roten Koronalinie die entscheidende Rolle. Ferner wird eine Theorie der relativen Intensitäten verschiedener Koronalinien gegeben, die zu ein und demselben Ion (Fe XIII, Ni XV, Fe XI, Ni XIII) gehören. Die Linien 5694 und 5446 Å können nicht dem Ca XV zugeschrieben werden. Die erste ist vielleicht eine Ne VI-Linie. Das Konzentrationsverhältnis Koronaelektronen : Fe XIV-Ionen ist bis $r = 2{,}8$ praktisch konstant. Der Einfluß der Koronastruktur auf die Ergebnisse der Berechnungen ist unwesentlich. Verf. (gekürzt)

6719. **H. Siedentopf,** Die Sonnenkorona. Ergebnisse der exakten Naturwissenschaften **23** 1—52, mit 23 Abb. — Bericht über den Zeitraum 1938—1948. Inhaltsübersicht: 1. Die Ergebnisse der Finsternisbeobachtungen. 2. Die mittlere Dichteverteilung in der Korona. 3. Die Deutung der Emissionslinien der Korona. 4. Koronographentechnik. 5. Die Überwachung der Korona am Koronographen. 6. Die Strahlung der Sonnenkorona im Wellenlängenbereich 10 cm bis 20 m. 7. Koronatheorien.

6720. **K. Takakubo,** Continuous light of the solar corona. Publ. Astr. Soc. Japan **2** 14—22, mit 6 Fig. = Tokyo Astr. Obs. Repr. Nr. **68**. — Aus Werten der Elektronendichte nach v. d. Hulst wird die Polarisation der K-Komponente der Korona neuberechnet und mit Beobachtungsergebnissen verschiedener

Autoren verglichen. Verf. schließt daraus auf starke zeitliche und räumliche Schwankungen der Elektronendichte und ihres Gradienten. Die weiteren Ausführungen befassen sich mit der Verteilungsfunktion der Größen der interplanetarischen Teilchen, die für das Licht der F-Komponente verantwortlich zu machen sind. Es wird das frühere Ergebnis bestätigt, daß es sich um Teilchen mit Radien von der Ordnung 10^{-3} cm handelt. Kdr.

6721. M. Waldmeier, Polarkarten der Sonnenkorona. ZfA **27** 24—41, mit 18 Abb. = Astr. Mitt. Sternw. Zürich Nr. **165**. — Es werden 18 heliographische Karten der Polargebiete der Sonnenkorona publiziert auf Grund von Beobachtungen im monochromatischen Licht der Linie 5303 Å. Die Karten zeigen Gebiete erhöhter Linienintensität, welche in heliographischer Breite eine geringe, in heliographischer Länge eine große Ausdehnung besitzen und als «koronale Filamente» bezeichnet werden. Die Lebensdauer dieser Filamente beträgt mehrere Monate. Die polaren Filamente lagen in den Jahren 1939—45 in der heliographischen Breite von etwa 60° und haben sich darauf polwärts verschoben und 1947 zur Zeit des Sonnenfleckenmaximums den Pol erreicht. In der heliographischen Breite 55° beträgt der tägliche siderische Rotationswinkel 13°1, in guter Übereinstimmung mit demjenigen der Protuberanzen in derselben Breite. Verf.

6722. M. Waldmeier, Die Koronastruktur in der Umgebung einer großen Fleckengruppe. ZfA **27** 73—81, mit 8 Abb. = Astr. Mitt. Sternw. Zürich Nr. **169**. — Es werden Beobachtungen in den Koronalinien 5303, 5694 und 6374 Å in der Umgebung einer großen Fleckengruppe in Form von heliographischen Karten dargestellt. Für dasselbe Gebiet wird auch eine Höhenkarte der Linie 5303 Å mitgeteilt. Ferner werden koronale Kondensationen beschrieben, welche im Zusammenhang mit dieser Fleckengruppe, speziell mit sogenannten Fleckenprotuberanzen, aufgetreten sind. Verf.

6723. M. Waldmeier, Statistik der grünen Koronastrahlen. ZfA **27** 237—246, mit 3 Abb. = Astr. Mitt. Sternw. Zürich Nr. **171**. — Die statistische Untersuchung über die Breitenverteilung der monochromatischen Koronastrahlen bestätigt die bereits früher gefundenen beiden koronalen Aktivitätszonen: die Hauptzone und die Polarzone. Die Hauptzone beginnt mit dem Fleckenmaximum und endet mit dem übernächsten Minimum; die Polarzone beginnt mit dem Fleckenminimum und endet mit dem übernächsten Maximum. Die Hauptzone fällt mit der Flecken- und Fackelzone zusammen und zeigt dieselbe Zonenwanderung wie diese. Die Polarzone beginnt bei 45° heliographischer Breite zu erscheinen, verschiebt sich bis 60°, bleibt dort bis zum folgenden Minimum stationär, worauf sie ihre Polwärtsbewegung wieder aufnimmt und den Pol um die Zeit des folgenden Sonnenfleckenmaximums erreicht, worauf sie verschwindet. Verf.

6724. Koronabeobachtungen

Astr. Mitt. Sternw. Zürich Nr. **170**, 50 S. Katalog der grünen Koronastrahlen 1939—1946. M. Waldmeier.

Astr. Mitt. Sternw. Zürich Nr. **172**. Vgl. Ref. **6341**.

PAT **31** 161—162, mit 1 Fig. Fotoelektrisk registrering av solkoronan i Meudon.

Quarterly Bulletin on Solar Activity Nr. **85**—**88**, 110 S. mit 4 Abb. Published by the Eidgen. Sternwarte in Zürich. — 1949 Januar—Dezember.

Veröff. Fraunhofer-Inst. Sonnen-Zirkular 1949 Juli—1950 September. 483 S. mit Abb. A. Behr.

VJS der Naturf. Ges. Zürich **95** 212—224, mit 2 Abb. Die Sonnenaktivität im Jahre 1949. M. Waldmeier.

§ 68

Sonnentätigkeit in Beziehung zu terrestrischen Erscheinungen

6801. **C. G. Abbot,** Periodic influences on Washington and New York weather of 1949 and 1950. Smithsonian Misc. Collections **111** Nr. 17, 8 S. mit 3 Fig. = Smithsonian Inst. Publ. Nr. 4015.

6802. **C. Agostinelli,** Influenza del magnetismo solare sul moto di rotazione della terra. Geofisica pura ed applicata **18,** 19 S. — Ein etwaiges allgemeines magnetisches Feld der Sonne ist ohne Einfluß auf die Rotation der Erde. F. Z.

6803. **L. d'Azambuja,** Relations entre le soleil et certains phénomènes terrestres. BSAF **64** 113—116.

6804. **J. Bouška,** Variation de la nébulosité en Europe et l'activité solaire. Bull. météorolog. Tchécoslov. **4** 76, mit 2 Fig. (tschechisch). — Verf. untersucht die Variation der Jahresmittel der Bewölkung und der Niederschläge von 81 europäischen Stationen für die Jahre 1923—1933. Es wird eine Abhängigkeit von diesen meteorologischen Elementen gefunden. Aus dem Beobachtungsmaterial geht hervor, daß nicht nur im Verlauf der Niederschläge, sondern auch im Verlauf der Bewölkung die fünfjährige Periode nach Hellmann erscheint. Verf.

6805. **R. Bureau,** Les renforcements brusques des ondes très longues. Proc. Phys. Soc. (B) **63** 122—126, mit 7 Fig. — Statistische Untersuchungen über den Zusammenhang zwischen plötzlichen Anstiegen der atmosphärischen Störungen im km-Wellenlängengebiet, Dämpfungserscheinungen im 10 m-Gebiet (Mögel-Dellinger-Effekten) und erdmagnetischen Störungen zeigen in einem Beobachtungszeitraum von zwanzig Jahren gute Korrelation. Eine Anzahl von Einzelbeobachtungen aus neuerer Zeit von simultan auftretenden Effekten wird demonstriert. Behr

6806. **R. Bureau,** Les renforcements brusques des ondes très longues. Proc. Phys. Soc. (B) **63** 147. — Auszug aus einem Vortrag. Vgl. Proc. Phys. Soc. (B) **63** 122 (vorstehendes Ref.).

6807. **J. Caron, R. Veillith,** Relations entre l'activité solaire et quelques phénomènes terrestres. Urania Barcelona **35** 21—37, 170—171, mit 3 Fig. — Während unter den Maxima der 1880—1945 in Bordeaux gefundenen jährlichen Regenhöhen 60% mit niederen heliographischen Breiten der Fleckenzone zusammenfallen, läßt sich bei den jährlichen Temperaturmitteln kein ähnlicher Zusammenhang erkennen. Zwischen der zyklischen Variation der heliographischen Breite der Fleckenzone und den Jahresmitteln der geomagnetischen Charakterzahlen wird eine enge Korrelation nachgewiesen. Infolge der Neigung des Sonnenäquators gegen die Ekliptik zeigen sowohl die Monatsmittel der geomagnetischen Charakterzahlen wie auch die der Schwankungen der geomagnetischen Deklination und Horizontalintensität ausgeprägte Maxima im März und September. Hieraus wird unter der Voraussetzung einer geradlinigen Ausbreitung der geomagnetisch wirksamen solaren Strahlung abgeleitet, daß diese Emission auf einen Kegel mit einem (halben) Öffnungswinkel von 8° um die Normale beschränkt sein muß, was vielleicht auf eine tiefere Lage der Herde hinweist. Gü.

6808. **S. Chapman,** Corpuscular influences upon the upper atmosphere. J. Geophys. Res. **55** 361—372. — In einem Vortrag wird über die Beiträge zur Korpuskeltheorie der Auslösung magnetischer Stürme und Nordlichter von seiten der Beobachtung und zahlreiche damit verknüpfte Fragen referiert. Auf Meinels Entdeckung verbreiterter und verschobener Balmerlinien im Nordlichtspektrum als wichtigsten Hinweis für solare Korpuskelströme wird aufmerksam gemacht. Micz.

6809. **A. E. Covington,** Microwave sky noise. J. Geophys. Res. **55** 33—37, mit 3 Fig. — Verf. berichtet über Beziehungen zwischen Ausbrüchen der kosmischen Hochfrequenzstrahlung bei 2800 MHz und erdmagnetischen Störungen.

6810. **S. W. Dshordshio,** Über die Möglichkeit einer langfristigen Prognose der Wassermenge der Flüsse Mittelasiens mit Hilfe der Sonnenaktivität. Bull. mittelasiat. Staatsuniv. Nr. **29** S. 43—49 (russisch).

6811. **O. Engelstoft,** Solens Indflydelse paa Jordoverfladens Temperatur. Urania Kopenhagen **7** 34—36.

6812. **A. R. Hogg,** Cosmic rays and solar relationships. J. Atmosph. Terr. Phys. **1** 56—62, mit 6 Fig. — Eine statistische Diskussion von Höhenstrahlungsregistrierungen 1935—1940 und Beobachtungen von solaren Phänomenen läßt keinen Zusammenhang der Höhenstrahlung mit Sonnenrotation, Fleckenrelativzahlen, Bildung von großen Flecken im Zentralgebiet der Scheibe, Meridiandurchgänge großer Flecken und chromosphärischen Eruptionen erkennen, wenn nicht gleichzeitig erdmagnetische Störungen auftreten. Eine leichte Rekursionstendenz mit 27^{d} besteht gelegentlich. Die Höhenstrahlungsintensität dürfte aber nicht durch die Sonnenaktivität, sondern durch das erdmagnetische Feld gesteuert werden. Micz.

6813. **H. Israël,** Sonne und Erde. Naturwiss. Rundschau **3** 101—106, mit 8 Abb.

6814. **F. Kaiser,** Sonnenflecken und Schlagwetterexplosionen. Mitt. AG **1950** 10. — Ref. AG.

6815. **K. O. Kiepenheuer,** Zur Beeinflussung des menschlichen Blutserums durch die Sonne. Naturwissenschaften **37** 234—235, mit 3 Fig.

6816. **J. Kleczek,** Soviet research on the sun and its influences on the earth. RH **31** 29—33, 51—53, 77—79, 127—129, mit 5 Fig. (tschechisch).

6817. **L. Křivský,** Chromosphärische Eruptionen und die täglichen atmosphärischen Niederschläge in Prag in den Jahren 1947 und 1948. Bull. météorolog. Tchécoslov. **4** 75, mit 1 Fig. (tschechisch).

6818. **F. J. Morshead,** Some solar radiations and their terrestrial effects. Southern Stars **14** 97—100.

6819. **H. W. Newton,** A significant time-distribution feature of great solar flares and great geomagnetic storms. Obs **70** 233—234.

6820. **H. A. Panofsky, S. L. Hess,** Zonal index and the motion of the Great Red Spot on Jupiter. Bull. American Meteorol. Soc. **29** 426—428, mit 1 Fig., 1948 = Contr. Planet. Atmosph. Lowell Obs. Nr. **1**. — Es wird die Variation des terrestrischen zonalen Index von Westerlies 1899—1939 verglichen mit der Variation der Rotationsperiode des Roten Flecks auf Jupiter und eine auffallend hohe Korrelation gefunden, die als Folge von Veränderungen in der Sonnenstrahlung gedeutet wird. Gli.

6821. **M. Paul,** Beitrag zur Frage einer solaren Steuerung geophysikalischer Vorgänge. Geofisica pura ed applicata **17** Fasc. 1—2, 24 S. mit 7 Fig. — Die starke Abhängigkeit der zeitlichen Folge erdmagnetischer Störungen und Erdbeben von einer Periode 34^{d}19 wird an Diagrammen veranschaulicht. Nach der harmonischen Analyse tritt die Periodenwelle in zwei bestimmten, um 180° gegeneinander versetzten Phasenlagen auf. Ein Vergleich der

Amplituden mit der Schusterschen Expektanz läßt erkennen, daß ein Walten des Zufalls hierbei praktisch ausgeschlossen sein sollte. Die Periode ist identisch mit der vom Verf. früher abgeleiteten Rotationsdauer $34^{d}19$ eines hypothetischen Sonnenkerns. Auch Perioden der Form ($\tau_p \times 34.19$) : ($\tau_p - 34.19$) treten auf (τ_p = Umlaufszeit der einzelnen Planeten), wie an einem Beispiel für den Merkur gezeigt wird. Verf.

6822. **C. A. Pfeiffer, H. Rügemer,** Sonnentätigkeit und Erdmagnetismus. Sternenwelt **2** 138—141, mit 3 Abb.

6823. **J. Pícha,** The ozonosphere and the chromospheric eruptions. RH **31** 210—211 (tschechisch).

6824. **W. R. Piggott,** Irregular behaviour of the ionosphere associated with solar events. Proc. Phys. Soc. (B) **63** 146. — Bei den ionosphärischen Störungen, die im Zusammenhang mit chromosphärischen Eruptionen beobachtet werden, können im wesentlichen zwei Typen von Störungen unterschieden werden. Typ A ist charakterisiert durch starke Störungen der Reflexion an der D- und E-Schicht, vor allem aber durch sehr rasche Abnahme der Ionisationsdichte in der F-Region. Typ R zeigt zunächst einen Anstieg mit nachfolgendem länger andauernden Defizit in der Elektronendichte. (Auszug aus einem Vortrag.) Behr

6825. **W. Sandner,** Activité solaire, aurores polaires et halos. Gaz astr **32** 79—84, 93—96.

6826. **H. Siedentopf,** Solare Einflüsse auf Lebensvorgänge. Phys. Blätter **6** 539—544, mit 3 Abb.

6827. **R. L. Smith-Rose,** Solar noise and ionospheric fading. Nature **165** 37—38, mit 1 Fig. — Notiz über die während und nach dem Auftreten der Sonneneruption vom 21. Mai 1948 in Slough registrierten Empfangsstörungen der Sender Klipheuvel (Südafrika, 18,89 MHz) und Königswusterhausen (Deutschland, 191 KHz). Loh.

6828. **F. Vercelli,** Periodicità dendrologiche e cicli solari. Ann. Geofis. **2** Nr. 4 S. 477—485 = Oss. Geofis. Trieste (NS) Nr. **1**. — Auf Grund einer Periodenanalyse für eine zweitausendjährige Reihe von Baumringen der Sequoia gigantea wird Übereinstimmung mit der elfjährigen Sonnenperiode festgestellt. F. Z.

6829. **S. W. Visser,** De zonnevlekken en het weer. Hemel en Dampkring **48** 1—9, mit 4 Fig. — Zusammenhang zwischen Sonnenaktivität und Wetter unter besonderer Berücksichtigung der Winter in Westeuropa und des heißen Sommers 1947. Gü.

6830. **S. W. Visser,** Baur's betrekkingen tussen zonnevlekken en strenge winters. Hemel en Dampkring **48** 85—88, mit 2 Fig. — Kritik an einer Untersuchung von F. Baur. Gü.

6831. **O. R. Wulf, S. B. Nicholson,** Solar flares and moderate geomagnetic activity. Publ ASP **62** 202—210, mit 2 Fig. = Mt. Wilson and Palomar Obs. Repr. Nr. **33**. — Die erdmagnetische Unruhe mäßigen Umfangs weist eine viel stärkere Tendenz zum Rekurrieren mit der Periode der Sonnenrotation auf als die großen magnetischen Störungen. Verf. machen wahrscheinlich, daß ein Index der Sonnentätigkeit aus allen bekannten Oberflächenerscheinungen, die zu Änderungen der UV-Emission führen, angegeben werden kann, der die erdmagnetische Unruhe mäßigen Umfangs charakterisiert. Neben den hellen Flocculi-Gebieten muß dabei vor allem der Beitrag der Flares, auch der kleinen, erfaßt werden. Micz.

6832. Relations entre les phénomènes solaires et géophysiques. Vgl. AJB **49** Ref. **6840**. — Weiteres Ref. in Urania Barcelona **35** 225—228.

6833. Solar-terrestrische Beobachtungen

Ann. Géophysique **6** 77—103. Vgl. Ref. **6637.**

J. Atmosph. Terr. Phys. **1** 37—48, mit 9 Fig. Solare und terrestrische Beobachtungen während des Mögel-Dellinger-Effektes (SID) am 19. November 1949. — Berichte von R. Müller, O. Augustin, W. Menzel, A. Ehmert, H. Salow, A. Sittkus, W. Dieminger, K. H. Geisweid, J. Bartels.

Obs **70** 84—86, mit 1 Fig. Geomagnetic storms and solar activity 1949. H. W. Newton.

New Zealand J. Sci. Technology (B) **31** 46—47, 1949 = Carter Obs. Repr. Nr. **13.** Notes on solar activity and associated geophysical effects. J. W. Beagley, I. L. Thomsen.

Urania Barcelona **35** 94. Datos relativos a la actividad solar y geomagnética en 1948.

Achter Teil

Planeten und Monde

§ 70

Sonnensystem, Allgemeines

7001. **G. A. Aristow,** Der Bau des Sonnensystems. Moskau-Leningrad, Verlag Akad. Wiss. UdSSR, 1950. 180 S. mit Abb. Preis 4 R. 50 Kop. (russisch). — Besprechung in Astr. News Letter Nr. **62** S. 11. — Verf. geht in allgemeinen Zügen nicht nur auf den Bau des Sonnensystems ein, sondern legt auch den geschichtlichen Wandel in den Anschauungen dar. Loh.

7002. **K. L. Bajew,** Erde und Planeten. Moskau-Leningrad, Staatsverlag für technisch-theoretische Literatur, 1950. 56 S. mit 17 Abb. Preis 90 Kop. (russisch).

* * **D. Brouwer,** I. A new determination of the solar parallax from the parallactic inequality in the moon's longitude. II. Comments on the masses of the inner planets. III. Notes on investigations in progress. Vgl. Ref. **6004.**

* * **D. Brouwer, A. J. J. van Woerkom,** The secular variations of the orbital elements of the principal planets. Vgl. Ref. **4206.**

* * **H. Brown,** On the compositions and structures of the planets. Vgl. Ref. **5204.**

7003. **F. J. A. Göschl,** Influences planétaires sur l'activité solaire en 1950. Gaz astr **32** 1—7.

7004. **P. Guintini,** Les Planètes. Vgl. AJB **49** Ref. **7004.** — Weitere Besprechung in BSAF **64** 173.

7005. **S. Günther,** Eine neue Anschauung über den inneren Zustand der Erde und der sonnennahen Planeten. Sterne **26** 17—20, mit 2 Abb.

* * **L. E. Gurewitsch, A. I. Lebedinskij,** Über die Bildung der Planeten. II. Das Gesetz der Planetenentfernungen und die Rotation der Planeten. Vgl. Ref. **5513.**

7006. **L. E. Gurewitsch, A. I. Lebedinskij,** Das Gesetz der Planetenentfernungen und die Rotation der Planeten. DAN 74 1061—1064 (russisch).

* * **W. H. Haas,** La visibilidad del hemisfero oscuro de Venus. Vgl. Ref. 7111.

7007. **J. Harper,** Potentially pathogenic organisms on another planet. J. British Interplanetary Soc. 9 254—255. — Kritische Bemerkung zu dem Artikel von E. R. Nye (Vgl. Ref. 7011).

7008. **M. Kopecký, P. Mayer,** Influences planétaires sur le soleil VI. BAC 2 35—37, mit 3 Fig. — Bei Vergleich des Verhaltens der Wolfschen Relativzahlen um die Zeit der oberen und der unteren Konjunktion der Venus zeigt die über 50 synodische Umläufe des Planeten (1866—1947) gemittelte Kurve der Relativzahlen Schwankungen, deren Periode nahe der der Sonnenrotation liegt. Eins ihrer Maxima liegt kurz vor der oberen Konjunktion der Venus, eins der Minima kurz vor der unteren Konjunktion dieses Planeten. Gli.

* * **N. A. Kosyrew,** Die mögliche Asymmetrie in den Figuren der Planeten. Vgl. Ref. 4308, 4309.

7009. **F. Link,** Couche de poussières météoriques dans une atmosphère planétaire. BAC 2 1—6, mit 2 Fig. — Es wird die Hypothese betrachtet, daß durch die verflüchtigten Rückstände von Meteoren in der Erdatmosphäre eine Schicht entsteht, die die bei Mondfinsternissen beobachtete zusätzliche Absorption hervorruft. Eine analoge Schicht auf Mars und Venus kann die beobachtete Vergrößerung des Durchmessers auf UV-Aufnahmen dieser Planeten erklären (Phänomen von Wright). Gli.

7010. **F. Link,** Influences planétaires sur le soleil VII. BAC 2 49—52. — Es wird eine theoretische Erklärung des Planeteneinflusses auf die Sonne versucht, um die in den vorangegangenen Arbeiten aufgezeigten Zusammenhänge zwischen Planetenbewegung (Venus) und Sonnenflecken zu begründen. Verf. glaubt, daß die von den Planeten ausgehenden elektrischen Kräfte eine wichtige Rolle in der Sonnenatmosphäre spielen können, da diese sich an der Grenze des Gleichgewichts befinde. Gli.

7011. **E. R. Nye,** The possibility of potentially pathogenic organisms occuring on another planet. J. British Interplanetary Soc. 9 62—63, mit einer Antwort auf die kritische Bemerkung von J. Harper (vgl. Ref. 7007) auf S. 302 desselben J.

7012. **C. S. Ogilvy,** Close approach of Mars and Saturn observed. Pop Astr 58 44.

7013. **E. J. Öpik,** Dust and the planets. Irish AJ 1 37—47 = Armagh Obs. Leaflet Nr. 4. — Verf. diskutiert unsere Kenntnisse von der Oberflächenbeschaffenheit des Mondes, der Venus und des Mars. Aus der beobachteten geringen Wärmeleitfähigkeit der Mondoberfläche wird geschlossen, daß diese mit einer Schicht pulverisierten Staubes bedeckt ist. Es wird versucht, die Entstehung der Krater und dieser Staubschicht durch Meteoreinfälle in der Urzeit des Mondes zu erklären. Dann wird über unsere Kenntnisse von Dichte, Temperatur und Zusammensetzung der Venusatmosphäre berichtet. Schließlich werden die atmosphärischen Bedingungen auf dem Mars, dessen Oberflächenbeschaffenheit und die Möglichkeit einer dortigen Vegetation erörtert. Gli.

7014. **E. Pfannenschmidt,** Planetenphotographie. Sternenwelt 2 227—229, mit 9 Abb.

7015. **M. Pierucci,** Previsioni sul pianeta transplutoniano. Coelum 18 120—126, mit 2 Tafeln. — Bericht über die verschiedenen Untersuchungen des Verf. zum Problem der Planetenentfernungen. Für einen transplutonischen Planeten werden Angaben gemacht. F. Z.

7016. **J. H. Pruett,** Icarus and the case of Vulcan. Sky and Telescope **9** 138—139, mit 1 Fig.

7017. **W. W. Radsijewskij,** Der planetozentrische Effekt der Strahlungsbremsung. DAN **74** 197—200 (russisch).

* * **W. H. Ramsey,** The planets and the white dwarfs. Vgl. Ref. 5230.

7018. **D. W. Rosebrugh,** Objects seen crossing the sun and moon. Strolling Astronomer **4** Nr. 9 S. 5—6.

7019. **W. W. Scharonow,** Der Einfluß der Atmosphäre auf die Farbe eines Planeten. Nachr. Akad. Wiss. kasach. Sowjetrepublik Nr. **90** (astrobotanische Serie, Heft 1—2) S. 62—81 (russisch).

7020. **W. W. Scharonow,** Gibt es Leben auf den Planeten? Moskau, Verlag «Prawda», 1950. 24 S. mit 10 Abb. Preis 60 Kop. (russisch). — Außerdem in weiteren regionalen Ausgaben innerhalb der UdSSR erschienen.

7021. **E. Schatzman,** Les planètes. BSAF **64** 423—426.

7022. **H. van Schewick,** Die Bewohnbarkeit der Planeten. Kevelaer/Rhld., Verlag Butzon & Berker, 1950. 32 S. — Besprechung in Sterne **27** 144.

* * **G. Schindler,** Einige Beobachtungen des Altlichts, der Venus und des Sirius am hellen Tage mit bloßem Auge. Vgl. Ref. 7320.

7023. **K. H. Schwarz,** Het drama der planeten. Den Haag, H. P. Leopold's Uitgevers Maatschappij, 1949. 251 S. mit 9 Fig. Preis f. 6.90. — Besprechung in Hemel en Dampkring **48** 198 (H. Groot).

* * **J. Strong, G. N. Plass,** The effect of pressure broadening of spectral lines on atmospheric temperature. Vgl. Ref. 5138.

7024. **Z. Švestka,** The reason of validity of the Bode's law. BAC **2** 45—46. — Durch Vergleich mit dem Kuiperschen Gesetz für die Planetenentfernungen wird gezeigt, daß die Gültigkeit der Formel von Bode eine zufällige ist; sie besitzt daher keine physikalische Grundlage. T. L.

7025. **P. Tempesti,** Le variazioni di luminosità dei pianeti. Coelum **18** 91—97, mit 1 Fig. — Zusammenfassender Überblick über den Lichtwechsel der Planeten.

7026. **S. W. Visser,** De invloed van de planeten op het weer. Hemel en Dampkring **48** 76. — Kurzer Bericht über zwei Untersuchungen von F. Baur in Z. Meteorologie **2** 47 (1948) und Wetter und Klima **1948** 326 (vgl. AJB **48** Ref. 7004 u. 7005). Gü.

7027. **W. P. Zessewitsch,** Gibt es Leben auf anderen Planeten? Kiew, Gesellschaft zur Verbreitung politischer und wissenschaftlicher Erkenntnisse, 1950. 35 S. Preis 90 Kop. (ukrainisch).

7028. The Atmospheres of the Earth and Planets. Vgl. AJB **49** Ref. 7030. — Weitere Besprechung in Irish AJ **1** 69—74 (M. Davidson), J. British Interplanetary Soc. **9** 43—44, Mem SA It (NS) **21** 259—262 (L. Gialanella), Nature **165** 987 (R. O. Redman), Scientia (6) **85** 261 (L. Gialanella).

* * The orbit of Eros and the planetary masses. Vgl. Ref. 7539.

* * Eros, planetary masses and the solar parallax. Vgl. Ref. 7540.

7029. De «afstandswet» van planeten en satellieten. Hemel en Dampkring **48** 17—18. — Gemeinverständlicher Bericht über die Arbeit von G. P. Kuiper in ApJ **109** 308 (vgl. AJB **49** Ref. 7013).

7030. Planetary atmospheres. Nature **166** 761—763. — Geophysikalische Diskussion während des Besuches der Royal Astronomical Society in Dublin.

7031. Planetary atmospheres. Obs **70** 222—224. — Geophysikalische Diskussion (Royal Irish Academy).

7032. Communication with other planets. Sky and Telescope **9** 116.

7033. Planet Trans-Pluto? Sky and Telescope **9** 165, mit 1 Fig.

7034. More on a distant planet. Sky and Telescope **9** 185.

7035. Earth, comets and meteorites. Sky and Telescope **10** 2, 16.

§ 71

Merkur, Venus

7101. **Merkur. Astrometrische Beobachtungen**

Ann. Cape Obs. **14** Part 4, 45 + 103 S. Results of meridian observations of the Sun, Mercury and Venus made at The Royal Observatory, Cape of Good Hope in the years 1925 to 1936. J. Jackson. — α, δ.

Rend. Accad. Nazionale Lincei, Cl. Sci. fis., mat., nat. (8) **9** 175—177 = Oss. Astr. Roma-Monte Mario Contr. Sci. Nr. **162**. Osservazioni meridiane dell'ascensione retta di Mercurio e Venere. L. Gialanella. — 13 Beobachtungen aus dem Jahr 1950.

TAB (2) Nr. **28** S. 201—205. Vgl. Ref. **6001**.

TAB (2) Nr. **31** S. 223—226. Vgl. Ref. **7301**.

7102. **Merkur. Physische Beobachtungen**

Strolling Astronomer **4** Nr. 1 S. 4—7. Mercury in August and September, 1949. C. B. Stephenson.

Strolling Astronomer **4** Nr. 3 S. 6—7. Observations of Mercury from October, 1949 to January, 1950. C. B. Stephenson.

Strolling Astronomer **4** Nr. 11 S. 1, mit 3 Fig. Mercury. T. Cragg, M. B. B. Heath, W. H. Haas.

Strolling Astronomer **4** Nr. 11 S. 2—5. Mercury in April, 1950. C. B. Stephenson.

7103. **A. Danjon,** Photométrie et colorimétrie des planètes Mercure et Vénus. BA **15** 105. — Auf Grund einer verbesserten visuellen Sonnenhelligkeit von — $26^m.86$ werden als Werte der visuellen Albedo von Merkur 0.055 und von Venus 0.64 hergeleitet (vgl. AJB **49** Ref. **7103**). Gli.

7104. **A. Danjon,** Albedos des planètes Mercure et Vénus; valeurs corrigées. CR **230** 1011. — Ref. in Sternenwelt **3** 31. — Vgl. vorstehendes Referat.

7105. **A. Dollfus,** Observation d'une atmosphère autour de la planète Mercure. CR **231** 1430—1432. — Ref. in JBAA **61** 162, Sternenwelt **3** 72. — Polarisationsmessungen in hellen und dunklen Regionen der Merkuroberfläche zeigen, daß ebenso wie beim Mond die Stärke der Polarisation im umgekehrten Sinne wie die der Albedo variiert. Differenzen zwischen der Polarisation im Roten und im Grünen werden als Folge einer schwachen Atmosphäre gedeutet deren Dichte bei gleicher Zusammensetzung etwa 3/1000 der Erdatmosphäre wäre. Gli.

* * **A. P. FitzGerald,** Mercury: An historical error. Vgl. Ref. **1410**.

7106. **F. Schmeidler,** Merkur und die Relativitätstheorie. Sternenwelt **2** 124—128, mit 3 Abb.

7107. Venus. Astrometrische Beobachtungen

Ann. Cape Obs. **14** Part 4, 45 + 103 S. Results of meridian observations of the Sun, Mercury and Venus made at The Royal Observatory, Cape of Good Hope in the years 1925 to 1936. J. Jackson. — α, δ.

Rend. Accad. Nazionale Lincei, Cl. Sci. fis., mat., nat. (8) **9** 175—177 = Oss. Astr. Roma-Monte Mario Contr. Sci. Nr. **162**. Osservazioni meridiane dell'ascensione retta di Mercurio e Venere. L. Gialanella. — 13 Beobachtungen aus dem Jahr 1950.

TAB (2) Nr. **28** S. 201—205. Vgl. Ref. **6001**.

TAB (2) Nr. **31** S. 223—226. Vgl. Ref. **7301**.

7108. Venus. Physische Beobachtungen

Coelum **18** 79—80. Osservazioni di Venere.

Orion Schaffhausen **3** 91—94, mit 2 Abb. Beobachtungen der Venus um die Zeit der unteren Konjunktion zur Sonne vom 22. Januar — 2. Februar 1950. R. A. Naef.

Sterne **26** 37. Venus in unterer Konjunktion 1950 Januar. R. Brandt.

Sterne **26** 80, mit 7 Abb. Filtervisuelle Venusbeobachtungen. G. D. Roth.

Sterne **26** 80—81, mit 5 Abb. Filterbeobachtungen und photographische Aufnahmen des Planeten Venus. H. Oberndorfer.

Sternenwelt **2** 15—17, mit 3 Abb. Venus-Beobachtungen 1948. H. Freydank, K. Pflug.

Strolling Astronomer **4** Nr. 1 S. 13—14. Venus in November. T. R. Cave jr.

Strolling Astronomer **4** Nr. 2 S. 5—7. Recent observations of Venus. T. R. Cave jr.

Strolling Astronomer **4** Nr. 3 S. 4—6. Report on Venus. T. R. Cave jr.

Strolling Astronomer **4** Nr. 5 S. 2—4. Venus near inferior conjunction. T. R. Cave jr.

Strolling Astronomer **4** Nr. 10 S. 1, 6—7, mit 1 Fig. Photograph of Venus on January 31, 1950.

Strolling Astronomer **4** Nr. 11 S. 1, mit 3 Fig. Venus. T. Saheki, H. Le Vaux, G. D. Roth.

7109. **N. P. Barabaschew, W. Jeserskij,** Photometrie der Venus. Nachr. Akad. Wiss. kasach. Sowjetrepublik Nr. **90** (astrobotanische Serie, Heft 1—2) S. 36—52 (russisch).

7110. **K. E. Bullen,** Venus and the Earth's inner core. MN **110** 256—259. — Es wird gezeigt, daß auf Grund des vom Verf. vorgeschlagenen Modells für den inneren Aufbau der Erde (MN **109** 457 und 688, AJB **49** Ref. 7106, 7404) die beobachteten Werte für Masse und Radius der Venus die Existenz eines Venuskerns, dessen chemische Zusammensetzung von der der äußeren Schichten verschieden ist, wahrscheinlich machen. Hierin wird eine Stütze der analogen Annahme für die Erde gesehen. Kdr.

* * **A. Danjon,** Photométrie et colorimétrie des planètes Mercure et Vénus. Vgl. Ref. **7103**.

* * **A. Danjon,** Albedos des planètes Mercure et Vénus; valeurs corrigées. Vgl. Ref. **7104**.

7111. **W. H. Haas,** La visibilidad del hemisferio oscuro de Venus. Urania Barcelona **35** 151—157, mit 3 Fig. — Da die Noblesche Erklärung des «aschgrauen Lichtes» bei Venus als Silhouette des Planeten vor einem vom Zodiakallicht oder der äußersten Sonnenkorona gebildeten Hintergrund die Verschiedenheit der Beobachtungen nicht zu erklären vermag, wird hier vermutet, daß an der Erscheinung von der Sonne herrührende Aufhellungen der äußersten Planetenatmosphäre nach Art des irdischen Nachthimmellichtes cder der leuchtenden Nachtwolken beteiligt sind. Gü.

* * **H. G. Horak,** Diffuse reflection by planetary atmospheres. Vgl. Ref. 5112.

7112. **A. Hruška,** Unregelmäßigkeiten in der Venusphase. RH **31** 216—218, mit 3 Fig. (tschechisch). — Behandelt die Unterschiede zwischen Beobachtung und Rechnung in der Phase der Venus nach Beobachtungen von Mitgliedern der Tschechoslowakischen Astronomischen Gesellschaft in Prag. J. B.

7113. **B. M. Rubaschew,** Neue Daten über die physikalischen Bedingungen auf der Venus. Priroda **39** Nr. 11 S. 37—38 (russisch).

* * **G. Schindler,** Einige Beobachtungen des Altlichts, der Venus und des Sirius am hellen Tage mit bloßem Auge. Vgl. Ref. 7320.

7114. **C. W. Tombaugh,** Photographs of Venus at inferior conjunction, 1950, from Mule Peak, New Mexico. AJ **55** 184—185. — Ref. AAS.

§ 72

Erde

Allgemeines

7201. **J. R. Ashworth,** Ultra-Violet and Daylight Rays. Liverpool, University Press, 1949. 10 + 73 S. Preis 6 s. — Besprechung in Proc. Phys. Soc. (B) **63** 827—828 (J. A. Ratcliffe).

7202. **C. Baulino,** Il raffreddamento naturale dei corpi pre irraggiamento nello spazio. Coelum **18** 57—61. — Beschreibung der durch die Einstrahlung der Sonne und Ausstrahlung der Erde erzeugten thermischen Zustände. F. Z.

7203. **H. Berg,** Einführung in die Physik der festen Erde. Vgl. AJB **49** Ref. 7201. — Weitere Besprechung in J. Geophys. Res. **55** 344 (J. N. Nanda).

7204. **C. E. P. Brooks,** Climate through the Ages. New York, McGraw-Hill Book Company, 1949. 2. Auflage. 395 S. Preis $ 4.50. — Besprechung in Sky and Telescope **9** 302 (C. Payne-Gaposchkin).

7205. **E. C. Bullard,** The origin of the earth's magnetic field. Obs **70** 139—143. — Besprechung in Irish AJ **1** 134. — Nach einer historischen Einleitung behandelt Verf. in der Halley Lecture 1950 Hypothesen zur Erklärung der Entstehung der Variation des erdmagnetischen Feldes. Micz.

7206. **W. M. Elsasser,** The earth's interior and geomagnetism. Rev. Modern Phys. **22** 1—35, mit 17 Fig.

7207. **E. Hardtwig,** Hypothesen über den Aufbau des Erdinnern. Forschungen und Fortschritte **26** 123—128, mit 1 Fig.

7208. **K. Himpel,** Ein Beitrag zum Eiszeitproblem II. Z. Naturforschung **5a** 124—126, mit 1 Tafel. — An Hand neuerer paläoklimatischer Forschungsergebnisse wird nachgewiesen, daß sowohl die Polwanderungstheorie als auch die astronomische Theorie von Milankovitch in bezug auf die Verhältnisse während des Känozoikums und namentlich während des Alluviums versagen. Es wird weiterhin ausgeführt, daß die Nebelveränderlichkeit nicht etwa durch rein optische Bedeckungseffekte, sondern durch die Bildung einer dichten, den Stern umgebenden Hülle, welche den Energietransport in der Sternatmosphäre stört, hervorgerufen wird. Die kleineren Schwankungen innerhalb der Eiszeiten (Interstadialzeiten) und die kurzdauernden Schwankungen des Alluvialklimas können durch die faserige (Filament-) Struktur der Dunkelwolken erklärt werden. Verf.

* * **A. W. Markow,** Die Farbe des Mondes und der Erde. Vgl. Ref. **7311**.

7209. **A. W. Markow,** Reflexionsfähigkeit und Farbenindizes von der Erde und von Monddetails nach lichtelektrischen Messungen. Bull. Astrophys. Obs. Abastumani Nr. **11** S. 107—142, mit 10 Abb. (russisch mit grusin. Zusammenfassung). — Ref. in Astr. News Letter Nr. **56** S. 14.

7210. **M. Mineo,** Sviluppo rigoroso in serie del potenziale newtoniano terrestre. Bollettino Unione Matematica Italiana **4** 391—394. — Strenge Entwicklung des newtonischen Potentials der Erde in eine mehrfache Reihe mit Angabe des Konvergenzintervalls. F. Z.

7211. **H. S. Moore, M. Stein,** Comparison of variously derived solar indexes. J. Geophys. Res. **55** 423—425.

* * **E. J. Öpik,** Secular changes of stellar structure and the ice ages. Vgl. Ref. **5224**.

* * **E. J. Öpik,** Transport of heat and matter by convection in stars. Vgl. Ref. **5225**.

7212. **J. Paton,** Die Farben des Tageshimmels. Endeavour **9** 128—135, mit 3 Abb. und 16 farbigen Tafeln.

7213. **E. W. Pjaskowskaja-Fessenkowa,** Besondere Himmelsgebiete in Beziehung zur Streuung des Lichts. AJ UdSSR **27** 243—249, mit 3 Abb. (russisch). — Ref. in Astr. News Letter Nr. **55** S. 12—13. — Photometrie des Himmels entlang der Sonnenalmukantarate in verschiedenen Zenitdistanzen der Sonne.

* * **P. I. Popow,** Sonne und Erde. Vgl. Ref. **6020**.

7214. **P. Rougerie,** Variation diurne lunaire de la composante verticale du champ magnétique terrestre au Val-Joyeux. CR **231** 787—788.

7215. **S. K. Runcorn,** Heat flow in the earth. Nature **166** 974—976. — Geophysikalische Diskussion der British Association (Section A) am 4. September 1950.

7216. **S. F. Singer, E. Maple, W. A. Bowen jr.,** Measurement of the earth's magnetic field at high altitudes at White Sands, New Mexico. Phys. Rev. (2) **77** 398—399, mit 1 Fig. — Das in eine Aerobee-Rakete eingebaute Magnetometer zeigte bei einem Aufstieg am 13. 4. 1948 bis zur Steighöhe von 114 km eine lineare Abnahme des Feldes von 28 mG/114 km an. Das Ergebnis steht mit der Dipoltheorie in Einklang. Loh.

7217. **P. Swings,** Aérophysique et astrophysique. Scientia **85** 161—164 = Inst. d'Astrophys. Univ. Liège Mém. 8° Nr. **321**. — Allgemeinverständliche Darstellung der Dämmerungsfluoreszenz, der Emissionen des Nachthimmels, der Anregung der Polarlichter und der Schichtung der Ionosphäre. Auf analoge Prozesse in Sternen und im interstellaren Raum wird hingewiesen. Loh.

* * **H. E. Tatel,** $Argon^{40}$ and the age of the earth. Vgl. Ref. **5429**.

7218. **C. Truesdell,** The effect of the compressibility of the earth on its magnetic field. Phys. Rev. (2) **78** 823.

7219. Terrestrial Magnetism and Electricity. Edited by J. A. Fleming. New York, Dover Publications, 1949. 794 S. Preis **$** 4.95. — Besprechung in Sky and Telescope **9** 168—169 (A. J. Deutsch).

7220. Périodes glaciaires. BSAF **64** 112.

7221. De invloed van de planeten op het weer. Heelal **6** 29.

7222. Enige numerieke gegevens over de aarde. Heelal **6** 62—63. — Einige Zahlenwerte aus: H. Zoch, Das Weltall in Zahlen. Vgl. AJB **48** Ref. 556.

7223. The internal constitution of the earth. Obs **70** 19—24. — Geophysikalische Diskussion der Royal Astronomical Society.

7224. Le Epoche Glaciali. Roma, Accademia Nazionale dei Lincei, 1950. 142 S. mit 23 Fig. — Besprechung in Ciel et Terre **66** 236—240 (P. J. Melchior). — Inhalt: G. Armellini, Fondamenti delle teorie astronomiche delle epoche glaciali; M. Cimino, Le teorie astronomiche delle epoche glaciali; F. Vercelli, Sui fattori tellurici delle epoche glaciali; C. Somigliani, La teoria delle epoche glaciali di G. C. Simpson.

7225. Earth model. Sky and Telescope **10** 10.

Atmosphäre

7226. **A. Adel,** Temperature of the atmospheric nitrous-oxide layer. AJ **55** 69. — Ref. AAS.

7227. **D. R. Bates, M. Nicolet,** Atmospheric hydrogen. Publ ASP **62** 106—110. — Betrachtungen über das Auftreten freier H-Atome in Höhen um 100 km und über dabei mögliche chemische Prozesse, die zu nächtlicher Emission von OH-Banden führen können. Gli.

7228. **L. M. Branscomb,** Anomalous molecular rotation and the temperature of the upper atmosphere. Phys. Rev. (2) **79** 619—626, mit 5 Fig. — Die für die obere Atmosphäre aus den Bandenprofilen der Nachthimmelspektren abgeleiteten Temperaturen sind in Übereinstimmung mit einer Vorhersage Oldenbergs (Phys. Rev. (2) **46** 210, 1934) niedriger als anderweitig ermittelte. Loh.

7229. **H. E. Butler,** Recordings of scintillation. Obs **70** 235—237, mit 4 Fig. = Dunsink Obs. Repr. Nr. 1. — Ref. in JBAA **61** 138—139.

7230. **R. M. Chapman, J. H. Shaw,** Fine structure of HDO near 3.7 μ in the solar spectrum. Phys. Rev. (2) **78** 71—72, mit 1 Fig.

7231. **R. M. Chapman, J. H. Shaw, D. Williams,** High dispersion studies of the solar spectrum. Phys. Rev. (2) **78** 333—334. — Ref. Am. Phys. Soc.

7232. **S. Chapman,** Upper atmospheric nomenclature. J. Atmosph. Terr. Phys. 1 121—124, mit 1 Fig. — Verf. macht einen Vorschlag zur Nomenklatur der oberen Atmosphäre. Die isotherme Schicht oberhalb der Troposphäre soll Stratosphäre genannt werden, die Schicht zwischen Stratosphäre und dem Temperaturminimum bei 100 km Höhe Mesosphäre, die darüberliegende Zone steigender Temperatur Thermosphäre. Ferner werden Klassifizierungen nach der chemischen Zusammensetzung (Homosphäre, Heterosphäre) und nach der Elektronendichte (als Ergänzung zu Ionosphäre, Neutrosphäre) vorgeschlagen. Obere Grenzen dieser Schichten können durch Wortzusammensetzungen mit -pause (Stratopause, Mesopause usw.) bezeichnet werden. Einige weitere Begriffe zur Benennung von Schichten mit Maximumseigenschaften einer Größe werden eingeführt. Micz.

* * **N. B. Diwari,** Über den Druck des Sonnenlichtes auf die Atome einiger Gase. Vgl. Ref. 211.

7233. **C. T. Elvey,** Hydrogen in the upper atmosphere. AJ **55** 71—72. — Ref. AAS.

7234. **V. Faltings, P. Harteck,** Der Tritiumgehalt der Atmosphäre. Z. Naturforschung **5a** 438—439. — Tritium konnte im freien Wasserstoff der Atmosphäre, welcher zu Wasser verbrannt worden war und elektrolytisch eingeengt wurde, an seiner β-Aktivität nachgewiesen werden. In 10 cm^3 Luft ist etwa 1 Tritium-Atom vorhanden, in der ganzen Atmosphäre 1 Mol. Verf.

7235. **W. G. Fessenkow,** Über den Gasschweif der Erde. AJ UdSSR **27** 89—96, mit 1 Abb. und 1 Tafel (russisch). — Besprechung in Sternenwelt **2** 210—211, Astr. News Letter Nr. **51** S. 8—9. — Die äußeren, weit ausgedehnten Schichten der Erdatmosphäre haben keine sphärische Gestalt, sondern sind stark deformiert und erstrecken sich weit von der Erde weg in die Ekliptik. In Richtung zur Sonne bilden die äußersten Schichten eine Art Rotationsellipsoid, das in Richtung zu den Polen der Ekliptik abgeplattet ist, oder vielleicht ein sich über 1000—2000 km erstreckendes elliptisches Paraboloid. In der Gegenrichtung gehen sie in einen langen, gänzlich in der Ekliptik gelegenen Gasschweif über, der sich kegelförmig mit einem Öffnungswinkel von 8—10° ausbreitet. Die Dichte nimmt in diesem Kegel hinreichend langsam ab, etwa um die Hälfte pro 4.7 Erdradien. Verf. (übersetzt)

7236. **W. G. Fessenkow,** Über den Gasschweif der Erde. DAN **70** 785—787, Nachr. Akad. Wiss. UdSSR (Phys.) **14** 257—262, Priroda **39** Nr. 11 S. 5—10 (russisch).

7237. **L. Goldberg, O. C. Mohler, A. K. Pierce, R. R. McMath,** The $3\nu_3$-band of telluric CO_2 in the solar spectrum. Phys. Rev. (2) **78** 74, mit 1 Fig.

7238. **E. Goldstein,** The measurement of fluctuating radiation components in the sky and atmosphere. J. Optical Soc. America **40** 795. — Ref. Optical Soc. America.

7239. **P. Götz,** Das atmosphärische Ozon und seine Bedeutung. Orion Schaffhausen **3** 155—156. — Autorreferat in VJS der Naturf. Ges. Zürich **95** 64—65.

7240. **K. Gyldenkærne,** Atmospheric tremor and its influence on the intensity distribution of photographic stellar images. Ann d'Astrophys **13** 97—101, mit 1 Fig. = Publ. Köbenhavns Obs. Nr. **153**. — Die radiale Intensitätsverteilung eines photographischen Sternbildchens wird unter der Annahme, daß sie nur durch die Luftunruhe und die Streuung des Lichtes in der photographischen Schicht resultiert, abgeleitet. Ein Vergleich numerischer Rechnungen mit der Erfahrung zeigt jedoch, daß daneben noch andere Faktoren entscheidend mitwirken. Micz.

7241. **N. Hansson, H. Kristenson, F. Nettelblad, A. Reiz,** On the atmospheric unsteadiness. Ann d'Astrophys **13** 275—281, mit 2 Fig. = Lund Medd. (2) Nr. **129**. — Zur Prüfung der Beobachtungsbedingungen an einigen Orten in Südschweden wurden Szintillationsmessungen nach Couder und Strömgren durchgeführt, deren Ergebnisse mitgeteilt werden. Kdr.

7242. **D. Hoffleit,** Seeing. Sky and Telescope **9** 57—58, 88—89, 137, mit 6 Fig. — Betrifft Refraktion und Szintillation.

* * **R. E. Holzer,** Cosmic radiation and the maintenance of a potential gradient in the atmosphere. Vgl. Ref. **12728**.

7243. **H. S. Jones,** The evolution of the earth's atmosphere. Sci. Progress **38** 417—429.

* * **S. A. Korff,** Cosmic radiation and the maintenance of a potential gradient in the atmosphere. Vgl. Ref. **12731**.

7244. **R. R. McMath, A. K. Pierce, O. C. Mohler, L. Goldberg, R. A. Donovan,** N_2O bands in the solar spectrum. Phys. Rev. (2) **78** 65.

7245. **J. H. McQueen,** Isotopic separation due to settling in the atmosphere. Phys. Rev. (2) **80** 100—101. — Ein Vergleich der Häufigkeiten der $N^{14} N^{14}$ und $N^{14} N^{15}$-Moleküle in Höhen bis zu 59 km ergab, daß oberhalb von 40 km eine Isotopentrennung eingetreten ist, die aber kleiner ist, als theoretisch abgeschätzt wurde. Loh.

7246. **E. C. S. Megaw,** Scattering of electromagnetic waves by atmospheric turbulence. Nature **166** 1100—1104. — Inhalt: Die Szintillation der Sterne und Turbulenzspektrum in der freien Atmosphäre. Die Streuung von Kurzwellen durch die atmosphärische Turbulenz.

7247. **J. van Mieghem,** Les bilans de la quantité de mouvement et de l'énergie mécanique dans l'atmosphère. Ann. Géophysique **6** 227—237, mit 4 Fig. = Inst. Astr. Bruxelles (1) Nr. **10.**

7248. **M. V. Migeotte,** Fine structure of N_2O bands in the infrared solar spectrum. ApJ **112** 136—140, mit 2 Fig. = Inst. d'Astrophys. Univ. Liège Mém. 8° Nr. **327.** — Die Existenz von N_2O in der Erdatmosphäre wurde 1938 zum erstenmal von A. Adel vermutet. Der Verf. berichtet über Beobachtung und Auflösung der atmosphärischen N_2O-Banden bei 3.9 μ, 4.5 μ und 8.6 μ Wellenlänge. Für die letzten beiden Banden (ν_3 bzw. $2\nu_2$) werden Wellenlängenmessungen mitgeteilt. Micz.

7249. **M. Migeotte, L. Neven,** Détection du monoxyde de carbone dans l'atmosphère terrestre, à 3580 mètres d'altitude. Physica **16** 423—424, mit 1 Fig. = Inst. d'Astrophys. Univ. Liège Mém. 8° Nr. **322.** — Kurze Mitteilung über die tellurischen Banden des CO im Sonnenspektrum zwischen 4.54 μ und 4.67 μ nach Registrierungen auf dem Jungfraujoch. Vermutlich ist CO eine echte Komponente der Erdatmosphäre. Micz.

7250. **H. E. Moses, Ta-You Wu,** The distribution of atomic and molecular oxygen in the upper atmosphere. Phys. Rev. (2) **78** 333. — Ref. Am. Phys. Soc.

7251. **H. E. Newell,** A review of upper atmosphere research from rockets. Trans. American Geophys. Union **31** 25—34. — Ref. in J. British Interplanetary Soc. **9** 248. — Betrifft die bis dahin verwendeten Instrumente und erhaltenen Forschungsergebnisse von verschiedenen Autoren (Druck, Temperatur, Sonnenspektroskopie, kosmische Strahlung, Ionosphäre, Großhöhenphotographie). Loh.

7252. **R. Penndorf,** The distribution of atomic and molecular oxygen in the upper atmosphere. Phys. Rev. (2) **77** 561—562, mit 2 Fig. — Der Übergang des Sauerstoffs vom molekularen Zustand in den atomaren vollzieht sich im wesentlichen zwischen 95 und 105 km Höhe. Loh.

7253. **F. E. Roach, H. Pettit,** The height of [O I] 5577 in the earth's upper atmosphere. AJ **55** 80. — Ref. AAS.

7254. **F. E. Roach, H. Pettit, D. R. Williams,** The height of the atmospheric OH emission. J. Geophys. Res. **55** 183—190, mit **3** Fig. — Aus lichtelektrischen Messungen des Nachthimmellichtes zwischen λ 6400 und λ 11600 in verschiedenen Zenitdistanzen wird die Höhe der emittierenden Schicht zu 70 km bestimmt. Ferner wird die absolute Intensität der Strahlung und die Energieverteilung in den OH-Banden des Bereichs ermittelt. Die absolute Intensität der OH-Emission des Bereichs wird zu 4×10^{10} Quanten/cm² sec gefunden. Micz.

7255. **R. F. Sanford,** Search for atmospheric D1 on high dispersion stellar spectrograms. Publ ASP **62** 272—274.

7256. **J. H. Shaw, M. L. Oxholm, R. M. Chapman,** Fine structure of N_2O near 4.06 μ in the solar spectrum. Phys. Rev. (2) **78** 497.

* * **J. H. Shaw, R. M. Chapman, J. N. Howard,** Improved map of the solar spectrum between 9 and 10 μ. Vgl. Ref. **6428**.

7257. **N. M. Staude,** Versuch zur Bestimmung der Temperatur der oberen Schichten der Erdatmosphäre nach Helligkeitsbeobachtungen des Dämmerungsbogens. DAN **74** 703—705 (russisch).

7258. **G. de Vaucouleurs,** Sur la diffusion moléculaire de la lumière par les gaz et l'absorption atmosphérique. CR **228** 1485—1486, 1949 = Contr. Inst. Astrophys. Paris (A) Nr. **41**. — Die Formel von Rayleigh-Cabannes für die Lichtstreuung in Gasen wird durch Laboratoriumsmessungen an Argon, Luft und C_2H_5Cl geprüft und gute Übereinstimmung mit Messungen der atmosphärischen Absorption gefunden. Kdr.

7259. **E. Vigroux,** Absorption de l'ozone dans le spectre visible. CR **227** 272—274, 1948 = Contr. Inst. Astrophys. Paris (A) Nr. **22**. — Die Absorption des Lichtes durch Ozon wird für den Wellenlängenbereich λ 4421—λ 7392 bei 18° C neu bestimmt. Unterschiede bei anderen Temperaturen (—93°, +30°, +50° C) übersteigen nicht die Meßfehler. Micz.

7260. **E. Vigroux,** Absorption de l'ozone dans la région des bandes de Huggins. Influence de la température. CR **230** 2170—2172 = Contr. Inst. Astrophys. Paris (A) Nr. **65**. — Verf. bestimmt die Absorption des Lichtes durch Ozon für den Bereich λ 3107—λ 3455 und ihre Abhängigkeit von der Temperatur zwischen —92° C und +120° C. Die Absorptionskoeffizienten wachsen schnell mit höheren Temperaturen. Micz.

7261. **E. Vigroux,** Absorption de l'ozone dans l'ultraviolet. CR **230** 2277—2278 = Contr. Inst. Astrophys. Paris (A) Nr. **66**. — Für den Bereich λ 3106 bis λ 3372 wird eine Tabelle mitgeteilt, die Änderungen des Kontrastes (Differenz der Absorptionskoeffizienten) zwischen den Maxima und benachbarten Minima der Ozonabsorption in Abhängigkeit von der Temperatur enthält. Aufnahmen bei dicker absorbierender Ozonschicht erlauben einen Nachweis der Huggins-Banden bis in den Bereich λ 3391 bis λ 3654. Micz.

7262. **E. Vigroux,** Remarques sur l'ozone. Bull. Soc. Chimique (5) **16** 402—403, mit 1 Fig., 1949 = Contr. Inst. Astrophys. Paris (B) Nr. **39**. — Die Methode zur Ozonerzeugung nach Berthelot sowie eine neuere, die auf Barbier, Chalonge und Vassy zurückgeht, werden beschrieben. Micz.

7263. **M. V. Wilkes,** Oscillations of the Earth's Atmosphere. Cambridge, University Press, 1949. 9 + 74 S. Preis 12 s. 6 d. net. — Besprechung in Proc. Phys. Soc. (B) **63** 459—460, Sky and Telescope **9** 119 (D. Hoffleit).

7264. **F. Zwicky,** Seeing. Publ ASP **62** 150—155, mit 2 Tafeln = Mt. Wilson and Palomar Obs. Repr. Nr. **32**. — Mit der 18″-Schmidtkamera auf dem Mt. Palomar sowie Objektivprismen und -mosaikgittern wurden Spektren einiger heller Sterne bei feststehendem bzw. zur Erhöhung des Auflösungsvermögens gegenläufig bewegtem Instrument erhalten. Die Aufnahmen dienen zu einer Diskussion über den Einfluß der Atmosphäre auf die Qualität der Sternbilder, wobei vor allem auf die Helligkeitsschwankungen in verschiedenen Wellenlängenbereichen und Verschiebungen in der Richtung der Dispersion eingegangen wird. Verf. macht einige Vorschläge für weitere Untersuchungen über die Bildqualität. Micz.

7265. Unusual atmospheric phenomenon — meteor train? JBAA **60** 259—260. — Betrifft eine von W. L. Stewart am 7. Februar 1948 wahrgenommene und in Weather **5** 110, 1950, beschriebene Erscheinung.

7266. The scintillation of stars. Nature **165** 146—147, 663—668, 1019, **166**

151. — Zusammenstellung der Kritiken von C. C. L. Gregory, J. D. Morton, C. J. P. Cave, M. Minnaert, H. F. H. Jones, K. Harrison, G. C. Varley, M. A. Ellison und A. H. R. Goldie an der von H. Hartridge und Weale propagierten Auffassung, daß das Szintillieren der Sterne in erster Linie ein physiologisches Phänomen sei. In seiner Erwiderung verteidigt Hartridge seine Meinung. Loh.

7267. New layer in atmosphere. Sky and Telescope **9** 54.

7268. Atmospheric terminology. Sky and Telescope **9** 185.

7269. Atmospheric methane. Sky and Telescope **9** 300. — Ref. AAS.

7270. More on seeing. Sky and Telescope **10** 10.

Extinktion

7271. **W. P. Konoplewa,** Bestimmung des atmosphärischen Transmissionskoeffizienten in Horizontnähe in Kanew. Publ. Astr. Obs. Kiew Nr. **4** S. 135—137 (russisch). — Vorbereitende Beobachtungen am Ort der geplanten Beobachtungsstation des Astr. Obs. Kiew. p = 0,839.

7272. **W. Malsch,** Extinktionstafeln für stadtnahe Beobachtungsorte. Sterne **26** 117—120.

7273. **S. F. Rodionow,** Die Durchsicht der Atmosphäre im ultravioletten Spektralbereich. Nachr. Akad. Wiss. UdSSR (Geogr.-Geophys.) **14** 334—358 (russisch).

7274. **H. U. Sandig,** Untersuchungen über Ruhe und Durchsicht der Luft in Bamberg. Naturforschende Ges. Bamberg. Sonderdruck aus dem 32. Bericht 1950 = Kleine Veröff. Remeis-Sternw. Nr. 5, 22 S. mit 3 Abb.

7275. **H. U. Sandig,** Die Beurteilung der astronomischen Güte der Luft. Sterne **26** 124—125.

7276. **A. Schmuhl,** Extinktionsbegrebet. Urania Kopenhagen **7** 135—139, mit 2 Abb.

7277. **W. Schüepp,** Die Bestimmung der atmosphärischen Trübung aus Aktinometermessungen. Diss. Basel. Archiv für Meteorologie, Geophysik und Bioklimatologie (B) **1** 257—346, mit 22 Abb., 1949. — In einer ausführlichen Darstellung werden zunächst die an der atmosphärischen Extinktion beteiligten Prozesse erörtert. Ferner wird gezeigt, wie aus Aktinometermessungen der Totalintensität der Sonne sowie in drei Farbbereichen die Konstanten eines dem Angströmschen ähnlichen Ansatzes, die Extinktion durch das Aerosol und den Wasserdampfgehalt der Atmosphäre, ihre Wellenlängenabhängigkeit, ferner Teilchengröße und Zerstreuungsfunktion der gestreuten Strahlung ermittelt werden kann. Die Wasserdampfbestimmungen können als Ergänzung zu Feuchtigkeitsmessungen in Bodennähe dienen. An Beispielen wird erläutert, wie sich aus den Messungen ferner Kenntnisse über die Luftzirkulation im Gebirge, den Kondensationsvorgang und auch Beiträge für Wettervoraussagen und anderes gewinnen lassen. Micz.

* * **S. M. Tschchaidse,** Die Sonnenstrahlung und die Trübheit der Atmosphäre auf dem Kanobiliberg. Vgl. Ref. 1201.

Ionosphäre

7278. **E. Appleton, W. R. Piggott,** World morphology of ionospheric storms. Nature **165** 130—131, mit 1 Fig.

7279. **E. Argence, M. Mayot, K. Rawer,** Contribution à l'étude de la distribution électronique de l'ionosphère et de l'absorption des ondes courtes. Contr. Inst. Astrophys. Paris (B) Nr. **60**, **44** S. mit 13 Fig.

7280. **S. S. Baral, A. P. Mitra,** Ionosphere over Calcutta. J. Atmosph. Terr. Phys. **1** 95—105, mit 8 Fig. — Aus Ionosphärenregistrierungen in Kalkutta Januar 1945 bis Juni 1950 werden der tägliche und jährliche Verlauf der Freigabe von Elektronen, der Temperatur und des Rekombinationskoeffizienten der Ionosphäre abgeleitet. Ferner wird die erdmagnetische Feldstärke in der F_2-Schicht bestimmt. Zum Teil sind die Tages- und Jahresgänge abhängig von der Höhe der Sonnenfleckenrelativzahl. Micz.

7281. **J. Bartels,** 27-day variations in F_2 layer critical frequencies at Huancayo. J. Atmosph. Terr. Phys. **1** 2—12, mit 14 Fig. — Die Messungen der für die F_2-Schicht maßgeblichen Grenzfrequenz in Huancayo lassen eine 27tägige Periode erkennen, wenn die Sonnenfleckenrelativzahlen eine entsprechende Periodizität besitzen. Nach Eliminierung des Gezeiteneinflusses werden in den Mittagswerten der Grenzfrequenz derartige Schwankungen von 6—10% gefunden. Andeutungen für eine Phasenverschiebung von etwa zwei Tagen zwischen Änderungen der Relativzahlen und der Grenzfrequenz sind vorhanden. Untersucht wird ferner die Gezeitenwirkung des Mondes auf die Grenzfrequenz, die im Sommer etwa 10%, im Winter aber nur 2—3% erreicht. Es wird empfohlen, für Frequenzprognosen den periodischen Einfluß langlebiger Fleckenzonen und des Mondes zu erfassen. Micz.

7282. **D. R. Bates, M. J. Seaton,** Theoretical considerations regarding the formation of the ionized layers. Proc. Phys. Soc. (B) **63** 129—140. — Eine Theorie der Bildung der E-, F_1-, F_2- und D-Schicht der Ionosphäre durch ultraviolette Einstrahlung wird entwickelt. Dabei werden neue Berechnungen des Absorptionsquerschnittes für kontinuierliche Strahlung für atomaren Sauerstoff und Stickstoff sowie die Ionenzusammensetzung der oberen Atmosphäre, wie sie sich aus Emissionsspektren des Dämmerungslichtes ergibt, berücksichtigt. Behr

7283. **W. Becker, W. Dieminger,** Über die Häufigkeit und die Struktur der E_2-Schicht der Ionosphäre. Naturwissenschaften **37** 90—91. — Als Ionisierungsursache der E_2-Schicht müssen neutrale Korpuskeln, deren Quelle die Sonne ist, angenommen werden.

7284. **P. M. S. Blackett, A. C. B. Lovell,** Radio echoes and cosmic ray showers. Proc. Roy. Soc. **177** 183, 1941 = Astr. Contr. Univ. Manchester (2) Jodrell Bank Repr. **1** Nr. 1.

7285. **M. A. Ellison,** Ionospheric effects of solar flares. Publ. Roy. Obs. Edinburgh **1** 53—72, mit 7 Fig. und 1 Tafel. — Ref. in MN **110** 626. — Es wird eine ausführliche Beschreibung von ionosphärischen Effekten gegeben, die durch eine Reihe von spektroheliokopisch beobachteten Flares ausgelöst wurden (1949). Als Indikatoren der Ionosphärenstörungen dienen Änderungen der Komponenten der erdmagnetischen Feldstärke, Kurzwellenfadings, plötzliche Phasenanomalien und Feldstärkeänderungen von Langwellensendern sowie die Stärke der atmosphärischen Störungen. Die Frage der ionisierenden Strahlung wird kurz gestreift. Micz.

7286. **E. Harnischmacher,** L'influence solaire sur la couche E normale de l'ionosphère. CR **230** 1301—1302. — Es wird eine der Chapmanschen Formel ähnliche Funktion für die Grenzfrequenz der E-Schicht in Abhängigkeit vom Zenitabstand der Sonne aufgestellt. Die numerische Abhängigkeit der Konstanten von der geographischen Breite und den Fleckenrelativzahlen wird ebenfalls ermittelt. Micz.

7287. **A. C. B. Lovell,** Meteoric ionization and ionospheric abnormali.

ties. Phys. Soc. Rep. Prog. Phys. **11** 415, 1948 = Astr. Contr. Univ. Manchester (2) Jodrell Bank Repr. **1** Nr. 22.

7288. **L. Neužil,** De l'influence des Perséides sur l'ionisation de la couche E. BAC **2** 22—24, mit 2 Fig.

7289. **R. Rivault,** Diffusion des échos au voisinage des fréquences critiques de F_2. Proc. Phys. Soc. (B) **63** 126—128, mit 10 Fig. — Bei der Registrierung der Grenzfrequenzen an der ionosphärischen F_2-Schicht werden gelegentlich Streuechos in der Umgebung der Grenzfrequenz beobachtet. Zwei besondere Arten dieser Störungen werden unterschieden, deren eine zur Annahme einer oft diskutierten G-Schicht führt. Behr

7290. **O. E. H. Rydbeck, D. Stranz,** Ionospheric effects of solar flares 1948. S. A. Rep. Res. Lab. Electron. Nr. **83** S. 1—16, 1949. — Ref. in Phys. Ber. **30** 262.

* * **M. Ryle, A. Hewish,** The effects of the terrestrial ionosphere on the radio waves from discrete sources in the galaxy. Vgl. Ref. **12614.**

7291. **K. Weekes,** The formation of the ionized regions. Proc. Phys. Soc. (B) **63** 147—148. — Der Vergleich der beobachteten Elektronendichten in der Ionosphäre mit der Chapmanschen Theorie zeigt eine leichte Druckabhängigkeit des Rekombinationskoeffizienten, die auf Entmischungsvorgänge in etwa 100 km Höhe zurückgeführt werden kann. (Auszug aus einem Vortrag). Behr

7292. **J. Zenneck,** Ionosphäre. Ergebnisse der exakten Naturwissenschaften **22** 263—321, mit 47 Abb., 1949.

7293. Evolution diurne en hauteur et fréquence des niveaux ionosphériques de l'atmosphère terrestre. DOB **1950** 4, mit 1 Fig.

7294. The ionosphere. Obs **70** 197. — Besprechung der Proceedings of Mixed Commission on Ionosphere, die im Juli 1948 in Brüssel tagte.

7295. **Beobachtungen der Ionosphäre**

Veröff. Fraunhofer-Inst. Sonnen-Zirkular 1949 Juli—1950 September. 483 S. mit Abb. A. Behr.

Licht des Nachthimmels

7296. **M. K. V. Bappu,** The spectrum of the light of the night sky during the recent sunspot maximum. ApJ **111** 201—202, mit 1 Fig. = Harv Repr Nr. **336.** — Beschreibung von Nachthimmelspektren, die während des Sonnenfleckenmaximums 1947 in Hyderabad erhalten worden waren. Die hohe Intensität der breiten Stickstoffbanden auf beiden Seiten der grünen Nordlichtlinie wird mit der erhöhten Sonnenaktivität in Verbindung gebracht. Micz.

7297. **D. Barbier,** Comparaison des formules donnant les corrections d'extinction dans les observations du ciel nocturne. Ann. Géophysique **5** Nr. 1, 2 S., 1949 = Contr. Inst. Astrophys. Paris (B) Nr. **32.** — Die Wirkung von Vereinfachungen bei der Ableitung der Näherungsformeln von Barbier und von Piotrowski zur Berücksichtigung der Extinktion bei Messungen der Nachthimmelhelligkeit wird numerisch untersucht. Die Vernachlässigungen machen sich bei größerem Extinktionskoeffizienten in den Formeln von Barbier stärker als in der von Piotrowski bemerkbar. Micz.

7298. **D. R. Bates, M. Nicolet,** Théorie de l'émission du spectre de la molécule OH dans le spectre du ciel nocturne. CR **230** 1943—1945. — Eine Theorie des Nachthimmelleuchtens des OH wird entwickelt. Die numerischen Ergebnisse werden mit den Beobachtungen von OH-Banden im sichtbaren und infraroten Spektralbereich verglichen. Micz.

7299. **D. R. Bates, M. Nicolet,** Theoretical considerations regarding the altitude of the layer responsible for the nocturnal emission of the sodium D-lines. J. Geophys. Res. **55** 235—239. — Nach Rechnungen der Verf. muß die Atmosphärenschicht, die die D-Linien des Na im Nachthimmelspektrum erzeugt, sehr viel tiefer liegen, als die Messungen von Barbier und Roach (250 km) ergeben, wenn atmosphärisches Na die Strahlung emittiert. Sollten Höhen über 100 km reell sein, so müßte energiereiches Na aus extraterrestrischen Quellen, das in die Atmosphäre einfällt, im Spiel sein. Micz.

72100. **J. Cabannes, J. Dufay, M. Dufay,** Le spectre du ciel nocturne dans le jaune et dans le rouge, de 5800 à 6900 Å. CR **230** 1233—1236, mit 1 Fig. = Publ. Obs. Haute-Provence **2** Nr. 2. — Die Verf. haben auf Aufnahmen mit einem neuen lichtstarken Spektrographen etwa 20 bisher nicht beobachtete Emissionen zwischen λ 5870 und λ 6870 gefunden, die sie dem Rotations-Schwingungs-System des OH, das Meinel im Infraroten beobachtet hat, zuschreiben. Micz.

72101. **M. W. Chiplonkar,** Measurement of the absolute intensity of the night sky radiation λ 5577 A. U. BAC **2** 79—80, mit 2 Fig.

72102. **J. Dufay,** Sur le rayonnement du ciel nocturne dans le proche infrarouge. CR **231** 1531—1533 = Publ. Obs. Haute-Provence **2** Nr. 13. — Sechs Emissionsbanden im Nachthimmelspektrum zwischen λ 8870 und λ 10827, die Krassowskij mit Hilfe eines Bildwandlers aufgefunden hat, werden mit Rotations-Schwingungs-Banden des OH identifiziert; eine weitere Bande bei λ 9976 wird dem atmosphärischen Bandensystem des O_2 zugeschrieben. Micz.

72103. **C. T. Elvey,** Note on the spectrum of the airglow in the red region. ApJ **111** 432—433 = Contr. McDonald Obs. Nr. **187**. — Es wird über einige Spektren des Nachthimmels berichtet, die unter anderem eine Linie bei λ 6563 zeigen. Sie wird mit Hα identifiziert, da sie auch ihrem Aussehen nach der in diffusen Nordlichtern und höheren Nordlichtstrahlen beobachteten Wasserstofflinie Hα ähnelt. Micz.

72104. **J. Gauzit,** La lumière du ciel nocturne et son origine. Scientia **85** 267—271. — Allgemeiner Überblick.

72105. **J. Hunaerts, M. Nicolet,** Sur l'émission de OH dans le ciel nocturne. Ciel et Terre **66** 213—217, mit 2 Fig. = Commun. Obs. Roy. Belgique Nr. **21**. — Die von Lord Rayleigh beobachteten Banden X_1 und X_2 im blauen und violetten Bereich des Nachthimmelspektrums werden den Rotations-Schwingungs-Banden des OH zugeschrieben. Für zwei verschiedene Temperaturen (185° K und 285° K) und eine Reihe Spaltbreiten des Spektrographen werden theoretische Profile der (9—1)-Bande zwischen λ 4400 und λ 4500 abgeleitet. Micz.

72106. **M. Huruhata,** Photoelectric studies of the night sky light (II). Report Ionosphere Res. Japan **4** 137—146, mit 8 Fig. = Tokyo Astr. Obs. Repr. Nr. **71**. — Aus photoelektrischen Messungen des Nachthimmelleuchtens im Roten und Infraroten ergibt sich häufig eine Wolkenstruktur der leuchtenden Materie. In vielen Nächten wurden horizontale Bewegungen mit etwa 1000 km/h Geschwindigkeit gemessen. Diese Geschwindigkeit ist höher als sich aus Ionosphärenbeobachtungen ergeben hat. Micz.

72107. **J. Kaplan,** Infra-red spectra of the night sky, aurora and afterglows. Phys. Rev. (2) **78** 82. — Ref. Am. Phys. Soc.

72108. **W. I. Krassowskij,** Neues über das Licht des Nachthimmels im Gebiet 8800—11000 Å. DAN **70** 999—1000 (russisch).

72109. **W. I. Krassowskij,** Die Natur des infraroten Nachthimmellichts. DAN **73** 679—682 (russisch).

72110. **W. I. Krassowskij,** Neue Strahlungen des Nachthimmels im Gebiet 8000—11000 Å. Mitt. Astrophys. Obs. Krim **5** 100—104, mit 1 Abb. und 1 Tafel (russisch). — Ref. in Astr. News Letter Nr. **56** S. 11. — Verf. teilt seine Beobachtungen von sechs Emissionslinien oder Blends bei $\lambda\lambda$ 8870, 9391, 9976, 10217, 10374 und 10827 Å mit. Loh.

72111. **G. E. Kron,** Photoelectric measurement of night-sky radiation beyond 9000 Ångstroms. Publ ASP **62** 264—266, mit 1 Fig. — Sechsfarbenphotometrie des Nachthimmels jenseits von 9000 Å zeigt drei deutliche Intensitätsmaxima bei etwa 9400, 10100 und 10800 Å, wo nach der Theorie Banden des OH-Moleküls zu erwarten sind. Gli.

72112. **A. B. Meinel,** Hydride emission bands in the spectrum of the night sky. ApJ **111** 207, mit 1 Fig. — Im Wellenlängenbereich λ 7200 bis λ 8900 des Nachthimmelspektrums wurden eine Reihe von Banden festgestellt, von denen bei λ 8640 der P- und der R-Zweig des (0,1)-Übergangs des O_2 identifiziert werden konnte. Die Rotationsstruktur der übrigen Banden legt nahe, daß sie von einem Hydrid herrühren müssen. Wahrscheinlich kommt nur OH in Betracht. Micz.

72113. **A. B. Meinel,** Identification of the 6560 Å emission in the spectrum of the night sky. ApJ **111** 433—434, mit 1 Fig. — Verf. unternimmt eine neue Identifizierung einiger Linien im roten Gebiet des Nachthimmelspektrums. Bisher wurde die breite Emission bei λ 6560 dem N_2 (Swings) bzw. H (Elvey) zugeschrieben. Es wird gezeigt, daß es sich hierbei um den nicht aufgelösten P-Zweig der (6,1)-Bande des OH handelt. Darüber hinaus werden zahlreiche andere Rotations-Schwingungs-Banden des OH im roten Spektralgebiet auf Aufnahmen von H. W. Babcock (Publ ASP **51** 47, AJB **41** Ref. **5346**) nachgewiesen. Micz.

72114. **A. B. Meinel,** OH emission bands in the spectrum of the night sky. I. ApJ **111** 555—564, mit 3 Fig. — Mit einem lichtstarken Gitterspektrographen hohen Auflösungsvermögens wurden Spektren des Nachthimmels im Infraroten erhalten. Die Analyse der gemessenen Wellenlängen zeigt, daß die bisher nicht identifizierten infraroten Banden dem Rotations-Schwingungs-Spektrum des OH zuzuschreiben sind. Die gefundenen Schwingungsniveaus bis $v = 9$ legen eine Verbesserung der Schwingungskonstanten nahe, die der Verf. durchführt. Im weit entfernten Infrarot sind starke Banden zu erwarten, die vielleicht auch als Ursache der von Stebbins, Whitford und Swings beobachteten Emission bei λ 10440 in Betracht kommen; sie wurde bisher der (0,0)-Bande des ersten positiven Systems des N_2 zugeschrieben, obwohl die Vegard-Kaplan-Banden von $v' = 0$ nicht aufgefunden worden sind. Kurz berichtet wird über die Auffindung von OH-Banden im Sichtbaren, die zum Teil gelegentlich mit $H\alpha$- bzw. N_2-Banden identifiziert wurden. Micz.

72115. **A. B. Meinel,** OH emission bands in the spectrum of the night sky. II. ApJ **112** 120—130, mit 3 Fig. — Aus einer Analyse der Rotations-Schwingungs-Banden im Nachthimmelspektrum und Laboratoriumsmessungen des OH werden die Schwingungskonstanten dieses Moleküls bestimmt. Ausführlich wird die Frage der Bandenintensitäten behandelt. Aus Nachthimmelspektren werden die relativen Intensitäten der OH-Banden zwischen λ 5500 und λ 9000 bestimmt, wobei sich bei den Banden der Δv-Sequenz ein starkes Anwachsen ihrer Stärke mit größer werdendem v''-Wert ergibt. Die Bandenintensitäten werden bei Voraussetzung von Strahlungsgleichgewicht für den Fall von Resonanz- bzw. thermischer Anregung diskutiert, wobei sich Anhaltspunkte dafür ergeben, daß tatsächlich ein Resonanzmechanismus wirksam ist und zusätzlich auch Entleerung der Niveaus durch Stöße eine Rolle spielt. Aus der Energieverteilung in den P-Zweigen und den Intensitätsverhältnissen der P-, Q- und R-Zweige wird die Temperatur des die OH-Banden emittierenden atmosphärischen Stratums zu $260° \pm 5°$ K bestimmt. Micz.

72116. **A. B. Meinel,** O_2 emission bands in the infrared spectrum of the night sky. ApJ **112** 464—468, mit 2 Fig. — Aus Messungen der Intensitätsverteilung der (0,1)-Bande des $^1\Sigma$—$^3\Sigma$-Übergangs von O_2 im Nachthimmelspektrum wird die Rotationstemperatur nach Aufnahmen aus fünf Nächten zu 150 ± 20° K bestimmt. In einer weiteren Nacht war die O_2-Bande etwa um das Fünffache gegenüber der normalen Intensität verstärkt, während die OH-Banden unverändert erschienen (1949, Dezember 29). Die Rotationstemperatur ergab sich zu 200 ± 10° K. Die Höhe des die Bande emittierenden Stratums wird sowohl aus einem Vergleich der Temperatur mit den Messungen der atmosphärischen Temperaturverteilung bei V2-Aufstiegen als auch aus der Intensitätsvariation mit der Zenitdistanz zu 80 km abgeschätzt. Micz.

72117. **I. S. Schklowskij,** Die Identifizierung des infraroten Lichts des Nachthimmels mit Rotations-Schwingungs-Banden des Hydroxylmoleküls OH. DAN **75** 371—374 (russisch).

72118. **I. S. Schklowskij,** Quantitative Analyse der Intensität der Hydroxylstrahlung des Nachthimmels. DAN **75** 789—792 (russisch).

72119. **S. L. Seaton,** Night sky brightness at College, Alaska. J. Geophys. Res. **55** 43—46, mit 2 Fig. — Messungen der Nachthimmelhelligkeit in College, Alaska (64° 41!4 nördl. Br., 147° 49!3 westl. Länge) im Winter 1948-49 lassen erkennen, daß nur wenige Nächte völlig frei von Aufhellungen durch Nordlichter sind. Die Messungen betreffen sowohl die Helligkeitsverteilung an der Sphäre als auch den abendlichen Verlauf der Zenithelligkeit. Micz.

72120. Night-sky studies. Sky and Telescope **9** 184.

72121. **Beobachtungen des Nachthimmels**
JBAA **60** 247. Luminous night sky.

Halo

* * **H. A. Luft,** Aurores polaires et halos. Vgl. Ref. 72130.

72122. **W. Sandner,** Der Liebhaberastronom als Halobeobachter. Der Sternenlauf 1950 (Ref. 445) S. 75—81, mit 4 Abb.

72123. **Halobeobachtungen**
BSAF **64** 451. Observation d'un halo solaire. P. Humbert.
Gaz astr **32** 23—25. Observations de halos en 1949. V. Tshernov.
Gaz astr **32** 98. Observations de halos en 1949. W. de Kort.
Sky and Telescope **10** 19. Concerning halos. H. A. Luft.

Polarlicht

72124. **A. Aspinall, G. S. Hawkins,** Radio echo reflections from the aurora borealis. JBAA **60** 130—135, mit 5 Fig. = Astr. Contr. Univ. Manchester (2) Jodrell Bank Repr. **1** Nr. 34.

72125. **D. Barbier, D. R. Williams,** Observations of the aurora borealis. J. Geophys. Res. **55** 401—414, mit 5 Fig.

72126. **K. G. Emeléus, N. D. Sayers, R. A. Bailey,** Possibility of measuring a quadrupole transition probability from an auroral afterglow. Nature **166** 656—657.

72127. **V. C. A. Ferraro,** The southward shift of the auroral zone during intense magnetic storms. J. Geophys. Res. **55** 493.

72128. **P. A. Forsyth, W. Petrie, F. Vawter, B. W. Currie,** Radar reflexions from auroras. Nature **165** 561—562. — Bericht über Beobachtungen in Saskatoon, Kanada.

72129. **A. C. B. Lovell,** Radio echoes from the aurora. Daytime meteor showers. BAA Circ Nr. 285, 1947 = Astr. Contr. Univ. Manchester (2) Jodrell Bank Repr. 1 Nr. 7.

72130. **H. A. Luft,** Aurores polaires et halos. Gaz astr **32** 65.

72131. **A. B. Meinel,** A new band system of N_2^+ in the infrared auroral spectrum. ApJ **112** 562—563. — Sechs Banden im infraroten Bereich des Nordlichtspektrums bei λ6858, λ7050, λ7250, λ7828, λ8057 und λ8298 werden dem $A^2\Pi$-$X^2\Sigma$-Übergang des N_2^+ zugeschrieben und die Molekülkonstanten abgeleitet. Micz.

72132. **A. B. Meinel,** Nouvelles bandes de N_2^+ dans le spectre auroral infrarouge. CR **231** 1049—1050, mit 1 Fig. — Banden, die der Verf. im infraroten Spektralbereich der Nordlichter beobachtet hat, werden dem $A^2\Pi$-$X^2\Sigma$-Übergang des N_2^+ zugeschrieben. Micz.

72133. **A. B. Meinel,** On the entry into the earth's atmosphere of 57-Kev protons during auroral activity. Phys. Rev. (2) **80** 1096—1097, mit 1 Fig. — Die Profile der Hα-Linie während der Polarlichterscheinungen vom 18. und 19. August 1950 waren bei Aufnahmen in Richtung zum magnetischen Horizont symmetrisch, bei solchen zum magnetischen Zenit jedoch unsymmetrisch und dazu die Linie als Ganzes nach Violett verschoben. Darnach ist die Geschwindigkeit der Protonen vor dem Eintritt in die Atmosphäre größer als 3300 km/sec. Loh.

72134. **A. B. Meinel,** Evidence for the entry into the upper atmosphere of high-speed protons during auroral activity. Science **112** 590. — Ref. in Phys. Ber. **30** 916.

72135. **T. Nagata,** Development of a magnetic storm: the southward shifting of the auroral zone. J. Geophys. Res. **55** 127—142, mit 9 Fig.

72136. **M. Nicolet, R. Dogniaux,** Nouvelles suggestions au sujet de l'interprétation du spectre des aurores. J. Geophys. Res. **55** 21—32, mit 12 Fig. — Aus theoretischen Intensitäten der einzelnen Linien der Nordlichtbanden unter Berücksichtigung des Einflusses der Spaltbreite des Spektrographen berechnet Verf. «synthetische Nordlichtspektren» und sucht daraus Anhaltspunkte für die Deutung der beobachteten Spektren zu gewinnen. Kdr.

72137. **A. I. Ohl,** Neue Untersuchungen des Polarlichtes. Priroda **39** Nr. 9 S. 3—14 (russisch).

72138. **J. Paton,** Aurora and luminous night clouds. Vgl. Ref. **72146**.

72139. **J. Paton,** The aurora borealis. Irish AJ 1 18—21.

72140. **W. Petrie,** The near-infrared spectrum of the polar aurora. J. Geophys. Res. **55** 143—151, mit 1 Fig. — Infrarotspektren von Nordlichtern zeigen O I- und N I- Linien niedrigen Anregungsgrades sowie N_2-Banden der ersten positiven Gruppe. O II- und N II-Linien fehlen. Aus den O I-Intensitäten wird auf 7000° Anregungstemperatur geschlossen. In 60 Meilen Höhe scheint ein großer Teil der N_2-Moleküle dissoziiert zu sein. Micz.

72141. **W. Petrie,** The near infra-red spectrum of the polar aurora. Phys. Rev. (2) **77** 720. — Die relativen Intensitäten der O I-Multipletts deuten auf eine Anregungstemperatur von der Größenordnung 7000° während des Auftretens eines Polarlichts. Das Häufigkeitsverhältnis N : O in den niederen Energieniveaus ist etwa 1.5. Loh.

72142. **A. Pignedoli,** Sul problema delle aurore polari. Moto di un corpuscolo elettrizzato in presenza di un dipolo magnetico e in prossimità di uno dei poli, essendo l'altro polo molto lontano. Atti Sem. mat. fis. Univ. Modena **1** 17—49, 1947. — Ref. in ZfMG **39** 422.

72143. **N. D. Sayers, K. G. Emeléus,** Wave-length of the transauroral line of oxygen. Phys. Rev. (2) **79** 166. — Betrifft die OI-Linie bei 2972.3 Å.

72144. **L. Vegard,** Nouvelles recherches sur le spectre des aurores boréales. CR **230** 1884—1886. — Verf. teilt nach einer besonders guten Aufnahme eines Nordlichtspektrums Wellenlängen und zum Zeil Identifizierungen von 114 Linien zwischen λ 6363 und λ 3884 mit. 44 Linien wurden zum ersten Mal beobachtet. Darunter sind vermutlich das Goldstein-System des N_2 sowie Bandenköpfe von O_2^+ und viele NI-, NII-, OI- und OII-Linien. Aus der Lage der Intensitätsmaxima der N_2-Banden wird eine Temperatur von 219.9° K, aus der Intensitätsverteilung von 217.9° K bestimmt. Aus dem Profil von Hβ wird auf eine Abwärtsbewegung der strahlenden H-Atome geschlossen. Micz.

72145. Auroral hydrogen. Sky and Telescope **9** 165.

72146. **Polarlichtbeobachtungen**

Astr Circ UdSSR Nr. 96—97 S. 11—13 (russisch). Das Polarlicht vom 20. bis 21. Februar 1950. D. J. Martynow.

Astr Circ UdSSR Nr. 96—97 S. 13—14 (russisch). Beobachtung des Polarlichtes vom 20. Februar 1950 in Schtscherbakow. W. Teifel.

Astr Circ UdSSR Nr. 100 S. 22 (russisch). Das Polarlicht vom 20. Februar 1950 nach Beobachtungen in Turkmenistan. I. S. Astapowitsch.

Astr Circ UdSSR Nr. 105 S. 12 (russisch). Das Polarlicht vom 19. bis 21. August 1950. W. A. Kolytschew.

Astr Circ UdSSR Nr. 105 S. 13 (russisch). W. Teifel. — Beobachtung des Polarlichtes vom 20. August 1950 in der Nähe von Schtscherbakow.

Astr. Nachr. Berlin-Treptow **2** Nr. 11 S. 1—2. — Beobachtung vom 20. August 1950.

BSAF **64** 123—125. Aurore boréale du 20 février 1950 visible de la région parisienne.

BSAF **64** 359. Aurore boréale visible de la région parisienne. F. Baldet, P. Baize.

BSAF **64** 384—385, mit 1 Fig. La grandiose aurore boréale du 19—20 août 1950. C. Störmer, A. Viaut, F. Mandré, M. Paré, H. d'Halluin.

BSAF **64** 409, mit 1 Abb. auf Titelseite von Heft Octobre 1950. C. Störmer.

Heelal **6** 55—56, mit 4 Abb. Het poollicht van 26—27 Augustus. G. Patfoort.

JBAA **60** 243—246. British Astronomical Association. Aurora and Zodiacal Light. Report 1949 July to 1950 May.

J. Geophys. Res. **55** 497—498. — Beobachtungen am 12. Juli und 19. August 1950.

Nature **165** 1012—1013, mit 1 Fig. An auroral spectrogram obtained at Oslo on February 23. L. Vegard. — Besprechung in Irish AJ **1** 133.

Orion Schaffhausen **3** 100—101. Das Nordlicht vom 20. Februar 1950.

Orion Schaffhausen **3** 163—165, mit 1 Fig. Aurore boréale du 19 au 20 août 1950.

Orion Schaffhausen **3** 169. Nordlicht-Beobachtungen vom 4.—6. Aug. und 20.—23. Aug. 1950. K. Rapp.

Priroda **39** Nr. 7 S. 59 (russisch). Helles Polarlicht am 19. November 1949. A. P. Moissejew.

Proc. Phys. Soc. (B) **63** 1039 — 1040, mit 2 Fig. Aurora and luminous night clouds. J. Paton. — Beobachtungen 1950 Juli 24/25 in Mittelschottland.

Publ. Obs. Kandilli, 4 S. mit 2 Fig. La grande perturbation magnétique et l'aurore boréale du 20 février 1950. O. N. Sipahioğlu, M. Dizer.

Sky and Telescope **9** 228. Aurora over India. O. Gingerich. — 1950 Mai 27—28.

Sky and Telescope **9** 296. August auroral displays are widely observed.

Sterne **26** 121—122, mit 6 Abb. Zeichnungen des Nordlichts vom 24./25. Jan. 1950. G. Schubert. — Beobachtungen in Teterow.

Sternenwelt **2** 236, mit 1 Fig. Nordlicht-Tage 1949 in Mitteleuropa. W. Sandner.

Sonstige Erscheinungen

72147. **D. Barbier,** L'émission crépusculaire des raies de Na et [O I]. Ann. Géophysique **4** 193—217, mit 6 Fig., 1948 = Contr. Inst. Astrophys. Paris (B) Nr. **29**. — Intensitätsmessungen der Linie Na λ 5892 des Nachthimmelspektrums sind mit Annahme einer Verteilung der Na-Atome in einer dünnen Schicht unverträglich. Sie reichen bis in etwa 60 oder 70 km Höhe, ihre Dichte scheint der Luftdichte proportional zu sein. Die Messungen von [O I] λ 6300 sprechen dafür, daß sie nicht allein durch optische Resonanz entsteht und die emittierenden Atome nicht nur in Höhen $>$ 90 km auftreten. Micz.

72148. **W. A. Bronstein,** Helle Nachtwolke am 20.—21. Juni 1950. Astr Circ UdSSR Nr. 103—104 S. 26 (russisch). — Beobachtung unweit Moskau.

72149. **G. Courtès,** La raie $^4S—^2D$ de l'azote observée au crépuscule. CR **231** 62—63 = Publ. Obs. Haute-Provence **2** Nr. 5. — An drei aufeinanderfolgenden Abenden im Januar 1949 wurde die Linie λ 5199 ($^4S—^2D$) des Stickstoffs im Dämmerungsspektrum beobachtet, während sie an den folgenden Tagen nicht auftrat. Sichtbare Nordlichter, bei denen sie gewöhnlich erscheint, oder magnetische Störungen waren mit ihrem Auftreten nicht verbunden. Micz.

72150. **P. Didon,** Curieux phénomène d'optique atmosphérique. BSAF **64** 451.

72151. **G. Fournier,** Illuminations atmosphériques. BSAF **64** 295.

72152. **F. D. Kahn,** On the origin of the sodium D lines during twilight. Phys. Rev. (2) **79** 167.

72153. **V. Letfus,** Les mesures photoélectriques du ciel anticrépusculaire. BAC **2** 63—64, mit 1 Fig.

72154. **R. Penndorf,** On the origin of the sodium D-lines during twilight. Phys. Rev. (2) **78** 66. — Vorläufige Mitteilung. Das Auftreten der D-Linien wird durch einen Chemilumineszenzprozeß nach Bawn und Evans erklärt.

72155. **R. Rigollet,** Haute atmosphère. Les nuages noctilucents. Mit einer Bemerkung von A. C. B. Lovell. DOB **1950** 41—45, 55, mit 2 Fig. = Contr. Inst. Astrophys. Paris (A) Nr. **67**.

72156. **G. W. Rosenberg,** Polarimetrie des Dämmerungshimmels. Publ. Geophys. Inst. Akad. Wiss. UdSSR Nr. **12** (**139**) S. 35—49 (russisch).

72157. **W. W. Scharonow,** Beobachtungen des Grünen Strahls. Astr Circ UdSSR Nr. 108 S. 9—11 (russisch). — Mitteilung von Beobachtungen und einigen Folgerungen.

72158. **B. Valníček,** Polarisation des atmosphärischen Lichtes. Bull. météorolog. Tchécoslov. **4** 108—110, mit 7 Fig. (tschechisch). — Übersicht der bisherigen Kenntnisse über die Polarisation des atmosphärischen Lichtes, über die Messung der Polarisation, über die neuen Arbeiten auf diesem Gebiet und über die künftige Entwicklung des Studiums der Polarisation. J. B.

72159. High altitude night clouds. BAA Circ Nr. 318.

72160. The green ray. Pop Astr **58** 419—420. Übersetzung von H. Loss aus Bull. Mensuel Soc. Astr. Populaire de Toulouse Juin 1949.

§ 73

Mond

7301. **Astrometrische Beobachtungen**

AJ **55** 111. Meridian observations of the moon, 1947—48. C. B. Watts.

TAB (2) Nr. **23** S. 169—172. Meridian observations of the right ascension of the moon and the planets made at the branch station of the Tokyo Astronomical Observatory at Mizusawa. S. Nakano.

TAB (2) Nr. **24** S. 173—176. Meridian observations of the right ascensions of the moon and the planets. S. Nakano.

TAB (2) Nr. **28** S. 201—205. Vgl. Ref. **6001**.

TAB (2) Nr. **31** S. 223—226. Meridian observations of right ascensions of the moon and the planets during the year 1948. S. Nakano.

Allgemeines

7302. **R. B. Baldwin,** The Face of the Moon. Chicago, University of Chicago Press, 1949. 239 S. mit 26 Fig. und 17 Tafeln. Preis $ 5.00. — Vgl. AJB **49** Ref. **7303**. — Besprechung in Ciel et Terre **66** 44 (M. Hoyaux), J. British Interplanetary Soc. **9** 210—211, Publ ASP **62** 125—126 (P. W. Merrill), Scientia (6) **85** 224—225 (L. Gialanella).

7303. **A. G. Barinow,** Die jahreszeitliche Abhängigkeit zwischen den Phasen und der Deklination des Mondes. Bull. Astr.-Geod. Ges. UdSSR Nr. **8** (**15**) S. 33—35, mit einem Nomogramm (russisch).

7304. **A. Couder,** Records de hauteur. BSAF **64** 105—111, mit 4 Fig. — Das Maximum der Deklination und damit der Höhe des Mondes über dem Horizont für einen Ort in höheren Breiten ist abhängig von der Schiefe der Ekliptik und der Neigung der Mondbahn sowie in der 18.6jährigen Periode von der Knotenlänge des Mondes. Es beträgt im günstigsten Falle in Deklination 28° 44′ 14″. Anschließend wird das Phänomen des «Erntevollmonds» erklärt. T. L.

7305. **M. Darney,** Le réseau polygonal de la lune. BSAF **64** 162—164, mit 1 Fig.

7306. **F. Delano,** The lunar equation from observations of Eros, 1930—1931. AJ **55** 129—132. — Die Bearbeitung der Erosbeobachtungen 1930—1931 durch H. S. Jones hatte gezeigt, daß der Fehler der Wittschen Erosephemeride Schwierigkeiten bei der genauen Bestimmung der Mondgleichung machte. Deshalb wird in dieser Arbeit der Versuch gemacht, durch eine andere Bearbeitung desselben Beobachtungsmaterials bessere Ergebnisse zu erzielen. Aus den Daten, für die die Mondgleichung verschwindet, werden zunächst Verbesserungen der Erosbahn abgeleitet, hernach aus den übrigen Gleichungen die Mondgleichung bestimmt. Es ergibt sich für zwei wahrscheinliche Werte $\Delta\mu$ von Eros $L = 6''.4428 \pm 0''.0014$ bzw. $L = 6''.4430 \pm 0''.0017$. Böh.

* * **P. P. Dobronrawin,** Neue Bestimmung der Sterngrößen von Sonne und Mond. Vgl. Ref. **6007**.

7307. **J. C. Jaeger, A. F. A. Harper,** Nature of the surface of the moon. Nature **166** 1026, mit 1 Fig. — Unter Verwendung der Radarbeobachtungen von Piddington und Minnett (Aust. J. Sci. Res. **2** 63, 1949) wird gezeigt, daß die Mondoberfläche hauptsächlich aus gekörnter Materie von Bimsstein und Sand bestehen muß, unter die bis in eine Tiefe von 2 mm Staub eingestreut ist. Höchstwahrscheinlich macht nacktes Felsengestein weniger als 5% der Oberfläche aus. Loh.

7308. **A. A. Jakowkin,** Versuch einer Bestimmung der Konstanten der physischen Libration des Mondes unter Berücksichtigung der Veränderungen seines Profils. Publ. Astr. Obs. Kiew Nr. **3** S. 17—23 (russisch). — Wegen der sich später nicht als erfüllt erwiesenen Voraussetzung Hayns, daß der Mondradius in allen Librationen derselbe sei, überarbeitet Verf. die Kasaner Beobachtungsreihe von 1916 bis 1931 und bestimmt die Konstanten der physischen Libration aufs neue. Es wird jetzt vorausgesetzt, daß der scheinbare Mondradius, bezogen auf die mittlere Parallaxe, eine lineare Funktion der Libration in Breite ist, nicht aber von der Länge abhängt. Die Kontur des Mondes wird als symmetrisch zur Rotationsachse, aber nicht als rein kreisförmig, sondern etwas eiförmig angenommen und noch vorausgesetzt, daß das Massenzentrum des Mondes mit dem Zentrum der nördlichen Halbkugel zusammenfällt. Loh.

7309. **A. A. Jakowkin,** Die Neigung der Mondbahn und der Librationseffekt. Publ. Astr. Obs. Kiew Nr. **4** S. 71—88 (russisch). — Aus den Greenwicher Meridiankreisbeobachtungen des Mondes von 1923 bis 1930 zeigt Verf., daß sich der polare Durchmesser der Mondscheibe mit der optischen Libration in Breite ändert. Loh.

7310. **J. E. Lankford,** Lunar profile map. Strolling Astronomer **4** Nr. 12 S. 13—14.

7311. **A. W. Markow,** Die Farbe des Mondes und der Erde. Nachr. Akad. Wiss. kasach. Sowjetrepublik Nr. **90** (astrobotanische Serie, Heft 1—2) S. 92—96 (russisch).

* * **A. W. Markow,** Reflexionsfähigkeit und Farbenindizes von der Erde und von Monddetails nach lichtelektrischen Messungen. Vgl. Ref. 7209.

7312. **P. Mayer,** Aspect planétaire de la terre. BAC **2** 26—27. — Für Untersuchungen des aschgrauen Mondlichtes wird eine Tafel für das Verhältnis von Festland und Meer als Funktion der Länge des Nullmeridians und der «Erdphase» gegeben. T. L.

7313. **A. A. Nefedjew,** Die Konstanten der physischen Libration des Mondes. Astr Circ UdSSR Nr. 98—99 S. 10—11 (russisch). — Aus 143 Beobachtungen von Mösting A am Heliometer des Engelhardt-Observatoriums (Kasan) wurden in einer gemeinsamen Ausgleichung der Längen- und Breitengleichungen die Elemente der physischen Libration abgeleitet. Da der resultierende Wert für die mechanische Elliptizität $f = 0.65 \pm 0.045$ dem kritischen Wert 0.66 sehr nahe kommt, wurde eine zweite Näherung unter Vorgabe verschiedener f gerechnet. Für die beiden Werte 0.60 bzw. 0.71 ergab die quadratische Fehlersumme ein Minimum; beide stimmen mit Ergebnissen von Belkowitsch, Koziel und Hartwig gut überein. Loh.

7314. **A. A. Nefedjew,** Messungen der Monddurchmesser. Astr Circ UdSSR Nr. 100 S. 5—6 (russisch). — Während der Mondfinsternis vom 2. April 1950 wurden Durchmessermessungen durchgeführt, die, bezogen auf die mittlere Mondparallaxe 57′ 2.″70, $R = 15' 32.''96 \pm 0.''10$ (w. F.) ergaben. Unter Berücksichtigung des Haynschen Mondprofils folgt $R = 15' 32.''89 \pm 0.09$ (w. F.). Loh.

7315. **J. A. O'Keefe,** A new determination of the lunar parallax. AJ **55** 177—178. — Ref. AAS. — $\Delta\pi = -0.''056 \pm 0.''033$.

7316. **J. H. Piddington, H. C. Minnett,** Microwave thermal radiation from the moon. Australian J. Sci. Res. (A) Phys. Sci. 2 63—77, mit 5 Fig., 1949 = Council Sci. Industrial Res. Division Radiophys.—Besprechung in J. British Interplanetary Soc. **9** 145. — Aus Beobachtungen im Mikrowellengebiet von 24000 MHz wird die Strahlungstemperatur der Mondoberfläche abgeleitet. Am Mondäquator wird eine sinusähnliche Temperaturschwankung von ± 52°0 abgeleitet mit einer Verzögerung von 45° gegenüber der Beleuchtungsphase. Die Ergebnisse stehen in Widerspruch zu Messungen im nahen Infrarot, werden aber verständlich, wenn man annimmt, daß die Mondoberfläche von einer dünnen Staubschicht bedeckt sei, die für Mikrowellen transparent erscheint. Behr

7317. **H. Quiring,** Ejektion und 3. Keplersches Gesetz. Kinematik und Energetik der Mondausschleuderung. Gerlands Beiträge zur Geophysik **62** 81—99, mit 7 Abb. —Die vom Verf. bereits seit 1944 vor allem aus geologischen Anhaltspunkten gewonnene Auffassung, daß der Mond ein magmatogener Abkömmling der Erde ist und die nordpazifische Depression als Mondnarbe zu betrachten ist, wird auch astronomisch untermauert. Die zur Mondbildung führende Ejektion dürfte erst am Ende des Archaikums stattgefunden haben. Loh.

7318. **J. J. Raimond jr.,** De temperatuur van de maan. Hemel en Dampkring **48** 81—84, mit 2 Abb. — Allgemeinverständlicher Bericht über Messungen der Infrarot- und Radiostrahlung und die sich daraus ergebenden Temperaturen. Gü.

* * **P. Rougerie,** Variation diurne lunaire de la composante verticale du champ magnétique terrestre au Val-Joyeux. Vgl. Ref. 7214.

7319. **G. Schindler,** Über Neu- und Altlicht-Beobachtungen des Mondes und die extreme Lage der Mondbahn im Jahre 1950. Orion Schaffhausen **3** 121—123.

7320. **G. Schindler,** Einige Beobachtungen des Altlichts, der Venus und des Sirius am hellen Tage mit bloßem Auge. Sterne **26** 122—123.

7321. **G. Silva,** Prima ed ultima visibilità della falce lunare dopo o avanti il novilunio. Contr. Oss. Astrofis. Asiago Nr. **16**, 3 S. — Berechnungen zur Beobachtung der kleinsten sichtbaren Mondphasen. F. Z.

7322. **G. Silva,** Sulle condizioni più favorevoli per la visibilità della falce lunare in prossimità del novilunio. Mem SA It (NS) **21** 131—136, mit 1 Fig. = Oss. Astr. Padova Pubbl. Nr. **94**. — Für die gemäßigte nördliche Zone werden die günstigsten Bedingungen für die früheste Sichtbarkeit der Mondsichel nach Neumond und für die späteste Sichtbarkeit vor Neumond abgeleitet. F. Z.

7323. **J. E. Spurr,** Geology applied to Selenology. III. Lunar Catastrophic History. Vgl. AJB **48** Ref. 7314. — Weitere Besprechung in Ciel et Terre **66** 89—90, Obs **70** 39—40 (H. Jeffreys), Sky and Telescope **9** 67.

7324. **A. B. Thomas,** Certain physical constants and their relation to the Doppler shift in radio echoes from the moon. Australian J. Sci. **11** 187—192, 1949 = Commonwealth Sci. Industrial Res. Division Radiophys. — Radarechos vom Mond zeigen eine der Relativbewegung von Beobachter—Reflexionsfläche entsprechende Dopplerverschiebung. Es wäre daher im Prinzip möglich, gewisse Konstanten, wie z. B. den Erdradius daraus abzuleiten, wenn nicht Störungen in der Ionosphäre dies unmöglich machten. Behr

7325. **C. B. Watts, A. N. Adams,** Photographic and photoelectric technique for mapping the marginal zone of the moon. AJ **55** 81—82. — Ref. AAS.

7326. **T. Weimer,** Enregistrement de profils lunaires. CR **230** 1834—1836, mit 1 Fig. — Mit einem speziell für die Aufgabe konstruierten und kurz beschriebenen Zeichengerät bestimmt der Verf. Profile des Mondrandes nach den Aufnahmen von Lœwy und Puiseux. Micz.

* * Lunar profile. Vgl. Ref. **2243.**

7327. La lumière cendrée de la lune. BSAF **64** 306, mit 1 Fig.

7328. **R. Compte Porta,** Algunas orientaciones sobre estudios selenitas. El Universo **48** Nr. 13 S. 91—96.

7329. **K. Cuypers,** Reizigers voor de Maan,... instappen! Vgl. AJB **49** Ref. **611.** — Weitere Besprechung in Ciel et Terre **66** 149—150 (D. de Potter).

7330. **F. Engelhard,** Eigenartige Beobachtung anläßlich der Spika-Bedeckung vom 7. März 1950. Orion Schaffhausen **3** 101.

7331. **G. Schindler,** Wenig Bekanntes vom guten Monde. Das Himmelsjahr 1951 (Ref. **440**) S. 92—98, mit 4 Abb.

7332. **A. J. M. Wanders,** Op ontdekking in het Maanland. Utrecht-Brüssel, Uitgeverij het Spectrum, 1950. 380 S. mit 129 Fig. und 20 Tafeln. Preis 312 b. fr. bzw. 19.50 f. — Besprechung in Heelal **6** 31—32 (M. Daisomont), Hemel en Dampkring **48** 134 (M. Minnaert).

7333. On the moon. Sky and Telescope **9** 116.

7334. Et månemeteor. NAT **1950** 153. — Beobachtung vom 18. 11. 1950.

7335. Searches for possible lunar meteors. Strolling Astronomer **4** Nr. 8 S. 8—11.

7336. Addendum to lunar meteor searches. Strolling Astronomer **4** Nr. 11 S. 12.

7337. ¿Existe una atmósfera lunar? El Universo **48** Nr. 14 S. 127. — Kurzer Bericht über eine Arbeit von Lipskij (vgl. AJB **49** Ref. **7316**).

7338. A psycho-physical lunar paradox. JBAA **60** 121, mit einer Bemerkung von P. Hood S. 168—169. — Besprechung eines Artikels von L. C. W. Bonacina in Weather **4** 371, 1949.

7339. La lune bleue. Gaz astr **32** 103.

* * Soleil bleu et lune bleue. Vgl. Ref. **6027.**

7340. Maanemeteorerne. Urania Kopenhagen **7** 12.

Mondfinsternisse

7341. **J. Bouška, Z. Švestka,** On the variations of the enlargement of the earth's shadow during the lunar eclipses. BAC **2** 6—7, mit 1 Fig. — Der Mittelwert der Vergrößerung des Erdschattens ergibt sich aus den Beobachtungen von 33 Mondfinsternissen seit 1802 zu 2.06%. Bei den einzelnen Werten scheint eine Korrelation mit dem Auftreten der großen Meteorschwärme vorhanden zu sein, welche mit einer damit verbundenen Anreicherung der höchsten Atmosphäre mit absorbierendem Staub erklärt werden kann. T. L.

7342. **F. Link,** Sur le rôle de la diffusion pendant les éclipses de lune. BA **15** 143—150, mit 3 Fig. — Die quantitative Berechnung der durch Streuung des Sonnenlichtes in der Erdatmosphäre hervorgerufenen Erhellung im Zentrum des Erdschattens während einer Mondfinsternis ergibt Beträge, die gegenüber den beobachteten im Roten und Grünen verschwindend bleiben und auch im Blauen nicht nennenswert zur beobachteten Erhellung beitragen. Gli.

7343. **F. Link,** Sur la luminosité des éclipses de lune. BAC **2** 59.

7344. **H. K. Paetzold,** Eine Bestimmung der vertikalen Verteilung des atmosphärischen Ozons mit Hilfe von Mondfinsternissen. Z. Naturforschung **5a** 661—666, mit 6 Abb. — Bei dem teilweise verfinsterten Mond wird die Helligkeitsverteilung in der Umgebung der Schattengrenze senkrecht zu dieser photographisch-photometrisch bestimmt und aus ihr auf die Verteilung des Ozons in der Stratosphäre geschlossen. Die Höhe des Maximums des Ozongehaltes ergibt sich auf diese Weise zu 22 km. Oberhalb des Maximums sinkt die Ozonkonzentration sehr rasch ab, so daß oberhalb von 45—50 km Höhe kein Ozon mehr feststellbar ist. Die Beobachtungen deuten ferner die Existenz einer schwach blau-absorbierenden Schicht an, die zwischen 200 und 100 km Höhe liegen muß. Verf.

7345. Color and brightness of eclipsed moon. Strolling Astronomer **4** Nr. 8 S. 7—8.

7346. **Mondfinsternis 1945 Dezember 18—19**

W. P. Konoplewa, I. G. Koltschinskij, Ergebnisse der Beobachtung der Mondfinsternis vom 19. Dezember 1945. Publ. Astr. Obs. Kiew Nr. **4** S. 91—95, mit 3 Abb. (russisch). — Photographische Photometrie bei 6100 und 4400 Å.

7347. **Mondfinsternis 1949 April 13**

El Universo **48** Nr. 11 S. 24—29, mit 6 Abb., darunter 4 Aufnahmen von J. Ríos del Río.

7348. **Mondfinsternis 1949 Oktober 6—7**

J. Bouška, Form and enlargement of the earth's shadow during the moon's eclipse of October 6—7, 1949. BAC **2** 28—30.

J. Bouška, K. Michovský, Visual photometry of lunar eclipse of October 6—7, 1949. BAC **2** 21—22, mit 2 Fig. — Beschreibung eines Photometers eigener Konstruktion. Beobachtungsergebnisse.

S. Drosdow, Die Mondfinsternis vom 7. Oktober 1949. Astr Circ UdSSR Nr. 94 S. 5—6 (russisch). — Beobachtungen in Poltawa.

C. Hoffmeister, Mondfinsternis 1949 Oktober 6—7. Sterne **26** 36—37. — Beobachtungen in Sonneberg.

W. Suchow, T. Schpagina, W. Loschakowa, K. Kawrajskaja, A. Susslow, W. Scharonow, Beobachtungen der Mondfinsternis vom 6./7. Oktober 1949 am Astronomischen Observatorium der Universität Leningrad. Astr Circ UdSSR Nr. 101—102 S. 11—17 (russisch). — Kraterantritte, Helligkeit der Mondscheibe, Beleuchtung der Erde, Integralhelligkeit des Mondes, photometrische Beobachtungen.

V. Tshernov, Observations de l'éclipse totale de lune du 7 octobre 1949. — Gaz astr **32** 84—85. — Beobachtungen in Saporoshe.

W. F. Tschistjakow, W. M. Tschernow, Beobachtungen der totalen Mondfinsternis vom 7. Oktober 1949. Priroda **39** Nr. 4 S. 43—44 (russisch).

S. K. Wsechswjatskij, Beobachtungen der Mondfinsternis vom 7. Oktober 1949. Publ. Astr. Obs. Kiew Nr. **4** S. 97—100 (russisch). — Kontakte, Kraterantritte, Integralhelligkeiten.

BSAF **64** 78—82, mit 2 Fig. L'éclipse totale de lune du 6—7 octobre 1949.

7349. **Mondfinsternis 1949 Dezember 18—19**

J. Dubois, L'éclipse de lune des 18—19 décembre 1949. Ciel et Terre **66** 36—38, mit 1 Fig.

7350. Mondfinsternis 1950 April 2

G. Adamopoulos, Total eclipse of the moon (2. April 1950). National Obs. Athen Bull. Astr. Inst. 1950 S. 21.

H. Andrillat, Spectre infra-rouge de la lune éclipsée lors de l'éclipse totale du 2 avril 1950. JO **33** 71—72, mit 2 Fig. = Publ. Obs. Lyon (1) **5** fasc. 14.

I. S. Astapowitsch, Die Mondfinsternis 1950 April 2. Astr Circ UdSSR Nr. 103—104 S. 3—8 (russisch). — Beobachtungen (Kontakte, Kraterantritte, Sternbedeckungen, Photometrierung, Halbschatten, Farbe) in Aschchabad.

A. T. G. Brito, Lunar eclipse observed. Sky and Telescope **9** 202.

A. Colacevich, Spettrofotometria della eclisse totale di luna del 2 Aprile 1950. Mem SA It (NS) **21** 329—332, mit 1 Fig = Oss. Astr. Capodimonte-Napoli Contr. Astr. (2) **4** Nr. 8. — Verf. bestimmt den Intensitätsverlauf im Zentrum der Mondscheibe bei 4000 Å und 7000 Å. Das Vorhandensein der Ozonbande um 6000 Å wird bestätigt. F. Z.

S. Drosdow, Die Mondfinsternis vom 2.—3. April 1950. Astr Circ UdSSR Nr. 101—102 S. 10—11 (russisch). — Beobachtungen in Poltawa.

O. Engelstoft, Fotografiske Iagttagelser af Formörkelsen den 2. April. Urania Kopenhagen **7** 71—72, mit 2 Abb.

V. Tshernov, Observations de l'éclipse totale de lune du 2 avril 1950. Gaz astr **32** 96—97. — Beobachtungen in Saporoshe.

S. K. Wsechswjatskij, Beobachtungen der Mondfinsternis vom 2. April 1950. Astr Circ UdSSR Nr. 103—104 S. 8—10 (russisch). — Beobachtungen (Integralhelligkeiten, Kraterantritte) in Kiew.

Astr Circ UdSSR Nr. 100 S. 6—14 (russisch). Beobachtungen der totalen Mondfinsternis vom 2. April 1950. — Beobachtungen vom L. Fjodorow (Kasan), W. M. Tschernow (Saporoshe), W. F. Rogatschenko (Lwow, Lemberg), A. Kawerin (Irkutsk), W. Teifel (Scherbakow).

Astr. Nachr. Berlin-Treptow **2** Nr. 5 S. 2—3. E. Mädlow. Vorläufige Beobachtungsergebnisse.

BSAF **64** 164—168, mit 1 Fig. L'éclipse totale de lune du 2 avril 1950. J. Dubois, C. Roques, E. Roques, J. Roques.

BSAF **64** 210—212, 252—254, 313—316, 361, mit 1 Fig. L'éclipse totale de lune du 2 avril 1950.

Gaz astr **32** 22—23. L'éclipse totale de lune du 2—3 avril 1950. A. Dermul, L. Michiels, L. Andrenko. — Beobachtungen in Antwerpen und Überlingen.

NAZ **4** 30. J. Herrmann. — Beobachtung in Reutlingen.

Sterne **26** 127—128. Totale Mondfinsternis 1950 April 2. — Beobachtungen in Hannover.

Urania Kopenhagen **7** 70—71. Maaneformörkelsen d. 2. April 1950. — Kontakte.

7351. Mondfinsternis 1950 September 26

G. Adamopoulos, Total eclipse of the moon (26. September 1950). National Obs. Athen Bull. Astr. Inst. 1950 S. 52.

J. Cuffey, Photoelectric measures of the eclipse. Sky and Telescope **10** 12—13, mit 2 Fig. — Ref. in Sternenwelt **3** 71, mit 1 Abb.

S. Drosdow, W. E. Stepanow, W. M. Tschernow, Beobachtungen der totalen Mondfinsternis vom 26. September 1950. Astr Circ UdSSR Nr. 106 S. 8—11. — Beobachtungen in Poltawa, Lemberg, Saporoshe.

S. K. Wsechswjatskij, Beobachtungen der Mondfinsternis vom 26. September 1950. Astr Circ UdSSR Nr. 107 S. 5—6 (russisch).

BSAF **64** 457—458, mit 5 Fig. L'éclipse totale de lune du 26 septembre 1950. J.-P. Combaz, J. Dubois, F. Poumeyrol.

Coelum **18** 153, mit 8 Aufnahmen auf Tafel neben S. 141. L'ecclisse lunare del 26 settembre 1950 fotografata a Pordenone.

Sky and Telescope **10** 11—12, mit 2 Fig. Eclipse headlines.

Sternbedeckungen

7352. **A. W. J. Cousins, R. Guelke,** A photoelectric observation of an occultation of Antares. MN ASSA **9** 36—37, mit 1 Fig. — Besprechung in Irish AJ 1 132.

7353. **R. A. Hirvonen,** Sternbedeckungen durch den Mond. Sternenwelt 2 173—175, mit 3 Abb. — Anregung zur Beobachtung.

7354. **F. M. McBain,** Discussion of occultations observed in 1946. AJ **55** 47—48, mit 1 Fig.

* * **J. Ueta,** The effect of the plumb line deviation in longitude on the observation of occultations and transits by the moon. Vgl. Ref. **3212.**

7355. **Vorausberechnungen**

BSAF **64** 44, 86, 131, 219, 263, 319—320, mit 1 Fig., 323, 367, 455, 499.

Ciel et Terre **66** 54–55, 111, 112, 163, 164, 210, 211–212, 246–247, 248, 278—279, 280. G. Coutrez.

El Universo **48** Nr. 12 S. 25, Nr. 13 S. 99, Nr. 14 S. 130, 131.

Hemel en Dampkring **47** 39, 80, 118, 138, 158, 179, 220 (1949). — An- und Austritte für Utrecht.

Hemel en Dampkring **48** 37—39, 79, 113, 140, 156—159, 177—180, 218—220, dazu Berichtigung S. 200. A. Mak, P. Noomen, B. T. Perdijk. — An- und Austritte für Utrecht.

NAT **1950** 104—106. Måneokkultationer 1951, beregnet for Köbenhavn. 26. Liste.

National Obs. Athen Bull. Astr. Inst. 1950 S. 38 — 40. Predictions of lunar occultations for 1951 visible at Athens, supplied by H. M. Nautical Almanac Office-London.

Pop Astr **58** 29—30, 83—84, 128, 180—181, 232—233, 297—298, 343—345, 396—397, 454, 503—504. Occultation predictions for February 1950 — January 1951.

Publ ASP **62** 11—12. — Vorausberechnung der Bedeckungen von 23 Tau, η Tau, α Vir.

Rocznik Astr. Obs. Krakowskiego 1950, Suppl. Internationale Nr. **21**, S. 85—87. Occultationes de estrellas per luna. — Vorausberechnungen für Poznania, Wroclawia, Torunia, Krakowa, Warszawy.

Sky and Telescope **9** 72, 97, 125, 148, 258, 282, 308, **10** 22, 47. Occultation predictions.

Sternenwelt **2** 20, 48, 71, 94. — Vorausberechnung 1950 Feb.—Juni für Berlin-Babelsberg, Frankfurt a. M. und München.

Supplements to the Japanese Ephemeris for 1951. Lunar occultations, 7 S. — Elemente, Ein- und Austritte für Sapporo, Aomori, Sendai, Tokyo, Kanazawa, Nagoya, Kyoto, Kochi, Hiroshima, Fukuoka, Kagoshima.

7356. **Beobachtungen und Reduktionen**

AJ **55** 135—137 = Observatorio de Cordoba Tirada Aparte Nr. **45.** Occultations of stars by the moon observed during the years 1948 and 1949. A. Völsch. — Beobachtungen in Cordoba und von F. Weber in Blumenau (Brasilien).

AJ **55** 137—138. Occultations of stars by the moon observed during 1948 and 1949 with the 8-inch equatorial at South Hadley, Mass. A. H. Farnsworth, K. P. Tinker. — Beobachtungen in South Hadley, Mass.

AN **278** 272. Sonneberg 1949. P. Ahnert, C. Hoffmeister, E. Rohlfs, H. Schneller.

Astr Circ UdSSR Nr. 96—97 S. 6 (russisch). Beobachtungen von Sternbedeckungen. M. N. Balaschowa, N. T. Iljassowa. — Kasan 1949.

Astr Circ UdSSR Nr. 98—99 S. 16 (russisch). Beobachtungsergebnisse von Sternbedeckungen. I. N. Jasew. — Irkutsk 1949.

Astr Circ UdSSR Nr. 100 S. 19—21. S. T. Chabibullin. — Kasan 1941—1950 April.

Astr Circ UdSSR Nr. 100 S. 21. N. Skripka. — Irkutsk 1950 Jan. — März.

Astr Circ UdSSR Nr. 100 S. 22. B. N. Turnstein. — Taschkent 1949—1950 März.

Astr Circ UdSSR Nr. 103—104 S. 6. I. S. Astapowitsch. — Beobachtung einer Sternbedeckung in Aschchabad während der Mondfinsternis 1950 April 2.

Astr Circ UdSSR Nr. 103—104 S. 24—25. Beobachtungen von Sternbedeckungen. A. Kawerin. — Irkutsk 1941—1942.

Astr Circ UdSSR Nr. 103—104. S. 25. Beobachtungen von Sternbedeckungen. N. Skripka. — Irkutsk 1950 April—Mai.

Astr Circ UdSSR Nr. 106 S. 11—12. Beobachtungen von Sternbedeckungen. S. T. Chabibullin. — Kasan 1950 April—Sept.

Astr Circ UdSSR Nr. 106 S. 12—13. Beobachtungen der Plejadenbedeckung vom 30. September 1950 in Aschchabad. J. F. Sadykow.

Astr Circ UdSSR Nr. 106 S. 13. Beobachtungen von Sternbedeckungen. N. B. Jelenewskaja. — Lemberg 1950 Aug.—Sept.

Astr Circ UdSSR Nr. 106 S. 13—14. Die Plejadenbedeckung. A. M. Bacharew, A. J. Filin. — Stalinabad 1950 Sept. 30.

BAC **2** 46—47. Observations and reductions of occultations observed at the University Observatory Prague in 1947—48. M. Plavec.

BAC **2** 47—48. Observations of occultations made at the Ondřejov Observatory in the year 1949. V. Guth.

BSAF **64** 99. H. d'Halluin. — Beobachtung der Bedeckung von α Vir.

BSAF **64** 234. Occultations d'étoiles par la lune observées en 1949. H. d'Halluin.

Circ. Astr. Obs. Charkow Nr. **4** S. 35 (russisch). Beobachtungen von Sternbedeckungen im Jahre 1949. S. I. Bruk.

El Universo **48** Nr. 14 S. 129—130. Ocultaciones de las Pléyades en 1950. — Beobachtungen 1950 Jan. 27 am Observatorium «Nicolás Copérnico».

JBAA **60** 102—105. Reduction of occultation observations, 1945—46. J. G. Porter.

J. Proc. Roy. Soc. New South Wales **83** 64—65 = Sydney Obs. Papers Nr. **9**. Occultations observed at Sydney Observatory during 1948. W. H. Robertson.

Mem SA It (NS) **21** 11—19 = Oss. Astr. Roma-Monte Mario Contr. Sci. Nr. **156**. Occultazioni lunari osservate nel 1949. G. Armellini Conti.

Mem SA It (NS) **21** 105—118 = Contr. Oss. Astr. Torino (NS) Nr. **16**. Osservazioni di comete, piccoli pianeti e varie (1942—1948). G. Cecchini, A. Fresa, E. Tedeschini, A. M. Vergnano.

MN **110** 260—261. Occultations of stars by the moon observed at the Nizamiah Observatory, Hyderabad, during the year 1949. M. Ghouse, C. H. Rao.

MN ASSA **9** 56. Occultations on 1950 June 27. A. W. J. Cousins, R. Guelke.

NAT **1950** 28. Observationer af måneokkultationer. — 1949 Jan. 9 — Dez. 31.

NAZ **4** 3, 18, 26. W. Malsch. — Karlsruhe 1949—1950.

NAZ **4** 25—26. H. G. Beck, I. Gurth, K. Güssow. — Jena 1949—50.

Orion Schaffhausen **3** 95. Occultation des Pléïades du 23 mars 1950. A. Herrmann.

Publ. Astr. Obs. Kiew Nr. **3** S. 99—100 (russisch). Beobachtungen von Sternbedeckungen am Astronomischen Observatorium Kiew 1947. A. A. Jakowkin.

RH **31** 170 (tschechisch). Beobachtungen von Sternbedeckungen im März 1950 auf der Volkssternwarte in Prag-Petřín. A. Paroubek.

Union Circ **5** 354—358. Occultations of stars by the moon, 1949. E. L. Johnson, J. A. Bruwer, W. H. van den Bos.

7357. Bedeckungen von Planeten

Mars

Astr Circ UdSSR Nr. 103—104 S. 24 (russisch). Die am Tage beobachtete Marsbedeckung vom 26. Mai 1950. K. K. Kaltschajew. — Aschchabad.

Mondformationen

7358. **L. M. Granderye,** Hechos, observaciones, experimentos y estadísticas, que han permitido exponer una nueva teoría selenológica y selenográfica. Urania Barcelona **35** 159—169, mit 8 Fig. — Einige statistische Untersuchungen über Abmessungen und Proportionen der Mondkrater und deren experimentelle Nachahmung mittels in Aufschlämmungen aufsteigender Luftblasen dienen als Grundlage für eine Hypothese über die Entstehung des Erdmondes und seiner Formationen: Bei der fraktionierten Kondensation der Erdmaterie soll das Wasser die bereits verfestigten Bestandteile ausgelaugt haben, wodurch sich Schlamm-Massen bildeten, die bei Berührung mit Natrium- und Leichtmetallvorkommen heftige Explosionen hervorriefen. Bei einer solchen soll auch der Mond als schlammige Masse ausgeworfen worden sein. Die Bildung der Formationen wird im wesentlichen durch ähnliche Explosionen wie auch vor allem durch Austrocknung des Schlammes erklärt, wobei stellenweise Salzablagerungen als helle Kratergründe und Strahlen zurückblieben. Gü.

7359. **W. H. Haas,** Recent designation of lunar formations. Pop Astr **58** 472—473. — Enthält Liste neuer Namen auf der Mondkarte von H. P. Wilkins.

7360. **M. Hoyaux,** Les cratères de la lune sont-ils d'origine météoritique ? Ciel et Terre **66** 121—128. — Inhalt: 1. Introduction et généralités. 2. Distribution des cratères à la surface de la lune. 3. Aspect télescopique des cratères. 4. Le dôme ou «piton» central. 5. Formations sous-jacentes — Cratères fossiles. 6. Forme et dimensions des cratères. 7. Cratères à rayonnements. 8. Formations non cratériformes. 9. L'atmosphère lunaire. 10. Origine des météorites. 11. Conclusions.

7361. **L. LaPaz,** The craters on the moon. Strolling Astronomer **4** Nr. 2 S. 9—10, Nr. 3 S. 2—3.

7362. **H. de Meyer,** Maanreis in en om de Mare Imbrium. Heelal **6** 1—11, mit 6 Abb. — Fortsetzung von AJB **49** Ref. **7357.**

7363. **A. Paluzíe Borrell,** Formaciones lunares con nombres españoles. Urania Barcelona **35** 72—87, mit 13 Fig.

7364. Mitteilungen über Mondformationen

Ciel et Terre **66** 39—41, mit 2 Fig. L'observation lunaire par l'amateur. L. Michiels. — Betrifft Bessel, Bessarion E und Eimmart.

DOB **1950** 8 (Annexe), mit 3 Fig. Résultats d'observations d'objets lunaires pendant l'éclipse du 6—7 octobre 1949. Cirque Atlas. C. Roques, E. Roques, J.-M. Roques.

DOB **1950** 47—48, mit 1 Fig. Phénomène de lueur temporaire à la surface de la lune. A. Hestin.

Hemel en Dampkring **48** 195. Een maancircus genoemd naar Russell W. Porter. — Benennung des Mondkraters Clavius B.

JBAA **60** 56—57, mit 1 Fig. The floor of Plato (1944—49). H. P. Wilkins.

JBAA **60** 84—85, mit 1 Fig. The lunar crater Hippalus A. P. A. Moore.

JBAA **60** 162—165, mit 4 Fig. Lunar crater – chains. D. W. G. Arthur.

JBAA **60** 167—168, mit 1 Fig. The Mare Humorum. A. P. Lenham.

JBAA **60** 250—251, mit 1 Tafel. The Serpentine Valley near Herodotus. H. P. Wilkins.
Mem BAA **36** Part 3, 43 S. mit 7 Fig. und 6 Tafeln. Section for the observation of the moon. Eleventh report of the Lunar Section. H. P. Wilkins.
Orion Schaffhausen **3** 165. Cirque lunaire Atlas.
Sky and Telescope **9** 96, mit 1 Fig. Sunrise on Plato. J. W. Graham.
Sky and Telescope **9** 202, mit 1 Fig. More on Plato. J. W. Graham.
Strolling Astronomer **4** Nr. 2 S. 1, mit 1 Fig. Lunar crater Conon. E. J. Reese.
Strolling Astronomer **4** Nr. 2 S. 11—15. Mars, Saturn, and crater Conon.
Strolling Astronomer **4** Nr. 3 S. 7—13. About the moon and Mars.
Strolling Astronomer **4** Nr. 4 S. 7—13. The moon and Saturn.
Strolling Astronomer **4** Nr. 5 S. 1, mit 2 Fig. Crater Conon. E. J. Reese. Crater Plato. E. K. White.
Strolling Astronomer **4** Nr. 5 S. 9—11. Some lunar affairs.
Strolling Astronomer **4** Nr. 7 S. 6—9. Some lunar observations.
Strolling Astronomer **4** Nr. 7 S. 13, mit 1 Fig. H. P. Wilkins 300-inch map of the moon.
Strolling Astronomer **4** Nr. 9 S. 1, mit 3 Fig. Aristarchus. E. J. Reese. Plato. H. G. Allen.
Strolling Astronomer **4** Nr. 9 S. 8—14 Concerning Mars, Saturn, and the moon.
Strolling Astronomer **4** Nr. 10 S. 7—12. Some observations and some comments.
Strolling Astronomer **4** Nr. 10 S. 15, mit 1 Fig. Frontispiece and four corner sections of H. P. Wilkins 300-inch map of the moon.
Strolling Astronomer **4** Nr. 11 S. 5—11. Observations and comments.
Strolling Astronomer **4** Nr. 11 S. 12—14. Searches for eclipse-caused changes.
Strolling Astronomer **4** Nr. 11 S. 15, mit 1 Fig. Section I of H. P. Wilkins 300-inch map of the moon.
Strolling Astronomer **4** Nr. 12 S. 1—13, mit 6 Fig. Maedler's square. A study in lunar paradox. J. C. Bartlett jr.
Strolling Astronomer **4** Nr. 12 S. 15, mit 1 Fig. Section II of H. P. Wilkins 300-inch map of the moon.

§ 74

Mars

7401. Astrometrische Beobachtungen

TAB (2) Nr. **23** S. 169—172. Vgl. Ref. **7301**.
TAB (2) Nr. **24** S. 173—176. Vgl. Ref. **7301**.
TAB (2) Nr. **28** S. 201—205. Vgl. Ref. **6001**.

7402. Physische Beobachtungen

BSAF **64** 428—432, mit 14 Zeichnungen. G. de Mottoni.
J. British Interplanetary Soc. **9** 280. A large cloud on Mars.
National Obs. Athen Bull. Astr. Inst. 1950 S. 24—25, mit 7 Fig. Mars-apparition of 1950. J. E. Focas.
Orion Schaffhausen **3** 101. Beobachtung der Konjunktion Mars/Saturn vom 30. Nov./1. Dez. 1949. W. Maurer.
Orion Schaffhausen **3** 130—134, mit 8 Fig. Mars. M. du Martheray.
RH **31** 182—186, mit 5 Abb. (tschechisch). Observations of Mars at the Observatory Prague-Petřín. J. Sadil. — Bearbeitung der Beobachtungen, aus-

geführt von Mitgliedern der Tschechoslowakischen Astronomischen Gesellschaft in Prag im Jahre 1950. J. B.

Sterne **26** 123—124, mit 1 Abb. Filterbeobachtungen am Mars. G. D. Roth. — Farbschätzungen des Marsdetails.

Strolling Astronomer **4** Nr. 1 S. 8—13. Mars and Saturn.

Strolling Astronomer **4** Nr. 2 S. 1, mit 4 Fig. Mars. D. O'Toole, T. R. Cave, E. E. Hare, W. H. Haas.

Strolling Astronomer **4** Nr. 2 S. 11—15. Mars, Saturn, and crater Conon.

Strolling Astronomer **4** Nr. 3 S. 1, mit 6 Fig. Mars. E. E. Hare, T. Saheki, L. T. Johnson, T. R. Cave.

Strolling Astronomer **4** Nr. 3 S. 7—13. About the moon and Mars.

Strolling Astronomer **4** Nr. 4 S. 1, mit 4 Fig. Mars. P. D. Bevis, S. Ebisawa, W. H. Haas.

Strolling Astronomer **4** Nr. 4 S. 13—15. Mars near opposition.

Strolling Astronomer **4** Nr. 5 S. 1, mit 3 Fig. Mars. T. R. Cave, Winterberg, F. E. Brinckman.

Strolling Astronomer **4** Nr. 5 S. 11—15. Mars in February, March, and April.

Strolling Astronomer **4** Nr. 6 S. 1, mit 2 Fig. Mars. E. E. Hare, W. H. Haas.

Strolling Astronomer **4** Nr. 6 S. 11—15. Polar caps and clouds on Mars.

Strolling Astronomer **4** Nr. 7 S. 1, mit 5 Fig. Mars. E. J. Reese, S. Murayama, T. Saheki, D. O'Toole.

Strolling Astronomer **4** Nr. 7 S. 9—12. Mars in the spring of 1950.

Strolling Astronomer **4** Nr. 8 S. 1, mit 3 Fig. Mars. E. E. Hare, T. Saheki.

Strolling Astronomer **4** Nr. 8 S. 11—15. Mars and Saturn in May—July, 1950.

Strolling Astronomer **4** Nr. 9 S. 8—14. Concerning Mars, Saturn, and the moon.

Strolling Astronomer **4** Nr. 10 S. 1, mit 3 Fig. Mars. W. H. Haas, M. B. B. Heath, S. Murayama.

Strolling Astronomer **4** Nr. 10 S. 7—12. Some observations and some comments.

Strolling Astronomer **4** Nr. 11 S. 1, mit 2 Fig. Mars. S. Ebisawa.

Strolling Astronomer **4** Nr. 11 S. 5—11. Observations and comments.

7403. **J. C. Bartlett jr.,** Principles of environmental adaption as applied to possible lunar plants. Strolling Astronomer **4** Nr. 1 S. 1—4, Nr. 2 S. 2—4, Nr. 4 S. 2—6, Nr. 11 S. 5—6.

7404. **P. Becquerel,** Nouvelles possibilités expérimentales de la vie sur la planète Mars. BSAF **64** 351—355.

7405. **F. J. Escalante,** Marte en 1950. El Universo **48** Nr. 14 S. 125—126, mit 1 Fig. (wird fortgesetzt).

7406. **W. G. Fessenkow,** Über das Vorkommen offener Wasserflächen auf dem Mars. Vgl. AJB **49** Ref. **7406**. — Besprechung in Irish AJ **1** 135.

7407. **G. Fournier,** Le nouveau retour de Mars. BSAF **64** 13—18, mit 4 Fig.

7408. **G. Fournier,** A propos de Mars. BSAF **64** 287.

7409. **G. Fournier,** La planète Mars en 1950. BSAF **64** 427.

7410. **G. A. W. C. van Hemert tot Dingshof,** De internationale Mars-campagne. Hemel en Dampkring **48** 58—59.

7411. **S. L. Hess,** The project on planetary atmospheres at the Lowell Observatory. AJ **55** 73—74. — Ref. AAS. — Die aus radiometrischen Beobachtungen abgeleitete Temperaturverteilung und die Beobachtung von 18 Wolkendriften weisen auf gewisse atmosphärische Ähnlichkeiten mit der Erde hin. Loh.

7412. **S. L. Hess,** Some aspects of the meteorology of Mars. J. Meteorology **7** 1—13, mit 11 Fig. = Contr. Planet. Atmosph. Lowell Obs. Nr. **5**. — Ref. in BSAF **64** 317. — Nach einer Beschreibung wichtiger Beobachtungsdaten des Mars diskutiert Verf. die wahrscheinliche vertikale Struktur der Marsatmosphäre aufgrund der Vorstellung eines Strahlungsgleichgewichts in der Stratosphäre und eines nahezu konvektiven Gleichgewichts in der Troposphäre. Die angenommene Temperatur der Tropopause ist niedrig genug, um die Kondensation von CO_2 zu verursachen und so die blauen Marswolken zu erklären. Radiometrische Temperaturbeobachtungen werden zur Ableitung des Temperaturfeldes auf der Marsoberfläche verwandt und zusammen mit beobachteten Wolkendriften daraus die großräumige atmosphärische Zirkulation bestimmt. Mit der terrestrischen Zirkulation werden große Ähnlichkeiten gefunden, doch kommen Unterschiede vor, die diskutiert werden. Verf. (übersetzt)

7413. **S. L. Hess,** Some meteorology of Mars. The distribution of Mars' temperature and its atmospheric circulation. Sky and Telescope **9** 155—157, mit 3 Fig. — Ref. in PAT **32** 64—65, mit 2 Fig.

7414. **W. Lohmann,** Neuere Marsforschungen. Naturwiss. Rundschau **3** 156—161, mit 3 Abb. — Allgemeinverständliche Behandlung.

7415. **E. J. Öpik,** Mars and the asteroids. Irish AJ **1** 22—24 = Armagh Obs. Leaflet Nr. **3**. — Ref. in Sternenwelt **2** 209 unter dem Titel: Explosion auf Mars? — Stellungnahme zu der am 16. Januar 1950 gemeldeten «Explosion» auf Mars.

7416. **E. Pettit,** Photographing Mars. AJ **55** 77—78. — Ref. AAS. — Besprechung in BSAF **64** 317, PAT **32** 63—64.

7417. **D. de Potter,** De planeet Mars. Heelal **6** 33—48 und Umschlagseite S. 1, 3—4, mit 8 Fig.

7418. **W. Rabe,** Mars-Oppositionen. Sternenwelt **2** 55—58, mit 7 Abb.

7419. **W. Rabe,** Der Planet Mars. Sternenwelt **2** 82—86, 100—103, mit 13 Abb.

7420. **C. von Regel,** Pflanzenleben auf dem Mars? Weltraumfahrt **1** 139—140. — Bericht über Arbeiten vornehmlich von Tichow.

7421. **D. W. Rosebrugh,** How narrow a line can we see on Mars? Strolling Astronomer **4** Nr. 5 S. 4—8. — Besprechung in Sky and Telescope **9** 215.

7422. **P. M. Ryves,** Cloud formation on Mars. JBAA **60** 146. — Bericht über eine Beobachtung von T. Saheki bei Osaka am 16. Januar 1950.

7423. **N. N. Sytinskaja,** Über die Anwesenheit von Wasser auf dem Mars. Nachr. Akad. Wiss. kasach. Sowjetrepublik Nr. **90** (astrobotanische Serie, Heft 1—2) S. 82—91 (russisch).

7424. **C. W. Tombaugh,** Geological interpretations of the markings on Mars. AJ **55** 184. — Ref. AAS. — Ref. in Sternenwelt **3** 71.

7425. **C. W. Tombaugh,** Geological interpretations of the markings on Mars. Strolling Astronomer **4** Nr. 10 S. 5—6.

7426. **H. C. Urey,** The structure and chemical composition of Mars. Phys. Rev. (2) **80** 295. — Der kleinere, aber wahrscheinlichere Wert für den Marsradius von Trümpler (0.521) ist ein Hinweis dafür, daß Mars eine in hohem Maße uniforme Zusammensetzung besitzt. Wahrscheinlich ist das auch früher bei der Erde der Fall gewesen, doch wurde hier durch genügend hohe Temperaturen und Konvektion Eisen geschmolzen und im Kern angereichert, bei Mars infolge ungenügender Temperatur hingegen nicht. Eine ausführliche Mitteilung hierüber wird angekündigt. Loh.

7427. **G. de Vaucouleurs,** The Planet Mars. London, Faber & Faber, Ltd., 1950. 87 S. mit 5 Fig. und 5 Tafeln. Preis $ 2.00 bzw. 10 s. 6 d. net. Übersetzung aus dem Französischen von P. A. Moore. — Besprechung in Irish AJ 1 124—125 (W. G. Guthrie), JBAA **61** 27—28, J. British Interplanetary Soc. **9** 298—299, J RAS Canada **44** 202—203, Publ ASP **62** 232—234 (E. Pettit), Sky and Telescope **9** 168, 250—251 (G. P. Kuiper), Strolling Astronomer **4** Nr. 6 S. 6—7.

7428. **H. B. Webb,** Telescopic Observations of Mars. Long Island, N. Y., Selbstverlag des Verfassers, 1949. 60 S. Preis $ 2.50. — Besprechung in J. British Interplanetary Soc. **9** 208—209.

7429. On the constitution of Mars. Vgl. AJB **49** Ref. **7404**. — Besprechung dieser Arbeit von K. E. Bullen in Nature **166** 224.

7430. The density and structure of the Martian atmosphere. Irish AJ 1 133—134. — Kurzer Bericht über einige neuere Arbeiten.

7431. Martian geology. Sky and Telescope **9** 272. — Ref. AAS.

7432. Irish Astronomical Journal and clouds on Mars. Sky and Telescope **9** 273.

7433. A new theory of Mars. Southern Stars **14** 134—135.

* * Aspetti attuali di Saturno e di Marte. Vgl. Ref. **7708**.

§ 75

Kleine Planeten

7501. Minor Planets for 1951. Opposition Ephemerides. Published under the auspices of the International Astronomical Union by the Cincinnati Observatory, 1950. 2 + 110 S. — Enthält Oppositionsdaten und Ephemeriden von 1214 Kleinen Planeten, die 1951 in Opposition kommen.

7502. Ephemeriden Kleiner Planeten für das Jahr 1951. Herausgegeben vom Institut für theoretische Astronomie der Akademie der Wissenschaften der UdSSR. Moskau-Leningrad, Verlag Akad. Wiss. UdSSR, 1950. 134 S. (russisch).

7503. **P. Sconzo,** Cálculos de perturbaciones y efemérides de planetitas para 1951. Publ. Obs. Astr. La Plata Circ. Nr. **7**. — Ergebnisse der Störungs- und Ephemeridenrechnungen für eine Anzahl Kleiner Planeten (Beitrag zu «Minor Planets for 1951») und der Bahnbestimmungen der nicht identifizierten Objekte, die im Jahre 1950 an der Sternwarte La Plata entdeckt wurden. Sconzo

7504. Efemerides de 79 asteroides para 1951. Calculadas en el Seminario de Astronomia y Geodesia de la Facultad de Ciencias de la Universidad de Madrid. Urania Barcelona **35** 38—46 = Publ. Sem. Astr. Geod. Univ. Madrid Nr. **4**.

* * **N. Boneff,** La théorie des marées, le mythe du déluge et la duplicité d'Eros. Vgl. Ref. **4302**.

7505. **D. Brouwer,** Families of minor planets and related distributional problems. AJ **55** 162—163. — Die Verteilung der Kleinen Planeten 1—782 und, getrennt davon, 783—1563 nach ihrer mittleren Bewegung zeigt, daß im allgemeinen die Leuchtkraftfunktion für verschiedene Teile des Rings dieselbe ist, daß es aber für zwei Gruppen Ausnahmen gibt. Eine Neuberechnung der

Eigenelemente mit den Säkularstörungen der Großen Planeten von Woerkom hat die Ergebnisse Hirayamas bestätigt und den einzelnen Familien viele neue Mitglieder hinzugefügt. Die Streuung der Eigenelemente innerhalb einer Familie läßt die Geschwindigkeit abschätzen, mit der die Bruchstücke aus dem Urkörper ausgebrochen sind. Weitere Bemerkungen befassen sich mit der Erweiterung der Arbeiten Hirayamas in mehreren Richtungen und bringen Ergebnisse hierzu. Einzelheiten sind einer in Vorbereitung befindlichen Arbeit vorbehalten. Böh.

* * **E. Delano,** The lunar equation from observations of Eros, 1930—1931. Vgl. Ref. 7306.

7506. **M. A. Dīriķis,** Die Vorausberechnung des Oppositionsdatums Kleiner Planeten. Publ. Inst. Phys. Math. Riga Nr. 1 S. 109—117, mit 1 Abb. (russisch mit lettischer Zusammenfassung). — Verf. berechnet einige Tabellen, welche die Vorausberechnung des Oppositionsdatums erleichtern und rechnet ein Beispiel durch. Loh.

7507. **M. A. Dīriķis,** Über die Berechnung der Variationen in den Ephemeriden der Kleinen Planeten. Publ. Inst. Phys. Math. Riga Nr. 1 S. 125—128 (russisch mit lettischer Zusammenfassung). — Formeln und Beispiel.

7508. **M. A. Dīriķis, I. A. Kurzemniece,** Bahnverbesserung des Kleinen Planeten (1177) Gonnessia. Publ. Inst. Phys. Math. Riga Nr. 1 S. 129—133 (russisch mit lettischer Zusammenfassung).

7509. **M. A. Dīriķis,** Bahnverbesserung des Kleinen Planeten (1390) 1935 TA. Publ. Inst. Phys. Math. Riga Nr. 2 S. 132-135 (russisch mit lettischer Zusammenfassung). — Ref. in Astr. News Letter Nr. 57 S. 14.

7510. **P. M. Djurković,** Identification d'un astéroïde inconnu X avec la petite planète connue P. Publ. Obs. Astr. Belgrade Mém. **5** 5—10, mit 2 Fig. — Zur Identifikation eines unbekannten mit einem bekannten Kleinen Planeten wird die Gleichung benutzt $R/r \sin(\Omega - L) = [\cos i + \operatorname{cotg} \beta \sin i \sin(\Omega - \lambda)] \sin(\omega + \nu) = 0$, worin λ, β Länge und Breite des unbekannten Objekts, L und R die Sonnenkoordinaten und die anderen Größen Bahnelemente des bekannten Planeten bedeuten. Mehrere Beispiele, eines davon ausführlich, erläutern das Verfahren, das nur bei halbwegs gesicherten Bahnelementen brauchbar ist. Böh.

7511. **R. L. Duncombe, M. S. Davis,** General perturbations and orbit correction of (185) Eunike. AJ **55** 133—135.

* * **H. Eichhorn,** Johann Palisa und die Kleinen Planeten. Vgl. Ref. 1019.

7512. **P. Herget,** Rectangular coordinates of Ceres, Pallas, Juno, Vesta 1920—1960. Washington, Astr. Papers prepared for the use of the American Ephemeris and Nautical Almanac **11** 521—587.

7513. **P. Herget,** Current minor planet problems. AJ **55** 165.

7514. **P. Herget,** Reports on the progress of astronomy: Minor planets. MN **110** 167—169.

7515. **W. P. Hirst,** Object Johnson — a fast-moving asteroid. MN ASSA **9** 47—48. — 1950 KA.

7516. **W. P. Hirst,** Object Johnson 1950 KA. MN ASSA **9** 82—83.

7517. **D. Kalniņa, O. Sizova,** Absolute Störungen des Planeten 127 Johanna. Publ. Inst. Phys. Math. Riga Nr. 2 S. 136—142 (russisch mit lettischer Zusammenfassung). — Ref. in Astr. News Letter Nr. 57 S. 14—15.

7518. **A. König, K. Reinmuth,** Nachweis der Beobachtungen und Berechnungen Kleiner Planeten 1939—1946. Veröff. Astr. Rechen-Institut Heidelberg Nr. 2, 69 S. — Besprechung in Mem SA It (NS) **21** 265—266 (C. Lombardi).

7519. **A. Kopff,** Zur Bearbeitung der Kleinen Planeten. NAZ **4** 41—42.

* * **W. Lindemann,** Robert Luther und die Düsseldorfer Planetoiden. Vgl. Ref. 1032.

7520. **J. G. Porter,** The minor planets. JBAA **61** 4—15, mit 3 Fig. — Präsidialansprache bei der Jahresversammlung der British Astronomical Association.

7521. **I. I. Putilin,** Secular perturbations of the asteroid (1036) Ganymed arising from the action of Saturn. AJ **55** 62—63.

7522. **I. I. Putilin,** Die Bahn des Kleinen Planeten 1036 Ganymed. Teil III. Die säkularen Störungen von Jupiter und Saturn. BIA **4** 362—367 (russisch). — Ref. in Astr. News Letter Nr. **52** S. 11. — Die säkularen Störungen werden für das Argument exzentrische Anomalie tabuliert. T. L.

7523. **I. I. Putilin,** Die Bahn des Kleinen Planeten 1036 Ganymed. Teil IV. Bearbeitung der Beobachtungen der Oppositionen 1946 und 1947—1948. BIA **4** 368—374 (russisch). — Ref. in Astr. News Letter Nr. **52** S. 12. — Am Beispiel von Ganymed, bei dem 74 Beobachtungen der genannten Jahre zu fünf Normalörtern zusammengefaßt werden, behandelt Verf. das Problem der Bildung von Normalörtern und stellt für Beobachter und Rechner bestimmte Regeln und Hinweise auf. T. L.

7524. **I. I. Putilin,** Neue Kleine Planeten der Jupitergruppe. Priroda **39** Nr. 9 S. 43—44 (russisch).

7525. **I. I. Putilin,** Kleine Planeten und Meteorite. Priroda **39** Nr. 12 S. 38—39 (russisch).

* * **E. Rabe,** Derivation of fundamental astronomical constants from the observations of Eros during 1926—1945. Vgl. Ref. 3120.

7526. **H. S. Rice,** Asteroid notes. Pop Astr **58** 28—29, 83, 127, 231—232, 296, 342—343, 453, 502—503.

7527. **N. S. Samojlowa-Jachontowa,** Die Kleinen Planeten. Vgl. Ref. 711. — Der vorliegende Bericht über die Kleinen Planeten umfaßt nach einführenden Bemerkungen über die Entdeckungsgeschichte bis 1949 statistische Zusammenstellungen verschiedenster Art, eine Beschreibung der Eigenschaften besonders merkwürdiger Kleiner Planeten, Probleme, die mit der Erforschung und Beobachtung der Kleinen Planeten zusammenhängen, organisatorische Fragen über den Asteroidendienst, physikalische Untersuchungen an den Kleinen Planeten sowie kurze Hinweise auf kosmogonische Probleme. Loh.

7528. **K. Schütte,** Besondere und außergewöhnliche Kleine Planeten. Das Himmelsjahr 1951 (Ref. 440) S. 86—92, mit 4 Abb.

7529. **K. Schütte,** On the total mass and number of the minor planets. Pop Astr **58** 438—451, mit 4 Fig. — Von 1567 Kleinen Planeten wird unter Annahme einer mittleren Albedo und eines mittleren Farbenindex aus den mittleren Oppositionshelligkeiten die Verteilungsfunktion der Halbmesser ermittelt und hieraus die Gesamtmasse des Planetoidenrings bestimmt; sie ergibt sich je nach dem Verteilungsgesetz der Halbmesser zu 1.82×10^{-8} bzw. 0.94×10^{-8} Sonnenmassen. Den Schluß bildet eine Abschätzung der Anzahl noch unentdeckter Kleiner Planeten. Böh.

7530. **W. F. Shewershejew,** Tabellen zur genäherten Berechnung der absoluten Störungen der Kleinen Planeten der Hestiagruppe (900″) durch Jupiter. BIA **4** 414—429, mit 1 Abb. (russisch). — Ref. in Astr. News Letter Nr. **52** S. 13—14. — Die vorgelegten Tabellen stellen eine Überarbeitung und Verbesserung der Tabellen von Bohlin und Radynskij dar. Die von Samojlowa-Jachontowa angegebenen Verbesserungen wurden berücksichtigt. Loh.

7531. **K. A. Šteins,** Über das Vorzeichen der Variationen in den Ephemeriden. Publ. Inst. Phys. Math. Riga Nr. **1** S. 135—139, mit 1 Abb. (russisch mit lettischer Zusammenfassung).

7532. **W. Strobel,** Elemente und Grundlagen der Kleinen Planeten. Vgl. AJB **49** Ref. **7535**. — Weitere Besprechung in Mem SA It (NS) **21** 265—266 (C. Lombardi).

7533. **T. Takenouchi,** The long periodic term of Thule. Publ. Astr. Soc. Japan **1** 159—163, mit 5 Fig. = Tokyo Astr. Obs. Repr. Nr. **55**. — Weil eine im Gang befindliche numerische Integration der Bewegung von Thule durch den Verf. (zusammen mit Ura) noch viel Zeit beansprucht, wird hier der Versuch gemacht, die großen Züge der Bewegung einfacher zu gewinnen mit Hilfe der klassischen Theorie der Säkularstörungen bei Beschränkung der Entwicklungen auf die zweite Potenz der Exzentrizitäten und unter Verwendung der bisher erlangten numerischen Ergebnisse. Nachdem die Bewegung des Perihels abgeleitet worden ist, wird die Störungsfunktion unter Eliminierung der kurzperiodischen Teile als Funktion des kritischen Arguments $4\,l' - 3\,l - \pi$ dargestellt und Zahlenwerte für die daraus entspringenden langperiodischen Störungen abgeleitet. Für die Librationsperiode des kritischen Arguments ergeben sich etwa 190 Jahre. Böh.

7534. **J. Torroja,** Corrección de la órbita del asteroide 1395 «Aribeda». Urania Barcelona **35** 141—144 = Publ. Sem. Astr. Geod. Univ. Madrid Nr. **5**.

7535. **Y. Väisälä,** Minor planet work at the Astronomical Observatory of the Turku University. Ann. Univ. Turkuensis (A) **10** Nr. 2, 23 S. mit 6 Fig. = Astr. Obs. Univ. Turku Informo Nr. **6**.

7536. **W. P. Zessewitsch,** Photographische Beobachtungen Kleiner Planeten. Mitt. Astr. Obs. Odessa **2** Nr. 1 S. 3, 1949 (russisch). — Kurze Bemerkung über das Beobachtungsprogramm in Odessa.

7537. **G. Zimmermann,** Eine seltene Planetoiden-Bahn. Sternenwelt **2** 200—201, mit 1 Abb. — 1950 DA.

7538. Asteroider med usædvanlig bevægelse. NAT **1950** 71—72.

7539. The orbit of Eros and the planetary masses. BAA Circ Nr. 313.

7540. Eros, planetary masses and the solar parallax. JBAA **60** 119—120. — Besprechung in Sternenwelt **2** 255. — Betrifft die Rabesche Untersuchung über die Massen von Merkur, Venus, Erde + Mond und Mars sowie die Sonnenparallaxe.

7541. Bahn von 433 Eros. NAZ **4** 9.

7542. A close-approaching asteroid. Sky and Telescope **9** 161, mit 1 Fig. — Betrifft 1950 DA.

7543. Object Johnson. Obs **70** 198—199, mit 1 Aufnahme auf Tafel II. — 1950 KA.

7544. Nuevo asteroide. El Universo **48** Nr. 13 S. 97. — Bericht über den Planeten Wirtanen 1950.

7545. Das «Objekt Wirtanen 1948» — ein erdnaher Planetoid. Orion Schaffhausen **3** 124—125, mit 1 Fig.

7546. L'orbite de Pallas. Possibilité d'observer cette petite planète pendant sa prochaine conjonction avec le soleil. DOB **1950** 70—72, mit 2 Fig.

7547. **Trojaner**

Sternenwelt 2 13. Gleich zwei neue Trojaner.
Orion Schaffhausen **3** 98—99. Zwei neue Trojaner.
BSAF **64** 467—469. Nouvelle planète troyenne.
Sternenwelt 2 279. Der 15. Trojaner. K. Schütte.

7548. **Objekt Baade = 1949 MA = 1566 Icarus**

BAA Circ Nr. 316. Minor planet 1949 MA (Baade) = 1566 Icarus.
Bull. Astr.-Geod. Ges. UdSSR Nr. **9** (**16**) S. 23—25, mit 1 Abb. (russisch). Der neue Kleine Planet 1566 Icarus. I. I. Putilin.
DOB **1950** 40. L'astéroïde 1949 MA.
El Universo **48** Nr. 11 S. 28. Objeto Baade.
Gaz astr **32** 31—32. Petite planète (1566) Icare. A. Dermul.
Harv Card 1096. R. S. Richardson, S. B. Nicholson, R. G. Harrington. — α, δ Aug. 3—Aug. 5.
Hemel en Dampkring **48** 101—106, mit 3 Abb. Icarus, de planetoide van Baade. J. J. Raimond jr.
Hemel en Dampkring **48** 196. Icarus opnieuw waargenomen. J. J. Raimond jr.
JBAA **60** 97, mit 1 Fig. Baade's planet 1949 MA.
JBAA **60** 173. Icarus. — Herkunft des Namens.
Orion Schaffhausen **3** 136. (1566) Icarus, der sonnennächste Planetoid (1949 MA). R. A. Naef.
Southern Stars **14** 102—103. A new interesting minor planet.
Sternenwelt 2 273—274, mit 1 Fig. Der Planet Icarus wieder gefunden. G. Zimmermann.

Helligkeiten Kleiner Planeten

7549. **H. Haupt,** Über Phasenkoeffizienten und Albedo der Kleinen Planeten Ceres, Pallas, Juno und Vesta. Sitzber. Österreichische Akad. Wiss. (Abteilung IIa) **159** 201—221. — Es werden sämtliche zur Verfügung stehende Helligkeitsmessungen von Ceres, Pallas, Juno und Vesta einheitlich auf das System der RHP reduziert und unter Berücksichtigung des Phasenwinkels ausgeglichen. Dabei zeigt sich, daß die Unterschiede der Phasenkoeffizienten bei den einzelnen Planeten reell sind und die Abhängigkeit der Helligkeiten vom Phasenwinkel nicht linear verläuft. Deshalb wird ein Normalphasenkoeffizient definiert, der für den Phasenwinkel 15° gilt, und eine zugehörige mittlere Oppositionshelligkeit, die für die untersuchten Kleinen Planeten angegeben wird, ebenso wie die Albedo nach Bond. Böh.

7550. **P. N. Polupan,** Kurzperiodische Helligkeitsschwankungen von Kleinen Planeten. Astr Circ UdSSR Nr. 106 S. 2—3 (russisch). — Für die Kleinen Planeten 1, 9, 15, 29, 40, 44, 46, 52, 78, 111, 114, 172, 196, 407, 604 ergaben photographische Reihenbeobachtungen Helligkeitsschwankungen zwischen $0^m.1$ und $0^m.9$. Als sicher veränderlich sind 1, 15, 29, 40, 44, 46, 78, 604 erkannt worden, mit Ausnahme von 172 sind die übrigen des Lichtwechsels verdächtig. Mittlere g_0 wurden berechnet. Loh.

7551. **R. Rigollet,** Sur une détermination du coefficient de phase de la petite planète (324) Bamberga à l'opposition 1947. Ann d'Astrophys **13** 209 = Contr. Inst. Astrophys. Paris (B) Nr. **49**. — Während der Opposition 1947 wurden von dem Kleinen Planeten 324 Bamberga photometrische Messungen ausgeführt, die zur Bestimmung des Phasenkoeffizienten seiner Helligkeit dienten. Micz.

7552. **R. Rigollet,** Sur les changements d'éclat à courte période des petites planètes et sur la variabilité de (63) Ausonia. CR **230** 2077—2078 = Contr. Inst. Astrophys. Paris (A) Nr. **63.** — Ref. in Sternenwelt **2** 237 unter dem Titel: Veränderliche Kleine Planeten. — Unter etwa 20 Kleinen Planeten mit Oppositionshelligkeiten zwischen 8. und 10. Größe zeigten die meisten bei photometrischer Überwachung schwache Lichtschwankungen (Amplitude bis $0^{m}.1$), die Planeten 30 Urania, 44 Nysa und 63 Ausonia stärkere bis $0^{m}.2$. Planeten mit gut bestimmten sinusförmigen Lichtkurven sind: 30 Urania (Periode $6^{h}\,50^{m}.4$), 14 Irene ($5^{h}\,44^{m}.1$), 63 Ausonia ($4^{h}\,39^{m}.0$) und 532 Herculina ($3^{h}\,27^{m}.5$). Gli.

7553. **O. P. Wassiljanowskaja,** Photometrische Beobachtungen Kleiner Planeten. Astr Circ UdSSR Nr. 108 S. 2—4 (russisch). — Betrifft die Kleinen Planeten Nr. 1, 10, 11, 21.

7554. **O. P. Wassiljanowskaja,** Über die Helligkeitsschwankungen des Kleinen Planeten Vesta (4). Circ. Astr. Obs. Stalinabad Nr. 87—88 S. 1 (russisch). — Visuellen Beobachtungen vom 20. Juni bis zum 28. Juli 1949 zufolge schwankt die Helligkeit periodisch. Amplitude: $0^{m}.12$—$0^{m}.33$; Periode: $2^{h}\,12^{m}.5$.

7555. **W. P. Zessewitsch, I. E. Pelischenko,** Über die Helligkeit der Kleinen Planeten. Nachr. Akad. Wiss. kasach. Sowjetrepublik Nr. **90** (astrobotanische Serie, Heft 1—2) S. 53—61 (russisch).

7556. **Helligkeitsbeobachtungen**

1 Ceres	Bull. Astr.-Geod. Ges. UdSSR Nr. **8** (**15**) S. 36 (russisch) W. M. Tschernow.
	NAZ **4** 29. H. Auzinger.
2 Pallas	NAZ **4** 29. H. Auzinger.
3 Juno	Bull. Astr.-Geod. Ges. UdSSR Nr. **8** (**15**) S. 37 (russisch). W. M. Tschernow.
	NAZ **4** 21. H. Auzinger.
4 Vesta	Anzeiger der Österreichischen Akad. Wiss., Math.-naturwiss. Kl., Wien **87**. Jg. 1950 S. 206—211, mit 1 Fig. = Mitt. Wiener Sternw. **4** Nr. 13. H. Auzinger, H. Haupt. — Stufenschätzungen 1949. Bestätigung eines kurzperiodischen Lichtwechsels.
	Bull. Astr.-Geod. Ges. UdSSR Nr. **8** (**15**) S. 37—39 (russisch). W. M. Tschernow.
7 Iris	Bull. Astr.-Geod. Ges. UdSSR Nr. **8** (**15**) S. 39 (russisch). W. M. Tschernow.
8 Flora	DOB **1950** 36—40. Programme de révision des paramètres photométriques des petites planètes. E. Antonini, R. Bajocchi, L. Rebuffat, R. Rigollet.
9 Metis	DOB **1950** 31—32. H. Auzinger. — Helligkeiten, Lichtkurve, Elemente.
	Gaz astr **32** 29—30. H. Auzinger.
	NAZ **4** 3, 21. H. Auzinger.
14 Irene	DOB **1950** 54—55. — Vergleichssterne, Beobachtungen, Lichtkurve.
16 Psyche	DOB **1950** 36—40. Vgl. 8 Flora.
29 Amphitrite	DOB **1950** 36—40. Vgl. 8 Flora.
39 Laetitia	NAZ **4** 46. H. Auzinger.
80 Sappho	DOB **1950** 36—40. Vgl. 8 Flora.
192 Nausikaa	Desgl.
324 Bamberga	Desgl.
393 Lampetia	Desgl.

7557. Nachweis der Beobachtungen und Berechnungen Kleiner Planeten

Zeichenerklärung: * = genäherter Ort, Id = identisch, Eph = Ephemeride, El = Elemente

Abkürzungen der Sternwarten

Abastumani	Aba	Johannesburg (Yale)	JoY	Prag	Pra
Algier	Alg	Juvisy	Juv	Pretoria	Pre
Alma Ata	AlA	Karlsruhe	Kar	Pulkowo	Pul
Arcetri	Arc	Kasan	Kas	Rom	Rom
Athen	Ath	Kiel	Kil	Rostow	Ros
Babelsberg	Bab	Kiew	Kiw	Rutherford	Rut
Barcelona	Bar	Kitab	Kit	San Ferando (Cadiz)	SFe
Belgrad	Bel	Kobe	Kob	Santiago	San
Bergedorf	Bgf	Kodaikanal	Kod	Saragossa	Sar
Berkeley	Bky	Königsberg	Kön	Schwäbisch Hall	SHa
Besançon	Bes	Kopenhagen	Kop	Simada	Sia
Blaye	Bla	Krakau	Kra	Simeis	Sim
Bloemfontein	Blf	Kyoto	Kyo	Sizuoka	Siz
Bloomington	Blo	La Plata	LaP	Skalnaté Pleso	SPl
Bordeaux	Bor	Leiden	Lei	Sonneberg	Son
Bosque Alegre	BoA	Leipzig	Lzg	Stalinabad	Sta
Budapest	Bud	Lemberg (Lwow)	Lem	Stuttgart	Stu
Bukarest	Buk	Lissabon	Lis	Suma	Sum
Cambridge, Engl.	CaE	London	Lon	Tacubaya	Tac
Cambridge, Mass.	CaM	Madrid	Mad	Taschkent	Tkt
Cape of Good Hope	Cap	Mailand	Mai	Tokyo	Tok
Castel Gandolfo	CaG	Moskau	Mos	Tomsk	Tom
Charkow	Chw	Mt. Hamilton	MtH	Toulouse	Tou
Charlottesville	Cha	Mt. Palomar	MtP	Triest	Tri
Cordoba	Cor	Mt. Wilson	MtW	Turin	Tui
Düsseldorf	Düs	München	Mün	Turku	Tuk
Flagstaff	Fla	New Haven	NHv	Uccle	Ucc
Fort Davis	FtD	Nizza	Niz	Utrecht	Utr
Golossejewo	Gol	Northfield	Nor	Warschau	War
Greenwich	Gre	Oak Ridge	Oak	Washington	Was
Hamburg	Ham	Odessa	Oda	Wien	Wie
Headley	Hea	Ohte	Oht	Wiesbaden	Wis
Heidelberg	Hei	Padua	Pad	Williams Bay	WiB
Hyderabad	Hyd	Palermo	Pal	Würzburg	Wür
Innsbruck	Inn	Paris	Par	Zô-Sè	ZoS
Istanbul	Ist	Pittsburgh	Pit		
Johannesburg	Joh	Poznań	Poz		

---

1 Ceres

33: AJ **48** 137 Was. — 35: Poznań Repr. Nr. **9** Poz. — 36: Poznań Repr. Nr. **9** Poz. — 40: Torino Pubbl. Nr. **43** Tui. — 42: Belgrade Bull. **7** 16 Bel. MPC 397 San. — 42/43: Mem SA It (NS) **21** 110 = Torino Contr. (NS) Nr. **16** Tui. — 44: MPC 407 San. — 45: MPC 411 San. —47: Kiew Publ. Nr. **3** S. 94 Kiw (nur δ), BAN **11** 111, 112 Lei. Odessa Mitt. **2** Nr. 1 Oda*. — 49: AN **279** 47 Kar. Kiew Publ. Nr. **4** S. 104 Kiw. MPC 369 Tok*. — 50: Astr Circ UdSSR Nr. **106** Aba. MPC 457 Joh*. Astr Circ UdSSR Nr. **103/104** Kiw. Astr Circ UdSSR Nr. **103/104** Lem

Eph (1949) BAA Circ Nr. **306**

Eph (1950) Astr Circ UdSSR Nr. **98/99**, BAA Circ Nr. **315**, **317**, DOPPP f° 12, Pop Astr **58** 232, Sternenwelt **2** 116, (genaue) US Naval Obs. Circ. Nr. **7**

Eph (1951) (genaue) US Naval Obs. Circ. Nr. **20**

2 Pallas

36: Poznań Repr. Nr. **9** Poz. — 40: Torino Pubbl. Nr. **43** Tui. — 41: Belgrade Bull. **6** 28 Bel. MPC 391 San. Torino Pubbl. Nr. **45** Tui. — 42: Belgrade Bull. **7** 12, 15 Bel. MPC 397 San.

— 43: MPC 402 San. — 45: MPC 411 San. — 47: BAN **11** 112—114 Lei. Odessa Mitt. **2** Nr. 1 Oda*. — 48: TAB (2) Nr. 21 S. 160 Tok*. — 50: MPC 461 Alg. Astr Circ UdSSR Nr. **103/104** Kiw. Astr Circ UdSSR Nr. **103/104** Lem. MPC 487 Tui
Eph (1948) BAA Circ Nr. **303**
Eph (1950) BAA Circ Nr. **315**, DOB **1950** Nr. 67, DOPPP f° 13, Pop Astr **58** 232, Sternenwelt **2** 93, (genaue) US Naval Obs. Circ. Nr. **7**
Eph (1951) (genaue) US Naval Obs. Circ. Nr. **20**

3 Juno
34: AJ **48** 138 Was. — 35: Poznań Repr. Nr. **9** Poz. — 39: Torino Pubbl. Nr. **42** Tui. — 41: MPC 391 San. Pulkowo Mitt. Nr. **143** S. 2 Sim*. Torino Pubbl. Nr. **45** Tui. — 42: Belgrade Bull. **7** 11 Bel*. MPC 397 San. — 43: MPC 402 San. — 44: MPC 407 San. — 46: Odessa Mitt. **2** Nr. 1 Oda*. — 47: BAN **11** 114—115 Lei. Odessa Mitt. **2** Nr. 1 Oda*. — 48: Kiew Publ. Nr. **4** S. 104 Kiw. Mem SA It (NS) **20** 113 = Roma-Monte Mario Contr. Nr. **146** Rom. TAB (2) Nr. 21 S. 159 Tok*. Mem SA It (NS) **21** 114 = Torino Contr. (NS) Nr. **16** Tui*. — 50: MPC 461 Alg. Astr Circ UdSSR Nr. **100**, **103/104** Kiw. Astr Circ UdSSR Nr. **103/104** Lem. Madrid Bol. **4** Nr. 2/3 Mad. Astr Circ UdSSR Nr. **101/102** Mos*. DOPPP f° 9 Par*. BAB **4** 87, MPC 442 Ucc
Eph (1948) BAA Circ Nr. **301**, **304**
Eph (1950) Astr Circ UdSSR Nr. **95**, JBAA **60** 58, Pop Astr **58** 83, Sternenwelt **2** 45
Eph (1951) (genaue) US Naval Obs. Circ. Nr. **20**

4 Vesta
32: AJ **48** 137 Was. — 34: AJ **48** 138 Was. — 35: Poznań Repr. Nr. **9** Poz. — 36: Poznań Repr. Nr. **9** Poz. — 39: Torino Pubbl. Nr. **42** Tui. — 40: Torino Pubbl. Nr. **43** Tui. — 41: MPC 391 San. Torino Pubbl. Nr. **45** Tui. — 42: Belgrade Bull. **7** 12 Bel. Pulkowo Mitt. Nr. **143** S. 6 Kit*. MPC 398 San. — 43: MPC 403 San. — 45: MPC 411 San. — 46: Kiew Publ. Nr. **3** S. 97 Kiw (nur δ). — 47: BAN **11** 115 Lei. — 48: MPC 94[1]) Ath. Kiew Publ. Nr. **3** S. 94 Kiw. BAN **11** 121/122 Lei. TAB (2) Nr. 21 S. 159 Tok*. — 49: UC Nr. **109** S. 358 Joh*. AN **279** 47 Kar. Kiew Publ. Nr. **4** S. 105 Kiw. MPC 369 Tok*. — 50: Astr Circ UdSSR Nr. **108** Kiw. MPC 423 San*
Eph (1950) BAA Circ Nr. **319**, Pop Astr **58** 453, Sternenwelt **2** 45, 234
Eph (1950/51) Astr Circ UdSSR Nr. **106**, BAA Circ Nr. **320**, (genaue) US Naval Obs. Circ. Nr. **18**

5 Astraea
35: Poznań Repr. Nr. **9** Poz. — 36: Poznań Repr. Nr. **9** Poz. — 46: Odessa Mitt. **2** Nr. 1 Oda*. — 47: Odessa Mitt. **2** Nr. 1 Oda*. — 48: TAB (2) Nr. 21 S. 159 Tok*. — 50: Astr Circ UdSSR Nr. **100** Kiw. Astr Circ UdSSR Nr. **107** Lem*. Madrid Bol. **4** Nr. 2/3 Mad. Astr Circ UdSSR Nr. **101/102** Mos*. MPC 421 Niz*. DOPPP f° 9 Par*. BAB **4** 87, MPC 442 Ucc
Eph (1950) Pop Astr **58** 127

6 Hebe
34: AJ **48** 138 Was. — 40: Torino Pubbl. Nr. **43** Tui. — 41: MPC 391 San. — 42: Belgrade Bull. **7** **16** Bel. MPC 398 San. — **44**: MPC 407 San. — 45: MPC 411 San. — 46: Kiew Publ. Nr. **3** S. 94 Kiw (nur δ). — 47: BAN **11** 115 Lei. — 48: BAN **11** 122/123 Lei. — 49: Astr Circ UdSSR Nr. **105** AlA. AN **279** 47 Kar. Astr Circ UdSSR Nr. **98/99** Kas. Kiew Publ. Nr. **4** S. 105 Kiw. Mem SA It (NS) **21** 16 = Roma-Monte Mario Contr. Nr. **156**, MPC 379 Rom. Krim Mitt. **5** 137 Sim*. — 50: MPC 423 San*
Eph (1948) BAA Circ Nr. **294**
Eph (1950/51) Astr Circ UdSSR Nr. **106**, Pop Astr **58** 503, Sternenwelt **2** 261

7 Iris
35: Poznań Repr. Nr. **9** Poz. — 36: Poznań Repr. Nr. **9** Poz. — 41: Belgrade Bull. **6** 10 Bel*. Pulkowo Mitt. Nr. **143** S. 2 Sim*. — 42: MPC 398 San. — 43: MPC 403 San. — 45: MPC 411 San. — 47: Kiew Publ. Nr. **3** S. 94 Kiw. BAN **11** 115/116 Lei. Odessa Mitt. **2** Nr. 1 Oda*. — 48: BAN **11** 123 Lei. — 49: UC Nr. **109** S. 358 Joh*. Kiew Publ. Nr. **4** 105 Kiw. Mem SA It (NS) **21** 16 = Roma-Monte Mario Contr. Nr. **156**, MPC 379 Rom. MPC 369[2]) Tok. — 50: MPC 473 Blo*. MPC 475 Joh*. Astr Circ UdSSR Nr. **103/104** Kiw. Astr Circ UdSSR Nr. **107** Lem*
Eph (1947) Korr. BAA Circ Nr. **289**
Eph (1950) DOPPP f° 13, Pop Astr **58** 296, Sternenwelt **2** 142

8 Flora
34: AJ **48** 138 Was. — 35: Poznań Repr. Nr. **9** Poz. —

[1]) Berichtigung in MPC 102.

[2]) Berichtigung in MPC 702.

40: Torino Pubbl. Nr. **43** Tui. — 41: Pulkowo Mitt. Nr. **143** S. 4 Sim*. — 43: MPC 403 San. — 44: MPC 407 San. Mem SA It (NS) **21** 113 = Torino Contr. (NS) Nr. **16** Tui*. — 45: Odessa Mitt. **2** Nr. 1 Oda*. MPC 411 San. — 47: Kiew Publ. Nr. **3** S. 94 Kiw. Odessa Mitt. **2** Nr. 1 Oda*. Mem SA It (NS) **21** 110 = Torino Contr. (NS) Nr. **16** Tui. — 48: DOPPP f° 11 Par*. TAB (2) Nr. 21 S. 159 Tok*. — 50: Astr Circ UdSSR Nr. **100** Kiw. Astr Circ UdSSR Nr. **103/104** Lem. Madrid Bol. **4** Nr. 2/3 Mad
Eph (1948) BAA Circ Nr. **300**
Eph (1950) Pop Astr **58** 127, Sternenwelt **2** 46

9 Metis
34: AJ **48** 138 Was. — 36: Poznań Repr. Nr. **9** Poz. — 40: Torino Pubbl. Nr. **43** Tui*. — 42: MPC 403 San. — 43: Mem SA It (NS) **21** 113 = Torino Contr. (NS) Nr. **16** Tui*. — 44: Mem SA It (NS) **21** 113 = Torino Contr. (NS) Nr. **16** Tui*. — 45: MPC 411 San. — 49: Publ ASP **62** 276 Bky. MPC 360 Kar*. AN **279** 47 Kar. Astr Circ UdSSR Nr. **98/99** Kas. MPC 443, 492 Kyo*. Astr Circ UdSSR Nr. **95** Lem*. Madrid Bol. **4** Nr. 2/3 Mad. MPC 453 Niz*. Mem SA It (NS) **21** 16 = Roma-Monte Mario Contr. Nr. **156**, MPC 380 Rom. MPC 371 SFe. MPC 351 Tuk*. — 50: MPC 377 Alg*. MPC 424 San*
El NAZ **4** 21

10 Hygiea
34: AJ **48** 138 Was. — 35: Poznań Repr. Nr. **9** Poz. — 41: MPC 391 San. — 46: Kiew Publ. Nr. **3** S. 93 Kiw. Odessa Mitt. **2** Nr. 1 Oda*. — 47: MPC 77[3]) Kyo. — 48: Mem SA It (NS) **21** 113 = Torino Contr. (NS) Nr. **16** Tui. — 49: AN **279** 47 Kar. Kiew Publ. Nr. **4** S. 105 Kiw. MPC 369 Tok*. — 50: MPC 457 Joh*
Eph (1950) Pop Astr **58** 232, Sternenwelt **2** 116

11 Parthenope
34: AJ **48** 138 Was. — 36: Poznań Repr. Nr. **9** Poz. — 41: Belgrade Bull. **6** 10 Bel*. — 45: MPC 412 San. — 46: Odessa Mitt. **2** Nr. 1 Oda*. — 47: Kiew Publ. Nr. **3** S. 94 Kiw (nur δ). Odessa Mitt. **2** Nr. 1 Oda*. — 49: Publ. ASP **62** 50 Bky. Kiew Publ. Nr. **4** S. 105 Kiw. Krim Mitt. **5** 140 Sim*. MPC 369 Tok*. — 50: MPC 457 Joh*. Astr Circ UdSSR Nr. **103/104** Kiw. Astr Circ UdSSR Nr. **103/104** Lem. MPC 487 Tui
Eph (1950) DOPPP f° 8, Pop Astr **58** 232, Sternenwelt **2** 15

12 Victoria
36: Poznań Repr. Nr. **9** Poz. — 42: MPC 398 San. — 43: MPC 403 San. — 46: Odessa Mitt. **2** Nr. 1 Oda*. — 47: BAN **11** 116 Lei. — 48: BAN **11** 123 Lei. — 49: Kiew Publ. Nr. **4** S. 105 Kiw.—50: Astr Circ UdSSR Nr. **107, 108** Kiw
Eph (1950) Sternenwelt **2** 212

13 Egeria
35: Poznań Repr. Nr. **9** Poz. — 39: Torino Pubbl. Nr. **42** Tui. — 43: MPC 403 San. — 49: MPC 371[4]) SFe

14 Irene
34: AJ **48** 138 Was. — 46: Odessa Mitt. **2** Nr. 1 Oda*. — 50: Astr Circ UdSSR Nr. **100** Kiw. MPC 424 San*

15 Eunomia
33: AJ **48** 138 Was. — 35: Poznań Repr. Nr. **9** Poz. — 42: Belgrade Bull. **7** 14 Bel. Pulkowo Mitt. Nr. **143** S. 7 Kit*. MPC 398 San. Mem SA It (NS) **21** 113 = Torino Contr. (NS) Nr. **16** Tui*. — 44: MPC 407 San. — 45: MPC 412 San. — 48: MPC 105[5]) Kyo*. — 49: UC Nr. **109** S. 358 Joh*. MPC 369[6]) Tok*. — 50: MPC 472 Blo*. Astr Circ UdSSR Nr. **103/104** Kiw
Eph (1950) DOPPP f° 13, Pop Astr **58** 296, Sternenwelt **2** 143

16 Psyche
34: AJ **48** 139 Was. — 39: Torino Pubbl. Nr. **42** Tui*. — 43: Mem SA It (NS) **21** 113 = Torino Contr. (NS) Nr. **16** Tui*. — 45: Odessa Mitt. **2** Nr. 1 Oda*. MPC 412 San. — 47: Kiew Publ. Nr. **3** S. 94 Kiw. — 48: Mem SA It (NS) **21** **114** = Torino Contr. (NS) Nr. **16** Tui*. — 49: UC Nr. **109** S. 358 Joh*. Kiew Publ. Nr. **4** S. 105 Kiw. MPC 443, 491 Kyo*. Mem SA It (NS) **21** 16 = Roma-Monte Mario Contr. Nr. **156**, MPC 379 Rom. MPC 370 SFe. Krim Mitt. **5** 143, 144 Sim*
Eph (1950) Pop Astr **58** 453, Sternenwelt **2** 261

17 Thetis
34: AJ **48** 139 Was. — 35: Poznań Repr. Nr. **9** Poz. — 42: Belgrade Bull. **7** 12 Bel. MPC 398 San. — 45: MPC 412 San. — 49: Kiew Publ. Nr. **4** S. 105 Kiw. — 50: Athen Bull. **1950** Nr. 4 Ath. MPC 488 Joh*. Astr Circ UdSSR Nr. **105** Kiw*
Eph (1950) Pop Astr **58** 343, Sternenwelt **2** 163

[3]) Berichtigung in MPC 380.
[4]) Berichtigung in MPC 542.
[5]) Berichtigung in MPC 170.
[6]) Berichtigung in MPC 702.

18 Melpomene
35: Poznań Repr. Nr. **9** Poz. — 36: Poznań Repr. Nr. **9** Poz. — 39: AJ **48** 166, RI 2009 WiB. — 42: Belgrade Bull. **7** 11 Bel*. Belgrade Bull. **7** 15 Bel. — 45: MPC 412 San. — 49: Kiew Publ. Nr. **4** S. 105 Kiw. Krim Mitt. **5** 142 Sim*
Eph (1950) BAA Circ Nr. **319**, Pop Astr **58** 453, Sternenwelt **2** 234

19 Fortuna
35: Poznań Repr. Nr. **9** Poz. — 36: Poznań Repr. Nr. **9** Poz. — 40: Torino Pubbl. Nr. **43** Tui. — 43: MPC 403 San. — 44: MPC 407 San. — 48: Mem SA It (NS) **21** 114 = Torino Contr. (NS) Nr. **16** Tui*. BAB **4** 48, MPC 386 Ucc. — 49: MPC 368 Tok*. — 50: Astr Circ UdSSR Nr. **103/104** Lem. MPC 454 Niz*

20 Massalia
40: Torino Pubbl. Nr. **43** Tui. — 41: Pulkowo Mitt. Nr. **143** S. 4 Sim*. — 42: MPC 398 San. — 44: MPC 407 San. — 45: MPC 412 San. — 46: AA (c) **4** 102[7]) = Poznań Repr. Nr. **14** Poz. — 48: TAB (2) Nr. 21 S. 159 Tok*. Mem SA It (NS) **21** 114 = Torino Contr. (NS) Nr. **16** Tui*. — 49: Kiew Publ. Nr. **4** S. 106 Kiw. Astr Circ UdSSR Nr. **103/104** Pul*. Mem SA It (NS) **21** 16 = Roma-Monte Mario Contr. Nr. **156**, MPC 380 Rom. MPC 370 SFe. Krim Mitt. **5** 138, 144 Sim*. MPC 351 Tuk*. BAB **4** 81, MPC 358 Ucc. — 50: MPC 424 San*

21 Lutetia
41: Pulkowo Mitt. Nr. **143** S. 2 Sim*. — 43: MPC 403 San. — 46: Odessa Mitt. **2** Nr. 1 Oda*. — 49: Kiew Publ. Nr. **4** S. 106 Kiw. Krim Mitt. **5** 141 Sim*. — 50: Astr Circ UdSSR Nr. **106** Aba. MPC 457 Joh*. Astr Circ UdSSR Nr. **103/104** Kiw
Eph (1950) Pop Astr **58** 232, Sternenwelt **2** 115

22 Kalliope
34: AJ **48** 139 Was. — 36: Poznań Repr. Nr. **9** Poz. — 41: MPC 391 San. — 43: MPC 403 San. — 45: MPC 412 San. — 46: Odessa Mitt. **2** Nr. 1 Oda*. — 49: Krim Mitt. **5** 136, 137 Sim*. MPC 369 Tok*. — 50: MPC 487 Joh*

23 Thalia
39: Torino Pubbl. Nr. **42** Tui*. — 48: Mem SA It (NS) **21** 114 = Torino Contr. (NS) Nr. **16** Tui*. — 49: UC Nr. **109** S. 358 Joh*. MPC 443, 492 Kyo*. Krim Mitt. **5** 138 Sim*. — 50: Astr Circ UdSSR Nr. **108** Kiw

24 Themis
41: MPC 392 San. — 42: Mem SA It (NS) **21** 113 = Torino Contr. (NS) Nr. **16** Tui*. — 49: UC Nr. **109** S. 358 Joh*. MPC 370 SFe. Krim Mitt. **5** 143 Sim*. — 50: Astr Circ UdSSR Nr. **107** Kiw (?)

25 Phocaea
35: Poznań Repr. Nr. **9** Poz. — 46: Kiew Publ. Nr. **3** S. 93 Kiw. Odessa Mitt. **2** Nr. 1 Oda*. — 47: BAN **11** 116—117 Lei. Mem SA It (NS) **21** 113 = Torino Contr. (NS) Nr. **16** Tui*. — 49: MPC 369 Tok*. — 50: Astr Circ UdSSR Nr. **103/104** Kiw
Eph (1950) DOPPP f° 13, Pop Astr **58** 296, Sternenwelt **2** 142
Eph (1951/52) Mem SA It (NS) **21** 355

26 Proserpina
35: Poznań Repr. Nr. **9** Poz. — 41: MPC 392 San. — 43: Mem SA It (NS) **21** 113 = Torino Contr. (NS) Nr. **16** Tui*. — 46: Kiew Publ. Nr. **3** S. 93 Kiw. — 48: Kiew Publ. Nr. **4** S. 106 Kiw. Mem SA It (NS) **21** 114 = Torino Contr. (NS) Nr. **16** Tui*. — 49: UC Nr. **109** S. 358 Joh*. MPC 443, 492 Kyo*. MPC 352, 452 Niz*. MPC 370 SFe. Krim Mitt. **5** 143—145 Sim*. — 50: Astr Circ UdSSR Nr. **108** Kiw. MPC 423 San

27 Euterpe
41: Belgrade Bull. **6** 26 Bel*. MPC 392 San. — 43: MPC 403 San. — 48: BAN **11** 123—124 Lei. Kiew Publ. Nr. **3** S. 94, Nr. **4** S. 106 Kiw. — 49: UC Nr. **109** S. 358 Joh*. MPC 370 SFe. — 50: Astr Circ UdSSR Nr. **107—108** Kiw
Eph (1950) Sternenwelt **2** 212[8])

28 Bellona
47: Kiew Publ. Nr. **3** S. 94 Kiw. — 49: MPC 443, 492 Kyo*. MPC 371 SFe. Krim Mitt. **5** 147 Sim*

29 Amphitrite
33: AJ **48** 138 Was. — 35: Poznań Repr. Nr. **9** Poz. — 41: MPC 392 San. Pulkowo Mitt. Nr. **143** S. 5 Sim*. — 43: MPC 404 San. — 44: MPC 407 San. — 45: MPC 412 San. — 48: Mem SA It (NS) **21** 114 = Torino Contr. (NS) Nr. **16** Tui*. Mem SA It (NS) **21** 112 = Torino Contr. (NS) Nr. **16** Tui. — 49: UC Nr. **109** S. 358 Joh*. MPC 370 SFe. — 50: MPC 423 San*
Eph (1948) BAA Circ Nr. **294**
Eph (1950) Pop Astr **58** 453, Sternenwelt **2** 262

[7]) Statt 10 lies 20.

[8]) Irrtümlich als 12 Euterpe bezeichnet.

30 Urania
40: Torino Pubbl. Nr. **43** Tui*. Torino Pubbl. Nr. **43** Tui. — 42: Belgrade Bull. **7** 17 Bel. Pulkowo Mitt. Nr. **143** S. 8 Kit*. — 47: Kiew Publ. **3** S. 94 Kiw. — 49: Publ ASP **62** 176 Bky. AN **279** 47 Kar. Astr Circ UdSSR Nr. **98/99**[9]) Kas. Kiew Publ. Nr. **4** S. 106 Kiw. MPC 443, 492 Kyo*. MPC 352, 452 Niz*. MPC 371 SFe. Krim Mitt. **5** 139 Sim*. MPC 351 Tuk

31 Euphrosyne
49: UC Nr. **109** S. 358 Joh*. MPC 370 SFe

32 Pomona
40: Torino Pubbl. Nr. **43** Tui*. — 41: MPC 392 San. — 43. MPC 404 San. — 44: MPC 408 San. — 48: Kiew Publ. Nr. **4** S. 106 Kiw. Mem SA It (NS) **21** 114 = Torino Contr. (NS) Nr. **16** Tui*. — 49: MPC 354, 355 Blo. Kiew Publ. Nr. **4** S. 106 Kiw. MPC 370 SFe. Krim Mitt. **5** 137, 138 Sim*

33 Polyhymnia
39: Torino Pubbl. Nr. **42** Tui*. AJ **48** 166 WiB. — 50: MPC 440 Joh*

34 Circe
49: MPC 352, 452 Niz*. Krim Mitt. **5** 138, 147 Sim*

35 Leukothea
41: Torino Pubbl. Nr. **45** Tui*. — 48: MPC 111[10]) Ucc. — 49: UC Nr. **109** S. 358 Joh*. — 50: BAB **4** 87, MPC 483 Ucc

36 Atalante
49: UC Nr. **109** S. 358 Joh*. — 50: MPC 475 Joh*

37 Fides
34: AJ **48** 139 Was. — 39: Torino Pubbl. Nr. **42** Tui*. — 41: MPC 392 San. — 43: MPC 404 San. — 49: UC Nr. **109** S. 358 Joh*. MPC 370 SFe
Eph (1950/51) Pop Astr **58** 503, Sternenwelt **2** 261[11])

38 Leda
49: Krim Mitt. **5** 137 Sim*

39 Laetitia
35: Poznań Repr. Nr. **9** Poz. — 36: Poznań Repr. Nr. **9** Poz. — 39: Torino Pubbl. Nr. **42** Tui*. Torino Pubbl. Nr. **42** Tui. — 41: MPC 392 San. Pulkowo Mitt. Nr. **143** S. 4 Sim*. — 43: MPC 404 San. — 44: MPC 408 San. — 46: Odessa Mitt. 2 Nr. 1 Oda*. — 48: Kiew Publ. Nr. **4** S. 106 Kiw. — 49: Kiew Publ. Nr. **4** S. 106 Kiw. Krim Mitt. **5** 142 Sim*. — 50: Athen Bull. **1950** Nr. 4 Ath. Astr Circ UdSSR Nr. **105**, **107** Kiw*. Astr Circ UdSSR Nr. **108** Kiw. Astr Circ UdSSR Nr. **107** Lem*
Eph (1950) Astr Circ UdSSR Nr. **100**, Pop Astr **58** 343, Sternenwelt **2** 185

40 Harmonia
35: Poznań Repr. Nr. **9** Poz. — 36: Poznań Repr. Nr. **9** Poz. — 46: Kiew Publ. Nr. **3** S. 93, 97 (nur δ) Kiw. Odessa Mitt. **2** Nr. 1 Oda*. — 48: Kiew Publ. Nr. **4** S. 106 Kiw. TAB (2) Nr. 21 S. 159 Tok*. Mem SA It (NS) **21** 113 = Torino Contr. (NS) Nr. **16** Tui*. Mem SA It (NS) **21** 112 = Torino Contr. (NS) Nr. **16** Tui. — 49: MPC 443, 492 Kyo*. UC Nr. **109** S. 358 Joh*. MPC 352, 452 Niz*. Mem SA It (NS) **21** 16 = Roma-Monte Mario Contr. Nr. **156**, MPC 380 Rom. MPC 370 SFe. Krim Mitt. **5** 143—145 Sim*. — 50: MPC 423 San*
Eph (1948) BAA Circ Nr. **294**

41 Daphne
39: Torino Pubbl. Nr. **42** Tui*. Torino Pubbl. Nr. **42** Tui. — 48: Mem SA It (NS) **20** 111 = Roma-Monte Mario Contr. Nr. **146** Rom*. — 49: Kiew Publ. Nr. **4** S. 106 Kiw. MPC 370 SFe. Krim Mitt. **5** 138, 145 Sim*

42 Isis
39: Torino Pubbl. Nr. **42** Tui*. — 40: Torino Pubbl. Nr. **43** Tui*. — 46: Kiew Publ. Nr. **3** S. 93 Kiw. — 47: Kiew Publ. Nr. **3** S. 94 Kiw. — 48: Kiew Publ. Nr. **4** S. 106 Kiw
Eph (1947) Urania Barcelona **32** Nr. 216
Eph (1948) BAA Circ Nr. **300**

43 Ariadne
36: Poznań Repr. Nr. **9** Poz. — 46: Odessa Mitt. **2** Nr. 1 Oda*. — 49: Kiew Publ. Nr. **4** S. 107 Kiw. MPC 443, 492 Kyo*. Mem SA It (NS) **21** 16 = Roma-Monte Mario Contr. Nr. **156**, MPC 379, 380 Rom. MPC 370 San. Krim Mitt. **5** 143 Sim*

44 Nysa
36: Poznań Repr. Nr. **9** Poz. — 41: Pulkowo Mitt. Nr. **143** S. 5 Sim*. — 43: MPC 404 San. — 49: MPC 443, 492 Kyo*. Astr Circ UdSSR Nr. **95** Lem*. MPC 353, 452, 453 Niz*. Astr Circ UdSSR Nr. **103/104** Pul*. MPC 371 SFe. Krim Mitt. **5** 139, 147 Sim*

45 Eugenia
47: Kiew Publ. Nr. **3** S. 94 Kiw. Odessa Mitt. **2** Nr. 1 Oda*. — 48: TAB (2) Nr. 21 S. 159 Tok*. — 49: MPC

[9]) Berichtigung in Astr Circ UdSSR Nr. 100.
[10]) Berichtigung in MPC 468.
[11]) Irrtümlich als 36 Fides bezeichnet.

444, 493 Kyo*. — 50: Astr Circ UdSSR Nr. **100** Kiw. Madrid Bol. **4** Nr. 2/3 Mad

46 Hestia
40: Torino Pubbl. Nr. **43** Tui*. — 46: Kiew Publ. Nr. **3** S. 93 Kiw. Odessa Mitt. **2** Nr. 1 Oda*. — 48: Kiew Publ. Nr. **4** S. 107 Kiw. — 49: UC Nr. **109** S. 358 Joh*. Kiew Publ. Nr. **4** S. 107 Kiw

47 Aglaja
40: Torino Pubbl. Nr. **43** Tui. — 48: Kiew Publ. Nr. **3** S. 94, Nr. **4** S. 107 Kiw. — 49: MPC 432 Blo. UC Nr. **109** S. 358 Joh*. MPC 369 Tok*. — 50: Astr Circ UdSSR Nr. **108** Kiw

48 Doris
39: Torino Pubbl. Nr. **42** Tui*. — 42: MPC 398 San. — 49: Madrid Bol. **4** Nr. 2/3 Mad. Krim Mitt. **5** 136 Sim*. MPC 369 Tok*. — — 50: Astr Circ UdSSR Nr. **105** Kiw*

49 Pales
38: AJ **48** 166 WiB. — 39: Torino Pubbl. Nr. **42** Tui*. — 41: Pulkowo Mitt. Nr. **143** S. 2 Sim*. — 46: Odessa Mitt. **2** Nr. 1 Oda*. — 49: UC Nr. **109** S. 358 Joh*. MPC 443, 491 Kyo*. MPC 352, 451, 452 Niz*. MPC 370 SFe. Krim Mitt. **5** 143, 144 Sim*
Eph (1950/51) Pop Astr **58** 503

50 Virginia
41: Belgrade Bull. **6** 10, 26 Bel*. Pulkowo Mitt. Nr. **143** S. 2 Sim*. — 48: MPC 389 Ucc*

51 Nemausa
39: Torino Pubbl. Nr. **42** Tui*. — 42: Belgrade Bull. **7** 11 Bel*. Belgrade Bull. **7** 15 Bel. Mem SA It (NS) **21** 110 = Torino Contr. (NS) Nr. **16** Tui. — 45: MPC 412, 416 San. — 46: Mem SA It (NS) **21** 110, 112 = Torino Contr. (NS) Nr. **16** Tui. — 49: Bordeaux Publ. (NS) Nr. **8** Bor. AN **279** 47 Kar. Kiew Publ. Nr. **4** S. 107 Kiw. Krim Mitt. **5** 135, 141 Sim*. — 50: Astr Circ UdSSR Nr. **106** Aba. MPC 486, 500 Alg. Athen Bull. **1950** Nr. 4 Ath. Bordeaux Publ. (NS) Nr. **8** Bor. Astr Circ UdSSR Nr. **105** Kiw*. LOB Nr. **523** MtH. BAB **4** 87, MPC 482 Ucc
Eph (1950) NAZ **4** 19, UAI Circ 1278

52 Europa
40: Torino Pubbl. Nr. **43** Tui*. — 41: MPC 392 San. — 43: MPC 404 San. — 44: MPC 412 San. — 49: MPC 444, 493 Kyo*. MPC 371 SFe. MPC 487 Tui. — 50: MPC 424 San*

53 Kalypso
49: Kiew Publ. Nr. **4** S. 107 Kiw. MPC 352, 452 Niz*. Krim Mitt. **5** 138, 144, 145 Sim*
Eph (1947) Urania Barcelona **32** Nr. 216

54 Alexandra
34: AJ **48** 139 Was. — 49: MPC 446 Blo*. — 50: MPC 437, 447 Blo*. MPC 454 Niz*. BAB **4** 87, MPC 441 Ucc

55 Pandora
41: Torino Pubbl. Nr. **45** Tui*. — 49: UC Nr. **109** S. 358 Joh*. — 50: Astr Circ UdSSR Nr. **108** Kiw

56 Melete
49: Astr Circ UdSSR Nr. **98/99** Kas. Kiew Publ. Nr. **4** S. 107 Kiw. MPC 370[12]) SFe. Krim Mitt. **5** 137 Sim*. — 50: MPC 423 San*

57 Mnemosyne
41: Pulkowo Mitt. Nr. **143** S. 3, 4 Sim*. — 47: BAN **11** 117 Lei. — 49: MPC 443, 492 Kyo*. MPC 371 SFe

58 Concordia
41: Pulkowo Mitt. Nr. **143** S. 4 Sim*. — 42: Pulkowo Mitt. Nr. **143** S. 7 Kit*. — 48: Kiew Publ. Nr. **3** S. 94 Kiw. — 49: Kiew Publ. Nr. **4** S. 107 Kiw. Krim Mitt. **5** 136 Sim*. MPC 369 Tok*. — 50: MPC 473 Blo*

59 Elpis
39: Torino Pubbl. Nr. **42** Tui*. — 40: Torino Pubbl. Nr. **43** Tui. — 41: MPC 392 San. — 49: MPC 443, 492 Kyo*. MPC 370 SFe
Eph (1947) Urania Barcelona **32** Nr. 216

60 Echo
40: Torino Pubbl. Nr. **43** Tui*. — 41: Pulkowo Mitt. Nr. **143** S. 4 Sim*. — 49: MPC 370 SFe. Krim Mitt. **5** 145—147 Sim*

61 Danaë
50: Astr Circ UdSSR Nr. **100** Kiw. MPC 487 Tui

62 Erato
40: Torino Pubbl. Nr. **43** Tui*. — 49: MPC 444, 493 Kyo*. MPC 367 Niz*

63 Ausonia
35: Poznań Repr. Nr. **9** Poz. — 46: Odessa Mitt. **2** Nr. 1 Oda*. — 48: Kiew Publ. Nr. **4** S. 107 Kiw. TAB (2) Nr. 21 S. 159 Tok*. Mem SA It (NS) **21** 114 = Torino Contr. (NS) Nr. **16** Tui*. MPC 386 Ucc. — 50: Astr Circ UdSSR Nr. **100** Kiw. Astr Circ UdSSR Nr. **107** Lem*. Madrid Bol. **4** Nr. 2/3 Mad. MPC 421 Niz*
Eph (1950) Pop Astr **58** 83

[12]) Berichtigung in MPC 542.

64 Angelina
40: Torino Pubbl. Nr. **43** Tui*. Torino Pubbl. Nr. **43** Tui. — 42: Belgrade Bull. **7** 13, 14 Bel. Pulkowo Mitt. Nr. **143** S. 6, 7 Kit*. MPC 399 San. Mem SA It (NS) **21** 113 = Torino Contr. (NS) Nr. **16** Tui*. — 44: MPC 408 San. — 49: Kiew Publ. Nr. **4** S. 107 Kiw. Krim Mitt. **5** 142 Sim*. MPC 369[13]) Tok*. — 50: MPC 472 Blo*

65 Cybele
44: MPC 408 San. — 48: Kiew Publ. Nr. **3** S. 94 Kiw. — 49: Krim Mitt. **5** 140 Sim*. — 50: Astr Circ UdSSR Nr. **105** AlA*. Astr Circ UdSSR Nr. **100** Kiw. Madrid Bol. **4** Nr. 2/3 Mad. MPC 421 Niz*

66 Maja
49: Astr Circ UdSSR Nr. **103—104** Pul*. MPC 370 SFe. Krim Mitt. **5** 138, 145 Sim*

67 Asia
48: Kiew Publ. Nr. **4** S. 107 Kiw. TAB (2) Nr. 21 S. 159 Tok*

68 Leto
40: Torino Pubbl. Nr. **43** Tui*. — 41: MPC 393 San. — 43: Mem SA It (NS) **21** 113 = Torino Contr. (NS) Nr. **16** Tui*. — 46: Odessa Mitt. **2** Nr. 1 Oda*. — 49: UC Nr. **109** S. 358 Joh*. Kiew Publ. Nr. **4** S. 108 Kiw. Krim Mitt. **5** 141 Sim*. — 50: MPC 488 Joh*

69 Hesperia
34: AJ **48** 139 Was. — 41: MPC 393 San. Pulkowo Mitt. Nr. **143** S. 5 Sim*. — 43: MPC 404 San. — 49: Kiew Publ. Nr. **4** S. 108 Kiw. MPC 369 Tok*. — 50: Astr Circ UdSSR Nr. **103/104** Kiw

70 Panopaea
49: Kiew Publ. Nr. **4** S. 108 Kiw. — 50: MPC 457 Joh*

71 Niobe
48: Kiew Publ. Nr. **4** S. 108 Kiw. TAB (2) Nr. 21 S. 159 Tok*. — 49: Astr Circ UdSSR Nr. **98/99** Kas
Eph (1947) Urania Barcelona **32** Nr. 216

72 Feronia
47: Odessa Mitt. **2** Nr. 1 Oda*.— 50: MPC 474 Blo*. MPC 440 Joh*. MPC 454 Niz*
Id mit 1950 LJ wahrscheinlich, MPC 474

73 Klytia
42: Belgrade Bull. **7** 13, 16 Bel. Pulkowo Mitt. Nr. **143** S. 6 Kit*. Mem SA It (NS) **21** 113 = Torino Contr. (NS) Nr. **16** Tui*. — 49: Kiew Publ. Nr. **4** S. 108 Kiw. Krim Mitt. **5** 135 Sim*. — 50: MPC 473 Blo*. MPC 475 Joh*

74 Galatea
41: MPC 393 San. — 48: Kiew Publ. Nr. **4** S. 108 Kiw. — 49: UC Nr. **109** S. 358 Joh*. Krim Mitt. **5** 136, 137 Sim*. — 50: Astr Circ UdSSR Nr. **105** Kiw*. Astr Circ UdSSR Nr. **107** Kiw. BAB **4** 87, MPC 483 Ucc

75 Eurydike
45: MPC 413 San. — 49: UC Nr. **109** S. 358 Joh*
Eph (1947) Urania Barcelona **32** Nr. 216

76 Freia
49: Krim Mitt. **5** 143, 144, 145 Sim*. — 50: Astr Circ UdSSR Nr. **108** Kiw

77 Frigga
48: Mem SA It (NS) **21** 114 = Torino Contr. (NS) Nr. **16** Tui*. — 49: Kiew Publ. Nr. **4** S. 108 Kiw. Astr Circ UdSSR Nr. **92**[15]), **95** Lem*. MPC 370 SFe. Krim Mitt. **5** 138, 144, 145 Sim*. BAB **4** 81, MPC 358 Ucc

78 Diana
33: AJ **48** 138 Was. — 35: Poznań Repr. Nr. **9** Poz. — 41: Pulkowo Mitt. Nr. **143** S. 5 Sim*. — 46: Odessa Mitt. **2** Nr. 1 Oda*. — 48: TAB (2) Nr. 21 S. 159 Tok*. Mem SA It (NS) **21** 114 = Torino Contr. (NS) Nr. **16** Tui*. — 49: UC Nr. **109** S. 358 Joh*. — 50: MPC 499, NAZ **4** 45 Hei*. Astr Circ UdSSR Nr. **107** Kiw. BAB **4** 87, MPC 483, 484 Ucc

79 Eurynome
39: Torino Pubbl. Nr. **42** Tui*. — 41: Belgrade Bull. **6** 10 Bel*. Pulkowo Mitt. Nr. **143** S. 2 Sim*. — 47: Kiew Publ. Nr. **3** S. 94 Kiw. Odessa Mitt. **2** Nr. 1 Oda*. — 49: Krim Mitt. **5** 141 Sim*. — 50: Astr Circ UdSSR Nr. **105**[16]) AlA*. MPC 457 Joh*. MPC 487 Tui

80 Sappho
41: Belgrade Bull. **6** 28 Bel. — 45: MPC 413 San. — 48: Kiew Publ. Nr. **4** S. 108 Kiw. DOPPP f° 10 Par*. Mem SA It (NS) **20** 112 = Roma-Monte Mario Contr. Nr. **146** Rom*. MPC 215[17]), TAB (2) Nr. 21 S. 159 Tok*. — 50: Madrid Bol. **4** Nr. 2/3 Mad
Eph (1948) BAA Circ Nr. **300**

---

[13]) Berichtigung in MPC 702.
[15]) Nicht zugehörig (Astr Circ UdSSR Nr. 95). Provisorische Bezeichnung 1949 SH_1, MPC 756.
[16]) Berichtigung: Statt 19 lies 79 Eurynome.
[17]) Berichtigung in MPC 747.

81 Terpsichore
39: Torino Pubbl. Nr. **42** Tui*.—48: Kiew Publ. Nr. **4** S. 108 Kiw. — 49: UC Nr. **109** S. 358 Joh*. — 50: MPC 475 Joh*

82 Alkmene
39: Torino Pubbl. Nr. **42** Tui*. — 41: Pulkowo Mitt. Nr. **143** S. 5 Sim*. — 42: Pulkowo Mitt. Nr. **143** S. 8 Kit*. — 49: UC Nr. **109** S. 358[18]) Joh*. — 50: MPC 488 Joh*
Id mit Tokyo G, TAB (2) Nr. **6** S. 58, Nr. 21 S. 160

83 Beatrix
41: MPC 393 San. — 42: Belgrade Bull. **7** 13 Bel. — 48: Kiew Publ. Nr. **3** S. 94, Nr. **4** S. 108 Kiw. — 49: UC Nr. **109** S. 358 Joh*. — 50: Astr Circ UdSSR Nr. **108** Kiw

84 Klio
43: Mem SA It (NS) **21** S. 113 = Torino Contr. (NS) Nr. **16** Tui*. — 49: MPC 371 SFe

85 Io
47: Kiew Publ. Nr. **3** S. 94 Kiw. Odessa Mitt. **2** Nr. 1 Oda*. Mem SA It (NS) **21** 113 = Torino Contr. (NS) Nr. **16** Tui*. — 50: Astr Circ UdSSR Nr. **100** Kiw. Madrid Bol. **4** Nr. 2/3 Mad

86 Semele
49: Krim Mitt. **5** 140 Sim*. — 50: MPC 421 Niz*

87 Sylvia
47: MPC 77[19]) Kyo. BAN **11** 120—121 Lei. — 50: MPC 426, NAZ **4** 17 Hei*. BAB **4** 87, MPC 464 Ucc

88 Thisbe
49: Kiew Publ. Nr. **4** S. 108 Kiw. MPC 443 Kyo*. MPC 352, 452 Niz*. MPC 370 SFe. Krim Mitt. **5** 143, 144 Sim*

89 Julia
50: Astr Circ UdSSR Nr. **103—104** Kiw. Madrid Bol. **4** Nr. 2/3 Mad. MPC 487 Tui

90 Antiope
41: Belgrade Bull. **6** 9 Bel*. Pulkowo Mitt. Nr. **143** S. 2 Sim*. — 49: UC Nr. **109** S. 359 Joh*. — 50: Astr Circ UdSSR Nr. **108** Kiw

91 Aegina
41: MPC 393 San. — 48: Mem SA It (NS) **21** 114 = Torino Contr. (NS) Nr. **16** Tui*. — 49: Kiew Publ. Nr. **4** S. 109 Kiw. MPC 352, 452 Niz*. MPC 370 SFe. Krim Mitt. **5** 138, 144 Sim*
Eph (1947) Madrid Bol. **3** Nr. 6, Urania Barcelona **32** Nr. 216

92 Undina
34: AJ **48** 139 Was. — 39: Torino Pubbl. Nr. **42** Tui*. — 40: Torino Pubbl. Nr. **43** Tui*. Torino Pubbl. Nr. **43** Tui.— 48: Kiew Publ. Nr. **4** S. 109 Kiw. MPC 386 Ucc. — 50: MPC 448 Blo. MPC 454 Niz*. BAB **4** 87, MPC 364 Ucc

93 Minerva
39: Torino Pubbl. Nr. **42** Tui*. — 41: Torino Pubbl. Nr. **45** Tui*. — 48: Kiew Publ. Nr. **4** S. 109 Kiw. Mem SA It (NS) **21** 114 = Torino Contr. (NS) Nr. **16** Tui*. — 49: UC Nr. **109** S. 359 Joh*. MPC 443 Kyo*. MPC 370 SFe. — 50: MPC 423 San*

94 Aurora
48: Kiew Publ. Nr. **4** S. 109 Kiw. — 49: UC Nr. **109** S. 359 Joh*. — 50: MPC 475 Joh*

95 Arethusa
42: Belgrade Bull. **7** 14 Bel. Mem SA It (NS) **21** 113 = Torino Contr. (NS) Nr. **16** Tui*. — 48: Kiew Publ. Nr. **4** 109 Kiw. MPC 386 Ucc. — 49: Krim Mitt. **5** 140 Sim*

96 Aegle
48: Kiew Publ. Nr. **3** S. 94 Kiw. — 49: UC Nr. **109** S. 359 Joh*. — 50: MPC 463 Blo*

97 Klotho
36: Poznań Repr. Nr. **9** Poz. — 40: Belgrade Bull. **6** 9 Bel*. Torino Pubbl. Nr. **43** Tui. — 43: Mem SA It (NS) **21** 113 = Torino Contr. (NS) Nr. **16** Tui*. — 47: Mem SA It (NS) **21** 113 = Torino Contr. (NS) Nr. **16** Tui*. — 48: Mem SA It (NS) **21** 114 = Torino Contr. (NS) Nr. **16** Tui*. — 49: MPC 371 SFe. MPC 443, 492 Kyo*. Krim Mitt. **5** 147 Sim*

98 Ianthe
49: MPC 430 Blo. Kiew Publ. Nr. **4** S. 109 Kiw. MPC 352, 452 Niz*. Krim Mitt. **5** 144, 145 Sim*

100 Hekate
34: AJ **48** 139 Was. — 48: Kiew Publ. Nr. **3** S. 94, Nr. **4** S. 109 Kiw. — 49: Krim Mitt. **5** 142 Sim*. MPC 369 Tok*. — 50: Astr Circ UdSSR Nr. **107**[20]) [21]) Kiw

101 Helena
47: Kiew Publ. Nr. **3** S. 94

[18]) Berichtigung: Statt March lies May.
[19]) Berichtigung in MPC 380.
[20]) Beobachtung S. 2 Nr. 25 1950 Sept. 17 irrtümlich 100 Hekate zugeschrieben. Neue vorläufige Bezeichnung 1950 SP, MPC 756.
[21]) Beobachtungen S. 2 Nr. 5, 11, 21, 26 und 28 1950 Sept. 11—17 irrtümlich 566 Stereoskopia zugeschrieben, MPC 756 (Ber. MPC 784).

Kiw. Odessa Mitt. **2** Nr. 1 Oda*. — 49: Kiew Publ. Nr. **4** S. 109 Kiw. — 50: MPC 440 Joh*

102 Miriam
33: AJ **48** 138 Was. — 49: Krim Mitt. **5** 136 Sim*. — 50: MPC 475 Joh*

103 Hera
39: Torino Pubbl. Nr. **42** Tui*. — 41: MPC 393 San. — 48: Kiew Publ. **4** 109 Kiw. TAB (2) Nr. 21 S. 159 Tok*. MPC 383 Ucc. — 49: MPC **444, 493** Kyo*. — 50: Astr Circ UdSSR Nr. **105** AlA*. Astr Circ UdSSR Nr. **100** Kiw. Madrid Bol. **4** Nr. 2/3 Mad

104 Klymene
47: MPC 77 [22]) Kyo*. — 49: Kiew Publ. Nr. **4** S. 109 Kiw. Krim Mitt. **5** 135 Sim*. — 50: MPC 471 Blo*. MPC 457 Joh*

105 Artemis
41: Pulkowo Mitt. Nr. **143** S. 5 Sim*. — 48: TAB (2) Nr. 21 S. 159 Tok*. MPC 384 Ucc

106 Dione
39: Torino Pubbl. Nr. **42** Tui*. — 41: Pulkowo Mitt. Nr. **143** S. 5 Sim*. — 42: Pulkowo Mitt. Nr. **143** S. 8 Kit*. — 47: Odessa Mitt. **2** Nr. 1 Oda*. MPC 13 [23]) Ucc. — 50: Astr Circ UdSSR Nr. **100, 103—104** Kiw. Madrid Bol. **4** Nr. 2/3 Mad. MPC 421 Niz*

107 Camilla
42: MPC 399 San. — 46: Kiew Publ. Nr. **3** S. 93 Kiw. — 49: Kiew Publ. Nr. **4** S. 109 Kiw. Krim Mitt. **5** 135, 141 Sim*. — 50: MPC 450, NAZ **4** 25, 28 Hei*

108 Hecuba
48: Kiew Publ. Nr. **4** S. 110 Kiw. — 49: Krim Mitt. **5** 140 Sim*. MPC 369 Tok*. — 50: MPC 457 Joh*

110 Lydia
35: Poznań Repr. Nr. **9** Poz. — 49: MPC 443, 444, 492 Kyo*. MPC 453 Niz*. MPC 371 SFe. — 50: MPC 424 San*

111 Ate
33: AJ **48** 138 Was. — 42: Pulkowo Mitt. Nr. **143** S. 8 Kit*. — 48: Mem SA It (NS) **21** 114 = Torino Contr. (NS) Nr. **16** Tui*. — 49: UC Nr. **109** S. 359 Joh*. MPC 352, 452 Niz*. — 50: Astr Circ UdSSR Nr. **107, 108** Kiw

112 Iphigenia
41: Pulkowo Mitt. Nr. **143** S. 3 Sim*. — 42: Belgrade Bull. **7** 12, 16 Bel. Pulkowo Mitt. Nr. **143** S. 6 Kit*. — 46: Kiew Publ. Nr. **3** S. 93 Kiw. Odessa Mitt. **2** Nr. 1 Oda*. — 48: Kiew Publ. Nr. **3** S. 94 Kiw. — 49: UC Nr. **109** S. 359 Joh*. MPC 369 Tok*

113 Amalthea
41: Pulkowo Mitt. Nr. **143** S. 3, 4 Sim*. — 48: Kiew Publ. Nr. **4** S. 110 Kiw. — 49: MPC 430 Blo. Kiew Publ. Nr. **4** S. 110 Kiw. MPC 370 SFe. Krim Mitt. **5** 138, 144, 145 Sim*

114 Kassandra
42: Pulkowo Mitt. Nr. **143** S. 7 Kit*. — 48: TAB (2) Nr. 21 S. 159 Tok*. — 49: Krim Mitt. **5** 136 Sim*. MPC 369 Tok*

115 Thyra
41: MPC 393 San. Torino Pubbl. Nr. **45** Tui. — 48: Kiew Publ. Nr. **4** S. 110 Kiw. — 49: MPC 431, 446 Blo*. — 50: MPC 436, 447, 448 Blo*. MPC 454 Niz*. BAB **4** 87, MPC 364, 441 Ucc
Eph (1950) Pop Astr **58** 29

116 Sirona
49: MPC 352, 452 Niz*. Krim Mitt. **5** 138, 144, 145 Sim*

117 Lomia
46: Odessa Mitt. **2** Nr. 1 Oda*. — 49: Astr Circ UdSSR Nr. **100**, Kiew Publ. Nr. **4** S. 110 Kiw. Astr Circ UdSSR Nr. **95** Lem*. MPC 367 Niz*. MPC 371 SFe. Krim Mitt. **5** 147 Sim*

118 Peitho
39: Torino Pubbl. Nr. **42** Tui*. — 40: Torino Pubbl. Nr. **43** Tui*. — 48: Kiew Publ. Nr. **4** S. 110 Kiw. — 49: UC Nr. **109** S. 359 Joh*. — 50: Astr Circ UdSSR Nr. **107, 108** Kiw

120 Lachesis
46: Kiew Publ. Nr. **3** S. 93 Kiw. Odessa Mitt. **2** Nr. 1 Oda*. — 47: MPC 77 [24]) Kyo*. — 49: Kiew Publ. Nr. **4** S. 110 Kiw. Krim Mitt. **5** 135, 136 Sim*. — 50: MPC 471 Blo*. MPC 475 Joh*

121 Hermione
41: Pulkowo Mitt. Nr. **143** S. 2 Sim*. — 42: MPC 27 [25]) Alg. — 49: UC Nr. **109** S. 359 Joh*

122 Gerda
41: Pulkowo Mitt. Nr. **143** S. 4 Sim*. — 42: Belgrade Bull. **7** 17 Bel. Pulkowo Mitt. Nr. **143** S. 7 Kit*. — 48: MPC 386 Ucc. — 50: BAB **4** 87, MPC 364 Ucc

[22]) Berichtigung in MPC 380.
[23]) Berichtigung in MPC 101.
[24]) Berichtigung in MPC 380.
[25]) Berichtigung in MPC 101.

123 Brunhild
41: Pulkowo Mitt. Nr. **143** S. 2 Sim*. — 47: MPC 6, NAZ **1** 21 Joh*[26/1]). — 48: Kiew Publ. Nr. **4** S. 110 Kiw. TAB (2) Nr. 21 S. 159 Tok*. Mem SA It (NS) **21** 114 = Torino Contr. (NS) Nr. **16** Tui*. MPC 386 Ucc. — 50: MPC 469 Blo*

124 Alkeste
35: Poznań Repr. Nr. **9** Poz. — 39: Torino Pubbl. Nr. 42 Tui*. Torino Pubbl. Nr. 42 Tui. — 40: Torino Pubbl. Nr. **43** Tui. — 43: MPC 404 San. — 45: BAB **3** 283[26/2]) Ucc. — 49: MPC 443, 492 Kyo*. Astr Circ UdSSR Nr. **103—104** Pul*. MPC 370 SFe. Krim Mitt. **5** 138, 146, 147 Sim*. BAB **4** 81, MPC 358 Ucc
Eph (1946/47) Urania Barcelona **32** Nr. 216

125 Liberatrix
39: Torino Pubbl. Nr. **42** Tui*. — 40: Belgrade Bull. **6** 9 Bel*. — 45: BAB **3** 283[26/2]) Ucc. — 49: MPC 354, 355 Blo. MPC 370 SFe. Krim Mitt. **5** 137 Sim*

126 Velleda
48: Kiew Publ. Nr. **4** S. 110 Kiw. MPC 384 Ucc. — 50: Madrid Bol. **4** Nr. 2/3 Mad

127 Johanna
43: MPC 404 San. — 49: UC Nr. **109** S. 359 Joh* (?). MPC 443, 492 Kyo*

128 Nemesis
33: AJ **48** 138 Was. — 45: Odessa Mitt. 2 Nr. 1 Oda*. MPC 413 San. — 48: Mem SA It (NS) **21** 114 = Torino Contr. (NS) Nr. **16** Tui*. — 49: Kiew Publ. **4** S. 110 Kiw. MPC 443, 492 Kyo*. MPC 370 SFe

129 Antigone
47: Kiew Publ. Nr. **3** S. 94 Kiw. Odessa Mitt. **2** Nr. 1 Oda*. — 49: MPC **444**, 493 Kyo*. MPC 371 SFe

130 Elektra
42: MPC 399 San. — 44: MPC 408 San. — 47: Kiew Publ. Nr. **3** S. 94 Kiw. — 48: Mem SA It (NS) **20** 112 = Roma-Monte Mario Contr. Nr. **146** Rom. Mem SA It (NS) **21** 114 = Torino Contr. (NS) Nr. **16** Tui*. — 50: MPC 426, NAZ **4** 16 Hei*. Astr Circ UdSSR Nr. **100** Kiw. Madrid Bol. **4** Nr. 2/3 Mad

131 Vala
39: Torino Pubbl. Nr. **42** Tui*. — 49: UC Nr. **109** S. 359 Joh* (?)

132 Aethra
42: Belgrade Bull. **7** 16 Bel. — 50: MPC 482, NAZ **4** 33 Hei*

133 Cyrene
39: Torino Pubbl. Nr. **42** Tui*. — 40: Torino Pubbl. Nr. **43** Tui*. — 41: Pulkowo Mitt. Nr. **143** S. 2 Sim*. — 48: MPC 172[27]) Fla*

134 Sophrosyne
41: Pulkowo Mitt. Nr. **143** S. 2 Sim*. — 49: Kiew Publ. Nr. **4** S. 110 Kiw. — 50: MPC 474 Joh*

135 Hertha
36: Poznań Repr. Nr. **9** Poz. — 47: Odessa Mitt. **2** Nr. 1 Oda*. — 48: BAN **11** 226 Lei. — 49: MPC 446 Blo. — 50: MPC 439, 457 Joh
Eph (1950) MPC 345, 360

136 Austria
40: Torino Pubbl. Nr. **43** Tui*. — 47: Mem SA It (NS) **21** 113 = Torino Contr. (NS) Nr. **16** Tui*. — 48: MPC 386 Ucc. — 50: Astr Circ UdSSR Nr. **100** Kiw. Madrid Bol. **4** Nr. 2/3 Mad. MPC 454 Niz*

137 Meliboea
42: Pulkowo Mitt. Nr. **143** S. 8 Kit*. — 47: Kiew Publ. Nr. **3** S. 94 Kiw

138 Tolosa
48: MPC 386 Ucc. — 50: MPC 469 Blo* (?). Astr Circ UdSSR Nr. **100, 103—104** Kiw. Madrid Bol. **4** Nr. 2/3 Mad. MPC 421 Niz*

139 Juewa
47: MPC 6, NAZ **1** 20 Joh*[28/1]). — 49: MPC 371 SFe

140 Siwa
40: Torino Pubbl. Nr. **43** Tui*. — 41: MPC 393 San. — 47: MPC 77[28/2]) Kyo*. — 50: MPC 457 Joh*. Astr Circ UdSSR Nr. **103—104** Kiw. MPC 457 Joh*

141 Lumen
47: Mem SA It (NS) **21** 113 = Torino Contr. (NS) Nr. **16** Tui*. — 49: Krim Mitt. **5** 141 Sim*. — 50: MPC 440 Joh*

142 Polana
48: MPC 384 Ucc

143 Adria
41: Pulkowo Mitt. Nr. **143** S. 5 Sim*. — 49: UC Nr. **109** S. 359 Joh

144 Vibilia
44: Mem SA It (NS) **21** 113 = Torino Contr. (NS) Nr.

[26/1]) Berichtigung in MPC 767.
[26/2]) Berichtigung in BAB **4** 86 (auch für UAI Circ 1021, 1024).
[27]) Berichtigung in MPC 380.
[28/1]) Berichtigung in MPC 767.
[28/2]) Berichtigung in MPC 380.

16 Tui*. — 49: UC Nr. **109** S. 359 Joh*. MPC 443 Kyo*. Krim Mitt. **5** 143 Sim*
Eph (1947) Madrid Bol. **3** Nr. 6, Urania Barcelona **32** Nr. 216

145 Adeona
47: MPC 77 [29]) Kyo*. — 49: Kiew Publ. Nr. **4** S. 111 Kiw. Krim Mitt. **5** 136, 142 Sim*. MPC 369 Tok*. — 50: MPC 488 Joh*

146 Lucina
42: Belgrade Bull. **7** 11 Bel*. — 47: MPC 6, NAZ **1** 20 Joh* [28/1]). — 48: MPC 384 Ucc. — 50: Madrid Bol. **4** Nr. 2/3 Mad. MPC 487 Tui

147 Protogeneia
40: Torino Pubbl. Nr. **43** Tui*. — 42: Belgrade Bull. **7** 15 Bel. Pulkowo Mitt. Nr. **143** S. 6 Kit*. — 48: MPC 384 Ucc. — 49: MPC 367 Niz*. BAB **4** 81, MPC 359 Ucc
Eph (1951) La Plata Circ. Nr. **7**
El AJ **55** 127, La Plata Circ. Nr. **7**, **9**

148 Gallia
49: UC Nr. **109** S. 359 Joh*
Eph (1947) Urania Barcelona **32** Nr. 216

149 Medusa
32: AJ **48** 137 Was. — 41: Pulkowo Mitt. Nr. **143** S. 2 Sim*. — 49: Kiew Publ. Nr. **4** S. 111 Kiw. MPC 443, 492 Kyo*. MPC 353, 453 Niz*. Krim Mitt. **5** 139 Sim*

150 Nuwa
42: Belgrade Bull. **7** 17 Bel. — 47: Kiew Publ. Nr. **3** S. 94 Kiw. — 49: MPC 454 Niz*. Krim Mitt. **5** 140 Sim*. — 50: Madrid Bol. **4** Nr. 2/3 Mad

151 Abundantia
48: Kiew Publ. Nr. **4** S. 111 Kiw. — 49: UC Nr. **109** S. 359 Joh*

152 Atala
42: Pulkowo Mitt. Nr. **143** S. 8. Kit*

153 Hilda
49: MPC 369 Tok*

154 Bertha
41: MPC 393 San. — 49: MPC 443, 492 Kyo*

156 Xanthippe
33: AJ **48** 138 Was. — 40: Torino Pubbl. Nr. **43** Tui*. — 41: Pulkowo Mitt. Nr. **143** S. 4 Sim*. — 50: Astr Circ UdSSR Nr. **105** AlA*. MPC 474 Joh*. Astr Circ UdSSR Nr. **103—104** Kiw

157 Dejanira
Eph (1947) Urania Barcelona **32** Nr. 216

158 Koronis
42: Belgrade Bull. **7** 14 Bel

159 Aemilia
49: Krim Mitt. **5** 137 Sim*. MPC 369 Tok*

160 Una
41: Pulkowo Mitt. Nr. **143** S. 5 Sim*. — 46: Kiew Publ. Nr. **3** S. 93 Kiw. Odessa Mitt. 2 Nr. 1 Oda*. — 48: Kiew Publ. Nr. **3** S. 94 Kiw. — 49: UC Nr. **109** S. 359 Joh*. — 50: MPC 488 Joh*

161 Athor
49: Kiew Publ. Nr. **4** S. 111 Kiw. Krim Mitt. **5** 135 Sim*. — 50: MPC 488 Joh*

162 Laurentia
42: Pulkowo Mitt. Nr. **143** S. 8 Kit*. — 50: MPC 457 Joh*

163 Erigone
49: Krim Mitt. **5** 136, 137 Sim*. — 50: MPC 464 Blo*

164 Eva
49: UC Nr. **109** S. 361 Joh*. UC Nr. **109** S. 359 Joh

165 Loreley
49: MPC 351 Tuk*

166 Rhodope
40: Torino Pubbl. Nr. **43** Tui*. — 50: MPC 471 Blo*. MPC 450, 451, NAZ **4** 25, 28 Hei*

167 Urda
42: Belgrade Bull. **7** 11 Bel*. Mem SA It (NS) **21** 113 = Torino Contr. (NS) Nr. **16** Tui*. — 49: Kiew Publ. Nr. **4** S. 111 Kiw. MPC 353, 453 Niz*. Krim Mitt. **5** 139 Sim*

168 Sibylla
41: Pulkowo Mitt. Nr. **143** S. 2 Sim*. — 49: UC Nr. **109** S. 359 Joh*. Krim Mitt. **5** 142 Sim*

169 Zelia
34: AJ **48** 139 Was. — 41: Pulkowo Mitt. Nr. **143** S. 5 Sim*

171 Ophelia
39: Torino Pubbl. Nr. **42** Tui*. — 49: Krim Mitt. **5** 140 Sim*. — 50: MPC 454 Niz*

172 Baucis
50: Madrid Bol. **4** Nr. 2/3 Mad. MPC 453 Niz*. BAB **4** 87, MPC 364 Ucc

173 Ino
36: Poznań Repr. Nr. **9**

[29]) Berichtigung in MPC 380.

Poz. — 41: MPC 394 San. — 50: Astr Circ UdSSR Nr. **108** Kiw

174 Phaedra
49: UC Nr. **109** S. 359 Joh*

175 Andromache
33: AJ **48** 138 Was. — 39: Torino Pubbl. Nr. **42** Tui*. — 47: Mem SA It (NS) **21** 113 = Torino Contr. (NS) Nr. **16** Tui*. — 49: Krim Mitt. **5** 140 Sim*. — 50: MPC 449, 469 Blo*. MPC 439 Fla*

176 Iduna
32: AJ **48** 137 Was. — 49: Krim Mitt. **5** 142 Sim*

177 Irma
49: Krim Mitt. **5** 136 Sim*. — 50: MPC 473 Blo*. MPC 475 Joh*

178 Belisana
39: Torino Pubbl. Nr. **42** Tui*. — 41: Belgrade Bull. **6** 26 Bel*. — 42: Belgrade Bull. **7** 12 Bel. — 49: UC Nr. **109** S. 359 Joh*. Madrid Bol. **4** Nr. 2/3 Mad. Krim Mitt. **5** 136, 137 Sim*. MPC 369 Tok*. — 50: Astr Circ UdSSR Nr. **107** Kiw

179 Klytaemnestra
33: AJ **48** 138 Was. — 41: Pulkowo Mitt. Nr. **143** S. 2 Sim*. — 49: MPC 444, 493 Kyo*. MPC 367 Niz. BAB **4** 81, MPC 359 Ucc

180 Garumna
41: Pulkowo Mitt. Nr. **143** S. 2 Sim*. — 47: MPC 6, NAZ **1** 20 Joh*[30/1]). — 48: MPC 384 Ucc. — 50: MPC 365[30/2]), NAZ **4** 7 Hei*

181 Eucharis
39: Torino Pubbl. Nr. **42** Tui*. — 50: MPC 365[31]), 366, NAZ **4** 7, 8 Hei*. Madrid Bol. **4** Nr. 2/3 Mad. MPC 421 Niz*. BAB **4** 87, MPC 364 Ucc
Eph (1950) Pop Astr **58** 29

182 Elsa
48: MPC 386 Ucc

183 Istria
50: MPC 451, NAZ **4** 29 Hei*. BAB **4** 87, MPC 464 Ucc

184 Dejopeja
49: Krim Mitt. **5** 138, 139 Sim*. BAB **4** 81, MPC 358 Ucc

185 Eunike
34: AJ **48** 139 Was. — 44: MPC 408 San. — 47: Kiew Publ. Nr. **3** S. 94 Kiw. BAN **11** 117—118 Lei. — 48: MPC 384 Ucc
El und allgemeine Störungen AJ **55** 133

186 Celuta
48: Kiew Publ. Nr. **4** S. 111 Kiw
Eph (1947) Urania Barcelona **32** Nr. 216

187 Lamberta
48: TAB (2) Nr. 21 S. 159 Tok*. MPC 386 Ucc. — 50: Madrid Bol. **4** Nr. 2/3 Mad. Astr Circ UdSSR Nr. **101—102** Mos*. MPC 424 San*
Eph (1950) Pop Astr **58** 83

189 Phthia
47: Kiew Publ. Nr. **3** S. 94 Kiw. — 50: Astr Circ UdSSR Nr. **105** AlA*. MPC 457 Joh*

190 Ismene
49: MPC 444, 493 Kyo*

191 Kolga
40: Torino Pubbl. Nr. **43** Tui*. — 42: Belgrade Bull. **7** 12 Bel*. Belgrade Bull. **7** 13, 16 Bel. — 50: MPC 461 Alg

192 Nausikaa
35: Poznań Repr. Nr. **9** Poz. — 44: MPC 408 San. — 48: DOPPP f° 11 Par*. — 50: MPC 449 (?), 469 Blo*. Astr Circ UdSSR Nr. **100** Kiw. Astr Circ UdSSR Nr. **103—104** Lem
Eph (1948) BAA Circ Nr. **304**

193 Ambrosia
50: MPC 420 Niz*

194 Prokne
34: AJ **48** 139 Was. — 39: Torino Pubbl. Nr. **42** Tui*. Torino Pubbl. Nr. **42** Tui. — 43: MPC 405 San. — 48: Mem SA It (NS) **21** 114 = Torino Contr. (NS) Nr. **16** Tui*

195 Eurykleia
49: MPC 352, 452 Niz*. Krim Mitt. **5** 138, 144 Sim*

196 Philomela
39: Torino Pubbl. Nr. **42** Tui*. — 41: Pulkowo Mitt. Nr. **143** S. 5 Sim*. — 42: Pulkowo Mitt. Nr. **143** S. 7 Kit*. MPC 399 San. — 44: MPC 408 San. — 45: MPC 413 San. — 47: Odessa Mitt. **2** Nr. 1 Oda*. — 50: Astr Circ UdSSR Nr. **100**, **103—104** Kiw. Astr Circ UdSSR Nr. **107** Lem*. Madrid Bol. **4** Nr. 2/3 Mad. MPC 421 Niz*. MPC 424 San*

198 Ampella
41: Pulkowo Mitt. Nr. **143** S. 4 Sim*. — 49: MPC 445 Blo. MPC 452 Niz*. Astr Circ UdSSR Nr. **103—104** Pul*. MPC 371 SFe. MPC 351 Tuk*

199 Byblis
49: MPC 367 Niz*

[30/1]) Berichtigung in MPC 767.
[30/2]) Berichtigung in MPC 702.
[31]) Berichtigung in MPC 702.

200 Dynamene
47: Odessa Mitt. **2** Nr. 1 Oda*. — 48: MPC 386 Ucc. — 50: MPC 440 Joh*

201 Penelope
49: MPC 433 Blo. MPC 352, 452 Niz*. MPC 370 SFe. Krim Mitt. **5** 143 Sim*
Eph (1946/47) Urania Barcelona **32** Nr. 216

202 Chryseïs
33: AJ **48** 138 Was. — 42: MPC 399 San. — 47: Kiew Publ. Nr. **3** S. 94 Kiw. Mem SA It (NS) **21** 110 = Torino Contr. (NS) Nr. **16** Tui. — 49: Kiew Publ. Nr. **4** S. 111 Kiw. MPC 443, 492 Kyo*. MPC 370 SFe. Krim Mitt. **5** 138 Sim*

203 Pompeja
42: Belgrade Bull. **7** 12 Bel. Pulkowo Mitt. Nr. **143** S. 6 Kit*. — 49: MPC 369 Tok*. — 50: MPC 440 Joh*

204 Kallisto
49: MPC 443, 492 Kyo*. MPC 453 Niz*
Eph (1947) Madrid Bol. **3** Nr. 6, Urania Barcelona **32** Nr. 216

205 Martha
48: MPC 384 Ucc

206 Hersilia
32: AJ **48** 137 Was. — 42: Belgrade Bull. **7** 12 Bel

207 Hedda
34: AJ **48** 139 Was. — 48: MPC 389 Ucc*. MPC 386 Ucc.—50: Astr Circ UdSSR Nr. **100, 103—104** Kiw. Madrid Bol. **4** Nr. 2/3 Mad. MPC 421 Niz*

208 Lacrimosa
41: Pulkowo Mitt. Nr. **143** S. 3 Sim*. — 42: Pulkowo Mitt. Nr. **143** S. 6 Kit*. — 48: MPC 386 Ucc. — 49: MPC 446 Blo*. MPC 431 Blo. — 50: MPC 436 Blo*. Madrid Bol. **4** Nr. 2/3 Mad. MPC 420 Niz*. BAB **4** 87, MPC 364, 441 Ucc

209 Dido
46: Kiew Publ. Nr. **3** S. 93 Kiw. — 47: MPC 77[32]) Kyo*. — 49: Kiew Publ. Nr. **4** S. 111 Kiw. Krim Mitt. **5** 141 Sim*. — 50: MPC 457 Joh*

210 Isabella
40: Torino Pubbl. Nr. **43** Tui*. — 42: Pulkowo Mitt. Nr. **143** S. 8 Kit*. Krim Mitt. **5** 136 Sim*

211 Isolda
41: Pulkowo Mitt. Nr. **145** S. 4 Sim*. — 47: Odessa Mitt. **2** Nr. 1 Oda*. — 48: MPC 386 Ucc. — 50: Madrid Bol. **4** Nr. 2/3 Mad

212 Medea
49: MPC 353, 452 Niz*. Krim Mitt. **5** 138, 139 Sim*. BAB **4** 81, MPC 358 Ucc
Eph (1950) Sternenwelt **2** 212

213 Lilaea
40: Torino Pubbl. Nr. **43** Tui*. Torino Pubbl. Nr. **43** Tui. — 49: Kiew Publ. Nr. **4** S. 111 Kiw. Krim Mitt. **5** 141 Sim*
El und allgemeine Störungen BIA **4** 70

214 Aschera
49: Krim Mitt. **5** 137 Sim*

215 Oenone
40: Torino Pubbl. Nr. **43** Tui*. — 41: Pulkowo Mitt. Nr. **143** S. 5 Sim*. — 42: Belgrade Bull. **7** 17 Bel. Pulkowo Mitt. Nr. **143** S. 8 Kit*. — 50: MPC 488 Joh*

216 Kleopatra
41: Pulkowo Mitt. Nr. **143** S. 3 Sim*. — 42: Pulkowo Mitt. Nr. **143** S. 6 Kit*. MPC 399 San. — 47: BAN **11** 119—120 Lei. Odessa Mitt. **2** Nr. 1 Oda*. — 49: Kiew Publ. Nr. **4** S. 111 Kiw
El Jap. Astr. Ass. Circ. Nr. 78

218 Bianca
41: Pulkowo Mitt. Nr. **143** S. 5 Sim*. — 49: Kiew Publ. Nr. **4** S. 111 Kiw. Krim Mitt. **5** 137 Sim*. — 50: Astr Circ UdSSR Nr. **108** Kiw

219 Thusnelda
34: AJ **48** 139 Was. — 40: Torino Pubbl. Nr. **43** Tui*
Eph (1947) Madrid Bol. **3** Nr. 6, Urania Barcelona **32** Nr. 216

221 Eos
40: Torino Pubbl. Nr. **43** Tui*. — 41: Pulkowo Mitt. Nr. **143** S. 3, 4 Sim*. — 42: Belgrade Bull. **7** 17 Bel. — 47: Odessa Mitt. **2** Nr. 1 Oda*. — 48: Kiew Publ. Nr. **4** S. 112 Kiw. — 49: Krim Mitt. **5** 140 Sim*. — 50: MPC 448 Blo*. MPC 366, NAZ **4** 8 Hei*. Madrid Bol. **4** Nr. 2/3 Mad. MPC 421 Niz*. BAB **4** 87, MPC 364 Ucc

222 Lucia
49: Krim Mitt. **5** 135 Sim*. — 50: MPC 475 Joh*

223 Rosa
Id mit U 22 (1945) Jap. Astr. Ass. Circ. Nr. 81
El (unter der Bezeichnung 1945 U 22) Jap. Astr. Ass. Circ. Nr. 81

224 Oceana
48: MPC 389 Ucc*. — 50: Madrid Bol. **4** Nr. 2/3 Mad. MPC 453 Niz*. BAB **4** 87, MPC 364 Ucc

[32]) Berichtigung in MPC 380.

225 Henrietta
50: MPC **461**, 501 Alg

226 Weringia
32: AJ **48** 137 Was. — 49: UC Nr. **109** S. 359 Joh*. MPC 443 Kyo*. Krim Mitt. **5** 143, 144, 145 Sim*

229 Adelinda
39: Torino Pubbl. Nr. 42 Tui*

230 Athamantis
45: MPC 413 San. — 47: Kiew Publ. Nr. **3** S. 94 Kiw. — 48: Kiew Publ. Nr. **4** S. 112 Kiw. — 49: MPC 444, 493 Kyo*

231 Vindobona
42: Belgrade Bull. **7** 13 Bel. Pulkowo Mitt. Nr. **143** 6, 7 Kit*

232 Russia
41: Pulkowo Mitt. Nr. **143** S. 4 [33]) Sim*. — 49: Krim Mitt. **5** 142 Sim*. — 50: MPC 499, NAZ **4** 45 Hei*

233 Asterope
49: Kiew Publ. Nr. **4** S. 112 Kiw. MPC 370 SFe. Krim Mitt. **5** 137, 138 Sim*

234 Barbara
41: Pulkowo Mitt. Nr. **143** S. 3 Sim*. — 42: Belgrade Bull. **7** 12, 15 Bel. Pulkowo Mitt. Nr. **143** S. 6 Kit*. — 48: Kiew Publ. Nr. **4** S. 112 Kiw

235 Carolina
39: Torino Pubbl. Nr. **42** Tui*. — 42: Belgrade Bull. **7** 17 Bel. Pulkowo Mitt. Nr. **143** S. 8 Kit*. — 49: Krim Mitt. **5** 136, 141 Sim*. — 50: MPC 471, 472, 474 Blo* (?). MPC 475 Joh*

236 Honoria
41: Pulkowo Mitt. Nr. **143** S. 4 Sim*. — 42: Pulkowo Mitt. Nr. **143** S. 7 Kit*. — 47: MPC 77[34]) Kyo*

237 Coelestina
49: UC Nr. **109** S. 359 Joh*

238 Hypatia
49: BAB **4** 81, MPC 358 Ucc. MPC 371 SFe
El und allgemeine Störungen BIA **4** 58

239 Adrastea
49: Krim Mitt. **5** 136 Sim*

240 Vanadis
49: UC Nr. **109** S. 359 Joh*. MPC 443 Kyo*

241 Germania
50: Astr Circ UdSSR Nr. **103—104**[35]) Kiw. BAB **4** 87, MPC 364 Ucc

242 Kriemhild
El und allgemeine Störungen BIA **4** 64

243 Ida
42: Belgrade Bull. **7** 17 Bel. — 49: MPC 457 Joh*. Krim Mitt. **5** 140 Sim*
El und allgemeine Störungen BIA **4** 66

244 Sita
48: MPC 384 Ucc. — 49: MPC 454 Niz*

245 Vera
40: Torino Pubbl. Nr. **43** Tui*. — 49: MPC 444, 493 Kyo*. MPC 367 Niz. BAB **4** 81, MPC 359 Ucc

246 Asporina
34: AJ **48** 139 Was. — 48: Kiew Publ. Nr. **4** S. 112 Kiw

247 Eukrate
42: Belgrade Bull. **7** 14 Bel. Pulkowo Mitt. Nr. **143** S. 7 Kit.* Mem SA It (NS) **21** 113 = Torino Contr. (NS) Nr. **16** Tui*. — 49: UC Nr. **109** S. 359 Joh*. — 50: MPC 475 Joh

248 Lameia
40: Belgrade Bull. **6** 9 Bel*. — 48: MPC 389 Ucc*

250 Bettina
49: Kiew Publ. Nr. **4** S. 112 Kiw. — 50: MPC 440 Joh*. Madrid Bol. **4** Nr. 2/3 Mad

253 Mathilde
40: Torino Pubbl. Nr. **43** Tui*. — 49: MPC 431 Blo (?). MPC 352, 451 Niz*. Krim Mitt. **5** 143 Sim*

254 Augusta
49: MPC 453[36]) Niz*

255 Oppavia
50: MPC 457 Joh*

256 Walpurga
50: BAB **4** 87, MPC 483 Ucc

257 Silesia
48: MPC 353 Niz*. — 49: Kiew Publ. Nr. **4** S. 112 Kiw. MPC 443, 492 Kyo*. MPC 453 Niz*. Krim Mitt. **5** 139 Sim*

258 Tyche
41: Pulkowo Mitt. Nr. **143** S. 3 Sim*. — 42: Belgrade Bull. **7** 12, 13 Bel

259 Aletheia
41: Pulkowo Mitt. Nr. **143** S. 3 Sim*

260 Huberta
41: Belgrade Bull. **6** 25, 26 Bel*. Pulkowo Mitt. Nr. **143** S. 2 Sim*. — 49: UC Nr. **109** S. 359 Joh*. Krim Mitt. **5** S. 142 Sim*. — 50: BAB **4** 87, MPC 483 Ucc

---

[33]) Irrtümlich als 239 Russia bezeichnet.
[34]) Berichtigung in MPC 380.
[35]) Unidentifiziert, wahrscheinlich 241 Germania zugehörig, MPC 756.
[36]) Berichtigung in MPC 702.

261 Prymno
34: AJ **48** 139 Was. — 39: Torino Pubbl. Nr. **42** Tui*. — 47: MPC 77[37]) Kyo*. — 49: UC Nr. **109** S. 359 Joh*

262 Valda
49: Krim Mitt. **5** 135 Sim*

263 Dresda
49: UC Nr. **109** S. 359 Joh*. MPC 352, 451 Niz*. Krim Mitt. **5** 143, 144, 145 Sim*

264 Libussa
40: Torino Pubbl. Nr. **43** Tui*. — 42: Belgrade Bull. **7** 14 Bel. — 45: MPC 414 San. — 50: MPC 461 Alg. MPC 474 Blo*. MPC 471 Blo. MPC 440 Joh*. MPC 454[38]) Niz*

266 Aline
49: Kiew Publ. Nr. **4** S. 112 Kiw. MPC 352, 452 Niz*. MPC 370 SFe
El und allgemeine Störungen BIA **4** 68

268 Adorea
41: Pulkowo Mitt. Nr. **143** S. 3 Sim*. — 49: Kiew Publ. Nr. **4** S. 112 Kiw. Krim Mitt. **5** 139 Sim*

269 Justitia
41: Belgrade Bull. **6** 25 Bel*. Pulkowo Mitt. Nr. **143** S. 3 Sim*. — 42: Belgrade Bull. **7** 16 Bel. Pulkowo Mitt. Nr. **143** S. 6 Kit*. — 50: Astr Circ UdSSR Nr. **103—104** Kiw

270 Anahita
39: Torino Pubbl. Nr. **42** Tui. — 46: Kiew Publ. Nr. **3** S. 94 Kiw. — 49: Astr Circ UdSSR Nr. **93**[39]), Kiew Publ. Nr. **4** S. 112 Kiw. MPC 443, 492 Kyo*. Astr Circ UdSSR Nr. **95** Lem*. MPC 371 SFe. Krim Mitt. **5** 139 Sim*

271 Penthesilea
49: MPC 434 Blo*. MPC 434 Blo

272 Antonia
49: UC Nr. **109** S. 359 Joh*. — 50: MPC 488 Joh*

273 Atropos
40: Torino Pubbl. Nr. **43** Tui*

274 Philagoria
48: MPC 389 Ucc*. MPC 384 Ucc. — 49: MPC 376 Alg*. MPC 461 Alg. Krim Mitt. **5** 139 Sim*. BAB **4** 81, MPC 358 Ucc

275 Sapientia
48: Kiew Publ. Nr. **4** S. 112 Kiw. — 49: MPC 433 Blo. UC Nr. **109** S. 359 Joh*. MPC 352, 452 Niz* (?). Krim Mitt. **5** 143 Sim*

276 Adelheid
50: MPC 481, NAZ **4** 33 Hei*

277 Elvira
49: MPC 443, 444, 492 Kyo*

278 Paulina
49: MPC 434 Blo*. Krim Mitt. **5** 139 Sim*

279 Thule
49: Krim Mitt. **5** 138 Sim*

281 Lucretia
40: Belgrade Bull. **6** 9 Bel*. — 49: UC Nr. **109** S. 359 Joh*

282 Clorinde
50: MPC 439 Fla*. BAB **4** 87, MPC 441 Ucc (?)

283 Emma
49: UC Nr. **109** S. 359 Joh*. — 50: Astr Circ UdSSR Nr. **105** Kiw*. Astr Circ UdSSR Nr. **107** Kiw. BAB **4** 87, MPC 483 Ucc
Eph (1946/47) Urania Barcelona **32** Nr. 216

284 Amalia
48: MPC 386 Ucc

285 Regina
49: MPC 352, 452 Niz*. Krim Mitt. **5** 144 Sim*. BAB **4** 81, MPC 358 Ucc

287 Nephthys
49: Kiew Publ. Nr. **4** S. 112 Kiw. Krim Mitt. **5** 140 Sim*. MPC 369 Tok*. — 50: Astr Circ UdSSR Nr. **103—104** Kiw

288 Glauke
48: MPC 386 Ucc

289 Nenetta
41: Belgrade Bull. **6** 26 Bel*. Pulkowo Mitt. Nr. **143** S. 4 Sim*. Torino Pubbl. Nr. **45** Tui*. — 49: Krim Mitt. **5** 135 Sim*

290 Bruna
40: Torino Pubbl. Nr. **43** Tui*

291 Alice
50: MPC 472 Blo*. MPC 475 Joh*

292 Ludovica
48: TAB (2) Nr. 21 S. 159 Tok*

293 Brasilia
49: UC Nr. **109** S. 359 Joh*

294 Felicia
50: BAB **4** 87, MPC 442 Ucc

295 Theresia
34: AJ **48** 139 Was. — 42: Pulkowo Mitt. Nr. **143** S. 8 Kit*

297 Caecilia
48: MPC 386 Ucc. — 50: BAB **4** 87, MPC 442 Ucc

[37]) Berichtigung in MPC 380.
[38]) Berichtigung in MPC 747.
[39]) Berichtigung in Astr Circ UdSSR Nr. 95.

298 Baptistina
48: MPC 384 Ucc. — 50: MPC 421 Niz*
Eph (1947) Urania Barcelona **32** Nr. 216

299 Thora
49: Krim Mitt. **5** 141 Sim*. — 50: MPC 475 Joh*

300 Geraldina
39: Torino Pubbl. Nr. **42** Tui*. — 42: Belgrade Bull. **7** 14, 17 Bel. — 48: MPC 386 Ucc. — 49: BAB **4** 81, MPC 359 Ucc. — 50: MPC 447 Blo*. BAB **4** 87, MPC 364 Ucc

301 Bavaria
48: MPC 384 Ucc

302 Clarissa
Eph (1949) Jap. Astr. Ass. Circ. Nr. 54
El Jap. Astr. Ass. Circ Nr. 54

303 Josephina
39: Torino Pubbl. Nr. **42** Tui*. — 40: Torino Pubbl. Nr. **43** Tui*. — 41: Belgrade Bull. **6** 25 Bel*. — 49: MPC 443, 492 Kyo*. Astr Circ UdSSR Nr. **103—104** Pul*. Krim Mitt. **5** 138, 146 Sim*

304 Olga
Eph (1947) Urania Barcelona **32** Nr. 216

305 Gordonia
49: Kiew Publ. Nr. **4** S. 113 Kiw. MPC 443, 492 Kyo*. MPC 353, 453 Niz*. Krim Mitt. **5** 139 Sim*
Eph (1949) Jap. Astr. Ass. Circ. Nr. 54
El Jap. Astr. Ass. Circ. Nr. 54

306 Unitas
35: Poznań Repr. Nr. **9** Poz. — 39: Torino Pubbl. Nr. **42** Tui*. Torino Pubbl. Nr. **42** Tui. — 49: Kiew Publ. Nr. **4** S. 113 Kiw. Krim Mitt. **5** 135, 141 Sim*. — 50: Athen Bull. **1950** Nr. 4 Ath. Astr Circ UdSSR Nr. **105** Kiw*
Eph (1950) Pop Astr **58** 343, Sternenwelt **2** 163

307 Nike
49: MPC 444, 493 Kyo*. MPC 367 Niz. BAB **4** 81, MPC 359 Ucc

308 Polyxo
33: AJ **48** 138 Was. — 41: Belgrade Bull. **6** 25 Bel*. Pulkowo Mitt. Nr. **143** S. 2 Sim*. — 47: Odessa Mitt. **2** Nr. 1 Oda*. — 50: Madrid Bol. **4** Nr. 2/3 Mad. MPC 421 Niz*. BAB **4** 87, MPC 442 Ucc

309 Fraternitas
49: MPC 443, 492 Kyo*. MPC 352, 452 Niz*. Krim Mitt. **5** 139 Sim*. MPC 351 Tuk*
Eph (1947) Urania Barcelona **32** Nr. 216

310 Margarita
41: Pulkowo Mitt. Nr. **143** S. 2 Sim*. — 48: MPC 386 Ucc. — 50: MPC 487 Tui

311 Claudia
34: AJ **48** 139 Was. — 50: MPC 457 Joh*
Eph (1951) La Plata Circ. Nr. **7**
El La Plata Circ. Nr. **7**, **9**, MPC 381

312 Pierretta
33: AJ **48** 138 Was. — 42: Belgrade Bull. **7** 13, 14 Bel. Pulkowo Mitt. Nr. **143** S. 6, 7 Kit*

313 Chaldaea
34: AJ **48** 139 Was. — 41: MPC 394 San. Pulkowo Mitt. Nr. **143** S. 3 Sim*. Torino Pubbl. Nr. **45** Tui*. — 42: Belgrade Bull. **7** 12 Bel. Krim Mitt. **5** 142 Sim*. — 48: Astr Circ UdSSR Nr. **98—99** Kas. Kiew Publ. Nr. **4** S. 113 Kiw. — 50: Astr Circ UdSSR Nr. **108** Kiw

314 Rosalia
41: Belgrade Bull. **6** 28 Bel. — 50: MPC 449, 469 Blo*. BAB **4** 87, MPC 442 Ucc

315 Constantia
50: MPC 448 Blo*. BAB **4** 87, MPC 441 Ucc (?)
Eph (1947) Urania Barcelona **32** Nr. 216

316 Goberta
48: MPC 384 Ucc

317 Roxane
49: Krim Mitt. **5** 141 Sim*. — 50: MPC 499, NAZ **4** 45 Hei*. Astr Circ UdSSR Nr. **107**, **108** Kiw. BAB **4** 87, MPC 483 Ucc

318 Magdalena
49: MPC 433 Blo*. Krim Mitt. **5** 145 Sim*

320 Katharina
49: MPC 367 Niz*. BAB **4** 81, MPC 358 Ucc

321 Florentina
49: UC Nr. **109** S. 359 Joh*. Krim Mitt. **5** 143, 144, 145 Sim*

322 Phaeo
49: MPC 457 Joh*

323 Brucia
49: Krim Mitt. **5** 142 Sim*

324 Bamberga
32: AJ **48** 137 Was. — 42: MPC 399 San. — 47: Kiew Publ. Nr. **3** S. 94 Kiw. Odessa Mitt. **2** Nr. 1 Oda*. DOPPP f° 10 Par*. MPC 20[40]) Poz. — 49: Kiew Publ. Nr. **4** S. 112 Kiw.

[40]) Berichtigung in MPC 101.

Krim Mitt. **5** 141 Sim*. — 50: MPC 440 Joh*

325 Heidelberga
41: Pulkowo Mitt. Nr. **143** S. 5 Sim*. — 50: MPC 449, 470 Blo*. MPC 440 Joh*

326 Tamara
45: MPC 413 San. — 49: UC Nr. **109** S. 361 Joh

327 Columbia
42: Belgrade Bull. **7** 11 Bel*. — 49: Krim Mitt. **5** 138, 146, 147 Sim*

328 Gudrun
49: UC Nr. **109** S. 359 Joh*

331 Etheridgea
33: AJ **48** 138 Was. — 39: AJ **48** 166 WiB. — 50: MPC 470 Blo*. MPC 440 Joh*

332 Siri
49: MPC 430 Blo. Krim Mitt. **5** 138, 144, 145 Sim*

333 Badenia
33: AJ **48** 138 Was .— 39: Torino Pubbl. Nr. **42** Tui*. AJ **48** 166 WiB. — 42: Belgrade Bull. **7** 17 Bel. Pulkowo Mitt. Nr. **143** S. 7 Kit*. — 50: MPC 426, NAZ **4** 16, 17 Hei*. MPC 421 Niz*. BAB **4** 87, MPC 364 Ucc

334 Chicago
34: AJ **48** 139 Was. — 47: MPC 16[41]) Joh*. — 48: MPC 386 Ucc. — 50: MPC 446 Blo*. MPC 420, 454 Niz*. BAB **4** 87, MPC 364, 441 Ucc

335 Roberta
49: Krim Mitt. **5** 140, 141 Sim*. — 50: Astr Circ UdSSR Nr. **103—104** Kiw

336 Lacadiera
49: MPC 431 Blo. MPC 352, 451 Niz*. Krim Mitt. **5** 142 Sim*

337 Devosa
47: Odessa Mitt. **2** Nr. 1 Oda*. — 49: Kiew Publ. Nr. **4** S. 113 Kiw. — 50: MPC 475 Joh*

338 Budrosa
40: Torino Pubbl. Nr. **43** Tui*. — 41: Pulkowo Mitt. Nr. **143** S. 4 Sim*. — 49: Kiew Publ. Nr. **4** S. 113 Kiw. — 50: MPC 449 Blo*. MPC 440 Joh*

339 Dorothea
49: MPC 443, 492 Kyo*. Krim Mitt. **5** 144 Sim*
Eph (1947) Urania Barcelona **32** Nr. 216

340 Eduarda
42: Belgrade Bull. **7** 13 Bel. — 49: Krim Mitt. **5** 135 Sim*. — 50: MPC 457 Joh*

341 California
48: MPC 386 Ucc. — 50: MPC 454 Niz*

342 Endymion
41: Pulkowo Mitt. Nr. **143** S. 5 Sim*. — 49: MPC 352, 452 Niz*. Krim Mitt. **5** 136 Sim*

344 Desiderata
42: Pulkowo Mitt. Nr. **143** S. 7 Kit*

345 Tercidina
41: Pulkowo Mitt. Nr. **143** S. 4 Sim*. — 49: MPC 444, 493 Kyo*
Eph (1947) Urania Barcelona **32** Nr. 216

346 Hermentaria
32: AJ **48** 137 Was. — 41: Pulkowo Mitt. Nr. **143** S. 3 Sim*. — 46: Odessa Mitt. **2** Nr. 1 Oda*. — 50: Madrid Bol. **4** Nr. 2/3 Mad

347 Pariana
42: Pulkowo Mitt. Nr. **143** S. 7 Kit*. — 49: Krim Mitt. **5** 142 Sim*. — 50: MPC 488 Joh*

348 May
47: MPC 6, NAZ **1** 21 Joh*[42/1]). — 48: MPC 384 Ucc. — 50: BAB **4** 87, MPC 364 Ucc

349 Dembowska
41: MPC 394 San. — 42: MPC 399, 400 San. — 44: MPC 408 San. — 49: Kiew Publ. Nr. **4** S. 113 Kiw. Krim Mitt. **5** 135 Sim*. MPC 369 Tok*. — 50: MPC 457 Joh*. Astr Circ UdSSR Nr. **107** Lem*

350 Ornamenta
50: MPC 470, 471 Blo. MPC 450, NAZ **4** 25 Hei*. MPC 454 Niz*. BAB **4** 87, MPC 464 Ucc

351 Yrsa
40: Torino Pubbl. Nr. **43** Tui*. — 49: Kiew Publ. Nr. **4** S. 113 Kiw. Krim Mitt. **5** 141 Sim*. — 50: MPC 472, 473 Blo*

352 Gisela
49: UC Nr. **109** S. 359 Joh*. MPC 369 Tok*. — 50: MPC 499, NAZ **4** 44 Hei*. Astr Circ UdSSR Nr. **107**, **108** Kiw. BAB **4** 87, MPC 483 Ucc

353 Ruperto-Carola
50: MPC 488 Joh*

354 Eleonora
35: Poznań Repr. Nr. **9** Poz. — 36: Poznań Repr. Nr. **9** Poz. — 40: Torino Pubbl. Nr. **43** Tui. — 41: MPC 394

[41]) Berichtigung in MPC 380.

[42/1]) Berichtigung in MPC 767.

San. Pulkowo Mitt. Nr. **143** 3 Sim*. — 42: Belgrade Bull. **7** 12 Bel. MPC 400 San. — 45: MPC 413 San. — 50: Astr Circ UdSSR Nr. **106** Aba. MPC 450, NAZ **4** 25 Hei*. Astr Circ UdSSR Nr. **103—104**[42/2]) Kiw. Astr Circ UdSSR Nr. **103—104** Lem
Eph (1950) Pop Astr **58** 232, Sternenwelt **2** 93

355 Gabriella
48: MPC 384, 386 Ucc. — 50: MPC 469 Blo* (?). MPC 454 Niz*

356 Liguria
48: Kiew Publ. Nr. **3** 94, Nr. **4** 114 Kiw. — 49: UC Nr. **109** S. 359 Joh*

357 Ninina
49: MPC 351 Tuk. — 50: MPC 454 Niz*

358 Apollonia
42: Belgrade Bull. **7** 11 Bel*. Mem SA It (NS) **21** 113 = Torino Contr. (NS) Nr. **16** Tui*. — 49: MPC 354 Blo. Krim Mitt. **5** 137 Sim*
Eph (1947) Urania Barcelona **32** Nr. 216

359 Georgia
49: MPC 443, 492 Kyo*
Eph (1947) Urania Barcelona **32** Nr. 216

360 Carlova
40: Torino Pubbl. Nr. **43** Tui*. — 42: Pulkowo Mitt. Nr. **143** S. 6 Kit*. — 47: MPC 6, NAZ **1** 20 Joh*[43/1]). — 50: Madrid Bol. **4** Nr. 2/3 Mad. MPC 421 Niz*. BAB **4** 87, MPC 364 Ucc

361 Bononia
49: UC Nr. **109** S. 359 Joh*. — 50: MPC 475 Joh

362 Havnia
49: MPC 443, 492 Kyo*. MPC 371 SFe
Eph (1947) Urania Barcelona **32** Nr. 216

363 Padua
48: Kiew Publ. Nr. **4** S. 114 Kiw. — 49: UC Nr. **109** S. 359 Joh*

364 Isara
47: MPC 6, NAZ **1** 20 Joh*[43/1]). — 49: MPC 369 Tok*. — 50: MPC 474 Joh*

365 Corduba
41: Pulkowo Mitt. Nr. **143** S. 3 Sim*. — 42: Belgrade Bull. **7** 14 Bel. Pulkowo Mitt. Nr. **143** 6, 7 Kit*

366 Vincentina
49: UC Nr. **109** S. 359 Joh*. — 50: MPC 475 Joh*

367 Amicitia
39: Torino Pubbl. Nr. **42** Tui*. — 49: Krim Mitt. **5** 136, 141 Sim*

368 Haidea
48: MPC 384 Ucc

369 Aëria
40: Torino Pubbl. Nr. **43** Tui*. — 49: UC Nr. **109** S. 359 Joh*

370 Modestia
41: Belgrade Bull. **6** 9 Bel*. Pulkowo Mitt. Nr. **143** S. 2 Sim*. — 49: UC **109** S. 359 Joh*

371 Bohemia
34: AJ **48** 139 Was. — 47: MPC 6, NAZ **1** 20 Joh*[43/1]). — 49: BAB **4** 81, MPC 359 Ucc. — 50: MPC 447 Blo*. BAB **4** 87, MPC 364, 441 Ucc
El und allgemeine Störungen BIA **4** 72

372 Palma
40: Torino Pubbl. Nr. **43** Tui. — 46: BAB **4** 30[43/2]) Ucc. — 49: MPC 431 Blo (?). Kiew Publ. Nr. **4** S. 114 Kiw. MPC 352, 452 Niz*. MPC 370 SFe. Krim Mitt. **5** 138, 144 Sim*

373 Melusina
50: MPC 436 Blo

374 Burgundia
34: AJ **48** 139 Was. — 49: MPC 443, 492 Kyo*. MPC 353, 453 Niz*. Krim Mitt. **5** 139 Sim*

375 Ursula
48: MPC 173[44]) Fla*

376 Geometria
41: Pulkowo Mitt. Nr. **143** S. 4 Sim*. — 42: Pulkowo Mitt. Nr. **143** S. 8 Kit*. — 48: Kiew Publ. Nr. **4** S. 114 Kiw
Eph (1946/47) Urania Barcelona **32** Nr. 216

377 Campania
40: Torino Pubbl. Nr. **43** Tui*. — 41: Torino Pubbl. Nr. **45** Tui*. — 46: Kiew Publ. Nr. **3** S. 93 Kiw. Odessa Mitt. **2** Nr. 1 Oda*. — 49: UC Nr. **109** S. 359 Joh*. Krim Mitt. **5** 136 Sim*. — 50: Astr Circ UdSSR Nr. **105** Kiw*. BAB **4** 87, MPC 483 Ucc

379 Huenna
33: AJ **48** 138 Was. — 42: Belgrade Bull. **7** 14, 17 Bel. — 48: MPC 386 Ucc. — 49: MPC 446 Blo*. MPC 431 Blo. — 50: MPC 436, 447, 448 Blo*. MPC 420, 454 Niz*. BAB **4** 87, 88, MPC 364, 441 Ucc

380 Fiducia
49: MPC 433 Blo. MPC 351 Tuk*

[42/2]) Berichtigung: Statt 345 lies 354.
[43/1]) Berichtigung in MPC 767.
[43/2]) Irrtümlich als 872 Holda bezeichnet, 372 zugehörig, BAB 4 86 (auch für UAI Circ 1038).
[44]) Berichtigung in MPC 380.

Eph (1947) Urania Barcelona **32** Nr. 216

381 Myrrha
41: Pulkowo Mitt. Nr. **143** S. 3, 4 Sim*

382 Dodona
40: Belgrade Bull. **6** 9 Bel*. — 50: MPC 470 Blo*. MPC 457 Joh*

383 Janina
42: Belgrade Bull. **7** 16, 17 Bel. Pulkowo Mitt. Nr. **143** S. 7 Kit*. — 50: MPC 449, 469 (?) Blo*. MPC 439Fla*

384 Burdigala
50: Madrid Bol. **4** Nr. 2/3 Mad. MPC 454 Niz*

385 Ilmatar
39: Torino Pubbl. Nr. **42** Tui*. Torino Pubbl. Nr. **42** Tui. — 47: Kiew Publ. Nr. **3** S. 94 Kiw. — 49: Kiew Publ. Nr. **4** S. 114 Kiw. MPC 353, 452 Niz*. Astr Circ UdSSR Nr. **103—104** Pul*. MPC 371 SFe. Krim Mitt. **5** 138, 139 Sim*. BAB **4** 81, MPC 358 Ucc
Eph (1950/51) Pop Astr **58** 503

386 Siegena
41: MPC 394 San. — 48: Kiew Publ. Nr. **4** S. 114 Kiw. MPC 182[45]) Tuk*(?). — 49: MPC 433 Blo*. Kiew Publ. Nr. **4** S. 114 Kiw. Krim Mitt. **5** 142 Sim*
Eph (1949) Jap. Astr. Ass. Circ. Nr. 54
Eph (1950) Jap. Astr. Ass. Circ. Nr. 85—86
El MPC 195[46]), Jap. Astr. Ass. Circ. Nr. 54

387 Aquitania
36: Poznań Repr. Nr. **9** Poz. — 49: Kiew Publ. Nr. **4** S. 114 Kiw

388 Charybdis
33: AJ **48** 138 Was. — 39: Torino Pubbl. Nr. **42** Tui*. — 41: Pulkowo Mitt. Nr. **143** S. 2 Sim*. — 49: MPC 443, 492 Kyo*

389 Industria
34: AJ **48** 139 Was. — 40: Torino Pubbl. Nr. **43** Tui*. — 41: MPC 394 San. — 42: Belgrade Bull. **7** 13, 15, 16 Bel. — 45: MPC 413 San. — 49: Kiew Publ. Nr. **4** S. 114 Kiw. — 50: MPC 488 Joh*. Astr Circ UdSSR Nr. **103—104** Kiw

390 Alma
48: MPC 384 Ucc. — 50: MPC 447 Blo*. MPC 454 Niz*. BAB **4** 88, MPC 364, 441 Ucc

391 Ingeborg
47: Mem SA It (NS) **21** 113 = Torino Contr. (NS) Nr. **16** Tui*. — 50: MPC 471 Blo*. MPC 450, NAZ **4** 25 Hei*

393 Lampetia
44: MPC 409 San. — 49: AN **279** 47[47]) Kar. Mem SA It (NS) **21** 16 = Roma-Monte Mario Contr. Nr **156**, MPC 379 Rom. MPC 370 SFe. — 50: MPC 423 San*

394 Arduina
49: MPC 453 Niz*. Krim Mitt. **5** 139 Sim*

395 Delia
49: Krim Mitt. **5** 137 Sim*

396 Aeolia
48: MPC 384 Ucc
Eph (1949/50) MPC 346, NAZ **4** 2
El NAZ **4** 2

397 Vienna
Eph (1947) Urania Barcelona **32** Nr. 216

398 Admete
48: MPC 384 Ucc. — 50: MPC 439[48]) Joh*. MPC 440 Joh

399 Persephone
49: UC Nr. **109** S. 359 Joh*. — 50: MPC 488 Joh* (?)

400 Ducrosa
50: BAB **4** 88, MPC 364 Ucc

402 Chloë
41: Pulkowo Mitt. Nr **143** S. 4 Sim*. — 49: MPC 370 SFe. Krim Mitt. **5** 143 Sim*

403 Cyane
49: MPC 443, 444, 492, 493 Kyo*

404 Arsinoë
41: Pulkowo Mitt. Nr. **143** S. 4 Sim*. — 49: MPC 432, 433 Blo*. Kiew Publ. Nr. **4** S. 114 Kiw. Krim Mitt. **5** 142 Sim*. — 50: MPC 489 Joh*

405 Thia
49: Kiew Publ. Nr. **4** S. 114 Kiw. MPC 352, 452 Niz*. Krim Mitt. **5** 143 Sim*

406 Erna
49: UC Nr. **109** S. 359 Joh*. — 50: BAB **4** 88, MPC 483 Ucc

407 Arachne
33: AJ **48** 138 Was. — 49: UC Nr. **109** S. 359 Joh*. — 50: MPC 482, NAZ **4** 33 Hei*. Astr Circ UdSSR Nr. **105** Kiw*. BAB **4** 88, MPC 483 Ucc

408 Fama
34: AJ **48** 139 Was. — 49: UC Nr. **109** S. 359 Joh*. — 50: MPC 475 Joh*

409 Aspasia
47: BAN **11** 121 Lei. MPC 31[49]) SFe. — 48: Kiew

[45]) Berichtigung in MPC 238.
[46]) Berichtigung in MPC 360.
[47]) Irrtümlich als 353 Lampetia bezeichnet.
[48]) Berichtigung in MPC 702.
[49]) Berichtigung in MPC 101.

Publ. Nr. **4** S. 114 Kiw
Eph (1947) Urania Barcelona **32** Nr. 216

410 Chloris
41: Pulkowo Mitt. Nr. **143** S. 2 Sim*. — 50: BAB **4** 88, MPC 364 Ucc

412 Elisabetha
34: AJ **48** 139 Was. — 49: UC Nr. **109** S. 359 Joh*

413 Edburga
50: BAB **4** 88, MPC 364 Ucc

414 Liriope
50: MPC 471 Blo* (?)

415 Palatia
49: UC Nr. **109** S. 352 Joh*. Krim Mitt. **5** 142 Sim*. — 50: MPC 488 Joh*. Astr Circ UdSSR Nr. **105** Kiw*. Astr Circ UdSSR Nr. **107** Kiw

416 Vaticana
47: Kiew Publ. Nr. **3** S. 94 Kiw. — 49: MPC 443, 492 Kyo*. BAB **4** 81, MPC 358 Ucc

417 Suevia
49: BAB **4** 81, MPC 358 Ucc. Krim Mitt. **5** 145, 146, 147 Sim*

418 Alemannia
42: Belgrade Bull. **7** 16 Bel. Mem SA It (NS) **21** 113 = Torino Contr. (NS) Nr. **16** Tui*. — 49: UC Nr. **109** S. 359 Joh*. — 50: MPC 473 Blo*. BAB **4** 88, MPC 465 Ucc

419 Aurelia
41: Pulkowo Mitt. Nr. **143** S. 2 Sim*. — 42: Belgrade Bull. **7** 13 Bel. Mem SA It (NS) **21** 113 = Torino Contr. (NS) Nr. **16** Tui*. — 49: Krim Mitt. **5** 140 Sim*. — 50: MPC 475 Joh*. Astr Circ UdSSR Nr. **107** Lem*
Eph (1950) DOPPP f° 12, Pop Astr **58** 296, Sternenwelt **2** 142

420 Bertholda
40: Belgrade Bull. **6** 9 Bel*. — 48: MPC 386 Ucc

421 Zähringia
50: MPC 365, NAZ **4** 7 Hei*. MPC 367, NAZ **4** 8 Hei. BAB **4** 88, MPC 364 Ucc

422 Berolina
41: Pulkowo Mitt. Nr. **143** S. 2 Sim*. — 49: UC Nr. **109** S. 359 Joh*. MPC 443 Kyo*

423 Diotima
47: Kiew Publ. Nr. **3** S. 94 Kiw. — 49: UC Nr. **109** S. 359 Joh*. MPC 370 SFe

424 Gratia
34: AJ **48** 139 Was. — 48: TAB (2) Nr. 6 S. 58[50]) Tok*. — 49: Krim Mitt. **5** 137 Sim*. — 50: MPC 488 Joh*
Id mit Objekt J Tokyo (?) = 1948 DB, TAB (2) Nr. 21 S. 160

425 Cornelia
47: Mem SA It (NS) **21** 113 = Torino Contr. (NS) Nr. **16** Tui*. — 49: MPC 353, 452, 453 Niz*. Krim Mitt. **5** 139 Sim*
Eph (1947) Urania Barcelona **32** Nr. 216

426 Hippo
50: MPC 475 Joh*

427 Galene
39: Torino Pubbl. Nr. 42 Tui*

429 Lotis
50: MPC 440 Joh*

430 Hybris
49: Krim Mitt. **5** 137 Sim*

431 Nephele
49: Krim Mitt. **5** 140 Sim*

433 Eros
42: Belgrade Bull. **7** 15, 16, 17 Bel. MPC 400 San. — 45: MPC 413 San. — 49: UC Nr. **109** S. 359 Joh*. Kiew Publ. Nr. **4** S. 115 Kiw. MPC 443, 492 Kyo*. BAN **11** 226 Lei. MPC 352, 451 Niz*. Krim Mitt. **5** 143 Sim*
Eph (1949) Jap. Astr. Ass. Circ. Nr. 61, 62

435 Ella
39: Torino Pubbl. Nr. **42** Tui*. — 48: MPC 384, 386 Ucc. — 50: MPC 421 Niz*. BAB **4** 88, MPC 364 Ucc

436 Patricia
49: UC Nr. **109** S. 361 Joh

437 Rhodia
49: UC Nr. **109** S. 359 Joh*

438 Zeuxo
41: Pulkowo Mitt. Nr. **143** S. 2 Sim*. — 50: MPC 475 Joh*

439 Ohio
40: Torino Pubbl. Nr. **43** Tui*. — 42: Belgrade Bull. **7** 13 Bel. — 48: MPC 384 Ucc

440 Theodora
41: Belgrade Bull. **6** 26 Bel*. — 50: MPC 488 Joh*

441 Bathilde
39: Torino Pubbl. Nr. **42** Tui*. — 45: Odessa Mitt. 2 Nr. 1 Oda*. — 49: Krim Mitt. **5** 137 Sim*

442 Eichsfeldia
49: Krim Mitt. **5** 140 Sim*. — 50: Astr Circ UdSSR Nr. **103—104** Kiw

[50]) Als Tokyo J bezeichnet, TAB (2) Nr. 21 S. 160.

443 Photographica
49: Madrid Bol. **4** Nr. 2/3 Mad. Krim Mitt. **5** 136 Sim*. MPC 369 Tok*

444 Gyptis
40: Torino Pubbl. Nr. **43** Tui*. — 42: Belgrade Bull. **7** 13, 16 Bel. Pulkowo Mitt. Nr. **143** S. 6, 7 Kit*. — 46: BAB **4** 29[51/1]) Ucc. — 49: Krim Mitt. **5** 141 Sim*. — 50: Madrid Bol. **4** Nr. 2/3 Mad. MPC 454 Niz*

445 Edna
33: AJ **48** 138 Was. — 49: UC Nr. **109** S. 359 Joh*
Eph (1947) Madrid Bol. **3** Nr. 6, Urania Barcelona **32** Nr. 216

446 Aeternitas
39: Torino Pubbl. Nr. **42** Tui*. — 49: UC Nr. **109** S. 359 Joh*. Krim Mitt. **5** 136 Sim*

447 Valentine
49: UC Nr. **109** S. 359 Joh*. Krim Mitt. **5** 136 Sim*
Eph (1950) NAZ **4** 8

449 Hamburga
47: MPC 6, NAZ **1** 21 Joh*[51/2]). — 48: MPC 384, 386 Ucc. — 50: Astr Circ UdSSR Nr. **100** Kiw. Madrid Bol. **4** Nr. 2/3 Mad. MPC 421 Niz*

450 Brigitta
49: Krim Mitt. **5** 136 Sim*. — 50: MPC 457 Joh*

451 Patientia
34: AJ **48** 139 Was. — 39: Torino Pubbl. Nr. **42** Tui. — 41: MPC 394 San. — 43: MPC 405 San. — 49: Kiew Publ. Nr. **4** S. 115 Kiw. — 50: MPC 470, 471 Blo*. Astr Circ UdSSR Nr. **103**—104 Kiw. Madrid Bol. **4** Nr. 2/3 Mad. MPC 454 Niz*. BAB **4** 88, MPC 464 Ucc

453 Tea
39: Torino Pubbl. Nr. **42** Tui*. — 49: UC Nr. **109** S. 359 Joh*

454 Mathesis
32: AJ **48** 137 Was. — 42: Belgrade Bull. **7** 11 Bel*. — 49: MPC 443, 492 Kyo*. MPC 453 Niz*

455 Bruchsalia
50: MPC 453 Niz*. BAB **4** 88, MPC 364 Ucc

456 Abnoba
48: BAB **4** Nr. 4, MPC 386 Ucc

457 Alleghenia
40: Torino Pubbl. Nr. **43** Tui. — 49: MPC 352, 452 Niz*

458 Hercynia
33: AJ **48** 138 Was. — Pulkowo Mitt. Nr. **143** S. 4 Sim*

459 Signe
49: MPC 368 Niz
Id mit 1934 VH, MPC 422

460 Scania
49: MPC 353, 452 Niz*. Krim Mitt. **5** 138 Sim*
Eph (1947) Madrid Bol. **3** Nr. 6, Urania Barcelona **32** Nr. 216

461 Saskia
49: MPC 353, 452 Niz*. Krim Mitt. **5** 138 Sim*

464 Megaira
39: Torino Pubbl. Nr. **42** Tui*. — 49: Krim Mitt. **5** 141 Sim*. — 50: MPC 474 Joh*

465 Alekto
49: BAB **4** 81, MPC 359 Ucc. — 50: MPC 448 Blo*. BAB **4** 88, MPC 364, 441 Ucc

467 Laura
49: UC Nr. **109** S. 359 Joh*. Krim Mitt. **5** 143 Sim*

468 Lina
49: Krim Mitt. **5** 139 Sim*. BAB **4** 83, MPC 360 Ucc*. BAB **4** 81, MPC 358 Ucc

469 Argentina
41: Pulkowo Mitt. Nr. **143** S. 2 Sim*. — 49: MPC 353, 452 Niz*. Krim Mitt. **5** 145 Sim.* BAB **4** 83, MPC 360 Ucc*

471 Papagena
34: AJ **48** 139 Was. — 49: Kiew Publ. Nr. **4** S. 115 Kiw. Krim Mitt. **5** 141 Sim*. — 50: MPC 461 Alg. MPC 457 Joh*. MPC 487 Tui

472 Roma
50: MPC 488 Joh*

474 Prudentia
49: BAB **4** 81, MPC 358 Ucc
Eph (1947) Urania Barcelona **32** Nr. 216

475 Oello
50: LOB Nr. **523** MtH

476 Hedwig
40: Torino Pubbl. Nr. **43** Tui. — 49: MPC 371 SFe
Eph (1947) Urania Barcelona **32** Nr. 216

478 Tergeste
40: Torino Pubbl. Nr. **43** Tui. — 47: Kiew Publ. Nr. **3** S. 94 Kiw. — 48: Kiew Publ. Nr. **4** S. 115 Kiw. MPC 182[52]) Tuk*. MPC 384 Ucc. — 49: MPC 444, 493 Kyo*

[51/1]) Berichtigung in BAB 4 33, 86 (auch für UAI Circ 1051).

[51/2]) Berichtigung in MPC 767.

[52]) Berichtigung in MPC 238, 351.

479 Caprera
50: MPC 489 Joh*

480 Hansa
34: AJ **48** 139 Was. — 41: Belgrade Bull. **6** 26 Bel*. — 49: MPC 352, 452 Niz*. Krim Mitt. **5** 144 Sim*

481 Emita
46: Kiew Publ. Nr. **3** S. 93 Kiw. — 48: Kiew Publ. Nr. **4** S. 115 Kiw. — 49: UC Nr. **109** S. 359 Joh*. — 50: Astr Circ UdSSR Nr. **108** Kiw

483 Seppina
40: Torino Pubbl. Nr. **43** Tui*. — 42: Belgrade Bull. **7** 12 Bel. — 49: Krim Mitt. **5** 138 Sim*

484 Pittsburghia
41: Belgrade Bull. **6** 26 Bel. Pulkowo Mitt. Nr. **143** S. 6 Kit*. Pulkowo Mitt. Nr. **143** S. 3 Sim*. — 49: Krim Mitt. **5** 140 Sim*. — 50: MPC 454 Niz*

485 Genua
40: Belgrade Bull. **6** 9 Bel*. — 42: MPC 400 San. — 49: MPC 352, 452 Niz*. Krim Mitt. **5** 137 Sim*

486 Cremona
49: UC Nr. **109** S. 359 Joh* (?)

487 Venetia
32: AJ **48** 137 Was. — 40: Torino Pubbl. Nr. **43** Tui*. — 49: MPC 352 Niz*. — 50: MPC 488 Joh*

488 Kreusa
41: Belgrade Bull. **6** 26 Bel*. MPC 394 San. Pulkowo Mitt. Nr. **143** S. 3 Sim*

489 Comacina
39: Torino Pubbl. Nr. **42** Tui*. — 41: Pulkowo Mitt. Nr. **143** S. 5 Sim*. — 50: MPC 487 Tui

490 Veritas
40: Torino Pubbl. Nr. **43** Tui*. — 41: Pulkowo Mitt. Nr. **143** S. 4 Sim*. — 42: Belgrade Bull. **7** 14 Bel. Pulkowo Mitt. Nr. **143** S. 7 Kit*. — 48: MPC 386 Ucc

491 Carina
42: Belgrade Bull. **7** 13 Bel. Pulkowo Mitt. Nr. **143** S. 6 Kit*. Mem SAIt (NS) **21** 113 = Torino Contr. (NS) Nr. **16** Tui*

494 Virtus
39: Torino Pubbl. Nr. **42** Tui*. — 40: Torino Pubbl. Nr. **43** Tui*. — 41: Pulkowo Mitt. Nr. **143** S. 3 Sim*. — 47: MPC 54[53]) Niz*. — 49: MPC 430 Blo*

495 Eulalia
41: Pulkowo Mitt. Nr. **143** S. 5 Sim*. — 49: MPC 443, 492 Kyo*. MPC 353, 453 Niz*. Krim Mitt. **5** 139 Sim*
Vielleicht Id mit 1940 KA Belgrade Bull. **5** 18

496 Gryphia
47: MPC 54[54]) Niz*

497 Iva
42: Belgrade Bull. **7** 11 Bel*. — 49: UC Nr. **109** S. 359 Joh*. — 50: Astr Circ UdSSR Nr. **108** Kiw (?)

498 Tokio
39: Torino Pubbl. Nr. **42** Tui*. — 48: TAB (2) Nr. 21 S. 159 Tok*. — 49: UC Nr. **109** S. 359 Joh*. MPC 370 SFe. — 50: MPC 424 San

499 Venusia
48: MPC 386 Ucc. — 49: BAB **4** 81, MPC 359 Ucc. — 50: Madrid Bol. **4** Nr. 2/3 Mad. MPC 420 Niz*

500 Selinur
39: Torino Pubbl. Nr. **42** Tui*. — 41: Belgrade Bull. **6** 9 Bel*. Pulkowo Mitt. Nr. **143** S. 2 Sim*. — 48: MPC 386 Ucc. — 50: Madrid Bol. **4** Nr. 2/3 Mad

503 Evelyn
41: Pulkowo Mitt. Nr. **143** S. 5 Sim*. — 48: Kiew Publ. Nr. **3** S. 94, Nr. **4** S. 115 Kiw. — 49: UC Nr. **109** S. 359 Joh*. Krim Mitt. **5** 136 Sim*. — 50: MPC 488 Joh*
Id mit Objekt H Tokio = 1948 DA, TAB (2) Nr. 21 S. 160
El und allgemeine Störungen BIA **4** 74

505 Cava
32: AJ **48** 137 Was. — 49: Kiew Publ. Nr. **4** S. 115 Kiw. Krim Mitt. **5** 141 Sim*. — 50: MPC 475 Joh*

507 Laodica
39: Torino Pubbl. Nr. **42** Tui*. — 49: UC Nr. **109** S. 359 Joh*. — 50: MPC 472 Blo*
Id mit 1945 u = Uccle 12, Jap. Astr. Ass. Circ Nr. 68, Nr. 90, Nr. 93
El (als 1945 u bezeichnet) Jap. Astr. Ass. Circ. Nr. 68

508 Princetonia
49: UC Nr. **109** S. 359 Joh*

509 Iolanda
42: Belgrade Bull. **7** 12, 13 Bel

510 Mabella
49: Krim Mitt. **5** 136, 141, 142 Sim*. — 50: Astr Circ UdSSR Nr. **107** Kiw

[53]) Berichtigung in MPC 102.

[54]) Berichtigung in MPC 102.

511 Davida
38: Torino Pubbl. Nr. **42** Tui. — 41: Belgrade Bull. **6** 26 Bel*. — 42: Belgrade Bull. **7** 11 Bel*. — 44: MPC 409 San. — 45: MPC 414 San. — 47: Kiew Publ. Nr. **3** S. 94 Kiw. — 49: UC Nr. **109** S. 359 Joh*. MPC 370 SFe. Krim Mitt. **5** 143 Sim*
Eph (1947) Urania Barcelona **32** Nr. 216
Eph (1950) Pop Astr **58** 343

513 Centesima
39: Torino Pubbl. Nr. **42** Tui*. — 50: BAB **4** 88, MPC 483 Ucc

514 Armida
46: Kiew Publ. Nr. **3** S. 93 Kiw. — 49: Krim Mitt. **5** 136 Sim*. — 50: MPC 475 Joh*

516 Amherstia
41: Belgrade Bull. **6** 10, 26 Bel*. Pulkowo Mitt. Nr. **143** S. 2 Sim*. — 42: Belgrade Bull. **7** 12 Bel. — 48: MPC 386 Ucc. — 50: MPC 469 Blo.* MPC 439 Joh*
Eph (1950) Pop Astr **58** 127

517 Edith
42: Belgrade Bull. **7** 16 Bel. — 47: MPC 6, NAZ **1** 20 Joh*.[55/1]) — 48: MPC 384, 386 Ucc. — 50: MPC 426, NAZ **4** 16, 17 Hei*

519 Sylvania
49: UC Nr. **109** S. 361 Joh

520 Franziska
49: UC Nr. **109** S. 359 Joh*
Eph (1947) Urania Barcelona **32** Nr. 216

521 Brixia
41: Pulkowo Mitt. Nr. **143** S. 2 Sim*. — 50: MPC 469 Blo*. MPC 448 Blo. Madrid Bol. **4** Nr. 2/3 Mad. Astr Circ UdSSR Nr. **101—102** Mos*. BAB **4** 88, MPC 441, 442 Ucc

522 Helga
42: Pulkowo Mitt. Nr. **143** S. 6 Kit*. — 49: UC Nr. **109** S. 359[55/2]) Joh*. MPC 352, 451 Niz*. Krim Mitt. **5** 143, 145 Sim*

523 Ada
48: MPC 389 Ucc*. — 49: BAB **4** 82, MPC 359[56]) Ucc. — 50: MPC 447 Blo*. BAB **4** 88, MPC 364, 441 Ucc

524 Fidelio
49: Kiew Publ. Nr. **4** S. 115 Kiw. MPC 352, 353, 452 Niz*. Krim Mitt. **5** 138, 139 Sim*. BAB **4** 82, MPC 358 Ucc
Eph (1947) Urania Barcelona **32** Nr. 216

526 Jena
49: UC Nr. **109** S. 359 Joh*. — 50: MPC 463 Blo*

527 Euryanthe
49: MPC 352 Niz*. — 50: MPC 489 Joh* (?)

528 Rezia
49: UC Nr. **109** S. 359 Joh*. — 50: MPC 488 Joh*

530 Turandot
49: Krim Mitt. **5** 140 Sim*. — 50: BAB **4** 88, MPC 442 Ucc

532 Herculina
41: MPC 394 San. — 46: Odessa Mitt. **2** Nr. 1 Oda*. — 48: TAB (2) Nr. 21 S. 160 Tok*. Mem SA It (NS) **21** 114 = Torino Contr. (NS) Nr. **16** Tui*. — 50: MPC 449 Blo*. Astr Circ UdSSR Nr. **107** Lem*. DOPPP f° 9, 12 Par*
Id mit 1950 JP wahrscheinlich, MPC 474
Eph (1950) Pop Astr **58** 127, Sternenwelt **2** 45

533 Sara
40: Torino Pubbl. Nr. **43** Tui*. — 42: Belgrade Bull. **7** 14 Bel. Pulkowo Mitt. Nr. **143** S. 7 Kit*. — 48: MPC 386 Ucc. — 49: Krim Mitt. **5** 140 Sim*

534 Nassovia
49: UC Nr. **109** S. 359 Joh*. Krim Mitt. **5** 137 Sim*

535 Montague
34: AJ **48** 139 Was. — 41: Krim Mitt. **5** 141 Sim*. Pulkowo Mitt. Nr. **143** S. 3 Sim*. — 49: Kiew Publ. Nr. **4** S. 115 Kiw. — 50: MPC 488 Joh*

536 Merapi
49: Krim Mitt. **5** 141 Sim*. — 50: MPC 457 Joh*

537 Pauly
41: Pulkowo Mitt. Nr. **143** S. 3 Sim*. Torino Pubbl. Nr. **45** Tui*. — 47: MPC 6, NAZ **1** 20 Joh*[57/1]). — 48: MPC 386 Ucc. — 50: MPC 436 Blo*

538 Friederike
49: Krim Mitt. **5** 137, 145 Sim*

539 Pamina
49: MPC 273, UC Nr. **109** S. 359 Joh*[57/2])

540 Rosamunde
48: MPC 386 Ucc

541 Deborah
42: Belgrade Bull. **7** 13 Bel

543 Charlotte
50: MPC 440 Joh*

[55/1]) Berichtigung in MPC 767.
[55/2]) Berichtigung in MPC 380.
[56]) Berichtigung in MPC 468.
[57/1]) Berichtigung in MPC 767.
[57/2]) Berichtigung in MPC 747.

544 Jetta
49: UC Nr. **109** S. 359 Joh*

545 Messalina
47: MPC 25[58]) Alg*. — 49: MPC 443, 492 Kyo*. MPC 370 SFe. Krim Mitt. **5** 145 Sim*

546 Herodias
46: Kiew Publ. Nr. **3** S. 93 Kiw. — 49: UC Nr. **109** S. 359 Joh*. — 50: MPC 500, NAZ **4** 45 Hei*

547 Praxedis
50: Astr Circ UdSSR Nr. **107** Kiw. BAB **4** 88, MPC 483, 484 Ucc

548 Kressida
40: Torino Pubbl. Nr. **43** Tui*. — 49: MPC 444, 493 Kyo*. MPC 367 Niz*
Eph (1949) MPC 195[59])

550 Senta
49: Kiew Publ. Nr. **4** S. 115 Kiw. MPC 370[60]) SFe. Krim Mitt. **5** 143 Sim*

551 Ortrud
41: Belgrade Bull. **6** 9 Bel*. Pulkowo Mitt. Nr. **143** S. 2 Sim*. — 49: Krim Mitt. **5** 137, 145 Sim*
Eph (1947) Urania Barcelona **32** Nr. 216

552 Sigelinde
47: Mem SA It (NS) **21** 113 = Torino Contr. (NS) Nr. **16** Tui*
Eph (1951) La Plata Circ. Nr. **7**
El La Plata Circ. Nr. **7**

554 Peraga
49: Kiew Publ. Nr. **4** S. 116 Kiw. — 50: MPC 457 Joh*

556 Phyllis
42: Belgrade Bull. **7** 13 Bel. — 46: Kiew Publ. Nr. **3** S. 93 Kiw. — 49: UC Nr. **109** S. 360 Joh*. Krim Mitt. **5** 137, 143 Sim*. — 50: Astr Circ UdSSR Nr. **108** Kiw

557 Violetta
49: MPC 352, 452 Niz*

558 Carmen
40: Torino Pubbl. Nr. **43** Tui.* — 41: Pulkowo Mitt. Nr. **143** S. 4 Sim*. — 48: MPC 386 Ucc. — 49: Krim Mitt. **5** 140 Sim*. — 50: MPC 421 Niz*. BAB **4** 88, MPC 442 Ucc
El und allgemeine Störungen BIA **4** 60

559 Nanon
41: Pulkowo Mitt. Nr. **143** S. 3, 4 Sim*. — 42: Belgrade Bull. **7** 12 Bel

560 Delila
49: MPC 367 Niz*

561 Ingwelde
48: MPC 387 Ucc (?)

562 Salome
49: MPC 443, 492 Kyo*. MPC 453 Niz*. MPC 351 Tuk*

563 Suleika
49: Krim Mitt. **5** 135 Sim*

564 Dudu
48: MPC 387 Ucc

565 Marbachia
Eph (1947) Urania Barcelona **32** Nr. 216

566 Stereoskopia
49: UC Nr. **109** S. 360 Joh*. — 50: Astr Circ UdSSR Nr. **107**[61]) Kiw

567 Eleutheria
49: Krim Mitt. **5** 136 Sim*. — 50: MPC 487 Joh*

568 Cheruskia
49: MPC 352, 452 Niz*. Krim Mitt. **5** 137 Sim*

569 Misa
42: Belgrade Bull. **7** 11 Bel*. — 46: Odessa Mitt. **2** Nr. 1 Oda*. — 49: MPC 444, 493 Kyo*. MPC 367 Niz*. BAB **4** 82 (?), MPC 358, 359 Ucc

570 Kythera
41: Pulkowo Mitt. Nr. **143** S. 3 Sim*. — 49: UC Nr. **109** S. 360 Joh*. Krim Mitt. **5** 143 Sim*

572 Rebekka
42: Belgrade Bull. **7** 15 Bel

573 Recha
50: MPC 449, 469 Blo*

574 Reginhild
49: MPC 352, 353, 452 Niz*. Krim Mitt. **5** 138, 139 Sim*. BAB **4** 82, MPC 358 Ucc

575 Renate
49: UC Nr. **109** S. 362 Joh. — 50: MPC 498, NAZ **4** 44 Hei*. BAB **4** 88, MPC 483 Ucc

576 Emanuela
50: MPC 439[62]) Joh*. MPC 440 Joh

577 Rhea
49: MPC 461 Alg. Krim Mitt. **5** 138 Sim*. BAB **4** 82, MPC 358 Ucc

578 Happelia
40: Torino Pubbl. Nr. **43** Tui*. — 49: UC Nr. **109** S. 360 Joh*. Krim Mitt. **5** 136, 141, 142 Sim*. — 50: Astr Circ UdSSR Nr. **107** Kiw

579 Sidonia
33: AJ **48** 138 Was. — 34: AJ **48** 139 Was

[58]) Berichtigung in MPC 101.
[59]) Berichtigung in MPC 229.
[60]) Berichtigung in MPC 542.
[61]) Beob. Nr. 5, 11, 21, 26 und 28 nicht 566 zugehörig. Gehören 100 Hekate an. Als unidentifiziert bezeichnete Beob. Nr. 22, 27, 29 566 Stereoskopia zugehörig. MPC 756 (Ber. MPC 784).
[62]) Berichtigung in MPC 702.

580 Selene
49: UC Nr. **109** S. 360 Joh*

581 Tauntonia
49: UC Nr. **109** S. 360 Joh*

583 Klotilde
41: Pulkowo Mitt. Nr. **143** S. 2 Sim*. — 50: MPC 499, NAZ **4** 45 Hei*. BAB **4** 88, MPC 483, 484 Ucc

584 Semiramis
48: Kiew Publ. Nr. **4** S. 116 Kiw
Eph (1947) Urania Barcelona **32** Nr. 216

585 Bilkis
42: Belgrade Bull. **7** 14 Bel. Pulkowo Mitt. Nr. **143** S. 7 Kit*. — 49: Krim Mitt. **5** 137 Sim*

586 Thekla
49: UC Nr. **109** S. 360 Joh*. Krim Mitt. **5** 142 Sim*. — 50: MPC 472, 473 Blo*. MPC 475 Joh*

587 Hypsipyle
08: AN **179** 148 [63/1]) Hei*. — 31: BAB **1** 12, RI 407 Ucc [63/2]).—49: UC Nr. **109** S. 362 Joh
Eph (1950) MPC 588, NAZ **4** 20
El MPC 588, NAZ **4** 20[63/3])

588 Achilles
41: Pulkowo Mitt. Nr. **143** S. 2 Sim*. — 50: BAB **4** 88, MPC 483, 484 Ucc

589 Croatia
41: Pulkowo Mitt. Nr. **143** S. 4 Sim*

590 Tomyris
49: UC Nr. **109** S. 360 Joh*

591 Irmgard
50: MPC 439 Joh*

592 Bathseba
49: Krim Mitt. **5** 142 Sim*. — 50: MPC 473 Blo. BAB **4** 88, MPC 465 Ucc

593 Titania
42: Belgrade Bull. **7** 11 Bel*

594 Mireille
49: Krim Mitt. **5** 137 Sim*

595 Polyxena
40: Torino Pubbl. Nr. **43** Tui*. — 42: Belgrade Bull. **7** 14 Bel. —47: MPC 6, NAZ **1** 20 Joh* [63/4])

596 Scheila
49: MPC 444, 493 Kyo*. MPC 367 Niz*. BAB **4** 83, MPC 360 Ucc*. BAB **4** 82, MPC 359 Ucc

597 Bandusia
42: Belgrade Bull. **7** 14 Bel. — 49: Krim Mitt. **5** 136 Sim*. — 50: MPC 457 Joh*

598 Octavia
49: UC Nr. **109** S. 360 Joh*

599 Luisa
43: Mem SA It (NS) **21** 113 = Torino Contr. (NS) Nr. **16** Tui*

600 Musa
40: Torino Pubbl. Nr. **43** Tui*. — 41: Pulkowo Mitt. Nr. **143** S. 4 Sim*. — 49: Krim Mitt. **5** 142 Sim*

601 Nerthus
49: Krim Mitt. **5** 141 Sim*. — 50: MPC 450, NAZ **4** 25 Hei*. MPC 454 Niz*. BAB **4** 88, MPC 482 Ucc

602 Marianna
42: RI 2525[64]) Wür. — 46: UAI Circ 1053, UC Nr. **106** S. 188 Joh*[65]). — 47: NAZ **2** 3—4 [66/1]) Hei*. — 49: MPC 229, 230 Niz* (?) [66/2])

604 Tekmessa
40: Torino Pubbl. Nr. **43** Tui*. — 49: MPC 443, 492 Kyo*

605 Juvisia
42: Pulkowo Mitt. Nr. **143** S. 7 Kit*. — 50: MPC 421 Niz*

607 Jenny
49: MPC 352, 452 Niz*. Krim Mitt. **5** 138, 145 Sim*

608 Adolfine
48: MPC 384 Ucc. — 50: BAB **4** 88, MPC 364 Ucc

610 Valeska
49: UC Nr. **109** S. 360 Joh*. UC Nr. **109** S. 362 Joh

611 Valeria
40: Torino Pubbl. Nr. **43** Tui*. — 42: Pulkowo Mitt. Nr. **143** S. 7 Kit*. — 49: MPC 369 Tok*. — 50: MPC 470, 471 Blo*

613 Ginevra
33: AJ **48** 138 Was. — 49: UC Nr. **109** S. 360 Joh*. — 50: MPC 488 Joh*

614 Pia
41: Pulkowo Mitt. Nr. **143** S. 5 Sim*. — 49: UC Nr. **109** S. 360 Joh*. — 50: MPC 499, NAZ **4** 45 Hei*. BAB **4** 88, MPC 483, 484 Ucc

615 Roswitha
Eph (1947) Urania Barcelona **32** Nr. 216

[63/1]) Nicht zughörig, MPC 588, 748, NAZ 4 20. Vorläufige Bezeichnung 1908 d, MPC 749.
[63/2]) Nicht zugehörig, MPC 588 (Berichtigung in MPC 748), NAZ 4 20 (Berichtigung in NAZ 6 6). Vorläufige Bezeichnung 1931 CH, MPC 749.
[63/3]) Berichtigung in MPC 748, NAZ 6 6.
[63/4]) Berichtigung in MPC 767.
[64]) Nicht zugehörig, vorläufige Bezeichnung 1942 XO, MPC 542, 600, NAZ 5 2.
[65]) Nicht zugehörig, vorläufige Bezeichnung 1946 LC, MPC 542, 600, NAZ 5 2.
[66/1]) 602 Marianna zugehörig, NAZ 5 2.
[66/2]) Irrtümlich als 602 Marianna? bezeichnet, 642 Clara zugehörig, MPC 246.

617 Patroclus
49: UC Nr. **109** S. 362 Joh

618 Elfriede
49: Krim Mitt. **5** 141 Sim*. — 50: MPC 450, 451, NAZ **4** 25, 28 Hei*

619 Triberga
40: Torino Pubbl. Nr. **43** Tui*. — 49: Krim Mitt. **5** 137 Sim*

620 Drakonia
50: MPC 454 Niz*

622 Esther
49: Krim Mitt. **5** 141 Sim*

623 Chimaera
47: MPC 6, NAZ **1** 20 Joh* [67/1]). — 50: MPC 439 Joh*

624 Hektor
32: AJ **48** 137 Was. — 40: Belgrade Bull. **6** 9 Bel*. — 49: Krim Mitt. **5** 145 Sim*

625 Xenia
47: Mem SA It (NS) **21** 113 = Torino Contr. (NS) Nr. **16** Tui*. — 50: BAB **4** 88, MPC 364 [67/2]) Ucc

626 Notburga
49: UC Nr. **109** S. 360 Joh*. — 50: MPC 475 Joh*

627 Charis
49: Krim Mitt. **5** 147 Sim*

628 Christine
42: Pulkowo Mitt. Nr. **143** S. 7 Kit*. — 49: Krim Mitt. **5** 141 Sim*. — 50: MPC 488 Joh*

629 Bernardina
41: Pulkowo Mitt. Nr. **143** S. 3 Sim*

630 Euphemia
48: MPC 387 Ucc. — 50: MPC 470 Blo*

631 Philippina
34: AJ **48** 139 Was. — 49: UC Nr. **109** S. 360 Joh*. Krim Mitt. **5** 137 Sim*

633 Zelima
39: Torino Pubbl. Nr. **42** Tui*

634 Ute
49: Krim Mitt. **5** 141 Sim*

635 Vundtia
41: Belgrade Bull. **6** 26 Bel*. Pulkowo Mitt. Nr. **143** S. 4 Sim*. — 42: Pulkowo Mitt. Nr. **143** S. 7 Kit* (?)

636 Erika
49: MPC 443, 492 Kyo*

638 Moira
49: Krim Mitt. **5** 147 Sim*
Eph (1950) NAZ **4** 2
El NAZ **4** 2

639 Latona
41: Belgrade Bull. **6** 9 Bel*. — 49: MPC 370 SFe. Krim Mitt. **5** 137, 144 Sim*

640 Brambilla
42: Pulkowo Mitt. Nr. **143** S. 8 Kit*. — 48: MPC 387 Ucc. — 49: Krim Mitt. **5** 140 Sim*

641 Agnes
50: BAB **4** 88, MPC 483 Ucc

642 Clara
50: MPC 449 Blo*. MPC 440 Joh*

643 Scheherezade
49: Krim Mitt. **5** 143 Sim*

644 Cosima
49: MPC 443, 492 Kyo*
Eph (1947) Urania Barcelona **32** Nr. 216

647 Adelgunde
49: Krim Mitt. **5** 145 Sim*

648 Pippa
50: MPC 457 Joh*

650 Amalasuntha
49: MPC 354, 355 Blo
Id mit 1930 UK wahrscheinlich, MPC 356
Id mit 1947 CB, MPC 356
Id mit 1949 QT, MPC 368
El MPC 356, 444, NAZ **4** 24

651 Antikleia
49: Krim Mitt. **5** 139 Sim*

652 Jubilatrix
48: MPC 387 Ucc

654 Zelinda
43: MPC 405 San. — 50: MPC 439 Joh*. MPC 424 San*

656 Beagle
49: UC Nr. **109** S. 360 Joh*

657 Gunlöd
32: AJ **48** 137 Was. — 48: MPC 384 Ucc

658 Asteria
49: Krim Mitt. **5** 137, 145 Sim*

660 Crescentia
34: AJ **48** 139 Was. — 41: Belgrade Bull. **6** 26 Bel*. Pulkowo Mitt. Nr. **143** S. 3 Sim*. — 42: Belgrade Bull. **7** 16 Bel. — 47: MPC 77[68]) Kyo*. — 49: Kiew Publ. Nr. **4** S. 116 Kiw. Krim Mitt. **5** 141 Sim*

661 Cloelia
42: Belgrade Bull. **7** 16 Bel. — 50: Astr Circ UdSSR Nr. **100** Kiw. Madrid Bol. **4** Nr. 2/3 Mad. MPC 421 Niz*. BAB **4** 88, MPC 442 Ucc

662 Newtonia
41: Pulkowo Mitt. Nr. **143** S. 4 Sim*. — 42: Pulkowo Mitt. Nr. **143** S. 8 Kit*. — 49: Krim Mitt. **5** 136 Sim*. MPC 369 Tok*

[67/1]) Berichtigung in MPC 767.
[67/2]) Berichtigung in MPC 468.
[68]) Berichtigung in MPC 380.

663 Gerlinde
48: MPC 387 Ucc. — 49: Krim Mitt. **5** 140 Sim*. — 50: MPC 439 Joh*

664 Judith
42: Belgrade Bull. **7** 15 Bel

665 Sabine
42: Belgrade Bull. **7** 16 Bel

666 Desdemona
50: MPC 499, NAZ **4** 44 Hei*. BAB **4** 88, MPC 483 Ucc

667 Denise
49: UC Nr. **109** S. 360 Joh*

670 Ottegebe
49: Krim Mitt. **5** 136 Sim*. — 50: MPC 473 Blo*. BAB **4** 89, MPC 465 Ucc

671 Carnegia
50: MPC 457 Joh*
Eph (1951) La Plata Circ. Nr. **7**
El La Plata Circ. Nr. **7**

672 Astarte
49: MPC 433 Blo* (?). Krim Mitt. **5** 138 Sim*
Eph (1947) Urania Barcelona **32** Nr. 216

673 Edda
32: AJ **38** 137 Was. — 49: UC Nr. **109** S. 360 Joh*. — 50: MPC 473 Blo*
Eph (1951) La Plata Circ. Nr. **7**
El La Plata Circ. Nr. **7**, MPC 381

674 Rachele
35: Poznań Repr. Nr. **9** Poz. — 48: Mem SA It (NS) **21** 114 = Torino Contr. (NS) Nr. **16** Tui*. MPC 384 Ucc. — 50: Astr Circ UdSSR Nr. **103—104** Lem
Eph (1950) Pop Astr **58** 83

675 Ludmilla
40: Belgrade Bull. **6** 9 Bel*. — 49: MPC 352, 451 Niz*. MPC 370 SFe*. Krim Mitt. **5** 143 Sim*

677 Aaltje
42: Belgrade Bull. **7** 13 Bel

678 Fredegundis
49: MPC 444, 493 Kyo*. MPC 371 SFe. BAB **4** 83, MPC 360 Ucc*. BAB **4** 82, MPC 359 Ucc
Eph (1947) Urania Barcelona **32** Nr. 216

679 Pax
49: MPC 444, 493 Kyo*. Astr Circ UdSSR Nr. **95** Lem*. — 50: MPC 424 San*
Eph (1947) Urania Barcelona **32** Nr. 216

681 Gorgo
49: Krim Mitt. **5** 139 Sim*

683 Lanzia
42: Belgrade Bull. **7** 12 Bel

684 Hildburg
50: MPC 449, 470 Blo*. MPC 440 Joh*

685 Hermia
49: Krim Mitt. **5** 143 Sim*
Eph (1951) Jap. Astr. Ass. Circ. Nr. 85—86
El Jap. Astr. Ass. Circ. Nr. 85—86

686 Gersuind
50: MPC 470 Blo. MPC 440 Joh

688 Melanie
49: Krim Mitt. **5** 145, 146, 147 Sim*

690 Wratislavia
42: Belgrade Bull. **7** 12 Bel. — 48: MPC 384 Ucc. — 49: MPC 444, 493 Kyo*. — 50: BAB **4** 89, MPC 364 [69/1]), 441 Ucc
El Jap. Astr. Ass. Circ. Nr. 54, Nr. 56

691 Lehigh
49: UC Nr. **109** S. 360 Joh*

692 Hippodamia
41: Pulkowo Mitt. Nr. **143** S. 3 Sim*. — 49: UC Nr. **109** S. 360 Joh*
Vgl. 1941 HK

693 Zerbinetta
49: MPC 352, 452 Niz*. Krim Mitt. **5** 145 Sim*

694 Ekard
35: Poznań Repr. Nr. **9** Poz. — 43: Mem SA It (NS) **21** 113 = Torino Contr. (NS) Nr. **16** Tui*. — 48: Kiew Publ. Nr. **4** S. 116 Kiw

695 Bella
33: AJ **48** 138 Was. — 49: MPC 352, 452 Niz*. Astr Circ UdSSR Nr. **103—104** Pul*. MPC 370 SFe

696 Leonora
42: Pulkowo Mitt. Nr. **143** S. 6 Kit*

697 Galilea
50: MPC 454 [69/2]) Niz*
El und allgemeine Störungen BIA **4** 62

698 Ernestina
49: Krim Mitt. **5** 141 Sim*

700 Auravictrix
50: MPC 474 Joh*

701 Oriola
40: Torino Pubbl. Nr. **43** Tui*. — 42: Belgrade Bull. **7** 13, 15, 16 Bel. — 48: MPC 384, 387 Ucc

702 Alauda
33: AJ **48** 138 Was. — 49: UC Nr. **109** S. 360 Joh*. — 50: Astr Circ UdSSR Nr. **105** Kiw*

[69/1]) Irrtümlich 1283 1925 SC? zugeschrieben, Berichtigung in MPC 784.

[69/2]) Berichtigung in MPC 542.

703 Noëmi
42: Belgrade Bull. 7 13 Bel. Pulkowo Mitt. Nr. 143 S. 6 Kit*

704 Interamnia
36: Poznań Repr. Nr. 9 Poz. — 41: MPC 394 San. — 42: Belgrade Bull. 7 13 Bel. MPC 400 San. — 47: Kiew Publ. Nr. 3 S. 94 Kiw. Odessa Mitt. 2 Nr. 1 Oda*. — 48: MPC 387 Ucc

705 Erminia
49: UC Nr. 109 S. 362 Joh
Eph (1947) Urania Barcelona 32 Nr. 216

706 Hirundo
46: BAB 4 30 Ucc [70/1]). — 50: MPC 475 Joh*

707 Steina
42: Pulkowo Mitt. Nr. 143 S. 8 Kit*. — 50: MPC 365 [70/2]), 366, 426, NAZ 4 7, 8, 11, 16 Hei*. BAB 4 89, MPC 441 Ucc

708 Raphaela
48: MPC 389 Ucc*. MPC 384 Ucc

709 Fringilla
El Jap. Astr. Ass. Circ. Nr. 54, MPC 195[71])

710 Gertrud
39: Torino Pubbl. Nr. 42 Tui*

711 Marmulla
42: Belgrade Bull. 7 16 Bel. Pulkowo Mitt. Nr. 143 S. 6 Kit*. Mem SA It (NS) 21 113 = Torino Contr. (NS) Nr. 16 Tui*

712 Boliviana
42: Pulkowo Mitt. Nr. 143 S. 6 Kit*. — 49: UC Nr. 109 S. 360 Joh*. — 50: MPC 457 Joh*

713 Luscinia
49: Krim Mitt. 5 136 Sim*. — 50: BAB 4 89, MPC 464 Ucc

714 Ulula
49: Astr Circ UdSSR Nr. 100, Kiew Publ. Nr. 4 S. 116 Kiw. MPC 371 SFe

715 Transvaalia
49: UC Nr. 109 S. 360 Joh*

717 Wisibada
50: BAB 4 89, MPC 483 Ucc

718 Erida
48: MPC 384 Ucc. — 49: MPC 353, 453 Niz*. Krim Mitt. 5 139 Sim*

720 Bohlinia
49: UC Nr. 109 S. 360 Joh*. — 50: Astr Circ UdSSR Nr. 107 Kiw (?). BAB 4 89, MPC 483 Ucc
Eph (1951) La Plata Circ. Nr. 7
El La Plata Circ. Nr. 7, MPC 381

722 Frieda
49: UC Nr. 109 S. 360 Joh*

723 Hammonia
41: Pulkowo Mitt. Nr. 143 S. 4 Sim*

727 Nipponia
42: Belgrade Bull. 7 11 Bel*. — 50: MPC 454 Niz*

728 Leonisis
48: MPC 384 Ucc

729 Watsonia
41: Pulkowo Mitt. Nr. 143 S. 5 Sim*. — 50: MPC 488 Joh*

731 Sorga
49: UC Nr. 109 S. 360 Joh*

733 Mocia
49: UC Nr. 109 S. 362 Joh. Krim Mitt. 5 145 Sim*

734 Benda
50: MPC 488 Joh*

736 Harvard
Eph (1947) Urania Barcelona 32 Nr. 216

737 Arequipa
49: Krim Mitt. 5 144, 145, 147 Sim*

738 Alagasta
48: MPC 384, 387 Ucc. — 50: BAB 4 88, MPC 364 Ucc

739 Mandeville
49: MPC 368 Tok*

740 Cantabia
34: AJ 48 139 Was. — 40: Torino Pubbl. Nr. 43 Tui*. — 41: Pulkowo Mitt. Nr. 143 S. 4 Sim*. — 48: MPC 384 Ucc. — 50: Madrid Bol. 4 Nr. 2/3 Mad

741 Botolphia
40: Torino Pubbl. Nr. 43 Tui*. — 49: Krim Mitt. 5 135 Sim*. — 50: MPC 472, 473 Blo*. MPC 475 Joh*

742 Edisona
48: MPC 387 Ucc

743 Eugenisis
41: Pulkowo Mitt. Nr. 143 S. 2 Sim*

744 Aguntina
49: Krim Mitt. 5 143, 144, 145 Sim*

746 Marlu
48: MPC 384 Ucc

747 Winchester
41: Pulkowo Mitt. Nr. 143 S. 3 Sim*. — 47: Odessa Mitt. 2 Nr. 1 Oda*. — 49: MPC 369 Tok*. — 50: MPC 454[72/1]) Niz*. BAB 4 89, MPC 442 Ucc

748 Simeïsa
42: Pulkowo Mitt. Nr. 143 S. 8 Kit*. — 49: MPC 352, 353, 452 Niz*. Krim Mitt. 5 138, 139 Sim*. BAB 4 82, MPC 358 Ucc

[70/1]) Berichtigung in BAB 4 86.
[70/2]) Berichtigung in MPC 702.
[71]) Berichtigung in MPC 360.
[72/1]) Berichtigung in MPC 542.

749 Malzovia
40: Torino Pubbl. Nr. **43** Tui*. — 47: MPC 6, NAZ **1** 20 Joh*[72/2]). — 50: MPC 426, 450, NAZ **4** 17, 25 Hei*. BAB **4** 93, MPC 465 Ucc
Eph (1947) Urania Barcelona **32** Nr. 216

750 Oskar
49: MPC 367 Niz*. MPC 368 Niz
Eph (1947) Urania Barcelona **32** Nr. 216

752 Sulamitis
40: Torino Pubbl. Nr. **43** Tui*

753 Tiflis
49: UC Nr. **109** S. 360 Joh*. UC Nr. **109** S. 362 Joh

754 Malabar
42: Belgrade Bull. **7** 15 Bel

755 Quintilla
42: Belgrade Bull. **7** 11 Bel*. — 49: Krim Mitt. **5** 137 Sim*

756 Lilliana
50: MPC 481, 482, NAZ **4** 33 Hei* (?)

757 Portlandia
39: Torino Pubbl. Nr. **42** Tui*. — 48: MPC 389 Ucc*. — 50: Madrid Bol. **4** Nr. 2/3 Mad. MPC 421 Niz*

758 Mancunia
48: MPC 384 Ucc. — 49: MPC 444, 493 Kyo*. MPC 367 Niz*

760 Massinga
41: Pulkowo Mitt. Nr. **143** S. 5 Sim. — 50: MPC 439 Joh*

761 Brendelia
42: Pulkowo Mitt. Nr. **143** S. 6 Kit*

762 Pulcova
41: Pulkowo Mitt. Nr. **143** S. 5 Sim*. — 48: Kiew Publ. Nr. **4** S. 116 Kiw. — 50: MPC 439 Joh*

764 Gedania
42: Pulkowo Mitt. Nr. **143** S. 8 Kit*

765 Mattiaca
Eph (1950, 1951) NAZ **4** 37[73])

766 Moguntia
49: UC Nr. **109** S. 360 Joh*

768 Struveana
49: Krim Mitt. **5** 141 Sim*

769 Tatjana
42: Pulkowo Mitt. Nr. **143** S. 8 Kit*. — 50: BAB **4** 88, MPC 364 Ucc

770 Bali
49: UC Nr. **109** S. 360 Joh*

772 Tanete
47: MPC 6, NAZ **1** 20 Joh*[74/1]). — 49: MPC 444, 492 Kyo*

773 Irmintraud
32: AJ **48** 137 Was. — 46: BAB **4** 30[74/2]) Ucc. — 50: MPC 475 Joh*

774 Armor
33: AJ **48** 138 Was. — 49: Krim Mitt. **5** 137 Sim*

776 Berbericia
49: Kiew Publ. Nr. **4** S. 116 Kiw. — 50: BAB **4** 89, MPC 442 Ucc

777 Gutemberga
50: MPC 457 Joh*

778 Theobalda
48: Kiew Publ. Nr. **3** S. 94 Kiw

779 Nina
42: Belgrade Bull. **7** 15 Bel. — 50: MPC 440 Joh*

780 Armenia
49: Krim Mitt. **5** 137 Sim*

781 Kartvelia
49: Krim Mitt. **5** 140 Sim*. — 50: MPC 470 Blo (?). MPC 454 Niz*. BAB **4** 89, MPC 442 Ucc

782 Montefiore
50: MPC 473 Blo*. MPC 475 Joh*

783 Nora
43: Mem SA It (NS) **21** 113 = Torino Contr. (NS) Nr. **16** Tui*. — 50: NAZ **4** 17, 25, MPC 426, 450 Hei*. BAB **4** 89, MPC 464 Ucc

785 Zwetana
49: MPC 453 Niz*. MPC 351 Tuk*
Id mit U 34 (1945), Jap. Astr. Ass. Circ. Nr. 81
El (unter der Bezeichnung 1945 U 34) Jap. Astr. Ass. Circ. Nr. 81

786 Bredichina
49: UC Nr. **109** S. 360 Joh*

787 Moskva
42: Mem SA It (NS) **21** 113 = Torino Contr. (NS) Nr. **16** Tui*. — 50: MPC 469 Blo*. MPC 421, 454 Niz*

788 Hohensteina
42: Belgrade Bull. **7** 11 Bel*. — 49: Krim Mitt. **5** 139, 147 Sim*

789 Lena
49: UC Nr. **109** S. 362 Joh. — 50: BAB **4** 89, MPC 483, 484 Ucc

790 Pretoria
41: Belgrade Bull. **6** 26 Bel*. — 50: MPC 439 Joh*

792 Metcalfia
50: MPC 457 Joh*

72/2) Berichtigung in MPC 767.
73) Berichtigung in NAZ 5 27.
74/1) Berichtigung in MPC 767.
74/2) Berichtigung in BAB 4 86.

793 Arizona
49: UC Nr. **109** S. 362 Joh. Krim Mitt. **5** 141 Sim*. — 50: MPC 488 Joh*

794 Irenaea
41: Pulkowo Mitt. Nr. **143** S. 4 Sim*. — 48: MPC 387 Ucc

795 Fini
49: UC Nr. **109** S. 362 Joh. Krim Mitt. **5** 141, 142 Sim*

796 Sarita
33: AJ **48** 138 Was

797 Montana
42: Belgrade Bull. **7** 16 Bel. — 49: UC Nr. **109** S. 360 Joh*. Krim Mitt. **5** 136 Sim*

798 Ruth
49: Krim Mitt. **5** 142 Sim*
Id mit U 29 (1945), Jap. Astr. Ass. Circ. Nr. 81
El (unter der Bezeichnung 1945 U 29) Jap. Astr. Ass. Circ. Nr. 81

799 Gudula
49: Krim Mitt. **5** 138 Sim*
Id mit 1948 KB, Jap. Astr. Ass. Circ. Nr. 54
Vgl. 1948 KB

800 Kressmannia
41: Belgrade Bull. **6** 25 Bel*

801 Helwerthia
49: Krim Mitt. **5** 142 Sim*

802 Epyaxa
49: MPC 351 Tuk*

803 Picka
40: Belgrade Bull. **6** 9 Bel*. — 50: MPC 440 Joh*

804 Hispania
41: Belgrade Bull. **6** 26 Bel*. — 49: UC Nr. **109** S. 360 Joh*. — 50: Astr Circ UdSSR Nr. **105** Kiw*

805 Hormuthia
50: MPC 426, 450, NAZ **4** 17, 25 Hei*. BAB **4** 89, MPC 464 Ucc

808 Merxia
42: Belgrade Bull. **7** 14, 17 Bel. Pulkowo Mitt. Nr. **143** S. 7 Kit*. — 49: Krim Mitt. **5** 136, 141, 142 Sim*. — 50: MPC 475 Joh*

811 Nauheima
49: UC Nr. **109** S. 360 Joh*

815 Coppelia
49: MPC 453 Niz*
Eph (1949) MPC 195[75])

816 Juliana
32: AJ **48** 137 Was. — 49: UC Nr. **109** S. 360 Joh*

817 Annika
48: TAB (2) Nr. 21 S. 160 Tok*

818 Kapteynia
48: MPC 389 Ucc*. MPC 387 Ucc

819 Barnardiana
49: UC Nr. **109** S. 360 Joh*

820 Adriana
34: BZ **16** 57, RI 1028, UC Nr. **93** S. 121 Joh*[76/1]). — 49: Krim Mitt. **5** 135, 141 Sim*
Id mit 1934 NA_1, MPC 368

821 Fanny
39: Torino Pubbl. Nr. **42** Tui*. — 49: MPC 352, 451 Niz*

822 Lalage
48: MPC 384 Ucc

824 Anastasia
32: AJ **48** 137 Was

825 Tanina
50: MPC 488 Joh*

826 Henrika
49: BAB **4** 82 (?), MPC 358 Ucc

827 Wolfiana
23: BZ **5** 47 Hei*[76/2]). AN **230** 259 Hei[76/2]). — 28: BZ **10** 19, 20 Hei*[76/3])
El Jap. Astr. Ass. Circ. Nr. 89, MPC 675

828 Lindemannia
49: UC Nr. **109** S. 360 Joh*
Id mit U 30 (1945), Jap. Astr. Ass. Circ. Nr. 81
El (unter der Bezeichnung 1945 U 30) Jap. Astr. Ass. Circ. Nr. 81

830 Petropolitana
49: UC Nr. **109** S. 360 Joh*. — 50: MPC 488 Joh*

832 Karin
49: UC Nr. **109** S. 360 Joh*. — 50: BAB **4** 89, MPC 483 Ucc

833 Monica
50: MPC 449 Blo*

834 Burnhamia
49: UC Nr. **109** S. 360 Joh*. Madrid Bol. **4** Nr. 2/3 Mad. Krim Mitt. **5** 136 Sim*. — 50: BAB **4** 89, MPC 483 Ucc

836 Jole
42: Belgrade Bull. **7** 17 Bel

837 Schwarzschilda
47: MPC 6, NAZ **1** 20 Joh*[76/4])

838 Seraphina
40: Belgrade Bull. **6** 9 Bel*. — 49: UC Nr. **109** S. 360 Joh*. — 50: MPC 473 Blo*

---

[75]) Berichtigung in MPC 229.
[76/1]) Nicht zugehörig, MPC 368, 700, NAZ 5 44. Vorläufige Bezeichnung 1934 NG_1, MPC 700, NAZ 5 44.
[76/2]) Nicht zugehörig, MPC 675, 691. Vorläufige Bezeichnung 1923 b, MPC 691.
[76/3]) Nicht zugehörig, MPC 675, 691. Vorläufige Bezeichnung 1928 DF_1, MPC 691.
[76/4]) Berichtigung in MPC 767.

839 Valborg
49: UC Nr. **109** S. 360 Joh*

844 Leontina
49: UC Nr. **109** S. 360 Joh*. — 50: MPC 499, NAZ **4** 45 Hei*. BAB **4** 89, MPC 484 Ucc

845 Naëma
39: Torino Pubbl. Nr. 42 Tui*. — 50: MPC 475 Joh*

846 Lipperta
49: MPC 443, 492 Kyo*

847 Agnia
39: Torino Pubbl. Nr. 42 Tui*. — 50: MPC 448 Blo*. MPC 365[77/1]), 366, 426, 427, NAZ **4** 7, 8, 11, 16, 17 Hei*. BAB **4** 89 (?), MPC 364, 441 Ucc

848 Inna
42: Pulkowo Mitt. Nr. 143 S. 6 Kit*

849 Ara
42: Belgrade Bull. **7** 12 Bel. — 49: MPC 367 Niz*. BAB **4** 82, MPC 358 Ucc

851 Zeissia
50: MPC 473 Blo*. MPC 488 Joh*

852 Wladilena
42: Pulkowo Mitt. Nr. 143 S. 7 Kit*. — 49: UC Nr. 109 S. 360 Joh*

854 Frostia
42: Belgrade Bull. **7** 15 Bel. — 49: Krim Mitt. **5** 136 Sim*

855 Newcombia
49: UC Nr. **109** S. 360 Joh*

856 Backlunda
47: MPC 6, NAZ **1** 20 Joh*[77/2]). — 50: Madrid Bol. **4** Nr. 2/3 Mad. BAB **4** 89, MPC 441, 442 Ucc
El BIA **4** 414

857 Glasenappia
49: UC Nr. **109** S. 360 Joh*. MPC 443, 492 Kyo*

858 El Djezair
49: UC Nr. **109** S. 360 Joh*

859 Bouzaréah
49: UC Nr. **109** S. 360 Joh*. — 50: MPC 489 Joh*

860 Ursina
39: Torino Pubbl. Nr. 42 Tui*. — 40: Torino Pubbl. Nr. 43 Tui*. — 47: MPC 6, NAZ **1** 20 Joh*[77/2])

861 Aïda
48: MPC 384 Ucc. — 50: BAB **4** 89, MPC 364 Ucc

862 Franzia
48: MPC 385 Ucc. — 49: BAB **4** 82, MPC 359 Ucc. — 50: BAB **4** 89, MPC 364, 441 Ucc
El BIA **2** 87

863 Benkoela
49: UC Nr. **109** S. 360 Joh*

864 Aase
48: Kiew Publ. Nr. **4** S. 116 Kiw

866 Fatme
42: Belgrade Bull. **7** 17 Bel

867 Kovacia
33: AJ **48** 138 Was. — 42: Pulkowo Mitt. Nr. 143 S. 8 Kit*. — 50: MPC 457 Joh*

868 Lova
49: UC Nr. **109** S. 360 Joh*

869 Mellena
39: Torino Pubbl. Nr. 42 Tui*

871 Amneris
Eph (1947) Urania Barcelona **32** Nr. 216

872 Holda
46: BAB **4** 30[78]) Ucc. — 49: Krim Mitt. **5** 143 Sim*
Eph (1949) Berichtigung zu Minor Planets 1949, MPC 588, NAZ **4** 16

873 Mechthild
48: MPC 385 Ucc

874 Rotraut
39: Torino Pubbl. Nr. 42 Tui*. — 47: Mem SA It (NS) **21** 113 = Torino Contr. (NS) Nr. **16** Tui*

875 Nymphe
50: MPC 472 Blo*

876 Scott
49: MPC 430 Blo*. Krim Mitt. **5** 138 Sim*

877 Walküre
50: MPC 488 Joh*

878 Mildred
Eph (1947) Urania Barcelona **32** Nr. 216

882 Swetlana
Eph (1947) Urania Barcelona **32** Nr. 216

883 Matterania
26: BZ **8** 31[79]) Hei*. AN **247** 259[79]) Hei. — 50: MPC 472 Blo*

884 Priamus
50: MPC 457 Joh*

885 Ulrike
49: UC Nr. **109** S. 360 Joh*. Krim Mitt. **5** 143 Sim*

886 Washingtonia
50: MPC 488 Joh*

[77/1]) Berichtigung in MPC 702.
[77/2]) Berichtigung in MPC 767.
[78]) 372 Palma zugehörig. BAB 4 86 (auch für UAI Circ 1038).
[79]) Nicht zugehörig. Vorläufige Bezeichnung 1926 GA_1, MPC 679.

887 Alinda
Eph (1947) Urania Barcelona **32** Nr. 216
Eph (1950) MPC 346, 379, NAZvM 86
El NAZ **4** 8

888 Parysatis
47: MPC 6, NAZ **1** 20 Joh*[80/1])

889 Erynia
50: MPC 475 Joh*

891 Gunhild
49: MPC 367 Niz*

892 Seeligeria
49: Krim Mitt. **5** 138, 145, 146, 147 Sim*

893 Leopoldina
40: Belgrade Bull. **6** 9 Bel*. — 49: MPC 368 Niz. MPC 351 Tuk. — 50: MPC 470 Blo. MPC 450, NAZ **4** 25 Hei*. MPC 454 Niz*. BAB **4** 89, MPC 464 Ucc

894 Erda
40: RI 2152[80/2]) Ucc*

896 Sphinx
49: MPC 431 Blo. MPC 352, 451 Niz*. Krim Mitt. **5** 142 Sim*

899 Jokaste
Eph (1950) MPC 346

900 Rosalinde
41: Pulkowo Mitt. Nr. **143** S. 3 Sim*. — 49: Krim Mitt. **5** 143 Sim*

901 Brunsia
48: MPC 385, 387 Ucc
Eph (1947) Urania Barcelona **32** Nr. 216

903 Nealley
41: Pulkowo Mitt. Nr. **143** S. 5 Sim*

904 Rockefellia
49: Krim Mitt. **5** 139 Sim*

905 Universitas
50: MPC 470, 471 Blo*. MPC 440 Joh*

906 Repsolda
48: MPC 387 Ucc. — 50: MPC 448 Blo*. BAB **4** 89, MPC 441, 442 Ucc

907 Rhoda
32: AJ **48** 137 Was. — 49: UC Nr. **109** S. 360 Joh*. — 50: MPC 489 Joh*

909 Ulla
42: Belgrade Bull. **7** 15 Bel. — 49: Krim Mitt. **5** 137, 146 Sim*

911 Agamemnon
49: Krim Mitt. **5** 145 Sim*

912 Maritima
49: UC Nr. **109** S. 360 Joh*

913 Otila
49: MPC 434 Blo*. Krim Mitt. **5** 139 Sim*
Eph (1949) MPC 195[81/1])

914 Palisana
49: UC Nr. **109** S. 362 Joh. — 50: Astr Circ UdSSR Nr. **107** Kiw

915 Cosette
50: MPC 457 Joh*
Eph (1949/50) Jap. Astr. Ass. Circ. Nr. 53

917 Lyka
Eph (1947) Urania Barcelona **32** Nr. 216

919 Ilsebill[81/2])
18: MPC 451, NAZ **4** 29 Hei. — 19: AN **247** 261[82]) Hei. MPC 451, NAZ **4** 29[83]) Hei. — 37: BZ **19** 35, RI 1578, UC Nr. **99** S. 433 Joh*[84]). — 38: BZ **20** 56[85]) Wür* (?). — 42: RI 2472, UC Nr. **105** S. 131 Joh (?)[86]). — 48: MPC 200 Niz*[87/1]). MPC 184, 185 Tuk*[87/2]). BAB **4** Nr. 4, MPC 387 Ucc[88])
Vielleicht Id mit 1950 TN, MPC 500, NAZ **4** 44
Vielleicht Id mit 1950 TQ_1, MPC 500, NAZ **4** 45
Id mit 1935 JG und 1950 SE = 1950 TN, MPC 703, NAZ **5** 43
Eph (1950) MPC 460, NAZ **4** 28
El MPC 460, NAZ **4** 28

920 Rogeria
40: Belgrade Bull. **6** 9 Bel*. — 49: MPC 353, 453 Niz*

922 Schlutia
41: Pulkowo Mitt. Nr. **143** S. 5 Sim*

923 Herluga
32: AJ **48** 137 Was. — 40: Belgrade Bull. **6** 9 Bel*. — 49: MPC 381 Blo*. MPC 429[90]) Blo
Eph (1949) MPC 195[91])

[80/1]) Berichtigung in MPC 767.
[80/2]) Irrtümlich 894 Erda zugeschrieben, gehört wahrscheinlich 1403 (1936 QA) an, NAZ 5 23.
[81/1]) Berichtigung in MPC 229.
[81/2]) Nicht zugehörig: 1902 JA, 1903 NG, 1913 TH, 1928 UE (?), 1935 JG, ferner die Beobachtungen aus 1937, 1942, 1948 (s. o.). Einzige beobachtete Opposition 1918/19, MPC 460, NAZ 4 28, 5 43.
[82]) Nicht zugehörig, MPC 451, 541, NAZ 4 28, 29, 41. Vorläufige Bezeichnung 1919a, MPC 541, NAZ 4 41.
[83]) Nachträglich gefunden, NAZ 4 29.
[84]) Nicht zugehörig. Vorläufige Bezeichnung 1937 JP, MPC 541, NAZ 4 41.
[85]) Nicht zugehörig. Vorläufige Bezeichnung 1938 US_1, MPC 541 (Ber. 748), NAZ 4 41.
[86]) Nicht zugehörig. Vorläufige Bezeichnung 1942 JL, MPC 541, NAZ 4 41.
[87/1]) Nicht zugehörig. Vorläufige Bezeichnung 1948 VJ, MPC 789 (irrtümlich bezeichnet als 1948 UD, MPC 541).
[87/2]) Nicht zugehörig. Vorläufige Bezeichnung 1948 UD, MPC 541.
[88]) Nicht zugehörig, MPC 745, NAZ 4 28. Vorläufige Bezeichnung 1948 VH, MPC 789 (irrtümlich bezeichnet als 1948 UD, MPC 745).
[90]) Berichtigung in MPC 677.
[91]) Berichtigung in MPC 229.

924 Toni
39: Torino Pubbl. Nr. **42** Tui*. — 49: Kiew Publ. Nr. **4** S. 116 Kiw, MPC 352, 452 Niz*. Krim Mitt. **5** 138, 144, 145 Sim*
Eph (1947) Urania Barcelona **32** Nr. 216

925 Alphonsina
49: Krim Mitt. **5** 144 Sim*

926 Imhilde
41: Pulkowo Mitt. Nr. **143** S. 3 Sim*

927 Ratisbona
49: Krim Mitt. **5** 135 Sim*. — 50: MPC 475 Joh*

928 Hildrun
49: Krim Mitt. **5** 137 Sim*. — 50: MPC 488 Joh*

929 Algunde
48: MPC 389 Ucc*
Eph (1947) Urania Barcelona **32** Nr. 216

931 Whittemora
49: Krim Mitt. **5** 142 Sim*. — 50: MPC 475 Joh*
Vgl. 1948 EM

932 Hooveria
48: TAB (2) Nr. 21 S. 159 Tok*. MPC 385 Ucc. — 50: Astr Circ UdSSR Nr. **100**, Nr. **103—104** Kiw. Madrid Bol. **4** Nr. 2/3 Mad. MPC 421 Niz*

933 Susi
49: Krim Mitt. **5** 135 Sim*. — 50: MPC 473 Blo* (?)

936 Kunigunde
48: MPC 387 Ucc

937 Bethgea
50: MPC 482, NAZ **4** 33 Hei*. BAB **4** 89, MPC 483 Ucc

939 Isberga
50: MPC 472, 473 Blo*

940 Kordula
49: Krim Mitt. **5** 136, 141 Sim*. — 50: MPC 471, 472, 473 Blo

941 Murray
48: MPC 387 Ucc

942 Romilda
50: BAB **4** 89, MPC 364 Ucc

943 Begonia
49: Krim Mitt. **5** 140 Sim*

944 Hidalgo
34: AJ **48** 139 Was. — 48: TAB (2) Nr. 21 S. 159, 160 Tok*

945 Barcelona
Eph (1947) Urania Barcelona **32** Nr. 216

946 Poësia
49: Krim Mitt. **5** 142 Sim*

947 Monterosa
49: MPC 457 Joh*

948 Jucunda
50: BAB **4** 89, MPC 483 Ucc (?)
Eph (1946/47) Urania Barcelona **32** Nr. 216

949 Hel
49: Krim Mitt. **5** 145 Sim*
Eph (1947) Madrid Bol. **3** Nr. 6, Urania Barcelona **32** Nr. 216

950 Ahrensa
50: MPC 439 Joh
Eph (1947) Urania Barcelona **32** Nr. 216

951 Gaspra
49: MPC 353, 452 Niz*. Krim Mitt. **5** 145 Sim*

952 Caia
50: MPC 421 Niz*

953 Painleva
49: UC Nr. **109** S. 360 Joh*. Krim Mitt. **5** 136 Sim*. MPC 369 Tok*

954 Li
49: Krim Mitt. **5** 138, 146, 147 Sim*. BAB **4** 82, MPC 358 Ucc

955 Alstede
42: Pulkowo Mitt. Nr. **143** S. 6 Kit*

956 Elisa
42: Pulkowo Mitt. Nr. **143** S. 6, 7 Kit*. — 49: Krim Mitt. **5** 138 Sim*

957 Camelia
49: UC Nr. **109** S. 360 Joh*

959 Arne
49: Krim Mitt. **5** 146 Sim*

960 Birgit
48: MPC 385, 387 Ucc
Eph (1947) Urania Barcelona **32** Nr. 216

962 Aslög
50: MPC 473 Blo*. MPC 488 Joh*

963 Iduberga
48: MPC 387 Ucc. TAB (2) Nr. 21 S. 160 Tok*

964 Subamara
50: BAB **4** 89, MPC 441 Ucc

966 Muschi
39: Torino Pubbl. Nr. **42** Tui*. — 41: Belgrade Bull. **6** 26 Bel*. — 50: MPC 469 Blo* (?)

967 Helionape
50: MPC 471 Blo*. MPC 457 Joh*

968 Petunia
Id mit 1948 KC, Jap. Astr. Ass. Circ. Nr. 54
Vgl. 1948 KC

971 Alsatia
49: Krim Mitt. **5** 142 Sim*

973 Aralia
48: MPC 172[92]) Fla*

[92]) Berichtigung in MPC 380.

974 Lioba
48: MPC 385 Ucc. — 50: BAB **4** 89, MPC 364 Ucc

975 Perseverantia
48: MPC 385, 387 Ucc

976 Benjamina
33: AJ **48** 138 Was

977 Philippa
49: Krim Mitt. **5** 141 Sim*. — 50: MPC 457 Joh*

978 Aidamina
34: AJ **48** 139 Was. — 50: MPC 439 Joh

979 Ilsewa
49: UC Nr. **109** S. 360 Joh*

980 Anacostia
41: Belgrade Bull. **6** 9 Bel*. Pulkowo Mitt. Nr. **143** S. 2 Sim*. — 48: Kiew Publ. Nr. 4 S. 116 Kiw. — 49: MPC 444, 493 Kyo*

982 Franklina
48: Kiew Publ. Nr. **4** S. 116 Kiw. — 49: UC Nr. **109** S. 360 Joh*

983 Gunila
49: UC Nr. **109** S. 360 Joh*

984 Gretia
49: UC Nr. **109** S. 360 Joh*. — 50: MPC 473 Blo*. MPC 488 Joh*

986 Amelia
49: UC Nr. **109** S. 360 Joh*

987 Wallia
49: UC Nr. **109** S. 360 Joh*
Eph (1947) Madrid Bol. **3** Nr. 6, Urania Barcelona **32** Nr. 216

988 Appella
49: UC Nr. **109** S. 360 Joh*

990 Yerkes
48: MPC 389 Ucc*. MPC 387 Ucc

994 Otthild
39: Torino Pubbl. Nr. **42** Tui*

995 Sternberga
49: MPC 353, 452 Niz*. BAB **4** 82, MPC 358 Ucc. Krim Mitt. **5** 139 Sim*
Id mit U33 (1945), Jap. Astr. Ass. Circ. Nr. 81
El (unter der Bezeichnung 1945 U33) Jap. Astr. Ass. Circ. Nr. 81

996 Hilaritas
48: MPC 387 Ucc. — 50: MPC 449 Blo*. MPC 439 Fla*. MPC 421 Niz*. BAB **4** 89, MPC 442 Ucc

998 Bodea
23: AN **247** 263[93]) Hei. — 38: AJ **48** 166 WiB
Eph (1951) MPC 593, 594, NAZ **4** 37, 38
El MPC 593, 594, NAZ **4** 37, 38

1000 Piazzia
50: BAB **4** 93, MPC 442 (?) Ucc*

1001 Gaussia[93/1])
41: Belgrade Bull. **6** 26 Bel*. — 50: MPC 457 Joh*

1002 Olbersia
50: MPC 440 Joh*

1004 Belopolskya
42: Pulkowo Mitt. Nr. **143** S. 7 Kit*. — 49: MPC 367 Niz*

1005 Arago
49: UC Nr. **109** S. 360 Joh*

1006 Lagrangea
40: Belgrade Bull. **6** 9 Bel*

1010 Marlene
48: MPC 385 Ucc (?). — 50: MPC 437 Blo*

1011 Laodamia
50: MPC 447 Blo*. MPC 437[94]), 447 Blo. LOB Nr. **523**, MPC 420 MtH. BAB **4** 89, MPC 482 Ucc
Eph (1949/50) MPC 346
El MPC 346
Wiederauffindung 1950 Blo, MPC 438

1013 Tombecka
49: MPC 351 Tuk*

1015 Christa
49: UC Nr. **109** S. 360 Joh*. Krim Mitt. **5** 137 Sim*

1017 Jacqueline
50: MPC 474 Joh*

1018 Arnolda
42: Belgrade Bull. **7** 17 Bel. Pulkowo Mitt. Nr. **143** S. 7 Kit*. — 48: MPC 385 Ucc. — 50: Astr Circ UdSSR Nr. **107** Kiw (?)

1019 Strackea
49: MPC 357, UC Nr. **109** S. 362 Joh

1020 Arcadia
Eph (1947) Urania Barcelona **32** Nr. 216
Eph (1950) MPC 588, NAZ **4** 20
El MPC 588, NAZ **4** 20

1021 Flammario
49: UC Nr. **109** S. 360 Joh*
Eph (1947) Urania Barcelona **32** Nr. 216

1023 Thomana
42: Belgrade Bull. **7** 14 Bel. Pulkowo Mitt. Nr. **143** S. 7 Kit*

1025 Riema
50: BAB **4** 89, MPC 441 Ucc

1029 La Plata
49: UC Nr. **109** S. 360 Joh*

1030 1924 RQ
El MPC 588, NAZ 4 20

[93]) Berichtigung in MPC 594, NAZ 4 38.
[93/1]) Berichtigung in BAB 4 86.
[94]) Berichtigung in MPC 445.

1031 Arctica
50: MPC **449** Blo*. MPC 440 Joh*

1032 Pafuri
48: MPC 387 Ucc

1033 Simona
Eph (1947) Urania Barcelona **32** Nr. 216

1034 1924 SS
50: LOB Nr. **523**, MPC 420 MtH
Eph (1947) Urania Barcelona **32** Nr. 216

1036 Ganymed
41: Pulkowo Mitt. Nr. **143** S. 3, 4 Sim*. — 50: Astr Circ UdSSR Nr. **106** Aba. Astr Circ UdSSR Nr. **105** AlA*. MPC 461 Alg. Astr Circ UdSSR Nr. **103—104** Kiw. BAB **4** 89, 90, MPC 464, 465 Ucc
Eph (1950) Astr Circ UdSSR Nr. **98—99, 103—104,** MPC 428, 429, 455, 456
Eph (1950/51) Astr Circ UdSSR Nr. **105,** MPC 476
El AJ **55** 63, BIA **4** 362, 368

1038 Tuckia
48: MPC 387 Ucc
El MPC 669, NAZ **4** 24

1039 Sonneberga
42: RI 2433[95]) Hei*. — 49: UC Nr. **109** S. 360 Joh*

1042 Amazone
49: UC Nr. **109** S. 362 Joh

1043 Beate
41: Belgrade Bull. **6** 26 Bel*

1044 Teutonia
49: UC Nr. **109** S. 360 Joh. Krim Mitt. **5** 136 Sim*

1046 Edwin
41: Pulkowo Mitt. Nr. **143** S. 2 Sim*. — 49: Krim Mitt. **5** 145 Sim*

1047 Geisha
50: MPC 470 Blo*

1048 Feodosia
40: Torino Pubbl. Nr. **43** Tui*. — 49: MPC 369 Tok*. — 50: MPC 489 Joh*

1051 Merope
48: MPC 385 Ucc

1052 Belgica
33: AJ **48** 138 Was

1053 Vigdis
49: UC Nr. **109** S. 362 Joh (?)

1054 Forsytia
49: UC Nr. **109** S. 362 Joh

1055 Tynka
48: MPC 387 Ucc

1057 Wanda
Eph (1947) Urania Barcelona **32** Nr. 216

1058 Grubba
48: MPC 172[96]) Fla*
Id mit U 24 (1945), Jap. Astr. Ass. Circ. Nr. 81
Eph (1947) Urania Barcelona **32** Nr. 216
El (unter der Bezeichnung 1945 U 24) Jap. Astr. Ass. Circ. Nr. 81

1059 1925 OA
46: BAB **4** 30[97/1]), UAI Circ 1038 Ucc

1060 Magnolia
49: BAB **4** 82, MPC 358 Ucc

1061 Paeonia
48: MPC 385, 387 Ucc

1062 Ljuba
49: UC Nr. **109** S. 360 Joh*. — 50: MPC 488 Joh*

1063 Aquilegia
42: Belgrade Bull. **7** 12 Bel. — 49: UC Nr. **109** S. 360 Joh*. Krim Mitt. **5** 145 Sim*

1064 Aethusa
50: MPC 461 Alg. MPC 458 Joh*
Eph (1951) Mem SA It (NS) **21** 355

1065 Amundsenia
48: MPC 385 Ucc

1067 Lunaria
41: Torino Pubbl. Nr. **45** Tui*

1068 Nofretete
39: Torino Pubbl. Nr. **42** Tui*

1071 Brita
33: AJ **48** 138 Was. — 49: UC Nr. **109** S. 360 Joh*

1072 Malva
32: AJ **48** 137 Was. — 49: MPC **453** Niz*. Krim Mitt. **5** 139 Sim*

1075 Helina
42: Pulkowo Mitt. Nr. **143** S. 8 Kit*

1078 Mentha
41: Pulkowo Mitt. Nr. **143** S. 2 Sim*

1079 Mimosa
49: BAB **4** 82, MPC 358 Ucc

1082 Pirola
49: Krim Mitt. **5** 139 Sim*

1083 Salvia
48: MPC 387 Ucc
El Jap. Astr. Ass. Circ. Nr. 67

1084 Tamariwa
40: Torino Pubbl. Nr. **43** Tui*. — 41: Pulkowo Mitt. Nr. **143** S. 5 Sim*. — 49: Krim Mitt. **5** 136, 137 Sim*. — 50: MPC 500, NAZ **4** 45 Hei*. BAB **4** 90, MPC 483 Ucc

[95]) Nicht zugehörig, Astr Circ UdSSR Nr. 116. Vorläufige Bezeichnung 1942 XR, MPC 789.
[96]) Berichtigung in MPC 380.
[97/1]) Berichtigung in BAB 4 86.
[97/2]) Berichtigung in MPC 767.

1085 Amaryllis
49: UC Nr. **109** S. 360 Joh*

1086 Nata
49: UC Nr. **109** S. 360 Joh*. Krim Mitt. **5** 143, 145 Sim*

1088 Mitaka
49: Krim Mitt. **5** 136 Sim*

1089 Tama
49: UC Nr. **109** S. 360 Joh*

1092 Lilium
49: Krim Mitt. **5** 141 Sim*. — 50: MPC 472 Blo*. MPC 457 Joh*

1093 Freda
32: AJ **48** 137 Was

1094 Siberia
Eph (1947) Urania Barcelona **32** Nr. 216

1096 Reunerta
49: UC Nr. **109** S. 360 Joh*

1098 Hakone
Eph (1949, 1950) Jap. Astr. Ass. Circ. Nr. 64
El Jap. Astr. Ass. Circ. Nr. 64

1100 Arnica
47: MPC 6, NAZ 1 20 Joh*[97/2]). — 48: MPC 385, 387 Ucc. — 50: MPC 454 Niz*. BAB **4** 90, MPC 364, 441 Ucc

1101 Clematis
Id mit 1934 UA, MPC 422
Eph (1950) Madrid Publ. Nr. **1**, Urania Barcelona **34** Nr. 220
Eph (1951) Madrid Publ. Nr. **4**, Urania Barcelona **35** Nr. 221—222

1102 Pepita
49: Kiew Publ. Nr. **4** S. 116 Kiw. MPC 443, 492 Kyo*. Krim Mitt. **5** 138 Sim*. MPC 351 Tuk*

1103 Sequoia
49: UC Nr. **109** S. 360 Joh*

1104 Syringa
38: AJ **48** 166 WiB. — 49: Krim Mitt. **5** 145 Sim*

1107 Lictoria
34: AJ **48** 139 Was. — 40: Torino Pubbl. Nr. **43** Tui*. Torino Pubbl. Nr. **43** Tui. — 43: Mem SA It (NS) **21** 113 = Torino Contr. (NS) Nr. **16** Tui*. — 45: Mem SA It (NS) **21** 113 = Torino Contr. (NS) Nr. **16** Tui*. — 49: Krim Mitt. **5** 139 Sim*

1108 Demeter
Eph (1947) Urania Barcelona **32** Nr. 216

1109 Tata
42: Belgrade Bull. **7** 15 Bel. — 49: BAB **4** 82, MPC 358 Ucc

1110 Jaroslawa
Eph (1947) Urania Barcelona **32** Nr. 216

1111 Reinmuthia
49: UC Nr. **109** S. 361 Joh*. — 50: MPC 500, NAZ **4** 45 Hei*

1112 Polonia
49: MPC 434 Blo

1113 Katja
45: MPC 84[98]) Tuk*. — 49: UC Nr. **109** S. 361 Joh*. — 50: BAB **4** 90, MPC 483 Ucc
Eph (1947) Urania Barcelona **32** Nr. 216

1114 Lorraine
49: Krim Mitt. **5** 138 Sim*

1115 Sabauda
40: Torino Pubbl. Nr. **43** Tui*. Torino Pubbl. Nr. **43** Tui. — 41: Pulkowo Mitt. Nr. **143** S. 3 Sim*. Torino Pubbl. Nr. **45** Tui*

1116 Catriona
43: RI 2524 Wür[99]). — 49: UC Nr. **109** S. 361 Joh*
Eph (1951) MPC 594, NAZ **4** 38, 39
El MPC 594, NAZ **4** 38, 39

1117 Reginita
48: MPC 387 Ucc
Eph (1947) Urania Barcelona **32** Nr. 216

1118 Hanskya
49: UC Nr. **109** S. 361 Joh*

1119 Euboea
50: BAB **4** 90, MPC 364[100]) Ucc

1120 Cannonia
48: MPC 387 Ucc

1122 Neith
Eph (1951) Madrid Publ. Nr. **4**, Urania Barcelona **35** Nr. 221—222

1124 Stroobantia
48: MPC 389 Ucc*

1125 China
Eph (1950) Madrid Publ. Nr. **1**, Urania Barcelona **34** Nr. 220
Eph (1951) MPC 603, Madrid Publ. Nr. **4**, Urania Barcelona **35** Nr. 221—222

1127 Mimi
50: BAB **4** 90, MPC 364 Ucc

1128 Astrid
45: BAB **3** 282[101]), UAI Circ 1024 Ucc

1129 Neujmina
49: UC Nr. **109** S. 361 Joh* (?)

1130 Skuld
49: Krim Mitt. **5** 145 Sim*

[97/2]) Berichtigung in MPC 767.
[98]) Berichtigung in MPC 380.
[99]) Nicht zugehörig. Vorläufige Bezeichnung 1943 AE, MPC 594, NAZ 4 38.
[100]) Berichtigung in MPC 468.
[101]) Berichtigung in BAB 4 86.

1131 Porzia
49: MPC 434 Blo*. Krim Mitt. **5** 139 Sim*
Eph (1951) Madrid Publ. Nr. **4**, Urania Barcelona **35** Nr. 221—222

1133 Lugduna
39: Torino Pubbl. Nr. **42** Tui*. — 50: MPC 448 Blo*

1135 Colchis
42: Belgrade Bull. **7** 14 Bel. — 49: Krim Mitt. **5** 135, 136 Sim*. — 50: MPC 471 Blo*. MPC 475 Joh*

1136 Mercedes
41: Pulkowo Mitt. Nr. **143** S. 5 Sim*. — 49: Krim Mitt. **5** 143 Sim*

1137 Raïssa
39: Torino Pubbl. Nr. **42** Tui*. — 48: BAN **11** 226 Lei. MPC 387, 388 Ucc. — 50: MPC 421 Niz*
Eph (1950) MPC 344, 345

1139 Atami
48: TAB (2) Nr. 21 S. 160 Tok*
Eph (1950) Jap. Astr. Ass. Circ. Nr. 56
El Jap. Astr. Ass. Circ. Nr. 56, 87, MPC 675[102])

1141 Bohmia
49: MPC 430 Blo
Eph (1951) Madrid Publ. Nr. **4**, Urania Barcelona **35** Nr. 221—222

1142 Aetolia
42: Belgrade Bull. **7** 11[103]) Bel* (?). — 49: Krim Mitt. **5** 137 Sim*

1143 Odysseus
41: Pulkowo Mitt. Nr. **143** S. 2 Sim*

1144 Oda
49: BAB **4** 82, MPC 358 Ucc

1145 Robelmonte
49: UC Nr. **109** S. 361 Joh* (?)

1146 Biarmia
50: MPC 440 Joh*

1148 Raraju
50: BAB **4** 90, MPC 465 Ucc

1149 1929 PF
49: MPC 352, 452 Niz*. Krim Mitt. **5** 144 Sim*. BAB **4** 82, MPC 358 Ucc

1150 Achaia
42: Pulkowo Mitt. Nr. **143** S. 6, 7 Kit*

1151 Ithaka
Eph (1950) Madrid Publ. Nr. **1**, Urania Barcelona **34** Nr. 220
Eph (1951) Madrid Publ. Nr. **4**, Urania Barcelona **35** Nr. 221—222

1152 Pawona
49: MPC 351 Tuk

1153 Wallenbergia
50: BAB **4** 90, MPC 483 Ucc

1155 Aënna
40: Torino Pubbl. Nr. **43** Tui*. — 49: MPC 353, 453 Niz*
Eph (1946/47) Urania Barcelona **32** Nr. 216

1157 Arabia
50: MPC 449, 469 Blo

1158 Luda
49: UC Nr. **109** S. 362 Joh

1159 Granada
48: MPC 388 Ucc

1160 Illyria
49: UC Nr. **109** S. 361 Joh*

1161 Thessalia
31: MPC 465, Hei. — 32: MPC 451, NAZ **4** 25 Hei. — 49: Krim Mitt. **5** 141 Sim*
El MPC 465, 466

1162 Larissa
42: Pulkowo Mitt. Nr. **143** S. 7 Kit*. — 49: UC Nr. **109** S. 361 Joh*. Krim Mitt. **5** 144 Sim*

1163 Saga
50: MPC 488 Joh*

1164 Kobolda
Eph (1951) Madrid Publ. Nr. **4**, Urania Barcelona **35** Nr. 221—222

1165 Imprinetta
42: Belgrade Bull. **7** 16 Bel

1166 Sakuntala
42: Belgrade Bull. **7** 11 Bel* — 50: MPC 450, NAZ **4** 25 Hei*

1167 1930 PB
41: Pulkowo Mitt. Nr. **143** S. 3 Sim*

1168 Brandia
50: BAB **4** 90, MPC 464 Ucc
El Jap. Astr. Ass. Circ. Nr. 69

1169 Alwine
39: AJ **48** 166 WiB. — 48: MPC 385 Ucc

1170 Siva
Eph (1950) Madrid Publ. Nr. **1**, Urania Barcelona **34** Nr. 220
Eph (1951) Madrid Publ. Nr. **4**, Urania Barcelona **35** Nr. 221—222

1172 Äneas
49: UC Nr. **109** S. 361 Joh*. — 50: MPC 458 Joh

1173 Anchises
50: MPC 472, 474 Blo*

1175 Margo
48: MPC 388 Ucc

[102]) Berichtigung in MPC 748.

[103]) Nicht zugehörig, RI 2403.

1176 Lucidor
49: Krim Mitt. **5** 140 Sim*. — 50: MPC 470 Blo*. MPC 440 Joh*

1177 Gonnessia
42: Pulkowo Mitt. Nr. **143** S. 8 Kit*. — 48: MPC 388 Ucc. — 50: MPC 376, 377 Alg*. MPC 461 Alg
Eph (1951) Astr Circ UdSSR Nr. **103—104**, La Plata Circ. Nr. **7**
El Astr Circ UdSSR Nr. **103—104**, MPC 381, La Plata Circ. Nr. **7**, **9**, Riga Publ. Nr. **1** S. 129

1178 Irmela
Eph (1950) Madrid Publ. Nr. **1**, Urania Barcelona **34** Nr. 220
Eph (1951) Madrid Publ. Nr. **4**, Urania Barcelona **35** Nr. 221—222

1179 Mally
Eph (1950) Madrid Publ. Nr. **1**, Urania Barcelona **34** Nr. 220

1181 Lilith
Eph (1950) Madrid Publ. Nr. **1**, Urania Barcelona **34** Nr. 220
Eph (1951) Madrid Publ. Nr. **4**, Urania Barcelona **35** Nr. 221—222

1182 Ilona
49: Krim Mitt. **5** 138 Sim*

1183 Jutta
41: Belgrade Bull. **6** 25/26 Bel*. Pulkowo Mitt. Nr. **143** S. 2 Sim*. — 49: UC Nr. **109** S. 361 Joh*.
Vgl. 1948 BD
Id mit Objekt F Tokyo = 1948 BD (?), Jap. Astr. Ass. Circ. Nr. 87, 96, TAB (2) Nr. 21 S. 160
Eph (1950) Jap. Astr. Ass. Circ. Nr. 91

1185 Nikko
47: Mem SA It (NS) **21** 113 = Torino Contr. (NS) Nr. **16** Tui*. — 49: Krim Mitt. **5** 136 Sim*. — 50: MPC 488 Joh*

1186 Turnera
49: Krim Mitt. **5** 136 Sim*

1187 Afra
50: BAB **4** 90, MPC 483 Ucc

1188 Gothlandia
49: UC Nr. **109** S. 361 Joh*

1189 Terentia
49: UC Nr. **109** S. 361 Joh*

1190 Pelagia
Eph (1951) Madrid Publ. Nr. **4**, Urania Barcelona **35** Nr. 221—222

1192 Prisma
Eph (1950) Madrid Publ. Nr. **1**, Urania Barcelona **34** Nr. 220
Eph (1951) Madrid Publ. Nr. **4**, Urania Barcelona **35** Nr. 221—222
El MPC 481

1196 Sheba
49: UC Nr. **109** S. 362 Joh
Eph (1947) Urania Barcelona **32** Nr. 216

1197 Rhodesia
48: MPC 388 Ucc. — 50: MPC 439 Joh*

1198 Atlantis
Eph (1950) Madrid Publ. Nr. **1**, Urania Barcelona **34** Nr. 220

1199 Geldonia
48: MPC 388 Ucc. — 49: Krim Mitt. **5** 140 Sim*

1201 Strenua
49: MPC 353, 453 Niz*. BAB **4** 82, MPC 358 Ucc

1202 Marina
38: AJ **48** 166 WiB

1204 Renzia
41: Pulkowo Mitt. Nr. **143** S. 4 Sim*. — 48: MPC 389 Ucc*. MPC 385 Ucc

1206 Numerowia
50: BAB **4** 90, MPC 483[104/1] Ucc

1210 Morosovia
41: Pulkowo Mitt. Nr. **143** S. 3 Sim*. — 42: Pulkowo Mitt. Nr. **143** S. 6 Kit*. — 47: MPC 6, NAZ **1** 20 Joh*[104/2])

1211 Bressole
49: MPC 433 Blo. Krim Mitt. **5** 141 Sim*

1212 Francette
41: Belgrade Bull. **6** 26 Bel*. Pulkowo Mitt. Nr. **143** S. 2 Sim*. — 49: MPC 435[105]), 445 Blo*. Krim Mitt. **5** 135 Sim*
Id mit 1949 HZ, MPC 445
Id mit 1949 HB_1, MPC 445

1213 Algeria
Eph (1950) Madrid Publ. Nr. **1**, Urania Barcelona **34** Nr. 220
Eph (1951) Madrid Publ. Nr. **4**, Urania Barcelona **35** Nr. 221—222

1215 1932 BA
50: BAB **4** 90, MPC 464 Ucc

1217 Maximiliana
48: MPC 388 Ucc. — 50: MPC 439 Fla*. BAB **4** 90, MPC 441 Ucc

1218 Aster
Eph (1950) Madrid Publ. Nr. **1**, Urania Barcelona **34** Nr. 220

1219 Britta
49: Krim Mitt. **5** 136 Sim*. — 50: MPC 500, NAZ **4** 45 Hei*

104/1) Berichtigung in MPC 747.
104/2) Berichtigung in MPC 767.
105) Berichtigung in MPC 445.

1220 Crocus
Eph (1950) Madrid Publ. Nr. **1**, Urania Barcelona **34** Nr. 220
Eph (1951) La Plata Circ. Nr. **7**, Madrid Publ. Nr. **4**, Urania Barcelona **35** Nr. 221—222
El La Plata Circ. Nr. **7**

1221 Amor
40: Torino Pubbl. Nr. **43** Tui. — 48: BAB **4** Nr. 3, MPC 89[106]) Ucc

1222 Tina
Eph (1950) Madrid Publ. Nr. **1**, Urania Barcelona **34** Nr. 220
Eph (1951) Madrid Publ. Nr. **4**, Urania Barcelona **35** Nr. 221—222

1223 Neckar
49: UC Nr. **109** S. 361 Joh*. Krim Mitt. **5** 136 Sim*. — 50: MPC 488 Joh*

1224 Fantasia
34: AJ **48** 139 Was. — 48: MPC 385 Ucc

1225 Ariane
48: MPC 385 Ucc

1226 Golia
Eph (1951) Madrid Publ. Nr. **4**, Urania Barcelona **35** Nr. 221—222

1228 Scabiosa
Id mit 1949 QO, MPC 383

1229 Tilia
42: Pulkowo Mitt. Nr. **143** S. 6 Kit* (?). — 48: MPC 385 Ucc
Eph (1949/50) Madrid Publ. Nr. **1**, Urania Barcelona **34** Nr. 220
Eph (1951) Madrid Publ. Nr. **4**, Urania Barcelona **35** Nr. 221—222

1231 Auricula
Eph (1951) Madrid Publ. Nr. **4**, Urania Barcelona **35** Nr. 221—222

1232 Cortusa
41: Pulkowo Mitt. Nr. **143** S. 4 Sim*. — 49: BAB **4** 82, MPC 359 Ucc
El NAZ **4** 5, 34

1233 Kobresia
50: MPC 439[107]) Joh*

1236 Thaïs
Eph (1950) Madrid Publ. Nr. **1**, Urania Barcelona **34** Nr. 220

1237 Geneviève
48: MPC 388 Ucc

1238 Predappia
48: MPC 388 Ucc (?). — 50: MPC 470, 471 Blo
Eph (1950) Madrid Publ. Nr. **1**, Urania Barcelona **34** Nr. 220
Eph (1951) Madrid Publ. Nr. **4**, Urania Barcelona **35** Nr. 221—222

1239 Queteleta
48: MPC 388 Ucc

1240 Centenaria
49: Krim Mitt. **5** 138, 145 Sim*

1241 Dysona
45: BAB **3** 283[108]) Ucc. — 49: UC Nr. **109** S. 362 Joh

1242 Zambesia
40: Torino Pubbl. Nr. **43** Tui*. — 50: MPC 440 Joh*

1243 Pamela
49: Krim Mitt. **5** 142 Sim*. — 50: BAB **4** 90, MPC 483, 484 Ucc
Id mit 1934 VL, MPC 422

1244 Deira
48: MPC 388 Ucc. — 50: MPC 457 Joh*
El MPC 595, NAZ **4** 39

1245 Calvinia
41: Belgrade Bull. **6** 26 Bel*. — 48: TAB (2) Nr. 21 S. 159 Tok*. MPC 385, 388 Ucc

1246 Chaka
49: UC Nr. **109** S. 362 Joh. Krim Mitt. **5** 143 Sim*

1247 Memoria
49: MPC 353, 452, 453 Niz*. Krim Mitt. **5** 139 Sim*

1248 Jugurtha
49: UC Nr. **109** S. 361 Joh*

1249 Rutherfordia
41: Pulkowo Mitt. Nr. **143** S. 4 Sim*. — 42: Belgrade Bull. **7** 17 Bel. Pulkowo Mitt. Nr. **143** S. 8 Kit*

1251 Hedera
49: Krim Mitt. **5** 138 Sim*

1252 Celestia
42: Belgrade Bull. **7** 11 Bel*. — 49: MPC 357, UC Nr. **109** S. 362 Joh

1253 Frisia
48: MPC 388 Ucc
Eph (1950) Madrid Publ. Nr. **1**, Urania Barcelona **34** Nr. 220
Eph (1951) Madrid Publ. Nr. **4**, Urania Barcelona **35** Nr. 221—222

1254 Erfordia
50: MPC 464 Blo*

1255 Schilowa
49: Krim Mitt. **5** 138 Sim*

1256 Normannia
49: MPC 430 Blo*

1257 Móra
48: MPC 385 Ucc

---

106) Berichtigung in MPC 468.
107) Berichtigung in MPC 702.
108) Berichtigung in BAB **4** 86 (auch für UAI Circ 1019).

1258 Sicilia
El La Plata Circ. Nr. **9**, MPC 381

1259 Ógyalla
50: MPC 421 Niz*

1260 Walhalla
33: AN **249** 212, RI 766 Hei*[109]). MPC 343 Hei. — 35: MPC 343 Hei, Ucc. — 50: MPC 436 Blo
Eph (1949/50) MPC 344
El MPC 344

1261 Legia
49: MPC 351 Tuk. — 50: MPC 457 Joh

1264 Letaba
49: MPC 367 Niz*

1265 Schweikarda
48: MPC 388 Ucc. — 50: NAZ **4** 7 Hei*

1266 Tone
49: Krim Mitt. **5** 138 Sim*

1267 Geertruida
50: MPC 488 Joh*

1268 Libya
48: MPC 172[110]) Fla*. — 49: Krim Mitt. **5** 139 Sim*. MPC 351 Tuk*

1269 Rollandia
49: Krim Mitt. **5** 140 Sim*. — 50: MPC 439 Fla*. BAB **4** 90, MPC 441 Ucc

1270 Datura
Eph (1950) Madrid Publ. Nr. 1, Urania Barcelona **34** Nr. 220

1271 Isergina
50: BAB **4** 90, MPC 364 Ucc

1272 Gefion
Eph (1946/47) Urania Barcelona **32** Nr. 216

1274 Delportia
50: BAB **4** 90, MPC 364 Ucc

1275 Cimbria
49: MPC 352, 452 Niz*. Krim Mitt. **5** 145 Sim*
Eph (1947) Urania Barcelona **32** Nr. 216

1276 Ucclia
50: MPC 448 Blo. BAB **4** 90, MPC 364 Ucc

1280 Baillauda
50: MPC 440 Joh*

1281 Jeanne
41: Pulkowo Mitt. Nr. **143** S. 4 Sim*

1282 Utopia
Eph (1947) Urania Barcelona **32** Nr. 216
El (unter der Bezeichnung 1944 G 19) Jap. Astr. Ass. Circ. Nr. 90

1283 1925 SC
35: BAN **8** 107, RI 1456 Joh (?)[111]). — 42: Pulkowo Mitt. Nr. **143** S. 6 Kit*. — 50: MPC 364 Ucc (?)[112]). BAB **4** 90, MPC 441 Ucc[113])
El MPC 752

1284 Latvia
49: UC Nr. **109** S. 361 Joh*. — 50: MPC 474 Blo*. MPC 488 Joh*

1285 Julietta
41: Belgrade Bull. **6** 10 Tuk*. Pulkowo Mitt. Nr. **143** S. 2 Sim*

1286 Banachiewicza
49: Krim Mitt. **5** 139 Sim*. BAB **4** 82, MPC 358 Ucc

1288 Santa
49: BAB **4** 82, MPC 359 Ucc

1289 Kutaissi
48: MPC 385, 388 Ucc

1290 Albertine
48: MPC 388 Ucc
Eph (1950) Madrid Publ. Nr. 1, Urania Barcelona **34** Nr. 220
Eph (1951) Madrid Publ. Nr. **4**, Urania Barcelona **35** Nr. 221—222

1291 Phryne
49: Krim Mitt. **5** 139 Sim*. BAB **4** 82, MPC 358 Ucc

1292 Luce
49: MPC 431, 432 Blo. BAB **4** 82, MPC 358 Ucc

1294 Antwerpia
42: Pulkowo Mitt. Nr. **143** S. 8 Kit*. — 50: MPC 487 Joh*

1296 Andrée
48: MPC 388 Ucc. — 50: MPC 471 Blo*

1299 Mertona
42: Pulkowo Mitt. Nr. **143** S. 8 Kit*

1300 Marcelle
49: UC Nr. **109** S. 362 Joh

1301 Yvonne
34: AJ **48** 139 Was

1302 Werra
49: Krim Mitt. **5** 136 Sim*

1303 Luthera
49: MPC 367 Niz*. BAB **4** 82, MPC 358, 359 Ucc
Eph (1949) MPC 195[114])

1304 Arosa
48: MPC 388 Ucc

1305 Pongola
49: UC Nr. **109** S. 361 Joh*

1308 Halleria
48: MPC 385 Ucc (?)

1310 Villigera
El MPC 466

[109]) Nicht zugehörig, MPC 343. Vorläufige Bezeichnung 1933 HL, MPC 749.
[110]) Berichtigung in MPC 380.
[111]) Nicht zugehörig, MPC 752. Vorläufige Bezeichnung 1935 KJ, MPC 773.
[112]) 690 Wratislavia zugehörig, MPC 784.
[113]) Nicht zugehörig, MPC 752. Vorläufige Bezeichnung 1950 BM_1, MPC 756 (Berichtigung MPC 784, irrtümliche Bezeichnung 1949 BJ).
[114]) Berichtigung in MPC 229.

1314 Paula
36: BZ **18** 58, 60, RI 1422, 1426, UC Nr. **97** S. 321 Joh*[115/1]). — 50: MPC 474[115/2]) Blo (?)
Eph (1950) Madrid Publ. Nr. **1**, Urania Barcelona **34** Nr. 220
El BAB **1** 298[115/3])

1315 Bronislawa
49: UC Nr. **109** S. 361 Joh* (?)

1316 Kasan
Eph (1950) Madrid Publ. Nr. **1**, Urania Barcelona **34** Nr. 220
Eph (1951) Madrid Publ. Nr. **4**, Urania Barcelona **35** Nr. 221—222

1317 Silvretta
41: Belgrade Bull. **6** 26 Bel*

1319 Disa
39: Torino Pubbl. Nr. **42** Tui*

1320 Impala
38: BAB **2** 234, RI 1782 Ucc[116]). — 49: MPC 352[117]) Niz*
Wahrscheinlich Id mit 1949 HR, Astr Circ UdSSR Nr. **110**
Eph (1950) MPC 461
El MPC 461

1321 Majuba
49: UC Nr. **109** S. 361 Joh*

1322 Coppernicus
49: UC Nr. **109** S. 362 Joh
Eph (1950) Madrid Publ. Nr. **1**, Urania Barcelona **34** Nr. 220

1323 Tugela
48: MPC 388 Ucc

1329 Eliane
42: Belgrade Bull. **7** 11 Bel*

1331 Solvejg
49: UC Nr. **109** S. 362[118]) Joh. Krim Mitt. **5** 137 Sim*
Eph (1947) Urania Barcelona **32** Nr. 216

1332 Marconia
50: MPC 448 Blo.* BAB **4** 90, MPC 365 Ucc

1333 Cevenola
49: MPC 461, 462 Alg

1334 Lundmarka
38: AJ **48** 166, 167 WiB. — 49: UC Nr. **109** S. 361 Joh*. MPC 352, 451 Niz*. Krim Mitt. **5** 143, 144 Sim*
Eph (1946/47) Urania Barcelona **32** Nr. 216

1336 Zeelandia[120])
48: MPC 147, UC Nr. **108** S. 304 Joh*[119]). MPC 739 Joh. — 49: Krim Mitt. **5** 139 Sim*
Eph (1952) MPC 740
El MPC 740

1338 Duponta
39: AJ **48** 167 WiB

1339 Désagneauxa
41: Pulkowo Mitt. Nr. **143** S. 2 Sim*. — 49: MPC 462 Alg[121])

1340 Yvette
38: AJ **48** 167 WiB. — 47: MPC 28[122]) Alg

1342 Brabantia
49: UC Nr. **109** S. 362 Joh
Eph (1950) Madrid Publ. Nr. **1**, Urania Barcelona **34** Nr. 220

1343 Nicole
49: MPC 462 Alg. BAB **4** 82, MPC 358 Ucc

1344 Caubeta
Eph (1950) Madrid Publ. Nr. **1**, Urania Barcelona **34** Nr. 220

1345 Potomac
50: BAB **4** 90, MPC 464 Ucc

1349 Bechuana
49: UC Nr. **109** S. 361 Joh*. UC Nr. **109** S. 362 Joh
Eph (1950/51) MPC 595, NAZ **4** 39, 40
El MPC 595, NAZ **4** 39, 40

1350 Rosselia
49: BAB **4** 82, MPC 359 Ucc
Eph (1949) MPC 195[123])

1351 1934 TF
50: MPC 475 Joh*

1352 Wawel
42: Pulkowo Mitt. Nr. **143** S. 6, 7 Kit*

1353 Maartje
41: Pulkowo Mitt. Nr. **143** S. 3 Sim*. — 42: MPC 49[124]) Niz*. — 50: MPC 365, NAZ **4** 7 Hei*. BAB **4** 90, MPC 441 Ucc

1354 1935 GK
41: La Plata Publ. Serie Astronomica VI 138[125]) LaP (?)
Eph (1950) MPC 589, NAZ **4** 20
El MPC 589, NAZ **4** 20

1355 1935 HE
50: MPC 449 Blo. MPC 439 Joh
Eph (1950) NAZ **4** 5

[115/1]) Nicht zugehörig. Vorläufige Bezeichnung 1936 NF, MPC 703, NAZ 5 43, 44.
[115/2]) Nicht zugehörig. Vorläufige Bezeichnung 1950 NP_1, MPC 703, NAZ 5 43.
[115/3]) Berichtigung in MPC 703, NAZ 5 43.
[116]) Nicht zugehörig, MPC 461. Vorläufige Bezeichnung 1938 EH_1, MPC 700, NAZ 5 44.
[117]) Nicht zugehörig, MPC 461, Astr Circ UdSSR Nr. 110. Vorläufige Bezeichnung 1949 HN_1, MPC 756.
[118]) Nicht zugehörig. Vorläufige Bezeichnung 1949 MU, MPC 380.
[119]) Nicht zugehörig. Vorläufige Bezeichnung 1948 OG, MPC 739.
[120]) Id mit 1929 QE besteht nicht, MPC 740.
[121]) Berichtigung in MPC 543.
[122]) Berichtigung in MPC 101.
[123]) Berichtigung in MPC 229.
[124]) Berichtigung in MPC 101.
[125]) Nicht zugehörig, MPC 589, NAZ 4 21. Vorläufige Bezeichnung 1941 MF, MPC 749.

1356 Nyanza
Eph (1950, 1951) MPC 596, NAZ **4** 40
El MPC 596, NAZ **4** 40

1357 1935 ND
42: Pulkowo Mitt. Nr. **143** S. 8 Kit*. — 48: MPC 388 Ucc

1359 Prieska
39: Torino Pubbl. Nr. **42** Tui*. — 47: MPC 16[126]) Joh*

1364 Safara
49: UC Nr. **109** S. 361 Joh*

1365 1928 RK
49: BAB **4** 83, MPC 360 Ucc*
Eph (1946/47) Urania Barcelona **32** Nr. 216
Eph (1949) MPC 195[127])

1366 Piccolo
49: Krim Mitt. **5** 135 Sim*. — 50: MPC 457 Joh*

1367 1934 NA
Eph (1950/51) Madrid Publ. Nr. **4**, Urania Barcelona **35** Nr. 221—222

1370 Hella
Eph (1951) Madrid Publ. Nr. **4**, Urania Barcelona **35** Nr. 221—222

1371 Resi
33: MPC 467 Hei[128]). — 35: MPC 467 Hei. AJ **45** 98, MPC 467, RI 1323 WiB (?)[129]). — 38: MPC 467 Hei
Eph (1950) Madrid Publ. Nr. **1**, Urania Barcelona **34** Nr. 220
Eph (1951) Madrid Publ. Nr. **4**, Urania Barcelona **35** Nr. 221—222
El MPC 467

1372 Haremari
Eph (1951) Madrid Publ. Nr. **4**, Urania Barcelona **35** Nr. 221—222

1374 Isora
49: MPC 446 Blo*. — 50: BAB **4** 90, MPC 365, 441 Ucc (?)
Eph (1950) Madrid Publ. Nr. **1**, Urania Barcelona **34** Nr. 220

1376 Michelle
50: MPC 454 Niz*

1377 Roberbauxa
48: MPC 388 Ucc. — 50: MPC 462 Alg, MPC 471 Blo. MPC 440 Joh

1379 1936 FC
41: Belgrade Bull. **6** 26 Bel*. Pulkowo Mitt. Nr. **143** S. 4 Sim*. — 49: Krim Mitt. **5** 144 Sim*

1380 Volodia
38: AJ **48** 167 WiB
Eph (1950) Madrid Publ. Nr. **1**, Urania Barcelona **34** Nr. 220

1381 Danubia
42: Belgrade Bull. **7** 17 Bel

1382 Gerti
49: UC Nr. **109** S. 361 Joh*

1383 Limburgia
Eph (1947) Urania Barcelona **32** Nr. 216

1385 Gelria
49: UC Nr. **109** S. 361 Joh*

1386 Storeria
Eph (1950) Madrid Publ. Nr. **1**, Urania Barcelona **34** Nr. 220

1387 1935 QD
49: BAB **4** 82, MPC 358 Ucc
Eph (1951) Madrid Publ. Nr. **4**, Urania Barcelona **35** Nr. 221—222

1388 Aphrodite
50: MPC 488 Joh*

1389 Onnie
Eph (1947) Urania Barcelona **32** Nr. 216

1392 Pierre
Eph (1950) Madrid Publ. Nr. **1**, Urania Barcelona **34** Nr. 220

1393 1936 KD
49: BAB **4** 82, MPC 358 Ucc (?)

1395 Aribeda
36: MPC 467, 468 Hei. — 37: MPC 468 Hei. — 39: MPC 468 Hei
Eph (1951) Madrid Publ. Nr. **4**, Urania Barcelona **35** Nr. 221—222
El MPC 467, Madrid Publ. Nr. **5**, Urania Barcelona **35** Nr. 223—224

1397 1936 PG
49: UC Nr. **109** S. 361 Joh*

1398 Donnera
48: MPC 388 Ucc

1399 Teneriffa
Eph (1951) Madrid Publ. Nr. **4**, Urania Barcelona **35** Nr. 221—222

1400 Tirela
Eph (1950) Madrid Publ. Nr. **1**, Urania Barcelona **34** Nr. 220
Eph (1951) Madrid Publ. Nr. **4**, Urania Barcelona **35** Nr. 221—222

1401 Lavonne
42: Pulkowo Mitt. Nr. **143** S. 8 Kit* (?). — 49: BAB **4** 82, MPC 359 Ucc
Eph (1951) Madrid Publ. Nr. **4**, Urania Barcelona **35** Nr. 221—222

---

126) Berichtigung in MPC 380.
127) Berichtigung in MPC 229.
128) Beob. von Apr 17 (unter der Bezeichnung 1933 FD_1) nicht zugehörig, MPC 467, Madrid Publ. Nr. 6, Urania Barcelona 36 1. Vorläufige Bezeichnung 1933 HK, MPC 749.
129) Nicht zugehörig, MPC 467, Madrid Publ. Nr. 6, Urania Barcelona 36 1. Vorläufige Bezeichnung 1935 UV, MPC 749.

1402 Eri
Eph (1950) Madrid Publ. Nr. 1, Urania Barcelona **34** Nr. 220

1403 1936 QA
40: RI 2152 Ucc*[130/1]. BAB **4** 105, NAZ **5** 23 Ucc
Eph (1950) Madrid Publ. Nr. 1, Urania Barcelona **34** Nr. 220

1404 Ajax
38: AJ **48** 167 WiB

1405 1936 RE
39: AJ **48** 168 WiB

1406 Komppa
Eph (1947) Urania Barcelona **32** Nr. 216

1407 Lindelöf
49: UC Nr. **109** S. 361 Joh*
Eph (1947) Urania Barcelona **32** Nr. 216

1408 Trusanda
36: AN **262** 95, RI 1543 Hei*[130/2]. — 38: AJ **48** 167 WiB
Eph (1950, 1951) MPC 591, NAZ **4** 34
El MPC 591, NAZ **4** 34

1411 Brauna
50: MPC 482, NAZ **4** 33 Hei*. BAB **4** 90, MPC 483 Ucc
Eph (1946/47) Urania Barcelona **32** Nr. 216
Eph (1950) Madrid Publ. Nr. 1, Urania Barcelona **34** Nr. 220
Eph (1951) La Plata Circ. Nr. 7
Eph (1951/52) Madrid Publ. Nr. 4, Urania Barcelona **35** Nr. 221—222
El La Plata Circ. Nr. 7

1412 Lagrula
49: MPC 462 Alg. — 49/50: MPC 376 Alg*
Eph (1951) Madrid Publ. Nr. 4, Urania Barcelona **35** Nr. 221—222

1414 Jérôme
Eph (1951) Madrid Publ. Nr. 4, Urania Barcelona **35** Nr. 221—222

1415 Malautra
48: MPC 172[131/1] Fla*. — 49: BAB **4** 82, MPC 359 Ucc (?). — 50: MPC 376, 377 Alg*. MPC 462 Alg

1416 Renauxa
47: MPC 462 Alg. — 48: MPC 462 Alg
Eph (1948) MPC 23[131/2]

1417 Walinskia
Eph (1950) Madrid Publ. Nr. 1, Urania Barcelona **34** Nr. 220

1418 Fayeta
50: Astr Circ UdSSR Nr. **107** Kiw (?). BAB **4** 90, MPC 483 Ucc

1419 Danzig
41: Belgrade Bull. **6** 10 Bel*. Pulkowo Mitt. Nr. **143** S. 2 Sim*

1420 Radcliffe
Eph (1947) Urania Barcelona **32** Nr. 216
Eph (1950) Madrid Publ. Nr. 1, Urania Barcelona **34** Nr. 220

1421 1936 FQ
41: Pulkowo Mitt. Nr. **143** S. 2 Sim*
Eph (1947) Urania Barcelona **32** Nr. 216

1422 Strömgrenia
36: AJ **46** 123, RI 1558 WiB[132]
Eph (1950) Madrid Publ. Nr. 1, Urania Barcelona **34** Nr. 220

1423 Jose
39: AJ **48** 167 WiB
Eph (1951) Mem SA It (NS) **21** 356

1424 Sundmania
38: AJ **48** 167 WiB. — 50: MPC 457 Joh*

1425 1937 GB
41: Pulkowo Mitt. Nr. **143** S. 2 Sim*

1426 1937 GF
41: Pulkowo Mitt. Nr. **143** S. 2 Sim*

1428 1937 ND
50: MPC 454 Niz*. BAB **4** 90, MPC 442 Ucc

1430 1937 NK
49: MPC 432 Blo. UC Nr. **109** S. 362 Joh

1431 1937 OB
41: Pulkowo Mitt. Nr. **143** S. 4 Sim*. — 49: MPC 432 Sim*

1432 1937 PG
39: AJ **48** 167 WiB

1433 Geramtina
Eph (1950) Madrid Publ. Nr. 1, Urania Barcelona **34** Nr. 220
Eph (1951) Madrid Publ. Nr. 4, Urania Barcelona **35** Nr. 221—222

1434 Margot
49: MPC 367 Niz*

1435 Garlena
Eph (1951) Madrid Publ. Nr. 4, Urania Barcelona **35** Nr. 221—222

1436 1936 YA
50: MPC 440 Joh
Id mit 1933 FX_1, MPC 193[133]
Eph (1951) La Plata Circ. Nr. 7
El La Plata Circ. Nr. 7

130/1) Irrtümlich 894 Erda zugeordnet, NAZ 5 23.
130/2) Nicht zugehörig. Vorläufige Bezeichnung 1936 VK, MPC 749.
131/1) Berichtigung in MPC 380.
131/2) Berichtigung in MPC 101.
132) Nicht zugehörig oder α fehlerhaft, MPC 557.
133) Berichtigung in MPC 380.

1437 Diomedes
38: AJ **48** 167 WiB. — 49: Krim Mitt. **5** 145 Sim*

1438 Wendeline
Eph (1949/50) Madrid Publ. Nr. 1, Urania Barcelona **34** Nr. 220
Eph (1951) Madrid Publ. Nr. **4**, Urania Barcelona **35** Nr. 221—222

1439 Vogtia
Eph (1951) La Plata Circ. Nr. **7**
El La Plata Circ Nr. **7**, MPC 381

1440 Rostia
49: BAB **4** 82, MPC 359 Ucc (?)
Eph (1949/50) Madrid Publ. Nr. **1**, Urania Barcelona **34** Nr. 220
Eph (1951) Madrid Publ. Nr. **4**, Urania Barcelona **35** Nr. 221—222

1441 Bolyai
Eph (1950/51) Madrid Publ. Nr. **4**, Urania Barcelona **35** Nr. 221—222

1442 Corvina
50: MPC 474 Blo*. MPC 488 Joh*

1443 Ruppina
49: Krim Mitt. **5** S. 136 Sim*. — 50: MPC 475 Joh*
Eph (1950) Madrid Publ. Nr. **1**, Urania Barcelona **34** Nr. 220
Eph (1951) Madrid Publ. Nr. **4**, Urania Barcelona **35** Nr. 221—222

1444 1938 AE
Eph (1950) Madrid Publ. Nr. **1**, Urania Barcelona **34** Nr. 220
Eph (1951) Madrid Publ. Nr. **4**, Urania Barcelona **35** Nr. 221—222

1447 1938 BB
El MPC 592, NAZ **4** 35

1449 1938 DO
42: Pulkowo Mitt. Nr. **143** S. 6 Kit*

1450 1938 DP
49: BAB **4** 82, MPC 358 Ucc (?)

1452 1938 DZ_1
Eph (1950) Madrid Publ. Nr. **1**, Urania Barcelona **34** Nr. 220
Eph (1951) Madrid Publ. Nr. **4**, Urania Barcelona **35** Nr. 221—222

1453 Fennia
38: AJ **48** 167 WiB

1455 Mitchella
48: MPC 385 Ucc

1456 1937 NG
49: MPC 445 Blo. MPC 352, 452 Niz*

1457 Ankara
49: Krim Mitt. **5** Nr. 141 Sim*

1458 Mineura
41: Pulkowo Mitt. Nr. **143** S. 4 Sim*. — 49: Krim Mitt. **5** S. 142 Sim*

1459 Magnya
50: MPC 420 Niz*

1460 1937 WC
49: MPC 453 Niz*

1461 1937 YL
50: MPC 454 Niz*. BAB **4** 90, MPC 442 Ucc (?)

1463 1938 CB
41: Pulkowo Mitt. Nr. **143** S. 5 Sim*

1465 1938 FA
Eph (1950) Madrid Publ. Nr. **1**, Urania Barcelona **34** Nr. 220
Eph (1951) Madrid Publ. Nr. **4**, Urania Barcelona **35** Nr. 221—222

1466 Mündleria
38: AJ **48** 167 WiB
Eph (1950) Madrid Publ. Nr. **1**, Urania Barcelona **34** Nr. 220

1467 1938 OE
49: UC Nr. **109** S. 361 Joh*

1469 Linzia
38: AJ **48** 167 WiB. — 49: Krim Mitt. **5** 137, 138 Sim*

1470 1938 SD
Eph (1950) Madrid Publ. Nr. **1**, Urania Barcelona **34** Nr. 220

1471 1938 SL_1
49: MPC 351 Tuk*. MPC 351 Tuk

1473 1938 UT
42: Pulkowo Mitt. Nr. **143** S. 7 Kit*

1474 1935 QY
41: Pulkowo Mitt. Nr. **143** S. 2 Sim*. — 50: MPC 435 Blo*. MPC 448 Blo. BAB **4** 90, MPC 365, 441 Ucc
Eph (1950) MPC 363
Eph (1951) NAZ **4** 44

1476 1936 RA
Eph (1950) Madrid Publ. Nr. **1**, Urania Barcelona **34** Nr. 220

1481 Tübingia
Eph (1951) La Plata Circ. Nr. **7**
El La Plata Circ. Nr. **7**, MPC 381

1482 Sebastiana
El La Plata Circ. Nr. **9**, MPC 381

1483 1938 DJ_1
Eph (1947) Urania Barcelona **32** Nr. 216

1484 1938 HC
Eph (1950/51) Madrid Publ. Nr. **4**, Urania Barcelona **35** Nr. 221—222

1485 Isa
49: MPC 433 Blo. MPC 353, 453 Niz*. Krim Mitt. **5** 147 Sim*
Eph (1950/51) Madrid Publ. Nr. **4**, Urania Barcelona **35** Nr. 221—222

1486 Marilyn
38: AJ **48** 167 WiB. — 48: MPC 385 Ucc

1487 Boda
40: Torino Pubbl. Nr. **43** Tui*

1488 1938 XE
50: MPC 469 Blo*. MPC 439 Fla*

1489 1939 GC
50: MPC 449 Blo. BAB **4** 90, MPC 441 Ucc
Eph (1950) Madrid Publ. Nr. 1, Urania Barcelona **34** Nr. 220
Eph (1951) Madrid Publ. Nr. 4, Urania Barcelona **35** Nr. 221—222

1490 1936 LB
40: MPC 367, NAZ **4** 12 Hei
Eph (1950) MPC 428, NAZvM 86, NAZ **4** 35
El MPC 427, NAZ **4** 12

1491 1938 EJ
38: AJ **48** 167 WiB. — 49: Krim Mitt. **5** 140 Sim*. — 50: MPC 449 Blo
Eph (1950) Madrid Publ. Nr. **1**, Urania Barcelona **34** Nr. 220
Eph (1951) Madrid Publ. Nr. **4**, Urania Barcelona **35** Nr. 221—222

1492 1938 FL
38: MPC 349 Tuk. — 41: MPC 349 Tuk
El MPC 349

1493 Sigrid
42: Pulkowo Mitt. Nr. **143** S. 7 Kit*. — 49: UC Nr. **109** S. 361 Joh*
El MPC 592, NAZ **4** 35

1495 1938 SW
38: MPC 418 Tuk. AJ **48** 167 WiB. — 41: MPC 419 Tuk. — 50: MPC 470, 471 Blo. MPC 457 Joh
El MPC 418

1496 1938 SA_1
41: Pulkowo Mitt. Nr. **143** S. 4 Sim*. — 48: MPC 184[134]) Tuk

1497 1938 SB_1
48: MPC 385, 388 Ucc

1498 1938 SK_1
49: MPC 445 Blo

1499 1938 UF
38: MPC 419 Tuk. — 41: Pulkowo Mitt. Nr. **143**, S. 6 Kit*. — 42: Belgrade Bull. **7** 15 Bel. MPC 419 Tuk. — 50: MPC 449[135]) Blo*
El MPC 419

1500 1938 UH
48: MPC 184[136]) Tuk*. MPC 385 Ucc

1501 1938 UJ
42: Pulkowo Mitt. Nr. **143** S. 7 Kit*
Id mit 1934 VG, MPC 422

1502 Arenda
42: Pulkowo Mitt. Nr. **143** S. 7 Kit*. — 49: Krim Mitt. **5** 141, 142 Sim*

1503 1938 XD
50: BAB **4** 90, MPC 484 Ucc
Id mit 1935 EF, MPC 422

1504 1939 FM
50: MPC 448, 469[137/1]) Blo. BAB **4** 93, MPC 442 Ucc*. BAB **4** 90, MPC 442 Ucc

1505 1939 HH
Eph (1947) Urania Barcelona **32** Nr. 216
Eph (1950/51) Madrid Publ. Nr. **4**, Urania Barcelona **35** Nr. 221—222

1506 1939 JC
Eph (1947) Urania Barcelona **32** Nr. 216
Eph (1951) Madrid Publ. Nr. **4**, Urania Barcelona **35** Nr. 221—222

1508 1938 UO
38: AJ **48** 167 WiB

1509 Esclangona
50: MPC 473 Blo

1510 1939 DC
50: BAB **4** 90, MPC 483, 484 Ucc

1511 Daléra
50: MPC 462 Alg. MPC 430[137/2]) Blo
Eph (1950) Madrid Publ. Nr. **1**, MPC 378, Urania Barcelona **34** Nr. 220
Eph (1951) Madrid Publ. Nr. **4**, Urania Barcelona **35** Nr. 221—222
El MPC 378

1513 1940 EB
Eph (1950) Madrid Publ. Nr. **1**, Urania Barcelona **34** Nr. 220
Eph (1951) Madrid Publ. Nr. **4**, Urania Barcelona **35** Nr. 221—222

1515 1936 VG
50: BAB **4** 90, MPC 442 Ucc

1517 1938 FD
49: Krim Mitt. **5** 139 Sim*. BAB **4** 82, MPC 358 Ucc
Id mit 1942 CD (?), Belgrade Bull. **7** 11
Eph (1951) Madrid Publ. Nr. **4**, Urania Barcelona **35** Nr. 221—222

---

134) Berichtigung in MPC 380.
135) Berichtigung in MPC 542.
136) Berichtigung in MPC 390.
137/1) Irrtümlich zugeordnet. Vorläufige Bezeichnung 1950 HK_1, MPC 815.
137/2) Irrtümlich zugeordnet, 1950 GF zugehörig, MPC 667.

1519 1938 UB
49: BAB **4** 82, MPC 359 Ucc

1520 1938 UY
49: MPC 453 Niz*

1522 1938 WO
49: MPC 430, 431 Blo. — 50: MPC 436, 437 Blo
Id mit 1949 WB, MPC 437, 438
Eph (1947) Urania Barcelona **32** Nr. 216
Vgl. 1949 WB

1523 1939 BC
Eph (1950) Madrid Publ. Nr. 1, Urania Barcelona **34** Nr. 220
Eph (1951) Madrid Publ. Nr. 4, Urania Barcelona **35** Nr. 221—222

1524 1939 SB
Eph (1947) Urania Barcelona **32** Nr. 216

1527 1939 UG
49: MPC 351 Tuk*

1528 Conrada
Eph (1950) Madrid Publ. Nr. 1, Urania Barcelona **34** Nr. 220

1529 1938 BC
50: MPC 473 Blo

1530 1938 SG
Eph (1950) Madrid Publ. Nr. 1, Urania Barcelona **34** Nr. 220
Eph (1951) Madrid Publ. Nr. 4, Urania Barcelona **35** Nr. 221—222

1531 1938 SH
38: AJ **48** 167 WiB
Eph (1950) Madrid Publ. Nr. 1, Urania Barcelona **34** Nr. 220
Eph (1951) Madrid Publ. Nr. 4, Urania Barcelona **35** Nr. 221—222

1532 1938 SM
49: MPC 351 Tuk*
El MPC 592, NAZ **4** 35

1533 1939 BD
Eph (1950) Madrid Publ. Nr. 1, Urania Barcelona **34** Nr. 220
Eph (1951) Madrid Publ. Nr. 4, Urania Barcelona **35** Nr. 221—222
El MPC 593, NAZ **4** 33

1535 1939 RC
50: MPC 482, NAZ **4** 33 Hei*

1537 1940 QA
Eph (1950) Madrid Publ. Nr. 1, Urania Barcelona **34** Nr. 220
Eph (1951) Madrid Publ. Nr. 4, Urania Barcelona **35** Nr. 221—222

1538 1940 RF
Eph (1950) Madrid Publ. Nr. 1, Urania Barcelona **34** Nr. 220
Eph (1951) Madrid Publ. Nr. 4, Urania Barcelona **35** Nr. 221—222

1543 1941 SJ
Eph (1950) Madrid Publ. Nr. 1, Urania Barcelona **34** Nr. 220

1546 1941 SG_1
50: MPC 471 Blo*. MPC 450, NAZ **4** 28 Hei*
Eph (1950) Madrid Publ. Nr. 1, Urania Barcelona **34** Nr. 220
Eph (1951) Madrid Publ. Nr. 4, Urania Barcelona **35** Nr. 221—222
El MPC 593, NAZ **4** 35

1547 1929 CZ
49: Krim Mitt. **5** 147 Sim*
Eph (1951) Madrid Publ. Nr. 4, Urania Barcelona **35** Nr. 221—222

1548 1935 FK
49: MPC 352 Niz*

1549 Mikko
Eph (1947) Urania Barcelona **32** Nr. 216

1550 1937 WD
38: Belgrade Bull. **6** 27 Bel. — 41: Belgrade Bull. **6** 26 Bel*
Eph (1941) Belgrade Bull. **6** 29
Eph (1951) Madrid Publ. Nr. 4, Urania Barcelona **35** Nr. 221—222
El Belgrade Bull. **6** 29, **7** 18

1551 1938 DC_1
50: MPC 472[138]), 473 Blo

1554 Yugoslavia
Eph (1942) Belgrade Bull. **6** 30
Eph (1947) Urania Barcelona **32** Nr. 216
Eph (1951) Madrid Publ. Nr. 4, Urania Barcelona **35** Nr. 221—222
El Belgrade Bull. **6** 30

1555 Dejan
Eph (1950) Madrid Publ. Nr. 1, Urania Barcelona **34** Nr. 220

1556 1942 AA
50: MPC 471 Blo
Eph (1950) Madrid Publ. Nr. 1, Urania Barcelona **34** Nr. 220
Eph (1951) Madrid Publ. Nr. 4, Urania Barcelona **35** Nr. 221—222

1557 1942 AD
50: BAB **4** 90, MPC 483 Ucc
Eph (1950) Madrid Publ. Nr. 1, Urania Barcelona **34** Nr. 220
Eph (1951/52) Madrid Publ. Nr. 4, Urania Barcelona **35** Nr. 221—222

1558 1942 BD
50: MPC 472, 473 Blo*

[138]) Berichtigung in MPC 702.

1559 1942 BF
50: MPC 472 Blo. MPC 457 Joh*

1560 1942 XB
42: Pulkowo Mitt. Nr. **143** S. 8[139]) Kit*. — 50: MPC 472, 473 Blo
Eph (1950) Madrid Publ. Nr. **1**, Urania Barcelona **34** Nr. 220
Eph (1950/51) Madrid Publ. Nr. **4**, Urania Barcelona **35** Nr. 221—222

1561 1941 CG
49: BAB **4** 82, MPC 359 Ucc

1562 1943 EE
47: MPC 6, NAZ **1** 20 Joh*[140/1]) — 50: MPC 470 Blo*
Vgl. 1941 SQ$_1$

1563 Noël
48: MPC 388 Ucc (?)

1564 1936 TB
41: Belgrade Bull. **6** 26 Bel*. Belgrade Bull. **6** 28 Bel. — 42: Belgrade Bull. **7** 14, 17 Bel
Eph (1941) Belgrade Bull. **6** 29

1565 1948 WA
48: MPC 389 Ucc*. — 50: LOB Nr. **523**, MPC 416 MtH
El MPC 417

1566 Icarus
Numerierung, Benennung Archenhold-Sternw. Mitt. **2** Nr. 8. BAA Circ Nr. **316**. BSAF **64** 258, Coelum **18** 109, JBAA **60** 173, MPC 347[140/2]), NAZ **4** 21
Eph (1950) MPC 347, 348, UAI Circ 1273
El Coelum **18** 134, Gaz astr **32** 32, MPC 347, 348, Obs **69** 199, UAI Circ 1273

1567 1941 HN
38: MPC 348 Tuk. — 41: MPC 348 Bud, Tuk
Numerierung MPC 348[141])
Id mit 1947 HE, MPC 348
El MPC 348

1568 1946 QB[142])
Numerierung MPC 418[141])
El MPC 418

1902 JA
Nicht id. mit 919 Ilsebill, NAZ **5** 43

1903 NG
Nicht id. mit 919 Ilsebill, MPC 460, NAZ **4** 28, **5** 43

1908 d
08: AN **179** 148[143]) Hei*

1913 TH
Nicht id. mit 919 Ilsebill, MPC 460, NAZ **4** 28, **5** 43

1919 a
19: MPC 537, NAZ **4** 41 Hei*, AN **247** 261[144/1]) Hei

1922 MY
Id mit 1941 BJ, Jap. Astr. Ass. Circ. Nr. 54
Vgl. 1941 BY

1923 b
23: BZ **5** 47 Hei*[144/2]). AN **230** 259 Hei[144/2])

1926 GA$_1$
26: BZ **8** 31 Hei*[144/3]). AN **247** 259 Hei[144/3])

1926 TF = 1940 HD

1926 VH
49: MPC 367 Niz*. MPC 368 Niz

1928 DF$_1$
28: BZ **10** 19, 20 Hei*[145/1])

1928 UE
Nicht id. mit 919 Ilsebill, MPC 460, NAZ **4** 28, **5** 43

1930 ME
El AN **240** 421[145/2])

1930 UK = 650 Amalasuntha

1931 CH
31: BAB **1** 12, RI 407 Ucc[146])

1931 JA = 1949 WA

1933 FD$_1$ = 1371 Resi
Vgl. 1933 HK

1933 FX$_1$ = 1436 1936 YA

1933 HK
33: AN **249** 213, RI 774 Hei*[147/1]). MPC 467 Hei[147/1])

1933 HL
33: AN **249** 212, RI 766 Hei*[147/2])

1933 NA
Eph (1950) MPC 466

1934 NA$_1$ = 820 Adriana

[139]) Als 1942 Σk$_2$ bezeichnet, Berichtigung in MPC 749.
[140/1]) Berichtigung in MPC 767.
[140/2]) Berichtigung in MPC 542.
[141]) Berichtigung in MPC 542.
[142]) Früher als Komet 1946 i Johnson bezeichnet.
[143]) Irrtümlich 587 Hypsipyle zugeordnet, MPC 588, 749, NAZ 4 20. Vorläufige Bezeichnung MPC 749.
[144/1]) Irrtümlich 919 Ilsebill zugeordnet, MPC 451, 541, NAZ 4 28, 29, 41. Vorläufige Bezeichnung MPC 541, NAZ 4 41.
[144/2]) Irrtümlich 827 Wolfiana zugeordnet, MPC 675, 691. Vorläufige Bezeichnung MPC 691.
[144/3]) Irrtümlich 883 Matterania zugeordnet. Vorläufige Bezeichnung MPC 679.
[145/1]) Irrtümlich 827 Wolfiana zugeordnet, MPC 675, 691. Vorläufige Bezeichnung MPC 691.
[145/2]) Berichtigung in MPC 588, NAZ 4 16.
[146]) Irrtümlich 587 Hypsipyle zugeordnet, MPC 588 (Berichtigung in MPC 748), NAZ 4 20 (Berichtigung in NAZ 6 6). Vorläufige Bezeichnung MPC 749.
[147/1]) Nicht 1371 Resi = 1933 FD$_1$ zugehörig, MPC 467, Madrid Publ. Nr. 6, Urania Barcelona Nr. 225. Irrtümlich 1933 FD$_1$ zugeordnet. Vorläufige Bezeichnung MPC 749.
[147/2]) Irrtümlich 1260 Walhalla zugeordnet. Vorläufige Bezeichnung MPC 343, 749.

1934 NG$_1$
34: BZ **16** 57, RI 1028, UC Nr. **93** S. 121 Joh*[148])

1934 UA = 1101 Clematis

1934 VG = 1501 1938 UJ

1934 VH = 459 Signe

1934 VL = 1243 Pamela

1935 EF = 1503 1938 XD

1935 JG
Id mit 919 Ilsebill, MPC 703, NAZ **5** 43. Vgl. auch MPC 460, NAZ **4** 28

1935 UV
35: AJ **45** 98, MPC 467, RI 1323 WiB (?)[149])

1936 HB = 1933 NA

1936 NF
36: BZ **18** 58, 60, RI 1422, 1426, UC Nr. **97** S. 321 Joh*[150/1])

1936 VK
36: AN **262** 95, RI 1543 Hei*[150/2])

1937 AB = 1949 WA

1937 JP
37: BZ **19** 35, RI 1578, UC Nr. **99** S. 433 Joh*[150/3])

1937 TH = 1950 BK

1937 VE = 1933 NA

1938 EH$_1$
38: BAB **2** 234, RI 1728 Ucc[151])

1938 KC = 1949 WA

1938 QL, QM, SE
48: AJ **48** 167 WiB

1938 US$_1$
38: BZ **20** 56[152]) Wür*

1938 XF, XG, XH
48: AJ **48** 167 WiB

1939 BG, BQ, DE
El Jap. Astr. Ass. Circ. Nr. 54

1939 GK
39: AJ **48** 167 WiB

1940 GK
El Jap. Astr. Ass. Circ. Nr. 68

1940 HD
Id mit 1926 TF, Jap. Astr. Ass. Circ. Nr. 68
El Jap. Astr. Ass. Circ. Nr. 68

1940 KA = 495 Eulalia ?

1940 LA, LM, QB
El Jap. Astr. Ass. Circ. Nr. 68

1940 RN = 1933 NA

1940 WJ
El Jap. Astr. Ass. Circ. Nr. 54

1941 BJ = 1922 MY, **BK**
El Jap. Astr. Ass. Circ. Nr. 54

1941 BM
41: Pulkowo Mitt. Nr. **143** S. 2 Sim*

1941 BO
El Jap. Astr. Ass. Circ. Nr. 54

1941 CE, CF
41: Pulkowo Mitt. Nr. **143** S. 2 Sim*

1941 DB, DF
El Jap. Astr. Ass. Circ. Nr. 54

1941 FB
41: Belgrade Bull. **6** 25, 26 Bel*
El Jap. Astr. Ass. Circ. Nr. 54

1941 FD
El Jap. Astr. Ass. Circ. Nr. 54

1941 FR
41: MPC 350 Tuk
El MPC 350

1941 HK = 692 Hippodamia
El Jap. Astr. Ass. Circ. Nr. 54

1941 HN = 1567

1941 HO, HP
El Jap. Astr. Ass. Circ. Nr. 54

1941 JA
41: Pulkowo Mitt. Nr. **143** S. 3 Sim*
Vorläufige Bezeichnung MPC 749

1941 MF
41: La Plata Publ. Serie Astronomica VI 138[153]) LaP (?)

1941 OE
41: Pulkowo Mitt. Nr. **143** S. 4 Sim*
Vorläufige Bezeichnung MPC 749

1941 QB[154/1]), **QC**[154/1]), **QF**[154/2])
41: Pulkowo Mitt. Nr. **143** S. 5 Sim*

[148]) Irrtümlich 820 Adriana zugeordnet, MPC 368, 700, NAZ 5 44. Vorläufige Bezeichnung MPC 700, NAZ 5 44.
[149]) Nicht 1371 Resi zugehörig, MPC 467, Madrid Publ. Nr. 6, Urania Barcelona 36 Nr. 225. Vorläufige Bezeichnung MPC 749.
[150/1]) Irrtümlich 1314 Paula zugeordnet. Vorläufige Bezeichnung MPC 703, NAZ 5 43, 44.
[150/2]) Irrtümlich 1408 Trusanda zugeordnet. Vorläufige Bezeichnung MPC 749.
[150/3]) Irrtümlich 919 Ilsebill zugeordnet. Vorläufige Bezeichnung MPC 541, NAZ 4 41.
[151]) Irrtümlich 1320 Impala zugeordnet, MPC 461, 700, NAZ 5 44. Vorläufige Bezeichnung MPC 700, NAZ 5 44.
[152]) Irrtümlich 919 Ilsebill zugeordnet. Vorläufige Bezeichnung MPC 541 (irrtümlich als 1938 US bezeichnet, Berichtigung in MPC 748), NAZ 4 41.
[153]) Irrtümlich 1354 (= 1935 GK) zugeordnet. MPC 589, NAZ 4 21. Vorläufige Bezeichnung MPC 749.
[154/1]) Berichtigung in MPC 749.
[154/2]) Vorläufige Bezeichnung MPC 749.

1941 SB, SC, SD, SS, SV, SA_1
El Jap. Astr. Ass. Circ. Nr. 54

1941 SQ_1 = 1562 1943 EE
El Jap. Astr. Ass. Circ. Nr. 54

1941 SY_1
41: Harv Card 606, UAI Circ 892 Was

1941 WW
41: Belgrade Bull. **6** 26 Bel*

1942 CD = 1517 1938 FD (?)

1942 EC
Eph (1950) MPC 350, NAZvM 87
El MPC 350

1942 JL
42: RI 2472, UC Nr. **105** S. 131 Joh[155])

1942 KA = 1949 OG

1942 RF_1
42: Belgrade Bull. **7** 16 Bel

1942 TH = 1942 Σk_1[156/1])
42: Pulkowo Mitt. Nr. **143** S. 7 Kit*

1942 XA
42/43: MPC 349 Tuk
El MPC 349 Tuk

1942 XO
42: RI 2525 Wür[156/2])

1942 XP = 1942 Σk_3[156/1])
42: Pulkowo Mitt. Nr. **143** S. 8 Kit*

1942 XQ = 1942 Σk_4[156/3])
42: Pulkowo Mitt. Nr. **143** S. 8 Kit*

1942 XR
42: RI 2433 Hei*[156/4])

1943 AE
43: RI 2524 Wür[157])

1943 OB
El Jap. Astr. Ass. Circ. Nr. 85—86

1943 OD
Eph (1950) MPC 466
El Jap. Astr. Ass. Circ. Nr. 85—86

1943 QC, QD, QE
El Jap. Astr. Ass. Circ. Nr. 85—86

1944 QB (= Uccle 1944a)
44: BAB **3** 243 Ucc*
Vorläufige Bezeichnung BAB **4** 85

1944 QF
El Jap. Astr. Ass. Circ. Nr. 90

1945 UA, UB, UC
45: Kiew Publ. Nr. **3** S. 93 Kiw
Vorläufige Bezeichnung MPC 756

1945 VC
45: MPC 88[158/1]) Tuk*

1945 VJ
Vorläufige Bezeichnung MPC 204[158/1])

1946 BA, BB
46: Kiew Publ. Nr. **3** S. 93 Kiw
Vorläufige Bezeichnung MPC 756

1946 LC
46: UAI Circ 1053, UC Nr. **106** S. 188 Joh*[158/2])

1946 SH[159])
Vorläufige Bezeichnung MPC 420

1946 SJ[160])
Vorläufige Bezeichnung MPC 420

1946 UP
46: Kiew Publ. Nr. **3** S. 93 Kiw
Vorläufige Bezeichnung MPC 756

1947 BE (= 1947 U_5)
Vorläufige Bezeichnung BAB **4** 85
El Jap. Astr. Ass. Circ. Nr. 68

1947 CB = 650 Amalasuntha

1947 CE
El MPC 58[161])

1947 FM
47: Kiew Publ. Nr. **3** S. 94 Kiw
Vorläufige Bezeichnung MPC 756

1947 HA, HB
El Jap. Astr. Ass. Circ. Nr. 90, MPC 779

1947 HE = 1567 1941 HN

1947 LA = 1948 PA
El Jap. Astr. Ass. Circ. Nr. 89

1947 LC
El Jap. Astr. Ass. Circ. Nr. 68

1947 LE, LF
El Jap. Astr. Ass. Circ. Nr. 89, MPC 779

1947 LG
El Jap. Astr. Ass. Circ. Nr. 68

1947 LH
El Jap. Astr. Ass. Circ. Nr. 89, MPC 779

---

155) Irrtümlich 919 Ilsebill zugeordnet. Vorläufige Bezeichnung MPC 541, NAZ 4 41.
156/1) Vorläufige Bezeichnung MPC 749.
156/2) Irrtümlich 602 Marianna zugeordnet. Vorläufige Bezeichnung MPC 542, 600, NAZ 5 2.
156/3) Vorläufige Bezeichnung MPC 789.
156/4) Irrtümlich 1039 Sonneberga zugeordnet, Astr Circ UdSSR Nr. 116. Vorläufige Bezeichnung MPC 789.
157) Irrtümlich 1116 Catriona zugeordnet. Vorläufige Bezeichnung MPC 594, NAZ 4 38.
158/1) Berichtigung in MPC 351.
158/2) Irrtümlich 602 Marianna zugeordnet. Vorläufige Bezeichnung MPC 542, 600, NAZ 5 2.
159) In MPC 382 irrtümlich als 1946 QF bezeichnet.
160) In MPC 382 irrtümlich als 1946 QG bezeichnet.
161) Berichtigung in MPC 102.

1947 LJ, LK
El Jap. Astr. Ass. Circ. Nr. 68

1947 LL, LM, LN
El Jap. Astr. Ass. Circ. Nr. 89, MPC 779

1947 NE, NF, NG
47: MPC 6, NAZ 1 20 Joh*[162/1])

1947 OB
47: MPC 6[162/2]), NAZ 1 21 Joh*[162/1])

1947 OD, OE
47: Kiew Publ. Nr. 3 S. 94 Kiw
Vorläufige Bezeichnung MPC 756

1947 PA
El Jap. Astr. Ass. Circ. Nr. 54

1947 QB
47: Odessa Mitt. 2 Nr. 1 Oda*
Vorläufige Bezeichnung MPC 756

1947 RG
Eph (1949/50) MPC 345
El MPC 345

1947 TB
47: MPC 16[163]) Joh*. MPC 26[164]) Alg*

1947 TC
47: MPC 26 Alg*[165])

1947 TE
47: Kiew Publ. Nr. 3 S. 94 Kiw
Vorläufige Bezeichnung MPC 756

1947 XA
47: MPC 135[166/1]) Niz
El MPC 195[166/2]), Jap. Astr. Ass. Circ. Nr. 54

1947 XB
47: Mem SA It (NS) 21 113 = Torino Contr. (NS) Nr. 16 Tui*
El Jap. Astr. Ass. Circ. Nr. 54

1948 AH
48: Kiew Publ. Nr. 3 S. 94 Kiw
Vorläufige Bezeichnung MPC 756

1948 BD = 1183 Jutta (?)
48: Jap. Astr. Ass. Circ. Nr. 87 Tok*

1948 CD
El Jap. Astr. Ass. Circ. Nr. 54

1948 DA = 503 Evelyn (= Tokio H)

1948 DB = 424 Gratia (= Tokio I (?))

1948 DC
48: Kiew Publ. Nr. 4 S. 117 Kiw
Vorläufige Bezeichnung MPC 756

1948 EM = 931 Whittemora, **EN**
El Jap. Astr. Ass. Circ. Nr. 54

1948 EV, EW, FA, FB
48: Kiew Publ. Nr. 4 S. 117 Kiw
Vorläufige Bezeichnung MPC 756

1948 GC, JG, JH, JJ, KA
El Jap. Astr. Ass. Circ. Nr. 54

1948 KB = 799 Gudula
El Jap. Astr. Ass. Circ. Nr. 54

1948 KC = 968 Petunia
El Jap. Astr. Ass. Circ. Nr. 54

1948 OA
Eph (1948) MPC 130[167/1])

1948 OG
48: MPC 147, UC Nr. 108 S. 304[167/2]) Joh*. MPC 739 Joh

1948 PA
Id mit 1947 LA, La Plata Circ. Nr. 7
Eph (1951) La Plata Circ. Nr. 7, MPC 666

1948 RA, RB
48: MPC 172[168]) Fla*
El Jap. Astr. Ass. Circ. Nr. 54

1948 RC
48: MPC 172[168]) Fla*

1948 RD, RE
48: MPC 172[168]) Fla*
El Jap. Astr. Ass. Circ. Nr. 54

1948 RF
48: MPC 172[168]) Fla*

1948 RO, RP
48: MPC 173[169]) Fla*

1948 RB_1 (= 1948 U_{16})
48: MPC 385 Ucc
Vorläufige Bezeichnung BAB 4 85

1948 RJ_1
48: Astr Circ UdSSR Nr. **96—97** Sim
El Astr Circ UdSSR Nr. **96—97**

1948 SA (= σ 38)
50: MPC 436 Blo. BAB 4 91, MPC 365, 441 Ucc

1948 SB
48: MPC 388 Ucc

1948 SD (= 1948 U_{17})
48: MPC 385 Ucc
Vorläufige Bezeichnung BAB 4 85

[162/1]) Berichtigung in MPC 767.
[162/2]) Berichtigung in MPC 101.
[163]) Berichtigung in MPC 380.
[164]) Nicht zugehörig. Vorläufige Bezeichnung 1947 TC, MPC 390, 702.
[165]) Irrtümlich 1947 TB zugeordnet. Vorläufige Bezeichnung MPC 390, 702.
[166/1]) Berichtigung in MPC 773.
[166/2]) Berichtigung in MPC 445, 773.
[167/1]) Berichtigung in MPC 144.
[167/2]) Irrtümlich 1336 Zeelandia zugeordnet. Vorläufige Bezeichnung MPC 739.
[168]) Berichtigung in MPC 380.
[169]) Berichtigung in MPC 238.

1948 SE
48: Astr Circ UdSSR Nr. **96—97** Sim
El Astr Circ UdSSR Nr. **96—97**

1948 SF
48: Astr Circ UdSSR Nr. **96—97** Sim
El Astr Circ UdSSR Nr. **96—97**

1948 TV
48: TAB (2) Nr. 21 S. 159 Tok*

1948 TX
48: MPC 385, 468 Ucc. — 50: MPC 447, 448 Blo. MPC 365 Ucc

1948 TY (= 1948 U_{27})
48: MPC 385, 388 Ucc
Vorläufige Bezeichnung BAB **4** 86

1948 TZ (= 1948 U_{18})
48: MPC 389 Ucc*. MPC 385 Ucc
Vorläufige Bezeichnung BAB **4** 85

1948 TA$_1$ (= 1948 U_{19}), **TB$_1$** (= 1948 U_{20}), **TC$_1$** (= 1948 U_{21}), **TD$_1$** (= 1948 U_{22})[170], **TE$_1$** (= 1948 U_{24}), **TF$_1$** (= 1948 U_{25}), **TG$_1$** (= 1948 U_{26})
48: MPC 385 Ucc
Vorläufige Bezeichnung BAB **4** 85

1948 TH$_1$ (= 1948 U_{28})
48: MPC 385 Ucc
Vorläufige Bezeichnung BAB **4** 86

1948 TJ$_1$ (= 1948 U_{29})
48: MPC 385, 386 Ucc
Vorläufige Bezeichnung BAB **4** 86

1948 TK$_1$ (= 1948 U_{30}), **TL$_1$** (= 1948 U_{31})
48: MPC 386 Ucc
Vorläufige Bezeichnung BAB **4** 86

1948 TM$_1$ (= 1948 U_{32}), **TN$_1$** (= 1948 U_{33})
48: MPC 386, 388 Ucc
Vorläufige Bezeichnung BAB **4** 86

1948 TO$_1$ (= 1948 U_{34}), **TP$_1$** (= 1948 U_{35}), **TQ$_1$** (= 1948 U_{36})[171/1]
48: MPC 386 Ucc
Vorläufige Bezeichnung BAB **4** 86

1948 UD
48: MPC 200[171/2] Niz*. MPC 184, 185 Tuk* (?)[171/3] BAB **4** Nr. 4, MPC 387 Ucc[171/4]

1948 VB
El Jap. Astr. Ass. Circ. Nr. 74

1948 VE, VF
48: MPC 388 Ucc

1948 VG
48: MPC 388 Ucc[172/1]

1948 VH
48: BAB **4** 4, MPC 387 Ucc[172/2]

1948 VJ
48: MPC 200[172/3] Niz*

1948 WE
50: MPC 469 Blo. LOB Nr. **523** MtH
Eph (1950) Harv Card 1068, MPC 361
El Harv Card 1068, MPC 361

1948 WF
48: MPC 389 Ucc
El MPC 390

1948 WG
48: MPC 388, 389 Ucc

1948 WH, WJ, WK, WL, WM, XB, XC, XD, XE, XF, XG, XH, XJ, XK, XL
48: MPC 389 Ucc

1949 BA
50: MPC 462 Alg

1949 BF
El Jap. Astr. Ass. Circ. Nr. 90, MPC 779

1949 BJ
50: BAB **4** 90, MPC 441 Ucc[173]

1949 CA
49: MPC 389 Ucc. — 50: MPC 475 Joh
Eph (1950) MPC 361[174], 427[175/1]
El Jap. Astr. Ass. Circ. Nr. 58, MPC 747

1949 DA
49: MPC 429 Blo
50: MPC 463, 464 Blo[175/2]
Eph (1950) MPC 362
El MPC 362

1949 EA
El MPC 356, NAZ **4** 3, Toulouse Ann. **20** 32, 33

1949 ED
49: MPC 351 Tuk*
El Jap. Astr. Ass. Circ. Nr. 90, MPC 779

1949 EF (= σ 51)
49: Krim Mitt. **5** 141 Sim*
Vorläufige Bezeichnung, MPC 644[176]

---

[170]) Berichtigung in MPC 468.
[171/1]) Berichtigung in BAB 4 86, MPC 468.
[171/2]) Irrtümlich 919 Ilsebill, dann (MPC 541) 1948 UD zugeordnet. Vorläufige Bezeichnung 1948 VJ, MPC 789.
[171/3]) Irrtümlich 919 Ilsebill zugeordnet. Vorläufige Bezeichnung MPC 541.
[171/4]) Irrtümlich 919 Ilsebill, dann (MPC 541, 745) 1948 UD zugeordnet. Vorläufige Bezeichnung 1948 VH, MPC 789.
[172/1]) Beobachtung ist zu streichen, MPC 468.
[172/2]) Irrtümlich 919 Ilsebill, dann (MPC 541, 745) 1948 UD zugeordnet. Vorläufige Bezeichnung MPC 789.
[172/3]) Irrtümlich 919 Ilsebill, dann (MPC 541, 745) 1948 UD zugeordnet. Vorläufige Bezeichnung MPC 789.
[173]) Irrtümlich 1283 (1925 SC) zugeordnet, MPC 752. Vorläufige Bezeichnung MPC 756 (muß 1950 BM$_1$ heißen, MPC 784).
[174]) Berichtigung in MPC 422.
[175/1]) Berichtigung in MPC 468.
[175/2]) Irrtümlich zugeordnet. Vorläufige Bezeichnung 1950 OO, MPC 491.
[176]) Berichtigung in MPC 702.

1949 FB
El Jap. Astr. Ass. Circ. Nr. 90[177]), MPC 779

1949 FD
50: MPC 462 Alg

1949 FF
El Jap. Astr. Ass. Circ. Nr. 90, MPC 779

1949 FJ
49: MPC 445 Blo (?)
Id mit 1949 HY ? ,MPC 445
Id mit 1949 HA_1, MPC 445

1949 FL, FM
49: MPC 435 Blo*

1949 FW (= σ 52), **FX** (= σ 53), **FY** (= σ 54)
49: Krim Mitt. **5** 135,136[178]) Sim*

1949 FZ (= σ 55)
49: Krim Mitt. **5** 135[178]) Sim*

1949 FA_1 (= σ 56)
49: Krim Mitt. **5** 136[178]) Sim*

1949 FB_1 (= σ 57)
49: Krim Mitt. **5** 141[178]) Sim*

1949 FC_1 (= σ 58), **FD_1** (= σ 59), **FE_1** (= σ 60), **FF_1** (= σ 61)
49: Krim Mitt. **5** 136[178]) Sim*

1949 GB
49: UC Nr. **109** S. 361 Joh*

1949 GC
El MPC 425

1949 GE
El Jap. Astr. Ass. Circ. Nr. 90, MPC 779

1949 GH, GJ
El MPC 425

1949 HA, HB
49: UC Nr. **109** S. 361 Joh*
El Jap. Astr. Ass. Circ. Nr. 90, MPC 779.

1949 HC
49: UC Nr. **109** S. 362 Joh

1949 HR = 1320 Impala ?
49: MPC 352 Niz*

1949 HS
49: MPC 352 Niz*

1949 HT, HU
49: MPC 432, 433 Blo

1949 HV, HW, HX
49: MPC 432 Blo*

1949 HY = 1949 FJ ?
49: MPC 435 Blo*

1949 HZ = 1212 Francette
49: MPC 435 Blo*

1949 HA_1 = 1949 FJ ?
49: MPC 435[179]) Blo*

1949 HB_1 = 1212 Francette
49: MPC 435[179]) Blo*

1949 HC_1, HD_1, HE_1, HF_1
49: MPC 435 Blo*

1949 HG_1 (= σ 62), **HH_1** (= σ 63)
49: Krim Mitt. **5** 141, 142[180]) Sim*

1949 HJ_1 (= σ 64), **HK_1** (= σ 65)
49: Krim Mitt. **5** 142[180]) Sim*

1949 HL_1 (= σ 66)
49: Krim Mitt. **5** 136[180]) Sim*

1949 HM_1 (= σ 67)
49: Krim Mitt. **5** 136, 137[180]) Sim*

1949 HN_1
49: MPC 352[181]) Niz*

1949 JE, JF
49: MPC 432 Blo

1949 JG
49: MPC 433 Blo

1949 JH, JJ
49: MPC 433 Blo*

1949 JK
49: MPC 432 Blo*

1949 KA, KB, KC, KD, KE, KF, KG, KH, KJ
49: UC Nr. **109** S. 361 Joh*

1949 KU, KV, KW, KX, KY
49: MPC 432 Blo

1949 KZ
49: MPC 433 Blo*

1949 KA_1 (= σ 68)
49: Krim Mitt. **5** 137[182/1]) Sim*

1949 MB, MC, MD, ME, MF
49: UC Nr. **109** S. 361 Joh*

1949 MP
49: La Plata Circ Nr. **7**, MPC 476 Cor, LaP
Eph (1950) MPC 477
El La Plata Circ Nr. **7**, Publ. La Plata Serie Especial Nr. 11, MPC 476[182/2])

1949 MU
49: UC Nr. **109** S. 362[183]) Joh

1949 MV (= σ 69)
49: Krim Mitt. **5** 142[182/1]) Sim*

1949 MW (= σ 70)
49: Krim Mitt. **5** 137[182/1]) Sim*

1949 OA
49: LOB Nr. **523** MtH

1949 OB, OC, OD, OE, OF
49: UC Nr. **109** S. 361 Joh*

177) Irrtümlich als 1949 HD bezeichnet.
178) Vorläufige Bezeichnung MPC 644.
179) Berichtigung in MPC 445.
180) Vorläufige Bezeichnung MPC 644.
181) Irrtümlich 1320 Impala zugeordnet, Astr Circ UdSSR Nr. 110, MPC 461, 756. Vorläufige Bezeichnung MPC 756.
182/1) Vorläufige Bezeichnung MPC 644.
182/2) Berichtigung in MPC 885.
183) Irrtümlich 1331 Solvejg zugeordnet. Vorläufige Bezeichnung MPC 380.

1949 OG
49: MPC 357, UC Nr. **109** S. 362 Joh
Id mit 1942 KA, MPC 422
El MPC 357, UC Nr. **109** S. 363

1949 OM, ON, OP, OR, OS, OT, OU, OV, OW, OX, OY, OA_1
El Jap. Astr. Ass. Circ. Nr. 74[184]), NAZ **4** 1

1949 OE_1, OF_1, OG_1
49: MPC 354 Blo

1949 OJ_1
49: MPC 352 Niz*

1949 OK_1
49: MPC 433 Blo

1949 OL_1
49: MPC 431 Blo*

1949 OM_1
49: MPC 451 Niz*

1949 ON_1 (= σ 71), OO_1 (= σ 72)
49: Krim Mitt. **5** 143, 144, 145[185]) Sim*

1949 PA, PB, PC, PD, PE, PF
49: UC Nr. **109** S. 361 Joh*

1949 PH
Id mit 1949 QQ, MPC 383, 750
El Jap. Astr. Ass. Circ. Nr. 80, NAZ **4** 1

1949 PK
Id mit 1949 QS, MPC 383
El Jap. Astr. Ass. Circ. Nr. 90, MPC 779

1949 PL
El Jap. Astr. Ass. Circ. Nr. 80

1949 PM
Id mit 1949 QA_1, MPC 383

1949 PN
Id mit 1949 QR, MPC 383[186])
El Jap. Astr. Ass. Circ. Nr. 80

1949 PO
Id mit 1949 QV, MPC 383
El Jap. Astr. Ass. Circ. Nr. 80

1949 PP
Id mit 1949 QB_1, MPC 383
El Jap. Astr. Ass. Circ. Nr. 80

1949 PQ, PR
El Jap. Astr. Ass. Circ. Nr. 80

1949 PS
Id mit 1949 QU, MPC 383
El Jap. Astr. Ass. Circ. Nr. 80

1949 PT
El Jap. Astr. Ass. Circ. Nr. 80, 90, MPC 779

1949 PU
Id mit 1949 QW, MPC 383

1949 PW
49: MPC 354 Blo

1949 PX (= σ 73)
49: Krim Mitt. **5** 144[187]) Sim*

1949 QB
49: UC Nr. **109** S. 361 Joh*

1949 QC
49: MPC 357, UC Nr. **109** S. 362 Joh
El MPC 357, UC Nr. **109** S. 363

1949 QD
49: MPC 357, UC Nr. **109** S. 362 Joh
El MPC 357, UC Nr. **109** S. 363

1949 QL
Id mit 1949 QZ, MPC 383
El Jap. Astr. Ass. Circ. Nr. 89, MPC 779

1949 QO = 1228 Scabiosa

1949 QQ = 1949 PH

1949 QR = 1949 PN

1949 QS = 1949 PK

1949 QT = 650 Amalasuntha

1949 QU = 1949 PS

1949 QV = 1949 PO

1949 QW = 1949 PU

1949 QX
El Jap. Astr. Ass. Circ. Nr. 89, Nr. 106, MPC 779

1949 QZ = 1949 QL

1949 QA_1 = 1949 PM

1949 QB_1 = 1949 PP

1949 QG_1, QH_1
49: MPC 354, 355 Blo
El Jap. Astr. Ass. Circ. Nr. 90, MPC 780

1949 QJ_1
49: MPC 354, 355 Blo

1949 QK_1, QL_1,
49: MPC 355 Blo

1949 QM_1
49: MPC 355 Blo*

1949 QN_1, QO_1
49: MPC 355 Blo

1949 QP_1
49: MPC 430 Blo

1949 QQ_1
49: MPC 431, 432 Blo

1949 QR_1
49: MPC 433 Blo

1949 QS_1
49: MPC 434 Blo*. MPC 434 Blo

---

184) Irrtümlich als 1944 OM, . . ., OA_1 bezeichnet. Berichtigung durch briefliche Mitteilung.
185) Vorläufige Bezeichnung MPC 644.
186) Berichtigung in MPC 747.
187) Vorläufige Bezeichnung MPC 644.

1949 QT$_1$, QU$_1$, QV$_1$, QW$_1$
49: MPC 434 Blo

1949 QX$_1$ (= σ 74), **QY$_1$** (= σ 75)
49: Krim Mitt. **5** 137[188]) Sim*

1949 QZ$_1$ (= σ 76)
49: Krim Mitt. **5** 144,145 Sim*[189])

1949 QA$_2$ (= σ 77)
49: Krim Mitt. **5** 137[189]) Sim*

1949 QB$_2$ (= σ 78), **QC$_2$** (= σ 79), **QD$_2$** (= σ 80),
49: Krim Mitt. **5** 138[189]) Sim*

1949 QE$_2$ (= σ 83)
49: Krim Mitt. **5** 145, 146, 147 Sim*[189])

1949 RB (= σ 81)
49: Krim Mitt. **5** 145[189]) Sim*

1949 SA
El Orion **27** 99

1949 SB
49: MPC 435 Blo
Eph (1950) Harv Card 1092, MPC 477, 478, UAI Circ 1284
El Harv Card 1092, MPC 477, 478, NAZ **4** 34, Orion **27** 99, UAI Circ 1284

1949 SC (= σ 83)
49: MPC 434, 435 Blo. BAB **4** 82, 91, MPC 359, 365 Ucc
Eph (1950/51) Poznań Repr. Nr. **17**

1949 SD
49: MPC 368 Niz
El Jap. Astr. Ass. Circ. Nr. 90, MPC 780

1949 SH, SJ, SK, SL, SM
49: MPC 355 Blo

1949 SN
49: MPC 355 Blo*

1949 SO
49: MPC 351 Tuk*

1949 SP
49: MPC 352 Niz*

1949 SQ, SR
49: MPC 353 Niz*

1949 SS
49: MPC 353[190]) Niz*

1949 ST
49: MPC 430 Blo*

1949 SU
49: MPC 430 Blo

1949 SV
49: MPC 432 Blo

1949 SW
49: MPC 433[191]) Blo*. MPC 432 Blo

1949 SX
49: MPC 432 Blo

1949 SY
49: MPC 452 Niz*

1949 SZ
49: MPC 452, 453[192]) Niz*. MPC 455 Niz
El MPC 455

1949 SA$_1$
49: MPC 452 Niz*. MPC 455 Niz
El MPC 455

1949 SB$_1$ (= σ 82)
49: Krim Mitt. **5** 146[193]) Sim*

1949 SC$_1$ (= σ 84)
49: Krim Mitt. **5** 138[193]) Sim*

1949 SD$_1$ (= σ 85)
49: Krim Mitt. **5** 147[193]) Sim*

1949 SE$_1$ (= σ 86)
49: Krim Mitt. **5** 138[193]) Sim*

1949 SF$_1$ (= σ 87), **SG$_1$** (= σ 88)
49: Krim Mitt. **5** 139[193]) Sim*

1949 SH$_1$
49: Astr Circ UdSSR Nr. **92**[194]) Lem*

1949 TC
El Jap. Astr. Ass. Circ. Nr. 90, MPC 780

1949 TG
49: MPC 355[195]) Blo

1949 TH
49: MPC 355 Blo*

1949 TJ, TK
49: MPC 453 Niz*

1949 UA
49: MPC 376 Alg*. MPC 357, UC Nr. **109** S. 362 Joh. BAB **4** 82—83, MPC 359, UAI Circ 1251[196]) Ucc. — 50: LOB Nr. **523**, MPC 363 MtH
Eph (1949/50) MPC 343
Eph (1950) MPC 480
El MPC 343, 438, UAI Circ 1266

1949 UF, UG, UH
49: MPC 353 Niz*

1949 UJ
49: MPC 433 Blo*

1949 UK, UL, UM, UN, UO, UP, UQ, UR, US, UT
49: MPC 434 Blo*

1949 UU
49: MPC 453 Niz*. MPC 454, 455 Niz
El MPC 455

---

188) Vorläufige Bezeichnung MPC 644.
189) Vorläufige Bezeichnung MPC 644.
190) Berichtigung in MPC 782.
191) Nicht zugehörig. Vorläufige Bezeichnung 1949 UZ, MPC 677.
192) Berichtigung in MPC 782.
193) Vorläufige Bezeichnung MPC 644.
194) Irrtümlich 77 Frigga zugeordnet, Astr Circ UdSSR Nr. 95. Vorläufige Bezeichnung MPC 756.
195) Berichtigung in MPC 438.
196) Berichtigung in MPC 438, UAI Circ 1266.

1949 UV (= σ 89), **UW** (= σ 90), **UX** (= σ 91), **UY** (= σ 92)
49: Krim Mitt. **5** 139[197]) Sim*

1949 UZ
49: MPC 433[198]) Blo*

1949 WA (= Alger CA)
49: MPC 376 Alg*. — 50: MPC 377 Alg*
Id mit 1931 JA = 1937 AB = 1938 KC, MPC 596, 643, NAZ **4** 40
Eph (1951) MPC 596, NAZ **4** 40, 41
El MPC 378, 596, NAZ **4** 40

1949 WB = 1522 1938 WO
El MPC 438

1949 WC, WD, WE
49: BAB **4** 83, MPC 359 Ucc

1949 WF
49: MPC 367 Niz*

1949 WG, WH, WJ, WK
49: MPC 434 Blo*

1949 WL, WM
49: MPC 453 Niz*

1949 XA, XB, XC
49: MPC 430 Blo*

1949 XD, XE, XF
49: MPC 430, 431 Blo*

1949 XG, XH
49: MPC 430 Blo*

1949 XJ
49: MPC 430, 431 Blo*

1949 XK, XL, XM
49: MPC 430 Blo*

1949 XN, XO
49: MPC 430, 431 Blo*

1949 YA, YB, YC, YD
49: BAB **4** 83, MPC 359 Ucc

1949 YE
49: MPC 367 Niz*

1949 YF, YG
49: MPC 431 Blo*

1949 YH, YJ, YK, YL
49: MPC 435 Blo*

1949 YM
49: MPC 431 Blo*

1949 YN, YO, YP, YQ
49: MPC 445 Blo*

1949 YR, YS
49: MPC 446 Blo*

1949 YT
49: MPC 446 Blo

1949 YU, YV, YW, YX
49: MPC 446 Blo*

1950 AA, AB, AC, AD, AE, AF, AG
50: MPC 436 Blo*

1950 BA, BB, BC, BD, BE
50: BAB **4** 91, MPC 365 Ucc

1950 BF (= Heid 75), **BG** (= Heid 76)
50: MPC 365, NAZ **4** 7 Hei*

1950 BH (= Heid 77)
50: MPC 365[199]), 366, 426, NAZ **4**, 7, 8, 11, 16, 17 Hei*. BAB **4** 91, MPC 441[200]) Ucc

1950 BJ (= Heid 78)
50: MPC 365[199]), 366, 426, 427, NAZ **4** 7, 8, 11, 16, 17 Hei*. BAB **4** 91, MPC 441 Ucc
El MPC 425, NAZ **4** 12

1950 BK (= Heid 79)
50: MPC 365[199]), 366, 426, 427, NAZ **4** 7, 8, 11, 16, 17 Hei*. BAB **4** 91, MPC 441 Ucc
Id mit 1937 TH, MPC 422, 585[201])
Eph (1950) MPC 363
El MPC 363, NAZ **4** 12

1950 BL (= Heid 80)
50: MPC 366, NAZ **4** 8 Hei*

1950 BM, BN
50: MPC 436[202]) Blo*

1950 BO
50: BAB **4** 91, MPC 441 Ucc

1950 BP, BQ, BR, BS, BT, BU, BV
50: MPC 446 Blo*

1950 BW
50: MPC 446, 447, 448 Blo

1950 BX, BY
50: MPC 446 Blo*

1950 BZ
50: MPC 446, 447 Blo*

1950 BA_1, BB_1, BC_1, BD_1
50: MPC 447 Blo*

1950 BM_1
50: BAB **4** 90, MPC 441 Ucc[203])

1950 CA (= Alger CB)
50: MPC 377[204]) Alg*. MPC 377[205]) Alg
Eph (1950) MPC 377
El JO **32** 142, MPC 377

1950 CB
50: MPC 420 Niz*

1950 CC, CD
50: MPC 436 Blo*

1950 CE, CF, CG
50: MPC 437[206]) Blo*

1950 CH
50: MPC 437[207]) Blo*

1950 CJ
50: MPC 437 Blo*. MPC 446, 447 Blo

1950 CK, CL, CM, CN, CO, CP, CQ, CR, CS
50: MPC 447 Blo*

1950 CT, CU, CV
50: MPC 454 Niz*

---

[197]) Vorläufige Bezeichnung MPC 644.
[198]) Irrtümlich 1949 SW zugeordnet, MPC 677.
[199]) Berichtigung in MPC 702.
[200]) Berichtigung in MPC 468.
[201]) Berichtigung in MPC 650.
[202]) Berichtigung in MPC 445.
[203]) Irrtümlich 1283 1925 SC zugeordnet, MPC 752. Vorläufige Bezeichnung 1949 BJ, MPC 756 (muß 1950 BM_1 heißen, MPC 784).
[204]) Berichtigung in MPC 420.
[205]) Berichtigung in MPC 542.
[206]) Berichtigung in MPC 445.
[207]) Berichtigung in MPC 640.

1950 DA (= Neues Objekt Wirtanen)
50: Astr Circ UdSSR Nr. **96—97**, Harv Card 1065, 1066, NAZvM 85, NAZ **4** 7, UAI Circ 1258 MtH*. Archenhold-Sternw. Mitt. 2 4, LOB Nr. **523**, MPC 416, 417[208]), UAI Circ 1259 MtH
Eph (1950) Harv Card 1066, 1070, 1104, MPC 375, 376, 478, UAI Circ 1259, 1262
El Harv Card 1069, 1104, NAZ **4** 16, MPC 375, 376, 478, UAI Circ 1262

1950 DB (= 1950 U 2)
50: BAB **4** 91, MPC 365, 442, 482, NAZ **4** 12
Eph (1950) MPC 362, 420
El MPC 362, 419, NAZ **4** 12

1950 DC (= Heid 81)
50: MPC 366, NAZ **4** 11 Hei*

1950 DD (= Heid 82)
50: MPC 366, 426, NAZ **4** 11, 16 Hei*. BAB **4** 91, MPC 441 Ucc

1950 DE (= Heid 83)
50: MPC 366, 426, NAZ **4** 11, 16, 17 Hei*

1950 DF (= Heid 84), **DG** (= Heid 85)
50: MPC 366, NAZ **4** 11 Hei*. BAB **4** 91, MPC 441 Ucc

1950 DH (= Heid 86), **DJ** (= Heid 87)
50: MPC 366, 426, NAZ **4** 11, 16, 17 Hei*

1950 DK (= Heid 88)
50: MPC 366, NAZ **4** 11 Hei*. BAB **4** 91, MPC 441 Ucc

1950 DL (= Heid 89)
50: MPC 366, 426, 427, NAZ **4** 11, 16, 17 Hei*

1950 DM (= Heid 90), **DN** (= Heid 91)
50: MPC 366, NAZ **4** 11 Hei*

1950 DO (= Heid 92), **DP** (= Heid 93)
50: MPC 366, 426, 427, NAZ **4** 11, 16, 17 Hei*. BAB **4** 91, MPC 441 Ucc

1950 DQ, DR
50: BAB **4** 91, MPC 441 Ucc

1950 DS
50: BAB **4** 91, MPC 441, 442 Ucc

1950 DT
50: BAB **4** 91, MPC 441 Ucc

1950 DU
50: BAB **4** 91, MPC 442 Ucc

1950 DV, DW, DX, DY, DZ, DA_1, DB_1, DC_1, DD_1
50: MPC 448 Blo*

1950 DE_1, DF_1
50: MPC 448[209]) Blo

1950 EA (= Alger CC)
50: MPC 377 Alg*

1950 EB (= Heid 94)
50: MPC 426, NAZ **4** 16 Hei*

1950 EC (= Heid 95)
50: MPC 426, 427, NAZ **4** 16, 17 Hei*

1950 ED (= Heid 96)
50: MPC 426, NAZ **4** 16, 17 Hei*

1950 EE (= Heid 97), **EF** (= Heid 98)
50: MPC 426, NAZ **4** 16, 17 Hei*

1950 EG (= Heid 99)
50: MPC 426, NAZ **4** 16 Hei*

1950 EH (= Heid 100)
50: MPC 426, 427, NAZ **4** 17 Hei*

1950 EJ
50: MPC 448[209]) Blo*

1950 EK, EL, EM, EN, EO, EP, EQ, ER, ES
50: MPC 449 Blo*

1950 FA (= Heid 101)
50: MPC 426, NAZ **4** 17 Hei*

1950 FB
50: MPC 439 Fla*

1950 FC
50: MPC 439 Joh*

1950 FD
50: MPC 440 Joh*

1950 FE
50: MPC 439 Fla*

1950 FF, FG
50: BAB **4** 91, MPC 442 Ucc

1950 FH
50: BAB **4** 93 Ucc*. MPC 442 Ucc

1950 FJ (= La Plata 1950 I)
50: La Plata Circ. Nr. 7, MPC 463 LaP
Eph (1951) La Plata Circ. Nr. 7
El La Plata Circ. Nr. 7, MPC 463

1950 FM
50: Astr Circ UdSSR Nr. **100** Kiw
Vorläufige Bezeichnung MPC 756

1950 GA
50: MPC 421 Niz*

1950 GB
50: MPC 440 Joh*

1950 GC (= Heid 102), **GD** (= Heid 103)
50: MPC 450, NAZ **4** 25 Hei*

1950 GE
50: MPC 454 Niz*

1950 GF
50: MPC 430[210]) Blo

[208]) Berichtigung in MPC 438.
[209]) Berichtigung in MPC 542.
[210]) Irrtümlich 1511 Daléra zugeordnet, MPC 667.

1950 HD
50: MPC 449 Blo

1950 HE, HF, HG
50: MPC 449 Blo*

1950 HH
50: MPC 469, 472[211]) Blo*. MPC 456, 470, 471 Blo
Eph (1950) MPC 456
El MPC 456

1950 HJ (= La Plata 1950 II)
50: La Plata Circ. Nr. **7** MPC 463 LaP
Eph (1951) La Plata Circ. Nr. **7**
El La Plata Circ. Nr. **7** = Publ. La Plata Serie Especial Nr. 11, MPC 463

1950 HK, HL, HM, HN, HO, HP, HQ, HR, HS, HT, HU
50: MPC 469 Blo*

1950 HV
50: MPC 469, 470 Blo*

1950 HW, HX, HY, HZ, HA$_1$, HB$_1$
50: MPC 469 Blo*

1950 HC$_1$
50: MPC 470 Blo*

1950 HD$_1$ (= Objekt Shajn)
50: Archenhold-Sternw. Mitt. **2** Nr. 6, Astr Circ UdSSR Nr. **100**, UAI Circ 1266 Sim*. MPC 486 Sim
Eph (1950) Astr Circ UdSSR Nr. **101—102**, MPC 486[212])
El Astr Circ UdSSR Nr. **101—102**, MPC 486[212])

1950 HE$_1$
50: Astr Circ UdSSR Nr. **103—104** Kiw
Vorläufige Bezeichnung MPC 756

1950 HK$_1$
50: MPC 469[213/1]) Blo

1950 JA (= Heid 104)
50: MPC 450, NAZ **4** 25 Hei*. BAB **4** 91, MPC 482 Ucc

1950 JB (= Heid 105)
50: MPC 450, NAZ **4** 25 Hei*. BAB **4** 91, MPC 482 Ucc

1950 JC
50: MPC 454 Niz*

1950 JD, JE, JF, JG
50: MPC 457 Joh*

1950 JH
50: BAB **4** 91, MPC 464 Ucc

1950 JJ
50: MPC 463 Blo

1950 JK, JL, JN
50: MPC 470 Blo*

1950 JO
50: MPC 470, 471 Blo*

1950 JP = 532 Herculina ?
50: MPC 474 Blo*

1950 JR
50: BAB **4** 91, MPC 482 Ucc

1950 KA (= Objekt Johnson)
50: MPC 458 Joh*. Harv Card 1076, MPC 458, 475, UAI Circ 1268, 1270, 1271 Joh. Obs **70** 198 Pre*
Eph (1950) Harv Card 1080, 1082, 1093, 1102—1103, MPC 459, 460, UAI Circ 1272, 1273, 1285
Eph (1950/51) MPC 479
El Harv Card 1077, 1080, 1102—1103, MN ASSA **9** 48, 82, MPC 458, 479, NAZ **4** 24, UAI Circ 1270, 1272, 1279, 1292

1950 KB (= Heid 106), **KC** (= Heid 107)
50: MPC 450, 451, NAZ **4** 25, 28 Hei*

1950 KD, KE
50: MPC 457 Joh*

1950 KF
50: MPC 471 Blo*

1950 LA (= Objekt Wilson-Wallenquist)
50: Archenhold-Sternw. Mitt. **2** Nr. 10, Harv Card 1083[213/2]), NAZ **4** 24, UAI Circ 1274[214]) MtP*
Eph (1950) Harv Card 1089, 1105, MPC 462, 479, 480, UAI Circ 1282
El Harv Card 1089, 1105, MPC 462, 479, 480, NAZ **4** 34, UAI Circ 1282

1950 LB (= Heid 108)
50: MPC 450, NAZ **4** 28 Hei*

1950 LC (= Heid 109)
50: MPC 451, NAZ **4** 28 Hei*

1950 LD (= Heid 110), **LE** (= Heid 111), **LF** (= Heid 112)
50: MPC 451, NAZ **4** 29 Hei*

1950 LG, LH
50: MPC 474 Joh*

1950 LJ = 72 Feronia ?
50: MPC 471 Blo*

1950 LK, LL, LM, LN, LO, LP, LQ, LR
50: MPC 471 Blo*

1950 LS, LT, LU
50: MPC 472 Blo*

1950 LY (= La Plata 1950 III), **LZ** (= La Plata 1950 IV), **LA$_1$** (= La Plata 1950 V), **MB** (= La Plata 1950 VI)
50: La Plata Circ. Nr. **7** MPC 665 LaP
Eph (1951) La Plata Circ. Nr. **7**, MPC 666
El La Plata Circ. Nr. **7**, MPC 665

[211]) Berichtigung in MPC 491.
[212]) Berichtigung in MPC 815.
[213/1]) Irrtümlich 1504 (1939 FM) zugeordnet. Vorläufige Bezeichnung MPC 815.
[213/2]) Berichtigung in Harv Card 1084.
[214]) Berichtigung in UAI Circ 1275.

1950 NA, NB, NC, ND, NE, NF, NG, NH
50: MPC 475 Joh*

1950 NJ
50: MPC 472 Blo*

1950 NK
50: MPC 472, 474 Blo

1950 NL
50: MPC 472, 473 Blo*

1950 NM
50: MPC 472 Blo*

1950 NN, NO, NP, NQ, NR, NS
50: MPC 473 Blo*

1950 NT, NU, NV
50: MPC 474 Blo*

1950 NW
50: MPC 474 Blo

1950 NX, NY
50: MPC 474 Blo*

1950 NZ (= Heid 113)
50: MPC 481, 482, NAZ 4 33 Hei*

1950 NA$_1$ (= Heid 114)
50: Archenhold-Sternw. Mitt. 2 Nr. 10, Harv Card 1085, 1087, MPC 481, 482, NAZvM 95, NAZ 4 33, UAI Circ 1279, 1281 Hei*. MPC 485, NAZ 4 27[215]) Hei. BAB 4 91, MPC 482, NAZ 4 27[215]), UAI Circ 1282 Ucc
Vgl. **1950 OA** (= Heid 114) Id mit 1950 OA, NAZ 4 VII, 5 8
Eph (1950) Archenhold-Sternw. Mitt. 2 Nr. 10, MPC 485, NAZvM 97, NAZ 4 28, UAI Circ 1282
El Archenhold-Sternw. Mitt. 2 Nr. 10, MPC 485, NAZvM 97, NAZ 4 28, UAI Circ 1282

1950 NB$_1$ (= Heid 115)
50: MPC 481, 482, NAZ 4 33 Hei*

1950 NP$_1$
50: MPC 474[216/1]) Blo

1950 OA (= Heid 114) = 1950 NA$_1$
50: MPC 498, NAZ 4 44 Hei*. MPC 465 Ucc

1950 OB, OC
50: MPC 463 Blo

1950 OD, OE
50: MPC 464 Blo*

1950 OF
50: MPC 474 Blo*

1950 OG
50: MPC 487 Joh*

1950 OH, OJ, OK, OL, OM, ON
50: MPC 488 Joh*

1950 OO[216/2])
50: MPC 463, 464 Blo

1950 PA, PB
50: MPC 488 Joh*

1950 QA (= Heid 116), **QB** (= Heid 117), **QC** (= Heid 118), **QD** (= Heid 119), **QE** (= Heid 120), **QF** (= Heid 121), **QG** (= Heid 122), **QH** (= Heid 123)
50: MPC 482, NAZ 4 33 Hei*
Vorläufige Bezeichnung NAZ 5 7

1950 QZ
50: Astr Circ UdSSR Nr. 105 Kiw*
Vorläufige Bezeichnung MPC 756

1950 RA (= La Plata 1950 IX), **RB**
50: MPC 488 Joh*

1950 RC, RD
50: MPC 489 Joh*

1950 SA (= Objekt Arend)
50: Archenhold-Sternw. Mitt. 2 Nr. 16, BAB 4 91, 109, MPC 483, 484[217/1]), NAZ 4 37, UAI Circ 1289, 1291 Ucc
Eph (1950) Archenhold-Sternw. Mitt. 2 Nr. 16, Harv Card 1106, MPC 477, NAZ 4 37, UAI Circ 1290, 1291
El Archenhold-Sternw. Mitt. 2 Nr. 16, Harv Card 1106, MPC 477, NAZ 4 37, UAI Circ 1290, 1291

1950 SB
50: BAB 4 91, MPC 483, 484, 506 Ucc

1950 SC
50: BAB 4 91, MPC 483 Ucc

1950 SD, SE [217/2]), **SF**
50: BAB 4 91, 92, MPC 483, 484, 506 Ucc

1950 SG, SH
50: BAB 4 91, 92, MPC 483 Ucc

1950 SJ, SK
50: BAB 4 92, MPC 483, 484, 506, 507 Ucc

1950 SL
50: BAB 4 92, MPC 483, 484, 506 Ucc

1950 SP
50: Astr Circ UdSSR Nr. 107[218]) Kiw

1950 TA, TB, TC, TD, TE
50: BAB 4 92, MPC 484, 507 Ucc

1950 TF (= Heid 124), **TG** (= Heid 125), **TH** (= Heid 126), **TJ** (= Heid 127)

---

[215]) Berichtigung in NAZ 4 33.
[216/1]) Irrtümlich 1314 Paula zugeschrieben. Vorläufige Bezeichnung MPC 703, NAZ 5 43.
[216/2]) Irrtümlich als 1949 DA bezeichnet. Vorläufige Bezeichnung MPC 491.
[217/1]) Berichtigung in MPC 507.
[217/2]) Id mit 919 Ilsebill und 1950 TN (s. dort).
[218]) Irrtümlich 100 Hekate zugeordnet. Vorläufige Bezeichnung MPC 756.

50: MPC 498, NAZ 4 44 Hei*
Vorläufige Bezeichnung NAZ 5 7

1950 TK (= Heid 128), **TL** (= Heid 129), **TM** (= Heid 130)
50: MPC 499, NAZ 4 44 Hei*
Vorläufige Bezeichnung NAZ 5 7

1950 TN (= Heid 131)
50: MPC 499, NAZ 4 44 Hei*. NAZ 5 43 Hei
Vorläufige Bezeichnung NAZ 5 7
Id mit 919 Ilsebill MPC 500, 777, NAZ 4 44, 5 43
Id mit 1950 SE, MPC 777, NAZ 5 43

1950 TO (= Heid 132), **TP** (= Heid 133), **TQ** (= Heid 134), **TR** (= Heid 135)
50: MPC 499, NAZ 4 44 Hei*
Vorläufige Bezeichnung NAZ 5 7

1950 TS (= Heid 136), **TT** (= Heid 137), **TU** (= Heid 138), **TV** (= Heid 139), **TW** (= Heid 140), **TX** (= Heid 141), **TY** (= Heid 142), **TZ** (= Heid 143), **TA_1** (= Heid 144), **TB_1** (= Heid 145), **TC_1** (= Heid 146), **TD_1** (= Heid 147), **TE_1** (= Heid 148), **TF_1** (= Heid 149), **TG_1** (= Heid 150), **TH_1** (= Heid 151), **TJ_1** (= Heid 152), **TK_1** (= Heid 153), **TL_1** (= Heid 154), **TM_1** (= Heid 155), **TN_1** (= Heid 156), **TO_1** (= Heid 157), **TP_1** (= Heid 158)
50: MPC 499, NAZ 4 45 Hei*
Vorläufige Bezeichnung NAZ 5 7, 8

1950 TQ_1 (= Heid 159)
50: MPC 499, NAZ 4 45 Hei*. NAZ 5 43 Hei
Vorläufige Bezeichnung NAZ 5 8
Id mit 919 Ilsebill? MPC 500, NAZ 4 45

1950 TR_1 (= Heid 160), **TS_1** (= Heid 161), **TT_1** (= Heid 162), **TU_1** (= Heid 163), **TV_1** (= Heid 164)
50: MPC 499, NAZ 4 45 Hei*
Vorläufige Bezeichnung NAZ 5 8

1950 TW_1 (= Heid 165), **TX_1** (= Heid 166), **TY_1** (= Heid 167), **TZ_1** (= Heid 168,) **TA_2** (= Heid 169), **TB_2** (= Heid 170), **TC_2** (= Heid 171)
50: MPC 500, NAZ 4 45 Hei*
Vorläufige Bezeichnung NAZ 5 8

7558. Kleine Planeten. Verzeichnis der Sternwarten und Beobachter

Abastumani	I. F. Alanija, W. P. Dshaniaschwili, T. A. Kotschlaschwili, G. D. Kwirkwelija, G. W. Moros, A. F. Torondshadse, T. A. Uranowa
Algier	L. Boyer
Alma Ata	D. A. Roshkowskij
Athen	G. Adamopoulos
Belgrad	P. M. Djurković, M. Protić
Berkeley	E. Jackson, R. J. Trumpler, R. Rach
Bloomington	R. C. Cameron, F. Chiang, F. K. Edmondson, B. H. Potter, K. P. Potter, T. L. Swihart
Cordoba	M. Itzigsohn
Flagstaff	H. L. Giclas, C. L. Osterberg
Heidelberg	K. Reinmuth
Johannesburg	J. A. Bruwer, E. L. Johnson
Karlsruhe	W. Malsch
Kasan	D. J. Martynow, I. F. Waiman
Kiew	N. A. Chinkulowa, P. G. Duchnowskij, L. M. Gawrilow, J. K. Gulak, I. A. Issakow, W. P. Konoplewa, D. W. Pjaskowskij, P. N. Polupan, A. S. Rachubowskij, E. W. Sandakowa, M. J. Scherman, E. N. Semanek, N. W. Steshenko, E. W. Turtschaninowa, G. W. Urmantschewa, S. K. Wsechswjatskij, M. Zwetkowa
Kitab	G. N. Neujmin
Kyoto-Kwasan	T. Mitani
La Plata	M. Itzigsohn

Leiden	G. Pels, H. Rubingh
Lwow	N. B. Jelenewskaja, W. I. Mossin, J. C. Podstrigatsch, W. F. Rogatschenko, W. I. Sajko
Moskau	P. F. Schajn, S. F. Stepanow, L. W. Sudakowa
Mt. Hamilton	H. M. Jeffers, G. Reaves, C. D. Shane, A. V. Stern, S. Vasilevskis, J. M. Vinter Hansen, H. Weaver, C. A. Wirtanen
Mt. Palomar	Å. Wallenquist, Wilson
Nice	M. Laugier, A. Patry
Odessa	N. I. Lobanow
Pino Torinese	N. Missana
Pretoria	E. L. Johnson
Pulkowo	A. N. Deutsch, N. W. Fatschichin, N. W. Gamalej, W. W. Lawdowskij
Roma	G. Armellini Conti
San Fernando	—
Santiago	M. Dujisin, R. Grandon, G. Romero
Simeis	W. A. Albizkij, W. Moschkowa, G. N. Neujmin, W. Orelskaja, P. F. Schajn, S. Warsar
Stalinabad	O. P. Wassiljanowskaja
Tokyo	H. Hirose, K. Tomita
Turin	G. Cecchini, A. Fresa, E. Lagutaine, N. Missana, E. Tedeschini, A. M. Vergnano
Turku	H. Alikoski, L. Oterma
Uccle	S. Arend, F. Rigaux, G. Roland

7559. Kleine Planeten. Verzeichnis der Berechner

J. G. Behrens	O. Hurukawa	V. Planelles
J. Bobone	C. Jackson	P. Prêtre
S. Böhme	A. Kahrstedt	M. Protić
N. F. Bojewa	O. Kippes	I. I. Putilin
L. Boyer	W. Kockrow	E. Rabe
Z. Brkić	I. A. Kurzemniece	G. Reaves
G. Bruns	M. Laugier	K. Reinmuth
R. C. Cameron	C. Lombardi	G. Roland
R. Carrasco	H. v. Lüde	P. Sconzo
F. Chanina	V. V. Michkovitch	J. Steinmetz
L. E. Cunningham	W. Moschkowa	A. V. Stern
M. S. Davis	P. Musen	W. Strobel
M. A. Dïrikis	P. Naur	J. M. Torroja
G. H. Draper	S. Ohgata	S. Vasilevskis
A. D. Dubjago	W. Orelskaja	S. Warsar
R. L. Duncombe	L. Oterma	J. L. White
T. Fortini	M. Paliobagis	F. Zweck
W. P. Hirst	A. Patry	

§ 76

Jupiter

7601. Astrometrische Beobachtungen

Mem SA It (NS) **21** 11—19 = Oss. Astr. Roma-Monte Mario Contr. Sci. Nr. **156**. Osservazioni di posizioni di pianeti e pianetini ed occultazioni lunari. G. Armellini Conti.

TAB (2) Nr. 24 S. 173—176. Vgl. Ref. 7301.
TAB (2) Nr. 28 S. 201—205. Vgl. Ref. 6001.
TAB (2) Nr. 31 S. 223—226. Vgl. Ref. 7301.

7602. Physische Beobachtungen

Astr. Nachr. Berlin-Treptow 2 Nr. 14 S. 1—2. Jupiter-Bericht der Planetensektion im BdS. E. Mädlow.

NAZ 4 32—33. Jupiter 1950. W. Löbering.

National Obs. Athen Bull. Astr. Inst. 1950 S. 11—13, mit 1 Fig. Jupiter — Apparition of 1949. J. E. Focas.

National Obs. Athen Bull. Astr. Inst. 1950 S. 25—28, 37—38, 53—54, 62—64, mit 18 Fig. J. E. Focas.

Sterne 26 106—109, mit 4 Abb. Jupiter-Beobachtungen 1949. W. Sandner, H. Oberndorfer.

Sterne 26 159. «Stäbchen» auf Jupiter. W. Sandner.

Strolling Astronomer 4 Nr. 2 S. 7—9. Last views of Jupiter in 1949. E. J. Reese.

Strolling Astronomer 4 Nr. 6 S. 1, mit 6 Fig. Reproductions of drawings of the planet Jupiter showing the great red spot.

Strolling Astronomer 4 Nr. 6 S. 4—6. Some early observations of the red spot of Jupiter. R. C. Maag.

Strolling Astronomer 4 Nr. 7 S. 1, mit 1 Fig. Jupiter. P. Fauth.

Strolling Astronomer 4 Nr. 8 S. 3—5, mit 2 Fig. First report on Jupiter in 1950. E. E. Hare.

Strolling Astronomer 4 Nr. 9 S. 1, mit 2 Fig. Jupiter. T. Cragg, T. Saheki.

Strolling Astronomer 4 Nr. 10 S. 12—14, mit 6 Fig. Report No. 2 on Jupiter in 1950. E. E. Hare.

7603. **E. Mädlow,** Treptower Jupiterarbeiten 1945—1949. Sterne 26 109—114, mit 14 Abb. = Mitt. Archenhold-Sternw. Nr. 15.

7604. **R. A. McIntosh,** Disturbance on Jupiter's south equatorial region. JBAA 60 247—250, mit 1 Tafel.

* * **H. A. Panofsky, S. L. Hess,** Zonal index and the motion of the Great Red Spot on Jupiter. Vgl. Ref. 6820.

7605. **B. M. Rubaschew,** Ein neuer Aktivitätsausbruch in der Jupiteratmosphäre. Priroda 39 Nr. 5 S. 34—36 (russisch).

7606. **G. Ruggieri,** Giove nell'opposizione 1949. Coelum 18 13—16, mit 6 Fig. — Bericht über Beobachtungen.

7607. **Y. Sato,** Heliocentric co-ordinates of Jupiter for the years 2061—2148 referred to the equinox 2000.0. Ann. Tokyo Astr. Obs. (2) 3 41—50.

Jupitermonde

7608. **J. Ashbrook,** Eclipses of Jupiter's satellites observed in 1949. AJ 55 148—149. — Beobachtete Zeiten der Bedeckungen der Jupitermonde I—IV.

7609. Jupitermond III

W. H. Haas, Four independent simultaneous drawings of Ganymede. Sky and Telescope 9 59, mit 4 Zeichnungen.

7610. Jupitermond V

H. M. Jeffers, Observations of Jupiter's satellite V. Lick Obs. Bull. Nr. **523** S. **44**.

A. J. J. van Woerkom, The motion of Jupiter's fifth satellite 1892—1949. Washington, Astr. Papers prepared for the use of the American Ephemeris and Nautical Almanac **13** 3—77.

7611. Jupitermond VIII

D. K. Kulikow, Numerische Methoden der Himmelsmechanik in Anwendung auf die Untersuchung der Bewegung des VIII. Jupitermondes. BIA **4** 311—340 (russisch). — Ref. in Astr. News Letter Nr. **52** S. 9—10. — Verf. integriert die gestörten rechtwinkligen Koordinaten des VIII. Jupitermondes nach der Methode von Cowell, wobei nur Störungen der Sonne berücksichtigt werden. Aus 21 Normalörtern zwischen 1930 und 1946 wird eine Bahnverbesserung nach der Methode von Eckert-Brouwer durchgeführt und gleichzeitig die Jupitermasse mit verbessert. T. L.

W. F. Proskurin, Die analytischen Methoden zur Untersuchung der Bewegung des VIII. Jupitermondes. Vgl. Ref. 711. — Verf. berichtet über die Theorie der Bewegung des VIII. Jupitermondes nach Trousset, Brown und Brouwer sowie nach den Arbeiten am Institut für Theoretische Astronomie in Leningrad. Im Schlußkapitel wird über die Stabilität der Bewegung referiert. Loh.

W. F. Proskurin, Untersuchung der Bewegung des VIII. Jupitermondes. BIA **4** 341—354 (russisch). — Ref. in Astr. News Letter Nr. **52** S. 14. — Die vorliegende Arbeit ist der erste praktische Versuch, die Theorie der Bewegung des VIII. Jupitermondes mit Methoden zu behandeln, die bereits von Euler, Hill, Adams und Brown zur Aufstellung einer Mondtheorie verwandt wurden. Die zeitlichen Änderungen von Knoten und Perijovium werden numerisch bestimmt. T. L.

W. F. Proskurin, Über die Stabilität der Bewegung des VIII. Jupitermondes. BIA **4** 355—361, mit 2 Abb. (russisch). — Ref. in Astr. News Letter Nr. **52** S. 10—11. — Nach den Rechnungen des Verf. sind die Bewegungen des VIII. und IX. Jupitermondes instabil im Hillschen Sinn. T. L.

7612. Jupitermond IX

S. Herrick, 1950 ephemeris of Jupiter's ninth satellite. Publ ASP **62** 55. — 1950 Mai 29 bis November 5.

W. F. Proskurin, Über die Stabilität der Bewegung des VIII. Jupitermondes. Vgl. Ref. **7611**.

§ 77

Saturn

7701. Astrometrische Beobachtungen

Mem SA It (NS) **21** 11—19 = Oss. Astr. Roma-Monte Mario Contr. Sci. Nr. **156**. Osservazioni di posizioni di pianeti e pianetini ed occultazioni lunari. G. Armellini Conti.

TAB (2) Nr. **23** S. 169—172. Vgl. Ref. **7301**.
TAB (2) Nr. **24** S. 173—176. Vgl. Ref. **7301**.
TAB (2) Nr. **28** S. 201—205. Vgl. Ref. **6601**.

7702. Physische Beobachtungen

BAA Circ Nr. 313, 317. Saturn.

National Obs. Athen Bull. Astr. Inst. 1950 S. 13. Saturn — Apparition of 1950. J. E. Focas.

National Obs. Athen Bull. Astr. Inst. 1950 S. 23. Saturn. J. E. Focas.

Orion Schaffhausen **3** 101. Beobachtung der Konjunktion Mars/Saturn vom 30. Nov./1. Dez. 1949. W. Maurer.

Orion Schaffhausen **3** 170. Saturnring. M. de Saussure.

Strolling Astronomer **4** Nr. 1 S. 8—13. Mars and Saturn.

Strolling Astronomer **4** Nr. 2 S. 1, mit 2 Fig. Saturn. S. Murayama, F. E. Brinckman.

Strolling Astronomer **4** Nr. 2 S. 11—15. Mars, Saturn, and crater Conon.

Strolling Astronomer **4** Nr. 3 S. 1, mit 2 Fig. Saturn. E. J. Reese, T. Saheki.

Strolling Astronomer **4** Nr. 4 S. 7—13. The moon and Saturn.

Strolling Astronomer **4** Nr. 5 S. 1, mit 2 Fig. Saturn. T. Cragg, D. O'Toole.

Strolling Astronomer **4** Nr. 6 S. 8—11. Saturn in the spring of 1950.

Strolling Astronomer **4** Nr. 8 S. 1, mit 2 Fig. Saturn. G. D. Roth, S. Ebisawa.

Strolling Astronomer **4** Nr. 8 S. 11—15. Mars and Saturn in May—July, 1950.

Strolling Astronomer **4** Nr. 9 S. 8—14. Concerning Mars, Saturn, and the moon.

Strolling Astronomer **4** Nr. 10 S. 7—12. Some observations and some comments.

7703. **M. S. Bobrow,** Photometrische Analyse des Aufbaus der Saturnringe. Moskau, Lomonossow-Staatsuniversität, 1950. 7 S. (russisch). — Dissertationsreferat.

* * **H. G. Horak,** Diffuse reflection by planetary atmospheres. Vgl. Ref. **5112**.

7704. **E. López López,** Sobre la proxima desaparición de los anillos de Saturno. El Universo **48** Nr. 12 S. 22—23, mit 2 Abb.

7705. **E. J. Öpik,** Roche's limit; Rings of Saturn. Irish AJ **1** 25—26 = Armagh Obs. Leaflet Nr. 3. — Besprechung der Untersuchungen von H. Jeffreys in MN **107** 260 und 263 (vgl. AJB **47** Ref. **3302**, **5804**).

7706. **Y. Sato,** Heliocentric co-ordinates of Saturn for the years 1960—2060 referred to the equinox 2000.0. Ann. Tokyo Astr. Obs. (2) **2** 303—338.

7707. **T. Widorn,** Der Lichtwechsel des Saturnsatelliten Japetus im Jahre 1949. Sitzber. Österreichische Akad. Wiss. (Abteilung IIa) **159** 189—199, mit 4 Abb. — Japetus zeigt einen sehr merkwürdigen Helligkeitswechsel. Der Verf. hat diesen Satelliten visuellphotometrisch 1949 mit dem 67 cm Refraktor der Universitäts-Sternwarte Wien verfolgt und eine Lichtkurve abgeleitet. Diese wird mit den bis jetzt vorliegenden Messungen verglichen und theoretisch gedeutet. Es ist sehr wahrscheinlich, daß in den hellen Gebieten des Trabanten Veränderungen vielleicht periodischer Art vor sich gehen.

7708. Aspetti attuali di Saturno e di Marte. Coelum **18** 74—76.

7709. Eclissi nel mondo di Saturno. Coelum **18** 103—104, mit 1 Fig.

7710. Desaparición de los anillos de Saturno. El Universo **48** Nr. 14 S. 127.

7711. Saturnringen. Urania Kopenhagen **7** 30.

§ 78

Uranus, Neptun, Pluto

7801. **Uranus. Astrometrische Beobachtungen**

Mem SA It (NS) **21** 11—19 = Oss. Astr. Roma-Monte Mario Contr. Sci. Nr. **156**. Osservazioni di posizioni di pianeti e pianetini ed occultazioni lunari. G. Armellini Conti.

Publ. Astr. Obs. Kiew Nr. **3** S. 97—98 (russisch). Meridianbeobachtungen Kleiner Planeten und des Uranus am Astronomischen Observatorium Kiew. D. W. Pjaskowskij.

TAB (2) Nr. **23** S. 169—172. Vgl. Ref. **7301.**

TAB (2) Nr. **24** S. 173—176. Vgl. Ref. **7301.**

TAB (2) Nr. **28** S. 201—205. Vgl. Ref. **6001.**

7802. **Uranus. Physische Beobachtungen**

DOB **1950** 6—7. Résultats d'observations photométriques. Uranus. E. Antonini, R. Bajocchi, W. H. Haas, H. Haupt, A. Hestin, M. du Martheray, L. Rebuffat, A. Schmitt.

Sterne **26** 126. Die Oppositionshelligkeit des Uranus 1949/50. W. Malsch.

7803. **F. E. Kameny,** Photoelectric photometry of Uranus and Neptune. AJ **55** 172. — Ref. AAS.

7804. **Fünfter Uranusmond**

J. British Interplanetary Soc. **9** 192—193, mit 2 Fig. The new satellites — Miranda and Nereid.

Sternenwelt **2** 59—60, mit 2 Abb. Zwei neue Planeten-Trabanten. W. v. Bezold.

7805. **Neptun. Astrometrische Beobachtungen**

Mem SA It (NS) **21** 11—19 = Oss. Astr. Roma-Monte Mario Contr. Sci. Nr. **156**. Osservazioni di posizioni di pianeti e pianetini ed occultazioni lunari. G. Armellini Conti.

TAB (2) Nr. **24** S. 173—176. Vgl. Ref. **7301.**

TAB (2) Nr. **28** S. 201—205. Vgl. Ref. **6001.**

7806. **Neptun. Physische Beobachtungen**

BSAF **64** 129. La grandeur de Neptune.

NAZ **4** 21. H. Auzinger. — Helligkeit.

Sternenwelt **2** 59—60, mit 2 Abb. Zwei neue Planeten-Trabanten. W. v. Bezold.

7807. **B. N. Himmelfarb,** Neue Messung des Neptundurchmessers. Priroda **39** Nr. 9 S. 43 (russisch).

* * **F. E. Kameny,** Photoelectric photometry of Uranus and Neptune. Vgl. Ref. **7803.**

7808. **J. J. Raimond jr.,** De afmetingen en de dichtheid van Neptunus. Hemel en Dampkring **48** 54—55. — Kurzer Bericht über die Beobachtungen von Kuiper (AJB **49** Ref. **7812**).

7809. Diametri apparenti de Nettuno e Plutone. Coelum **18** 70.

7810. How big is Neptune? Sky and Telescope **9** 54.

7810a. Nyt om Neptun-Systemet. Urania Kopenhagen **7** 100—102.

7811. **Zweiter Neptunmond**

Bull. Astr.-Geod. Ges. UdSSR Nr. **9** (**16**) S. 22—23 (russisch). Nereida — der zweite Neptunmond. I. I. Putilin.

Hemel en Dampkring **48** 54. Nereide — tweede maan van Neptunus. J. J. Raimond jr.

J. British Interplanetary Soc. **9** 192—193, mit 2 Fig. The new satellites — Miranda and Nereid.

Orion Schaffhausen **3** 59—60. Nereid, der 2. Neptunmond.

Sky and Telescope **9** 53. Nereid.

7812. **Pluto. Astrometrische Beobachtungen**

Astr Circ UdSSR Nr. 101—102 S. 3—5 (russisch). Beobachtungen von Kometen des Jahres 1948 und von Pluto 1949. D. J. Martynow. — Kasan. α, δ.

MPC 365. S. Arend. — α, δ.

MPC 369. H. Hirose, K. Tomita. — α, δ.

NAZ **4** 16. S. Arend. — α, δ.

TAB (2) Nr. **21** S. 160. H. Hirose, K. Tomita. — α, δ.

TAB (2) Nr. **32** S. 232. H. Hirose, S. Kaho. — α, δ.

UAI Circ 1259. S. Arend. — α, δ.

UAI Circ 1260. L. Boyer. — α, δ.

7813. **D. Brouwer,** Current problems of Pluto. Sky and Telescope **9** 103—105, mit 3 Fig.

7814. **G. P. Kuiper,** The diameter of Pluto. Publ ASP **62** 133—137. — Ref. in NAT **1950** 113, PAT **32** 65—66, Sternenwelt **3** 5. — Nachdem Versuche, 1948 und 1949 den Durchmesser Plutos mit dem 82-Zöller zu messen, kein verläßliches Ergebnis zeitigten, unternahm Verf. im März 1950 neue Versuche am 200-Zöller. Es ergaben sich 0″23 = 0,46 Erddurchmesser. Die Albedo beträgt 0,17. Die Oberfläche sollte sandig — schneeig beschaffen sein. An den bisherigen Massenbestimmungen werden Zweifel gehegt. Loh.

7815. **G. P. Kuiper,** Il diametro di Plutone. Coelum **18** 113—116. — Bericht über die Durchmesserbestimmung von Pluto am 5m-Spiegel des Mt. Palomar. F. Z.

7816. **G. P. Kuiper,** Waarnemen met de 200-inch Hale Telescope. Hemel en Dampkring **48** 121—124, mit 1 Abb. — Bericht des Verf. über seine Pluto-Beobachtungen. Gü.

7817. **E. Mädlow,** Ist Pluto ein Planetoid? Sterne **26** 81—82.

* * **H. R. Morgan,** Definitive positions and proper motions of primary reference stars for Pluto. Vgl. Ref. **9107**.

7818. **S. G. Scharaf,** Die Störungen Plutos durch Jupiter. Leningrad, Astr. Hauptobs. Akad. Wiss. UdSSR, 1950. 10 S. (russisch). — Dissertationsreferat.

7819. The 200-inch and Pluto. BAA Circ Nr. 317.

7820. Dernières nouvelles de Pluton. BSAF **64** 257.

7821. Nouvelles de Pluton. BSAF **64** 172.

7822. Le diamètre de Pluton. BSAF **64** 496.

7823. Diámetro y masa probable de Plutón. El Universo **48** Nr. **13** S. 96. — Bericht über die Untersuchung von Kuiper.

7824. The size of Pluto. JBAA **60** 260.

7825. New measurements of Pluto. J. British Interplanetary Soc. **9** 280—281. — Betrifft die Kuiperschen Durchmessermessungen (0″23 ± 5%) vom 22. 3. 1950.

7826. Neues von Pluto. Orion Schaffhausen **3** 136.

7827. Pluto's diameter. Sky and Telescope **9** 215, 290.

7828. Diameter of Pluto. Southern Stars **14** 132.

7829. Plutos Masse etc. Urania Kopenhagen **7** 99—100.

* * Diametri apparenti de Nettuno e Plutone. Vgl. Ref. 7809.

Neunter Teil

Kometen. Meteore. Meteorite. Zodiakallicht

§ 80

Kometen im allgemeinen

8001. **I. S. Astapowitsch,** Über die Mineralogie der Kometenkerne. Nachr. turkmen. Abteilung Akad. Wiss. UdSSR Nr. **4** S. 76—85, 1949 (russisch).

8002. **L. Biermann,** Magnetfelder in Kometenschweifen. Mitt. AG **1950** 24. — Ref. AG.

8003. **O. W. Dobrowolskij,** Die visuelle Integralhelligkeit des Kometenkopfes. Publ. Astr. Obs. Stalinabad **3** Nr. 1 S. 42—57 (russisch). — Es wird theoretisch gezeigt und durch einen Vergleich mit Beobachtungen erhärtet, daß in nicht allzu kleinen Entfernungen von der Sonne die Ausscheidung leuchtender Moleküle des Kometenkopfes fast ganz durch die Sonnenaktivität, insbesondere durch überschüssige Strahlung aktiver Gebiete der Sonne im Ultravioletten bedingt wird. In kleinen Entfernungen kann auch die unmittelbare Verdampfung der Kometenteilchen infolge der Erwärmung des Kerns durch das Sonnenlicht eine merkliche Rolle spielen. Loh.

8004. **A. D. Dubjago,** Über den Aufbau der Kometenkerne und die Bildung der Meteorströme. AJ UdSSR **27** 5—14 (russisch). — Ref. in Astr. News Letter Nr. **51** S. 2—3. — Wenn ein Kometenkern aus vielen einzelnen festen Körpern besteht, dann müssen die Ausmaße der Kerne ziemlich beträchtlich sein. Periodische, in den Kometen beobachtete Prozesse gestatten einen Schluß auf die Dichte der Kometenkerne zu ziehen. Die Geschwindigkeit wird abgeschätzt, mit welcher die Meteore aus dem Kometenkopf diffundieren. Die mit periodischen Kometen verbundenen Meteorströme müssen ursprünglich eine kleine Ausdehnung senkrecht zur Bahnebene gehabt haben. Die Ausbreitungsgeschwindigkeit eines Schwarmes entlang der Bahn des Stammkometen kann näherungsweise abgeschätzt werden. Verf. (übersetzt)

8005. **H. Groot,** Kometen en vallende sterren. Amsterdam, J. M. Meulenhoff, 1950. 188 S. mit Abb. Preis f. 8.90 oder 138.— Belg. frs. — Besprechung in Heelal **6** Aug.—Oct., 3. Umschlagseite.

8006. **H. Groot,** Over de staart en de staartvorming van kometen. Hemel en Dampkring **48** 146—151, mit 3 Abb. — Im wesentlichen kurze und einfache Darstellung der klassischen Theorien der Kometenschweife. Gü.

8007. **W. P. Hirst,** The problem of the origin of comets. MN ASSA **9** 12—15.

8008. **J. Hunaerts,** Le spectre de Swan de la molécule C_2 dans les comètes. Ann. Obs. Roy. Belgique (3) **5** Fasc. 1, 50 S. mit 8 Fig. — Verf. berechnet synthetische Profile der C_2-Banden für $\Delta v = -2, -1, 0$ und $+1$ und vergleicht sie mit Banden, die in den Spektren einiger Kometen gefunden wurden. Bei Annahme einer Temperatur von 3000° K und Boltzmann-Verteilung für die unteren Rotationsniveaus ergibt sich befriedigende Übereinstimmung der Profile mit der Erfahrung. Dies gilt auch für die unteren Vibrationsniveaus. Für die oberen Vibrationsniveaus wird dagegen eine Temperatur von 6000° K nahegelegt. Im Anhang werden umfangreiche Tabellen zur Klassifizierung der Rotationslinien der genannten Sequenzen gegeben. Micz.

8009. **J. Hunaerts,** Identifications de radiations des spectres cométaires à partir de spectres synthétiques. Commun. Obs. Roy. Belgique Nr. **18** S. 13—16, mit 7 Fig. — Das Vorkommen von CN-Banden im roten Spektralgebiet der Kometen sowie die Identifizierung von CO_2^+-Banden in den Schweifspektren wird erörtert. Verf. berechnet „synthetische" Spektren dieser Moleküle. Micz.

8010. **E. I. Kasimirtschak-Polonskaja,** Enge Annäherungen von Kometen an Planeten und die planetozentrische Bewegung von Kometen. Leningrad, 1950. 10 S. (russisch). — Dissertationsauszug.

8011. **W. P. Konoplewa,** Nachtrag zum Generalkatalog der absoluten Größen von Kometen von S. K. Wsechswjatskij. Publ. Astr. Obs. Kiew Nr. **3** S. 55—76 (russisch). — Betrifft die Kometen der Jahre 1934—1946.

8012. **W. P. Konoplewa,** Statistische Untersuchung des Systems der Kometen. Kiew, Schewtschenko-Staatsuniversität, 1950. 8 S. (russisch). — Dissertationsreferat.

8013. **E. N. Kramer,** Vorläufige Radianten einiger Kometen. Astr Circ UdSSR Nr. 96—97 S. 10—11 (russisch).

8014. **E. N. Kramer,** Drei neue Kometenradianten. Astr Circ UdSSR Nr. 98—99 S. 12—13 (russisch).

* * **D. H. Menzel, D. J. Crowley,** Point sources of radio noise. Vgl. Ref. 12609.

8015. **G. Merton,** Reports on the progress of astronomy: Comets. MN **110** 173—178.

8016. **M. Minnaert,** On the liberation of gas from cometary nuclei. Union Astronomique Internationale. Réunion des Astronomes des Pays Voisins. 3 S. — Versuche von Paneth zur Bestimmung des bei Erhitzung von Meteoriten freiwerdenden Heliums werden im Hinblick auf das Problem der Kometenschweifbildung besprochen. Es wird abgeschätzt, daß die Gasmengen, die bei Erhitzung durch die Sonne aus den Kometenkernteilchen austreten, nicht ausreichen, um die beobachteten Schweife zu erklären. Das Ergebnis ist aber wegen zahlreicher Unsicherheiten nur als vorläufig zu werten. Kdr.

8017. **A. Monfils, B. Rosen,** Essais d'interprétation de l'émission cométaire vers 4050 Å. Inst. d'Astrophys. Univ. Liège Coll. 4° Nr. **27**, 3 S. mit 1 Fig. — Mit einer Hohlkathode aus Kohle in einer Wasserstoffatmosphäre wurden Banden beobachtet, die mit den bei λ 4050 in Kometenspektren festgestellten identifiziert werden. Die Emission ist vermutlich nicht auf CH_2 zurückzuführen. Abschließend werden die Anregungsbedingungen in der Hohlkathode diskutiert, aus deren genauem Studium vielleicht eine Aufklärung über das beteiligte Molekül gewonnen werden kann. Micz.

8018. **J. H. Oort,** The structure of the cloud of comets surrounding the solar system, and a hypothesis concerning its origin. BAN **11** 91—110, mit 1 Fig. — Besprechung in PAT **31** 77—80, Sterne **26** 84—86. — Auf Grund der Verteilung der ursprünglichen großen Halbachsen von 19 langperiodischen Kometen mit gut gesicherten Bahnen wird die Arbeitshypothese aufgestellt, daß die Sonne bis in Entfernungen von 150000 A. E. von einer Kometenwolke umgeben ist, die etwa 10^{11} Kometen beobachtbarer Größe mit einer Gesamtmasse von 0.1 bis 0.01 der Erdmasse enthält. Die Störungen von benachbarten Fixsternen und von Jupiter auf Kometen werden eingehend untersucht. Sie bewirken, daß laufend neue Kometen in die Nähe der Sonne gelangen, und lassen die zufällige Verteilung der Bahnebenen und Perihele, sowie das Vorwiegen nahe-parabolischer Bahnen unter den langperiodischen Kometen verstehen. Bezüglich des Ursprungs der Kometen wird die Ansicht vertreten, daß sie aus kleinen Planeten hervorgegangen seien, die in einem frühen Entwicklungsstadium infolge der störenden Wirkungen Jupiters und der Sterne den Planetoidenring verlassen haben. Kdr.

8019. **J. H. Oort,** Différences entre les nouvelles et les anciennes comètes. Union Astronomique Internationale. Réunion des Astronomes des Pays Voisins. 2 S. mit 1 Fig. — Aus der Verteilungsfunktion der reziproken großen Halbachsen der Kometenbahnen und einer Abschätzung des Einflusses der Jupiterstörungen läßt sich entnehmen, daß die Mehrzahl der Kometen «neue» sind, d. h. solche, die erstmals in Sonnennähe kamen. Unterschiede gegenüber den alten, die bereits mehrere Periheldurchgänge hinter sich haben, bestehen in Helligkeit und Spektrum und werden bezüglich der Schweife vermutet. Die Gesamtheit der Kometen scheint hinsichtlich 1/a eine semi-stationäre Verteilung aufzuweisen. T. L.

* * **K. N. Rao,** The band spectrum of CO^+. II. Comet-tail system ($A^2\Pi$ —$X^2\Sigma$). Vgl. Ref. 249.

8020. **N. Richter,** Kometen als kosmischer Auflösungsprozeß. Naturwiss. Rundschau **3** 293—302, mit 5 Abb.

8021. **W. G. Rijwes,** Über die Aussonderung von Gasen aus dem Kometenkern. Astr Circ UdSSR Nr. 94 S. 3—5 (russisch). — Unter der Voraussetzung, daß die Aussonderung von Gasen aus den inneren Schichten eines Kometenkerns als Diffusion betrachtet werden kann, leitet Verf. eine Gleichung ab, aus der man bei bekanntem säkularen Helligkeitsverlust das Alter eines Kometen abschätzen kann. Eine ausführliche Untersuchung wird angekündigt. Loh.

8022. **M. Schmidt,** L'éclat des comètes. Union Astronomique Internationale. Réunion des Astronomes des Pays Voisins. 4 S. mit 3 Fig. — Verf. untersucht die Gesamthelligkeit von Kometen verschiedenen «Alters» in Abhängigkeit von der heliozentrischen Entfernung und findet in der Helligkeitsentwicklung Unterschiede, die er mit einer von Lewin aufgestellten Theorie der Freigabe von Gasen aus festen Körpern zu erklären sucht. Micz.

8023. **K. Schütte,** Kometen-Familien und ein Planet jenseits des Pluto. Sternenwelt **2** 25—30, mit 5 Abb. — Besprechung in Coelum **18** 69—70, Sky and Telescope **9** 165, mit 1 Abb. unter dem Titel: Planet Trans-Pluto?

8024. **G. Weinmann,** Helligkeitsschwankungen von Kometen. Sternenwelt **2** 14—15. — Besprechung der Untersuchungen von N. Richter.

8025. **F. L. Whipple,** On tests of the icy conglomerate model for comets. AJ **55** 83. — Ref. AAS.

8026. **F. L. Whipple,** A comet model. I. The acceleration of comet Encke. ApJ **111** 375—394 = Harv Repr Nr. **337**. — Besprechung in Irish AJ **1** 103—104. — Verf. schlägt ein neues Kometenmodell vor, nach dem die Kometenkerne aus einem Gemisch von meteoritischem Material mit hohem Schmelz- und Verdampfungspunkt und aus verschiedenen Eisarten (H_2O, NH_3, CH_4, CO_2 oder CO, C_2N_2?) bestehen. Das Ganze habe ursprünglich eine sehr niedrige Temperatur. Bei Annäherung an die Sonne beginnt das Eis zu verdampfen und auszuströmen, sodaß in den äußeren Schichten der Kometen nach und nach nur noch meteoritisches Material übrigbleibt. In diesen Schichten erfolgt der Wärmetransport fast ausschließlich durch Strahlung unter merklicher zeitlicher Verzögerung nach innen hin. Im Falle eines rotierenden Kometen hat dies zur Folge, daß die von den ausströmenden Gasen auf den Kometenkern ausgeübte Kraft eine Komponente senkrecht zum Radiusvektor besitzt. Bei direkter Rotation vergrößert diese die Bahnexzentrizität und verzögert die mittlere Bewegung, während bei retrograder Rotation das Umgekehrte zutrifft. Der erste Fall wird beim d'Arrestschen Kometen, der zweite beim Enckeschen Kometen beobachtet. Numerische Abschätzungen ergeben, daß die betrachteten Effekte zur Deutung der Beobachtungen quantitativ ausreichend sind. Kdr.

8027. **H. W. Wood,** Statistics of comet orbits. JBAA **60** 105—106, mit einer Bemerkung von J. G. Porter S. 107.

8028. **G. Zimmermann,** Neues von den Kometen. Sternenwelt **2** 169—172, mit 5 Abb.

8029. Vues nouvelles sur la structure des comètes. DOB **1950** 25—27.

8030. Comet model tests. Sky and Telescope **9** 136. — Ref. AAS.

§ 81

Einzelne Kometen

Anmerkung:

Bei den von Referat 8108 ab aufgeführten Kometen sind die Abkürzungen der Beobachtungsorte dieselben wie im Nachweis der Beobachtungen der Kleinen Planeten, vgl. Ref. 7557.

8101. **M. Beyer,** Physische Beobachtungen von Kometen. VII. AN **278** 217—249, mit 3 Abb. = Mitt. Sternw. Hamburg-Bergedorf Nr. **72**. — Der vorliegende Bericht setzt eine seit 1933 laufende Serie von Veröffentlichungen über physische Beobachtungen von Kometen fort und schließt an AN **275** 237, Mitt. Sternw. Hamburg-Bergedorf Nr. **61** an. Er umfaßt die Beobachtungen von 15 Kometen aus dem Zeitabschnitt 1946 Juni bis 1949 April, die in der gleichen Weise mitgeteilt und diskutiert werden wie bisher. Verf. (gekürzt)

8102. **M. Beyer,** Physische Beobachtungen von Kometen. VIII. AN **279** 49—61, mit 11 Abb. = Mitt. Sternw. Hamburg-Bergedorf Nr. **73**. — Ref. in Sternenwelt **3** 72. — Eine Untersuchung sämtlicher seit 1932 erhaltenen Helligkeitsbeobachtungen von 37 Kometen bestätigt die aus den Beobachtungen der letzten Jahre nachgewiesenen und in Ref. **8101** mitgeteilten Beziehungen zwischen den sekundären Helligkeitsschwankungen und der Sonnentätigkeit. Die aus den einzelnen Beobachtungsreihen abgeleiteten mittleren Abweichungen zwischen den beobachteten und gerechneten Helligkeiten sind in den fleckenreichen Jahren sehr viel größer als zur Zeit der Flecken-Minima und eindeutig mit den Sonnenflecken-Relativzahlen und deren Schwankungen korreliert. Ein Vergleich des Verlaufs der Helligkeitsänderungen der einzelnen Kometen mit den jeweiligen Schwankungen der Relativzahlen ergibt in den meisten Fällen eine befriedigende Übereinstimmung in dem Sinne, daß den höheren Relativzahlen die größeren Helligkeiten zugeordnet sind. Zur Zeit der Sonnenflecken-Minima hören die Helligkeitsschwankungen fast ganz auf. Neben der mit wachsender heliozentrischer Breite der Kometen verbundenen Verminderung des Einflusses der Sonnentätigkeit und einer entsprechenden Verringerung der Helligkeitsschwankungen scheint auch eine Abnahme der mittleren Kometenhelligkeit stattzufinden, deren Minimum mit der höchsten Breite zusammenfällt. Diese manchmal sehr beträchtliche Breitenabhängigkeit vermag die scheinbar anomale Helligkeitsentwicklung einiger Kometen zwanglos zu erklären. Verf.

8103. **J. Bouška,** Cometary study VII. Absolute brightnesses of the comets 1946 d, 1947 c and 1948 l. BAC **2** 60—61, mit 2 Fig.

8104. **G. Guigay,** Météores en relation avec la comète 1822 III. JO **33** 122—123, mit 1 Fig.

8105. **N. Richter,** Periodische Kometen, deren Wiederkehr im Jahre 1950 zu erwarten ist. Sterne **26** 37—39.

8106. **W. B. Roos,** Studies on comets. El Universo **48** Nr. 11 S. 11—19 (mit spanischer Zusammenfassung), Nr. 14 S. 113—119, mit 5 Abb. — Bericht über die Kometen 1948 l und De Chéseaux von 1744 mit Untersuchung der ungewöhnlichen Schweifneigungen. Gü.

8107. Sieben Kometen im Jahre 1949. Orion Schaffhausen **3** 99.

Kometen. Gruppe (1)[1]

8108. **D'Arrestscher Komet (1950 a = 1943 III)**

Auffindung: G. van Biesbroeck. Fort Davis, 1950 April 14

Anzeige: BAA Circ 316, Harv Card 1073, Irish AJ **1** 104, Kop Akt Medd 335, NAZ **4** 15, UAI Circ 1264

Beobachtung: UAI Circ 1288 CaG. Harv Card 1081 FtD. UAI Circ 1276, 1281, 1291 Joh. LOB Nr. **523** S. 41 MtH

Elemente: BAAH 1950, Harv Card 1054, UAI Circ 1288 (ΔT)

Ephemeride: Astr Circ UdSSR Nr. 95 S. 8, BAAH 1950, Harv Card 1054, 1101, NAZ **4** 15

Physische Beobachtung: BAA Circ 318, Pop Astr **58** 309, 417, 470

Notiz: BAA Circ 318

A. W. Recht, The return in 1950 of comet d'Arrest. AJ **55** 79—80. — Ref. AAS.

8109. **Zweiter Brooksscher Komet (1946 e = 1946 IV)**

A. D. Dubjago, Die Bewegung des periodischen Kometen Brooks von 1883 bis 1946. Publ. Astr. Obs. Lenin-Staatsuniv. Kasan Nr. **31** S. 5—44 (russisch).

8110. **Comas Soláscher Komet (1944 II = 1935 IV)**

J. M. Vinter Hansen, The motion of the periodic comet Comas Solá (1927 III, 1935 IV, 1944 II) in the years 1926—1944. Kgl. Danske Vid. Selskab Mat.-Fys. Medd. **26** Nr. 2, 1951 = Publ. Köbenhavns Obs. Nr. **154**, 8 S.

8111. **Danielscher Komet (1950 d = 1943 IV)**

Auffindung: L. E. Cunningham, Mt. Wilson, 1950 auf Platten Aug. 16, 17. A. Mrkos, Skalnaté Pleso, 1950 Aug. 24. G. van Biesbroeck, Williams Bay 1950 Aug. 23

[1]) Vgl. AJB **48** S. 210 Anmerkung.

Anzeige: BAA Circ 319, Harv Card 1095, Kop Akt Medd 338, NAZ **4** 31, UAI Circ 1286, 1287
Elemente: BAAH 1950, NAZ **4** 31, TAB (2) Nr. **21** S. 161
Ephemeride: Astr Circ UdSSR Nr. 101—102 S. 2, BAAH 1950, Harv Card 1095, 1099, TAB (2) Nr. **21** S. 161, UAI Circ 1267
Physische Beobachtung: Pop Astr **58** 470

8112. Enckescher Komet (1950 e = 1947 i)

Auffindung: L. E. Cunningham, Mt. Wilson, 1950 auf Platten Aug. 16—17, dann Juli 21
Anzeige: BAA Circ 319, Harv Card 1098, Kop Akt Medd 338, NAZ **4** 31, UAI Circ 1287
Beobachtung: Publ. Astr. Obs. Kiew Nr. **3** S. 95 Kiw. MPC 76, Publ. Astr. Soc. Japan **2** 83 Kyo
Elemente: BAAH 1950, NAZ **4** 31, TAB (2) Nr. **21** S. 162
Ephemeride: BAAH 1950, 1951, Harv Card 1098, NAZ **4** 43, UAI Circ 1287, 1294
Physische Beobachtung: AN **278** 217 = Mitt. Sternw. Hamburg-Bergedorf Nr. **72** (vgl. Ref. **8101**), BAA Circ 319, Pop Astr **58** 470, 524
Notiz: BAA Circ 319, Harv Card 1098

H. Hirose, Encke's comet for the period 1947—1951 (Preliminary Report). TAB (2) Nr. **21** S. 162—163.

F. L. Whipple, A comet model. I. The acceleration of comet Encke. Vgl. Ref. **8026**.

8113. Forbesscher Komet (1948 e = 1942 III)

Beobachtung: AJ **55** 56 FtD, WiB

8114. Galescher Komet (1938 I = 1927 VI)

Aufnahme: Sternenwelt **2** 270
Notiz: JBAA **60** 243

8115. Giacobini-Zinnerscher Komet (1946 c = 1946 V)

Beobachtung: Publ. Astr. Soc. Japan **2** 83, 86[2]) Kyo. MPC 118 (1948) San. TAB (2) Nr. **25** S. 179 Tok

8116. Grigg-Skjellerupscher Komet (1947 a = 1947 II)

Beobachtung: Publ. Astr. Soc. Japan **2** 83 Kyo
Elemente und Ephemeride: BAAH 1951
Physische Beobachtung: AN **278** 217 = Mitt. Sternw. Hamburg-Bergedorf Nr. **72** (vgl. Ref. **8101**)

8117. Holmesscher Komet (1906 III = 1899 II)

Ephemeride: Astr Circ UdSSR Nr. 100 S. 2

8118. Kopffscher Komet (1945 b = 1945 V)

Elemente: BAAH 1951, Publ. Inst. Astr. Pratique Ecole Polytechnique Varsovie Nr. **26** S. 2 und S. 11
Ephemeride: Astr Circ UdSSR Nr. 107 S. 4—5, BAAH 1951, Publ. Inst. Astr. Pratique Ecole Polytechnique Varsovie Nr. **26** S. 7, UAI Circ 1296

F. Kępiński, The motion of the periodic comet 1906 IV (Kopff) and its apparition in 1951. Part V. Publ. Inst. Astr. Pratique Ecole Polytechnique Varsovie Nr. **26** S. 1—9 (mit russischer Zusammenfassung S. 15).

[2]) Mit Komet 1946 d bezeichnet.

F. Kępiński, La comète périodique 1906 IV (Kopff) à son apparition en 1939 et 1945. Publ. Inst. Astr. Pratique Ecole Polytechnique Varsovie Nr. **26** S. 11—14 (mit russischer Zusammenfassung S. 15).

8119. **Erster Neujminscher Komet (1948 f = 1931 I)**
Beobachtung: AJ **55** 56 FtD, WiB
Ephemeride: Harv Card 1055

8120. **Otermascher Komet (1942 VII)**[3]
Beobachtung: UAI Circ 1260 Alg. AJ **55** 58 FtD. LOB Nr. **523** S. 39[4]) MtH. AJ **55** 58 WiB
Elemente: UAI Circ 1292
Ephemeride: BAAH 1950, 1951, UAI Circ 1292
Notiz: Pop Astr **58** 142, 241, 309

8121. **Pons-Winneckescher Komet (1945 a = 1945 IV)**
Elemente: BAAH 1951
Ephemeride: UAI Circ 1294
L. J. Ananjewa, Die Bewegung des Kometen Winnecke und die Berechnung der Störungen von Kometen. Kasan, Lenin-Staatsuniv., 1950. 8 S. (russisch). — Dissertationsreferat.

8122. **Erster Reinmuthscher Komet (1949 f = 1935 II)**
Auffindung: A. Mrkos, Skalnaté Pleso, 1949 Nov. 19. H. M. Jeffers, Mt. Hamilton, 1949 Nov. 26
Anzeige: Astr Circ UdSSR Nr. 95 S. 7
Beobachtung: LOB Nr. **523** S. 41 MtH
Elemente: BAAH 1950
Ephemeride: BAAH 1950, Harv Card 1057, UAI Circ 1289 (mit korr. ΔT)

8123. **Schaumassescher Komet (1943 V = 1927 VIII)**
Elemente und Ephemeride: BAAH 1951

8124. **Erster Schwassmann-Wachmannscher Komet (1941 VI = 1925 II)**
Beobachtung: AJ **55** 58 FtD. NAZ **4** 7 Hei. LOB Nr. **523** S. 39 MtH. TAB (2) Nr. **25** S. 179 Sia. Mitt. Astr. Hauptobs. Pulkowo **18** Nr. 2 (143) S. 11[5]), 13 Sim. TAB (2) Nr. **25** 178 Tok. Mem SA It (NS) **21** 105, 112 = Contr. Oss. astr. Torino (NS) Nr. **16** Tui. AJ **55** 58 WiB
Elemente: BAAH 1950, 1951
Ephemeride: Astr Circ UdSSR Nr. 95 S. 8, BAAH 1950, 1951, NAZ **4** 1, 43, UAI Circ 1250, 1290, 1297
Physische Beobachtung: AN **278** 217 = Mitt. Sternw. Hamburg-Bergedorf Nr. **72** (vgl. Ref. 8101)
Notiz: Pop Astr **58** 142, 309

8125. **Zweiter Schwassmann-Wachmannscher Komet (1947 l = 1942 I)**
Beobachtung: AJ **55** 55 FtD. LOB Nr. **523** S. 40 MtH. TAB (2) Nr. **25** 177, 179 Tok. AJ **55** 54—55 WiB
Ephemeride: Harv Card 1058

8126. **Stephan-Otermascher Komet (1942 IX = 1867 I)**
Beobachtung: TAB (2) Nr. **25** S. 179 Sia. TAB (2) Nr. **25** S. 177—178 Tok

[3]) Erhält keine vorläufige Bezeichnung.
[4]) Mit Komet Oterma (1943 a) bezeichnet.
[5]) Fälschlich mit 1941 f Schwassmann-Wachmann II bezeichnet.

8127. Zweiter Tempelscher Komet (1946b = 1946 III)
Elemente: BAAH 1951
Ephemeride: BAAH 1951, UAI Circ 1296

8128. Tempel-Swiftscher Komet (1908 II = 1891 V)
Elemente und Ephemeride: NAZ **4** 32, UAI Circ 1287
Notiz: Obs **70** 198

8129. Erster Väisäläscher Komet (1949h = 1939 IV)
Auffindung: A. Mrkos, Skalnaté Pleso, 1949 Dez. 19
Anzeige: Astr Circ UdSSR Nr. 95 S. 7, BAA Circ 313, Kop Akt Medd 333, NAZ **4** 1
Elemente: BAAH 1950
Ephemeride: BAAH 1950, Harv Card 1072, UAI Circ 1250, 1265

8130. Whipplescher Komet (1947g = 1941 III)
Beobachtung: AJ **55** 54 FtD, WiB

8131. Erster Wolfscher Komet (1950c = 1942 VI)
Auffindung: L. E. Cunningham, Mt. Wilson, 1950 zuerst auf Platte Juli 20—22, dann Juli 18
Anzeige: BAA Circ 318, Harv Card 1090, Irish AJ **1** 104, Kop Akt Medd 338, NAZ **4** 32, UAI Circ 1284
Elemente: BAAH 1950, NAZ **4** 32
Ephemeride: BAAH 1950, Harv Card 1090, 1093, UAI Circ 1272, 1284
Physische Beobachtung: Pop Astr **58** 470
Notiz: Harv Card 1090, UAI Circ 1284

S. K. Wsechswjatskij, Der kurzperiodische Komet Wolf I und seine Herkunft. AJ UdSSR **27** 15—30, mit 1 Abb. (russisch). — Ref. in Astr. News Letter Nr. **51** S. 4. — Eine durchgreifende Reduktion aller vorhandenen Beobachtungen hat ergeben, daß die Helligkeit des Kometen Wolf I in den 60 Jahren von 1885 bis 1945 um etwa 7^m abgenommen hat. Der damit angezeigte Verfall des Kometen ist ein Hinweis auf die Kurzlebigkeit des Kometen und seine Entstehung in geschichtlicher Zeit. Im Zusammenhang damit werden Argumente — chemische Zusammensetzung, Bahnachsen und Entweichgeschwindigkeit — zugunsten der Auffassung angeführt, daß kurzperiodische Kometen Ejektionsprodukte der Jupiter- und Saturnmonde sein könnten. Loh.

S. K. Wsechswjatskij, Der kurzperiodische Komet Wolf I und seine Herkunft. Publ. Astr. Obs. Kiew Nr. **4** S. 49—65 (russisch). — Besprechung in Sternenwelt **3** 233. — Verf. wandelt seine Hypothese, daß kurzperiodische Kometen Auswurfprodukte der Großen Planeten sind, dahingehend ab, daß dafür auch deren Satelliten in Frage kommen. Die Entweichgeschwindigkeiten sind dann auch wesentlich niedriger (1—3 km/sec) und die für eine heliozentrische rechtläufige Bewegung notwendigen minimalen Anfangsgeschwindigkeiten an den Satellitenoberflächen betragen 2—7 km/sec. Loh.

Southern Stars **14** 100. Action of Jupiter on a comet.

Kometen. Gruppe (2)[6]

8132. Komet 1929 III (= 1929b) Neujmin (P)
Elemente: BAAH 1951
Ephemeride: BAAH 1951, UAI Circ 1294

[6]) Vgl. AJB **48** S. 210 Anmerkung.

8133. Komet 1936 II (= 1936a) Peltier

A. M. Bacharew, Die Helligkeit des Kometen Peltier (1936b). Circ. Astr. Obs. Stalinabad Nr. 77—78 S. 5 (russisch).

8134. Komet 1936 III (= 1936 b) Kaho-Kozik-Lis

I. Nikoloff, Definitive Bahnbestimmung des Kometen 1936 III (Kaho-Kozik-Lis). Sitzber. Österreichische Akad. Wiss. (Abteilung IIa) **159** 223—240.

8135. Komet 1937 IV (= 1937b) Whipple

G. Chiș, Orbita definitivă a cometei 1937 IV (Whipple) = 1937b. Publ. Obs. Astr. Cluj Nr. **7**, 5 S. (mit russischem und französischem Referat).

8136. Komet 1937 V (= 1937f) Finsler

I. Armeanca, Despre luminozitatea cometei 1937f (Finsler). Publ. Obs. Astr. Cluj Nr. **6**, 14 S. mit 1 Fig. — Aus 330 visuellen Helligkeitsbeobachtungen ergab sich im System von Fedtke $M_0 = -2.5 \log H_0 = 5^m\!.86 \pm 0^m\!.001$, $n = 2.18 \pm 0.004$.

8137. Komet 1939 III (= 1939 d) Jurlof-Achmarof-Hassel

Beobachtung: BAC 2 8—9 Pra
Aufnahme: BAC 2 9

8138. Komet 1940 III (= 1940 e) Okabayasi-Honda

Beobachtung: TAB (2) Nr. **25** S. 179 Sia

8139. Komet 1941 I (= 1940 c) Cunningham

Beobachtung: Publ. Obs. Astr. Belgrade Bull. Nr. **6** S. 27 Bel. TAB (2) Nr. **25** S. 179 Sia

P. Swings, Identification de la molécule triatomique ionisée CO_2^+ dans la queue de la comète Cunningham (1940 c, 1941 I). Bull. Acad. Roy. Belgique, Cl. Sci. (5) **36** 113—115 = Inst. d'Astrophys. Univ. Liège Mém. 8° Nr. **317**. — Ref. in Sternenwelt **3** 72.

8140. Komet 1941 II (= 1941 a) Friend-Reese-Honda

Beobachtung: Publ. Obs. Astr. Belgrade Bull. Nr. **6** S. 27, 31 Bel. Mitt. Astr. Hauptobs. Pulkowo **18** Nr. 2 (143) S. 11 Sim

8141. Komet 1941 IV (= 1941 c) de Kock-Paraskevopoulos

Beobachtung: Publ. Obs. Astr. Belgrade Bull. Nr. **6** S. 27 Bel. Mitt. Astr. Hauptobs. Pulkowo **18** Nr. 2 (143) S. 11 Sim
Physische Beobachtung: Mitt. Astr. Hauptobs. Pulkowo **18** Nr. 2 (143) S. 9

8142. Komet 1941 VII (= 1941 e) du Toit-Neujmin-Delporte (P)

Beobachtung: TAB (2) Nr. **25** S. 179 Sia. Mitt. Astr. Hauptobs. Pulkowo **18** Nr. 2 (143) S. 12 Sim
Physische Beobachtung: Mitt. Astr. Hauptobs. Pulkowo **18** Nr. 2 (143) S. 10.
Die definitive Bahnbestimmung hat das Institut für Theoretische Astronomie der Akademie der Wissenschaften der UdSSR in Leningrad übernommen. Mitt. Astr. Hauptobs. Pulkowo **18** Nr. 2 (143) S. 10.

8143. Komet 1941 VIII (= 1941 d) van Gent-Howarth-Bernasconi

Beobachtung: TAB (2) Nr. **25** S. 179 Sia. Mitt. Astr. Hauptobs. Pulkowo **18** Nr. 2 (143) S. 11—12 Sim. TAB (2) Nr. **25** S. 177 Tok

Elemente: Mitt. Astr. Hauptobs. Pulkowo **18** Nr. 2 (143) S. 9
Physische Beobachtung: Mitt. Astr. Hauptobs. Pulkowo **18** Nr. 2 (143) S. 10

8144. **Komet 1942 II** (= **1942 c**) **Väisälä (P)**
Beobachtung: Mem SA It (NS) **21** 112 Tui

8145. **Komet 1942 IV** (= **1942 a**) **Whipple-Bernasconi-Kulin**
Beobachtung: TAB (2) Nr. **25** S. 179 Sia. TAB (2) Nr. **25** S. 177, 178 Tok. Mem SA It (NS) **21** 105 = Contr. Oss. astr. Torino (NS) Nr. **16** Tui
Elemente: Mem SA It (NS) **21** 117 = Contr. Oss. astr. Torino (NS) Nr. **16**

8146. **Komet 1943 I** (= **1942 g**) **Whipple-Fedtke-Tevsadse**
Beobachtung: TAB (2) Nr. **25** S. 179 Sia. TAB (2) Nr. **25** S. 178, 178—179 Tok. Mem SA It (NS) **21** 106 = Contr. Oss. astr. Torino (NS) Nr. **16** Tui
Elemente: Mem SA It (NS) **21** 117 = Contr. Oss. astr. Torino (NS) Nr. **16**
Aufnahme: Hemel en Dampkring **48** 147, Naturwiss. Rundschau **3** 294

J. Bouška, Cometary study VI. Comet Whipple-Fedtke-Tevzadze. BAC **2** 24—26, mit 2 Fig.

O. W. Dobrowolskij, Die photometrischen Parameter des Kometen 1943 I. Circ. Astr. Obs. Stalinabad Nr. 85—86 S. 4—7 (russisch).

H. Groot, Over de staart en de staartvorming van kometen. Hemel en Dampkring **48** 146—151, mit 3 Fig.

8147. **Komet 1944 I** (= **1943 f** = **1943 g**)[7]) **van Gent-Daimaca-Peltier**
Beobachtung: TAB (2) Nr. **25** S. 178 Tok

8148. **Komet 1945 II** (= **1945 c**) **du Toit 2 (P)**
Notiz: JBAA **60** 243

8149. **Komet 1945 VI** (= **1945 f**) **Friend-Peltier**
Beobachtung: Mem SA It (NS) **21** 106 = Contr. Oss. astr. Torino (NS) Nr. **16** Tui

8150. **Komet 1946 I** (= **1946 a**) **Timmers**
Beobachtung: Specola Astr. Vaticana Ric. Astr. **2** 191—201 CaG. Publ. Astr. Soc. Japan **2** 83 Kyo. Mem SA It (NS) **21** 107 = Contr. Oss. astr. Torino (NS) Nr. **16** Tui
Aufnahme: Specola Astr. Vaticana Ric. Astr. 2 Nr. 9 neben S. 191.

Die definitive Bahnbestimmung des Kometen übernimmt G. Pels, Leiden. NAZ **4** 15, UAI Circ 1261

8151. **Komet 1946 II** (= **1946 d**) **Pajdusakowa-Rotbart-Weber**
Beobachtung: MPC 117 San
Physische Beobachtung: AN **278** 217 = Mitt. Sternwarte Hamburg-Bergedorf Nr. **72** (vgl. Ref. 8101)

J. Bouška, Cometary Study VII. Absolute brightness of the comets 1946 d, 1947 c and 1948 l. BAC **2** 60—61, mit 2 Fig.

8152. **Komet 1946 VI** (= **1946 h**) **Jones**
Beobachtung: AJ **55** 54 FtD. MPC 118, 1948 San. MPC 13, 1947 Ucc
Physische Beobachtung: AN **278** 217 = Mitt. Sternw. Hamburg-Bergedorf Nr. **72** (vgl. Ref. 8101)

---

[7]) Mit Komet 1943 d bezeichnet.

8153. Komet 1947 I (= 1946 k) Bester
Beobachtung: AJ **55** 54 FtD. MPC 118, 119, 120, 1948 San
Physische Beobachtung: AN **278** 217 = Mitt. Sternw. Hamburg-Bergedorf Nr. **72** (vgl. Ref. 8101)

8154. Komet 1947 IV (= 1947 b) Rondanina-Bester
Beobachtung: MPC 120, 1948 San

8155. Komet 1947 III (= 1947 c) Becvar
Beobachtung: Mem SA It (NS) **21** 107 = Contr. Oss. astr. Torino (NS) Nr. **16** Tui
Physische Beobachtung: AN **278** 217 = Mitt. Sternw. Hamburg-Bergedorf Nr. **72** (Vgl. Ref. 8101)
J. Bouška, Cometary study VII. Absolute brightness of the comets 1946 d, 1947 c and 1948 l. BAC **2** 60—61, mit 2 Fig.

8156. Komet 1947 VI (= 1947h) Wirtanen
Beobachtung: AJ **55** 54 FtD

8157. Komet 1947 VII (= 1947 j) Reinmuth 2 (P)
Physische Beobachtung: AN **278** 217 = Mitt. Sternw. Hamburg-Bergedorf Nr. **72** (vgl. Ref. 8101)

8158. Komet 1947 k Bester
Beobachtung: Publ. Astr. Obs. Kiew Nr. **4** S. 119 Kiw. Publ. Astr. Soc. Japan **2** 83, 86 Kyo. AN **279** 95 Son. TAB (2) Nr. **21** 159 Tok. AJ **55** 54 WiB
Physische Beobachtung: AN **279** 95, AN **278** 217 = Mitt. Sternw. Hamburg-Bergedorf Nr. **72** (vgl. Ref. 8101), JBAA **60** 190—191, Publ. Astr. Obs. Kiew Nr. **4** S. 67, 101
Notiz: JBAA **60** 190—191, mit 1 Fig.
W. P. Konoplewa, Integralhelligkeit und Besonderheiten im äußeren Aussehen des Kometen 1947 k Bester. Publ. Astr. Obs. Kiew Nr. **4** S. 67—69 (russisch).
E. M. Proskurina, Vorläufige Bahn des Kometen 1947 k Bester nach Beobachtungen in Aschchabad. Nachr. turkmen. Abteilung Akad. Wiss. UdSSR Nr. **2** S. 95 (russisch).
P. Swings, T. Page, The spectrum of comet Bester (1947 k). ApJ **111** 530—554, mit 5 Fig. = Contr. McDonald Obs. Nr. **186** = Inst. d'Astrophys. Univ. Liège Coll. Mem. 8° Nr. **325**. — Von dem Kometen Bester wurden 1948 im heliozentrischen Entfernungsbereich 0.8 bis 1.5 A. E. Spektren und direkte Aufnahmen erhalten. In der Diskussion wird unter anderem das Verhalten der Banden in Abhängigkeit von der Sonnenentfernung und ihre Identifizierung behandelt. Die Ausdehnung der Bandenemissionszone vom Kern nach dem Schweif hin ist unterschiedlich; einige Banden treten nur im Schweif auf. Erstmalig nachgewiesen wurden im UV des Schweifspektrums gelegene Banden von CO_2^+. Micz.
S. K. Wsechswjatskij, Beobachtungen der Integralhelligkeit des Kometen 1947 k Bester. Publ. Astr. Obs. Kiew Nr. **4** S. 101—102 (russisch).

8159. Komet 1947 XII = 1947 n Southern Comet
Beobachtung: MPC 187, 1948 Ath. MPC 142, 1948 San
Elemente: JO **33** 61, UAI Circ 1264
Physische Beobachtung: JBAA **60** 191
Notiz: JBAA **60** 191
G. Guigay, Orbite améliorée de la comète 1947 n. JO **33** 61—71, mit 1 Fig.

8160. Komet 1948 a Mrkos

Beobachtung: AJ **55** 55 FtD. Astr Circ UdSSR Nr. 101—102 S. 3 Kas. Publ. Astr. Obs. Kiew Nr. **3** S. 95 Kiw. Mem SA It (NS) **21** 112 Tui. AJ **55** 55 WiB

Physische Beobachtung: AN **278** 217 = Mitt. Sternw. Hamburg-Bergedorf Nr. **72** (Vgl. Ref. **8101**), JBAA **60** 191

Notiz: JBAA **60** 191

8161. Komet 1948 d Pajdusakowa-Mrkos

Beobachtung: AJ **55** 55 FtD. Astr Circ UdSSR Nr. 101—102 S. 3 Kas. Publ. Astr. Obs. Kiew Nr. **4** S. 120—121 Kiw. Publ. Astr. Soc. Japan **2** 83 Kyo. Bol. Astr. Obs. Madrid **4** 150 Mad. LOB Nr. **523** S. 40 MtH. AN **279** 95 Son. TAB (2) Nr. **21** 159 Tok. Mem SA It (NS) **21** 107, 112 = Contr. Oss. astr. Torino (NS) Nr. **16** Tui. AJ **55** 55, 56 WiB

Elemente: Ann. Obs. Astr. Mét. Toulouse **20** 29

Ephemeride: Harv Card 1055

Physische Beobachtung: AN **278** 217 = Mitt. Sternw. Hamburg-Bergedorf Nr. **72** (Vgl. Ref. **8101**), El Universo **48** Nr. 12 S. 24, JBAA **60** 192, mit 1 Fig.

Notiz: JBAA **60** 192

8162. Komet 1948 g Honda-Bernasconi

Beobachtung: Specola Astr. Vaticana Ric. Astr. **2** Nr. 9 S. 203—204 CaG. AJ **55** 56 FtD. BAN **11** 225 Lei. Bol. Astr. Obs. Madrid **4** 151 Mad. Publ. Astr. Obs. Kiew Nr. **4** S. 121—122 Kiw. Publ. Astr. Soc. Japan **2** 83—84, 86 Kyo. AN **279** 95 Son. TAB (2) Nr. **21** S. 159 Tok. Mem SA It (NS) **21** 107 = Contr. Oss. astr. Torino (NS) Nr. **16** Tui. AJ **55** 56 WiB

Physische Beobachtung: AN **278** 217 = Mitt. Sternw. Hamburg-Bergedorf Nr. **72** (Vgl. Ref. **8101**), AN **279** 96, Astr Circ UdSSR Nr. 98—99 S. 5—6, JBAA **60** 192—193, mit 1 Fig.

Notiz: JBAA **60** 192—193

8163. Komet 1948 h Wirtanen

Beobachtung: AJ **55** 151 = Obs. Cordoba Tirada Aparte Nr. **46** BoA. AJ **55** 151 = Obs. Cordoba Tirada Aparte Nr. **46** Cor. AJ **55** 57 FtD. UAI Circ 1263, UC **5** Nr. 109 S. 363 Joh. LOB Nr. **523** S. 40 MtH

Ephemeride: Harv Card 1056, 1071, UAI Circ 1252 mit Berichtigung in 1253, 1263

Physische Beobachtung: El Universo **48** Nr. 12 S. 24, JBAA **60** 240

8164. Komet 1948 i Ashbrook-Jackson (P)

Beobachtung: AJ **55** 57 FtD. Publ. Astr. Obs. Kiew Nr. **4** S. 122 Kiw. Publ. Astr. Soc. Japan **2** 84 Kyo. LOB Nr. **523** S. 40 MtH. TAB (2) Nr. **21** S. 159 Tok. AJ **55** 57 WiB

Physische Beobachtung: AN **278** 217 = Mitt. Sternw. Hamburg-Bergedorf Nr. **72** (vgl. Ref. **8101**). JBAA **60** 193—194, mit 1 Fig.

Notiz: JBAA **60** 193—194

8165. Komet 1948 j Johnson

Beobachtung: AJ **55** 57 FtD

Ephemeride: Harv Card 1057, UAI Circ 1252

8166. Komet 1947 VIII (= 1948 k) Wirtanen

Beobachtung: LOB Nr. **523** S. 40 MtH. AJ **55** 57 WiB

Ephemeride: Harv Card 1072, 1088

8167. Komet 1948 l Eclipse Comet

Beobachtung: MN **110** 220—223 Cap. AJ **55** 151 = Obs. Cordoba Tirada Aparte Nr. **46** Cor. Science and Culture **14** 302—306, mit 4 Fig. Kod. Publ. Astr. Soc. Japan **2** 84, 86 Kyo. BAN **11** 225 Lei. MN **110** 220—223 Pre. TAB (2) Nr. **21** S. 159—160 Tok. BAB **4** Nr. 4 S. 57 Ucc. AJ **55** 57 WiB

Ephemeride: Harv Card 1055

Physische Beobachtung: AN **278** 217 = Mitt. Sternw. Hamburg-Bergedorf Nr. **72** (vgl. Ref. **8101**), Circ. Astr. Obs. Stalinabad Nr. 85—86 S. 1—2, JBAA **60** 195, 240—242, mit 1 Fig.

Aufnahme: Science and Culture **14** 306

Notiz: JBAA **60** 195

Die definitive Bahnbestimmung des Kometen übernimmt W. P. Hirst, NAZ **4** 15, UAI Circ 1261

A. M. Bacharew, Der große südliche Komet des Jahres 1948 nach Beobachtungen in der UdSSR. Circ. Astr. Obs. Stalinabad Nr. 85—86 S. 1—2 (russisch).

J. Bouška, Cometary study VII. Absolute brightness of the comets 1946 d, 1947 c and 1948 l. BAČ **2** 60—61, mit 2 Fig.

P. D. Jose, P. Swings, The spectrum of comet 1948 l. ApJ **111** 41—49, mit 3 Fig. = Contr. McDonald Obs. Nr. **176** = Inst. d'Astrophys. Univ. Liège Mem. 8° Nr. **318**. — Es wird die Entwicklung des Spektrums des Kometen 1948 l in Sonnenentfernungen von 0.65—2.21 A. E. beschrieben. Die Ausdehnung des Kometenkopfes ist im Licht verschiedener Moleküle sehr unterschiedlich. Die Ausdehnung der CH_2-Zone wächst proportional mit dem Quadrat der Sonnenentfernung. Die Struktur der violetten CN-Banden ist in Übereinstimmung mit der Fluoreszenztheorie. Eine kurze Betrachtung wird über die Identifizierung der Emissionsgruppe bei λ 4050 angestellt. Abschließend wird auf einige nichtidentifizierte Emissionslinien innerhalb der Swan-Banden des C_2 und des gelben und roten Spektralbereichs eingegangen. Micz.

J. Sahade, The spectrum of comet 1948 l. ApJ **111** 664—665, mit 1 Fig. = Observatorio de Cordoba, Tirada Aparte Nr. **44**. — Kurze Beschreibung des Spektrums des hellen Kometen 1948 l (heliozentrische Entfernung 0,53 bis 0,87 A.E.) und Verzeichnis gemessener Wellenlängen. Micz.

W. B. Roos, Studies on comets. Vgl. Ref. **8106**.

8168. Komet 1948 m Bester

Beobachtung: AJ **55** 58 WiB

Elemente: BAC **2** 7—8

Physische Beobachtung: AN **278** 217 = Mitt. Sternw. Hamburg-Bergedorf Nr. **72** (vgl. Ref. **8101**), JBAA **60** 242

8169. Komet 1948 n Honda-Mrkos-Pajdusakova (P)

Beobachtung: Publ. Astr. Soc. Japan **2** 84 Kyo. TAB (2) Nr. **21** S. 160 Tok. AJ **55** 58 WiB

8170. Komet 1949 a Johnson

Beobachtung: UAI Circ 1256, 1260, 1263 Alg. AJ **55** 151—152 = Obs. Cordoba Tirada Aparte Nr. **46** Cor. UC **5** Nr. 109 S. 364 Joh. LOB Nr. **523** S. 40 MtH

Elemente: Harv Card 1063, 1087, UAI Circ 1257, 1282

Ephemeride: BAA Circ 313, Harv Card 1078, UAI Circ 1271

Physische Beobachtung: BAA Circ 313, El Universo **48** Nr. 12 S. 24, JBAA **60** 242, Pop Astr **58** 241, 309

8171. Komet 1949 c Bappu-Bok-Newkirk

Beobachtung: UAI Circ 1256, 1260, 1263, 1279 Alg. Specola Astr. Vaticana

Ric. Astr. **2** Nr. 9 S. 202—204 CaG. BAN **11** 226 Lei. LOB Nr. **523** S. 41 MtH. Publ. Astr. Soc. Japan **2** 84 Kyo
Ephemeride: Astr Circ UdSSR Nr. 95 S. 8, Harv Card 1056, 1071, UAI Circ 1251, 1259, 1263
Physische Beobachtung: El Universo **48** Nr. 12 S. 24

8172. **Komet 1949 d Johnson (P)**
Beobachtung: AJ **55** 152 = Obs. Cordoba Tirada Aparte Nr. **46** Cor. UC **5** Nr. 109 S. 365 Joh. LOB Nr. **523** S. 41 MtH
Elemente und Ephemeride: Harv Card 1100

8173. **Komet 1949 e Schajn-Schaldach (P)**
Beobachtung: Astr Circ UdSSR Nr. 94 S. 1 Aba. AJ **55** 152 = Obs. Cordoba Tirada Aparte Nr. **46** Cor. Astr Circ UdSSR Nr. 98—99 S. 4 Kas. LOB Nr. **523** S. 41[8]) MtH. Astr Circ UdSSR Nr. 95 S. 1, Mitt. Astrophys. Obs. Krim **5** 145—147 Sim. MPC 359, NAZ **4** 15, UAI Circ 1251 mit Berichtigung in 1266 Ucc
Ephemeride: Astr Circ UdSSR Nr. 95 S. 2, UAI Circ 1251, 1259
Physische Beobachtung: JBAA **60** 242

8174. **Komet 1949 g Wilson-Harrington (P ?)**
Entdeckung: A. G. Wilson und R. G. Harrington, Mt. Palomar, 1949 Nov. 19.
Anzeige: BAA Circ 313
Beobachtung: UAI Circ 1250 MtW, MtP
Elemente: UAI Circ 1250
Ephemeride: Astr Circ UdSSR Nr. 95 S. 7, UAI Circ 1250
Physische Beobachtung: El Universo **48** Nr. 12 S. 24
Notiz: Astr Circ UdSSR Nr. 95 S. 7, Kop Akt Medd 333, Obs **70** 47, Pop Astr **58** 93

8175. **Komet 1950 b Minkowski**
Entdeckung: R. Minkowski, Mt. Palomar, 1950 Mai 19. Unabhängig von C. Cain, Minneapolis Minn., 1950 Mai 21.
Anzeige: Astr Circ UdSSR Nr. 101—102 S. 2, BAA Circ 317, Harv Card 1076, Irish AJ **1** 67, Kop Akt Medd 336, NAZ **4** 23, UAI Circ 1269
Beobachtung: Astr Circ UdSSR Nr. 103—104 S. 17 Aba. UAI Circ 1279, 1291 Alg. National Obs. Athen Bull. Astr. Inst. 1950 S. 20—21, UAI Circ 1276, 1282, 1284, 1288 Ath. UAI Circ 1286 Bar. Harv Card 1083 mit Berichtigung in 1085, 1085, UAI Circ 1272 mit Berichtigung in 1279, 1279 CaG. NAZ **4** 23, 27, UAI Circ 1281 Hei. LOB Nr. **523** S. 41 MtH. NAZ **4** 27, UAI Circ 1273, 1279 mit Berichtigung in 1285, 1282 Ucc
Elemente: BAA Circ 317, 318, Harv Card 1079, 1097, NAZ **4** 23, UAI Circ 1272, 1288
Ephemeride: BAA Circ 317, 320, Harv Card 1079, 1097, 1108, Kop Akt Medd 337, NAZ **4** 23, UAI Circ 1272, 1288, 1293
Physische Beobachtung: Pop Astr **58** 417
Notiz: BAA Circ 318, Pop Astr **58** 363, 470, 523, Sky and Telescope **10** 34
Aufnahme: Pop Astr **58** 417

8176. **Komet Ali?**
Entdeckung: A. Ali, Hyderabad, 1950 Nov. 27.
Anzeige: Harv Card 1109, NAZ **4** 43, UAI Circ 1293
Beobachtung: UAI Circ 1295 Hyd
Vergeblich gesucht: NAZ **4** 46, UAI Circ 1296 Hei

---
[8]) Mit Pelageja Shajn 1949e bezeichnet.

8177. Weitere Mitteilungen über Kometen

Astr Circ UdSSR Nr. 95 S. 7 (russisch). Die Kometen des Jahresendes 1949.
Astr Circ UdSSR Nr. 105 S. 11—12 (russisch). Die Kometen des Jahres 1950.
Astr. Nachr. Berlin-Treptow **2** Nr. 2/3, 5, 6, 7, 8, 15, 20.
BSAF **64** 31, 171, 217, 257—258, 364, 450, 470.
Coelum **18** 24, 52—53, 109—110, 133, 156.
DOB **1950** 11—12, 19, 46, 50, 65—67, 80.
El Universo **48** 24, 83, 97.
Gaz astr **32** 15—16, 47—48, 66—67.
JBAA **60** 93—94, 127, 184, 217, 235—236.
JBAA **60** 190—195, mit 4 Fig. und 1 Tafel. Reports of Sections. Comet Section. Report for 1948. G. Merton.
Desgl. für 1949. JBAA **60** 240—243, mit 1 Fig.
JBAA **61** 14. — Enthält Elemente der periodischen Kometen Encke, Grigg-Skjellerup, Tempel (2) und Pons-Winnecke.
Japan Astr. Study Ass. Circ. (Nicht referiert).
NAT **1950** 20, 67, 109—110. Kometerne. J. M. Vinter Hansen.
NAZvM Nr. 82, 83, 87, 88, 89, 90, 91, 92, 99, 100.
Obs **70** 46—47, 126, 164—165, 198, 242. Comet notes.
Orion Schaffhausen **3** 137, 166, 171.
PAT **31** 76—77, 159—161. Kometer 1949, 1950.
Pop Astr **58** 43, 93, 141—142, 193—194. Comet notes. D. L. Harris III.
Pop Astr **58** 241, 308—309, 362—363, 416—417, 470, 523—524, mit 2 Fig. Comet notes. G. van Biesbroeck.
Sky and Telescope **9** 215, **10** 34.
Sternenwelt **2** 108—109, mit 1 Abb. Die Kometen des Jahres 1949. K. Schütte.
Sternenwelt **2** 253, mit 1 Fig.

8178. Kometen. Verzeichnis der Sternwarten und Beobachter

Abastumani	W. P. Dshaniaschwili, T. A. Kotschlaschwili, A. F. Torondshadse
Algier	L. Boyer
Aschchabad	A. M. Bacharew
Athen	G. Adamopoulos
Barcelona	I. Pólit
Belgrad	P. M. Djurković, M. B. Protitch
Bosque Alegre	J. Bobone, L. Mainardi, D. McLeish, A. Puch
Cape of Good Hope	J. v. B. Lourens, T. W. Russo
Castel Gandolfo	J. de Kort, R. Leclaire, A. Zirwes
Cordoba	J. Bobone, L. Mainardi, A. Puch, C. G. Torres
Fort Davis	G. van Biesbroeck
Heidelberg	K. Reinmuth
Hyderabad	A. Ali
Johannesburg	E. L. Johnson
Kasan	D. J. Martynow, I. F. Waiman
Kiew	A. M. Borbat, N. A. Jakowkin, W. P. Konoplewa, E. W. Sandakowa, A. N. Sergejewa, S. K. Wsechswjatskij
Kyoto	T. Mitani
Leiden	G. Bakoš, G. Pels
Madrid	R. Carrasco
Mt. Hamilton	E. Cassirer, H. M. Jeffers, S. Vasilevskis, C. A. Wirtanen
Prag	E. Buchar, V. Nechvíle, A. Vrátnik
Pretoria	A. D. Thackeray
Santiago	M. Dujisin
Shimada[9])	H. Hirose, S. Kaho, S. Shimidzu

[9]) Shizuoka Prefecture.

Simeis	G. N. Neujmin, P. F. Schajn
Sonneberg	C. Hoffmeister
Stalinabad	A. M. Bacharew
Tokyo	H. Hirose, S. Kaho, S. Shimidzu, K. Tomita
Torino	G. Cecchini, A. Fresa, N. Missana, E. Tedeschini, A. M. Vergnano
Uccle	S. Arend, F. Rigaux
Williams Bay	G. van Biesbroeck

8179. **Kometen. Verzeichnis der Berechner**

D. Appleby
W. E. Beart
J. Bobone
N. F. Bojewa
W. H. Calway
M. P. Candy
F. R. Cripps
H. Cunliffe
L. E. Cunningham
C. Dinwoodie
A. D. Dubjago
A. Fresa
T. A. Goodchild
G. Guigay
E. P. Henderson
P. Herget
H. Hirose
W. H. Julian
M. Kamieński
S. Kanda
F. Kępiński
R. Lelliott
R. Luss
R. Manabe
N. Missana
K. A. Nygaard
L. Oterma
C. A. Parker
J. F. Polak
J. G. Porter
P. Prêtre
H. Procter
A. W. Recht
J. Siroký
M. Sumner
K. A. Thernöe
C. Waterhouse

8180. **Kometen. Verzeichnis der Beobachter physischer Erscheinungen**

D. K. Bednall
D. C. Berry
M. Beyer
G. van Biesbroeck
H. K. Binks
A. T. G. Brito
S. W. Drosdow
C. Hoffmeister
A. Jones
W. P. Konoplewa
T. A. Kotschlaschwili
G. Merton
G. N. Neujmin
W. H. Steavenson
R. L. Waterfield

§ 82

Meteore

* * **D. L. Astawin-Rasumin,** Die Bestimmung von Meteorhelligkeiten auf photographische Weise. Vgl. Ref. **2402**.

8201. **A. M. Bacharew, O. W. Dobrowolskij,** Höhen und Radianten von Telemeteoren 1947—1948. Astr Circ UdSSR Nr. 103—104, S. 23—24 (russisch).

8202. **A. M. Bacharew,** Statistische Höhen und Farbe der Telemeteore. Astr Circ UdSSR Nr. 98—99 S. 13—14 (russisch). — Unter Voraussetzung eines Aufleuchtens der Telemeteore in durchschnittlich ein und derselben Höhe von 90 km ergibt sich aus Farbbeobachtungen, daß die röteren Telemeteore tiefer in die Atmosphäre eindringen (Höhe 57 km) als die weniger roten (Höhe 66 km). Loh.

8203. **A. M. Bacharew,** Die Höhen der teleskopischen Meteore. Publ. Astr. Obs. Stalinabad **3** Nr. 1 S. 58—72 (russisch). — Von Juni bis August 1946 wurden von Katassjow und Verf. in zwei 6552 m entfernten und in 2300 m Höhe gelegenen Punkten Tadshikistans gleichzeitig mittels Feldstecher Telemeteore beobachtet. Aus 22, vornehmlich zu den Perseiden gehörenden und einwandfrei identifizierten Telemeteoren ergaben sich im Durchschnitt Anfangs-, Mittel- und Endhöhen von 99, 85 und 71 km. Ein Katalog sämtlicher Beobachtungen ist angefügt. Loh.

8204. **W. Becker,** Meteormaterie im atmosphärischen Staub. Sternenwelt **2** 184—185. — Besprechung der Arbeit von D. K. Norris und F. S. Hogg in AJ **54** 192, AJB **49** Ref. **8321**.

8205. **S. van den Bergh,** Radio whistles. Pop Astr **58** 177—179, mit 2 Fig.

8206. **E. W. M. Blokhuis,** Elke dag één meteoor. Hemel en Dampkring **48** 112. — Beobachtungsprogramm der Arbeitsgruppe Meteore in der Nederlandse Vereiniging voor Weer- en Sterrenkunde.

* * **J. Bouška, Z. Švestka,** On the variations of the enlargement of the earth's shadow during the lunar eclipses. Vgl. Ref. **7341**.

8207. **V. Bumba,** Influence de l'angle horaire du Soleil et de la Lune sur les altitudes météoriques. BAC **2** 68—75, mit 6 Fig. — Die statistische Untersuchung zeigt einen Gang der Meteorhöhen mit dem Stundenwinkel des Mondes. Dagegen wird der Einfluß der Sonne weitgehend von dem der Apexhöhe überdeckt. T. L.

8208. **A. C. Clarke,** The determination of meteor orbits by radar. JBAA **60** 62—63.

8209. **J. A. Clegg,** Determination of meteor radiants by observation of radio echoes from meteor trails. Phil. Mag. **39** 577, 1948 = Astr. Contr. Univ. Manchester (2) Jodrell Bank Repr. **1** Nr. 24.

8210. **J. A. Clegg, I. A. Davidson,** A radio echo method for the measurement of the heights of the reflecting points of meteor trails. Phil. Mag. **41** 77 = Astr. Contr. Univ. Manchester (2) Jodrell Bank Repr. **1** Nr. 32.

8211. **M. A. Cook, R. N. Thomas,** A surface mechanism analogy between meteors and explosives. AJ **55** 167—168. — Ref. AAS.

8212. **M. Declercq,** Meteoren sterven voor ons. Heelal **6** 65—69, mit 4 Abb.

8213. **O. W. Dobrowolskij,** Über die Grenzgröße photographischer Meteore. Circ. Astr. Obs. Stalinabad Nr. 87—88 S. 2—3 (russisch).

8214. **C. D. Ellyett,** The influence of high altitude winds on meteor trail ionization. Phil. Mag. **41** 694 = Astr. Contr. Univ. Manchester (2) Jodrell Bank Repr. **1** Nr. 36.

8215. **W. W. Fedynskij,** Himmelssteine — Meteorite und Meteore. Moskau, Verlag «Prawda», 1950. 23 S. mit 8 Abb. Preis 60 Kop. (russisch).

8216. **W. W. Fedynskij,** Himmelssteine — Meteorite und Meteore. Verlag des Zentralkomitees des Leninschen kommunistischen Jugendverbandes der UdSSR «Junge Garde», 1950. 20 S. mit 8 Abb. Preis 60 Kop. (russisch).

8217. **J. S. Greenhow,** The fluctuation and fading of radio echoes from meteor trails. Phil. Mag. **41** 682 = Astr. Contr. Univ. Manchester (2) Jodrell Bank Repr. **1** Nr. 38.

8218. **N. I. Grischin,** Versuch einer Photographie von Meteoren anläßlich der Meteorexpedition der Moskauer Abteilung der Astronomisch-Geodätischen Gesellschaft der UdSSR in Aschchabad. Bull. Astr.-Geod. Ges. UdSSR Nr. **8** (**15**) S. 14—21, mit 6 Abb. (russisch). — Bericht über die Verwendung kurzbrennweitiger Kameras (Leicas etc.) auf der Expedition im August 1948. Die Beobachtungen fanden an zwei 4 km voneinander entfernten Punkten statt. Eine Aufnahme zeigt eine sinusähnliche Meteorspur. Loh.

* * **H. Groot,** Kometen en vallende sterren. Vgl. Ref. 8005.

* * **G. Guigay,** Météores en relation avec la comète 1822 III. Vgl. Ref. 8104.

8219. **H. Hirose, K. Tomita,** Photographic observation of meteors. Proc. Japan Acad. **26** Nr. 6 S. 23—28, mit 2 Fig. = Tokyo Astr. Obs. Repr. Nr. **66.** — Mitteilung über photographische und visuelle Beobachtungen von Meteoren. Die Elemente einiger Meteore werden mit denen von Kleinen Planeten verglichen. Micz.

8220. **H. Hirose, S. Kaho, K. Tomita,** Catalogue of meteors photographed at the Tokyo Astronomical Observatory during 1947—49. TAB (2) Nr. **29** S. 207—215, mit 2 Fig.

8221. **D. Hoffleit,** Daytime meteors of August 7, 1869. Pop Astr **58** 407—409.

8222. **C. Hoffmeister,** Meteorströme (Meteoric Currents). Vgl. AJB **48** Ref. **8243** (jetzt im Verlag J. A. Barth, Leipzig. Preis geb. 20. —DM). — Weitere Besprechung in AN **278** 277 (J. Wempe), Naturwissenschaften **37** 403—404 (S. Günther), Obs **70** 81—82 (E. J. Öpik), Orion Schaffhausen **3** 173.

8223. **C. Hoffmeister,** Investigations concerning fundamental problems of meteoric astronomy. Obs **70** 70—76, mit 1 Fig. Mit einer Bemerkung von M. Almond, J. G. Davies und A. C. B. Lovell in Obs **70** 112—113 = Astr. Contr. Univ. Manchester (2) Jodrell Bank Repr. 1 Nr. 37 unter dem Titel: On interstellar meteors. — Der Aufsatz ist im wesentlichen eine Zusammenfassung des Inhalts eines Buchs des Verf. («Meteorströme», Weimar 1948, AJB **48** Ref. **8243**). — Almond, Davies und Lovell publizieren im Hinblick auf eine kritische Bemerkung von Hoffmeister eine Notiz über ihre neuen Funkmeßbeobachtungen an Meteoren, die wiederum nur für einen sehr geringen Prozentsatz interstellarer Meteore Raum lassen. Micz.

8224. **M. Huruhata,** Radar observations of meteors. II. Publ. Astr. Soc. Japan 1 154—158, mit 4 Fig. = Tokyo Astr. Obs. Repr. Nr. **54.** — Von 1948 August 10 bis August 12 ausgeführte Funkmeßregistrierungen (15 m Wellenlänge) von Meteoren werden mit gleichzeitig visuell angestellten verglichen. Untersucht werden u. a. die Anzahl der gemeinsamen Beobachtungen, die Verzögerung des Echos hinter der visuellen Erscheinung sowie die Abhängigkeit der Echodauer von der absoluten Helligkeit. Micz.

8225. **T. P. Iwanowa, K. S. Mansurowa, E. G. Simakina,** Visuelle Beobachtungen von Meteoren im Jahr 1948. Bull. Astr.-Geod. Ges. UdSSR Nr. **9** (**16**) S. 7—11 (russisch). — Beobachtungen zwischen Juni und Dezember 1948 in Tula, Moskau und Simferopol und Angabe einiger Radianten.

8226. **C. de Jager,** Meteoren — de natuurkundige zijde. Hemel en Dampkring **48** 159. — Aufforderung zur Mitarbeit bei Untersuchungen der physikalischen Vorgänge bei Meteorerscheinungen. Gü.

8227. **L. A. Katassjow,** Die Bestimmung von Meteorbahnen nach photographischen Aufnahmen am Astronomischen Observatorium Stalinabad. Publ. Astr. Obs. Stalinabad **3** Nr. 1 S. 5—41, mit 7 Abb. (russisch). — Ref. in Astr. News Letter Nr. **54** S. 14. — Das zur Meteorüberwachung verwandte Instrumentarium setzt sich aus vier Montierungen zu je sieben Kameras (F = 105 mm; 1 : 3,5) zusammen. Drei Montierungen sind in der Sternwarte, die vierte in einem 4 km entfernten Punkt aufgestellt. Von 1940 bis 1947 wurden sieben Meteore von beiden Basispunkten aus photographiert und ihre Bahnen im wesentlichen nach der Kleiberschen Methode berechnet. Es ergaben sich nur elliptische Bahnen. In einer Schlußliste werden auch noch Elemente anderer photographisch beobachteter Meteore aufgeführt. Loh.

8228. **L. A. Katassjow,** Die Bahnbestimmung von Meteoren aus Photographien des Astronomischen Observatoriums Stalinabad. 5 S. (russisch). — Dissertationsreferat.

8229. **E. N. Kramer,** Verzeichnis sonnennaher Radianten. (Theoretische Tagesradianten). Astr Circ UdSSR Nr. 107 S. 9—11 (russisch).

8230. **A. C. B. Lovell,** Electron density in meteor trails. Nature **160** 670, 1947 = Astr. Contr. Univ. Manchester (2) Jodrell Bank Repr. **1** Nr. 8.

8231. **A. C. B. Lovell,** Meteor ionization in the upper atmosphere. Science Progress **38** 22 = Astr. Contr. Univ. Manchester (2) Jodrell Bank Repr. **1** Nr. 31.

8232. **A. C. B. Lovell,** Meteor ionization in the upper atmosphere. Proc. Phys. Soc. (B) **63** 149. — Beobachtungen von Meteorspuren durch Reflexion von Radiowellenstrahlung zeigen, daß diese mit sehr hohen Frequenzen (72 MHz) gut erfaßt werden, daß hingegen die Aufteilung der ursprünglichen Elektronenspur in getrennte Ionisationswolken für niedere Frequenzen (30 MHz) Anlaß zu mehrfachen Echos gibt (Auszug aus einem Vortrag). Behr

8233. **P. M. Millman,** Meteoric ionization. J RAS Canada **44** 209—220, mit 1 Fig. und 5 Tafeln = Contr. Dominion Obs. Ottawa **2** Nr. 8. — Verf. referiert über die wichtigsten Ergebnisse der Funkmeßregistrierung von Sternschnuppen und die Theorie der Ionisation entlang ihrer Bahnen in der Atmosphäre. Micz.

8234. **P. M. Millman, D. W. R. McKinley,** Meteor velocities. Obs **70** 156—158. — Eine Bemerkung von Hoffmeister (Obs **70** 70—76, Ref. 8223) über einen Auswahleffekt bei photographischen und funkmeßtechnischen Registrierungen von Meteoren verschiedener Geschwindigkeit wird zurückgewiesen. Für die photographische Beobachtung ist er klein, für das Funkmeßverfahren besteht er zumindest nicht für Geschwindigkeiten < 150 km/sec. Micz.

8235. **C. P. Olivier,** Meteor notes from the American Meteor Society. Pop Astr **58** 30—34, 128—133, 181—186, 233—236, 397—400, 454—458, mit 3 Fig. = Flower Obs. Repr. Nr. **84**.

8236. **C. P. Olivier,** Some results from data secured by the American Meteor Society. Proc. American Philos. Soc. **94** 327—335, mit 5 Fig. = Flower Obs. Repr. Nr. **79**.

8237. **E. J. Öpik,** Interstellar meteors and related problems. Irish AJ **1** 80—96, mit 4 Fig. = Armagh Obs. Leaflet Nr. **6**. — Verf. untersucht, inwieweit auf Grund bisheriger Beobachtungen die Frage der interstellaren Herkunft eines Teiles der Meteore geklärt ist. Er beschreibt Schätzungen der Geschwindigkeiten, Messungen mit einem «rocking mirror» und photographische Aufnahmen von Meteoren. Besonders setzt er sich mit den Arbeiten von J. G. Porter (vgl. AJB **45** Ref. **6720** u. **6721**) und mit den von A. C. B. Lovell mit Radar gemessenen Geschwindigkeiten auseinander. Verf. kommt zu dem Schluß, daß ein interstellarer Anteil unter den Meteoren höchst wahrscheinlich ist. Gli.

8238. **M. Plavec,** Statistics of meteor trains, I — Relation to geocentric velocity. BAC **2** 19—21, mit 1 Fig.

8239. **M. Plavec,** Statistics of meteor trains, II — Possible relation to sun's activity. BAC **2** 27—28, mit 1 Fig.

8240. **W. Proskurjakow, I. Krawtschuk,** Beobachtungen von Telemeteoren am Astronomischen Observatorium Kiew 1940. Publ. Astr. Obs. Kiew Nr. **3** S. 77—83, mit 4 Abb. (russisch). — Verf. teilt Beobachtungen mit Feldstecher und Kometensucher sowie eine Anzahl daraus bestimmter Radianten mit. Mit dem Feldstecher bzw. dem Kometensucher wurden Telemeteore von $7^m_.0$ bzw. $8^m_.5$ erfaßt. Die relative Winkelgeschwindigkeit war bei den weißen Meteoren größer als bei den roten. In der Mehrzahl der Fälle trat das Helligkeitsmaximum am Bahnende ein. Loh.

8241. **H. van Schewick,** Die planetarischen Meteore. Sterne **26** 115—117, mit 1 Abb.

8242. **R. N. Thomas,** The ballistic contribution to meteorics. Harvard College Obs. Technical Report Nr. **5**, 25 + 7 S. Appendix mit 6 Fig. = Harv Repr (2) Nr. **34**. — Verf. berichtet in zusammenfassender Form über die Probleme des Luftwiderstandes bei hohen Geschwindigkeiten und die Beiträge, die von der Meteorforschung für die Ballistik geleistet werden können. Besonderes Augenmerk wird den thermischen Vorgängen bei der Bewegung eines Körpers in einem widerstrebenden Medium zugewandt. Micz.

8243. **O. G. Villard jr.,** Clocking meteors by CW radar. Electronics **23** 120—122. — Ref. in Ann. Françaises Chronométrie **20** 335.

8244. **S. P. Wyatt jr., F. L. Whipple,** The Poynting-Robertson effect on meteor orbits. ApJ **111** 134—141, mit 1 Fig. = Harv Repr Nr. **335**. — Die Absorption und Reemission der Sonnenstrahlung durch kleine Partikeln, die um die Sonne laufen, führt, wie Poynting und später Robertson gezeigt haben, zu einer Verkleinerung der großen Halbachse und Exzentrizität ihrer Bahn. Schließlich fallen sie in die Sonne. In der vorliegenden Arbeit werden Hilfstafeln zur Berechnung der Fallzeiten als Funktion der Bahnelemente sowie des Radius und der Dichte der Partikeln mitgeteilt, für einige Meteorschwärme werden Fallzeiten angegeben. Die Wirkung des Prozesses führt zu einer Trennung der Meteore eines Schwarms nach ihrer Masse, die beobachtbar sein sollte, wenn das Alter des Stroms ausreichend groß ist. Das Fehlen entsprechender Feststellungen begrenzt das Alter der untersuchten Sterne auf maximal 10^5 bis $5 \cdot 10^6$ Jahre. Eine bemerkenswerte Konsequenz ergibt sich für den Ursprung sporadischer Meteore. Die Betrachtungen werden auch auf heißere Sterne ausgedehnt, jedoch erweist sich der Effekt als zu klein, um für die Dynamik der interstellaren Materie von Bedeutung zu sein. Micz.

8245. **C. C. Wylie,** Meteor or meteoric cloud? Pop Astr **58** 465—466. — Betrifft Meteorwolke 1933 März 24.

8246. **W. P. Zessewitsch,** Über die Drift von Meteorspuren. DAN **74** 677—680 (russisch).

8247. The study of meteor velocities. Vgl. AJB **49** Ref. 8243. — Besprechung dieses Vortrages von J. G. Porter in Nature **165** 395.

8248. Radio e meteore. Coelum **18** 158.

8249. Gemiddelde hoogte in verband met de snelheid van de meteoren. Heelal **6** Nov.—Dec., dritte Umschlagseite.

8250. Meteor astronomy. Obs **68** 226—232, 1948 = Astr. Contr. Univ. Manchester (2) Jodrell Bank Repr. **1** Nr. 26.

8251. Use of meteor, meteorite in astronomy cleared up. Pop Astr **58** 39. Mit einer Bemerkung in Pop Astr **58** 147—148 unter dem Titel: Mr. Chapman grant raises some questions.

8252. Meteoric dust? Sky and Telescope **9** 54.

* * Unusual atmospheric phenomenon — meteor train? Vgl. Ref. **7265.**

Meteorströme

8253. **J. Bouška, M. Plavec,** Orbits of daytime meteor streams. BAC **2** 43—44, mit 1 Fig.

8254. **J. A. Clegg, V. A. Hughes, A. C. B. Lovell,** The daylight meteor streams of 1947, May to August. Obs **68** 49—51, 1948 = Astr. Contr. Univ. Manchester (2) Jodrell Bank Repr. **1** Nr. 11.

* * **A. D. Dubjago,** Über den Aufbau der Kometenkerne und die Bildung der Meteorströme. Vgl. Ref. **8004**.

* * **G. Guigay,** Météores en relation avec la comète 1822 III. Vgl. Ref. 8104.

8255. **G. S. Hawkins, M. Almond,** Bečvář's meteor stream, 1949. JBAA **60** 251—256, mit 3 Fig. = Astr. Contr. Univ. Manchester (2) Jodrell Bank Repr. **1** Nr. 39.

8256. **A. C. B. Lovell,** New meteor shower. BAA Circ Nr. 282, 1947 = Astr. Contr. Univ. Manchester (2) Jodrell Bank Repr. **1** Nr. 4.

* * **A. C. B. Lovell,** Radio echoes from the aurora. Daytime meteor showers. Vgl. Ref. **72129**.

8257. **M. Plavec,** On predicting the activity of a meteor shower. BAC **2** 33—35, mit 1 Fig. — Es werden Formeln für die Vorausberechnung der Zeit des Maximums und des scheinbaren Radianten gegeben, wenn die Bahn des Meteorstromes bekannt ist. T. L.

8258. **M. Plavec,** Sur l'influence mutuelle des particules dans l'essaim météorique. CR **231** 469—470. — Die gegenseitige Anziehung zweier Teilchen einer Meteorwolke erweist sich als im allgemeinen so gering, daß angenommen werden darf, daß sich die Teilchen unabhängig voneinander bewegen. Kdr.

8259. **M. Plavec,** Daylight meteors: RH **31** 34—35 (tschechisch). — Bericht über die neuentdeckten Tagesmeteorströme. J. B.

8260. **R. Rigollet,** Sur un essai d'observation visuelle des essaims météoriques diurnes de Lovell. Ann d'Astrophys **13** 459—460, mit 1 Fig. = Contr. Inst. Astrophys. Paris (B) Nr. **56**. — Verf. untersucht die Möglichkeit, durch visuelle Beobachtungen einen Beitrag zur Entscheidung der Frage zu liefern, ob die von A. C. B. Lovell und Mitarbeitern durch Funkmeßbeobachtungen entdeckten Tagesmeteorströme tatsächlich die überraschend hohe Stärke besitzen. Theoretische Überlegungen zeigen, daß wahrscheinlich kurz vor Sonnenaufgang eine visuell nachweisbare Anzahl von Meteoren dieser Ströme auftreten dürfte. Ein erster Versuch, sie zu beobachten, schlug fehl. Micz.

8261. **N. D. Rosenbljum,** Eine genäherte analytische Methode zur Bestimmung parabolischer Bahnelemente eines Meteorstroms. Bull. Astr.-Geod. Ges. UdSSR Nr. **8** (**15**) S. 22—31, mit 8 Abb. (russisch). — Auch für Liebhaber geeignet. Mit Rechenbeispiel.

8262. The daytime meteor streams of 1948. Vgl. AJB **49** Ref. **8260/61**. — Weitere Besprechung dieser beiden Arbeiten von A. Aspinall, J. A. Clegg, A. C. B. Lovell und C. D. Ellyett in Nature **165** 480.

8263. Unerwarteter Meteorstrom. Sternenwelt **2** 172. Silbiger, Wieser. — Beobachtung 1949 Sept. 27.

8264. **Aquariden**
DOB **1950** 33—35, mit 1 Fig. L'essaim météorique des Aquarides de Mai.

8265. Theta-Aurigiden

B. N. Himmelfarb, Der Meteorstrom der Theta-Aurigiden. Priroda **39** Nr. 7 S. 49 (russisch).

UAI Circ 1251. Daytime meteor stream. J. Bouška, M. Plavec.—Elemente.

8266. Bootiden

DOB **1950** 1—2. L'essaim des Bootides (ou Quadrantites).

8267. Camelopardaliden

Orion Schaffhausen **3** 168, mit 1 Fig. R. J. Bossard. — Beobachtungen im Dezember 1950.

8268. Draconiden

L. G. Jacchia, Z. Kopal, P. M. Millman, A photographic study of the Draconid meteor shower of 1946. ApJ **111** 104—133, mit 7 Fig. = Contr. Dominion Obs. Ottawa **2** Nr. 7. — Die Arbeit enthält eine ausführliche Diskussion von mehr als 200 Bahnen heller Meteore des Draconidenstroms 1946. Die Bestimmung des Radianten führt auf eine ungewöhnlich kleine Streuung von nur 6!2. Die Hälfte des Betrages dürfte auf Beobachtungsfehler zurückgehen. Da zudem die Draconiden nur in unmittelbarer Nähe der Bahn des Ausgangskometen auftreten, ist zu vermuten, daß die Ausbildung des Schwarms noch nicht lange zurückliegt. Es wird weiter geschlossen, daß die Masse der Meteormaterie dieses Schwarms etwa nur 1% sonstiger Meteore ähnlicher Helligkeit und geozentrischer Geschwindigkeit beträgt. Wahrscheinlich verdampft ihr Material leichter als gewöhnlich. Micz.

E. J. Öpik, Draconid meteor shower. Irish AJ **1** 101—103. — Besprechung verschiedener Arbeiten.

8269. Geminiden

Z. Ceplecha, Geminids in the year 1949. RH **31** 18 (tschechisch). — Vorläufige Mitteilung über die Beobachtung auf der Volkssternwarte in Prag-Petřín. J. B.

M. Plavec, The Geminid meteor shower. Nature **165** 362—363, mit 1 Fig. — Eine Berechnung der säkularen Störungen der Geminiden durch Jupiter und Erde nach der Gauß-Hillschen Methode hat ergeben, daß die Jupiterstörungen bei weitem überwiegen und vor allem ein schnelles Rückwärtsschreiten des Knotens bedingen. Außerdem entfernt sich der Durchstoßpunkt der Geminidenbahn durch die Ekliptik von der Erde nach außen, sodaß damit zu rechnen ist, daß der Schwarm etwa vom Jahre 2100 ab nicht mehr sichtbar sein wird. Vor 1700 dürften die Geminiden von der Erde aus ebenfalls nicht bemerkbar gewesen sein, weil damals der Bahndurchstoßpunkt der Venusbahn viel näher lag als der Erdbahn. Loh.

DOB **1950** 79, mit 1 Fig. L'essaim des Geminides.

Orion Schaffhausen **3** 168, mit 1 Fig. R. J. Bossard. — Beobachtungen im Dezember 1950.

8270. Leoniden

DOB **1950** 10. Essaim météorique des Beta-Leonides.

8271. Lyriden

A. M. Bacharew, Die Lyriden 1950. Astr Circ UdSSR Nr. 103—104 S. 24 (russisch).

DOB **1950** 30—31. L'essaim météorique des Lyrides.

8272. Orioniden

P. F. Sitnikow, Die Orioniden im Jahr 1949. Bull. Astr.-Geod. Ges. UdSSR Nr. **9** (**16**) S. 16—19, mit 1 Abb. (russisch). — Mitteilung von Beobachtungen und Radianten.

DOB **1950** 62—64, mit 1 Fig. Carte pour l'étude du système radiatif des Orionides.

8273. Perseiden

I. S. Astapowitsch, Die Perseiden 1950 nach Beobachtungen in Aschchabad. Astr Circ UdSSR Nr. 105 S. 6—9 (russisch).

A. M. Bacharew, Beobachtungen der Perseiden am Astronomischen Observatorium Stalinabad. Astr Circ UdSSR Nr. 105 S. 9—10 (russisch).

A. M. Bacharew, Die Perseiden 1950. Circ. Astr. Obs. Stalinabad Nr. 87—88 S. 4—6 (russisch).

K. A. Ljubarskij, Ein neues Meteorspektrum. Astr Circ UdSSR Nr. 107 S. 11 (russisch). — Photographierung eines Perseidenspektrums am 9. August 1950 in Simferopol.

P. M. Millman, Spectrum of a meteor train. Nature **165** 1013—1014, mit 1 Fig. — Besprechung in Irish AJ **1** 133. — Im Spektrum eines Meteores vom 13. August 1949 wurden etwa 40 Linien vom neutralen Eisen, Kalzium, Magnesium und Natrium identifiziert. Außerdem waren Linien des ionisierten Kalziums, Magnesiums und Siliziums vorhanden. Das Schweifspektrum bestand aus vier bis sechs schwachen Linien. Der Hauptunterschied zwischen dem Meteor- und Schweifspektrum ist der Mangel ionisierter Linien im Schweifspektrum. Loh.

L. Neužil, De l'influence des Perséides sur l'ionisation de la couche E. Vgl. Ref. **7288**.

J. A. Russell, Intensity variations in the spectrum of a Perseid meteor. Pop Astr **58** 134—138, mit 2 Fig.

8274. Quadrantiden

K. A. Ljubarskij, W. W. Martynenko, E. N. Uschanow, Die Quadrantiden im Jahr 1949. Bull. Astr.-Geod. Ges. UdSSR Nr. **9** (**16**) S. 12—15 (russisch). — Mitteilung von Beobachtungen, Radianten und parabolischen Bahnelementen.

8275. Tauriden

F. L. Whipple, S. El-Din Hamid, On the origin of the Taurid meteors. AJ **55** 185—186. — Ref. AAS.

F. W. Wright, F. L. Whipple, The photographic Taurid meteors. Harvard College Obs. Technical Report Nr. **6**, 44 S. mit 9 Fig. = Harv Repr (2) Nr. **35**. — Die Analyse von 102 photographischen Meteoraufnahmen zwischen Oktober 15 und Dezember 2 (1896—1948), zum Teil von zwei Stationen, führt auf zwei Ströme mit Radianten in der Taurus-Gegend, deren Bewegungsverhältnisse untersucht werden. Beide Ströme laufen mit der gleichen heliozentrischen Geschwindigkeit parallel. Die Existenz zweier weiterer Ströme (südliche und nördliche Arietiden) ist wahrscheinlich; vielleicht stehen sie mit den beiden Taurusströmen in Zusammenhang. Kurz eingegangen wird auf die aus den Bahnelementen nahegelegte Beziehung der Ströme zum Kometen Encke. Micz.

Sky and Telescope **9** 248. Origin of the Taurids.

8276. Ursiden

A. M. Bacharew, Der Meteorstrom der Ursiden und Komet Tuttle I. Circ. Astr. Obs. Stalinabad Nr. 77—78 S. 2—3 (russisch).

Einzelne Meteore

8277. Beobachtungen von Feuerkugeln

1940	Febr. 4	BSAF **64** 100. J. Péricard.
1948	Juni 6	Priroda **39** Nr. 1 S. 63—64 (russisch). Der detonierende Bolid vom 6. Juni 1948 über dem Molotowsker Gebiet. P. N. Tschirwinskij.
	Aug. 12	JBAA **60** Tafel IV neben S. 135. Bright meteor in Cassiopeia.
	Aug. 18	JBAA **60** 90. A very remarkable meteoric observation.
1949	Juli 29/30	DOB **1950** 14—15. Le bolide du 29—30 juillet 1949.
	Sept. 4	Ciel et Terre **66** 22, 87. A. Gloden, J. Meeus, H. d'Halluin.
	Okt. 19	Coelum **18** 26. A. Cravero.
	Okt. 26	Pop Astr **58** 181—184, mit 1 Fig. C. H. Smith.
	Nov. 16	Coelum **18** 26. S. Santini.
	Nov. 28	Sternenwelt **2** 70. A. Przybylski.
	Dez. 8	Orion Schaffhausen **3** 101—102. P. Schenkel.
1950	Jan. 6	Orion Schaffhausen **3** 102. P. Schenkel.
	Jan. 14	Sternenwelt **2** 175. W. Augustin.
	Jan. 28	BSAF **64** 148. Mme Malburet.
	Febr. 17	BSAF **64** 100. M. Demast, J. Bryon.
	Febr. 24	BSAF **64** 148. G. Bardou.
	März 11	Orion Schaffhausen **3** 102. Das helle Meteor vom 11. März 1950. R. A. Naef.
	März 14	BSAF **64** 148. J. Austruy.
		Coelum **18** 83. A. Ferrari.
	März 26	Astr. Nachr. Berlin-Treptow **2** Nr. 2/3 S. 4. W. Thierfelder.
	April 12	BSAF **64** 193. M. Tisserant.
	April 16	BSAF **64** 193. E. J. Thiry.
	Mai 27	Astr Circ UdSSR Nr. 103—104 S. 25—26. Der Bolid vom 27. Mai 1950. W. Teifel.
	Juni 26	BSAF **64** 464. C. Roques.
	Juli 19	BSAF **64** 465. Le Roy de Rosay.
	Juli 27	BSAF **64** 408. J. J. Hommaire.
	Juli 28	Coelum **18** 132. A. Cravero.
	Aug. 9	BSAF **64** 408. Corniquet.
	Aug. 11	BSAF **64** 408—409. H. Raby, M. Guerret.
	Aug. 12	BSAF **64** 409. J. Ferré.
	Aug. 24	Circ. Astr. Obs. Stalinabad Nr. 87—88 S. 8. Ein Bolid über Pamir. A. M. Bacharew.
	Sept. 13	Coelum **18** 158. F. M. Bonanni.
	Sept. 14	Heelal **6** Nov.—Dec. Zweite Umschlagseite. De grote vuurbol van 14 September 1950.
	Sept. 24	Coelum **18** 158—159, mit 1 Fig. C. Recla.
	Sept. 26	BSAF **64** 465. F. Rameau.
	Okt. 4	Pop Astr **58** 472. G. van Biesbroeck.
	Nov. 2	Sky and Telescope **10** 46. Fireball over Northeast.

8278. Elemente von Feuerkugeln

1909	Aug. 19	Medd. Ole Römer-Obs. Århus Nr. **21** S. 262—264, mit 1 Fig. On two bright meteors. 2. The bright meteor of 1909 August 19th. A. V. Nielsen.

1936 Aug. 19	Sitzber. Österreichische Akad. Wiss. (Abteilung IIa) **158** 169—201. Drei Feuerkugeln vom 19. August 1936. M. Pastor.
Okt. 25	Anzeiger der Österreichischen Akad. Wiss., Math.-naturwiss. Kl., Wien **87**. Jg. 1950 S. 212. M. Pastor.
1938 Aug. 25	Publ. Astr. Obs. Stalinabad **3** Nr. 1 S. 92—98, mit 3 Abb. (russisch). Untersuchung der Bahn des Meteors vom 25. August 1938. A. M. Bacharew.
1939 Sept. 19	Publ. Astr. Obs. Stalinabad **3** Nr. 1 S. 73—91, mit 13 Abb. (russisch). Das Meteor vom 19. September 1939. A. M. Bacharew.
1945 Jan. 4	Anzeiger der Österreichischen Akad. Wiss., Math.-naturwiss. Kl., Wien **87**. Jg. 1950 S. 12. M. Pastor.
	Sitzber. Österreichische Akad. Wiss. (Abteilung IIa) **159** 263—285. Die Feuerkugel vom 4. Jänner 1945 $17^h 52^m$ MEZ. Ennstaler Meteor. M. Pastor.
1948 Mai 19	Medd. Ole Römer-Obs. Århus Nr. **21** S. 257—262, mit 1 Fig. On two bright meteors. 1. The detonating meteor of 1948 May 19th. A. V. Nielsen.
Juli 12	Nachr. turkmen. Abteilung Akad. Wiss. UdSSR Nr. **2** S. 93—95 (russisch). Die Bahn des Tagesboliden vom 12. Juli 1948 über der Kara-Kum-Wüste. E. K. Kapustjan.
1949 April 3	AJ **55** 187—188. The orbit of the meteor of April 3, 1949. C. C. Wylie. — Ref. AAS.
Juli 2	DOB **1950** 20—24, mit 1 Fig. Le bolide du 2 juillet 1949.
Sept. 2	Circ. Astr. Obs. Stalinabad Nr. 83—84 S. 1—6, mit 1 Fig. Höhen, Geschwindigkeiten und Bahnen von drei photographierten Meteoren. L. A. Katassjow.
Sept. 18	L. A. Katassjow. Vgl. 1949 Sept. 2.
Sept. 24	L. A. Katassjow. Vgl. 1949 Sept. 2.
Okt. 26	Pop Astr **58** 184—186. C. P. Olivier.
1950 Juni 9	Circ. Astr. Obs. Stalinabad Nr. 85—86 S. 2—4. Ergebnisse der Bearbeitung der photographischen Aufnahmen eines Meteores. L. A. Katassjow.
Sept. 4	Ciel et Terre **66** 117—120, mit 4 Fig. Le bolide du 4 septembre 1949. J. van Diggelen.

8279. Mitteilungen über Meteore

Ann d'Astrophys **13** 343, mit 1 Fig. Sur la trajectoire atmosphérique d'une trainée météorique persistante. R. Rigollet.

Bull. Astr.-Geod. Ges. UdSSR Nr. **8** (**15**) S. 31—33, mit 1 Fig. (russisch). Photographie des Meteors vom 7. April 1948. A. M. Bacharew.

Circ. Astr. Obs. Stalinabad Nr. 79—80 S. 1—5, mit 1 Abb. Photometrische Untersuchung der photographischen Aufnahmen des Meteors vom 19. September 1939. A. M. Bacharew.

Orion Schaffhausen **3** 101. Eigenartige Beobachtung anläßlich der Spikabedeckung vom 7. März 1950. F. Engelhard.

Orion Schaffhausen **3** 171—172. Beobachtungen heller Meteore im August-Oktober 1950. H. Hennicke, E. Herrmann, H. Peter, H. Moser.

Sky and Telescope **9** 297, mit 1 Fig. Spectrum of a meteor train.

Sterne **26** 82, mit einer Bemerkung von C. Hoffmeister S. 83. Eine Meteorbeobachtung aus dem Jahre 1895. C. Pasch.

Sterne **26** 127. Spektrum eines Meteorschweifes.

§ 83

Meteorite

8301. **J. Belben-Flux,** Tektites. MN ASSA **9** 6—8.

8302. **J. D. Buddhue,** Meteoritic Dust. Albuquerque, Editor of Publications, University of Mexico. 102 S. mit 4 Fig. und 8 Tafeln. Preis $ 1,50. — Anzeige in Pop Astr **58** 413, Besprechung in Sky and Telescope **10** 40, 173—174 (D. Hoffleit).

* * **E. S. Burxer,** Der gegenwärtige Stand der Frage nach der Bestimmung des Alters der Meteorite. Vgl. Ref. 5407.

8303. **F. K. Dalton,** Microhardness testing of iron meteorites. J RAS Canada **44** 1—11, 185—195, mit 5 Fig. und 3 Tafeln.

* * **W. W. Fedynskij,** Himmelssteine — Meteorite und Meteore. Vgl. Ref. 8215, 8216.

8304. **C. Fenner,** A note on the origin of tektites: a correction. Pop Astr **58** 518. — Berichtigung zur Untersuchung des Verf. «Australites, part V: Tektites in the South Australian Museum» in Trans. Roy. Soc. S. Aust. **73** 7—21.

8305. **W. G. Fessenkow,** Einige Probleme der Meteoritik. Meteoritika Nr. 8 S. 38—54 (russisch).

8306. **C. R. Hammond,** The chemical composition and some physical characteristics of tektites. Pop Astr **58** 345—350.

8307. **E. L. Krinow,** Himmelssteine (Meteorite). Moskau-Leningrad, Verlag Akad. Wiss. UdSSR, 1950. 80 S. mit 18 Abb. Preis 3 R. (russisch). — Inhalt dieser populärwissenschaftlichen Darstellung: Steine, welche vom Himmel fallen, S. 3—13; Woher und wie Meteorite fallen, S. 13—28; Niederfall und Funde von Meteoriten in unserem Land, S. 28—42; Allgemeines Aussehen und Ausmaße der Meteorite, S. 42—53; Woraus Meteorite bestehen, S. 53—66; Die Herkunft der Meteorite, S. 66—73; Wie beobachtet man den Niederfall von Meteoriten und wie führt man ihr Auffinden durch, S. 73—78. Loh.

8308. **L. G. Kwascha,** Über die Arbeit zur mineralogisch-mikroskopischen Untersuchung der Meteorite der Sammlung der Akademie der Wissenschaften der UdSSR. Meteoritika Nr. 8 S. 116—118 (russisch).

8309. **L. LaPaz,** The possible preservation in concretions of traces of ancient meteorites. Pop Astr **58** 35—39.

8310. **L. LaPaz,** A possibly meteoritic dust-cloud. Pop Astr **58** 355—356. — Beobachtung 1948 Feb. 7.

8311. **F. C. Leonard,** Contributions of The Meteoritical Society. Pop Astr **58** 35—40, 85—90, 134—138, 186—191, 236—239, 298—305, 345—358, 400—413, 458—470, 504—519, mit 18 Fig.

8312. **F. C. Leonard,** Trigonometric criteria for determining whether meteoritic falls lie on the same great circle. Pop Astr **58** 350—355, mit 3 Fig. — Es werden Formeln abgeleitet zur Bestimmung des größten Kreises durch zwei, ihrer Lage nach gegebenen Punkte der Kugel sowie für die Bedingung, daß ein weiterer Punkt auf diesem Kreis liegt und für den senkrechten Abstand eines außerhalb liegenden Punktes von demselben. Bo.

8313. **F. C. Leonard,** A proposed curriculum in meteoritics for college students. Pop Astr **58** 409—410.

8314. **F. C. Leonard,** Meteoritical great-circle problems. Pop Astr **58** 510—516, mit 2 Fig. — Als Fortsetzung der Arbeit Ref. 8312 werden weitere Formeln abgeleitet, die bei Untersuchungen über die Lage von Meteorfällen auf der Erdoberfläche praktische Anwendung finden. Es handelt sich um gegenseitige Lagebeziehungen von größten Kreisen und Punkten auf der Kugel. Bo.

8315. **J. Macnamara, H. G. Thode,** Comparison of the isotopic constitution of terrestrial and meteoric sulfur. Phys. Rev. (2) **78** 307—308, mit 1 Fig. — Von sechs Meteoriten wurden mittels eines Nierschen Massenspektrometers (vgl. Can. J. Research **B 23** 40, 1945) das Isotopenverhältnis S^{32}/S^{34} bestimmt. Es ergab sich als (praktisch) konstant zu 22.22. Der prozentuale Anteil von S^{33} und S^{36} in meteoritischem Schwefel beträgt nur 0.750 bzw. 0.017% ($S^{32} = 95.018\%$, $S^{34} = 4.215\%$). Es wird vermutet, daß ein ursprünglich auch auf der Erde überall gleiches Isotopenverhältnis des Schwefels durch biologische und geologische Prozesse verändert worden ist. Loh.

8316. **S. Murayama,** On the japanese meteorites. Strolling Astronomer **4** Nr. 7 S. 5—6.

8317. **H. H. Nininger, A. D. Nininger,** The Nininger Collection of Meteorites. Winslow Ariz., American Meteorite Museum, 1950. 144 S. mit 38 Tafeln. Preis $ 3.00. — Besprechung in Pop Astr **58** 267—278, Sky and Telescope **10** 40, 198 (C. A. Bauer).

8318. **E. Preuß,** Boten aus dem Kosmos. Sternenwelt **2** 153—156, mit 2 Abb.

* * **I. I. Putilin,** Kleine Planeten und Meteorite. Vgl. Ref. 7525.

8319. **J. S. Rinehart,** Some observations on high-speed impact. Pop Astr **58** 458—464, mit 3 Fig.

8320. **A. N. Sawarizkij,** Über einige Strukturbesonderheiten der Meteorite. Meteoritika Nr. 8 S. 100—115 (russisch).

8321. **H. Stücklen,** The effect of cosmic rays on meteorites. Pop Astr **58** 186—189, mit 1 Fig. — Ref. in Sternenwelt **2** 185.

8322. **A. W. Trofimow,** Das Isotopenverhältnis des Kohlenstoffs in den Meteoriten. DAN **72** 663—666 (russisch).

8323. **A. W. Trofimow,** Die Häufigkeit der Kohlenstoffisotopen in Meteoriten. Meteoritika Nr. 8 S. 127—133 (russisch).

8324. **F. L. Whipple,** The theory of micro-meteorites. Part I. In an isothermal atmosphere. Proc. National Acad. Sci. USA **36** 687—695. — Die Auffindung einiger kleiner magnetischer Partikel im Jahr 1946, die H. E. Landsberg als «Mikro-Meteorite» anspricht, veranlaßt Verf. zur theoretischen Untersuchung, unter welchen Bedingungen solche Meteore in der Atmosphäre gestoppt werden können, ohne über ihren Schmelzpunkt hinaus erhitzt zu werden. Er leitet eine Beziehung zwischen Temperatur, Geschwindigkeit und Zeit her, sofern die Dichte der Atmosphäre als Funktion dieser Zeit ausgedrückt werden kann, und betrachtet in einer isothermen Atmosphäre Partikel verschiedener Gestalt, den Einfluß der Partikelgröße, den der Geschwindigkeit und den des Schmelzpunktes. Gli.

8325. **C. C. Wylie,** Fire from heaven? Pop Astr **58** 466—467. — Beispiel von feurigen Meteoriten, welche F. C. Leonard mit «meteorong» bezeichnet.

8326. **C. C. Wylie,** Weighing large meteorites. Sky and Telescope **10** 3—4, mit 3 Fig.

8327. Stony meteorites. Nature **166** 378—379. — Bericht über eine Ansprache von W. Campbell Smith.

8328. Use of meteor, meteorite in astronomy cleared up. Pop Astr **58** 39. Mit einer Bemerkung in Pop Astr **58** 147—148 unter dem Titel: Mr. Chapman grant raises some questions.

8329. Why study meteorites? Pop Astr **58** 411—412.

8330. Double blast in Arizona. Sky and Telescope **9** 114. — Ref. AAS.

8331. Meteorites outside the earth's atmosphere. Strolling Astronomer **4** Nr. 1 S. 7—8.

8332. Meteoritics or ornitology. Strolling Astronomer **4** Nr. 4 S. 6—7.

8333. Some curious objects — meteoritic perhaps. Strolling Astronomer **4** Nr. 5 S. 8—9.

8334. Coordinate numbers of japanese meteorites. Strolling Astronomer **4** Nr. 8 S. 6.

Einzelne Meteorite

8335. **C. W. Beck, L. LaPaz,** The Albuquerque Bernalillo County, New Mexico, Siderite (ECN = +1068, 350). Pop Astr **58** 85—89, mit 3 Fig.

8336. **J. D. Buddhue,** New chemical analyses of the Canyon Diablo, Arizona, and Arispe, Sonora, Mexico, siderites. Pop Astr **58** 190.

8337. **S. S. Fonton,** Ergebnisse der Arbeiten der dritten Expedition zur Untersuchung des Niederfalles des Sichoté-Aliner Meteoritenregens. Meteoritika Nr. **8** S. 57—65 (russisch).

8338. **W. Heybrock,** Spektralanalyse des Meteoriten von Untermässing. Sterne **26** 83—84.

8339. **W. Heybrock,** Der Meteoritenfall von New Mexico im Jahre 1933. Sternenwelt **2** 15.

8340. **C. L. Janssen,** Lidt om Arizona Meteoret. Urania Kopenhagen **7** 54—57. — Bericht über eine chemische Analyse.

8341. **A. A. Jawnel,** Spektrographische Analyse des Sichoté-Aliner Meteoriten. Meteoritika Nr. **8** S. 134—148 (russisch).

8342. **A. A. Jawnel,** Metallographische und spektrographische Untersuchung des Sichoté-Aliner Meteorits. Alma-Ata, 1950. 5 S. (Dissertationsauszug, russisch).

8343. **E. L. Krinow,** Der Steinmeteoritenregen Kunaschak. Meteoritika Nr. **8** S. 66—77 (russisch).

8344. **E. L. Krinow,** Form und Oberflächenstruktur der Schmelzkruste individueller Exemplare des Sichoté-Aliner Eisenmeteoritenregens. Meteoritika Nr. **8** S. 78—99 (russisch).

8345. **E. L. Krinow,** Some peculiar characteristics of the meteorite fall in Sikhoté-Alin. Presented by S. I. Wavilow, member of the Science Academy in Soviet Russia. Pop Astr **58** 129—133, mit 2 Fig.

8346. **E. L. Krinow,** Some characteristic features of the Sikhota-Alin (Ussuri) iron-meteorite shower (of the U. S. S. R.: ECN = ∓1347,462). Pop Astr **58** 298—303, mit 4 Fig. — Übersetzung ins Englische des von S. I. Vavilov vorgelegten Berichtes durch A. W. Boldyreff und L. LaPaz mit kritischen Erläuterungen.

8347. **E. L. Krinow,** Der Steinmeteorregen Kunaschak. Priroda **39** Nr. 8 S. 27—33 (russisch).

8348. **G. A. Lange,** Niederfall eines Meteoriten. Astr Circ UdSSR Nr. 105 S. 10—11 (russisch). — Bei $\lambda = -67° 17'$, $\varphi = +39° 14'$, etwa 45 km ostwärts der Breitenstation Kitab, fiel nach zahlreichen Augenzeugenberichten am 24. Januar 1950 ein Meteorit nieder. Die Suche nach ihm soll fortgesetzt werden. Loh.

8349. **F. C. Leonard,** On the identification and the recovery of the Goose Lake, California, siderite (ECN = +1205,420). Pop Astr **58** 516—518.

8350. **R. A. Morley,** The discovery of an additional Sams Valley, Oregon, meteorite (ECN = +1229,425). Pop Astr **58** 236—238.

8351. **H. H. Nininger,** Structure and composition of Canyon Diablo meteorites as related to zonal distribution of fragments. AJ **55** 76, Pop Astr **58** 169—173, mit 1 Fig.

8352. **A. I. Ohl,** Ein riesiger Steinmeteorit. Priroda **39** Nr. 4 S. 44—46 (russisch).

8353. **J. H. Pruett,** The lost Port Orford, Oregon, meteorite (ECN = +1245,428:). Pop Astr **58** 402—405, mit 1 Fig.

8354. **D. I. Sinjutin,** Ein neues Bruchstück des Meteorits Chmeljowka. Priroda **39** Nr. 11 S. 38—40 (russisch).

8355. **O. Struve,** The great meteor of 1947. Sci. American Juni 1950 S. 42—43, mit 2 Fig. — Betrifft den Sichoté-Aliner Meteorit vom 12. Febr. 1947.

8356. The meteoritic fall at Sikhoté-Alin, U. S. S. R. (ECN = ∓1347,462). Pop Astr **58** 40.

Meteoritenkrater

8357. **B. Gèze, A. Cailleux,** Existence probable de cratères météoriques à Cabrerolles et à Faugères (Hérault). CR **230** 1534—1536, mit 1 Fig. — Beschreibung von zwei Kratern in der Nähe von Cabrerolles bzw. Faugères, die vermutlich meteorischen Ursprungs sind. Der ausgedehntere von beiden (Faugères) stellt mit 210 m Durchmesser den drittgrößten bekannten Krater dieser Art dar. Micz.

8358. **W. Heybrock,** Der Haviland-Meteor-Krater in USA. Sterne **26** 32.

8359. **L. LaPaz,** A preliminary report on Indian ruins discovered near the crest of the Barringer meteorite crater, Arizona. Pop Astr **58** 400—401.

8360. **V. B. Meen,** Chubb crater, Ungava, Quebec. J RAS Canada **44** 169—180, mit 4 Fig. und 5 Tafeln. Ref. in Obs **71** 122—123, mit 1 Fig., Sternenwelt **3** 64.

8361. **W. F. Prouty,** Origin of Carolina Bays. Pop Astr **58** 17—21, mit einer Anmerkung von C. Grant. — Vgl. hierzu AJB **48** Ref. 8351 und 8353.

8362. Meteor crater. Irish AJ **1** 67. — Anzeige der Entdeckung des neuen Meteorkraters im Kimberley District of Western Australia at Wolf Creek.

8363. The largest meteor crater. Irish AJ **1** 104. — Krater mit 2.5 Meilen Durchmesser im nördlichen Quebec, Canada.

8364. A recently discovered possible meteorite crater in Quebec, Canada. Pop Astr **58** 410—411.

8365. The ECN of the Chubb Crater of Quebec, Canada (+737,613). Pop Astr **58** 469.

8366. The name of the Barringer meteorite crater of Arizona. Pop Astr **58** 469.

8367. Huge crater possibly of meteoric origin. Sky and Telescope **9** 273. — Betrifft den von W. F. Chubb entdeckten Krater in Kanada.

8368. Indian ruins at meteor crater. Sky and Telescope **10** 34.

§ 84

Zodiakallicht, Gegenschein

8401. **I. S. Astapowitsch,** Die Ephemeride des Gegenscheins. Astr Circ UdSSR Nr. 103—104 S. 19—23 (russisch). — Neben einer durch $\beta = +1\overset{\circ}{.}8 \cdot \sin(\odot - 270^\circ) + 0\overset{\circ}{.}6$ dargestellten, aus den Beobachtungen seit 1942 erschlossenen jährlichen ekliptikalen Breitenschwankung des Gegenscheins ergab eine genauere Untersuchung der Westabweichung des Gegenscheinzentrums vom Sonnengegenpunkt ($2\overset{\circ}{.}8 \pm 0\overset{\circ}{.}2$), daß diese ebenfalls einer jährlichen, zugleich aber auch täglichen Schwankung der Form $\lambda = (\odot + 180^\circ) - 1\overset{\circ}{.}96 \cdot \sin t - 2\overset{\circ}{.}70$ unterworfen ist. Aus der vom Stundenwinkel t abhängigen Längenschwankung resultiert eine Horizontalparallaxe des Gegenscheins von $3\overset{\circ}{.}3$. Die beiden angeführten Gleichungen stellen die Grundlagen für eine Gegenscheinephemeride dar. Loh.

8402. **I. S. Astapowitsch,** Das Problem des Gegenscheins (Hat die Erde einen Gasschweif?). Priroda **39** Nr. 1 S. 25—32 (russisch).

8403. **A. Colacevich, L. Viviani,** Misure fotometriche di luce zodiacale. Rend. Accad. Nazionale Lincei, Cl. Sci. fis., mat., nat (8) **8** 224—226. — Aus 15 photographischen, auf dem Pic du Midi gemachten Aufnahmen werden die Isophoten des Zodiakallichts abgeleitet. F. Z.

8404. **M. G. Karimow,** Untersuchung der spektralen Eigenschaften des Zodiakallichts. AJ UdSSR **27** 97—104, mit 3 Abb. (russisch). — Ref. in Astr. News Letter Nr. **51** S. 9. — Die mit einem lichtstarken Nebelspektrographen 1948 auf dem 1400 m hohen astrophysikalischen Bergobservatorium bei Alma-Ata erhaltenen Spektren des Zodiakallichts wurden im Labor unter Verwendung eines Hilfsspektrographen mit einer künstlichen Lichtquelle kalibriert und photometrisch an die Sonne angeschlossen. Dabei wurde deren Intensität durch zweimalige Reflexion an MgO-Flächen stark gedämpft. Die vom Einfluß des Nachthimmellichts befreite spektrale Energieverteilung zwischen 4300 und 5400 Å besitzt ein Maximum bei 4600 Å und fällt von da aus etwas steiler zum Langwelligen hin ab als diejenige der Sonne. Loh.

8405. **D. A. Roshkowskij,** Photographische Isophoten des Gegenscheins nach Beobachtungen in den Jahren 1948 und 1949. AJ UdSSR **27** 34—40, mit 5 Abb. und 1 Tafel (russisch). — Ref. in Astr. News Letter Nr. **51** S. 5. — Im vorliegenden Aufsatz wird über das Ergebnis einer photographischen Photometrie des Gegenscheins unter Berücksichtigung des Nachthimmellichtes berichtet. Form und Helligkeit des Gegenscheins sind Wandlungen unterworfen. Die Horizontalparallaxe wird berechnet. Nach Eliminierung des Einflusses des Nachthimmellichtes nach dem Fessenkowschen Verfahren ergeben sich Isophoten des Gegenscheins, in denen bestimmte Gesetzmäßigkeiten zum Ausdruck kommen. Es ist möglich, diese Gesetzmäßigkeiten durch das Leuchten eines bestimmten Teilchenkomplexes zu deuten, dessen räumliche Dichteverteilung auch abgeleitet wird. Verf. (übersetzt)

8406. G. A. Tichow, Das Spektrum des Zodiakallichts. DAN **73** 53—54 (russisch).

8407. Beobachtungen des Zodiakallichts und Gegenscheins
JBAA **60** 246. Zodiacal light 1949, 1950.
Orion Schaffhausen **3** 101. Zodiakallicht-Beobachtungen. K. Rapp.

Zehnter Teil

Sterne

§ 90

Allgemeines

9001. L. S. Copeland, Touring summer starlands. Sky and Telescope **9** 212—214, mit 4 Fig.

9002. P. Couderc, Le pôle nord céleste et l'étoile polaire. BSAF **64** 68—71, mit 1 Fig. — Inhalt: Les polaires du passé et du futur. La polaire, étoile variable. La polaire, étoile double visuelle. La polaire, étoile double spectroscopique. Caractères physiques.

9003. G. B. Lacchini, Sulle rappresentazioni del cielo stellato, costellazioni e notazioni usate per indicare le stelle. Coelum **18** 46—48 = Oss. Astr. Trieste Nr. **236**. — Mitteilung über Konstellationen und Sternnamen.

* * **W. H. McCrea,** Physics of the Sun and Stars. Vgl. Ref. **6015**.

§ 91

Positionen, Kataloge, Fundamentalsystem, Karten

9101. I. Barney, Catalogue of the positions and proper motions of 5583 stars. Re-observation by photography of the Astronomische Gesellschaft Zone between declinations —2° and +1°, reduced to 1950.0 without applying proper motions. Trans. Astr. Obs. Yale Univ. **21**, 12 + 116 S.

9102. I. Barney, Catalogue of the positions and proper motions of 9060 stars. Re-observation by photography of the Astronomische Gesellschaft Zone between declinations +5° and +9°, reduced to 1950.0 without applying proper motions. Trans. Astr. Obs. Yale Univ. **22** part 1, 11+185 S.

9103. I. Barney, Catalogue of the positions and proper motions of 1904 stars. Re-observation by photography of the Astronomische Gesellschaft Zone between declinations +9° and +10°, reduced to 1950.0 without applying proper motions. Trans. Astr. Obs. Yale Univ. **22** part 2, 41 S.

9104. S. W. Drosdow, Die Bestimmung der Deklinationen schwacher Zenitsterne mit Hilfe des Zenitteleskops. Publ. Gravimetr. Obs. Poltawa **3** 121—125 (russisch). — Enthält die Deklinationen von 49 AG-Sternen, die in den Zenit von Poltawa gelangen.

9105. **E. Guerrieri,** Catalogo di 750 stelle zenitali per Capodimonte da osservazioni meridiane al cerchio di Repsold. Mem. Accad. Sci. fis. e mat. Napoli (3) **3**, 29 S. = Oss. Astr. Capodimonte Mem. Astr. Nr. **11**. — Beschreibung des Repsoldschen Meridiankreises und der Beobachtungsverfahren. Der Katalog umfaßt 750 Zenitsterne zwischen $4^m.3$ und $8^m.5$. F. Z.

9106. **H. A. Martinez,** Estrellas de latitud. Publ. Obs. La Plata Serie Astronómica **11** Nr. 4, 1949. — Katalog von 168 Sternen, die als Sternpaare dem Internationalen australischen Breitendienst dienen sollen. Die Örter sind auf 1950.0 reduziert. Sconzo

9107. **H. R. Morgan,** Definitive positions and proper motions of primary reference stars for Pluto. Washington, Astr. Papers prepared for the use of the American Ephemeris and Nautical Almanac **11** 505—519.

9108. **E. Paloque,** Quatrième Catalogue de Toulouse. Positions et mouvements propres des étoiles de repère de la zone +4°, +12° pour l'époque et l'équinoxe 1900.0 (Suite). Ann. Obs. Astr. Mét. Toulouse **20** 5—13.

9109. **T. B. Sabanina,** Rektaszensionen und Eigenbewegungen μ_α der Pulkowoer Zeitsterne. Mitt. Astr. Hauptobs. Pulkowo **18** Nr. 2 (143) S. 66—70 (russisch).

9110. **H. U. Sandig,** Vermißte Sterne. NAZ **4** 18.

9111. **H. U. Sandig,** Die Verbesserung der Sternörter für eine Neureduktion älterer Azimut- und Längenbestimmungen. Veröff. Inst. Erdmessung **12** 7—37, mit 3 Abb. — Eine Neureduktion älterer Azimut- und Längenbestimmungen erfordert die Verbesserung der ihnen zugrunde liegenden Sternörter; diese besteht in der Umrechnung der Örter auf das System des FK 3, in der Benutzung der Newcombschen Konstanten und in der Berücksichtigung der kurzperiodischen Nutationsglieder bei der Reduktion auf den scheinbaren Ort, sowie gegebenenfalls in der Berücksichtigung der Polschwankungen. Eine Übersicht orientiert über die Entwicklung der Grundlagen der mittleren Sternörter im Berliner Jahrbuch, wobei auch Tabellen für die Differenz FK 3 — Jahrbuch für Polaris gegeben werden. Das einzuschlagende Verfahren einer Neureduktion wird sodann eingehend erläutert und an zwei Beispielen für die Verbesserung einer Azimutmessung demonstriert. T. L.

9112. **P. A. Sawizkij,** Vorläufige Ergebnisse über photographische Aufnahmen außergalaktischer Nebel am Astronomischen Observatorium Taschkent für den Katalog schwacher Sterne. Publ. Astr. Obs. Taschkent (2) **1** 78—88 (russisch). — Ref. in Astr. News Letter Nr. 63 S. 8—9. — Wegen ihrer verschwindend kleinen Eigenbewegungen eignen sich außergalaktische Nebel je nach ihrem Aussehen mehr oder weniger gut als Anhaltssterne zur Bestimmung von Eigenbewegungen schwacher Sterne. Verf. stellt zu diesem Zweck eine Liste von 142 in Taschkent photographierten Nebeln einschließlich ihrer Beschreibung zusammen. Loh.

9113. **M. S. Swerew,** Die Fundamentalastrometrie. Vgl. Ref. 711. — Im ersten Teil des Berichts (S. 3—54) werden die hauptsächlichen methodischen Probleme der Meridianastrometrie dargestellt. Im einzelnen werden nach einleitenden Bemerkungen behandelt: die Bestimmung der Rektaszensionen und das absolute Azimut, Ausgleichung der Rektaszensionen innerhalb eines Systems, Bestimmung des Koordinatenursprungs des Rektaszensionssystems, Verwendung von Beobachtungen Kleiner Planeten zur Orientierung des Koordinatensystems eines Sternkatalogs, Untersuchung der Zapfen der Meridianinstrumente, absolute Deklinationsbestimmung, astronomische Biegung, differentielle Koordinatenbestimmung von Gestirnen. Der zweite Teil (S. 54—110) ist der Aufstellung der Fundamental- und Kompilationskataloge gewidmet. Im einzelnen werden behandelt: Systematische Fehler der Kataloge, Schaffung des Fundamentalsystems, die Fundamentalkataloge von Newcomb und Auwers, diejenigen von Boss, Vergleich der Fundamentalsysteme des FK 3 und GC, weitere Fundamental- und Kompilationskataloge. Loh.

* * **M. S. Swerew,** Untersuchung der Ergebnisse der astronomischen Beobachtungen des Zeitdienstes des Sternberg-Instituts in den Jahren 1941—1944. Vgl. Ref. 2347.

* * **M. S. Swerew,** Verzeichnis von Sternen zur Beobachtung an Passageninstrumenten der Zeitdienste in Breiten von +50° bis +60°. Vgl. Ref. 2348.

9114. **B. Thüring,** Fundamental-System und Inertial-System. Methodos **1950** 265—294 (mit engl. Übersetzung). — Fundamental- und Inertialsystem — beruhend auf Winkel- bzw. Kräftemessung — werden zunächst definiert. Die Verschiedenheit dieser beiden Systeme, welche sich in den Restbeträgen der Planetenbewegung zeigt, widerspricht der eindeutigen systematischen wissenschaftlichen Methodik. Nach Beschreibung der Versuche von Anding, v. Seeliger und Bauschinger wird die Möglichkeit und Notwendigkeit aufgezeigt, die Identität der beiden Systeme durch fortschreitende Exhaustion des Newtonschen Gesetzes herzustellen. T. L.

9115. **K. Tuzi,** Tokyo Mitaka catalogue of zenith stars for the equinox 1950. Ann. Tokyo Astr. Obs. (2) 2 153—301, mit 9 Fig.

9116. **K. Tuzi,** The observation of right ascensions of zenith stars. TAB (2) Nr. **26** S. 183—189.

9117. **G. K. Zimmerman,** Ergebnisse von Beobachtungen aus den Jahren 1929—1939 am Vertikalkreis des Observatoriums Nikolajew. Astr. Hauptobs. Akad. Wiss. UdSSR, 1950. 14 S. (russisch). — Dissertationsreferat.

9118. Septième Catalogue, comprenant 1315 étoiles dont 709 fondamentales de +45° à −26° observées en 1933, 1934, réduites à 1925,0. Obs. d'Abbadia 1950. 6+27 S.

9119. Third Cape Catalogue of Stars for the Equinox of 1925.0. Catalogue of 6597 Stars, between the equator and declination −30°. Compiled from observations made with the Reversible Transit Circle at the Royal Observatory, Cape of Good Hope in the years 1932 — 1936 under the direction of J. Jackson. London, His Majesty's Stationery Office, 1950. 18+132 S.

9120. R. Osservatorio Astrofisico di Catania. Catalogo Astrofotografico Internazionale 1900.0. Zona di Catania fra le declinazioni +46° e +55°. Vol. **3** parte 8. Declinazione da +48° a +50°, Ascensione Retta da 21^h a 24^h. Fasc. Nr. 24. Barriera (Catania), 1939. 100 S.

9121. Observations made with the Cookson Floating Zenith Telescope in the years 1927—1936 at the Royal Observatory, Greenwich and the determination of latitude and the constant of nutation from observations in the years 1911—1936. London, 1939. 151 S. mit 1 Tafel. Preis 15 s. 0 d. net.

9122. Geschichte des Fixsternhimmels. Abteilung II. Der südliche Sternhimmel. Band **9**: 8^h Rektaszension. Zweite Lieferung 18^m—38^m. Herausgegeben von J. Haas. Karlsruhe, 1950. S. 81—160. Preis 20 DM.

9123. Observatoire de Paris. Catalogue de 11755 étoiles de la zone +17° à +25° et de magnitudes 9.5 à 10.5, destinées à servir de références pour la détermination des mouvements propres des étoiles du Catalogue Photographique de Paris. Paris, Ouvrage publié avec Le Concours du Centre National de la Recherche Scientifique, 1950. 28+172 S.

9124. Astrographic Catalogue 1900.0. Perth Section. Dec. —31° to —41°. From photographs taken at the Perth Observatory, Western Australia and measured at the Royal Observatory, Edinburgh. Vol. **2.** Measures of rectangular co-ordinates and diameters of 62.923 star images on plates with centres in Dec. —39°. Published under the auspices of the International Astronomical Union. Paris, 1950. 12+315 S.

9125. Catalogue de 2251 étoiles faibles réduites à 1930.0. Ann. Obs. Strasbourg **4** fasc. 1, 62 S. mit 1 Fig.

9126. Astrographic Catalogue 1900.0. Sydney Section. Vol. **31.** R. A. 12^h to 18^h, Dec. −58° to −60°. Sydney, 1950. 3+100 S.

9127. Catalogue of bright stars. Sterne **26** 86.

9128. «Bonner Durchmusterung». Sky and Telescope **9** 215.

9129. BD+8°236. Publ. Obs. Astr. Univ. Belgrade Bull. **7** 17. M. Protitch. — Ort 1942.0.

9130. BD−5°5896 (9.2). MPC 514. — Ort.

Sternkarten

9131. A. Bečvář, Atlas Coeli Skalnaté Pleso. Vgl. AJB **48** Ref. **9130.** — Weitere Besprechung in BSAF **64** 173.
Berichtigungen zum Sternatlas:
Hemel en Dampkring **48** 217, Sky and Telescope **10** 9, mit 5 Fig.

9132. E. Bietti, Le stelle dei naviganti. Bergamo, Istituto d'arti grafiche, 1949. 16 S. mit 1 Tafel (50×80 cm). Preis 300 Lire. — Besprechung in Coelum **18** 27.

9133. R. Henseling, Himmelskarten der zwölf Monate und des Tierkreises. Vgl. AJB **49** Ref. **9134.** — Besprechung in Sternenwelt **2** 120.

9134. B. N. Himmelfarb, Eine neue photographische Durchmusterung des Sternhimmels. Priroda **39** Nr. 7 S. 49—50 (russisch).

9135. J. Krajči, Mapa oblohy. Bratislava, Verlag der Techn. Hochschule, 1947. Preis 47 Kčs (slowakisch). — Karte des nördlichen Himmels, enthaltend alle Sterne bis zur 8. Größe, sowie helle Sternhaufen und Nebel. J. B.

9136. G. G. Lengauer, Taschensternatlas. Leningrad, Staatsverlag für Lehr- und Erziehungsbücher des Ministeriums für Bildungswesen der russischen Sowjetrepublik, 1950. 16 S. mit 8 Karten und 16 Abb. Preis 11 R. 50 Kop. (russisch). — Erfaßt bei einem Format von 11×14 cm² Sterne bis zu −30° und 5^m5.

9137. V. Neubert, Mappa Coelestis Nova. Cambridge, Mass. Harvard College Observatory. — Besprechung in Pop Astr **58** 152.

9138. H. S. Shaw, Atlas of the Heavens and corrections. Sky and Telescope **10** 8—9, mit 5 Fig. — Index zum Altas (Bearbeitung C. E. Kratz) und Berichtigungen zu Karte II, V, VII, VIII und XIV.

9139. P. Tardi, La Carte du Ciel en projection stéréographique publiée par l'Institut Géographique National. BSAF **64** 395—398, mit 3 Fig.

9140. O. Thomas, Atlas der Sternbilder. Vgl. AJB **46** Ref. **7136.** — Weitere Besprechung in Sterne **26** 44—45.

9141. F. Wilmot, Luminescent Star Charts. Los Angeles, Wilmot Luminescent Art Company, 1950. 6 Karten. Preis **$** 7.45. — Besprechung in Sky and Telescope **9** 303 (O. Gingerich).

9142. **R. A. Wright**, Astronomy Charted. Worcester, Mass. Preis $ 3.00. — Besprechung in Pop Astr **58** 365.

9143. A new popular star atlas. Vgl. AJB **49** Ref. **9140**. — Weitere Besprechung in JBAA **60** 58, Sky and Telescope **9** 66—67.

9144. Stern-Atlas, enthaltend alle Sterne bis zur 9ten Größe sowie die helleren Sternhaufen und Nebel zwischen dem Nordpol und 23° südlicher Deklination für 1855.0, gezeichnet von Studienrat M. Beyer, herausgegeben von Prof. Dr. K. Graff. Bonn, F. Dümmlers Verlag, 1950. 27 Karten. 3. Auflage. — Besprechung in Mitt. AG **1950** 63 (W. Strohmeier), Naturwissenschaften **38** 160—161 (S. Günther), Naturwiss. Rundschau **4** 137, Sterne **27** 63—64 (P. Ahnert), Sternenwelt **3** 80, Z. f. Naturforschung **5a** 634—635 (G. R. Miczaika).

9145. Brown's Star Atlas. Glasgow, Brown, Sons and Ferguson, Ltd., 1949. 50 S. mit 6 Karten und 9 Fig. Preis 7 s. 6 d. net. — Besprechung in Obs **70** 123.

9146. Starscope: An instrument to teach star names and groups in a direct visual manner. Linden, Missouri, manufactured by Polaris D & M Company. Preis $ 3.95. — Besprechung in Pop Astr **58** 252—253 (A. J. Galambos).

9147. Een enorme sterrenatlas. Hemel en Dampkring **48** 40. — Bericht über das Projekt des National Geographic Society-Palomar Observatory Sky Survey.

9148. Maier's drehbare Sternkarte. Ravensburg, Verlag von Otto Maier. Preis DM 1.80. — Besprechung in Sternenwelt **2** 96.

9149. Neue Kosmos-Sternkarte mit Planetenzeiger. Stuttgart, Franckh'sche Verlagshandlung. Preis DM 6.50. — Besprechung in Sternenwelt **2** 96.

§ 92

Eigenbewegung, Radialgeschwindigkeit

9201. **K. D. Adams**, Barnard's «runaway» star. Southern Stars **14** 136—138.

9202. **L. Binnendijk**, Parallaxes and proper motions of Ross 671, Ross 775 and δ Trianguli from photographs taken with the 24-inch Sproul refractor. AJ **55** 38—42 = Repr. Sproul Obs. Nr. **66**.

9203. **Chopinet, P. Sémirot**, Détermination des mouvements propres des étoiles du catalogue photographique par contretypage. JO **33** 137—142 = Publ. Obs. Univ. Bordeaux (NS) Nr. 8. — Die vorgeschlagene Methode beruht darauf, daß von den Platten des alten photographischen Katalogs Positive angefertigt werden; diese werden dann auf die neuen Platten vor deren Entwicklung reproduziert, sodaß dort sowohl die alten als auch die neuen Sternbildchen erscheinen und zur Ableitung von Eigenbewegungen benutzt werden können. Dieses Verfahren enthält keine zusätzlichen Fehlerquellen, sofern die alten Platten nicht merklich deformiert sind. T. L.

9204. **N. W. Fatschichin**, Die Bestimmung absoluter Eigenbewegungen von Sternen unter Verwendung außergalaktischer Nebel. DAN **71** 253—256 (russisch).

9205. **O. Heckmann, W. Dieckvoss, H. Kox**, Die Ableitung der Eigenbewegungen von Sternen der AG-Kataloge mit Benutzung der Photographischen Himmelskarte, insbesondere in der Zone +20° bis +25° (Berlin B). Vgl. AJB **49** Ref. **9205**. — Weitere Besprechung in

AN **278** 280 (J. Wempe), Ciel et Terre **66** 90—91 (S. Arend), Mem SA It (NS) **21** 77—78 (F. Žagar), Naturwiss. Rundschau **4** 231 (H. Werner), Sterne **26** 47.

9206. **S. I. Kadla,** Bestimmung und Untersuchung der Eigenbewegungen der Sterne im Gebiet von η Cygni. Moskau, Lomonossow-Staatsuniv., 1950. 12 S. (russisch). — Dissertationsreferat.

* * **P. van de Kamp, E. W. Dennison,** The parallax and proper motion of Barnard's star. Vgl. Ref. **9303.**

9207. **G. Mannino, L. Rosino,** Sul moto proprio relativo di alcune variabili tipo SS Cygni. Mem SA It (NS) **21** 3—10, mit 1 Fig. und 1 Tafel = Contr. Oss. Astrofis. Asiago Nr. **14.** — Es werden die Eigenbewegungen von neun SS Cygni-Sternen abgeleitet, um die mittlere Parallaxe und die mittlere absolute Helligkeit zu bestimmen. Die 41 untersuchten Platten beziehen sich auf zwei um rund zehn Jahre auseinander liegende Epochen. Jeder Veränderliche ist an durchschnittlich 10 Vergleichssterne angeschlossen. Die Messungen wurden von beiden Autoren getrennt bearbeitet. Als mittlere absolute Helligkeit im Minimum ergibt sich für diese SS Cygni-Sterne $+10^{m}.5$. F. Z.

* * **H. R. Morgan,** Definitive positions and proper motions of primary reference stars for Pluto. Vgl. Ref. **9107.**

* * **E. Paloque,** Quatrième Catalogue de Toulouse. Positions et mouvements propres des étoiles de repère de la zone +4°, +12° pour l'époque et l'équinoxe 1900.0. (Suite). Vgl. Ref. **9108.**

9208. **L. Pourtau,** Positions et mouvements propres de 357 étoiles de repère de la zone +16° à +18° pour l'époque et l'équinoxe 1950.0. JO **33** 76—88 = Publ. Obs. Univ. Bordeaux (NS) Nr. **10.**

9209. **H. Roth,** Parallaxes and proper motions of BD +4° 4048, BD +61° 2068 and BD +61° 2067 from photographs taken with the 24-inch Sproul refractor. AJ **55** 43—47 = Repr. Sproul Obs. Nr. **66.**

* * **T. B. Sabanina,** Rektaszensionen und Eigenbewegungen μ_α der Pulkowoer Zeitsterne. Vgl. Ref. **9109.**

9210. **P. Sawizkij,** Sterne mit großen Eigenbewegungen in der Umgebung des galaktischen Sternhaufens NGC 6885. Astr Circ UdSSR Nr. 103—104 S. 18 (russisch). — Betrifft 15 Sterne.

* * **R. B. Schazowa,** Die Asymmetrie der Eigenbewegungen des GC von Boss. Vgl. Ref. **12345.**

9211. **W. H. Wright,** On a proposal to use the extragalactic nebulae in measuring the proper motions of stars, and in evaluating the precessional constant. Proc. American Phil. Soc. **94** 1—12, mit 5 Fig. — Ein fundamentales Koordinatensystem, welches an die extragalaktischen Nebel angeschlossen ist, ist keinen dynamischen Einflüssen der Milchstraße unterworfen und daher frei von jeglichen kinematischen Annahmen. An Hand der Erfahrungen, die am Lick Observatory mit den Vorversuchen gemacht worden sind, werden die praktischen Möglichkeiten für die Schaffung eines solchen Systems diskutiert. Die Positionen von Tausenden von fernen Nebeln, die über ungefähr drei Viertel des Himmels verteilt sind, können auf photographischem Wege mit etwa der gleichen Genauigkeit gemessen werden wie die Sternörter am Meridiankreis. Eine besondere Schwierigkeit bedeutet der große Helligkeitsunterschied von 8 Größenklassen zwischen den zu verwendenden Nebeln und den Sternen zwischen $6^{m}.2$ und $8^{m}.2$, welche mit ihren Eigenbewegungen das

System repräsentieren sollen; doch kann dieses Problem durch Zwischenschaltung eines Systems von Sternen, deren Helligkeit etwa in der Mitte liegt, gelöst werden. T. L.

9212. Eigenbewegungen einzelner Sterne

δ Tri	L. Binnendijk. Vgl. Ref. **9202**.
BD +61° 2068	H. Roth. Vgl. Ref. **9209**.
BD +61° 2067	H. Roth. Vgl. Ref. **9209**.
BD +43° 744	M. Uranowa, Zwei Breitenpaare mit großer Eigenbewegung. Astr Circ UdSSR Nr. 98—99 S. 11—12 (russisch).
BD +43° 763	M. Uranowa. Vgl. BD +43° 744.
BD +23° 123	A. M. Russanowa, Die Eigenbewegung des Sterns BD +23° 123. AJ UdSSR **27** 355—356 (russisch). — Ref. in Astr. News Letter Nr. **55** S. 5.
BD +4° 4048	H. Roth. Vgl. Ref. **9209**.
L 726—8	W. J. Luyten, Notes on proper motion stars. Publ ASP **62** 274—276.
L 879—2	W. J. Luyten. Siehe L 726—8.
L 879—6	W. J. Luyten. Siehe L 726—8.
L 879—14	W. J. Luyten. Siehe L 726—8.
L 930—80	W. J. Luyten. Siehe L 726—8.
L 1573—31	W. J. Luyten. Siehe L 726—8.
Ross 671	L. Binnendijk. Vgl. Ref. **9202**.
Ross 775	L. Binnendijk. Vgl. Ref. **9202**.

Radialgeschwindigkeiten

9213. **R. Bouigue,** Sur la vitesse radiale de ζ Persei. Ann. Obs. Astr. Mét. Toulouse **20** 45—48, mit 1 Fig. = Publ. Obs. Haute-Provence **2** Nr. 7. — Nach Messungen des Verf. ist die Radialgeschwindigkeit des B-Sterns ζ Persei mit 6.0 km/sec Amplitude und 1ᵈ765 Periode veränderlich. Verf. vermutet darüber hinaus eruptive Bewegungen von Atmosphärenschichten des Sterns. Micz.

9214. **J. H. Moore, G. F. Paddock,** Radial velocities, spectral types, and luminosity classes of 820 stars. ApJ **112** 48—71 = Lick Contr. (2) Nr. **28**. — Radialgeschwindigkeitsmessungen von 820 Sternen des scheinbaren photographischen Helligkeitsbereichs 8ᵐ5—8ᵐ6 und Spektraltyps F bis M, deren Spektraltypen und Leuchtkraftklassen im System des Yerkes-Atlas geschätzt wurden. Bei der Auswahl der Sterne wurde eine möglichst gleichmäßige Verteilung über die Sphäre zwischen +90° und −21° Deklination angestrebt. Das Material wird getrennt nach Riesen, Unterriesen und Zwergen zur Bestimmung der Sonnenbewegung und der galaktischen Rotation benutzt. Micz.

* * **D. M. Popper,** Studies of faint B-type stars. Vgl. Ref. **12342**.

9215. **W. C. White jr.,** Radial velocities of six stars having composite spectra. ApJ **112** 559—560. — Mitteilung von 40 Radialgeschwindigkeitsmessungen von 6 Sternen mit spectrum compositum. Bei 3 Sternen erweist sich die Radialgeschwindigkeit als veränderlich, bei den übrigen drei ist sie es wahrscheinlich ebenfalls. Micz.

9216. **R. E. Wilson, A. H. Joy,** Radial velocities of 2111 stars. ApJ **111** 221—261 = Mt. Wilson and Palomar Obs. Repr. Nr. **18**. — Die Verf. teilen in einem Katalog die Ergebnisse der Spektralklassifizierungen und Radialgeschwindigkeitsmessungen von 2111 Sternen, meist mit scheinbaren Helligkeiten zwischen 5. und 9. Größe, mit. Sie sind im Zuge verschiedener Programme in den letzten Jahrzehnten am Mt. Wilson-Observatorium erhalten worden. Micz.

9217. Radialgeschwindigkeiten einzelner Sterne

45 Cnc	W. C. White jr. Vgl. Ref. **9215**.
λ Pav	J. Sahade. Vgl. Ref. **9555**.
ζ Per	R. Bouigue, Sur la vitesse radiale de ζ Persei. CR **226** 1696—1697, 1948 = Publ. Obs. Toulouse.
	R. Bouigue. Vgl. Ref. **9213**.
BS 3217	= CPD −63° 896.
CD −63° 386	= CPD −63° 896.
CPD −63° 896	J. Sahade, J. L. Dessy, The radial velocities of CPD −63° 896. ApJ **111** 196—197 = Observatorio de Cordoba Tirada Aparte Nr. **39**. — Radialgeschwindigkeitsmessungen des Be-Sterns CPD −63° 896, dessen Radialgeschwindigkeit der Veränderlichkeit verdächtigt wurde. Eine Bestätigung dafür fand sich nicht. Micz.
HD 39118—9	W. C. White jr. Vgl. Ref. **9215**.
HD 68423	= CPD −63° 896.
HD 126 269—70	W. C. White jr. Vgl. Ref. **9215**.
HD 135 774—5	W. C. White jr. Vgl. Ref. **9215**.
HD 159 870	W. C. White jr. Vgl. Ref. **9215**.
HD 187 982—3	W. C. White jr. Vgl. Ref. **9215**.

§ 93

Parallaxe

* * **L. Binnendijk,** Parallaxes and proper motions of Ross 671, Ross 775 and δ Trianguli from photographs taken with the 24-inch Sproul refractor. Vgl. Ref. **9202**.

* * **M. G. Fracastoro,** Grandezze assolute di stelle tipo A da misure di larghezze equivalenti di righe dell'Idrogeno. Vgl. Ref. **9513**.

9301. **D. Hoffleit,** The discovery and exploitation of spectroscopic parallaxes. Pop Astr **58** 428—438, 483—501, mit 5 Fig. (Fortsetzung in AJB **51**). — Verf. verfolgt eingehend die Entwicklung unserer Kenntnisse von den Sternspektren beginnend bei Fraunhofer, hebt später die ersten Klassifikationen in der 2. Hälfte des vorigen Jahrhunderts hervor, geht auf die Arbeiten von Lockyer und Miss Maury ein und berichtet über Entstehung und Entwicklung des Hertzsprung-Russell-Diagramms. Die Arbeiten auf Mount Wilson, besonders von Adams und auch Kohlschütter, die Unterscheidung von Sternen mit großer und kleiner Eigenbewegung aber mit gleichen Spektraltypen, führen Schritt für Schritt zu den ersten Bestimmungen spektroskopischer Parallaxen und zu den ersten Mount Wilson Katalogen. Gli.

9302. **N. B. Kalandadse, R. A. Bartaja,** Die Bestimmung spektraler Parallaxen von Sternen bis zur zehnten Größe. Astr Circ UdSSR Nr. 101—102 S. 7—8 (russisch). — Erläuterungen zu dem in Abastumani durchgeführten Programm.

9303. **P. van de Kamp, E. W. Dennison,** The parallax and proper motion of Barnard's star. Sky and Telescope **9** 183, mit 4 Fig. = Repr. Sproul Obs. Nr. **68** — Ref. in PAT **32** 66—67, mit 2 Fig.

* * **H. Roth,** Parallaxes and proper motions of BD +4° 4048, BD +61° 2068, and BD +61° 2067 from photographs taken with the 24-inch Sproul refractor. Vgl. Ref. **9209**.

9304. N. E. **Wagman, E. Jameson,** A comparison of present and earlier Allegheny parallaxes. AJ **55** 185. — Ref. AAS.

9305. Improved parallaxes. Sky and Telescope **9** 300. — Ref. AAS.

9306. **Parallaxenlisten**

J. Jackson, Parallaxes of Luyten proper motion stars. MN ASSA **9** 18—19. Liste enthält 40 Sterne.

L. F. Jenkins, Summary of the parallaxes of one hundred thirty stars from plates obtained with the Yale telescope at Johannesburg, South Africa. Thirty-fourth list. AJ **55** 138—140.

P. van de Kamp, S. L. Lippincott, Summary of thirty Sproul parallaxes. AJ **55** 89—93 = Repr. Sproul Obs. Nr. **67**.

MN **110** 405—413. Stellar parallaxes determined photographically at the Cape Observatory (seventeenth list). — Liste enthält Nr. 1501—1600 und unter Second Determinations weitere 31 Sterne.

MN **110** 618—620. Stellar parallaxes determined at the University of London Observatory, Mill Hill (second list). — Liste umfaßt 21 Sterne.

9307. **Parallaxen einzelner Sterne**

δ Tri	L. Binnendijk. Vgl. Ref. **9202**.
BD +61° 2067	H. Roth. Vgl. Ref. **9209**.
BD +61° 2068	H. Roth. Vgl. Ref. **9209**.
BD + 4° 4048	H. Roth. Vgl. Ref. **9209**.
HD 73857	A. H. Joy, R. E. Wilson, The radial velocity of HD 73857. Publ ASP **62** 58—59, mit 1 Fig.
L 726—8	BSAF **64** 450. Notre voisine ... moins proche: l'étoile L 726—8.
	Orion Schaffhausen **3** 59. Eigenartiger, roter Zwerg-Doppelstern (L 726—8) in nur 6 Lichtjahren Entfernung.
	Publ ASP **62** 47. The parallax of L 726—8. P. van de Kamp, S. L. Lippincott. — Besprechung in Irish AJ **1** 132.
	Urania Kopenhagen **7** 142. En naer stjerne.
Ross 671	L. Binnendijk. Vgl. Ref. **9202**.
Ross 775	L. Binnendijk. Vgl. Ref. **9202**.

§ 94

Helligkeit, Farbe

9401. **T. Adolfsson,** On the possible existence of some nonhomogeneities in the international photographic magnitude scale for brighter stars. Ark Astr **1** 175—186, mit 6 Fig. = Uppsala Astr. Obs. Medd. Nr. **102**. — Vergleiche zwischen Farbhelligkeiten und den Helligkeiten der internationalen photographischen Skala ergeben einige Differenzen, wie schon früher zwischen photoelektrischen und photographischen Helligkeiten gefunden wurde. Anzeichen deuten auf einen Sprung in der photographischen Skala zwischen 8. und 9. Größe. Für die Sterne heller als 6. Größe scheint die photographische Skala unhomogen zu sein. Schai.

9402. **A. Brill,** Das photometrische System der Rothelligkeiten von W. Becker. AN **278** 139—141, mit 1 Abb. — Die Rothelligkeiten von W. Becker haben ein Purkinje-Phänomen; ein quadratischer Term des Skalenfehlers ist auch vorhanden. Verf.

9403. **E. S. Brodskaja,** Elektrometrische Untersuchungen einiger Überriesen früher Typen und Wolf-Rayet-Sterne. Leningrad, 1950. 8 S. (Dissertationsauszug, russisch).

9404. **A. W. J. Cousins,** Magnitudes of bright stars in the E regions observed by the Fabry method. MN **110** 531—547, mit 3 Fig. — In der Arbeit wird über die Anwendung und Resultate der Fabryschen Methode zur photographischen Sternphotometrie an der Kap-Sternwarte berichtet. Mitgeteilt werden Helligkeiten (photographische, photovisuelle und «blaue») von Sternen der Harvard E-Regions des Südhimmels. Die Aufstellung der Skala erfolgte mit einem rotierenden Sektor. Eine eingehende Fehlerdiskussion der Ergebnisse zeigt, daß der Fehler einer Helligkeit in den besten Nächten nur etwa $\pm 0\overset{m}{.}01$ betragen dürfte. Eine Erörterung der Fehler der Helligkeiten und Farbenindizes wird ferner durch einen Vergleich mit anderen Katalogen vorgenommen. Zum Abschluß werden die relativen Vor- und Nachteile der lichtelektrischen und Fabryschen Methoden zur Sternphotometrie erörtert. Micz.

9405. **O. J. Eggen,** Photoelectric studies. IV. Color-luminosity array for stars in the region of the sun. ApJ **112** 141—177, mit 6 Fig. = Lick Contr. (2) Nr. **30**. — Von 188 Sternen der Sonnenumgebung wurden lichtelektrisch Helligkeiten und Farbenindizes gemessen. Sie besetzen dieselben Äste des Farben-Leuchtkraft-Diagramms wie die Sterne der früher vom Verf. untersuchten galaktischen Haufen Hyaden, Plejaden, Coma Berenices und Ursa major. Besonders diskutiert werden die verschiedenen Zwergäste. Zum Teil wird ihre Feinstruktur auch durch das Aussehen der Spektren der betreffenden Sterne wiedergegeben. Auch die äquatoreale Rotationsgeschwindigkeit unterscheidet sich bei den einzelnen Ästen etwas. Micz.

9406. **S. Günther,** Untersuchungen an Farbenindizes I. Die Abweichungen der Sternstrahlung von schwarzer Strahlung. ZfA **27** 167—181, mit 3 Abb. = Veröff. Univ.-Sternw. Göttingen Nr. **98**. — Die von W. Becker vorgeschlagene Methode der Farbdifferenzen wird in abgeänderter Form auf die aus der Sechsfarbenphotometrie von Stebbins und Whitford gebildeten Farbenindizes angewandt. Die daraus abgeleiteten Beziehungen zwischen den Farbenindizes aus verschiedenen Wellenlängenbereichen lassen die Eigenschaften der Intensitätsverteilung in den Sternspektren mit großer Schärfe erkennen. Über die bereits von W. Becker gefundenen Ergebnisse hinaus wird gezeigt, daß man mit dieser Methode erstens dF- und cF-Sterne sicher trennen, zweitens interstellar verfärbte Sterne auch in späteren Spektralklassen nachweisen, drittens Sterne mit besonders starker Wasserstoffabsorption auch an ihrer scheinbaren Blau-Verfärbung im Blau-Rot-Farbenindex erkennen kann. Verf.

9407. **S. Günther,** Untersuchungen an Farbenindizes II. Das Farbenhelligkeitsdiagramm der nächsten Sterne. ZfA **27** 182—192, mit 1 Abb. = Veröff. Univ.-Sternw. Göttingen Nr. **99**. — Aus den für viele Sterne der Sonnenumgebung vorliegenden Beobachtungsdaten wurde ein langwelliges und ein kurzwelliges Farbenhelligkeitsdiagramm gezeichnet. Aus dem Diagramm wurde geschlossen, daß sich die Sterne der Sonnenumgebung vorzugsweise auf zwei Linien anordnen, die den Hauptreihen der Plejaden und des Ursa-Major-Stromes entsprechen, und daß es viele F-Sterne gibt, die heller sind als die Hauptreihe dieser Haufen und vermutlich einen davon abgetrennten Ast bilden. Dies wird durch Vergleiche mit früheren Ergebnissen, insbesondere mit den Leuchtkraftfunktionen einzelner Spektralklassen, bestätigt. Verf.

9408. **T. A. Kotschlaschwili,** Photovisuelle Helligkeiten von Sternen und die selektive Absorption in drei Milchstraßenfeldern in den Sternbildern Perseus, Zwillinge und Schwan. Bull. Astrophys. Obs. Abastumani Nr. **11** S. 19—89, mit 10 Abb. (grusinisch mit russischer Zusammenfassung). — Ref. in Astr. News Letter Nr. **56** S. 13. — Enthält Katalog und Diskussion der Helligkeiten und Farben von Sternen im Gebiet von M34, M35 und dem Zirrusnebel. Die Zunahme des Farbenexzesses mit der Entfernung ist im M34-Gebiet relativ klein; erst in 300 pc Entfernung tritt ein Farbenexzeß in Erscheinung und erreicht bei 2000 pc $0^{m}.14$. In Richtung zu M35 ist der Anstieg viel stärker; es ergaben sich für 100, 500 und 1000 pc Farbenexzesse von $0^{m}.23$, $0^{m}.31$ und $0^{m}.51$. In Richtung des dritten Gebiets erhielt Verf. für die Entfernungen 200, 500, 1000 und 1800 pc die Werte $0^{m}.07$, $0^{m}.28$, $0^{m}.30$ und $0^{m}.47$. Unter der Voraussetzung, daß die interstellare Materie aus Eisen- und Nickelteilchen besteht, wurden deren Durchmesser in allen drei Gebieten zu 100 mμ (Fe) und 135 mμ (Ni) berechnet. Loh.

9409. W. J. Luyten, Apparent magnitudes and color indices for seventy-four white dwarfs and degenerate stars. ApJ **112** 212—215 = Publ. Astr. Obs. Minnesota **3** Nr. 6. — Von allen bekannten weißen Zwergen nördlich von −30° Dekl. und heller als 16. Größe, insgesamt 74, werden photographische und photovisuelle Helligkeiten sowie Farbenindizes mitgeteilt. Micz.

* * **S. W. McCuskey, C. K. Seyfert,** Stellar spectra in Milky Way regions. II. A region in Cygnus. Vgl. Ref. **9526**.

* * **W. W. Morgan, N. G. Roman,** Revised standards for supergiants on the system of the Yerkes spectral atlas. Vgl. Ref. **9712**.

9410. K. Pilowski, Spektralphotometrische Integralhelligkeiten von 42 Sternen. AN **278** 145—176, mit 6 Abb. — Für 42 Sterne werden Integralhelligkeiten durch direkte Integration der Registrierkurven von Spektrogrammen in 16 aneinander anschließenden Bereichen von je 150 Å Breite zwischen 4000 und 6400 Å bestimmt. Der Vergleich mit den spektralphotometrischen Messungen in Göttingen an 12 gemeinsamen Sternen zeigt nach entsprechender Umrechnung eine weitgehende Übereinstimmung. Auf Grund der absoluten Intensitätsmessungen des Göttinger Programms wird der absolute Intensitätsverlauf für die 42 Sterne bestimmt. Mit Hilfe einer größeren Zahl von G-Zwergen, die in das Beobachtungsprogramm eingeschlossen wurden, gelingt der Vergleich mit den absoluten Intensitätsmessungen an der Sonne. Die Übereinstimmung ist überraschend gut. Ein Vergleich der absoluten Intensitätsverteilungen von Überriesen, Riesen und Zwergen mittleren und späteren Spektraltyps ergibt bis auf einen verschiedenartigen Einfluß der Titanoxydbande um 5000 Å eine vollständige Übereinstimmung in dem Sinne, daß einem Überriesen oder Riesen ein Zwerg mit etwas späterem Spektraltyp zugeordnet werden kann, der gleichen Energieverlauf zeigt. Es wird vorgeschlagen, «spektralphotometrische Integralhelligkeiten» als «reine» Helligkeiten von den gewöhnlichen Helligkeiten (visuell, photographisch, lichtelektrisch) als den «Pseudohelligkeiten» zu unterscheiden. Verf.

* * **D. M. Popper,** Studies of faint B-type stars. Vgl. Ref. **12342**.

9411. P. J. van Rhijn, L. Plaut, International photographic magnitudes of the Harvard Standard C Regions. BAN **11** 245—251, mit 6 Fig. — Die Arbeit liefert einen Beitrag zur Übertragung der Skala der Polsequenz in andere Teile der Sphäre. Es werden die internationalen photographischen Helligkeiten zwischen 8^{m} und 13^{m} in der Harvard Standard-Region C neu bestimmt. Die abgeleiteten Helligkeiten werden im internationalen Farbsystem gegeben und sind Mittelwerte aus Bestimmungen von sieben Autoren. Schai.

9412. E. Rybka, Red magnitudes of 172 stars north of $\delta = +84°$. Travaux Soc. Sci. Lettres Wrocław (B) Nr. **28,** 30 S. mit 4 Fig. = Contr. Wrocław Astr. Obs. Nr. **5.** — Die in Lwów bei einer Äquivalentwellenlänge von etwa 6100 Å photographisch bestimmten Rothelligkeiten von 172 polnahen Sternen etwa zwischen 5. und 9. Größe werden gegeben und mit denen von Harvard und Warner-Swasey verglichen. Die Skala stimmt mit der internationalen Skala überein. Die Blau-Rot-Farbenindizes sind 1.314mal größer als die von Mt. Wilson (Carnegie Publ. 532, 1941) gegebenen Blau-Gelb-Farbenindizes. Gli.

9413. **J. Stebbins, G. E. Kron, J. L. Smith,** Six-color photometry at the Lick Observatory. AJ **55** 80—81. — Ref. AAS.

9414. **J. Stebbins, A. E. Whitford, H. L. Johnson,** Photoelectric magnitudes and colors of stars in selected areas 57, 61, and 68. ApJ **112** 469—476, mit 2 Fig. = Mt. Wilson and Palomar Obs. Repr. Nr. **29**. — Ref. in Sterne **27** 104—105, mit 1 Abb. — Die Verf. haben lichtelektrisch in den drei Selected Areas 57, 61 und 68 die Helligkeiten und Farbenindizes einer Reihe von Sternen im photographischen Helligkeitsbereich $9^m_.0$—$19^m_.3$ gemessen. Mit Hilfe von Messungen an Sternen der Polsequenz wurden die Ergebnisse auf das Internationale System reduziert. Ein Vergleich mit Mt.Wilson-Helligkeiten der Selected Areas zeigt gute Übereinstimmung am hellen Ende des Bereichs. Dagegen erweisen sich die Helligkeiten der Selected Areas mit Fortschreiten zu den schwächsten gemessenen Sternen als systematisch zu groß. Die Differenz steigt bis auf $0^m_.6$. Die Verf. neigen zur Annahme eines systematischen Skalenfehlers in den photographischen Helligkeiten der Selected Areas und weisen auf die Bedeutung hin, die das Resultat bei Bestätigung auf verschiedene Probleme der extragalaktischen Nebel, insbesondere die kosmologischen Schlüsse aus den Abzählungen, haben würde. Micz.

9415. **J. Stebbins,** The electrical photometry of stars and nebulae (George Darwin Lecture). MN **110** 416—428, mit 2 Fig. und 1 Tafel. — Teilweises Ref. in JBAA **61** 165, Sky and Telescope **10** 292. — Verf. liefert in der George Darwin Lecture 1950 eine Übersicht über die von ihm und seinen Mitarbeitern durchgeführten neueren Arbeiten. Das Methodische wird nur kurz gestreift. Bei der Darstellung der Ergebnisse stehen die Arbeiten im Vordergrund, die mit der Sechsfarbenphotometrie gewonnen wurden. Eingegangen wird unter anderem auf die Lichtkurve des δ Cephei-Sterns η Aquilae, den Trifidnebel und M8, die Kugelhaufen NGC 6440 und 6553, Farbmessungen am Andromedanebel, die Frage der Helligkeiten der schwächsten Sterne in den Selected Areas und verschiedene Probleme der Helligkeit und spektralen Energieverteilung der extragalaktischen Nebel. Die zunehmende Rötung der E-Nebel mit wachsender Entfernung, die den durch die Rotverschiebung infolge des Doppler-Effekts zu erwartenden Betrag erheblich übersteigt, wird auf ihre möglichen Ursachen diskutiert. Micz.

9416. **R. v. d. R. Woolley, K. Gottlieb,** Monochromatic magnitudes observed with a coarse grating. MN **110** 206—215, mit 3 Fig. — Die Verf. haben von 34 helleren Sternen des Südhimmels monochromatische Helligkeiten bei den Wellenlängen λ 4480 und λ 6980 mit einem Spiegelteleskop von 30″ Öffnung (1 : 4) und einem sehr groben Gitter (10 Drähte auf 3 cm) gemessen. Die entstehenden Spektren sind sehr kurz, da die Dispersion nur etwa 9800 Å/mm beträgt. Die Verwendung so kleiner Spektren bietet nach Ansicht der Verf. für den vorliegenden Zweck zahlreiche Vorteile vor der Verwendung eines Objektivprismas an einem Refraktor. Die Standardisierung der Spektren mit einem kleinen Hilfsspektrographen, der den Sternspektren sehr ähnliche Spektren für die Aufstellung der Schwärzungskurven erzeugt, wird ausführlich beschrieben. Die Resultate werden mit einigen lichtelektrischen Helligkeitsbestimmungen und spektralphotometrischen Gradienten verglichen. Micz.

9417. Six-color photometry. Sky and Telescope **9** 136. — Ref. AAS.

9418. Colors in Cygnus. Sky and Telescope **9** 248. — Ref. AAS.

9419. Colour magnitudes. Southern Stars **14** 101—102.

9420. Über die Rötung früher Sterne. Sterne **26** 91.

§ 95

Spektrum

9501. **G. B. van Albada,** Een onderzoek van lijnintensiteiten in eenige sterspectra van het tweede type. Dissertation, Maschinenschriftvervielfältigung, 84 S. mit 13 Fig., 1945. — Diese Amsterdamer Dissertation stimmt inhaltlich weitgehend mit der Arbeit von Pannekoek und van Albada in Publ. Astr. Inst. Univ. Amsterdam Nr. **6**, Part 2 (1946) überein (vgl. AJB **46** Ref. 7523). Kdr.

9502. **K. Bahner,** Über den Spektrumvariablen ι Cassiopeiae. Mitt. AG **1950** 14—15. — Ref. AG.

9503. **D. Barbier, D. Chalonge, R. Canavaggia,** Etude du rayonnement continu de quelques étoiles entre 3100 et 4600 Å. V. Nouvelles mesures de D et λ_1. Vgl. AJB **47** Ref. **7506**. — Weiteres Ref. in Urania Barcelona **35** 119.

9504. **J. Berger, R. Canavaggia, D. Chalonge,** La discontinuité de Balmer de HD 190073. CR **231** 1124—1125, mit 1 Fig. = Contr. Inst. Astrophys. Paris (A) Nr. **76**. — HD 190073 zeichnet sich durch kräftige Emissionslinien im UV, stark verbreiterte Balmerlinien und einen ungewöhnlich großen Balmersprung aus. Eine Neubestimmung des letzteren ergibt wieder den sehr hohen Wert D = 0.59. Verf. machen die Absorption in der Hülle des Sterns dafür verantwortlich. Micz.

9505. **W. P. Bidelman,** The peculiar star HD 30353. ApJ **111** 333—350, mit 2 Fig. = Contr. McDonald Obs. Nr. **184**. — Ref. in Sternenwelt **2** 209—210. — Das Spektrum von HD 30353 zeichnet sich durch außerordentlich schwache Wasserstofflinien und das Fehlen eines meßbaren Balmersprungs aus. Das Spektrum der Metalle ist komplex; zahlreiche Linien ionisierter Metalle sind sehr stark, ferner auch viele nicht identifizierte Linien. Hα erscheint in Emission. Das Spektrum besitzt viele Züge, die an υ Sagittarii erinnern. Ein Verzeichnis gemessener Linien ist beigefügt. Die Radialgeschwindigkeit ist veränderlich, vielleicht mit einer Periode von etwa einem Jahr und > 50 km/sec Amplitude. Verf. versucht, das Spektrum durch Annahme geringen atmosphärischen Wasserstoffgehalts zu interpretieren. Abschließend werden einige Bemerkungen über die kosmogonische Bedeutung wasserstoffarmer Sterne gemacht. Micz.

9506. **W. Buscombe,** Spectrophotometry of early A-type stars. AJ **55** 166. — Ref. AAS. — Für γ Gem und α Cyg werden Spektrum, Elektronendruck und Turbulenzgeschwindigkeit gegeben.

9507. **D. Chalonge,** Les spectres stellaires. BSAF **64** 241—244, 275—278, 347—350, mit 5 Fig. — Inhalt: 1. Généralités: Les divers radiations. Analyse des radiations. Constitution de l'atome. Spectres caractéristiques d'un atome neutre ou ionisé. Le corps noir. 2. Formation d'un spectre stellaire: Classification des spectres stellaires. Les naines blanches. Etoiles naines, géantes, supergéantes. 3. Le diagramme de Russell: Magnitude. Magnitude absolue. Le diagramme de Russell. Quelques propriétés des naines de faible luminosité ou naines rouges.

9508. **D. Chalonge, L. Divan,** Sur les propriétés absorbantes des atmosphères stellaires. CR **230** 720—722 = Contr. Inst. Astrophys. Paris (A) Nr. **59**. — In der kurzen Note werden Faktoren p definiert durch die Beziehung $p = B_{\lambda_0}(T_b) \,/\, B_{\lambda_0}(T_c)$ [$B_{\lambda_0}(T)$ Planck-Funktion für die Strahlungstemperatur T_b bzw. Farbtemperatur T_c] in den Bereichen $\lambda > 3700$ Å und $\lambda < 3700$ Å für die einzelnen Spektraltypen berechnet. Die p besitzen ein Minimum bei

B8—A0. Der Anstieg nach den frühen Typen der Spektralreihe hin wird dem Einfluß der Elektronenstreuung auf die Opazität zugeschrieben, während der Anstieg nach den späteren Typen hin durch den wachsenden Einfluß des H^--Ions und dazu im *UV* durch eine neue Absorptionsquelle erklärt wird. Kdr.

9509. **J. W. Chamberlain, L. H. Aller, R. F. Sanford,** Curves of growth for A-type sub-dwarfs. AJ **55** 167. — Ref. AAS.

9510. **P. P. Dobronrawin,** Über die Energieverteilung in den Spektren einiger Sterne niedriger Temperatur. Mitt. Astrophys. Obs. Krim **5** 59—85, mit 6 Abb. (russisch). — Ref. in Astr. News Letter Nr. **56** S. 10. — Spektralphotometrische Untersuchung der Sterne β Peg, ϱ Per und α Her in Anschluß an α Ari zwischen 4000 und 8000 Å. Das Kontinuum wurde über die (wenigen) Spitzen maximaler Intensität gezogen. Die vor allem von den TiO-Banden verursachten Abweichungen des Kontinuums von Planck-Kurven sind beträchtlich. Loh.

9511. **P. P. Dobronrawin,** Das schwere Kohlenstoffisotop in den Sternatmosphären. Priroda **39** Nr. 10 S. 3—8 (russisch).

9512. **T. M. Fofanowa,** Spektralphotometrie von Stern-Überriesen. Mitt. Astr. Hauptobs. Pulkowo **18** Nr. 3 (144) S. 68—117, mit 50 Abb. (russisch). — Ref. in Astr. News Letter Nr. **59** S. 4. — Für α Cyg, α Per, γ Cyg und die Sonne werden Wachstumskurven gezeichnet. Die Sternaufnahmen stammen aus dem Jahr 1936 (Pulkowo, Simeis), die Sonnenaufnahmen aus dem Jahr 1948 (Leningrad). Die Äquivalentbreiten sind tabuliert. Die Turbulenzgeschwindigkeiten betragen 2, 7, 7.5 bzw. 2 km/sec. Schließlich werden Anregungstemperaturen, Elektronendrucke und für α Per und γ Cyg die relativen Häufigkeiten von Elementen zwischen Mg und La berechnet. Loh.

9513. **M. G. Fracastoro,** Grandezze assolute di stelle tipo A da misure di larghezze equivalenti di righe dell'Idrogeno. Mem SA It (NS) **21** 303—313, mit 3 Fig. = Oss. e Mem. Oss. Astrofis. Arcetri Nr. **66** S. 119—131. — Verf. mißt die Äquivalentbreiten von Wasserstofflinien in Objektivprismenspektren von BD +41° 1044 (A3, $6^m_.2$), ζ Del (A2, $4^m_.7$), α CMa (A1, $-1^m_.6$), β Ori (B8p, $0^m_.3$). Die Äquivalentbreiten von Hγ ergeben nach der Formel von Petrie und Maunsell Parallaxen, die mit den trigonometrisch bestimmten gut übereinstimmen. Die Anwendungsmöglichkeiten werden diskutiert. F. Z.

9514. **Y. Fujita,** A note on the chemical composition and the classification of late type stars. Publ. Astr. Soc. Japan **1** 171—173, mit 3 Fig. = Tokyo Astr. Obs. Repr. Nr. **57**. — Verf. macht darauf aufmerksam, daß in manchen Sternen späten Spektraltyps Sauerstoff, in anderen Stickstoff oder Kohlenstoff besonders häufig zu sein scheinen, und macht einen Vorschlag zur Neuklassifizierung der Typen G, K und M, der dies berücksichtigt. Micz.

9515. **L. S. Galkin,** Die zweiparametrige Klassifikation von Spektren sehr kleiner Dispersion. Leningrad, Astr. Hauptobs. Akad. Wiss. UdSSR, 1950. 6 S. (russisch). — Dissertationsreferat.

9516. **S. Günther,** Der Hüllenstern Plejone. Sterne **26** 25—26, mit 1 Abb.

9517. **I. Halliday,** The variable spectrum of the star H.D. 218393. J RAS Canada **44** 149—157, mit 1 Fig. = Commun. David Dunlap Obs. Nr. **25**. — Der Aufsatz ist die Zusammenfassung einer größeren Untersuchung über das komplexe und veränderliche Spektrum von HD 218393, das vom frühen Typ ist und Emissionslinien besitzt. Neben einer Beschreibung des Spektrums werden Messungen der ebenfalls veränderlichen Radialgeschwindigkeit mitgeteilt. Zur Interpretierung des Beobachtungsmaterials werden eine Reihe von Hypothesen zur Diskussion gestellt. Micz.

9518. **D. Hoffleit,** The spectra and absolute magnitudes of 500 A3—G2 stars. Harv Ann **119** 1—35, mit 11 Fig. — Aus Schätzungen von Linienintensitäten auf Objektivprisma-Aufnahmen wurden mit Hilfe einer durch Lochkartenmaschinen ausgeführten Analyse Spektraltypen und absolute Helligkeiten von 500 hellen Sternen des Südhimmels mit Spektraltypen A3 bis G2 ermittelt. Eine Reihe statistischer Beziehungen z. B. zwischen Leuchtkraft und Eigenbewegungen bzw. Radialgeschwindigkeit werden untersucht. Die Klassifizierung von Sternen, die keine typischen Hauptreihensterne sind, wird besonders erörtert; 16% der klassifizierten Sterne besitzen keine normalen Hauptreihenspektren. Es sind metallische A-Sterne, Strontium-, Europium-Sterne, Cepheiden, unveränderliche Überriesen und andere. Micz.

9519. **W. Iwanowska, M. Frąckowiak, M. Kaźmierczak,** The spectrophotometric study of some high velocity stars. Bull. Astr. Obs. Toruń Nr. **9** S. 25—38, mit 3 Fig. (englisch mit polnischer Zusammenfassung). — Aus einem spektralphotometrischen Vergleich der Linientiefen von 22 Sternen hoher Geschwindigkeit (F5—K5) mit denen langsam bewegter geht hervor, daß die Linientiefen der Schnelläufer im allgemeinen geringer sind. Linien von Sc II, Ti I, V I, Cr I und den seltenen Erden erscheinen relativ stärker. Die Verteilung der untersuchten Sterne im HR-Diagramm weicht von der der langsam bewegten ab; die spektralen Eigentümlichkeiten wachsen mit dem Abstand der Sterne vom Riesen- und Hauptast. Die Halbwertsbreiten der Linien beider Gruppen unterscheiden sich nicht. Die Besonderheiten hängen nicht von der Bewegungsrichtung ab und konnten bei F-Sternen nicht gefunden werden. In Betracht kommende Ursachen des Phänomens werden erörtert, wobei besonders auf die Möglichkeit der Aufnahme interstellarer Materie durch die schnellbewegten Sterne aufmerksam gemacht wird. Micz.

9520. **A. H. Joy,** The spectra of the late-type dwarf stars. AJ **55** 68.

9521. **P. C. Keenan,** Bands in the photographic infra-red spectra of S-type stars. AJ **55** 74. — Ref. AAS.

9522. **P. C. Keenan,** Temperature classification of the S-type stars. AJ **55** 172. — Ref. AAS.

9523. **G. E. Kron,** Special characteristics of a few late-type dwarf stars. AJ **55** 69.

9524. **G. E. Kron,** Emission-line variability in dwarf stars. Publ ASP **62** 141—142. — Ref. ASP.

9525. **D. A. MacRae,** Stellar spectra and colors in an intermediate latitude field. AJ **55** 175. — Ref. AAS.

9526. **S. W. McCuskey, C. K. Seyfert,** Stellar spectra in Milky Way regions. II. A region in Cygnus. ApJ **112** 90—119, mit 12 Karten. — Von 2170 Sternen eines 13.4 Quadratgrad großen kreisförmigen Feldes im Cygnus (Mitte bei $19^h 36^m$, +30°) wurden Spektraltypen, photographische Helligkeiten sowie Rotindizes bestimmt und in einem Katalog mitgeteilt. Zur Identifizierung sind Karten des Feldes beigefügt. Spektraltypen und Leuchtkraftklassen wurden im System des Yerkes-Atlas der Sternspektren von Morgan, Keenan und Kellman ermittelt. Micz.

* * **O. A. Melnikow,** Eine Expedition zur Beobachtung von Sternspektren im ultravioletten Spektralbereich. Vgl. Ref. **1247**.

9527. **P. W. Merrill, C. G. Burwell,** Additional stars whose spectra have a bright Hα line. ApJ **112** 72—89 = Mt. Wilson and Palomar Obs. Repr. Nr. **24**. — Zu den bisher an der Mt. Wilson-Sternwarte gefundenen Sternen, in deren Spektrum die Wasserstofflinie Hα in Emission auftritt, wird ein neues Verzeichnis mit 519 derartigen Objekten mitgeteilt. Die Beobachtungen wurden auf Aufnahmen mit einem Objektivprisma an einem 10″-Refraktor gemacht. Micz.

9528. **G. R. Miczaika,** Vergleich der Spektren von K0-Riesen kleiner und großer Geschwindigkeit im Violetten. ZfA **27** 1—14, mit 2 Abb. = Mitt. Landessternw. Heidelberg Nr. **75.** — Für sieben normal- und sechs schnellbewegte K0-Riesen werden gemessene Tiefen von 82 Linien, darunter $H\gamma$ und $H\delta$, im Bereich λ 3990 bis λ 4385 miteinander verglichen. Verbürgbare Unterschiede zwischen den beiden Sterngruppen ergeben sich nicht. Auch die Häufigkeit neutraler Eisenatome über 1 cm² Sternoberfläche, bestimmt aus Äquivalentbreiten von acht Linien, erweist sich bei Annahme einer einheitlichen Anregungstemperatur $T = 3800°$ als gleich. Photometrische Messungen im Bereich der G-Bande und der violetten Cyan-Banden (Kopf bei λ 4215) führen dagegen zur Annahme erhöhter CH-Absorption und verringerter CN-Absorption bei den Schnelläufern gegenüber den normalbewegten Sternen, wie sie bereits von Morgan und Mitarbeitern angezeigt worden ist. Verf.

9529. **G. R. Miczaika,** Spektrographische Beobachtungen von Be- und Ae-Sternen, III. AN **279** 19—24 = Mitt. Landessternw. Heidelberg Nr. **77.** — Spektrographische Beobachtungen von 40 weiteren B- und A-Sternen, in deren Spektren früher Emissionslinien festgestellt worden sind, werden mitgeteilt. Verf.

9530. **N. Milford,** L'absorption par les raies dans les spectres stellaires. CR **230** 718—720 = Contr. Inst. Astrophys. Paris (A) Nr. **54.** — Mit Hilfe von Messungen der Linienabsorption verschiedener Sterne im Photometric Atlas of Stellar Spectra von Hiltner und Williams wird der Helligkeitsverlust durch die Linienabsorption in Abhängigkeit von der Wellenlänge und schließlich die Verringerung der photovisuellen Helligkeit bestimmt. Für den K-Stern α Bootis beträgt sie -0^m225. Micz.

* * **J. H. Moore, G. F. Paddock,** Radial velocities, spectral types, and luminosity classes of 820 stars. Vgl. Ref. **9214.**

* * **W. W. Morgan, N. G. Roman,** Revised standards for supergiants on the system of the Yerkes spectral atlas. Vgl. Ref. **9712.**

9531. **J. J. Nassau, A. Colacevich,** Note on the spectral classification of carbon stars in the infrared. ApJ **111** 199—201. — Auf Objektivprismenaufnahmen (mit Schmidt-Spiegel) wurde eine Reihe Kohlenstoffsterne (Spektraltyp C) entdeckt und mit Hilfe charakteristischer Banden im infraroten Spektralbereich λ 6880 bis λ 8700 klassifiziert. Ein Verzeichnis der festgestellten Banden ist beigefügt. Micz.

9532. **A. Pannekoek,** Line intensities in spectra of advanced type. Publ. Dominion Astrophys. Obs. Victoria **8** 141—223, mit 4 Fig. — Die Mitteilung enthält die Ergebnisse photometrischer Bestimmungen von Äquivalentbreiten im Spektrum von sieben Sternen (Zwerge, Riesen, Überriesen) des Spektralbereichs F3—G6 zwischen λ 4000 und λ 5000. Die Spektren wurden mit dem Drei-Prismen-Spektrographen der Viktoria-Sternwarte aufgenommen. Verf. beschreibt sein Meßverfahren ausführlich und diskutiert zahlreiche mit der Linienphotometrie zusammenhängende Probleme; unter anderem wird auch eine Methode erörtert, die Komponenten einer Blendlinie photometrisch zu trennen. Micz.

9533. **R. M. Petrie, C. D. Maunsell,** The absolute magnitudes of the early A stars from measures of hydrogen-line absorption. Publ. Dominion Astrophys. Obs. Victoria **8** 253—280, mit 4 Fig. und 1 Tafel. — Verf. bestimmen die Äquivalentbreite der Balmerlinie $H\gamma$ von 169 Sternen des Bereichs B8 bis A3 und stellen Korrelationen mit der absoluten Helligkeit für drei spektrale Untergruppen auf. Absolute Helligkeiten werden mit trigonometrischen, spektroskopischen, dynamischen und Sternhaufenparallaxen berechnet. Aus den Beziehungen werden individuelle absolute Helligkeiten für die Sterne des Katalogs abgeleitet. Micz.

9534. **J. G. Phillips,** A comparison of spectra of M-type stars with laboratory spectra of TiO. AJ **55** 180—181. — Ref. AAS.

9535. **J. Plassard,** Les bandes violettes de CN prises pour critères de magnitude absolue dans les étoiles «G» et «K». Ann d'Astrophys **13** 1—50, mit 23 Fig. — Der erste Teil der Arbeit stellt eine Monographie über die derzeitigen Kenntnisse des Spektrums des CN-Moleküls sowie über die bisherigen Arbeiten, die die CN-Banden als Leuchtkraftkriterium benutzen, dar. Der zweite Teil enthält eine Untersuchung über die CN-Absorption im Spektrum von 63 Sternen (überwiegend Spektraltyp G und K). Aus den photometrischen Messungen ergibt sich, daß das Cyan-Kriterium eine quantitative Trennung von Riesen und Zwergen ermöglicht, darüber hinaus aber auch erlaubt, Aussagen über die absolute Helligkeit der Riesen zu machen. Es gibt jedoch auch G9- und K-Riesen mit ungewöhnlich geringer CN-Absorption, die besonders behandelt werden müssen. Micz.

* * **D. M. Popper,** Studies of faint B-type stars. Vgl. Ref. 12342.

9536. **L. Rebuffat,** Programme de surveillance photométrique des étoiles B à raies d'émission. Etoiles brillantes dans Cygnus et Vulpecula. DOB **1950** 5—6. — Beobachtungen April—Dezember 1948 und April—August 1949.

9537. **L. Rebuffat,** Programme de surveillance photométrique des étoiles B à raies d'émission. DOB **1950** 29. — Betrifft Beobachtungen der Sterne ω Ori, 25 Ori, 6 Cep, β Psc und 31 Peg zwischen 1947 Juli und 1949 August.

9538. **N. G. Roman,** Some characteristics of the spectra of F-, G-, and K-type stars. AJ **55** 182. — Ref. AAS.

9539. **N. G. Roman,** A correlation between the spectroscopic and dynamical characteristics of the late F- and early G-type stars. ApJ **112** 554–558, mit 1 Fig. – Ref. in Sterne **27** 140–141, mit 1 Abb. – Im Spektralbereich F5—G5 hat ein Teil der Sterne systematisch schwächere Linien als die übrigen, obwohl sie sich in bezug auf Spektraltyp und Leuchtkraft nicht unterscheiden. Dies gilt sowohl für Riesen als auch Zwerge. Verf. hat auf Spektren kleiner Dispersion von 94 Sternen bis zur scheinbaren Helligkeit $5^{m}_{.}50$ die Sterne auf die beiden Gruppen verteilt. Zwischen den Geschwindigkeitsverteilungen beider Gruppen besteht ein systematischer Unterschied, der sich in den Radial-, Tangential- und Raumgeschwindigkeiten äußert. Die mittlere Geschwindigkeit der Sterne mit schwachen Linien ist erheblich größer als der mit kräftigen Linien. Die Schnelläufer treten ausschließlich in der Gruppe mit schwachen Linien auf. Sterne kleiner Geschwindigkeit finden sich in beiden Gruppen. Die Häufigkeit beider ist unter den scheinbar helleren Sternen mit Spektraltyp F5—G5 etwa gleich groß. Micz.

9540. **R. F. Sanford,** An atlas of spectra of six stars of classes R and N. ApJ **111** 262—269, mit 16 Tafeln = Mt. Wilson and Palomar Obs. Repr. Nr. **14**. — Hauptziel der Arbeit ist die Wiedergabe der Spektren von 2 R-Sternen und 4 N-Sternen. Auf der langwelligen Seite liegt die Grenzwellenlänge bei λ 8800, nach der kurzwelligen zwischen λ 5800 und λ 3600. Von den stärksten Bandenköpfen und Atomlinien werden Intensitätsschätzungen mitgeteilt. Die durch die Atomlinienintensitäten gegebene Temperatursequenz entspricht nicht der durch die Farbe der Sterne nahegelegten. Häufigkeitsschwankungen von Na I, Li I und K I von Stern zu Stern werden vermutet. Besondere Aufmerksamkeit wird Isotopieeffekten des Kohlenstoffs gewidmet. Micz.

9541. **G. A. Schajn, W. F. Hase,** Die Banden des schweren Cyanmoleküls $C^{13}N^{14}$ in den Spektren der Kohlenstoffsterne (Rotes System $^2\Pi$—$^2\Sigma$). Mitt. Astrophys. Obs. Krim **5** 24—33, mit 1 Abb. und 2 Tafeln (russisch). —

Ref. in Astr. News Letter Nr. **56** S. 9. — Es werden Beweise für die Existenz der Banden des roten Systems $^2\Pi$—$^2\Sigma$ des schweren Moleküls $C^{13}N^{14}$ in den Spektren der Kohlenstoffsterne erbracht. Verf. (übersetzt)

9542. **M. Schwarzschild, B. Schwarzschild,** A spectroscopic comparison between high- and low-velocity F dwarfs. ApJ **112** 248—265, mit 4 Fig. — Ref. in Sternenwelt **3** 108. — Es wird zu klären versucht, ob sich die F-Sterne der Population II von denen der Population I in der Milchstraße in ihrer chemischen Zusammensetzung unterscheiden. Der Vergleich beruht auf Linientiefen, Äquivalentbreiten und Profilen des Spektralbereichs λ 4220—λ 4680. Bei den F-Zwergen ergeben sich Unterschiede nur in Bezug auf die Stärke der CH-Bande bei λ 4300 und vielleicht in Bezug auf die Äquivalentbreiten der Fe I-Linien. Die CH-Bande ist relativ zu den Fe I-Linien bei den schnellbewegten Zwergen etwas kräftiger als bei den langsam bewegten. Das Häufigkeitsverhältnis C/Fe unterscheidet sich vermutlich um einen Faktor 2.5. Das Häufigkeitsverhältnis H/Fe scheint bei den schnellen Zwergen gegenüber den langsamen um einen Faktor 2 höher zu sein, jedoch ist dieser Befund nicht verbürgbar. Micz.

9543. **A. Slettebak,** Note on the infrared spectrum of 17 Leporis. ApJ **112** 559, mit 1 Tafel. — Das Spektrum des Hüllensterns 17 Leporis, der den Spektraltyp A besitzt, ist nach Infrarotaufnahmen des Verf. ein spectrum compositum. Der Begleiter hat einen Spektraltyp von etwa M 2. Micz.

9544. **D. W. N. Stibbs,** A study of the spectrum and magnetic variable star HD 125248. MN **110** 395—404, mit 4 Fig. — HD 125248 ist ein sogenannter Spektrum-Variabler. Einige Linien zeigen periodische Intensitätsänderungen, wobei die Variation verschiedener Linien zum Teil nicht in Phase verläuft. Der Stern besitzt nach Babcock ein veränderliches und umpolendes Magnetfeld, die Periode entspricht der der spektralen Variation, die wahrscheinlich auch für geringfügige Wellenlängenänderungen einiger Linien gilt. Vom Verf. wurde photoelektrisch auch eine geringe Helligkeitsveränderlichkeit des Sterns von etwa $0^m.05$ Amplitude gefunden; ihre Phasenbeziehung zu den übrigen variablen Größen wird betrachtet. Im Anhang wird die Größe des durch ein stellares Dipolfeld hervorgerufenen Zeeman-Effekts bei beliebiger Lage der magnetischen Achse zum Visionsradius abgeleitet. Micz.

9545. **P. Swings,** Le spectre de l'étoile supergéante l Puppis de classe cA 2 ep. Ann d'Astrophys **13** 114—133 = Inst. d'Astrophys. Univ. Liège Coll. 4° Nr. **22**. — Es wird ein umfangreicher Katalog von Wellenlängen und Intensitäten im Spektrum des Überriesen l Puppis im Bereich λ 3300 bis λ 6563 mitgeteilt. Radialgeschwindigkeiten werden für Linien verschiedener Elemente und verschiedenen Ionisationspotentials getrennt abgeleitet, ohne daß jedoch verbürgbare Unterschiede zu erkennen wären. l Puppis scheint eine stärker ausgebildete äußere Hülle als α Cygni zu besitzen. Die Photosphäre des vermutlich rasch rotierenden Sterns ist unsichtbar, die innere stationäre Hülle weist eine hohe Opazität auf, während die Opazität der äußeren expandierenden Hülle nur sehr gering ist. Micz.

9546. **P. Swings,** The shell spectrum of BD—14°1971 (PGC 1985) in 1947. Ann d'Astrophys **13** 134—146, mit 2 Tafeln = Inst. d'Astrophys. Univ. Liège Coll. 4° Nr. **23**. — BD —14° 1971 ist ein symbiotisches Objekt (M + Be). Das Auftreten von [Fe II]-Linien ist seit längerer Zeit bekannt. Daneben waren Emissionslinien des H, Fe II, Cr II und [Ni II] bemerkenswert. Im Herbst 1947 hatte sich das Aussehen des Spektrums stark verändert und war durch Absorptionslinien bestimmt, wie sie bei Hüllensternen beobachtet werden. Verf. teilt ein Wellenlängenverzeichnis für den Bereich λ 3114 — λ 3935 sowie Radialgeschwindigkeiten verschiedener Elemente und Ionen mit. Abschließend wird ein kurzer Vergleich mit ähnlichen Sternen, vor allem VV Cephei zu bestimmten Phasen, vorgenommen. Micz.

9547. **P. Swings, P. D. Jose,** The spectra of the Wolf-Rayet stars in the region λλ 6500—8800. ApJ **111** 513—529, mit 2 Fig. = Contr. McDonald Obs. Nr. **188** = Inst. d'Astrophys. Univ. Liège Mém. 8° Nr. **324.** — Bisher lagen keine Beobachtungen des Spektrums der Wolf-Rayet-Sterne im nahen Infraroten vor. Um diese Lücke auszufüllen, haben die Verf. mit einem Gitterspektrographen kleiner Dispersion von 7 derartigen Sternen (4 gehören zur Kohlenstoff-, 3 zur Stickstoffsequenz der Wolf-Rayet-Klasse) Spektrogramme erhalten und im Wellenlängenbereich λλ 6500—8800 vermessen. Die Sterne der Kohlenstoffsequenz übertreffen im Infraroten die Stickstoffreihe in bezug auf Linienhäufigkeit merklich. Messung und Identifizierung dieser Linien bereitet erhebliche Schwierigkeiten. Die vornehmlich in Betracht kommenden Linienspektren (C II—IV, N II—V, O II—VI, Si III—IV) sind aus Laboratoriumsanalysen im Infraroten nur ungenügend bekannt. Die Verf. waren bei ihrem Versuch, die gemessenen Linien zu identifizieren, daher vor allem auf die Verwendung auf Grund von bekannten Termen vorausberechneter Linien angewiesen. Micz.

9548. **A. D. Thackeray,** Five southern stars with emission-line spectra. MN **110** 45—48, mit 1 Tafel = Commun. Radcliffe Obs. Nr. **15.** — Spektren des M-Zwerges Proxima Centauri zeigen zahlreiche Balmerlinien und die Ca II-Linien in Emission. Die Emissionslinien sind veränderlich, der Stern erfährt vielleicht gelegentlich sehr rasche Helligkeitsausbrüche. Der Veränderliche RR Telescopii besitzt ein Überriesenspektrum vom Typ F mit zahlreichen Emissionslinien (H, Ca II, Fe II, Ti II). Die langperiodischen Veränderlichen des Kugelhaufens 47 Tucanae erweisen sich als Me-Sterne. Micz.

9549. **A. D. Thackeray,** Some southern stars involved in nebulosity. MN **110** 524—530, mit 1 Fig. und 3 Tafeln = Commun. Radcliffe Obs. Nr. **18.** — In der Mitteilung werden Struktur und Spektrum von Objekten beschrieben, die aus einem Stern und einem umgebenden Nebel bestehen. Neben dem ausgedehnten und komplexen Nebel um η Carinae werden 6 weitere Fälle des Südhimmels behandelt. Einige der Spektren ähneln dem von P Cygni oder T Tauri. Zum Teil ist Wechselwirkung zwischen Stern und Nebel erkennbar. Micz.

9550. **A. B. Underhill,** Luminosity effects in Hydrogen for the early-type stars. Publ ASP **62** 150. — Ref. ASP.

* * **H. F. Weaver,** Spectral anomalies in F and G dwarf stars. Vgl. Ref. **9723.**

* * **R. E. Wilson, A. H. Joy,** Radial velocities of 2111 stars. Vgl. Ref. **9216.**

9551. **K. O. Wright,** Notes on the classification of stellar spectra. J RAS Canada **44** 129—134, mit 3 Tafeln. — Neben einer Zusammenstellung von **36** charakteristischen Spektren (22 Å/mm Dispersion bei H γ) werden die Spektraltypen und Leuchtkraftkriterien, in erster Linie des Yerkes-Atlas, referiert. Micz.

9552. **K. O. Wright,** Line intensities in the spectra of K-type stars. I. Alpha Bootis and Gamma Draconis. Publ. Dominion Astrophys. Obs. Victoria **8** 281—317, mit 10 Fig. und 1 Tafel. — Im Wellenlängenbereich λ 4650 — λ 6750 der K-Sterne α Bootis und γ Draconis werden Äquivalentbreiten von 350 Linien des Ti I, V I und Fe I gemessen. Aus den Wachstumskurven, die unter Verwendung von Laboratoriumsintensitäten aufgestellt werden, ergeben sich von der Elektronenkonfiguration des unteren Terms abhängige Turbulenzgeschwindigkeiten von 3—4 km/sec für α Bootis bzw. 3—6 km/sec für γ Draconis. Sie sind etwas größer als nach dem Aussehen der Linien zu erwarten ist. Die gefundenen Dämpfungskonstanten von Ti und V betragen das 2—3 fache der klassischen. Die Ergebnisse geben weder dem Schuster-Schwarzschildschen noch dem Milne-Eddingtonschen Modell den Vorzug. Die Dämpfungskonstanten aus den Fe I-Linien sind ebenso wie die Anregungstemperaturen für Linien ungerader Terme größer als für Linien gerader; die Linien ungerader Terme haben im Durchschnitt größeres Anregungspotential. Verf. bringt diese Feststellung mit der Höhe der Schicht, in der die Linien absorbiert werden, in Verbindung. Micz.

9553. Stars of type S. Sky and Telescope **9** 134. — Ref. AAS.

9554. S-type stars. Sky and Telescope **9** 247—248. — Ref. AAS.

9555. Spektren einzelner Sterne

Außer dieser Liste sind auch noch die in diesem Paragraphen aufgeführten Referate und die Paragraphen **111** und **112** einzusehen.

α Boo	K. O. Wright. Vgl. Ref. **9552.**
γ Dra	K. O. Wright. Vgl. Ref. **9552.**
12 Lac	O. Struve, Changes in the spectrum of 12 Lacertae. Publ ASP **62** 263—264.
σ Ori	G. R. Miczaika, A note on the spectrum of Sigma Orionis. ApJ **111** **443.** — Die hellste Komponente des fünffachen Systems σ Orionis, ein O 9-Stern, der spektroskopisch selbst der Duplizität verdächtigt wird, zeigte im Februar 1949 eine Verdoppelung seiner Spektrallinien. Verf.
λ Pav	J. Sahade, A change in the spectrum of Lambda Pavonis. ApJ **111** 663 = Observatorio de Cordoba Tirada Aparte Nr. **43.** — Verf. beschreibt einige Veränderungen, die er an den Balmerlinien des B 2-Sterns λ Pavonis beobachtet hat, und teilt einige Radialgeschwindigkeiten mit. Micz.
19 Psc	= HD 223075
υ Sgr	J. L. Greenstein, The spectrum of υ Sagittarii. AJ **55** 72. — Ref. AAS. Vgl. auch Ref. **11235.**
ζ Tau	G. R. Miczaika, ζ Tauri. NAZ **4** 3.
28 Tau	O. Struve, Spectrum of Pleione. Harv Card 1059.
HD 1546	R. F. Sanford. Vgl. Ref. **9540.**
HD 4174	R. E. Wilson, The spectrum of HD 4174. Publ ASP **62** 18—19 = Mt. Wilson and Palomar Obs. Repr. Nr. **19.**
HD 30353	W. P. Bidelman. Vgl. Ref. **9505.**
HD 52432	R. F. Sanford. Vgl. Ref. **9540.**
HD 92055	R. F. Sanford. Vgl. Ref. **9540.**
HD 125248	D. W. N. Stibbs. Vgl. Ref. **9544.**
HD 156074	R. F. Sanford. Vgl. Ref. **9540.**
HD 190073	J. Berger, R. Canavaggia, D. Chalonge. Vgl. Ref. **9504.**
HD 193680	R. F. Sanford. Vgl. Ref. **9540.**
HD 218393	I. Halliday, J. F. Heard, Observations of the variable spectrum of the star HD 218393. AJ **55** 169. — Ref. AAS.
	I. Halliday. Vgl. Ref. **9517.**
HD 223075	R. F. Sanford. Vgl. Ref. **9540.**
HR 7415	W. P. Bidelman, The spectrum of HR 7415. Publ ASP **62** 48—50.
Proxima Centauri	A. D. Thackeray. Vgl. Ref. **9548.**
	A. D. Thackeray, Proxima Centauri. MN ASSA **9** 9.

§ 96

Temperatur, Strahlung

9601. **D. R. Barber,** Visual and far-red gradients and colour temperatures of γ Cassiopeiae. MN **110** 615—617. — Für den Zeitraum 1945 Oktober bis 1950 April werden Gradienten der spektralen Energieverteilung für zwei Wellenlängenbereiche (Mitten bei λ 5100 und λ 7090) sowie die zugehörigen Temperaturen (Annahme grauer Strahlung) mitgeteilt. Neben einer allgemeinen Abnahme der Temperatur im Beobachtungszeitraum ergaben sich erhebliche Abweichungen von einer grauen Energieverteilung. Micz.

9602. **D. Chalonge, L. Divan,** Méthodes de détermination des températures de brillance d'une étoile. CR **231** 215—217 = Contr. Inst. Astrophys. Paris (A) Nr. **69**. — Verf. skizzieren zwei Methoden, um die Helligkeit des Kontinuums bei einer gegebenen Wellenlänge bestimmter Temperatur zu ermitteln. Das erste erfordert die Kenntnis von Parallaxe und Sternradius, das zweite, allgemeiner anwendbare, bedient sich der Restintensitäten der Balmerlinien und der Farbtemperatur. Micz.

9603. **D. Chalonge, L. Divan,** Contour des raies de Balmer et température superficielle d'une étoile. CR **231** 331—333 = Contr. Inst. Astrophys. Paris (A) Nr. **71**. — In Anlehnung an den Gedanken von Shajn, die Entstehung der Balmerlinien in zwei Schichten (Flügel in dichten Schichten mit kräftigem Stark-Effekt, tiefer Kern in einer dünnen Pseudo-Hülle) anzunehmen, wird die Grenze zwischen beiden als Oberfläche des Sterns angesehen. Nach Zerlegung der beobachteten Balmerprofile kann aus der Resttiefe der breiten Komponente nach einem von den Verf. (CR **231** 215, vgl. vorstehendes Ref.) angegebenen Verfahren die Oberflächentemperatur bestimmt werden. Micz.

9604. **S. C. B. Gascoigne,** Relative gradients for 166 southern stars. MN **110** 15—36, mit 8 Fig. — Die Arbeit stellt eine Ausdehnung des in Greenwich für den Nordhimmel durchgeführten Gradientenprogramms auf 166 hellere Sterne des Südhimmels dar. Aufnahmeinstrument war ein spaltloser Spektrograph am 30″-Reflektor des Mt. Stromlo-Observatoriums. Die abgeleiteten Gradienten werden mit zumeist neu im System des Yerkes-Atlas bestimmten Spektraltypen und Leuchtkraftklassen mitgeteilt. In der Diskussion wird ein Vergleich der neuen Werte mit denen anderer Beobachter durchgeführt, besonders eingehend werden α Canis maioris und α Carinae behandelt. Die blauesten Sterne des Programms werden in bezug auf ihr Verhalten im Spektrum-Farbe-Diagramm und in der Temperaturskala betrachtet. Micz.

9605. **S. Günther,** Die Temperaturen der Fixsterne. Neue Ergebnisse und Probleme. Sternenwelt 2 219—225, mit 10 Abb.

9606. **N. Milford,** Monochromatic stellar fluxes: I. Line absorption in stellar spectra. Ann d'Astrophys **13** 243—250, mit 1 Fig. = Contr. Inst. Astrophys. Paris (B) Nr. **51**. — Auf den Registrierblättern des «Photometric Atlas of Stellar Spectra» von Williams und Hiltner wurde durch Planimetrieren im Wellenlängenbereich λ 3900 bis λ 6700 für 25 Å bzw. 50 Å breite Streifen des Spektrums der Bruchteil des Lichtes in Einheiten des Kontinuums bestimmt, der in den Fraunhoferlinien absorbiert wird. Die 7 behandelten Sterne haben Spektraltypen B 8 bis K 2. Die Ergebnisse werden benutzt, um zu ermitteln, wie weit die internationalen photovisuellen Helligkeiten durch die Linienabsorption beeinflußt werden. Der Helligkeitsverlust steigt von $0^m_.00$ bei B 8-Sternen auf $0^m_.223$ bei K 2 Überriesen an und ist bei den Hauptreihensternen etwas geringer. Die Korrekturen sollen dazu dienen, um den photovisuellen bzw. monochromatischen Strahlungsstrom in den Sternatmosphären bestimmen zu können. Micz.

9607. **N. Milford,** Monochromatic stellar fluxes: II. The absolute photovisual fluxes of the stars. Ann d'Astrophys **13** 251—261, mit 1 Fig. = Contr. Inst. Astrophys. Paris (B) Nr. **51.** — Im ersten Teil der Arbeit wird der monochromatische Strahlungsstrom einer Reihe von Sternen mit zuverlässig bekannten Werten von Temperatur und Parallaxe bei λ 5450 relativ zur Sonne berechnet. Dabei wird der Einfluß der Absorptionslinien berücksichtigt. Um absolute Werte angeben zu können, wird sodann aus den Messungen der absoluten monochromatischen Strahlungsintensität der Sonne zwischen λ 3300 und λ 22250 von Pettit der absolute monochromatische Strahlungsstrom abgeleitet. Als Strahlungsstrom der Sonne bei λ 5450 wird 1.03×10^{17} erg cm^{-2} sec^{-1} $Å^{-1}$ gefunden. Dieser Wert dient zur Kalibrierung der relativen Strahlungsströme, die in einer Tabelle für den Spektralbereich A 2 bis K 5 zusammengestellt werden. Micz.

9608. **N. Milford,** Monochromatic stellar fluxes: III. The absolute flux λλ 4000 to 9800. Ann d'Astrophys **13** 262—274 = Contr. Inst. Astrophys. Paris (B) Nr. **51.** — Nachdem in einer früheren Arbeit der monochromatische Strahlungsstrom der Sterne bei λ 5450 aus vorhandenem Beobachtungsmaterial ermittelt worden war, wird nun der monochromatische Strahlungsstrom zwischen λ 4000 und λ 9800 aus den Messungen von Kienle und Mitarbeitern, R. C. Williams, Hall, Hoff u. a. abgeleitet. Für den Spektralklassenbereich B 3 bis K 5 werden getrennt nach Leuchtkraftklassen geglättete Werte mitgeteilt. Eine kurze Diskussion mit Hinweisen auf Desiderata der Beobachtung beschließt die Arbeit. Micz.

9609. **N. Milford,** Le flux photovisuel des étoiles. CR **230** 820—821 = Contr. Inst. Astrophys. Paris (A) Nr. **60.** — Verf. leitet anknüpfend an eine Arbeit von Kuiper (Vgl. AJB **40** Ref. **4114**) für die Spektralklassen A 2 bis dK 5 und gK5 Werte der bolometrischen Korrektion der effektiven Temperatur und des photovisuellen Strahlungsflusses her. Gli.

9610. **J.-C. Pecker,** Les températures de couleur des étoiles B. CR **231** 821—823, mit 1 Fig. = Contr. Inst. Astrophys. Paris (A) Nr. **73.** — Die bekannte Tatsache, daß die effektive Temperatur nicht immer eine eindeutige Funktion der Farbtemperatur ist, bedarf zur Erklärung keiner Annahme besonderer Prozesse (interstellare Verfärbung, Überanregung). Verf. zeigt, daß bei den frühen B-Sternen das beobachtete Verhalten aus Modellrechnungen bei Annahme eines wellenlängenabhängigen Absorptionskoeffizienten folgt. Micz.

* * **K. Pilowski,** Zur Masse-Leuchtkraft-Beziehung und zur empirischen Festlegung einer Skala von effektiven Temperaturen. Vgl. Ref. **9720.**

§ 97

Leuchtkraft, Durchmesser, Masse, Zustandsdiagramme

9701. **H. Bondi,** On the interpretation of the Hertzsprung-Russell diagram. MN **110** 595—606, mit 1 Fig. — Auf Grund von Homologiebetrachtungen werden die die Energieerzeugung charakterisierenden Parameter (vor allem der Temperaturexponent) mit der Neigung der Hauptreihe im Hertzsprung-Russell-Diagramm in Beziehung gesetzt. Die Diskussion eines empirischen Diagramms für die nächsten Sterne nach Kuiper ergibt, daß in den helleren

Sternen (L > 1/6 L⊙) die Energieerzeugung sehr stark, in den schwächeren Sternen in nur geringem Maße von der Temperatur abhängt. Für die Zentraltemperatur der Sonne findet Verf. 1.4—1.5 × 10^7 Grad. Kdr.

9702. **A. Danjon, P. Couderc,** Sur la répartition des luminosités stellaires. CR **230** 2137—2139, mit 1 Fig. — Die Verf. weisen an Hand der bekannten sonnennächsten Fixsterne darauf hin, daß bisher keine Anzeichen eines echten Maximums in der Häufigkeitsverteilung der absoluten Helligkeiten nach den schwachen Helligkeiten hin zu erkennen sind. In der Sonnenumgebung tragen die Massen der Fixsterne etwa $^2/_3$ zur lokalen Gesamtdichte bei. Gli.

* * **O. J. Eggen,** Photoelectric studies. I. Color-luminosity array for members of the Hyades cluster. Vgl. Ref. **12106**.

* * **O. J. Eggen,** Photoelectric studies. II. Color-luminosity array for members of the Pleiades cluster. Vgl. Ref. **12107**.

* * **O. J. Eggen,** Photoelectric studies. III. Color-luminosity arrays for the Coma Berenices and Ursa Major clusters. Vgl. Ref. **12108**.

* * **O. J. Eggen,** Photoelectric studies. IV. Color-luminosity array for stars in the region of the sun. Vgl. Ref. **9405**.

* * **O. J. Eggen,** The position of the sun in the color-luminosity array. Vgl. Ref. **6008**.

9703. **D. S. Evans,** The diameter of Antares. MN ASSA **9** 69—70. — Besprechung in Irish AJ **1** 132.

* * **M. G. Fracastoro,** Grandezze assolute di stelle tipo A da misure di larghezze equivalenti di righe dell' Idrogeno. Vgl. Ref. **9513**.

* * **W. Fricke,** Bewegungen und absolute Leuchtkräfte von Subzwergen. Vgl. Ref. **12328**.

9704. **P. J. Gathier,** Over reuzen en dwergen. Hemel en Dampkring **48** 163—170, mit 5 Abb. — Einfache Beschreibung der Sternspektroskopie und ihrer Bedeutung für die Bestimmung von Parallaxen und Leuchtkraftklassen. Gü.

* * **P. Guintini,** Recherches statistiques sur les étoiles à hélium. Vgl. Ref. **12309**.

* * **D. Hoffleit,** The spectra and absolute magnitudes of 500 A 3—G 2 stars. Vgl. Ref. **9518**.

9705. **E. Holmberg,** On the luminosity function of type I stars. Kungl. Fysiografiska Sällskapets i Lund Förhandlingar **20** Nr. 18, 13 S. mit 2 Fig. = Lund Medd (1) Nr. 175. — Die Leuchtkraftfunktionen der Sterne in IC 1613, NGC 6822 und NGC 598 werden bestimmt durch Extrapolation der beobachteten Helligkeitsverteilung der aufgelösten Sterne mit Hilfe der Gesamthelligkeit des Systems. Aus den Ergebnissen zieht Verf. den Schluß, daß die Funktionen der drei Systeme der Leuchtkraftfunktion in Sonnennachbarschaft zu gleichen scheinen. Die aus den drei Systemen sich ergebende mittlere Kurve dient dazu, das Verhältnis der Typ I- zu den Typ II-Sternen im Andromedanebel zu bestimmen. Gli.

9706. **H. Hubenet,** Remarks about the interpretation of an empirical relation between mass, spectral type and absolute magnitude of main-sequence stars. BAN **11** 231—236, mit 5 Fig. — Die von Lohmann (Vgl. AJB **48** Ref. **9706**) aus dem seinerzeit vorhandenen Beobachtungsmaterial abgeleitete Formel, die die absolute bolometrische Größe M als Funktion von Spektraltyp S und Masse m gibt, wird diskutiert. Es wird vorgeschlagen, späterhin bei Vergrößerung des Beobachtungsmaterials an ihre Stelle eine Dichtefunktion im S-m-M-Raum einzuführen. Loh.

* * **H. L. Johnson,** The color-magnitude array for the galactic cluster NGC 2362. Vgl. Ref. **12110.**

* * **W. J. Luyten,** Apparent magnitudes and color indices for seventy-four white dwarfs and degenerate stars. Vgl. Ref. **9409.**

9707. **W. J. Luyten,** The search for white dwarfs. AJ **55** 86—89. — Ref. in Sterne **27** 100—101. — Verf. gibt einen Überblick über die bisherigen Untersuchungen, die zur Auffindung von insgesamt 111 weißen Zwergen führten. Er zeigt die noch offenen Probleme und weist für die nächste Zukunft Wege, die zur Erweiterung unserer Kenntnisse von diesen Sternen führen können. Gli.

9708. **W. J. Luyten,** New white dwarf. Harv Card 1107, NAZ **4** 46. — L 1491 — 27.

9709. **A. G. Massewitsch,** Die Reihen des Hertzsprung-Russell-Diagramms in Hinblick auf die heutigen Ansichten über den Bau und die Energiequellen der Sterne. Mitt. Astr. Sternberg-Inst. Nr. **30** S. 30—52, mit 3 Abb., 1949 (russisch). — Ref. in Astr. News Letter Nr. **66** S. 5—7. — Das allen Zwergsternen Gemeinsame ist ein fast gleichartiger, von Spektralklasse, Masse und Leuchtkraft unabhängiger Aufbau. Der Hauptunterschied zwischen den roten, weißen und blauen Zwergen sowie den Unterzwergen ist der Entartungsgrad des isothermen Kerns und seine unterschiedliche Temperatur, auf Grund deren entweder der C-N-Zyklus oder die H-H-Reaktion dominieren. Die Kerne der Riesen sind nicht entartet. Loh.

9710. **A. G. Massewitsch, P. P. Parenago,** Untersuchung der Masse – Radius – Leuchtkraftfunktion. Teil 2. Theoretische Deutung der empirischen Beziehungen. Astr Circ UdSSR Nr. 96—97 S. 8—10 (russisch). — Kurze Zusammenfassung.

9711. **A. G. Massewitsch, P. P. Parenago,** Untersuchung der Masse – Leuchtkraft – Radiusbeziehung. Teil 2. AJ UdSSR **27** 202—210, mit 1 Abb. (russisch). — Ref. in Astr. News Letter Nr. **55** S. 10—11. — Die empirischen Ergebnisse der unter Ref. **9717** zitierten Arbeit werden benutzt, um durch einen Vergleich mit Sternmodellen für einzelne Sterngruppen Schlüsse auf die chemische Zusammensetzung der Sternmaterie ziehen zu können. Die mit Beobachtung und Theorie verträglichen Molekulargewichte, Wasserstoff- und Heliumgehalte werden teilweise tabuliert. Loh.

* * **S. W. McCuskey, C. K. Seyfert,** Stellar spectra in Milky Way regions. II. A region in Cygnus. Vgl. Ref. **9526.**

* * **J. H. Moore, G. F. Paddock,** Radial velocities, spectral types, and luminosity classes of 820 stars. Vgl. Ref. **9214.**

9712. **W. W. Morgan, N. G. Roman,** Revised standards for supergiants on the system of the Yerkes spectral atlas. ApJ **112** 362—364. — Es wird ein Verzeichnis von 129 Überriesen mitgeteilt, deren Spektraltypen und Leuchtkraftklassen im System des Yerkes-Atlas der Sternspektren bestimmt wurden, und die als Standard-Sterne dieses Klassifizierungssystems für Überriesen der Spektraltypen O 9—M 2 dienen können. Micz.

9713. **L. Münch,** Las Estrellas "B" en el Ecuador Galactico. El Universo **48** Nr. 13 S. 84—90, mit 4 Abb. — Bericht über Leuchtkraftkriterien und die Verteilung der Leuchtkraftklassen in der Milchstraße nach Untersuchungen in Tonantzintla. Gü.

9714. **J. B. Oke, R. E. Williamson,** A theoretical Hertzsprung-Russell diagram for red dwarf stars. AJ **55** 177. — Ref. AAS.

9715. **J. B. Oke,** A theoretical Hertzsprung-Russell diagram for red dwarf stars. J RAS Canada **44** 135—148, mit 5 Fig. = Commun. David Dunlap Obs. Nr. **24**. — Die aus der Theorie des Sternaufbaues folgenden beiden Gleichungen: Masse-Leuchtkraft-Radius-Beziehung und Energie-Gleichung werden benutzt, um für verschiedene angenommene Werte von Masse sowie H und He-Gehalt die zugehörigen Werte von Radius und Leuchtkraft zu berechnen. Die Energie-Gleichung wird dabei sowohl für den CN-Zyklus wie auch für die H-H-Reaktion benutzt. Man erhält so eine Reihe von R-L-Diagrammen, die jeweils für ein bestimmtes M gelten, in denen Kurven konstanten H- und He-Gehaltes eingezeichnet sind. Wird aus R und L die effektive Temperatur T_e berechnet, so lassen sich die Ergebnisse, getrennt für die beiden Energie-Erzeugungs-Prozesse, in 2 L-T_e-Diagrammen darstellen, in denen wieder die Kurven konstanten H- und He-Gehaltes als Parameterkurven eingezeichnet werden. Aus dem Vergleich mit der Lage tatsächlicher Sterne in diesen Diagrammen werden Schlüsse gezogen auf die Bedeutung der beiden Prozesse für Sterne im unteren Teil der Hauptreihe. Bo.

9716. **A. Opolski,** On the discontinuities of the distribution of masses and hydrogen-content in the Hertzsprung-Russell diagram. Ark Astr **1** 155—174, mit 6 Fig. = Stockholms Obs. Medd. Nr. **63**. — Verf. ermittelt im Hertzsprung-Russell-Diagramm Linien konstanter Masse. Diese Linien zeigen bei den absoluten Helligkeiten $+2^m\!.4$, $-0^m\!.5$ und $-3^m\!.1$ Diskontinuitäten, die mit Änderungen des Wasserstoffgehalts der Sterne in Verbindung gebracht und zur Erklärung der Sternverteilung im HR-Diagramm offener Haufen herangezogen werden. Das Auftreten der RR Lyrae-Sterne soll ebenfalls in einer Beziehung zu ihnen stehen. Micz.

* * **P. P. Parenago,** Die Bewegungen der weißen Zwerge und Unterzwerge. Vgl. Ref. **12339**.

9717. **P. P. Parenago, A. G. Massewitsch,** Untersuchung der Masse- Leuchtkraft-Radiusbeziehung. Teil I. AJ UdSSR **27** 137—149, mit 4 Abb. (russisch). — Die vorliegende Untersuchung stützt sich auf 242 den verschiedensten Gruppen im Hertzsprung-Russell-Diagramm angehörenden Sterne. Nach kurzen historischen Bemerkungen werden die empirischen Beziehungen zwischen Masse, Leuchtkraft und Radius erörtert und zeichnerisch dargestellt und dann durch Probieren versucht, solche Kombinationen von M, L und R zu finden, die gegenseitig als Abszissen und Ordinaten zu einer deutlichen Trennung der einzelnen Sterngruppen (Überriesen, Riesen, Unterriesen, Hauptreihe O 8—G 4, G 7—M 6 und Unterzwerge) in den Diagrammen führen. Die durch Ausgleichung ermittelten Koeffizienten des Ansatzes $x+y \cdot \log M + z \cdot \log R = \log L$ unterscheiden sich von Sterngruppe zu Sterngruppe zum Teil erheblich — es gibt darnach keine einheitliche Masse-Leuchtkraft-Radiusbeziehung. Loh.

9718. **R. M. Petrie,** The mass-luminosity relation determined from spectroscopic binaries. Publ. Dominion Astrophys. Obs. Victoria **8** 341—355, mit 5 Fig. — Aus den vom Verf. früher (Viktoria Publ. **8** No. 10) ermittelten Helligkeitsdifferenzen der Komponenten spektroskopischer Doppelsterne wird nach einem von Lundmark und Luyten vorgeschlagenen Verfahren die Masse-Leuchtkraft-Beziehung dieser Sterne abgeleitet. Für die bei der Integration unbestimmt bleibende Konstante werden Masse und Leuchtkraft von Sirius angenommen. Verf. erörtert Vor- und Nachteile des Verfahrens und vergleicht sein Ergebnis mit anderen Bestimmungen. Micz.

* * **R. M. Petrie, C. D. Maunsell,** The absolute magnitudes of the early A stars from measures of hydrogen-line absorption. Vgl. Ref. **9533**.

* * **K. Pilowski,** Spektralphotometrische Integralhelligkeiten von 42 Sternen. Vgl. Ref. **9410**.

9719. **K. Pilowski,** Über die Zustandsgrößen der Sterne. Mitt. AG **1950** 12—13. — Ref. AG.

9720. **K. Pilowski,** Zur Masse-Leuchtkraft-Beziehung und zur empirischen Festlegung einer Skala von effektiven Temperaturen. ZfA **27** 193—222, mit 5 Abb. — Es wird eine Neubearbeitung der Masse-Leuchtkraftbeziehung an Hand aller verfügbaren vollständig bestimmten Bedeckungsveränderlichen und visuellen Doppelsterne vorgenommen. Die Masse-Leuchtkraftbeziehung der Zwerge und die der Riesen zeigen eine verschwindende kosmische Streuung und stimmen praktisch überein. Die Untersuchung wird in Verbindung mit der Ableitung einer Skala von effektiven Temperaturen ausgeführt. Verf.

* * **J. Plassard,** Les bandes violettes de CN prises pour critères de magnitude absolue dans les étoiles «G» et «K». Vgl. Ref. **9535**.

* * **W. H. Ramsey,** The planets and the white dwarfs. Vgl. Ref. **5230**.

9721. **M. Rudkjöbing,** On the masses of stars belonging to an extended «class of the metallic-line stars». Ann d'Astrophys **13** 164—169 = Publ. Köbenhavns Obs. Nr. **152**. — Zur Stützung der Annahme, der Unterschied zwischen normalen Sternen und Metalliniensternen sei durch eine größere Masse der letzteren bedingt, werden die Massenverhältnisse von α Gem (zweite Komponente ein Metallinienstern) und 44i Boo (zweite Komponente ein W UMa-Stern) in Verbindung mit den für W UMa-Sterne gefundenen Massenverhältnis diskutiert. Das Ergebnis deutet daraufhin, daß sich die Metalliniensterne tatsächlich durch eine größere Masse auszeichnen. Kdr.

* * **H. U. Sandig,** Die Stellung der Veränderlichen unter den Sternen. Vgl. Ref. **11006**.

9722. **K. Walter,** Bemerkungen zur Masse – Leuchtkraft – Beziehung. Mitt. AG **1950** 13—14. — Ref. AG.

9723. **H. F. Weaver,** Spectral anomalies in F and G dwarf stars. Publ ASP **62** 50—55, mit 1 Tafel und 2 Fig. — Einige Standardsterne des «Atlas of Stellar Spectra» von Morgan, Keenan, Kellman vom Typ FV und GV wurden mit hoher Dispersion auf Spektralanomalien untersucht. Zwischen Sternen gleichen Typs treten auf 1. Differenzen in der allgemeinen Erscheinung des Spektrums als Ganzes, 2. markante Intensitätsdifferenzen in bestimmten Spektrallinien. Gli.

9724. **K. O. Wright,** Stars — giants and dwarfs. J RAS Canada **44** 17—30, mit 2 Fig. — Verf. gibt einen Überblick über die Entwicklung unserer Kenntnisse von scheinbaren und absoluten Sternhelligkeiten, vom Russell-Diagramm, von den spektroskopischen Parallaxen, von den Sterndurchmessern und den zwei Sternpopulationen und bringt zum Schluß die modernen Hypothesen über die Entwicklung der Fixsterne. Gli.

9725. Naines blanches. BSAF **64** 240.

9726. Massa en lichtkracht. Heelal **6** 14.

9727. Dwarf-star symposium. Sky and Telescope **9** 160—161, 164, mit 1 Fig. — Ref. AAS.

9728. The shape of Antares. Sky and Telescope **10** 34.

§ 98

Rotation, Magnetfeld

9801. **H. W. Babcock,** Stellar magnetic fields. Nature **166** 249 = Mt. Wilson and Palomar Obs. Repr. Nr. **25**, 6 S. mit 2 Fig. — Ref. in Sternenwelt **3** 151. — Vorläufige Mitteilung, in der vor allem die bei HD 125 248 beobachteten Erscheinungen und ihre theoretische Deutung diskutiert werden. Loh.

9802. **H. W. Babcock,** Magnetic field of a late-type star, HD 4174. Publ ASP **62** 277—278 = Mt. Wilson and Palomar Obs. Repr. Nr. **37**. — Ref. in Sternenwelt **3** 72.

9803. **A. E. Benfield,** Magnetism and the rotation of celestial bodies. Nature **166** 31. — Die von Berlage (Vgl. Ref. **9804**) entwickelte Theorie einer radialen Trennung elektrischer Ladungen zur Begründung der Blackettschen Formel ist auf die Erde nicht anwendbar. Loh.

9804. **H. P. Berlage,** The fundamental relation between the magnetic moment and the structure of rotating celestial bodies. Nature **165** 242—243. — Die Blackettsche Formel läßt sich dann leicht ableiten, wenn man annimmt, daß die für ihre Anwendung in Frage kommenden Sterne einen Kern aus entarteter Materie besitzen, von dem freie Elektronen leichter in die äußere Hülle diffundieren können als positive Ionen. Loh.

* * **L. Biermann, A. Schlüter,** Über den Ursprung der Magnetfelder auf Sternen und im interstellaren Raum. Vgl. Ref. **5303**.

9805. **H. Bondi, T. Gold,** On the generation of magnetism by fluid motion. MN **110** 607—611. — Es wird qualitativ gezeigt, daß durch hydrodynamische Bewegungen in einer Flüssigkeit unendlich großer Leitfähigkeit die magnetische Feldstärke im Inneren beliebig groß werden kann. Das Feld im Außenraum unterliegt einschränkenden Bedingungen, wenn der von der Flüssigkeit eingenommene Raum einfach zusammenhängt. Für den Fall endlicher Leitfähigkeit können noch keine eindeutigen Folgerungen gezogen werden. Kdr.

9806. **G. L. Clark,** The external gravitational and electromagnetic fields of rotating bodies. Proc. Roy. Soc (A) **201** 488—509. — Ref. in Math. Rev. **12** 292—293. — Frühere Untersuchungen des Verf. über das Gravitationsfeld rotierender stabförmiger Systeme werden fortgesetzt und auf rotierende Kugeln ausgedehnt. Es ergibt sich, daß unter bestimmten Bedingungen rotierende Kugeln auch ein elektromagnetisches Feld von einer Form, wie sie von Blackett angenommen wurde, besitzen können. Doch besteht auch die Möglichkeit der Existenz von Feldern anderer Form. Kdr.

* * **V. C. A. Ferraro,** Magnétisme solaire et cosmique. Vgl. Ref. **6102**.

9807. **H. Kienle,** Zur Deutung der Magnetfelder der Sterne. Naturwissenschaften **37** 137—138. — Das allgemeine Magnetfeld der Sterne wird aufgefaßt als ein integriertes Feld von Flecken. Vergleicht man zum Beispiel den Magnetfeldveränderlichen HD 125248 mit der Sonne, so verhalten sich die integrierten Magnetfelder ähnlich wie die Perioden des Polwechsels. Micz.

9808. **H. Klauder,** Die Magnetfelder der Fixsterne. Naturwiss. Rundschau **3** 519—520.

* * **H. von Klüber,** Über den Nachweis von Magnetfeldern auf Himmelskörpern. II. Teil. Vgl. Ref. **2411**.

9809. **E. A. Milne,** Gravitation and magnetism. MN **110** 266—274 = Commun. Univ. Obs. Oxford Nr. **30.** — Ref. in Math. Rev. **12** 866. — Versuch im Rahmen der kinematischen Relativität die empirischen Formeln von Blackett und Wilson zu begründen, die für rotierende Massen Drehimpuls und magnetisches Moment miteinander in Beziehung setzen. Für Systeme vom Milchstraßentypus wird eine ähnliche Formel abgeleitet, die in Nähe der Sonne ein Magnetfeld von 0.45×10^{-10} Gauß liefert. Für Massen von Sonnen- und Sterngröße dagegen ergeben sich keine Magnetfelder nennenswerter Intensität. Kdr.

9810. **S. K. Runcorn,** Stellar magnetic fields and rotation. Obs **70** 155—156. — Bemerkungen über Korrelationen zwischen Magnetfeld und Rotation. Verf. berechnet den Koeffizienten für Feldstärke und Winkelgeschwindigkeit. Als Ursache werden magneto-mechanische Schwingungen vorgeschlagen. Micz.

9811. **M. Schwarzschild,** Zeeman shifts for stellar dipoles and quadrupoles with inclined axes. ApJ **112** 222—223. — Unter der Annahme, daß die Magnetfelder der Sterne durch ein Dipol- oder Quadrupolfeld approximiert werden können, wird die für die in Sternspektren beobachteten Zeeman-Verschiebungen maßgebende effektive Feldstärke durch Integration über die uns zugekehrte Hemisphäre in Abhängigkeit von der Polstärke, von der Randverdunklung und von der Neigung der magnetischen Achse gegen den Visionsradius berechnet. Kdr.

* * **D. W. N. Stibbs,** A study of the spectrum and magnetic variable star HD 125248. Vgl. Ref. **9544.**

* * **D. W. N. Stibbs,** A light curve for the magnetic variable star HD 125248. Vgl. Ref. **11187.**

9812. **O. Struve,** Stars as magnets. Sky and Telescope **9** 106—108, 117, mit 7 Fig.

Elfter Teil

Doppelsterne

§ 100

Allgemeines

10001. **D. Belorizky,** Sur la détermination graphique des éléments géométriques des orbites des étoiles doubles. JO **33** 49 — 53, mit 3 Fig. — Die Richtung der Knotenlinie einer Doppelsternbahn kann man graphisch bestimmen als Halbierende des Außenwinkels, den die Richtungen vom Ort des Hauptsterns nach den Brennpunkten der scheinbaren Bahn bilden. Für diesen Satz wird ein analytischer Beweis gegeben. Ist hiernach die Knotenlinie bekannt, so gestaltet sich die graphische Ermittlung der übrigen Bahnelemente sehr einfach. Bo.

10002. **G. L. Clark,** The decay of the gravitational energy of a double star. Vgl. AJB **46** Ref. **8104.** — Weiteres Ref. in Urania Barcelona **35** 119.

* * **H. Gadzikowska, H. Iwaniszewski,** The sun's motion relative to the double stars. Vgl. Ref. **12330.**

10003. **P. W. Grigorjew,** Statistische Untersuchung der Dreifachsterne. Abh. Shdanow-Staatsuniv. Leningrad Nr. **136** (Math. Wiss. Nr. **22,** Astr.) S. 87—112, mit 6 Abb. = Publ. Astr. Obs. Leningrad **15** 87—112 (russisch). — Ref. in Astr. News Letter Nr. **58** S. 6—7. — Nach einigen historischen Bemerkungen und einer Sichtung des Beobachtungsmaterials behandelt Verf. das Problem der Trennung der physikalischen Systeme von den optischen, die Verteilung der Bahnneigungen und die Bewegung entfernter Komponenten. Abschließend werden einzelne Beispiele von Dreifachsternen angeführt. Loh.

10004. **L. E. Gurewitsch, B. J. Lewin,** Über die Bildung der Doppelsterne. AJ UdSSR **27** 273—284 (russisch). — Ref. in Math. Rev. **12** 641—642, Astr. News Letter Nr. **54** S. 8. — Zur Erklärung der Entstehung der Doppelsterne und ihrer Auflösung auf Grund von Sternpassagen in einem ursprünglich nur aus Einzelsternen bestehenden Sternsystem werden Bildungsgleichung und Energieabgabegleichung diskutiert. Im Durchschnitt hängt die Entwicklung eines Paares davon ab, ob die Energie seiner Bahnbewegung größer oder kleiner ist als die einem Freiheitsgrad entsprechende mittlere Translationsenergie der Sterne. Im ersten Fall (beständige Paare) verringert sich a im Mittel, im zweiten (unbeständige Paare) vergrößert es sich. Die Bildungszeit unbeständiger Paare ist kleiner als die Relaxationszeit, sie können daher in nahezu sich im statistischen Gleichgewicht befindlichen Sternsystemen entstehen. Bei beständigen Paaren ist die Bildungszeit größer als die Relaxationszeit. Die heute in Sonnenumgebung existierenden Doppelsterne sollten daher in Sternhaufen entstanden sein, die sich dann auflösten oder aus denen die Doppelsterne diffundiert sind. Loh.

10005. **L. E. Gurewitsch, B. J. Lewin,** Über die Entstehung der Doppelsterne. DAN **70** 385—388 (russisch).

10006. **R. Jonckheere,** A plea for the faint double stars. Obs **70** 187—189. — Verf. regt an, die Beobachtung visueller Doppelsterne nicht auf die Überwachung schon bekannter zu beschränken, sondern vor allem die Entdeckung lichtschwacher Paare zu fördern. Denn die bis jetzt bekannte Auswahl sei zu deren Ungunsten verschoben und verfälsche deshalb die statistischen Untersuchungen. T. L.

10007. **P. van de Kamp,** Les compagnons invisibles d'étoiles proches. BSAF **64** 369—379, mit 7 Fig. = Repr. Sproul Obs. Nr. **69.** — Die astrometrischen Untersuchungen, welche besonders auf der McCormick- und der Sproul-Sternwarte für die sonnennahen Sterne durchgeführt werden, haben gezeigt, daß diese in ihrer großen Mehrheit Doppelsterne oder mehrfache Systeme sind. Soweit es sich dabei um unsichtbare Begleiter handelt, die aufgrund ihrer Störungen auf den Hauptstern nachgewiesen werden können, erhebt sich die Frage, ob sich darunter planetarische Körper befinden. Bis jetzt kann dies jedoch kaum mit Sicherheit bejaht werden, da die festgestellten Störungen, welche — wie etwa bei α Centauri — auf einen planetenähnlichen Begleiter schließen lassen könnten, von der Größenordnung der Beobachtungsfehler sind. T. L.

10008. **B. J. Lewin,** Statistik der physikalischen Merkmale der Doppelsterne und die Einfanghypothese. DAN **70** 17—20 (russisch).

10009. **F. L. Martin,** Stelle doppie. Oss. Astr. Trieste Nr. **235,** 125 S. mit 10 Tafeln. — Das vorliegende Lehrbuch enthält in 7 Abschnitten und einem Anhang eine elementare Darstellung der Beobachtungs- und Bahnbestimmungsmethoden der Doppelsterne. F. Z.

10010. **L. Motz,** The apsidal motion of giant binary stars. ApJ **112** 434—444. — Ref. in Math. Rev. **12** 448. — Für zwei von Richardson und Schwarzschild, sowie von Hen und Schwarzschild untersuchte Riesensternmodelle berechnet Verf. die Apsidendrehung in Doppelsternsystemen, die aus zwei Riesen gebildet werden. In befriedigender Übereinstimmung mit den Beobachtungsdaten bei TX UMa findet er für den effektiven Polytropenindex die Werte 3.70 und 4.01. Kdr.

10011. **W. Rabe,** Die Beobachtung visueller Doppelsterne. Das Himmelsjahr (Ref. **440**) **1951** S. 81—85, mit 1 Abb. — Enthält am Schluß eine Liste von 25 Doppelsternen zur Prüfung von Fernrohren mit 1 bis 4 Zoll Öffnung.

10012. **K. Schütte,** Der erste Fixstern-Planet. Sternenwelt 2 148—150, mit 2 Abb. — Besprechung in Weltraumfahrt **1950** 127. — Der dunkle Begleiter von 61 Cygni.

* * **R. H. Wilson jr.,** Some contributions of the interferometer to double-star research. Vgl. Ref. **2238**.

10013. Hebben andere sterren dan de zon ook planeten? Heelal **6** 14.

10014. Snelheden bij dubbelsterren. Heelal **6** 14.

§ 101

Visuelle Doppelsterne

10101. **S. Arend,** Courbes de fréquences et corrélations relatives aux étoiles doubles visuelles. Commun. Obs. Roy. Belgique Nr. **20** S. 1—16, mit 7 Fig. — Im ersten Teil wird die Häufigkeitsverteilung der großen Halbachsen, der scheinbaren und absoluten Helligkeiten, sowie der Umlaufszeiten und Exzentrizitäten nach dem 2. Finsenschen Katalog betrachtet, ferner nach dem Katalog von Russell und Moore diejenige der Spektralklassen und der absoluten bolometrischen Helligkeiten. Das vorhandene Material und der starke Einfluß der Grenzen der Beobachtungsmöglichkeit und der genauen Bahnbestimmung lassen nur den allgemeinen Charakter der Häufigkeitskurven erkennen. Im zweiten Teil wird die Möglichkeit der Abhängigkeit dieser Größen voneinander untersucht, wobei sich nur mehr oder weniger sichere Korrelationen zwischen den Exzentrizitäten einerseits und den Perioden, großen Halbachsen und Spektraltypen andererseits ergeben. T. L.

10102. **S. Arend,** Orientation des orbites d'étoiles doubles visuelles par rapport à la galaxie. Commun. Obs. Roy. Belgique Nr. **20** S. 17—29. — Für die Berechnung der Elemente, welche die Lage einer Doppelsternbahn bezüglich der galaktischen Ebene charakterisieren, werden die Formeln unter Benutzung von Drehungskrakovianen abgeleitet. Die folgende statistische Untersuchung an 28 gesicherten Bahnen des 2. Finsenschen Katalogs zeigt, daß deren Lagen keine Gesetzmäßigkeit zeigen; dieses Ergebnis stimmt mit einem früher von Berglund gewonnenen Resultat überein. T. L.

10103. **P. Baize,** Second catalogue d'orbites d'étoiles doubles visuelles. JO **33** 1—31, mit einer Berichtigung auf S. 124.

10104. **W. H. van den Bos,** Reports on the progress of astronomy: Double stars. MN **110** 172—173.

10105. **S. Carlomusto,** Confronto del formulario e risultati numerici tra il metodo Carlomusto per il calcolo d'orbita di una doppia visuale e quello recentissimamente calcolato e semplificato da altri per l'orbita di Sirio B, che si vede nella Nota apparsa nel Vol. XIX N. 2 (1948) della Società astronomica italiana. Coelum **18** 160.

10106. **H. Harting,** Beitrag zur Bestimmung einer Doppelsternbahn. AN **278** 264—268. — Der Beitrag zur Bestimmung der Bahn des Doppelsternes 42 Comae Berenices beschäftigt sich mit den bis zum Jahr 1891 angestellten Beobachtungen, die in einer bisher nicht veröffentlichten umfangreichen Arbeit untersucht wurden. Dank den seither bekanntgegebenen Messungen sind bereits die Bahnelemente genau bestimmt, so daß sich ein näheres kritisches Eingehen auf die älteren Beobachtungen in dieser Arbeit erübrigt. Es werden zwei Verfahren für die Ableitung der Elemente angegeben, und zwar sowohl aus den Distanzen allein, wie aus diesen zusammen mit den Positionswinkeln. Zum Schluß wird dann das vollständige, aus allen Beobachtungen ermittelte Elementensystem, sowie dessen mittlere Fehler und die der Gewichtseinheiten von Distanz und Positionswinkel angegeben. Für die zweite Methode wird gleichfalls ein kurzes Zahlenbeispiel mitgeteilt. Verf.

10107. **H. Kienle,** Zur Photometrie der Doppelsterne. Vgl. AJB **49** Ref. 10109. — Weitere Besprechung in AN **278** 280, Naturwiss. Rundschau **4** 231 (H. Werner), Sterne **26** 46—47.

10108. **A. Masani,** Sulle masse dei sistemi binari visuali. Mem SA It (NS) **21** 35—53 = Contr. Oss. Astr. Milano-Merate (NS) **30**. — Eine kritische Untersuchung der Massen visueller Doppelsterne ergibt, daß die Genauigkeit der abgeleiteten Massen heute noch sehr unbefriedigend ist. Die Unterlagen von 46 Paaren sind in einem Katalog zusammengestellt. F. Z.

10109. **R. Mercier,** Une nouvelle méthode pour le calcul des orbites des étoiles doubles visuelles. CR **231** 819—821 = Publ. Obs. Univ. Bordeaux (NS) Nr. **8**. — Die Transformation der Bahnellipse in eine Gerade gestattet die graphische Bestimmung einer Doppelsternbahn aus den Beobachtungen und daraus die Herleitung der Elemente. Als Beispiel sind die Elemente von η Coronae Borealis und ADS 8901 angeführt. T. L.

10110. **G. v. Schrutka-Rechtenstamm,** Bahnbestimmung des Doppelsterns Σ 1639. AN **279** 81—88. — Bei der sehr exzentrischen Bahn des Doppelsterns Σ 1639 ergeben sich bei einer Bahnverbesserung nach der Methode der Kleinsten Quadrate erhebliche Schwierigkeiten. Nach verschiedenen Versuchen gelang es aber doch, zwei Bahnen herzuleiten, die der Minimumsbedingung genügen, und zwar eine (Bahn A), bei der nur die Positionswinkel ausgeglichen wurden, und eine andere (Bahn B), bei der auch die größeren Distanzen mitbenutzt wurden. Es wird die Darstellung sämtlicher vorliegenden Beobachtungen (einschließlich der unveröffentlichten) und eine Ephemeride für den Zeitraum 1950—2000 mitgeteilt. Verf.

10111. **K. Schütte,** Dreifache Sternsysteme. Sternenwelt **2** 198—199, mit 2 Abb. — ζ Aqr, ξ Boo, μ Dra.

10112. **S. G. Sljussarew,** Über die Verteilung der Bahnebenen der visuellen Doppelsterne. Abh. Shdanow-Staatsuniv. Leningrad Nr. **136** (Math. Wiss. Nr. **22**, Astr.) S. 204—214, mit 4 Abb. = Publ. Astr. Obs. Leningrad **15** 204—214 (russisch). — Ref. in Astr. News Letter Nr. **58** S. 9. — Aus den statistischen Unterlagen von 3456 Paaren ergab sich, daß die Verteilung der Bahnebenen der visuellen Doppelsterne in Bezug auf die galaktische Ebene zufälliger Natur ist. Die Formel von O. J. Schmidt, welche die Verteilung der Bahnneigungen visueller Doppelsterne gegen die Milchstraßenebene gibt und auch das Resultat von S.W. Koslowskaja widersprechen den Beobachtungstatsachen. Verf. (übersetzt)

10113. **O. Struve,** Visual double stars — I, II. Sky and Telescope **9** 186—187, 216—217, mit 7 Fig.

10114. **Å. Wallenquist,** Some preliminary results of photoelectric determinations of colours and magnitude differences in double stars.

Ark Astr 1 193—198, mit 1 Fig. = Uppsala Astr. Obs. Medd. Nr. **103.** — Zwei Methoden photoelektrischer Messungen an Doppelsternen werden beschrieben. Mit Diaphragmen vom Winkeldurchmesser 48″ bzw. 33″ werden an 24 Doppelsternen Helligkeits- und Farbdifferenzen bestimmt. Messungen von Helligkeitsdifferenzen mit kleinen Diaphragmen von 10″ bzw. 5″ Durchmesser bei einigen engen Sternpaaren sind schwer ausführbar und zeigen entsprechend größere Fehler. Schai.

10115. Beobachtungen visueller Doppelsterne

W. H. van den Bos, Measures of double stars – 29 th series. Union Circ **5** 371—441.

W. P. Hirst, Double star measures – 3rd series. MN **110** 456—459. — Liste umfaßt 72 Sterne.

P. Muller, Mesures micrométriques d'étoiles doubles faites en février-mars 1950 au Pic-du-Midi. JO **33** 93—104. — 60 Paare.

P. Muller, Mesures d'étoiles doubles faites à Strasbourg en 1948—50. JO **33** 105—122. — Enthält 178 Paare.

R. H. Wilson jr., Observations of double stars. AJ **55** 153—159 = Flower Obs. Repr. Nr. **78.** — Umfaßt 66+21 Paare.

10116. Mitteilungen über einzelne visuelle Doppelsterne

ADS 14266	A. Ali, Note on the double star ADS 14266. AJ **55** 208.
Ross 79	P. van de Kamp, Duplicity of Ross 79. AJ **55** 160.

10117. Massenverhältnisse von visuellen Doppelsternen

W UMa	D. M. Popper, The mass ratio of W Ursae Majoris. Publ ASP **62** 115—116.

10118. Elemente visueller Doppelsterne

ADS 713	P. Baize, Éléments orbitaux de cinq étoiles doubles (ADS 713, 7780, 11568, 11579 et 14783). JO **33** 125—133.
ADS 1158	= β 1164.
ADS 7780	P. Baize. Vgl. ADS 713.
ADS 7871	M. A. Giannuzzi, Orbita provvisoria della stella binaria ADS 7871. Rend. Accad. Nazionale Lincei Classe Sci. fis. mat. nat. (8) **8** 120—124 = Oss. Astr. Roma-Monte Mario Contr. Sci. Nr. **154.**
ADS 8539	G. v. Schrutka-Rechtenstamm Vgl. Ref. **10110.**
ADS 10374	P. Baize, L'orbite de l'étoile double ADS 10374 = η Ophiuchi. BSAF **64** 169—170.
ADS 11468	R. H. Wilson jr., The orbit of ADS 11468 (A 1377), an unusually massive visual binary star. AJ **55** 159—160, mit 1 Fig. = Flower Obs. Repr. Nr. **78.**
ADS 11568	P. Baize. Vgl. ADS 713.
ADS 11579	P. Baize. Vgl. ADS 713.
ADS 14783	P. Baize. Vgl. ADS 713.
ζ Aqr	E. L. Schodo, Bestimmung der Bahn des Doppelsterns ζ Aquarii (Σ 2909). Mitt. Astr. Obs. Odessa **2** Nr. 1 S. 13—18, mit 1 Abb., 1949 (russisch). — Ref. in Astr. News Letter Nr. **63** S. 7. — Ableitung der Elemente aus Beobachtungen von 1781—1939.
π Cen	= I 879.
42 Com	H. Harting, Beitrag zur Bestimmung einer Doppelsternbahn. Vgl. Ref. **10106.**
η Oph	= ADS 10374.

70 Oph	D. J. Martynow, 70 Ophiuchi als Dreifachsystem. Astr Circ UdSSR Nr. 107 S. 7—9 (russisch).
σ^2 UMa	J. Pensado Iglesias, Orbita del sistema visual σ^2 U. Maj. Urania Barcelona **35** 1—9, mit 2 Fig. = Publ. Sem. Astr. Geod. Univ. Madrid Nr. **3**.
λ 119 Vel	W. H. van den Bos, The orbit of λ 119, p Velorum. Union Circ **5** 367.
p Vel	= λ 119 Vel
β 1164	W. H. van den Bos, The orbit of β 1164, ADS 1158. Union Circ **5** 366.
λ 315	W. H. van den Bos, The orbit of λ 315 = B 885. Union Circ **5** 369.
Σ 1639	= ADS 8539.
Σ 2367 AB	= ADS 11579.
Σ 2384	= ADS 11568.
Φ 283	W. H. van den Bos, The orbit of Φ 283. Union Circ **5** 370.
Φ 309	W. H. van den Bos, The orbit of Φ 309. Union Circ **5** 369.
A 1377	= ADS 11468.
AC 19	= ADS 14783.
B 885	= λ 315.
BDS 6158	= ADS 8539.
Hu 201	= ADS 713.
Hu 879	= ADS 7780.
Hu 1335	W. H. van den Bos, The orbit of Hu 1335. Union Circ **5** 371.
I 879	W. H. van den Bos, The orbit of I 879, π Centauri. Union Circ **5** 368.
I 1567	W. H. van den Bos, The orbit of I 1567. Union Circ **5** 368.
RST 321	W. H. van den Bos, The orbit of RST 321. Union Circ **5** 366—367.
RST 3157	W. H. van den Bos, The orbit of RST 3157. Union Circ **5** 370.

§ 102

Spektroskopische Doppelsterne

10201. **L. Gratton,** Ca II emission in Lambda and Zeta Andromedae. ApJ **111** 31—40, mit 2 Fig. = Contr. Mc Donald Obs. Nr. **185**. — Es wird die Frage der Emissionskomponenten und der Umkehr der Linien H und K des Ca II in spektroskopischen Doppelsternen späten Spektraltyps mit einer ausführlichen Diskussion der Verhältnisse bei λ Andromedae und ζ Andromedae behandelt. Der Ursprung der Erscheinungen ist wahrscheinlich in Rotationseffekten wie Gezeitenwülsten zu suchen. Unter Hinzuziehung weiterer Doppelsterne mit Ca II-Emission ergibt sich eine Beziehung zwischen der absoluten Helligkeit und der Periode des Bahnumlaufs dieser Objekte. Micz.

10202. **R. H. Hardie,** A study of the spectroscopic binary U Cephei. ApJ **112** 542—553, mit 7 Fig. = Contr. McDonald Obs. Nr. **197**. — Der photometrische und spektroskopische Doppelstern U Cephei fiel unter anderem dadurch auf, daß photometrisch und spektroskopisch bestimmte Exzentrizität stark differierten und auch zwischen zwei Beobachtungsreihen der Radialgeschwindigkeit erhebliche Diskrepanzen bestanden. Verf. diskutiert das vorliegende ältere Material unter Hinzuziehung neuer spektrographischer Beobachtungen, die am McDonald-Observatorium 1949/50 erhalten worden waren. Insbesondere die Frage der Deformation der Radialgeschwindigkeitskurve durch unsymmetrische Profile, deren Auftreten von O. Struve auf Zusammenwirken von Stark- und Rotationseffekten zurückgeführt wird, wird in quantitativer Hinsicht zu lösen versucht. Eine korrigierte Radialgeschwindigkeitskurve liefert Elemente, die den photometrischen nahe kommen. Verbleibende kleinere Unregelmäßigkeiten in der Radialgeschwindigkeitskurve — vor allem in der Nähe des positiven Geschwindigkeitsmaximums — sowie ein erheblicher Unterschied in der Schwerpunktsgeschwindigkeit des Systems zwischen 1943 und 1949/50 bleiben dagegen ungeklärt. Die beiden nachweisbaren Komponenten scheinen der Masse-Leuchtkraft-Beziehung zu gehorchen. Micz.

10203. **A. van Hoof,** On a possibility to resolve spectroscopically several close binary stars. Mededelingen Koninklijke Vlaamse Acad. Wetensch. Letteren, Schone Kunsten van België, Jaargang **12** Nr. 17, 9 S. mit 1 Fig. — Es wird ein Verfahren vorgeschlagen, um Winkelabstand und Positionswinkel nicht aufgelöster enger Doppelsterne aus spektroskopischen Beobachtungen zu bestimmen. Nach Rechnungen des Verf. können mit dem Coudé-Spektrographen (Dispersion 3 Å/mm bei λ 4360) des McDonald-Reflektors Distanzen bis zu 0."004 mit einem Plattenpaar gemessen werden. Ein Verzeichnis von Sternen, auf die die Methode mit Aussicht auf Erfolg anwendbar sein dürfte, ist beigefügt. Micz.

10204. **L. Lowen,** Spectroscopic observations of μ Sagittarii. Publ ASP **62** 61—65, mit 2 Fig. — Aus Radialgeschwindigkeitsmessungen auf 20 Spektrogrammen werden die Doppelsternbahnelemente von O. Kohl etwas verbessert. Die einzelnen chemischen Elemente zeigen geringe systematische Geschwindigkeitsunterschiede. Einige Linienprofile — besonders H_α mit Emissionskomponente — werden besprochen. Gli.

10205. **D. B. McLaughlin,** 32 Cygni as an eclipsing binary. ApJ **111** 449—453, mit 2 Fig.—Ref. in Sternenwelt **2** 204, PAT **31** 162.—Der langperiodische spektroskopische Doppelstern 32 Cygni besitzt für gewöhnlich ein spectrum compositum (K5+A). Anfang November 1949 fehlte die A-Komponente. Der A-Stern war offenbar durch den K 5-Stern bedeckt. Die Arbeit berichtet in vorläufiger Form über die beobachteten atmosphärischen Bedeckungseffekte im Spektrum, die den von ζ Aurigae her bekannten ähneln. Für die Systemkonstanten werden unter Berücksichtigung photometrischer Messungen grobe Näherungswerte angegeben. Micz.

10206. **G. R. Miczaika,** Das System φ Persei. Mitt. AG **1950** **14.** — Ref. AG.

10207. **G. R. Miczaika,** Über das System φ Persei. ZfA **28** 43—59, mit 6 Abb. = Mitt. Landessternw. Heidelberg Nr. **80.** — Von dem Be-Stern φ Persei wurden Radialgeschwindigkeitsmessungen der H- (Absorption und Emission) und He I-Linien ausgeführt. Die meisten Linien führen Verschiebungen aus, die in Phase miteinander sind, jedoch nicht ohne weiteres als Bahnbewegungen eines Doppelsterns gedeutet werden können. Die Linien der diffusen Triplett-Serie des He I zeigen ein sehr ungewöhnliches Verhalten; λ 4472 und λ 4026 sind nicht in Phase mit den Balmer-Linien, He I λ 3965, λ 3889 u. a., wie bereits Hynek bemerkte, λ 3820 variiert dagegen ähnlich wie die meisten anderen Linien. Die Profile der Linien dieser Serie sind komplex, der physikalische Sinn ihrer Radialgeschwindigkeitskurven ist unklar. Die Strukturänderungen der H- und He I-Linien mit der Periode werden beschrieben, besonders eingegangen wird auf die Blendlinie λ 3889 (H 8 + He I λ 3889). Geschwindigkeits- und Strukturänderungen werden durch ein Modell des Systems φ Persei zu deuten versucht. Danach handelt es sich um einen spektroskopischen Doppelstern, dessen sichtbare Komponente, der B-Stern, eine unsymmetrische Hülle besitzt, deren Bewegung die durch einen Gasstrom deformierte Radialgeschwindigkeitskurve erzeugt. Verf.

10208. **R. M. Petrie,** A new determination of the mass-luminosity relation from spectroscopic binaries. AJ **55** 180. — Ref. AAS. — log m = + 0.548 − 0.144 M + 0.002 M^2.

10209. **R. M. Petrie,** A test of the mass-luminosity relation from Δ m measures of spectroscopic binaries. Publ ASP **62** 140—141. — Ref. ASP.

10210. **R. M. Petrie,** The magnitude differences between the components of eighty-two spectroscopic binaries. Publ. Dominion Astrophys. Obs. Victoria 8 319—340, mit 4 Fig. und 2 Tafeln. — Helligkeitsdifferenzen der Komponenten von 82 spektroskopischen Doppelsternen mit 2 Spektren werden nach einem vom Verf. früher mitgeteilten (Victoria Publ. 7 205) Verfahren ermittelt. Ferner werden auch Spektraltypdifferenz, relative Radien und Dichten bestimmt. Ein Vergleich mit Daten, die aus den Lichtkurven von Bedeckungsveränderlichen gewonnen wurden, erbringt, daß systematische Fehler der spektralphotometrisch erhaltenen Δ m < $0^{m}.1$ sind. Für jeden Stern des Katalogs sind kurze beschreibende Angaben über sein Spektrum angefügt. Micz.

* * **R. M. Petrie,** The mass-luminosity relation determined from spectroscopic binaries. Vgl. Ref. **9718.**

10211. **P. Pişmiş, G. Haro, O. Struve,** The spectroscopic binary Delta Orionis. ApJ **111** 509—512, mit 1 Fig. = Contr. McDonald Obs. Nr. **190.** — Bereits früher ist vermutet worden, daß der spektroskopische Doppelstern δ Orionis eine nachweisbare Apsidenbewegung besitzt, ohne daß sie bisher zuverlässig bestimmt werden konnte. Aus einem Vergleich der auf Grund von 48 neuen Radialgeschwindigkeitsmessungen abgeleiteten Bahnelemente mit älteren ergibt sich, daß die Apsidenlinie in 7200 Bahnumläufen des Sterns selbst einen Umlauf vollführt. Micz.

10212. **J. Sahade,** On the spectroscopic binary τ^9 Eridani. ApJ **111** 438—441, mit 1 Fig. = Observatorio de Cordoba Tirada Aparte Nr. **41.** — Die bisherigen Radialgeschwindigkeitsmessungen des spektroskopischen Doppelsterns τ^9 Eridani, dessen helle Komponente ein A-Stern der Siliziumgruppe ist, konnten mit 2 verschiedenen Umlaufsperioden $0^{d}.854$ und $5^{d}.954$ gleich gut dargestellt werden. Neuere Messungen, die sich über einen größeren Stundenwinkelbereich verteilen, entscheiden für den größeren Wert. Neue Bahnelemente wurden abgeleitet. Micz.

10213. **O. Struve,** The spectroscopic binaries TW Cassiopeiae, TY Puppis, and VV Ursae Majoris. AJ **55** 183. — Ref. AAS.

10214. **O. Struve,** W. F. Meyers work on Beta Canis Majoris. ApJ **112** 520—541, mit 4 Fig. = Contr. Lick Obs. (2) Nr. **31.** — Der Verf. diskutiert das umfangreiche Lick-Material von β Canis Majoris, das zum größten Teil von W. F. Meyer gesammelt und zum Teil bearbeitet, nach seinem Tode insbesondere durch J. H. Moore erweitert wurde und sich auf 698 Radialgeschwindigkeiten beläuft. Die Geschwindigkeitsänderung kann durch drei Perioden, von denen zwei einschließlich der zugehörigen Amplituden veränderlich sind, charakterisiert werden. P_3 resultiert aus der Überlagerung von P_1 und P_2. Mit P_2 verlaufen auch die Änderungen der Konturen der Absorptionslinien. Die Ursache der Komplexität ist unbekannt. Die Gruppe β Cephei, zu der β Canis Majoris gehört, unterscheidet sich von gewöhnlichen kurzperiodischen pulsierenden Sternen so stark, daß Pulsationen allein zur Erklärung nicht genügen. Verf. schlägt erneut die Annahme eines engen Doppelsternes mit unsichtbarem sehr kleinem und dichtem Begleiter vor. P_1 könnte dann der Bahnbewegung entsprechen und P_2 den Pulsationen, die der Begleiter in der Atmosphäre des Hauptsterns induziert. Es wird angeregt, die Existenzfähigkeit eines sehr engen Systems aus einem normalen Stern und einem Begleiter von der Art eines Weißen Zwergs auch theoretisch zu prüfen. Micz.

10215. **O. Struve,** Spectroscopic binaries. Pop Astr **58** 7—17, mit 4 Fig. — In einem Vortrag vor der American Astronomical Society behandelt der Verf. einleitend einige Probleme der internationalen Zusammenarbeit und geht dann auf das eigentliche Thema, die spektroskopischen Doppelsterne, über. Nach einer kurzen historischen Übersicht werden u. a. β Cephei- und verwandte Sterne sowie das Auftreten unsymmetrischer Linienprofile und die damit einhergehende Deformierung der Radialgeschwindigkeitskurve bei Sternen wie U Cephei, U Sagittae u. a. behandelt. Micz.

10216. **K. Walter,** Zur Perioden-Exzentrizitäts-Beziehung spektroskopischer Doppelsterne. AN **279** 1—18, mit 12 Abb. — Aus dem veröffentlichten Beobachtungsmaterial der spektroskopischen Doppelsterne werden für Doppelsterne mit kurzen Umlaufperioden (Größenordnung 1 bis 100 Tage), die sich aus Sternen der Hauptreihe zusammensetzen, ziemlich scharfe Beziehungen zwischen Periode, Bahnexzentrizität und Art der Komponenten abgeleitet. Ihre Auswertung ergibt einen engen Zusammenhang mit den Abweichungen der Doppelsternkomponenten von der Rotationssymmetrie (Gezeitendeformation). Es läßt sich zeigen, daß jene Gesetzmäßigkeiten der Bahnform auf einen bestimmten, nur von der Sternart abhängigen Bereich der Gezeitendeformationen beschränkt sind. Im Rahmen einer früheren Hypothese, in der angenommen wird, daß die Bahnform der engen Doppelsterne sich auf Grund eines Gleichgewichts zweier entgegengesetzter Wirkungen einstellt, wird dieser Bereich mit dem Übergang von der gebundenen zur freien Rotation der Komponenten in Verbindung gebracht. Aus den beobachteten Bahnen der spektroskopischen Doppelsterne ergibt sich ferner deren Verteilung auf zwei Bahngruppen, die sich in bezug auf den Zusammenhang zwischen Periode und Bahnform verschieden verhalten. Zwischen den Systemen der beiden Bahngruppen konnten bei den früheren Spektraltypen systematische Massenunterschiede nachgewiesen werden. Verf.

10217. Spectroscopic binaries. Vgl. AJB **49** Ref. **10212**. — Besprechung dieser Darwin-Lecture von O. Struve in Nature **166** 61—63.

10218. **Mitteilungen über einzelne spektroskopische Doppelsterne**

Y Aql — N. L. Magalaschwili, Elektrokolorimetrie des spektroskopischen Doppelsterns Y Aquilae. Bull. Astrophys. Obs. Abastumani Nr. **11** S. 1—5, mit 1 Abb. (grusinisch mit russischer Zusammenfassung). — Ref. in Astr. News Letter Nr. **56** S. 12. — Die im Blauen und Gelben erhaltenen Beobachtungen ergaben in beiden Spektralbereichen eine Amplitude von 0^m03, die durch eine Elliptizität der Komponenten erklärt werden kann. Loh.

β CMa — O. Struve, Beta Canis Majoris. Sky and Telescope **10** 5—7, mit 3 Fig.

31 Cyg — D. B. McLaughlin. Vgl. Ref. **11122**.
Sky and Telescope **10** 10. Double star 31 Cygni. — Ref. in JBAA **61** 54.

32 Cyg — K. O. Wright, The variation in intensity of the K-line following the 1949 eclipse of 32 Cygni. Publ ASP **62** 143—144, mit 1 Fig. — Ref. ASP. — Ref. in Sternenwelt **3** 33.
Sky and Telescope **9** 136. 32 Cygni. — Ref. AAS.

10219. **Elemente spektroskopischer Doppelsterne**

ζ And — L. Gratton. Vgl. Ref. **10201**.

λ And — L. Gratton. Vgl. Ref. **10201**.

R CMa — O. Struve, B. Smith, The velocity-curve of R Canis Majoris. ApJ **111** 27—30, mit 1 Fig. = Contr. McDonald Obs. Nr. **182**.

TW Cas	O. Struve. Vgl. Ref. **11133**.
U Cep	R. Hardie, The problem of U Cephei. AJ **55** 169—170. — Ref. AAS.
	R. H. Hardie. Vgl. Ref. **10202**.
τ^9 Eri	J. Sahade. Vgl. Ref. **10212**.
δ Ori	P. Pişmiş, G. Haro, O. Struve. Vgl. Ref. **10211**.
π^5 Ori	G. R. Miczaika, Eine neue spektroskopische Bahn von π^5 Orionis. ZfA **27** 247—250, mit 1 Abb. = Mitt. Landessternw. Heidelberg Nr. **78**.
ι Peg	R. M. Petrie, E. Phibbs, A redetermination of the spectrographic orbits of jota Pegasi and 25 Serpentis. Publ. Dominion Astrophys. Obs. Victoria **8** 225—234, mit 2 Fig.
TY Pup	O. Struve. Vgl. Ref. **11133**.
25 Ser	R. M. Petrie, E. Phibbs. Vgl. ι Peg.
μ Sgr	L. Lowen. Vgl. Ref. **10204**.
υ Sgr	O. J. Eggen, G. E. Kron, J. L. Greenstein. Vgl. Ref. **11104**.
	J. L. Greenstein. Vgl. Ref. **11108**.
VV UMa	O. Struve. Vgl. Ref. **11133**.
Boss 4821	P. Bacchus, Orbite de l'étoile double spectroscopique Boss 4821. Ann d'Astrophys **13** 89—96, mit 1 Fig. = Publ. Obs. Haute-Provence (A) Nr. **27**.
CPD −61° 669	J. Sahade, J. L. Dessy, The spectroscopic binary CPD −61° 669. ApJ **111** 191—194, mit 2 Fig. = Obs. Cordoba Tirada Aparte Nr. **37**.
HD 121648	G. A. Schajn, Elemente der vorläufigen Bahn der Komponenten des spektroskopischen Doppelsterns H. D. 121648. Mitt. Astrophys. Obs. Krim **5** 105—108, mit 1 Abb. (russisch). — Ref. in Astr. News Letter Nr. **56** S. 11.

Zwölfter Teil

Veränderliche Sterne. Novae

§ 110

Ephemeriden, Allgemeines

11001. B. W. Kukarkin, P. P. Parenago, J. I. Jefremow, P. N. Cholopow, 46th Name-List of Variable Stars. International Astronomical Union, 1950. 42 S. — Enthält für 580 Veränderliche: Name, Ort 1900, Präz. 1900, Max., Min., vorläufige Bezeichnung und in den Anmerkungen zum Teil Angaben über Typ, Lichtwechsel, Elemente und Spektrum.

11002. B. W. Kukarkin, P. P. Parenago, Zweiter Nachtrag zur ersten Ausgabe des Generalkatalogs Veränderlicher Sterne. Moskau-Leningrad, Verlag Akad. Wiss. UdSSR, 1950. 72 S. (russisch, Einleitung und Bemerkungen sind ins Englische von H. A. Pels-Kluyver übersetzt, 9 S.). — Ref. in Astr. News Letter Nr. **57** S. 15. — Der Katalog enthält Angaben über 850 in den Jahren 1949 und 1950 benannte Veränderliche sowie ausführliche Mitteilungen über 302 früher benannte Veränderliche.

11003. **W. J. Miller,** The first three Vatican variables, VV 1—3. Specola Astr. Vaticana Ric. Astr. **2** Nr. 7 S. 117—175, mit 13 Fig. — Verf. berichtet über ein neues Beobachtungsprogramm veränderlicher Sterne. Die im Verlaufe des Programms entdeckten Veränderlichen sollen durch die Bezeichnung VV gekennzeichnet werden. Von den ersten drei Veränderlichen dieser Serie werden Beobachtungen, Karten, Lichtkurven und Typ gegeben. F. Z.

11004. **L. Rosino,** Caratteri fisici delle stelle variabili. Coelum **18** 85—91. — Allgemeinverständliche Darstellung.

11005. **L. Rosino,** L'osservazione delle stelle variabili e la Società dei variabilisti italiani. Almanacco Astronomico della Rivista Coelum **1951** 39—47, mit 4 Fig.

11006. **H. U. Sandig,** Die Stellung der Veränderlichen unter den Sternen. Sternenwelt **2** 156—159, mit 1 Abb.

11007. **H. Socher,** Veränderliche Fundamentalsterne der «Potsdamer Durchmusterung». Sitzber. Österreichischen Akad. Wiss. (Abteilung IIa) **159** 253—262, mit 2 Fig.

11008. **O. Struve,** Variable stars and stellar evolution — I, II. Sky and Telescope **9** 131—132, 162—164, mit 11 Fig.

11009. **M. S. Swerew, B. W. Kukarkin, D. J. Martynow, P. P. Parenago, N. F. Florja, W. P. Zessewitsch,** Veränderliche Sterne. Band **3**. Die Methoden zum Studium der Veränderlichen Sterne. Vgl. AJB **48** Ref. **11015**. — Besprechung in AJ UdSSR **27** 64—66 (russisch, W. A. Krat), Pop Astr **58** 250—251 (S. Gaposchkin).

11010. Rocznik Astronomiczny Obserwatorjum Krakowskiego 1950. Supplemento Internationale Nr. **21**. Krakow, 1950. 8 + 88 S. — Enthält Ephemeriden 1950 für 541 Bedeckungsveränderliche.

11011. Fachwissen des Sternfreundes. Die Benennung der veränderlichen Sterne. Die Lichtzeit. Sternenwelt **2** 116—118.

§ 111

Veränderliche Sterne

Bedeckungsveränderliche

11101. **L. Binnendijk,** Photovisual light-curve of the minima of Castor C = YY Geminorum. BAN **11** 203—207, mit 2 Fig. — Vgl. § **112**.

11102. **A. Colacevich,** La binaria ad eclisse DM Persei. Mem SA It (NS) **21** 275—294, mit 3 Fig. = Oss. Astr. Capodimonte-Napoli Contr. Astr. (2) **4** Nr. 7. — Aus 345 lichtelektrischen Beobachtungen bei der effektiven Wellenlänge 5500 Å und 160 Beobachtungen bei 4400 Å werden neue Elemente dieses Bedeckungsveränderlichen abgeleitet. Abweichungen der Lichtkurve auf beiden Seiten des Hauptminimums werden einer ausgedehnten Atmosphäre zugeschrieben. Zur Erklärung der Erscheinungen wird ein Modell vorgeschlagen, das dem von O. Struve für U Sgr ähnelt. F. Z.

11103. **A. Colacevich,** Il sistema doppio DM Persei. Rend. Accad. Nazionale Lincei, Cl. Sci. fis., mat., nat. (8) **8** 593—599 = Oss. Astr. Capodimonte-Napoli Contr. Astr. (2) **3** Nr. 13. — Vorläufiger Bericht über lichtelektrische Beobachtungen des Bedeckungsveränderlichen DM Per. F. Z.

11104. **O. J. Eggen, G. E. Kron, J. L. Greenstein,** Two-color photometry and spectroscopic observations of υ Sagittarii. PublASP **62** 171—174, mit 1 Fig. = Mt. Wilson and Palomar Obs. Repr. Nr. **32.** — Photoelektrische Beobachtungen des Sternes in zwei Farben ($\lambda_{eff} = 4200$ und 5300) bestätigen die Existenz eines schwachen Begleiters von größerer Oberflächenhelligkeit als die der sichtbaren Komponente. Jedoch tritt die photometrische Bedeckung erst zwölf Tage nach der spektroskopisch vorausgesagten ein. Gli.

11105. **K. Ferrari d'Occhieppo,** Himmelsmechanische Untersuchung über die hypothetischen Massen D und E im Algolsystem. Sitzber. Österreichische Akad. Wiss. (Abteilung IIa) **158** 261 — 292, mit 2 Fig. = Mitt. Wiener Sternw. **4** Nr. 12. — Nachdem in einer früheren Untersuchung des Verf. aus den Unregelmäßigkeiten der Verfinsterungsperiode ein aus fünf Körpern (A, B, C, D, E) bestehendes Modell des Algolsystems angenommen worden war, wird hier die Bewegung der Körper A + B + C, D und E über den ganzen Beobachtungszeitraum (160 Jahre) numerisch integriert. Das angenommene System erweist sich als mechanisch möglich und in qualitativ befriedigender Übereinstimmung mit den errechneten Bewegungen; quantitative Unterschiede lassen sich aus der Unsicherheit der Anfangsbedingungen erklären, und ebenfalls verständlich sind die Abweichungen der neuen Minima von der alten Periodenformel. In einem Zusatz wird, ebenfalls durch numerische Integration, gezeigt, daß das Algolsystem nicht aus einem Paar von Doppelsternen bestehen kann. Böh.

11106. **M. G. Fracastoro,** Studio spettrofotometrico di Zeta Aurigae durante il minimo 1947—1948. Mem SA It (NS) **21** 195—257, mit 6 Fig. = Oss. e Mem. Oss. Astrofis. Arcetri Nr. **66** S. 45—109. — Resultate der Beobachtungen von Zeta Aurigae am 30 cm-Reflektor von Arcetri und am 60 cm von Castelgandolfo mit Objektivprisma. Identifizierung, Messung und Untersuchung der Spektrallinien, Ableitung von acht monochromatischen Lichtkurven, Intensitäten im Zentrum der Balmer- und einiger Metallinien. Die K-Komponente kann als schwarzer Körper der Temperatur 3300° bei λ 4500 betrachtet werden; unterhalb dieser Wellenlänge strahlt sie viel weniger als ein schwarzer Körper aus. F. Z.

11107. **A. Fresa,** Curva di luce ed orbita fotometrica della variabile ad eclisse «AK Herculis». Mem SA It (NS) **21** 315—328, mit 1 Fig. = Contr. Oss. Astr. Torino (NS) Nr. **17.** — Aus 439 Beobachtungen dieses β Lyrae-Sterns werden die photometrischen Bahnelemente abgeleitet. F. Z.

11108. **J. L. Greenstein,** The variability of the spectrum of Upsilon Sagittarii. ApJ **111** 20—26, mit 2 Fig. = Mt. Wilson and Palomar Obs. Repr. Nr. **11.** — Im Spektrum des spektroskopischen Doppelsterns υ Sagittarii sind zahlreiche Absorptionslinien in ihrer Stärke veränderlich, zeitweilig treten Linien mit P Cygni-Charakter auf. Auf Coudé-Spektren wurde gelegentlich auch Verdopplung einiger Linien des Cr II, Fe II und Ti II im Bereich λ 3700 bis λ 4900 bemerkt. Von 51 Linien wurden Intensitäten photometrisch bestimmt. Sie ändern sich mit der Periode der Radialgeschwindigkeit (133^d), jedoch sind die Ti II-Linien mit den übrigen nicht in Phase. Die Ursache der Linienvariation ist vielleicht in einer umgebenden Nebelhülle mit starker UV-Emission oder einer Chromosphäre hoher kinetischer Temperatur zu suchen. Micz.

11109. **S. Hamid, C. M. Huffer, Z. Kopal,** Computation of elements of eclipsing binaries by automatic methods. AJ **55** 169. — Ref. AAS.

11110. **W. A. Hiltner,** Photometric investigations of the Wolf-Rayet binary CQ Cephei. ApJ **112** 477—503, mit 5 Fig. = Contr. McDonald Obs. Nr. **195.** — Mit einem lichtelektrischen Photometer wurden von dem Wolf-Rayet-Bedeckungsveränderlichen CQ Cephei Lichtkurven bei λ 5300 und λ 3550 effektiver Wellenlänge erhalten. Das Hauptminimum entsteht durch die Bedeckung der Wolf-Rayet-Komponente. Beide Minima sind im UV tiefer als im

Langwelligen, unterscheiden sich in der Breite und sind merklich asymmetrisch. Photometrische Messungen der Polarisation des Lichtes von CQ Cephei ergeben, daß kein phasenabhängiger Polarisationsbetrag auftritt, der 0^m005 übersteigen kann; Elektronenstreuung ist entweder nicht erheblich in dem Stern oder die geometrischen Verhältnisse verhindern ihren Nachweis. In Verbindung mit einem monochromatischen Spektrographen wurden ferner Intensitätsmessungen der Linie He II λ 4686 relativ zum benachbarten Kontinuum ausgeführt. Diese Lichtkurve (0^m35 Amplitude) bewirkt bei jeder Konjunktion ein Maximum und bei den Quadraturen je ein Minimum. Das Maximum ist bei der Bedeckung der Wolf-Rayet-Komponente etwas höher als das andere, beide haben unsymmetrische Äste. Darüber hinaus scheint noch eine langsame und vielleicht unregelmäßige Veränderlichkeit von He II λ 4686 zu bestehen. Micz.

11111. **W. A. Hiltner, O. Struve, P. D. Jose,** The light-curve of UX Monocerotis. ApJ **112** 504—513, mit 3 Fig. Mit Appendix: The 13-inch reflector of the McDonald Observatory = Contr. McDonald Obs. Nr. **196**. — Der Bedeckungsveränderliche UX Monocerotis ist ein ungewöhnlicher Fall, da er aus einer kleinen A-Komponente und einem großen und massereichen G-Stern besteht. Im Spektrum erscheinen Emissionslinien des H und Ca II mit ungewöhnlichen Profilen. Die Verf. haben 486 lichtelektrische Helligkeitsmessungen bei der effektiven Wellenlänge λ 5300 ausgeführt und eine Lichtkurve abgeleitet. Bemerkenswert sind 0^m16 erreichende, unregelmäßige und schnellverlaufende Fluktuationen der Helligkeit, die während des Hauptminimums deutlich geringer sind als während der übrigen Phasen. Offenbar haben sie ihren Ursprung in der helleren Komponente, wie es auch aus älteren spektroskopischen Beobachtungen zu erwarten war (ApJ **106** 255, 1947). — In einem kurzen Anhang beschreibt Hiltner den für die Messungen benutzten 13″-Reflektor des McDonald-Observatoriums. Micz.

11112. **F. Hjerting,** Dobbelstjernesystemet Beta i Lyren. NAT **1950** 54—59, mit 5 Fig.

11113. **A. R. Hogg,** Photoelectric observations of V Puppis. Vgl. AJB **46** Ref. 8438. — Weiteres Ref. in Urania Barcelona **35** 229.

11114. **A. R. Hogg, P. W. A. Bowe,** Photoelectric observations of S Antliae. MN **110** 373—380, mit 2 Fig. — Der Lichtwechsel von S Antliae ähnelt weitgehend dem eines rasch rotierenden Ellipsoids. Radialgeschwindigkeitsmessungen ließen jedoch erkennen, daß es sich um einen Bedeckungsveränderlichen handelt. Neue photoelektrische Beobachtungen der Verf. lassen sehr starke Elliptizität der Komponenten erkennen. Der Reflexionseffekt ist ungewöhnlich und verlangt eine spezielle Behandlung. Eine Ableitung der Bahn und der Dimensionen der Komponenten wird vorgenommen, die Ergebnisse unterscheiden sich merklich von älteren. Weitere Beobachtungen des interessanten Systems, insbesondere spektroskopische, sind sehr erwünscht. Micz.

11115. **Z. Kopal,** The Computation of Elements of Eclipsing Binary Systems. Cambridge Mass., Published by the Observatory, 1950. Harvard Observatory Monograph Nr. **8**. 181 S. — Besprechung in Math. Rev. **12** 753—754 (D. Brouwer), Publ ASP **63** 155—157 (J. B. Irwin), Sky and Telescope **10** 123.

11116. **G. F. Kron, K. C. Gordon,** The structure of the Wolf-Rayet eclipsing variable V **444** Cygni. ApJ **111** 454—483, mit 8 Fig. = Contr. Lick Obs. (2) Nr. **29**. — Ref. in Sternenwelt **2** 279. — Der Bedeckungsveränderliche V **444** Cygni bietet eine besonders günstige Gelegenheit zum Studium der Wolf-Rayet-Sterne. Verf. haben das bisherige Beobachtungsmaterial um eine photoelektrische Lichtkurve im Infraroten vermehrt. Dabei ergab sich neben dem geometrischen Lichtwechsel auch eine echte Veränderlichkeit von sehr kleiner Amplitude. Nach dem aufgestellten Modell der Wolf-Rayet-Komponente besteht diese aus einem kleinen undurchsichtigen Kern von etwa 80000° K effektiver Temperatur, umgeben von einer semitransparenten Hülle, deren Helligkeit wellenlängenabhängig ist. Sie ist von einer zweiten weit ausgedehnten wenig dichten Hülle umgeben, die aus freien Elektronen zu bestehen scheint; ihre optischen Eigenschaften sind unabhängig von der Wellenlänge. Micz.

11117. **G. Larsson-Leander,** Några nya resultat angående förmörkelsevariabler. PAT **31** 40—53, mit 7 Fig. — Referat über die neueren Untersuchungen von Bedeckungsveränderlichen unter besonderer Berücksichtigung der spektrographischen Beobachtungen von Struve und seinen Mitarbeitern. Ra.

11118. **A. P. Linnell,** A study of UX Ursae Majoris. Harv Circ **455,** 13 S. mit 4 Fig. — Die Diskussion einer photoelektrischen Lichtkurve des Bedeckungsveränderlichen UX Ursae majoris führt zu folgenden Schlüssen: Zwei Zwergsterne nahezu gleicher Größe laufen wahrscheinlich in einer Kreisbahn umeinander. Der größere ist etwa zwanzigmal lichtstärker. Besonderheiten der Lichtkurve sucht Verf. durch Annahme eines Gasstroms zu deuten, der dem helleren Stern auf der der Bewegungsrichtung entgegengesetzten Seite entströmt und der in einiger Entfernung vom Stern leuchtend wird. Gli.

11119. **W. Lohmann,** Das Problem RZ Ophiuchi. ZfA **27** 161—166, mit 1 Abb. — Die Rotationsgeschwindigkeit des Gasringes, welcher die cF5-Komponente des Systems umgibt, wird benutzt, um eine untere Grenze für die Massensumme der beiden Komponenten von sechs Sonnenmassen zu bestimmen. Eine obere Grenze von neun Sonnenmassen dürfte auf Grund der beobachteten Radialgeschwindigkeiten plausibel sein. Verf.

11120. **T. Matukuma,** A criterion formula for the reflection effect in close binary stars. Sci. Reports Tôhoku Univ. (1) **33** Nr. 3, 8 S. mit 6 Fig. = Sendai Astr. Rap. **2** Nr. 10 (22). — Ref. in Math. Rev. **12** 290. — Für die Intensität des Lichtes, welches bei Bedeckungsveränderlichen vom Hauptstern kommend am schwächeren Begleiter reflektiert wird, leitet Verf. eine Formel ab. Diese ist eine Verallgemeinerung des von H. K. Sen angegebenen Ausdrucks. T. L.

11121. **A. McKellar,** Spectrographic observations of the eclipsing binaries DI Herculis and RY Geminorum. Publ. Dominion Astrophys. Obs. Victoria **8** 235—251, mit 3 Fig. und 1 Tafel. — Von den beiden Bedeckungsveränderlichen DI Herculis und RY Geminorum werden spektroskopische Bahnelemente bestimmt. Spektraltypen und Helligkeitsdifferenz beider Komponenten werden mit dem Verfahren von R. M. Petrie photometrisch ermittelt. Dabei ergibt sich, daß der spektralphotometrisch heller gefundene Stern im tieferen Minimum bedeckt wird, obwohl er die geringere Oberflächenhelligkeit besitzt. Die Hauptkomponente ist die massenärmere. Aus den Spektren von RY Geminorum wird auf die Existenz gasförmiger Ringe, die Bedeckungen erleiden, geschlossen. Radius und Masse werden abgeschätzt. Die Radialgeschwindigkeitskurve ist stark gestört und zeigt einen großen Rotationseffekt. Die absoluten Helligkeiten beider Komponenten werden spektralphotometrisch bestimmt. Micz.

11122. **D. B. McLaughlin,** Atmospheric eclipse effects in the spectrum of 31 Cygni. Publ ASP **62** 13. — Unter 36 Spektrogrammen (1937—1949) zeigen zwei Platten während der Bedeckung im Juli 1941 deutlich die K-Linie von Ca II, ähnlich wie bei ζ Aurigae und bei 32 Cygni. Gli.

11123. **D. H. Menzel, H. K. Sen,** Operational solution of the reflection effect in eclipsing binaries. AJ **55** 176—177. — Ref. AAS.

11124. **J. Mergentaler,** On the asymmetry of the light-curves of the eclipsing variables. Travaux Soc. Sci. Lettres Wrocław (B) Nr. **26,** 35 S. mit 2 Fig. = Contr. Wrocław Astr. Obs. Nr. **4.** — Die Ursache des Periastron-

Effekts der Bedeckungsveränderlichen kann nicht in der Bahnelliptizität oder in Pulsationen einer Komponente gefunden werden. Er ist wahrscheinlich eine Folge unterschiedlicher Helligkeit der vorangehenden und folgenden Hemisphäre eines Sterns. Der Effekt wächst mit der effektiven Wellenlänge. Verf. behandelt die Mitwirkung von H^--Ionen in Gashüllen oder -Strömen, die durch ihre Absorptionswirkung die unterschiedliche Flächenhelligkeit bewirken. Unregelmäßige Helligkeitsänderungen von Bedeckungsveränderlichen können zusätzlich durch Pulsationen oder Protuberanzentätigkeit zustande kommen. VW Cephei und U Cephei werden als Beispiele dafür betrachtet. Mitgeteilte Beobachtungen von Rybka und Moncibowicz ergeben eine veränderliche Helligkeit von U Cephei im Minimum. Micz.

11125. **J. E. Merrill,** Tables for solution of light curves of eclipsing binaries. Coefficient of limb-darkening x = 0,0; 0,2; 0,4; 0,6; 0,8. Contr. Princeton Univ. Obs. Nr. **23**, 303 S. — Besprechung in Pop Astr **58** 475—476 (F. B. Wood).

11126. **G. Münch,** A spectrographic study of HD 193576. ApJ **112** 266—288, mit 15 Fig. = Contr. McDonald Obs. Nr. **194**. — Radialgeschwindigkeitsmessungen des Bedeckungsveränderlichen HD 193576 = V **444** Cygni ergeben systematische Verschiebungen der Emissionslinien des N IV und N V gegen die übrigen. Als Ursache der auch sonst bei Wolf-Rayet-Sternen beobachteten Erscheinung wird Selbstabsorption in einer Hülle angenommen. Neben einer Analyse der Spektren beider Sterne wird über die Intensitäts- und Profiländerungen der Linien berichtet. Die Änderungen im O-Spektrum werden durch nichtkohärente Streuung des O-Sternlichtes an freien Elektronen der Wolf-Rayet-Hülle und der äußersten Schichten des O-Sterns selbst zu deuten versucht. Kurz behandelt wird die Frage der Beleuchtung der Wolf-Rayet-Hülle durch die Strahlung des O-Sterns. Im letzten Teil der Arbeit wird ein Modell des Wolf-Rayet-Sterns entwickelt. Micz.

11127. **P. P. Parenago,** Über die Massen von Bedeckungsveränderlichen mit bekannter Radialgeschwindigkeit nur des Hauptsterns. AJ UdSSR **27** 41—47, mit 1 Abb. (russisch). — Ref. in Astr. News Letter Nr. **51** S. 5. — Verf. entwirft ein Diagramm, aus dem man bei bekannter reduzierter Massenfunktion $Q = f/\sin^3 i$ und bekanntem Massenverhältnis die Massen der Komponenten bestimmen kann, und wendet es auf 83 Bedeckungsveränderliche an. Loh.

11128. **D. M. Popper,** Notes on the spectra of eclipsing binaries. AJ **55** 78—79. — Ref. AAS. — Betrifft: V 356 Sgr, Z Vul, Z Her.

11129. **H. Schneller,** Eine einfache Methode zur Bestimmung der Systemkonstanten bei Bedeckungsveränderlichen. Vgl. AJB **49** Ref. 11133. — Weitere Besprechung in Sterne **26** 44.

11130. **O. Struve,** Bright lines of Ca II in the spectrum of RW Comae Berenices. ApJ **111** 658, mit 1 Fig. — Im Spektrum des schnell umlaufenden Bedeckungsveränderlichen vom W Ursae maioris-Typ RW Comae Berenices (Periode 0ᵈ237) wurden Emissionslinien des Ca II festgestellt, die auf Gasringe oder Gezeitenwülste in dem System hindeuten. Micz.

11131. **O. Struve, H. G. Horak, R. Canavaggia, V. Kourganoff, A. Colacevich,** Occasional spectrographic observations of eclipsing binaries. ApJ **111** 658—662, mit 2 Fig. = Contr. McDonald Obs. Nr. **189**. — Mitteilung gelegentlicher Radialgeschwindigkeitsmessungen sowie der Bahnelemente von acht Bedeckungsveränderlichen (vgl. § **112**).

11132. **O. Struve, H. G. Horak,** Spectrographic observations of W Ursae Majoris. ApJ **112** 178—183, mit 5 Fig. = Contr. McDonald Obs. Nr. **191**. — Aus einer neuen Radialgeschwindigkeitskurve von W UMa wird geschlossen, daß im Hauptminimum die Komponente kleinerer Masse durch die andere bedeckt wird. Das aus den Geschwindigkeitsamplituden bestimmte Verhältnis beider Massen ist mit der Masse-Leuchtkraft-Beziehung nicht verträglich. Die Profiländerungen der Absorptionslinien sind von ähnlicher Art wie bei anderen kurzperiodischen Doppelsternen; vielleicht treten auch säkulare Änderungen auf. Micz.

11133. **O. Struve,** Spectrographic observations of the eclipsing binaries TW Cassiopeiae, TY Puppis, and VV Ursae majoris. ApJ **112** 184—191, mit 5 Fig. = Contr. McDonald Obs. Nr. **192**. — Es werden Radialgeschwindigkeitsmessungen und abgeleitete Bahnelemente von drei Bedeckungsveränderlichen diskutiert. Dabei ergibt sich erneut, daß die Geschwindigkeitsamplituden der Bedeckungsveränderlichen vom Spektraltyp A (hellere Komponente) systematisch kleiner sind als bei normalen spektroskopischen Doppelsternen vom gleichen Spektraltyp. Micz.

11134. **O. Struve, G. Herbig, H. Horak,** The spectrum of YY Geminorum (Castor C). ApJ **112** 216—219, mit 1 Fig. — Der aus zwei roten Zwergen bestehende spektroskopische Doppelstern YY Geminorum = Castor C besitzt starke Emissionslinien K des Ca II, die nach Aufnahmen der Verf. und Vergleich mit älteren aus dem Jahre 1926 ihre Intensität seitdem erheblich geändert haben. Die früher beobachteten Intensitätsänderungen mit der Periode der Bahnbewegung traten dagegen 1948/49 nicht auf. Zugleich scheint sich die Geschwindigkeitsamplitude der massereicheren Komponente etwas geändert zu haben. Verf. diskutieren kurz die Möglichkeit von Gasströmen im System YY Geminorum. Micz.

11135. **S. Taffara, G. Mannino,** Osservazioni fotografiche e fotovisuali ed elementi provvisori della variabile ad eclisse LN Cygni. Atti e Mem. Accad. Patavina Sci. Lettere ed Arti (NS) **62,** 16 S. mit 2 Fig. = Contr. Oss. Astrofis. Asiago Nr. **17**. — Aus 127 photographischen und 20 photovisuellen Messungen des Veränderlichen wird seine Lichtkurve (β Lyrae-Typus) abgeleitet und eine vorläufige Bahn gerechnet. F. Z.

11136. **S. Taffara,** Una nuova variabile a lungo periodo nella costellazione di Perseo. Atti Istituto Veneto Sci., Lettere ed Arti, Cl. Sci., mat., nat. **109,** 9 S. mit 2 Fig. = Contr. Oss. Astrofis. Asiago Nr. **18**. — Enthält 61 photographische und 23 photovisuelle Beobachtungen eines neuen Veränderlichen vom Lyra-Typus aus dem Jahre 1944—1950. F. Z.

11137. **F. B. Wood,** Period changes of eclipsing variable stars. AJ **55** 83—84. — Ref. AAS.

11138. **F. B. Wood,** Irregular light-fluctuations of UX Monocerotis. AJ **55** 186—187. — Ref. AAS.

11139. **F. B. Wood,** On the change of period of eclipsing variable stars. ApJ **112** 196—206. — Im ersten Teil der Arbeit trägt der Verf. alle die Fälle von Bedeckungsveränderlichen aus der Literatur zusammen, bei denen Periodenänderungen sicher nachgewiesen werden können. Der zweite Teil ist einer Diskussion der Mechanismen gewidmet, die Periodenänderungen bewirken können. Fast alle in Betracht kommenden Objekte befinden sich an der Grenze der dynamischen Stabilität. Die Diskussion von Masseverlusten, durch Gasströme oder stärkere Protuberanzentätigkeit etwa, zeigt, daß diese in der Lage sein dürften, Periodenänderungen zu bewirken. Gleichzeitig wird geschlossen, daß der Zustand in der Nähe der Instabilität nur eine vorübergehende Entwicklungsphase eines solchen Systems darstellt. Micz.

11140. **W. Zonn,** Apsidal motion of the eclipsing binary CO Lacertae. Bull. Astr. Obs. Toruń Nr. **9** S. 18—24, mit 2 Fig. (englisch und polnisch). — Aus einer Neudiskussion des gesamten verfügbaren Beobachtungsmaterials des

Bedeckungsveränderlichen CO Lacertae wird eine Exzentrizität von 0.028 und eine Apsidenbewegung mit 35 Jahren Periode abgeleitet. Micz.

11141. Changing periods. Sky and Telescope **9** 135—136. — Ref. AAS.

Cepheiden

11142. **J. Ashbrook,** BF Serpentis: A pulsating variable with an unusual period. AJ **55** 62—63. — Vgl. § **112**.

11143. **J. Balázs, L. Detre,** Untersuchungen über die Perioden- und Lichtkurvenänderungen von kurzperiodischen δ Cephei-Sternen VI. RW Cancri. Mitt. Konkoly Sternw. Budapest-Szabadsághegy Nr. **23**, 34 S. mit 16 Abb. — Auf Grund von 1210 Aufnahmen für RW Cancri aus den Jahren 1938—40 und 1950 konnte gezeigt werden, daß die Amplitude des Lichtwechsels von der Periode $0^d.547$ sich mit einer 29.9tägigen und einer 91.1tägigen Periode ändert. Durch die Zusammensetzung dieser sekundären Effekte ändert sich die Helligkeit des Maximums zwischen $10^m.74$ und $11^m.80$, die des Minimums zwischen $12^m.34$ und $12^m.55$. Die Intensitätsamplitude ändert sich im Verhältnis 1 : 5.8. Die verschiedenen Formen der Lichtkurve sind dargestellt. Die beiden sekundären Perioden sind veränderlich, und zwar nehmen sie gegenwärtig zu. Die Hauptperiode zeigt eine säkulare und eine periodische Veränderung, die Periode der letzteren beträgt 25 Jahre. Die Zeitpunkte der Maxima lassen sich formelmäßig darstellen. Verf. (gekürzt)

11144. **A. Colacevich,** Radial velocities of fifteen stars of the RR Lyrae type. ApJ **111** 437—438. — Mitteilung von 33 Radialgeschwindigkeiten von fünfzehn RR Lyrae-Sternen (vgl. § **112**), gemessen auf Spektren kleiner Dispersion. Micz.

11145. **W. P. Fjodorowitsch,** Farbenexzesse von 23 langperiodischen Cepheiden. VS Bull **7** 221—225, mit 1 Abb. (russisch). — Ref. in Astr. News Letter Nr. **62** S. 13. — Mit der Ernostar-Kamera der Erewaner Sternwarte wurden Aufnahmen von 23 Cepheiden erhalten und photometriert. Durch Ausgleichungen zwischen den Farbenindizes einerseits und den Perioden bzw. Spektren sowie der interstellaren Absorption andererseits wurden die natürlichen Farbenindizes in Abhängigkeit von der Periode und die Farbenexzesse ermittelt. Loh.

11146. **A. van Hoof, R. Deurinck,** Pulsatieverschijnselen in het spectrum von Eta Aquilae. Union Astronomique Internationale. Réunion des Astronomes des Pays Voisins. 7 S. mit 6 Fig. — Die Verf. diskutieren die bei pulsierenden Sternen zu erwartenden Linienasymmetrien und berichten über die Auswertung von Spektren von η Aquilae. Es gelang, an einigen Linien die gesuchte Asymmetrie nachzuweisen. Kdr.

11147. **T. S. Jacobsen,** Radial-velocity curves for Eta Aquilae from lines of different chromospheric levels. J RAS Canada **44** 104—109, mit 1 Fig. = Contr. Dominion Astrophys. Obs. Nr. **22**. — Radialgeschwindigkeitsmessungen auf Coudé-Spektren von η Aquilae werden benutzt, um differentielle Effekte zwischen Linien, die in höheren Atmosphärenschichten entstehen, relativ zu solchen aus tieferen zu ermitteln. Phasenlage und Amplitude dieser differentiellen Radialgeschwindigkeitskurven sind von der Schichthöhe abhängig. Micz.

11148. **T. S. Jacobsen,** Note on the H and K lines of Ca II in Eta Aquilae. Publ ASP **62** 269—271, mit 1 Tafel. — Ein Spektrogramm von η Aquilae von 1949 Juli 29 zeigt $6^d.24$ nach dem visuellen Maximum je eine deutliche Emissionslinie am kurzwelligen Flügel beider Ca II-Absorptionslinien. Die Radialgeschwindigkeiten, Äquivalentbreiten und Zentralintensitäten der einzelnen Linien wurden ausgemessen. Gli.

11149. **A. H. Joy,** Radial velocities of 62 RR Lyrae variables. Publ ASP **62** 60—61 = Mt. Wilson and Palomar Obs. Repr. Nr. **26**. — Die Sterne sind unter Ref. **11235**, **11239** aufgeführt.

11150. **Z. Kopal,** On the cause of light changes of Cepheid variables. AJ **55** 174. — Ref. AAS.

11151. **P. Ledoux,** Remarque sur un travail récent de E.-A. Milne concernant le déphasage entre la courbe de lumière et la courbe des vitesses radiales des Céphéïdes. Inst. d'Astrophys. Univ. Liège Coll. 4° Nr. 25, 3 S. — Verf. stimmt mit Milne (MN **109** 517, AJB **49** Ref. **5227**) darin überein, daß bei Berechnung der Leuchtkraftschwankungen von pulsierenden Sternen die Voraussetzung der Adiabasie nicht gerechtfertigt ist. Er zeigt aber andererseits, daß die von Milne benützte Gleichung keine sicheren Schlüsse auf die Phasenbeziehung zwischen Leuchtkraft und Oberflächenradialgeschwindigkeit zuläßt. Kdr.

11152. **C. Lubieńska,** On the phase difference between the light curves and radial velocity curves of Cepheids. Bull. Astr. Obs. Toruń Nr. **9** S. 39—43 (englisch mit polnischer Zusammenfassung). — Aus der Diskussion von 119 Cepheiden ergibt sich, daß zwischen den Maxima der Helligkeit und den Minima des Radius Phasendifferenzen auftreten, die für die δ Cephei-, ζ Geminorum- und W Virginis-Sterne etwas verschieden sind. Die Phasen maximaler Temperatur und minimalen Radius sowie vice versa fallen bei δ Cephei- und W Virginis-Sternen nahezu zusammen. Micz.

11153. **G. Mannino,** Periodo e curva di luce della stella variabile IV Cygni. Rend. Accad. Nazionale Lincei, Cl. Sci. fis., mat., nat. (8) **9** 336—339, mit 2 Fig. = Contr. Oss. Astrofis. Asiago Nr. **19**. — 109 photographische Helligkeiten. RR Lyrae-Stern.

11154. **O. A. Melnikow,** Spektralphotometrie der Sterne δ Cephei und η Aquilae und der K-Effekt für die Cepheiden. Publ. Astr. Hauptobs. Pulkowo **64**, 144 S. mit 65 Abb. (russisch). — Ref. in Astr. News Letter Nr. **59** S. 10—11. — Ausführliche Monographie über δ Cephei-Sterne im allgemeinen und η Aql und δ Cep im besonderen. In den beiden ersten Kapiteln (S. 10—35, 36—80) werden die mit der Untersuchung des kontinuierlichen Spektrums und des Linienspektrums verbundenen Probleme behandelt, im dritten Kapitel (S. 81—138) die interstellare Absorption, der Nullpunkt der Perioden-Helligkeitsbeziehung und die Bewegung der langperiodischen Cepheiden sowie der K-Effekt. Loh.

* * **L. Perek,** Motions of RR Lyrae variables. Vgl. Ref. **12341**.

11155. **S. Rosseland,** The Pulsation Theory of Variable Stars. Vgl. AJB **49** Ref. **11169**. — Weitere Besprechung in NAT **1950** 119—120.

* * **S. Rosseland,** On the luminosity-velocity relation of Cepheids. Vgl. Ref. **5232**.

11156. **G. Tiercy,** Les horloges atomiques newtoniennes qu'on trouve dans le ciel des astronomes. La Suisse horlogère Nr. **2** S. 27. — Ref. in Ann. Françaises Chronométrie **20** 456.

11157. **B. A. Ustinow,** Über die periodischen Änderungen der Periode der kurzperiodischen Cepheiden. Astr Circ UdSSR Nr. 107 S. 7 (russisch). — Aus den Periodenänderungen einiger RR Lyrae-Sterne (RS Boo, RR Cet, XZ Cyg, RW Dra, RR Lyr, RR Gem) leitet Verf. eine empirische quadratische Formel ab, die den Zusammenhang zwischen der Amplitude der Periodenänderung und der Periode der Periodenänderung vermittelt. Loh.

11158. **B. A. Ustinow,** Über die säkularen Periodenänderungen der kurzperiodischen Cepheiden. Astr Circ UdSSR Nr. 108 S. 9 (russisch). — Aus den Unterlagen für 14 RR Lyrae-Sterne leitet Verf. eine empirische Beziehung zwischen der Periode und der Schnelligkeit ihrer Veränderung ab. Loh.

11159. **W. Zonn,** On the displacements of lines in the spectrum of Delta Cephei. Ark Astr **1** 109—121, mit 6 Fig. = Stockholms Obs. Medd. Nr. **62**. — Aus 70 Radialgeschwindigkeitsmessungen von δ Cephei wurden relative Verschiebungen von Hγ und einigen Linien von Ca I, Cr I sowie den ionisierten Elementen Fe II, Ti II, Cr II und Sr II bestimmt. Die ionisierten Elemente ergeben gegen Fe I periodische Verschiebungen mit verschiedener Phase und Amplitude. Die größte relative Amplitude — 6 km/sec — besitzen die Ti II-Linien. Eine absolute Radialgeschwindigkeitskurve der Fe I-Linien wird ebenfalls mitgeteilt. Die gefundenen relativen Verschiebungen sind mit dem Eddingtonschen Pulsationsmodell besser verträglich als mit dem Schwarzschildschen, es sei denn, man kehrt die Richtung der fortschreitenden Wellen dieses Modells um. Micz.

11160. Eine neugefundene Beziehung zwischen den Spektren und den Periodenlängen der δ Cephei-Sterne. Sterne **26** 185—186, mit 1 Abb.

Sonstige Veränderliche

11161. **P. Ahnert,** Elemente und Lichtkurve von S Ursae Maioris. AN **278** 123—132, mit 3 Abb. — Es werden mittlere und instantane Elemente aus den Beobachtungen des Veränderlichen von 1853, d. h. seit dem Beginn seiner regelmäßigen Überwachung, bis 1949 abgeleitet. Die Form der Lichtkurve wird auf Grund der Beobachtungen des Verf. (seit 1921) untersucht. Es kommen zwei Kurventypen vor (α_4 und γ_1 nach Ludendorffs Klassifikation). Verf.

11162. **W. B. Balassoglo,** Über die Perioden des Lichtwechsels des Veränderlichen μ Cephei. Mitt. Astr. Obs. Odessa **2** Nr. 1 S. 59—95, mit 3 Abb., 1949 (russisch). — Ref. in Astr. News Letter Nr. **63** S. 7. — Aus den Helligkeitsschwankungen des Sterns zwischen 1881 und 1935 leitet Verf. 4 Perioden von 700, 900, 1100 und 4500 Tagen ab.

11163. **M. Beyer,** Über den Lichtwechsel der Veränderlichen mit Perioden von 30 bis 150 Tagen. Vgl. AJB **48** Ref. **11178**. — Weitere Besprechung in Sternenwelt **2** 23.

11164. **W. P. Bidelman,** The absolute magnitude of R Puppis. AJ **55** 165. — Ref. AAS.

11165. **W. P. Bidelman,** The spectrum of GP Orionis. ApJ **112** 219—220, mit 2 Fig. — Verf. beschreibt qualitativ das Spektrum des roten Sterns GP Orionis; der Spektraltyp wird zu S klassifiziert, jedoch sind eine Reihe von Eigentümlichkeiten z. B. die hohe Intensität der Sr I-Resonanzlinie und der Na-Linie D sowie die Schwäche oder das Fehlen von Molekülbanden unter anderem bemerkenswert. Micz.

11166. **N. Boneff,** Sur une cause possible de la variabilité de l'éclat des étoiles. Annuaire Univ. Sofia Faculté Sci. **46** Livre 1 (Math. Phys.) S. 31—40. — Verf. schlägt zur Erklärung des Lichtwechsels einiger Typen von Veränderlichen eine Hypothese vor, die auf der Annahme eines von C. Neumann eingeführten Potentials beruht. Micz.

11167. **R. vander Borght,** Classification des courbes de lumière des variables à longue période. Ciel et Terre **66** 129—143, 194—202, mit 4 Fig. — Der Aufsatz referiert zunächst über die vielen Verfahren zur Klassifizierung der Lichtkurven der langperiodischen Veränderlichen, wie harmonische Analyse,

Typeneinteilung nach der Gestalt der Lichtkurve, Angabe von Parametern, die die Asymmetrie der Lichtkurve u. a. kennzeichnen. Zahlreiche Tabellen enthalten statistisches Zahlenmaterial über gefundene Korrelationen zwischen verschiedenen Größen. Die letzten Abschnitte behandeln auch Ungleichförmigkeiten des Lichtwechsels wie Periodenänderungen, Schwankungen der Helligkeit der Extrema und dergleichen. Micz.

* * **P. N. Cholopow,** T-Assoziationen. Vgl. Ref. **12307.**

* * **J. L. Greenstein,** A possible energy source for T Tauri stars. Vgl. Ref. **12508.**

11168. **G. Haro,** Faint stars with strong emission in and around the Orion nebula. AJ **55** 72—73. — Ref. AAS. — Betrifft die Orion-Veränderlichen: AA, AB, AG, AM, AR, AU, AV, AX, BC, BF, BO, BS, BV, BW, BX, BZ, CD, CE, CF, CH, RZ, ST, SU, SY, T, TV, TW, VW, VX, VZ, WW, WZ, XX, XY, XZ, YY und YZ.

11169. **W. Hassenstein,** Über den Lichtwechsel des langperiodischen Veränderlichen TY Cephei. AN **278** 253—263, mit 1 Abb. = Mitt. Astrophys. Obs. Potsdam Nr. **29.** — Der Helligkeitswechsel von TY Cep wird auf Grund des gesamten verfügbaren Beobachtungsmaterials — einer photometrischen Reihe des Verf. und 7 weiterer Reihen — untersucht. Die Lichtkurve verläuft in dem betrachteten Zeitraum von 30 Jahren näherungsweise periodisch in einer Periode von 330^d Dauer, nimmt aber von Zyklus zu Zyklus sehr wechselnde Formen an. Hauptmerkmal der Kurvengestalt ist das rhythmische Auftreten ausgeprägter Hauptminima und breiter, vielfach durch Nebenminima geteilter Maxima. Der Veränderliche ist trotz einer gewissen Verwandtschaft mit den RV Tauri-Sternen als Mitglied der Mira-Klasse zu betrachten, und zwar einer nicht häufig vorkommenden, nach H. Ludendorff als R Centauri-Klasse bezeichneten Unterklasse, für die eine Helligkeitskurve der Form γ charakteristisch ist. Verf.

11170. **G. H. Herbig,** Spectra of variable stars in the Orion nebula. ApJ **111** 15—19, mit 1 Fig. = Contr. Mc Donald Obs. Nr. **183.** — Die Mehrzahl von 19 untersuchten veränderlichen Sternen im Bereich des Orion-Nebels besitzen Emissionslinien, die zumeist dem Wasserstoff und einfach ionisiertem Kalzium angehören. Soweit die Spektren klassifizierbar sind, handelt es sich um die Typen G und K. Auftreten und Intensität der Emissionslinien scheint mit sonstigen Eigenschaften des betreffenden Sternes einschließlich ihrer Position im Nebel nicht in Verbindung zu stehen. Bemerkenswerterweise wurde kein Stern mit einem an Emissionslinien so reichen Spektrum gefunden, wie sie in den Dunkelwolken des Taurus-Gebiets vorzukommen scheinen. Micz.

11171. **A. H. Joy,** The absorption lines within the hydrogen emission of Mira Ceti. Vgl. AJB **47** Ref. **7518.** — Weiteres Ref. in Urania Barcelona **35** 229.

11172. **P. C. Keenan,** The infrared spectrum of ϱ Cassiopeiae in 1946. Vgl. AJB **47** Ref. **7520.** — Weiteres Ref. in Urania Barcelona **36** 271—272.

* * **G. Mannino, L. Rosino,** Sul moto proprio relativo di alcune variabili tipo SS Cygni. Vgl. Ref. **9207.**

11173. **P. W. Merrill,** Measurements in the combination spectra of RW Hydrae, BF Cygni, and CI Cygni. ApJ **111** 484—494, mit 1 Fig. = Mt. Wilson and Palomar Obs. Repr. Nr. **22.** — Die Arbeit ist eine Studie über die Kombinationsspektren der drei symbiotischen Sterne RW Hydrae, BF Cygni und CI Cygni. Ihre Spektren bestehen aus dem Absorptionslinienspektrum eines kühlen roten Sterns, dem sich ein Emissionslinienspektrum hohen Anregungsgrades überlagert. Linienverschiebungen und Intensitäten sind, zum Teil periodisch, veränderlich, wobei sich die Linien eines Sterns jedoch keineswegs einheitlich verhalten; dies gilt sogar nicht einmal für die Linien eines Multipletts. Zur Lösung der astronomischen und physikalischen Probleme, die diese Spektren mit sich bringen, macht Verf. Vorschläge für zweckmäßige Beobachtungsprogramme. Micz.

11174. **P. W. Merrill,** The spectrum of R Aquarii, 1936—1949. ApJ **112** 514—519, mit 2 Fig. = Mt. Wilson and Palomar Obs. Repr. Nr. **27.** — Aus einer größeren Anzahl von Spektrogrammen der Jahre 1936—1949 geht hervor, daß in diesem Zeitraum der langperiodische Veränderliche R Aquarii, der mit einem an einen planetarischen Nebel erinnernden Gebilde verbunden ist, eine periodische Veränderlichkeit seines Spektrums gezeigt hat, wie sie für die Me-Veränderlichen charakteristisch ist. Das sogenannte «Kernspektrum» des Nebels — der «Kern» selbst konnte optisch nie von dem roten Veränderlichen getrennt werden — ist ebenfalls veränderlich und vom Spektraltyp Ofp oder Bep; er trägt nur wenig zum Gesamtlicht im photographischen Bereich bei. Die Nebellinien waren 1936 schwach, nahmen bis 1940 an Intensität zu und blieben seitdem kräftig. Der Charakter der zum Teil veränderlichen Linienverschiebungen ist sehr unterschiedlich und wird für verschiedene Gruppen getrennt diskutiert. Das Objekt gehört zu der vielschichtigen Gruppe von Sternen mit aktiven Atmosphären, über die eine Zusammenstellung gegeben wird. Verf. sieht die Kernkomponente als eine «brodelnde Nova» (simming nova) im Gegensatz zu den gewöhnlichen, rekurrierenden und Supernovae an. Micz.

11175. **P. P. Parenago,** Über die Natur der veränderlichen Sterne im Orionnebel. VS Bull **7** 169—181, mit 6 Abb. (russisch). — Besprechung in Sternenwelt **3** 108. — Ref. in Astr. News Letter Nr. **56** S. 2. — Die Zahl der Orionveränderlichen ist sehr groß und umfaßt etwa 1000 Sterne bis 16^m im Maximum oder rund 20% aller Sterne im Orionnebel. Die Konzentration der Orionveränderlichen zur Mitte des Nebels ist sehr groß. Ihre Zahl wächst mit abnehmender Amplitude exponentiell. Die Helligkeitsschwankungen des typischen Vertreters der Orionveränderlichen (T Ori) lassen gewisse Gesetzmäßigkeiten erkennen. Der Farbenindex wächst linear und stark mit abnehmender Helligkeit. Als Ursache der Helligkeitsschwankungen kommt ein Bedeckungseffekt durch vorüberziehende Nebelschwaden (Shapley 1922) nicht in Frage, die Orionveränderlichen sind vielmehr als physische Veränderliche anzusehen. Wahrscheinlich stehen sie mit der den Orionnebel umgebenden O- und T-Sternassoziation in Verbindung und sind junge Sterne. Loh.

11176. **E. D. Perepelkina,** Eigenbewegungen von RV Tauri-Veränderlichen. VS Bull **7** 226—229 (russisch). — Ref. in Astr. News Letter Nr. **62** S. 14. — Betrifft 17 in § **112** einzeln angeführte Sterne.

11177. **E. D. Perepelkina,** Absolute Größen und Hauptmerkmale des Untersystems der RV Tauri-Veränderlichen. VS Bull **7** 230—239, mit 4 Abb. (russisch). — Ref. in Astr. News Letter Nr. **62** S. 14. — Die Arbeit ist eine Fortsetzung der im vorangegangenen Referat zitierten. Der Entfernungsbestimmung der RV Tauri-Sterne wird eine absolute photographische Größe von —2,5 zu Grunde gelegt, die aus Eigenbewegungen und dem Vorkommen einiger dieser Sterne in Kugelhaufen resultiert. Scheinbare und räumliche Verteilung deuten darauf hin, daß das von den RV Tauri-Sternen aufgespannte räumliche Untersystem eine Mittelstellung zwischen dem flachen und dem kugelförmigen Untersystem einnimmt. Die Gesamtzahl der RV Tauri-Sterne in der Galaxis wird zu 10^4—10^5 abgeschätzt. Loh.

11178. **K. Pilowski,** 61 UMa, ein veränderlicher Zwergstern. AN **278** 273—274, mit 1 Abb. — Der dG6-Stern 61 UMa, der sich auf Grund seiner großen Parallaxe 0\".109 eindeutig der Hauptreihe zuordnen läßt, erweist sich als veränderlich. Vermutlich handelt es sich um einen RW Aurigae-ähnlichen Veränderlichen. Verf.

11179. **J. Sahade, J. Albarracín,** Spectrographic observations of the star η_1 Hydri. ApJ **111** 442 = Observatorio de Cordoba Tirada Aparte Nr. **42.** — — Der zeitweilig einer veränderlichen Helligkeit verdächtige A0-Stern η_1 Hyi besaß nach Messungen der Verf. 1946 bis 1948 eine unveränderliche Radialgeschwindigkeit. Micz.

11180. **H. U. Sandig,** Flackernde rote Zwergsterne. Sternenwelt **2** 78—79, mit 2 Abb. — Luyten-Stern $1^h36^m-18°$, 1950, Van Maanen-Stern (Begleiter von BD +44° 2051), BD + 20° 2465.

11181. **H. U. Sandig,** Erweiterung der RW Aurigae-Klasse. Sternenwelt **2** 187—188, mit 2 Abb.

11182. **R. F. Sanford,** Variations in velocity and spectrum of eight N-type long-period variable stars. ApJ **111** 270—278, mit 2 Fig. = Mt. Wilson and Palomar Obs. Repr. Nr. **17.** — Die Radialgeschwindigkeit von 8 langperiodischen N-Sternen, bestimmt aus Linien der CN-Banden, erweist sich mit einigen km/sec Amplitude und der Periode des Lichtwechsels als schwach veränderlich. Radialgeschwindigkeit und Lichtkurve zeigen gegeneinander eine Phasenverschiebung von etwa 0.25 P. Falls Pulsationen die Ursache sind, müßten diese Sterne ihren größten Durchmesser im Minimum, ihren kleinsten im Maximum der Helligkeit annehmen, wobei die Durchmesserschwankungen jedoch unter 3% bleiben. Die Emissionslinie Hα zeigt neben einer konstanten Verschiebung gegen die Absorptionslinien keine Wellenlängenänderung. Intensitätsänderungen im Spektrum während des Lichtwechsels werden beschrieben. Bei einem Stern wurden Emissionslinien des [Ne III] und [O III] beobachtet. Micz.

11183. **H. Schneller,** Über die Veränderlichkeit der Perioden bei Mira-Sternen. AN **279** 71—80, mit 24 Abb. = Mitt. Astrophys. Obs. Potsdam Nr. **30.** — Mit Hilfe des Sterneschen Verfahrens wird die Behauptung Sandigs, die Mira-Sterne hätten konstante Perioden und damit seien Guthnicks instantane Elemente sinnlos, widerlegt. Verf.

11184. **H. Schneller,** Kosmische Stellung der U Geminorum-Sterne. Sterne **26** 36.

11185. **H. Schneller,** Sind die Perioden der Mirasterne konstant? Sterne **26** 147—153, 171—175, mit 6 Abb.

11186. **B. Smith, O. Struve,** The radial velocity of Gamma Cassiopeiae. ApJ **112** 192—195, mit 2 Fig. = Contr. McDonald Obs. Nr. **193.** — Von dem Be-Stern γ Cassiopeiae werden aus den Jahren 1940—1947 Radialgeschwindigkeitsmessungen mitgeteilt. Der Stern zeigte seit 1934 Helligkeits- sowie spektrale Änderungen, die in Verbindung mit der Ausbildung von Gashüllen oder -ringen stehen. Ein ausgeprägter Zusammenhang zwischen Radialgeschwindigkeit, Helligkeit und Aussehen des Spektrums läßt sich jedoch nicht angeben. Micz.

11187. **D. W. N. Stibbs,** A light curve for the magnetic variable star HD 125248. Nature **165** 195, mit 1 Fig. — Die Lichtkurve hat dieselbe Periode wie die von Deutsch gefundene der Eu II- und Cr II-Linienintensitäten. Die Amplitude beträgt $0^m\!.054$. Loh.

11188. **Tcheng Mao-Lin,** Le spectre de AG Pegasi. Ann d'Astrophys **13** 51—56, mit 1 Tafel = Publ. Obs. Haute-Provence (A) Nr. **25.** — Das Spektrum von AG Pegasi ist vom P Cygni-Typ und reich an Emissionslinien. Es zeichnet sich ferner durch einen weiten Bereich des Ionisationsgrades aus. Verf. berichtet über das Spektrum 1946—48, insbesondere die beobachteten Emissionslinien und ihre Identifizierung, unter ihnen finden sich auch [N II]- und [Fe III]-Linien. Die Existenz von [Fe II]-Linien ist zweifelhaft. Festgestellt wurde ferner eine Anzahl von TiO-Banden. Micz.

11189. **Tcheng Mao-Lin,** Le spectre de Khi Cygni, peu avant le maximum d'éclat de 1948. Ann d'Astrophys **13** 57—68, mit 1 Tafel = Publ. Obs. Haute-Provence (A) Nr. **18**. — Das Spektrum des Langperiodischen χ Cygni war während seines Helligkeitsmaximums im Juni 1948 durch starke TiO- und ZrO-Banden charakterisiert. Daneben fanden sich YO- und vielleicht auch ScO-Banden. Die Atomlinien zahlreicher Elemente konnten identifiziert werden. In Emission erschienen nur die Balmerlinien und Si I λ 3906. Micz.

11190. **P. Tempesti,** Ricerche sulla variabile BT Lacertae. I. La curva di luce dal settembre 1946 al maggio 1950. Pubbl. Oss. Astr. Univ. Bologna **5** Nr. 13, 4 S. — BT Lac zeigte von August 1948 bis März 1949 einen Lichtwechsel mit einer Periode von 20 Tagen zwischen $12^{m}_{.}6$ und $14^{m}_{.}6$; seitdem ist die Helligkeit konstant 15^{m} geblieben. F. Z.

11191. **W. P. Zessewitsch,** Über die RV Tauri-Sterne. Astr Circ UdSSR Nr. 106 S. 1—2 (russisch). — Kurze Zusammenstellung der aus den Beobachtungen einiger RV Tauri-Sterne resultierenden Schlußfolgerungen über Helligkeits-, Farbenindex- und Radialgeschwindigkeitsschwankungen und spektrale Veränderungen. Loh.

11192. Dwarf variable stars. JBAA **60** 120—121. — Besprechung der unter AJB **49** Ref. **10124, 11222** zitierten Arbeiten (Publ ASP **61** 133, 179, 210) über L 726—8 und BD +20° 2465.

11193. Suspected variables. Pop Astr **58** 414—415. — Anzeige von drei neuen veränderlichen Sternen. Beobachter: R. Costello, E. C. Melville, H. Webb.

11194. Variable comparison star. Pop Astr **58** 522. — Anzeige der Veränderlichkeit des Vergleichsternes $0^{m}_{.}2$ östlich, $0'_{.}6$ südlich von RX And.

11195. Red-dwarf flare. Sky and Telescope **9** 54. — Betrifft BD +20° 2465.

11196. Proxima Centauri as a flare star. Sky and Telescope **9** 185.

11197. T Tauri variation. Sky and Telescope **9** 301. — Ref. AAS.

11198. Neues von den Orion-Veränderlichen. Sterne **26** 88.

* * Veränderliche in kugelförmigen Sternhaufen siehe § **121**.

§ 112

Listen veränderlicher Sterne, Einzelbeobachtungen

11201. **G. A. Bakoš,** Discussion of thirty-one variable stars in or near the constellation Scutum. Ann. Sterrewacht Leiden **20** 177—199, mit 3 Fig.

11202. **M. Beyer,** Untersuchungen des Lichtwechsels von 70 unperiodischen Veränderlichen. Astr. Abh. Ergänzungshefte zu den AN **12** Nr. 2 S. B 1—B 74, mit 1 Abb. — Besprechungen in AN **278** 279 (H. Schneller), Mem SA It (NS) **21** 80—81 (F. Zagar), Pop Astr **58** 365—366, Sterne **26** 188 **27** 55—56 (C. Hoffmeister). — Betrifft:

And	UY
Aqr	BL
Aql	TZ, MN, MS, NV, 705.1933
Aur	SU, UZ
Boo	RX, UV, 24.1935
Cam	SY
CMa	Z
CVn	RW
Cas	TZ, WZ, CQ, SVS 344
Cep	RX, ST, SY, VZ
Com	8.1935
Cyg	RR, AD, AH, AI, AZ, BC, BI, CO, CY, V 395
Del	U, ST, AO, AT
Dra	S
Gem	TU, TV, TW, WY, AB

Her	AM, AN	Per	AX
Lac	RY	Sge	83.1933
Leo	SY, 6.1935, 7.1935	Tau	UZ, WZ
Lyr	X	UMa	RZ, SVS 43
Mon	SVS 59	Vir	TZ, 230.1932, BK, 10.1935, 11.1935, 12.1935, 13.1935, 30.1935
Oph	V 767		
Ori	EV		
Peg	AZ	Vul	AV

11203. **H. G. van Bueren,** A study of twenty-five variable stars in Monoceros. Ann. Sterrewacht Leiden **20** 201—212, mit 2 Fig.

11204. **S. Gaposchkin,** Variable stars in Milton field 42. Harv Ann **115** 157—171. — Das Gebiet erstreckt sich von 16^h bis 18^h und $-15°$ und $-45°$. Es wurden 55 Veränderliche untersucht: CrA W, RR, RW, Oph R, S, RR, SY, TW, UU, BF, Nova Oph Nr. 5, Sgr W, X, SZ, WX, WY, BN, FL, V 540, Nova Sgr Nr. 2, Nr. 7, Sco T, U, Z, RR, RS, RT, RU, RV, RY, SS, ST, SU, SV, SW, SX, SY, SZ, TU, TW, TX, AH, AI, AK, AL, AX, BM, FV, KP, V 382, V 393, V 453, Nova Sco Nr. 2, Nr. 3, μ.

11205. **S. Gaposchkin,** Variable stars in Milton field 40. Harv Ann **115** 181—188. — Das Feld reicht von 12^h bis 14^h und $-15°$ bis $-45°$. 28 Veränderliche wurden untersucht: Cen T, Z, RT, RU, TW, UY, XY, YZ, AQ, Crv R, S, U, V, X, Hya R, W, RW, SS, SV, SW, SX, TV, Vir RY, SX, UW, UY, AK, BD.

11206. **S. Gaposchkin,** Variable stars in Milton field 38. Harv Ann **115** 197—204. — Das Feld reicht von 8^h bis 10^h und $-15°$ bis $-45°$. 32 Veränderliche wurden untersucht: Ant S, W, RR, Hya Y, RR, SU, Pup Y, RS, RT, RU, SW, XZ, AS, AT, AU, AZ, CP, Nova Pup (1902), Pyx R, S, T, U, V, Vel S, X, RZ, SU, SY, SZ, AI, AP, AS.

11207. **S. Gaposchkin,** Variable stars in Milton field 36. Harv Ann **115** 213—218. — Das Feld reicht von 4^h bis 6^h und $-15°$ bis $-45°$. 16 Veränderliche wurden untersucht: Cae R, S, T, Col S, T, X, Eri W, RS, RX, UU, Lep T, U, X, Y, RS, Pic RT.

11208. **S. Gaposchkin,** Variable stars in Milton field 34. Harv Ann **115** 225—228. — Das Feld reicht von 0^h bis 2^h und $-15°$ bis $-45°$. 8 Veränderliche wurden untersucht: Cet T, Scl R, S, T, Z, RR, RS, RT.

11209. **S. Gaposchkin,** Variable stars in Milton field 32. Harv Ann **115** 235—248. — Das Feld reicht von 19^h bis 21^h und $+15°$ bis $-15°$. 47 Veränderliche wurden untersucht: Aqr T, V, W, Y, VX, Aql R, U, W, RR, RT, RU, TT, TU, TY, TZ, WW, XZ, AA, DO, DY, EM, FM, FN, FP, FZ, GY, KN, MS, QS, V 339, V 342, V 346, V 356, V 368, η, σ, Nova Aql Nr. 1, Nr. 3, Cap TV, TW, UW, Del R, RU, RX, SW, TX, Equ S.

11210. **S. Gaposchkin,** Variable stars in Milton field 30. Harv Ann **115** 257—264. — Das Feld reicht von 15^h bis 17^h und $+15°$ bis $-15°$. 24 Veränderliche wurden untersucht: Her SS, TY, UV, CC, DY, Lib Y, RU, Oph V, SS, SW, TT, Nova Oph 1848, $\varkappa$, Sco BR, Ser S, U, X, Y, Z, RR, VY, AN, AP, AT.

11211. **S. Gaposchkin,** Variable stars in Milton field 28. Harv Ann **115** 273—278. — Das Feld reicht von 11^h bis 13^h und $+15°$ bis $-15°$. 20 Veränderliche wurden untersucht: Crt X, Leo SS, UW, UX, Vir R, T, U, X, Y, RT, RU, RW, RX, SS, SU, SV, TY, TZ, UU, AG.

11212. **E. Hertzsprung,** Estimates of 64 variable stars on plates of the β Centauri region, taken by the late H. van Gent. Ann. Sterrewacht Leiden **20** 119—161, mit 2 Fig. und einem Supplement von L. Gaykema: The photometric measures of 17 variables, S. 162—172, mit 1 Fig.

11213. **C. Hoffmeister,** Verzeichnis von 1440 neuen veränderlichen Sternen mit Angaben über die Art ihres Lichtwechsels. Vgl. AJB **49** Ref. **11207**. — Weitere Besprechung in AN **278** 279 (H. Schneller), Mem SA It (NS) **21** 78 (F. Zagar), Sterne **27** 31 (H. Schneller).

11214. **C. J. van Houten,** Discussion of thirty-five variable stars in the region around CPD −49° 2484. Ann. Sterrewacht Leiden **20** 223—239, mit 2 Fig.

11215. **E. van den Hoven van Genderen,** Note on nineteen new variable stars in the region around 11 Puppis. Ann. Sterrewacht Leiden **20** 213—222, mit 2 Fig.

11216. **G. B. Lacchini,** Osservazioni visuali (1373) di stelle variabili (94) fatte nel 1949. Oss. Astr. Trieste Nr. **240**, 19 S. (Maschinenschrift).

And	R, W, RX	CVn	R	Lyr	W
Aqr	R, T, V	Cyg	R, U, W, RS, RT,	Mon	V, X
Aql	R		SS, TU, WX, χ	Oph	R, V, X
Ari	R, T	Del	R	Ori	T, U
Aur	R, S, Z, RS	Dra	R	Peg	R
Boo	R, S, V	Gem	R, U	Per	S
Cam	T	Her	S, T, U, RS, RU,	Sgr	R, RX
Cnc	R, V		SX	Sct	R
CMi	R, S, V	Hya	S, R, T, U, V, RT	Ser	R
Cas	R, S, T, V	Leo	R	Tri	R
Cep	T	Lib	RS	UMa	R, S, T, V, Z, RS
Cet	S, T, U, W, *o*	LMi	R	UMi	R, S
CrB	R, S, V	Lep	R	Vir	R, S, SS
Crv	R	Lyn	R	Vul	RU

11217. **M. W. Mayall,** Variable star notes from the American Association of Variable Star Observers in 1950. Pop Astr **58** 40—42, 90—92, 139—141, 191—193, 239—241, 305—308, 358—362, 413—416, 519—523, mit 6 Fig. und 1 Bild = Harv Repr Nr. **339**.

11218. **M. W. Mayall,** The American Association of Variable Star Observers. Observations of variable stars. Harvard College Obs. Quarterly Report Nr. **1**, 40 S., Nr. **2**, 50 S. — Umfaßt die Beobachtung der nachstehenden Veränderlichen im Zeitraum 1946 März 20 — Juni 27, Juni 28 — Oktober 5.

And	R, T, U, V, W, X, Y, Z, RR, RU,	CMa	Z
	RV, RW, RX, RY, RZ, ST,	CMi	R, S, T, U, V, Z
	SV, SZ, TV, TY, VY, UZ	Cap	R, T, U, V, X, Y, Z, RT
Aps	T, S	Car	R, S, Z, RR, RV, RW, RY, RZ,
Aqr	R, S, T, U, V, W, X, Y, Z, RR,		AF, l
	RS, VZ, AE	Cas	R, S, T, U, V, W, X, Y, Z, RR,
Aql	R, S, V, W, X, Z, RR, RS, RT,		RV, SS, WZ, α, γ, ϱ
	RU, RV, RW, SY, TY, UU,	Cen	R, S, T, U, W, X, RS, RT, RV,
	VW		RX
Ara	U, RW	Cep	S, T, W, X, Y, Z, RR, μ
Ari	R, S, T, U	Cet	R, S, T, U, V, W, X, Z, *o*
Aur	R, S, U, V, W, X, Z, RS, RU,	Cha	R, S
	SS, SV	Col	R, S, T
Boo	R, S, U, V, Z	Com	R
Cae	R	CrA	R, S
Cam	R, S, T, U, V, X, Z, RR	CrB	R, S, T, V, W, X, Y, Z, RR
Cnc	R, T, U, V, W, RV	Crv	R
CVn	R, T, Y	Cyg	R, S, U, V, Z, RS, RT, RU, RV,

Cyg	RZ, SS, ST, SX, TU, TW, TY, TZ, UX, WX, AF, AV, BG, χ, P
Del	R, S, T, V, X, Y, Z
Dor	R, β
Dra	R, S, T, U, V, W, X, Y, SV, TX, AB
Equ	R
Eri	T, U, W
Gem	R, S, T, U, V, X, Y, RS, SS, SW
Gru	R, S, T, π_1
Her	R, S, T, U, W, RS, RT, RU, RV, RY, RZ, SS, SU, SV, SX, TV, UU, DQ, α
Hor	R, T
Hya	R, S, T, V, X, Y, RR, RT, RU
Ind	R, S
Lac	R, S, RS, RV, RY, CP
Leo	R, S, V, W, X, RY
LMi	R, S, U
Lep	R, T
Lib	R, S, T, U, V, W, X, Y, RR, RS, RT, RU
Lup	R, S, Y
Lyn	R, S, T, U
Lyr	R, S, U, V, W, X, Z, RS, RT, RU, RW, RX, RY, SZ, TU, AY, ER
Mic	R, S, U
Mon	V, X, Y, RR, SW
Mus	BO, –(122967)
Nor	R, T
Oct	R, S, T, U
Oph	R, S, T, V, W, X, Z, RR, RS, RT, RU, RY, SS, TT, TX, χ
Ori	R, S, T, U, V, AN, CN, CZ, α
Pav	R, S, T, W, $\varkappa$
Peg	R, S, T, V, W, X, Y, Z, RR, RS, RT, RU, RV, RW, RZ, β
Per	R, S, T, U, W, Y, RR, RU, RZ, TX, TZ, UV, VW, ϱ
Phe	R, T, V
Pic	R, S, T, RR
Psc	R, S, U
PsA	R
Pup	U, W, Z, RU, CP, L_2
Pyx	S
Ret	R
Sge	R, V, SW
Sgr	R, S, T, Z, RR, RT, RU, RV, RW, RX, RY, SS, ST, TY, VX
Sco	R, S, W, X, Y, Z, RR, RS, RT, RU ,RW, RZ, SV
Scl	S, T, U, V, RR
Sct	R, S
Ser	R, S, T, U
Sex	S
Tau	R, S, T, V, W, Z, RR, RU, RX, SU, TV, TX, XX
Tel	R, S
Tri	R
Tuc	R, S, T, U
UMa	R, S, T, V, X, Z, RS, RZ, SU, δ
UMi	R, S, T, U
Vel	W, Y, Z
Vir	R, S, T, U, V, W, Y, Z, RR, RS, RU, RV, SS, SU
Vol	R, S
Vul	R, S, V, RU

11219. **C. Payne-Gaposchkin,** Variable stars in Milton field 43. Harv Ann **115** 137—155. — Das hauptsächlich im Schützen liegende Gebiet erstreckt sich von 18^h bis 20^h und $-15°$ bis $-45°$. Es wurden 81 Veränderliche untersucht: CrA U, V, X, RS, RU, TY, TZ, UU, UX, YY, YZ, AM, QT, Sgr R, S, T, U, Y, Z, RR, RS, RU, RV, RX, RY, SS, SU, SX, SY, TT, TU, TV, TX, TZ, UU, UV, UW, UX, VX, WZ, XX, XZ, YY, YZ, ZZ, AG, AN, AO, AP, AQ, AR, AX, BB, BI, BQ, BS, CD, DV, EG, FM, FN, QS, V 350, 355, 356, 363, 400. 441, 523, 524, 526, 630, 675, 909, Nova Sgr Nr. 3, Nr. 5, Nr. 6, v, Ser V, W.

11220. **C. Payne-Gaposchkin,** Variable stars in Milton field 41. Harv Ann **115** 173—180. — Das Gebiet erstreckt sich von 14^h bis 16^h und $-15°$ bis $-45°$. Es wurden 20 Veränderliche untersucht: Cen Y, RY, TU, BE, Hya RU, Lib R, S, V, RR, RS, RV, RW, SX, UW, 654.1935, 143322, Lup Z, RR, RU, Sco RZ.

11221. **C. Payne-Gaposchkin,** Variable stars in Milton field 39. Harv Ann **115** 189—196. — Das Feld reicht von 10^h bis 12^h und $-15°$ bis $-45°$. 21 Veränderliche wurden untersucht: Ant R, U, V, X, Y, Z, 42.1913, Cen X, Crt R, T, V, W, Y, Hya V, Z, RS, TT, VY, 276.1930, Vel RR, TU.

11222. **C. Payne-Gaposchkin,** Variable stars in Milton field 37. Harv Ann **115** 205—212. — Das Feld reicht von 6^h bis 8^h und $-15°$ bis $-45°$. 36 Veränderliche wurden untersucht: CMa R, S, U, V, X, RZ, SW, SX, UW, UY, VZ,

Col U, RR, Lep S, V, W, Pup W, X, Z, RR, RV, RY, RZ, ST, SU, TX, TY, VX, WX, YY, ZZ, AD, AP, AQ, AR, L_2.

11223. **C. Payne-Gaposchkin,** Variable stars in Milton field 35. Harv Ann **115** 219—223. — Das Feld reicht von 2^h bis 4^h und −15° bis −45°. 12 Veränderliche wurden untersucht: Eri T, U, V, RT, VW, For R, S, T, U, X, RZ, SS.

11224. **C. Payne-Gaposchkin,** Variable stars in Milton field 33. Harv Ann **115** 229—233. — Das Feld reicht von 21^h bis 23^h und +15° bis −15°. 21 Veränderliche wurden untersucht: Aqr RX, TU, UU, VY, WY, AC, BK, CD, CY, Cap UU, Peg T, V, RU, TU, TX, AG, AK, AQ, AT, DF, DH.

11225. **C. Payne-Gaposchkin,** Variable stars in Milton field 31. Harv Ann **115** 249—256. —Das Feld reicht von 17^h bis 19^h und +15° bis −15°. 41 Veränderliche wurden untersucht: Aql V, SZ, UV, EL, HK, KO, V 336, V 337, V 599, Nova Aql 1905, Nova Aql 1918, Her RX, BB, Oph U, X, Y, Z, RS, RV, RY, ST, SU, UZ, WZ, XX, V 438, V 451, V 456, Nova Oph 1919, Nova Sgr Nr. 1, Sct R, S, T, U, W, RR, RY, RZ, SS, Ser VV, d.

11226. **C. Payne-Gaposchkin,** Variable stars in Milton field 29. Harv Ann **115** 265—271. — Das Feld reicht von 13^h bis 15^h und +15° bis −15°. 15 Veränderliche wurden untersucht: Boo Z, UY, Lib δ, Vir S, V, W, Z, RS, RZ, SW, AL, AN, AO, AY, CE, CF.

11227. **F. Pingsdorf,** Investigaciones sobre estrellas variables. (I). Publ. Obs. La Plata Serie Astronómica Bd. **26**. — Beobachtungen von 87 veränderlichen Sternen des Südhimmels für den Zeitraum 1928—1947. Angaben über Maxima, Lichtkurven und allgemeine Betrachtungen sind beigegeben.

Sconzo

11228. **L. Plaut,** The elements of the eclipsing binaries brighter than photographic magnitude 8.50 at maximum. Publ. Kapteyn Astr. Laboratory Groningen Nr. **54**, 78 S. mit 2 Fig. — Enthält

And	AN	Lac	AR, CM
Ant	S	Leo	TX, UV
Aql	KO, QS, V599, σ	Lib	δ
Ara	R	Lyn	RR
Aur	SX, TT, WW, AR, EO, β, ε, ζ	Lyr	β
Boo	44 i	Mon	AU
Cam	SZ, TU	Mus	TU
Cnc	S	Oph	U, V451, V566
CVn	RS	Ori	VV, BM, δ, η
CMa	R, UW	Peg	AW, EE
Car	X	Per	RY, AG, DM, β, HD 25799
Cas	RZ, TV, TW, YZ, AO, AR, CC, δ, ϱ	Psc	SZ
		Pup	V, XZ, BH
Cen	RR, SZ, LZ, V346	Sge	U
Cep	U, VV, VW, XZ, AH, CW, HD 215835	Sgr	RS, V356, V505, μ, v
		Sco	FV, V393, V449, V453, V499, μ^1
CrB	U, α		
Cyg	Y, GO, V367, V380, V444, V448, V453	Sct	RZ
		Tau	RW, CD, λ
Dra	TW	UMa	W, TX
Equ	S	Vel	S
Eri	RZ, YY, AS	Vir	UY, α
Her	Z, RX, TX, AK, DI, HS, u	Vul	Z, RS
Hya	SS, TT, TV		

11229. **H. U. Sandig,** Mitteilungen über 91 verdächtige und veränderliche Sterne. AN **278** 181—189. — Betrifft Zinner-Sterne, Prager-Sterne und RX Aqr, VZ Aqr, AD Aqr, EP Aql, V 580 Aql, SV Cap, AK Cyg, V 363 Cyg, V 471 Cyg, BD +37° 4189, V 472 Cyg, SU Del, TU Del, RR Equ, MT Her, DH Lac, V 838 Oph, AG Peg, AQ Peg, DW Peg, EG Peg, CE Vir, R Vul, BU Vul.

11230. **H. U. Sandig,** Mitteilungen über 79 verdächtige und veränderliche Sterne. AN **279** 89—93. — Betrifft Zinner-Sterne, Prager-Sterne und RW Aql, TT Gem, TT CVn, VY Lyr, EF Peg, BD +21° 981; 19^h $15^m\!.0$ +29° 14′ (1855).

11231. **A. A. Wachmann,** Beobachtungen von Veränderlichen in der Umgebung von Kapteyn-Feldern der nördlichen Milchstraße. Teil 2 (Eichfeld 64). Vgl. AJB **48** Ref. **11198.** — Weitere Besprechung in Sternenwelt 2 23 (G. Weinmann).

11232. **W. P. Zessewitsch,** Elemente von Bedeckungsveränderlichen. Astr Circ UdSSR Nr. 100 S. 18 (russisch). — Zusammenstellung von neuberechneten oder verbesserten Elementen folgender Sterne: AO Aqr, 371.1936, TX Boo, 21.1935, SVS 542 Cnc, 307.1934, 317.1934, DZ Cas, IV Cas, DK Cyg, V 387 Cyg, 170.1935, UY Eri, WW Eri, RY For, 81.1931, 347.1934, 80.1935, ES Ori, 10.1930, ST Per, XZ Per, 129.1935.

11233. Observations d'étoiles variables à longues périodes ou irrégulières, effectuées par les membres de l'Association Française d'Observateurs d'Etoiles Variables et reçues durant les mois de juillet et août 1939 à l'Observatoire de Lyon. BAF **10** Fasc. 1 S. 11—32. — Beobachtet wurden:

And	R, T, W, X, RW, RX, SV, TV
Aql	R, S, V, RT, RU
Aqr	T, Z
Ari	R, T, U
Aur	R, X, Z, SS, AE
Boo	R, S, V, RX
Cam	R, S, T, U, V, X, Z, RS, ST
Cap	RT
Cas	R, S, T, V, RV
Cep	S, T, X, Y, Z, RR, RU
Cet	Z, *o*
CMi	R, S
Cnc	R, V, X, RS, RT
Com	R
CrB	R, S, V
Crv	R
CVn	R, T¹), Y
Cyg	R, U, V, W, Z, RS, RT, RU, RV, RZ, SS, SX, TU, UX, AB, AF, χ
Del	X, Z
Dra	R, S, T, W, X, Y, TX, UU
Eri	Z
For	S
Gem	R, S, T, U, X
Her	R, T, U, X, RS, RU, RZ, ST, SV
Hya	R, S, T, U, V, Y
Leo	R, X
Lep	R, T
LMi	R
Lup	U
Lyn	R, S, U, Z
Lyr	R, W
Mon	U, RV
Oph	R, V, X, Z
Ori	T, U, W, BL, BQ
Peg	W, RW
Per	S, U, W, Y, RR, RZ, TX, XX
Psc	R
Sct	R
Ser	R
Sge	R, V
Sgr	R, T, RY
Tau	X, Y, RR, RV, RX
Tri	R
UMa	R, S, T, Z, RS, RX, RY, RZ, ST
UMi	R, S, T, U, V
Vir	R, S, RS, SS, SU, SW
Vul	T, RT

11234. Observations d'étoiles variables à longues périodes ou irrégulières, effectuées par les membres de l'Association Française d'Observateurs d'Etoiles Variables et reçues durant les mois de septembre, octobre et novembre 1939 à l'Observatoire de Lyon. BAF **10** Fasc. 2 S. 13—37. — Beobachtet wurden:

¹) In BAF 10 Fasc. 1 S. 20 mit T CVe bezeichnet.

And	R, W, X, RV, RX, SV, TV
Aql	R, S, V, RT, RU
Aqr	R, T, Z
Ari	R, T, U
Aur	R, X, AE
Boo	R, S, V, RX
Cam	R, S, T, U, X, Z, RS, ST
Cap	RT
Cas	R, T, V
Cep	S, T, X, Y, Z, RU
Cet	R, S, Z, *o*
CMa	W
CMi	R, S
Cnc	V, X, RS, RT
CrB	R, S, V
CVn	R, T[1])
Cyg	R, U, V, W, Z, RS, RT, RU, RV, RZ, SS, ST, TU, TY, UX, AB, AF, χ
Del	X, Z
Dra	R, S, U, W, X, Y, TX, UU, UY
Eri	Z
For	S
Gem	S, T, X
Her	R, T, U, X, RS, RU, ST
Hya	T, U, V, Y
Leo	R
Lep	R, S
LMi	R
Lyn	Z
Lyr	R, W
Mon	U, V, X, RV
Oph	R, V, X
Ori	T, U, W, BL, BQ
Peg	R, S, W
Per	S, U, W, Y, RR, RZ, TX, UV, XX
Sct	R
Ser	R
Sge	R, V
Sgr	R, T, RY
Tau	R, T, X, Y, RV, RX, SU
Tri	R
UMa	R, S, T, Z, RS, RX, RZ, ST
UMi	R, S, T, U, V
Vir	R, RS, SS, SW
Vul	T, RT

11235. Nachweis der Beobachtungen und Bearbeitungen Veränderlicher

Die Abkürzungen bedeuten:

aD	absolute Dimensionen
Am	Amplitude
An	Anzeige
B	Beobachtung
C	Farbe
CI	Farbenindex
EB	Eigenbewegung
El	Lichtwechselelemente
Elb	Photometrische Bahnelemente
Els	Spektroskopische Elemente
Elsb	Spektroskopische Bahnelemente
Ka	Karte
Lk	Lichtkurve
Mon	Monographie
Na	Benennung
Not	Allgemeine Mitteilung
O	Ort
P	Periode
Par	Parallaxe
RG	Radialgeschwindigkeit
Sp	Spektrum
Tem	Temperatur
Typ	Typus
VS	Vergleichsterne

Außer dieser Liste sind noch die vorhergehenden Tabellen von Beobachtungen und § **111** einzusehen.

Andromeda

R	AN **278** 269	B, Typ
T	National Obs. Athen Bull. Astr. Inst. 1950 S. 8	B
	Pop Astr **58** 41	Not
U	VS Bull **7** 202	EB
W	Pop Astr **58** 42	Not
	Sternenwelt **2** 260	Ka, VS
X	National Obs. Athen Bull. Astr. Inst. 1950 S. 8	B
RT	Astr Circ UdSSR Nr. 100 S. 17	B
RU	AN **279** 77	Vgl. Ref. **11183**
SV	National Obs. Athen Bull. Astr. Inst. 1950 S. 8	B
	VS Bull **7** 202	EB
VX	ApJ **111** 262	Vgl. Ref. **9540**
XZ	AA (c) **4** 113	B

[1]) Dem Ort nach Y CVn.

	AA (c) **4** 117	B
	AA (c) **4** 121	B, El
	AJ **55** 165	Not
	Astr Circ UdSSR Nr. 101–102 S. 6	B, El
AB	ApJ **111** 658	Vgl. Ref. **11131**
	BAN **11** 217	B, Typ, Lk, P, El
AC	VS Bull **7** 182, Ref. in Astr. News Letter Nr. **56** S. 2	Ka, VS, B, Typ, Lk, P, El, EB
ζ	ApJ **111** 31	Vgl. Ref. **10201**

Antlia

S	MN **110** 373	Vgl. Ref. **11114**

Apus

S	Pop Astr **58** 41	Not
	Pop Astr **58** 140, 239	B

Aquarius

R	ApJ **112** 514	Vgl. Ref. **11174**
T	AN **278** 269	B, Typ
W	National Obs. Athen Bull. Astr. Inst. 1950 S. 8	B
SZ	VS Bull **7** 226	EB
BO	Publ ASP **62** 61	RG
CY	Astr Circ UdSSR Nr. 100 S. 16	B
	Publ ASP **62** 61	RG
CZ	AA (c) **4** 113	B

Aquila

R	AN **278** 269	B, Typ
	AN **279** 73	Vgl. Ref. **11183**
	BAA Circ Nr. 319	Not
	Circ. Astr. Obs. Stalinabad Nr. 87—88 S. 7	B
W	Circ. Astr. Obs. Stalinabad Nr. 85—86 S. 9	B
Y	Bull. Astrophys. Obs. Abastumani Nr. **11** S. 1	Vgl. Ref. **10218**
	Sitzber. Wien **159** 253	Vgl. Ref. **11007**
Z	VS Bull **7** 205	O, EB
SZ	VS Bull **7** 286	VS
TT	VS Bull **7** 286	VS
TU	Circ. Astr. Obs. Stalinabad Nr. 85—86 S. 9	B
UU	Pop Astr **58** 41, 360	Not
VY[1])	Circ. Astr. Obs. Stalinabad Nr. 85—86 S. 9	B
WW	Desgl.	B
XZ	AA (c) **4** 121	B, El
AK	Circ. Astr. Obs. Stalinabad Nr. 83—84 S. 7	Ka, VS, B
CM	Harv Card 1075	B, Typ, Sp
DM	Circ. Astr. Obs. Stalinabad Nr. 85—86 S. 9	B
DT	Desgl.	B
ER	Desgl.	B
FK	AA (c) **4** 121	B, El
FM	VS Bull **7** 286	VS
FN	VS Bull **7** 286	VS
FP	Circ. Astr. Obs. Stalinabad Nr. 85—86 S. 9	B
FR	Desgl.	B
KL	VS Bull **7** 286	Ka, VS
KO	AA (c) **4** 113	B
V 336	VS Bull **7** 286	VS
V 341	Publ ASP **62** 61	RG
V 343	Astr Circ UdSSR Nr. 103–104 S. 2	B
	Circ. Astr. Obs. Stalinabad Nr. 81—82 S. 1	Ka, VS, B, Lk
V 346	AA (c) **4** 113	B
η	AN **279** 62	VS, B
	ApJ **112** 6	Vgl. Ref. **5208**
	J RAS Canada **44** 104	Vgl. Ref. **11147**
	MN **110** 416	Vgl. Ref. **9415**

[1]) Im Druck schwer leserlich.

	Publ ASP **62** 269	Vgl. Ref. **11148**
	UAI Réunion des Astronomes des Pays Voisins	Vgl. Ref. **11146**

Aries

T	TAB (2) Nr. **30**	B, Typ
RV	Publ ASP **62** 61	RG
RW	Desgl.	RG

Auriga

R	AN **278** 269	B, Typ
	Pop Astr **58** 42	Not
	VS Bull **7** 205	O, EB
S	Coelum **18** 53	Not
U	TAB (2) Nr. **30**	B, Typ
W	National Obs. Athen Bull. Astr. Inst. 1950 S. 8	B
	TAB (2) Nr. **30**	B, Typ
	VS Bull **7** 202	EB
RU	National Obs. Athen Bull. Astr. Inst. 1950 S. 8	B
	TAB (2) Nr. **30**	B, Typ
RV	VS Bull **7** 295	Ka, VS, B, Typ, El
RW	Sternenwelt **2** 43	Ka, VS, Not
RX	Gaz astr **32** 99	B
RY	AA (c) **4** 114	B
	TAB (2) Nr. **30**	B, Typ, Am, El
RZ	Desgl.	B, Typ, Am, El
SS	BAA Circ Nr. 315—320	Not
	National Obs. Athen Bull. Astr. Inst. 1950 S. 8	B
	Pop Astr **58** 41	Not
	Pop Astr **58** 140, 192	B
	Pop Astr **58** 306	Not
	Pop Astr **58** 358	B
SX	AN **278** 270	Typ, El
TT	AN **278** 270	Typ, El
TW	VS Bull **7** 295	Ka, VS, B, Am, El
TZ	ApJ **111** 437	Vgl. Ref. **11144**
UV	ApJ **111** 270	Vgl. Ref. 11182
	TAB (2) Nr. **30**	B, Typ
UZ	VS Bull **7** 295	Ka, VS, B, Typ, Am
WW	AJ **55** 171	P, Elb
AA	VS Bull **7** 295	Ka, VS, B, El
AG	VS Bull **7** 226	EB
AR	TAB (2) Nr. **30**	B, Typ, Am, El
AV	Desgl.	Typ ?, Am, El
BC	Desgl.	B, Am, El
	VS Bull **7** 295	Ka, VS, B, Lk, El
BF	TAB (2) Nr. **30**	B, Typ, Am, El
BH	VS Bull **7** 269, Ref. in Astr. News Letter Nr. **62** S. 16	B, Lk, El
BX	VS Bull **7** 295	Ka, VS, Typ, Am
CL	AA (c) **4** 114	B, El
	TAB (2) Nr. **30**	B, Typ, Am, El
CM	VS Bull **7** 295	Ka, VS, Typ, Am
CO	Desgl.	Ka, VS, Typ ?, Am, El
CS	Desgl.	Ka, VS, Typ, Am, El
CT	Desgl.	Ka, VS, Typ ?, Am
CY	Desgl.	Ka, VS, B, Lk, Am, El
DM	Desgl.	Ka, VS, B, Typ, Am, El
ER	Desgl.	Ka, VS, Typ, Lk, Am, El
EV	Desgl.	Not
EW	Desgl.	Ka, VS, B, Lk, P, El
EY	Desgl.	B, Typ, El
EZ	Desgl.	Ka, VS, Typ ?, Am
ζ	Mem SA It (NS) **21** 195	Vgl. Ref. **11106**
	NAZ **4** 36, 42	Sp

Bootes

R	AN **278** 269	B, Typ
U	AN **279** 75	Vgl. Ref. **11183**
V	AN **278** 269	B, Typ
W	Sitzber. Wien **159** 253	Vgl. Ref. **11007**
Z	National Obs. Athen Bull. Astr. Inst. 1950 S. 8, 22	B
RS	VS Bull **7** 271, Ref. in Astr. News Letter Nr. **62** S. 16	B, Not
RY	Publ ASP **62** 222	VS, const., Not
ST	Publ ASP **62** 61	RG
SV	Desgl.	RG
SW	Circ. Astr. Obs. Stalinabad Nr. 77–78 S. 6	B, Not
SZ	Desgl.	B
	Publ ASP **62** 61	RG
TU	AA (c) **4** 114	B
TV	Publ. Inst. Phys. Math. Riga Nr. **1** S. 119	Vgl. Ref. **12335**
TY	AA (c) **4** 114	B
TZ	Desgl.	B
UU	Publ ASP **62** 61	RG
UY	Desgl.	RG
	VS Bull **7** 207	Vgl. Ref. **12344**

Camelopardalis

R	AN **279** 75	Vgl. Ref. **11183**
	Sternenwelt **2** 281	Ka, VS, Lk
S	Oss. Astr. Trieste Nr. **239**	B, El
	Pop Astr **58** 360	O, Not
X	AN **279** 78	Vgl. Ref. **11183**
	Oss. Astr. Trieste Nr. **237**	B, El
Y	ApJ **111** 658	Vgl. Ref. **11131**
	Astr Circ UdSSR Nr. 103–104 S. 2	B
Z	BAA Circ Nr. 315	B, Not
	Pop Astr **58** 41	Not
	Pop Astr **58** 239	B
	Pop Astr **58** 359, 360	Lk
SV	Publ ASP **62** 255	VS, Lk
TU	Sitzber. Wien **159** 253	Vgl. Ref. **11007**
TW	VS Bull **7** 226	EB

Cancer

R	VS Bull **7** 205	O, EB
T	ApJ **111** 270	Vgl. Ref. **11182**
U	National Obs. Athen Bull. Astr. Inst. 1950 S. 8	B
RW	Mitt. Konkoly Sternw. Budapest-Szabadsághegy Nr. **23**	Vgl. Ref. **11143**
SY	Publ ASP **62** 211	O, Typ, Am, Sp
TT	ApJ **111** 437	Vgl. Ref. **11144**
	Publ ASP **62** 61	RG

Canes venatici

R	AN **278** 269	B, Typ
Y	Gaz astr **32** 99	B
RX	Publ ASP **62** 61	RG
SS	Desgl.	RG
ST	Desgl.	RG
SW	Desgl.	RG
α^2	Bull. Astrophys. Obs. Abastumani Nr. **11** S. 7, Ref. in Astr. News Letter Nr. **56** S. 13	B, Not, Lk, CI

Canis major

R	ApJ **111** 27	Vgl. Ref. **10219**
RY	VS Bull **7** 286	VS
RZ	Desgl.	VS
TV	Desgl.	VS
TW	Desgl.	VS

Canis minor

T	National Obs. Athen Bull. Astr. Inst. 1950 S. 8	B
YY	TAB (2) Nr. **30**	B, Typ, Am, El

Capricornus

V	National Obs. Athen Bull. Astr. Inst. 1950 S. 8	B
RR	Desgl.	B
TW	VS Bull **7** 286	Ka, VS
YZ	Publ ASP **62** 61	RG

Carina

R	Pop Astr **58** 42	Not
	VS Bull **7** 205	O, EB
S	Pop Astr **58** 42	Not
	Pop Astr **58** 360	B
	VS Bull **7** 205	O, EB

Cassiopeia

R	AN **278** 269	B, Typ
T	Desgl.	B, Typ
	Pop Astr **58** 306	Not
V	AN **278** 269	B, Typ
	AN **279** 78	Vgl. Ref. **11183**
	Gaz astr **32** 100	B
Y	National Obs. Athen Bull. Astr. Inst. 1950 S. 8	B
Z	Desgl.	B
RR	Desgl.	B
RV	Pop Astr **58** 306	B
RW	VS Bull **7** 286	VS
RX	Bull. Astr. Engelhardt-Obs. Kasan Nr. **27**, Ref. in Astr. News Letter Nr. **56** S. 12	Mon, Lk, Elb, aD
RY	VS Bull **7** 286	VS
RZ	AA (c) **4** 114, 117	B
	AJ **55** 171	P, Elb
	AN **278** 270	Typ, El
SS	NAT **1950** 111	Not, P, El
	Pop Astr **58** 358	B
SW	VS Bull **7** 286	VS
SY	BAF **10** fasc. 1 S. 3	Ka, VS, B, Lk, El
	VS Bull **7** 286	VS
TV	AA (c) **4** 114, 117	B
	AJ **55** 171	P, Elb
	AN **278** 270	Typ, El
TW	AJ **55** 183	Vgl. Ref. **10213**
	ApJ **112** 184	Vgl. Ref. **11133**
UZ	VS Bull **7** 286	Ka, VS
VW	Desgl.	VS
AB	AA (c) **4** 117	B
BP	VS Bull **7** 286	Ka, VS
BY	Desgl.	VS
γ	ApJ **112** 192	Vgl. Ref. **11186**
	DOB **1950** 52	Ka, VS, B
	Priroda **39** Nr. 9 S. 41	Not
ϱ	Sterne **26** 21	B

Centaurus

R	VS Bull **7** 205	O, EB
RU	VS Bull **7** 226	EB
SV	BAN **11** 200	VS, B, Lk, El
SX	VS Bull **7** 226	EB

Cepheus

S	Sternenwelt **2** 235	Ka, VS
T	AN **278** 269	B, Typ
	Oss. Astr. Trieste Nr. **239**	B, El
U	AA (c) **4** 114	B
	AJ **55** 169	Not
	ApJ **112** 542	Vgl. Ref. **10202**
	Astr Circ UdSSR Nr. 100 S. 14	VS, B, Lk, El
X	National Obs. Athen Bull. Astr. Inst. 1950 S. 8, 22	B
Y	Desgl. S. 8	B
RZ	BAF **10** fasc. 2 S. 3	Ka, VS, B, Lk, El
TY	AN **278** 253	Vgl. Ref. **11169**
VW	Astr Circ UdSSR Nr. 96—97 S. 4	B, Not, P
	Publ ASP **62** 112	B, Lk
CQ	AJ **55** 74	Sp
	ApJ **112** 477	Vgl. Ref. **11110**
	Nature **165** 194	Typ, Lk, Sp
	Sky and Telescope **9** 160	Not
δ	Ark Astr **1** 109	Vgl. Ref. **11159**
μ	Mitt. Odessa **2** 59	Vgl. Ref. **11162**
	Sterne **26** 21	B

Cetus

R	TAB (2) Nr. **30**	B, Typ
	VS Bull **7** 205	O, EB
S	Pop Astr **58** 41	Not
V	VS Bull **7** 205	O, EB
X	TAB (2) Nr. **30**	B, Typ
RX	ApJ **111** 437	Vgl. Ref. **11144**
	Publ ASP **62** 61	RG
RZ	ApJ **111** 437	Vgl. Ref. **11144**
SS	TAB (2) Nr. **30**	B, Typ, Am, El
TU	Desgl.	B, Typ, Am, El
TW	ApJ **111** 658	Vgl. Ref. **11131**
o	AN **278** 269	B, Typ
	AN **279** 79	Vgl. Ref. **11183**
	VS Bull **7** 199, Ref. in Astr. News Letter Nr. **56** S. 4	Not, Elsb

Coma Berenices

R	National Obs. Athen Bull. Astr. Inst. 1950 S. 22	B
RY	ApJ **111** 437	Vgl. Ref. **11144**
	Publ ASP **62** 61	RG

Corona austrina

ε	MN ASSA **9** 90	An, B, Not

Corona borealis

R	AN **278** 269	B, Typ
	Astr Circ UdSSR Nr. 103—104 S. 3	B
	Gaz astr **32** 100	B
	National Obs. Athen Bull. Astr. Inst. 1950 S. 8	B
	Pop Astr **58** 140, 360	B
	Pop Astr **58** 239	B, Not, Lk
S	AN **278** 269	B, Typ
	Gaz astr **32** 101	B
T	TAB (2) Nr. **30**	B, CI
V	ApJ **111** 270	Vgl. Ref. **11182**
Z	National Obs. Athen Bull. Astr. Inst. 1950 S. 8	B
RV	VS Bull **7** 243, Ref. in Astr. News Letter Nr. **62** S. 14	Ka,VS,B,Lk
RW	AA(c) **4** 114, 117	B

Crater

W	Publ ASP **62** 61	RG
X	Desgl.	RG

Cygnus

R	AN **278** 269	B, Typ
	Circ. Astr. Obs. Stalinabad Nr. 81—82 S. 4	Ka, VS, B
	Pop Astr **58** 360	B
S	VS Bull **7** 205	O, EB
U	AN **278** 269	B, Typ
	ApJ **111** 262	Vgl. Ref. **9540**
	ApJ **111** 270	Vgl. Ref. **11182**
	Circ. Astr. Obs. Stalinabad Nr. Nr. 79—80 S. 5	VS, B
V	Desgl.	B
W	VS Bull **7** 330	B,Not,Lk,El
X	Circ. Astr. Obs. Stalinabad Nr. 81—82 S. 11	Ka, VS, B
Z	Desgl. S. 4	Ka, VS, B
RT	AN **278** 269	B, Typ
	Circ. Astr Obs. Stalinabad Nr. 79—80 S. 5	Ka, VS, B
	NAT **1950** 149	El
RZ	Circ. Astr. Obs. Stalinabad Nr. 79—80 S. 6	Ka, VS, B
SS	AN **278** 270	B, Typ, Lk
	BAA Circ Nr. 315, 316, 319, 320	Not
	JBAA **60** 195	B, Lk
	NAT **1950** 70	Lk
	National Obs. Athen Bull. Astr. Inst. 1950 S. 8, 22, 38	B
	Pop Astr **58** 41	Not
	Pop Astr **58** 90	B, Lk
	Pop Astr **58** 140	B
	Pop Astr **58** 239, 360, 414	Not
	Pop Astr **58** 522	B, Not
	Sternenwelt **2** 93	Ka, VS, Not

SX	Circ. Astr. Obs. Stalinabad Nr. 81—82 S. 5	Ka, VS, B
SY	AA(c) **4** 114	B, El
SZ	VS Bull **7** 338	Ka, VS, B, Lk, El
TU	Circ. Astr. Obs. Stalinabad Nr. 79—80 S. 7	Ka, VS, B
	NAT **1950** 149	El
TW	National Obs. Athen Bull. Astr. Inst. 1950 S. 38	B
TX	Circ. Astr. Obs. Stalinabad Nr. 79—80 S. 7	VS, B, Lk, El
UW	AA(c) **4** 114	B, El
	VS Bull **7** 210	Ka, VS
UX	Circ. Astr. Obs. Stalinabad Nr. 81—82 S. 6	Ka, VS, B
	National Obs. Athen Bull. Astr. Inst. 1950 S. 22	B
VV	VS Bull **7** 210	Ka, VS
VW	VS Bull **7** 252, Ref. in Astr. News Letter Nr. **66** S. 15	Ka, VS, Lk, El, Elb, Elsb
VX	VS Bull **7** 286	Ka, VS
VY	Desgl.	VS
VZ	JO **33** 89	Ka, VS, B, Lk, El
WW	AA(c) **4** 114	B
WZ	AA(c) **4** 117	B
	Publ. Inst. Phys. Math. Riga Nr. **2** S. 123, Ref. in Astr. News Letter Nr. **57** S. 14	Ka, VS, B, Typ, Lk, El
XZ	BAN **11** 214	VS, B, P
ZZ	AA(c) **4** 117	B
	AA(c) **4** 121	B, El
	VS Bull **7** 210	Ka, VS
AT	Circ. Astr. Obs. Stalinabad Nr. 81—82 S. 6	Ka, VS, B
AU	Desgl.	Ka, VS, B
	VS Bull **7** 267, Ref. in Astr. News Letter Nr. **62** S. 16	Ka, VS, B, Typ, El
AZ	VS Bull **7** 210	Ka, VS
BB	VS Bull **7** 269, Ref. in Astr. News Letter Nr. **62** S. 16	B, El
BG	Circ. Astr. Obs. Stalinabad Nr. 81—82 S. 7	Ka, VS, B
BR	AA(c) **4** 114	B
BU	Circ. Astr. Obs. Stalinabad Nr. 81—82 S. 8	Ka, VS, B
CD	Bull. Astr. Obs. Toruń Nr. **8** S. 8	VS, B, El
	VS Bull **7** 286	VS
CG	AA(c) **4** 114	B
CO	VS Bull **7** 210	Ka, VS
DD	Circ. Astr. Obs. Stalinabad Nr. 81—82 S. 8	Ka, VS, B, El
DM	VS Bull **7** 334	Ka, VS, B, Lk, El
DR	Circ. Astr. Obs. Stalinabad Nr. 81—82 S. 9	Ka, VS, B
EY	Mem SA It (NS) **21** 3	Vgl. Ref. **9207**
FF	Circ. Astr. Obs. Stalinabad Nr. 81—82 S. 10	Ka, VS, B, El
IV	Contr. Oss. Astrofis. Asiago Nr. **19**	B, Lk, P
KR	Astr Circ UdSSR Nr. 100 S. 17	B
	Bull. Astr. Obs. Toruń Nr. **8** S. 6	VS, B, El
LN	Contr. Oss. Astrofis. Asiago Nr. **17**	Ka, VS, B, Typ, Lk, Elb
MR	Astr Circ UdSSR Nr. 100 S. 16	B
	Astr Circ UdSSR Nr. 103—104 S. 2	B
V 360	VS Bull **7** 226	EB
V 367	Publ ASP **62** 21 = Mt. Wilson and Palomar Obs. Repr. Nr. **19**	Sp, RG
V 371	VS Bull **7** 265, Ref. in Astr. News Letter Nr. **62** S. 16	Ka, VS, B, Typ, Lk, El

V 383	VS Bull 7 214	B, Lk, El
V 444	ApJ 112 266	Vgl. Ref. 11126
V 456	VS Bull 7 209	Ka, VS, Lk, El
V 459	Circ. Astr. Obs. Stalinabad Nr. 85—86 S. 7	B, Typ, Lk
	VS Bull 7 210	Ka, VS
	VS Bull 7 213	B, Lk, El
V 465	= Nova Cygni (1948) AJ 55 95	VS, B
V 498	VS Bull 7 328	Ka, VS, B, Lk, El
V 532	VS Bull 7 320	VS, B, Lk, El
	VS Bull 7 323	VS, Lk, El
V 536	VS Bull 7 258, Ref. in Astr. News Letter Nr. 62 S. 15	Ka, VS, B, Typ, Lk, El
V 537	Desgl.	Ka, VS, B, Typ, Lk, El
V 538	VS Bull 7 260	An, Ka, VS, Typ, Lk, El
χ	AN 278 269	B, Typ
	Ann d'Astrophys 13 57	Vgl. Ref. 11189
	Bull. Astr. Obs. Toruń Nr. 8 S. 4	VS, B, El
	Pop Astr 58 360	B
	Sternenwelt 2 212	Ka, Not
32	Sky and Telescope 9 136	Sp
P	Sternenwelt 2 141	Ka, Not

Delphinus

T	National Obs. Athen Bull. Astr. Inst. 1950 S. 8, 38	B
V	Desgl. S. 22	B
W	AA(c) 4 114	B
	AA(c) 4 121	B, El
Y	National Obs. Athen Bull. Astr. Inst. 1950 S. 8, 38	B

Draco

R	AN 278 269	B, Typ
S	Gaz astr 32 101	B
V	National Obs. Athen Bull. Astr. Inst. 1950 S. 8, 22	B
W	Desgl. S. 8	B
X	Desgl.	B
Y	Desgl.	B
	VS Bull 7 205	O, EB
Z	AA(c) 4 117	B
RR	Desgl.	B
RS	VS Bull 7 202	EB
RW	VS Bull 7 243, Ref. in Astr. News Letter Nr. 62 S. 14	Ka, VS, B, Lk
SX	AA(c) 4 117	B
TW	AA(c) 4 114, 117	B
	AN 278 270	Typ, El
AB	Mem SA It (NS) 21 3	Vgl. Ref. 9207

Equuleus

S	AA(c) 4 114	B
	AN 278 270	Typ, El

Eridanus

SV	ApJ 111 437	Vgl. Ref. 11144
	Publ ASP 62 61	RG
WX	TAB (2) Nr. 30	B, Typ, Am, El
AS	Desgl.	B, Typ, Am, El
BB	ApJ 111 437	Vgl. Ref. 11144
	Publ ASP 62 61	RG
BC	Publ ASP 62 61	RG

Fornax

SS	Publ ASP 62 61	RG

Gemini

S	National Obs. Athen Bull. Astr. Inst. 1950 S. 8	B
	Pop Astr 58 361	VS
U	BAA Circ Nr. 317, 320	Not

	National Obs. Athen Bull. Astr. Inst. 1950 S. 8	B
	Pop Astr 58 41	Not
	Pop Astr 58 360	B
V	National Obs. Athen Bull. Astr. Inst. 1950 S. 8	B
RR	VS Bull 7 243, Ref. in Astr. News Letter Nr. 62 S. 14	Ka, VS, B, Lk, El
RW	TAB (2) Nr. 30	B, Typ, Am, El
RY	Publ. Dominion Astrophys. Obs. Victoria 8 235	Vgl. Ref. 11121
RZ	VS Bull 7 286	VS
SS	VS Bull 7 226	EB
SU	Desgl.	EB
TX	AA(c) 4 114	B
WW	TAB (2) Nr. 30	B, Typ, Am, El
XY	VS Bull 7 202	EB
YY	ApJ 112 216	Vgl. Ref. 11134
	BAN 11 203	VS, B, Lk, P, El
AF	AA(c) 4 114	B
	TAB (2) Nr. 30	B, Typ, Am, El
η	AN 279 65	VS, B, Not, El

Hercules

R	National Obs. Athen Bull. Astr. Inst. 1950 S. 8	B
S	AN 278 269	B, Typ
T	Desgl.	B, Typ
	Pop Astr 58 360	B
U	AN 278 269	B, Typ
	Gaz astr 32 102	B
W	National Obs. Athen Bull. Astr. Inst. 1950 S. 8	B
X	Pop Astr 58 42	Not
Z	AJ 55 79	Sp
RR	ApJ 111 270	Vgl. Ref. 11182
RS	AN 278 269	B, Typ
	Gaz astr 32 101	B
RT	National Obs. Athen Bull. Astr. Inst. 1950 S. 8	B
RX	VS Bull 7 240, Ref. in Astr. News Letter Nr. 62 S. 14	VS, Lk, El, Elb, Elsb
RY	National Obs. Athen Bull. Astr. Inst. 1950 S. 8	B
RZ	Desgl. und S. 22	B
SS	Pop Astr 58 361	O, B
	Sternenwelt 2 272	Not, P
SV	National Obs. Athen Bull. Astr. Inst. 1950 S. 8, 38	B
SY	VS Bull 7 202	EB
SZ	AA(c) 4 117	B
	AA(c) 4 121	B, El
TU	AA(c) 4 117	B
	VS Bull 7 254, Ref. in Astr. News Letter Nr. 62 S. 15	Ka, VS, B, Lk, El
UV	VS Bull 7 205	O, EB
YY	Publ ASP 62 211	O, Typ, Am, Sp
AC	NAZ 4 22	El
	VS Bull 7 226	EB
AF	Publ ASP 62 61	RG
AK	Mem SA It (NS) 21 315	Vgl. Ref. 11107
AP	Astr Circ UdSSR Nr. 94 S. 1, Ref. in Astr. News Letter Nr. 54 S. 6	B, Not, El
	Astr Circ UdSSR Nr. 107 S. 6	B, El
	VS Bull 7 286	Ka, VS
AR	VS Bull 7 271, Ref. in Astr. News Letter Nr. 62 S. 16	B
BB	VS Bull 7 286	VS
BD	Astr Circ UdSSR Nr. 100 S. 17	B
BL	BAN 11 207	VS, B, Typ, Lk, P

	Urania Kopenhagen **7** 91	Not
CC	AA(c) **4** 121	B, El
CE	Publ ASP **62** 61	RG
CT	AA(c) **4** 117	B
DI	ApJ **111** 658	Vgl. Ref. 11131
	Publ. Dominion Astrophys. Obs. Victoria **8** 235	Vgl. Ref. 11121
DQ	§ **113**	
DY	Publ ASP **62** 61	RG
α	Sterne **26** 21	B

Hydra

S	AN **278** 269	B, Typ
U	ApJ **111** 262	Vgl. Ref. 9540
V	ApJ **111** 270	Vgl. Ref. 11182
W	VS Bull **7** 205	O, EB
RT	Desgl.	O, EB
SY	AN **278** 271	B, Typ, El
TU	VS Bull **7** 202	EB
UU	ApJ **111** 437	Vgl. Ref. 11144
	Publ ASP **62** 61	RG
VX	Publ ASP **62** 61	RG
WY	AJ **55** 152	Not, P
WZ	Publ ASP **62** 61	RG
XX	Desgl.	RG

Hydrus

η_1	ApJ **111** 442	Vgl. Ref. 11179

Indus

S	MN ASSA **9** 88	B, Not

Lacerta

R	National Obs. Athen Bull. Astr. Inst. 1950 S. 8, 38	B
	VS Bull **7** 205	O, EB
V	Circ. Astr. Obs. Stalinabad Nr. 87—88 S. 1	VS
X	Desgl.	VS
	VS Bull **7** 286	VS
Y	Desgl.	VS
Z	Circ. Astr. Obs. Stalinabad Nr. 87—88 S. 2	VS
	VS Bull **7** 286	VS
RR	Circ. Astr. Obs. Stalinabad Nr. 87—88 S. 2	VS
	VS Bull **7** 286	VS
VX	AA(c) **4** 114	B
BT	Coelum **18** 100	B, Not, Lk
	Coelum **18** 130	Not
	Pubbl. Oss. Astr. Univ. Bologna **5** Nr. 13	Ka, VS, B, Lk, Am, P
CO	Bull. Astr. Obs. Toruń Nr. **9** S. 18	Vgl. Ref. 11140
CZ	VS Bull **7** 337	VS, Lk, El

Leo

R	AN **278** 269	B, Typ
Y	AA(c) **4** 117	B
	AA(c) **4** 121	B, El
RT	AA(c) **4** 114	B
TV	ApJ **111** 437	Vgl. Ref. 11144
	Publ ASP **62** 61	RG
TX	Sitzber. Wien **159** 253	Vgl. Ref. 11007
UX	AA(c) **4** 114	B
UZ	ApJ **111** 437	Vgl. Ref. 11144
	Publ ASP **62** 61	RG

Leo minor

T	AA(c) **4** 114	B

Lepus

R	ApJ **111** 270	Vgl. Ref. 11182
RU	TAB (2) Nr. **30**	B, Typ, Am, El

Libra

W	National Obs. Athen Bull. Astr. Inst. 1950 S. 8	B
Z	Desgl.	B
RT	Pop Astr **58** 360	B

Lupus

EX	Publ ASP **62** 211	O, Typ, Am, Sp

Lynx

R	VS Bull **7** 205	O, EB
S	National Obs. Athen Bull. Astr. Inst. 1950 S. 8	B

Lyra

S	National Obs. Athen Bull. Astr. Inst. 1950 S. 22, 38	B
V	Desgl. S. 8, 22	B
W	AN **278** 269	B, Typ
Y	Publ ASP **62** 61	RG
RR	Sternenwelt **2** 67	Ka, VS
RT	National Obs. Athen Bull. Astr. Inst. 1950 S. 8, 22	B
RV	AA(c) **4** 114	B
RX	National Obs. Athen Bull. Astr. Inst. 1950 S. 8	B
RY	Desgl. und S. 22	B
TZ	AA(c) **4** 114	B
UZ	AA(c) **4** 114	B
AH	AA(c) **4** 121	B, El
AY	Mem SA It (NS) **21** 3	Vgl. Ref. **9207**
CY	Desgl.	Vgl. Ref. **9207**
EZ	Publ ASP **62** 61	RG
FL	ApJ **111** 658	Vgl. Ref. **11131**

Monoceros

U	Sternenwelt **2** 18	Not
	VS Bull **7** 226	EB
V	AN **278** 269	B, Typ
X	VS Bull **7** 205	O, EB
RR	Circ. Astr. Obs. Stalinabad Nr. 85—86 S. 9	B
	National Obs. Athen Bull. Astr. Inst. 1950 S. 8	B
RW	AA(c) **4** 117	B
	TAB (2) Nr. **30**	B, Typ, Am, El
RX	Circ. Astr. Obs. Stalinabad Nr. 85—86 S. 9	B
SV	Desgl.	B
SZ	VS Bull **7** 216	Ka, VS, B, Lk, El
TT	VS Bull **7** 202	EB
TX	VS Bull **7** 216	Ka, VS, B, Lk, El
UX	AJ **55** 186	Not
	ApJ **111** 194 = Obs. Cordoba Tirada Aparte Nr. **38**	RG
	ApJ **112** 504	Vgl. Ref. **11111**
	TAB (2) Nr. **30**	B, Typ, Am, El
UY	TAB (2) Nr. **30**	Typ ?, Am, P ?, El
AO	Desgl.	B, Typ, Am, El
AQ	Desgl.	B, Typ, Am, El
AU	Desgl.	B, Typ, Am, El
BO	AA(c) **4** 114	B
	TAB (2) Nr. **30**	B, Typ, Am, El

Norma

R	Pop Astr **58** 360	B, Typ

Ophiuchus

R	Circ. Astr. Obs. Stalinabad Nr. 83—84 S. 6	B
T	Desgl.	B
U	AA(c) **4** 114	B
	AJ **55** 171	P, Elb
V	ApJ **111** 270	Vgl. Ref. **11182**
	Circ. Astr. Obs. Stalinabad Nr. 83—84 S. 6	B
W	Desgl.	B
RR	Desgl.	B
	National Obs. Athen Bull. Astr. Inst. 1950 S. 8	B

RT	National Obs. Athen Bull. Astr. Inst. 1950 S. 22	B
SW	AA(c) **4** 114	B
	Circ. Astr. Obs. Stalinabad Nr. 87—88 S. 6	VS, B, Lk, El
SX	AA(c) **4** 117	B
TT	VS Bull **7** 226	EB
TX	Desgl.	EB
V423	AA(c) **4** 121	B, El
V445	Circ. Astr. Obs. Stalinabad Nr. 85—86 S. 8	VS, B, Lk, El
	Publ ASP **62** 61	RG
V453	Publ ASP **62** 61	RG

Orion

R	VS Bull **7** 205	O, EB
S	Desgl.	O, EB
T	AJ **55** 73	Sp
	Pop Astr **58** 306	Not
U	AN **278** 269	B, Typ
	Pop Astr **58** 140	Not
	TAB (2) Nr. **30**	B, Typ
Z	TAB (2) Nr. **30**	B, Typ, Am, El
RS	VS Bull **7** 286	VS
TU	ApJ **111** 15	Vgl. Ref. **11170**
VV	AJ **55** 171	P, Elb
YZ	ApJ **111** 15	Vgl. Ref. **11170**
AA	Desgl.	Desgl.
AD	Desgl.	Desgl.
AG	Desgl.	Desgl.
AH	Desgl.	Desgl.
AI	Desgl.	Desgl.
AK	Desgl.	Desgl.
AM	Desgl.	Desgl.
AN	Desgl.	Desgl.
AQ	Desgl.	Desgl.
AR	Desgl.	Desgl.
AZ	Desgl.	Desgl.
CP	AA(c) **4** 114	B
	TAB (2) Nr. **30**	B, Typ, Am, El
CQ	TAB (2) Nr. **30**	B, Typ, Am, El
CZ	Mem SA It (NS) **21** 3	Vgl. Ref. **9207**
EQ	AA(c) **4** 117	B
ER	Desgl.	B
ET	AA(c) **4** 114	B
EZ	ApJ **111** 15	Vgl. Ref. **11170**
FH	AA(c) **4** 117	B
FL	AA(c) **4** 114	B
FO	ApJ **111** 658	Vgl. Ref. **11131**
FR	AA(c) **4** 114	B
GP	ApJ **112** 219	Vgl. Ref. **11165**
α	Sterne **26** 21	B
δ	ApJ **111** 509	Vgl. Ref. **10211**

Pegasus

R	AN **279** 78	Vgl. Ref. **11183**
U	ApJ **111** 658	Vgl. Ref. **11131**
Y	National Obs. Athen Bull. Astr. Inst. 1950 S. 8	B
RU	Mem SA It (NS) **21** 3	Vgl. Ref. **9207**
	Pop Astr **58** 140	B
RV	National Obs. Athen Bull. Astr. Inst. 1950 S. 22, 38	B
VV	Publ ASP **62** 61	RG
AG	Ann d'Astrophys **13** 51	Vgl. Ref. **11188**
AO	Publ ASP **62** 61	RG
AQ	AA(c) **4** 115	B
AV	Publ ASP **62** 61	RG
	VS Bull **7** 243, Ref. in Astr. News Letter Nr. **62** S. 14	Ka, VS, B, Lk
BF	Astr Circ UdSSR Nr. 100 S. 16	B, El
BH	Publ ASP **62** 61	RG
CG	Desgl.	RG
DI	AA(c) **4** 115	B
DK	Desgl.	B, El

Perseus

U	Pop Astr **58** 42	Not
Z	AA(c) **4** 118	B
	Astr Circ UdSSR Nr. 103–104 S. 2	B

RT	AA(c) **4** 115	B
RV	Desgl.	B
RY	Desgl.	B
RZ	Pop Astr **58** 41	Not
ST	AA(c) **4** 118	B
SW	VS Bull **7** 295	Ka, VS, Not, Typ ?, Am, El
SX	Desgl.	Ka, VS, B, Am, El
TZ	Mem SA It (NS) **21** 3	Vgl. Ref. **9207**
	Pop Astr **58** 358	B, Typ
UV	BAA Circ Nr. 315	B, Not, Typ
	Pop Astr **58** 239	B, Typ
	Pop Astr **58** 358	Not
XZ	AA(c) **4** 115	B, El
YY	VS Bull **7** 295	Ka, VS, B, Am
AR	ApJ **111** 437	Vgl. Ref. **11144**
	Publ ASP **62** 61	RG
AV	VS Bull **7** 295	Ka, VS, Typ ?, Am
DM	Mem SA It (NS) **21** 275	Vgl. Ref. **11102**
	Oss. Astr. Capodimonte-Napoli Contr. Astr. (2) **3** Nr. 13, **4** Nr. 7	Vgl. Ref. **11103**, **11102**
FN	VS Bull **7** 295	Ka, VS, Am
FT	Desgl.	Ka, VS, Am
FV	Desgl.	Ka, VS, Am
GO	Desgl.	Ka, VS, B, Am
GR	Desgl.	Ka, VS, B, El
GV	Desgl.	Ka, VS, Typ, Am
HQ	Desgl.	Ka, VS, Typ, Am
β	AA(c) **4** 115	B
	AA(c) **4** 121	B, El
	BAA Circ Nr. 313	Not

Pictor

RR	§ **113**	
RT	Sternenwelt **2** 272	Not

Pisces

Y	AA(c) **4** 118	B
	AA(c) **4** 121	B, El
RU	Mitt. Odessa **2** Nr. 1 S. 96, Ref. in Astr. News Letter Nr. **63** S. 7	P, El
RY	Publ ASP **62** 61	RG
SS	Desgl.	RG
SX	AA(c) **4** 115	B

Puppis

R	AJ **55** 165	Vgl. Ref. **11164**
TY	AJ **55** 183	Vgl. Ref. **10213**
	ApJ **112** 184	Vgl. Ref. **11133**
UZ	TAB (2) Nr. **30**	B, Typ, Am El
VV	BAN **11** 193	VS, B, El
XX	ApJ **111** 437	Vgl. Ref. **11144**
XZ	TAB (2) Nr. **30**	B, Typ, Am, El
AG	Desgl.	B, Typ, Am, El
AN	Desgl.	B, Typ, Am, El
BB	ApJ **111** 437	Vgl. Ref. **11144**
CP	§ **113**	

Sagitta

R	VS Bull **7** 226	EB
U	AA(c) **4** 115	B
	AN **278** 270	Typ, El

Sagittarius

R	Circ. Astr. Obs. Stalinabad Nr. 87—88 S. 7	B
S	Desgl.	B
T	Desgl.	B
U	VS Bull **7** 286	VS
Y	Circ. Astr. Obs. Stalinabad Nr. 79—80 S. 9	B
	VS Bull **7** 312	VS, B, Lk, El
RR	Circ. Astr. Obs. Stalinabad Nr. 87—88 S. 7	B
RU	Pop Astr **58** 360	B
RX	Circ. Astr. Obs. Stalinabad Nr. 87—88 S. 7	B

RY	Pop Astr **58** 360	Not, Typ
ST	Circ. Astr. Obs. Stalinabad Nr. 83—84 S. 7	Ka, VS, B
	Desgl. Nr. 87—88 S. 7	B
TY	Pop Astr **58** 41	Not
VY	VS Bull **7** 286	Ka, VS
WZ	Circ. Astr. Obs. Stalinabad Nr. 79—80 S. 9	B
	VS Bull **7** 312	O, VS, B, Not, Lk, El
XX	VS Bull **7** 286	VS
YZ	Circ. Astr. Obs. Stalinabad Nr. 79—80 S. 9	B
	VS Bull **7** 286	VS
	VS Bull **7** 312	VS, B, Lk, El
AN	Circ. Astr. Obs. Stalinabad Nr. 87—88 S. 7	B
AR	VS Bull **7** 226	EB
AY	VS Bull **7** 286	VS
FN	Publ ASP **62** 211	O, Typ, Am, Sp, RG
V 350	Circ. Astr. Obs. Stalinabad Nr. 77—78 S. 3	VS, B, Lk
V 356	AJ **55** 79	Not, Sp
V 440	Publ ASP **62** 61	RG
V 505	AA (c) **4** 115	B
V 567	Publ ASP **62** 211	O, Typ, Am, Sp, RG
v	AJ **55** 72	Sp
	ApJ **111** 20	Vgl. Ref. 11108
	Publ ASP **62** 171	Vgl. Ref. 11104

Scorpius

X	National Obs. Athen Bull. Astr. Inst. 1950 S. 8	B
Z	Circ. Astr. Obs. Stalinabad Nr. 85—86 S. 9	B
RR	Desgl.	B
RY	VS Bull **7** 286	VS
RZ	AN **279** 75	Vgl. Ref. 11183
	Circ. Astr. Obs. Stalinabad Nr. 85—86 S. 9	B
	Pop Astr **58** 360	B
TZ	Circ. Astr. Obs. Stalinabad Nr. 85—86 S. 9	B
BK	Desgl.	B

Scutum

R	AN **278** 269	B, Typ
	VS Bull **7** 226	EB
X	VS Bull **7** 261 Ref. in Astr. News Letter Nr. **62** S. 15	VS, B, Lk, El
	VS Bull **7** 286	VS
Y	VS Bull **7** 261, Ref. in Astr. News Letter Nr. **62** S. 15	VS, B, Lk
	VS Bull **7** 286	VS
Z	VS Bull **7** 286	VS
RS	AA (c) **4** 122	B, El
RU	VS Bull **7** 286	VS
SS	Desgl.	VS
TY	Desgl.	VS
AC	AA (c) **4** 118	B

Serpens

R	AN **278** 269	B, Typ
	Circ. Astr. Obs. Stalinabad Nr. 87—88 S. 7	B
VY	Astr Circ UdSSR Nr. 96—97 S. 3	B, El
	Publ ASP **62** 61	RG
AN	Publ ASP **62** 61	RG
AP	Desgl.	RG
AQ	VS Bull **7** 325	Ka, VS, B, Lk, El
AR	Publ ASP **62** 61	RG
AT	Desgl.	RG
AV	Desgl.	RG
BF	AJ **55** 62	Ka, VS, B, Not, Typ, Lk, El

Taurus

R	VS Bull **7** 205	O, EB
V	Desgl.	O, EB
RV	TAB (2) Nr. **30**	B, Typ
	VS Bull **7** 226	EB
RW	AA (c) **4** 115	B
	Astr Circ UdSSR Nr. 103–104 S. 2	B
	Circ. Astr. Obs.	

	Stalinabad Nr. 81—82 S. 2	Ka, VS, B, Lk
RZ	ApJ **111** 658	Vgl. Ref. **11131**
SU	Pop Astr **58** 41, 306	Not
SV	AA(c) **4** 115	B
	TAB (2) Nr. **30**	B, Typ, Am, El
AB	TAB (2) Nr. **30**	B, Typ
AH	BAN **11** 209	VS, B, Typ, Lk, P, El, CI
AL	AA(c) **4** 115	B
BV	TAB (2) Nr. **30**	Typ ?, Am, P ?, El

Telescopium

RR	MN **110** 45	Vgl. Ref. **9548**
	MN ASSA **9** 69	B
	NAT **1950** 110	Not, Lk
	Pop Astr **58** 42	Not
	Pop Astr **58** 192	B
	Pop Astr **58** 360	const.
	Southern Stars **14** 103	B

Triangulum

R	AN **278** 269	B, Typ
X	AA(c) **4** 115	B
	AA(c) **4** 122	B, El
	AN **278** 270	Typ, El

Ursa major

R	AN **278** 269	B, Typ
S	AN **278** 123	VS, B, Lk, El
	AN **278** 269	B, Typ
	AN **279** 78	Vgl. Ref. **11183**
T	AN **278** 269	B, Typ
	AN **279** 79	Vgl. Ref. **11183**
	VS Bull **7** 205	O, EB
W	ApJ **112** 178	Vgl. Ref. **11132**
	Publ ASP **62** 47	Sp
Z	Pop Astr **58** 306	Lk, P
RV	VS Bull **7** 271, Ref. in Astr. News Letter Nr. **62** S. 16	B
SU	Mem SA It (NS) **21** 3	Vgl. Ref. **9207**
	Pop Astr **58** 306	B
TX	AN **278** 271	Typ, El
	ApJ **112** 434	Vgl. Ref. **10010**
UX	Harv Circ **455**	Vgl. Ref. **11118**
	VS Bull **7** 196, Ref. in Astr. News Letter Nr. **56** S. 4	Elsb, a.D., EB, RG
VV	AJ **55** 183	Vgl. Ref. **10213**
	ApJ **112** 184	Vgl. Ref. **11133**
61	AN **278** 273	Vgl. Ref. **11178**

Ursa minor

R	Oss. Astr. Trieste Nr. **239**	B, El
S	Desgl.	B, El
T	National Obs. Athen Bull. Astr. Inst. 1950 S. 22	B
	Pop Astr **58** 42	Not
U	AN **278** 269	B, Typ
W	AA(c) **4** 118	B

Virgo

R	AN **278** 269	B, Typ
S	Desgl.	B, Typ, El
V	VS Bull **7** 205	O, EB
Z	National Obs. Athen Bull. Astr. Inst. 1950 S. 8, 22	B
RV	Desgl. S. 8	B
SU	Desgl. und S. 22	B
TW	Mem SA It (NS) **21** 3	Vgl. Ref. **9207**
XX	Publ ASP **62** 61	RG
AH	AA(c) **4** 118	B
AK	Desgl.	B
AM	Publ ASP **62** 61	RG
AS	Desgl.	RG
AT	ApJ **111** 437	Vgl. Ref. **11144**
	Publ ASP **62** 61	RG
AU	ApJ **111** 437	Vgl. Ref. **11144**
	Publ ASP **62** 61	RG
AV	Publ ASP **62** 61	RG
BB	Desgl.	RG
BC	Desgl.	RG

Vulpecula

R	AN 278 269	B, Typ
	Pop Astr 58 239	B
U	VS Bull 7 286	VS
V	VS Bull 7 226	EB
Z	AA(c) 4 115	B
	AJ 55 79	Sp
	AN 278 271	Typ, El
RS	AA(c) 4 115	B
RX	VS Bull 7 202	EB
BE	AA(c) 4 115	B
BN	Publ ASP 62 61	RG

11236. Veränderliche Sterne mit provisorischer Bezeichnung

274.1934	AA(c) 4 118	B, El
	Astr Circ UdSSR Nr. 103—104 S. 3	B, El
286.1934	AA(c) 4 118	Ka, VS, B, Lk, El
126.1935	Astr Circ UdSSR Nr. 98—99 S. 3	Typ, El
	VS Bull 7 249, Ref. in Astr. News Letter Nr. 62 S. 15	Ka, VS, B, Lk El
170.1940	VS Bull 7 324	Ka, VS, Lk, El
73.1943	VS Bull 7 295	Ka, VS, B,Typ, Am
1.1950	AN 278 271	O, B, El, Typ
	AN 279 96	Berichtigung

11237. Veränderliche BD-Sterne

BD		
+55° 616	= DM Per	
40 1196	VS Bull 7 295	Ka, VS, Am
38 4265	= WZ Cyg	
24 873	= HD 36910	
10 1848	= HD 73857	
+ 5 2634	DOB 1950 56	VS, B
− 0 2911	Pop Astr 58 414	An, O, Typ, Am, El
−0° 2911	Publ ASP 62 166	O,Typ,C, Lk, El
	Sky and Telescope 10 10	An, Typ, Am, P
−11 4871	Circ. Astr. Obs. Stalinabad Nr. 87–88 S. 7	Not, El
−18 3789	Nature 165 195	Vgl. Ref. 11187

11238. Veränderlicher CPD-Stern

CPD −60° 3278 Pop Astr 58 522 An, Typ, Am, Sp

11239. Veränderliche HD-Sterne

HD		
14871	= DM Per	
36910	AJ 55 148	VS, B, Typ, Am, Sp
57167	= R CMa	
58713	= RY Gem	
73857	Publ ASP 62 56	VS, Lk, Am, El
	Publ ASP 62 58, Mt. Wilson and Palomar Obs. Repr. Nr. 26	RG
	Publ ASP 62 61	RG
	Urania Kopenhagen 7 142	An, Not, P
125248	= BD −18° 3789	
175227	= DI Her	
193576	= V 444 Cyg	

11240. Veränderlicher HR-Stern

HR 7886 = Zi 1930

11241. Prager-Sterne

Pr		
160	VS Bull 7 295	B, Typ ?
224	Desgl.	Ka, VS, B, Typ, Am
325	Desgl.	Ka, VS, Typ ?, Am
332	Desgl.	Ka, VS, B, Am
337	Desgl.	Ka, VS, Am
2645	Desgl.	Ka, VS, B, Typ ?, Am
2740	Desgl.	Ka, VS, Typ ?, Am
2756	Desgl.	Ka, VS, Typ, Am, Lk, El
2768	Desgl.	Ka, VS, B, Typ, Am, El
2781	Desgl.	Ka, VS, Typ, Am, Lk, El
2798	Desgl.	Ka, VS, B, Typ, Am
2823	Desgl.	Ka, VS, B, Typ, Am
2884	Desgl.	Ka, VS, Am
5504	NAZ 4 46	B

11242. SVS-Sterne

SVS		
332	TAB (2) Nr. 30	B, Typ, Am, El
468	Publ. Inst. Phys. Math. Riga Nr. 1 S. 105	Ka, VS, B, El
	TAB (2) Nr. 30	O, B, El
492	= Pr 5504	
498	Publ. Inst. Phys. Math. Riga Nr. 1 S. 105	Ka, VS, B, El,
780	VS Bull 7 295	Ka, VS, B, Typ, Am, P, El
852	Desgl.	Ka, VS, const
853	= ER Aur	
854	VS Bull 7 295	Ka, VS, B, Not, Am
855	Desgl.	Am, const ?
856	Desgl.	Am, const ?
858	Desgl.	Ka, VS, B, Typ, Am
932	Astr Circ UdSSR Nr. 96–97 S. 3	Typ, El
1003	= HD 36 910	
1034	Astr Circ UdSSR Nr. 100 S. 17	B
1036	VS Bull 7 256	An, O, Am
1037	Desgl.	An, O, Am
1038—1068	VS Bull 7 195	An, O, Am
1069—1071	VS Bull 7 256	An, O, Ka, VS, B, Typ, Am

11243. Zinner-Sterne

Zi		
293	VS Bull 7 295	Am, const ?
294	Desgl.	Am, const ?
366	Desgl.	B, const
375	Desgl.	Ka, VS, Am
386	Desgl.	B, const
402	= S Cam	
519	VS Bull 7 295	Am, const ?
1256	= SS Her	
1930	NAZ 4 29, 46	B

11244. Sonstige Veränderliche

		Äqu. 1875	
$13^h 15^m 08^s$	−45° 14′.2	MN ASSA 9 9	B
19 07 16	−67 19.8	Desgl.	B
22 56 28	−50 37.5	Desgl.	B
		Äqu. 1900	
$4^h 07^m 09^s$	+31° 58′.8	Contr. Oss. Astrofis. Assiago Nr. 18	An, O, Ka, VS, B, Lk, P
20 50 04	+ 8 0.6	AJ 55 61	An, Ka, VS, B, Typ, Am, Lk, El

		Äqu. 1950	
$19^h45^m.1$	+35° 43′	AJ 55 147	An, Ka, VS, Typ, Am, El
19 58.4	+36 00	Desgl.	An, Ka, VS, Typ, Am, El

AAVSO 043437	Oss. Astr. Trieste Nr. 238	B
Brun 340	ApJ 111 15	Vgl. Ref. 11170
467	Desgl.	Vgl. Ref. 11170
522	Desgl.	Vgl. Ref. 11170
532	Desgl.	Vgl. Ref. 11170
Anon.	Desgl.	Vgl. Ref. 11170
He 556	BAN 11 209	Au, VS, B, Typ, Lk, Am, P, El, CI
L 726—8	DOB 1950 59	Ka, VS
	Southern Stars 14 127	Not
Proxima Cen	MN ASSA 9 10	B
SA 24.557	VS Bull 7 295	Am, const?
SA 24.656	Desgl.	Am, const?
SA 24.793	Desgl.	Ka, VS, B, Am
SA 25.1377	Desgl.	Ka, VS, B, Am
SA 26.2549	Desgl.	Am, const?
Sonneberg 3942 =	HD 36910	
VV 1	Specola Astr. Vaticana Ric. Astr. 2 117	O, Ka, VS, B, Lk, P, Sp
VV 2	Desgl.	O, Ka, VS, B, Lk, El
VV 3	Desgl.	O, Ka, VS, B, Lk, El

11245. Veränderliche Sterne. Verzeichnis der Beobachter und Berechner

G. Adamopoulos
P. Ahnert
J. Albarracín
J. Ashbrook
H. Auzinger
W. B. Balassoglo
J. Balázs
A. A. Batyrew
W. P. Bidelman
C. de Bièvre
L. Binnendijk
W. Blitzstein
P. W. A. Bowe
A. M. Briede
E. S. Brodskaja
R. Canavaggia
D. S. Chawtassi
A. D. Code
A. Colacevich
A. W. J. Cousins
A. N. Cox
L. Detre
R. Deurinck
J. H. DeWitt jr.
P. Dolne
R. M. Dsigwaschwili
W. Dziewulski
O. J. Eggen
W. Eichhorn
I. Epstein
T. D. Fatkina
A. J. Filin
L. Fjodorow
G. Florsch
J. E. Focas
M. G. Fracastoro
A. Fresa
A. M. Frolow
W. Gliese
W. G. Gorbazkij
L. Gratton
J. L. Greenstein
R. H. Hardie
G. Haro
M. Harwood
W. Hassenstein
G. H. Herbig
W. A. Hiltner
A. R. Hogg
A. van Hoof
H. G. Horak
C. M. Huffer
K. Hurukawa
I. M. Ischtschenko
H. Iwaniszewski
W. Iwanowska
T. S. Jacobsen
P. D. Jose
A. H. Joy
W. P. Judkina
S. Kaho
J. T. Kapko
M. A. Kljakotko
R. P. de Kock
Z. Kopal
W. de Kort
K. W. Kostyljow
V. Kourganoff
G. E. Kron
B. W. Kukarkin
N. E. Kurotschkin
I. A. Kurzemniece
M. Lawrow
E. Leutenegger
W. M. Lindley
A. P. Linnell
C. Lubieńska
M. A. Lurje
N. L. Magalaschwili
G. Mannino
W. A. Manowa
D. J. Martynow
I. W. Matwejew
M. W. Mayall
A. McKellar
R. D. McKnelly
H. McNamara

A. Menzies
P. W. Merrill
E. Michiels
L. Michiels
W. J. Miller
L. Motz
G. Münch
W. B. Nikonow
O. K. Odynskaja
P. T. Oosterhoff
P. P. Parenago
I. E. Pelischenko
E. D. Perepelkina
N. B. Perowa
M. Petit
J. E. Pierce
K. Pilowski
P. Pismis
D. M. Popper
L. Rebuffat
G. Romano
R. M. Rosenfeld
W. S. Safranow
W. W. Safronow
J. Sahade
R. F. Sanford
H. U. Sandig
H. van Schewick
M. Schmidt
H. Schneller
C. K. Seyfert
E. C. Silva
B. Smith
H. Socher
A. W. Solowjow
J. Stebbins
A. V. Stern
D. W. N. Stibbs
J. Storms
O. Struve
N. P. Sytschewa
R. Szafraniec
A. Szczepanowska
S. Taffara
Tcheng Mao-Lin
P. Tempesti
R. B. Teplizkaja
R. de Terwangne
A. D. Thackeray
W. M. Tschernow
N. I. Tschudowitschew
Turner
T. A. Uranowa
B. A. Ustinow
A. A. Wassiljewa
P. Wellmann
A. J. Wesselink
B. S. Whitney
R. E. Wilson
F. B. Wood
W. P. Zessewitsch
W. Zonn

§ 113

Novae, Supernovae

11301. **D. ter Haar,** On the deep minimum in the light curve of slow novae. Vgl. AJB **46** Ref. 8606. — Weiteres Ref. in Urania Barcelona **35** 118—119.

11302. **O. W. Katz,** Farbenindizes von Neuen Sternen nach dem Maximum. Mitt. Astr. Sternberg-Inst. Nr. **30** S. 23—29, mit 2 Abb., 1949 (russisch). — Ref. in Astr. News Letter Nr. **66** S. 5. — Betrifft die Novae: Per 1901, Lac 1910, Gem 1912, Aql 1918, Cyg 1920, Pic 1925, Tau 1927, Her 1934, Lac 1936, Pup 1942, Aql 1945.

11303. **D. B. McLaughlin,** A model of a nova outburst. Pop Astr **58** 50—64, mit 2 Fig. — Die beobachtbaren Erscheinungen bei einem Novaausbruch werden auf Grund der Vorstellung interpretiert, daß durch einen plötzlichen Anstieg der Leuchtkraft die äußeren Sternschichten abgestoßen werden. Die Frage nach der eigentlichen Ursache des Aufleuchtens wird nur kurz gestreift. Kdr.

11304. **D. B. McLaughlin,** Problems in the spectra of novae. Publ ASP **62** 185—195, mit 2 Fig. — Ref. in JBAA **61** 78—79. — Die bisher beobachteten Novae werden in acht Untergruppen eingeteilt. Bei der Beschreibung einer Hypothese der Novaentwicklung werden die offenstehenden Fragen hervorgehoben und der Beobachtung Wege zu deren Beantwortung gewiesen. Ein Überwachungsprogramm für novaverdächtige Sterne im Pränovastadium wird vorgeschlagen. Die zur Untersuchung aller Probleme notwendigen Instrumente erfordern die vorbereitende systematische Organisation einer Zusammenarbeit für das Auftreten einer hellen Nova. Gli.

11305. **E. R. Mustel,** Über die Massen der bei Novaausbrüchen abgestoßenen Hüllen. Mitt. Astr. Sternberg-Inst. Nr. **41**, 35 S. mit 2 Abb. (russisch). — Ref. in Astr. News Letter Nr. **66** S. 1—3. — Untersuchung der Novae Aql 1918, Pic 1925, Lac 1936 und Her 1934. Der Hypothese, daß sich Moleküle und feste Partikel innerhalb der Haupthülle bilden können, stehen ernste physikalische Bedenken entgegen. Loh.

11306. **H. U. Sandig,** Wiederkehrende Novae. Sternenwelt 2 271—272, mit 2 Abb.

11307. **E. Schatzman,** Remarques sur le phénomène de nova. III. (L'onde de choc dans la bombe à hydrogène). Ann d'Astrophys **13** 384—389, mit 1 Fig. = Contr. Inst. Astrophys. Paris (B) Nr. **59.** — Als Ursache des Novaphänomens werden plötzlich ablaufende Kernreaktionen im Sterninnern analog der Explosion einer Atombombe angenommen und daher die Vorgänge bei einer solchen genauer diskutiert, und zwar für eine Wasserstoffbombe, die aus einem Gemisch von D^2O und T^2O besteht und in der durch eine Stoßwelle, die von einer zündenden Plutoniumbombe ausgeht, die Reaktion $^2H + {}^3H \rightarrow {}^4He + n$ ausgelöst wird. Kdr.

11308. **A. Schmuhl,** Novaernes Placering i Mælkevejssystemet. Urania Kopenhagen **7** 113—117, mit 2 Fig.

11309. Las últimas «Novas» descubiertas en la constelación del Escorpión. Otra «Nova» en el Escorpión. El Universo **48** Nr. 14 S. 127—129. — Übersicht mit besonderer Berücksichtigung der Novae Scorpii 1949 und 1950.

11310. Nieuwe sterren. Heelal **6** 20—23, mit 2 Fig.

11311. Nova clues. Sky and Telescope **9** 246—247. — Ref. AAS

Beobachtungen einzelner Novae

Die in Klammern beigefügten Abkürzungen bedeuten:

An	Anzeige	Not	Notiz
CI	Farbenindex	O	Ort
H	Helligkeit	Sp	Spektrum
Ka	Karte	VS	Vergleichssterne
Lk	Lichtkurve		

11312. **Nova Aquilae Nr. 1 (1899)**
Beobachtung: Harv Ann **115** 235—248 (H).

11313. **Nova Aquilae Nr. 2 (1905)**
Beobachtung: Harv Ann **115** 249—256 (H).

11314. **Nova Aquilae Nr. 3 (1918)**
Beobachtung: AAVSO Quarterly Report Nr. 1 S. 28 (H), S. 38 (H), Nr. 2 S. 30 (H). BAF **10** Fasc. 1 S. 26 (H). Harv Ann **115** 249—256 (H). MN **110** 621 (H). Pop Astr **58** 360 (Not).

11315. **Nova Aquilae Nr. 4 (1919)**
Beobachtung: AAVSO Quarterly Report Nr. 1 S. 28 (H). Harv Ann **115** 235—248 (H).

11316. **Nova V 356 Aquilae Nr. 6 (1936)**
Beobachtung: AAVSO Quarterly Report Nr. 1 S. 39 (H). MN **110** 621 (H).

11317. **Nova V 528 Aquilae (1945)**
Beobachtung: MN **110** 621 (H).

11318. Nova T Aurigae (1891)

Beobachtung: MN **110** 621 (H). Dort irrtümlich mit Nova Aurigae (1892) bezeichnet.

11319. Nova Carinae (1843)

E. Gaviola, Eta Carinae. I. The nebulosity. ApJ **111** 408—413, mit 6 Fig. = Obs. Cordoba Tirada Aparte Nr. **40**. — Ref. in Irish AJ **1** 132—133, JBAA **61** 79, Sterne **27** 139, Sternenwelt **2** 210. — Der Stern η Carinae ist von zwei Nebeln umgeben. Der eine erstreckt sich über einige Quadratgrad und hat wahrscheinlich mit dem Stern selbst nichts zu tun, der andere bedeckt nur eine kleine Fläche von etwa 10″ Durchmesser um den Stern. Dieser Nebel ist Gegenstand einer Beschreibung seiner Struktur auf Grund von Aufnahmen mit dem 61″-Reflektor in Porto Alegre. Einzelne Verdichtungen des Nebels wurden häufig von Doppelsternbeobachtern für Komponenten eines Mehrfachsystems gehalten. Es wird gezeigt, daß sich diese Nebelteile radial von dem sternförmigen Kern mit einer Geschwindigkeit fortbewegen, die mit der Annahme verträglich ist, daß sie 1843 oder etwas später abgestoßen wurden. η Carinae war 1843 ein äußerst helles Objekt des Südhimmels von -1^m scheinbarer Helligkeit, während es jetzt auf $8^m.4$ zurückgegangen ist. Micz.

11320. Nova T Coronae Borealis (1866)

Beobachtung: Publ ASP **62** 65—67 = Mt. Wilson and Palomar Obs. Repr. Nr. **26** (H, Lk). — Ref. in Sternenwelt **2** 187.

N. P. Jerpylew, Untersuchung des Spektrums der Nova T Coronae Borealis. VS Bull **7** 273—282, mit 1 Abb. (russisch). — Die Doppelsternnatur von T CrB geht auch daraus hervor, daß sich nach den in Abastumani erhaltenen und ausgewerteten Spektrogrammen zwischen 1946 Febr. 22 und März 10 die Energieverteilung des kontinuierlichen Spektrums des Systems durch eine Summe von zwei Planckfunktionen darstellen läßt. Für die Nova ergibt sich eine Farbtemperatur von 18000° im erwähnten Zeitraum. Die nach der Zanstraschen Methode aus Hα und He II 4686 bestimmten Temperaturen betragen 20000° bzw. 66000°. Der Unterschied ist wohl der geringen optischen Dicke des Wasserstoffs zuzuschreiben. Das Radienverhältnis von Nova und M-Komponente nimmt von 0.021 (Febr. 25) auf 0.011 (März 10) ab und stimmt nahezu mit dem 1939 von Wellmann abgeleiteten Wert überein. Loh.

11321. Nova Cygni Nr. 2 (1876)

Beobachtung: MN **110** 622 (H).

11322. Nova Cygni Nr. 3 (1920)

Beobachtung: AAVSO Quarterly Report Nr. **1** S. 30 (H), Nr. **2** S. 35 (H). MN **110** 622 (H).

11323. Nova V 450 Cygni (1942)

Beobachtung: MN **110** 622 (H).

11324. Nova Cygni (1948)

Beobachtung: AJ **55** 95—96 (H, VS). MN **110** 622 (H).

M. Bloch, Recherches sur les spectres de Nova Serpentis et Nova Cygni 1948. Vgl. Nova Serpentis (1948).

11325. Nova Cygni (1950)

Entdeckung: C. Bertaud, Meudon, 1950 Jan. 20.
Beobachtung: UAI Circ 1253 (An), **1256** (Not, O, El).

11326. Nova Geminorum Nr. 1 (1903)
Beobachtung: MN 110 623 (H).

11327. Nova Geminorum Nr. 2 (1912)
Beobachtung: MN 110 623 (H).

11328. Nova DQ Herculis (1934)
Beobachtung: BAF 10 Fasc. 1 S. 25 (H), Fasc. 2 S. 28 (H). MN 110 623 (H). Pop Astr 58 360 (Not).

M. A. Bashenow, Spektralphotometrische Untersuchung der Nova Herculis, 1934. Moskau, Lomonossow-Staatsuniversität, 1950. 5 S. (russisch). — Dissertationsreferat.

W. W. Sobolew, Das Leuchten der Sternhüllen bei fehlendem Strahlungsgleichgewicht. Vgl. Ref. 5136.

11329. Nova Lacertae (1910)
Beobachtung: MN 110 623 (H).

11330. Nova CP Lacertae (1936)
Beobachtung: MN 110 623 (H).

N. P. Jerpylew, Die Veränderung der spektralphotometrischen Temperatur der Nova CP Lacertae 1936. VS Bull 7 283—285, mit 1 Abb. (russisch). — Aus dieser Zusammenstellung vorhandener Beobachtungsergebnisse geht hervor, daß die Farbtemperatur ein bis zwei Tage nach dem Helligkeitsmaximum ein Minimum von rund 6000° hatte und danach in acht bis vierzehn Tagen auf 11600° anstieg. Loh.

11331. Nova Lacertae (1950)
Entdeckung: C. Bertaud, Meudon, 1950 Jan. 23.
Beobachtung: Astr Circ UdSSR Nr. 95 S. 1 (An), Nr. 96—97 S. 2 (H), Nr. 98—99 S. 1—2 (Sp), S. 2—3 (H), S. 3 (H), Nr. 100 S. 1 (H), Nr. 101—102 S. 6 (Sp), Nr. 103—104 S. 1 (H), S. 2 (H). AJ 55 174—175 (Sp). Astr. Nachr. Berlin-Treptow 2 Nr. 2/3 S. 7 (H). BAA Circ Nr. 314 (An, H), Nr. 315 (H, O, Sp), Nr. 316 (H). BAN 11 224—225, mit 1 Fig. (H, Lk, VS). BSAF 64 26, mit 1 Fig. (An, H, Sp, VS). Coelum 18 53 (An, H, Sp), 78 (H). CR 230 622—624 (An, H, Not, O, VS). DOB 1950 9, 16, mit 2 Fig. (Ka, VS). El Universo 48 Nr. 13 S. 97 (An). Gaz astr 32 15 (An), 47 (An, H, Sp). Harv Card 1059 (An), 1060 (H), 1061 (H, Sp), 1062 (Sp), 1064 (H, Not). Hemel en Dampkring 48 52—53, mit 2 Fig. (Not, Sp), 54 (H), 78 (Berichtigung). Irish AJ 1 28 (An, H, Sp), 66 (H). JBAA 60 173 (Not). JO 33 54—56, mit 2 Fig. = Publ. Obs. Haute-Provence 2 Nr. 6 (H, Ka, Lk, VS). Kop Akt Medd Nr. 334 (An), Nr. 335 (H). NAT 1950 35 (An, H), 71 (H). National Obs. Athen Bull. Astr. Inst. 1950 S. 10, 22 (H, VS). NAZ 4 5 (An, O), 6 (H, Sp), 9—10 (H), 13—14 (Sp), 17—18, 21, 36 (H). NAZvM Nr. 84 (An). Obs 70 48 (An, Sp). Orion Schaffhausen 3 41 (An, H, VS), 87—90, mit 2 Abb. (H, Ka, Lk, O, Sp). Pop Astr 58 139—140 (An, H, Lk), 192, 240 (H), 360 (Not), 414 (H). Sky and Telescope 9 102, 104, mit 2 Fig. (An, H, Ka, O, Sp), 137 (H, Not). Sterne 26 39 (An, H, Parallaxe, Sp). Sternenwelt 2 113—114, mit 1 Fig. (Not). UAI Circ 1254 (An), 1255 (H, Not, Sp, VS), 1256, 1257 (H), 1259 (O), 1260 (H, O, VS), 1261, 1263, 1266 (H, VS). Urania Kopenhagen 7 32 (An), 44 (Ka, Not, VS).

M. Barbière, Y. Ribelaygue, G. Courtès, C. Fehrenbach, Le spectre de la Nova Lacertae 1950. CR 230 1836—1838, mit 1 Fig = Publ. Obs. Haute-Provence 2 Nr. 3. — Ref. in Sternenwelt 2 259—260. — Kurze Beschreibung der Entwicklung des Spektrums der Nova Lacertae 1950 zwischen 1950 Januar 27 und April 29. Micz.

C. Bertaud, Nova Lacertae 1950 et l'évolution d'une nova. BSAF **64** 177—190, mit 13 Fig.

Z. Bochníček, The light curve of Nova Lacertae 1950. RH **31** 138—139, mit 1 Fig. (tschechisch). — Bearbeitung der Beobachtungen, ausgeführt von Mitgliedern der Tschechoslowakischen Astronomischen Gesellschaft.

G. Larsson-Leander, Nova Lacertae 1950. PAT **31** 82—84, mit 1 Fig. — Vorläufige Mitteilung spektrographischer Beobachtungen an der Stockholmer Sternwarte bis März 1950. Ra.

11332. **Nova Lyrae (1919)**
Beobachtung: MN **110** 623 (H).

11333. **Nova Ophiuchi Nr. 2 (1848)**
Beobachtung: Harv Ann **115** 257—264 (H). MN **110** 624 (H).

11334. **Nova Ophiuchi Nr. 4 (1919)**
Beobachtung: Harv Ann **115** 249—256 (H).

11335. **Nova Ophiuchi Nr. 5 (1917)**
Beobachtung: Harv Ann **115** 157—171 (H).

11336. **Nova Persei Nr. 2 (1901)**
Beobachtung: AAVSO Quarterly Report Nr. **1** S. 3 (H), Nr. **2** S. 6 (H). MN **110** 624—625 (H).

11337. **Nova RR Pictoris (1925)**
Beobachtung: Pop Astr **58** 360 (H). Publ ASP **62** 221—222 (Sp).

11338. **Nova Puppis (1902)**
Beobachtung: Harv Ann **115** 197—204 (H).

11339. **Nova CP Puppis (1942)**
Beobachtung: AAVSO Quarterly Report Nr. **1** S. 9 (H). Pop Astr **58** 360 (H).

11340. **Nova Sagittae Nr. 2 (1913)**
Beobachtung: MN **110** 625 (H).

11341. **Nova Sagittarii Nr. 1 (1898)**
Beobachtung: Harv Ann **115** 249—256 (H).

11342. **Nova Sagittarii Nr. 2 (1910)**
Beobachtung: Harv Ann **115** 157—171 (H).

11343. **Nova Sagittarii Nr. 3 (1899)**
Beobachtung: Harv Ann **115** 137—155 (H).

11344. **Nova Sagittarii Nr. 5 (1919)**
Beobachtung: Harv Ann **115** 137—155 (H).

11345. **Nova Sagittarii Nr. 6 (1905)**
Beobachtung: Harv Ann **115** 137—155 (H).

11346. **Nova Sagittarii Nr. 7 (1914)**
Beobachtung: Harv Ann **115** 157—171 (H).

11347. Nova Scorpii Nr. 2 (1906)
Beobachtung: Harv Ann **115** 157—171 (H).

11348. Nova Scorpii Nr. 3 (1922)
Beobachtung: Harv Ann **115** 157—171 (H).

11349. Nova V 696 Scorpii (1944)
Beobachtung: Astr Circ UdSSR Nr. 95 S. 6 (H).

11350. Erste Nova Scorpii (1950)
Entdeckung: F. Zwicky, Mount Wilson und Palomar, 1950 Juli 20. Unabhängig von G. Haro, Tonantzintla, Aug. 10.
Beobachtung: Astr Circ UdSSR Nr. 103—104 S. 1 (An). BAA Circ Nr. 318 (An, H). BSAF **64** 364, 422 (An, Not). Coelum **18** 135 (An). El Universo **48** Nr. 14 S. 128—129 (H, Sp). Gaz astr **32** 67—68 (An, H). Harv Card 1086 (An), 1091 (An, H), 1094 (Sp). MN ASSA **9** 69 (An, C, H, Sp). NAT **1950** 112 (An, H). NAZ **4** 29 (An), 36 (Sp). NAZvM Nr. 96 (An). Pop Astr **58** 414 (An, Sp). Sky and Telescope **9** 284 (An, H, O). UAI Circ 1280 (An, Sp), 1282 (Not), 1285 (H, Sp). Urania Kopenhagen **7** 125 (An).

11351. Zweite Nova Scorpii (1950)
Entdeckung: G. Haro, Tonantzintla, 1950 Aug. 7.
Beobachtung: Astr Circ UdSSR Nr. 103—104 S. 1 (An), Nr. 105 S. 1 (H). BAA Circ Nr. 318 (An). BSAF **64** 364, 422 (An, Not). Coelum **18** 135 (An). El Universo **48** Nr. 14 S. 128 (An, H, O). Gaz astr **32** 67—68 (An, H). Harv Card 1091 (An), 1094 (Sp), 1096 (H, Not). NAT **1950** 112—113 (An, H). National Obs. Athen Bull. Astr. Inst. 1950 S. 23 (H, O, VS). NAZ **4** 35—36 (An, H, Sp, Not), 42 (H, O). NAZvM Nr. 98 (An). Pop Astr **58** 395, mit 1 Fig. (An, Ka), 414 (An, H), 522 (H). UAI Circ 1283 (An), 1285 (H, Sp), 1288 (H, Not, O), 1290 (O).

11352. Dritte Nova Scorpii (1950)
Entdeckung: G. Haro, Tonantzintla, 1950 Sept. 3. Unabhängig von F. Zwicky, Mt. Wilson und Palomar, Sept. 6.
Beobachtung: BSAF **64** 422 (An, Not). Gaz astr **32** 102—103 (An). Harv Card 1099 (An, H, Sp), 1102 (An). NAT **1950** 113 (An, H). NAZ **4** 42 (H, Sp). Pop Astr **58** 414 (An). UAI Circ 1288 (An).

11353. Nova Scuti (1949)
Beobachtung: Astr Circ UdSSR Nr. 96—97 S. 2 (H). AJ **55** 62 (H, VS), 73 (Sp), 93—95 (H, O, VS). Circ. Astr. Obs. Stalinabad Nr. 77—78 S. 1—2, mit 1 Abb. (H, Ka, VS). El Universo **48** Nr. 11 S. 28 (O). MN **110** 625 (H). Oss. Astr. Trieste Nr. **240** S. 13 (H). Pop Astr **58** 42 (H).

A. Colacevich, The spectrum of Nova Scuti 1949. ApJ **111** 197—199, mit 1 Tafel. — Auf Grund einiger Aufnahmen mit einem Objektivprisma beschreibt der Verf. das Aussehen des Spektrums der Nova Scuti 1949 Anfang August 1949. Beigefügt ist ein Verzeichnis der Wellenlängen und Identifizierungen von Absorptions- und Emissionslinien zwischen λ 3680 und λ 8700. Micz.

Y. Andrillat, C. Fehrenbach, Le spectre de Nova Scuti 1949. JO **33** 143—148, mit 1 Fig.

11354. Nova Serpentis (1948)
Beobachtung: Astr Circ UdSSR Nr. 107 S. 6 (H). AJ **55** 126—127 (H, O, VS). MN **110** 625 (H). Publ. Astr. Obs. Kiew Nr. **4** S. 102 (H).

M. Bloch, Recherches sur les spectres de Nova Serpentis et Nova Cygni 1948. Ann d'Astrophys **13** 390—432, mit 12 Fig. und 2 Tafeln = Publ. Obs.

Haute-Provence 2 Nr. 8. — Ref. in Sternenwelt 3 109. — Die beiden neuen Sterne Nova Serpentis und Nova Cygni 1948 werden in ähnlicher Weise spektrographisch während des Sommers 1948 untersucht. Es werden ausführliche Listen der beobachteten Linien, ihrer Identifizierung und gemessenen Intensitäten mitgeteilt. Die Intensitäten einiger verbotener Sauerstofflinien werden zur Ableitung der Elektronentemperatur benutzt. Versuche, die Farbtemperatur der Nova Cygni zu bestimmen, führen je nach dem betrachteten Spektralbereich zu unterschiedlichen Resultaten. In einem abschließenden Kapitel wird ein Verfahren erörtert, um die Intensitäten von Emissionslinien über einem Kontinuum mit Hilfe von aufkopierten Photometermarken zu bestimmen. Micz.

11355. **Nova Velorum (1940)**
Beobachtung: AJ **55** 149—150, mit 1 Fig. (H, Lk).

11356. **Nova in M 81**
Entdeckung: M. L. Humason, Mt. Palomar, 1950 April 11.
Beobachtung: Coelum **18** 128—129 (An, H). Publ ASP **62** 116—118, mit 1 Fig. = Mt. Wilson and Palomar Obs. Repr. Nr. 28 (An, H, Lk). PAT **32** 68 (Not). Sky and Telescope **9** 249 (Not). Sterne **27** 58—59 (Not).

11357. **Nova in M 83**
Entdeckung: G. Haro, Tonantzintla, 1950 März 15.
Beobachtung: BSAF **64** 153 (Not). Harv Card 1074. El Universo **48** Nr. 13 S. 83. NAT **1950** 71. NAZ **4** 18. Orion Schaffhausen **3** 99. PAT **32** 67. Sky and Telescope **9** 184. UAI Circ 1265. (An).

Supernovae

11358. **W. Becker,** Drei Supernovae in NGC 6946. Sternenwelt 2 236—237, mit 1 Abb.

11359. **L. B. Borst,** Supernovae. Phys. Rev. (2) **78** 807—808, mit 1 Fig. — Die Kontraktion eines wasserstofflosen Sterns von größenordnungsmäßig 15 M⊙ wird durch die bei einer Zentraltemperatur von 2 bis 3 $\times 10^9$ Grad einsetzende endotherme Reaktion 2 $\alpha \rightarrow Be^7 + n$ bis zur Explosion beschleunigt. Loh.

11360. **B. Wolfe, P. McR. Routly, A. S. Wightman, L. Spitzer jr.,** The acceleration of dust grains by supernovae. Phys. Rev. (2) **79** 1020—1021, mit 1 Fig. — Kritische Bemerkungen zu der von Spitzer geäußerten Vermutung, daß der Strahlungsdruck der Supernovae Staubteilchen in der Galaxis beschleunigt und so viele der beobachteten schweren Teilchen der kosmischen Strahlung erzeugt. Loh.

11361. Über eine Möglichkeit der Supernova-Entstehung. Sterne **26** 89—90.

11362. **Supernova in IC 4051 (1950)**
Entdeckung: M. L. Humason, Mt. Palomar, 1950 März 20.
Beobachtung: Coelum **18** 128—129. PAT **32** 68. Publ ASP **62** 116—117 = Mt. Wilson and Palomar Obs. Repr. Nr. 28. Sky and Telescope **9** 249. Sterne **27** 58—59. (An, H, Not).

11363. **Novae. Verzeichnis der Beobachter**

G. Adamopoulos	J. Ashbrook	G. Bernasconi
Adly	I. S. Astapowitsch	C. Bertaud
P. Ahnert	F. Baldet	G. Bertaud
I. F. Alanija	R. A. Bartaja	G. van Biesbroeck

Z. Bochníček
E. Born
I. S. Bowen
W. C. Braun
M. Cilley
M. Davis
B. C. Dechesne
A. Deutsch
W. Dieckvoss
A. Duflot
T. Elvius
C. Fehrenbach
Ficonetti
J. E. Focas
S. Gaposchkin
J. S. Hall
G. Haro
J. F. Heard
K. G. Henize
D. Hoffleit
C. Hoffmeister
J. Hofmannová
M. L. Humason
F. Kadavý
N. B. Kalandadse
J. T. Kapko
E. N. Kramer
L. Kresák
G. B. Lacchini
J. Lankford
G. Larsson-Leander
E. Leutenegger
E. Loreta
B. Maleček
W. Malsch
B. E. Markarjan
D. J. Martynow
V. McKibben Nail
D. B. McLaughlin
K. Michovský
G. R. Miczaika
A. H. Mikesell
R. A. Naef
A. Paroubek
C. Payne-Gaposchkin
E. Pettit
E. Pohl
H. U. Sandig
M. Schmidt
J. Siroký
J. Sitar
D. Sofronijewitsch
A. W. Solowjow
W. H. Steavenson
D. Taboada
E. Taylor
P. Tempesti
R. de Terwangne
F. Tesař
A. D. Thackeray
I. Torgård
M. Toulec
V. Vanýsek
A. A. Wachmann
A. A. Wassiljewa
P. Wellmann
Weston
H. S. White
B. S. Whitney
S. K. Wsechswjatskij
F. Zwicky

Dreizehnter Teil

Sternsysteme. Nebel. Interstellarer Raum

§ 120

Allgemeines

12001. **M. S. Eigenson,** Jenseits der Grenzen der Milchstraße (Das große Weltall). Leningrad, Unions-Gesellschaft zur Verbreitung politischer und wissenschaftlicher Erkenntnisse, 1950. 24 S. Preis 50 Kop. (russisch).

12002. **B. W. Kukarkin,** Untersuchung des Aufbaues und der Entwicklung der Sternsysteme auf Grund des Studiums der veränderlichen Sterne. Vgl. AJB **49** Ref. 12004. — Weitere Besprechung in Pop Astr **58** 253—255 (S. Gaposchkin).

12003. **M. M. Lorón,** El universo sideral. Anuario Obs. Madrid **1947** S. 295—342, mit 3 Fig.

12004. **L. Spitzer jr., W. Baade,** Stellar populations and collisions of galaxies. AJ **55** 183. — Ref. AAS.

12005. **E. Vandekerkhove,** Etude d'amas résultants. Commun. Obs. Roy. Belgique Nr. **18** S. 23—26. — Gesamthelligkeit, Farbenindex und Gradient der Kugelhaufen M 3 und M 13 werden aus den Helligkeiten der Einzelsterne abgeleitet und mit den gemessenen Werten verglichen. Micz.

12006. Space energy. Sky and Telescope **10** 34.

§ 121

Offene und kugelförmige Sternhaufen

12101. **K. A. Barchatowa,** Die offenen Sternhaufen. AJ UdSSR **27** 180—186 (russisch). — Ref. in Astr. News Letter Nr. **51** S. 1.—Ergänzung und Katalog zu der in AJ UdSSR **26** 336, 1949 (Vgl. AJB **49** Ref. 12103) erschienenen Arbeit.

12102. **W. Becker, J. Stock,** Kolorimetrische Untersuchungen an offenen Sternhaufen in den Standard-Spektralbereichen der Integralphotometrie. Die Sterngruppe NGC 6913 = M 29. AN **278** 115—120, mit 4 Abb. = Mitt. Sternw. Hamburg-Bergedorf Nr. **67**. — NGC 6913 besteht nur aus 9 B-Sternen, ist also kein gewöhnlicher offener Sternhaufen, sondern ein Gebilde, das man besser als «Sterngruppe» bezeichnet. Seine Helligkeiten wurden in den drei Standard-Spektralbereichen mit den isophoten Wellenlängen 638, 481 und 373 mμ bestimmt. Aus den Umgebungssternen findet man eine kräftige interstellare Verfärbung, die im Abstand von rund 1 kpc eintritt. Gruppensterne und Umgebungssterne ergeben in größeren Entfernungen praktisch die gleiche Verfärbung. Das Verhältnis der Absorption bei 481 mμ zur Verfärbung zwischen den Wellenlängen 638 und 481 mμ ergibt sich empirisch zu 2.89 statt 4.08, wie es nach dem λ^{-1}-Gesetz der Fall sein müßte. Im angegebenen Spektralbereich verläuft die Verfärbung trotzdem nach diesem Gesetz. Der Entfernungsmodul von NGC 6913 beträgt 12^m40 bzw. 9^m97, wenn die Absorption genähert berücksichtigt wird. Sein scheinbarer Durchmesser von 6′ führt bei einer Entfernung von 985 pc zu einem linearen von 1.7 pc. Die Farbenhelligkeitsdiagramme von NGC 6913 weisen keine gut definierten Äste auf. Die Farbdifferenzen entsprechen den Spektraltypen. Verf.

12103. **E. Bodén,** Colours and magnitudes in the galactic cluster NGC 436. Nova Acta Regiae Soc. Sci. Upsaliensis (4) **14** Nr. 10, 47 S. mit 14 Fig. = Uppsala Astr. Obs. Ann. **2** Nr. 7. — Von etwa 1000 Sternen im und um den galaktischen Sternhaufen NGC 436 wurden in Uppsala Helligkeiten und Farben bestimmt. Die Übereinstimmung mit den Ergebnissen älterer Untersuchungen ist befriedigend. Das Farb-Helligkeits-Diagramm des Haufens enthält nur die Hauptsequenz — der Haufen scheint also zur Klasse 1b in Trumplers Klassifikation zu gehören. Gli.

12104. **E. Bodén,** Red magnitudes in the galactic cluster NGC 457. Nova Acta Regiae Soc. Sci. Upsaliensis (4) **14** Nr. 11, 36 S. mit 8 Fig. = Uppsala Astr. Obs. Ann. **2** Nr. 8. — Von etwa 600 Sternen heller als 14^m5 im galaktischen Sternhaufen NGC 457 wurden in Uppsala die Rothelligkeiten bestimmt. Dazu wurde das benutzte Objektivgitter untersucht und die Größenklassenskala mit Hilfe der North Polar Sequence geeicht. Gli.

12105. **J. Cuffey,** Photoelectric observations of the galactic cluster Messier 38. AJ **55** 70—71. — Ref. AAS.

12106. **O. J. Eggen,** Photoelectric studies. I. Color-luminosity array for members of the Hyades cluster. ApJ **111** 65—80, mit 7 Fig. = Contr. Lick Obs. (2) Nr. **25**. — Von 64 Sternen des Hyaden-Haufens wurden lichtelektrisch Helligkeiten und Farbenindizes gemessen. Unter Zugrundelegung eines von R. E. Wilson neu bestimmten Konvergenzpunktes des Haufens wurden die scheinbaren in absolute Helligkeiten umgewandelt, sodaß ein Farbenhelligkeitsdiagramm der Hyaden aufgestellt werden kann; es besteht aus Ästen von Unterzwergen, Zwergen, hellen Zwergen und Unterriesen. Die kosmische Streuung der absoluten Helligkeiten ist gering. Von 12 stärker herausfallenden Sternen sind 9 sicher oder wahrscheinlich doppelt, 1 wahrscheinlich kein Haufenmitglied und 2 gehören zu einer speziellen Sequenz, deren nähere Diskussion für später in Aussicht gestellt wird. Sterne mit hohen äquatorialen Rotationsgeschwindigkeiten gehören überwiegend dem Ast der hellen Zwerge an. Micz.

12107. **O. J. Eggen,** Photoelectric studies. II. Color-luminosity array for members of the Pleiades cluster. ApJ **111** 81—98, mit 8 Fig. = Contr. Lick Obs. (2) Nr. **26**. —Ähnlich wie für die Hyaden (ApJ **111** 65) wird das Farbenhelligkeitsdiagramm der Plejaden diskutiert, wobei sich z. T. dieselben Sequenzen ergeben. Besonderes Augenmerk wird der Lage der Metallinien-Sterne gewidmet. Unter Verwendung des Hyadenmaterials wird für die Plejaden eine Parallaxe von 0ʺ071 abgeleitet. Merkliche Rotverfärbung wird nur in der Umgebung von Merope gefunden. Eine Analyse der äquatorialen Rotationsgeschwindigkeiten der Plejadensterne ergibt ähnliche Verhältnisse wie in den Hyaden. Micz.

12108. **O. J. Eggen,** Photoelectric studies. III. Color-luminosity arrays for the Coma Berenices and Ursa Major clusters. ApJ **111** 414—425, mit 5 Fig. = Contr. Lick Obs. (2) Nr. **27**. — In ähnlicher Weise wie der Verf. die Farbenhelligkeitsdiagramme der Hyaden und Plejaden (ApJ **111** 65, **111** 81; vgl. die beiden vorstehenden Ref.) lichtelektrisch untersucht hat, behandelt er in der vorliegenden Arbeit den Coma Berenices-Haufen und die „Kernsterne" des Ursa Major-Stroms. Die Sterne beider Gruppen verteilen sich im Farbenhelligkeitsdiagramm auf die früher aufgestellten Sequenzen der Zwerge, hellen Zwerge, blauen Zwerge und hellen blauen Zwerge, wenn man sich auf sichere Gruppenmitglieder beschränkt und nicht aufgelöste Doppelsterne fortläßt. Bei dem Ursa Major-Strom wird auch die Frage des Konvergenzpunktes diskutiert. Micz.

12109. **S. Günther,** Das Farbenhelligkeitsdiagramm der Plejaden. ZfA **27** 107—131, mit 4 Abb. = Veröff. Univ.-Sternw. Göttingen Nr. **97**. — Ein neu aufgestelltes Farbenhelligkeitsdiagramm (FHD) der Plejaden zeigt, daß diese durch interstellare Materie um $\sim 0^m\!.4$ geschwächt und entsprechend verfärbt sind. Nach Berücksichtigung dieser interstellaren Absorption stimmt die Hauptreihe bei Sternen mit $M \geq 3^m\!.0$ mit der Praesepe überein; bei helleren Sternen bestehen die gleichen Unterschiede wie im Hertzsprung-Russell-Diagramm. Bei der Ableitung der Parallaxe der Plejaden werden Fehler der spektroskopischen absoluten Größen diskutiert. Verf.

12110. **H. L. Johnson,** The color-magnitude array for the galactic cluster NGC 2362. ApJ **112** 240—247, mit 6 Fig. — Mit Hilfe von lichtelektrischen Messungen der Helligkeiten und Farbenindizes von 66 Sternen des offenen galaktischen Haufens NGC 2362 wird ein Farbenhelligkeitsdiagramm aufgestellt. Durch Vergleich mit den Farbenhelligkeitsdiagrammen der Hyaden und Plejaden von Eggen (ApJ **111** 65, 81 Ref. 12107) kann der Entfernungsmodul des Haufens angegeben werden. Die von Eggen gefundenen Sternsequenzen treten zum Teil in dem Diagramm wieder auf. Micz.

12111. **B. E. Markarjan,** Über die Klassifikation der offenen (galaktischen) Sternhaufen I. Mitt. Obs. Bjurakan Nr. **5**, 34 S. mit 8 Abb. auf 4 Tafeln (russisch). — Ref. in Astr. News Letter Nr. **60** S. 15—16. — Verf. schlägt dazu vor, den Spektraltyp der allerhellsten Sterne der Haufen zur Klassifizierung zu verwenden. Es bieten sich dann die drei Klassen O, B und A an, wobei zur ersteren die Haufen mit O-B0, zur zweiten mit B 1—B 5 und zur dritten mit B 6—A 3 Sternen als hellste Sterne zu zählen sind. Im allgemeinen liegt die Sternzahl der O-, B- und A-Haufen zwischen 20 und 50, 50—100 und über 100. Je früher außerdem der Haufentyp, umso enger stehen die Sterne beieinander. Der Begründung seiner Ansichten fügt Verf. einige Bemerkungen über Alter und Lebensdauer der O-Haufen an. Loh.

* * **A. G. Massewitsch,** Über die Entwicklung der Sterne in den offenen Sternhaufen. Vgl. Ref. **5419**.

12112. **G. R. Miczaika,** The Balmer series and the parallax of the Pleiades. ApJ **112** 361—362, mit 1 Fig. — Zwischen der Hauptquantenzahl der letzten im Spektrum erkennbaren Balmerlinie und der absoluten Leuchtkraft besteht für Sterne gleichen Spektraltyps ein enger Zusammenhang, der vom Verf. (ZfA **25** 268, AJB **48** Ref. **9709**) numerisch für Feldsterne ermittelt wurde. Eine ähnliche Beziehung für die helleren Plejadenmitglieder mit Spektraltypen B 6—B 8 erlaubt, entweder den Nullpunkt der Beziehung für die Feldsterne vom späten B-Typ zu prüfen oder die Parallaxe der Plejaden abzuleiten. Eine solche Bestimmung der Plejadenparallaxe ergibt $\pi = 0''010$. Micz.

12113. **A. V. Nielsen,** Leiden-observatoriets undersögelse over Plejaderne. NAT **1950** 1—7, mit 4 Fig.

12114. **A. Opolski,** Photographic magnitudes of 71 stars in the central region of the Praesepe. Ark Astr **1** 215—221, mit 4 Fig. — Stockholms Obs. Medd. Nr. **64**. — Aufnahmen mit dem 40 cm-Zeiß Astrograph des Stockholm Obs. gestatten einen direkten photometrischen Vergleich zwischen den photographischen Helligkeiten der Praesepe-Sterne und der Nordpolarsequenz. Die Werte werden mit denen von Haffner, Hertzsprung, Strobel und Vanderlinden verglichen. Gli.

* * **P. Sawizkij,** Sterne mit großen Eigenbewegungen in der Umgebung des galaktischen Sternhaufens NGC 6885. Vgl. Ref. **9210**.

12115. **P. A. Sawizkij,** Der offene Sternhaufen NGC 6885. Astr Circ UdSSR Nr. 108 S. 1—2 (russisch). — Zwei mit dem Taschkenter Normalastrographen erhaltene Aufnahmen aus den Jahren 1895 und 1941 wurden zur Ableitung der Eigenbewegungen von 77 Sternen des Haufens und 354 Sternen seiner Umgebung benutzt. Nur die Mittelwerte dieser beiden Gruppen werden mitgeteilt. Loh.

12116. **Å. Wallenquist,** Photoelectric colours of stars in the galactic cluster Praesepe. Ark Astr **1** 101—108, mit 4 Fig. = Medd. Astr. Obs. Uppsala Nr. **100**. — Besprechung in Sternenwelt **2** 186. — Mit dem photoelektrischen Photometer der Sternwarte Uppsala wurden die photoelektrischen Farben der Sterne heller als 10^m in der Praesepe bestimmt und die Ergebnisse mit denen anderer Messungen verglichen. Die Untersuchung der selektiven Absorption führt zu dem Schluß, daß die gesamte Praesepe in einen Schleier selektiv absorbierender, nicht leuchtender Materie eingebettet ist. Gli.

12117. **Å. Wallenquist,** De galactische sterrenhoop Praesepe. Hemel en Dampkring **48** 61—67, mit 7 Abb. — Bericht über frühere und eigene Untersuchungen betr. Farbhelligkeitsdiagramm, Parallaxe und Verfärbung sowie Beschreibung des lichtelektrischen Photometers in Uppsala. Gü.

12118. **H. F. Weaver,** The occurrence of metallic line stars in galactic clusters. AJ **55** 82. — Ref. AAS.

12119. Open cluster distances and velocities. Sky and Telescope **9** 54.

12120. Der Sternhaufen der Überriesen. Sterne **26** 33. — Betrifft h und χ Persei.

* * Dark matter in Praesepe and its cosmogonic implications. Vgl. Ref. **5434**.

Kugelförmige Sternhaufen

12121. **A. Brown,** Color-magnitude array for stars in the globular cluster M 15. AJ **55** 165—166. — Ref. AAS.

12122. **L. Gialanella,** Il problema dinamico degli ammassi globulari. Mem SA It (NS) **21** 95. — Ref. Soc. Astr. Italiana.

12123. **W. S. Houston,** Deep-sky wonders. Sky and Telescope **9** 229, mit 1 Fig. — Aufnahme des Kugelhaufens NGC 6205 = M 13.

12124. **J. B. Irwin,** Four-color photoelectric photometry of the globular clusters. AJ **55** 74. — Ref. AAS.

12125. **I. King,** On the derivation of space densities in globular clusters. Proc. National Acad. Sci. USA **36** 684—686 = Harv Repr Nr. **340.** — Die v. Zeipelsche Formel zur Berechnung der räumlichen Dichte eines Kugelhaufens wird partiell integriert und der Integrand der neuen Formel in zwei Faktoren zerlegt. Der eine Faktor läßt sich an der Stelle, an der der andere singulär wird, hinreichend genau durch eine lineare oder quadratische Form approximieren, sodaß die Singularität des Integranden umgangen und das Integral im angrenzenden Streifen leicht berechnet werden kann. Loh.

12126. **L. Perek,** Sur la rotation galactique des amas globulaires. CR **226** 1963—1964 = Contr. Inst. Astrophys. Paris (A) Nr. **30.** — Vgl. AJB **48** Ref. **12115.**

12127. **L. Rosino,** Orientamenti e problemi nello studio degli ammassi globulari di stelle. Coelum **18** 8—12, mit 2 Fig. — Vgl. AJB **49** Ref. **12134.** Fortsetzung des allgemeinverständlichen Berichts.

12128. **L. Rosino,** Twenty-nine new variable stars in the globular cluster M 15. ApJ **112** 221, mit 1 Fig. — Zu den bisher bekannten 66 veränderlichen Sternen des Kugelhaufens M 15 entdeckte der Verf. 29 weitere. Mit Ausnahme von einem, der vermutlich ein langperiodischer δ Cephei-Stern ist, dürften alle vom Typus RR-Lyrae sein. Micz.

12129. **L. Rosino,** Ricerche sugli ammassi globulari. III. Su alcune interessanti stelle variabili appartenenti o vicine all'ammasso globulare M 56 della Lira. Mem SA It (NS) **21** 55—69, mit 5 Fig. = Pubbl. Oss. Astr. Univ. Bologna **5** Nr. 12. — An Hand von 237 Aufnahmen von M 56 wird der Lichtwechsel von 11 Veränderlichen untersucht, von denen 5 halbregelmäßig oder unregelmäßig veränderlich sind. Bei den übrigen handelt es sich um drei Cepheiden, einen RV Tauri-Stern und zwei Sterne, deren Lichtwechsel noch nicht näher charakterisiert werden kann. Einer der drei Cepheiden hat die ungewöhnlich kleine Periode von 109 Minuten. F. Z.

* * **I. N. Skabizkij,** Anwendung der kinetischen Gleichung auf Sternsysteme. Vgl. Ref. **4416.**

* * **J. Stebbins,** The electrical photometry of stars and nebulae (George Darwin Lecture). Vgl. Ref. **9415.**

* * **A. D. Thackeray,** Five southern stars with emission-line spectra Vgl. Ref. **9548.**

§ 122

Galaktische Nebel

12201. **L. H. Aller, O. C. Wilson,** The structural features of certain planetary nebulae. AJ **55** 70. — Ref. AAS. — Betrifft NGC 6572 und NGC 7662.

12202. **H. Andrillat,** Température électronique des nébuleuses gazeuses N. G. C. 7027, N. G. C. 6572, N. G. C. 7662, N. G. C. 7009 et Orion. CR **231** 1432—1434 = Publ. Obs. Haute-Provence **2** Nr. 11. — Zur Bestimmung der Elektronentemperatur einiger Gasnebel ermittelt der Verf. das Verhältnis $(I_1 + I_2)/I_3$ der [O III]-Linien λ 5007, λ 4959 und λ 4363, das nach Menzel, Aller und Hebb in einfacher Weise von der Elektronentemperatur abhängt. Die Intensitäten wurden auf photographischen Aufnahmen ermittelt. Micz.

* * **W. A. Dombrowskij,** Versuch einer spektralphotometrischen Untersuchung von Nebeln. Vgl. Ref. **12403.**

12203. **F. Egger,** Der Rosetten-Nebel im Sternbild Einhorn. Orion Schaffhausen **3** 66—69, mit 1 Abb.

12204. **D. S. Evans,** IC 4406: A double nucleus planetary nebula. MN **110** 37—44, mit 4 Fig. und 1 Tafel = Commun. Radcliffe Obs. Nr. **13.** — Besprechung in Sky and Telescope **10** 10, NAT **1951** 144—145, mit 2 Fig. — Der planetarische Nebel wird auf seine Helligkeitsverteilung im blauen, gelben und roten Licht untersucht. Er ist ein längliches ovales Gebilde ziemlich einheitlicher Farbe mit zwei Kernen. Die Spektraltypen der Zentralsterne sind wahrscheinlich W und B. Es wird versucht, die Nebelentfernung abzuschätzen. Verf. macht einige Bemerkungen über theoretische Fragen, die das Gebilde aufwirft und die vielleicht für Theorien über die Entstehung des Sonnensystems von Bedeutung sind. Mit Rücksicht auf ältere Beobachtungen wird vermutet, daß es kein stationäres Gebilde ist. Micz.

12205. **D. S. Evans, A. D. Thackeray,** A photographic survey of bright southern planetary nebulae. MN **110** 429—439, mit 21 Fig. = Commun. Radcliffe Obs. Nr. **16.** — Am Radcliffe Observatory in Pretoria sind Aufnahmen für die erste Epoche einer Bestimmung von Eigenbewegungen planetarischer Nebel des Südhimmels ausgeführt worden. Für diese Objekte liegen meist noch keine Beschreibungen ihrer Struktur vor. Diese werden für 26 Objekte mit Durchmessern $> 8''$ südlich $-40°$ Dekl. unter Mitteilung von Photographien gegeben. Abschließend werden einige Bemerkungen über die Klassifizierung der planetarischen Nebel gemacht. Micz.

12206. **W. Gliese,** Polarisation in einem Reflexionsnebel. Mitt. AG **1950** 24—25. — Ref. AG.

12207. **G. H. Herbig,** The spectrum of the nebulosity surrounding T Tauri. ApJ **111** 11—14, mit 2 Fig. = Contr. McDonald Obs. Nr. **181.** — Eine Reihe von unter verschiedenem Positionswinkel aufgenommenen Spaltspektren des den Unregelmäßigen T Tauri umgebenden Nebels zeigen, daß der Anteil reflektierten Sternlichtes im Nebelspektrum gering ist. Es besteht vor allem aus Emissionslinien von H, [O II] und [S II]. Die Ausdehnung des Nebels im Lichte dieser Linien schwankt merklich. Das Spektrum ähnelt dem eines gasförmigen Nebels geringen Ionisationsgrades. Die Anregung des Emissionsspektrums durch einen dG5-Stern ist überraschend; vielleicht erfolgt sie durch einen Mechanismus, der in der Wechselwirkung des Sterns mit der Dunkelmaterie seiner Umgebung zu suchen ist. Micz.

12208. **G. H. Herbig,** Variable stars in diffuse nebulae. Publ ASP **62** 142—143. — Ref. ASP.

12209. **A. A. Hoag,** A peculiar object in Serpens. AJ **55** 170. — Ref. AAS. — Ref. in JBAA **61** 54. — Ort: $\alpha = 15^h 15^m\!.0$, $\delta = +21° 46'$ (1950).

12210. **A. Mrkos,** Six new bright diffuse galactic nebulae. BAC **2** 59—60.

12211. **T. Page,** Temperatures of the nuclei of three planetary nebulae. AJ **55** 77. — Ref. AAS. — Betrifft NGC 6543, NGC 6720, NGC 7662.

12212. **G. A. Schajn, W. F. Hase,** Einige Ergebnisse über die Untersuchung leuchtender galaktischer Nebel. Nachr. Akad. Wiss. kasach. Sowjetrepublik Nr. **90** (astrobotanische Serie, Heft 1—2) S. 25—36 (russisch).

12213. **W. Strohmeier,** Rote Nebel in der Wintermilchstraße. ZfA **27** 49—55, mit 1 Abb. = Mitt. Sternw. München **1** Nr. 3. — 42 diffuse Emissionsnebel der Wintermilchstraße, im Wellenlängengebiet um H_α photographiert, werden in ihrer Ausdehnung, Struktur und Helligkeit beschrieben. Der Nebelkatalog von Cederblad kann durch 18 neue Objekte erweitert und durch 10 bisher im Katalog noch fehlende Größenangaben ergänzt werden. Verf.

12214. **Z. Švestka,** On a possible development of planetary nebulae. BAC **2** 52—56, mit 3 Fig. — Aufbauend auf Zanstras Expansionshypothese wird die Voraussetzung gemacht, daß in planetarischen Nebeln die Entfernung des Ringes maximaler Helligkeit vom Zentrum ein Maß für das Alter des Nebels ist. Das scheint in guter Übereinstimmung mit den Beobachtungen zu stehen. Die Veränderung der absoluten Helligkeit während der Entwicklung der Nebel wird abgeschätzt, und die interstellare Absorption wird in Rechnung gestellt. Die so hergeleitete Entwicklungskurve zeigt dann, daß die durchschnittliche Expansionsgeschwindigkeit etwa so wächst, wie es Zanstra theoretisch vorausgesagt hat. Eine mögliche Erklärung von Wilsons Problem der [NeV]-Linien im Spektrum von NGC 2392 wird aufgezeigt. Zuletzt werden verschiedene theoretische Einwände diskutiert. Gli.

12215. **A. D. Thackeray,** Observations of the brightest regions of three diffuse nebulae. MN **110** 343—357, mit 5 Fig. und 3 Tafeln = Commun. Radcliffe Obs. Nr. **14**. — Das Ziel der Arbeit ist in erster Linie eine Untersuchung der hellen Säume an den dunklen Streifen, die sich über die diffusen Nebel M 8, M 16 und M 20 ziehen. Sie zeigen das Nebelspektrum in verstärktem Maße, insbesondere ist das Intensitätsverhältnis $H\beta/N1$ erhöht. In einem Fall wurde ein schwaches Kontinuum beobachtet. Die dunkle Materie scheint sich relativ zur hellen nach den eingebetteten Sternen hin zu bewegen. Die komplexe Struktur der helleren Teile von M 8 ist eng verknüpft mit eingehüllten schwachen Sternen. Diese Gebiete besitzen ein kräftiges Kontinuum neben dem Linienspektrum; die erlaubten Linien erscheinen gegenüber den verbotenen verstärkt. Micz.

* * **A. D. Thackeray,** Some southern stars involved in nebulosity. Vgl. Ref. **9549**.

12216. **C. F. von Weizsäcker,** Turbulence in the Pleiades nebula. AJ **55** 81. — Ref. AAS.

12217. **E. B. Weston,** The spectrum of the central star in the reflection nebula NGC 7023. AJ **55** 82—83. — Ref. AAS.

12218. **O. C. Wilson,** A survey of internal motions in the planetary nebulae. ApJ **111** 279—305, mit 8 Fig. = Mt. Wilson and Palomar Obs. Repr. Nr. **15**. — Verf. hat mit Spalt- und spaltlosen Spektrographen großer Dispersion von 26 hellen planetarischen Nebeln Spektrogramme erhalten, auf denen er Ausdehnung monochromatischer Nebelbilder, Struktur und innere Bewegungen der Nebelmaterie getrennt nach Elementen untersucht. Eine große Anzahl bisher unbekannter Beobachtungstatsachen, wie Zusammenhänge zwischen Expansionsgeschwindigkeit, Anregungsenergie und Größe der monochromatischen Bilder, ergeben sich dabei. Zwei verschiedene Nebelmodelle werden zu ihrer Deutung aufgestellt. Grundlegend für das eine ist die Annahme, daß die Expansionsgeschwindigkeit aus den Linien irgendeines Ions ein Maß für die Geschwindigkeit des überwiegend die Nebelmaterie bildenden H und He an der betreffenden Stelle ist. Das andere Modell basiert auf der Hypothese, daß beobachtete Geschwindigkeitsdifferenzen zwischen verschiedenen Elementen durch Kräfte zustandekommen, die selektiv auf die Ionen wirken. Das erste Modell scheint nach der Diskussion der Wirklichkeit näher zu kommen als das zweite. Micz.

12219. **O. C. Wilson,** Planetariske tåger. NAT **1950** 144—149, mit 1 Fig. — Von J. M. Vinter Hansen besorgte Übersetzung des ASP-Leaflets Nr. 253 vom April 1950.

12220. **B. A. Woronzow-Weljaminow,** Das System der planetarischen Nebel. Untersuchungen der O-Sterne, planetarischen Nebel und Novae. Mitteilung Nr. 21. AJ UdSSR **27** 285—301, mit 3 Abb. (russisch). — Ref. in Astr. News Letter Nr. **54** S. 9. — Unter Verwendung einer im Jahr 1934 dargelegten Methode zur Entfernungsbestimmung der planetarischen Nebel wird eine Neubestimmung der Entfernungen und Durchmesser durchgeführt. Dazu wurden auch noch Eigenbewegungen und neuere Unterlagen über die interstellare Absorption herangezogen. Die räumliche Verteilung wird untersucht und die Masse der Nebelkerne zu 2 $M_\odot$ berechnet. Bemerkungen über Alter, Zahl und Entstehung der Nebel werden angefügt. Verf. (übersetzt)

12221. La magnifique nébuleuse Messier 8. BSAF **64** 317. — Besprechung der Untersuchung von B. J. Bok und E. F. Reilly in ApJ **105** 255, AJB **47** Ref. **9101**.

12222. Very hot stars. Sky and Telescope **9** 114. — Ref. AAS.

12223. A peculiar object. Sky and Telescope **9** 300, mit 1 Fig. — Ref. AAS.

12224. A red nebula. Southern Stars **14** 131.

§ 123

Milchstraßensystem

Aufbau

12301. **W. A. Ambarzumjan,** Bemerkung zur Verteilung der heißen Riesen. AJ UdSSR **27** 228—232 (russisch). — Ref. in Astr. News Letter Nr. **55** S. 6, 12. — Vorstehende Arbeit ist eine Erwiderung auf die von Woronzow-Weljaminow geübte Kritik (vgl. Ref. **12323**), daß die Ambarzumjanschen Sternassoziationen (vgl. AJB **49** Ref. **12303**) durch die Existenz von Sichtkorridoren vorgetäuscht werden. Eine weitere Bemerkung steht S. 372—373. Loh.

12302. **W. A. Ambarzumjan,** Stellar associations. RH **31** 99—100, 123—126 (tschechisch). — Bericht über die Untersuchungen in Bjurakan.

12303. **W. Becker,** Auf der Suche nach dem Zentrum des Milchstraßensystems. Sterne **26** 54—59, mit 5 Abb.

12304. **B. J. Bok,** The southern Milky Way. MN ASSA **9** 43—46.

12305. **J. G. Bolton, K. C. Westfold,** Structure of the galaxy and the sense of rotation of spiral nebulae. Nature **165** 487—488, mit 1 Fig. = Council Sci. Industrial Res. Division Radiophys. — Durch weitere Beobachtungen (100 MHz) am Südhimmel ist die bisherige Lücke in der galaktischen Verteilung der Radiostrahlung geschlossen worden. Auf Grund eines Nebenmaximums in Cygnus wird vermutet, daß sich in Einklang mit stellarstatistischen Feststellungen in dieser Richtung ein Spiralarm hinzieht, der vielleicht von Carina kommt und in dem oder in dessen Nähe sich die Sonne befindet. Loh.

12306. **P. N. Cholopow,** Über den Kern der Galaxis. AJ UdSSR **27** 110—115, mit 2 Abb. (russisch). — Ref. in Astr. News Letter Nr. **51** S. 10. — Kritische Bemerkungen zu der Infrarotphotometrie des galaktischen Kerns von

Stebbins und Whitford (vgl. AJB **47** Ref. **9008**) und Vergleich der Methodik und ihrer Ergebnisse mit den Untersuchungen von Kalinjak, Krassowskij und Nikonow (vgl. AJB **49** Ref. 12319). Loh.

12307. **P. N. Cholopow,** T-Assoziationen. AJ UdSSR **27** 233—242, mit 1 Abb. (russisch). — Ref. in Astr. News Letter Nr. **55** S. 12. — Aus einer Statistik der häufig in Verbindung mit Dunkelwolken gefundenen T Tauri-, RW Aurigae- und Orionveränderlichen wird geschlossen, daß diese Sterne ebenfalls Assoziationen (T-Ass.) bilden, wie die O- und frühen B-Sterne (O-Ass.). Die interstellar bedingten Lichtschwankungen und der Bestand der Assoziationen trotz vorhandener Geschwindigkeitsdispersion deuten auf ein geringes Alter der T-Assoziationen und ihrer Mitglieder hin. Loh.

12308. **A. Danjon, P. Couderc,** Sur la répartition des luminosités stellaires d'après les étoiles proches et remarques connexes. Ann d'Astrophys **13** 211—218, mit 4 Fig. — Die Verf. diskutieren die Häufigkeitsverteilung der Leuchtkräfte der Sterne in der Sonnenumgebung und kommen zu dem Schluß, daß diese nicht durch eine Gauß-Verteilung approximiert werden kann. Die Häufigkeitsfunktion steigt mindestens bis $M_{vis} = +15^m$ an. Es ist fraglich, ob hier ein reelles Maximum vorliegt oder ob es nur durch die abnehmende Entdeckungswahrscheinlichkeit noch schwächerer Objekte vorgetäuscht wird. Die mittlere Massendichte in der Sonnenumgebung wird zu $4{,}3 \times 10^{-24}$ g/cm^3 aus den Sternen allein bestimmt und aus dem Vergleich mit dem Wert $6{,}3 \times 10^{-24}$ g/cm^3 von Oort, welcher auch diffuse Materie und nicht leuchtende Objekte einschließt, angenommen, daß die Dichte zu mehr als zwei Dritteln durch die in sichtbaren Sternen konzentrierte Masse bestimmt wird. Einige Bemerkungen werden über die Häufigkeit der Doppelsterne sowie weißen und roten Zwerge angefügt. Abschließend wird auf ein neues Kriterium für schwache Sterne ($10 < m < 12.5$) geringer Entfernung aufmerksam gemacht. Micz.

* * **O. J. Eggen,** Photoelectric studies. III. Color-luminosity arrays for the Coma Berenices and Ursa Major clusters. Vgl. Ref. 12108.

12309. **P. Guintini,** Recherches statistiques sur les étoiles à hélium. La Revue d'Optique théorique et instrumentale **1948**, 98 S. mit 13 Fig. = Contr. Inst. Astrophys. Paris (A) Nr. **21**. — Verf. gibt eine umfassende statistische Untersuchung der vorliegenden Daten von B-Sternen. 1. Verteilung der absorbierenden Materie. — Ausgehend von der Klassifikation der Spektraltypen wird mit Hilfe des Farbexzesses die Verteilung der interstellaren absorbierenden Materie untersucht sowie die Abhängigkeit der Absorption von Länge, Breite und Entfernung bestimmt. 2. Bestimmung des galaktischen Pols. — Aus den Draper-Sternen bis m = 8.25 wird für die Spektralunterklassen getrennt ihre mittlere Verteilungsebene bestimmt. Entfernung und Absorption (durch einen konstanten Absorptionsbetrag von 0.35 m pro kpc) werden berücksichtigt. Es wird gefunden, daß die Sonne zirka 25 pc nördlich der galaktischen Ebene steht und der aus den B-Sternen bestimmte galaktische Pol ½ Grad vom klassischen Pol (Ohlson) abweicht. 3. Eine Untersuchung der Bewegungen der B-Sterne liefert für die einzelnen Spektralunterklassen die Apexkoordinaten, Geschwindigkeit der Sonnentranslation und die Oortschen Konstanten A, B und l_0. Verbesserungen der angenommenen Werte der absoluten Helligkeiten sowie der Absorption werden abgeleitet. 4. Eine Untersuchung der visuellen Doppelsterne vom Typ B0 bis B5 wie einiger spektroskopischer Doppelsterne führt zur Prüfung der Masse-Leuchtkraft-Relation und der oben bestimmten absoluten Helligkeiten. Schai.

12310. **B. E. Markarjan,** Die Sternassoziation um NGC 2244. Berichte Akad. Wiss. armen. Sowjetrepublik **11** Nr. 4 S. 113—118 (russisch).

12311. **J. Meurers,** Strukturuntersuchungen an Sternfeldern. Mitt. AG **1950** 25. — Ref. AG.

12312. **G. R. Miczaika,** Die Milchstraße. Der Sternenlauf 1950 (Ref. 445) S. 89—99, mit 5 Abb.

12313. **J. J. Nassau,** Current studies at Case Institute of Technology of the galactic structure. AJ **55** 67—68.

12314. **H. Nort,** The stars of six spectral classes and the Milky Way. BAN **11** 181—192, mit 3 Fig. — Auszählungen des Henry Draper Katalogs bis zur scheinbaren photographischen Helligkeit von 8.50^m, getrennt nach den Spektralklassen B, A, F, G, K, M. Es werden galaktische Konzentration bestimmt und Flächendichten berechnet. Die A- und B-Sterne zeigen ein Dichtemaximum in Carina; ebenso diesen ähnlich die K- und M-Sterne, während die Sterne der Spektralklassen F und G fast gleichmäßig über die Sphäre verteilt zu sein scheinen. Schai.

12315. **P. P. Parenago,** Über das Gravitationspotential der Galaxis. AJ UdSSR **27** 329—340 (russisch). — Ref. in Astr. News Letter Nr. **55** S. 2—4. — Die in einer ebenen, stationären Galaxis gültigen Formeln für die Abhängigkeit der Kreisbahngeschwindigkeit vom Abstand R vom galaktischen Zentrum und ihr Zusammenhang mit dem Potential wird zur Berechnung des Potentials benutzt und dieses in Sonnenumgebung in eine Potenzreihe bis zu Gliedern zweiter Ordnung entwickelt, die im Intervall $R_\odot - 3$ kpc bis $R_\odot + 2.5$ kpc eine ausgezeichnete Näherung darstellt und die dann noch um ein Glied in z ergänzt wird, um Bewegungen (Schwingungen) senkrecht zur galaktischen Ebene zu erfassen. In Zusammenhang hiermit wird kurz das Entweichen von Sternen aus dem Milchstraßensystem erörtert und eine untere Grenze für die Sterndichte im galaktischen Kern angegeben. Loh.

* * **E. D. Perepelkina,** Absolute Größen und Hauptmerkmale des Untersystems der RV Tauri-Veränderlichen. Vgl. Ref. **11177**.

12316. **J. Ramsey,** Spectroscopic distance moduli for 224 O and B stars. ApJ **111** 434—436. — Von 224 Sternen des Spektraltyps O und B werden spektroskopisch bestimmte Entfernungsmoduln mitgeteilt. Sie wurden ebenso wie die Spektraltypen mit den Kriterien des Atlas of Stellar Spectra von Morgan, Keenan und Kellman ermittelt. Die Klassifizierung geschah durch Interpolieren zwischen den Spektren von 83 Standardsternen gut bekannter absoluter Leuchtkraft. Micz.

12317. **D. A. Roshkowskij,** Photographische Photometrie ausgewählter Milchstraßenfelder. Alma-Ata, 1950. 4 S. (Dissertationsauszug, russisch).

12318. **G. A. Schajn,** Eine Bemerkung über Sternassoziationen. Nachr. Akad. Wiss. UdSSR (Phys.) **14** Nr. 1 S. 25—26 (russisch).

12319. **H. Schmidt,** Die Frage der Existenz eines lokalen Sternsystems. Sterne **26** 176—178.

12320. **O. Struve,** Is the Milky Way a spiral galaxy? Sky and Telescope **9** 263—266, mit 9 Fig.

12321. **R. J. Trumpler,** The statistical study of the galactic star system. Proc. Berkeley Sympos. Math. Statist. and Probability (August, 1945 and January, 1946) S. 295—301, 1949. — Ref. in ZfMG **39** 238.

12322. **A. Velghe,** L'Uranométrie générale de J. C. Houzeau. Commun. Obs. Roy. Belgique Nr. **18** S. 27—31, mit 1 Fig. — Eine statistische Untersuchung der Sterne der Uranométrie générale von Houzeau betrachtet die Sternverteilung in Bezug auf den Erdäquator, in Bezug auf den galaktischen Äquator und in Bezug auf die Richtung der Sonnenbewegung. Ferner wird das Größenklassensystem der Uranométrie mit dem der Revised Harvard Photometry verglichen, wobei die Sterne in Spektralgruppen zusammengefaßt werden. Gli.

12323. **B. A. Woronzow-Weljaminow,** Die Verteilung der heißen Riesen in der Galaxis. AJ UdSSR **27** 211—227, mit 5 Abb. und 1 Tafel (russisch). — Ref. in Astr. News Letter Nr. **55** S. 11. — In der Arbeit wird gezeigt, daß die jungen Sterne, die heißen Riesen, in unserer Galaxis und in anderen, ihr ähnlichen Systemen, in Wahrheit nicht in wenigen Assoziationen kleinen Durchmessers eingeschlossen sind, sondern in ausgedehnten Sternwolken, in denen Dichteschwankungen vorkommen. Wir sehen sie vorzugsweise in den lichtdurchlässigen Räumen zwischen den Dunkelwolken. Verf. (übersetzt)

12324. **B. A. Woronzow-Weljaminow,** Verteilung und Entstehung der heißen Riesen im Milchstraßensystem und in anderen Spiralnebeln. DAN **73** 911—914 (russisch).

Kinematik und Dynamik

12325. **P. Bourgeois, R. Coutrez,** Mouvements systématiques à l'approximation linéaire et vitesses spatiales résiduelles pour les étoiles de type spectral B. Ann d'Astrophys **13** 105—113, mit 3 Fig. = Commun. Obs. Roy. Belgique Nr. **17.** — Es wird gezeigt, daß das System der B-Sterne bekannter Raumgeschwindigkeit eine Rotation und eine Deformation aufweisen muß, wenn lediglich zwischen den galaktischen Komponenten der baryzentrischen Geschwindigkeiten und den rechtwinkligen galaktischen Koordinaten der Baryzentren ein linearer Zusammenhang angenommen wird. Die Rotation erfolgt um eine Achse, die auf der galaktischen Ebene nicht senkrecht steht, mit einer Winkelgeschwindigkeit von derselben Größenordnung wie der Koeffizient B der galaktischen Rotation im üblichen Sinne. Für die Deformation ergibt sich eine Dilatation, die den größten Teil des beobachteten K-Effekts zu erklären gestattet. Kdr.

12326. **P. Bourgeois, R. Coutrez,** Mouvements systématiques à l'approximation linéaire pour les étoiles de type spectral A. Commun. Obs. Roy. Belgique Nr. **18** S. 7—8. — Entsprechend der Untersuchung der B-Sterne (vgl. vorstehendes Ref.) werden hier die Bewegungen der A-Sterne betrachtet. Ihre Bewegungen scheinen wesentlich inhomogener als die der B-Sterne zu sein. Es wird die Rotation dieser Sterngruppe um eine Achse untersucht, die weniger gegen die galaktische Ebene geneigt erscheint als die der B-Sterne. Die Ergebnisse werden mit der klassischen Hypothese der differentiellen Rotation verglichen. Gli.

* * **A. Brown,** On the determination of the convergent point of a moving cluster from proper motions. Vgl. Ref. **4401.**

12327. **J. Delhaye,** Sur les courants d'étoiles. CR **230** 1575—1577. — Es wird untersucht, ob die früher vom Verf. festgestellten Abweichungen in den Koordinaten des Apex und Vertex der A-Sterne zurückzuführen sind auf eine Anzahl von Strom-Sternen, insbesondere des Ursa-Major- und des Taurus-Stroms. Dabei ergeben sich keine sicheren Anzeichen für das Vorhandensein von Strom-Sternen der Spektralklasse A bis zur scheinbaren Helligkeit 7^m. Schai.

12328. **W. Fricke,** Bewegungen und absolute Leuchtkräfte von Subzwergen. AN **278** 121—122 = Mitt. Sternw. Hamburg-Bergedorf Nr. **70.** — Die Geschwindigkeit der Sonne relativ zu 78 Subzwergen beträgt $V_0 = 148 \pm 28$ km/sec, $l_0 = 75° \pm 8°$, $b_0 = -2° \pm 9°$. Die Subzwerge liegen im Mittel 2.1 ± 0.4 Größenklassen unterhalb der Hauptreihe. Verf.

12329. **W. Fricke,** Die dynamische Deutung der Bewegungsvorgänge in der Milchstraße. Mitt. AG **1950** 21—22. — Ref. AG.

12330. **H. Gadzikowska, H. Iwaniszewski,** The sun's motion relative to the double stars. Bull. Astr. Obs. Toruń Nr. **9** S. 44—46 (englisch mit polnischer

Zusammenfassung). — Für 489 Doppelsterne werden aus «The masses of the stars» von H. N. Russell und C. E. Moore die dynamischen Parallaxen und die aus den Leuchtkräften berechneten Massen entnommen. Dann werden aus den Radialgeschwindigkeiten des Lick-Kataloges und den Eigenbewegungen des GC die Raumgeschwindigkeiten hergeleitet, und damit wird nach der Methode von Bravais die Sonnenbewegung berechnet. Nach Ausschluß von 66 Schnelläufern ergibt sich $V_{\odot} = 18.9$ km/sec $\pm$ 1.01 mit den Apexkoordinaten $\alpha = 270^{\circ}\!.1 \pm 0^{\circ}\!.84$, $\delta = +24^{\circ}\!.3 \pm 1^{\circ}\!.60$. Gli.

12331. **J. Huss,** Contribution à l'étude du courant de la Grande Ourse. CR **230** 1383—1384. — Da nach Untersuchungen anderer Autoren eine große Anzahl der Mitglieder des Ursa-Major-Stroms Sterne des Spektraltyps A sind, wird eine Untersuchung der Radialgeschwindigkeiten von A-Sternen durchgeführt mit dem Ziel einer Abschätzung des prozentualen Anteils von Strommitgliedern. Als wahrscheinliche Geschwindigkeit für den Strom werden 15 km/sec gefunden und als mögliche Anzahl von Strom-Sternen des Typs A 2.4% bis 5.7%. Schai.

12332. **J. J. Ikaunieks,** Sterne mit rückläufigen Bewegungen in der Galaxis. AJ UdSSR **27** 302—304 (russisch). — Ref. in Astr. News Letter Nr. **54** S. 9. — Liste von 16 Sternen mit rückläufigen galaktozentrischen Bewegungen.

12333. **J. J. Ikaunieks,** Die räumlichen und kinematischen Merkmale der S-Sterne. Publ. Inst. Phys. Math. Riga Nr. **2** S. 101—122, mit **6** Abb. (russisch mit lettischer Zusammenfassung). — Ref. in Astr. News Letter Nr. **57** S. 13. — Aus photometrischen, wegen Absorption korrigierten Entfernungen, Eigenbewegungen und Radialgeschwindigkeiten entwirft Verf. ein Bild der räumlichen Verteilung und der Bewegung der S-Sterne. Die Gesamtzahl der S-Sterne in der Galaxis wird auf 5000 geschätzt. Unter Verwendung der Cammschen Funktion werden Rotationsgeschwindigkeit der Galaxis in Sonnenumgebung und dann die Rotationskonstanten bestimmt. Das System der veränderlichen S-Sterne ist flacher als das der nichtveränderlichen. Vermutlich spiegelt sich darin ein genetischer Unterschied wieder, vor allem dann, wenn sich erweisen sollte, daß ebenfalls chemische Unterschiede zwischen beiden Gruppen bestehen. Loh.

12334. **R. Kurth,** Die Masse des Milchstraßensystems. ZfA **28** 60—66 = Veröff. Astr. Inst. Univ. Bern Nr. **7**. — Aus den von Mayall bestimmten Radialgeschwindigkeiten der Kugelsternhaufen wird mittels des Virialsatzes die Masse des Milchstraßensystems abgeschätzt. Es ergibt sich die bekannte Größenordnung. Verf.

12335. **I. A. Kurzemniece,** Die räumliche Bewegung von TV Bootis. Publ. Inst. Phys. Math. Riga Nr. **1** S. 119—123, mit **2** Abb. (russisch mit lettischer Zusammenfassung). — Die Ausmessung zweier Sternberg- und einer Helsinki-Platte ergab eine Eigenbewegung dieses RR Lyrae-Sterns von $\mu_{\alpha} \cos \delta = -0''\!.024 \pm 0''\!.006$ bzw. $\mu_{\delta} = -0''\!.022 \pm 0''\!.006$. Aus ihr, der photometrischen Entfernung und der Radialgeschwindigkeit (Joy) wurden die Komponenten der galaktozentrischen Geschwindigkeit V_R, V_{Θ}, V_Z zu −46 bzw. +11 und +16 km/sec bestimmt. Loh.

12336. **P. Kustaanheimo,** On the differential effect of the galactic rotation. Ann. Acad. Sci. Fennicae (A) Math.-Phys. Nr. **81**, 23 S. = Sonderdruck Astr. Obs. Helsinki.— Das Auftreten einer Doppelwelle in den Radialgeschwindigkeiten in der galaktischen Ebene wird ganz allgemein betrachtet und dann unter fünf verschiedenen Symmetriebedingungen untersucht: 1. Die Materiedichte hat eine Symmetrieachse. 2. Die Dichte hat eine Symmetrieebene (die galaktische Ebene). 3. Es tritt in der galaktischen Ebene keine Komponente des Geschwindigkeitsflusses V senkrecht zu dieser Ebene auf. 4. Das System ist stationär. 5. Die Flächendivergenz von V in Bezug auf die galaktische Ebene ist in dieser Ebene gleich Null. Allein das Rotationsmodell von Oort befriedigt diese Annahmen und verträgt sich mit den derzeitig beobachteten Werten des differentiellen Rotationseffektes. Gli.

* * **O. A. Melnikow,** Spektralphotometrie der Sterne δ Cephei und η Aquilae und der K-Effekt für die Cepheiden. Vgl. Ref. **11154.**

12337. **H. Mineur,** Etude théorique des accélérations stellaires. CR **230** 512—513 = Contr. Inst. Astrophys. Paris (A) Nr. **57.** — Gleichungen für die Beschleunigungen von Fixsternen werden als erste Ableitungen der Geschwindigkeiten aufgestellt und die Größenordnung der möglichen Effekte für Sterne der Sonnenumgebung abgeschätzt. In den Radialgeschwindigkeiten könnten diese erst nach Tausenden von Jahren in Erscheinung treten, während sie in den Eigenbewegungen schon beobachtet worden sind. Die Beschleunigung der Sonne durch benachbarte Fixsterne kann vernachlässigt werden; dagegen verursacht der Einfluß Jupiters auf die Sonne bei einem Stern in 1 Parsec Entfernung eine scheinbare Revolution in einer Ellipse mit der Halbachse 0\"005. Gli.

* * **J. H. Moore, G. F. Paddock,** Radial velocities, spectral types, and luminosity classes of 820 stars. Vgl. Ref. **9214.**

12338. **K. F. Ogorodnikow,** Über die Dynamik des lokalen Sternsystems. Abh. Shdanow-Staatsuniv. Leningrad Nr. **136** (Math. Wiss. Nr. **22,** Astr.) S. 3—9, mit 1 Abb. = Publ. Astr. Obs. Leningrad **15** 3—9 (russisch). — Ref. in Astr. News Letter Nr. **58** S. 3. — Verf. erweitert seine Strömungstheorie auf die Bestimmung der Exzentrizität und wahren Anomalie des lokalen Sternsystems. Mit Hilfe der neuesten galaktischen Konstanten aus den Bewegungen der B-Sterne ergibt sich für erstere der unwahrscheinlich hohe Wert 0.97, für die Zentralmasse der Galaxis jedoch in Übereinstimmung mit anderen Abschätzungen $1.6 \times 10^{11} M_{\odot}$. Der Widerspruch bezüglich der Exzentrizität läßt sich aber dann beseitigen, wenn man annimmt, daß das lokale System als Ganzes nicht nur eine kreisförmige galaktozentrische Bewegung ausführt, sondern selbst noch rotiert. Die Winkelgeschwindigkeit dieser Rotation beträgt das 3.3fache der galaktozentrischen in 8 kpc Entfernung vom galaktischen Zentrum. Loh.

12339. **P. P. Parenago,** Die Bewegungen der weißen Zwerge und Unterzwerge. Mitt. Astr. Sternberg-Inst. Nr. **30** S. 3—22, mit 5 Abb., 1949 (russisch). — Ref. in Astr. News Letter Nr. **66** S. 4—5. — Die weißen Zwerge bilden ein zwischen dem flachen und kugelförmigen Untersystem liegendes räumliches System. Ihre Gesamtzahl wird innerhalb der Galaxis auf etwa eine Milliarde geschätzt. Bezüglich des inneren Aufbaues wird gezeigt, daß die weißen Zwerge einen entarteten Kern besitzen, dessen Radius 40% des Sternradius ausmacht und der von einer fast nur aus Wasserstoff bestehenden Hülle umgeben ist. Die Zahl der Unterzwerge in der Galaxis wird größenordnungsmäßig auf 10^{11} geschätzt. Für weiße Zwerge und Unterzwerge werden Sonnenapex, Geschwindigkeitsdispersion und galaktische Dichtegradienten abgeleitet. Loh.

12340. **P. P. Parenago,** Untersuchung der Raumgeschwindigkeiten der Sterne. AJ UdSSR **27** 150—168, mit 2 Abb. (russisch). — Sich auf die 1946 vorhandenen und zuverlässigen Radialgeschwindigkeiten, Eigenbewegungen und Entfernungen stützend, leitet Verf. die kinematischen Elemente für verschiedene Sterngruppen ab und bestimmt die galaktische Kreisbahngeschwindigkeit der Sonne (233 ± 9 km/sec). Einige Bemerkungen kosmogonischen Charakters beschließen die Arbeit. Loh.

12341. **L. Perek,** Motions of RR Lyrae variables. BAC 2 57—59, mit 1 Fig. — Aus den Radialgeschwindigkeiten von 134 RR Lyrae-Sternen folgt deren Geschwindigkeit relativ zum Zentroid der sonnennahen Sterne zu 121 km/sec etwa in Richtung entgegengesetzt der galaktischen Rotation. Die Geschwindigkeitsdispersion ist sowohl in Richtung zum galaktischen Zentrum wie in Rotationsrichtung 104 km/sec, dagegen senkrecht zur galaktischen Ebene nur

71 km/sec. Es scheint die systematische Bewegung Θ_0 (in Rotationsrichtung) relativ zum galaktischen Zentrum zumindest bis in Sonnenumgebung linear mit dem Abstand von der Rotationsachse zu wachsen. Gli.

12342. **D. M. Popper,** Studies of faint B-type stars. ApJ **111** 495—508, mit 5 Fig. und 1 Tafel = Astr. Papers Univ. California Nr. **9**. — Es wird ein Katalog von 253 Sternen der Spektraltypen O–B 6, meist mit scheinbaren Helligkeiten $8^{m}_{.}5$—11^{m} mitgeteilt, der ihre Helligkeiten, Farbenindizes (in der Stebbinsschen C_1-Skala), Spektraltypen und Radialgeschwindigkeiten enthält. In der anschließenden Diskussion werden die Konstanten der galaktischen Rotation bestimmt, wobei auf die Notwendigkeit hingewiesen wird, jedes System photometrisch ermittelter großer Entfernungen durch Heranziehen von Radialgeschwindigkeiten zu prüfen. Nach einer Betrachtung über die Abhängigkeit der beobachteten Farbenexzesse von der galaktischen Länge der Sterne werden Fragen der interstellaren Absorption berührt. Micz.

12343. **N. G. Roman, W. W. Morgan,** The moving cluster in Perseus. ApJ **111** 426—431, mit 3 Fig. — Die hellen B-Sterne sowie einige A- und F-Sterne im Perseus und seiner näheren Umgebung bilden nach Ausweis ihrer Eigenbewegungen eine gemeinsam bewegte Gruppe. Insgesamt fanden sich 29 bewegungsmäßig zusammengehörende Sterne. Die Sonnenentfernung des mit etwa 16 km/sec nach einem Punkt mit den galaktischen Koordinaten $l = 215°$, $b = +17°$ laufenden Stroms wurde aus einem aufgestellten Hertzsprung-Russell-Diagramm zu 180 pc ermittelt. Lichtschwächere Mitglieder scheint der Strom nicht zu besitzen. Micz.

12344. **R. M. Rosenfeld,** Bestimmung der Raumgeschwindigkeit von UY Bootis. VS Bull **7** 207—209 (russisch). — Ref. in Astr. News Letter Nr. **56** S. 5. — Aus den Örtern auf der Carte du Ciel (Epoche 1907/08) und auf zwei Moskauer Aufnahmen (1939) wurde die Eigenbewegung des Sterns bestimmt. Die Radialgeschwindigkeit wurde ApJ **107** 276, 1948 entnommen. Unter Verwendung der photometrischen Entfernung wurden die galaktozentrischen Geschwindigkeitskomponenten $V_\Theta = +369$ km/sec, $V_R = +159$ km/sec, $V_Z = +220$ km/sec gefunden. Loh.

12345. **R. B. Schazowa,** Die Asymmetrie der Eigenbewegungen des GC von Boss. Abh. Shdanow-Staatsuniv. Leningrad Nr. **136** (Math. Wiss. Nr. 22, Astr.) S. 113—165, mit 5 Abb. = Publ. Astr. Obs. Leningrad **15** 113—165 (russisch). — Ref. in Astr. News Letter Nr. **58** S. 7—8. — Die festgestellten Gesetzmäßigkeiten in den Eigenbewegungen des GC von Boss, insbesondere die Nord-Südasymmetrie, lassen sich am einfachsten dann verstehen, wenn man sie als Ergebnis einer Rotation des lokalen Sternsystems deutet. Die galaktischen Koordinaten des Fußpunkts der Lotrechten von der Sonne auf die Rotationsachse des lokalen Systems sind $l_0 = 253°$, $b_0 = -6°$; die Lotlänge 150 pc. Die lokale Winkelgeschwindigkeit und ihr Gradient sind merklich größer als die galaktischen. Loh.

12346. **J. Schilt,** The gravitational galactic force and the density of interstellar matter. AJ **55** 97—111, mit 10 Fig. — Besprechung in Irish AJ **1** 130—132. — Verf. untersucht die Verteilung der Geschwindigkeitskomponenten Z der Sterne senkrecht zur galaktischen Ebene in Abhängigkeit vom Abstand von dieser Ebene. Die Sterne scheinen bestimmte Z-Werte beim Durchgang durch die Symmetrieebene zu bevorzugen und lassen sich dementsprechend in Geschwindigkeitsgruppen zusammenfassen. Die aus diesen Schwingungen um die Symmetrieebene (Periode etwa 10^7 Jahre) berechnete Kraft führt innerhalb dieser Ebene zu der sehr hohen Dichte von 5.3×10^{-22} g/cm³. Die Sonne scheint 6—7 pc südlich der Symmetrieebene zu stehen. Gli.

12347. **T. Shimizu,** Space motion of stars in the vicinity of the sun. (Third report). Vgl. AJB **49** Ref. 12367. — Verf. wendet das von ihm früher entwickelte Verfahren zur Bestimmung der Konstanten der Geschwindigkeitsellipsoide (vgl. AJB **49** Ref. 4419) an auf 355 Sterne innerhalb 20 Parsec Entfernung von der Sonne mit bekannten Raumgeschwindigkeiten (vgl. AJB **49** Ref. 12366). Er findet, daß diese aus zwei Gruppen mit verschiedenen Geschwindigkeitsellipsoiden zu bestehen scheinen. Gli.

12348. **T. Shimizu,** Dynamical consideration about the hypothesis of two velocity ellipsoids. Vgl. AJB **49** Ref. 12368. — Es wird die Geschwindigkeitsverteilung an einem Punkt des galaktischen Systems betrachtet, wo sich das Gravitationspotential zusammensetzt aus einem zentripetalen Potential (zirkulare Rotation mit konstanter Winkelgeschwindigkeit) und einem störenden Potential (durch lokale Unregelmäßigkeiten in der Sternverteilung). Auf Grund der numerischen Konstanten zweier sich überlagernder Geschwindigkeitsellipsoide in der Sonnenumgebung glaubt der Verf., daß die Hypothese zweier solcher Sterngruppen nicht im Widerspruch zu den dynamischen Betrachtungen steht. Gli.

12349. **T. Shimizu,** Space motion of stars in the vicinity of the sun. (Fourth report). Publ. Astr. Soc. Japan **1** 128—138, mit 4 Fig. — Anknüpfend an die Hypothese zweier verschiedener Geschwindigkeitsellipsoide in Sonnenumgebung (vgl. AJB **49** Ref. 12366 und AJB **50** Ref. 12347) wird untersucht, wie groß der Anteil der einzelnen Spektralklassen an diesen beiden Sterngruppen ist. Ferner werden die Sterne nach ihrer absoluten Helligkeit unterteilt und es wird untersucht, in wie weit eine Äquipartition der kinetischen Energie vorhanden zu sein scheint. Verf. glaubt, daß seine Gruppe I (der besonders die Sterne frühen Typs angehören) einen lokalen Haufen bildet, während seine Gruppe II das allgemeine Feld darstellt. Gli.

12350. **O. Struve,** The motions of the galactic cluster-type variables. Publ ASP **62** 217—218. — Die mittleren Radialgeschwindigkeiten von über hundert RR Lyrae-Sternen, nach ihrer Periodenlänge in Gruppen zusammengefaßt, scheinen mit der Periodenlänge zu wachsen, ebenso die Sonnengeschwindigkeit relativ zu diesen Gruppen, während die Driftapexposition bei $l = 53°$, $b = +12°$ sich nicht wesentlich mit der Periodenlänge ändert. Gli.

12351. **O. Struve,** Some stars of high velocity. Sky and Telescope **9** 294—296, mit 4 Fig. — Besprechung einer Arbeit von W. Lohmann (Vgl. AJB **48** Ref. 12346) aus dem Jahr 1948, in der aus den Parallaxen und Raumgeschwindigkeiten von 59 gelben und roten Unterzwergen die galaktozentrischen Bahnen berechnet und die Ergebnisse statistisch gedeutet werden. Die Arbeit wurde später von P. P. Parenago (Vgl. AJ UdSSR **29** 283, 1952) unter etwas anderen Voraussetzungen wiederholt, führte aber zu praktisch denselben Ergebnissen. Loh.

12352. **O. Struve,** The sun's motion through space. Sky and Telescope **10** 35—37, mit 8 Fig.

12353. **A. F. Torondshadse,** Die Besonderheiten der Bewegung der O- und B-Sterne und die Ausdehnung der Sternassoziationen. DAN **74** 441—443 (russisch). — Die Oortsche Deutung der systematischen Effekte in den Radialgeschwindigkeiten und Eigenbewegungen der O- und B-Sterne als Effekte einer differentiellen Rotation der Milchstraße wird aufgegeben. Die Oortschen Effekte sollen verursacht sein durch die Bewegung dieser Objekte in Spiralarmen und durch Ausdehnung der Sternassoziationen, denen sie angehören. W. Fricke (ZfMG **39** 238)

12354. Ursa major cluster. Sky and Telescope **9** 301. — Ref. AAS.

12355. Haufenbildung und K-Effekt bei hellen B-Sternen. Sterne **26** 90—91.

* * Theoretische Untersuchungen über Sternsysteme siehe § **44**.

§ 124

Außergalaktische Nebel

12401. **W. A. Ambarzumjan,** Über die Verteilung der heißen Riesen in den äußeren Teilen der Spiralnebel. DAN **73** 915—916 (russisch).

12402. **R. H. Brown, C. Hazard,** Radio-frequency radiation from the great nebula in Andromeda (M 31). Nature **166** 901—902, mit 2 Fig. = Astr. Contr. Univ. Manchester (2) Jodrell Bank Repr. **1** Nr. 41. — Ref. in JBAA **61** 53.—In sechs Deklinationsstreifen zwischen $\delta=38°$—$43°$ und $\alpha=23^h\,40^m$—$1^h\,40^m$ wurde der Andromedanebel und seine Umgebung radioastronomisch bei der Frequenz 158,5 MHz abgetastet. Am Ort des Nebels ergaben sich sehr deutliche Erhöhungen der Strahlungsintensität, deren Ausdehnungen in Rektaszension diejenige der Punktquelle in Cygnus übertreffen. Loh.

12403. **W. A. Dombrowskij,** Versuch einer spektralphotometrischen Untersuchung von Nebeln. Abh. Shdanow-Staatsuniv. Leningrad Nr. **136** (Math. Wiss. Nr. 22, Astr.) S. 166—203, mit 14 Abb. = Publ. Astr. Obs. Leningrad **15** 166—203 (russisch). — Ref. in Astr. News Letter Nr. **58** S. 8. — Aus sechs Spektrogrammen des außergalaktischen Nebels NGC 224 und dreien des galaktischen Nebels NGC 1976 wurde der Verlauf des Kontinuums relativ zu β Cas festgelegt. NGC 224: Zwischen $1/\lambda = 1.6$ bis 2.3 ist die Darstellung durch einen Gradienten recht gut. Im Mittel folgen aus den Gradienten verschiedener Nebelgebiete Farbtemperaturen um 4650°, wobei sich eine kleine Zunahme vom Zentrum nach außen andeutet. NGC 1976: Auch hier ist die Darstellung verschiedener Gebiete durch einen Gradienten im selben $1/\lambda$-Bereich recht gut; lediglich jenseits $1/\lambda = 2.2$ macht sich eine Erhöhung des Kontinuums bemerkbar. Für einzelne Emissionslinien wurden Intensitäten relativ zum Kontinuum gemessen. Loh.

12404. **P. Drumaux,** La récession des nébuleuses extra-galactiques. VI. Ann. Soc. Sci. Bruxelles (1) **64** 169—176. — Ref. in ZfMG **39** 432.

12405. **A. Güttler,** Die Rotation der Spiralnebel. Sternenwelt **2** 73—78, mit 8 Abb.

12406. **G. Haro,** Hα emission objects in M 31 and M 33. AJ **55** 66—67.

12407. **R. G. Harrington, A. G. Wilson,** Two new stellar systems in Leo. Publ ASP **62** 118—120 = Mt. Wilson and Palomar Obs. Repr. Nr. **28**. — Besprechung in JBAA **60** 260, PAT **32** 68. — System Nr. 1 in $10^h\,5^m\!.8$, $+12°33'$, System Nr. 2 in $11^h\,10^m\!.8$, $+22°\,26'$ (1950).

12408. **E. Holmberg,** A study of the absorption in NGC 5195. Kungl. Fysiografiska Sällskapets i Lund Förhandlingar **20** Nr. 12, 11 S. mit 4 Fig. und 1 Tafel = Lund Medd (1) Nr. **170**. — Durch Auswertung der photographischen und photovisuellen Leuchtkraftverteilungen im irregulären System NGC 5195 auf Platten ,die mit dem 60″-Teleskop auf dem Mount Wilson aufgenommen wurden, ergibt sich die Absorption, die durch Dunkelmaterie des vorgelagerten Spiralarmes von NGC 5194 verursacht ist. Die photographische Absorption erreicht Werte bis $0^m\!.8$, der Farbenexzeß solche bis $0^m\!.2$. Gli.

12409. **E. Holmberg,** A photometric study of nearby galaxies. Lunds Univ. Årsskrift. N. F. Avd. 2. **46** Nr. 5, 56 S. mit 12 Fig. = Lund Medd. (2) Nr. **128**. — Eine photographische Photometrie von 39 Nachbargalaxien der lokalen Gruppe und der Gruppen um Messier 81 und 101 am 60 Zoll-Spiegel von Mount Wilson und zusätzlich am 60 cm- und 100 cm-Spiegel in Hamburg dient zur Bestimmung der Leuchtkraftfunktion der Nebel und zur Herleitung der Beziehung zwischen totaler Helligkeit und der Helligkeit der hellsten aufgelösten Sterne. Die Gesamthelligkeiten sind etwa eine Größenklasse heller als die Werte des Shapley-Ames Kataloges. Das Maximum der Häufigkeitsfunktion der absoluten Helligkeiten und der Dimensionen liegt bei den schwachen und den kleinen Systemen, der Mittelwert bei $-13^{M}_{.}5$; die Dispersion der Leuchtkraftkurve beträgt 1.85 Größenklassen. Zwischen der Gesamthelligkeit M_t der Nebel und der Helligkeit M_s der hellsten aufgelösten Sterne ergibt sich die Beziehung $M_s = 0.60\, M_t + 2.4$, wobei das konstante Glied für verschiedene Nebeltypen unterschiedlich ist. Eine ähnliche Beziehung findet der Verf. für die Sterne in Sphären verschiedener Radien um die Sonne und für offene galaktische Haufen. Gli.

12410. **C. L. Janssen,** Lidt mere om Spiraltaagernes Radialhastigheder. Urania Kopenhagen **7** 170—172.

12411. **B. Lindblad,** Studier över extragalaktiska stjärnsystem vid Mount Wilson och Palomar observatorierna. PAT **31** 121—134, mit 17 Fig. — Zusammenfassender Bericht über die Struktur und die Dynamik außergalaktischer Sternsysteme. Das der Untersuchung zugrunde liegende Material ist im Frühjahr 1950 an den Sternwarten auf dem Mount Wilson und Palomar zusammengetragen worden. Die Bedeutung der Balkenspiralen für die Frage nach der Entwicklung der Spiralstruktur wird besonders hervorgehoben. Ra.

12412. **G. R. Miczaika,** Die außergalaktischen Nebel. Der Sternenlauf 1950 (Ref. **445**) S. 122—131, mit 3 Abb.

12413. **E. A. Milne,** The equation to the arm of a spiral nebula. Vgl. AJB **47** Ref. **8907**. — Weiteres Ref. in Urania Barcelona **35** 120.

12414. **J. J. de Orús Navarro,** La forma de las nebulosas extragalácticas. Urania Barcelona **35** 138—140 (spanisch und englisch) = Sonderdruck de la Sección Astronómica del Observatorio Fabra.

12415. **T. Page,** Hydrogen emission in extragalactic nebulae. AJ **55** 179—180. — Ref. AAS.

12416. **E. Pettit,** Nebular photometry. AJ **55** 78. — Ref. AAS. — Ref. in Sternenwelt **2** 187.

12417. **L. N. Radlowa,** Die Farbverteilung in den zentralen Gebieten des Andromedanebels. Bull. Astrophys. Obs. Abastumani Nr. **11** S. 91—94, mit 2 Abb. (russisch mit grusin. Zusammenfassung). — Besprechung mit Zahlenangaben in Sternenwelt **3** 152. — Ref. in Astr. News Letter Nr. **56** S. 13. — Die mit einer sehr lichtstarken Kamera erhaltenen Aufnahmen des Andromedanebels bei $\lambda = 400\,\mathrm{m}\mu$ und $750\,\mathrm{m}\mu$ wurden entlang der großen und kleinen Achse bis zu 10′ bzw. 6′ photometriert. In beiden Richtungen nimmt die Helligkeit im Blauen zunächst stärker ab als im Roten. Entlang der großen Achse kehren sich die Verhältnisse von 8′ ab um. Loh.

12418. **J. J. Raimond jr.,** Verkleurde extragalactische nevels. Hemel en Dampkring **48** 19, 40. — Allgemeinverständlicher Bericht über M. Schwarzschilds Versuch, die von Stebbins und Whitford aufgefundene anomale Rotverfärbung einiger E-Nebel als Alterungseffekt zu deuten. Gü.

12419. **H. Rohr,** Bemerkenswerter, außergalaktischer Nebel im Sternbild Schlange. Orion Schaffhausen **3** 160—161.

12420. **C. D. Shane, C. A. Wirtanen,** Distribution of extragalactic nebulae in three selected areas. Proc. Amer. Phil. Soc. **94** 13—17.

12421. **H. Shapley, R. B. Jones, V. McKibben Nail,** A census of northern galaxies in an area of 3600 square degrees. Harv Ann **88** 177—184.

12422. **H. Shapley,** Relative diameters of galaxies. Nature **166** 192. — Um Irrtümer und Fehlschlüsse auszumerzen, erinnert Verf. daran, daß Ausmessungen von Harvard-Platten, insbesondere solche des Virgohaufens, mit einem Mikrodensitometer für E0—E 7, S0, Sa, Sb und Sc-Nebel praktisch dieselben Durchmesser der Nebel ergeben haben. Loh.

12423. **H. Shapley,** Galactic and extragalactic studies, XX. On the distribution of 78000 of the brighter northern galaxies. Proc. National Acad. Sci. USA **36** 157—166, mit 1 Fig. = Harv Repr Nr. **333.** — Ref. in JBAA **61** 82, Sternenwelt 2 210. — Grundlage der Durchmusterung sind 153 am Metcalf-Refraktor der Oak Ridge Station aufgenommene Platten, die 3600 Quadratgrad des Himmels nördlich von $\delta = +41°$ und $\beta = +20°$ überdecken. Die Durchmusterung ist vollständig bis knapp 18^m. Der Einfluß der Polwolke macht sich bemerkbar. Die Nebeldichte ist zwischen $\beta = +40°$ und dem galaktischen Pol konstant. Durch Vergrößerung der Reichweite um mindestens 1^m dürfte manches Neue über sich jetzt nur andeutende Galaxienhaufen zum Vorschein kommen. Loh.

* * **J. Stebbins,** The electrical photometry of stars and nebulae (George Darwin Lecture). Vgl. Ref. **9415.**

12424. **A. D. Thackeray,** Variables in the Sculptor system. Obs **70** 144—146, mit 1 Fig. — Ref. in JBAA **61** 111—112. — Mit Aufnahmen des Radcliffe-Reflektors wurde eine große Anzahl Veränderlicher im Sculptor-System gefunden; für 33 werden vorläufige Elemente abgeleitet. Die Mehrzahl der Perioden ist $< 1^d$. Verf. macht einige statistische Bemerkungen über diese Veränderlichen und weist auf Ähnlichkeiten mit den Kugelhaufen hin. Micz.

12425. **G. de Vaucouleurs,** Les nébuleuses extra-galactiques. BSAF **64** 380—383. — Bericht über Entfernung, Dimension, Klassifikation, Struktur, Rotation und Masse der außergalaktischen Nebel.

12426. **G. de Vaucouleurs,** Sur la définition des dimensions des nébuleuses extra-galactiques. CR **226** 1692—1694, 1948 = Contr. Inst. Astrophys. Paris (A) Nr. **18.** — Eine Definition für die Größenangabe der Ausdehnung extragalaktischer Nebel wird vorgeschlagen. Die Angaben sind dann frei von den Einflüssen der Instrumente, der Belichtungszeiten, der Plattensorten sowie der Strukturen der Nebel. Ein Beispiel (NGC 3115) zeigt die Brauchbarkeit dieser Definition. Schai.

12427. **G. de Vaucouleurs,** Sur la relation entre l'excès de couleur et le déplacement vers le rouge pour les nébuleuses extragalactiques. CR **227** 466—468, mit 1 Fig., 1948 = Contr. Inst. Astrophys. Paris (A) Nr. **23.** — Verf. behandelt die Beziehung zwischen Farbenindex und Rotverschiebung extragalaktischer Nebel und kommt zu dem Schluß, daß keine großen Abweichungen zwischen den berechneten und beobachteten Farbenindizes dieser Objekte bestehen. Schai.

12428. **G. de Vaucouleurs,** Sur la loi de distribution de la luminosité dans les nébuleuses elliptiques et leur structure. CR **227** 548—550, 1948 = Contr. Inst. Astrophys. Paris (A) Nr. **26.** — In Fortführung der Arbeit CR **226** 1692 (Ref. **12426**) wird die Verteilung der Leuchtkräfte in einigen elliptischen Nebeln untersucht; theoretische Abschätzungen werden daran angeschlossen. Schai.

12429. **G. de Vaucouleurs,** Sur une analogie de structure remarquable entre les nébuleuses elliptiques et les amas de nébuleuses extragalactiques. CR **227** 586—588, 1948 = Contr. Inst. Astrophys. Paris (A) Nr. **27.** — Die in CR **227** 548 (Ref. **12428**) erhaltene Formel wird hier zur Diskussion der Dichteverteilung in den extragalaktischen Nebelnestern Coma,

Hydra und Perseus herangezogen. Eine Ähnlichkeit im Aufbau dieser Haufen mit dem der elliptischen Nebel wird aufgezeigt. Schai.

12430. **G. de Vaucouleurs,** Orientation spatiale et sens de rotation de la nébuleuse spirale NGC 2146. Ann d'Astrophys **13** 362—366, mit 5 Fig. = Contr. Inst. Astrophys. Paris (B) Nr. **57**. — An Hand von photographischen Aufnahmen wird versucht, die räumliche Struktur und Orientierung des Spiralnebels NGC 2146 zu ermitteln. Unter Verwendung von unveröffentlichten spektrographischen Beobachtungen von N. U. Mayall über den Rotationssinn wird geschlossen, daß die Spiralarme nachgeschleppt werden, wie es Slipher und Hubble für andere Spiralnebel angenommen haben. Micz.

12431. **G. de Vaucouleurs,** Orientation spatiale et sens de rotation de la nébuleuse spirale NGC 2146. CR **231** 32—33, mit 1 Fig. = Contr. Inst. Astrophys. Paris (A) Nr. **70**. — Aus den vorgelagerten Absorptionsstreifen kann die Lage im Raum der Spirale vom Typ Sbp eindeutig bestimmt werden. Ihre Neigung zur Visionsrichtung beträgt etwa 30°. Der Rotationssinn ergibt sich in Übereinstimmung mit Hubble so, daß die Arme dem Kern nachfolgen. Schai.

12432. **H. Vogt,** Die Spiralnebel. Vgl. AJB **46** Ref. **8934**. — Weitere Besprechung in Naturwiss. Rundschau **3** 137—138 (H. Siedentopf).

* * **C. Warwick,** The effect of irregular absorption on galaxy distribution. Vgl. Ref. **12524**.

* * **B. A. Woronzow-Weljaminow,** Verteilung und Entstehung der heißen Riesen im Milchstraßensystem und in anderen Spiralnebeln. Vgl. Ref. **12324**.

12433. **S. P. Wyatt jr.,** The frequency function of true axial ratio for the spheroidal galaxies. AJ **55** 187. — Ref. AAS.

12434. **F. Zwicky,** The Cancer cluster of galaxies. Publ ASP **62** 196—201 = Mt. Wilson and Palomar Obs. Repr. Nr. **33**. — Abzählungen der Galaxien des Cancer-Haufens ($\alpha = 8^h 17^m\!.6$, $\delta = +21° 16'$; 1950) zeigen diesen als statistisch stationäre Ansammlung von etwa 300 Mitgliedern. Er besitzt große sphärische Symmetrie. Die hellen Galaxien konzentrieren sich nach der Mitte, während die schwächeren in den äußeren Teilen überwiegen. Gli.

12435. **F. Zwicky,** Physical characteristics of the Cancer cluster of galaxies. Publ ASP **62** 256—260 = Mt. Wilson and Palomar Obs. Repr. Nr. **37**. — Die beobachtete Verteilung der Galaxien im Cancer-Haufen (vgl. Ref. **12434**) wird mit der Verteilung in einer Emdenschen isothermen Gassphäre verglichen und daraus räumliche Dichte und Geschwindigkeitsdispersion im Cancer-Haufen hergeleitet. Dazu wird der «Struktur-Index α» des Haufens berechnet. Gli.

12436. The sense of rotation of spiral nebulae. Irish AJ **1** 63—64.

12437. Dwarf galaxies may throw light on evolution of star systems. Obs **70** 167—168. — Notiz über die Entdeckung zweier sehr kleiner Sternsysteme der lokalen Gruppe auf Aufnahmen des 48″-Schmidt-Spiegels (Mt. Palomar). Micz.

12438. New dwarf galaxies. Sky and Telescope **9** 249.

12439. Interstellar gas in galaxies. Sky and Telescope **9** 272. — Ref. AAS. — Ref. in Sternenwelt **3** 34.

12440. Diffuse nebulae in external galaxies. Southern Stars **14** 103.

12441. Objekte mit Emissionslinien in Spiralnebeln. Sterne **26** 90.

12442. Lidt om Spiraltaagernes Radialhastigheder. Urania Kopenhagen **7** 145—148.

* * Novae in M 81 und M 83. Vgl. Ref. **11356**, **11357**.

* * Theoretische Untersuchungen über Sternsysteme siehe § **44**.

§ 125

Interstellare Materie

12501. **W. Becker,** Das Wellenlängengesetz der interstellaren Verfärbung. Sterne **26** 91—93, mit 1 Abb.

12502. **S. T. Chabibullin,** Schwankungen der Sternzahlen und interstellare Absorption des Lichts. AJ UdSSR **27** 105—109 (russisch). — Ref. in Astr. News Letter Nr. **51** S. 9. — Für die aus den van Rhijnschen Sternzählungen abgeleitete optische Dicke der interstellaren Wolken ergibt sich im Durchschnitt $0^{m}.27$, für den südlichen bzw. nördlichen Teil der Galaxis allein jedoch $0^{m}.35$ bzw. $0^{m}.18$. Dieser Unterschied dürfte reell sein und muß wohl der Inhomogenität des Beobachtungsmaterials zugeschrieben werden. Loh.

12503. **E. K. Charadse,** Untersuchung der interstellaren Absorption aus Farbenexzessen schwacher Sterne. DAN **71** 257—260 (russisch).

12504. **R. Compte Porta,** Las Nebulosas Obscuras. El Universo **48** Nr. 12 S. 13—15. — Verf. beobachtete auf Mallorca rötlich-graue circumpolare Hagensche Wolken. (Vgl. Boletín de la Sociedad Astronómica de España y América **33** Nr. 210, 1945). Er vermutet eine Spirale aus feinster Staub- oder Gasmaterie, die in Ursa major und Draco, zwischen Cygnus und Lyra sowie in der Aquilagegend erkennbar sein soll und auch die Milchstraße kreuzt. Diese Spirale könnte ein Untersystem der Milchstraße sein. Der Verf. hält aber auch eine Einbettung der Sternsysteme in eine den ganzen Raum erfüllende Gas- oder Staubmasse (Teilchendurchmesser um 10 μ) für möglich und versucht, die Rotverschiebung der extragalaktischen Nebel hierauf zurückzuführen. In einem Zusatz verweist die Schriftleitung auf ähnliche Beobachtungen Hagenscher Wolken am Observatorium «Nicolás Copérnico». Gü.

12505. **P. Couderc,** Matériaux interstellaires. BSAF **64** 22—25. — Inhalt: Nébuleuses brillantes: diffusion de lumière empruntée aux étoiles, avec ou sans luminescence propre. Mélanges de gaz et de poussières. Nébuleuses obscures. Existence générale de matériaux absorbants, mais discrets, dans le «vide» intersidéral. Quantité totale de matériaux diffus. Abondances relatives du gaz et des poussières. Structure en nuages. Milieu intersidéral et cosmologie.

12506. **B. Donn,** The behavior of interstellar matter near hot stars. AJ **55** 168. — Ref. AAS.

12507. **D. Duke,** Observations of the interstellar band at λ 4430. AJ **55** 168—169. — Ref. AAS.

12508. **J. L. Greenstein,** A possible energy source for T Tauri stars. Publ ASP **62** 156—162 = Mt. Wilson and Palomar Obs. Repr. Nr. **32**. — Ref. in Sternenwelt **3** 33—34. — Verf. glaubt, daß ionisierte Materie des interstellaren Gases auf T Tauri fällt und dabei ihr Magnetfeld zu diesem trägt. Dort ruft sie helle Flares hervor. Die Emissionslinien stammen von diesen und von einer ausgedehnten Chromosphäre aus interstellarer Materie hoher kinetischer Temperatur. Gli.

12509. **J. L. Greenstein, L. H. Aller,** The interstellar λ 4430 band. ApJ **111** 328—332, mit 3 Fig. = Mt. Wilson and Palomar Obs. Repr. Nr. **16**. — Es werden Messungen der Äquivalentbreite der interstellaren Bande λ 4430 von 38 O- und B-Sternen mitgeteilt. Ihre Intensität ist eng korreliert mit der der interstellaren Bande bei λ 6284 und der interstellaren Rotverfärbung. Eine enge Beziehung besteht wahrscheinlich auch zur interstellaren Polarisation. Kurz eingegangen wird auf die Absorption solcher Banden durch feste oder flüssige Partikeln, deren Moleküle unvollständig besetzte innere Elektronenschalen haben, sodaß relativ scharfe Banden absorbiert werden können. Da solche Stoffe häufig paramagnetisch sind, sind sie vielleicht auch für die interstellare Polarisation verantwortlich. Micz.

* * **T. A. Kotschlaschwili,** Photovisuelle Helligkeiten von Sternen und die selektive Absorption in drei Milchstraßenfeldern in den Sternbildern Perseus, Zwillinge und Schwan. Vgl. Ref. **9408**.

* * **B. Kwal,** Pertes d'énergie des particules chargées rapides dans un milieu complètement ionisé (plasma ionique). Application au rayonnement cosmique cheminant dans l'espace interstellaire. Vgl. Ref. 12732.

12510. **H. Lambrecht,** Die Deutung neuer Beobachtungen an interstellaren Absorptionslinien. Mitt. AG **1950** 22—23. — Ref. AG.

12511. **E. M. Lindsay,** Exploring between the stars. Irish AJ **1** 8—14, mit 2 Tafeln = Armagh Obs. Leaflet Nr. 2. — Verf. beschreibt die Untersuchungen interstellarer Dunkelwolken durch Sternzählungen, durch Bestimmung der Absorption, des Farbenexzesses und des Verhältnisses totaler zu selektiver Absorption. Er zeigt die Bestimmung ihrer Ausdehnung und Entfernung, gibt unsere Kenntnisse von der Zusammensetzung der Materie im interstellaren Raum und schließt mit einem Hinweis auf die Entstehung interstellarer Wolken. Gli.

12512. **E. M. Lindsay,** Ratio of total to selective absorption. Nature **165** 363—364. — A/E = 6. Näheres vgl. Contr. Armagh Obs. Nr. **4**, 1951 (AJB **51**).

12513. **M.-T. Martel,** Epaisseur de la couche absorbante galactique. Ann d'Astrophys **13** 102—103, mit 1 Fig. = Publ. Obs. Lyon **5** Nr. 12. — Die Dicke der absorbierenden Schicht in der Ebene des Milchstraßensystems wird aus den Farbenindexmessungen von Stebbins, Huffer und Whitford (ApJ **91** 20, AJB **42** Ref. **7564**) zu 150 pc bestimmt. Micz.

12514. **W. H. McCrea,** The size of interstellar clouds. Obs **70** 100—103. — Ref. in Sternenwelt **3** 71—72. — Nach Erkenntnis der wolkigen Struktur des interstellaren Gases haben verschiedene Autoren Zahl und Größe der Wolken abzuschätzen versucht. Doch stimmen die Ergebnisse noch nicht befriedigend überein. Verf. weist auf einen möglichen Einfluß der Streuung der Wolkendurchmesser hin und zeigt, daß durch deren Berücksichtigung sich die bestehenden Unstimmigkeiten beseitigen zu lassen scheinen. Kdr.

12515. **H. Mineur,** L'espace interstellaire. Vgl. AJB **47** Ref. **9105**. — Weitere Besprechung in BSAF **64** 129.

12516. **P. P. Parenago,** Über die Priorität der sowjetischen Arbeiten auf dem Gebiet der interstellaren Absorption. AJ UdSSR **27** 61—63 (russisch). — Ref. in Astr. News Letter Nr. **51** S. 6. — Brief an die Redaktion des Astronomischen Journals der UdSSR.

12517. **E. L. Russkol,** Über die Form und die räumliche Orientierung der Dunkelnebel. AJ UdSSR **27** 341—350, mit 9 Abb. (russisch). — Ref. in Astr. News Letter Nr. **55** S. 4. — Von 85 Dunkelnebeln mit definiertem Rand von insgesamt 321 katalogisierten Barnardschen Nebeln besitzen 69 eine wohl durch die scherende Wirkung der galaktischen Rotation bedingte Verzerrung in galaktischer Länge. Die übrigen 16 sind kleine, kompakte, und daher beständige Gebilde mit Durchmessern von höchstens 50000 astr. Einheiten. Loh.

12518. **C. Schalén,** Nya framsteg på den interstellära materiens forskningsområde. PAT **31** 1—9, mit 6 Fig. — Zusammenfassende Darstellung der letzten Fortschritte in der Erforschung der interstellaren Materie. Ra.

12519. **E. Schatzman,** Sur l'abondance des grands nuages de matière interstellaire. Ann d'Astrophys **13** 367—383, mit 5 Fig. = Contr. Inst. Astrophys. Paris (B) Nr. **58.** — Die Schwankungen der Verfärbung der B-Sterne des Katalogs von Huffer, Stebbins und Whitford (ApJ **91** 20, AJB **42** Ref. **7564**) werden einer eingehenden statistischen Analyse unterworfen mit dem Ergebnis, daß neben kleineren interstellaren Wolken (Gesamtabsorption $\approx 0{,}28^m$, Anzahl etwa 6 pro 1000 pc) noch größere Wolken (Gesamtabsorption $\approx 2^m$, Anzahl etwa 0,6 pro 1000 pc) anzunehmen sind. Kdr.

* * **J. Schilt,** The gravitational galactic force and the density of interstellar matter. Vgl. Ref. **12346.**

12520. **A. Schlüter, P. Stumpff,** Die Bewegungen interstellarer Gaswolken. Mitt. AG **1950** 23—24. — Ref. AG.

12521. **H. Schmidt,** Eine Bemerkung zur Frage einer sonnennahen interstellaren Absorption. AN **278** 250—252, mit 2 Abb. — Eine von Charlier festgestellte und von Brill behandelte Abhängigkeit der absoluten Helligkeiten der B-Sterne von der scheinbaren Helligkeit wird neu diskutiert und mit der Existenz einer langgestreckten Dunkelwolke in der Umgebung der Sonne in Zusammenhang gebracht. Verf.

12522. **L. Spitzer jr., I. Epstein, Li Hen,** Equivalent widths of interstellar calcium lines. Ann d'Astrophys **13** 147—163, mit 4 Fig. — Auf Spektren großer Dispersion wurden Äquivalentbreiten der interstellaren Kalziumlinien H und K von **141** Sternen des Spektraltyps O und B gemessen. Bei **44** Sternen war es möglich, Äquivalentbreiten einzelner Komponenten der H- und K-Linie zu ermitteln. Die Arbeit schließt mit einem Vergleich der gemessenen Werte mit den in Victoria und Mt. Wilson gefundenen Äquivalentbreiten sowie den von Adams geschätzten Intensitäten der interstellaren H- und K-Linie. Für die Intensitäten von Adams wird eine Kalibrierungskurve aufgestellt. Micz.

12523. **A. Velghe,** Over de bepaling van afstanden uitgestrektheden en absorpties van donkere melkwegnevels. Ann. Obs. Roy. Belgique (3) **5** Fasc. 3, 69 S. mit 16 Fig. und 2 Tafeln. — Das 1. Kapitel bringt die Grundformeln des Problems der Absorption durch Dunkelwolken und überträgt diese dann von einer auf mehrere Absorptionswolken hintereinander. Das 2. Kap. gibt einen Überblick und eine Diskussion der bisher angewandten Methoden von M. Wolf, A. Pannekoek, C. Schalén, B. J. Bok, und K. G. Malmquist. Im 3. Kap. folgen theoretische Betrachtungen im Vergleich mit den Beobachtungsergebnissen. Ein Kriterium zur Bestimmung der mittleren Entfernung einer symmetrischen Wolke wird gegeben. Schließlich wird eine heterogene Verteilung der absorbierenden Materie untersucht. Im letzten Kapitel wird die eigene Methode als eine Art Verallgemeinerung der Methode von Malmquist zur Lösung des Problems gebracht. Sie macht keinerlei Hypothese über das Gesetz der Sterndichte. Gli.

12524. **C. Warwick,** The effect of irregular absorption on galaxy distribution. Proc. National Acad. Sci. USA **36** 415—423, mit 1 Fig. = Harv Repr Nr. **338.** — Der Einfluß kleiner Dunkelwolken der Milchstraße auf die scheinbare Verteilung der Spiralnebel wird untersucht. Es zeigt sich, daß in hohen Breiten Nebelnester die Verteilung bestimmen. In mittleren Breiten

(± 15° bis ± 30°) deuten die Häufigkeiten der Nebelzahlen auf Absorption; jedoch kann nicht entschieden werden, ob diese gleich- oder ungleichförmig ist. Zum galaktischen Zentrum hin wurde ein größerer Absorptionsbetrag gefunden als zum Antizentrum. Sind kleine Dunkelwolken vorhanden, so kann deren Durchmesser nicht mehr als 15 pc betragen und ihre Absorption nicht viel größer als 0^m05 sein, denn die Streuung der Nebelzahlen unterscheidet sich nicht wesentlich von der bei gleichförmiger Absorption. Schai.

12525. **F. Zwicky,** Intergalactic matter. Experientia **6** 441—445, mit 2 Fig. — Der Begriff «intergalaktische Materie» wird genau definiert. Eine vom Verf. vor längerer Zeit ausgearbeitete Theorie führt zum Resultat, daß solche Materie nicht nur existieren muß, sondern daß die in ihr verkörperte Gesamtmasse im jetzt erforschbaren Teil des Weltalls mit der in den extragalaktischen Nebeln (Sternsystemen) enthaltenen Gesamtmasse vergleichbar ist. Die neuesten mit den großen Schmidt-Teleskopen gemachten Beobachtungen bestätigen diese Voraussagen. Das Auftreten leuchtender intergalaktischer Materie (hauptsächlich Einzelsterne und sehr ausgedehnte Sternschwärme) wurde bis jetzt insbesondere in der weiteren Umgebung unserer Milchstraße, sodann in den großen Räumen zwischen den Mitgliedern kleiner Nebelgruppen und endlich in den ungeheuer ausgedehnten Regionen der großen extragalaktischen Nebelhaufen festgestellt. Anstrengungen, intergalaktische Staub- und Gaswolken zu identifizieren, haben noch keinen bestimmten Erfolg erzielt. Auf Grund der oben erwähnten Entdeckungen wird die mittlere Dichte der Materie in dem uns bekannten Teil des Weltalls auf 10^{-27} bis 10^{-26} Gramm/Kubikzentimeter geschätzt. Verf.

12526. Interstellar matter. Obs **70** 44—46. — Bericht über drei Vorträge von B. Strömgren.

12527. Small dark gaseous globules. Southern Stars **14** 112.

Polarisation

12528. **L. Davis jr.,** The polarization of starlight. Phys. Rev. (2) **78** 84. — Ref. Am. Phys. Soc.

12529. **L. Davis jr., J. L. Greenstein,** The origin of interstellar polarization. AJ **55** 71. — Ref. AAS.

12530. **W. A. Dombrowskij,** Untersuchung der Polarisation des Lichtes der Sterne im Gebiet der Sternassoziation Cepheus I. Berichte Akad. Wiss. armen. Sowjetrepublik **12** Nr. 4 S. 103—110 (russisch).

12531. **J. S. Hall, A. H. Mikesell,** Polarization of light in the galaxy as determined from observations of 551 early-type stars. Publ. US Naval Obs. (2) **17** Part 1 S. 3—62, mit 16 Fig. und 1 Tafel. — Nach genauer Beschreibung der benutzten Instrumente (in der Hauptsache 40 Zoll-Spiegel, rotierendes Nicolprisma als Analysator, Photomultiplier) und Methode werden innere Genauigkeit, systematische Fehler und Farbeffekte diskutiert. Von 551 Sternen meist frühen Typs zwischen 0. und 10. Größe werden Polarisationsgrad in Prozenten und der Positionswinkel der Polarisationsebene gegeben. In einer Figur wird die Verteilung der interstellaren Polarisation in Größe und Richtung (in galaktischen Koordinaten) gezeigt. Ferner untersucht Verf. die Zunahme der Polarisation mit abnehmender scheinbarer Helligkeit, mit wachsendem Farbenexzeß, mit Intensitätszunahme einiger interstellarer Linien und mit wachsender Entfernung. Einige spezielle Sterne und benachbarte Sterne mit gleicher Polarisation werden hervorgehoben. Zum Schluß werden die Regionen auffallend unregelmäßiger Polarisation betrachtet. Gli.

12532. **W. A. Hiltner,** On polarization of radiation by interstellar medium. Phys. Rev. (2) **78** 170—171, mit 2 Fig. — Polarisationsmessungen an BD +62° 643 und +58° 607 bei 4200 bzw. 5500 und 8000 Å ergaben praktisch keine Abhängigkeit des Polarisationsgrades von der Wellenlänge. Loh.

12533. **H. C. van de Hulst,** The amount of polarization by interstellar grains. ApJ **112** 1—5, mit 1 Fig. — Verf. untersucht, ob die neuerdings beobachtete teilweise Polarisation des Lichts weit entfernter Sterne durch Streuung an festen interstellaren Teilchen zu erklären ist. Er findet, daß dies möglich ist, wenn die Teilchen langgestreckte zylinderförmige Gestalt und Durchmesser von der Größenordnung der Lichtwellenlängen haben und die Zylinderachsen auf der galaktischen Ebene senkrecht stehen. Kdr.

12534. **W. Markowitz, J. S. Hall,** Photographic measurements of polarization in the multiple systems β Monocerotis, h Persei, and NGC 1502 (ADS 2984). AJ **55** 175—176. — Ref. AAS.

12535. Polarization theory. Sky and Telescope **9** 115. — Ref. AAS.

§ 126

Radiostrahlung

* * **H. Alfvén, N. Herlofson,** Cosmic radiation and radio stars. Vgl. Ref. 12702.

12601. **J. G. Bolton, G. J. Stanley,** Observations on the variable source of cosmic radio frequency radiation in the constellation of Cygnus. Australian J. Sci. Res. (A) Phys. Sci. **1** 58—69, mit 5 Fig. und 1 Tafel, 1948 = Council Sci. Industrial Res. Division Radiophys. — Beobachtungen von Radiofrequenzstrahlung im Cygnusgebiet führen zur Annahme einer Strahlungsquelle variabler Intensität in einem Gebiet geringer Sterndichte, die mit keinem bekannten Objekt identifiziert werden kann. Behr

12602. **J. G. Bolton, G. J. Stanley,** The position and probable identification of the source of galactic radio-frequency radiation Taurus-A. Australian J. Sci. Res. (A) Phys. Sci. **2** 139—148, mit 3 Fig., 1949 = Council Sci. Industrial Res. Division Radiophys. — Identifikation einer Radiofrequenzstrahlungsquelle im Taurus mit dem Crab-Nebel. Behr

12603. **J. G. Bolton, K. C. Westfold,** Galactic radiation at radio frequencies. I. 100 MC/S. survey. Australian J. Sci. Res. (A) Phys. Sci. **3** 19—33, mit 8 Fig. und 1 Tafel = Council Sci. Industrial Res. Division Radiophys. — Beschreibung einer Radiofrequenzempfangsanlage mit Yagiantenne für 100 MHz. Das Ergebnis einer Untersuchung über die ganze Sphäre von +30° bis −90° Deklination wird in Form von Isophotenkarten mitgeteilt. Behr

12604. **J. G. Bolton, K. C. Westfold,** Galactic radiation at radio frequencies. III. Galactic structure. Australian J. Sci. Res. (A) Phys. Sci. **3** 251—264, mit 10 Fig. = Council Sci. Industrial Res. Division Radiophys. — Aus Radiofrequenzbeobachtungen wird abgeleitet, daß die Sonne in oder in der Nähe eines Spiralarmes des Milchstraßensystems liegen muß. Der Sinn der Rotation ist in Übereinstimmung mit den Theorien von Lindblad und Milne. Behr

12605. **J.-F. Denisse,** Emissions radioélectriques d'origine purement thermique dans les milieux ionisés. J. Physique **11** 164—171, mit 3 Fig. — Die Untersuchung beschränkt sich auf Emissionen rein thermischer Natur, die hauptsächlich bei hyperbolischen Übergängen entstehen. Dazu treten bei Anwesenheit eines magnetischen Feldes noch gyromagnetische Emissionen. Die Form des Emissionskoeffizienten ist allgemeiner als bisher. Loh.

12606. **W. Jahn,** Radio-Astronomie. Sternenwelt 2 49—52, mit 4 Abb.

12607. **K. O. Kiepenheuer,** Cosmic rays as the source of general galactic radio emission. Phys. Rev. (2) **79** 738—739. — Es wird gezeigt, daß durch die Abstrahlung elektromagnetischer Energie energiereicher, in Magnetfeldern interstellarer Wolken kreisender Elektronen die allgemeine kosmische Strahlung der Galaxis eine Hochfrequenzquelle genügender Stärke ist. Loh.

* * **K. O. Kiepenheuer,** Cosmic rays and radio astronomy. Vgl. Ref. **12730.**

* * **M. Laffineur,** Le rayonnement radioélectrique du Soleil et de la voie lactée. Vgl. Ref. **6514.**

12608. **C. G. Little, A. C. B. Lovell,** Origin of the fluctuations in the intensity of radio waves from galactic sources. Jodrell Bank observations. Nature **165** 423—424, mit 2 Fig. = Astr. Contr. Univ. Manchester (2) Jodrell Bank Repr. 1 Nr. 33. — Die beobachteten Intensitätsschwankungen galaktischer Radiosterne dürften nach Beobachtungen in Manchester und Jodrell Bank terrestrisch bedingt und dem Szintillieren der Sterne analog sein. Loh.

12609. **D. H. Menzel, D. J. Crowley,** Point sources of radio noise. Nature **165** 443. — Es wird auf die Möglichkeit aufmerksam gemacht, daß entfernte Kometen in beispielsweise fünfzig astr. Einh. nach Absorption extremer UV- und Röntgenstrahlung der Sonne durch Wiedergabe der Energie im Radiowellengebiet als Radiostrahler in Frage kommen könnten. Diese Auffassung müßte sich empirisch leicht bestätigen oder widerlegen lassen. Loh.

12610. **J. L. Pawsey,** The use of radio waves for astronomical observations. Australian J. Sci. **12** 5—12, mit 5 Fig., 1949 = Commonwealth Sci. Industrial Res. Division Radiophys. — Kurze Beschreibung der astronomischen Beobachtungen, bei denen Gebrauch von Radiofrequenzen gemacht wird. Behr

12611. **G. Reber,** Funkwellen-Astronomie. Phys. Blätter **6** 122—127, mit 2 Abb. — Wiedergabe des in Sci. Amer. **181** Nr. 3 S. 35—40 (AJB **49** Ref. **12608**) gegebenen Berichtes.

12612. **G. Righini,** Radiotrasmissioni celesti. Coelum **18** 34—38, 62—66, mit 6 Fig. — Zusammenfassender Bericht über Radioastronomie.

12613. **G. Righini,** Radioastronomia. Mem SA It (NS) **21** 94—95. — Ref. Soc. Astr. Italiana.

12614. **M. Ryle, A. Hewish,** The effects of the terrestrial ionosphere on the radio waves from discrete sources in the galaxy. MN **110** 381—394, mit 3 Fig. — Die Arbeit befaßt sich mit Intensitätsänderungen diskreter Kurzwellenstrahler in der Milchstraße, soweit sie auf Refraktionsprozesse in der terrestrischen Ionosphäre zurückgeführt werden müssen. Die Verf. haben längere Zeit verschiedene Kurzwellenquellen verfolgt und finden einen ausgeprägten Tagesgang der Störungen. Als Ursache der ionosphärischen Unregelmäßigkeiten scheinen solare Emissionen nicht in Betracht zu kommen. Es wird eine zusätzliche Ionisation durch einfallende interstellare Materie im Gravitationsfeld der Sonne vermutet. Micz.

12615. **M. Ryle, F. G. Smith, B. Elsmore,** A preliminary survey of the radio stars in the northern hemisphere. MN **110** 508—523, mit 5 Fig. — Eine Durchmusterung des nördlichen Himmels mit Funkmeßgeräten im Meterwellenbereich, zumeist bei 3,7 m Wellenlänge, führte zur Lokalisierung von 50 diskreten Strahlern («Radiosterne»). Ihre Strahlungsintensität überdeckt einen Bereich von zirka $7^m_.5$. Durch Verwendung einer nach dem Interferometer-prinzip arbeitenden Antenne konnte ihre Position zum Teil bis auf ±5′ genau bestimmt werden. Im Gegensatz zu der allgemeinen Hintergrundstrahlung zeigen sie keine Konzentration zur galaktischen Ebene. Offenbar befinden sie sich außerhalb des Milchstraßensystems oder in der nächsten Sonnenumgebung. Anzeichen, daß einige in den nächsten extragalaktischen Nebeln zu suchen sind, bestehen. Die Mehrzahl dürfte jedoch in der Galaxis liegen. Es wird abgeschätzt, daß ihre Häufigkeit der der visuellen Sterne ungefähr entspricht. Eine Identifizierung der Radiosterne mit visuellen Objekten gelang jedoch nicht. Sie werden daher als eine neue Art bisher nicht bekannter Himmelskörper angesehen, die bei starker Kurzwellenstrahlung nur geringe visuelle Intensität aufweisen. Micz.

12616. **I. S. Schklowskij,** Über die Möglichkeit einer Entfernungsbestimmung der Punktquellen der galaktischen Radiostrahlung. DAN **73** 479—481 (russisch).

12617. **F. G. Smith,** Origin of the fluctuations in the intensity of radio waves from galactic sources. Cambridge observations. Nature **165** 422—423, mit 4 Fig. — Die Ursache der beobachteten Intensitätsschwankungen von Radiosternen dürfte nicht allein in diesen selbst zu suchen sein, sondern zu einem gewissen Teil auch noch in atmosphärischen Beugungsanomalien. Loh.

12618. **G. J. Stanley, O. B. Slee,** Galactic radiation at radio frequencies. II. The discrete sources. Australian J. Sci. Res. (A) Phys. Sci. **3** 234—250, mit 9 Fig. und 1 Tafel = Council Sci. Industrial Res. Division Radiophys. — Beschreibung einer Anordnung zur Untersuchung diskreter Radiofrequenzstrahlungsquellen. Die Beobachtung ermöglichte die Identifizierung zweier Strahlungsquellen mit dem Crab-Nebel bzw. NGC 5128. Strahlungsquellen mit variabler Intensität werden diskutiert. Die Veränderlichkeit wird wahrscheinlich durch Störungen in der Ionosphäre vorgetäuscht. Behr

12619. **O. Struve,** Fremskridt i radio-astronomi. NAT **1950** 41—53, mit 9 Fig. — Von J. M. Vinter Hansen besorgte Übersetzung aus Sky and Telescope **9** 27—30, 55—56. Vgl. AJB **49** Ref. **12614** und **50** Ref. **12620**.

12620. **O. Struve,** Progress in radio astronomy — II. Sky and Telescope **9** 55—56, mit 4 Fig. — Zusammenfassender Bericht.

* * **M. Waldmeier,** Radioastronomie. Vgl. Ref. **6529**.

12621. **P. Wilker,** Radio-Astronomie. Orion Schaffhausen **3** 141—146, mit 1 Abb.

12622. **R. E. Williamson,** Concerning the source of galactic radio noise. J RAS Canada **44** 12—16, mit 1 Fig. = Commun. David Dunlap Obs. Nr. **23**.

§ 127

Kosmische Strahlung

12701. **H. Alfvén,** On the solar origin of cosmic radiation. II. Phys. Rev. (2) **77** 375—379, mit 3 Fig. — Die Theorie von Teller und Richtmyer über den Ursprung der kosmischen Strahlung wird diskutiert. Es wird gefunden, daß das magnetische Feld («trapping field»), welches sie postulieren, um die Isotropie der kosmischen Strahlung zu erklären, toroidal sein muß und eine Ausdehnung von etwa 0.1 Lichtjahren haben muß. Ein derartiges Feld kann durch die Bewegung des Sonnensystems relativ zu interstellarer Materie erzeugt werden. Die Theorie gibt das Energiespektrum und die Totalintensität der kosmischen Strahlung. Verf. (übersetzt)

12702. **H. Alfvén, N. Herlofson,** Cosmic radiation and radio stars. Phys. Rev. (2) **78** 616. — Es wird vermutet, daß die Emissionen der Radiosterne von Elektronen der kosmischen Strahlung erzeugt werden, die sich im «trapping field» solcher Sterne bewegen. Am ehesten kämen Sterne in Dunkelwolken dafür in Frage. Loh.

12703. **J. A. van Allen, S. F. Singer,** On the primary cosmic-ray spectrum. Phys. Rev. (2) **78** 819, mit einer Berichtigung in **80** 116. — Ref. in Phys. Ber. **30** 522.

12704. **J. A. van Allen, A. V. Gangnes,** On the azimuthal asymmetry of cosmic-ray intensity above the atmosphere at the geomagnetic equator. Phys. Rev. (2) **79** 51—53, mit 3 Fig. — Mit Hilfe von Geiger-Müller-Zählrohrteleskopen in einer in große Höhen aufgestiegenen Aerobee-Rakete am geomagnetischen Äquator wurde die Azimutasymmetrie der Intensität der kosmischen Strahlung oberhalb der Atmosphäre untersucht. Die in Verbindung mit kürzlich berichteten Vertikalintensitäten und spezifischen Ionisationen bei $\lambda = 0°$ und $\lambda = 41°$ N erhaltenen Resultate sind mit der Hypothese verträglich, daß die meisten der Primärteilchen Protonen sind, deren spektrale Verteilung von der Form $dN = KE^{-1.9}\,dE$ im Energiebereich zwischen 5 und 23 Bev ist. Verf. (übersetzt)

12705. **J. A. van Allen, S. F. Singer,** Total primary cosmic-ray energy at the geomagnetic equator. Phys. Rev. (2) **79** 206. — Ref. in Phys. Ber. **30** 522.

12706. **J. A. van Allen, S. F. Singer,** On the primary cosmic-ray spectrum. Phys. Rev. (2) **80** 133. — Ref. Am. Phys. Soc.

12707. **R. A. Alpher,** Theoretical geomagnetic effects in cosmic radiation. J. Geophys. Res. **55** 437—471, mit 8 Fig. — Nach einem kurzen Überblick über die Theorie des Einflusses des Magnetfeldes der Erde auf die kosmische Strahlung werden einige grundlegende theoretische Beziehungen, um ihre Anwendung bei Experimentaluntersuchungen der kosmischen Strahlung zu erleichtern, in graphischer Form ausgewertet. Kdr.

12708. **A. Amerio,** Sulle origini dei raggi cosmici. Rend. Accad. Nazionale Lincei Cl. Sci. fis. mat. nat. (8) **9** 9—15. — Der Ursprung der kosmischen Strahlung ist in den Sternen mit hoher Temperatur und großem Radius zu suchen. Die von ihnen ausgestoßenen Korpuskeln werden durch den eigenen oder fremden Strahlungsdruck so stark beschleunigt, daß die beobachteten Energien der Partikel der kosmischen Strahlung erklärt werden können. F. Z.

12709. **P. Auger,** Die kosmischen Strahlen. Bern, Verlag A. Francke. Preis Fr. 5.80. — Besprechung in Orion Schaffhausen **3** 139.

12710. **E. Bagge,** Ursprung und Eigenschaften der kosmischen Strahlung. Ergebnisse der exakten Naturwissenschaften **22** 202—262, mit 41 Abb., 1949.

12711. **E. Bagge,** Über den Ursprung der kosmischen Strahlung. Z. angew. Phys. **2** 462—472. — Ref. in Phys. Ber. **30** 673.

* * **P. M. S. Blackett, A. C. B. Lovell,** Radio echoes and cosmic ray showers. Vgl. Ref. 7284.

12712. **H. L. Bradt, B. Peters,** The heavy nuclei of the primary cosmic radiation. Phys. Rev. (2) **77** 54—70, mit 14 Fig. — In den geomagnetischen Breiten 55° und 30° N wurde der Fluß der primären kosmischen Strahlen untersucht, die schwerer als Protonen sind. Es wird gezeigt, daß bei $\lambda = 30°$ wenigstens die Hälfte der eingefallenen Nukleonen und ein merklicher Bruchteil der eingefallenen Energie der kosmischen Strahlen der schweren Komponente zuzuschreiben ist. In beiden Breiten wurde die Häufigkeitsverteilung bestimmt. Das Verhältnis der Kernflüsse H : He : C, N, O : (Kerne mit $Z > 10$) ist angenähert durch 4000 : 1000 : 35 : 10 gegeben. Die mögliche Bedeutung dieser Ergebnisse für die Theorien der Herkunft der kosmischen Strahlung wird diskutiert. Verf. (übersetzt)

12713. **H. L. Bradt, B. Peters,** Abundance of Lithium, Beryllium, Boron, and other light nuclei in the primary cosmic radiation and the problem of cosmic-ray origin. Phys. Rev. (2) **80** 943—953, mit 4 Fig. — Nach Beobachtungen in 30° geomagnetischer Breite fehlen Li-, Be- und B-Kerne in der primären kosmischen Strahlung fast oder völlig. Da aber Kernteilungen energiereicher schwerer Ionen häufig zu Bruchstücken zwischen $3 \leq Z \leq 5$ führen, wird geschlossen, daß die meisten schweren primären Kerne keine Zusammenstöße in der Zeit zwischen ihrer Beschleunigung und ihrer Ankunft erleiden. Abschließend wird auf Schwierigkeiten hingewiesen, die sich Theorien entgegenstellen, nach denen die kosmische Strahlung galaktischen Ursprungs ist. Loh.

12714. **J. W. Broxon, H. W. Boehmer,** Cosmic-ray intensity following a solar flare. Phys. Rev. (2) **78** 411—414, mit 1 Fig. — Bericht über Messungen vom 10. bis 15. Mai 1949.

12715. **N. B. Cacciapuoti,** Origine della radiazione cosmica. Pubbl. Fac. Sci. Ing. Univ. Trieste (A) Nr. **34,** 7 S.

* * **J. Clay, H. F. Jongen,** The solar flare of November 19, 1949 and cosmic rays. Vgl. Ref. **6637.**

12716. **C. L. Critchfield, E. P. Ney, S. Oleksa,** The electrons in cosmic rays. Phys. Rev. (2) **79** 402—403. — Eine Durchprüfung 1625 willkürlich herausgegriffener, in 20 g/cm² atmosphärischer Tiefe aufgenommener Nebelkammeraufnahmen läßt es als unwahrscheinlich erscheinen, daß Luftschauer von primären Elektronen erzeugt werden. Loh.

12717. **D. W. N. Dolbear, H. Elliot,** Cosmic rays and the magnetic field of the sun. Nature **165** 353—354. — Nach Zählrohrmessungen im Flugzeug in 30000 englischen Fuß Höhe erscheint es unwahrscheinlich, daß die Unstetigkeit des Breiteneffektes in 50° Breite der Einwirkung des solaren Magnetfeldes zu verdanken ist. Loh.

12718. **K. Dwight,** Solar magnetic moment and diurnal variation in intensity of cosmic radiation. Phys. Rev. (2) **78** 40—49, mit 27 Fig. — Für zwei verschiedene Werte des solaren magnetischen Moments und verschiedene Beobachtungsbreiten berechnet Verf. die tägliche Variation für den speziellen Fall, daß die Primärteilchen senkrecht zur Erdoberfläche einfallen. Da sich die Variationsphase als sehr empfindlich gegenüber dem Dipolmoment der Sonne erweist, ist zu hoffen, daß Messungen der täglichen Variation die Frage nach der Existenz und der Größe eines permanenten solaren magnetischen Moments beantworten werden. Loh.

12719. **A. Ehmert,** Über den Ursprung der kosmischen Ultrastrahlung. Phys. Blätter **6** 206—217, mit 2 Abb. — Inhalt: Experimentelle Schwierigkeiten. Ultrastrahlung von der Sonne. Woher kommt die kosmische Ultrastrahlung? Was ist darüber experimentell bekannt? Die Hypothese vom solaren Ursprung. Die galaktische Hypothese.

12720. **H. Elliot, D. W. N. Dolbear,** Directional measurements of the diurnal variation of cosmic-ray intensity. Proc. Phys. Soc. (A) **63** 137—144, mit 8 Fig. — Verf. haben in Manchester mittels zwei gleicher Anordnungen von Geiger-Müller-Zählern, die um 45° von der Vertikalen nach Süden und Norden geneigt waren, die tägliche Variation der kosmischen Strahlungsintensität an 360 Tagen gemessen. Weil sich die Ergebnisse jedoch in beiden Richtungen unterscheiden, wird wegen sonst gleicher Bedingungen geschlossen, daß wenigstens ein Teil der Variation Einflüssen zugeschrieben werden muß, die außerhalb der Erdatmosphäre wirksam sind. Wahrscheinlich ist der Unterschied einer siderischen Komponente der primären kosmischen Strahlung zu verdanken, deren Richtung und Intensität durch ein solares Magnetfeld abgeändert werden. Loh.

12721. **C. Y. Fan,** On the origin of the cosmic radiation. Phys. Rev. (2) **79** 912—913, mit 1 Fig. — Auf Grund der Form des Energiespektrums der Protonen der kosmischen Strahlung könnte es sein, daß die Mehrheit der Protonen aus dem galaktischen Kern stammt. Loh.

12722/23. **S. E. Forbush, T. B. Stinchcomb, M. Schein,** On the extraordinary increase of cosmic-ray intensity on November 19, 1949. Phys. Rev. (2) **78** 323. — Ref. in Phys. Ber. **29** 1547.

12724. **P. J. D. Gething,** A critical examination of the gravitational theory of the origin of cosmic rays. Proc. Roy. Soc. (A) **204** 278—294. — Nach einer kurzen Erörterung verschiedener Hypothesen über die Entstehung der kosmischen Strahlung behandelt Verf. eingehend und kritisch die durch Einführung einer anderen Zeitskala modifizierte und vereinfachte Milnesche Hypothese, die sich mit den Beobachtungsunterlagen als durchaus verträglich erweist. Loh.

12725. **L. Goldfarb, H. L. Bradt, B. Peters,** Primary helium flux in cosmic radiation. Phys. Rev. (2) **77** 751. — Ref. Am. Phys. Soc.

12726. **Hoang Tchang-Fong,** Sur les noyaux lourds primaires du rayonnement cosmique. Ann. Physique (12) **5** 537—595, mit 26 Fig. — Die Häufigkeit schwerer Primärteilchen wurde unter Verwendung von 24 Ilford G5-Kernplatten mittels Ballonsonden in 22 km Höhe untersucht. Der Kernfluß ist für $Z > 2$ etwa ein Hundertstel des Protonenflusses. Von diesen Kernen gehören mehr als die Hälfte zur C-N-O-Gruppe. Das Z-Spektrum reicht wenig über $Z = 26$. Die freie Weglänge der schweren Kerne in der Atmosphäre beträgt etwa 35 g/cm^2. Loh.

12727. **Hoang Tchang-Fong,** Spectre des noyaux lourds du rayonnement cosmique primaire à 22 km. CR **230** 292—294, mit 2 Fig. — Aus 123 Spuren von schweren Kernen der primären Höhenstrahlung in 22 km Höhe wurde die Verteilung der Kernladungszahlen abgeleitet. Eine Trennung der einzelnen Elemente voneinander war nicht möglich. Doch ergab sich bei Zusammenfassung der Elemente in drei Gruppen eine befriedigende Übereinstimmung mit der von Unsöld bei τ Scorpii gefundenen Elementenverteilung. Kdr.

12728. **R. E. Holzer,** Cosmic radiation and the maintenance of a potential gradient in the atmosphere. Phys. Rev. (2) **77** 846. — Der von Korff vertretene Mechanismus (vgl. Ref. **12731**) gilt nicht in den untersten Atmosphärenschichten.

* * **K. O. Kiepenheuer,** Cosmic rays as the source of general galactic radio emission. Vgl. Ref. **12607**.

12729. **K. O. Kiepenheuer,** On the origin of the cosmic radiation from the sun. Phys. Rev. (2) **78** 809—810.

12730. **K. O. Kiepenheuer,** Cosmic rays and radio astronomy. AJ **55** 172—173. — Ref. AAS.

12731. **S. A. Korff,** Cosmic radiation and the maintenance of a potential gradient in the atmosphere. Phys. Rev. (2) **77** 144. — Es wird darauf hingewiesen, daß der Einfall der zumeist positiv geladenen Primärteilchen und deren Nachfolgeprozesse nicht ohne Einfluß auf die Ausbildung und Aufrechterhaltung eines atmosphärischen Potentialgefälles sind. Loh.

12732. **B. Kwal,** Pertes d'énergie des particules chargées rapides dans un milieu complètement ionisé (plasma ionique). Application au rayonnement cosmique cheminant dans l'espace interstellaire. CR **230** 1662—1664. — An Hand einer Formel von Bethe, die für die Verhältnisse in einem Plasma etwas modifiziert wurde, berechnet Verf. die Energieverluste, die die schnellen Protonen der Höhenstrahlung beim Durchgang durch das interstellare Gas erleiden. Die Ergebnisse lassen die Fermische Theorie für den Ursprung der Höhenstrahlung (vgl. AJB **49** Ref. 12712) in ihrer gegenwärtigen Form als nicht annehmbar erscheinen. Kdr.

12733. **J. J. Lord, M. Schein,** A fluctuation of the nuclear disintegration rate in photographic emulsions exposed in the stratosphere following a solar flare. Phys. Rev. (2) **78** 321. — Ref. in Phys. Ber. **29** 1547.

12734. **J. J. Lord, M. Schein,** The intensity of primary heavy nuclei in the stratosphere at night. Phys. Rev. (2) **78** 484—486, mit 3 Fig. — Bei zwei Tages- und zwei Nachtaufstiegen zwischen Juli und November 1949 wurden Ilford G-5 Kernplatten mit Ballons in Höhen zwischen 10 und 64 mm Hg gebracht. Die Auswertung ergab für Protonen und α-Teilchen keine merkliche tägliche Variation der Strahlungsintensität; für schwere Teilchen aber war sie beträchtlich. Die Tagesintensität betrug etwa das Doppelte bis Dreifache der Nachtintensität. Loh.

12735. **J. J. Lord, A. W. Elston, M. Schein,** A large fluctuation in the rate of production of nuclear disintegrations following a solar flare. Phys. Rev. (2) **79** 540, mit 1 Fig. — Am 11. Mai 1949, etwa 23^h nach dem Auftreten des großen Flare auf der Sonne, ergaben Messungen während eines Ballonaufstieges bis zu 95000 amerikanischen Fuß Höhe eine erhöhte Intensität der kosmischen Strahlung für Kerne mit der Atomnummer < 10; für solche mit Atomnummern > 10 fand man jedoch die normale Häufigkeit. Loh.

12736. **J. J. Lord, M. Schein,** Diurnal variation of primary cosmic-ray heavy nuclei. Phys. Rev. (2) **80** 304—305, mit 1 Fig.

12737. **A. C. B. Lovell,** Cosmic rays and their origin. Endeavour **5** 74, 1946 = Astr. Contr. Univ. Manchester (2) Jodrell Bank Repr. **1** Nr. 2.

12738. **E. M. McMillan,** The origin of cosmic rays. Phys. Rev. (2) **79** 498—501. — Die Idee von Menzel und Salisbury (Nucleonics **2** Nr. 4 S. 67, 1948) über den Ursprung der kosmischen Strahlung wird erweitert und einige ihrer möglichen Konsequenzen mehr im einzelnen ausgearbeitet. Es wird der Schluß gezogen, daß niederfrequente elektromagnetische Wellen (ein paar Hertz) in begrenzten Gebieten nahe dem äußeren Rand der Sonnenkorona existieren dürften und Ionen auf die Energien der kosmischen Strahlung beschleunigen könnten. Es wird ein Versuch gemacht, sowohl die «gewöhnliche» kosmische Strahlung als auch die Intensitätsanstiege nach chromosphärischen Eruptionen auf Grund der Wirkung dieser Wellen zu erklären. Verf. (übersetzt)

12739. **D. J. X. Montgomery,** Cosmic-Ray Physics. Based on lectures given by Marcel Schein at Princeton University, with special contributions by S. Kusaka and N. Arley. Princeton, N. J., Princeton University Press; London, Oxford University Press, 1949. 8 + 370 S. mit 95 Fig. und 19 Tafeln. Preis 40 s. net.— Besprechung in J. Atmosph. Terr. Phys. **1** 63 (J. G. Wilson), Nature **165** 945—946 (G. D. Rochester), Proc. Phys. Soc. (A) **63** 1049 (T. E. Cranshaw).

12740. **B. Peters, H. L. Bradt,** On the abundance of light nuclei (Li to Si) in the primary cosmic radiation. Phys. Rev. (2) **80** 133—134. — Ref. Am. Phys. Soc.

12741. **V. Petržílka,** Kosmische Strahlung. Rozhledy mat.-přír. **30** 67—78, 100—106, 129—132, mit 24 Fig. (tschechisch). — Bericht über die neuen Erkenntnisse über die kosmische Strahlung. J. B.

12742. **M. A. Pomerantz,** The increase in the primary cosmic-ray intensity at high latitudes, and the non-existence of a detectable permanent solar magnetic field. Phys. Rev. (2) **77** 830—837, mit 4 Fig. — Die Intensitäten der primären kosmischen Strahlung in Churchill, Manitoba (69° geom. N), and Swarthmore, Pennsylvania (52° geom. N), wurden miteinander verglichen. Die mit einer Zählrohranlage in Vierfachkoinzidenzschaltung durchgeführten Messungen ergeben ein Anwachsen in der nördlicheren Station durch die Anwesenheit von Teilchen mit Energien, die bei Annahme eines merklichen solaren Magnetfeldes unterhalb der Abschneideenergie liegen. Das Dipolmoment der Sonne mußte also kleiner als 0.6×10^{33} Gauß cm^3 gewesen sein. Loh.

12743. **M. A. Pomerantz,** The increase in the primary cosmic-ray intensity at high latitudes, and the non-existence of a detectable permanent solar magnetic field. Phys. Rev. (2) **78** 325. — Ref. Am. Phys. Soc.

* * **E. G. v. Roka,** Über einen indirekten Einfluß der Sonnenaktivität auf die Intensität der kosmischen Strahlung. Theorie der 27-Tage-Variation, Existenz und Theorie einer solaren 11-Jahre-Welle der kosmischen Strahlung. Vgl. Ref. **6326**.

12744. **D. C. Rose,** On the sudden increase in cosmic-ray intensity on November 19, 1949. Phys. Rev. (2) **78** 181—182, mit 1 Fig. — Beschreibung der Beobachtungen in Ottawa und Resolute. Der Intensitätsabfall wurde vom Einsetzen eines magnetischen Sturms begleitet. Ein zweiter Anstieg wurde am 29. November beobachtet. Loh.

12745. **S. F. Singer, J. A. van Allen,** The knee in the primary cosmic-ray spectrum. Phys. Rev. (2) **80** 133. — Ref. Am. Phys. Soc.

12746. **E. Thys,** Enkele bibliografische aantekeningen betreffende de kosmische straling. Heelal **6** April—Mei, Umschlagseite S. 3—4.

12747. **M. S. Vallarta,** On the energy spectrum of heavy nuclei in primary cosmic radiation. Phys. Rev. (2) **77** 419—420. — Aus den geomagnetischen Abschneideenergien in 30° und 55° N geomagnetischer Breite ergibt sich nach einem von Verf. und anderen in Phys. Rev. **71** 393, 1947 entwickelten Verfahren der Exponent des Energiespektrums K/E^{γ} im Intervall $2 \leq Z \leq 20$ zu $\gamma = 1.55$. Loh.

* * **B. Wolfe, P. McR. Routly, A. S. Wightman, L. Spitzer jr.,** The acceleration of dust grains by supernovae. Ref. **11360**.

12748. **H. Yagoda, H. G. de Carvalho, N. Kaplan,** Stars and heavy primaries recorded during a V-2 rocket flight. Phys. Rev. (2) **78** 765—767, mit 3 Fig. — Nach den nur als vorläufig zu betrachtenden Messungen während eines Aufstiegs am 29. 9. 1949 bis in 151 km Höhe ist der Fluß der schweren Teilchen ($Z > 6$) von derselben Größenordnung wie nach Messungen von anderer Seite in 28 km Höhe. Loh.

12749. **Beobachtungen der kosmischen Strahlung**
Veröff. Fraunhofer-Inst. Sonnen-Zirkular 1950 Jan.—Sept., 290 S. mit Abb.
A. Behr.

Vierzehnter Teil

Geodäsie. Nautik

§ 130

Berichte, Höhere Geodäsie, Kartographie, Allgemeines

13001. **C. F. Baeschlin,** Lehrbuch der Geodäsie. Zürich, Orell Füssli Verlag. 892 S. mit 118 Fig. und 10 Abb. auf Tafeln. Preis Fr. 65.— Besprechung in ZfA **28** 79—80 (K. H. Weise).

* * **J. F. Cox,** Eléments d'Astronomie et de Géodésie. Vgl. Ref. 508.

13002. **E. Gigas, K. Levasseur, H. Wolf,** Das Zentraleuropäische Dreiecksnetz. Grundlagen. Vgl. AJB **49** Ref. 13002. — Besprechung in AN **278** 278.

13003. **P. Kulikowskij,** Die erste Breitenkonferenz. Astr Circ UdSSR Nr. 95 S. 9—10 (russisch). — Konferenz in Moskau vom 16.—17. November 1949.

13004. **G. H. Menzies,** Land surveying. MN ASSA **9** 25—30.

13005. **P. S. Sakatow,** Lehrbuch der höheren Geodäsie. Sphäroidische Geodäsie mit den Grundlagen der Gravimetrie und praktischen Astronomie. Moskau, Verlag für geodätische und kartographische Literatur, 1950. 392 S. mit 162 Abb. Preis 17 R. (russisch).

13006. **H. Wolf,** Beiträge zur Ausgleichung astronomisch-geodätischer Netze unter besonderer Berücksichtigung des Zentraleuropäischen Netzes. Vgl. AJB **49** Ref. 13011. — Besprechung in AN **278** 279 (W. Jenne).

13007. **H. Wolf,** Numerische Untersuchungen zur astronomisch-geodätischen Netzausgleichung. AN **278** 133—136. — An einem einfachen Beispiel mit fünf astronomischen Stationen werden verschiedene Verfahren durchgerechnet und die Ergebnisse einander gegenübergestellt, um die Brauchbarkeit des vom Verf. angegebenen Iterationsverfahrens (AJB **48** Ref. 13009) zur Diskussion zu stellen. Verf.

13008. **H. Wolf,** Die strenge Ausgleichung großer astronomisch-geodätischer Netze mittels schrittweiser Annäherung. Veröff. Inst. Erdmessung **7,** 124 S. mit 20 Tafeln.

13009. Beretning om Norges Geografiske Oppmålings Virksomhet i Aret 1949. Oslo, C. P. Mordt & Söns Boktrykkeri, 1950. 43 S.

13010. Die Hauptausgleichung des zentraleuropäischen Netzes. Veröff. Inst. Erdmessung **5,** 210 S. Mit Arbeiten von G. Straßer, H. Wolf und G. Mulert.

13011. Beiträge zur astronomischen Geodäsie. Veröff. Inst. Erdmessung **12,** 166 S. mit Arbeiten von H. U. Sandig, H. Wolf, J. Hopmann. Im Anhang: Tafeln zur Berechnung von Präzession und Nutation.

13012. The nautical mile. Sky and Telescope **9** 249.

§ 131

Erdfigur, Erdrotation, Schwerkraft, Massenverteilung

13101. **A. Bilimovitch,** Sur la variation saisonnière de la rotation de la Terre. CR **231** 1034—1036. — Der größere Teil des Betrages der saisonalen Schwankungen der Erdrotation muß durch meteorologische Massenverlagerungen erklärt werden. Dabei liefern die freien Massen (Luft, Wasser der Ozeane) nur einen geringen Beitrag; jedoch reichen die zeitweise gebundenen Massen aus, insbesondere die im Verlauf des Jahres veränderlichen Eismassen der Antarktis sowie die im Vegetationskreislauf auftretenden Wassermassen, Schwankungen in der Tageslänge von 0ˢ001 hervorzubringen. T. L.

13102. **G. Boaga,** Livellazione astronomica lungo il parallelo 45° fra Torino e Pola. Rend. Accad. Nazionale Lincei, Cl. Sci. fis., mat., nat. (8) **8** 179—183. — Bestimmungen der Abweichungen des Geoids vom Ellipsoid längs des Parallelkreises von 45° Breite zwischen Turin und Pola. F. Z.

13103. **H. Bucka,** Zwei einfache Vorlesungsversuche zum Nachweis der Erddrehung. II. Teil. Z. Physik **128** 104—107.

* * **K. E. Bullen,** Venus and the Earth's inner core. Vgl. Ref. **7110.**

13104. **F. H. van den Dungen, J. F. Cox, J. van Mieghem,** Sur les fluctuations saisonnières de la rotation du globe terrestre. Acad. royale Belgique Bull. Cl. Sci. (5) **36,** 15 S. mit 4 Fig. = Inst. Astr. Bruxelles (2) Nr. **55.** — Ref. in Ann. Françaises Chronométrie **20** 456. — Die frühere Arbeit der Verf. über den Zusammenhang zwischen dem Verlauf der Luftdruckverteilung auf der Erde und den saisonalen Schwankungen der Erdrotation wird durch die Untersuchung der jahreszeitlichen Änderungen der Impulsmomente der Atmosphäre und der festen Erde vervollständigt. Dabei werden die früheren Resultate bestätigt und Übereinstimmung mit dem Verlauf der beobachteten Rotationsschwankungen gefunden. T. L.

13105. **H. F. Finch,** On a periodic fluctuation in the length of the day. MN **110** 3—14, mit 4 Fig. — Besprechung in Ann. Françaises Chronométrie **20** 449, Nature **166** 684—685. — In den Gängen einiger Quarzuhren des Greenwicher Zeitdienstes während der Jahre 1943—1947 und 1948/49 wird eine Schwankung mit jährlicher Periode und mit einer Amplitude der Größenordnung ± 0ˢ001 pro Tag nachgewiesen. Im Frühling scheinen die Uhren schneller, im Herbst langsamer zu gehen, was einer Verzögerung bzw. Beschleunigung der Erdrotation zugeschrieben wird. Die Ergebnisse für beide Zeiträume stimmen unter sich und mit denjenigen anderer Autoren gut überein. Kdr.

13106. **J. de Graaff-Hunter,** Deflections of the Vertical. Obs **70** 34—35. — Erwiderung auf die Diskussion in Obs **69** 21—24, AJB **49** Ref. **13126.**

13107. **J. Hopmann,** Über die gravimetrische und astronomische Bestimmung von Lotabweichungen und ihre Auswirkung auf trigonometrische Netze. Veröff. Inst. Erdmessung **12** 75—125, mit 9 Fig. — Die ersten beiden Abschnitte enthalten den Versuch, aus den Karten von Tanni die Komponenten der Lotabweichungen für Potsdam (Helmert-Turm) abzuleiten, sowie eine Betrachtung über den Einfluß von Lotabweichungen auf Triangulationen. Der dritte Abschnitt befaßt sich mit den Möglichkeiten der «kosmischen Triangulation», d. h. der Bestimmung der Erdfigur und damit absoluter Lotabweichungen durch Beobachtungen des Mondes. Den in Frage kommenden Verfahren liegen Beobachtungen von Sonnenfinsternissen und Sternbedeckungen sowie direkte Positionsbestimmungen des Mondes im Anschluß an benachbarte Sterne zugrunde. Die Schwierigkeiten liegen weniger in der Unkenntnis über die Mondfigur und der Unsicherheit der Mondephemeriden, als in der augenblicklich noch unbefriedigenden Berücksichtigung des Mondprofils. Für Positionsbestimmungen einzelner Mondkrater sind die Verhältnisse in Anbetracht der zu wenig gesicherten Mondtopographie nicht günstiger, sodaß Verf. vorerst die Aussichten für eine erfolgreiche kosmische Triangulation für gering hält. Im Anhang wird auf eine einfache Theorie der Lateralrefraktion aufmerksam gemacht. T. L.

13108. **A. A. Isotow,** Form und Ausmaße der Erde nach modernen Unterlagen. Publ. (Trudy) des zentralen Forschungsinstituts für Geodäsie, Luftbildaufnahme und Kartographie der UdSSR Nr. **73**, 204 S. (russisch).

13109. **H. Jeffreys,** Dimensions of the Earth and the value of gravity. BA **15** 191—194. Vgl. Ref. **3134** S. 29—32. — Verf. hat für die Dimensionen der Erde und die Schwerebeschleunigung neue Werte abgeleitet; für ihre weitere Verbesserung wäre eine gleichmäßige Verteilung der Stationen über die Erde wünschenswert. Anschließend werden neue Werte für die Mondmasse und die Konstanten der Librationen gegeben, während eine Verbesserung der Theorie der Nutation in Bearbeitung ist. T. L.

13110. **H. Jeffreys,** Dynamic effects of a liquid core (II). MN **110** 460—466. — Vgl. AJB **49** Ref. **13109**. — Nach einer Näherungsmethode werden die Auswirkungen von Dichtedifferenzen im Erdkern auf die Eulerschen und erzwungenen Nutationen untersucht und als denen eines homogenen Kerns mit denselben Trägheitsmomenten gleichwertig nachgewiesen. Kdr.

13111. **M. Laurent,** Sur les fluctuations de période annuelle de la rotation de la Terre. Acad. royale Belgique, Bull. Cl. Sci. (5) **36** 138—147 = Inst. Astr. Bruxelles (2) Nr. **54**. — Ref. in Ann. Françaises Chronométrie **20** 452. — Für Untersuchungen über die Ursachen der saisonalen Rotationsschwankungen der Erde sind nach den Karten von Napier Shaw Tafeln der Luftdruckverteilung in den einzelnen Monaten gegeben, ferner der entsprechende Verlauf des Trägheitsmomentes der gesamten Atmosphäre sowie der Luftschichten über dem Festland. In diesen Zahlenwerten ist eine jahreszeitliche Fluktuation ausgeprägt. T. L.

13112. **P. J. Melchior,** Sur l'influence de la loi de répartition des densités à l'intérieur de la terre dans les variations luni-solaires de la gravité en un point. Geofisica pura ed applicata **16** Fasc. 3—4, 8 S. mit 1 Fig. = Commun. Obs. Roy. Belgique Nr. **19**. — Die Beobachtungen der lunisolaren Schwereschwankungen ergeben keine übereinstimmenden Werte für den mit dem Elastizitätsmodul der Erde zusammenhängenden Faktor δ. Es wird hier theoretisch abgeleitet, daß δ für eine zum Erdinnern hin zunehmende Dichte > 1 sein muß, speziell auch für die bei der numerischen Durchrechnung angewandte Dichteverteilung nach Bullen. Andererseits besteht ein einfacher Zusammenhang zwischen δ und einem aus den Beobachtungen der Lotabweichungen erhaltenen Faktor γ. Diese Beobachtungen können jedoch nicht zur Ableitung des Elastizitätsmoduls der Erde benutzt werden, da hier die Schwankungen der Chandlerschen Periode berücksichtigt werden müssen. T. L.

13113. **N. F. Nekljudowa,** Über eine Methode zur Bestimmung der Erdfigur. BIA **4** 408—413 (russisch). — Ref. in Math. Rev. **12** 542.

13114. **N. F. Nekljudowa,** Über die Figur der regularisierten und nichtregularisierten Erde. Publ. Astr. Obs. Lenin-Staatsuniv. Kasan Nr. **31** S. 45—53 (russisch).

13115. **E. J. Öpik,** Seasonal variation in the rate of rotation of the earth. Irish AJ **1** 128—130.

13116. **D. W. Sagrebin,** Die Unterschiede der Hauptträgheitsmomente der dreiachsigen Erde. BIA **4** 390—401 (russisch). — Ref. in Math. Rev. **12** 550.

13117. **D. W. Sagrebin,** Bestimmung der Ondulationen des Geoids unter Berücksichtigung der Glieder von der Ordnung der Kompression des Erdellipsoids. BIA **4** 402—407 (russisch). — Ref. in Math. Rev. **12** 542.

13118. **A. Scheibe,** Die Änderung der Drehgeschwindigkeit der Erde nach den Messungen an den PTR-Quarzuhren. Mitt. AG **1950** 25—28, mit 4 Abb. — Ref. AG.

* * **A. Scheibe, U. Adelsberger,** Die Gangleistungen der PTR-Quarzuhren und die jährliche Schwankung der astronomischen Tageslänge. Vgl. Ref. **2336**.

13119. **N. Sekiguchi,** Motions of the rotation axis of the elastic earth relative to the earth's body and to the space. Publ. Astr. Soc. Japan **2** 74—82. — Es wird die Theorie der Rotation der elastischen Erde entwickelt. Nach Integration der Bewegungsgleichungen werden die Korrektionen abgeleitet, welche auf Grund der Elastizität der Erde an die Ausdrücke für die Nutation anzubringen sind. Ein Vergleich der numerischen Ergebnisse mit den Resultaten der Beobachtungen des Internationalen Breitendienstes zeigt eine gute Übereinstimmung. T. L.

13120. **I. D. Shongolowitsch,** Einige Stokessche Konstanten für das dreiachsige Ellipsoid. BIA **4** 375—389 (russisch). — Ref. in Math. Rev. **12** 549.

13121. **A. Stoyko,** Du nouveau sur la rotation de la Terre. BSAF **64** 221—227, mit 4 Fig. Mit Berichtigung S. 365.

13122. **N. Stoyko,** La variation de la vitesse de rotation de la terre. BA **15** 229—242, mit 4 Fig. Vgl. Ref. **3134** S. 67—80, mit 4 Fig. — Verf. gibt einen Überblick über die Untersuchungen der aus den beobachteten Fluktuationen der Mondlänge resultierenden unregelmäßigen Rotationsschwankungen der Erde, sowie die aus dem Gang der Uhren abgeleiteten jahreszeitlichen Schwankungen. Die Bestimmungen der letzteren zeigen so gute Übereinstimmung, daß sie die Aufstellung einer Formel für eine Zeitkorrektion Δ T mit Jahresperiode gestatten; die Diskussion der Sternbedeckungen ergibt hierfür größere Amplituden, was aber auf systematische Fehler $\Delta \alpha_\alpha$ in den Fundamentalkatalogen zurückgeführt wird. Es folgt eine Übersicht über die in Frage kommenden Ursachen dieser saisonalen Rotationsschwankungen. T. L.

13123. **N. Stoyko,** Sur la variation saisonnière de la rotation de la terre. CR **230** 514—515. — Verf. hat den Gang von Quarz- und Pendeluhren in den Jahren 1934—1937 und 1946—1947 getrennt mit den astronomischen Beobachtungen verglichen. Die sich dabei ergebenden Korrektionen infolge der saisonalen Schwankungen der Erdrotation sind nicht identisch. Der Unterschied rührt daher, daß der Teil (maximal ¼) dieser Rotationsschwankungen, der auf einer Änderung der Erddimensionen und damit der Schwerebeschleunigung an der Erdoberfläche beruht, nur in den Gangkorrekturen der Quarzuhren enthalten ist. T. L.

13124. **N. Stoyko,** Sur l'influence de l'attraction luni-solaire et de la variation du rayon terrestre sur la rotation de la Terre. CR **230** 620—622. — Durch getrennte Untersuchung des Gangverlaufes von Quarz- und Pendeluhren läßt sich der Teil der Rotationsschwankungen der Erde eliminieren, welcher durch das Potential der lunisolaren Anziehung und die Änderung des Erdradius hervorgerufen wird. Der übrige Teil muß auf meteorologische Ursachen zurückgeführt werden. T. L.

13125. G. Tiercy, Le problème de la mesure du temps et les recherches de Rolin Wavre sur les figures planétaires. La Suisse horlogère **65** No. 1. — Ref. in Ann. Françaises Chronométrie **20** 330.

13126. M. S. Zverev, Les travaux géodésiques et gravimétriques russes et l'ellipsoïde de Krassovski. BA **15** 243—245. Vgl. Ref. **3134** S. 81—83. — Der Bericht gibt Informationen über den Stand der geodätischen und gravimetrischen Arbeiten in der Sowjetunion. Aus den verschiedenen Triangulationen der Nordhalbkugel hat Krassowskij neue Werte für das Erdellipsoid abgeleitet. T. L.

13127. Fluctuations in length of day. BAA Circ Nr. 314, JBAA **60** 120, MN ASSA **9** 17.

§ 132

Geodätische Koordinaten, Polschwankung

* * **R. M. Aller,** Coordenadas del Observatorio de la Universidad de Santiago. Vgl. Ref. **1248.**

* * **J. G. Argyrakos,** Sur la latitude géographique d'Athènes. Vgl. Ref. **1203.**

13201. G. Cecchini, Le variazioni di latitudine e il movimento del polo di rotazione terrestre. Bull. géodésique **17** 325—360. — Ergebnisse des internationalen Breitendienstes aus den Beobachtungen zwischen Januar 1949 und April 1950. F. Z.

13202. G. Cecchini, Variazioni delle latitudini terrestri e fenomeni geofisici. Geofisica pura ed applicata **18,** 23 S. — Es werden die theoretischen Grundlagen des Problems der Breitenschwankungen, die experimentellen Prüfungen und die verschiedenen geophysikalischen Zusammenhänge dargestellt. F. Z.

13203. E. P. Fjodorow, S. G. Kulagin, Die Polhöhenschwankungen von Poltawa nach Beobachtungen vom 5. Juli 1949 bis zum 1. September 1950. Astr Circ UdSSR Nr. 105 S. 4—5 (russisch).

13204. L. Goldberg, Position of the Portage Lake Observatory. AJ **55** 160.

13205. J. P. Gorelow, Die Länge des Staatlichen Astronomischen Sternberg-Instituts der Lomonossow-Staatsuniversität Moskau. Mitt. Astr. Sternberg-Inst. Nr. **50,** 35 S. (russisch). — Ref. in Astr. News Letter Nr. **63** S. 10—11. — Länge des Meridiankreises = $2^h\,30^m\,17^s.028 \pm 0^s.008$ (E).

13206. T. Hattori, On the diurnal variation of latitude. Publ. Astr. Soc. Japan **1** 121—127, mit 2 Fig. — Die Ursache der täglichen Breitenschwankungen, die sich als Schlußfehler in den Breitenbestimmungen ergeben, hat Verf. aus den Beobachtungen in Mizusawa in den Veränderungen des atmosphärischen Zustandes gefunden, während F. E. Ross sie auf Grund der Breitenbestimmungen von Gaithersburg in das Instrument verlegt. Unter Hinweis auf die wesentlichen Unterschiede in der Reduktion von Breitenbestimmungen je nach der Art des verwendeten Zenitinstrumentes werden die photographischen Beobachtungen von Gaithersburg erneut diskutiert; es ergibt sich eine tägliche Breitenschwankung, die mit der schwankenden Neigung der Luftschichten erklärt werden kann. Die systematischen Differenzen zwischen den aus den nördlichen und südlichen Sternen bestimmten Breiten sind wohl im wesentlichen auf einen Temperatureinfluß auf den Skalenwert zurückzuführen. T. L.

13207. **G. van Herk,** An attempt to analyse the influence of the moon on the results of the International Latitude Service. BAN **11** 241—243. — Aus den veröffentlichten Resultaten des Internationalen Breitendienstes 1900—1931 werden die durch den Mond verursachten Lotabweichungen $d\varphi = -P \sin 2z \cos a$ bestimmt. Dabei deutet sich eine zeitliche Periodizität von P an, ohne daß deren Ursache geklärt werden kann. T. L.

13208. **A. K. Korol,** Die Bewegung des Erdpols von 1915,8 bis 1929,0. Publ. Gravimetr. Obs. Poltawa **3** 162—241, mit 2 Abb. (russisch).

13209. **K. A. Kulikow,** Die Bewegung der Erdpole und die Veränderlichkeit der Breiten. Vgl. Ref. 711. — Nach einigen historischen Bemerkungen wird auf die Organisation und die Ergebnisse des Internationalen Breitendienstes eingegangen und besonders die Breitenbeobachtungen in Greenwich und Washington sowie die russischen behandelt. Eine übersichtliche Kartenreihe veranschaulicht die Polbewegung von 1891,5—1946. Zum Abschluß werden einige Bemerkungen über die Ursache der Polbewegung gemacht. Loh.

13210. **G. A. Lange, D. I. Krawzew,** Die Polhöhenschwankung in Kitab im Jahre 1949. Astr Circ UdSSR Nr. 98—99 S. 9—10 (russisch).

13211. **G. A. Lange,** Über den Schlußfehler der Breitenbeobachtungen. Astr Circ UdSSR Nr. 108 S. 7—8 (russisch).

13212. **G. A. Lange,** Die Breitenschwankungen in Kitab von 1930.9—1941.0. Publ. Astr. Obs. Taschkent (2) **1** 24—30, mit 1 Abb. (russisch). — Ref. in Astr. News Letter Nr. **63** S. 8.

13213. **G. A. Lange, D. I. Krawzew,** Die Breitenschwankungen in Kitab 1946 und 1947. Publ. Astr. Obs. Taschkent (2) **1** 31—46, mit 2 Abb. (russisch). — Ref. in Astr. News Letter Nr. **63** S. 8.

13214. **E. W. Lawrentjewa,** Die Beobachtungen der Zenitsterne α Persei und η Ursae Majoris in den Jahren 1940—1941. Publ. Gravimetr. Obs. Poltawa **3** 75—120, mit 2 Abb. (russisch).

13215. **P. J. Melchior,** Sur les variations de la période chandlerienne du mouvement du pôle et la rigidité de la terre. Bull. Acad. Roy. Belgique, Cl. Sci., Séance du 3 décembre 1949 S. 1054—1058 = Commun. Obs. Roy. Belgique Nr. **14**. — In einer früheren Arbeit wurde die «freie» Chandlersche Periode als das Ergebnis zweier sich überlagernder Perioden betrachtet, welche sich aus der Wirkung des Kerns und der Rinde der Erde ergeben. Hier werden die Längen und Amplituden dieser Perioden bestimmt. T. L.

13216. **N. Missana,** La migrazione dei poli terrestri. Coelum **18** 39—43, mit 6 Fig.

13217. **T. Nicolini,** Sul movimento secolare del «polo medio» e della crosta terrestre. Rend. Accad. Nazionale Lincei, Cl. Sci. fis., mat., nat. (8) **7** 307—315, mit 2 Fig. = Oss. Astr. Capodimonte-Napoli Contr. Astr. (2) **3** Nr. 11. — Aus den Beobachtungen des internationalen Breitendienstes von 1890 bis 1948 wird die Bewegung des Schwerpunktes der Polhodie im Koordinatensystem von Wanach untersucht. Die mittlere jährliche Verschiebung beträgt etwa 0,″003 in Richtung 50° westlicher Länge. Sie wird nicht als reelle Bewegung des Poles, sondern als lokale Verschiebung der Erdkruste gedeutet. F. Z.

13218. **T. Nicolini,** Sulle variazioni delle latitudini medie annuali. Rend. Accad. Nazionale Lincei, Cl. Sci. fis., mat., nat. (8) **8** 357—362, mit 1 Fig. = Oss. Astr. Capodimonte-Napoli Contr. Astr. (2) **3** Nr. 12. — Untersuchung der jährlichen mittleren Breitenschwankungen der internationalen Stationen und von Washington, Berlin und Greenwich. Während die entsprechenden

Diagramme im allgemeinen die gleichen, hauptsächlich von Programmänderungen und Deklinationsfehlern herrührenden Unregelmäßigkeiten zeigen, überlagert sich für Mizusawa eine Kurve eigener Schwankungen, die sich nur durch lokale Ereignisse erklären lassen. F. Z.

13219. **T. Nicolini,** Indizi di corrispondenze tra fenomeni geofisici e moto polare. Rend. Accad. Nazionale Lincei, Cl. Sci. fis., mat., nat. (8) **8** 348—355, 599—605, mit 7 Fig. = Oss. Astr. Capodimonte-Napoli Contr. geofis. (2) Nr. **10.** — Verf. unternimmt den Versuch, Anzeichen einer Abhängigkeit zwischen der Chandlerschen Periode der Polschwankungen und verschiedenen geophysikalischen und meteorologischen Erscheinungen aufzufinden. Die Periode scheint zwar unabhängig von diesen Einflüssen zu sein, die Störungen der Periode aber entsprechen in auffallender Weise geophysikalischen Störungen. F. Z.

13220. **A. J. Orlow,** Die Polbewegung von 1949.6 bis 1950.6. Astr Circ UdSSR Nr. 105 S. 5—6 (russisch).

13221. **A. J. Orlow,** Über die halbmonatliche Breitenschwankung nach Beobachtungen von δ Cassiopejae in Pulkowo. Astr Circ UdSSR Nr. 107 S. 1 (russisch). — Zwischen der beobachteten halbmonatlichen Breitenschwankung und dem halbmonatlichen Nutationsglied besteht ein Phasenunterschied. Loh.

13222. **N. A. Popow,** Über Mondglieder in den Beobachtungen von α Persei und η Ursae maj. in Poltawa. Astr Circ UdSSR Nr. 101—102 S. 8 (russisch). — Aus den Beobachtungen dieser beiden hellen Zenitsterne seit 1939 ergeben sich halbmonatliche Breitenschwankungen, die sich durch α Per— $\Delta\varphi = 0''036 \cdot \cos(2\alpha_{☾} + 242°)$ bzw. η UMa — $\Delta\varphi = 0''038 \cos(2\alpha_{☾} + 26°)$ darstellen lassen. Loh.

13223. **N. A. Popow,** Das große Poltawaer Zenitteleskop und die Beobachtungen mit ihm in den Jahren 1939—1940. Publ. Gravimetr. Obs. Poltawa **3** 13—74, mit 14 Abb. (russisch). — Ausführliche Beschreibung des Instruments und seiner Teile sowie der Beobachtungshütte, Bestimmung der fortschreitenden und periodischen Schraubenfehler sowie der Instrumentalkonstanten, Beobachtungen von α Per und η UMa 1939—1940. Loh.

13224. **W. P. Schtscheglow,** Die Länge des astronomischen Observatoriums Taschkent aus dem Material des Zeitdienstes von 1932 bis 1939. Jubiläumsschriften zum 25jährigen Bestehen der usbekischen Sowjetrepublik. Taschkent, Verlag Akad. Wiss. usbek. Sowjetrepublik, 1950. 13 S. mit 2 Abb. (russisch). — Ref. in Astr. News Letter Nr. **54** S. 11.

13225. **H. Socher,** Die Polhöhe der Universitäts-Sternwarte Wien. Sitzber. Österreichische Akad. Wiss. (Abteilung IIa) **159** 241—251. — $\varphi = 48° \, 13' \, 55''447 \pm 0''021$.

* * **M. Uranowa,** Zwei Breitenpaare mit großer Eigenbewegung. Vgl. Ref. **9212.**

13226. **J. Vykutil,** About geographical coordinates in special maps. RH **31** 161—164 (tschechisch). — Benützung der Spezialkarten 1 : 75000 zur Bestimmung der geographischen Koordinaten eines Ortes, hauptsächlich zur Ortsbestimmung des Beobachtungsortes für Liebhaberastronomen. J. B.

* * **L. M. Waschtschilina,** Untersuchung der von W. J. Struve in Pulkowo zwischen 1840 und 1842 am Passageninstrument im ersten Vertikal durchgeführten Beobachtungsreihe. Vgl. Ref. **3130.**

13227. **M. W. Wassiljew,** Die astronomische Länge von Pulkowo. Astr. Hauptobs. Akad. Wiss. UdSSR, 1950. 6 S. (russisch). — Dissertationsreferat.

13228. **H. Wolf,** Die Beziehung zwischen dem alten und neuen deutschen Zentralpunkt, ausgedrückt in beobachteten Lotabweichungen. AN **278** 177—178. — Die Vergleichbarkeit von Lotabweichungsbeträgen (für den gleichen Punkt) zwecks Feststellung der zugehörigen ellipsoidischen Lageunterschiede wird eindeutiger, wenn man statt der verbesserten die beobachteten Lotabweichungen benützt. Nach Herleitung der entsprechenden Beziehung zwischen Potsdam und Rauenberg werden an einem Beispiel die diesbezüglichen Verhältnisse näher erläutert. Verf.

13229. Observations made with the Cookson Floating Zenith Telescope in the years 1927—1936 at the Royal Observatory, Greenwich and the determination of latitude and the constant of nutation from observations in the years 1911—1936. London 1939. 151 S. mit 1 Tafel. Preis 15 s. 0 d. net.

13230. El Servicio Internacional de Latitudes. Urania Barcelona **35** 211—212.

§ 133

Navigation

13301. **M. Blewitt,** Celestial Navigation for Yachtsmen. London, Iliffe & Sons, Ltd. 60 S. Preis 5 s. — Besprechung in JBAA **61** 27.

13302. **I. Capasso,** Una importante applicazione della astronomia: Il «Punto-nave». Coelum **18** 148—152, mit 3 Fig. — Es werden die einfachsten Methoden zur Ortsbestimmung auf See beschrieben. F. Z.

13303. **P. Hugon,** Le point astronomique simplifié dans les régions polaires. CR **230** 1506—1508, mit 1 Fig. — Ref. in Ann. Françaises Chronométrie **20** 326. — Zur Standlinienbestimmung in geographischen Breiten über 80° werden Tafeln geringen Umfangs vorgeschlagen, in die man mit einer genäherten Breite des Beobachtungsortes, der Höhe des beobachteten Sterns und der Differenz aus dieser Höhe und seiner Deklination eingeht. T. L.

13304. **C. D. Lane, J. Montgomery,** Navigation the Easy Way. Vgl. AJB **49** Ref. 13313. — Weitere Besprechung in Sky and Telescope **9** 142 (F. W. Wright).

13304a. **V. J. Meneclier,** Navegación astronómica polar. Publ. Obs. Astr. Univ. National La Plata Serie Especial Nr. **10.**

13305. **D. H. Sadler,** Astronomy and Navigation. Vgl. AJB **49** Ref. **13319.** — Weitere Besprechung in Ciel et Terre **66** 88—89 (P. Bourgeois), Deutsche Hydrographische Zeitschrift **3** 272—273 (H. C. Freiesleben), Nature **165** 352—353.

13306. Astronomical Navigation Tables. London, H. M. Stationary Office. — Besprechung in Glasnik Mat.-Fiz. Astr. (2) **5** 122 (A. Gilić).

13307. Méthodes actuelles de radionavigation. Atomes **1949** 421—428. — Ref. in Ann. Françaises Chronométrie **20** 127.

13308. Chronomètre et navigation aérienne. La Suisse horlogère **65** Nr. 1. — Ref. in Ann. Françaises Chronométrie **20** 330.

§ 134

Astronautik, Raketen

13401. **A. Ananoff,** L'Astronautique. Paris XIV, Libraire Arthème Fayard, 1950. 498 S. mit 153 Diagrammen und Photographien sowie 53 Tafeln. Preis 800 Fr. — Besprechung in BSAF **64** 173, J. British Interplanetary Soc. **9** 297—298, Weltraumfahrt **1** 69—70.

13402. **C. Bonestell, W. Ley,** The Conquest of Space. Vgl. AJB **49** Ref. **13401**. — Weitere Besprechung in J. British Interplanetary Soc. **9** 41—42, Sky and Telescope **9** 90—91 (D. Hoffleit), Weltraumfahrt **1** 46.

13403. **E. Burgess,** Perturbations of a satellite orbit. J. British Interplanetary Soc. **9** 255—256. — Bemerkung zu dem Artikel von L. Spitzer jr. (vgl. Ref. **13426**).

13404. **A. C. Clarke,** Interplanetary Flight. An Introduction to Astronautics. London, Temple Press, Ltd., 1950. 7 + 164 S. mit 15 Fig. und 16 Tafeln. Preis 8s. 6d. net. — Besprechung in JBAA **60** 204—205, J. British Interplanetary Soc. **9** 253—254, Obs **70** 195, Weltraumfahrt **1** 94.

13405. **E. Esclangon,** La navigation astronautique dans ses rapports avec la vie physiologique. BSAF **64** 279—287.

13406. **G. F. Forbes,** The trajectory of a powered rocket in space. J. British Interplanetary Soc. **9** 75—79, mit 1 Fig. — Gekürzte Wiedergabe einer Master's Thesis am Massachusetts Inst. of Technology. Eine Bemerkung hierzu erschien im selben Journal S. 230—234 von D. F. Lawden.

13407. **O. W. Gail,** Physik der Weltraumfahrt. München, Hanns Reich Verlag, 1949. 140 S. mit 44 Abb. — Besprechung in Sternenwelt **2** 22.

13408. **F. R. Gantmacher, L. M. Levin,** Equations of motion of a rocket. Tech. Mem. Nat. Adv. Comm. Aeronaut. Nr. 1225, 21 S. — Ref. dieser Übersetzung aus dem Russischen in Math. Rev. **11** 749.

13409. **K. W. Gatland,** Trends in astronautics. Sky and Telescope **10** 27—30, mit 4 Fig.

13410. **S. Herrick,** Space rocket trajectories. J. British Interplanetary Soc. **9** 235—241, mit 1 Fig. = Astr. Papers Univ. California Nr. **10**. — Verf wendet die Methode der Variation der Konstanten auf Probleme des Raketenflugs an und zeigt im besonderen, daß beim Start zu interplanetaren Flügen am wirksamsten kurze, mit starken Beschleunigungen verbundene Antriebszeiten sind. Loh.

13411. **S. Herrick,** Rocket navigation. Navigation **2** 259—272, mit 8 Fig. = Astr. Papers Univ. California Nr. **11**. — Die Navigation bei der Weltraumschiffahrt basiert im wesentlichen auf der Himmelsmechanik. Ausgehend von den Keplerschen Gesetzen, wird das Zweikörperproblem und seine Anwendung auf die Astronautik erörtert. Der Anhang gibt einige durchgerechnete Beispiele. T. L.

13412. **H. K. Kaiser,** Kleine Raketenkunde. Stuttgart, Mundus Verlag, 1949. 151 S. mit 91 Abb. Preis 9 DM. — Besprechung in Pop Astr **58** 251—252 (W. Hammer).

13413. **H. H. Kölle,** Raumnavigation. Weltraumfahrt **1950** 54—57, mit 2 Abb. — Zur Festlegung des Ortes einer Raumrakete werden folgende Möglichkeiten ins Auge gefaßt: 1. Das Mitkoppelverfahren, bei dem der Ort aus Eigengeschwindigkeit und Kurs abgeleitet werden soll. 2. Das Sichtpeilverfahren, bei dem Entfernungen durch Winkelmessungen von (einem) Planeten, Richtungen mittels Sternpeilung bestimmt werden sollen. 3. Analytische Standortbestimmung, die Verf. in einer späteren Arbeit behandeln will. Loh.

13414. **L. Laming,** L'Astronautique. Paris, Presses Universitaires de France, 1950. 110 S. — Besprechung in J. British Interplanetary Soc. **9** 209.

13415. **D. F. Lawden,** Minimal trajectories. J. British Interplanetary Soc. **9** 179—186, mit 1 Fig. — Verf. behandelt das Problem, wie auf möglichst ökonomische Weise der Brennstoff einer Rakete zu verbrauchen und der Antrieb zu richten ist, damit die Rakete die günstigste Bahn im Gravitationsfeld zwischen zwei Punkten beschreibt, wenn die Geschwindigkeiten in diesen Punkten vorgegeben sind. Loh.

13416. **W. Ley,** Vorstoß ins Weltall. Wien, Universum Verlagsgesellschaft. 392 S. mit 46 Abb., 8 Tafeln und Anhang mit technischen Daten und Tabellen. Preis geb. 8.— DM. — Besprechung in Sternenwelt **2** 240 (W. Sandner), Weltraumfahrt **1** 149—150.

13417. **P. Matthieu,** Über die Bewegung der Raketen. Schweizer Archiv, Heft 5 S. 129—137, 1949.

13418. **H. E. Newell,** A review of upper atmosphere research from rockets. Vgl. Ref. 7251.

13419. **M. O'Day,** Instrumentation of V 2 rockets to obtain data on the physics of the upper air. Proc. 11th International Congress of Applied Mechanics **2** part 2 S. 515—524, 1948. — Besprechung in J. British Interplanetary Soc. **9** 146. — Betrifft unter anderem Geräte zur Messung der Himmelshelligkeit, der Beschaffenheit von Atmosphäre und Ionosphäre und der Intensität der weichen solaren Röntgenstrahlung. Loh.

13420. **G. von Pirquet,** Meteors and space-travel. J. British Interplanetary Soc. **9** 153—154. — Besprechung in Weltraumfahrt **1950** 127. — Ergänzung zu einem Bericht von Clarke im selben Journal **8** 157, 1949, über das gleiche Thema. Die Gefährdung interplanetarer Raketen durch Meteorite und kosmischen Staub etc. ist minimal; bei interstellaren Raketen mit Atomantrieb ist sie jedoch wegen der notwendigerweise erheblich größeren Geschwindigkeiten (Verf. geht bis 10^5 km/sec) außerordentlich stark. Loh.

13421. **L. Roy,** Cours de mécanique rationelle. IV. Problèmes et exercices, suivi d'un appendix sur les fusées. Paris, Gauthier-Villars, 1950. 11 + 276 S. — Besprechung in ZfMG **35** 393 (G. Hamel).

13422. **W. Schaub,** Weltraumflug. Physikalische und astronomische Grundlagen. Eine Studie zur Himmelsmechanik. Vgl. AJB **49** Ref. 13416. — Weitere Besprechung in AN **278** 280, J. British Interplanetary Soc. **9** 207, Naturwiss. Rundschau **4** 137—138, Phys. Blätter **6** 524 (U. Jetter), Sterne **26** 46, Sternenwelt **2** neben S. 120, Weltraumfahrt **1** 46.

13423. **W. Schaub,** Weltraumflug als Dreikörper-Problem. Sternenwelt **2** 5—10, mit 3 Abb.

13424. **W. Schaub,** Punkt- und Bahnbestimmung im Raum. Weltraumfahrt **1** 73—77, 106—108, mit 3 Fig.

13425. **H. Siedentopf,** Möglichkeiten und Probleme der Raumschifffahrt. Universitas **5** 53—62.

13426. **L. Spitzer jr.,** Perturbations of a satellite orbit. J. British Interplanetary Soc. **9** 131—136. — Es wird die Bewegung eines kleinen Körpers betrachtet, die in einer nahezu kreisförmigen Bahn in 800 km Höhe über der Erdoberfläche verläuft. Die Störungen durch Sonne und Mond können vernachlässigt werden, da sie Abweichungen von der Kreisbahn um weniger als 1 m bewirken. Die infolge der Abplattung der Erde hervorgerufenen Störungen sind viel größer. Eine Bahn in Nähe der Äquatorebene wird nicht merklich gestört werden, jedoch präzedieren; der Pol der Bahn umläuft den Himmelspol in einem Kreis in 55 Tagen. Eine über die Pole verlaufende Bahn wird von einem Kreis um 1,5 km abweichen, was geringer ist als die Abweichungen der Erdoberfläche von der Kugelgestalt; an den Polen wird sich der Körper 18 km höher über der Erdoberfläche befinden als am Äquator. Verf. (übersetzt)

13427. **A. Wilcox,** Moon Rocket. London, Thomas Nelson and Sons Ltd., 1946. 161 S. mit 8 Fig. und 5 Photos. Preis 7s. 6d. — Besprechung in Ciel et Terre **66** 93 (S. Arend).

13428. Astronomy and Astronautics. JBAA **60** 64. — Besprechung eines Artikels von W. M. Ovenden im Septemberheft des J. British Interplanetary Soc. 1949.

13429. Astronomical observations from an artificial satellite. JBAA **60** 173—174.

13430. Astrophysics from an artificial satellite. J. British Interplanetary Soc. **9** 140—141. — Nach einem Bericht von L. Spitzer.

13431. Meteoritengefahr für Raumschiffahrer. Sterne **26** 127.

Berichtigungen

AJB **49**, 1949

S. 109 Ref. **5240** letzte Zeile. Lies Schiefe anstatt Schärfe.

S. 196 rechte Spalte, Zeile 25 von unten. Lies Tui* anstatt Tuk*.

S. 197 linke Spalte, Zeile 22 von unten. Lies Tui* anstatt Tuk*.

S. 200 linke Spalte, Zeile 22 von unten. Lies Tui* anstatt Tuk*.

S. 210 linke Spalte, Zeile 14 von oben. Lies Tui* anstatt Tuk*.

S. 400 linke Spalte, Zeile 13 von oben. Der Name Marinbach steht nicht in der alphabetischen Reihenfolge. Er muß hinter Marczewski, Zeile 7, eingereiht werden.

Transskription des russischen Alphabets

(Vgl. Vorwort S. III)

Russisch	AJB	Math.Rev.	Astr.News Letter
а	a	a	a
б	b	b	b
в	w	v	v
г	g	g	g
д	d	d	d
е	e, je, jo	e	e
ж	sh	ž	zh, j
з	s	z	z
и	i	i	i
й	j	ĭ	i, ǐ
к	k	k	k
л	l	l	l
м	m	m	m
н	n	n	n
о	o	o	o
п	p	p	p
р	r	r	r
с	ss, s	s	ss, s
т	t	t	t
у	u	u	u
ф	f	f	f
х	ch	h	kh
ц	z	c	z, ts, tz
ч	tsch	č	ch
ш	sch	š	sh
щ	schtsch	šč	shch
ы	y	y	y, i
ь	—, j	′	—
э	e, é	è	e
ю	ju	yu	iu, yu
я	ja	ya	ia, ya

Beispiel: Зверев = Swerew (AJB) = Zverev (Math. Rev.)
= Zverev (Astr. News Letter)

Namen-Verzeichnis

Das Verzeichnis verweist unter Angabe der Seitenzahlen auf die Stellen, an denen Arbeiten und Beobachtungen der Autoren besprochen sind, hingegen nicht auf Stellen, an denen auf solche Arbeiten nur Bezug genommen oder ein Name in irgend einem Zusammenhange genannt wird. Auch sind reine Personalnotizen nicht berücksichtigt, da sie schon in § 10 alphabetisch geordnet sind.

Sach-Verzeichnis

Das Sach-Verzeichnis soll ein schnelles Aufsuchen nach einem Stichwort ermöglichen. Im allgemeinen ist bei mehreren aufeinanderfolgenden Referaten über den gleichen Gegenstand nur die erste Seite nachgewiesen. Der Benutzer hat daher auch die folgenden Seiten des betreffenden Paragraphen einzusehen.

Kolibri 360 GmbH
Ferdinand-Jühlke-Straße 7
99095 Erfurt, Deutschland
produktsicherheit@kolibri360.de